5th Edition

전기기기

Electric Machinery Fundamentals

Stephen J. Chapman

5th Edition

전기기기

Electric Machinery Fundamentals

안진우 | 신판석 | 오석규 공역

1974

1920

A very early dc motor(Elihu Thompson, 1886)

1903

Induction Motor

Mc Graw Hill

ELECTRIC MACHINERY FUNDAMENTALS, FIFTH EDITION

6 7 8 9 10 MHE-KOREA 20 20

Original: Electric Machinery Fundamentals, 5/e
By Stephen J. Chapman
ISBN 978-0-07-352954-7

Korean ISBN 978-89-6055-245-6 93560

Printed in Korea

전기기기 5판

발 행 일 / 2012년 1월 2일 1쇄
2020년 10월 28일 6쇄

저 자 / Stephen J. Chapman
역 자 / 안진우, 신판석, 오석규
발 행 인 / 총텍멩(CHONG TECK MENG)
발 행 처 / 맥그로힐에듀케이션코리아 유한회사
주 소 / 서울시 마포구 양화로 45, 8층 801호
(서교동, 메세나폴리스)
전 화 / 02)325-2351
등록번호 / 제2013-000122호(2012.12.28)

ISBN: 978-89-6055-245-6

판 매 처 / 한티미디어
문 의 / 02)332-7993
정 가 / 29,000원

저자소개

저자 Stephen J. Chapman은 루이지에나 주립대에서 전기공학으로 학사(1975), 플로리다 중앙대학에서 석사(1979), 그리고 라이스대에서 박사학위를 받았다.

1975년부터 1980년까지 미해군 장교로 플로리다주 올란도에 있는 미해군 원자력학교에서 전기공학을 강의하였다. 1980년부터 1982년까지 휴스턴대 공과대학에서 전력시스템 과정을 맡아 운영하였다.

1982년부터 1988년까지 그리고 1992년부터 1995년까지 MIT 링컨연구소 등에서 근무하였다. 그곳에서 레이다 신호처리 시스템을 연구하였으며, 4개의 주요 레이다 연구시스템의 책임자가 되었다. 1988년부터 1991년 사이에는 텍사스주 휴스턴에 있는 쉘 개발주식회사의 연구원을 역임했다. 그곳에서 그는 지진신호 처리에 관한 연구를 했다. 또한 휴스턴 대학에서 강의를 계속하였다.

저자는 현재 호주 멜버른에 있는 British Aerospace Australia에서 관리자로 일하고 있다. 그는 그곳에서 사내 젊은 기술자들의 기술지도와 설계분야를 맡고 있으며, 계속해서 지역 대학의 강사를 겸임하고 있다.

저자는 IEE의 Senior member이며, 또한 호주 Association for Computing Machinery and the Institution of Engineers의 회원이다.

저자서문

전기기기 기초(Electric Machinery Fundamentals)의 첫 판이 발행된 이래로 고성능화된 전동기 구동장치의 개발이 빠르게 발전되어왔다. 이 책의 첫 판에서는 직류전동기가 다양한 가변속 적용의 요구에 대한 적절한 선택이라고 설명하였다. 그러나 그러한 설명은 오늘날 더 이상 사실이 아니다. 오늘날 가변속 제어시스템으로 가장 흔한 것이 정지형 전동기 구동장치를 가진 교류 유도전동기이다. 직류전동기는 자동차의 전기 시스템과 같은 직류전원장치가 쉽게 이용될 수 있는 특별한 목적으로 주로 사용되어 왔다.

이 책의 3판은 이러한 변화에 부응하여 폭넓게 개편하였다. 교류전동기와 발전기의 재료는 3장에서 6장까지에서 다루었고 직류기는 이전 판보다 적게 다루었다. 이 판에서도 기본적인 구조는 이전과 같다.

반도체 제어기를 다룬 이전의 3장은 5판에서는 삭제하였다. 독자들로부터 반도체 제어기로서 충분치 않다는 반응이여서 책의 웹사이트에 싣고 5판에서는 삭제하였다. 반도체 제어기에 관심이 있는 교수나 학생들은 자유롭게 다운 받을 수 있다.

학습목표는 학생들의 학습을 향상시키기 위해 각 장 시작부분에서 추가하였다.

1장은 기초적 기기 개념의 소개와 선형적 직류기 개념들의 적용에 의한 결론을 제공한다. 이것은 가장 간단한 기기의 예가 된다. 2장에서는 회전기는 아니지만 많은 유사한 해석 기법을 가진 변압기를 다루었다.

2장 이후에 담당 교수는 아마 직류기나 교류기 중 하나를 선택해서 가르칠 것이다. 3장에서 6장까지는 교류기기를 다루며, 7장과 8장은 직류기를 다룬다. 이러한 장들의 연속성들은 서로 완전히 독립되어있다. 그래서 교수는 학생들에게 필요성에 따라 강의부분을 적절히 다룰 수 있다. 예를 들면 교류기기의 주요 과정이 이 책 1~6장까지로 한 학기 분량이 될 것이며, 남는 시간에 직류기를 다룰 수 있다. 책 1, 2, 7 그리고 8장의 직류기를 다루는 과정이 한 학기로 되면 남는 시간에 교류기를 다룰 수 있다. 9장은 광범위한 용도의 전동기, 스텝 전동기, 브러쉬레스 전동기와 같은 단상과 특수 목적용 전동기를 다룰 것이다.

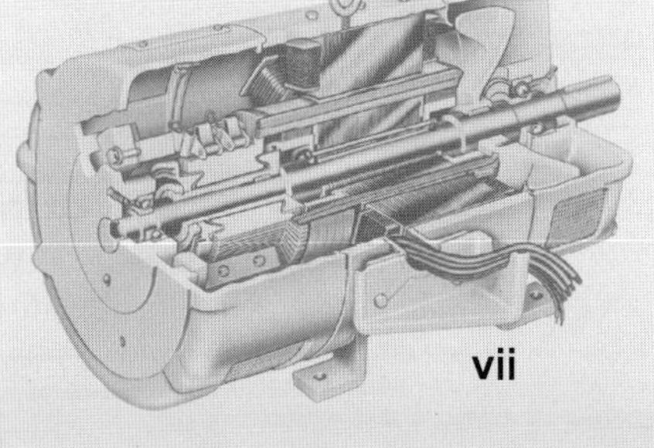

각 장 끝 부분의 연습문제는 대폭 개정하고 수정하였으며, 이 문제의 70% 이상이 이전 판 이후 새로 개편하였거나 수정하였다.

최근에 전기공학과 전기기술 전공학생들에 대한 기기 교수방식의 중대한 변화가 있어 왔다. MATLAB® 과 같은 훌륭한 분석 기구가 대학 공학 과정에 널리 사용되고 있다. 이러한 기구들은 매우 복잡한 계산을 단순하게 수행하며, 학생들이 문제의 탐구를 상호 작용적으로 가능하게 한다. 전기기기의 이번 새판은 적절하게 학생의 학습 경험을 강화시켜줄 MATLAB의 사용을 선택하게 했다. 예를 들면 학생들은 6장에서 MATLAB을 사용해서 유도전동기의 토크–속도 특징을 계산하고 이중 농형 유도전동기의 특성을 탐구할 것이다.

이 책은 MATLAB을 가르치지 않는다. 학생이 MATLAB을 이미 잘 이해하고 있다는 전제하에서 기술되어 있다. 또한 이 책은 학생들이 MATLAB을 쓰는 것에 의존하지 않는다. MATLAB을 이용할 수 있다면 학습 경험 강화에 도움을 줄 것이고 그렇지 않다면 MATLAB과 연관된 이 예들은 단순히 넘어갈 수 있으며, 그러나 그 내용을 이해할 수 있을 것이다.

이 책은 지난 25년간 여러 사람들의 도움 없이는 발간이 불가능했다. 나는 결코 여기서 그들의 노고를 잊지 않을 것이며, 이 책을 검토하여 주신 분들에게도 감사를 드리고 싶다. 이번 판은 아래의 사람들에 대해 깊은 감사를 드리고 싶다.

Ashoka K.S. Bhat
University of Victoria

William Butuk
Lakehead University

Shaahin Filizadeh
University of Manitoba

Jesús Fraile-Ardanuy
Universidad Politécnica de Madrid

Riadh Habash
University of Ottawa

Floyd Henderson
Michigan Technological University

Rajesh Kavasseri
North Dakota State University

Ali Keyhani
The Ohio State University

Andrew Knight
University of Alberta

Xiaomin Kou
University of Wisconsin–Platteville

Ahmad Nafisi
California Polytechnic State University, San Luis Obispo

Subhasis Nandi
University of Victoria

M. Hashem Nehrir
Montana State University–Bozeman

Ali Shaban
California Polytechnic State University, San Luis Obispo

Kuang Sheng
Rutgers University

Barna Szabados
McMaster University

Tristan J. Tayag
Texas Christian University

Rajiv K. Varma
The University of Western Ontario

Stephen J. Chapman
Melbourne, Victoria, Australia

역자소개

안진우

부산대학교 전기공학과 공학박사

(미) 위스컨신(매디슨)대, 버지니아 공대 방문교수

(중) 심양 공대 객좌교수

현, 경성대 공대 메카트로닉스 공학과 교수

신판석

서울대학교 전기공학과 졸업

(미) Rensselaer Polytechnic Institute 전기공학석사

(미) R.P.I. 전기공학박사

한국 전기 연구원 선임연구원

현, 홍익대학교 전기공학과 교수

오석규

부산대학교 전기공학과 공학박사

현대 중공업 중전기사업본부 사원

(미) 버지니아 공대 방문교수

현, 경남과기대 융합기술공대 메카트로닉스공학과 교수

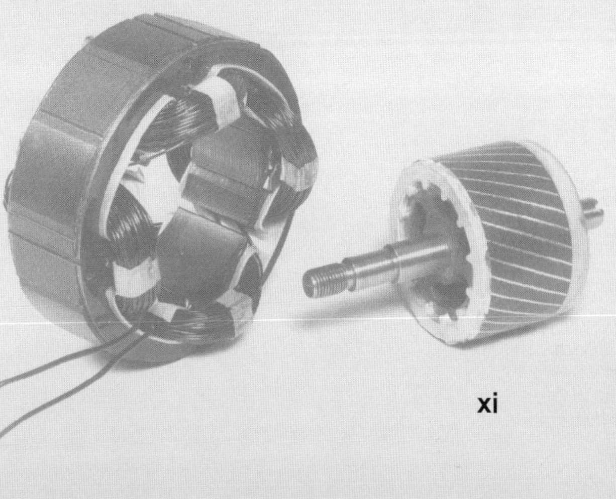

역자서문

이 책은 대학이나 전문대학에서 전기/전자공학, 기계/메카트로닉스공학을 전공하는 학생을 위한 교과서나 참고서로 집필된 것입니다. 국내에 많은 전기기기 관련 서적들 이 출판되어 있으나 내용과 구성에서 매우 좋은 평가가 있어 번역의 필요성이 제기되었습니다. 5판은 개론수준의 전력전자개요 부분을 삭제하고, 각 장 첫머리에 학습내용을 요약하여 학습의 효용성을 높였으며, 중요한 그림과 원리를 추가하고, 이를 확인시키기 위한 연습문제를 추가하여 4판의 내용을 보완하였습니다.

이 책의 내용은 전자기학적인 개념에 입각한 전기기기의 원리, 변압기의 원리와 응용, 교류기계의 기본원리와 동기발전기, 동기전동기, 유도전동기 부분과 선형기기의 개념에 의한 직류기의 기본원리, 직류발전기, 직류전동기 등이 다루어져 있고, 단상 유도전동기와 릴럭턴스전동기, 스텝전동기 등 특수용도 전동기 등으로 구성되어 있습니다. 각 장마다 실질적인 예제문제로 독자의 이해를 돕도록 구성되어 있으며 요약과 질문, 다양한 응용을 위한 연습문제로 이루어져 있습니다.

이 책에서는 원칙적으로 SI단위(국제단위계)를 사용하였고, 벡터의 표시는 볼드체로 하였습니다. 대학에서 교재로 사용하게 될 경우 두 학기로 나누어서 강의하는 것이 바람직스럽지만 한 학기만 강의하는 경우에는 취사선택하여 수강생의 방향과 강의목적에 따라 선형기기, 발전기 및 특수전동기 등을 생략할 수 있을 것입니다.

끝으로 여러 가지 부족한 역자들이 정성을 다하여 번역을 하였지만 실수와 미흡한 점들이 많이 있을 것으로 봅니다. 앞으로 독자 여러분의 많은 지도와 힐책을 바라오며 좋은 책이 될 수 있도록 계속하여 수정, 보완하게 될 것입니다. 아울러 이 책을 발간하는 데 여러 가지로 도와주시고 수고하신 맥그로힐 코리아 관계자 여러분들께 진심으로 감사드리는 바입니다.

2011. 11
역자 일동

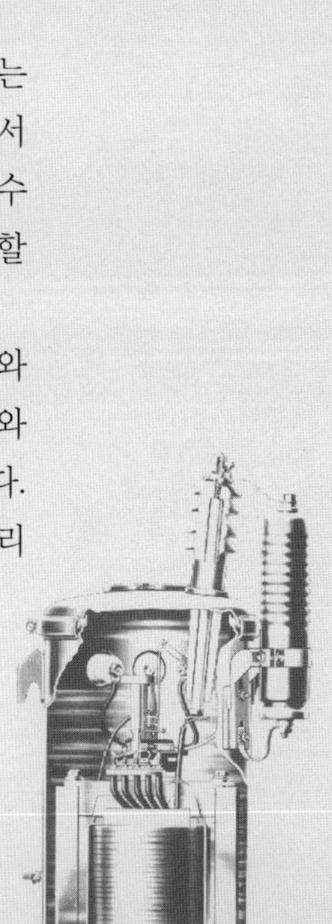

차례

CHAPTER 01

전기기기의 원리

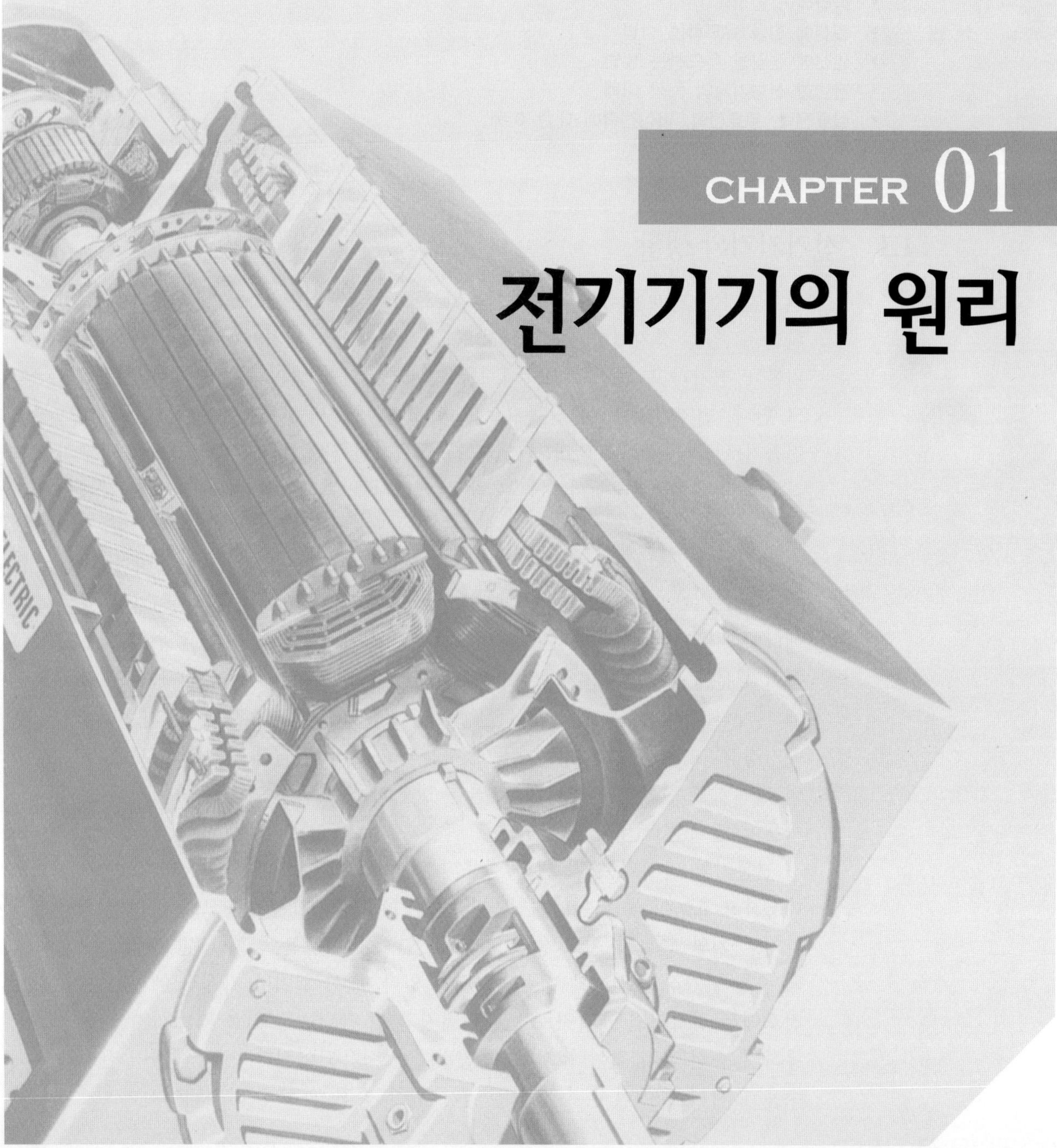

학습목표

- 회전역학의 기본 습득 : 각속도, 각가속도, 토오크, 그리고 회전에 대한 뉴우턴 법칙
- 자기장을 만드는 방법
- 자기회로에 대한 이해
- 강자성체의 역할에 대한 이해
- 강자성체의 히스테리시스에 대한 이해
- 파라데이 법칙의 이해
- 권선에 힘을 유도하는 방법
- 권선에 전압을 유도하는 방법
- 간단한 선형기기의 동작 이해
- 실효전력, 무효전력, 피상전력에 대한 이해

1.1 전기기기와 생활

전기기기는 기계에너지를 전기에너지로, 또는 전기에너지를 기계에너지로 변환할 수 있는 장치이다. 이런 장치 중 기계에너지를 전기에너지로 변환하는 기기를 발전기라고 하고 전기에너지를 기계에너지로 변환하는 기기를 전동기라고 한다. 전기기기는 어느 쪽으로도 전력변환이 가능하기 때문에 발전기로도 전동기로도 사용할 수 있다. 거의 모든 실질적인 전동기들과 발전기들은 자계의 작용에 의해 한 형태에서 다른 형태로 에너지를 변환한다. 그리고 단지 자계를 통해서 이런 변환을 행하는 기계들을 이 책에서 소개하고 있다.

이 기기들과 밀접한 관계를 갖고 있는 다른 형태의 장치가 변압기이다. 변압기는 어느 크기의 전압을 가진 교류 에너지를 다른 크기의 전압을 가진 교류 에너지로 바꾸어 주는 장치이다. 변압기는 발전기나 전동기와 같은 원리로 동작하기 때문에 보통 함께 논의된다. 이런 세 형태의 전기장치는 현대 생활의 각처에 존재하고 있다. 각 가정에서 전동기는 냉장고, 냉각기, 진공청소기, 믹서기, 공기청정기, 팬 등 많은 가전제품에 사용되고 있다. 공장에서는 거의 모든 장비의 회전력을 전동기가 공급한다. 물론 발전기들은 모든 이러한 종류의 전동기 사용에 필요한 전력을 공급한다.

전동기와 발전기는 왜 널리 사용되는가? 이 해답은 매우 간단하다. 전기는 깨끗하고 효율이 높은 에너지원이다. 전동기는 내연 기관이 필요로 하는 일정한 환기 장치와 연료가 필요 없다. 그래서 연소에 따르는 공해를 발생해서는 안 되는 곳에 가장 적절하게 사용되어지고 있다. 대신 열이나 기계적 에너지는 발전소에서 전기적인 에너지로 변환되어지고 이 에너지는 사용 장소까지 전선을 통하여 송전되고, 집이나 사무실, 공장에서 사용되어진다. 변압기는 발전소와 수용가 사이에 에너지 손실을 줄이기 위한 송전 과정에 사용되어진다.

1.2 단위

전기기기의 설계와 연구는 전기 공학에 있어서 가장 오래된 분야 중에 하나이다. 이러한 연구는 19세기 이후부터 시작되었다. 그 당시에 전기 단위는 국제적으로 표준화가 되어 가고 있었다. 그리고 이런 단위들은 기술자에 의해 일반적으로 사용되었다. Volt, ampere, ohm, watt, 그리고 유사한 단위들은 미터 단위체계의 한 부분이었고, 오랫동안 전기기기의 전기적인 양을 표현하는 데 사용되었다. 영어권 나라에서는 기계적인 양들을 영국단위계로 오랫동안 표시하였다(인치, 피트, 파운드 등). 이러한 단위의 사용은 기계 연구에도 적용되었다. 따라서 오랫동안 전기적, 기계적인 양들은 다른 단위 체계로 표현되어 왔다. 1954년에 미터법을 체계로 한 포괄적인 단위 체계가 국제적인 기준으로 채택되었다. 이 단위 체계는 *System International*(SI)로 알려지게 되었고 세계 대부분의 나라에서 채택하게 되었다. 영국과 캐나다에서는 SI단위계로 바꾸었지만 미국에서는 유독 옛날의 단위 체계를 고집했다. 새로운 SI단위계는 시간이 지남에 따라서 필연적으로 표준이 되어갈 것이다. 그리고 특히 국제 사회에서는 가까운 시일 내에 이 단위계를 광범위하게 사용하게 될 것이다. 그리고 IEEE와 같은 전문적인 단체에서 모든 작업에서 단위체계를 표준화했다. 그러나 많은 사람들이 영국단위계를 사용하면서 자라났기 때문에 이 체계는 오랫동안 일상생활에서 남아 있게 될 것이다. 공학을 전공하는 학생들은 그들의 전문적인 삶 속에서 이 두 체계와 마주쳐야 하므로 그들은 이 두 체계에 대하여 모두 친숙해 있어야 한다. 따라서 이 책에서는 SI와 영국단위계 모두를 사용해서 문제와 예제를 다룰 것이다. 이 예에서 강조하고 있는 것은 새로운 SI단위계이지만 오래된 단위체계도 전적으로 무시해서는 안 된다는 것이다.

표기

이 책에서 벡터, 전기적인 위상, 그리고 다른 복소값들은 볼드체(예를 들면 **F**)로 표현되며, 반면 스칼라는 이탤릭체(예를 들면 *R*)로 표시된다. 그리고 특수체(예를 들면 $\mathcal{F}$)가 기자력과 같은 자기량을 표현하기 위하여 사용된다.

1.3 회전운동과 관련된 공식

거의 모든 전기기기들은 기계의 축을 중심으로 회전한다. 기계의 회전성은 회전운동을 이해하는 기본이 될 만큼 중요하다. 이 절에서는 거리, 속도, 가속도(뉴우턴 법칙 그리고 회전기기에 적용되는 전력)에 대한 중요한 설명들이 포함되어 있다. 참고문헌 2, 4 그리고 5를 참조하라.

일반적인 삼차원 벡터는 공간 중에 물체의 회전을 완벽하게 설명하는 데 필요하다. 그렇지만 일반적인 기계들은 축을 중심으로 돌기 때문에 그들의 회전은 각의 차원으로 한정된다. 기계적 회전방향은 시계방향(CW)과 반시계방향(CCW) 중에 하나로 표현된다. 이 책에서는 반시계방향의 회전방향을 정(+)으로 가정하고 시계방향을 부(−)로 가정한다. 고정된 축에 대한 회전에 있어 이 장에서는 모든 개념들을 스칼라로 한정한다. 전동기에 대한 각각의 중요한 개념들은 아래 부분에서 정의될 것이고 선형 전동기에 대한 개념들과 비교될 것이다.

각위치 θ

물체의 각위치 θ는 어떤 임의의 기준 점에 대하여 회전방향으로 측정된 각을 말한다. 각위치는 보통 라디안(radian)이나 각도(degree)로 표현된다. 이것은 대한 선형적인 개념에서의 직선거리에 해당된다.

각속도 ω

각속도는 시간에 대한 각위치의 변화율이다. 회전방향은 반시계방향을 정방향으로 가정한다. 각속도는 선형에서 속도개념에 해당한다. 일차원의 선형속도는

$$v = \frac{dr}{dt} \tag{1–1}$$

으로 정의하고 각속도는

$$\omega = \frac{d\theta}{dt} \tag{1–2}$$

로 정의한다. 만약 각위치의 단위가 라디안이라면 각속도는 rad/second로 표현된다.

원래 전기 기계를 다루는 데 있어서 기술자들은 종종 축의 속도를 설명하기 위해 rad/second 대신에 다른 단위를 사용한다. 자주 속도는 revolutions per second나 revolutions per minute(rpm)의 단위를 사용한다. 기기를 연구하는 데 있어 속도는 중요한 양이므로 관습적으로 다른 단위로 속도를 표현할 때는 다른 속도 단위를 사용한다. 다른 단위의 사용은 사용 중인 단위와의 혼동을 줄일 수 있다. 아래의 기호들은 이 책에서 각속도를 표현하는 데 사용되어진다.

ω_m radians per second로 표현된 각속도
f_m revolutions per second로 표현된 각속도
n_m revolutions per minute로 표현된 각속도

이런 기호에 붙은 첨자 m은 기계적인 양을 지시한다. 전기적인 양에 대해 기계적인 양과 전기적인 양이 혼동의 가능성이 없다면 첨자는 종종 생략되어진

다. 이런 회전 속도의 측정량은 아래의 수식과 관계가 있다.

$$n_m = 60f_m \tag{1–3a}$$

$$f_m = \frac{\omega_m}{2\pi} \tag{1–3b}$$

각가속도 α

각가속도는 시간에 대한 각속도의 변화율이다. 각속도가 대수적으로 증가하고 있다면 양으로 가정한다. 각가속도는 선형에서 가속도의 개념에 해당한다. 일차원 선형 가속도는

$$a = \frac{dv}{dt} \tag{1–4}$$

식으로 표현되고, 각가속도는

$$\alpha = \frac{d\omega}{dt} \tag{1–5}$$

로 정의된다.

각속도의 단위가 rad/second라면 각가속도는 rad/second^{2}로 표현된다.

토오크 τ

선형 전동기에서 물체에 힘이 가해지면 그 물체의 속도는 변화한다. 물체에 가한 힘이 존재하지 않으면 그 물체의 속도는 일정하다. 더 큰 힘이 물체에 가해지면 그 물체의 속도는 더 빨라진다.

이에 대해 회전에 있어서도 유사한 개념이 있다. 물체가 회전하고 있을 때 그 물체에 **토오크**가 존재하지 않으면 각속도는 일정하다. 더 큰 토오크가 물체에 가해지면 그 물체의 각속도는 더 빨라진다.

토오크란 무엇인가? 그것은 물체에 대한 비틀림 힘이라고 부를 수 있다. 직관적으로 토오크는 이해하기가 쉽지 않다. 축에 대하여 회전이 자유로운 원통을 생각해 보자. 만약 힘이 축을 통하여 선형 작용이 발생하도록 원통에 인가한다면[즉, 축에 수직으로 힘을 인가하면 그림 1-1(a)] 원통은 회전하지 않을 것이다. 그러나 만약 같은 힘이 축의 오른쪽 편에 직선적으로 작용하도록 원통에 인가한다면[그림 1-1(b)] 원통은 반시계방향으로 회전하려고 할 것이다. 토오크 즉, 원통에 작용하는 비틀림 힘은 (1) 인가되는 힘, 그리고 (2) 회전축과 힘의 직선작용축 사이의 거리에 의존한다. 물체에 대한 토오크는 물체에 인가되는 힘과 물체의 회전축과 힘이 작용되는 축사이의 가장 작은 거리의 곱으로 정의할 수 있다. 만약에 회전축에서부터 인가되는 힘의 작용점까지를 나타내는 벡터 **r**이 있고 작용력을 **F**라고 하면 토오크는 다음과 같이 표현할 수 있다.

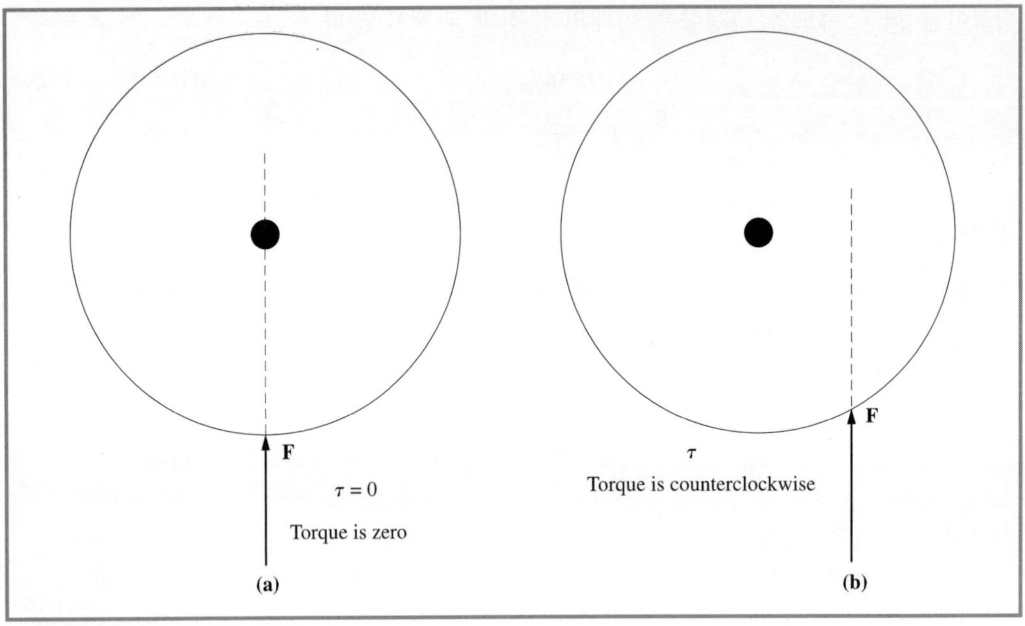

그림 1-1
(a) 토오크가 원통에 수직으로 가해져 $\tau = 0$, (b) 토오크가 회전력을 만들어 반시계방향으로 회전

$$\begin{aligned}\tau &= (\text{인가된 힘})(\text{수직거리}) \\ &= (F)\,(r \sin \theta) \\ &= rF \sin \theta \end{aligned} \tag{1–6}$$

여기서 각 θ는 벡터 **r**과 벡터 **F** 사이의 각이다. 토오크의 방향이 시계방향이면 원통은 시계방향으로 회전하고 토오크의 방향이 반시계방향이면 원통은 반

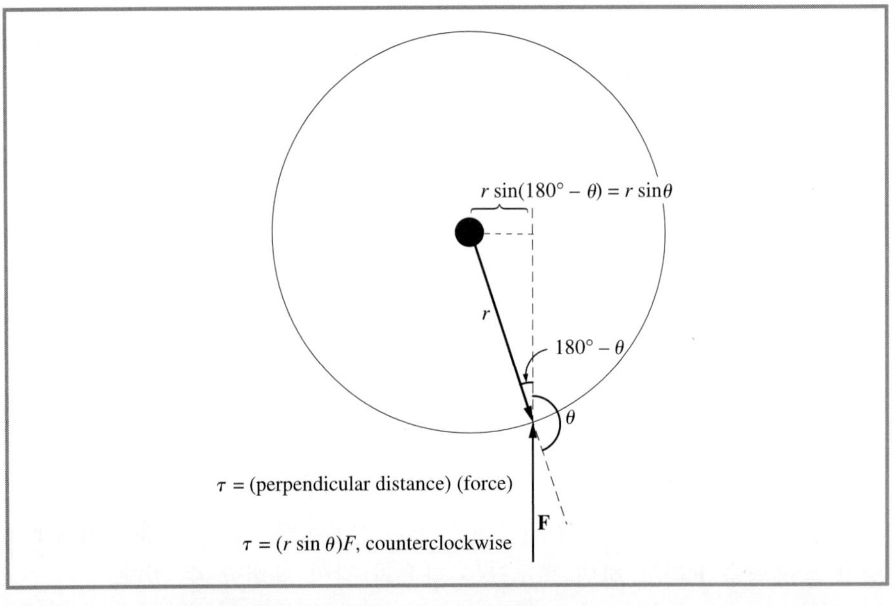

그림 1-2
토오크식의 유도

시계방향으로 회전한다. 토오크는 SI 단위계에서는 newton-meter이고 영국단위계에서는 pound-feet(lb-ft)이다.

회전에 대한 뉴우턴 법칙

직선적으로 움직이고 있는 물체에 대한 뉴우턴 법칙은 물체에 인가된 힘과 그 결과인 가속도의 관계로서 설명할 수 있다. 이 관계는 다음과 같은 방정식으로 표현할 수 있다.

$$F = ma \tag{1-7}$$

여기서

F = 물체에 인가되는 힘
m = 물체의 질량
a = 인가된 힘에 의한 가속도

SI단위계에서 힘은 뉴우턴(Newton)으로, 질량은 킬로그램(kg)으로, 가속도는 m/sec^2으로 표시된다. 영국단위계에서 힘은 파운드(pound), 질량은 슬러그(slug), 그리고 가속도는 ft/sec^2으로 표시된다. 물체에 인가되는 힘과 각가속도의 관계로 유사한 식이 설명될 수 있다. 이 관계가 회전에 대한 뉴우턴 법칙으로

$$\tau = J\alpha \tag{1-8}$$

라는 방정식으로 주어진다.

여기에서 토오크 τ는 newton-meter(N-m) 아니면 pound-feet(lb-ft)로 주어진다. 그리고 α는 rad/sec^2로 각가속도이다. J항은 선형운동에서 물체의 질량과 같은 역할을 한다. 이것을 물체의 **관성모멘트**(*moment of inertia*)이라고 하고 $kg\text{-}m^2$이나 $slug\text{-}ft^2$으로 표기된다. 관성의 계산법은 이 책의 범위를 넘으므로 이 책에서는 다루지 않겠다. 이것에 대한 정보는 이 장 끝에 참고문헌 2에서 볼 수 있다.

일 *W*

선형 운동에서 일이란 힘이 인가되어 움직인 거리로서 정의될 수 있다. 식은

$$W = \int F\,dr \tag{1-9}$$

로 표현할 수 있고 힘은 운동방향과 수평으로 작용한다고 가정한다. 운동하는 물체에 수평으로 일정한 힘을 인가한 특별한 경우에는 이 공식을 다음과 같이 쓴다.

$$W = Fr \tag{1-10}$$

일의 단위는 SI단위에서는 주울(J) 그리고 영국단위계에서는 피이트-파운드(ft·lb)를 사용한다.

회전 운동에 있어서 일은 **토오크**를 인가하여 움직인 각으로서 정의될 수 있다. 여기에서 일의 방정식은

$$W = \int \tau \, d\theta \tag{1-11}$$

이다. 그리고 만약 토오크가 일정하다면 다음과 같다.

$$W = \tau\theta \tag{1-12}$$

전력 P

전력은 일의 비율이다. 즉, 단위 시간당 일의 증가 비율을 말한다.

전력에 대한 공식은

$$P = \frac{dW}{dt} \tag{1-13}$$

이다. 이것의 단위는 보통 joule/second(watt), feet-pound/second, 그리고 마력(horse power)을 사용한다. 이런 정의와 인가되는 힘은 일정하고 회전방향과 수평이라고 가정하면 전력은 다음과 같이 주어진다.

$$P = \frac{dW}{dt} = \frac{d}{dt}(Fr) = F\left(\frac{dr}{dt}\right) = Fv \tag{1-14}$$

일정한 토오크를 가정하면 회전하는 전동기의 전력은 다음과 같이 주어진다.

$$P = \frac{dW}{dt} = \frac{d}{dt}(\tau\theta) = \tau\left(\frac{d\theta}{dt}\right) = \tau\omega$$

$$P = \tau\omega \tag{1-15}$$

식 (1-15)는 전기기기를 공부하는 데 아주 중요한 식이다. 이것은 전동기나 발전기의 축에 걸리는 기계적 출력에 대해 설명할 수 있기 때문이다.

만약 전력은 watt로 토오크는 N·m 그리고 각속도는 rad/s로 단위가 주어지면 식 (1-15)는 전력, 토오크, 그리고 속도 사이의 정확한 관계를 나타낸다. 만약 위의 단위를 다르게 나타내면 상수는 단위 변환상수로서 등식에 표기되어야 한다. 토오크는 파운드-피트(lb·ft)로, 속도를 분당 회전수(rpm)로, 그리고 전력을 와트(watt)나 마력으로의 변환은 일반적인 기술적 관습이다. 만약 적절한 변환상수를 각 항에 소개한다면 식 (1-15)는

$$P\ (\text{watts}) = \frac{\tau\ (\text{lb-ft})\ n\ (\text{r/min})}{7.04} \tag{1–16}$$

$$P\ (\text{horsepower}) = \frac{\tau\ (\text{lb-ft})\ n\ (\text{r/min})}{5252} \tag{1–17}$$

이 된다. 여기에서 토오크는 pound-feet 그리고 속도는 rpm으로 표기된다.

1.4 자계

앞에서 언급했던 자계는 전동기, 발전기, 변압기에서 한 형태의 에너지에서 다른 형태의 에너지로 변환하는 데 있어 매우 중요한 매개요소이다. 이러한 전기기기에서 자계가 어떻게 사용되는지를 설명해 주는 네 가지 원리들은 소개한다.

1. 권선에 흐르는 전류는 권선 주위에 자계를 만든다.
2. 자계가 코일에 쇄교한다면 시간적으로 변하는 자계는 전압을 유기한다(이것은 변압기 작용의 기본이 된다).
3. 자계가 존재하는 공간에 전류가 흐르는 권선이 존재하면 이 권선에 힘이 유기된다(이것은 전동기 작용의 기본이 된다).
4. 자계가 존재하는 공간에 권선이 움직이면 이 권선에 전압이 유기된다(이것은 발전기 작용의 기본이 된다).

이 절에서는 권선에 전류가 흐를 때 어떻게 자계가 형성되는가를 자세히 설명할 것이다. 다음 절에서는 나머지 세 가지 원리들에 대하여 설명하겠다.

자계의 생성

전류에 의해 유도되는 자계의 기본법칙은 암페어 법칙이다.

$$\oint \mathbf{H} \cdot d\mathbf{l} = I_{\text{net}} \tag{1–18}$$

여기에서 $\mathbf{H}$는 전류 I_{net}에 의해 유도되는 자계세기이다. SI 단위계에서 I의 단위는 ampere이고 H의 단위는 ampere-turn/meter이다. 이러한 등식을 잘 이해하기 위해서 그림 1-3의 간단한 예에 이 공식을 응용해 보면 도움이 될 것이다. 그림 1-3은 철심의 한쪽에 N회 권선을 감은 직사각형의 철심을 보여주고 있다. 철심이 철 내지는 다른 어떤 유사한 금속으로 되어 있으며(이들을 강자성체라고 부른다), 필연적으로 전류에 의해 만들어지는 자계는 철심의 안쪽에 존재하기 때문에 암페어 법칙의 적분 구간은 철심의 평균 자로길이 l_c가 된다. 전류 i가 흐르는 동안에 권선의 코일은 적분경로 상에서 N배로 감겨있기 때문에 적분경로 안에서의 통과하는 전류 I_{net}는 Ni가 된다. 그래서 암페어 법칙은

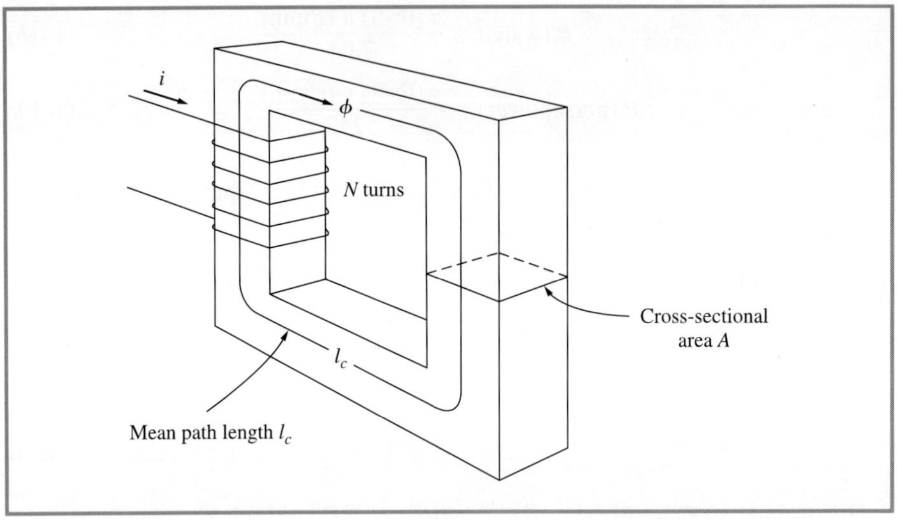

그림 1-3
철심

$$Hl_c = Ni \tag{1–19}$$

가 된다. 여기에서 H는 자계세기 벡터 **H**의 크기이다. 그래서 전류의 인가에 의한 철심 안에서의 자계세기의 크기는

$$H = \frac{Ni}{l_c} \tag{1–20}$$

가 된다. 자계세기 **H**는 자계의 형성에 기여하는 전류의 효과에 대한 측정치이다. 철심에 유기되는 자속은 철심을 구성하는 물질에 의존한다. 자계세기 **H**와 물질 안에서 유기되는 자속밀도 **B**사이의 관계는 다음과 같이 주어진다.

$$\mathbf{B} = \mu\mathbf{H} \tag{1–21}$$

여기서

- **H** = 자계세기
- μ = 물질의 투자율
- **B** = 자속밀도

자성체 내에 만들어지는 실제 자속밀도는 두 항의 곱으로 주어진다.

- **H** : 자계를 형성시키는 전류의 효과
- μ : 주어진 물질 안에서 자계를 형성하는 정도

자계의 세기 단위는 ampere-turn/meter, 투자율의 단위는 henry/meter이고 자속밀도의 단위는 tesla(T)로 알려진 weber/meter^{2}이다.

자유 공간에서의 투자율은 μ_0라고 부르고 이 값은

$$\mu_0 = 4\pi \times 10^{-7}\ \text{H/m} \tag{1–22}$$

이다. 자유 공간에서의 투자율에 대한 다른 물질의 투자율을 비투자율이라고 한다.

$$\mu_r = \frac{\mu}{\mu_0} \tag{1–23}$$

비투자율은 재질의 자화능력을 비교하는 방법이다. 예를 들면 현재의 기계에 사용되는 철은 2000에서 6000이나 그 이상의 비투자율을 가지고 있다. 이것은 주어진 전류의 양에 대해 공기만 있는 경우에 비해 2000에서 6000배의 더 큰 자속을 철심에서 형성한다는 것을 의미한다(공기의 투자율은 자유 공간의 투자율과 같다). 명확히 변압기와 전동기의 철심은 자속의 증가와 집중에 있어서 극히 중요한 역할을 한다.

또한 철의 투자율은 공기의 투자율보다 매우 높기 때문에 그림 1-3과 같은 철심에서 대부분의 자속은 매우 낮은 투자율을 갖는 주위의 공기보다는 철심을 통해 흐른다. 철심으로 흐르지 않는 작은 양의 **누설자속**은 변압기나 전동기에서 코일들 사이의 자속쇄교수와 코일들의 자기 인덕턴스를 결정하는 데 매우 중요하다.

그림 1-3에서와 같은 철심에서는 자속밀도의 크기는

$$B = \mu H = \frac{\mu N i}{l_c} \tag{1–24}$$

로 주어진다. 주어진 공간에서의 전체 자속은

$$\phi = \int_A \mathbf{B} \cdot d\mathbf{A} \tag{1–25a}$$

로 주어진다. 여기서 dA은 면적의 미분 요소이다. 만약에 자속밀도 벡터가 그 면적 A에 대해 수직이고 자속밀도가 그 공간에서 일정하다면 이 방정식은

$$\phi = BA \tag{1–25b}$$

로 줄일 수 있다. 그래서 그림 1-3에서 권선의 전류 i에 의한 전체자속은

$$\phi = BA = \frac{\mu N i A}{l_c} \tag{1–26}$$

로 주어진다. 여기서 A는 철심의 단면적이다.

자기회로

식 (1-26)에서 철심의 주위에 감겨진 권선에 **전류**가 흐르면 철심에 자속을 만든다는 것을 알 수 있다. 이것은 전류의 흐름을 만드는 전기회로에서 전압과 유사한 역할을 한다. 전기회로에서의 전압 방정식과 유사한 방정식에 의해 자기회로를 정의할 수 있다. 자기회로 모델은 전기기기나 변압기의 매우 복잡한 설계과정을 간략하는 데 종종 사용된다.

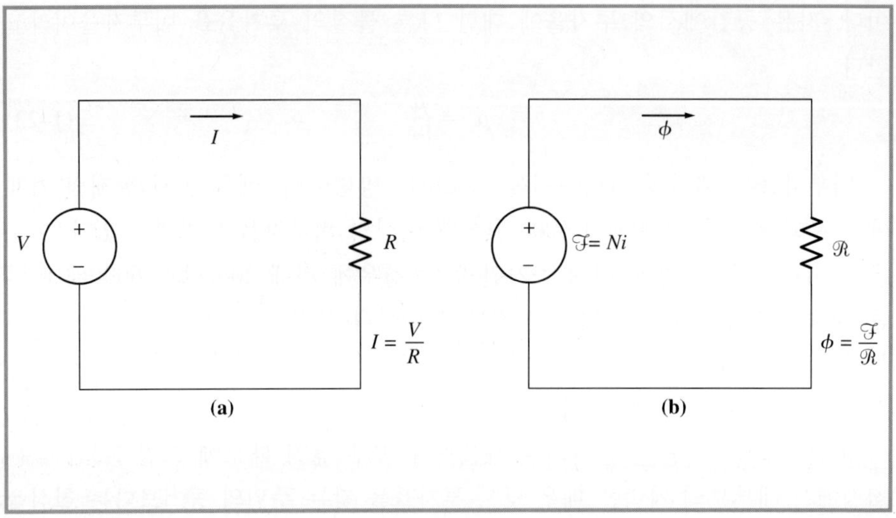

그림 1-4
(a) 전기회로,
(b) 변압기 철심의 자기회로

그림 1-4(a)에 보여주는 것처럼 간단한 전기회로에서 전압 V, 저항 R이 연결된 회로에 전류 I를 흘려준다. 이런 양들 사이의 관계는 **오옴의 법칙**으로 주어진다.

$$V = IR$$

전기회로에서 전압 V 내지는 기전력은 전류를 흐르게 한다. 이와 유사하게 전기회로의 상대적인 양을 **기자력**(magnetomotive force, mmf)이라 부른다. 자기회로의 기자력은 철심에 적용된 전류의 흐름과 유사한 효과를 보인다.

$$\mathcal{F} = Ni \tag{1–27}$$

여기서 $\mathcal{F}$는 기자력의 기호이고 단위는 ampere-turn이다.

전기회로의 전압과 같이 자기회로의 기자력은 극성을 갖는다. 기자력에 자속을 발생하는 한쪽 끝이 +이고 자속이 다시 들어가는 쪽이 −이다. 권선의 코일로부터 기자력의 극성은 오른손 법칙을 사용하여 결정할 수 있다. 만약 오른손을 고리 모양으로 했을 때 손가락들이 권선 코일의 전류의 방향이라면 엄지손가락은 기자력의 정방향이 될 것이다(그림 1-5).

전기회로에서는 인가된 전압에 의해 전류가 흐른다. 유사하게 자기회로에서 인가된 기자력에 의해 자속 ϕ가 유도된다. 전기회로의 전압과 전류사이의 관계는 오옴의 법칙($V = IR$)이다. 유사하게 기자력과 자속사이의 관계는 다음과 같다.

$$\boxed{\mathcal{F} = \phi \mathcal{R}} \tag{1–28}$$

여기서 $\mathcal{F}$ = 회로의 기자력, ϕ = 회로의 자속, $\mathcal{R}$ = 회로의 자기저항이다. 자기회로의 **자기저항**은 전기저항의 상대적인 양이다. 단위는 ampere-turn/weber이다.

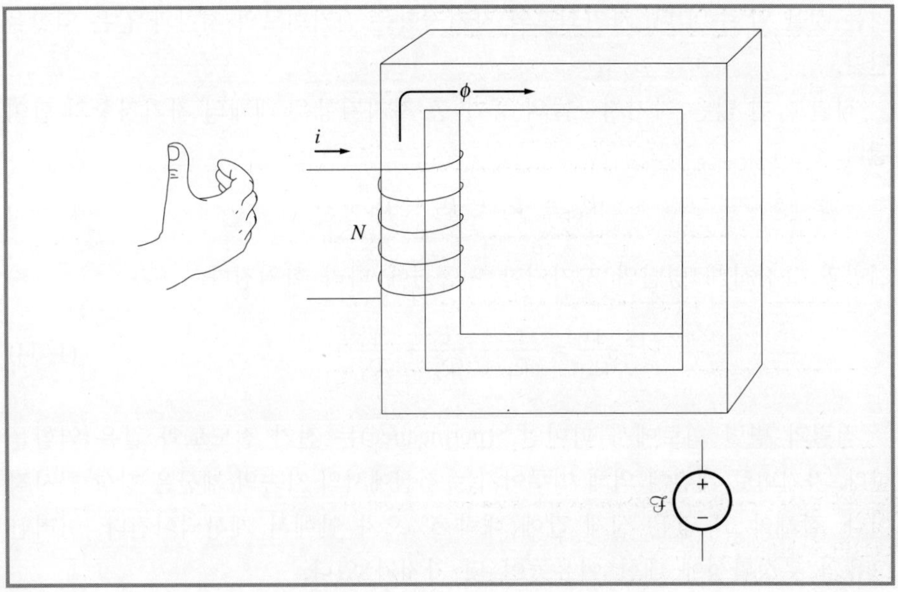

그림 1-5
자기회로에서의 기자력의 극성

여기서 또 도전율에 대한 자기회로에서의 정의가 있다. 전기회로의 도전율이 전기저항의 역수인 것과 같이 자기회로의 도자율(permeance) $\mathcal{P}$는 자기회로의 자기저항(reluctance)의 역수이다.

$$\mathcal{P} = \frac{1}{\mathcal{R}} \tag{1-29}$$

기자력과 자속사이의 관계는

$$\phi = \mathcal{F}\mathcal{P} \tag{1-30}$$

로 나타낼 수 있다. 어떤 상황에서는 자기회로의 자기저항보다는 도자율로 나타내기가 더 쉽다.

그림 1-3의 철심의 자기저항은 무엇인가? 이 코일의 발생된 자속은 식 (1-26)에 주어진다.

$$\phi = BA = \frac{\mu NiA}{l_c} \tag{1-26}$$

$$= Ni\left(\frac{\mu A}{l_c}\right)$$

$$\phi = \mathcal{F}\left(\frac{\mu A}{l_c}\right) \tag{1-31}$$

식 (1-28)을 (1-31)과 비교해보면 철심의 자기저항은

$$\mathcal{R} = \frac{l_c}{\mu A} \tag{1-32}$$

라는 것을 알 수 있다. 자기회로의 자기저항은 전기회로의 저항과 같은 역할을 한다.

직렬로 된 많은 자기저항들의 등가 총 자기저항은 개개의 자기저항의 합이 된다.

$$\mathcal{R}_{eq} = \mathcal{R}_1 + \mathcal{R}_2 + \mathcal{R}_3 + \cdots \tag{1–33}$$

저항과 유사하게 병렬의 자기저항은 공식에 따라 합쳐진다.

$$\frac{1}{\mathcal{R}_{eq}} = \frac{1}{\mathcal{R}_1} + \frac{1}{\mathcal{R}_2} + \frac{1}{\mathcal{R}_3} + \cdots \tag{1–34}$$

직렬과 병렬 회로에서 퍼미언스(permeance)는 전기 전도도와 같은 역할을 한다. 자기회로 개념에 의해 이루어지는 철심에서의 자속의 계산은 항상 근사적이다. 잘해야 그 값은 실제 값에 대략 5%오차 안에서 계산되어진다. 이러한 고유의 부정확성에 대한 이유들이 몇 가지가 있다.

1. 자기회로 개념에서 모든 자속은 철심 안에서 존재한다고 가정한다. 불행히도 이것은 그리 정확한 것은 아니다. 강자성체의 투자율이 공기의 2000에서 6000배 이지만 철심에서 주위의 낮은 투자율의 공기로 자속의 일부가 도망간다. 철심 밖으로 흐르는 이런 자속을 **누설자속**(*leakage flux*)이라 부르고 이것은 전기기기의 설계에서 중요한 역할을 한다.
2. 자기저항의 계산에서 철심의 어떤 평균 경로 길이와 단면적을 가정한다. 이러한 가정은 그리 좋은 것은 아니다. 특히 모서리에서 틀리게 된다.
3. 강자성체에서 투자율은 물질 안의 자속의 양에 따라 변화된다. 이런 비선형적인 효과는 아래에 자세히 설명되어 있다. 자기회로해석에 다른 오차의 원인이 더해진다. 자기회로의 계산에 사용되는 자기저항은 재질의 투자율에 의존한다.
4. 만약 철심 안의 자속경로에 공극이 있다면 공극의 유효단면적은 각각의 철심의 단면적보다 더 크다. 이런 여분의 유효단면적은 공극에서의 **프린징 효과**(*fringing effect*)에 의해 발생한다(그림 1-6).

이런 오차의 원인들은 계산에서 실제 물리적 길이, 면적 대신 수정된 또는 유효한 평균경로 길이나 단면적을 사용함으로서 줄일 수 있다. 자기회로의 개념에 대해 많은 제약들이 있지만 실제 기기의 설계시 자속의 계산에서는 아직 유용한 가장 쉬운 설계도구이다. 맥스웰 방정식에 의한 정확한 계산은 아주 어렵고, 어떤 면에서 불필요하다. 만족할 만한 결과는 이런 근사적인 모델로서 얻을 수 있기 때문이다.

다음의 예는 기본적인 자기회로의 계산 등을 설명하고 있다. 이런 예에서 답은 유효숫자 3자리로 주어진다.

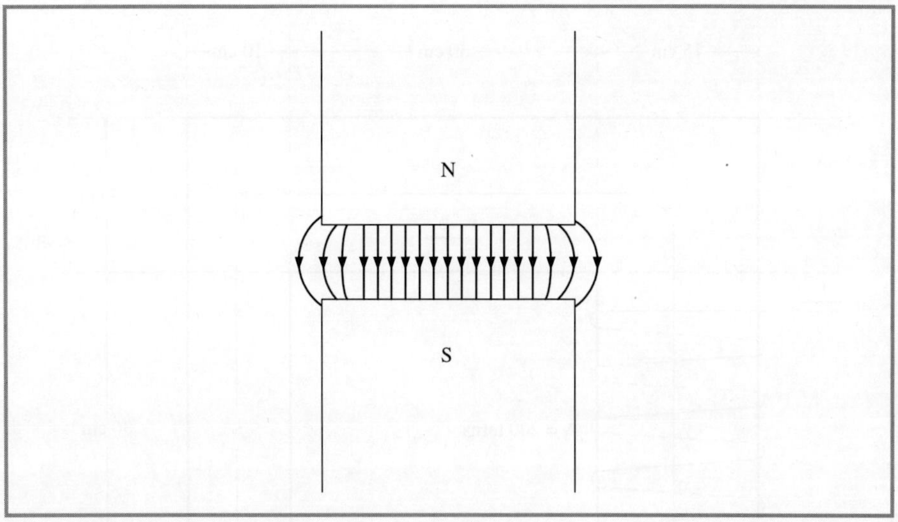

그림 1-6
철심공극에서의 프린징 효과. 철심보다 유효단면적이 증가한다.

예제 1-1

강자성체 철심이 그림 1-7(a)에 있다. 철심의 3개의 변의 넓이는 같고 4번째 변은 다소 좁다. 철심의 깊이는 10 cm이다. 그리고 다른 치수들이 그림에 표시되어 있다. 철심 왼쪽 편에 코일이 200회 감겨있다. 비투자율 μ_r은 2500이라 가정한다면, 1 A 전류에 의해 자속은 얼마나 생성되는가?

풀이

여기서는 문제를 두 번 풀이할 것이다. 한 번은 수식을 이용한 계산법이고 또 한 번은 MATLAB을 이용한 계산이다. 이 두 접근 방법은 같은 결과를 보여줄 것이다.

철심 세 곳의 단면적은 같고, 나머지는 다르다. 그러므로 철심은 두 영역으로 나뉜다. (1) 얇은 한쪽 (2) 나머지 3부분. 이에 대한 등가회로는 그림 1-7(b)에 있다. 영역 (1)의 평균경로는 45 cm, 단면적은 10 × 10 cm = 100 cm^{2}이다. 첫 영역의 자기저항은

$$\mathcal{R}_1 = \frac{l_1}{\mu A_1} = \frac{l_1}{\mu_r \mu_0 A_1} \quad (1\text{–}32)$$

$$= \frac{0.45 \text{ m}}{(2500)(4\pi \times 10^{-7})(0.01 \text{ m}^2)}$$

$$= 14{,}300 \text{ A} \cdot \text{turns/Wb}$$

이다. 영역 2의 평균자로는 130 cm, 단면적은 15 × 10 cm = 150 cm^{2}이다. 그러므로 두 번째 영역의 자기저항은

$$\mathcal{R}_2 = \frac{l_2}{\mu A_2} = \frac{l_2}{\mu_r \mu_0 A_2} \quad (1\text{–}32)$$

$$= \frac{1.3 \text{ m}}{(2500)(4\pi \times 10^{-7})(0.015 \text{ m}^2)}$$

$$= 27{,}600 \text{ A} \cdot \text{turns/Wb}$$

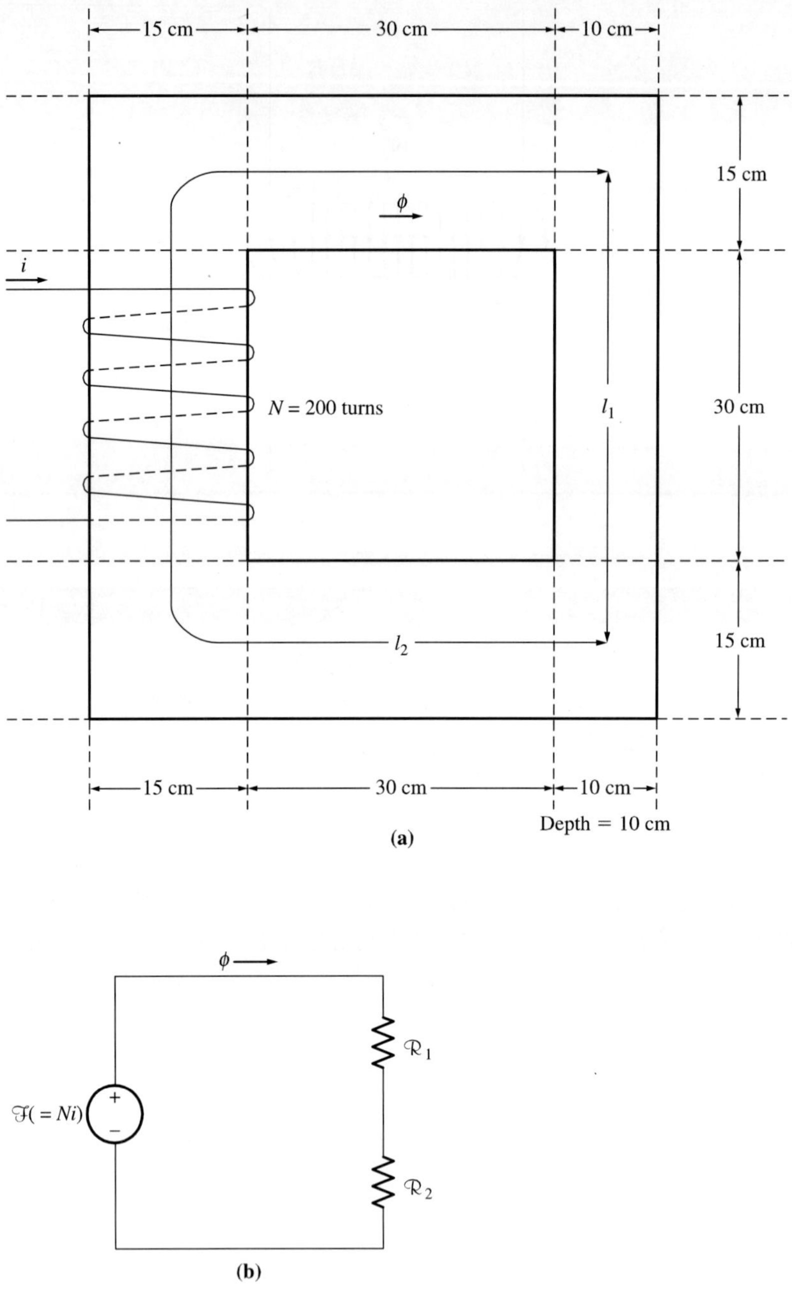

그림 1-7
(a) 예제 1-1의 자성체 철심, (b) 철심의 등가회로

이다. 그러므로 철심의 총 자기저항은

$$
\begin{aligned}
\mathcal{R}_{eq} &= \mathcal{R}_1 + \mathcal{R}_2 \\
&= 14{,}300 \text{ A} \bullet \text{turns/Wb} + 27{,}600 \text{ A} \bullet \text{turns/Wb} \\
&= 41{,}900 \text{ A} \bullet \text{turns/Wb}
\end{aligned}
$$

이다. 총 기자력은

$$\mathcal{F} = Ni = (200 \text{ turns})(1.0 \text{ A}) = 200 \text{ A} \bullet \text{turns}$$

이고 철심의 총 자속은

$$\begin{aligned}\phi &= \frac{\mathcal{F}}{\mathcal{R}} = \frac{200 \text{ A} \bullet \text{turns}}{41{,}900 \text{ A} \bullet \text{turns/Wb}} \\ &= 0.0048 \text{ Wb}\end{aligned}$$

MATLAB을 이용한 계산법은 아래의 프로그램을 이용하면 된다.

```
% M-file: ex1_1.m
% M-file to calculate the flux in Example 1-1.
l1 = 0.45;                          % Length of region 1
l2 = 1.3;                           % Length of region 2
a1 = 0.01;                          % Area of region 1
a2 = 0.015;                         % Area of region 2
ur = 2500;                          % Relative permeability
u0 = 4*pi*1E-7;                     % Permeability of free space
n = 200;                            % Number of turns on core
i = 1;                              % Current in amps

% Calculate the first reluctance
r1 = l1 / (ur * u0 * a1);
disp (['r1 = ' num2str(r1)]);

% Calculate the second reluctance
r2 = l2 / (ur * u0 * a2);
disp (['r2 = ' num2str(r2)]);

% Calculate the total reluctance
rtot = r1 + r2;

% Calculate the mmf
mmf = n * i;

% Finally, get the flux in the core
flux = mmf / rtot;

% Display result
disp (['Flux = ' num2str(flux)]);
```

이 프로그램이 실행되면

```
» ex1_1
r1 = 14323.9449
r2 = 27586.8568
Flux = 0.004772
```

의 결과를 얻을 수 있고, 이 값은 앞선 계산 결과와 같다.

예제 1-2

그림 1-8(a)는 평균경로가 40 cm인 강자성체 철심을 보여주고 있다. 철심은 0.05 cm의 작은 공극을 갖는 구조이다. 철심의 단면적은 12 cm^2이고, 철심의 비투자율은 4000이며, 철심의 권선은 400회 감겨있다. 공극의 프린징 효과는 공극의 유효단면적을 5 % 가량 증가시킨다. 이와 같을 때 (*a*) 자속경로(철심의 공극을 포함)의 전체 자기저항 그리고 (*b*) 공극의 자속밀도가 0.5 T이기 위해 필요한 전류를 구하여라.

풀이

철심의 등가회로들 그림 1-8(b)에 보였다.

(*a*) 철심의 자기저항은

$$\mathcal{R}_c = \frac{l_c}{\mu A_c} = \frac{l_c}{\mu_r \mu_0 A_c} \tag{1–32}$$

$$= \frac{0.4 \text{ m}}{(4000)(4\pi \times 10^{-7})(0.002 \text{ m}^2)}$$

$$= 66{,}300 \text{ A} \bullet \text{turns/Wb}$$

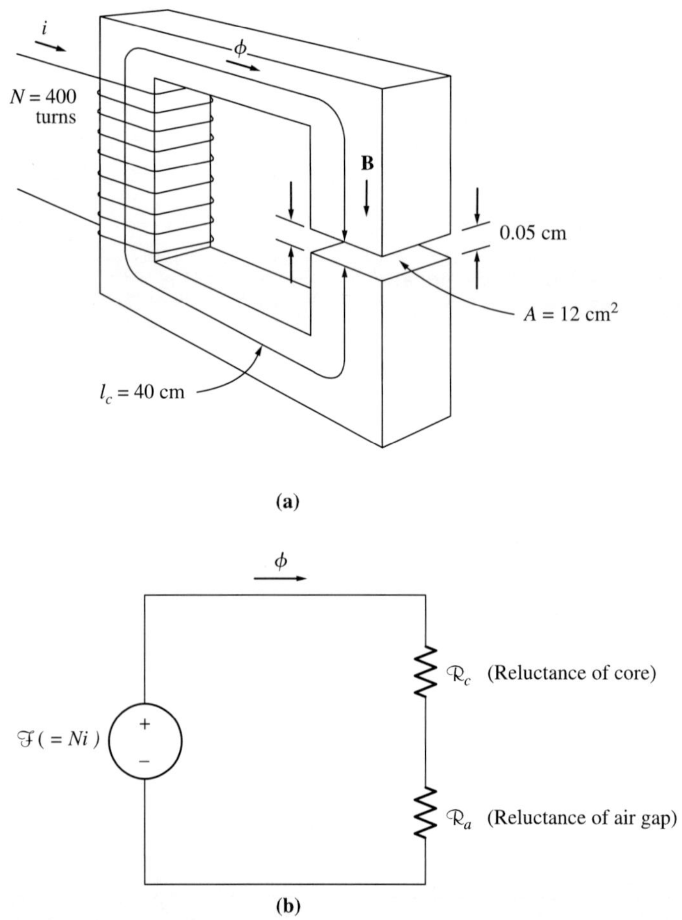

그림 1-8
(a) 예제 1-2의 강자성 철심, (b) 철심의 등가회로

공극의 유효단면적은 $1.05 \times 12\ \text{cm}^2 = 12.6\ \text{cm}^2$이고, 그러므로 공극의 자기저항은

$$\mathcal{R}_a = \frac{l_a}{\mu_0 A_a} \tag{1-32}$$

$$= \frac{0.0005\ \text{m}}{(4\pi \times 10^{-7})(0.00126\ \text{m}^2)}$$

$$= 316{,}000\ \text{A} \bullet \text{turns/Wb}$$

이고, 그러므로 자속경로의 총 자기저항은

$$\mathcal{R}_{\text{eq}} = \mathcal{R}_c + \mathcal{R}_a$$

$$= 66{,}300\ \text{A} \bullet \text{turns/Wb} + 316{,}000\ \text{A} \bullet \text{turns/Wb}$$

$$= 382{,}300\ \text{A} \bullet \text{turns/Wb}$$

이다. 계산결과로부터 공극이 철심보다 800배 짧지만 자기저항의 대부분은 공극에 의한 것이다.

(*b*) 식 (1-28)로부터

$$\mathcal{F} = \phi \mathcal{R} \tag{1-28}$$

이고, 자속 $\phi = BA$, $\mathcal{F} = Ni$이므로

$$Ni = BA\mathcal{R}$$

이다. 그러므로

$$i = \frac{BA\mathcal{R}}{N}$$

$$= \frac{(0.5\ \text{T})(0.00126\ \text{m}^2)(383{,}200\ \text{A} \bullet \text{turns/ Wb})}{400\ \text{turns}}$$

$$= 0.602\ \text{A}$$

공극에서의 자속을 구해야 하므로 공극 유효면적이 사용되었다.

예제 1-3

그림 1-9(a)는 직류전동기의 간략화된 회전자와 고정자를 보여주고 있다. 고정자의 평균경로 길이는 50 cm이고 단면적은 12 cm^{2}이다. 회전자의 평균경로 길이는 5 cm이고 단면적은 또한 12 cm^{2}으로 가정한다. 회전자와 고정자사이의 각 공극은 0.05 cm의 길이를 갖고 단면적은 14 cm^{2}이다(프린징효과 포함). 철심의 비투자율은 2000이며 권선은 200회 감겨져있다. 만약 권선에 흐르는 전류가 1 A이라면 공극의 자속밀도는 얼마인가?

풀이

공극에서의 자속밀도를 구하기 위해서는 철심에 인가된 기자력과 자로의 총 자기저항을 먼저 구해야 된다. 총 자속을 구하고 단면적을 구하면 된다.

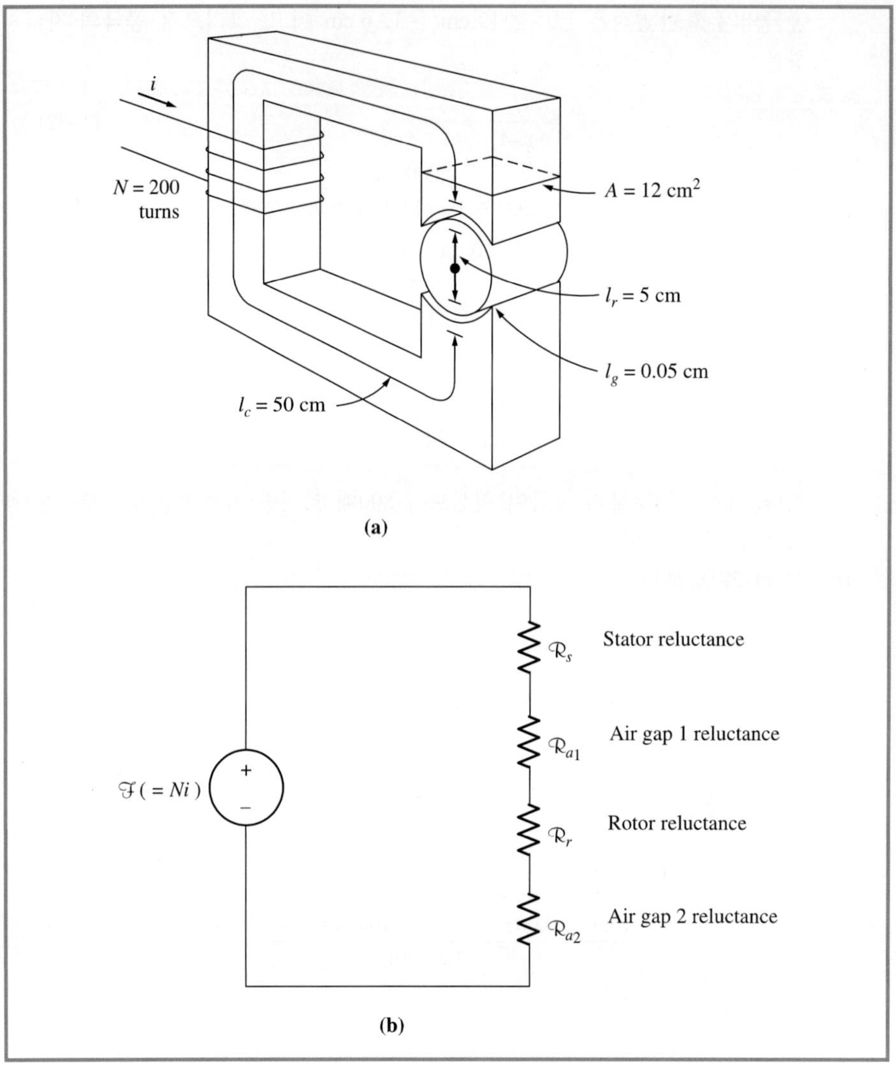

그림 1-9
(a) 직류전동기 고정자와 회전자의 개략도, (b) 등가회로

고정자의 자기저항은

$$\mathcal{R}_s = \frac{l_s}{\mu_r \mu_0 A_s}$$
$$= \frac{0.5 \text{ m}}{(2000)(4\pi \times 10^{-7})(0.0012 \text{ m}^2)}$$
$$= 166{,}000 \text{ A} \bullet \text{turns/Wb}$$

이고, 회전자의 자기저항은

$$\mathcal{R}_r = \frac{l_r}{\mu_r \mu_0 A_r}$$
$$= \frac{0.05 \text{ m}}{(2000)(4\pi \times 10^{-7})(0.0012 \text{ m}^2)}$$
$$= 16{,}600 \text{ A} \bullet \text{turns/Wb}$$

이다. 또 공극의 자기저항은

$$\mathcal{R}_a = \frac{l_a}{\mu_r \mu_0 A_a}$$
$$= \frac{0.0005\ \text{m}}{(1)(4\pi \times 10^{-7})(0.0014\ \text{m}^2)}$$
$$= 284{,}000\ \text{A} \cdot \text{turns/Wb}$$

이다. 기계의 등가회로는 그림 1-9(b)에 있다. 자로의 총 자기저항은 이다. 철심에 가해진 기자력은

$$\mathcal{R}_{\text{eq}} = \mathcal{R}_s + \mathcal{R}_{a1} + \mathcal{R}_r + \mathcal{R}_{a2}$$
$$= 166{,}000 + 284{,}000 + 16{,}600 + 284{,}000\ \text{A} \cdot \text{turns/Wb}$$
$$= 751{,}000\ \text{A} \cdot \text{turns/Wb}$$

이다. 그러므로 철심의 총 자속은

$$\mathcal{F} = Ni = (200\ \text{turns})(1.0\ \text{A}) = 200\ \text{A} \cdot \text{turns}$$

이다. 결국 전동기 공극에서의 자속밀도는

$$\phi = \frac{\mathcal{F}}{\mathcal{R}} = \frac{200\ \text{A} \cdot \text{turns}}{751{,}000\ \text{A} \cdot \text{turns/ Wb}}$$
$$= 0.000266\ \text{Wb}$$

이고 전동기의 공극에서의 자속밀도는 다음과 같다.

$$B = \frac{\phi}{A} = \frac{0.000266\ \text{Wb}}{0.0014\ \text{m}^2} = 0.19\ \text{T}$$

강자성체의 성질

이 절의 첫 부분에서 자기 투자율을 식으로 정의하였다.

$$\mathbf{B} = \mu \mathbf{H} \tag{1–21}$$

강자성체의 투자율은 자유공간의 투자율보다 6000배 이상 높다는 것은 설명되었다. 이번 논의와 앞으로의 예제에서는 투자율은 물질에 인가되는 기자력에도 불구하고 일정한 것으로 가정한다. 비록 자유공간에서 투자율은 일정하지만 대부분의 철이나 다른 강자성체는 그렇지 않다.

강자성체에서 자기의 투자율의 동작에 대해 설명하기 위해 그림 1-3에서 보여진 철심에 직류를 0 A에서 최대 허용 전류까지 점진적으로 상승시켜 보자. 철심에 유도된 자속을 기자력에 대하여 그려보면 그 결과는 그림 1-10(a)와 같이 될 것이다. 이런 종류의 표를 **포화곡선**(*saturation curve*)내지는 **자화곡선**(*magnetization curve*)이라고 부른다. 처음 부분에서는 기자력의 증가가 작아도 자속의 증가는 크다. 어떤 지점을 통과 후 기자력을 더 증가시키면 자속은 상대적으로 적게 증가한다. 마지막 지점에서 기자력의 증가는 자속을 거의 변화시키지 않는다. 곡선의 평평한 영역을 **포화영역**(*saturation region*)이라 불린다. 그리고 철

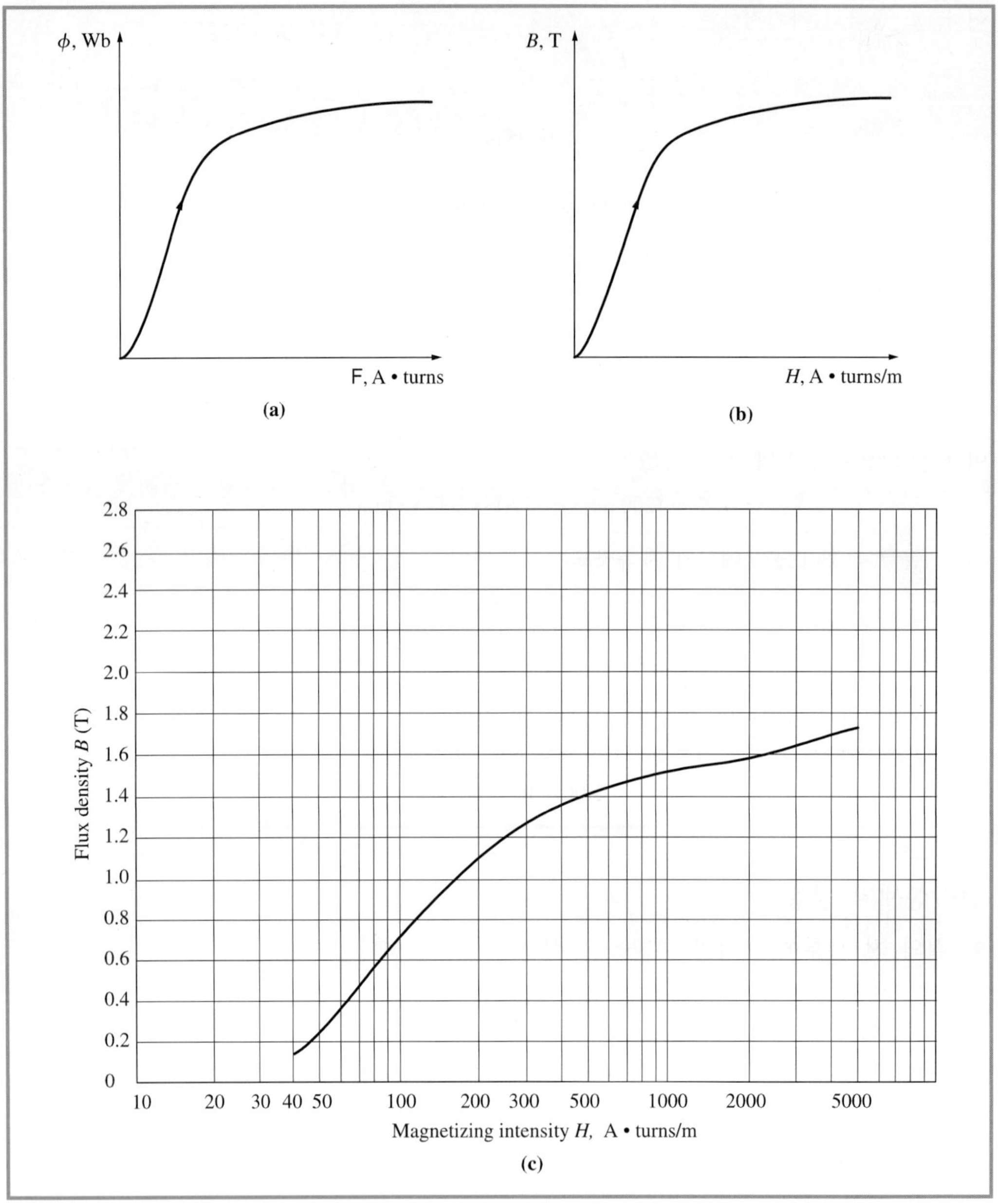

그림 1-10

(a) 강자성체의 자화곡선, (b) B-H 곡선, (c) 상세한 자화곡선

심은 포화되었다고 한다. 이에 대해 자속의 변화가 매우 급격한 지역의 곡선은 **비포화영역**(*unsaturated region*)이라고 하고 비포화되었다고 한다. 포화지역과 비포화지역사이의 변화 지역은 때때로 **곡선의 변곡점**(*knee*)이라 불리운다. 따라서 자속은 비포화영역에서는 기자력에 비례하고, 포화영역에서는 기자력에 무관하게 거의 일정하다.

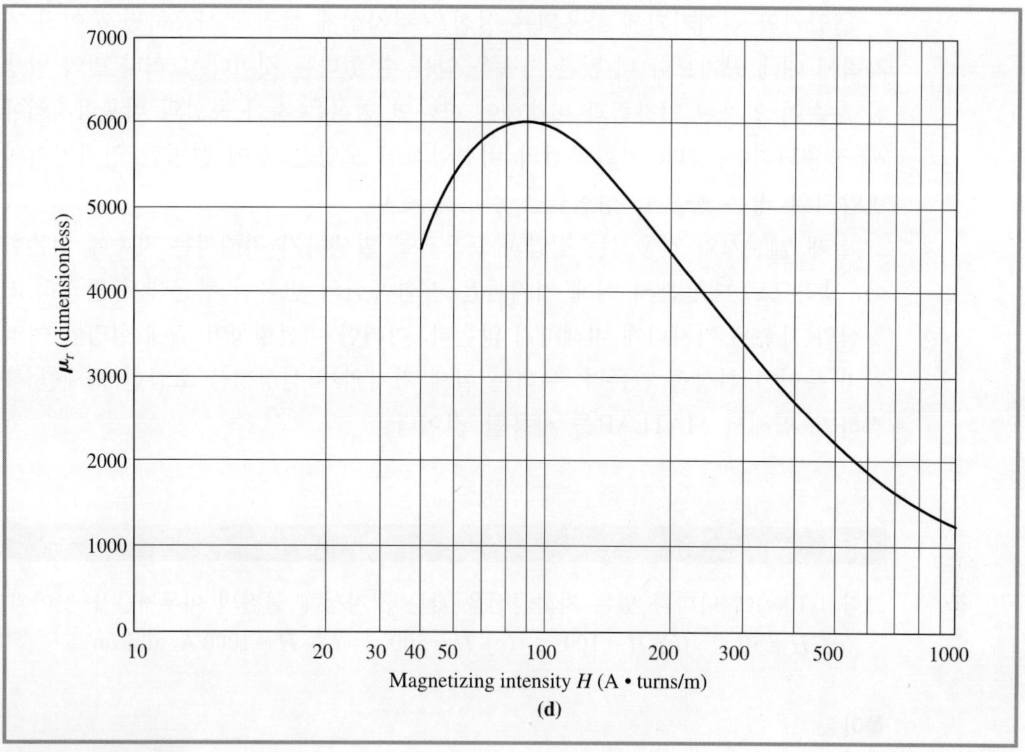

그림 1-10 (계속)
(d) 자계세기에 따른 비투자율 곡선

다른 유사한 관계의 그래프는 그림 1-10(b)에서 보여진다. 그림 1-10(b)는 자계세기 **H**에 대한 자속밀도 **B**의 그림이다. 식 (1-20)과 식 (1-25b)로부터

$$H = \frac{Ni}{l_c} = \frac{\mathcal{F}}{l_c} \tag{1–20}$$

$$\phi = BA \tag{1–25b}$$

어떤 철심에서 자계세기는 기자력에 직접 비례하고 자속밀도는 어떤 주어진 철심에서 자속에 직접 비례함을 알 수 있다. B와 H사이의 관계는 자속과 기자력 사이의 관계와 같은 모양을 하고 있다. 그림 1-10(b)에서 어떤 H의 값에서 자속밀도에 대한 자계세기곡선의 기울기는 그 자계세기 지점에서 철심의 투자율이다. 투자율은 비포화 지역에서는 크고 상대적으로 일정하다. 그리고 철심이 심하게 포화됨에 따라 매우 낮은 값으로 떨어진다.

그림 1-10(c)는 더 상세하게 대수눈금 크기의 자계세기에 따른 전형적인 철심의 자화곡선이다. 대수 눈금으로 보여진 자계세기에 있어 가장 큰 포화영역을 그래프에서 볼 수 있다.

변압기와 전기기기에 사용되는 철심을 강자성체 물질로 사용하면 주어진 기자력에 대해 공기보다 더 많은 자속을 얻을 수 있다는 것이다. 그러나 만약 발생한 자속이 인가된 기자력과 비례해야 한다면 철심은 자화 곡선의 비포화지역에서 작용되어야 한다. 자화곡선의 비선형적인 모양은 후에 설명할 전기기기와 변압기의 많은 중요한 성질들을 설명해 준다.

실제 발전기와 전동기는 전압과 토오크를 발생하기 위해서는 자속에 의존한다. 그러므로 대부분의 실제 기기들은 자화곡선의 변곡점 부근에서 동작하고, 철심의 자속은 기자력에 비례하지 않는다. 이러한 비선형성이 뒤에 설명할 여러 가지 특이한 현상을 만든다. 우리는 실제 기기의 비선형성을 포함한 문제를 해결하기 위해서 MATLAB을 사용할 것이다.

예제 1-4

그림 1-10(c)에 나타나 있는 자화곡선을 갖는 강자성체 물질의 비투자율을 찾아라.

(*a*) $H = 50$ (*b*) $H = 100$ (*c*) $H = 500$ (*d*) $H = 1000$ A·turns/m

풀이

재질의 투자율은

$$\mu = \frac{B}{H}$$

이고, 상대투자율은

$$\mu_r = \frac{\mu}{\mu_0} \tag{1–23}$$

이다. 그러므로 주어진 자계세기에서 투자율을 구하기는 쉽다.

(*a*) $H = 50$ A·turns/m, $B = 0.25$ T

$$\mu = \frac{B}{H} = \frac{0.25\ \text{T}}{50\ \text{A} \bullet \text{turns/m}} = 0.0050\ \text{H/m}$$

그리고

$$\mu_r = \frac{\mu}{\mu_0} = \frac{0.0050\ \text{H/m}}{4\pi \times 10^{-7}\ \text{H/m}} = 3980$$

(*b*) $H = 100$ A·turns/m, $B = 0.72$ T

$$\mu = \frac{B}{H} = \frac{0.72\ \text{T}}{100\ \text{A} \bullet \text{turns/m}} = 0.0072\ \text{H/m}$$

그리고

$$\mu_r = \frac{\mu}{\mu_0} = \frac{0.0072\ \text{H/m}}{4\pi \times 10^{-7}\ \text{H/m}} = 5730$$

(*c*) $H = 500$ A·turns/m, $B = 1.40$ T

$$\mu = \frac{B}{H} = \frac{1.40\text{ T}}{500\text{ A}\bullet\text{turns/m}} = 0.0028\text{ H/m}$$

그리고

$$\mu_r = \frac{\mu}{\mu_0} = \frac{0.0028\text{ H/m}}{4\pi \times 10^{-7}\text{ H/m}} = 2230$$

(*d*) $H = 1000$ A·turns/m, $B = 1.51$ T

$$\mu = \frac{B}{H} = \frac{1.51\text{ T}}{1000\text{ A}\bullet\text{turns/m}} = 0.00151\text{ H/m}$$

그리고

$$\mu_r = \frac{\mu}{\mu_0} = \frac{0.00151\text{ H/m}}{4\pi \times 10^{-7}\text{ H/m}} = 1200$$

자계세기가 증가함에 따라 비투자율은 처음에는 증가하고 그 다음에는 떨어지기 시작하는 것을 알 수 있다. 자계세기 함수로서 이 물질의 비투자율은 그림 1-10(d)에서 보여준다. 이러한 모양은 모든 강자성체에서는 거의 일반적이다. 예제 1-1에서 1-3에서 일정한 비투자율에 대한 가정은 자계세기(기자력)의 상대적으로 좁은 범위에서 유효하다는 것을 H에 대한 μ_r의 그래프로부터 쉽게 알 수 있다.

아래의 예제에서는 비투자율은 일정하다고 가정하지 않는다. 대신에 H와 B사이의 관계는 그래프로 주어진다.

예제 1-5

정방형 철심이 평균 경로가 55 cm이고 단면적이 150 cm^{2}이다. 철심의 한쪽 편에 권선 코일이 200회 감겨있다. 철심은 그림 1-10(c)에 나타나있는 자화곡선의 재질로 만들어져있다.

(*a*) 철심에 0.012 Wb의 자속을 만드는 데 얼마의 전류가 필요한가?

(*b*) 이 전류 크기에서 철심의 비투자율은 어떠한가.

(*c*) 자기저항은?

풀이

(*a*) 철심에서 요구되는 자속밀도는

$$B = \frac{\phi}{A} = \frac{1.012\text{ Wb}}{0.015\text{ m}^2} = 0.8\text{ T}$$

이다. 그림 1-10(c)로부터 요구되는 자계세기는

$$H = 115\text{ A}\bullet\text{turns/m}$$

이다. 식 (1-20)으로부터 이 자계세기를 만드는 데 필요한 기자력은

$$\mathcal{F} = Ni = Hl_c$$
$$= (115\ \text{A} \bullet \text{turns/m})(0.55\ \text{m}) = 63.25\ \text{A} \bullet \text{turns}$$

이다. 그러므로 필요한 전류는 다음과 같다.

$$i = \frac{\mathcal{F}}{N} = \frac{63.25\ \text{A} \bullet \text{turns}}{200\ \text{turns}} = 0.316\ \text{A}$$

(*b*) 이 전류에서의 철심 투과율은

$$\mu = \frac{B}{H} = \frac{0.8\ \text{T}}{115\ \text{A} \bullet \text{turns/m}} = 0.00696\ \text{H/m}$$

이므로, 비투자율은 다음과 같다.

$$\mu_r = \frac{\mu}{\mu_0} = \frac{0.00696\ \text{H/m}}{4\pi \times 10^{-7}\ \text{H/m}} = 5540$$

(*c*) 철심의 자기저항은

$$\mathcal{R} = \frac{\mathcal{F}}{\phi} = \frac{63.25\ \text{A} \bullet \text{turns}}{0.012\ \text{Wb}} = 5270\ \text{A} \bullet \text{turns/Wb}$$

강자성체의 손실

철심의 권선에 직류를 인가하는 대신에 교류를 인가해 보자. 그리고 무슨 일이 일어나는지 살펴보자. 인가된 전류는 그림 1-11(a)에 보여준다. 철심의 자속은 초기에 0이라고 가정한다. 처음에는 전류가 증가함에 따라 철심의 자속은 그림 1-11(b)에서 경로 *ab*를 따라 증가한다. 이것은 그림 1-10에 보여진 기본 포화곡선이다. 그러나 전류가 다시 떨어질 때에는 전류가 증가할 때 따랐던 경로와는 다른 경로를 갖는다. 전류가 감소할 때 철심의 자속은 *bcd*의 경로를 따른다. 그리고 후에 전류가 다시 증가하면 자속은 *deb*경로를 따라 증가한다. 철심에 존재하는 자속의 양은 철심권선에 인가된 전류에 비례할 뿐 아니라, 철심의 이전의 자속의 궤적에도 의존한다. 이전의 자속궤적과 자속경로를 다시 따르지 않는 이런 의존성을 **히스테리시스(hysteresis)**라 한다. 인가된 전류의 변화에 따라 그림 1-11(b)와 같은 그림을 그리는 경로 *bcdeb*를 **히스테리시스 루프**라고 부른다.

만약 큰 기자력을 처음으로 철심에 인가하고, 다시 제거한다면 이때 철심의 자속경로는 *abc*가 될 것이라는 것을 알 수 있다. 기자력이 제거될 때 철심의 자속은 0이 되지 않고 일부의 자계는 철심에 남게 된다. 이 자계를 철심의 **잔류자속(residual flux)**이라 부른다. 이것은 영구자석을 만드는 방식이다. 자속을 0으로 하려면 **보자력(*coercive magnetomotive force*)**이라고 불리는 기자력 $\mathcal{F}_c$를 반대방향으로 인가해야 한다.

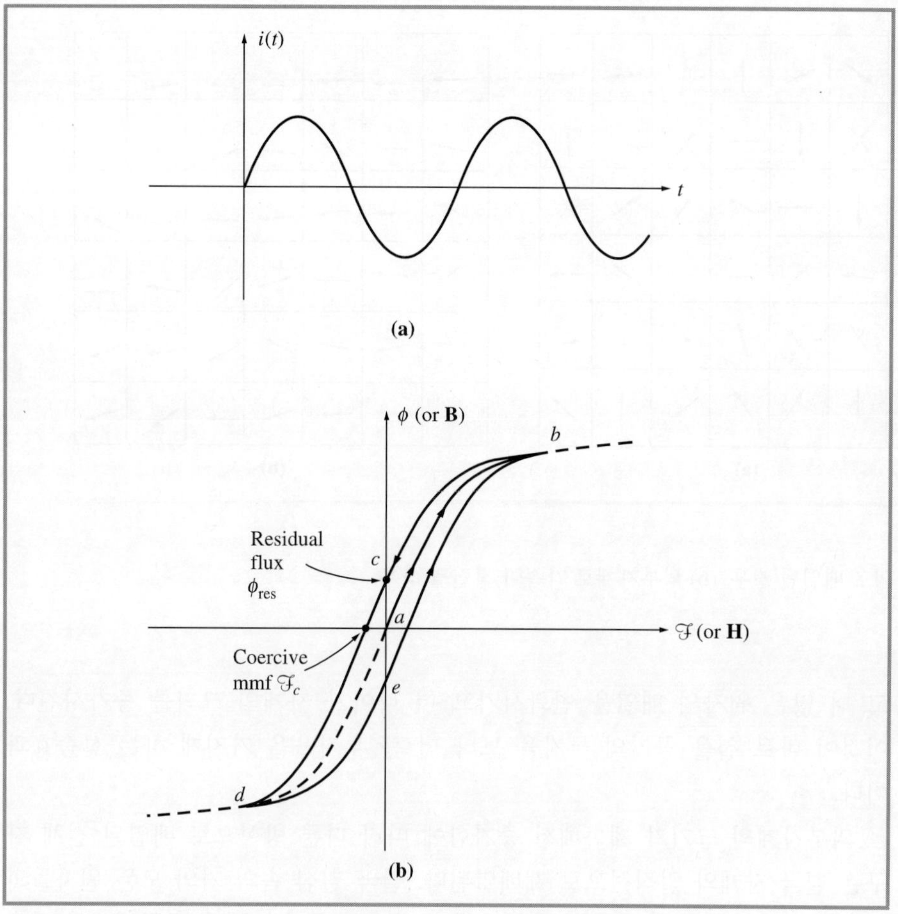

그림 1-11
교류전류 인가시 철심의 히스테리시스 곡선 (a) 교류전류, (b) 히스테리시스 곡선

히스테리시스 현상은 왜 발생하는가? 강자성체 물질(ferromagnetic material)을 이해하려면 그것의 구조에 대하여 알아야 한다. 철이나 유사한 금속(코발트, 니켈, 그리고 이들의 합금)의 원자는 자계와 같은 방향으로 각각 배열하려는 속성이 있다. 금속 안에는 자구(domain)이라고 불리는 많은 작은 공간이 존재한다. 각각의 자구에서 모든 원자들은 인가된 자계와 같은 방향으로 배열하고 물질의 작용 중에 각각의 자구는 작은 영구자석처럼 작용한다. 전체 철의 구조에서 자속이 나타나지 않는 이유는 이런 무수한 작은 자구들이 물질 내에서 불규칙하게 배열되기 때문이다. 철 조각 내에 자구 구조의 예는 그림 1-12에서 보여진다.

외부의 자계가 철심에 인가되어지면 이 자계는 다른 방향으로 가리키고 있는 자구를 자계의 방향과 같은 방향으로 점차로 정렬시킨다. 인가된 자계의 방향으로 경계에 있는 원자들이 그들 스스로 정렬되기 때문에 자계 방향의 자구는 증가한다. 자계와 같은 방향의 원자들은 철심 내의 자속을 증가시키고 그리

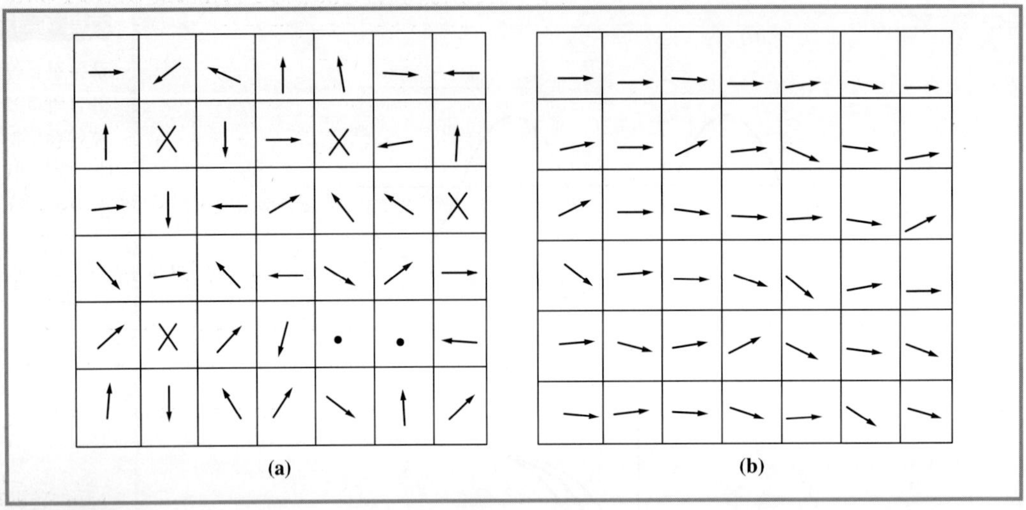

그림 1-12
(a) 자구가 임의로 배열될 경우, (b) 외부자계로 자속이 정렬될 경우

고 더 많은 원자의 배열을 변화시키고 더 나아가 자계의 크기를 증가시킨다. 이것이 바로 철을 공기의 투자율 보다 더 큰 투자율을 가지게 하는 상승효과이다.

외부자계의 크기가 계속해서 증가함에 따라 다른 방향으로 배열된 전체 자구는 결국 자계와 일직선으로 재배열된다. 결국 철심 속의 거의 모든 원자들과 자구는 외부자계와 일직선을 이룬 후에 기자력의 증가는 자유 공간에서와 같은 자속의 증가만 만든다(한번 모든 것이 배열되면 큰 자계에서는 더 이상의 피드백 효과는 존재하지 않는다). 이런 상태에서 철심이 자속에 포화되었다 한다. 이것이 그림 1-10에서 자화곡선의 포화영역에서의 상태이다. 히스테리시스 현상의 핵심은 외부의 자계가 제거되어도 자구는 다시 불규칙하게 되지 않는다는 것이다. 자구가 왜 일직선으로 남아 있는가? 자구에 있어 원자의 회전에는 에너지가 필요하다. 배열시키기 위해 외부자계에서 에너지가 공급된다. 자계가 없어지면 자구를 다시 회전시킬 수 있는 에너지가 존재하지 않는다. 그러므로 이 철심은 영구자속으로 남는다. 한번 자구들이 배열되면 이들 중 몇몇은 외부에서 이들은 변화시키기 위해 에너지가 공급될 때까지 배열된 상태를 유지한다. 자구들 사이의 경계들이나 배열을 변화시킬 수 있는 에너지의 원천들은 다른 방향으로 인가되는 기자력 또는 큰 기계적 충격이나 열이다. 이런 것 중의 어떤 것은 자구들에 에너지를 주거나 자구 등의 배열을 변화시킨다(이런 이유로 해서 영구자석이 떨어지거나 망치로 두들기거나 열을 받으면 자신의 자력을 상실할 수 있다). 철에서 자구의 회전에 에너지가 필요하다는 사실은 모든 기기나 변압기들에 있어 공통의 에너지 손실 형태를 이끌어 낸다. 철심에 있어서 **히스테리시**

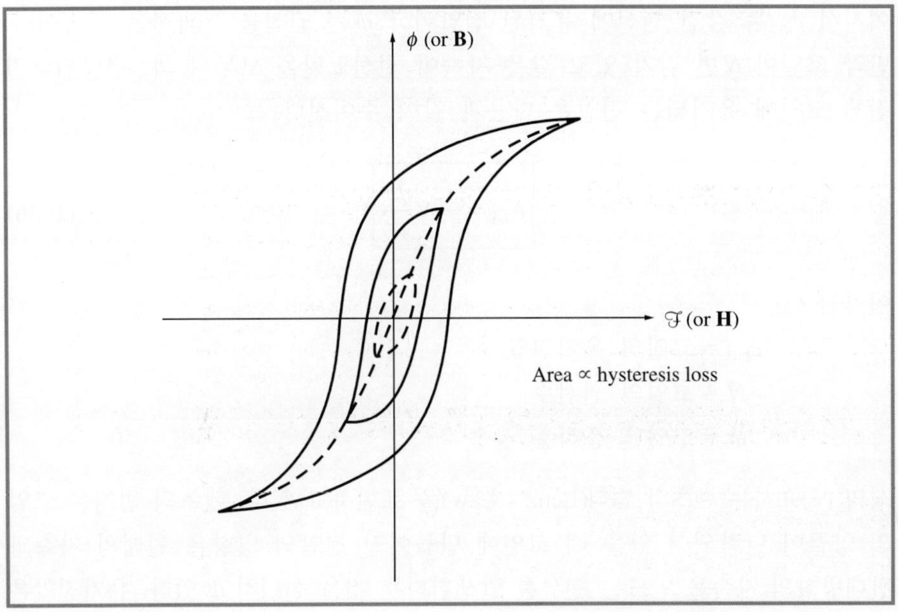

그림 1-13
기자력 크기에 따른 철손의 영향

스 손실(hysteresis loss)은 철심에 인가되는 교류의 매 주기 동안 자구의 재배열에 필요한 에너지이다. 철심에 교류를 인가함으로써 형성되는 히스테리시스 루프의 닫혀진 부분은 주어진 교류주기에서 에너지 손실과 직접 비례한다는 것을 알 수 있다. 철심에 인가되는 기자력이 작으면 작을수록 결과적으로 더 작은 히스테리시스 루프의 면적을 만들고 그래서 손실은 더 작아진다. 그림 1-13은 이것을 설명하고 있다.

손실의 다른 형태는 철심의 기자력이 변화하기 때문에 생긴다. 이런 손실을 **와전류손**(eddy current loss)이라 한다. 와전류손의 원리는 파라데이 법칙의 소개 이후에 설명하겠다. 히스테리시스손과 와전류손은 철심에 열을 발생시키고 두 손실들은 기기나 변압기의 설계에서 고려되어져야만 한다. 철심에서 발생되는 두 손실들은 보통 함께 묶어서 생각하고 이를 **철손**(core loss)이라고 부른다.

1.5 파라데이 법칙—시변 자계에서의 유기전압

지금까지의 관심은 자계의 형성과 성질에 맞추어져 왔다. 지금부터는 존재하는 자계가 그것의 주위에 미칠 수 있는 영향의 여러 가지 방식에 대하여 설명하겠다. 첫 번째 주요영향을 **파라데이 법칙**(Faraday's law)이라고 불리고 변압기 원리가 된다. 파라데이 법칙은 만약 감겨진 권선코일을 통해 자속이 통과하면 전압은 시간에 대한 자속의 변화율에 직접 비례해서 유기됨을 설명한다.

$$e_{\text{ind}} = -\frac{d\phi}{dt} \tag{1–35}$$

여기서 e_{ind}는 감긴 권선에 유기된 전압이고 ϕ는 권선을 통과하는 자속이다. 만약 코일이 N번 감겨 있고 같은 자속이 권선코일을 모두 통과, 전달된다면 전체 코일에 유기되는 전압은 다음과 같이 주어진다.

$$e_{\text{ind}} = -N\frac{d\phi}{dt} \tag{1-36}$$

여기서

e_{ind} = 코일의 유기전압
N = 코일의 권선수
ϕ = 코일을 통하는 자속

식의 (−)표시는 **렌츠의 법칙**(Lenz's Law)을 표현하고 있다. 렌츠의 법칙은 코일의 양끝이 단락되어 있을 때 코일에 만들어진 전압의 방향은 원래의 자속과 반대방향의 자속을 만드는 전류를 발생한다는 것을 설명하고 있다. 유기전압은 외부 자속에 의한 변화를 억제시키기 때문에 식 (1-36)에 (−)부호가 표기되어 진다. 이 개념을 정확하게 이해하기 위해 그림 1-14를 설명하겠다.

그림에서 보여지는 것처럼 자속의 크기가 증가하고 있다면 코일에 생성된 전압은 자속의 증가를 억제하려는 방향으로 자속을 만들려고 할 것이다. 그림 1-14(b)에서 흐르는 전류는 자속의 증가를 억제하는 자속을 만들고 있다. 그래서 코일에 전압은 외부회로로 이러한 전류를 흘리기 위한 극성을 형성하여야만 된다. 그래서 전압은 그림과 같은 극성을 갖는다. 유기전압의 극성은 단지 물리적 의미를 지니기 때문에 식 (1-35), (1-36)에서 마이너스 부호는 종종 생략된다. 이 책의 나머지 부분에 있는 파라데이 법칙의 (−)부호는 생략한다.

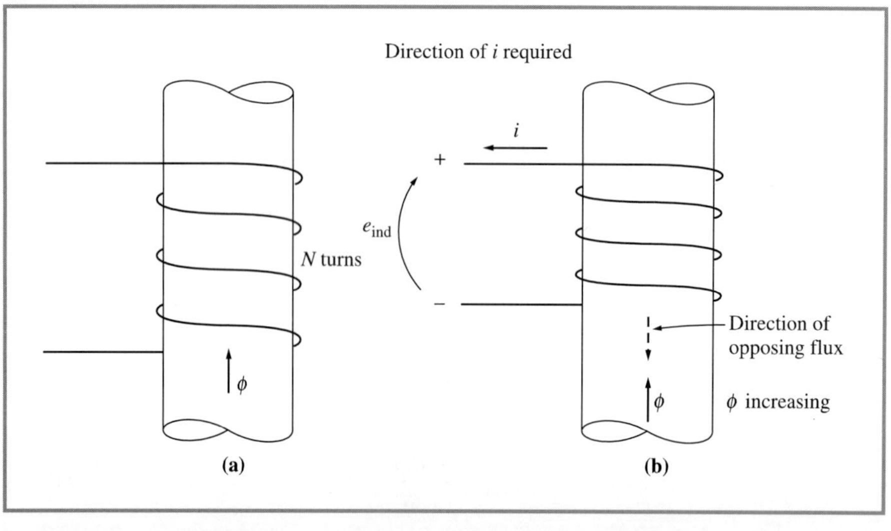

그림 1-14 렌츠의 법칙
(a) 자속증가,
(b) 전압극성 측정

실질적인 문제에서 식 (1-36)의 사용에서 큰 어려운 점이 있다. 이 식은 정확하게 권선의 각 턴(turn)내에 같은 자속이 있다고 가정하고 있다. 불행히도 철심 밖 공기속으로 나가는 자속이 있어 이 식은 정확하지 않다. 만약 권선들이 조밀하게 감겨있어 코일의 한 권선을 통과하는 자속의 대부분은 모든 권선을 통과한다면 식 (1-36)은 알맞은 해답을 제공할 것이다. 그러나 누설의 정도가 매우 높거나 매우 정확한 계산이 필요할 때는 이런 가정을 하지 않는 다른 표현이 필요할 것이다. 코일의 i번째 권선의 전압(유기전압)의 크기는 다음과 같이 주어진다.

$$e_i = \frac{d(\phi_i)}{dt} \tag{1–37}$$

만약 권선코일이 N번 감겨있으면 코일의 전체 전압은

$$e_{ind} = \sum_{i=1}^{N} e_i \tag{1–38}$$

$$= \sum_{i=1}^{N} \frac{d(\phi_i)}{dt} \tag{1–39}$$

$$= \frac{d}{dt}\left(\sum_{i=1}^{N} \phi_i\right) \tag{1–40}$$

식 (1-40)의 괄호안의 항을 코일의 **자속쇄교수**(flux linkage) λ라고 부른다. 그리고 파라데이 법칙을 자속쇄교수 항으로 다시 쓰면

$$\boxed{e_{ind} = \frac{d\lambda}{dt}} \tag{1–41}$$

여기서

$$\boxed{\lambda = \sum_{i=1}^{N} \phi_i} \tag{1–42}$$

가 된다. 자속쇄교수의 단위는 weber-turns이다. 파라데이 법칙은 변압기 동작에 관련된 자계들의 기본 특성을 말해준다. 변압기에서 렌츠의 법칙의 효과는 변압기 권선에 유도되는 전압의 극성을 나타낸다.

파라데이 법칙은 또한 이전에 언급한 와전류손에 대해서 설명해 준다. 시변 자속은 철심에 감겨진 코일에 전압이 유기되는 것과 같은 방식으로 강자성체 철심 안에 전압을 유기시킨다. 이 전압은 철심의 가장자리에 생기는 소용돌이의 모양으로 철심 안에 맴돌이 전류(와전류)를 흘린다. 이런 와전류는 저항 물질(철심의 철) 안에 흐르고 있다. 그래서 에너지는 이들에 의해 소모된다. 이런 손실 에너지는 철심에 열로서 나타난다. 와전류에 의한 에너지 손실량은 철심

안에 흐르는 전류 경로의 크기에 비례한다. 실제적인 와전류손은 적층 두께의 제곱에 비례하므로 경제적으로 가능한 얇게 만들어 주는 것이 좋다.

예제 1-6

그림 1-15는 철심에 감긴 권선코일을 나타내고 있다. 만약 철심의 자속이

$$\phi = 0.05 \sin 377t \qquad \text{Wb}$$

로 주어지고 철심에 권선이 100회 감겨 있다면 코일의 단자에 얼마의 전압이 유기되는가? 그림에서 보여주는 기준방향으로 자속이 증가하고 있을 때 전압의 극성은 어떠한가? 모든 자속은 철심 안에 한정된다고 가정한다(누설자속은 0으로 가정함).

풀이

앞서와 설명한 것 같이 자속이 기준 방향으로 증가할 동안 전압의 방향은 정에서 부로 반드시 변한다. 그림 1-15와 같고, 전압의 크기는

$$\begin{aligned} e_{\text{ind}} &= N\frac{d\phi}{dt} \\ &= (100 \text{ turns})\frac{d}{dt}(0.05 \sin 377t) \\ &= 1885 \cos 377t \end{aligned}$$

또는

$$e_{\text{ind}} = 1885 \sin(377t + 90°) \text{ V}$$

와 같다.

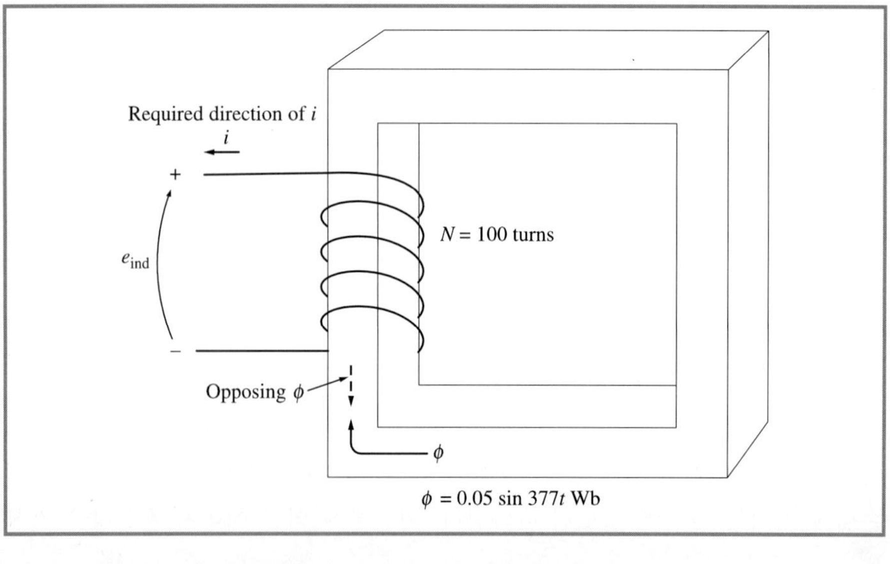

그림 1-15
예제 1-6의 철심.
단자에서의 극성결정

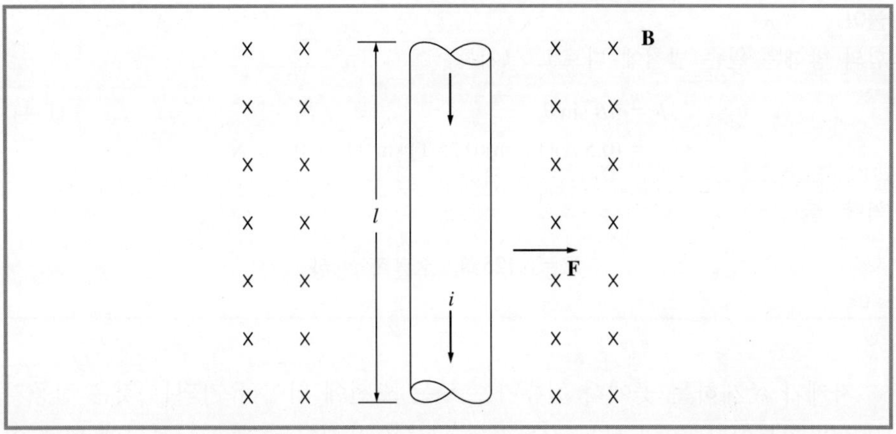

그림 1-16
자계 내에서 전류가 흐르는 도체

1.6 권선에 유도된 힘

권선주위의 자계에 대한 두 번째 중요한 효과는 이것이 자계 내에 전류가 흐르는 권선에 힘을 유기시킨다. 이와 관련된 기본적 개념은 그림 1-16에서 나타내고 있다. 이 그림은 도체가 지면으로 들어가는 자속밀도 **B**의 균일 자계 내에 놓여 있음을 보여준다. 도체의 길이는 l이고 전류 i ampere가 흐른다. 도체에 유기된 힘

$$\mathbf{F} = i(\mathbf{l} \times \mathbf{B}) \tag{1–43}$$

로 주어진다.

i = 권선전류의 크기
l = 권선의 길이, **l** 방향은 전류 방향으로 정의한다.
B = 자속밀도 벡터

힘의 방향은 플레밍의 왼손 법칙으로 주어진다. 엄지손가락은 도선에 유기된 힘의 방향을, 오른손의 검지가 자속밀도 벡터 **B**의 방향을, 중지가 벡터 **l**의 방향을 각각 가리킨다. 힘의 크기는

$$F = ilB \sin \theta \tag{1–44}$$

로 주어진다. 여기서 θ는 도선과 자속밀도 벡터 사이의 각이다.

예제 1-7

그림 1-16은 자계가 존재하는 공간에 전류가 흐르는 도선이 존재할 때를 보여주고 있다. 자속밀도는 0.25 T이고 지면 안으로 들어가는 방향이다. 만약 권선의 길이가 1 m이고 그림처럼 0.5 A의 전류가 흐른다면 도선에 유기되는 힘의 크기와 방향은 어떠한가?

풀이

힘의 방향은 왼손 법칙에 따르고 크기는

$$F = ilB \sin\theta \qquad (1\text{–}44)$$
$$= (0.5\text{ A})(1.0\text{ m})(0.25\text{ T}) \sin 90° = 0.125\text{ N}$$

이다. 즉

$$\mathbf{F} = 0.125\text{ N},\ \text{오른쪽 방향}$$

자계가 존재하는 곳에서 전류가 흐르는 도선에 힘이 유기되는 것은 전동기 작용의 기본이다. 거의 모든 전동기는 권선을 움직이는 힘과 토오크에 대해 이런 기본적인 원리에 따른다.

1.7 자계 내에서 움직이는 도체의 유기전압

자계가 그 주위에 영향을 미치는 세 번째 중요한 효과가 있다. 만약 적절한 방향으로 도선을 자계 내에서 움직이면 도선에 전압이 유기된다. 이런 형태는 그림 1-17에서 보여주고 있다. 도선에 유기된 전압은

$$e_{\text{ind}} = (\mathbf{v} \times \mathbf{B}) \cdot \mathbf{l} \qquad (1\text{–}45)$$

로 주어진다. 여기서

$\mathbf{v}$ = 권선의 속도
$\mathbf{B}$ = 자속밀도
$\mathbf{l}$ = 자계 내의 권선 길이

벡터 $\mathbf{l}$은 벡터 $\mathbf{v} \times \mathbf{B}$에 대해 가장 작은 각을 만드는 방향으로 향한다. 도체의 전압은 (+) 전압이 벡터 $\mathbf{v} \times \mathbf{B}$의 방향이 되도록 형성될 것이다. 또한 유도된 전압의 방향은 플레밍의 오른손 법칙으로 설명할 수 있다. 엄지손가락은 도선에 유기된 힘의 방향을, 오른손의 검지가 자속밀도 벡터 $\mathbf{B}$의 방향을, 중지가 벡터 $\mathbf{l}$(혹은 전류)의 방향을 각각 가리킨다. 다음의 예제들은 이런 개념들을 설명하고 있다.

예제 1-8

그림 1-17은 자계가 존재하는 공간에서 오른쪽으로 5.0 m/s의 속도로 움직이는 도체를 보여주고 있다. 자속밀도는 0.5 T이고 지면 안으로 들어가는 방향이며 권선의 길이는 1.0 m로 그림처럼 배열되었다. 유기전압의 크기와 극성은 어떠한가?

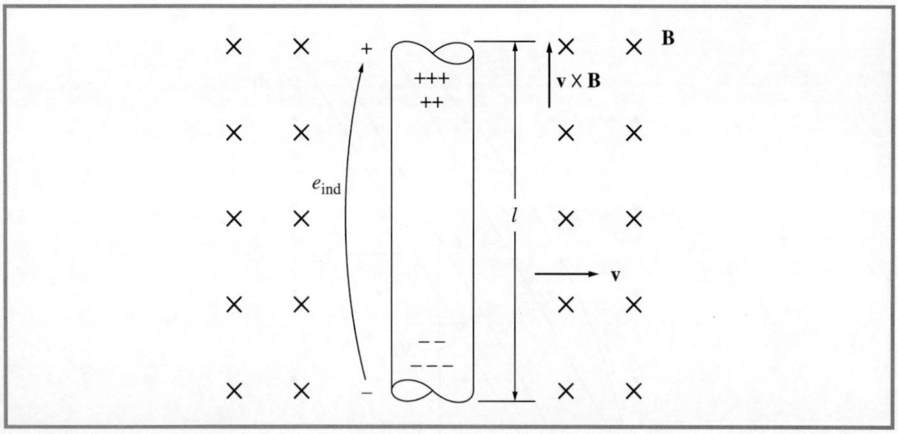

그림 1-17
자계 내 움직이는 도체

풀이

이 예제의 **v** × **B**의 방향은 위로 향한다. 그러므로 도체의 전압은 도체의 위쪽이 (+) 값을 가진다. 벡터 **l**은 벡터 **v** × **B**에 대해 가장 작은 각을 만들기 위해 위쪽으로 위치한다. **v**는 **B**와 수직이고 **v** × **B**는 **l**와 평행하므로 유기전압의 크기는

$$\begin{aligned} e_{ind} &= (\mathbf{v} \times \mathbf{B}) \cdot \mathbf{l} \qquad (1\text{–}45) \\ &= (vB \sin 90°)\, l \cos 0° \\ &= vBl \\ &= (5.0 \text{ m/s})(0.5 \text{ T})(1.0 \text{ m}) \\ &= 2.5 \text{ V} \end{aligned}$$

그러므로 유기전압은 2.5 V이고 도체의 위쪽이 (+)이다.

예제 1-9

그림 1-18은 자계 내에서 10 m/s의 속도로 오른쪽으로 움직이는 도체를 보여주고 있다. 자속밀도는 0.5 T이고 지면 밖으로 나오는 방향이며 권선의 길이는 1.0 m로 그림처럼 배열되어있다. 유기전압의 크기와 극성은 어떠한가?

풀이

v × **B**의 방향은 아래쪽이다. 권선이 수직이 아니므로 이 성분을 구한다. 전압은 아래쪽이 양이고 그 크기는

$$\begin{aligned} e_{ind} &= (\mathbf{v} \times \mathbf{B}) \cdot \mathbf{l} \qquad (1\text{–}45) \\ &= (vB \sin 90°)\, l \cos 30° \\ &= (10.0 \text{ m/s})(0.5 \text{ T})(1.0 \text{ m}) \cos 30° \\ &= 4.33 \text{ V} \end{aligned}$$

자계 내에서 움직이는 도체에서의 전압이 유도되는 것은 모든 종류의 발전기 동작의 기본이다. 그래서 이것을 발전기 작용이라 한다.

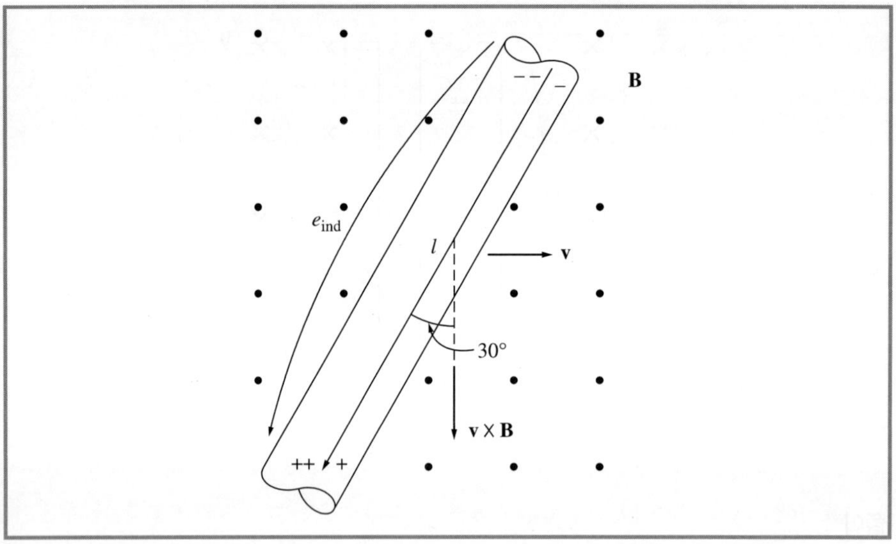

그림 1-18
예제 1-9의 도체

1.8 선형직류기—간단한 예

선형직류기는 직류기 중에서 가장 간단하고 가장 이해하기 쉽다. 그것은 실제 발전기나 전동기와 같은 원리로 작동하고 똑같은 운전 특성을 보여주고 있다. 그러므로 선형직류기는 직류기를 공부하는 데 아주 좋은 출발점이 되는 것이다. 그림 1-19는 선형직류기를 보여주고 있다. 그것은 매끄럽고 마찰 없는 레일에 스위치를 통해서 연결된 축전지와 저항으로 구성되어 있다. 균일한 자계가 레일 트랙을 따라서 일정하며 지면 안으로 향하는 방향으로 존재한다. 도전성 금속 바를 트랙위에 걸쳐 놓는다.

이런 이상한 장치는 어떻게 동작하게 될까? 그 동작은 이 장치에 네 개의 기본 방정식을 적용함으로서 결정되어질 수 있다. 그 방정식은 다음과 같다.

1. 자계가 있는 곳의 권선에 작용하는 힘의 방정식:

$$\boxed{\mathbf{F} = i(\mathbf{l} \times \mathbf{B})} \tag{1-43}$$

단,

$\mathbf{F}$ = 권선의 힘
i = 권선에 흐르는 전류
$\mathbf{l}$ = 전류방향, 권선의 길이
$\mathbf{B}$ = 자속밀도벡터

2. 자계 내에서 움직이는 권선에 유도되는 전압의 방정식:

$$\boxed{e_{ind} = (\mathbf{v} \times \mathbf{B}) \cdot \mathbf{l}} \tag{1-45}$$

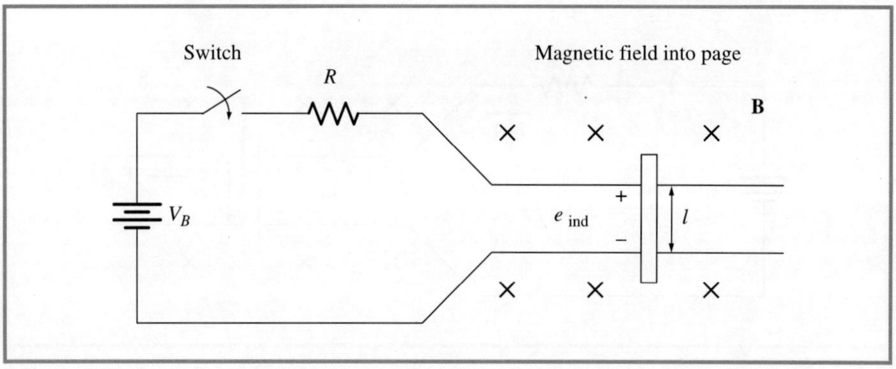

그림 1-19
선형직류기. 자계는 지면 안으로 향한다.

e_{ind} = 권선에 유도된 전압
v = 권선의 속도
B = 자속밀도
1 = 자계 내의 도체길이

3. 이 기기에 대한 키르히호프의 법칙. 그림 1-19로부터 다음 식이 주어진다.

$$V_B - iR - e_{ind} = 0$$

$$\boxed{V_B = e_{ind} + iR = 0} \qquad (1\text{–}46)$$

4. 트랙위에 걸쳐진 도체 바에 대한 뉴우턴 법칙.

$$\boxed{F_{net} = ma} \qquad (1\text{–}7)$$

이 간단한 직류기의 기본 작동원리는 위의 4개 방정식을 이용하여 규명할 수 있다.

선형직류기의 기동

그림 1-20은 기동조건을 갖춘 선형직류기를 보여주고 있다. 이 기기를 기동하기 위해서는, 간단하게 스위치를 닫는다. 그러면 전류가 도체 바에 흐르고, 이 전류는 키르히호프의 전압법칙에 의하여 주어진다.

$$i = \frac{V_B - e_{ind}}{R} \qquad (1\text{–}47)$$

도체 바가 처음에는 정지해 있기 때문에, $e_{ind} = 0$이므로, $i = V_B/R$이다. 이 전류는 도체 바를 통해서 트랙을 따라 흐르게 된다. 그러나 식 (1-43)에 의해서 자계 중에 있는 권선에 전류가 흐르면 권선은 힘을 받게 된다. 이 기계의 구조 때문에, 힘은 다음 식과 같고 힘의 방향은 오른쪽이다.

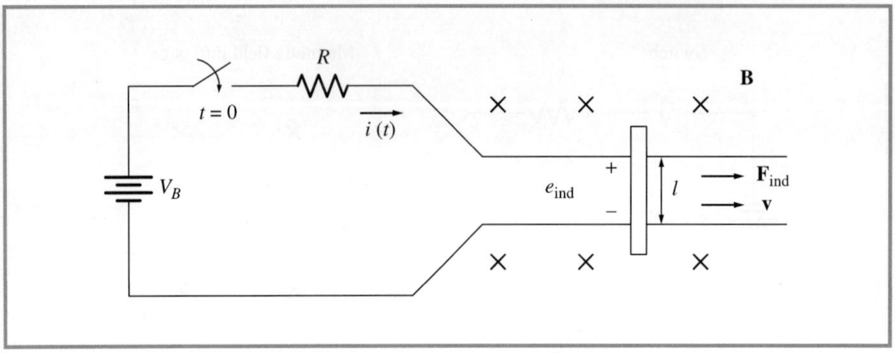

그림 1-20
선형직류기의 기동

$$F_{ind} = ilB \quad \text{오른쪽 방향} \tag{1-48}$$

그러므로 도체 바는 뉴우턴의 법칙에 의해 오른쪽으로 가속하게 된다. 그러나 바의 속도가 증가하기 시작하면, 바의 양단에 전압이 생긴다.

$$e_{ind} = vBl \quad \text{위쪽이 } (+) \tag{1-49}$$

이 전압은 키르히호프의 전압 법칙에 의해 바의 전류를 감소시킨다.

$$i\downarrow = \frac{V_B - e_{ind}\uparrow}{R} \tag{1-47}$$

e_{ind}가 증가함에 따라, i는 감소한다.

이 동작의 결과로 결국 바는 바의 최종 힘이 0이 되는 곳에서 일정한 정상상태 속도에 도달하게 된다. 이것은 e_{ind}가 상승하여 전압 V_B와 같아질 때 일어나게 된다. 이때 바는 다음 식에서 주어지는 속도로 움직일 것이다.

$$V_B = e_{ind} = v_{ss}Bl$$
$$v_{ss} = \frac{V_B}{Bl} \tag{1-50}$$

이 도체 바는 외부의 힘이 방해하지 않는 한 영원히 트랙을 따라 무부하 속도로 계속 진행하게 될 것이다. 전동기가 기동하면, 속도 v, 유기전압 e_{ind}, 전류 i, 그리고 유기된 힘 F_{ind}는 그림 1-21에 보여준다.

기동시 선형직류기의 동작을 요약하면 다음과 같다:

1. 스위치를 닫으면 $i = V_B/R$의 전류가 흐른다.
2. 전류가 흐르면 $F = ilB$에 의해 바에 힘이 발생한다.
3. 바는 오른쪽으로 가속되고, 속도가 올라감에 따라 유기전압 e_{ind}가 발생한다.

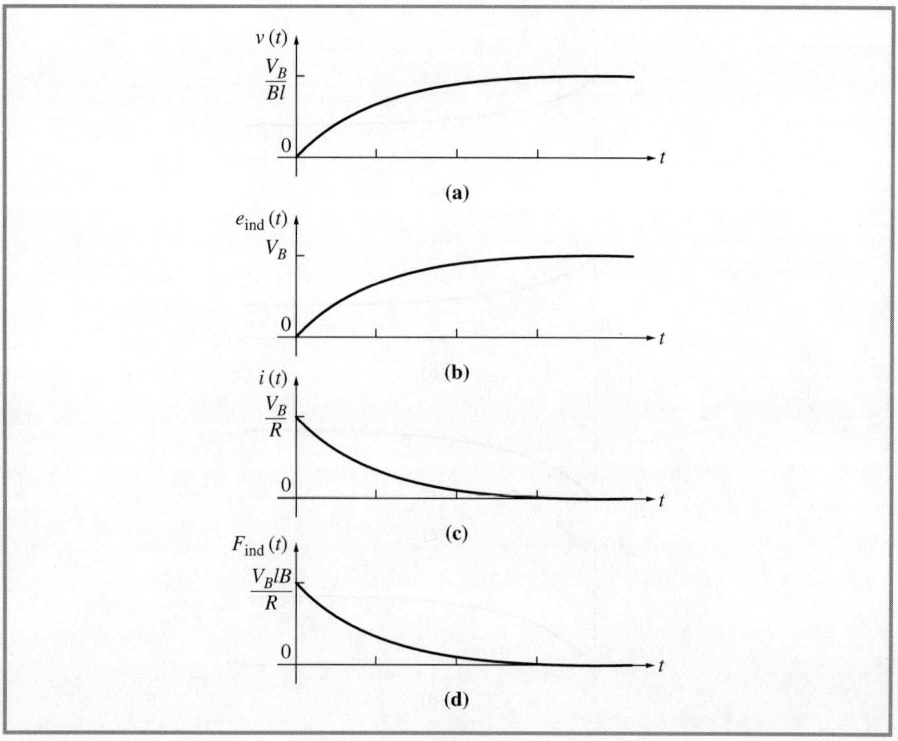

그림 1-21 기동시의 선형직류기 (a) 시간에 따른 속도 $v(t)$, (b)유기전압 $e_{ind}(t)$, (c) 전류 $i(t)$, (d) 유기된 힘 $F_{ind}(t)$

4. 이 유기전압은 전류 $i = (V_B - e_{ind}\uparrow)/R$를 감소시킨다.
5. 이 유도된 힘은 결국 $F = 0$가 될 때까지 감소한다. 그때 $e_{ind} = V_B$, $i = 0$이 되고, 바는 무부하속도 $v_{ss} = V_B/Bl$로 움직이게 된다.

이것은 정확하게 전동기의 기동시 동작과 같다.

전동기로서의 선형직류기

선형기는 위에서 설명한 것과 같이 처음부터 무부하 정상상태 조건으로 움직인다고 가정하자. 만약 이 기계에 외부 부하를 가하면 어떤 일이 생길까? 이를 알아보기 위해서 그림 1-22를 관찰해 보라. 여기서 부하힘 $\mathbf{F}_{load}$가 바가 움직이는

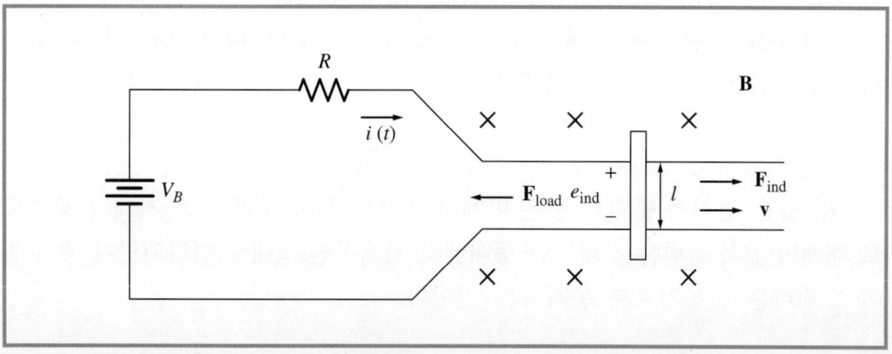

그림 1-22 전동기로서의 선형직류기

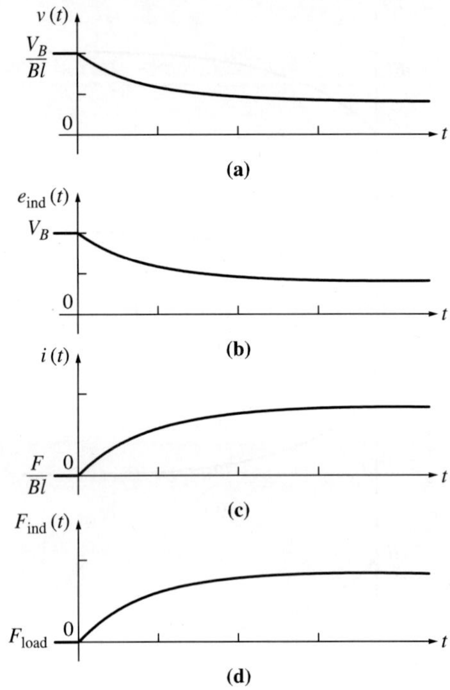

그림 1-23 무부하로 운전 중 부하인가시 선형직류기 (a) 시간에 따른 속도 $v(t)$, (b)유기전압 $e_{ind}(t)$, (c) 전류 $v(t)$, (d) 유기된 힘 F_{ind}(t)

반대방향으로 가해진다. 도체 바가 처음에는 정상상태에 있었기 때문에, 부하힘 $\mathbf{F}_{load}$를 인가하면 바에 가해지는 순수한 힘($\mathbf{F}_{net} = \mathbf{F}_{load} - \mathbf{F}_{ind}$)은 운동방향과 반대가 될 것이다. 이 힘의 효과는 바를 느려지게 할 것이다. 그러나 바가 느려지면 바의 유기전압($e_{ind} = v\downarrow Bl$)은 감소하게 되고, 바에 흐르는 전류는 증가한다.

$$i\uparrow = \frac{V_B - e_{ind}\downarrow}{R} \tag{1–47}$$

그 결과 유도된 힘($F_{ind} = i\uparrow lB$)이 많이 상승한다. 이 일련의 동작의 모든 결과는 유도된 힘이 부하 힘과 같아질 때까지 상승하고, 바는 다시 더 낮은 속도의 정상상태로 움직이게 된다. 부하가 바에 인가되어 있으면, 속도 v, 유기전압 e_{ind}, 전류 i, 그리고 유도된 힘 F_{ind}는 그림 1-23에 보여준다.

이제 유도된 힘은 바가 움직이는 방향으로 작용된다. 바를 계속 이동시키기 위해서 전력은 전기적인 형태에서 기계적인 형태로 변환되며 다음과 같다.

$$P_{conv} = e_{ind}i = F_{ind}v \tag{1–51}$$

$e_{ind}\,i$와 같은 전기적 출력의 양은 바에서 소모되고 $F_{ind}\,v$와 같은 기계적 출력으로 대체되었다. 출력은 전기적인 형태에서 기계적인 형태로 변환되었기 때문에, 이 도체바는 전동기로서 동작하는 것이다.

이 동작과정을 요약해 보면:

1. 힘 $\mathbf{F}_{load}$이 운동방향과 반대로 가해지면, 운동방향과 반대의 순수힘 $\mathbf{F}_{net}$가 발생된다.
2. 합성 가속도 $a = F_{net}/m$은 음이 되고, 바는 속도가 떨어진다($v\downarrow$).
3. 전압 $e_{ind} = v\downarrow Bl$이 감소하므로, 전류 $i = (V_B - e_{ind}\downarrow)/R$가 증가한다.
4. 유도된 힘 $F_{ind} = i\uparrow lB$은 낮은 속도 v에서 $|\mathbf{F}_{ind}| = |\mathbf{F}_{load}|$될 때까지 증가한다.
5. $e_{ind}\,i$와 같은 전기적 출력의 양은 $F_{ind}\,v$와 같은 기계적 출력으로 변환되고, 기기는 전동기로서 동작한다.

실제 분권 직류전동기는 부하가 인가되면 정확하게 유사한 방식으로 동작한다. 전동기 축에 부하를 인가하면, 전동기는 속도가 느려지기 시작하고, 그것은 내부 전압을 감소시키고, 전류는 증가하게 된다. 증가된 전류는 유도토오크를 증가시키고, 유도토오크는 더 낮은 속도에서 전동기의 부하 토오크와 같게 될 것이다.

선형적으로 전기적 형태에서 기계적 형태로 변환된 전력은 $P_{conv} = F_{ind}v$로 주어진다. 실제 회전하는 전동기에서 전기적 형태에서 기계적 형태로 변환되는 전력은

$$P_{conv} = \tau_{ind}\omega \tag{1-52}$$

와 같고 여기서 토오크 τ_{ind}는 직선운동에서 유도되는 힘 F_{ind}와 각속도 ω는 직선운동에서 속도 v에 대비된다.

발전기로서의 선형직류기

선형 기계가 다시 무부하 정상상태 조건에서 동작한다고 가정하자. 이번에는 운동방향으로 힘을 가해보고 무슨 일이 일어나는지 보자.

그림 1-24는 운동방향으로 힘 $\mathbf{F}_{app}$을 가한 선형기이다. 이때 가해진 힘은 바를 운동방향으로 가속시키게 되고, 바의 속도 v는 증가할 것이다. 속도가 증가함에 따라 $e_{ind} = v\uparrow Bl$이 증가할 것이고, 축전지 전압 V_B보다 더욱 커질 것이다. $e_{ind} > V_B$일 때, 전류는 역방향이고 다음과 같은 식으로 주어진다.

$$i = \frac{e_{ind} - V_B}{R} \tag{1-53}$$

이제 이 전류가 바를 통해 흐르고 바에 유도된 힘은 다음 식으로 주어지며 힘의 방향은 왼쪽이다.

$$F_{ind} = ilB \quad \text{왼쪽 방향} \tag{1-54}$$

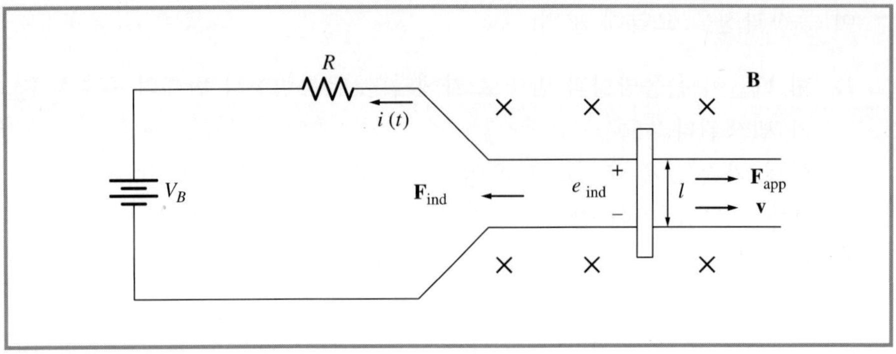

그림 1-24
발전기로 작용하는 선형직류기

유도된 힘의 방향은 왼손 법칙에 의해서 결정된다. 이 유도된 힘은 바에 가해진 힘과 반대이다.

결국, 유도된 힘은 가해진 힘과 크기는 같아지고 방향은 반대가 될 것이며, 바는 전보다 더욱 빠른 속도로 움직일 것이다. 여기서 주목할 점은 축전지가 충전된다는 것이다. 이제 선형기는 발전기로서 작용하고, 기계적 출력 $F_{ind}\,v$를 전기적 출력 $e_{ind}\,i$로 변환시킨다.

이 동작과정을 요약하면:

1. 힘 $\mathbf{F}_{app}$는 운동방향으로 가하면; $\mathbf{F}_{net}$도 운동방향이다.
2. 가속도 $a = F_{net}/m$은 양이므로, 바는 속도가 증가한다($v\uparrow$).
3. 전압 $e_{ind} = v\uparrow Bl$이 증가하므로 전류 $i = (e_{ind}\uparrow - V_B)/R$가 증가한다.
4. 더 높은 속도 v에서 유도된 힘 $F_{ind} = i\uparrow lB$은 $|\mathbf{F}_{ind}| = |\mathbf{F}_{load}|$될 때까지 증가한다.
5. $F_{ind}\,v$와 같은 기계적 출력의 양은 전기적 출력 $e_{ind}\,i$로 변환되고, 이 기계는 발전기로서 동작한다.

다시 말해, 실제의 분권발전기는 결국 이러한 방법과 똑같이 동작한다: 토오크가 운동방향으로 축에 가해지면, 축의 속도도 증가하고, 내부전압이 증가하여, 발전기 외부의 부하에 전류가 흐르게 된다.

$$P_{conv} = \tau_{ind}\omega \tag{1-52}$$

동일한 기기가 전동기와 발전기의 역할을 둘 다 한다는 것은 흥미로운 사실이다. 두 기계의 유일한 차이는 외부에서 인가되는 힘의 방향이 운동방향(발전기)인지 운동과 반대방향(전동기)인지의 여부이다. 전기적으로 $e_{ind} > V_B$일 때, 기기는 발전기로 동작하고, $e_{ind} < V_B$일 때, 기기는 전동기로 동작한다. 기기가 전동기든 발전기든 유도된 힘(전동기 역할)이나 유기전압(발전기 역할)은 항상 나타난다. 일반적으로 기기가 두 가지 역할을 모두 한다는 것은 사실이고, 모든

기기가 전동기로 동작하는지 또는 발전기로 동작하는지를 결정하는 것은 운동 방향에 대한 외부 힘의 상대적 방향인 것이다.

대단히 흥미로운 또 다른 사실은 이 기기는 빠르게 움직이면 발전기가 되었고 천천히 움직이면 전동기가 되었다는 것이지만, 그것이 전동기든 발전기이든 항상 동일한 방향으로 움직였다. 처음으로 기계를 배우는 많은 학생들은 발전기로서는 한 방향으로 돌고 전동기로서는 그와는 다른 방향으로 돌 것이라고 예상한다. 그러나 그런 일은 생기지 않으며, 단지 운전속도와 전류흐름이 역전되는 작은 변화가 있을 뿐이다.

선형기의 기동문제

그림 1-25는 선형직류기이다. 이 기기는 내부저항 R이 약 0.10 Ω인 250 V 직류 전원으로 공급된다(저항 R은 실제의 직류기의 내부저항이며 이것은 중간 크기의 직류전동기의 내부저항으로서 아주 합리적인 값이다).

이 그림에서 실제 값들이 주어지면 직류기의 중요한 문제가 밝혀진다(간단한 선형 모델). 기동조건에서 바의 속도가 0이므로, $e_{ind} = 0$이 된다. 기동시 전류는 다음과 같다.

$$i_{start} = \frac{V_B}{R} = \frac{250\ V}{0.1\ \Omega} = 2500\ \text{A}$$

이 전류는 매우 높고, 때때로 기기의 정격 전류보다 10배나 높아지는 경우도 있다. 그런 전류는 전동기에 심한 피해를 줄 수 있다.

어떻게 하면 그런 피해를 예방할 수 있을 것인가? 가장 쉬운 방법은 회로에 보조 저항을 추가하는 것이며, 이것은 기동 중에 e_{ind}가 전류를 제한하기에 충분한 값이 될 때까지 전류흐름을 제한하는 역할을 한다. 그림 1-26은 기기 회로에 삽입한 기동저항을 보여주고 있다.

실제의 직류기에도 똑같은 문제가 존재하고, 그것을 아주 동일한 방법으로 해결한다. 즉 기동시 전동기의 전기자 회로에 저항을 삽입하는 것이다. 실제 교류기기에서 높은 기동전류를 제어는 다른 방법으로 하며 6장에 설명할 것이다.

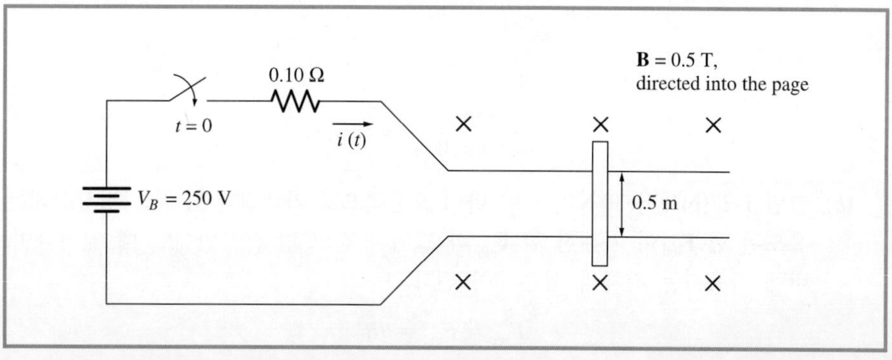

그림 1-25 과도한 기동전류 문제를 설명하기 위한 선형직류기

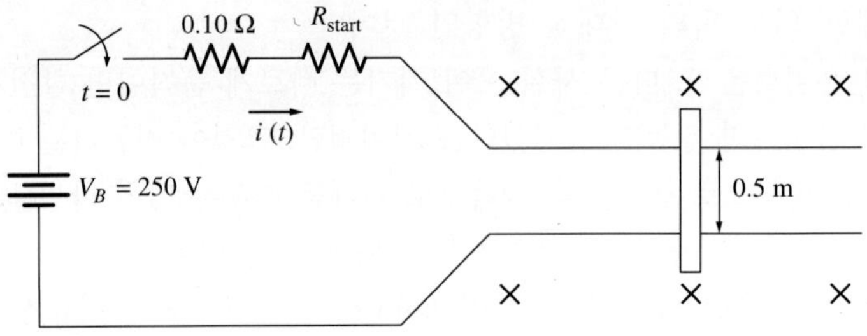

그림 1-26 기동전류를 제어하기 위하여 보조 직렬 저항을 삽입한 선형직류기

예제 1-10

그림 1-27(a)의 선형직류기는 120 V의 축전지 전압과 0.3 Ω의 내부저항 그리고 0.1 T의 자속밀도를 가지고 있다.

(*a*) 이 기기의 최대 기동전류는 얼마인가? 그리고 무부하시의 정상상태 속도는 얼마인가?

(*b*) 30 N의 힘이 오른쪽으로 바에 가해진다고 가정하자. 그러면 정상상태의 속도는 얼마인가? 또 바에서 발생되거나 소비되는 전력은 얼마인가? 축전지에서 공급되거나 소비되는 전력은 얼마인가? 두 그림의 차이를 설명하라. 이 기기의 동작이 전동기인가, 발전기인가?

(*c*) 바에 30 N의 힘이 왼쪽으로 가해진다고 가정하자. 새로운 정상상태 속도는? 이 기기는 전동기인가, 발전기인가?

(*d*) 힘이 0에서 50 N까지 10 N 간격으로 변할 때 속도를 그려라. 그래프는 바의 속도와 인가한 힘으로 나타내어라.

(*e*) 바가 무부하이고 자계가 0.08 T로 약해진 곳으로 갑자기 들어간다고 가정하자. 바는 얼마나 빨라지겠는가?

풀이

(*a*) 기동조건에서 바의 속도가 0이고 $e_{\text{ind}} = 0$이다. 그러므로,

$$i = \frac{V_B - e_{\text{ind}}}{R} = \frac{120\text{ V} - 0\text{ V}}{0.3\ \Omega} = 400\text{ A}$$

기기가 정상상태에 도달할 때, $\mathbf{F}_{\text{ind}} = 0$과 $i = 0$이다. 그러므로

$$VB = e_{\text{ind}} = v_{ss}Bl$$

$$v_{ss} = \frac{V_B}{Bl}$$

$$= \frac{120\text{ V}}{(0.1\text{ T})(10\text{ m})} = 120\text{ m/s}$$

(*b*) 그림 1-27(b)에서 30 N의 힘이 바의 오른쪽으로 가해진다면, 최종 정상상태는 유도된 힘 $\mathbf{F}_{\text{ind}}$이 가해진 힘 $\mathbf{F}_{\text{app}}$과 크기가 같고 방향이 반대일 때 일어나며, 바에 작용하는 전체의 힘은 0이 된다.

$$F_{\text{app}} = F_{\text{ind}} = ilB$$

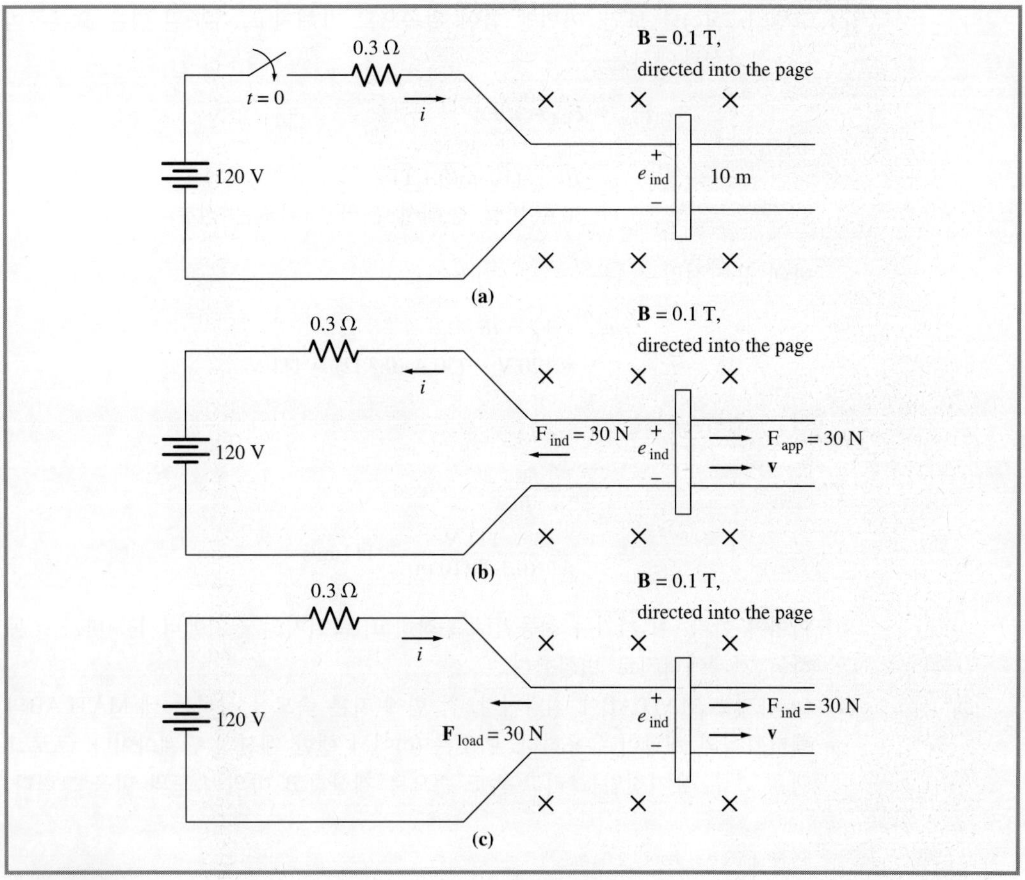

그림 1-27

예제 1-10의 선형직류기 (a) 기동조건, (b) 발전기로서의 동작, (c) 전동기로서의 동작

그러므로

$$i = \frac{F_{\text{ind}}}{lB} = \frac{30\text{ N}}{(10\text{ m})(0.1\text{ T})}$$

$= 30\text{ A}$ 바를 통해 흘러 올라가는 전류

유기전압 e_{ind}는 아래와 같아야 한다.

$$\begin{aligned} e_{\text{ind}} &= V_B + iR \\ &= 120\text{ V} + (30\text{A})(0.3\ \Omega) = 129\text{ V} \end{aligned}$$

최종 속도는 다음과 같아야 한다.

$$\begin{aligned} v_{\text{ss}} &= \frac{e_{\text{ind}}}{Bl} \\ &= \frac{129\text{ V}}{(0.1\text{ T})(10\text{ m})} = 129\text{ m/s} \end{aligned}$$

바에 발생되는 전력은 $P = (129\text{ V})(30\text{ A}) = 3870\text{ W}$이고, 축전지가 소비하는 전력은 $P = (120\text{ V})(30\text{ A}) = 3600\text{ W}$이다. 이 두 수치의 차이는 저항에서의 270 W의 손실이다. 이 기기는 발전기로서 동작한다.

(*c*) 그림 1-25(c)를 보면, 이번엔 힘이 왼쪽으로 가해지고, 유도된 힘은 오른쪽이다. 정상상태에서는

$$F_{\text{app}} = F_{\text{ind}} = ilB$$
$$i = \frac{F_{\text{ind}}}{lB} = \frac{30\text{ N}}{(10\text{ m})(0.1\text{ T})}$$
$$= 30\text{ A} \quad \text{바를 통해서 흘러 내려오는 전류}$$

바의 유기전압 e_{ind}은

$$e_{\text{ind}} = V_B - iR$$
$$= 120\text{ V} - (30\text{ A})(0.3\ \Omega) = 111\text{ V}$$

이고, 최종 속도는

$$v_{\text{ss}} = \frac{e_{\text{ind}}}{Bl}$$
$$= \frac{111\text{ V}}{(0.1\text{ T})(10\text{ m})} = 111\text{ m/s}$$

이어야 한다. 이 기기는 전동기로 동작하고, 축전지의 전기에너지를 바가 운동하는 기계에너지로 변환한다.

(*d*) 이 과제는 MATLAB에 적당하다. 각 힘에 따른 속도를 구하는 데 MATLAB의 벡터형식의 계산이 유용하다. 이것은 (*c*)에서 행한 계산의 단계화이다. 프로그램은 전류, 유기전압 그리고 속도 순으로 계산하고 바의 속도와 힘을 그린다.

```
% M-file: ex1_10.m
% M-file to calculate and plot the velocity of
% a linear motor as a function of load.
VB = 120;                        % Battery voltage (V)
r = 0.3;                         % Resistance (ohms)
l = 1;                           % Bar length (m)
B = 0.6;                         % Flux density (T)

% Select the forces to apply to the bar
F = 0:10:50;                     % Force (N)

% Calculate the currents flowing in the motor.
i = F ./ (l * B);                % Current (A)

% Calculate the induced voltages on the bar.
eind = VB - i .* r;              % Induced voltage (V)

% Calculate the velocities of the bar.
v_bar = eind ./ (l * B);         % Velocity (m/s)

% Plot the velocity of the bar versus force.
plot(F,v_bar);
title ('Plot of Velocity versus Applied Force');
xlabel ('Force (N)');
ylabel ('Velocity (m/s)');
axis ([0 50 0 200]);
```

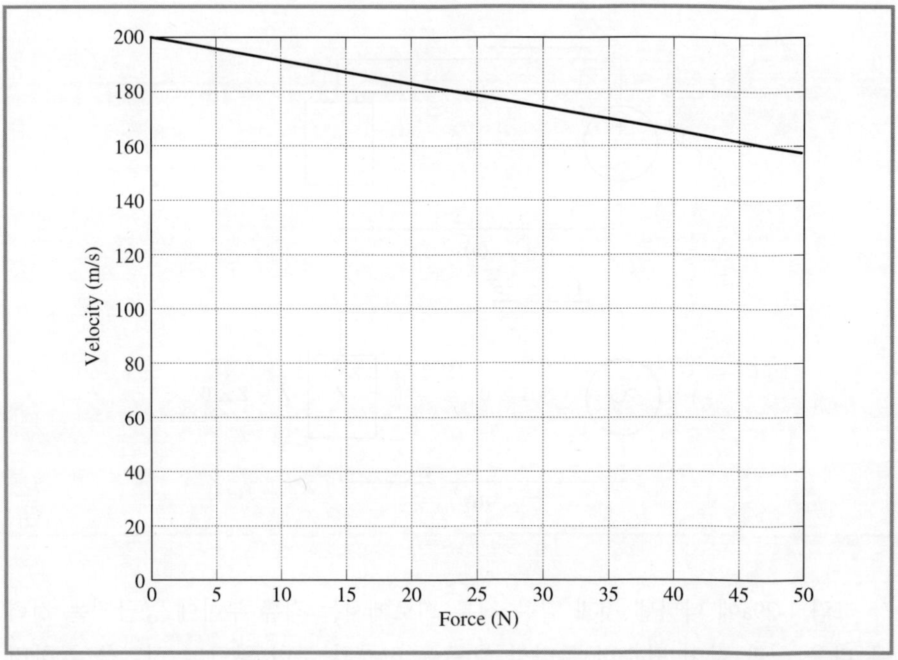

그림 1-28
선형직류기의 속도와 힘의 관계

계산 결과의 그림은 그림 1-28에 있다. 바는 부하가 증가하면 속도가 느려짐을 알 수 있다.

(*e*) 만약 바가 처음에 무부하였다면, $e_{\text{ind}} = V_B$이다. 바가 갑자기 자계가 약한 곳에 도달하게 되면, 과도현상이 발생할 것이다. 그렇지만, 과도기가 끝이 나면, e_{ind}는 다시 V_B와 같아질 것이다.

이러한 사실은 바의 최종 속도를 결정하는 데 사용되어질 수 있다. 초기 속도는 120 m/s이었다. 최종속도는 e_{ind}

$$VB = e_{\text{ind}} = v_{ss}Bl$$

$$v_{\text{ss}} = \frac{V_B}{Bl}$$

$$= \frac{120\text{ V}}{(0.08\text{ T})(10\text{ m})} = 150\text{ m/s}$$

e_{ind}가 된다. 그러므로 자속이 전동기에서 약해질 때, 바의 속도는 빨라진다. 실제 직류기에서도 똑같은 현상이 발생한다. 직류전동기의 자속이 약해질 때 더욱 빨리 회전하게 된다. 여기서 선형기도 역시 실제 직류기와 아주 동일한 방식으로 동작한다.

1.9 단상교류회로에서의 유효, 무효, 그리고 피상전력

이 절에서는 단상교류회로에서 유효, 무효, 그리고 피상 전력간의 관계를 설명하고 있다. 삼상 교류회로에 대한 설명은 부록 A에 있다.

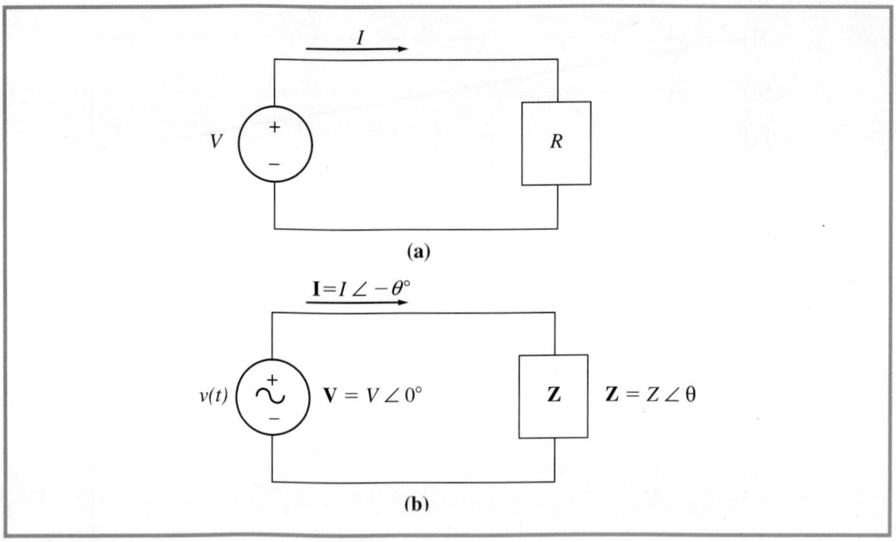

그림 1-29
(a) 저항 부하에 전력을 공급하는 직류 전원, (b) 임피던스 **Z**에 전력을 공급하는 교류 전원

그림 1-29a에 나타낸 것과 같은 직류 회로에서는 직류 부하에 공급되는 전력은 다음 식과 같이 단순히 부하를 흐르는 전류와 부하 양단의 전압을 곱하면 된다.

$$P = VI \tag{1–55}$$

불행하게도 정현적인 교류회로인 경우는 더욱 복잡하다. 왜냐하면 부하에 공급되는 교류전압과 교류전류 사이에는 위상 차가 존재하기 때문이다. 교류 부하에 공급되는 순시전력은 여전히 순시전압과 순시전류의 곱이다. 하지만 부하에 공급되는 평균전력은 전압과 전류 사이의 위상 차에 의존한다. 지금부터 교류 부하에 공급되는 평균전력이 위상 차에 얼마나 의존하는지 알아보자.

그림 1-29b는 임피던스 $\mathbf{Z} = Z \angle \theta \ \Omega$를 갖는 단상 부하에 전력을 공급하는 단상 전압원을 보여준다. 만일 부하가 유도성 부하라고 가정하면, 부하의 임피던스 각 θ은 양이 될 것이며 전류는 전압보다 위상이 각 θ만큼 뒤지게 된다.

이 부하에 공급되는 전압은

$$v(t) = \sqrt{2}V \cos \omega t \tag{1–56}$$

이며, 여기서 V는 부하에 공급되는 전압의 실효치이다. 그리고 흐르는 전류는

$$i(t) = \sqrt{2}I \cos(\omega t - \theta) \tag{1–57}$$

이며, 여기서 I는 부하를 통해서 흐르는 전류의 실효치이다.

어떤 시간 t에서 이 부하에 공급되는 순시전력은 다음과 같다.

$$p(t) = v(t)i(t) = 2VI \cos \omega t \cos(\omega t - \theta) \tag{1–58}$$

이 식에서 각 θ은 부하의 임피던스 각이다. 유도성 부하에서는 임피던스 각은 양이며, 전류의 파형은 전압의 파형에 대해서 각 θ만큼 뒤져서 흐르게 된다.

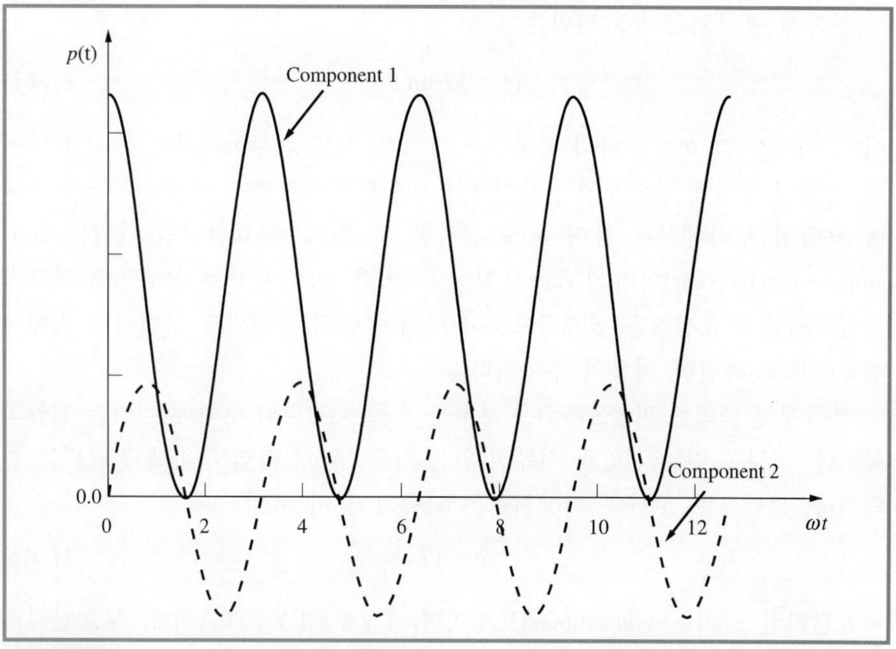

그림 1-30
시간에 대한 단상 부하에 공급되는 전력의 성분. 첫 번째 성분은 전압과 동상인 전류에 의해 부하에 공급되는 전력을 나타내고, 두 번째 성분은 전압과 90°위상 차를 갖는 전류 성분에 의해서 부하에 공급되는 전력이다.

식 (1-58)을 변형하면 다음 식과 같이 나타난다.

$$p(t) = VI\cos\theta\,(1 + \cos 2\omega t) + VI\sin\theta\,\sin 2\omega t \tag{1–59}$$

이 식의 첫 번째 항은 전압과 동상인 전류 성분에 의해서 부하에 공급되는 전력을 나타내며, 두 번째 항은 전압과 위상이 90°인 전류 성분에 의해서 부하에 공급되는 전력을 나타낸다. 이 식의 성분에 대한 파형을 그림 1-30에 나타내었다.

순시전력 표현식에서 첫 번째 항은 언제가 양인 것을 알아야 하지만 이것은 일정한 전력이 아닌 맥동하는 전력을 발생한다. 이 항의 평균값은

$$P = VI\cos\theta \tag{1–60}$$

이며 이것은 식 (1-59)의 첫 번째 항에 의해서 부하에 공급되는 평균 혹은 유효전력(P)를 나타낸다. 유효전력의 단위는 와트(W)이며, 1 W = 1 V × 1 A이다.

순시전력 표현의 두 번째 항은 시간에 대해서 양의 값과 음의 값이 각각 반반이다. 그래서 이 항에 의해서 공급되는 평균 전력은 0이다. 이 항은 전원에서 부하로 공급되었다가 다시 부하에서 전원으로 되돌아오는 전력을 나타낸다. 끊임없이 전원과 부하를 왔다 갔다 하는 전력을 **무효전력**(Q)이라 한다. 무효전력은 인덕터의 자계 내에서 혹은 커패시터의 전계 내에서 저장되었다 방출되는 에너지를 나타낸다.

부하에 공급되는 무효전력은

$$Q = VI \sin\theta \tag{1–61}$$

이며, 여기서 각 θ는 부하의 임피던스 각이다. 유도성 부하에서는 각 θ가 양이고, 용량성 부하에서는 각 θ가 음이므로 무효전력 Q는 유도성 부하에서는 양이며 용량성 부하에서는 음이 됨을 짐작할 수 있다. 무효전력의 단위는 volt-ampere reactive(var)이며, 1 var = 1 V × 1 A이다. 비록 단위는 유효전력 와트와 동일하지만 무효전력은 실제적으로 부하에 공급되는 전력과 구별하기 위해서 전통적으로 특별한 이름이 주어졌다.

부하에 공급되는 **피상전력**(S)은 부하를 흐르는 전류와 부하에 걸리는 전압의 곱이다. 이것은 만일 전압과 전류의 위상 차를 무시한다면 부하에 공급되는 전력이다. 그러므로 부하의 피상전력은 다음과 같이 주어진다.

$$S = VI \tag{1–62}$$

피상전력의 단위는 volt-ampere(VA)이며, 1 VA = 1 V × 1 A이다. 무효전력과 함께 피상전력은 유효 및 무효전력과 혼동을 피하기 위하여 개별적인 단위가 주어졌다.

전력의 다른 표현들

만일 부하가 일정한 임피던스를 갖고 있다면, 부하에 공급되어진 유효, 무효 그리고 피상전력의 다른 표현을 옴의 법칙을 사용하여 얻을 수 있다. 부하에 공급되어진 전압의 크기는

$$V = IZ \tag{1–63}$$

이므로 식 (1-63)을 식 (1-60), (1-61) 그리고 (1-62)에 대입하면 전류와 임피던스에 관계된 유효, 무효 그리고 피상전력에 대한 다음과 같은 수식을 얻을 수 있다.

$$P = I^2Z \cos\theta \tag{1–64}$$

$$Q = I^2Z \sin\theta \tag{1–65}$$

$$S = I^2Z \tag{1–66}$$

여기서 $|Z|$는 부하 임피던스 Z의 크기이다.

부하 Z의 임피던스는 다음과 같이 표현되기 때문에

$$Z = R + jX = |Z|\cos\theta + j|Z|\sin\theta$$

이 수식으로부터 $R = |Z|\cos\theta$ 그리고 $X = |Z|\sin\theta$임을 알 수 있다. 그래서 부하의 유효 및 무효전력은 다음과 같다.

$$P = I^2R \tag{1-67}$$

$$Q = I^2X \tag{1-68}$$

여기서 R은 저항, X는 부하 Z의 리액턴스이다.

복소전력

컴퓨터 계산에 있어 편리성을 위하여, 유효 및 무효전력은 때때로 다음과 같은 복소전력 **S**로 표현되기도 한다.

$$\mathbf{S} = P + jQ \tag{1-69}$$

부하에 공급되는 복소전력 **S**는 다음 수식으로부터 계산되어진다.

$$\mathbf{S} = \mathbf{VI}^* \tag{1-70}$$

여기서 *는 복소 공액 연산자이다.

이 수식을 이해하기 위해서 부하에 공급되는 전압이 $\mathbf{V} = V \angle \alpha$이고 부하를 흐르는 전류가 $\mathbf{I} = I \angle \beta$라고 가정하자. 그렇다면 부하에 공급되는 전력은 다음과 같다.

$$\begin{aligned}\mathbf{S} &= \mathbf{VI}^* = (V\angle\alpha)(I\angle-\beta) = VI\angle(\alpha - \beta)\\ &= VI\cos(\alpha - \beta) + jVI\sin(\alpha - \beta)\end{aligned}$$

임피던스 각 θ은 전압 각과 전류 각의 차이이다($\theta = \alpha - \beta$). 그래서 이 수식은 다음과 같이 변형이 가능하다.

$$\begin{aligned}\mathbf{S} &= VI\cos\theta + jVI\sin\theta\\ &= P + jQ\end{aligned}$$

임피던스 각, 전류 각 그리고 전력과의 관계

기본적인 회로이론으로부터 알고 있듯이 인덕터의 리액턴스가 양이므로 유도성 부하(그림 1-31)는 양의 임피던스 각 θ를 갖는다. 만일 부하의 임피던스 각 θ가 양이면 부하를 흐르는 전류의 위상 각은 부하 양단에 걸리는 전압의 위상 각보다 θ만큼 뒤지게 된다.

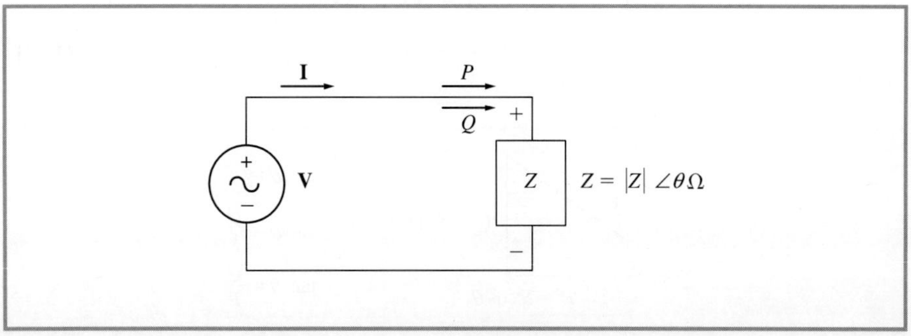

그림 1-31 유도성 부하는 양의 임피던스 각을 갖는다. 부하는 지상 전류를 발생하며 전원으로부터 유효전력 P와 무효전력 Q를 동시에 소모한다.

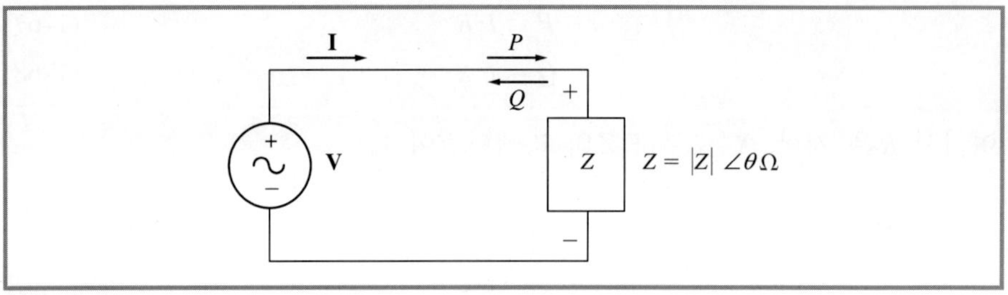

그림 1-32

용량성 부하는 음의 임피던스 각을 갖는다. 이 부하는 진상 전류를 발생하며 전원으로부터 유효전력을 소모하고 무효전력 Q를 공급한다.

$$\mathbf{I} = \frac{\mathbf{V}}{Z} = \frac{V\angle 0°}{|Z|\angle\theta} = \frac{V}{|Z|}\angle -\theta$$

또한 만일 부하의 임피던스 각 θ가 양이면 부하에서 소모되는 무효전력이 양이 될 것이다[식 (1-65)]. 그리고 부하는 전원으로부터 유효 및 무효전력을 동시에 소모하고 있다고 말한다.

반대로, 용량성 부하(그림 1-32)는 용량기의 리액턴스가 음이므로 음의 임피던스 각 θ를 갖는다. 만일 부하의 임피던스 각 θ가 음이면 부하를 흐르는 전류의 위상 각은 부하 양단에 걸리는 전압의 위상 각보다 θ만큼 앞서게 될 것이다. 또한 부하의 임피던스 각 θ가 음이면, 부하에 의해서 소모되는 무효전력 Q는 음이 될 것이다[식 (1-65)]. 이로부터 부하는 전원으로부터 유효전력을 소모하고, 전원으로 무효전력을 공급하고 있다고 말할 수 있다.

전력 삼각형

부하에 공급되는 유효, 무효 그리고 피상전력은 전력 삼각형으로부터 구할 수 있다. 전력 삼각형은 그림 1-33에 나타나 있다. 왼쪽 낮은 곳의 각은 임피던스 각 θ이다. 이 삼각형의 아랫변은 부하에 공급되는 유효전력 P이며 세로 변은 부하에 공급되는 무효전력 Q이다. 그리고 빗변은 부하의 피상전력을 나타낸다.

$\cos\theta$의 양은 부하의 역률로 알려져 있다. 부하의 역률은 부하에 공급되는 유효전력에 대한 피상전력의 비로 정의된다. 그래서

$$\text{PF} = \cos\theta \tag{1–71}$$

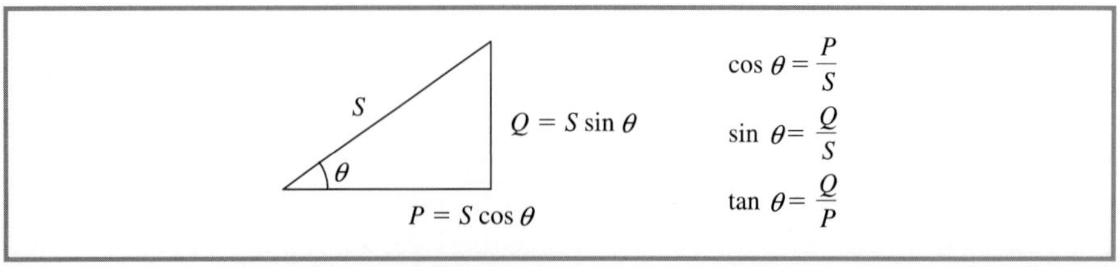

그림 1-33

전력 삼각형

이며 여기서 θ는 부하의 임피던스 각이다.

$\cos\theta = \cos(-\theta)$이므로 30° 임피던스 각에 의해서 발생되는 역률은 −30°의 임피던스 각으로 발생되는 역률과 정확하게 일치한다. 역률 하나만으로 부하가 유도성인지 용량성인지 말할 수 없기 때문에 역률이 언급될 때마다 전류가 전압보다 앞서는지 뒤지는지를 알려야 한다.

전력 삼각형은 유효전력, 무효전력, 피상전력 그리고 역률의 관계를 명확하게 하고 있고 이들 중 어떤 양이 정해져 있다면 다른 양들을 쉽게 계산할 수 있게 해준다.

예제 1-11

그림 1-34는 임피던스 $Z = 20\angle -30°\ \Omega$를 갖는 부하에 공급되는 전압원을 보여준다. 부하에 공급되는 전류 **I**, 부하의 역률, 부하에 공급되는 유효, 무효, 피상 그리고 복소전력을 계산하라.

풀이

이 부하에 공급되는 전류는

$$\mathbf{I} = \frac{\mathbf{V}}{Z} = \frac{120\angle 0°\ \text{V}}{20\angle -30°\ \Omega} = 6\angle 30°\ \text{A}$$

부하의 역률은

$$\text{PF} = \cos\theta = \cos(-30°) = 0.866 \text{ 진상} \tag{1–71}$$

(이것은 용량성 부하이기 때문에 임피던스 각 θ는 음이고 전류는 전압을 앞선다는 것은 기억하자)

부하에 공급되는 유효전력은

$$P = VI\cos\theta \tag{1–60}$$
$$P = (120\text{ V})(6\text{ A})\cos(-30°) = 623.5\text{ W}$$

부하에 공급되는 무효전력은

$$Q = VI\sin\theta \tag{1–61}$$
$$Q = (120\text{ V})(6\text{ A})\sin(-30°) = -360\text{ VAR}$$

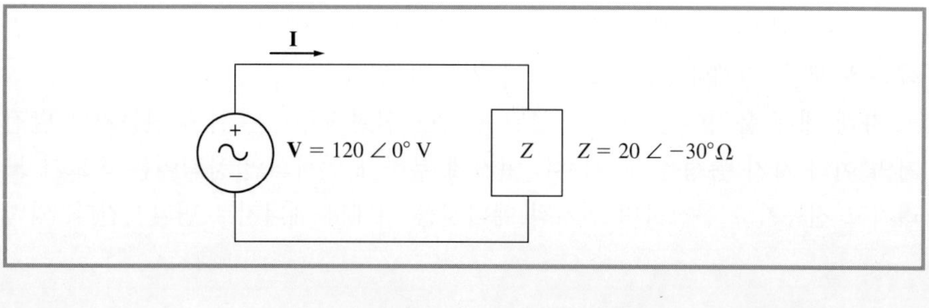

그림 1-34
예제 1-11의 회로

부하에 공급되는 피상전력은

$$S = VI \tag{1-62}$$
$$Q = (120\text{ V})(6\text{ A}) = 720\text{ VA}$$

부하에 공급되는 복소전력은

$$\mathbf{S} = \mathbf{VI}^* \tag{1-70}$$
$$= (120\angle 0°\text{ V})(6\angle -30°\text{ A})^*$$
$$= (120\angle 0°\text{ V})(6\angle 30°\text{ A}) = 720\angle 30°\text{ VA}$$
$$= 623.5 - j360\text{ VA}$$

1.10 요약

이장에서는 축을 중심으로 회전하는 시스템의 역학에 대해 간략하게 보여주었다. 그리고 변압기, 전동기 그리고 발전기를 이해하는 데 중요한 자계의 원천들과 효과들에 대해 소개했다.

역사적으로 영국단위계는 영어를 국어로 하는 나라에서 기계에 관련된 기계적 양을 표시하기 위해 사용되어 왔다. 최근 SI단위계는 미국을 제외한 세계의 거의 모든 영어계 지역에 퍼져있고 빠른 보급이 이루어지고 있다. SI가 더욱더 일반화됨에 따라 이 책의 대부분의 예는 기계쪽 측정량에 이 단위계를 사용한다. 전기 측량은 항상 SI단위계로 표시된다.

기계적인 부분에 있어 각위치, 각속도, 각가속도, 토오크, 뉴우턴 법칙, 일 그리고 전력 등은 하나의 축에 대한 특별한 경우에 대하여 설명되어 왔다. 이런 기초적인 관계(전력과 속도 식 등과 같은)는 SI와 영국단위계로 주어졌다.

전류에 의한 자계의 생성에 대해 설명하였고 그리고 강자성체에 대한 특별한 성질에 대하여 자세히 설명되었다. 자화곡선의 모양과 히스테리시스의 개념들이 강자성체의 자구 이론으로 설명되었고 와전류손에 대하여 논의되었다.

파라데이 법칙은 권선을 통과하는 자속의 시간적 변화에 비례해서 도선 코일에 전압이 발생함을 설명하고 있다. 파라데이 법칙은 변압기 작용의 기본이 되고 2장에서 자세히 설명하겠다. 전류가 흐르는 도선이 자계 내에 존재하고 만약 적당히 도선을 놓으면 도선에 힘이 유기된다. 이런 작용은 전동기의 기본이 된다.

적당히 배열된 자계 내에 권선을 움직이면 권선에 전압이 유기된다. 이런 작용은 모든 기계에 있어 발전기의 기본이 된다.

자계 내에 움직이는 바로 구성된 간단한 선형직류기는 실제 전동기나 발전기의 여러 가지 특성을 보여준다. 여기에 부하가 인가되면 움직이는 속도가 느려지고 전동기로 동작하며 전기적 에너지를 기계적 에너지로 변환시킨다. 외력을 가해 바를 무부하 정상상태 속도 보다 빠르게 하면 발전기로 동작하고, 이것은 기계적 에너지를 전기적 에너지로 변환시키는 것이다.

교류회로에서 유효전력 P는 전원에서 부하에 공급하는 평균전력이다. 무효전력 Q는 전원과 부하 사이를 서로 교환하는 전력 성분이다. 양의 무효전력은 유도성 부하($+\theta$)에 의해서 소모되고, 음의 무효전력은 용량성 부하 ($-\theta$)에 의해서 소모된다. 전력에서 피상전력 S는 전압과 전류의 크기만 고려하였을 경우 부하에 공급되는 전력을 말한다.

질문 Questions

1-1. 토오크란 무엇인가? 토오크가 기기의 회전운동에서 기여하는 역할은 무엇인가?

1-2. 암페어 법칙이란 무엇인가?

1-3. 자계세기란 무엇인가? 자속밀도란 무엇인가? 어떤 관계인가?

1-4. 자기회로 개념은 변압기와 기기의 철심을 설계하는 데 얼마나 도움이 되는가?

1-5. 자기저항이란 무엇인가?

1-6. 강자성체 물질이란 어떤 것인가? 왜 강자성체 물질의 투자율은 그렇게 높은가?

1-7. 강자성체 물질의 비투자율은 기자력에 따라 얼마나 변하는가?

1-8. 히스테리시스란 무엇인가? 자기자구이론으로 설명하라.

1-9. 와전류손이란 무엇인가? 철심에서 와전류손실을 최소화할 수 있는 방법은 무엇인가?

1-10. 왜 교류 자속을 사용하는 모든 철심은 적층구조로 되어있는가?

1-11. 파라데이 법칙이란 무엇인가?

1-12. 자계 내에서 권선에 힘을 유기하는 데 필요한 조건들은 무엇인가?

1-13. 자계 내에서 권선에 전압을 유기하는 데 필요한 조건들은 무엇인가?

1-14. 왜 선형직류기는 실제 직류기의 동작을 설명하는 좋은 예인가?

1-15. 그림 1-19의 선형기기는 정상상태로 회전하고 있다. 축전지의 전압을 증가하면 어떻게 되겠는가? 자세히 설명하라.

1-16. 왜 선형기기에서 자속의 감소는 속도의 증가를 가져오는가?

1-17. 유도성 부하에서 전류가 전압을 앞서겠는가 혹은 뒤지겠는가? 부하의 무효전력은 양이겠는가 혹은 음이겠는가?

1-18. 유효, 무효 그리고 피상전력은 무엇인가? 이 전력들이 사용하는 단위는 무엇인가? 그 단위들은 어떻게 연관되어 있는가?

1-19. 역률이란 무엇인가?

연습문제 Problems

1-1. 전동기 축이 1800 rpm의 속도로 회전하고 있다. 이를 rad/sec의 단위로는 축 속도로 변환하면 얼마인가?

1-2. 4 Kg·m^{2}의 관성모멘트를 갖는 플라이휠이 초기에는 멈추어 있다. 만약 6 N·m (반시계방향으로)의 토오크를 갑자기 플라이휠에 가하면 5초 후에 플라이휠의 속도는 얼마인가? rad/sec와 rev/min 두 단위로 이 속도를 표현하여라.

1-3. 그림 P1-1처럼 10 N의 힘을 반경이 0.15 m인 원통에 인가했다. 관성모멘트가 4 Kg·m^{2}인 원통에 생기는 토오크의 크기와 방향은 얼마인가? 원통의 각가속도 α는?

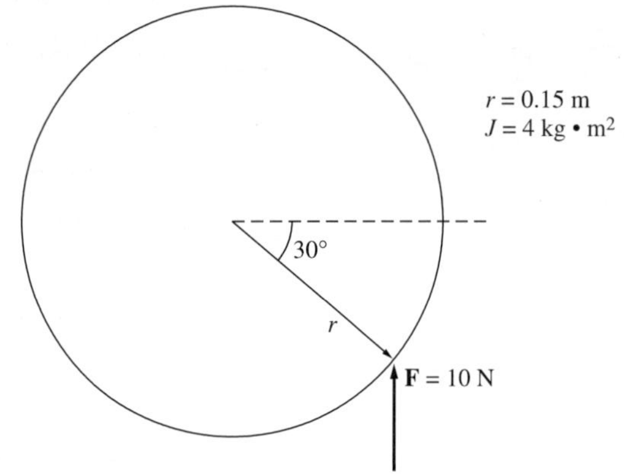

그림 P1-1
연습문제 1-3의 원통

1-4. 전동기가 부하에 50 N·m의 토오크를 공급하고 있다. 만약 전동기 축이 1500 rpm의 속도로 회전하고 있다면 부하에 공급되는 전력은 몇 watt인가? 또 몇 마력인가?

1-5. 그림 P1-2는 강자성체 철심을 나타내고 있다. 철심의 깊이는 5 cm이다. 철심의 다른 치수는 그림에 표시되어 있다. 자속 0.005 Wb를 유기하는 데 필요한 전류값을 찾아라. 이 전류에서 철심의 위쪽에 자속밀도는 얼마인가? 철심이 오른쪽 다리의 자속밀도는 얼마인가? 철심의 비투자율은 800으로 가정한다.

1-6. 1500의 비투자율을 갖는 강자성체 철심이 그림 P1-3에 나타나 있다. 치수들은 그림에 표시되어 있다. 그리고 철심의 깊이는 5 cm이다. 철심의 왼쪽과 오른쪽의 공극은 각각 0.050 cm와 0.070 cm이다. 프린징 효과 때문에 그들의 물리적 크기보다 공극의 유효면적은 5%증가한다. 만약 철심의 중심다리에 코일이 300회 감겨있고 코일의 전류가 1.0 A라면 철심의 왼쪽, 중앙, 오른쪽 다리의 자속은 각각 얼마인가, 각 공극의 자속밀도는 얼마인가?

1-7. 두 다리 철심이 그림 P1-4에서 보여지고 있다. 철심의 왼쪽다리의 권수(N_1)은 600회 감겨있고 오른쪽 권선(N_2)는 200회 감겨있다. 코일들은 그림에서처럼 감겨있다. 만약 치수들이 그림에서 표시된 것과 같다면, 전류 i_1 = 0.5A와 i_2 = 1.00A에 의해 유기되는 자속은 얼마인가? μ_r = 1200이고 일정하다고 가정한다.

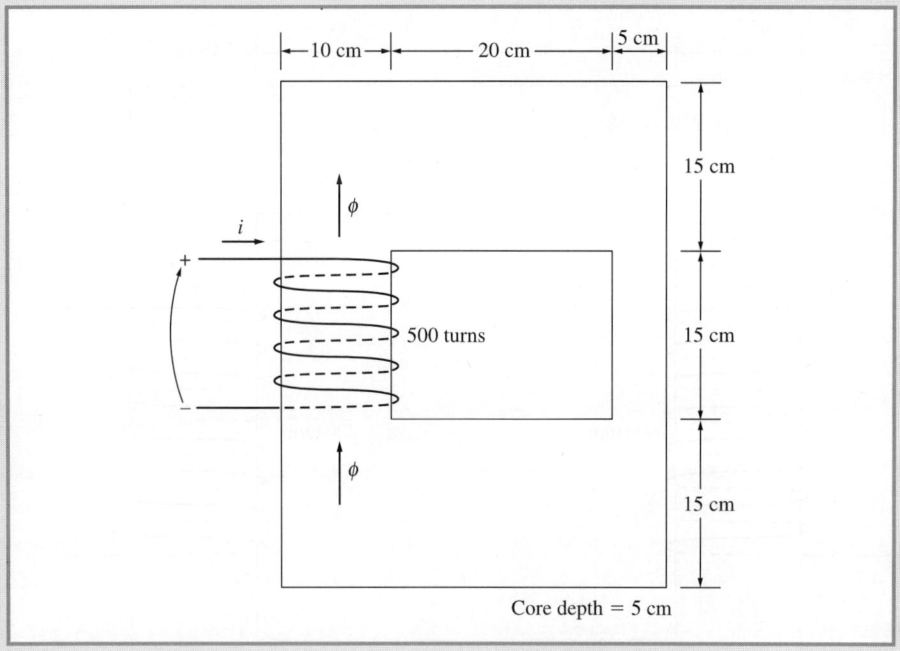

그림 P1-2
연습문제 1-5의 철심

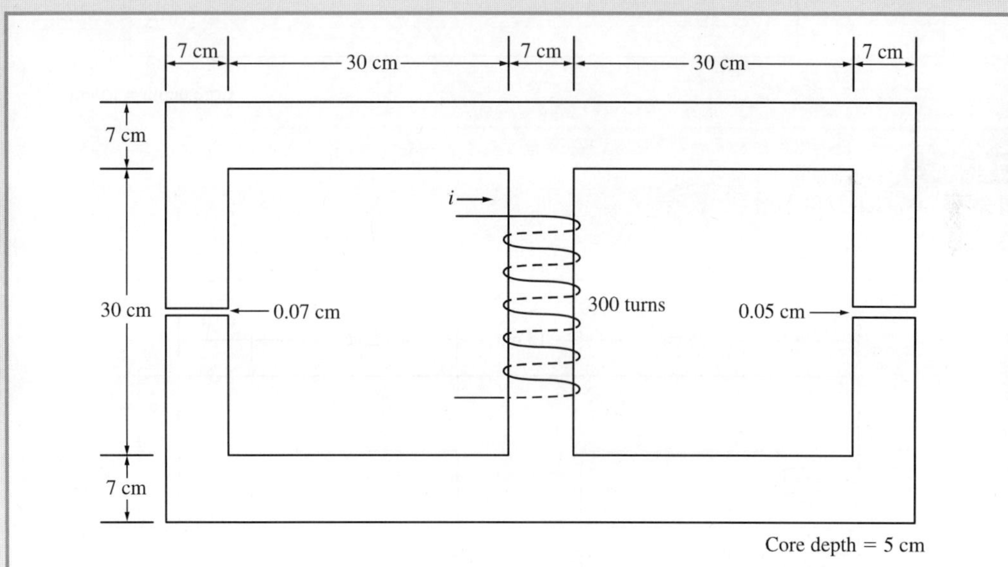

그림 P1-3
연습문제 1-6의 철심

1-8. 세 다리 철심이 그림 P1-5에서 보여지고 있다. 철심의 깊이는 5 cm이고 왼편다리에 100회의 권선이 감겨 있다. 철심이 비투자율은 2000이고 일정하다고 가정한다. 철심의 세 다리에 생기는 자속은 얼마인가? 각 다리의 자속밀도는 얼마인가? 공극의 프린징 효과로 인해 유효단면적은 5% 증가한다고 가정한다.

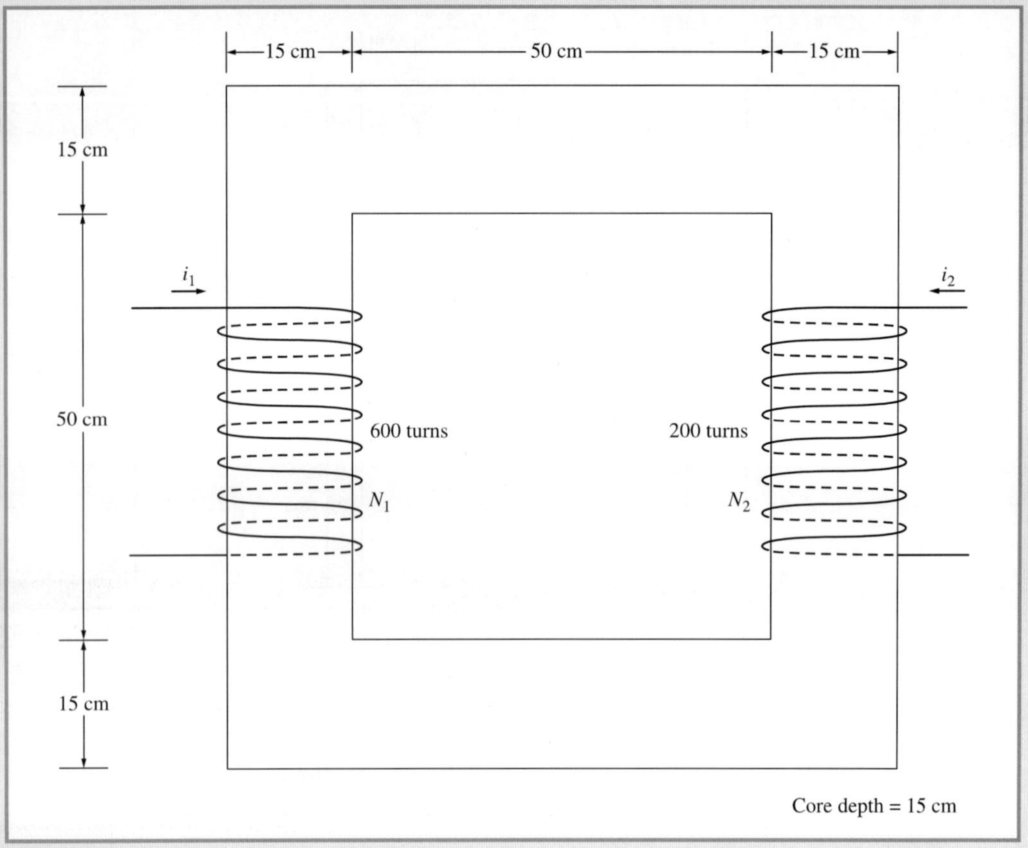

그림 P1-4
연습문제 1-7과 1-12의 철심

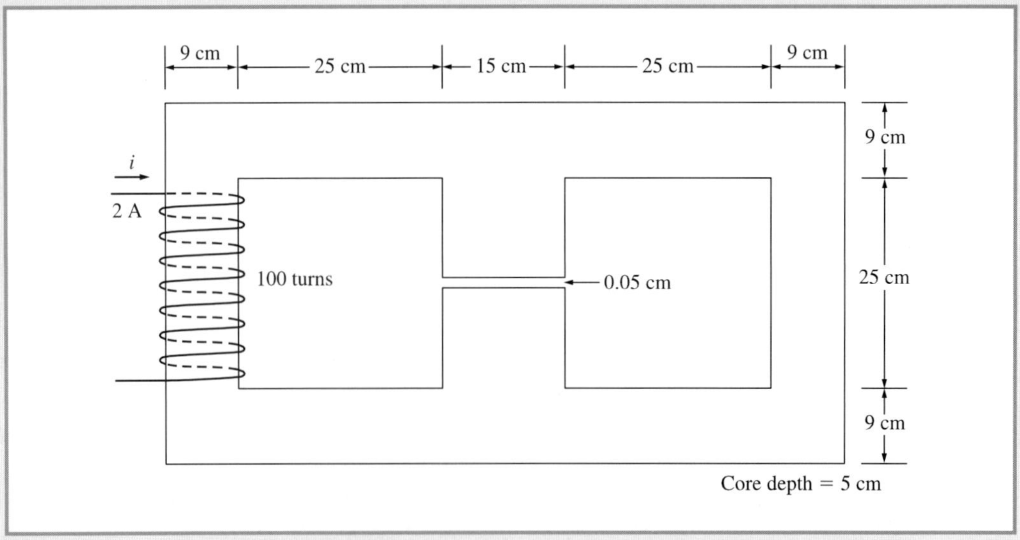

그림 P1-5
연습문제 1-8의 철심

1-9. 그림 P1-6은 자계가 존재하는 공간에 2.0 A의 전류가 흐르는 도체를 보여주고 있다. 유기된 힘의 크기와 방향을 계산하라.

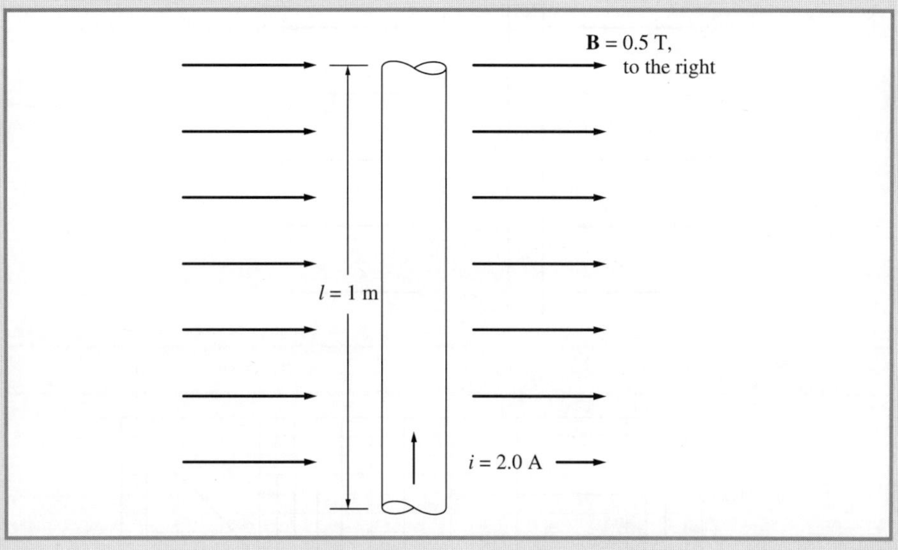

그림 P1-6
연습문제 1-9의 자계 내 전류가 흐르는 도체

1-10. 자계가 존재하는 곳에서 움직이고 있는 도체를 그림 P1-7에 보여주고 있다. 그림처럼 값이 주어진다면 도선에 유도되는 전압의 크기와 방향을 결정하라.

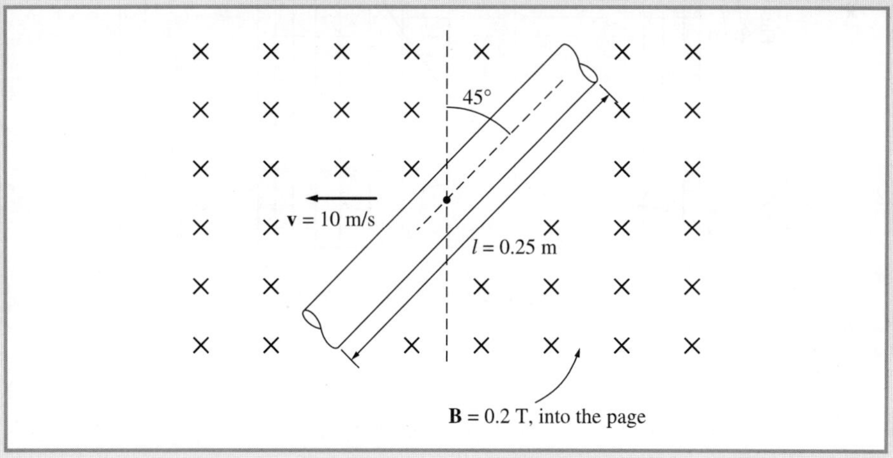

그림 P1-7
연습문제 1-10의 자계 내에서 움직이는 도체

1-11. 그림 P1-8의 권선에 대해 연습문제 1-10과 같은 과정을 반복하라.

1-12. 그림 P1-4에 보여지는 철심은 그림 P1-9의 자화곡선을 갖는 강철로 만들어져 있다. 연습문제 1-7을 반복하라. 그러나, 이번에는 μ_r의 값을 일정하다고 가정하지 않는다. 서술된 전류에 의해 얼마나 많은 자속이 유기되는가? 이런 상황에서 이 철심의 비투자율은 얼마인가? 연습문제 1-7에서 비투자율이 1200과 같다는 가정은 이 상황에서 적절한 가정이 되는가? 이것은 일반적으로 좋은 가정인가?

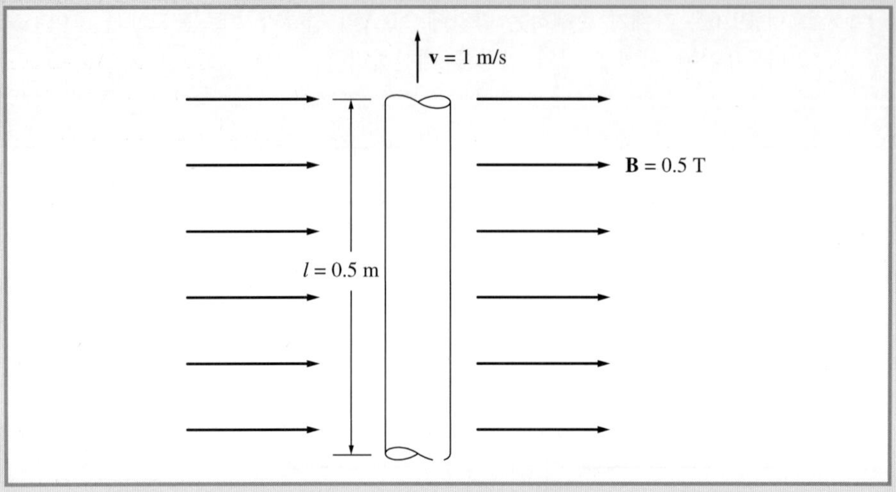

그림 P1-8
연습문제 1-11의 자계 내에서 움직이는 도체

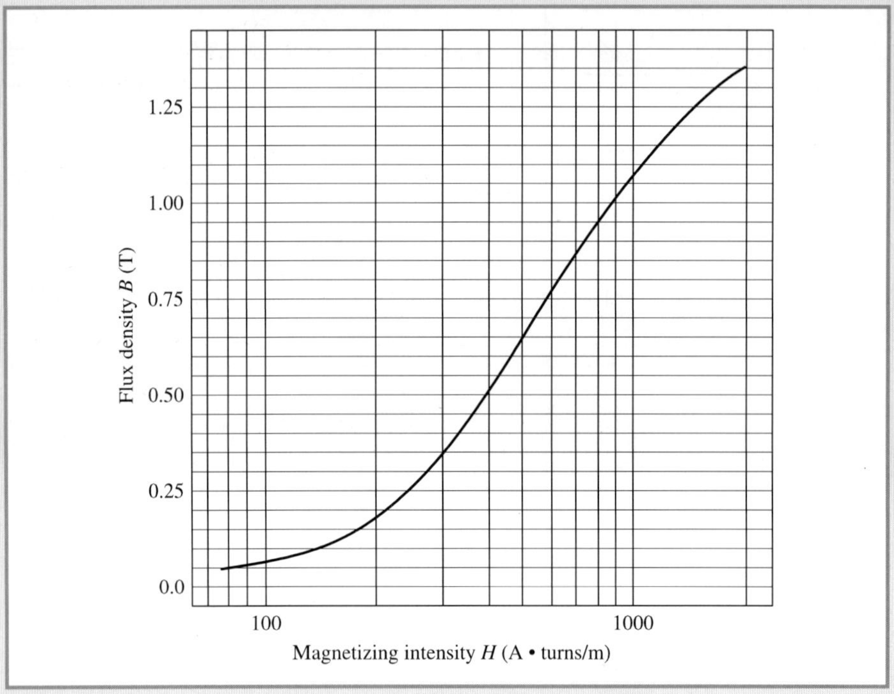

그림 P1-9
연습문제 1-12, 1-14의 철심의 자화곡선

1-13. 세 다리를 갖는 철심은 그림 P1-10에서 보여주고 있다. 철심의 깊이는 5 cm이고 가운데 다리에는 400회의 권선이 감겨있다. 나머지 치수들은 그림처럼 표시되어 있다. 철심은 그림 1-10(c)와 같은 자화곡선을 갖는 강철로 이루어져 있다. 이 철심에 대한 아래의 질문들에 답하라.

(*a*) 철심의 가운데 다리에 0.5 T의 자속밀도를 유기하는 데 필요한 전류는 얼마인가?

(*b*) 철심의 가운데 다리에 1.0 T의 자속밀도를 유기하는 데 필요한 전류는 얼마인가, (*a*)의 몇 배의 전류인가?

(*c*) (*a*)의 조건에서 철심의 가운데와 오른쪽 다리의 자기저항은 얼마인가?

(*d*) (*b*)의 조건에서 철심의 가운데와 오른쪽 다리의 자기저항은 얼마인가?
(*e*) 실제 자기철심들의 자기저항들에 대해 어떤 결론을 내릴 수 있는가?

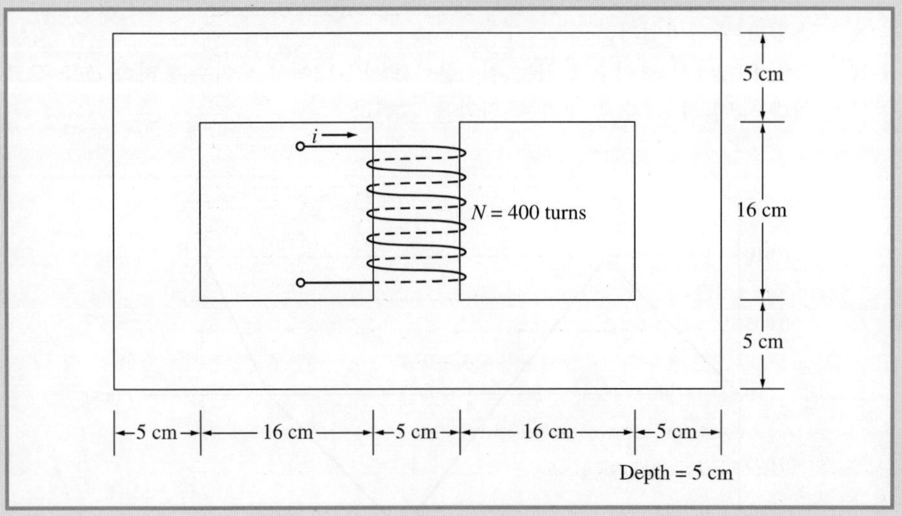

그림 P1-10
연습문제 1-13의 철심

1-14. 공극을 갖는 두 다리 자기철심이 그림 P1-11에서 보여주고 있다. 철심의 깊이는 5 cm이고 철심의 공극의 길이는 0.05 cm이고, 코일의 권선수는 1000회이다. 철심의 자화곡선은 그림 P1-9에서 보여주고 있다. 프린징 효과에 의해 유효공극면적이 5%증가했다고 가정하자. 공극의 자속밀도를 0.5 T로 유기하는 데 얼마나 많은 전류가 필요한가? 이 전류에서 철심 네 곳에서의 자속밀도는 얼마인가? 공극의 전체 자속은 얼마나 존재하는가?

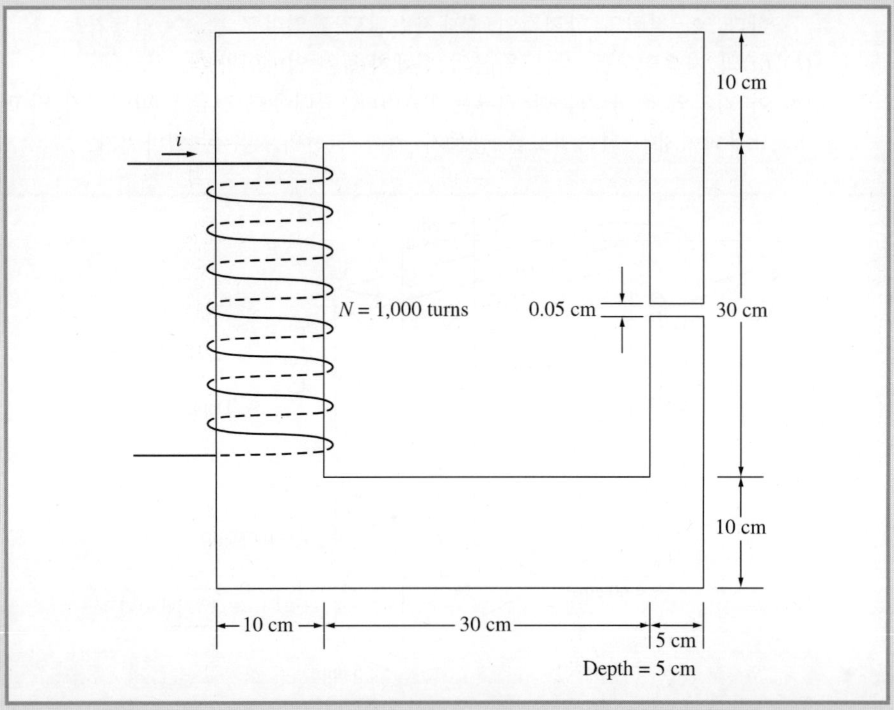

그림 P1-11
연습문제 1-14의 철심

1-15. 유효평균자로가 6 in인 변압기 철심이 한쪽다리에 200회의 코일이 감겨있다. 이것의 단면적은 0.25 in^2이고 자화곡선은 그림 1-10(*c*)에서 보여주고 있다. 만약 0.3 A의 전류가 이 코일에 흐르고 있다면 철심의 전체자속은 얼마인가? 자속밀도는 얼마인가?

1-16. 그림 P1-2에서 보여주고 있는 철심은 그림 P1-12에서 보여주는 자속 ϕ를 갖고 있다. 코일의 단자에 생기는 전압을 그려라.

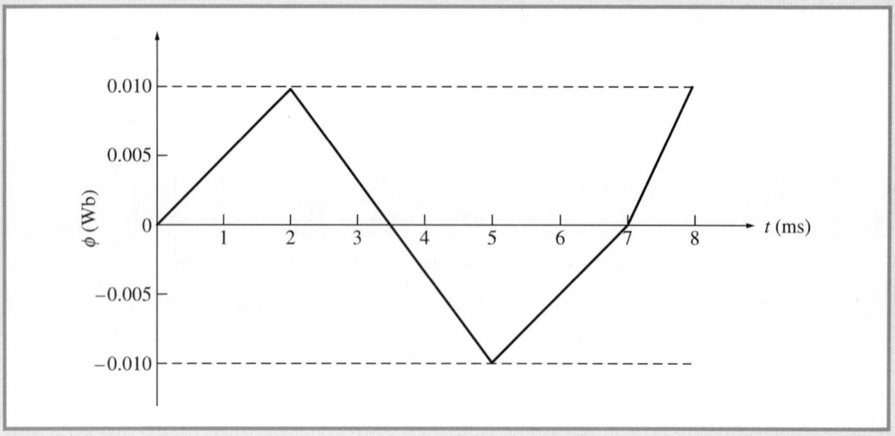

그림 P1-12
연습문제 1-16의 시간 대 자속

1-17. 그림 P1-13은 간단한 직류전동기의 철심을 보여주고 있다. 이 철심의 물질에 자화곡선은 그림 1-10(*c*)와 (*d*)에 주어지고 있다. 단, 각 공극의 단면적은 18 cm^2과 각 공극의 길이는 0.05 cm로 가정한다. 회전자 철심의 유효길이는 5 cm이다.

(*a*) 철심의 높은 포화를 피하면서 가장 큰 자속밀도를 갖는 기기를 만들려고 한다. 이 철심의 합리적인 최대자속밀도는 얼마로 할 수 있는가?

(*b*) (*a*)의 자속밀도를 갖는 철심의 전체자속은 얼마인가?

(*c*) 이 기기의 최대 가능한 전류는 1 A이다. 최대유효 전류를 넘어서지 않고 요구되어지는 자속밀도를 만들기 위한 권선의 횟수는 얼마인가?

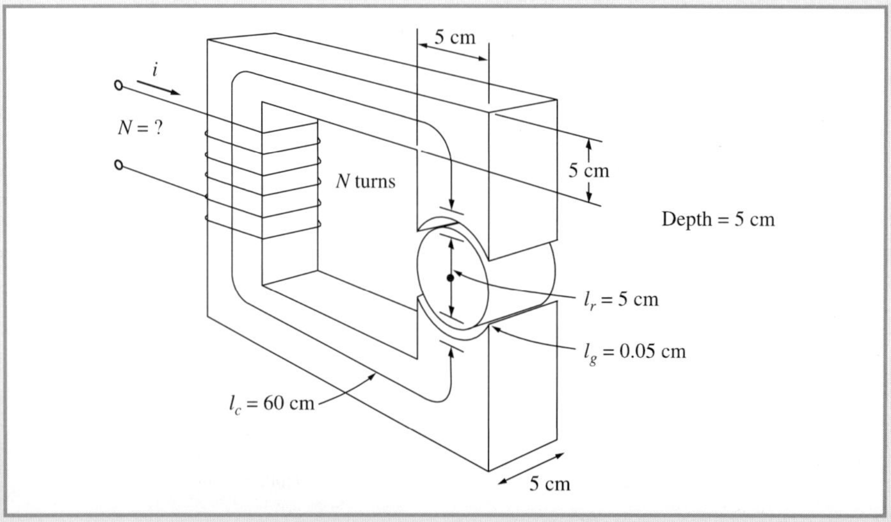

그림 P1-13
연습문제 1-17의 철심

1-18 부하에 가해진 전압이 $\mathbf{V} = 208 \angle -30°$ V이고, 부하를 흐르는 전류는 $\mathbf{I} = 2 \angle 20°$ A라고 가정할 때 다음을 구하라.

(*a*) 이 부하에서 소모되는 복소전력 **S**를 계산하라.

(*b*) 이 부하는 유도성 부하인가 용량성 부하인가?

(*c*) 이 부하의 역률을 구하라.

1-19. 그림 P1-14는 세 개의 부하를 갖는 간단한 단상 교류 시스템을 나타낸다. 전압은 $\mathbf{V} = 240 \angle 0°$이고 이 세 부하의 임피던스는 다음과 같다.

$$Z_1 = 10\angle 30°\ \Omega \qquad Z_2 = 10\angle 45°\ \Omega \qquad Z_3 = 10\angle -90°\ \Omega$$

이 전력 시스템에 대해서 다음의 질문에 답하라.

(*a*) 그림에서 스위치가 열렸다고 가정하고 전류 **I**, 역률, 부하가 공급받는 유효, 무효 그리고 피상전력을 계산하라.

(*b*) 그림에서 스위치가 닫혔다고 가정하고 전류 **I**, 역률, 부하가 공급받는 유효, 무효 그리고 피상전력을 계산하라.

(*c*) 스위치가 닫혔을 때 전원으로부터 흐르는 전류는 어떻게 되며 이유는 무엇인가?

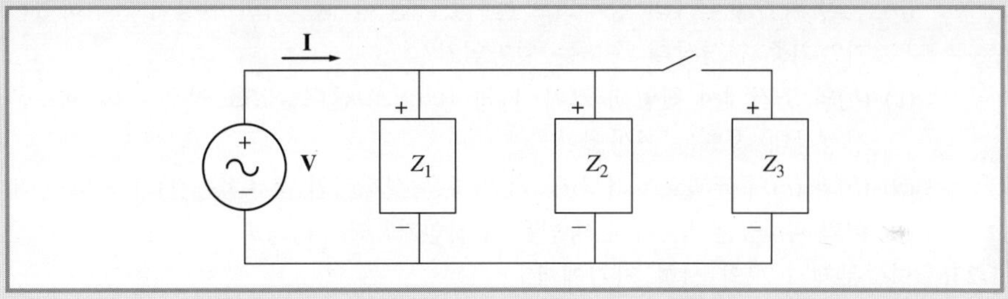

그림 P1-14
연습예제 1-19의 회로

1-20. 삼각함수 공식을 사용하여 식 (1-58)로부터 식 (1-59)가 유도됨을 증명하라.

$$p(t) = v(t)i(t) = 2VI\cos\omega t\cos(\omega t - \theta) \tag{1–58}$$

$$p(t) = VI\cos\theta\,(1 + \cos 2\omega t) + VI\sin\theta\sin 2\omega t \tag{1–59}$$

힌트 : 다음의 정리를 이용한다.

$$\cos\alpha\cos\beta = \frac{1}{2}[\cos(\alpha - \beta) + \cos(\alpha + \beta)]$$
$$\cos(\alpha - \beta) = \cos\alpha\cos\beta + \sin\alpha\sin\beta$$

1-21. 그림 P1-15에 나타난 선형 기기는 페이지를 수직하게 지나는 방향으로 0.5 T의 자속밀도를 가지며 저항은 0.25 Ω 바의 길이는 $l = 1.0$ m 그리고 전압의 크기는 100 V이다.

(*a*) 기동시에 바에 가해지는 초기 힘은 얼마인가? 초기 전류는 얼마인가?

(*b*) 바의 무부하 속도는 얼마인가?

(*c*) 만일 바가 운동의 반대방향으로 25 N의 힘을 받고 있다고 하면 새로운 정상상태 속도는 얼마인가? 이러한 상황에서 기기의 효율은 얼마인가?

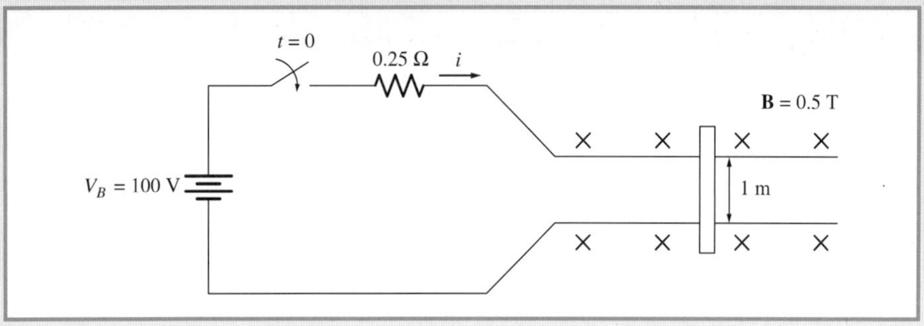

그림 P1-15
연습문제 1-21 선형 기기

1-22. 선형 기기의 특성이 다음과 같을 때 다음 물음에 답하라.

B = 0.5 T 지면 안으로 들어가는 방향 $R = 0.25\ \Omega$
$l = 0.5$ m $V_B = 120$ V

(*a*) 이 바가 운동방향의 반대방향으로 20 N의 힘이 가해지고 있다면 바의 정상상태 속도는 얼마인가?

(*b*) 만일 바가 0.45 T인 영역으로 들어갔다면 바에는 어떤 현상이 발생하겠는가? 최종 정상상태 속도는 얼마인가?

(*c*) (*b*)의 조건에서 전압의 크기 V_B가 100 V로 줄어들었을 경우 바의 새로운 정상상태 속도는 얼마인가?

(*d*) (*b*)와 (*c*)의 결과로부터 선형 기기(혹은 실제적인 직류전동기)의 속도를 제어할 수 있는 두 가지 방법은 무엇인가?

1-23. 연습문제 1-22의 선형 기기에서

(*a*) 이 기기가 전동기로서 동작하고 부하가 0 N에서 30 N까지 5 N씩 변한다면 바의 속도는 얼마인가? 부하의 함수로서 바의 속도를 그려라.

(*b*) 전동기가 30 N의 부하에서 동작한다고 할 때, 자속밀도가 0.3 T에서 0.5 T까지 0.05 T씩 변할 때 바의 속도를 계산하고 그래프로서 그려라.

(*c*) 전동기가 0.5 T의 자속밀도내에서 무부하 상태로 회전한다고 할 때 바의 속도는 얼마인가? 지금 바에 30 N의 부하를 새로 가한다면 바의 새로운 속도는 얼마인가? 또한 무부하 상태의 속도로 회복하려면 자속밀도가 얼마나 필요한가?

참고문헌 References

1. Alexander, Charles K., and Matthew N. O. Sadiiku: *Fundamentals of Electric Circuits*, 4th ed., McGraw-Hill, New York, 2008.
2. Beer, F., and E. Johnston, Jr.: *Vector Mechanics for Engineers: Dynamics*, 7th ed., McGraw-Hill, New York, 2004.
3. Hayt, William H.: *Engineering Electromagnetics*, 5th ed., McGraw-Hill, New York, 1989.
4. Mulligan, J. F.: *Introductory College Physics*, 2nd ed., McGraw-Hill, New York, 1991.
5. Sears, Francis W., Mark W. Zemansky, and Hugh D. Young: *University Physics*, Addison-Wesley, Reading, Mass., 1982.

CHAPTER 02

변압기

학습목표

- 전력시스템에서 변압기의 용도 이해
- 이상변압기의 권선에 걸리는 전압, 전류, 그리고 임피던스 관계에 대한 이해
- 실제 변압기 동작과 이상변압기 동작과의 유사성 이해
- 변압기 등가회로에서 동손, 누설자속, 히스테리시스, 그리고 와전류가 어떻게 표현되는지를 이해
- 변압기내의 전압과 전류 변환을 알기 위한 변압기 등가회로의 이해
- 변압기의 손실과 효율 계산법
- 측정 시험을 통한 변압기 등가회로의 정수 산정
- 측정에서 단위계 이해
- 변압기의 전압조정 계산법
- 단권변압기의 이해
- 두 개의 변압기를 이용하는 특별한 경우를 포함한 3상 변압기의 이해
- 변압기 정격의 이해
- 측정용 변압기(계기용 변압기와 변류기)의 이해

변압기는 어떤 주파수와 전압을 가진 교류 전기에너지를 자계 작용을 통해 주파수는 같지만 다른 전압크기를 갖는 교류 전기에너지로 변환시키는 장치이다. 변압기는 공동의 강자성체에 감겨진 두 개 혹은 그 이상의 도선 코일로 이루어져 있다.

이런 코일들은 보통 직접 연결되어 있지는 않다. 단지 두 코일들 사이의 연결은 철심안에 존재하는 공동의 자속을 통해 이루어진다. 변압기 권선들 중의 하나는 교류전원에 연결되어 있고 다른 변압기 권선은 부하에 전기 전력을 공급한다. 전원과 연결된 변압기 권선을 1차권선, 즉 **입력권선**이라고 하고 부하에 연결된 권선을 2차권선, 즉 **출력권선**이라고 한다.

2.1 변압기의 중요성

최초의 전력배전 시스템은 미국에서 에디슨에 의해 120 V 직류로 백열등에 전력을 공급하기 위해 개발되었다. 에디슨의 최초의 발전소는 1882년 9월에 뉴욕에서 가동을 시작했다. 불행히도 그의 전력시스템은 공급에 필요한 전력을 큰 전류, 저전압에서 발전, 송전했다. 큰 전류는 송전선에 큰 전압강하와 전력 손실을 가져왔고 발전소 위치에 의해 공급 지역이 제한되었다. 1880년대에 이런 문제점을 극복하기 위해 모두 도시 외곽에 발전소가 위치해 있었다. 전력은 낮은 직류전력 시스템으로 먼 거리를 송전할 수 없다는 사실은 발전소들이 작고, 그리고 지역적으로 분포해야 함을 의미했고 그래서 상대적으로 비효율적이었다.

변압기의 발명과 거의 동시에 이루어진 교류전원의 개발은 전력 시스템의 송전 범위와 전력량에 대한 이러한 제약들을 제거시켰다. 이상적인 변압기는

그림 2-1
1885년 윌리엄 스탠리에 의해 만들어진 첫 실용 변압기. 철심은 적층됨 (General Electric Company 제공).

실제의 전력 공급에 영향을 미치지 않고 어떤 크기의 교류전압을 다른 크기의 교류전압으로 변환시킨다.

만약 변압기가 회로에서 전압의 크기를 상승시키면 입력 전력과 출력 전력을 같게 하기 위해서는 전류는 감소해야만 한다. 그래서 교류전력은 하나의 중심 지역에서 발전되어 질 수 있고 이 발생 전압은 매우 적은 손실로 먼 거리를 송전하기 위해 승압되고 그리고 최종 사용을 위해 다시 강압된다.

전력 시스템의 선로에 발생하는 송전 손실은 선로에 흐르는 전류의 제곱에 비례하기 때문에 변압기 작용으로 10배로 송전 전압을 승압하면 송전 전류를 1/10로 줄이게 되어 100배 전력 송전 손실을 줄일 수 있다. 오늘날에 사용되는 많은 분야에서 변압기 없이 전기의 사용은 불가능하다. 현대 전력시스템에서 전력은 12에서 25 kV의 전압으로 발전된다. 적은 손실로 긴 거리를 송전하려면 110 kV에서 거의 1000 kV까지 전압을 변압기로 승압한다. 그리고 지역적 배전을 위해 12 ~ 34.5 kV의 범위에서 변압기로 강압하고 마지막으로 집이나 사무실, 공장에서 안전하게 사용하기 위해 낮은 전압으로 전력이 공급된다.

2.2 변압기의 형태와 제작

변압기의 일차적 목적은 어떤 전압의 교류전력을 같은 주파수의 다른 전압을 갖는 교류전력으로 변환시키는 것이다. 변압기들은 다른 목적으로도 많이 사용된다(전압 측정, 전류 측정, 그리고 임피던스 변환). 그러나 이 장에서는 전력 변환에 대해 일차적으로 설명한다.

전력 변압기는 두 가지 형태의 철심 중 한 형태로 조립되어 있다. 한 형태의 구조는 직사각형의 적층구조의 철 조각들로 간단히 구성되어 있는데 직사각형의 두 쪽에 변압기의 권선이 감겨져 있다. 이러한 구조의 형태를 **내철형**(core form)이라고 부르고, 그림 2-2에 나타내었다. 다른 형태는 가운데 다리에 권선이 감겨져 있는 3개의 다리가 있는 적층 구조의 철심으로 구성되어 있다. 이런 형태의 구조를 **외철형**(shell type)이라고 부르고, 그림 2-3에 나타내었다. 각각의 경우 철심은 와전류를 극소화시키기 위해 전기적으로 절연된 얇은 적층구조를 하고 있다. 실제 변압기의 1차, 2차권선은 저압권선은 안쪽에, 그리고 그 위에 고압 권선이 감긴다.

이런 배열은 두 가지 목적을 갖는다.

1. 철심으로부터 고압 권선의 절연문제를 해결해 준다.
2. 두 개의 권선이 철심에 거리를 두고 분리되어 있는 경우보다도 매우 적은 누설자속이 발생한다.

전력 변압기는 전력 시스템에서 그들이 어떻게 사용되는가에 따라서 다양한 다른 이름으로 불린다. 변압기가 발전기의 출력 단자에 연결되어 있고 송전 전압(110 + kV)까지 승압하는 데 사용되면 때때로 **단위 변압기**(unit transformer)라고 부른다. 송전 전압에서 배전 전압(2.3에서 34.5 kV범위)로 강압하는 송전선의 다른 쪽에 있는 변압기를 **변전용 변압기**(substation transformer)라고 부른다. 마지막으로 배전 전압을 가지고 실제로 사용되는 전력(110, 208, 220 V 등)의 최종 전압으로 강압하는 변압기를 **배전용 변압기**(distribution transformer)라 부른다. 모든 이런 장치는 근본적으로 같은 것이다. 단지 이들 사이의 차이점은 어디에서 사용되는가에 따라 생긴다.

다양한 전력 변압기 이외에, 두 가지 특별한 목적의 변압기들이 전기기기 그리고 전력 시스템에 사용된다. 이런 특별한 변압기들도 첫 번째는 높은 전압을 검침하고 이 전압에 직접 비례하는 낮은 2차전압을 만들기 위해 특별히 고안된 장치이다. 이런 변압기를 **변성기**(potential transformer)라고 부르고 1차전압에 직접 비례하는 2차전압을 만든다.

변성기와 전력 변압기 사이의 차이점은 변성기는 단지 매우 적은 전류를 조작하기 위해 고안되었다는 점이다. 두 번째 형태의 특수 변압기는 1차전류에 직접 비례하지만 1차보다 매우 적은 2차전류를 만들기 위해 고안된 장치이다. 이 장치를 **변류기**(current transformer)라고 부른다. 이 두 가지 특수 목적의 변압기들은 이 장의 마지막 부분에서 논의된다.

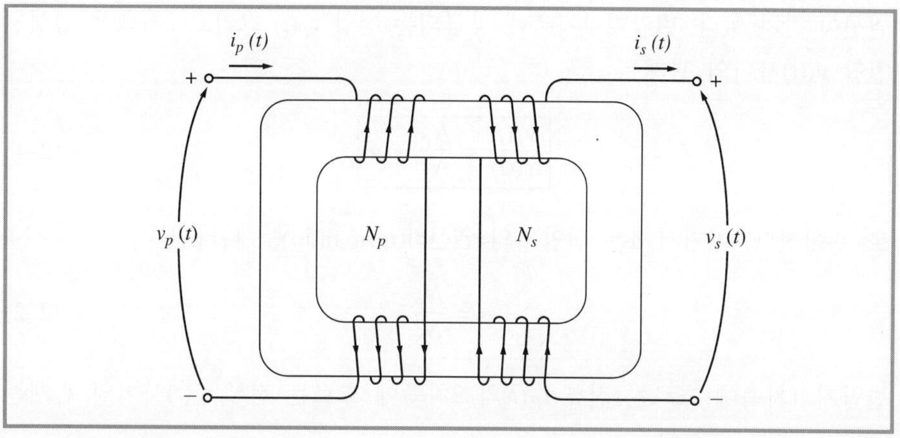

그림 2-2
내철형 변압기 구조

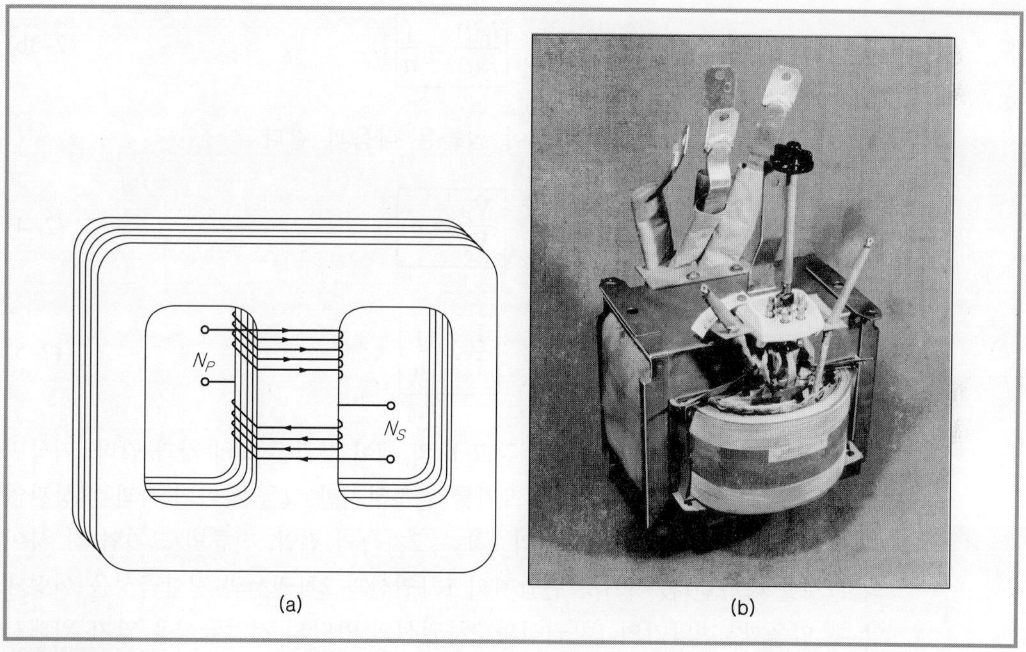

그림 2-3
(a) 외철형 변압기구조, (b) 전형적인 외철형 변압기(General Electric Company 제공)

2.3 이상변압기

이상변압기(Ideal transformer)는 입력권선과 출력권선을 갖는 손실이 없는 변압기이다. 입력 전압 그리고 출력 전압, 입력 전류 그리고 출력 전류 사이의 관계는 두 가지 간단한 특성들이 주어진다. 그림 2-4는 이상변압기를 보여주고 있다. 그림 2-4에 보여지는 변압기는 1차측에 N_P회 권선이 감겨있고, 2차측에 N_S회

권선이 감겨 있다. 변압기 1차측에 공급되는 전압 $v_P(t)$ 그리고 2차측에 생성된 전압 $v_S(t)$사이의 관계는

$$\boxed{\frac{v_P(t)}{v_S(t)} = \frac{N_P}{N_S} = a} \tag{2–1}$$

로 주어진다. 여기서 a는 변압기의 **권선비**(turn ratio)를 나타낸다.

$$a = \frac{N_P}{N_S} \tag{2–2}$$

변압기 1차측에 흐르는 전류 $i_P(t)$와 2차측에 흐르는 전류 $i_S(t)$사이의 관계는

$$\boxed{N_P i_P(t) = N_S i_S(t)} \tag{2–3a}$$

또는

$$\boxed{\frac{i_P(t)}{i_S(t)} = \frac{1}{a}} \tag{2–3b}$$

로 주어진다. 페이저로 고치면 이 식들은 다음과 같다.

$$\boxed{\frac{\mathbf{V}_P}{\mathbf{V}_S} = a} \tag{2–4}$$

그리고

$$\boxed{\frac{\mathbf{I}_P}{\mathbf{I}_S} = \frac{1}{a}} \tag{2–5}$$

$\mathbf{V}_P$의 페이저 각은 $\mathbf{V}_S$의 각과 같고 $\mathbf{I}_P$의 페이저 각은 $\mathbf{I}_S$의 각과 같다. 이상변압기의 권선비는 전압과 전류의 크기를 결정하지만 그들 사이의 각과는 상관없다. 식 (2-1)에서 (2-5)는 변압기의 1차측, 2차측의 전압, 전류의 크기와 각 사이의 관계를 나타낸다. 여기서 변압기의 1차권선과 2차권선의 전압극성을 어떻게 알 수 있을까? 변압기의 1차권선과 2차권선의 양단의 전압극성을 알기 위해서는 실제 변압기에서 1차코일의 양단 전압이 정(+)이라면 2차전압의 극성은 변압기를 개방하고 권선을 측정해 보면 알 수 있다. 이런 번거로움을 피하기 위해 변압기는 극성표시법을 이용한다. 그림 2-4의 각 권선에 있는 점은 변압기 2차측의 전압, 전류의 극성을 나타내고 있다. 이런 관계는 아래와 같다.

1. 만약 1차전압이 점(dot)이 없는 끝에 대하여 권선의 점이 있는 끝이 정(+)이라면 2차전압은 또한 점이 있는 끝이 정(+)이 된다. 전압극성은 각 권선의 점이 있는 부분에서는 같다.
2. 만약 변압기의 1차전류가 1차권선의 점이 있는 끝으로 흘러 들어가면 2차전류는 2차권선의 점이 있는 끝으로 흘러나온다.

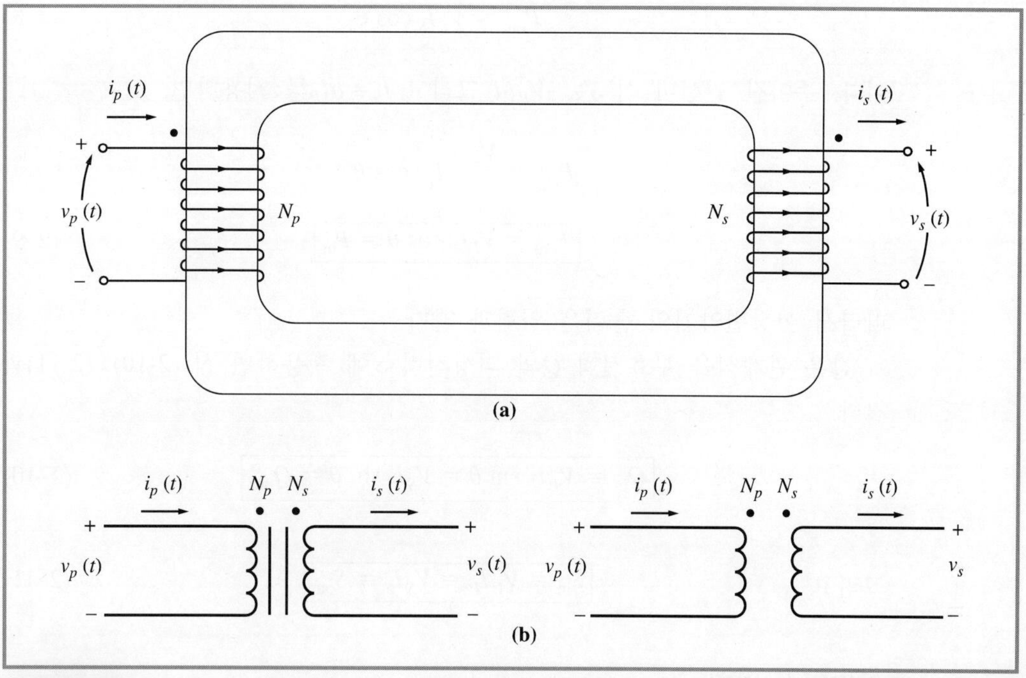

그림 2-4
(a) 이상변압기, (b) 등가회로

극성표시의 물리적 의미와 극성들은 실제 변압기를 다루는 2.4절에서 설명될 것이다.

이상변압기의 전력

1차회로에서 변압기에 공급되는 유효전력(P_{in})은 식 (2-6)으로 주어진다.

$$\boxed{P_{\text{in}} = V_P I_P \cos\theta_P} \tag{2–6}$$

여기서, θ_P는 1차전압과 1차전류 사이의 각이다. 변압기 2차회로에서 부하로 공급되는 유효전력(P_{out})은 다음 식으로 주어진다.

$$\boxed{P_{\text{out}} = V_S I_S \cos\theta_S} \tag{2–7}$$

여기서, θ_s는 2차전압과 2차전류 사이의 각이다. 전압과 전류 사이의 각들은 이상변압기에서는 관계되지 않기 때문에 $\theta_P = \theta_S = \theta$가 된다. 이상변압기의 1차, 2차권선들은 같은 역률을 갖는다. 이상변압기의 1차에 들어가는 전력과 다른 권선에서 나오는 전력을 어떻게 비교할 것인가? 이것은 전압과 전류식 (2-4) 그리고 (2-5)를 응용하면 알 수 있다. 그 변압기의 출력은

$$P_{\text{out}} = V_S I_S \cos\theta \tag{2–8}$$

이다. 주어진 권선비 식 $V_S = V_P/a$ 그리고 $I_S = aI_P$를 적용하면,

$$P_{\text{out}} = \frac{V_P}{a}(aI_P)\cos\theta$$

$$\boxed{P_{\text{out}} = V_P I_P \cos\theta = P_{\text{in}}} \tag{2–9}$$

따라서 이상변압기의 출력은 입력과 같다.

같은 관계식을 무효전력 Q와 피상전력 S에 적용하면 식 (2-10), (2-11)과 같다.

$$\boxed{Q_{\text{in}} = V_P I_P \sin\theta = V_S I_S \sin\theta = Q_{\text{out}}} \tag{2–10}$$

그리고

$$\boxed{S_{\text{in}} = V_P I_P = V_S I_S = S_{\text{out}}} \tag{2–11}$$

임피던스 변환

장치나 요소들의 임피던스는 이들을 통과하는 페이저 전류에 대한 페이저 전압의 비로 정의된다.

$$Z_L = \frac{\mathbf{V}_L}{\mathbf{I}_L} \tag{2–12}$$

변압기의 전압 그리고 전류의 크기가 변화하면 전압과 전류 사이의 비가 변하고 따라서 피상임피던스가 변한다. 이러한 것을 이해하기 위해 그림 2-5에서 보자. 만약 2차전류를 $\mathbf{I}_S$라 하고 2차전압을 $\mathbf{V}_S$라고 하면 부하의 임피던스는

$$Z_L = \frac{\mathbf{V}_S}{\mathbf{I}_S} \tag{2–13}$$

로 주어진다. 변압기의 1차회로의 피상임피던스는

$$Z_L' = \frac{\mathbf{V}_P}{\mathbf{I}_P} \tag{2–14}$$

이다. 1차전압은

$$\mathbf{V}_P = a\mathbf{V}_S$$

로 표시되고 1차전류는

$$\mathbf{I}_P = \frac{\mathbf{I}_S}{a}$$

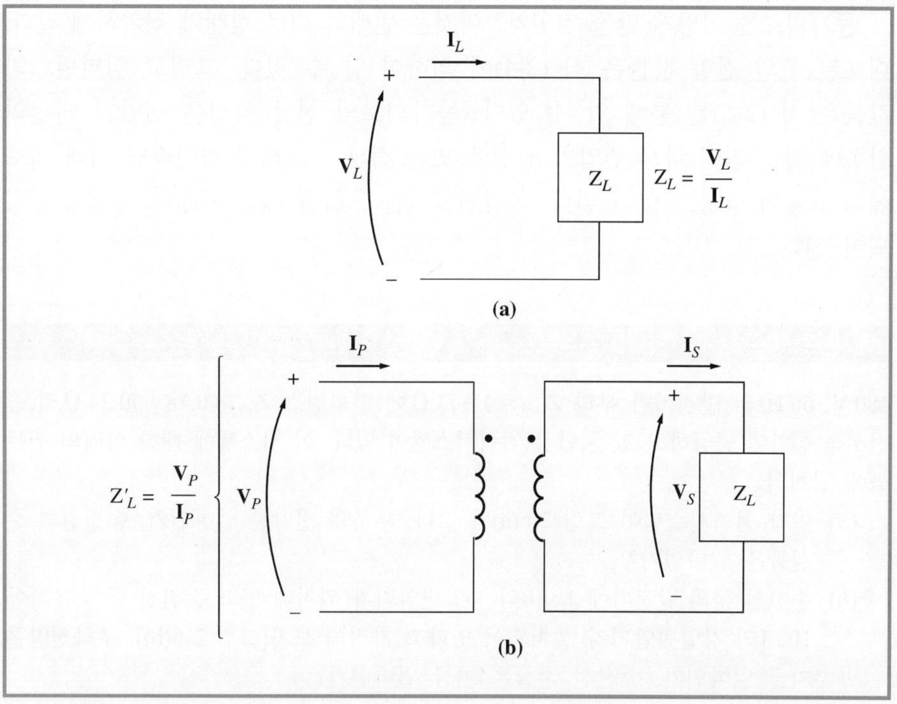

그림 2-5 (a) 임피던스 정의, (b) 변압기를 통한 임피던스 변환

로 표시되기 때문에 1차 피상임피던스는 다음과 같다.

$$Z'_L = \frac{\mathbf{V}_P}{\mathbf{I}_P} = \frac{a\mathbf{V}_S}{\mathbf{I}_S/a} = a^2\frac{\mathbf{V}_S}{\mathbf{I}_S}$$

$$\boxed{Z'_L = a^2 Z_L} \tag{2–15}$$

변압기에 권선비를 적당히 선택함으로서 전원임피던스에 대한 부하임피던스의 크기를 간단히 정합시킬 수 있다.

이상변압기가 포함된 회로의 해석

만약 회로가 이상변압기를 포함하고 있다면 회로의 전압과 전류를 구하기 위해 회로를 분석하는 가장 쉬운 방법은 변압기의 한쪽에 대한 회로의 일부를 같은 단자특성을 갖는 등가회로로 대치하는 것이다. 등가회로가 한쪽에 대하여 대체된 후에 새로운 회로(변압기가 없는)는 회로의 전압과 전류에 대하여 구할 수 있다. 대체되지 않은 회로에서 얻어진 값들은 원래 회로의 정확한 전압, 전류 값과 같을 것이다. 그리고 변압기의 권선비는 변압기의 다른 쪽에 대한 전압과 전류를 결정하는 데 이용될 수 있다. 변압기의 한쪽을 다른 쪽 전압으로 등가화하는 과정은 변압기의 1차측을 2차측으로 변환한다고 한다.

등가회로를 어떻게 만들 것인가? 이것은 원래의 회로 형태와 정확하게 같다. 대체된 쪽의 전압 값들은 식 (2-4)에 의하여 알 수 있다. 그리고 임피던스의 값들은 식 (2-5)를 통해 알 수 있다. 등가회로의 전압 극성은 변압기 권선의 한쪽에 있는 점이 다른 변압기 권선에 있는 점과 비교해서 역이라면 원래 회로에서 그들의 방향도 역이 된다. 이상변압기를 포함한 해는 아래의 예에서 설명되어 진다.

예제 2-1

480 V, 60 Hz의 발전기가 부하 $Z_{load} = 4 + j3\ \Omega$에 임피던스 $Z_{line} = 0.18 + j0.24\ \Omega$의 송전선을 통하여 공급하고 있는 단상 전력시스템이 있다. 이 시스템에 대한 아래의 질문들에 답하라.

(*a*) 만약 전력시스템이 그림 2-6(a)와 같다. 부하의 전압은 얼마인가, 송전선의 손실들은 얼마인가?

(*b*) 송전선 끝의 발전기에 1 : 10의 승압변압기가 위치해 있고 송전선 끝의 부하에 10 : 1의 강압변압기가 설치되어 있다고 가정해 보자[그림 2-6(b)]. 부하전압은 지금 얼마인가, 송전선 손실은 지금 얼마인가?

풀이

(*a*) 그림 2-6(a) 변압기가 없는 전력시스템을 보여준다. 여기서 $\mathbf{I}_G = \mathbf{I}_{line} = \mathbf{I}_{load}$. 이 시스템의 선전류는

$$\begin{aligned}\mathbf{I}_{line} &= \frac{\mathbf{V}}{Z_{line} + Z_{load}} \\ &= \frac{480\angle 0°\ \mathrm{V}}{(0.18\ \Omega + j0.24\ \Omega) + (4\ \Omega + j3\ \Omega)} \\ &= \frac{480\angle 0°}{4.18 + j3.24} = \frac{480\angle 0°}{5.29\angle 37.8°} \\ &= 90.8\angle -37.8°\ \mathrm{A}\end{aligned}$$

이고 부하전압은

$$\begin{aligned}\mathbf{V}_{load} &= \mathbf{I}_{line}Z_{load} \\ &= (90.8\angle -37.8°\ \mathrm{A})(4\ \Omega + j3\ \Omega) \\ &= (90.8\angle -37.8°\ \mathrm{A})(5\angle 36.9°\ \Omega) \\ &= 454\angle -0.9°\ \mathrm{V}\end{aligned}$$

이다. 손실은

$$\begin{aligned}P_{loss} &= (I_{line})^2 R_{line} \\ &= (90.8\ \mathrm{A})^2 (0.18\ \Omega) = 1484\ \mathrm{W}\end{aligned}$$

(*b*) 그림 2-6(b)는 변압기를 갖는 전력시스템이다. 이를 해석하기 위해 같은 전압으로 바꿀 필요가 있다. 이것은 2단계로 진행된다.

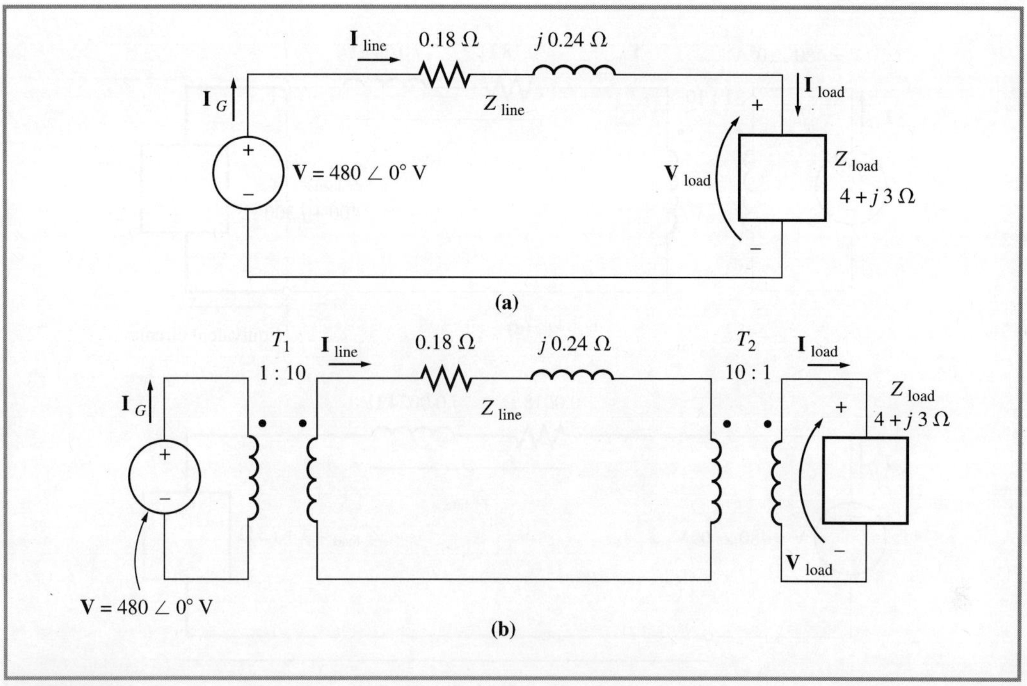

그림 2-6
전력시스템의 예. (a) 송전선 끝에 변압기가 없는 경우, (b) 송전선 끝에 변압기가 있는 경우

1. 부하측을 송전선 전압으로 변환하면서 변압기 T_2를 제거
2. 송전선과 등가부하를 전원측으로 변환하면서 변압기 T_1을 제거

부하 임피던스를 송전선으로 변환하면

$$\begin{aligned} Z'_{load} &= a^2 Z_{load} \\ &= \left(\frac{10}{1}\right)^2 (4\ \Omega + j3\ \Omega) \\ &= 400\ \Omega + j300\ \Omega \end{aligned}$$

송전선의 총 임피던스는

$$\begin{aligned} Z_{eq} &= Z_{line} + Z'_{load} \\ &= 400.18 \ + j300.24\ \Omega = 500.3 \angle 36.88°\ \Omega \end{aligned}$$

등가회로는 그림 2-7(a)와 같다. 송전선측의 총 등가임피던스($Z_{line} + Z'_{load}$)는 전원 측으로 변환한다.

$$\begin{aligned} Z'_{eq} &= a^2 Z_{eq} \\ &= a^2(Z_{line} + Z'_{load}) \\ &= \left(\frac{1}{10}\right)^2 (0.18\ \Omega + j0.24\ \Omega + 400\ \Omega + j300\ \Omega) \\ &= (0.0018\ \Omega + j0.0024\ \Omega + 4\ \Omega + j3\ \Omega) \\ &= 5.003 \angle 36.88°\ \Omega \end{aligned}$$

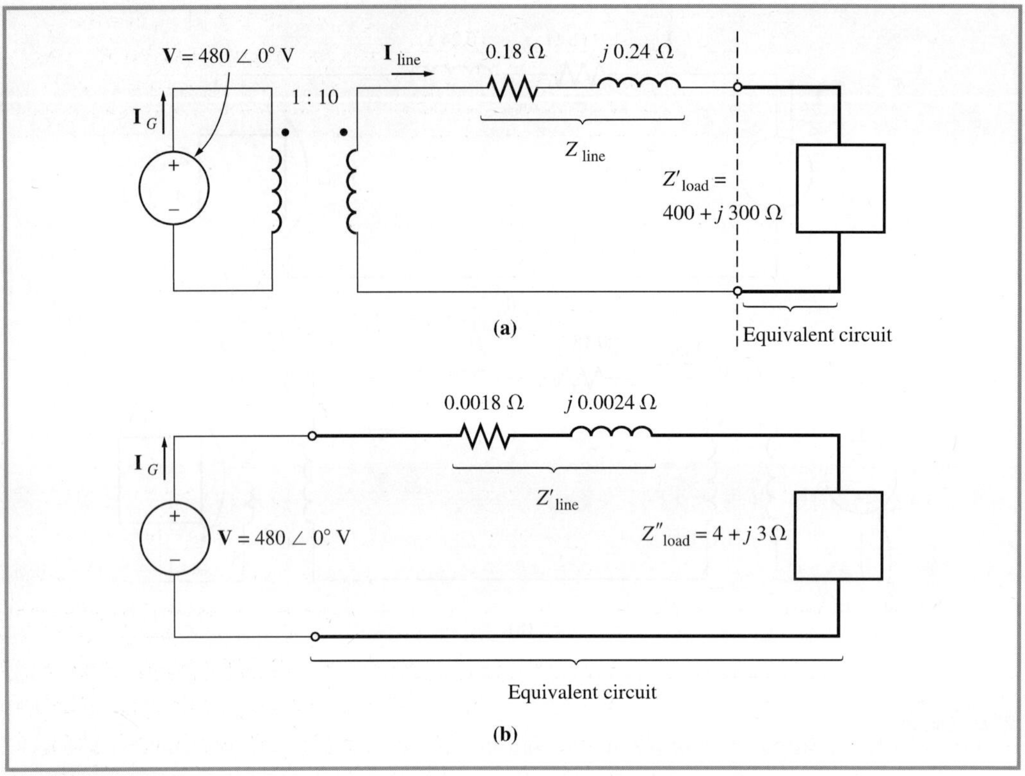

그림 2-7
(a) 부하를 송전선측으로 변환한 경우, (b) 부하와 송전선을 발전기측으로 변환한 경우

$Z''_{\text{load}} = 4 + j3\,\Omega$, $Z'_{\text{line}} = 0.0018 + j0.0024\,\Omega$이다. 등가회로는 그림 2-7(b)이다. 발전기 전류는

$$\mathrm{I}_G = \frac{480\angle 0°\text{ V}}{5.003\angle 36.88°\ \Omega} = 95.94\angle -36.88°\text{ A}$$

이다. $\mathbf{I}_G$를 구했으므로 $\mathbf{I}_{\text{line}}$과 $\mathbf{I}_{\text{load}}$를 구한다. 변압기 T_1에서 $\mathbf{I}_{\text{line}}$은

$$N_{P1}\mathbf{I}_G = N_{S1}\mathbf{I}_{\text{line}}$$

$$\mathbf{I}_{\text{line}} = \frac{N_{P1}}{N_{S1}}\mathbf{I}_G$$

$$= \frac{1}{10}(95.94\angle -36.88°\text{ A}) = 9.594\angle -36.88°\text{ A}$$

이고, 변압기 T_2에서 $\mathbf{I}_{\text{load}}$는

$$N_{P2}\mathbf{I}_{\text{line}} = N_{S2}\mathbf{I}_{\text{load}}$$

$$\mathbf{I}_{\text{load}} = \frac{N_{P2}}{N_{S2}}\mathbf{I}_{\text{line}}$$

$$= \frac{10}{1}(9.594\angle -36.88°\text{ A}) = 95.94\angle -36.88°\text{ A}$$

이다. 부하전압은

$$\begin{aligned}\mathbf{V}_{\text{load}} &= \mathbf{I}_{\text{load}} Z_{\text{load}} \\ &= (95.94 \angle -36.88^\circ \text{ A})(5 \angle 36.87^\circ \ \Omega) \\ &= 479.7 \angle -0.01^\circ \text{ V}\end{aligned}$$

이다. 손실은

$$\begin{aligned}P_{\text{loss}} &= (I_{\text{line}})^2 R_{\text{line}} \\ &= (9.594 \text{ A})^2 (0.18 \ \Omega) = 16.7 \text{ W}\end{aligned}$$

이다.

전력시스템에서 승압하는 경우 송전 손실을 거의 90% 줄었음을 알 수 있다. 또한 부하에서 전압강하는 변압기가 없는 전력시스템과 비교해서 변압기가 있는 시스템에서 더 적게 강압됨을 알 수 있다. 이런 간단한 예는 현대 전력시스템에서 변압기의 중요성뿐 아니라 고전압 송전 선로 사용의 이점을 설명하고 있다.

실제 전력시스템은 4 kV에서 30 kV의 범위의 전압을 발생한다. 그런 다음 먼 거리를 송전하기 위해 승압변압기를 사용하여 매우 높은 수준의 전압(예를 들어 500 kV)으로 승압하고 배전과 수용가를 위해 강압 변압기를 사용하여 합리적인 전압으로 줄인다. 예제 2.1에서 보듯이 이것은 전력시스템에서 송전 손실을 크게 줄일 수 있다.

2.4 단상변압기의 이론

2.3절에 설명된 이상변압기는 물론 실제로는 만들 수 없다. 제작될 수 있는 실제 변압기는 두 개 내지 더 많은 코일들을 강자성체 철심에 감는다. 실제 변압기의 특성들은 이상변압기의 특성과 근사적으로 비슷하다. 그러나 이 장에서는 실제 변압기의 동작에 대하여 다루겠다.

그림 2-8은 변압기 철심에 두 개의 권선 코일이 감겨진 형태로 이루어 있다. 변압기의 1차측은 전원과 연결되어 있다. 그리고 2차권선은 개방되어 있다. 그림 2-9는 변압기의 히스테리시스 곡선을 나타낸다. 변압기 동작의 기본은 파라데이 법칙에서 유도될 수 있다.

$$e_{\text{ind}} = \frac{\lambda}{dt} \tag{1–41}$$

여기서 λ는 자속쇄교수이고 전압은 이 자속쇄교수에 의해 유기된다. 이 자속쇄교수 λ는 코일의 각 권선수(turn)를 통과한 자속을 코일의 전 권선수에 대해 통과한 모든 자속을 더한 자속의 합이다.

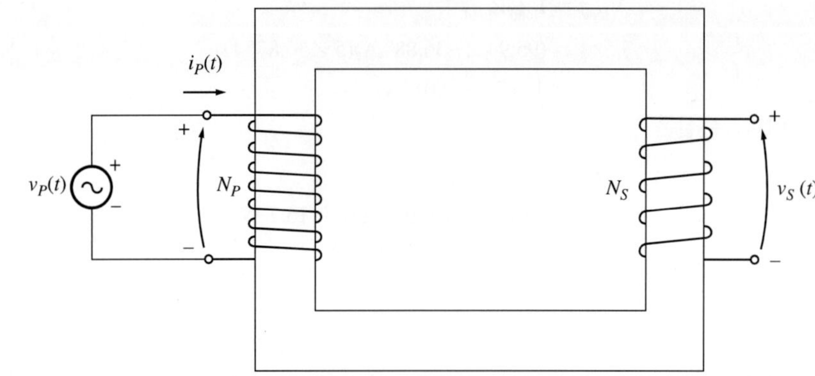

그림 2-8
2차측이 무부하인 경우의 변압기

$$\lambda = \sum_{i=1}^{N} \phi_i \tag{1–42}$$

코일을 통과하는 전체 자속쇄교수는 단지 $N\phi$만이 아니다(여기서 N은 코일권회수). 왜냐하면 코일의 각 권선수를 통과하고 있는 자속은 다른 권선수의 자속과 다소 차이가 있고, 코일 안의 권선 위치에 관계되기 때문이다. 그러나 코일에 있어 각 권선당 평균자속은 정의할 수 있다. 코일의 모든 권선수에 있어 전체 자속쇄교수를 λ라고 하고 권선수를 N이라고 하면 권선당 평균자속은

$$\overline{\phi} = \frac{\lambda}{N} \tag{2–16}$$

이고, 그리고 파라데이 법칙으로 표기하면

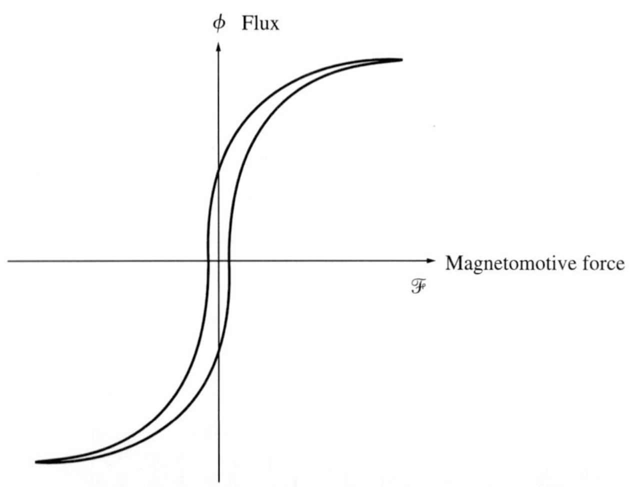

그림 2-9
변압기의 히스테리시스 곡선

$$e_{\text{ind}} = N\frac{d\overline{\phi}}{dt} \tag{2–17}$$

가 된다.

변압기의 전압비

그림 2-8에서 전원전압이 $v_P(t)$라고 하면 그 전압은 변압기 1차권선의 코일에 직접 걸린다. 변압기는 이 인가전압에 어떠한 작용을 일으킬까? 이것을 파라데이 법칙이 설명하고 있다. 권선저항은 무시하고, 식 (2-17)을 변압기의 1차권선에서의 평균자속에 의해 풀면

$$\overline{\phi}_P = \frac{1}{N_P}\int v_P(t)\,dt \tag{2–18}$$

이다. 이 식에서 권선의 평균자속은 권선에 인가된 전압의 적분치에 비례하고 비례상수는 1차권선의 권수의 역수 $1/N_P$이다.

이런 자속은 변압기의 1차코일에 존재한다. 변압기의 2차코일에 나타나는 영향은 2차권선에 쇄교하는 자속의 양이 얼마인가 관계된다. 그러나 1차코일에 유기된 모든 자속이 2차코일을 쇄교하는 것은 아니다. 자속 중 어떤 것은(그림 2-10에서 보여지듯이) 철심을 떠나 공기 중에 통과된다. 변압기 코일 중 한쪽만 쇄교하고 다른쪽 코일은 쇄교하지 않는 자속을 누설자속이라고 한다. 변압기 1차코일의 자속은 두 성분으로 나눌 수 있다.

상호자속(mutual flux): 두 권선에 쇄교되는 자속

누설자속(leakage flux): 1차권선은 쇄교하지만 2차권선을 쇄교하지 않고 공기를 통과하는 자속

$$\boxed{\overline{\phi}_P = \phi_M + \phi_{\text{LP}}} \tag{2–19}$$

여기서

$\overline{\phi}_P$ = 전체 평균 1차자속

ϕ_M = 1차, 2차코일들을 모두 쇄교하는 자속성분

ϕ_{LP} = 1차 누설자속

2차권선에서도 상호자속과 2차권선은 쇄교하지만 1차권선은 쇄교하지 않고 공기를 통과하는 누설자속으로 나누어진다.

$$\boxed{\overline{\phi}_S = \phi_M + \phi_{\text{LS}}} \tag{2–20}$$

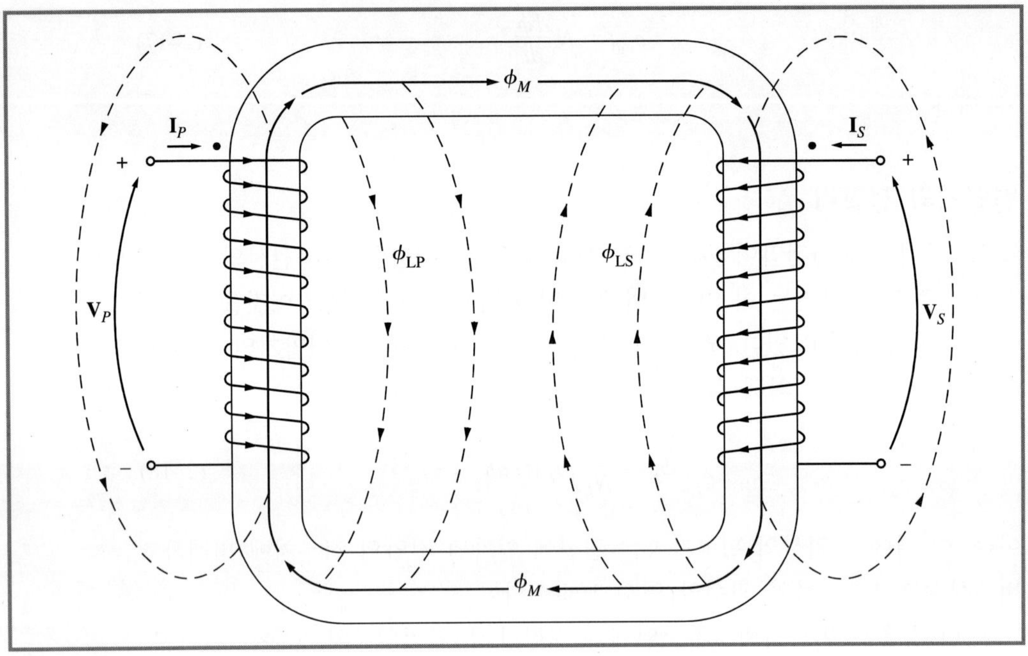

그림 2-10
철심에서 상호자속과 누설자속

여기서 ϕ_S = 전체 평균 1차자속

ϕ_M = 1차, 2차코일들을 모두 쇄교하는 자속성분

ϕ_{LS} = 1차 누설자속

1차 평균자속을 상호자속과 누설자속으로 나누면 1차회로에 대한 파라데이 법칙은 다시 표현될 수 있다.

$$\begin{aligned} v_P(t) &= N_P \frac{d\bar{\phi}_P}{dt} \\ &= N_P \frac{d\phi_M}{dt} + N_P \frac{d\phi_{\text{LP}}}{dt} \end{aligned} \tag{2–21}$$

이 식의 첫 번째 항을 $e_P(t)$라고 하고 두 번째 항을 $e_{\text{LP}}(t)$라고 하면, 식 (2-21)은

$$v_P(t) = e_P(t) + e_{LP}(t) \tag{2–22}$$

로 다시 쓸 수 있다.

변압기의 2차코일에 대한 전압은 또한 파라데이 법칙으로 표현하면,

$$\begin{aligned} v_S(t) &= N_S \frac{d\bar{\phi}_S}{dt} \\ &= N_S \frac{d\phi_M}{dt} + N_S \frac{d\phi_{\text{LS}}}{dt} \qquad (2–23) \\ &= e_S(t) + e_{\text{LS}}(t) \qquad (2–24) \end{aligned}$$

가 된다. 상호자속에 의한 1차전압은

$$e_P(t) = N_P \frac{d\phi_M}{dt} \tag{2–25}$$

이고 상호자속에 의한 2차전압은

$$e_S(t) = N_S \frac{d\phi_M}{dt} \tag{2–26}$$

이 된다. 두 관계로부터

$$\frac{e_P(t)}{N_P} = \frac{d\phi_M}{dt} = \frac{e_S(t)}{N_S}$$

가 됨을 알 수 있다. 따라서

$$\boxed{\frac{e_P(t)}{e_S(t)} = \frac{N_P}{N_S} = a} \tag{2–27}$$

가 된다. 이 식은 상호자속에 의한 유기되는 2차전압에 대한 1차전압의 비가 변압기의 권선비와 같다는 것을 의미한다. 잘 설계된 변압기는 $\phi_M \gg \phi_{LP}$이고, $\phi_M \gg \phi_{LS}$이므로 변압기 2차의 총전압에 대한 1차의 총전압의 비는 근사적으로

$$\frac{v_P(t)}{v_S(t)} = \frac{N_P}{N_S} = a \tag{2–28}$$

가 된다. 변압기의 누설자속이 더 적을수록 2.3절에서 논의된 이상변압기의 전압비와 변압기 총전압비는 더욱 근사화시킬 수 있다.

변압기의 자화전류

그림 2-8에서와 같이 교류전원이 변압기와 연결되고, 2차회로가 개방되었을 때 1차회로에 전류가 흐르는 경우, 이 전류는 1장에서 설명했듯이 강자성체 철심에서 자속을 만들기 위해 필요한 전류이다. 이것은 두 가지 성분으로 구성되어 있다.

1. 자화전류(*magnetization current* i_M) − 변압기 철심에 자속을 만드는 데 필요한 전류
2. 철손전류(*core-loss current* i_{h+e}) − 히스테리시스손과 와전류손을 공급하는 전류

그림 2-11은 전형적인 변압기 철심의 자화 현상을 보여주고 있다. 만약 변압기 철심의 자속을 알고 있다면 그림 2-11로부터 자화전류의 크기는 직접 알 수 있다. 누설자속의 영향들을 무시한다면 철심의 평균자속이

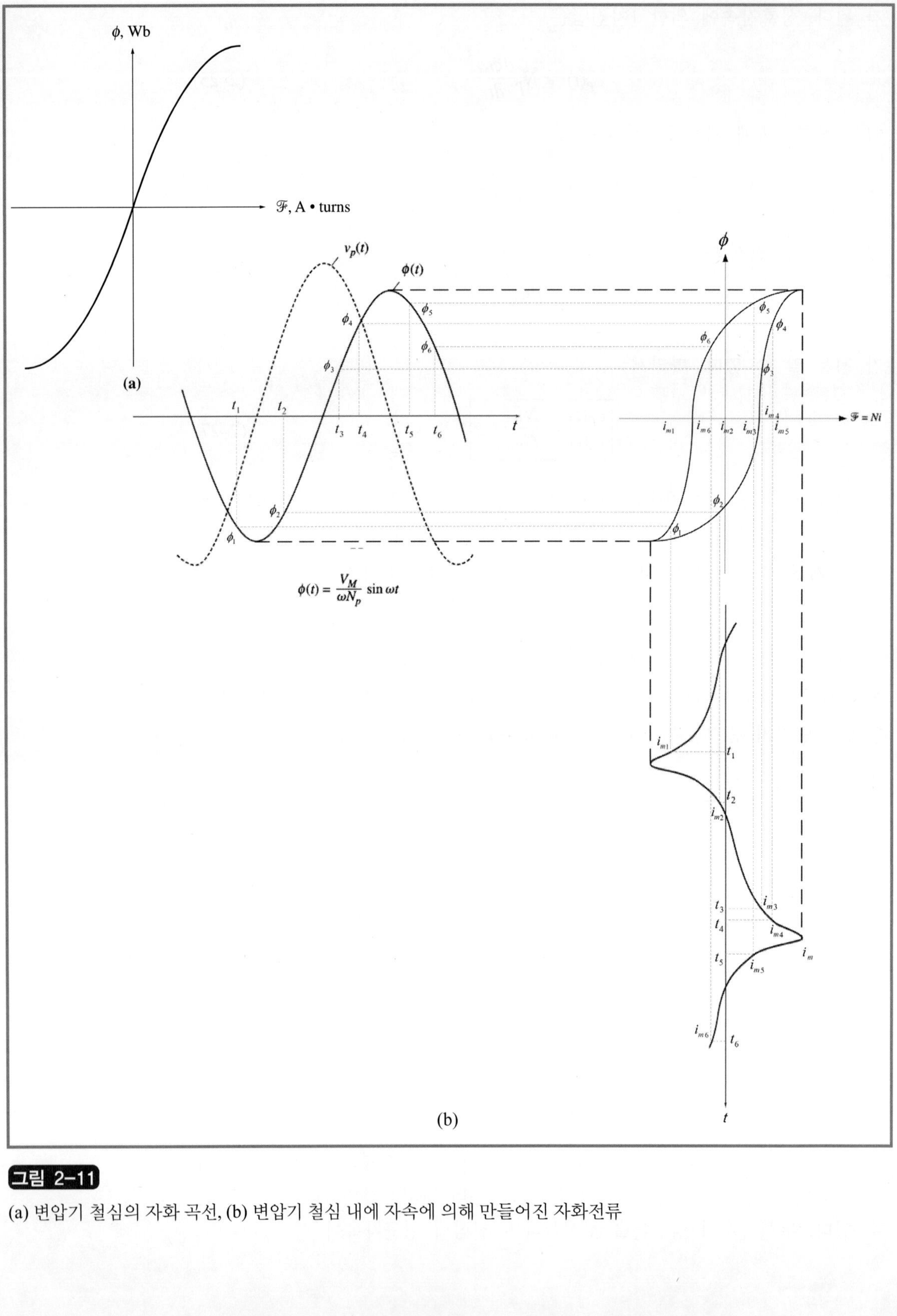

그림 2-11

(a) 변압기 철심의 자화 곡선, (b) 변압기 철심 내에 자속에 의해 만들어진 자화전류

$$\overline{\phi}_P = \frac{1}{N_P} \int v_P(t) dt \tag{2–18}$$

가 됨을 알 수 있다. 만약 1차전압이 $v_P(t) = V_M \cos \omega t$ V이면, 자속은

$$\begin{aligned} \overline{\phi}_P &= \frac{1}{N_P} \int V_M \cos \omega t \, dt \\ &= \frac{V_M}{\omega N_P} \sin \omega t \quad \text{Wb} \end{aligned} \tag{2–29}$$

가 되어야 한다. 그림 2-11(a)에서 설명하듯이 시간에 대한 함수로서 자화전류를 자화 특성을 이용하여 도식적으로 구할 수 있다. 따라서 그림 2-11에서 주어진 자속을 만들기 위한 전류값을 각각의 시간에서 철심의 자속과 비교해 보면(그림 2-11(a)), 철심권선의 자화전류를 그림 2-11(b)와 같이 그릴 수 있다. 자화전류에 대한 아래의 설명을 보자.

1. 변압기의 자화전류는 정현적이지 않다. 자화전류의 고주파 성분은 변압기 철심의 자기포화에 기인한다.
2. 일단 최대자속이 철심의 포화지점에 도달하면 최대자속의 적은 변화는 전류의 큰 증가를 요구한다.
3. 자화전류의 기본 성분은 철심에 인가된 전압보다 90° 뒤진다.
4. 자화전류의 고조파 성분은 기본파 성분에 비해 매우 클 수 있다. 일반적으로 변압기 철심이 더욱 더 포화되면 될수록 더 큰 고조파 성분이 발생된다.

변압기에서 무부하 전류의 다른 성분은 철심의 히스테리시스손과 와전류손을 발생시키는 전류이다. 이것을 **철손전류**라고 한다. 철심의 자속이 정현적이라고 가정해 보자. 철심의 와전류는 $d\phi/dt$에 비례하므로 와전류는 철심의 자속이 영점를 통과하고 있을 때 가장 크다. 히스테리시스손은 매우 비선형적이다. 그러나 철심의 자속이 영점으로 통과할 때 역시 가장 크다. 그래서 철손전류는 자속이 영점을 통과할 때 가장 크다.

철손을 구성하는 데 필요한 총 전류는 그림 2-12에서 보여주고 있다. 철손전류에 대한 다음의 설명을 보자.

1. 히스테리시스 효과의 비선형성 때문에 철손전류는 비선형적이다.
2. 철손전류의 기본파 성분은 철심에 인가된 전압과 동상이다.

철심의 무부하 총 전류를 변압기의 **여자전류**(excitation current)라고 한다. 이것은 철심의 자화전류와 철손전류의 합이다.

$$i_{ex} = i_m + i_{h+e} \tag{2–30}$$

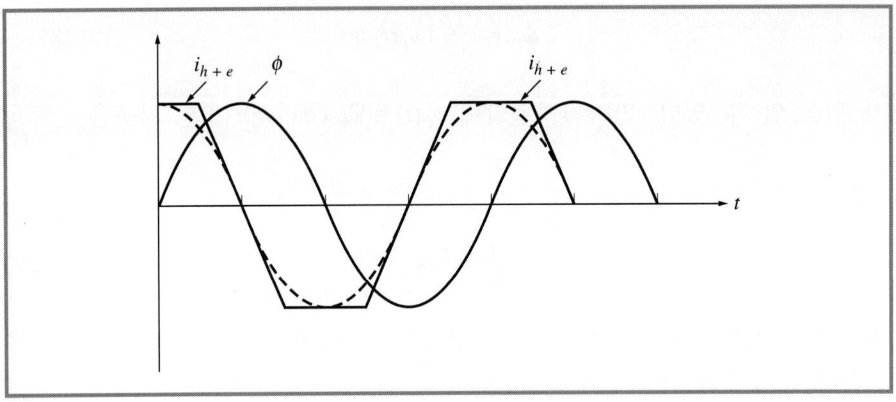

그림 2-12
철심의 철손전류

전형적인 변압기 철심의 전체 여자전류는 그림 2-13에 보여준다. 잘 설계된 변압기에서 여자전류는 변압기의 전부하 전류에 비해 매우 작다.

변압기의 전류비와 극성

지금 부하가 변압기 2차측과 연결되어 있다고 가정해 보자. 회로가 그림 2-14에서 보여지고 있다. 변압기의 권선들의 극성표시점들을 확인해 보라. 이전에 설명했던 이상변압기에서와 같이 점들은 권선에 물리적인 실험 없이 철심의 전압과 전류의 극성을 결정하는 데 도움을 준다. 극성표시점의 물리적인 의미는 권선의 점 찍힌 끝으로 흘러 들어가는 전류는 양(positive)의 기자력을 만든다는 것이다. 반면에 점이 찍히지 않은 권선의 끝으로 흘러 들어가는 전류의 음의 기자력을 만든다. 그래서 이들 권선의 점이 찍힌 끝들로 흘러 들어가는 두 전류는 더해지는 기자력을 만든다. 권선들 중 점이 찍힌 한 쪽 끝으로 전류

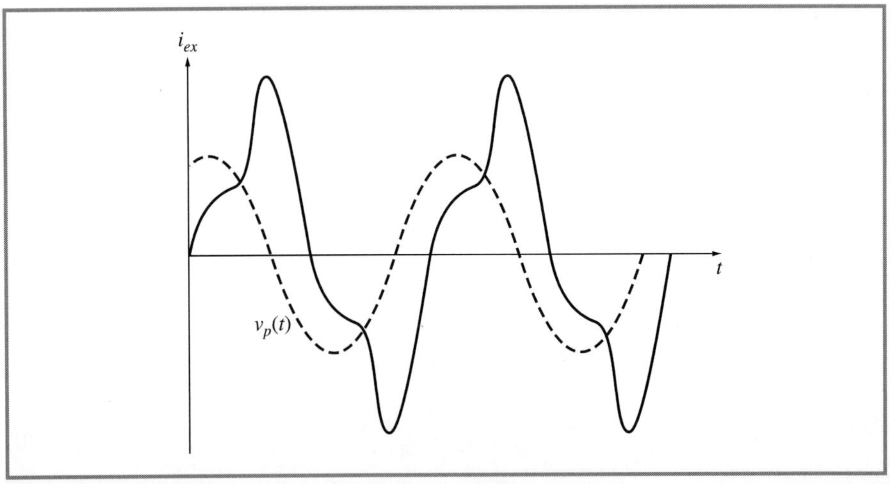

그림 2-13
철심의 여자전류

가 흘러 들어가고 다른 점이 찍힌 끝으로 전류가 흘러나오면 기자력들은 서로 빼게 된다.

그림 2-14에서 1차전류는 정(+)의 기자력 $\mathscr{F}_P = N_P i_P$를 만들고 2차전류는 부(−)의 기자력 $\mathscr{F}_S = -N_S i_S$를 만든다. 그래서 철심의 순 기자력은

$$\mathscr{F}_{\text{net}} = N_P i_P - N_S i_S \tag{2–31}$$

가 되어야 한다. 이 순 기자력은 철심에 순 자속을 만들어야 하고 그래서 순 기자력은

$$\boxed{\mathscr{F}_{\text{net}} = N_P i_P - N_S i_S = \phi \mathscr{R}} \tag{2–32}$$

와 같아야 한다. 여기서 $\mathscr{R}$은 변압기 철심의 자기저항(reluctance)다. 잘 설계된 변압기 철심의 자기저항은 매우 작기 때문에 (거의 영) 철심이 포화될 때까지 1차와 2차전류 사이의 관계는 근사적으로

$$\mathscr{F}_{\text{net}} = N_P i_P - N_S i_S \approx 0 \tag{2–33}$$

이 된다. 철심이 비포화로 있는 한 결과적으로

$$\boxed{N_P i_P \approx N_S i_S} \tag{2–34}$$

또는,

$$\boxed{\frac{i_P}{i_S} \approx \frac{N_S}{N_P} = \frac{1}{a}} \tag{2–35}$$

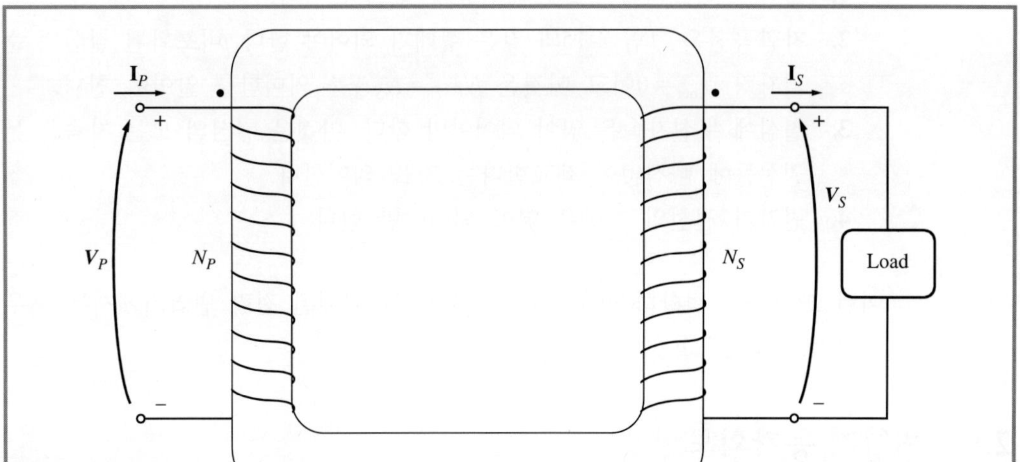

그림 2-14
2차측에 부하가 연결된 변압기

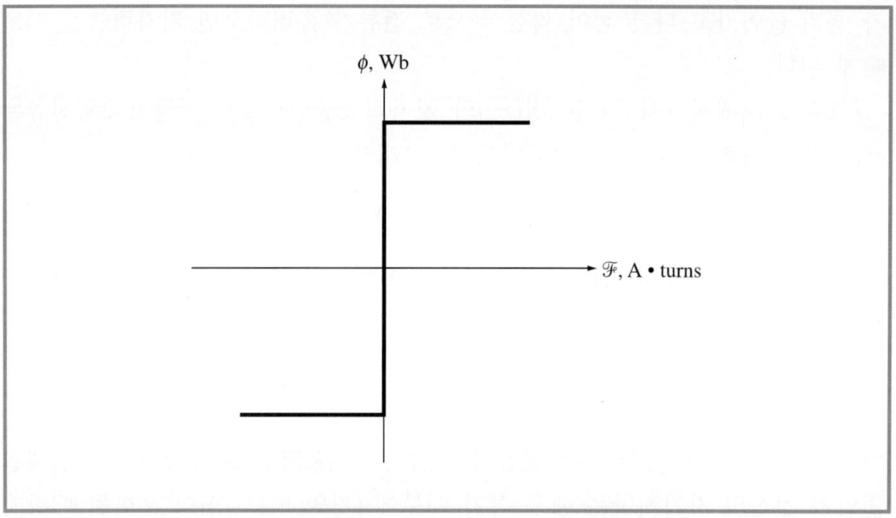

그림 2-15 이상변압기의 자화곡선

이 된다. 이것은 기자력이 거의 영이라는 것인데 2.3절에서 설명한 극성표시에서 알 수 있다. 기자력이 거의 영이 되기 위해서는 전류는 점이 찍힌 끝으로 흘러 들어가서 점이 찍힌 끝으로 흘러나와야 한다. 전압은 필요한 방향으로 전류를 흘리기 위해 각 권선의 점들에 대해 같은 방향으로 걸려 있어야 한다(전압의 극성은 만약 변압기 코일의 구조를 볼 수 있다면 **렌츠의 법칙**에 의해 정할 수 있다).

실제 변압기를 이전에 설명한 이상변압기로 변환하기 위해 필요한 가정은 무엇인가. 이것들은 아래와 같다.

1. 철심은 히스테리시스나 와전류가 없어야 한다.
2. 자화곡선은 그림 2-15와 같은 형태가 되어야 한다. 비포화된 철심의 순기자력 $\mathscr{F}_{\text{net}} = 0$이고 이것은 $N_P i_P = N_S i_S$를 의미함을 알아야 한다.
3. 철심에 누설자속은 영이 되어야만 한다. 이것은 철심의 모든 자속은 두 권선들에 빠짐없이 쇄교한다는 것을 의미한다.
4. 변압기 권선의 저항은 영이 되어야만 한다.

이런 조건들을 정확히 맞출 수는 없지만 잘 설계된 전력 변압기에서는 매우 근사적으로 접근할 수 있다.

2.5 변압기 등가회로

실제 변압기에서 발생하는 이 손실들은 변압기 동작에 대한 정확한 모델에서 설명될 수 있어야 한다. 이런 모델의 구조에서 고려되어야 할 중요한 사항은 다음과 같다.

1. **동손**(copper loss, I^2R)–동손은 변압기의 1차, 2차권선에서 열로 발생하는 저항 손실이다. 이들은 권선에 흐르는 전류의 제곱에 비례한다.
2. **와전류손**(eddy current loss)–와전류손은 변압기의 철심에서 열로 발생하는 저항 손실이다. 이들은 변압기에 인가되는 전압의 제곱에 비례한다.
3. **히스테리시스손**(hysteresis loss)–히스테리시스손은 1장에서 설명한 것처럼 각 반주기동안 철심의 자구들의 재배열에 기인한다. 이들은 변압기에 인가되는 전압의 복잡하고 비선형적인 함수이다.
4. **누설자속**(leakage flux)–자속 ϕ_{LP}와 ϕ_{LS}는 변압기 권선 1차측이나 2차측 중 단지 한쪽만 통과하고 철심을 빠져나가는 누설자속들이다. 이들 자속은 1차와 2차코일들에 자기 인덕턴스를 만든다. 그리고 이 인덕턴스 효과는 고려되어져야만 한다.

실제 변압기의 정밀등가회로

실제 변압기의 중요한 모든 불완전한 점을 고려한 등가회로를 구성하는 것은 가능하다. 각각의 불완전한 점은 다시 고려되어야 하고 이런 영향은 변압기 모델에 포함된다.

모델에 대한 가장 쉬운 영향은 동손이다. 동손은 변압기 1차, 2차권선들의 저항 손실이다. 이들은 변압기의 1차회로에서 저항 R_P로 지정하고 2차회로에서 저항 R_S로 지정함으로써 모델화할 수 있다. 2.4절에서 설명된 것처럼 1차권선들의 누설자속 ϕ_{LP}는

$$e_{LP}(t) = N_P \frac{d\phi_{LP}}{dt} \tag{2–36a}$$

로 주어진 전압 e_{LP}를 만든다. 그리고, 2차권선의 누설자속 ϕ_{LS}는

$$e_{LS}(t) = N_S \frac{d\phi_{LS}}{dt} \tag{2–36b}$$

로 주어진 전압 e_{LS}를 만든다. 누설자속 경로 중 많은 부분은 공기이고 공기는 철심의 자기저항보다 더 높은 일정한 자기저항을 가지고 있기 때문에 자속 ϕ_{LP}는 1차회로 전류 i_P에 직접 비례하고 자속 ϕ_{LS}는 2차전류 i_S에 직접 비례한다.

$$\phi_{LP} = (\mathcal{P} N_P) i_P \tag{2–37a}$$

$$\phi_{LS} = (\mathcal{P} N_S) i_S \tag{2–37b}$$

여기서

$\mathcal{P}$ = 자속 경로의 퍼미언스
N_P = 1차코일의 권선수
N_S = 2차코일의 권선수

식 (2-37)을 (2-36)에 대입하면

$$e_{\mathrm{LP}}(t) = N_P \frac{d}{dt}(\mathcal{P} N_P) i_P = N_P^2 \mathcal{P} \frac{di_P}{dt} \tag{2–38a}$$

$$e_{\mathrm{LS}}(t) = N_S \frac{d}{dt}(\mathcal{P} N_S) i_S = N_S^2 \mathcal{P} \frac{di_S}{dt} \tag{2–38b}$$

가 된다. 이런 식의 상수는 함께 묶을 수 있다. 그래서

$$\boxed{e_{\mathrm{LP}}(t) = L_P \frac{di_P}{dt}} \tag{2–39a}$$

$$\boxed{e_{\mathrm{LS}}(t) = L_S \frac{di_S}{dt}} \tag{2–39b}$$

여기서 $L_P = N_P^2 \mathcal{P}$는 1차권선의 자기 인덕턴스이다. 그리고, $L_S = N_S^2 \mathcal{P}$는 2차권선의 자기 인덕턴스이다. 결국 누설자속은 1차와 2차 인덕턴스들로 모델화할 수 있다.

어떻게 철심 여자효과를 모델화할 수 있는가? 자화전류 i_m은(비 포화영역) 철심에 인가되는 전압에 비례하는 전류이고 인가전압보다 90° 뒤진다. 그래서 이것은 1차전압원과 연결된 리액턴스 X_M으로 모델화할 수 있다. 철손전류 i_{h+e}는 철심에 인가된 전압에 비례하고 전압과 동상인 전류이다. 그래서 이것은 1차전압원과 연결된 저항 R_C로 모델화할 수 있다(이런 전류 둘 다는 실제로 비선형적이고, 인덕턴스 X_M와 저항 R_C는 실제 여자효과의 근사화라는 것을 명심해야 할 것이다).

최종 등가회로는 그림 2-16에서 보여진다. 이 회로에서 R_P는 1차권선저항, $X_P(=\omega L_P)$는 1차 누설 인덕턴스로 인한 리액턴스, R_S는 2차권선저항, 그리고 $X_S(=\omega L_S)$는 2차 누설 인덕턴스로 인한 리액턴스이다. 여자가지는 저항 R_C(히스테리시스와 철손)와 리액턴스 X_M(여자전류)가 병렬로 표시된다.

여자가지를 형성하고 있는 요소들은 1차 저항 R_P 그리고 리액턴스 X_P 내부에 위치하며, 이것은 철심에 가해지는 실제 전압은 권선의 전압강화만큼 인가전압보다 작아지기 때문이다.

비록 그림 2-16은 변압기의 정확한 모델이지만 이것은 그리 유효한 것이 아니다. 변압기들을 포함한 실질적인 회로해석을 위해서 일반적으로 한쪽의 전압을 갖는 전체 회로를 등가회로로 변환할 필요가 있다(이런 변환은 예제 2-1에서 행했다). 그래서 문제 해결을 위해서 등가회로는 1차측이나 2차측 둘 중 하나가 기준이 된다. 그림 2-17(a)는 1차측을 기준으로 한 변압기 등가회로이다. 그리고 그림 2-17(b)는 2차측을 기준으로 한 등가회로이다.

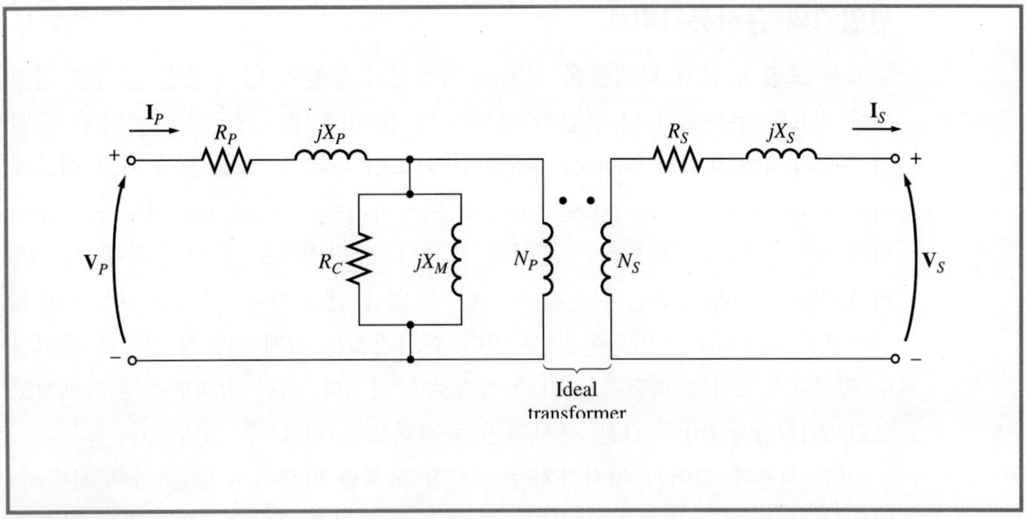

그림 2-16
실제변압기 모델

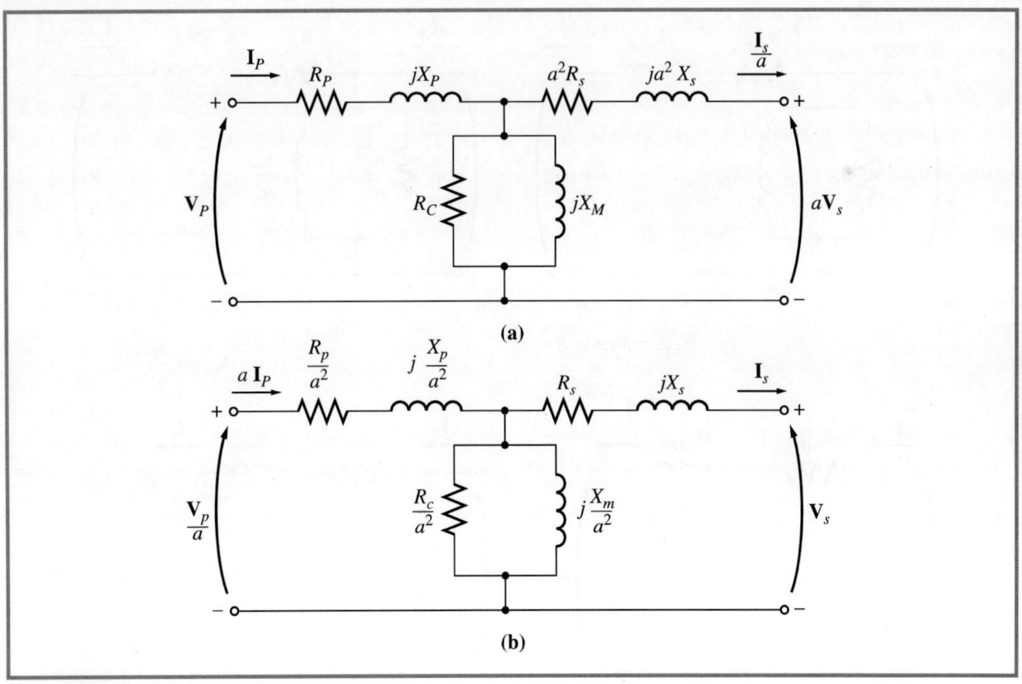

그림 2-17
(a) 1차로 변환한 등가회로, (b) 2차로 변환한 등가회로

변압기의 근사등가회로

앞에서 보인 변압기 모델들은 실제 공학적인 응용들에 있어 좋은 결과를 얻기 위한 필요한 부분보다 더 복잡한 경우가 있다. 이에 대해 원리적인 설명은 모델의 여자가지(excitation branch)는 분석된 회로의 다른 노드에 붙게 되고 회로해석이 더욱 더 복잡하게 된다는 것이다. 여자가지에는 변압기의 전부하 전류에 비해 약 2~3%로 매우 적은 전류가 흐른다. 일반적으로 실제 상황에서는 R_P와 X_P에서의 전압강하는 완전히 무시할 수 있을 만큼 작다. 이러한 사실 때문에 간략화된 등가회로는 만들어질 수 있다. 여자가지는 쉽게 변압기 앞으로 옮겨질 수 있고 1차, 2차 임피던스는 각각 직렬로 남겨진다. 이런 임피던스는 더해지고 그림 2-18(a)와 (b)와 같은 근사적인 등가회로를 만들 수 있다.

어떤 적용에 있어서 여자가지는 심각한 오차를 발생하지 않는 한 무시될 수 있을 것이다. 이런 경우 변압기의 등가회로는 그림 2-18(c)와 (d)와 같이 간단한 회로로 줄일 수 있다.

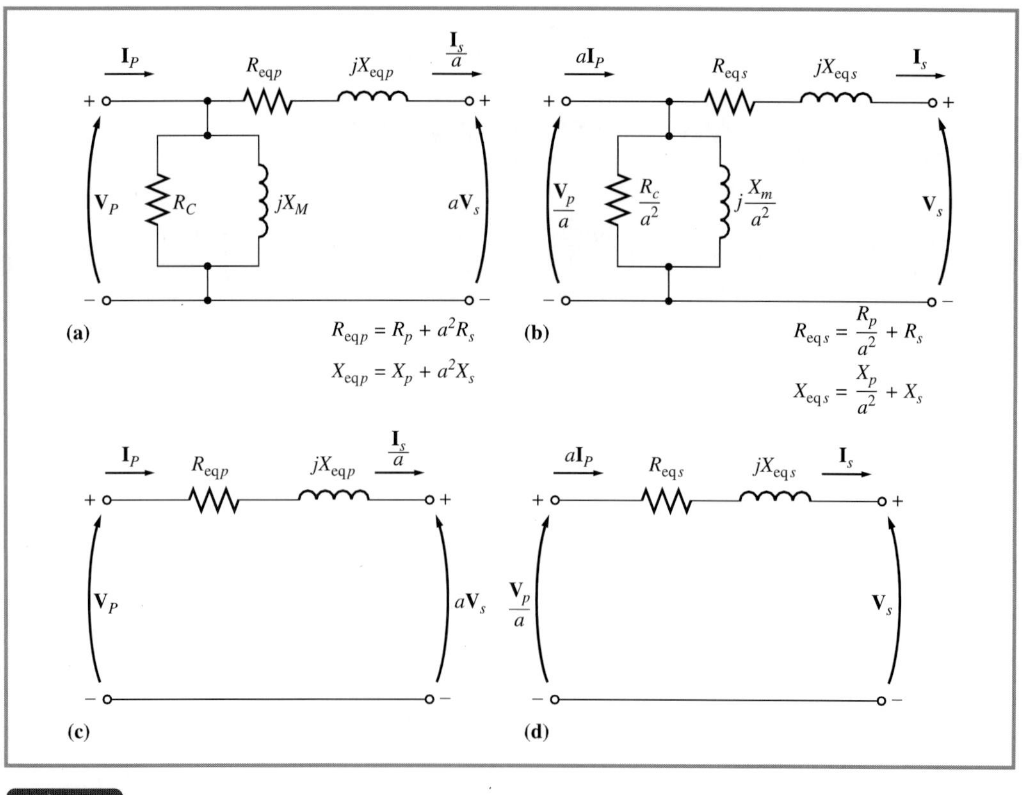

그림 2-18
변압기 근사등가회로 (a) 1차측으로 변환, (b) 2차측으로 변환, (c) 여자가지를 무시하고 1차측으로 변환, (d) 여자가지를 무시하고 2차측으로 변환

변압기 정수산정

변압기 모델의 리액턴스와 저항의 값들은 실험적으로 결정할 수 있다. 이들 값들의 적당한 근사화는 개방회로 시험과 단락회로 시험을 통해서 얻어질 수 있다.

개방회로 시험에 있어서 변압기의 한 쪽 권선을 개방회로로 만들고 다른 쪽 권선은 정격 선간전압과 연결한다. 이런 조건에서 등가회로 그림 2-17에서 보듯이 모든 입력전류는 변압기의 여자가지로 흐른다. 직렬 성분 R_P과 X_P는 전압강하를 일으키는 R_C와 X_M에 비해서 너무 작다. 따라서 모든 입력전압은 여자가지에 걸린다.

개방회로 시험의 결선은 그림 2-19에서 보여지고 있다. 정격 선간전압은 변압기 1차측에 인가되어지고 변압기의 입력전압, 입력전류 및 입력전력은 측정되어진다(측정은 일반적으로 변압기의 저전압 측에서 이루어진다. 저전압에서 측정하기가 쉬기 때문이다). 이러한 값으로부터 입력전류의 역률과 여자가지 임피던스의 크기와 각을 결정할 수 있다.

R_C와 X_M의 값들을 계산하는 가장 쉬운 방법은 여자가지의 어드미턴스를 먼저 구하는 것이다. 철손 저항의 컨덕턴스는

$$G_C = \frac{1}{R_C} \tag{2–40}$$

로 주어진다. 그리고 자기 인덕턴스의 서셉턴스는

$$B_M = \frac{1}{X_M} \tag{2–41}$$

로 주어진다. 이 두 성분은 병렬이기 때문에 이들 어드미턴스를 더하고, 그리고 전체 여자어드미턴스는

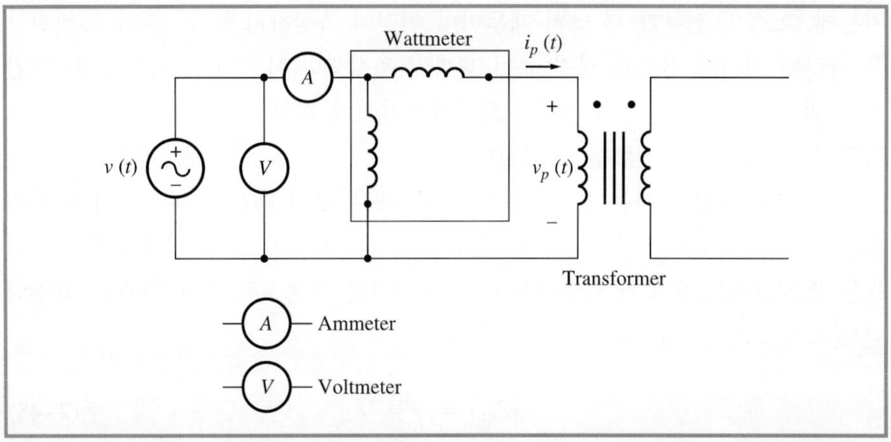

그림 2-19
개방회로 시험

$$Y_E = G_C - jB_M \tag{2-42}$$

$$Y_E = \frac{1}{R_C} - j\frac{1}{X_M} \tag{2-43}$$

로 주어진다.

여자어드미턴스의 크기는(측정에 이용된 변압기의 한 쪽을 기준으로 할 때) 개방회로 시험에서 구해진 전압, 전류로부터 구할 수 있다.

$$|Y_E| = \frac{I_{OC}}{V_{OC}} \tag{2-44}$$

어드미턴스의 각은 회로의 역률로부터 알 수 있다. 개방회로 시험의 역률은

$$PF = \cos\theta = \frac{P_{OC}}{V_{OC}I_{OC}} \tag{2-45}$$

로 주어진다. 그리고 역률각 θ는

$$\theta = \cos^{-1}\frac{P_{OC}}{V_{OC}I_{OC}} \tag{2-46}$$

로 주어진다. 역률은 실제 변압기에서 항상 뒤진다. 따라서 전류각은 항상 전압각보다 θ도 정도로 뒤진다. 그래서 어드미턴스 Y_E는

$$Y_E = \frac{I_{OC}}{V_{OC}}\angle -\theta$$

$$Y_E = \frac{I_{OC}}{V_{OC}}\angle -\cos^{-1} PF \tag{2-47}$$

이다. 식 (2-43)과 (2-47)을 비교해보면 개방회로 시험의 자료로부터 직접 R_C와 X_M의 값들을 결정할 수 있다.

단락회로 시험에서는 그림 2-20에서처럼 변압기의 저전압 단자를 단락시키고 고전압 단자에 가변 전압원을 연결한다(이 측정은 보통 고전압 쪽에서 행해지는데 그 쪽의 전류가 더 낮기 때문이며 이것이 측정하기가 더 쉽다). 입력전압은 단락된 권선에 전류가 정격이 될 때까지 조절한다(이 시험을 하는 동안 변압기의 권선을 소손시킬 수도 있으므로 1차전압이 안전치 이하인지 확인). 그리고 입력전압, 전류, 및 전력을 측정한다.

단락회로 시험을 하는 동안 입력전압은 매우 낮기 때문에 여자가지를 통해 흐르는 전류는 무시할 수 있다. 만약에 여자전류를 무시할 수 있다면 변압기의 모든 전압강하는 회로의 직렬성분이 된다. 1차를 기준으로 한 변압기의 직렬임피던스의 크기는

$$|Z_{SE}| = \frac{V_{SC}}{I_{SC}} \tag{2-48}$$

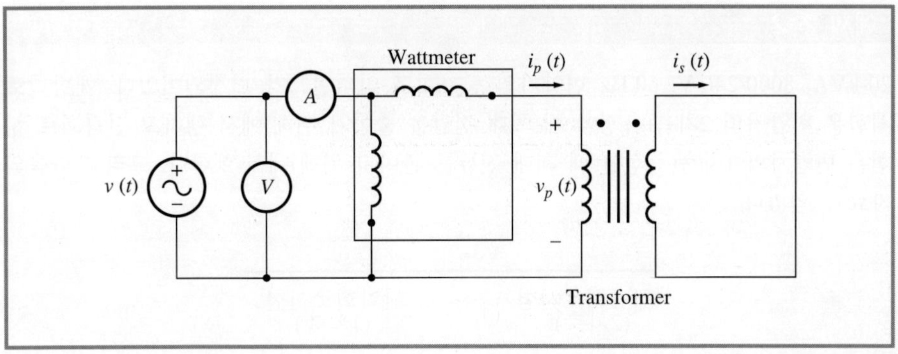

그림 2-20 단락회로 시험

가 된다. 전류의 역률은

$$\mathrm{PF} = \cos\theta = \frac{P_{\mathrm{SC}}}{V_{\mathrm{SC}} I_{\mathrm{SC}}} \tag{2–49}$$

로 주어진다. 전류가 뒤지므로 전류의 각은 따라서 음이다. 그리고 전체 임피던스 각 θ는 정(+)이다.

$$\theta = \cos^{-1} \frac{P_{\mathrm{SC}}}{V_{\mathrm{SC}} I_{\mathrm{SC}}} \tag{2–50}$$

그래서

$$Z_{\mathrm{SE}} = \frac{V_{\mathrm{SC}} \angle 0^\circ}{I_{\mathrm{SC}} \angle -\theta^\circ} = \frac{V_{\mathrm{SC}}}{I_{\mathrm{SC}}} \angle \theta^\circ \tag{2–51}$$

직렬 임피던스 Z_{SE}는

$$Z_{\mathrm{SE}} = R_{\mathrm{eq}} + jX_{\mathrm{eq}}$$
$$Z_{\mathrm{SE}} = (R_P + a^2 R_S) + j(X_P + a^2 X_S) \tag{2–52}$$

가 된다.

이런 방법을 사용하면 고전압 측을 기준으로 한 전체 직렬임피던스를 결정할 수 있다. 그러나 직렬 임피던스를 1차 성분과 2차 성분으로 나눌 쉬운 방법은 없다. 다행히 이런 분리는 일반적인 문제들을 해결하는데 필요하지 않다.

개방회로 시험은 보통 변압기의 저전압에서 행해지며, 단락회로 시험은 변압기의 고전압 측에서 행해진다. 그래서 보통 R_C와 X_M는 저전압 측에서 있고 R_{eq}와 X_{eq}는 고전압 측에 있다. 모든 요소들은 최종 등가회로를 만들기 위해 같은 쪽(고전압 혹은 저전압 측)으로 변환하여 한다.

예제 2-2

20-kVA, 8000/240 V, 60 Hz 변압기의 등가회로 임피던스가 결정되어있다. 개방회로 시험은 변압기의 2차측(측정할 때 최대 전압을 줄이기 위해)에서 행하고 단락회로 시험은 변압기의 1차측(측정할 때 최대 전류를 줄이기 위해)에서 행한다. 그리고 다음의 자료를 얻었다 .

개방회로시험 (2차측)	단락회로시험 (1차측)
$V_{OC} = 240\text{ V}$	$V_{SC} = 489\text{ V}$
$I_{OC} = 7.133\text{ A}$	$I_{SC} = 2.5\text{ A}$
$V_{OC} = 400\text{ W}$	$P_{SC} = 240\text{ W}$

1차측을 기준으로 한 근사 등가회로의 임피던스를 찾아라. 그리고 이 회로를 그려라.

풀이

이 변압기의 권선비는 $a = 8000/240 = 33.3333$이다. 개방회로 시험의 역률은

$$\text{PF} = \cos\theta = \frac{P_{OC}}{V_{OC}I_{OC}} \tag{2-45}$$

$$\text{PF} = \cos\theta = \frac{400\text{ W}}{(240\text{ V})(7.133\text{ A})}$$

$$\text{PF} = 0.234 \quad \text{지상}$$

이다. 여자어드미턴스는

$$Y_E = \frac{I_{OC}}{V_{OC}} \angle -\cos^{-1}\text{PF} \tag{2-47}$$

$$Y_E = \frac{7.133\text{ A}}{240\text{ V}} \angle -\cos^{-1} 0.234$$

$$Y_E = 0.0297 \angle -76.5^\circ\text{ S}$$

$$Y_E = 0.00693 - j\,0.02888 = \frac{1}{R_C} - j\frac{1}{X_M}$$

이다. 그러므로 저전압 측(2차측)을 기준으로 한 여자가지의 값은

$$R_C = \frac{1}{0.00693} = 144\ \Omega$$

$$X_M = \frac{1}{0.02888} = 34.63\ \Omega$$

단락회로의 역률은

$$\text{PF} = \cos\theta = \frac{P_{SC}}{V_{SC}I_{SC}} \tag{2-49}$$

$$\text{PF} = \cos\theta = \frac{240\text{ W}}{(489\text{ V})(2.5\text{ A})} = 0.196 \quad \text{지상}$$

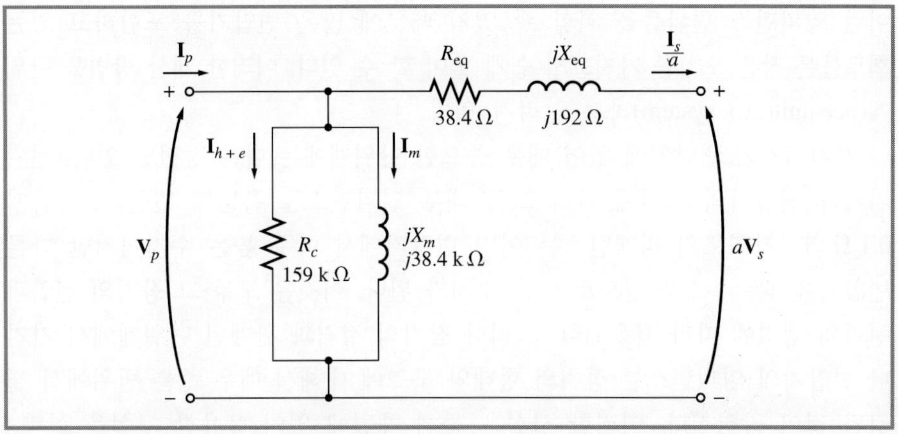

그림 2-21
예제 2-2의 등가회로

이고 직렬 임피던스는

$$Z_{SE} = \frac{V_{SC}}{I_{SC}} \angle \cos^{-1} PF$$

$$Z_{SE} = \frac{489 \text{ V}}{2.5 \text{ A}} \angle 78.7°$$

$$Z_{SE} = 195.6 \angle 78.7° = 38.4 + j192 \ \Omega$$

이다. 그러므로 고전압 측(2차측)을 기준으로 한 등가 저항과 리액턴스 값은

$$R_{eq} = 38.4 \ \Omega \qquad X_{eq} = 192 \ \Omega$$

이다. 고전압 측(1차측)을 기준으로 한 간략화된 등가회로는 고전압 측으로 여자가지 값을 변환하여 완성할 수 있다.

$$R_{C,P} = a^2 R_{C,S} = (33.333)^2 \ (144 \ \Omega) = 159 \ \text{k}\Omega$$
$$X_{M,P} = a^2 X_{M,S} = (33.333)^2 \ (34.63 \ \Omega) = 38.4 \ \text{k}\Omega$$

그러므로 등가회로는 그림 2-21과 같다.

2.6 단위계(Per Unit)

상대적으로 간단한 예제 2-1에서 보듯이 변압기가 포함된 회로의 풀이는 변압기의 전압을 다른 기준전압으로 변환할 필요가 있기 때문에 매우 지루한 작업이 될 수 있다. 이런 과정을 마친 후에야 계통의 전류와 전압들을 구할 수 있기 때문이다.

변압기가 포함된 회로의 풀이에 있어 계통의 모든 변압기에 대해 전압의 변환이 필요없는 다른 접근 방법이 있다. 대신에, 필요한 변환은 사용자가 임피던스 변환에 대해 고려할 필요가 없이 모델 자체 내에서 자동으로 조작될 수 있다.

이런 임피던스 변환들을 피할 수 있기 때문에 많은 변압기를 포함하고 있는 회로들은 작은 오차를 가지고서 쉽게 풀이 할 수 있다. 이러한 계산 방법을 단위계(per-unit(pu) system)라고 알려져 있다.

전기기기의 변압기에 있어 매우 중요한 단위계에는 다른 장점도 있다. 전기기기나 변압기의 크기에 따라 그들 내부 임피던스는 폭넓게 변한다. 따라서 0.1 Ω의 1차회로의 리액턴스는 어떤 변압기에서 아주 높은 수치이지만 다른 변압기에서는 우스울 정도로 낮은 수치가 된다. 이것은 모두 그 장치의 전압과 전력의 정격에 따라 좌우된다. 그러나 장치의 정격과 관계된 단위계에서 기기나 변압기의 임피던스는 장치의 형태와 구조에 대해서 매우 좁은 범위에서 결정된 것이 밝혀졌다. 이러한 사실은 문제 해결에 있어 유용한 구실을 한다.

단위계에서 전압, 전류, 전력, 임피던스 및 다른 전기적 양들은 SI단위로 측정되지 않는다. 대신, 각 전기적량은 어떤 기준값의 분수로 측정되어진다. 어떤 양은 다음 등식으로 단위 기준으로 표현될 수 있다.

$$\text{단위값} = \frac{\text{실제값}}{\text{기준값}} \tag{2–53}$$

여기서 "실제값"은 전압, 전류, 저항 등의 값이다.

주어진 단위계를 정의하기 위해 2가지 기준값을 선택하며, 일반적으로 전압과 전력(또는 피상전력)을 선정한다. 한번 이들 기준값들이 선택되어지면 모든 다른 기본값들은 보통의 전기법칙에 따라 결정된다. 단상시스템에서 이들 관계는 다음식과 같다.

$$P_{\text{base}},\, Q_{\text{base}},\, \text{or } S_{\text{base}} = V_{\text{base}} I_{\text{base}} \tag{2–54}$$

$$R_{\text{base}},\, X_{\text{base}},\, \text{or } Z_{\text{base}} = \frac{V_{\text{base}}}{I_{\text{base}}} \tag{2–55}$$

$$Y_{\text{base}} = \frac{I_{\text{base}}}{V_{\text{base}}} \tag{2–56}$$

그리고

$$Z_{\text{base}} = \frac{(V_{\text{base}})^2}{S_{\text{base}}} \tag{2–57}$$

S(or P)의 기본값들이 선택되어지면 모든 다른 기본 값들은 등식 (2-54)에서 (2-57)에 의해 쉽게 결정되어진다.

전력시스템에서 기본 피상전력과 전압은 특정한 관점에서 선택되어진다. 변압기는 시스템의 기본 피상전력에 영향을 받지 않는데 이것은 변압기의 입력 피상전력은 변압기의 출력 피상전력과 같기 때문이다[식 (2-11)]. 한편, 전압은 변압기를 통과할 때 변한다. 따라서 각 권선비에 따라 모든 변압기의 V_{base}값은 변한다. 기본양들이 변압기를 통과할 때 변하기 때문에 공통의 전압 수준에 대한 기준값을 정하는 과정은 단위값 변환동안 신중히 정해져야만 한다.

예제 2-3

간단한 전력시스템이 그림 2-22에 나타나 있다. 이 시스템은 1:10의 승압변압기와 연결된 480V 발전기와 송전선과 20:1의 강압변압기 그리고 부하를 포함하고 있다. 송전선의 임피던스는 $20 + j60\ \Omega$이고 부하의 임피던스는 $10 \angle 30°\ \Omega$이다. 이 시스템의 기본값으로 발전기의 480 V와 10 kVA값을 선택했다.

(*a*) 모든 지점의 전력시스템에서 전압, 기본 전류, 임피던스 그리고 피상전력을 찾아라.

(*b*) 이 시스템을 단위(per unit) 등가회로로 고쳐라.

(*c*) 이 시스템의 부하에 공급되는 전력을 구하라.

(*d*) 송전선에서 발생하는 전력손실을 구하라.

풀이

(*a*) 발전기측에서, $V_{\text{base}} = 480\text{V}$, $S_{\text{base}} = 10\ \text{kVA}$이므로

$$I_{\text{base 1}} = \frac{S_{\text{base}}}{V_{\text{base 1}}} = \frac{10{,}000\ \text{VA}}{480\ \text{V}} = 20.83\ \text{A}$$

$$Z_{\text{base 1}} = \frac{V_{\text{base 1}}}{I_{\text{base 1}}} = \frac{480\ \text{V}}{20.83\ \text{A}} = 23.04\ \Omega$$

변압기 T_1의 권선비는 $a = 1/10 = 0.1$이므로 송전선의 기준 전압은

$$V_{\text{base 2}} = \frac{V_{\text{base 1}}}{a} = \frac{480\ \text{V}}{0.1} = 4800\ \text{V}$$

이고, 다른 기준값은

$$S_{\text{base 2}} = 10\ \text{kVA}$$

$$I_{\text{base 2}} = \frac{10{,}000\ \text{VA}}{4800\ \text{V}} = 2.083\ \text{A}$$

$$Z_{\text{base 2}} = \frac{4800\ \text{V}}{2.083\ \text{A}} = 2304\ \Omega$$

이다. 변압기 T_2의 권선비는 $a = 20/1 = 20$이므로 부하측 기준전압은

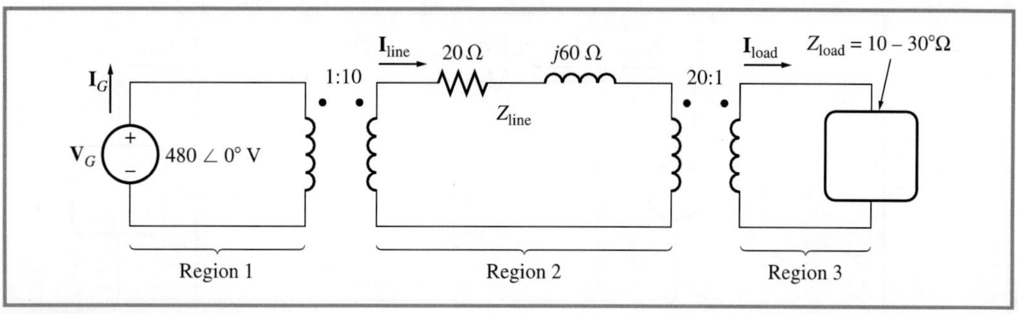

그림 2-22

예제 2-3의 전력시스템

$$V_{\text{base }3} = \frac{V_{\text{base }2}}{a} = \frac{4800\text{ V}}{20} = 240\text{ V}$$

다른 기준값은

$$S_{\text{base }3} = 10\text{ kVA}$$

$$I_{\text{base }3} = \frac{10{,}000\text{ VA}}{240\text{ V}} = 41.67\text{ A}$$

$$Z_{\text{base }3} = \frac{240\text{ V}}{41.67\text{ A}} = 5.76\ \Omega$$

(*b*) 전력시스템을 단위시스템으로 바꾸기 위해, 시스템 전체를 각 요소의 값들을 기준값으로 나누어야 한다. 발전기 기준전압은

$$V_{G,\text{pu}} = \frac{480\angle 0°\text{ V}}{480\text{ V}} = 1.0\angle 0°\text{ pu}$$

송전선의 단위(pu) 임피던스는 실제값을 기준값으로 나눈 것이며 값은

$$Z_{\text{line,pu}} = \frac{20 + j60\ \Omega}{2304\ \Omega} = 0.0087 + j0.0260\text{ pu}$$

이고 부하의 단위 임피던스는 실제값을 기준값으로 나눈 것이며 값은

$$Z_{\text{load,pu}} = \frac{10\angle 30°\ \Omega}{5.76\ \Omega} = 1.736\angle 30°\text{ pu}$$

이다. 등가회로는 그림 2-23과 같다.

(*c*) 이 단위시스템의 전류는

$$\begin{aligned}
\mathbf{I}_{\text{pu}} &= \frac{\mathbf{V}_{\text{pu}}}{Z_{\text{tot,pu}}} \\
&= \frac{1\angle 0°}{(0.0087 + j0.0260) + (1.736\angle 30°)} \\
&= \frac{1\angle 0°}{(0.0087 + j0.0260) + (1.503 + j0.868)} \\
&= \frac{1\angle 0°}{1.512 + j0.894} = \frac{1\angle 0°}{1.757\angle 30.6°} \\
&= 0.569\angle -30.6°\text{ pu}
\end{aligned}$$

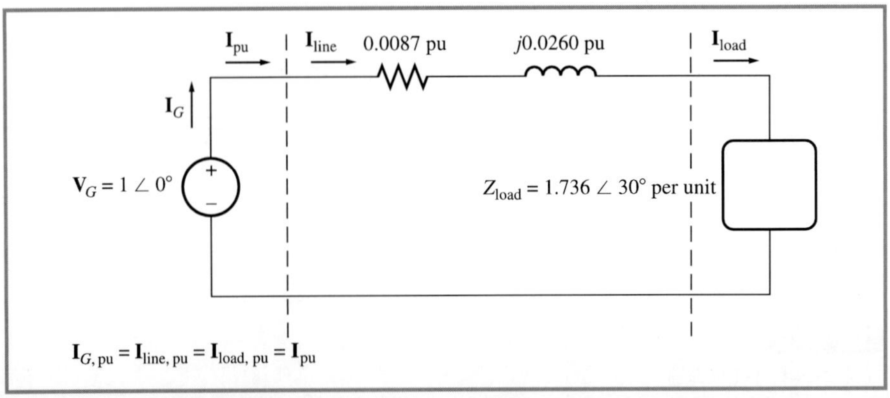

그림 2-23 예제 2-3의 단위 등가회로

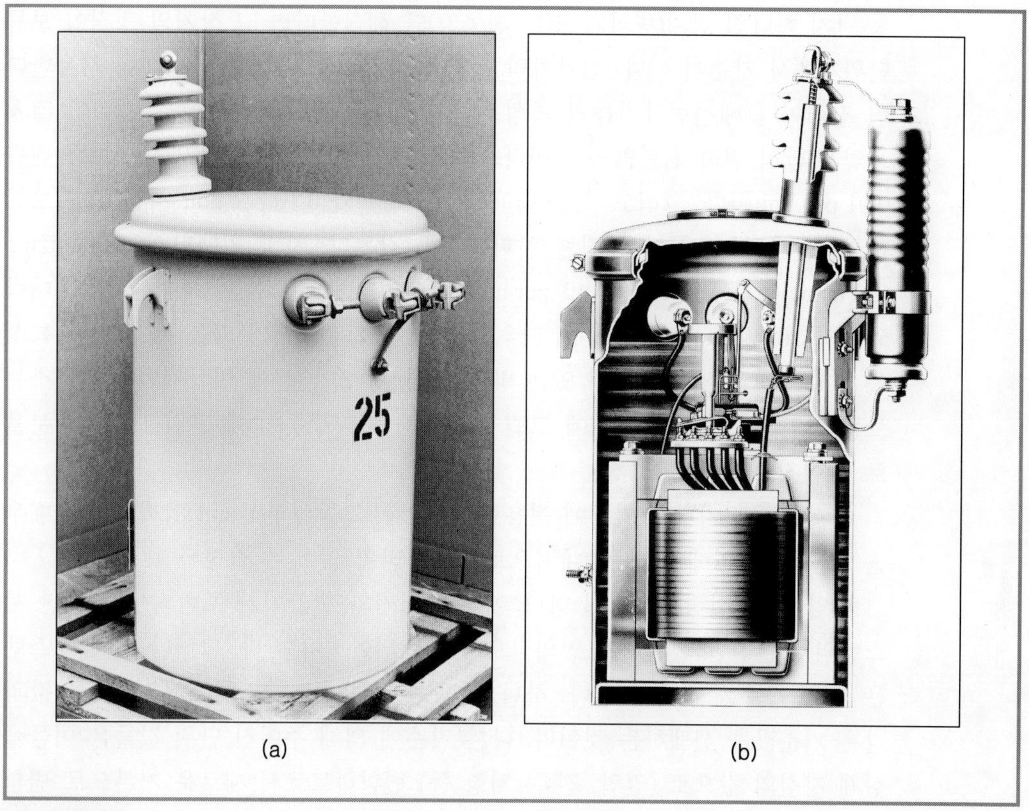

그림 2-24

(a) 13.2 kV, 120/240 V 배전용 변압기, (b) 외철형 변압기의 단면도(General Electric Company 제공)

이고 부하의 단위 전력은

$$P_{\text{load,pu}} = I_{\text{pu}}^2 R_{\text{pu}} = (0.569)^2(1.503) = 0.487$$

이므로 부하에 공급하는 실제 전력은

$$P_{\text{load}} = P_{\text{load,pu}} S_{\text{base}} = (0.487)(10{,}000 \text{ VA}) = 4870 \text{ W}$$

이다.

(*d*) 송전선의 단위 전력손실은

$$P_{\text{line,pu}} = I_{\text{pu}}^2 R_{\text{line,pu}} = (0.569)^2(0.0087) = 0.00282$$

이고 실제 송전선의 전력손실은

$$P_{\text{line}} = P_{\text{line,pu}} S_{\text{base}} = (0.00282)(10{,}000 \text{ VA}) = 28.2 \text{ W}$$

이다.

단지 하나의 장치(변압기 또는 전동기)를 해석한다면 그 장치의 정격이 보통 단위계에서 기준이 된다. 변압기의 정격을 기본으로 사용한 단위계를 사용한다면 전력이나 배전변압기들의 특성은 전압과 전력의 정격의 넓은 범위에 걸쳐 그렇게 많이 변하지는 않을 것이다. 예를 들어, 변압기의 직렬저항은 보통 대략 0.01 per unit이다. 그리고 직렬 리액턴스도 0.02와 0.10 per unit 사이이다. 보통 더 큰 변압기는 더 작은 직렬 임피던스를 갖는다. 자화 리액턴스(magnetizing reactance)는 보통 10에서 40 per unit 사이이다. 반면 철손 저항은 보통 대략 50에서 200 per unit 사이이다. 단위값은 변압기의 크기가 다를 때 변압기 특성을 비교하는 확실하고 의미 있는 방법을 제공하기 때문에 변압기의 임피던스는 보통 변압기 명판(이 장 뒤에 그림 2-45에서 보여주듯이)에 단위값이나 백분율로 주어진다.

이것은 유도기나 동기기에 적용할 수 있다. 그들의 per unit 임피던스는 매우 큰 크기의 범위에 대해 상대적으로 좁은 범위 안에서 결정된다.

만약 단상 전력시스템에 하나 이상의 기기와 변압기가 포함되어 있다면 시스템의 기본전압과 전력은 임의적으로 선택되어져야 한다. 그러나 전체 시스템은 같은 기준을 가져야 한다. 하나의 공통된 절차는 시스템에서 가장 큰 값과 같은 기준값을 선택하는 것이다. 다른 기준에 의해 주어진 단위 값들은 이들을 실제 자신의 값으로 (전압, 전류, 저항 등) 변환하므로서 새로운 기본으로 변환될 수 있다.

$$(P, Q, S)_{\text{pu on base 2}} = (P, Q, S)_{\text{pu on base 1}} \frac{S_{\text{base 1}}}{S_{\text{base 2}}} \tag{2–58}$$

$$V_{\text{pu on base 2}} = V_{\text{pu on base 1}} \frac{V_{\text{base 1}}}{V_{\text{base 2}}} \tag{2–59}$$

$$(R, X, Z)_{\text{pu on base 2}} = (R, X, Z)_{\text{pu on base 1}} \frac{(V_{\text{base 1}})^2(S_{\text{base 2}})}{(V_{\text{base 2}})^2(S_{\text{base 1}})} \tag{2–60}$$

예제 2-4

예제 2-2의 변압기에 대한 근사적 단위 등가회로를 그려라. 시스템의 기본으로 변압기의 정격들을 사용한다.

풀이

예제 2-2의 변압기정격은 20 kVA, 8000/240 V이다. 근사등가회로(그림 2-21)는 고압측으로 변환하였다. 단위계로 바꾸기 위해 1차측의 기준임피던스를 구해야 한다. 1차측에서

$$V_{\text{base 1}} = 8000 \text{ V}$$

$$S_{\text{base 1}} = 20{,}000 \text{ VA}$$

$$Z_{\text{base 1}} = \frac{(V_{\text{base 1}})^2}{S_{\text{base 1}}} = \frac{(8000 \text{ V})^2}{20{,}000 \text{ VA}} = 3200 \ \Omega$$

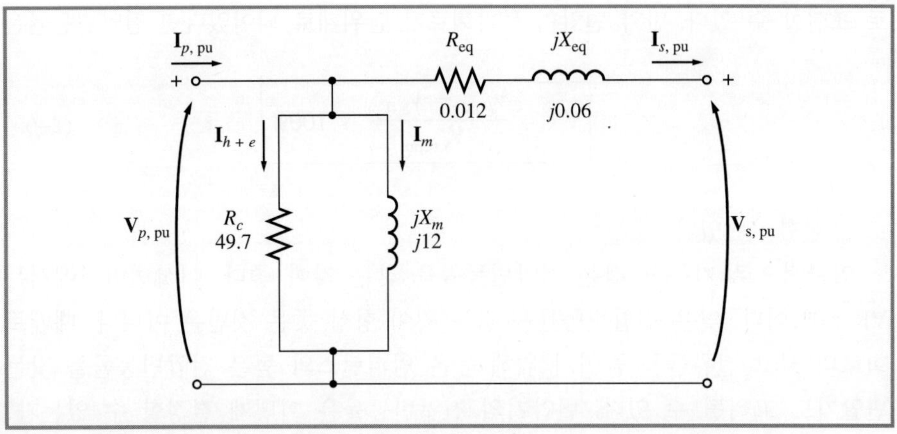

그림 2-25
예제 2-4의 단위 등가회로

그러므로

$$Z_{\text{SE,pu}} = \frac{38.4 + j192\ \Omega}{3200\ \Omega} = 0.012 + j0.06\ \text{pu}$$

$$R_{C,\text{pu}} = \frac{159\ \text{k}\Omega}{3200\ \Omega} = 49.7\ \text{pu}$$

$$Z_{M,\text{pu}} = \frac{38.4\ \text{k}\Omega}{3200\ \Omega} = 12\ \text{pu}$$

이다. 변압기 자체 기준으로 표시한 단위 등가회로는 그림 2-25에 있다.

2.7 변압기의 전압변동률과 효율

실제 변압기는 내부에 직렬 임피던스를 갖고 있기 때문에 만약 입력 전압을 일정하게 유지하고 있다면 변압기의 출력 전압은 부하에 따라 변한다. 변압기들을 간편히 비교하기 위해서 **전압변동률**(voltage regulator, VR)이라고 불리는 양을 정의한다. 전부하 전압변동률은 무부하의 변압기 출력전압을 전부하 출력전압과 비교한 것이다. 이것을 수식으로 정의하면

$$\boxed{\text{VR} = \frac{V_{S,\text{nl}} - V_{S,\text{fl}}}{V_{S,\text{fl}}} \times 100\%} \tag{2-61}$$

무부하에서 $V_S = V_P/a$이므로 전압변동률은 또한

$$\boxed{\text{VR} = \frac{V_P/a - V_{S,\text{fl}}}{V_{S,\text{fl}}} \times 100\%} \tag{2-62}$$

로 표현할 수 있다. 만약 변압기 등가회로가 단위계로 되어있다면 전압변동률은

$$\boxed{\mathrm{VR} = \frac{V_{P,\mathrm{pu}} - V_{S,\mathrm{fl,pu}}}{V_{S,\mathrm{fl,pu}}} \times 100\%} \tag{2–63}$$

로 표현할 수 있다.

일반적으로 가능한 적은 전압변동률을 갖는 것이 좋다. 이상변압기에서는 VR = 0%이다. 낮은 전압변동률을 갖는 것이 항상 좋은 것만은 아니다. 때때로 회로의 사고 전류들을 줄이기 위해 높은 임피던스와 높은 전압변동률를 갖는 변압기도 고려될 수 있다. 변압기의 전압변동률은 어떻게 결정할 수 있는가?

변압기 페이저도

변압기의 전압변동률을 결정하기 위해 변압기의 전압강하를 이해할 필요가 있다. 그림 2-18(b)에서처럼 간략화된 변압기의 등가회로에서 생각하면, 변압기의 전압변동률이라는 측면에서 변압기의 여자가지 효과는 무시될 수 있고 직렬 임피던스만 고려될 필요가 있다. 변압기의 전압변동률은 변압기의 직렬임피던스의 크기와 변압기를 통해 흐르는 전류의 페이저 각, 둘 다에 관계한다. 변압기의 전압변동률에 대한 임피던스와 전류 페이저 각의 영향을 결정할 수 있는 가장 쉬운 방법은 변압기의 페이저 전압들과 전류들의 개략도인 페이저도를 고려해 보는 것이다.

아래의 모든 페이저도들에 있어, 페이저 전압 $\mathbf{V}_S$의 각은 0°로 가정하고 다른 모든 전압들과 전류들은 그 기준에 대해 비교되어진다. 그림 2-18(b)의 등가회로에 키르히호프 전압법칙을 적용해 보면 1차전압은

$$\frac{\mathbf{V}_P}{a} = \mathbf{V}_S + R_{\mathrm{eq}}\mathbf{I}_S + jX_{\mathrm{eq}}\mathbf{I}_S \tag{2–64}$$

로 될 수 있다. 변압기 페이저도는 단지 이 식의 시각적인 표현인 것이다.

그림 2-26은 지상역률로 동작하는 변압기의 페이저도이다. 지상역률에 있어 $V_P/a > V_S$가 됨을 쉽게 알 수 있다. 따라서 지상부하를 갖는 변압기의 전압변동률은 0보다 커진다.

단위 역률에 대한 페이저도는 그림 2-27(a)에서 보여진다. 여기서 다시 2차전압은 1차전압보다 낮다. 따라서 VR > 0이 된다. 그러므로 이 경우 전압변동률은 지상 전류를 가질 때 보다 더 작은 수치를 갖는다. 만약 2차전류가 진상이면 2차전압은 실제로 기준의 1차전압보다 더 높다. 만약 이런 일이 생기면 변압기는 실제로 음의 전압변동률을 갖는다[그림 2-27(b)에서와 같이].

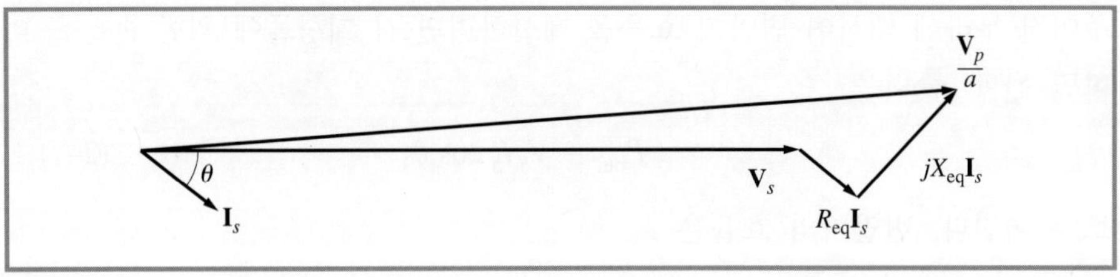

그림 2-26
지상역률로 동작하는 변압기의 페이저도

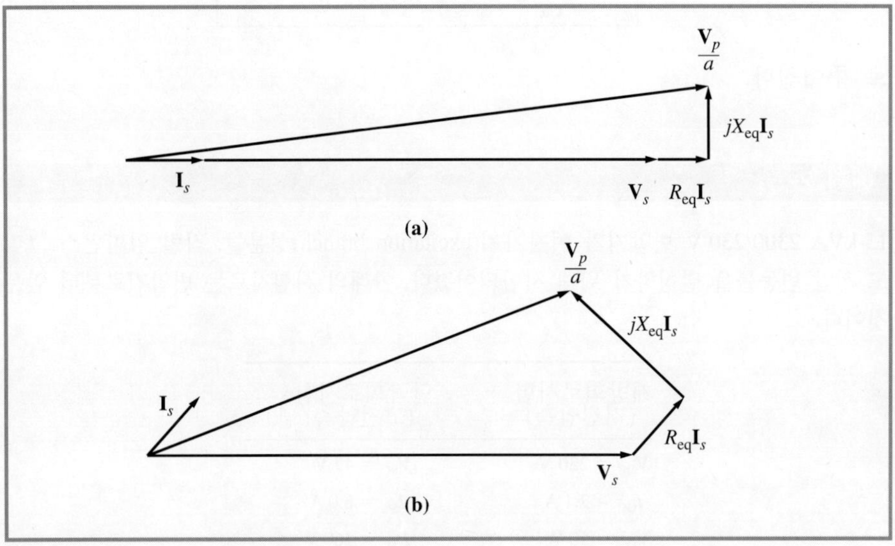

그림 2-27
변압기 역률에 따른 페이저도 (a) 단위 역률, (b) 진상역률

변압기 효율

변압기들 역시 그들의 효율들이 비교되고 결정된다. 장치의 효율은 다음 식으로 정의된다.

$$\eta = \frac{P_{out}}{P_{in}} \times 100\% \tag{2–65}$$

$$\eta = \frac{P_{out}}{P_{out} + P_{loss}} \times 100\% \tag{2–66}$$

이 식은 변압기뿐만 아니라 전동기와 발전기에도 적용된다.

변압기의 등가회로는 효율계산을 쉽도록 한다. 변압기에 존재하는 3가지 형태의 손실들이 있다.

1. 동손(I^2R) − 등가회로의 직렬저항에 의해 발생하는 손실
2. 히스테리시스손 − 1장에서 설명되었고 등가저항 R_C에 포함되어 발생하는 손실
3. 와전류손 − 1장에서 설명되었고 등가저항 R_C에 포함되어 발생하는 손실

주어진 부하에 대하여 변압기 효율을 계산하려면 각 저항들에 의한 손실을 더하면 된다. 출력은

$$P_{\text{out}} = V_S I_S \cos\theta_S \tag{2–7}$$

로 주어진다. 변압기의 효율은

$$\boxed{\eta = \frac{V_S I_S \cos\theta}{P_{\text{Cu}} + P_{\text{core}} + V_S I_S \cos\theta} \times 100\%} \tag{2–67}$$

로 주어진다.

예제 2–5

15-kVA 2300/230 V 변압기가 여자가지(excitation branch)성분들, 직렬 임피던스 그리고 전압 변동률을 결정하기 위해 시험되어졌다. 아래의 시험자료는 변압기로부터 얻은 것이다.

개방회로시험 (저전압측)	단락회로시험 (고전압측)
$V_{\text{OC}} = 230$ V	$V_{\text{SC}} = 47$ V
$I_{\text{OC}} = 2.1$ A	$I_{\text{SC}} = 6.0$ A
$V_{\text{OC}} = 50$ W	$P_{SC} = 160$ W

이 자료는 그림 2-19와 2-20의 결선을 사용하여 얻어진 것이다.

(*a*) 고압측을 기준으로 한 이 변압기의 등가회로를 구하라.

(*b*) 저압측을 기준으로 한 이 변압기의 등가회로를 구하라.

(*c*) $\mathbf{V}_P$에 대한 정확한 식을 사용하여 각각 0.8 지상, 1.0 단위, 0.8 진상역률에서의 전부하 전압변동률을 계산하라.

(*d*) 역률이 각각 0.8 지상, 1.0, 0.8 진상일 때 무부하에서 전부하까지 부하가 변할 때 전압변동률을 그려라.

(*e*) 0.8 지상역률을 갖는 전부하에서의 변압기 효율은 얼마인가?

풀이

(*a*) 변압기의 권선비는 $a = 2300/230 = 10$이다. 2차측(저전압 측)을 기준으로 한 변압기 등가회로의 여자기지 값들은 개방회로 시험에서 계산되어질 수 있고 1차측(고전압 측)을 기준으로 한 직렬 성분들은 단락회로 시험에서 계산되어질 수 있다. 개방회로 시험으로부터, 개방회로 임피던스각은

$$\theta_{\text{OC}} = \cos^{-1}\frac{P_{\text{OC}}}{V_{\text{OC}} I_{\text{OC}}}$$

$$\theta_{\text{OC}} = \cos^{-1}\frac{50 \text{ W}}{(230 \text{ V})(2.1 \text{ A})} = 84°$$

여자어드미턴스는

$$Y_E = \frac{I_{OC}}{V_{OC}} \angle -84°$$

$$Y_E = \frac{2.1 \text{ A}}{230 \text{ V}} \angle -84° \text{ S}$$

$$Y_E = 0.00913 \angle -84° \text{ S} = 0.000954 - j0.00908 \text{ S}$$

일차측으로 변환한 여자가지의 정수값은

$$R_{C,S} = \frac{1}{0.000954} = 1050 \ \Omega$$

$$X_{M,S} = \frac{1}{0.00908} = 110 \ \Omega$$

이다. 단락회로 시험으로부터, 단락회로 임피던스각은

$$\theta_{SC} = \cos^{-1} \frac{P_{SC}}{V_{SC} I_{SC}}$$

$$\theta_{SC} = \cos^{-1} \frac{160 \text{ W}}{(47 \text{ V})(6 \text{ A})} = 55.4°$$

등가직렬 임피던스는

$$Z_{SE} = \frac{V_{SC}}{I_{SC}} \angle \theta_{SC}$$

$$Z_{SE} = \frac{47 \text{ V}}{6 \text{ A}} \angle 55.4° \ \Omega$$

$$Z_{SE} = 7.833 \angle 55.4° = 4.45 + j6.45 \ \Omega$$

일차측으로 변환한 직렬 성분값은

$$R_{eq,P} = 4.45 \ \Omega \qquad X_{eq,P} = 6.45 \ \Omega$$

이다. 1차측을 기준으로 한 간략화된 등가회로는 1차측으로 여자가지 값을 변환하여 완성할 수 있다.

$$R_{C,P} = a^2 R_{C,S} = (10)^2 (1050 \ \Omega) = 105 \text{ k}\Omega$$

$$X_{M,P} = a^2 X_{M,S} = (10)^2 (110 \ \Omega) = 11 \text{ k}\Omega$$

(*b*) 저압측으로 변환한 등가회로를 구하기 위해 임피던스를 a^2으로 나누면 된다. $a = N_P/N_S = 10$이므로

$$R_C = 1050 \ \Omega \qquad R_{eq} = 0.0445 \ \Omega$$

$$X_M = 110 \ \Omega \qquad X_{eq} = 0.0645 \ \Omega$$

이고, 등가회로는 그림 2-28(b)에 있다.

(*c*) 변압기 2차측에서의 전부하전류는

$$I_{S,\text{rated}} = \frac{S_{\text{rated}}}{V_{S,\text{rated}}} = \frac{15{,}000 \text{ VA}}{230 \text{ V}} = 65.2 \text{ A}$$

이고, 역률 V_P/a는 식 (2-64)을 이용하여 다음과 같이 계산할 수 있다.

$$\frac{\mathbf{V}_P}{a} = \mathbf{V}_S + R_{eq}\mathbf{I}_S + jX_{eq}\mathbf{I}_S \tag{2–64}$$

지상역률 PF = 0.8에서, 전류 $\mathbf{I}_S = 65.2 \angle 36.9°$A이므로,

$$\begin{aligned}\frac{\mathbf{V}_P}{a} &= 230\angle 0° \text{ V} + (0.0445\ \Omega)(65.2\angle -36.9° \text{ A}) + j(0.0645\ \Omega)(65.2\angle -36.9° \text{ A}) \\ &= 230\angle 0° \text{ V} + 2.90\angle -36.9° \text{ V} + 4.21\angle 53.1° \text{ V} \\ &= 230 + 2.32 - j1.74 + 2.52 + j3.36 \\ &= 234.84 + j1.62 = 234.85\angle 0.40° \text{ V}\end{aligned}$$

전압변동률은

$$\text{VR} = \frac{V_P/a - V_{S,\text{fl}}}{V_{S,\text{fl}}} \times 100\% \tag{2–62}$$

$$= \frac{234.85 \text{ V} - 230 \text{ V}}{230 \text{ V}} \times 100\% = 2.1\%$$

이므로, 1.0 역률에서 전류 $\mathbf{I}_S = 65.2 \angle 0°$A

$$\begin{aligned}\frac{\mathbf{V}_P}{a} &= 230\angle 0° \text{ V} + (0.0445\ \Omega)(65.2\angle 0° \text{ A}) + j(0.0645\ \Omega)(65.2\angle 0° \text{ A}) \\ &= 230\angle 0° \text{ V} + 2.90\angle 0° \text{ V} + 4.21\angle 90° \text{ V} \\ &= 230 + 2.90 + j4.21 \\ &= 232.9 + j4.21 = 232.94\angle 1.04° \text{ V}\end{aligned}$$

이므로, 전압변동률은

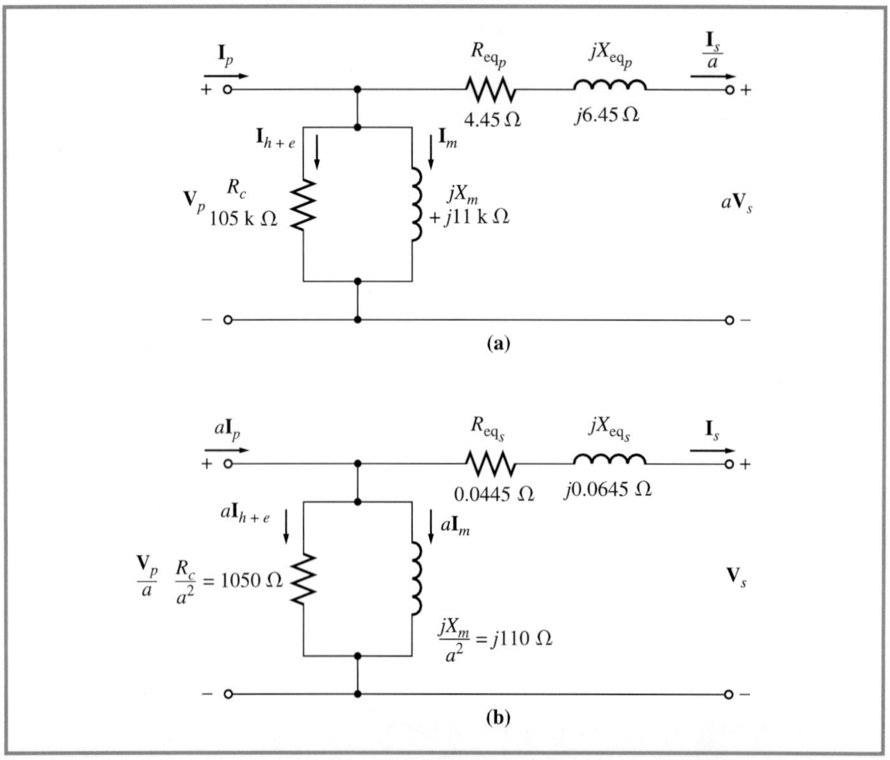

그림 2-28

예제 2-5의 등가회로 (a) 1차측으로 변환, (b) 2차측으로 변환

$$VR = \frac{232.94\text{ V} - 230\text{ V}}{230\text{ V}} \times 100\% = 1.28\%$$

이므로, 진상역률 PF = 0.8에서 $\mathbf{I}_S = 65.2 \angle 36.9°\text{A}$

$$\begin{aligned}\frac{\mathbf{V}_P}{a} &= 230\angle 0°\text{ V} + (0.0445\ \Omega)(65.2\angle 36.9°\text{ A}) + j(0.0645\ \Omega)(65.2\angle 36.9°\text{ A}) \\ &= 230\angle 0°\text{ V} + 2.90\angle 36.9°\text{ V} + 4.21\angle 126.9°\text{ V} \\ &= 230 + 2.32 + j1.74 - 2.52 + j3.36 \\ &= 229.80 + j5.10 = 229.85\angle 1.27°\text{ V}\end{aligned}$$

이므로, 전압변동률은

$$VR = \frac{229.85\text{ V} - 230\text{ V}}{230\text{ V}} \times 100\% = -0.062\%$$

각 페이저도는 그림 2-29에 있다.

(*d*) 부하에 따른 전압을 계산하는 좋은 방법은 (*c*)의 계산을 MATLAB으로 반복하는 것이다. 프로그램은 다음에 있다.

```
% M-file: trans_vr.m
% M-file to calculate and plot the voltage regulation
% of a transformer as a function of load for power
% factors of 0.8 lagging, 1.0, and 0.8 leading.
VS = 230;                     % Secondary voltage (V)
amps = 0:6.52:65.2;           % Current values (A)
Req = 0.0445;                 % Equivalent R (ohms)
Xeq = 0.0645;                 % Equivalent X (ohms)

% Calculate the current values for the three
% power factors. The first row of I contains
% the lagging currents, the second row contains
% the unity currents, and the third row contains
% the leading currents.
I(1,:) = amps .* ( 0.8 - j*0.6);       % Lagging
I(2,:) = amps .* ( 1.0        );       % Unity
I(3,:) = amps .* ( 0.8 + j*0.6);       % Leading

% Calculate VP/a.
VPa = VS + Req.*I + j.*Xeq.*I;

% Calculate voltage regulation
VR = (abs(VPa) - VS) ./ VS .* 100;

% Plot the voltage regulation
plot(amps,VR(1,:),'b-');
hold on;
plot(amps,VR(2,:),'k—');
plot(amps,VR(3,:),'r-.');
title ('Voltage Regulation Versus Load');
xlabel ('Load (A)');
ylabel ('Voltage Regulation (%)');
legend('0.8 PF lagging','1.0 PF','0.8 PF leading');
hold off;
```

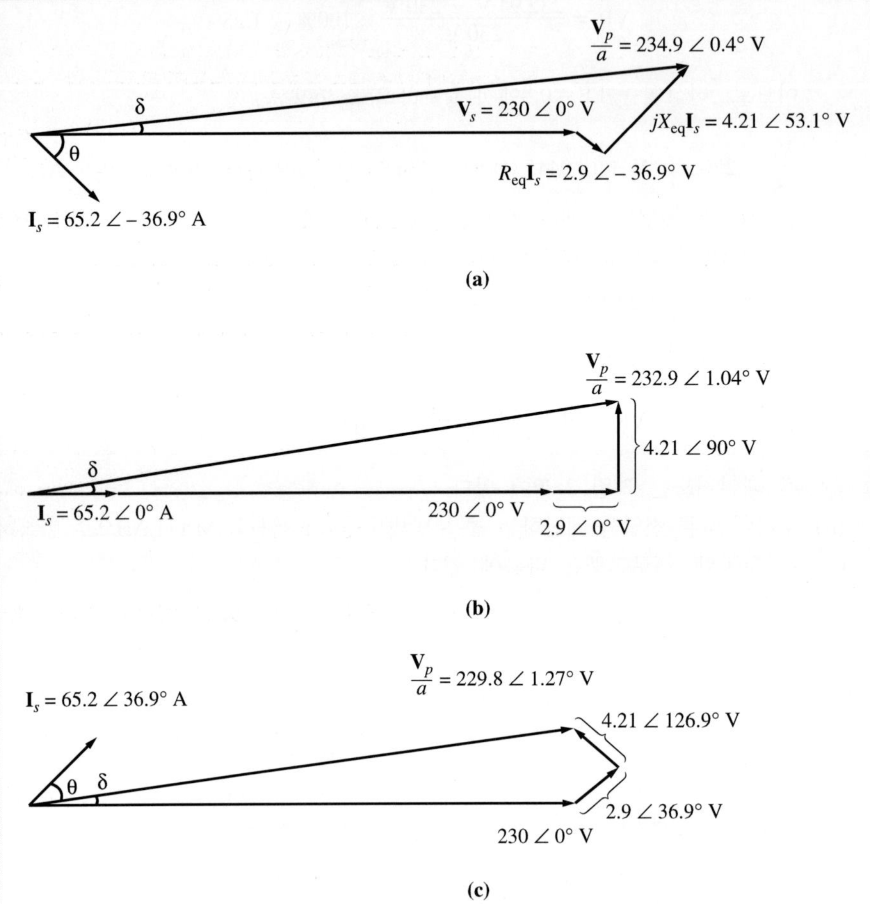

그림 2-29
예제 2-5의 변압기 페이저도

이 프로그램에 의한 결과는 그림 2-30에 있다.

(*e*) 변압기 효율을 구하기 위해 손실은 계산해야 한다. 동손은

$$P_{\text{Cu}} = (I_S)^2 R_{\text{eq}} = (65.2\text{ A})^2(0.0445\ \Omega) = 189\text{ W}$$

철손은

$$P_{\text{core}} = \frac{(V_P/a)^2}{R_C} = \frac{(234.85\text{ V})^2}{1050\ \Omega} = 52.5\text{ W}$$

이 역률에서 출력은

$$P_{\text{out}} = V_S I_S \cos\theta$$
$$= (230\text{ V})(65.2\text{ A})\cos 36.9° = 12{,}000\text{ W}$$

이다. 그러므로 효율은

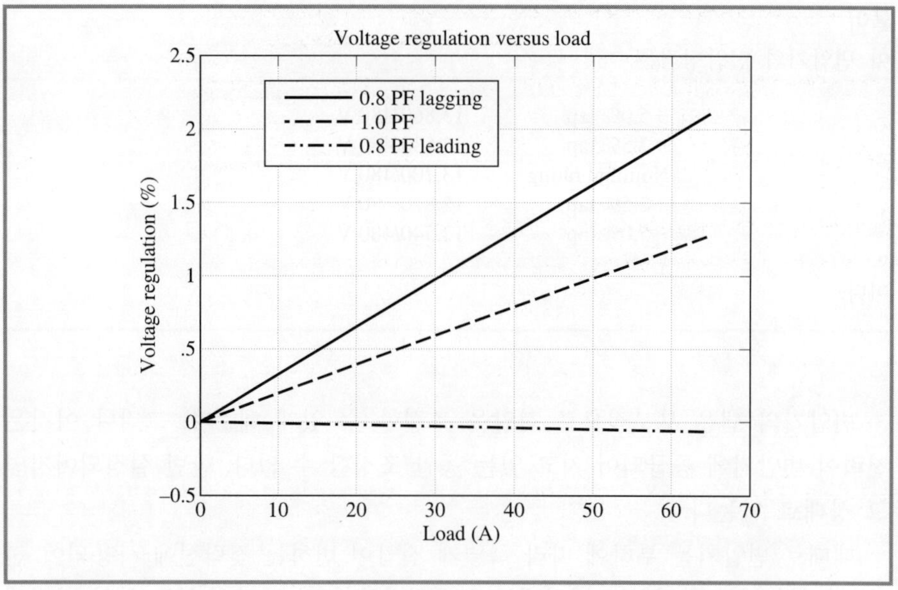

그림 2-30
예제 2-5의 부하에 따른 전압변동률

$$\eta = \frac{V_S I_S \cos\theta}{P_{Cu} + P_{core} + V_S I_S \cos\theta} \times 100\% \tag{2–68}$$

$$= \frac{12{,}000 \text{ W}}{189 \text{ W} + 52.5 \text{ W} + 12{,}000 \text{ W}} \times 100\%$$

$$= 98.03\%$$

이다.

2.8 변압기 탭과 전압조정기

이전의 절에서 변압기는 권선비와 2차에 대한 1차전압의 비에 대해 설명하였다. 여기서는 주어진 변압기의 권선비는 완전히 고정되어 있었다. 거의 모든 실질적인 배전변압기들에서 이것이 그리 맞는 말은 아니다. 배전변압기는 그것이 공장에 배치된 후 변압기의 권선비를 조금 변화시킬 수 있는 권선에 직렬 탭을 갖고 있다. 전형적인 장치는 설정된 값에 전부하 전압의 2.5%간격으로 나누어진 4개의 탭을 더 가지고 있다. 이것은 변압기의 전압정격 상하로 5%까지 조정할 수 있게 해준다.

예제 2-6

500 kVA 13,200/480 V 배전변압기가 4개의 2.5 %의 탭을 1차권선에 갖고 있다. 각 탭마다 이 변압기의 전압비들은 얼마인가?

풀이

이 변압기의 전압정격은

+5.0% tap	13,860/480 V
+2.5% tap	13,530/480 V
Nominal rating	13,200/480 V
−2.5% tap	12,870/480 V
−5.0% tap	12,540/480 V

이다.

변압기의 탭은 부분적으로 전압을 조절할 수 있게 해준다. 그러나 이것은 전력이 변압기에 공급되어 지고 있는 동안 조정할 수 없다. 한번 설정되어지면 그 상태로 남는다.

때때로 변압기는 부하에 따라 폭넓게 전압이 변하는 전력선에 사용되어 진다. 이러한 전압의 변화는 전력계통의 발전기들과 먼 거리에 있는 부하 사이에 놓여 있는 높은 선로 임피던스에 기인한다. 부하는 일반적으로 일정전압 하에서 전력을 공급받는다. 어떻게 전력회사가 끊임없이 변화하는 부하에 대해 높은 임피던스 선로를 통해 제어된 일정전압을 공급할 수 있는가?

이러한 문제의 하나의 해결책은 **TCUL**(tap changing under load)**변압기** 혹은 **전압조정기**(voltage regulator)라고 불리우는 특별한 변압기를 사용하는 것이다. 기본적으로 TCUL변압기는 전력이 공급되고 있는 동안 탭을 변화시킬 수 있는 변압기이다. 전압조정기가 바로 계통에 전압을 일정하게 유지하기 위해 탭을 자동적으로 변화시킬 수 있는 전압센서회로에 설치되는 TCUL변압기이다. 이런 특별한 변압기들은 현재 전력 계통에서 매우 널리 사용된다.

2.9 단권변압기

어떤 경우에는 단지 적은 양의 전압을 변화시킬 필요가 있다. 예를 들어 전압을 110 V에서 120 V로, 13.2 kV에서 13.8 kV로 변화시킬 필요가 있을지 모른다. 이런 적은 양의 승압은 전력계통에서 발전기로부터 먼거리 송전에서 발생하는 전압강하를 보상하기 위해 필요한 것이다. 이런 상황에 같은 정격전압을 갖는 2권선변압기를 사용하는 것은 소비적이고 다소 비경제적일지도 모른다. 이 경우 **단권변압기**(autotransformer)라 불리는 특수변압기가 사용된다..

승압변압기는 그림 2-31에 나타내었다. 그림 2-31(a)에서 변압기의 두 개 코일에 의한 일반적인 변환 방식을 보여주고 있다. 그림 2-31(b)에서는 첫 번째 권선에 부가적으로 연결된 두 번째 권선을 보여주고 있다. 지금 첫 번째 권선의 전압과 두 번째 권선의 전압 사이의 관계는 변압기의 권선비로 주어진다. 따라서 전체 변압기의 출력전압은 첫 번째 권선의 전압과 두 번째 권선의 전압의 합과 같다. 첫 번째 권선을 **공동권선**(common winding)이라고 부르는데 이것은 첫 번째 권선전압은 변압기의 양측에 모두 나타나기 때문이다. 더 작은 권선을 **직렬권선**(series winding)이라고 부르고 공동권선과 직렬로 연결되어 있다.

강압 단권변압기는 그림 2-32에 나타내었다. 여기서 입력전압은 직렬권선과 공동권선의 전압의 합과 같다. 반면에 출력전압은 공동권선의 전압과 같다.

이 변압기의 권선은 물리적으로 연결되어 있기 때문에 단권변압기라고 한다. 공동권선의 전압을 **공동전압** $\mathbf{V}_C$라고 부르고 그 전류를 **공동전류** $\mathbf{I}_C$ 라고 부른다. 직렬권선의 전압은 **직렬전압** $\mathbf{V}_{SE}$라고 부르고 그 전류를 **직렬전류** $\mathbf{I}_{SE}$라고 부른다. 변압기의 저압측의 전압과 전류를 $\mathbf{V}_L$과 $\mathbf{I}_L$라고 부르고 반면에 변압기의 고압측의 전압과 전류를 $\mathbf{V}_H$와 $\mathbf{I}_H$라고 각각 부른다. 단권변압기의 1차측(전력이 인가되는 측)은 단권변압기가 승압용으로 또는 강압용으로 사용되느냐에 따라서 고압측이 될 수 있고 저압측이 될 수 있다. 그림 2-31(b)에서 권선의 전압과 전류는 다음의 식으로 관계지어 진다.

$$\frac{\mathbf{V}_C}{\mathbf{V}_{SE}} = \frac{N_C}{N_{SE}} \tag{2–69}$$

$$N_C\mathbf{I}_C = N_{SE}\mathbf{I}_{SE} \tag{2–70}$$

권선의 전압은 다음 식에 의해 단자전압들과 관계지어 진다.

$$\mathbf{V}_L = \mathbf{V}_C \tag{2–71}$$

$$\mathbf{V}_H = \mathbf{V}_C + \mathbf{V}_{SE} \tag{2–72}$$

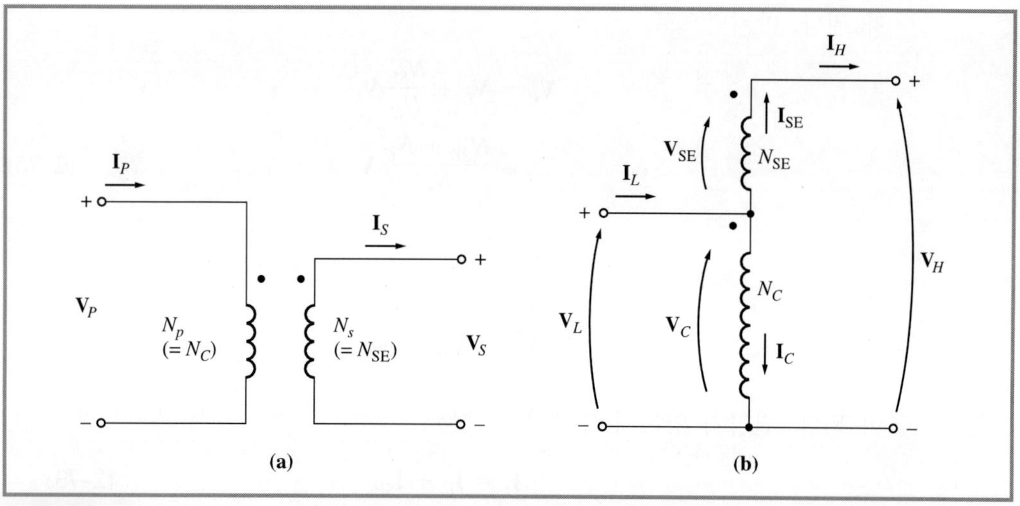

그림 2-31
권선을 가진 변압기 (a) 일반적인 결선, (b) 단권변압기로 결선

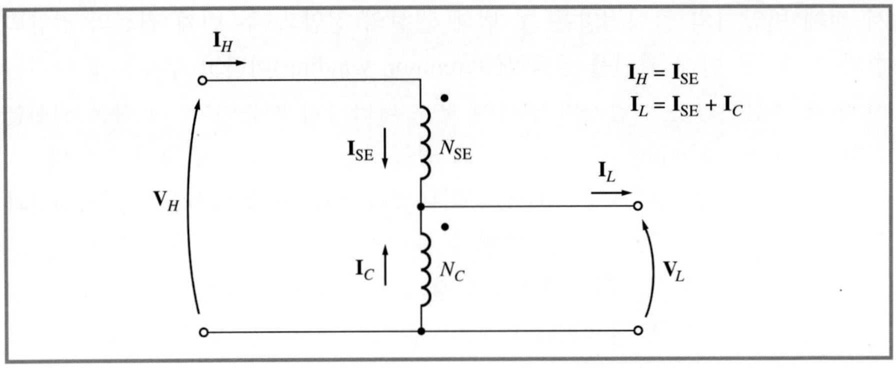

그림 2-32 강압형 단권변압기 결선

그리고 권선의 전류들은 다음 식으로 단자 전류들과 관계지어 진다.

$$\mathbf{I}_L = \mathbf{I}_C + \mathbf{I}_{SE} \tag{2–73}$$

$$\mathbf{I}_H = \mathbf{I}_{SE} \tag{2–74}$$

단권변압기의 전압, 전류

단권변압기의 양측사이의 전압 관계는 어떨까? $\mathbf{V}_H$와 $\mathbf{V}_L$ 사이의 관계를 결정짓는 것은 매우 쉽다. 단권변압기의 고전압측 전압은

$$\mathbf{V}_H = \mathbf{V}_C + \mathbf{V}_{SE} \tag{2–72}$$

로 주어진다. 그러나 $\mathbf{V}_C/\mathbf{V}_{SE} = N_C/N_{SE}$, 그래서

$$\mathbf{V}_H = \mathbf{V}_C + \frac{N_{SE}}{N_C}\mathbf{V}_C \tag{2–75}$$

가 된다. 마지막으로

$$\begin{aligned}\mathbf{V}_H &= \mathbf{V}_L + \frac{N_{SE}}{N_C}\mathbf{V}_L \\ &= \frac{N_{SE} + N_C}{N_C}\mathbf{V}_L\end{aligned} \tag{2–76}$$

또는

$$\boxed{\frac{\mathbf{V}_L}{\mathbf{V}_H} = \frac{N_C}{N_{SE} + N_C}} \tag{2–77}$$

이 된다. 변압기 양측의 전류의 관계는

$$\mathbf{I}_L = \mathbf{I}_C + \mathbf{I}_{SE} \tag{2–73}$$

이 됨을 알 수 있다. 식 (2-69)으로부터 $\mathbf{I}_C = (N_{SE}/N_C)\mathbf{I}_{SE}$가 된다.

$$\mathbf{I}_L = \frac{N_{\mathrm{SE}}}{N_C}\mathbf{I}_{\mathrm{SE}} + \mathbf{I}_{\mathrm{SE}} \tag{2–78}$$

이 된다. 마지막으로 $\mathbf{I}_H = \mathbf{I}_{\mathrm{SE}}$라면

$$\begin{aligned}\mathbf{I}_L &= \frac{N_{\mathrm{SE}}}{N_C}\mathbf{I}_H + \mathbf{I}_H \\ &= \frac{N_{\mathrm{SE}} + N_C}{N_C}\mathbf{I}_H\end{aligned} \tag{2–79}$$

$$\boxed{\frac{\mathbf{I}_L}{\mathbf{I}_H} = \frac{N_{\mathrm{SE}} + N_C}{N_C}} \tag{2–80}$$

가 된다.

단권변압기의 장점

모든 전력이 권선을 통해서 단권변압기의 1차측에서 2차측으로 옮겨가는 것이 아니라는 것을 아는 것은 흥미롭다. 결과적으로 만약 일반 변압기를 단권변압기처럼 다시 연결하면 이 변압기는 원래 자신의 정격보다 더 큰 전력을 다룰 수 있다. 이것을 이해하기 위해 그림 2-31(b)를 다시 한번 생각해 보자. 단권변압기의 입력피상전력은

$$S_{\mathrm{in}} = V_L I_L \tag{2–81}$$

로 주어진다. 그리고 출력피상전력은

$$S_{\mathrm{out}} = V_H I_H \tag{2–82}$$

로 주어진다. 식 (2-77)과 (2-80)의 전압, 전류 방정식을 이용하면 입력피상전력은 다시 출력피상전력과 같음을 쉽게 알 수 있다.

$$S_{\mathrm{in}} = S_{\mathrm{out}} = S_{\mathrm{IO}} \tag{2–83}$$

여기서 S_{IO}는 변압기의 입력, 출력, 피상전력들로 정의되어진다. 그래서 변압기 권선에서의 피상전력은

$$S_W = V_C I_C = V_{\mathrm{SE}} I_{\mathrm{SE}} \tag{2–84}$$

가 된다. 변압기의 1차측에 들어가는(2차측에서 나오는) 전력과 변압기의 실제 권선에서의 전력 사이의 관계는 아래와 같이 됨을 알 수 있다.

$$\begin{aligned}S_W &= V_C I_C \\ &= V_L(I_L - I_H) \\ &= V_L I_L - V_L I_H\end{aligned}$$

식 (2-80)을 이용하면

$$S_W = V_L I_L - V_L I_L \frac{N_C}{N_{\rm SE} + N_C}$$

$$= V_L I_L \frac{(N_{\rm SE} + N_C) - N_C}{N_{\rm SE} + N_C} \tag{2–85}$$

$$= S_{\rm IO} \frac{N_{\rm SE}}{N_{\rm SE} + N_C} \tag{2–86}$$

가 됨을 알 수 있다.

결과적으로 단권변압기권선을 통해 전달되는 실제 피상전력에 대한 단권변압기 1차측과 2차측에 나타나는 피상전력의 비는

$$\boxed{\frac{S_{\rm IO}}{S_W} = \frac{N_{\rm SE} + N_C}{N_{\rm SE}}} \tag{2–87}$$

가 된다.

식 (2-87)은 일반적인 변압기에 대한 단권변압기의 피상전력 정격의 이점에 대해 설명하고 있다. 여기서 $S_{\rm IO}$는 변압기의 1차에 들어가서 2차로 나오는 피상전력이다. 반면에 S_W는 변압기의 권선들을 통해 실제 전달되는 피상전력이다 (나머지는 변압기권선들의 연계 없이 1차에서 2차로 전달된다). 예를 들면, 110 kV에서 138 kV의 시스템에 연결되어 있는 5000 kVA 단권변압기는 110 : 28의 권선비 $N_C/N_{\rm SE}$를 가지고 있다면 단권변압기의 실제 권선정격은

$$S_W = S_{\rm IO} \frac{N_{\rm SE}}{N_{\rm SE} + N_C} \tag{2–86}$$

$$= (5000\ {\rm kVA}) \frac{28}{28 + 110} = 1015\ {\rm kVA}$$

가 된다. 단권변압기는 단지 1015 kVA의 정격을 갖는 권선이 필요하지만 반면에 일반 변압기는 같은 작업을 하려면 5000 kVA의 정격을 갖는 권선이 필요하다. 단권변압기는 일반변압기 보다 5배가량 작고 적은 비용이 든다. 이런 이유로 해서 두 개의 거의 비슷한 전압 사이에 단권변압기로서 변압기를 설치하는 장점이 있다.

아래의 예제는 단권변압기로 해석과 단권변압기의 정격의 장점에 대해 설명하고 있다.

예제 2-7

100 VA 120/12 V 변압기가 승압 단권변압기 형태로 연결되어 있다(그림 2-33 참고). 120 V의 일차전압이 변압기에 공급되어지고 있다.

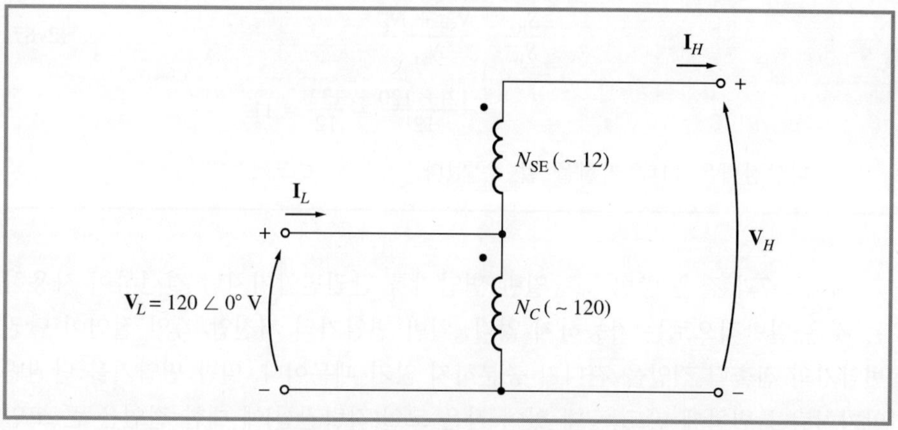

그림 2-33
예제 2-7의 단권변압기

(*a*) 변압기의 2차전압은 얼마인가?
(*b*) 이 동작모드에서 최대 VA정격은 얼마인가?
(*c*) 일반적으로 120/12 V로 동작을 하는 변압기정격에 대한 이 단권변압기 결선의 정격이득을 계산하라.

풀이

1차측 120 V를 얻기 위해 공동권선 N_C와 직렬권선 N_{SE}의 비는 120 : 12(또는 10 : 1)를 얻어야 한다.

(*a*) 이 변압기는 승압기로 사용된다. 2차전압은 V_H이고 식 (2-76)으로부터

$$\mathbf{V}_H = \frac{N_{SE} + N_C}{N_C}\mathbf{V}_L \tag{2–76}$$

$$= \frac{12 + 120}{120} 120 \text{ V} = 132 \text{ V}$$

(*b*) 각 권선의 최대 VA는 100 VA이다. 입력측과 출력측의 피상전력은 얼마인가? 직렬권선의 전압 V_{SE}는 12 V이고 용량은 100 VA이다. 직렬권선의 최대전류는

$$I_{SE,max} = \frac{S_{max}}{V_{SE}} = \frac{100 \text{ VA}}{12\text{V}} = 8.33 \text{ A}$$

I_{SE}는 2차측 전류 I_S(또는 I_H)와 같고 2차측 전압 $V_S = V_H = 132$ V이므로 2차측 피상전력은

$$S_{out} = V_S I_S = V_H I_H$$

$$= (132 \text{ V})(8.33 \text{ A}) = 1100 \text{ VA} = S_{in}$$

(*c*) 정격의 장점은 (*b*) 또는 식 (2-87)로부터 계산되어진다. (*b*)로부터

$$\frac{S_{IO}}{S_W} = \frac{1100 \text{ VA}}{100 \text{ VA}} = 11$$

식 (2-87)로부터

$$\frac{S_{IO}}{S_W} = \frac{N_{SE} + N_C}{N_{SE}} \tag{2–87}$$

$$= \frac{12 + 120}{12} = \frac{132}{12} = 11$$

피상전력은 11배 커짐을 알 수 있다.

예제 2-7과 같은 방법으로 일반 변압기를 단권변압기처럼 결선하여 사용하는 것은 일반적으로는 가능하지 않다. 일반 변압기의 저전압 측의 절연이 단권변압기의 전출력 전압을 견디기 충분하지 않기 때문이다. 일반 변압기를 단권변압기처럼 특별하게 만드는 데 있어 작은 코일(직렬권선)에 대한 절연은 큰 코일의 절연만큼 강하게 만들어져야 한다.

전력시스템에서 크기가 서로 매우 비슷한 두 전압을 변환할 필요가 있을 때는 언제든지 단권변압기를 사용하는 것이 일반적이다. 왜냐하면 두 개의 전압이 더 근접할수록 단권변압기의 전력 이익은 더 커지기 때문이다. 또한 낮은 전압 탭을 권선의 위, 아래로 움직여 동작하는 **가변변압기**(variable transformers)도 사용된다. 이것은 다양한 전압을 얻는 가장 편리한 방법이다. 이런 가변변압기는 그림 2-34에 보여진다.

단권변압기의 기본적인 단점은 일반적인 변압기와 달리 1차측과 2차측회로가 직접 물리적으로 연결되어 있어서, 두 쪽의 전기적 절연(분리)이 안 되어 있다. 만약 실제 사용이 전기적 절연이 필요 없다면 단권변압기는 거의 비슷한 크기의 전압을 함께 묶는 편리하고 경제적인 방법이다.

단권변압기의 내부임피던스

단권변압기는 일반변압기에 비해 부가적인 단점이 하나 더 있다. 이것은 기존의 방식으로 연결된 변압기와 비교해서 단권변압기의 유효 단위(pu) 임피던스는

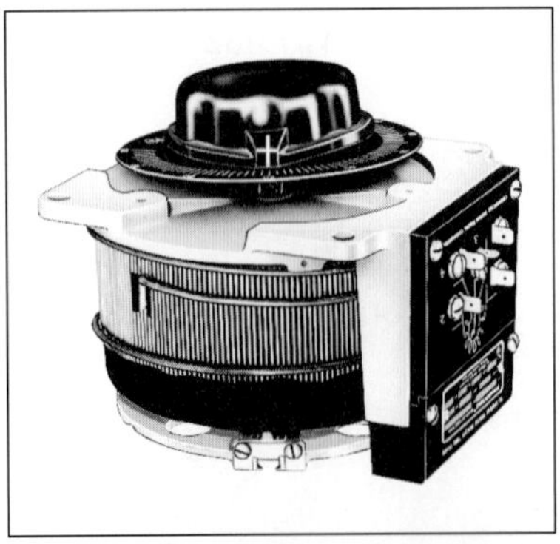

(a)

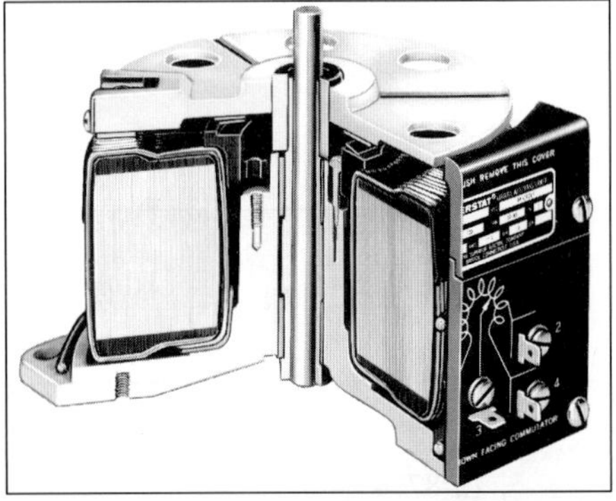

(b)

그림 2-34 (a) 가변 전압 단권변압기, (b) 단면도(Superior Electric Company 제공)

단권변압기 연결에 의한 전력 이익의 역만큼 적어진다는 점이다.

이것에 대한 증명은 이 장 끝에 문제로서 남겨 둔다.

일반적인 2권선변압기에 비해 단권변압기의 줄어든 내부임피던스는 직렬임피던스가 전력 계통의 단락회로가 되는 동안 전류의 흐름을 제한할 필요가 있는 곳에서 사용할 경우 심각한 문제를 발생시킬 수 있다. 단권변압기에 의해 만들어지는 작은 내부임피던스 효과에 대해 단권변압기의 선택 전에 실제 응용에 대하여 충분히 검토해야 한다.

예제 2-8

일반적인 2권선 변압기로 동작할 때, 1000 kVA, 12/1.2 kV, 60 Hz의 정격을 갖는다. 이런 상황에서 변압기의 직렬저항과 리액턴스가 1%과 8% per unit로 각각 주어져 있다. 이 변압기를 전력배전시스템의 13.2/12 kV 강압 단권변압기로 사용되고 있다. 단권변압기 결선에서 (*a*) 이런 방식으로 사용될 때 변압기의 정격은 얼마인가? (*b*) 변압기의 단위 직렬 임피던스는 얼마인가?

풀이

(*a*) N_C/N_{SE}비는 12 : 1.2 또는 10 : 1이다. 전압비는 13.2/12 kV이고 피상전력은

$$S_{IO} = \frac{N_{SE} + N_C}{N_{SE}} S_W$$

$$= \frac{1 + 10}{1} 1000\ \text{kVA} = 11{,}000\ \text{kVA}$$

(*b*) 일반적 방법으로 연결했을 때 단위계에서 일반 변압기의 단위 임피던스는

$$Z_{eq} = 0.01 + j0.08\ \text{pu} \qquad \text{일반 변압기}$$

이고 단권변압기의 전력의 이득은 11이다. 그러므로 단권변압기의 단위 임피던스

$$Z_{eq} = \frac{0.01 + j0.08}{11}$$

$$= 0.00091 + j0.00727\ \text{pu} \qquad \text{단권변압기}$$

2.10 3상 변압기

거의 모든 주요 전력 생산과 배전 계통은 오늘날 3상 교류시스템이다. 3상 시스템은 현대생활에 있어 이런 중요한 역할을 수행하기 때문에 변압기가 어떻게 이용되는지를 이해하는 것은 필요하다.

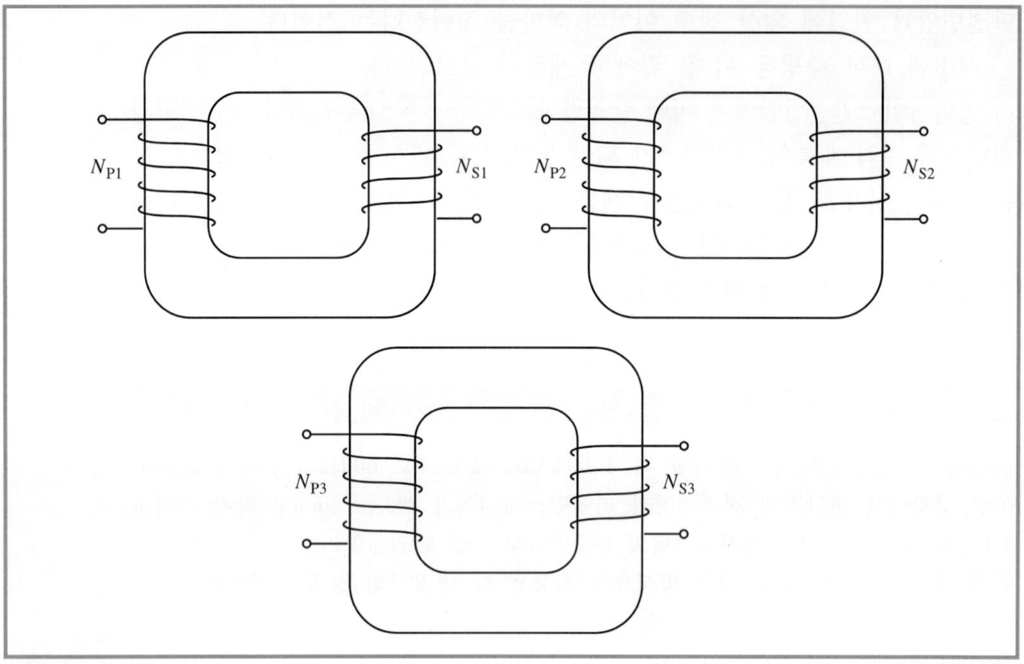

그림 2-35
단상변압기로 구성된 3상 변압기

3상 회로들을 위한 변압기들은 두 방식 중 한 방식으로 구성되어 있다. 한 가지 접근방식은 3개의 단상변압기들을 취해 3상 형태로 연결하는 것이다. 다른 접근방식은 공통의 철심에 3개의 권선을 감아 만든 **3상 변압기**를 만드는 것이다. 이런 변압기구조의 가능한 두 가지 형태는 그림 2-35와 그림 2-36에 있다. 단일 3상 변압기의 구조는 가볍고, 작고, 싸고, 다소 더 효율적이기 때문에 더 일반적으로 사용된다. 그러나 3개로 분리된 단상변압기의 사용은 고장이 났을 때 고장 난 부분만 교체할 수 있는 장점이 있다. 이것을 위해서 하나의 예비 단상변압기를 보관하는 것뿐이어서 경제적이다.

3상 변압기 결선

3상 변압기는 나누어지거나 또는 한 철심에 조합된 3개의 변압기들로 구성되어 있다. 어느 3상 변압기의 1차와 2차는 Y(와이)나 Δ(델타)로 독립적으로 연결될 수 있다. 3상 변압기는 4개의 가능한 연결방식이 있다.

1. Wye–wye (Y–Y)
2. Wye–delta (Y–Δ)
3. Delta–wye (Δ–Y)
4. Delta–delta (Δ–Δ)

이런 연결들은 그림 2-37에 보여주고 있다.

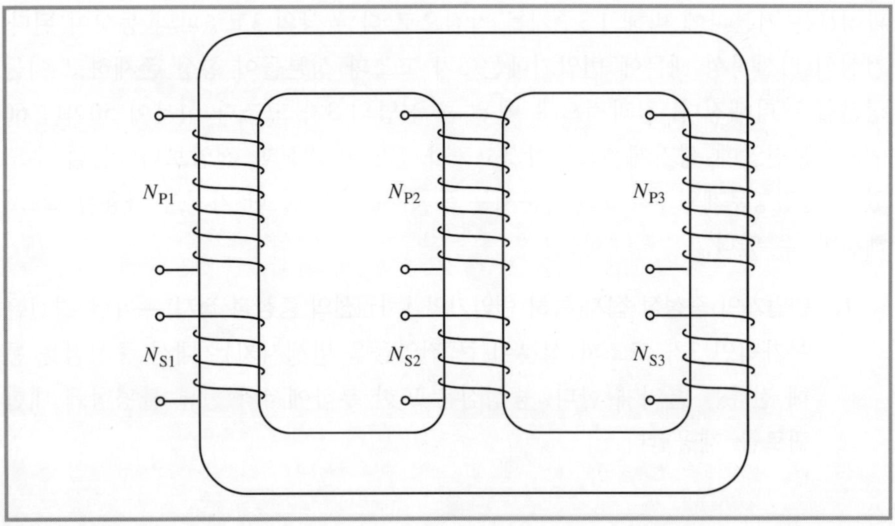

그림 2-36
단일철심 3상 변압기

어느 3상 변압기 결선의 분석의 핵심은 결선에 있어 한 변압기를 관찰해 보는 것이다. 결선에 있어 한 변압기는 이전에 배운 단상변압기와 정확히 같이 동작한다. 3상 변압기에 대한 임피던스, 전압변동률, 효율 그리고 유사한 계산들은 상당 값으로 이루어지고, 이것은 단상변압기에서 이미 전개되었던 것과 같은 기술이 사용된다. 3상 변압기 연결의 각 형태에 대한 장점과 단점은 앞으로 논의되겠다.

Y-Y 결선 3상 변압기들의 Y–Y결선은 그림 2-37(a)에서 보여진다. Y–Y결선에서 변압기의 각 상에 대한 1차전압은 $V_{\phi P} = V_{LP}/\sqrt{3}$로 주어진다. 1차 상전압은 변압기의 권선비에 의해 2차 상전압과 관련이 지어진다. 그리고 2차의 상전압은 $V_{LP} = \sqrt{3}V_{\phi S}$로 2차의 선전압과 관련이 지어진다. 결과적으로 변압기에 대한 전체 전압비는

$$\boxed{\frac{V_{LP}}{V_{LS}} = \frac{\sqrt{3}V_{\phi P}}{\sqrt{3}V_{\phi S}} = a \qquad \text{Y–Y}} \tag{2–88}$$

가 된다.

Y–Y결선은 심각한 2가지 문제점이 있다.

1. 만약 변압기에 연결된 부하가 평형이 아니면(불평형이면) 변압기 상전압은 다소 불평형이 될 수 있다.

2. 3고조파 전압이 클 수 있다.

만약 3상으로 된 전압이 Y–Y변압기에 인가되면 어느 상에 대한 전압은 다른 상에 120°의 위상 차가 존재하게 된다. 그래서 3상의 각 상에 대한 3차 고조

파성분은 기본파에 비해 1/3주기를 가짐으로 다른 상의 3고조파와 동상이 된다. 철심의 비선형성 때문에 변압기에는 3차 고조파 성분들이 항상 존재하고 이들 성분들은 더해진다. 결과적으로 매우 큰 전압의 3차 고조파 성분이 50이나 60 Hz 기본전압에 생기게 되고 이 3고조파 전압이 기본파 전압보다 더 클 수도 있다. 불평형문제와 3차 고조파문제는 두 가지 기술 중 한 가지를 사용함으로서 해결할 수 있다.

1. 변압기의 중성점 접지(특히 변압기의 1차권선의 중성점 접지)—이런 결선은 부가적인 3차 고조파 성분이 큰 전압들을 발생시키는 대신 중성점을 통해 전류를 흘리게 한다. 중성점은 또한 부하에서의 전류 불평형에 대한 귀로를 제공한다.

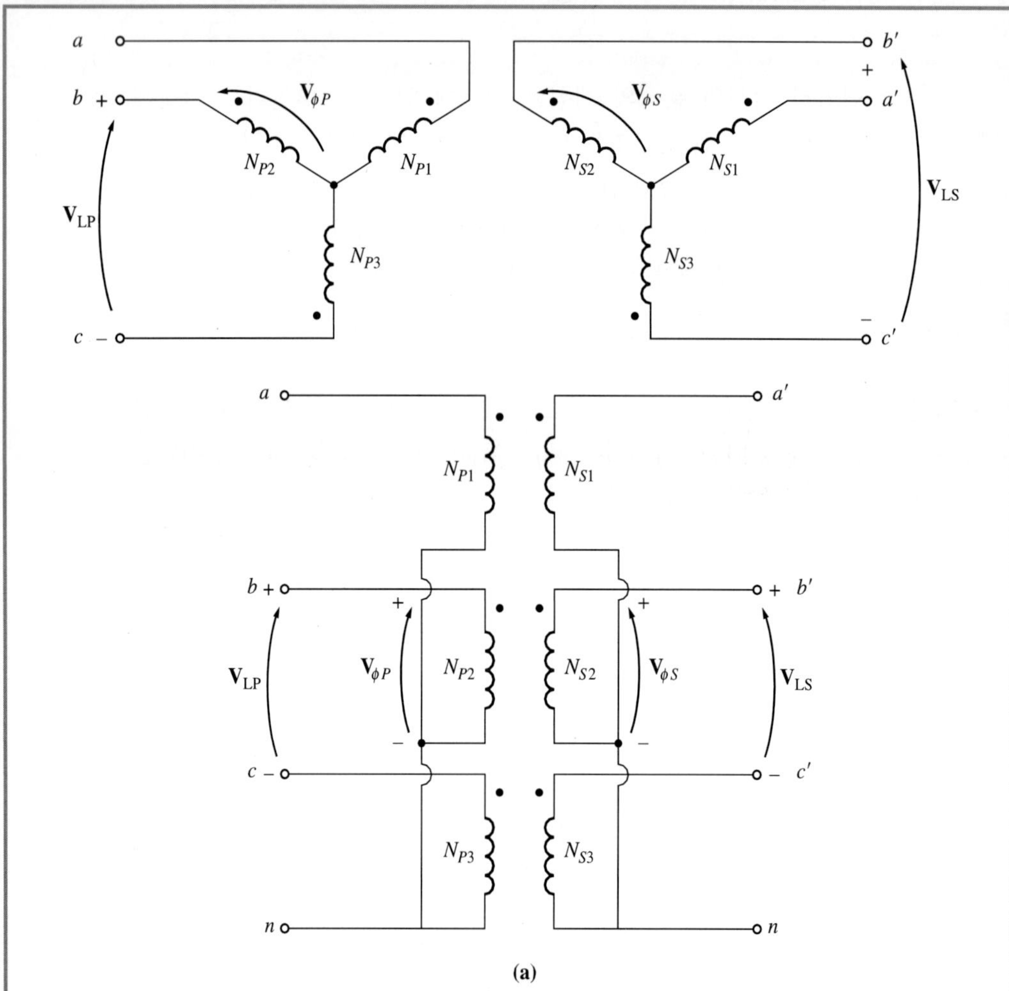

그림 2-37

3상 변압기 결선 (a) Y-Y결선

2. Δ로 결선된 3번째 권선을 추가한다—만약 세 번째 Δ결선권선을 변압기에 더하면 Δ결선 안의 3차 고조파 전압성분이 더해질 것이고 결과적으로 순환 전류는 이 권선안에서 흐르게 된다. 이것은 3차 고조파 전압성분을 변압기 중성점접지와 같은 방식으로 억제한다.

Δ로 결선된 3번째 권선들은 변압기 케이스 밖으로 끌어낼 필요는 없다. 그러나, 그들은 변압기가 설치된 변전소 안의 부가적 전력이나 조명을 공급하기 위해 사용되곤 한다. 이 3번째 권선들은 순환 전류를 조절할 수 있을 만큼 커야만 한다. 그래서 그들은 두 개의 주권선의 약 1/3배 전력정격이 되도록 만들어진다.

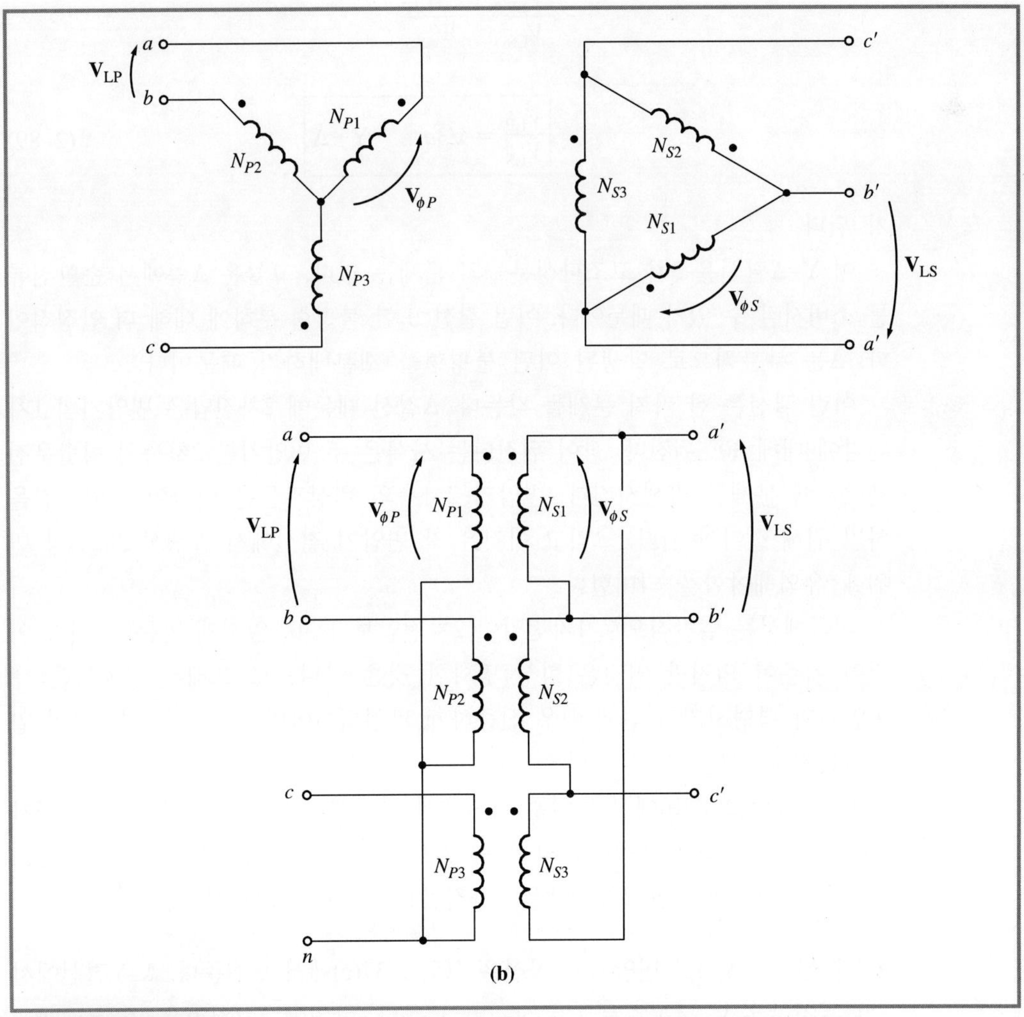

그림 2-37 (계속)
(b) Y-Δ결선

이런 보정기술들 중 하나는 Y–Y 변압기를 설치할 때 반드시 사용해야만 한다. 실제로는 거의 Y–Y변압기는 사용되지 않는데 같은 기능은 3상 변압기들 중 다른 형태를 통해서 얻을 수 있기 때문이다.

Y–Δ결선 3상 변압기의 Y–Δ결선은 그림 2-37(b)에서 보여진다. 이런 결선에서 1차 선간전압은 $V_{\text{LP}} = \sqrt{3}V_{\phi P}$로서 1차 상전압과 관계가 지어진다. 반면에 2차 선간전압은 2차 상전압과 같다. 즉, $V_{\text{LS}} = V_{\phi S}$이다. 각 상의 전압비는

$$\frac{V_{\phi P}}{V_{\phi S}} = a$$

이다. 그래서 1차측의 선전압과 2차측의 선전압 사이의 관계는

$$\frac{V_{\text{LP}}}{V_{\text{LS}}} = \frac{\sqrt{3}V_{\phi P}}{V_{\phi S}}$$

$$\boxed{\frac{V_{\text{LP}}}{V_{\text{LS}}} = \sqrt{3}a \qquad \text{Y}-\Delta} \tag{2–89}$$

가 된다.

이 Y–Δ결선은 3차 고조파성분들의 문제는 없다. 그들은 Δ측에서 순환전류를 소비시킬 수 있기 때문이다. 이런 결선 또한 불평형 부하에 대해 더 안정적이다. Δ는 부분적으로 발생된 어떤 불평형을 재분배하기 때문이다.

이런 결선은 한 가지 문제를 갖는다. Δ결선 때문에 2차전압은 변압기의 1차전압에 대해 30° 뒤진다. 상이 뒤진다는 사실은 두 변압기를 2차측의 병렬운전을 할 때 문제를 발생시킨다. 변압기 2차측의 위상각들은 이들이 병렬운전을 하기 위해 같아야 한다. 그리고 이것은 각 변압기 결선에서 발생한 30°위상 변위에 유의해야함을 의미한다.

미국에서는 일반적으로 1차전압이 2차전압보다 30° 앞서게 만든다. 비록 이것이 기준이 되지만 이것은 항상 명확한 것은 아니므로 오래된 장치들은 새 변압기와 평형시키기 전에 매우 신중하게 확인되어야만 한다. 즉, 위상각이 일치하는지를 확인해야만 한다.

만약 그림 2-37(b)에서 보여준 결선에서 시스템의 상의 순서가 *abc*라면 2차전압은 지상이 되게 된다. 만약 그림 2-37(b)에서 보여준 결선에서 시스템의 상의 순서가 *acb*라면 2차전압은 1차전압보다 30°진상이 될 것이다.

Δ–Y결선 Δ–Y 3상 변압기의 결선은 그림 2-37(c)에서 보여준다. Δ–Y결선에서 1차 선전압은 $V_{\text{LP}} = V_{\phi P}$로 1차 상전압과 같다. 반면에 2차전압은 $V_{\text{LS}} = \sqrt{3}V_{\phi S}$로 관계가 주어진다. 결과적으로 이 변압기 결선의 선간전압비는

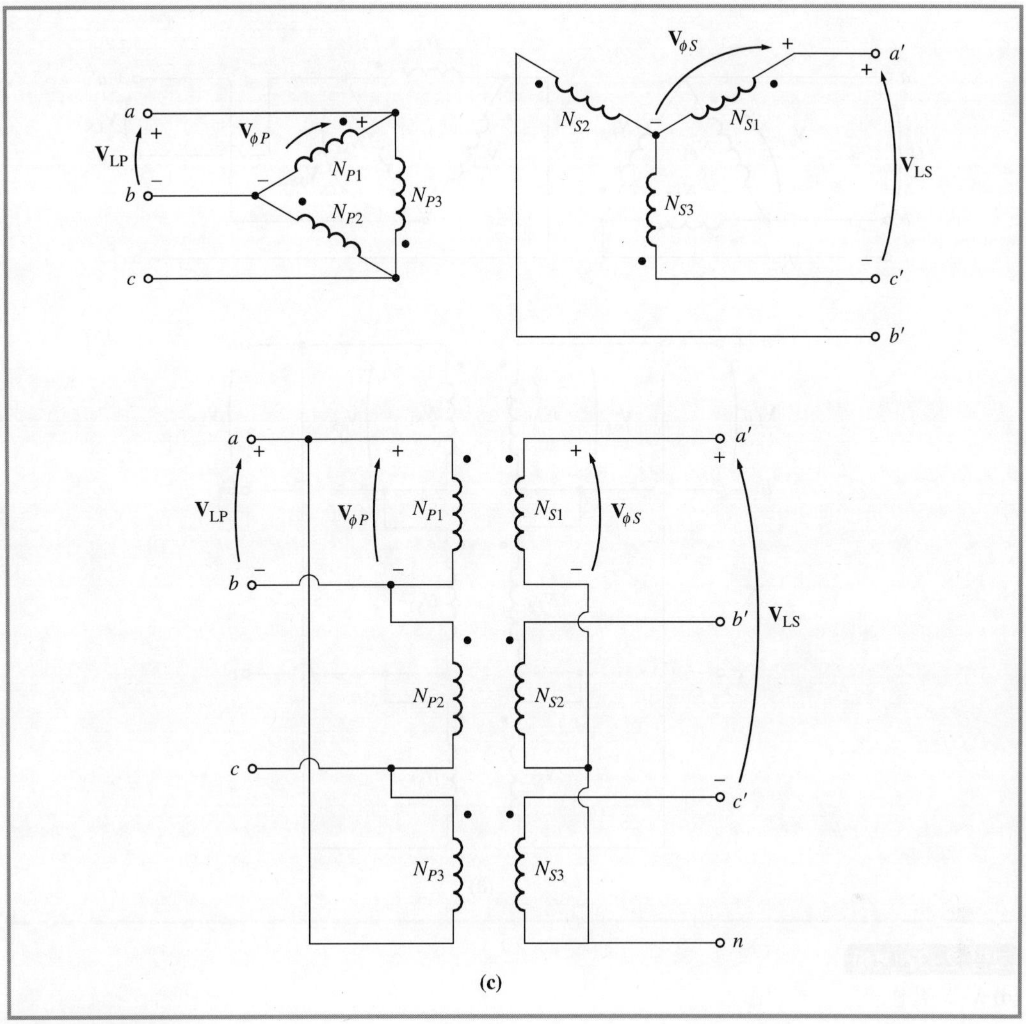

그림 2-37 (계속)
(c) Δ–Y 결선

$$\frac{V_{LP}}{V_{LS}} = \frac{V_{\phi P}}{\sqrt{3}V_{\phi S}}$$

$$\boxed{\frac{V_{LP}}{V_{LS}} = \frac{a}{\sqrt{3}} \qquad \Delta\text{–Y}} \tag{2–90}$$

가 된다. 이것은 Y–Δ 변압기와 같은 장점과 같은 상 변위를 가진다. 그림 2-37(c)에 보여주는 이 결선은 1차전압이 2차전압보다 30° 앞서게 된다.

Δ–Δ결선 Δ–Δ결선은 그림 2-37(d)에서 보여준다. Δ–Δ결선에서 $V_{LP} = V_{\phi P}$ 그리고 $V_{LS} = V_{\phi S}$이다. 그래서 1차와 2차 선간전압들 사이의 관계는

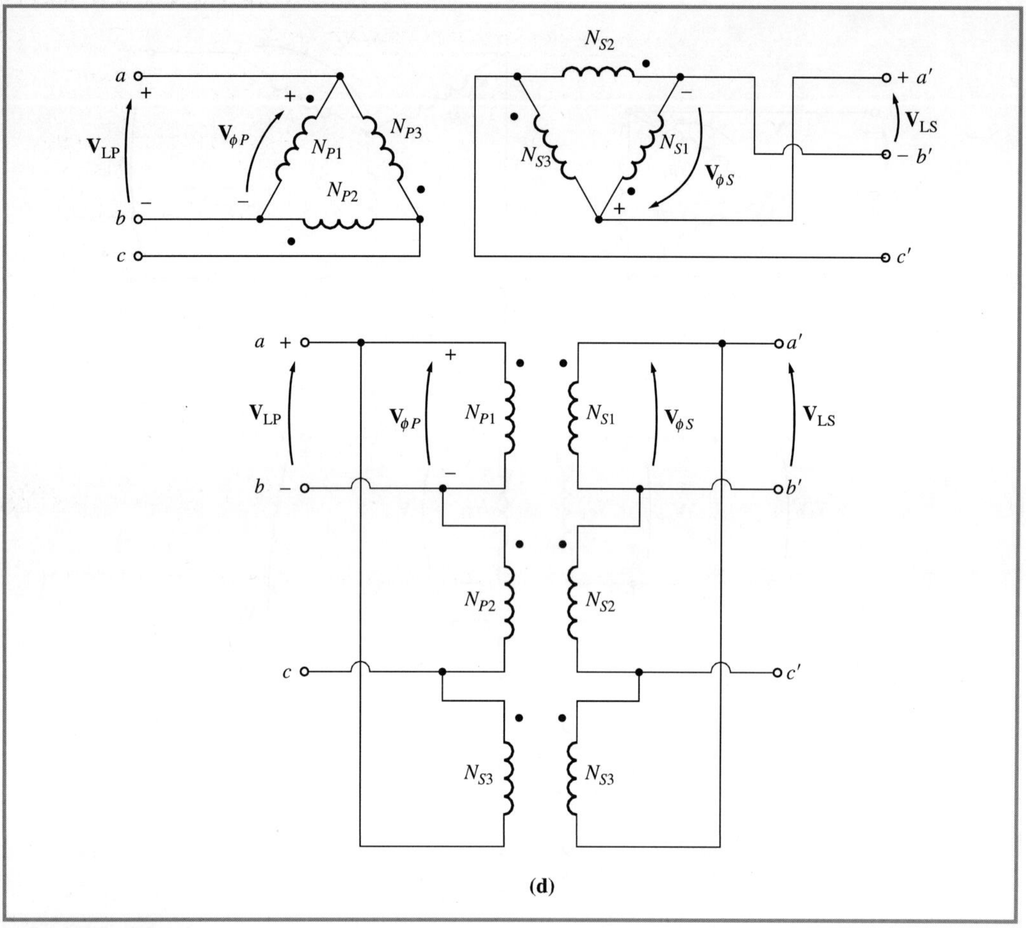

그림 2–37 (계속)
(d) Δ–Δ 결선

$$\boxed{\frac{V_{\mathrm{LP}}}{V_{\mathrm{LS}}} = \frac{V_{\phi P}}{V_{\phi S}} = a \qquad \Delta-\Delta} \tag{2–91}$$

이다. 이 변압기는 이것에 관련된 상 변위도 없고 불평형 부하나 고조파에 대한 문제도 없다.

3상 변압기의 단위계

측정량에 있어 단위계는 단상변압기에서와 같이 3상 변압기에서도 적용된다. 단상 기준식 (2-53)에서 (2-56)은 상당기준으로서 3상 시스템에도 적용된다. 만약 변압기 결선의 전체 기준 VA의 값을 S_{base}라 하면, 변압기들 중 하나의 기준 VA값 $S_{1\phi,\,\mathrm{base}}$는

$$S_{1\phi,\mathrm{base}} = \frac{S_{\mathrm{base}}}{3} \tag{2–92}$$

가 된다. 그리고, 변압기의 기준 상전류와 임피던스는

$$I_{\phi,\text{base}} = \frac{S_{1\phi,\text{base}}}{V_{\phi,\text{base}}} \quad (2\text{–}93a)$$

$$\boxed{I_{\phi,\text{base}} = \frac{S_{\text{base}}}{3\,V_{\phi,\text{base}}}} \quad (2\text{–}93b)$$

$$Z_{\text{base}} = \frac{(V_{\phi,\text{base}})^2}{S_{1\phi,\text{base}}} \quad (2\text{–}94a)$$

$$\boxed{Z_{\text{base}} = \frac{3(V_{\phi,\text{base}})^2}{S_{\text{base}}}} \quad (2\text{–}94b)$$

이 된다.

3상 변압기에 대한 선간 값도 단위계로 표현될 수 있다. 변압기의 기준 선간 전압과 기준 상전압 사이의 관계는 권선들의 결선방식에 따라 좌우된다. 만약 권선들이 Δ로 결선되어 있으며, $V_{\text{L, base}} = \text{V}_{\phi,\text{ base}}$가 되고 반면에 만약 권선들이 Y로 결선되어 있으며 $V_{\text{L, base}} = \sqrt{3}\text{V}_{\phi,\text{ base}}$가 된다. 3상 변압기 배열에 있어 기준 선전류는

$$I_{L,\text{base}} = \frac{S_{\text{base}}}{\sqrt{3}V_{L,\text{base}}} \quad (2\text{–}95)$$

가 된다.

3상 변압기 문제들에 대한 단위계의 응용은 이미 배운 단상의 예에서의 응용과 비슷하다.

예제 2–9

50 kVA 13,800/208 V, Δ–Y 배전변압기가 1%의 단위 저항과 7%의 단위 리액턴스를 가지고 있다.

(*a*) 고압측을 기준으로 한 변압기 상 임피던스는 얼마인가?

(*b*) 계산된 고전압측 임피던스를 사용하여 전부하가 0.8 지상역률에서 이 변압기의 전압변동률은 얼마인가?

(*c*) 단위 시스템을 사용하여 같은 조건에서 이 변압기의 전압변동률을 계산하라.

풀이

(*a*) 고압측은 13,800 V, 피상전력 50 kVA이다. 1차는 Δ결선이므로 선간전압은 상전압과 같다. 그러므로 기준 임피던스

$$Z_{\text{base}} = \frac{3(V_{\phi,\text{ base}})^2}{S_{\text{base}}} \quad (2\text{–}94b)$$

$$= \frac{3(13{,}800\text{ V})^2}{50{,}000\text{ VA}} = 11{,}426\ \Omega$$

이고 변압기의 단위 임피던스는

$$Z_{\text{eq}} = 0.01 + j0.07\text{ pu}$$

이다. 그러므로 고압측 임피던스는

$$\begin{aligned} Z_{\text{eq}} &= Z_{\text{eq,pu}} Z_{\text{base}} \\ &= (0.01 + j0.07\text{ pu})(11{,}426\ \Omega) = 114.2 + j800\ \Omega \end{aligned}$$

(*b*) 3상 변압기의 전압변동률을 계산하기 위해 단상변압기의 전압변동률을 계산한다. 단상변압기에서 전압은 상전압이다.

$$\text{VR} = \frac{V_{\phi P} - aV_{\phi S}}{aV_{\phi S}} \times 100\%$$

1차측 전압은 13,800 V이므로 상전류는

$$I_\phi = \frac{S}{3V_\phi}$$

이고, 피상전력 $S = 50$ kVA이므로

$$\text{I}_\phi = \frac{50{,}000\text{ VA}}{3(13{,}800\text{ V})} = 1.208\text{ A}$$

변압기의 2차측에서의 정격 상전압은 $208\text{ V}/\sqrt{3} = 120$ V이다. 변압기의 고전압측으로 변환하면 이 전압은 $V'_{\phi S} = aV_{\phi S} = 13{,}800$ V이다. 2차측이 정격전압, 전류로 동작한다면 1차측 상전압은

$$\begin{aligned} \mathbf{V}_{\phi P} &= a\mathbf{V}_{\phi S} + R_{\text{eq}}\mathbf{I}_\phi + jX_{\text{eq}}\mathbf{I}_\phi \\ &= 13{,}800\angle 0^\circ\text{ V} + (114.2\ \Omega)(1.208\angle -36.87^\circ\text{ A}) + (j800\ \Omega)(1.208\angle -36.87^\circ\text{ A}) \\ &= 13{,}800 + 138\angle -36.87^\circ + 966.4\angle 53.13^\circ \\ &= 13{,}800 + 110.4 - j82.8 + 579.8 + j773.1 \\ &= 14{,}490 + j690.3 = 14{,}506\angle 2.73^\circ\text{ V} \end{aligned}$$

그러므로,

$$\begin{aligned} \text{VR} &= \frac{V_{\phi P} - aV_{\phi S}}{aV_{\phi S}} \times 100\% \\ &= \frac{14{,}506 - 13{,}800}{13{,}800} \times 100\% = 5.1\% \end{aligned}$$

(*c*) 단위시스템에서 출력전압은 1 ∠ 0°이고 전류는 1 ∠ −36.87°이다. 그러므로 입력전압은

$$\begin{aligned} V_P &= 1\angle 0^\circ + (0.01)(1\angle -36.87^\circ) + (j0.07)(1\angle -36.87^\circ) \\ &= 1 + 0.008 - j0.006 + 0.042 + j0.056 \\ &= 1.05 + j0.05 = 1.051\angle 2.73^\circ \end{aligned}$$

전압변동률은

$$VR = \frac{1.051 - 1.0}{1.0} \times 100\% = 5.1\%$$

이다.

물론, 변압기의 전압변동률은 단위 시스템에서 계산하거나 실제 값으로 계산해도 항상 같다.

2.11 두 대의 2변압기를 이용한 3상 변환

기본적인 3상 변압기 결선들뿐만 아니라 단지 두 대의 변압기들로 3상 변압기의 역할을 수행할 수 있는 방법이 있다. 이런 기술들은 3상 전력선을 얻을 수 없는 시골지역에서 3상 전력을 만들기 위해 필요하다. 예를 들어 시골지역은 전력회사 입장에서 보면 3상을 다 운영하는 것은 경제적이지 못하기 때문에 배전을 할 때 3상 중 한 상이나 두 상만 운영하고자 한다. 만약 3상 중 2상으로 3상을 공급받으려고 하는 고립된 사용자가 있다면, 이 기술들이 지역 사용자에게 3상을 만드는 데 유용할 것이다.

변압기의 전력조절 능력의 저하를 수반한다. 그러나 이들은 어떤 경제적 상황에서는 적절할 수도 있다.

2대의 변압기 결선들 중 중요한 몇 가지는

1. 개방–Δ(또는 V–V)결선
2. 개방 Y–개방–Δ결선
3. 스코트–T결선
4. 3상 T결선

이 있다. 이를 변압기 결선들에 대해 설명하겠다.

개방 Δ(또는 V–V)결선

어떤 상황에서는 전 변압기 결선은 3상 변압기로 동작하는 데 사용되지 않을지도 모른다. 예를 들어, 개개의 변압기들로 구성된 Δ–Δ변압기 결선이 수리를 위해 손상된 상을 떼어져야 할 경우를 가정해 보자. 결과는 그림 2-38에 보여주고 있다. 만약 두 대의 남아 있는 2차전압들은 $\mathbf{V}_A = V \angle 0°$와 $\mathbf{V}_B = V \angle 120°$ V이다. 그리고 3번째 변압기가 사용되었던 곳의 전압은 다음과 같다.

$$\begin{aligned}\mathbf{V}_C &= -\mathbf{V}_A - \mathbf{V}_B \\ &= -V\angle 0° - V\angle -120° \\ &= -V - (-0.5V - j0.866V) \\ &= -0.5V + j0.866V \\ &= V\angle 120° \quad \text{V}\end{aligned}$$

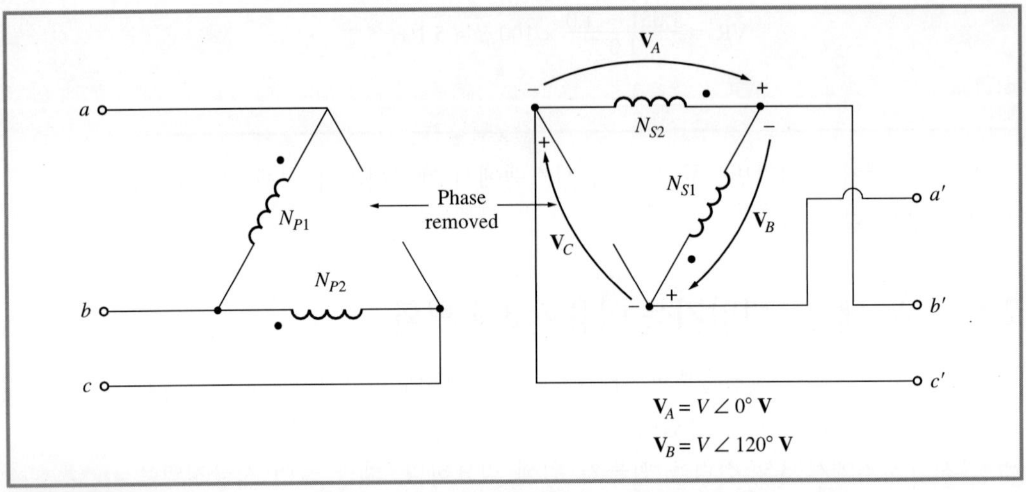

그림 2-38
개방 Δ 또는 V-V결선

이것은 3번째 변압기가 아직 존재하고 있을 때와 같은 전압이다. C 상은 때때로 가상의 상(ghost phase)이라고 불린다. 그래서 개방 Δ결선은 단지 두 대의 변압기들로 변압기 조합을 구성하고 손상된 상의 제거에도 불구하고 어떤 양의 전력흐름을 계속적으로 이루어지게 해준다.

이 결선에서 세 대의 변압기 중 하나가 제거되어도 얼마나 많은 피상전력을 공급할 수 있는가? 첫째로 2/3의 변압기가 아직 존재하므로 변압기의 정격 피상전력의 2/3이 공급될 수 있음을 알 수 있다. 이런 생각은 그리 간단한 것이 아니다. 그림 2-39에서 알 수 있듯이 변압기 한 대가 제거되어질 때 무슨 일이 생기는지를 이해해야 한다.

그림 2-39(a)는 저항부하와 연결된 일상적인 동작을 하는 변압기 결선을 보여주고 있다. 한 변압기에 정격전압이 V_ϕ이고 정격전류가 I_ϕ라면 부하에 공급할 수 있는 최대전력은

$$P = 3V_\phi I_\phi \cos\theta$$

가 된다. 각 상에 있어 전압 V_ϕ와 전류 I_ϕ 사이의 각은 0°이다. 그래서 변압기에 의해 공급되는 전체 전력은

$$\begin{aligned} P &= 3V_\phi I_\phi \cos\theta \\ &= 3V_\phi I_\phi \end{aligned} \tag{2–96}$$

가 된다.

개방 Δ 변압기는 그림 2-39(b)에서 보여준다. 이 변압기 결선의 전압들과 전류를 사이의 각을 아는 것은 중요하다. 변압기 상들 중 하나가 없기 때문에 송전 선전류는 각 변압기의 상전류와 같다. 그리고 변압기 결선의 전류들과

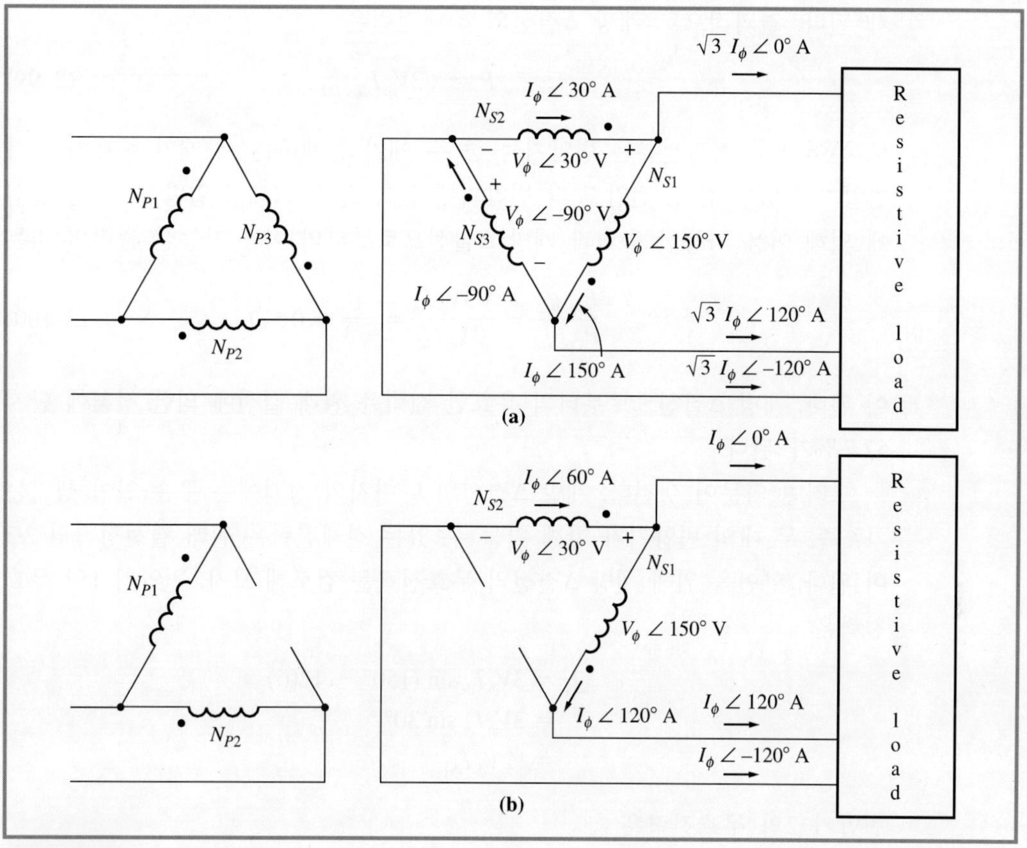

그림 2-39
(a) Δ–Δ결선의 전압, 전류 (b) 개방 Δ 결선의 전압, 전류

전압들은 30°의 위상 차가 난다. 두 대의 변압기를 개개의 전압과 전류 위상 차이가 생기기 때문에 개개의 각 변압기에 대한 이들이 공급할 수 있는 최대전력을 결정하기 위해 검토할 필요가 있다. 변압기 1에 있어 그 전압은 150°의 각을 갖고 전류는 120°의 각을 갖는다. 변압기 1의 최대전력에 대한 표현은

$$\begin{aligned} P_1 &= 3V_\phi I_\phi \cos(150° - 120°) \\ &= 3V_\phi I_\phi \cos 30° \\ &= \frac{\sqrt{3}}{2} V_\phi I_\phi \end{aligned} \tag{2–97}$$

가 된다. 변압기 2에 있어서 그 전압은 30°의 각을 갖고 전류는 60°의 각을 갖는다. 그래서 최대전력은

$$\begin{aligned} P_2 &= 3V_\phi I_\phi \cos(30° - 60°) \\ &= 3V_\phi I_\phi \cos(-30°) \\ &= \frac{\sqrt{3}}{2} V_\phi I_\phi \end{aligned} \tag{2–98}$$

가 된다. 결과적으로 개방 Δ결선의 최대전력은

$$P = \sqrt{3}V_\phi I_\phi \tag{2–99}$$

로 주어진다. 정격전류는 변압기들 중 두 개가 존재하든 세 개가 존재하든 각 변압기에 있어 같다. 전압도 각 변압기에 있어 같다. 그래서 일반적인 3상 결선에 의해 이용 가능한 출력과 개방 Δ결선으로부터의 이용 가능한 출력의 비는

$$\frac{P_{\text{open }\Delta}}{P_{3\text{ phase}}} = \frac{\sqrt{3}V_\phi I_\phi}{3V_\phi I_\phi} = \frac{1}{\sqrt{3}} = 0.577 \tag{2–100}$$

이 된다. 개방 Δ결선으로부터의 유효한 전력은 원래 결선에 의한 정격에 단지 57.7 %가 된다.

그러면 의문이 생긴다. 개방 Δ결선의 나머지의 정격에는 무슨 일이 생기는가? 즉, 두 대의 변압기가 함께 만들 수 있는 전체전력은 원래 결선정격의 2/3이 된다. 확인을 위해 개방 Δ결선의 무효전력을 검토해 보자. 변압기 1의 무효전력은

$$\begin{aligned} Q_1 &= 3V_\phi I_\phi \sin(150° - 120°) \\ &= 3V_\phi I_\phi \sin 30° \\ &= ½\, V_\phi I_\phi \end{aligned}$$

변압기 2의 무효전력은

$$\begin{aligned} Q_2 &= 3V_\phi I_\phi \sin(30° - 60°) \\ &= 3V_\phi I_\phi \sin(-30°) \\ &= -½\, V_\phi I_\phi \end{aligned}$$

가 된다. 그래서 한 변압기는 다른 변압기가 소비하고 있는 무효전력을 만들고 있다. 이것이 기대되어지는 66.7% 대신에 전력출력을 원래 결선정격의 57.7%로 제한하는 두 변압기 사이의 에너지 변화이다. 개방 Δ결선의 정격에서 볼 수 있는 다른 면은 두 대의 남아있는 변압기들의 정격의 86.6%만이 이용될 수 있다는 것이다.

개방 Δ결선은 3상 전력의 적은 양을 다른 단상부하에 공급하려고 할 때 이용되어진다. 이러한 경우 그림 2-40의 결선은 이용되어질 수 있다. 여기서 변압기 T_2는 변압기 T_1보다 매우 크다.

개방 Y – 개방 Δ결선

개방 Y–개방 Δ결선은 1차전압이 두 상과 중성점에서 유도되는 것을 제외하고 개방 Δ결선과 유사하다. 이러한 결선형태는 그림 2-41에서 보여준다. 아직 3상 모든 공급되지 않는 시골지역에서 3상 공급이 필요한 적은 수의 상업 소비자

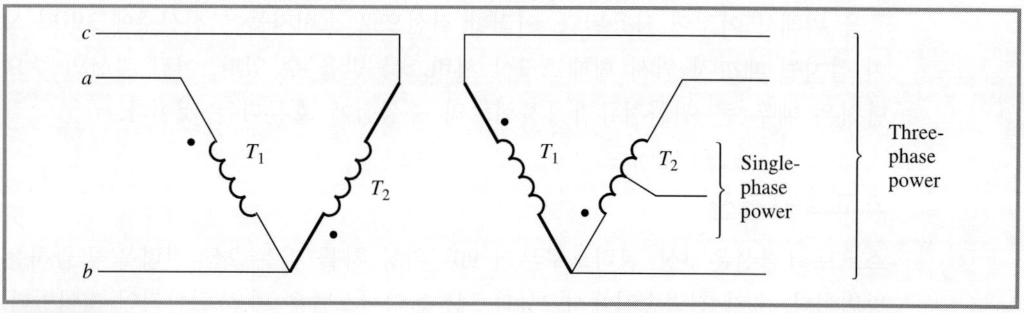

그림 2-40
많은 양의 단상 전력과 적은 양의 3상 전력을 공급하기 위해 연결한 개방 Δ.
변압기 T_2는 T_1보다 아주 크다.

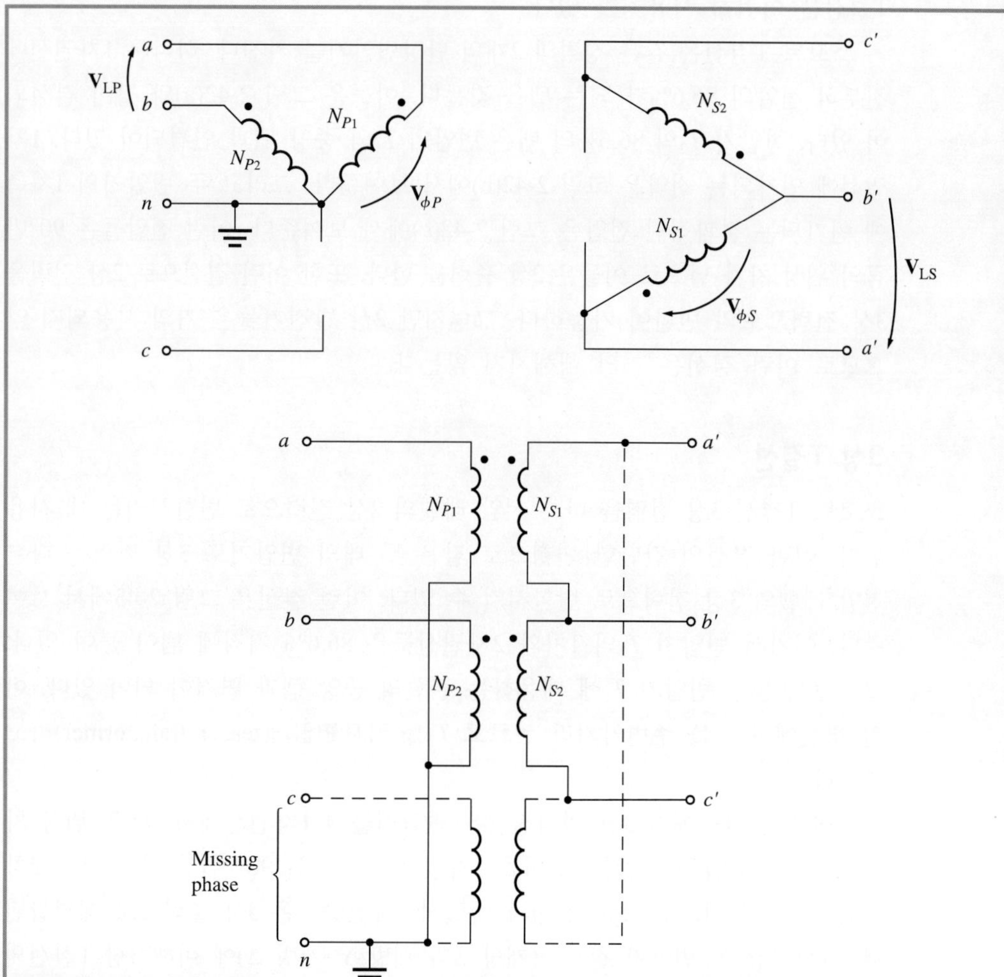

그림 2-41
개방 Y-개방 Δ결선. 이 결선은 3번째 변압기가 없고 중성선이 있는 것을
제외하고는 그림 2-37(b)의 Y-Δ결선과 같다.

들을 위해서 이것이 사용된다. 이러한 결선으로 소비자들은 전신주에 3번째 상이 설치될 때까지 임시 형태로 3상 서비스를 받을 수 있다. 이런 결선의 주요 단점은 매우 큰 귀환전류가 1차회로의 중성점에 흐른다는 것이다.

스코트-T결선

스코트-T결선은 3상 전력으로부터 90° 위상 차를 갖는 2상 전력을 공급하는 방법이다. 초기 전력송전에서 2상과 3상 전력시스템은 매우 일반적인 것이었다. 그 시기에는 2상과 3상 전력시스템의 내부결합은 필수적인 것이었다. 그리고 스코트-T 변압기 결선은 이런 목적으로 개발되었다.

오늘날 2상 전력은 특수한 제어 등에 제한적으로 사용된다. 그러나 스코트-T결선은 여전히 사용처가 있다.

스코트-T결선은 같은 정격의 2개의 단상변압기를 가진다. 하나는 1차권선에 전부하 전압의 86.6%가 되는 탭을 갖는다. 이들은 그림 2-42(a)와 같이 결선되어 있다. 변압기 T_2의 86.6%의 탭은 변압기 T_1의 중앙 탭과 연결되어 있다. 1차권선에 인가되는 전압은 그림 2-42(b)에서 보여준다. 그리고 두 변압기의 1차측에 인가되는 결과적인 전압은 그림 2-42(c)에서 보여준다. 이런 전압들은 90°만큼의 위상 차가 남으로 이들은 2상 출력을 한다. 또한 이런 결선으로 2상 전력을 3상 전력으로의 변환이 가능하다. 그렇지만 2상 발전기들은 거의 사용되지 않으므로 이런 결선은 거의 행해지지 않는다.

3상 T결선

스코트-T결선 3상 전력을 다른 전압 레벨의 2상 전력으로 변환시키는 데 사용된다. 이런 결선의 간단한 변형으로 같은 두 대의 변압기로 3상 전력을 다른 전압 레벨의 3상 전력으로 변환시킬 수 있다. 이런 결선은 그림 2-43에서 보여준다. 여기서 변압기 T_2의 1차와 2차권선들은 86.6% 지점에 탭이 놓여 있다. 그리고 탭들은 변압기 T_1에 대응하는 권선의 중앙 탭과 연결이 되어 있다. 이런 결선에서 T_1을 주변압기라 부르고 T_2를 **티저변압기**(teaser transformer)라고 부른다.

스코트-T결선에서 3상 입력전압은 변압기들의 1차권선에서 90°의 위상 차를 갖는 두 전압들은 만든다. 이들 1차전압들은 또한 90° 위상 차가 나는 2차전압들을 만든다. 스코트-T결선과 다르게 2차전압들은 3상 출력으로 재결합된다. 다른 3상 이 변압기 결선들(개방 Δ와 개방 Y-개방 Δ)에 비해 3상 T결선의 주요 장점은 변압기의 1차측과 2차측 모두 중성점은 연결될 수 있다. 이런 결선은 때때로 내장형 배전 3상 변압기로 사용된다. 이런 구조의 가격들은 전 3상 변압기의 가격보다 낮기 때문이다.

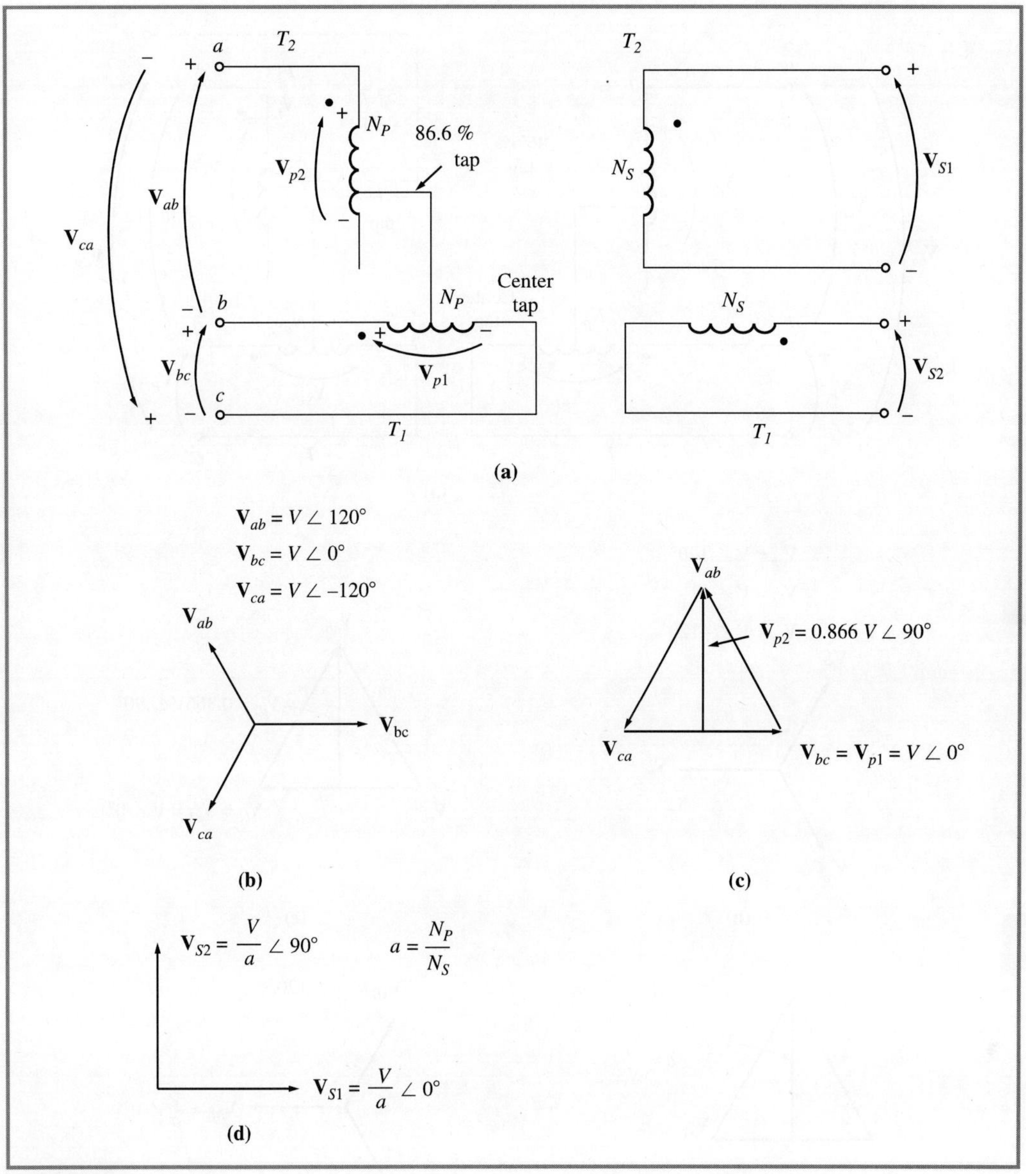

그림 2-42
스코트-T결선 (a) 결선도, (b) 3상 입력전압, (c) 변압기 1차측 전압, (d) 2차측 2상 전압

보조 변압기 권선들의 아래 부분들은 1차 내지는 2차측으로도 사용되지 않기 때문에 이들은 성능에 변화를 주지 않는다. 이런 결선 변압기는 배전변압기로 사용된다.

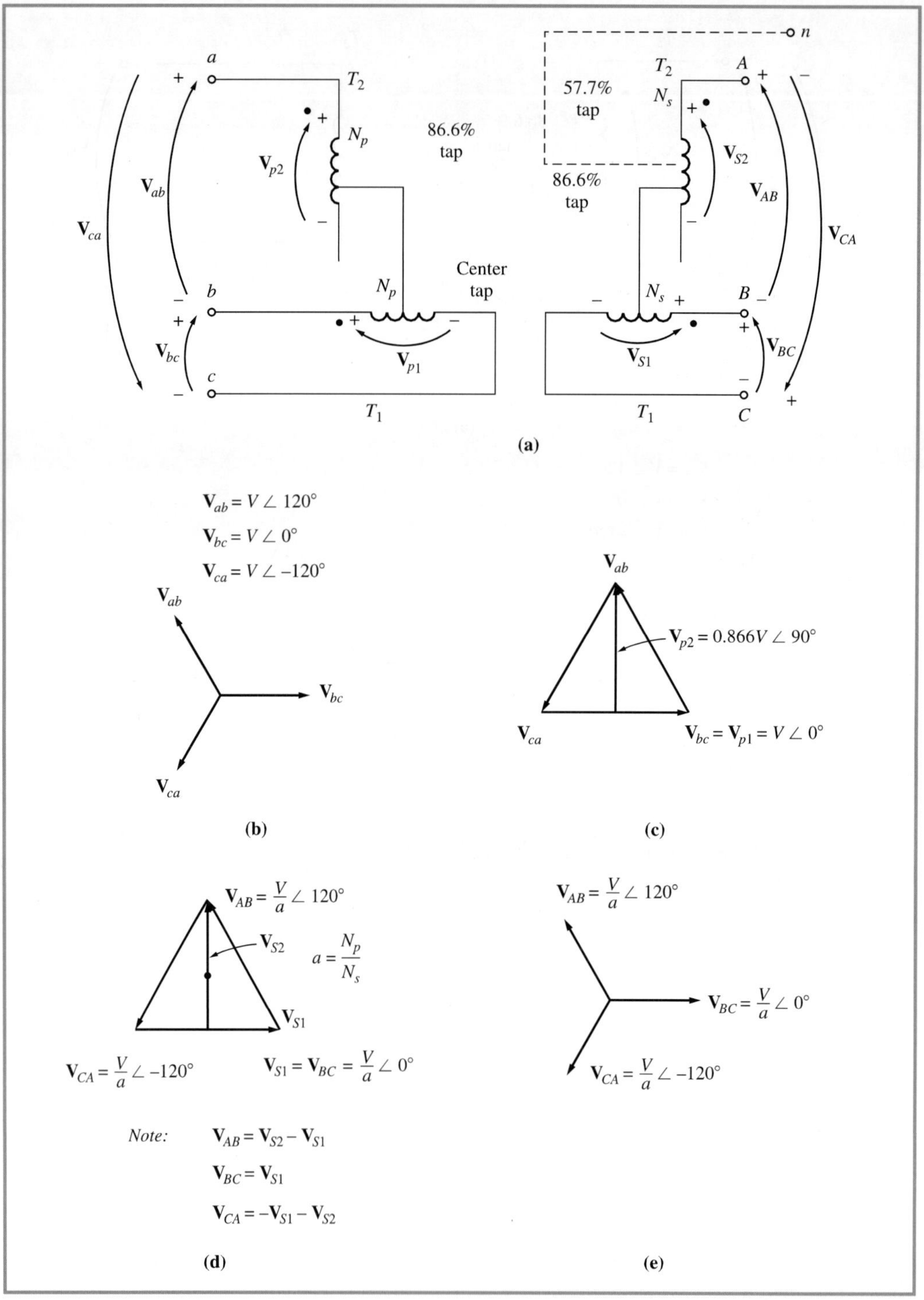

그림 2-43
3상 T 결선 (a) 결선도, (b) 3상 입력전압, (c) 변압기 1차측 전압, (d) 변압기 2차측 전압, (e) 변압기 2차측 출력전압

2.12 변압기의 정격 및 기타

변압기는 4가지의 중요한 정격을 가지고 있다.

1. 피상전력(kVA, 혹은 MVA)
2. 1차측 전압과 2차측 전압(V)
3. 주파수(Hz)
4. 단위 직렬 저항과 리액턴스

이들 정격들은 대부분 변압기의 **명판**(nameplate)에 쓰여 있다. 이절에서는 왜 이들 정격들이 변압기를 특정짓는 데 사용되는지를 예를 들어 설명한다. 또한 변압기가 전력선과 처음 연결될 때 발생하는 돌입전류와 관련된 문제에 대해 고려해 보자.

변압기의 전압 및 주파수 정격

변압기의 전압정격은 두 가지 함수들에 대하여 상관이 있다. 하나는 이곳에 인가되는 과도한 전압에 의한 파괴로부터 권선의 절연을 보호한다. 이것이 실제 변압기의 가장 심각한 제약은 아니다. 두 번째 함수는 변압기의 자화곡선과 자화전류와 관련이 있다. 그림 2-11은 변압기의 자화곡선을 보여준다. 만약 정상상태 전압

$$v(t) = V_M \sin \omega t \qquad \text{V}$$

가 변압기 1차권선에 인가되면 변압기의 자속은

$$\phi(t) = \frac{1}{N_P}\int v(t)\,dt$$

$$= \frac{1}{N_P}\int V_M \sin \omega t\,dt$$

$$\boxed{\phi(t) = -\frac{V_M}{\omega N_P}\cos \omega t} \tag{2–101}$$

가 된다.

만약 인가전압 $v(t)$가 10% 증가되면 결과적으로 철심의 최대 자속은 10% 증가한다. 자화곡선의 어느 지점이상에서는 자속이 10% 증가하려면 자화전류는 10% 이상 크게 증가해야 한다. 이런 개념은 그림 2-44에서 설명되고 있다. 전압이 증가함에 따라 높은 자화전류는 곧 수용할 수 없게 된다. 최대 인가전압(그리고 결과적으로 정격전압)은 철심에 대한 최대한 수용할 수 있는 자화전류에 의해 정하게 된다. 만약 최대 자속이 일정하게 잡혀 있다면 전압과 주파수는 역의 형태로 관계가 지어진다.

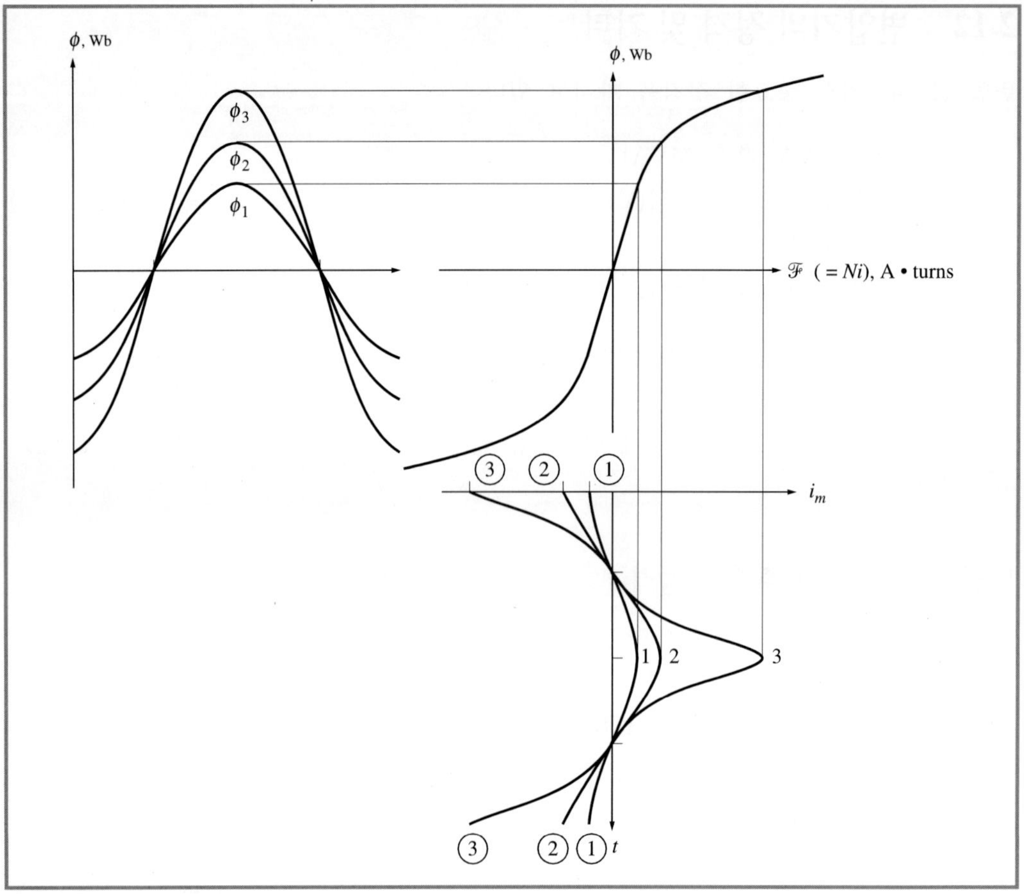

그림 2-44
철심에서 자화전류크기에 따른 최대자속의 크기의 영향

$$\phi_{\max} = \frac{V_{\max}}{\omega N_P} \tag{2–102}$$

그래서 만약 60 Hz 변압기가 50 Hz에서 동작한다면 이 인가된 전압 또한 1/6만큼 줄여야 한다. 그렇지 않으면 철심의 최대자속은 매우 높게 될 것이다. 주파수에 따라 인가전압의 이런 감소를 **정격저하**(derating)라고 부른다. 유사하게 50 Hz 변압기가 만약 이런 작용이 절연 문제를 야기하지 않는다면 20%의 더 높은 전압에서 동작되어질 수도 있다.

예제 2–10

1 kVA 230/115 V, 60 Hz 단상변압기는 1차측에 850회, 2차측에 425회의 권선이 감겨져 있다. 자화곡선은 그림 2-45에 있다.

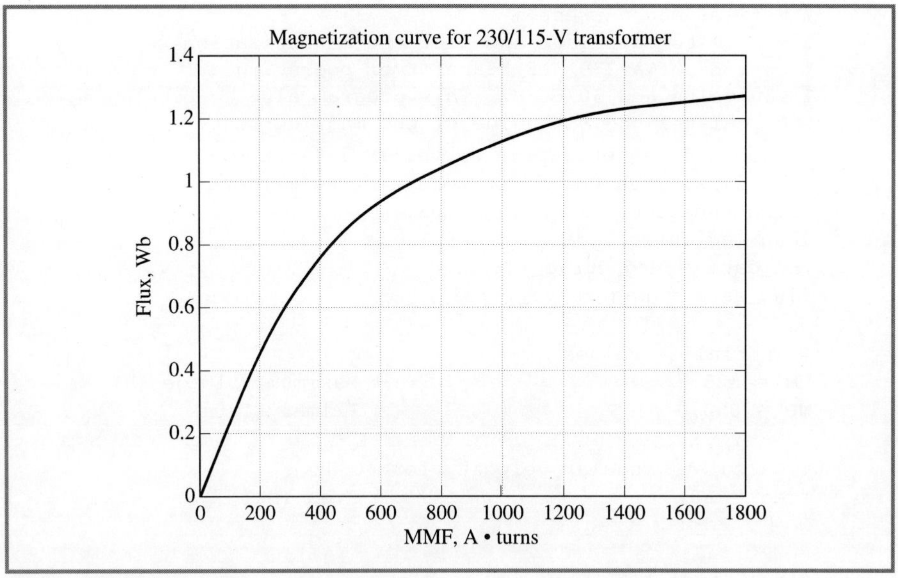

그림 2-45
예제 2-10의
230 V/115 V 변압기의
자화전류

(*a*) 230 V, 60 Hz 전원에 연결된 경우 자화전류을 계산하고 그려라. 자화전류의 실효값은 얼마인가?

(*b*) 230 V, 50 Hz 전원에 연결된 경우 자화전류을 계산하고 그려라. 자화전류의 실효값은 얼마인가? 60 Hz의 자화전류와 비교하라.

풀이

(*a*) 이 문제를 푸는 최상의 방법은 철심의 자속을 시간에 대해 함수로 계산하는 것이고, 자속 값을 기자력에 대응하는 값으로 하는 자화곡선을 이용한다. 자화전류는 다음의 식을 이용한다.

$$i = \frac{\mathscr{F}}{N_P} \tag{2–103}$$

철심에 인가되는 전압은 $v(t) = V_M \sin \omega t$ V라 가정하면, 철심 내의 자속은 시간의 함수로써 식 (2-101)에서 주어진다.

$$\boxed{\phi(t) = -\frac{V_M}{\omega N_P} \cos \omega t} \tag{2–101}$$

이 변압기의 자화곡선은 `mag_curve_1.dat` 파일에 있다. 이 파일은 MATLAB에 의해 기자력에 해당되는 자속을 읽는 데 사용되고, 식 (2-103)은 필요한 자화전류를 구하는 데 쓰인다. 마지막으로, 자화전류의 실효값은 다음의 식으로 구해진다.

$$I_{\text{rms}} = \sqrt{\frac{1}{T}\int_0^T i^2\, dt} \tag{2–104}$$

이 계산을 위한 MATLAB프로그램은 다음과 같다.

```
% M-file: mag_current.m
% M-file to calculate and plot the magnetization
% current of a 230/115 transformer operating at
% 230 volts and 50/60 Hz. This program also
% calculates the rms value of the mag. current.
% Load the magnetization curve. It is in two
% columns, with the first column being mmf and
% the second column being flux.
load mag_curve_1.dat;
mmf_data = mag_curve_1(:,1);
flux_data = mag_curve_1(:,2);

% Initialize values
VM = 325;                          % Maximum voltage (V)
NP = 850;                          % Primary turns

% Calculate angular velocity for 60 Hz
freq = 60;                         % Freq (Hz)
w = 2 * pi * freq;

% Calculate flux versus time
time = 0:1/3000:1/30;              % 0 to 1/30 sec
flux = -VM/(w*NP) * cos(w .* time);

% Calculate the mmf corresponding to a given flux
% using the flux's interpolation function.
mmf = interp1(flux_data,mmf_data,flux);

% Calculate the magnetization current
im = mmf / NP;

% Calculate the rms value of the current
irms = sqrt(sum(im.^2)/length(im));
disp(['The rms current at 60 Hz is ', num2str(irms)]);

% Plot the magnetization current.
figure(1)
subplot(2,1,1);
plot(time,im);
title ('\bfMagnetization Current at 60 Hz');
xlabel ('\bfTime (s)');
ylabel ('\bf\itI_{m} \rm(A)');
axis([0 0.04 -2 2]);
grid on;

% Calculate angular velocity for 50 Hz
freq = 50;                         % Freq (Hz)
w = 2 * pi * freq;

% Calculate flux versus time
time = 0:1/2500:1/25;              % 0 to 1/25 sec
flux = -VM/(w*NP) * cos(w .* time);

% Calculate the mmf corresponding to a given flux
% using the flux's interpolation function.
mmf = interp1(flux_data,mmf_data,flux);
```

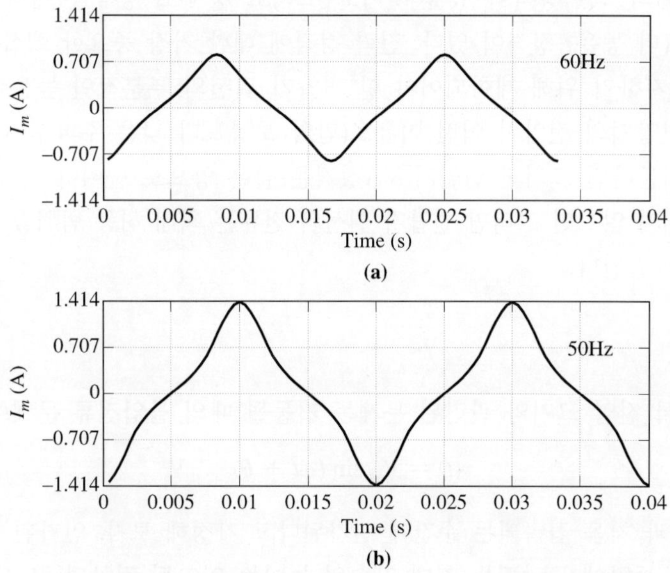

그림 2-46 (a) 60 Hz에서 동작한 경우의 변압기 자화전류, (b) 50 Hz에서 동작한 경우의 변압기 자화전류

```
% Calculate the magnetization current
im = mmf / NP;
```

이 프로그램이 실행된 결과는

```
» mag_current
The rms current at 60 Hz is 0.4894
The rms current at 50 Hz is 0.79252
```

이고 그래프는 그림 2-46에 보여준다. 주파수가 60 Hz에서 50 Hz로 변하면 실효 자화전류는 60 %이상 증가함을 볼 수 있다.

변압기의 피상전력 정격

변압기의 피상전력 정격의 기본적 목적은 전압정격과 함께 변압기의 권선에 흐르는 전류의 흐름을 제한하는 것이다. 전류의 흐름은 변압기 내의 i^2R 손실에 영향을 미칠 수 있기 때문에 중요하며, 이것은 변압기 권선의 열을 조절할 수 있기 때문에 중요하다. 변압기 코일들의 지나친 열은 변압기 절연수명을 급격히 단축시키기 때문에 열은 매우 중요하다.

열의 발생 양은 전류 양에 따라 발생되기 때문에 변압기는 유효전력 혹은 무효전력 대신에 피상전력을 정격으로 사용한다. 전류의 위상이 아니라 전류의 크기에 의해 열이 발생된다.

변압기의 실제 VA는 하나의 값 이상이 될 수도 있다. 실제 변압기에서 변압기 그 자체의 VA 정격이 있을 것이고 그리고 강제로 냉각할 때의 변압기에 대한 다른(더 높은) 정격이 있다. 전력 정격에 대한 가장 중요한 핵심은 변압기 수명을 유지하기 위해 제한되어야 할 변압기 권선의 부분적인 높은 온도이다.

만약 변압기의 전압이 어떤 이유로(만약 보통보다 낮은 주파수에서 동작된다면) 줄어든다면 그러면 변압기 VA정격은 같은 양으로 줄여야 한다. 만약 이와 같이 되지 않으면 그러면 변압기 권선의 전류는 최대 허용 범위를 넘을 것이고 결국 과열된다.

돌입전류

변압기에서 전압 크기와 관련된 문제는 기동될 때의 **돌입전류** 문제이다. 전압

$$v(t) = V_M \sin(\omega t + \theta) \qquad \text{V} \tag{2–105}$$

이 전력선과 처음 접속되는 순간에 인가된다고 가정해 보자. 인가된 전압의 처음 반주기 동안에 도달되는 최대 자속의 높이는 인가된 전압의 그 시간에서의 전압위상에 의존한다. 만약 초기 전압이

$$v(t) = V_M \sin(\omega t + 90°) = V_M \cos \omega t \qquad \text{V} \tag{2–106}$$

이고 철심의 초기 자속이 0이라면 그러면 처음 반주기 동안의 최대 자속은 단지 정상상태의 최대 자속과 같다.

$$\phi_{\max} = \frac{V_{\max}}{\omega N_P} \tag{2–102}$$

의 자속 레벨이 바로 정상상태 자속이다. 그래서 특별한 문제는 발생하지 않는다. 그러나 만약 인가된 전압이

$$v(t) = V_M \sin \omega t \qquad \text{V}$$

가 된다면 처음 반주기 동안의 최대 자속은

$$\begin{aligned}\phi(t) &= \frac{1}{N_P}\int_0^{\pi/\omega} V_M \sin \omega t \, dt \\ &= -\frac{V_M}{\omega N_P} \cos \omega t \Big|_0^{\pi/\omega} \\ &= -\frac{V_M}{\omega N_P}[(-1) - (1)]\end{aligned}$$

$$\boxed{\phi_{\max} = \frac{2V_{\max}}{\omega N_P}} \tag{2–107}$$

으로 주어진다. 이 최대 자속은 보통의 정상상태보다 2배 가량 높다. 만약 그림 2-11에 있는 자화곡선을 예로 들어보면 철심안에 2배 되는 최대 자속이 엄청난

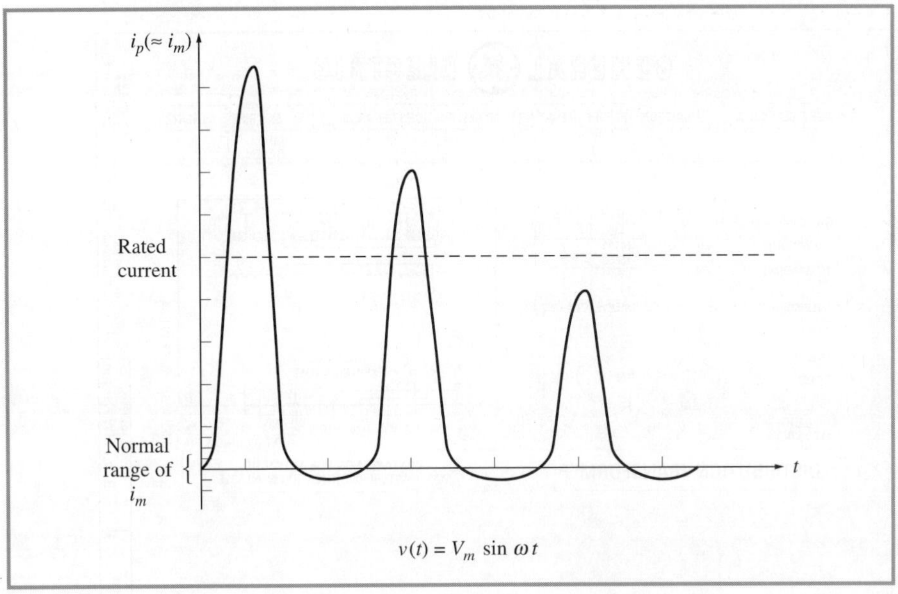

그림 2-47
변압기 기동시 자화전류에 따른 돌입 전류

자화전류를 발생시킴을 쉽게 알 수 있다. 사실상 주기의 부분에 있어 변압기는 단락회로와 같이 보이고 매우 큰 전류가 흐른다(그림 2-47에서 보듯이).

문제가 되지 않는 90°와 심각한 문제가 생기는 0° 사이의 다른 위상각에서도 다소 지나친 전류가 흐른다. 인가된 전압의 위상각은 기동 때는 조절되지 않는다. 그래서 변압기가 전력선과 접속된 후 처음 몇 주기 동안에는 큰 돌입전류가 생길 수 있다. 이런 결선된 변압기와 전력시스템은 이런 전류를 견뎌낼 수 있어야 한다.

변압기 명판

배전변압기의 전형적인 명판은 그림 2-48에서 보여준다. 이런 명판의 정보에는 정격전압, 정격 kVA, 정격 주파수, 그리고 변압기의 단위 직렬 임피던스 등이 포함되어있다. 그리고 변압기에서 각 탭에 대한 정압 정격과 변압기의 권선 결선도도 보여준다. 명판에는 전형적으로 변압기 타입의 명칭과 동작 구조의 기준이 조합되어 있다.

2.13 계기용 변압기

두 가지 특별한 목적의 변압기들은 측정을 위해 전력시스템에서 사용된다. 하나는 변성기 그리고 다른 점은 변류기이다.

변성기(potential transformer)는 높은 전압의 1차측과 낮은 전압의 2차측으로 특별하게 감긴 변압기이다. 이것은 매우 낮은 전력정격을 갖는다. 그리고 이것

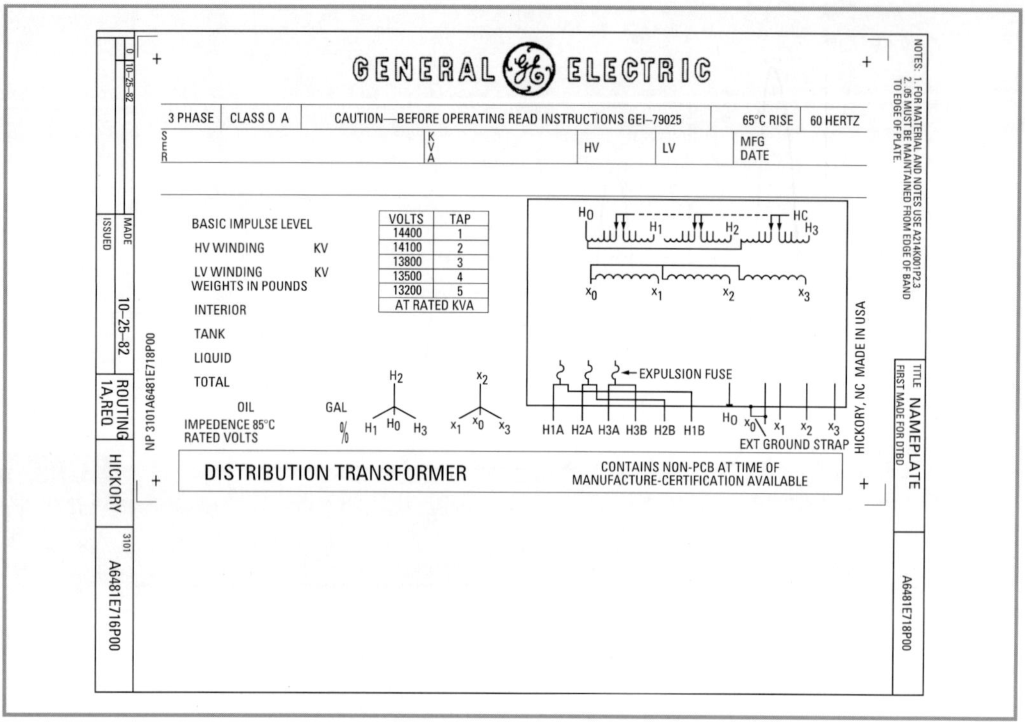

그림 2-48
배전용 변압기 명판 : 전압, 주파수, 용량, 탭조정 등이 나타나 있다.

은 전력시스템 전압의 상태를 기록하는 장치에 쓰인다. 이 변압의 기본적인 목적은 전압을 검침하는 것이기 때문에 이것은 실제 전압값이 너무 심하게 왜곡되지 않을 만큼은 매우 정확해야 한다. 몇몇 정밀급 변성기들은 적용하는 데 있어 얼마만큼 정확한가를 보고 구입해야 한다.

변류기(current transformer)는 전력선의 전류를 검출한다. 그리고 안정되고 측정할 수 있는 수준만큼 전류를 줄인다. 전형적인 변류기의 구조는 그림 2-49에서 보여진다. 변류기의 2차권선은 강자성체 링에 감겨져 있고 1차측은 링의 중심을 통과하도록 된 구조로 되어있다. 강자성체 링은 1차측으로부터 작은 자속을 잡아 집중시킨다. 이 자속은 2차권선에 전압과 전류를 유도시킨다.

변류기는 권선이 느슨하게 결합되어 있는데 이번 장에 설명된 다른 변압기들과는 다르다. 모든 다른 변압기들과 달리 변류기에서의 주자속 ϕ_M은 누설자속 ϕ_L보다도 적다. 느슨한 결합 때문에 식 (2-1)에서 (2-5)까지의 전압과 전류의 비는 변류기에 적용되지 않는다. 그럼에도 불구하고 변류기의 2차전류는 아주 큰 1차전류에 직접 비례한다. 그리고 이 장치는 측정을 위해 선전류의 정확한 값을 제공할 수 있다.

변류기의 정격들은 2차전류에 대한 1차전류의 비율로 주어진다. 전형적인

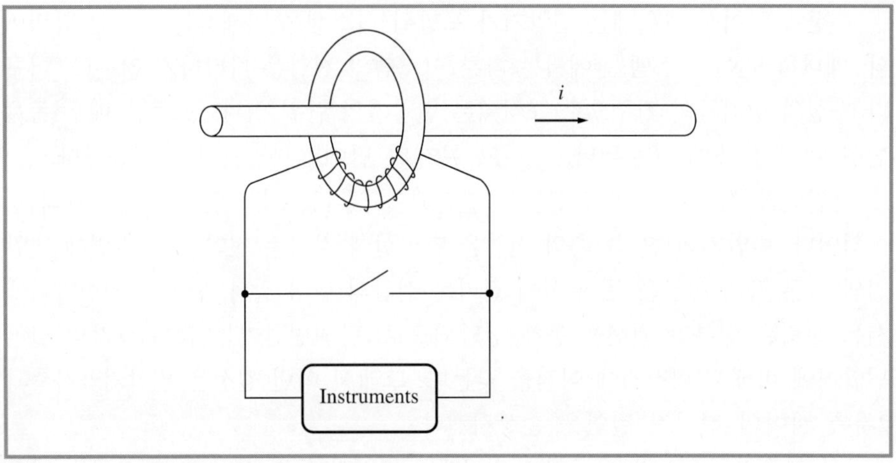

그림 2-49
변류기

변류기의 정격은 600 : 5, 800 : 5 아니면 1000 : 5가 될지 모른다. 5 A 정격은 변류기의 2차에 대한 기준이 된다.

매우 높은 전압이 변압기의 개방된 2차 단자에 걸리므로 항상 변류기를 단락시켜놓아야 한다. 사실상 변류기로부터 나오는 전류를 이용하는 대부분의 릴레이들과 다른 장치들은 릴레이를 측정하거나 조정하기 위해 제거하기 전에 닫아야 하는 단락 인터로크(shorting interlock)를 가진다. 이런 단락 인터로크가 없으면 릴레이가 소켓에서 제거될 때 매우 위험한 높은 전압이 2차 단자에 나타날 것이다.

2.14 요약

변압기는 한 전압의 전기에너지를 자계의 작용을 통해 다른 전압의 전기에너지로 변환하기 위한 장치이다. 변압기는 전력을 경제적인 장거리 배전, 송전을 가능하게 함으로써 현대 생활에 매우 중요한 역할을 한다.

전압이 변압기의 1차측에 인가되면 파라데이 법칙에서 알 수 있듯이 철심에 자속이 생성된다. 철심에서 변화하고 있는 자속은 변압기의 2차권선에 전압을 유기시킨다. 변압기 철심은 매우 높은 투자율을 가지므로 자속을 만들기 위한 철심 내에 필요한 순기자력은 매우 작다. 순기자력이 매우 작기 때문에 1차회로의 기자력은 2차회로의 기자력과 크기는 근사적으로 같고 방향은 반대가 되어야 한다. 이런 사실로부터 변압기 전류비를 산출한다.

실제 변압기는 각각 1차권선이나 2차권선만을 쇄교하는 누설자속을 갖는다. 더구나 히스테리시스손과 와전류손 그리고 철손이 존재한다. 이들 영향들은 변압기 등가회로에서 설명되어진다. 변압기에서 이러한 영향들은 전압 변동률과 효율에 의해 실제 변압기에서 측정된다.

측정에 있어서 단위계는 변압기가 포함된 시스템을 이해하는 확실한 방법이다. 왜냐하면 이 시스템 안에서는 다른 시스템의 전압은 나타나지 않는다. 더구나 자신의 정격들의 기준으로 표시되는 변압기의 단위 임피던스들은 매우 좁은 범위의 정격 내에 표시된다. 그리고 문제의 답에 대한 근거를 제공한다.

단권변압기는 두 개의 권선들이 결합되어 있다는 점이 일반 변압기와의 차이점이다. 변압기의 한 쪽 측의 전압은 단권선에 걸리는 전압이다. 반면에 변압기의 다른 측의 전압은 두 권선에 걸리는 전압의 합과 같다. 단지 단권변압기에서는 전력은 일부만 권선을 통해 전달되므로, 단권변압기는 같은 크기의 일반 변압기에 비해 전력정격에 이점을 갖는다. 그래서 이런 결선은 변압기 1차측과 2차측 사이의 전기적 절연을 손상시킨다.

3상 회로의 전압 레벨은 2개 내지 3개의 변압기를 적당히 조합함으로써 변환시킬 수 있다. 회로에 존재하는 전압과 전류는 변성기와 변류기에 의해 측정될 수 있다. 두 장치는 큰 전력 배전 시스템에서 매우 일반적으로 사용된다.

질문 Questions

2-1. 변압기의 권선비와 변압기의 전압비가 같은가? 같으면 왜 그런가; 그렇치 않으면 왜 다른가?

2-2. 왜 자화전류는 변압기 철심에 인가되는 전압을 제한하는가?

2-3. 변압기의 여자전류를 구성하는 성분들은 무엇인가? 이들은 변압기 등가회로에서 어떻게 모델화되는가?

2-4. 변압기의 누설자속이란 무엇인가, 왜 이것은 변압기 등가회로에서 인덕턴스로 모델화되는가?

2-5. 변압기에서 발생하는 손실들의 형태에 대해 목록을 작성하고, 각각에 대해 설명하라.

2-6. 왜 부하의 역률이 변압기의 전압변동률에 영향을 미치는가?

2-7. 왜 단락회로 시험에서 근본적으로 단지 i^2R 손실만 알 수 있고, 변압기의 여자손실들을 알 수 없는가?

2-8. 왜 개방회로 시험은 근본적으로 여자손실만 알 수 있고 변압기의 i^2R 손실은 알 수 없는가?

2-9. 어떻게 단위 시스템은 전력시스템에서 전압의 크기가 다른 데 따른 문제들을 제거할 수 있는가?

2-10. 단권변압기들은 어떻게 같은 크기의 일반적인 변압기들 보다 더 많은 전력을 조절할 수 있는가?

2-11. 변압기 탭이란 무엇이고, 어떻게 사용되는가?

2-12. Y-Y 3상 변압기 결선에서 야기되는 문제들은 무엇인가?

2-13. TCUL 변압기란 무엇인가?

2-14. 어떻게 단지 두 대의 변압기들로 3상 변환을 수행할 수 있는가, 어떤 결선방식이 사용될 수 있는가, 이들의 장점과 단점은 무엇인가?

2-15. 왜 개방 Δ 변압기 결선은 보통의 Δ–Δ 변압기 결선 부하에 비해 공급이 57.7 %로 제한되는지 설명하라.

2-16. 60 Hz 변압기는 50 Hz 시스템에서 사용될 수 있는가. 동작을 위해 필요한 조치들은 무엇인가?

2-17. 변압기가 처음 전력선과 연결될 때 어떤 상태가 발생하는가. 어떤 것이 이런 문제를 경감할 수 있는가?

2-18. 변성기가 무엇인가? 어떻게 사용되는가?

2-19. 변류기가 무엇인가? 어떻게 사용되는가?

2-20. 배전변압기가 18 kVA, 20000/480 V 그리고 60 Hz의 정격을 갖는다. 이 변압기가 50 Hz, 415 V부하에 안정하게 15 kVA까지 공급할 수 있는가?

2-21. 왜 큰 전력 변압기 근처에 있을 때 윙윙하는 소리를 듣는가?

연습문제 Problems

2-1. 100 kVA, 8000/277 V 배전변압기는 아래의 저항들과 리액턴스를 갖는다.

$$R_P = 5\ \Omega \qquad R_S = 0.005\ \Omega$$
$$X_P = 6\ \Omega \qquad X_S = 0.006\ \Omega$$
$$R_C = 50\ \text{k}\Omega \qquad X_M = 10\ \text{k}\Omega$$

여자가지의 임피던스는 변압기의 고전압 측을 기준으로 해서 주어졌다.

(*a*) 저전압 측을 기준으로 한 이 변압기의 등가회로를 구하라.

(*b*) 이 변압기의 단위 등가회로를 구하라.

(*c*) 이 변압기가 정격 277 V와 0.85 지상역률을 갖는 부하에 전력을 공급하고 있다. 이 변압기의 입력전압은 얼마인가? 이 변압기의 전압변동률은 얼마인가?

(*d*) (c)의 조건에서 이 변압기의 동손과 철손은 얼마인가?

(*e*) (c)의 조건에서 이 변압기 효율은 얼마인가?

2-2. 그림 P2-1에서 단상 전력시스템을 보여주고 있다. 전원이 $38.2 + j140\ \Omega$의 배전선 임피던스를 통해 100 kVA, 14/2.4 kV 변압기에 공급을 하고 있다. 변압기의 저압측을 기준한 등가 직렬 임피던스는 $0.10 + j0.40\ \Omega$이다. 변압기의 부하는 0.80 지상역률과 2300 V에서 90 kW이다.

(*a*) 시스템의 전원의 전압은 얼마인가?

(*b*) 변압기의 전압변동률은 얼마인가?

(*c*) 전 전력시스템의 효율은 얼마인가?

2-3. 이상변압기의 2차권선 $v_s(t) = 282.8 \sin 377t$ V의 단자전압을 가진다. 변압기의 권선비는 100 : 200($a = 0.50$)이다. 변압기의 2차전류가 $i_S(t) = 7.07 \sin(377t - 36.87°)$이다. 이 변압기의 1차전류는 얼마인가? 전압변동률과 효율은 얼마인가?

2-4. 실제 변압기의 2차권선은 $v_s(t) = 282.8 \sin 377t$ V의 단자전압을 가지고 있다. 변압기의 권선비는 100 : 200이다($a = 0.50$). 만약 변압기의 2차전류 $i_S(t) = 7.07 \sin(377t - 36.87°)$ A라면 변압기의 1차전류는 얼마인가? 전압변동률과 효율

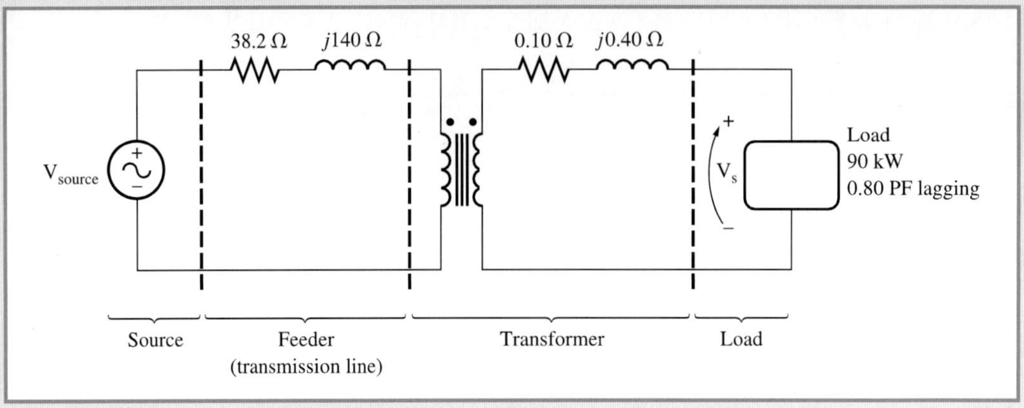

그림 P2-1
연습문제 2-2의 회로

은 얼마인가? 이 변압기는 1차측을 기준으로 했을 때 임피던스는

$$R_{eq} = 0.20\ \Omega \qquad R_C = 300\ \Omega$$
$$X_{eq} = 0.80\ \Omega \qquad X_M = 100\ \Omega$$

2-5. 미국이나 캐나다 여행자가 유럽을 방문하면 다른 배전시스템을 대하게 될 것이다. 북미의 콘센트 전압은 120 V, 60 Hz이고 유럽은 230 V에 50 Hz이다. 많은 여행자는 방문국에서 전기제품을 사용하기 위해 작은 승압/감압 변압기를 가지고 간다. 전형적인 변압기는 115/230V, 1kVA의 정격을 가진다. 115 V측은 500회, 230 V측은 1000회 권선이 감겨져 있다. 이 변압기의 자화곡선은 그림 P2-2에 있고 이 책의 web 사이트에 `p22.mag` 파일로 찾을 수 있다.

(*a*) 이 변압기의 1차측은 120 V, 60 Hz의 전원에 240 V측은 무부하라 하면, 변압기에 흐르는 자화전류를 그려라(전류를 정확히 그리기 위해 가능하면 MATLAB을 사용하라). 자화전류의 실효값은 얼마인가? 자화전류는 전부하전류의 몇 %인가?

(*b*) 이 변압기가 240 V, 50 Hz 전원에 연결되어 있고 120 V 측에는 무부하라 하면, 변압기에 흐르는 자화전류를 그려라(전류를 정확히 그리기 위해 가능하면 MATLAB을 사용하라). 자화전류의 실효값은 얼마인가? 자화전류는 전부하전류의 몇 %인가?

(*c*) 어느 경우에 자화전류가 전부하전류에 비해 그 비율이 높은가? 그 이유는?

2-6. 1000 VA, 230/115 V 변압기가 등가회로를 결정하기 위해 시험되어졌다. 시험들의 결과가 아래에 나타나 있다.

개방회로시험 (2차측)	단락회로시험 (1차측)
$V_{OC} = 115$ V	$V_{SC} = 17.1$ V
$I_{OC} = 0.11$ A	$I_{SC} = 8.7$ A
$P_{OC} = 3.9$ W	$P_{SC} = 38.1$ W

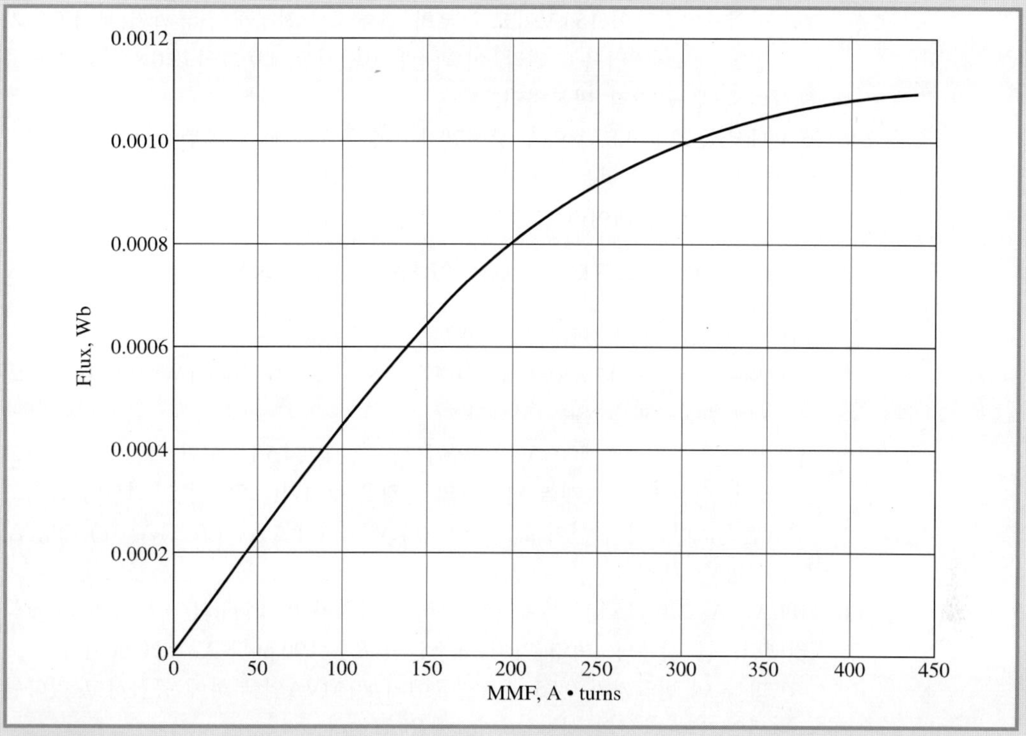

그림 P2-2

연습문제 2-5의 변압기 자화곡선

(*a*) 변압기의 저압 측을 기준으로 해서 변압기의 등가회로를 구하라.

(*b*) 다음의 정격조건에서 변압기의 전압변동률을 각각 구하라. 그리고 (1) 0.8 지상역률 (2) 1.0 단위역률 (3) 0.8 진상역률

(*c*) 정격부하와 지상역률 0.8부하에서 변압기의 효율을 구하라.

2-7. 30 kVA, 8000/230 V 배전변압기는 $20 + j100\ \Omega$의 1차측을 기준으로 한 임피던스를 가지고 있다. 1차측을 기준으로 한 여자가지의 성분들은 $R_C = 100\ \text{k}\Omega$이고 $X_M = 20\ \text{k}\Omega$이다.

(*a*) 만약 1차전압이 7967 V이고 부하 임피던스가 $Z_L = 2.0 + j0.7\ \text{k}\Omega$이면 변압기의 2차전압은 얼마인가? 변압기의 전압 변동률은 얼마인가?

(*b*) 만약 부하가 연결되어 있고 그리고 $-j3.0\ \text{k}\Omega$의 커패시터가 그곳에 연결되어있다면 변압기의 2차전압은 얼마인가? 이런 조건에서 전압 변동률은 얼마인가?

2-8. 150 MVA, 15/200 kV 단상 전력 변압기가 1.2%의 단위 저항과 5%의 단위 리액턴스를 가지고 있다(변압기 명판에서 얻은 자료). 자화 임피던스는 $j80$ per unit이다.

(*a*) 이 변압기의 저전압 측을 기준으로 한 등가회로를 구하라.

(*b*) 0.8 지상역률의 전부하 전류에 대해 이 변압기의 전압변동률을 구하라.

(*c*) (*b*)의 조건에서 이 변압기의 동손과 철손을 구하라.

(*d*) 만약 1차전압이 15 kV이고 무부하 전류에서 전부하 전류까지 부하전류가 변할 때 2차전압을 그려라. 이 과정을 0.8 지상, 1.0 그리고 0.8 진상의 역률의 경우를 각각 반복하라.

2-9. 5000 kVA, 230/13.8 kV의 단상변압기 저항은 1% pu, 리액턴스는 5 % pu이다 (변압기 명판에서 얻은 자료). 변압기의 저전압 측에서 행해진 개방회로 시험에 의해 다음의 데이터를 얻었다.

$$V_{OC} = 13.8 \text{ kV} \qquad I_{OC} = 21.1 \text{ A} \qquad P_{OC} = 90.8 \text{ kW}$$

(*a*) 이 변압기의 저전압측으로 변환한 등가회로를 그려라.

(*b*) 2차측 전압이 13.8 kV이고 전력은 0.8 지상역률 4000 kW이다. 변압기의 전압변동률과 효율을 구하라.

2-10. 3상 변압기의 결선이 500 kVA를 공급할 수 있고 34.5/11 kV의 전압비를 가지고 있다. 이 결선에서 각 개별 변압기의 정격을 찾아라(고압, 저압, 권선비 그리고 피상전력). 변압기 결선이 (*a*) Y–Y, (*b*) Y–Δ, (*c*) Δ–Y, (*d*) Δ–Δ, (*e*) 개방–Δ, (*f*) 개방Y–개방Δ

2-11. 100 MVA, 230/115 kV Δ–Δ 3상 전력 변압기가 0.015 pu의 저항과 0.06 pu의 리액턴스를 갖는다. 여러 가지 요소들이 $R_C = 100$ pu와 $X_M = 20$ pu이다.

(*a*) 만약 이 변압기가 0.85 지상역률에서 80 MVA의 부하에 공급하고 있다면 변압기의 한상의 상 다이어그램을 그려라.

(*b*) 이들 상황에서 변압기의 전압변동률은 얼마인가?

(*c*) 이 변압기의 한 상에 대한 저압측을 기준으로 한 등가회로를 그려라. 저압측을 기준으로 한 모든 변압기의 임피던스를 계산하라.

(*d*) (*b*)조건하에서 변압기의 손실과 효율을 구하라.

2-12. 3상 20 kVA 24,000/277 V 배전변압기들이 Δ–Y결선이 되어있다. 이 변압기의 저압 측에서 수행한 개방회로 시험으로 다음의 값을 얻었다.

$$V_{\text{line,OC}} = 480 \text{ V} \qquad I_{\text{line,OC}} = 4.10 \text{ A} \qquad P_{3\phi,\text{OC}} = 945 \text{ W}$$

또한 고압측의 단락회로 시험으로부터 다음의 값을 얻었다.

$$V_{\text{line,SC}} = 1400 \text{ V} \qquad I_{\text{line,SC}} = 1.80 \text{ A} \qquad P_{3\phi,\text{SC}} = 912 \text{ W}$$

(*a*) 이 변압기 결선의 단위 등가회로를 찾아라.

(*b*) 정격부하와 0.90 지상역률에서 이 변압기 결선의 전압변동률을 구하라.

(*c*) 이 조건에서 변압기 결선의 효율은 얼마인가?

2-13. 3상, 14,000/480 V Y–Δ결선은 3개의 개별 100 kVA, 8314/480 V 변압기들로 구성되어 있다. 이것은 일정한 전압 모선에서 직접 전력을 공급받고 있다. 단락회로 시험에서 이들 변압기 중 한 변압기의 고압측의 기록된 값이 아래와 같다.

$$V_{SC} = 510 \text{ V} \qquad I_{SC} = 12.6 \text{ A} \qquad P_{SC} = 3000 \text{ W}$$

(*a*) 만약 이 결선이 0.8 지상역률에서 정격 부하, 정격 전압을 공급하고 있다면 변압기 결선의 1차측에 선간 전압은 얼마인가?

(*b*) 이런 조건에서 전압변동률은 얼마인가?

(*c*) 이 변압기의 1차전압이 8314 V라면, 무부하에서 전부하로 변할 때 부하전류에 따른 2차전압을 그려라. 역률이 0.8 지상, 1.0, 0.8 진상에 대해 이 과정을 각각 반복하라.

(*d*) 부하가 무부하에서 전부하로 변할 때 부하전류에 따른 전압변동률을 그려라. 부하의 역률을 각각 0.8 지상, 1.0 그리고 0.8 진상에 대해 이 과정을 각각 반복하라.

(*e*) 이 변압기의 단위 등가회로를 그려라.

2-14. 13.8 kV 단상 발전기가 송전선을 통해 부하에 전력을 공급하고 있다. 부하임피던스는 $Z_{load} = 500 \angle 36.87°\ \Omega$이고 송전선로의 임피던스는 $Z_{line} = 60 \angle 60°\ \Omega$이다.

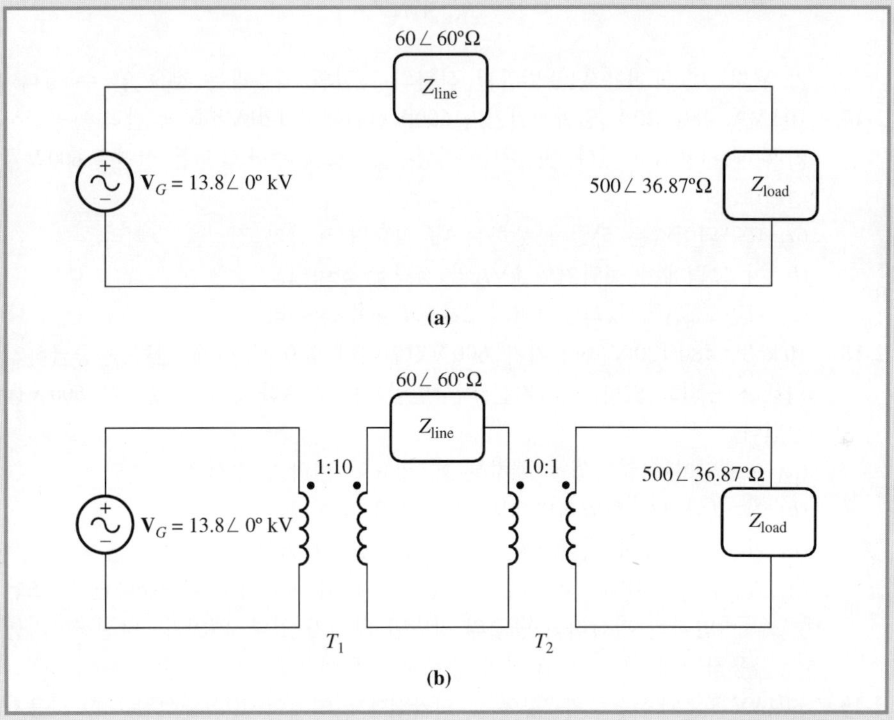

그림 P2-3 연습문제 2-14의 회로 (a) 변압기 없는 경우, (b) 변압기 있는 경우

(*a*) 만약 그림 P2-3(a)처럼 발전기가 부하와 직접 연결되어 있다면 발전기전압에 대한 부하 전압의 비는 얼마인가? 이 송전손실은 얼마인가?

(*b*) 전원에서 만들어진 전력의 몇 퍼센트가 부하에 전달되는가?(송전 시스템의 효율은 얼마인가?)

(*c*) 만약 1 : 10승압 변압기가 발전기의 출력 측에 위치해 있고 10 : 1의 변압기가 송전선의 부하 측에 위치해 있다면 발전기 전압에 대한 부하전압의 새로운 비는 얼마인가? 시스템의 새로운 송전손실들은 얼마인가?(변압기는 이상변압기라 가정함)

(*d*) 전원에서 만들어진 전력의 몇 퍼센트가 부하에 전달되는가?

(*e*) 변압기가 있을 때 없을 때 각각 송전 시스템의 효율을 비교하라.

2-15. 단권변압기는 12.6 kV배전선로와 13.8 kV 배전선로 사이를 연결하는 데 사용한다. 이것은 2000 kVA를 공급할 수 있는 능력을 가져야 한다. 중성점 접지를 갖는 3상 Y-Y결선이 있다.

(*a*) 이런 결선을 수행하기 위해 N_C/N_{SE}의 권선비는 얼마나 되어야 하는가?.

(*b*) 각 단권변압기의 권선은 얼마나 많은 피상전력을 공급해야 하는가?

(*c*) 이 단상변압기의 전력에 대한 장점은 무엇인가?

(*d*) 만약 단권변압기들 중 하나가 본래의 변압기처럼 재결선 된다면 이것의 정격은 얼마인가?

2-16. 아래의 내용을 증명하라: 만약 직렬 임피던스 Z_{eq}를 갖는 변압기가 단권변압기와 연결되어 있다면, 단권변압기와 같이 이 변압기 직렬 단위 임피던스 Z'_{eq}는

$$Z'_{eq} = \frac{N_{SE}}{N_{SE} + N_C} Z_{eq}$$

가 된다. 이 표현은 단권변압기 전력의 장점의 역수라는 것을 알 수 있다.

2-17. 10 kVA, 480/120 V 일반변압기가 600 V전원에서 120 V부하에 전력을 공급하기 위해 사용되고 있다. 변압기는 이상변압기로 간주하고 모든 절연은 600 V를 견딘다.

(*a*) 요구되어지는 작업을 행하는 데 필요한 변압기 결선을 그려라.

(*b*) 이 그림에서 변압기의 kVA의 정격을 찾아라.

(*c*) 이런 조건에서 최대 1차와 2차전류들을 찾아라.

2-18. 10 kVA 480/120 V 변압기가 600 V전원에서 480 V부하에 전력을 공급하기 위해 사용되고 있다. 변압기는 이상변압기로 간주하고 모든 절연은 600 V를 견딘다.

(*a*) 요구되어지는 작업을 행하는 데 필요한 변압기 결선을 그려라.

(*b*) 이 그림에서 변압기의 kVA의 정격을 찾아라.

(*c*) 이런 조건에서 최대 1차와 2차전류들을 찾아라.

(*d*) 연습문제 2-18의 변압기를 연습문제 2-17의 변압기로 대체한다면 두 조건의 변압기의 피상전력 능력의 상당한 차이가 있다. 왜인가? 단권변압기를 사용하기에 어느 쪽 조건이 좋은지를 무엇으로 설명할 수 있는가?

2-19. 14.4 kV 3상 배전선로의 2상이 먼 시골길에 설치되어 있다(중성점 또한 사용가능함). 길을 따라 있는 농장에 3상 부하 0.85 지상역률에서 200 kW 공급하는 480V 공급장치가 있고, 단상 부하 0.9 지상역률 60 kW를 더한다. 단상부하들이 3상들 사이에 균등하게 분포되어 있다. 개방Y-개방Δ결선이 그 농장에 전력을 공급하기 위해 사용되고 있다고 가정하면 두 변압기의 각 전압과 전류를 구하라. 또한 각 변압기에 공급되는 유효, 무효전력을 구하라. 변압기는 이상변압기로 가정한다. 각 변압기의 최소 필요 kVA 정격은 얼마인가?

2-20. 50 kVA 20,000/480 V 60 Hz 단상 배전변압기가 다음의 결과처럼 시험되었다.

(*a*) 60 Hz에서 이 변압기의 단위 등가회로를 그려라.

(*b*) 정격조건과 단위 역률하에서 변압기 효율은 얼마인가? 이들 조건에서 전압변동률은 얼마인가?

개방회로시험 (2차측에서 측정)	단락회로시험 (1차측에서 측정)
$V_{OC} = 480$ V	$V_{SC} = 1130$ V
$I_{OC} = 4.1$ A	$I_{SC} = 1.30$ A
$P_{OC} = 620$ W	$P_{SC} = 550$ W

(*c*) 만약 이것이 50 Hz의 시스템에서 동작되고 있다면 이 변압기의 정격은 얼마나 되겠는가?

(*d*) 만약 50 Hz에서 동작하고 있다면 1차측을 기준으로 한 이 변압기의 등가회로를 그려라.

(*e*) 50 Hz 전력시스템에서 정격조건과 단위역률하에서 변압기 효율은 얼마인가? 이들 조건에서 전압변동률은 얼마인가?

(*f*) 50 Hz에서 동작하는 같은 변압기와 비교하여 60 Hz 와 정격조건에서 변압기 효율은 어떠한가?

2-21. 그림 2-37(b)에서 Y–Δ변압기의 2차전압의 3상 시스템이 1차전압의 3상 시스템보다 30° 뒤짐을 증명하라.

2-22. 그림 2-37(c)에서 Δ–Y변압기의 2차전압의 3상 시스템이 1차전압의 3상 시스템보다 30° 앞섬을 증명하라.

2-23. 10 kVA, 480/120 V 단상변압기가 600 V배전선로와 480 V 부하를 연결하는 단권변압기로 사용되고 있다. 이것이 일반변압기로 시험되어질 때 아래의 값이 변압기의 1차측(480 V)에서 측정되었다.

개방회로시험 (2차측에서 측정)	단락회로시험 (1차측에서 측정)
$V_{OC} = 120$ V	$V_{SC} = 10.0$ V
$I_{OC} = 1.60$ A	$I_{SC} = 10.6$ A
$P_{OC} = 38$ W	$P_{SC} = 25$ W

(*a*) 이 변압기가 일반적인 방법으로 결선되었을 때 단위 등가회로를 찾아라. 정격 조건과 단위 역률에서 이 변압기 효율은 얼마인가? 이들 조건에서 전압변동률은 얼마인가?

(*b*) 이것을 600/480 V강압 단권변압기로 사용될 때 변압기결선을 그려라.

(*c*) 단권변압기로 동작될 때 이 변압기의 kVA를 구하라.

(*d*) 단권변압기 결선에서 (*a*)에 대해 답하라.

2-24. 그림 P2-4는 3상 480 V, 60 Hz발전기로 구성된 전력시스템이 각 끝에서 변압기를 갖는 송전선을 통해 두 부하에 공급하고 있는 것을 보여주고 있다(한 선도해는 3상 전력회로를 설명한 부록 A에서 보여준다).

(*a*) 이 전력시스템의 상당 등가회로를 그려라.

(*b*) 스위치가 개방되어있을 때 발전기에 의한 공급된 유효전력 *P*, 무효전력 *Q*, 그리고 피상전력 *S*를 구하라. 발전기의 역률을 구하라.

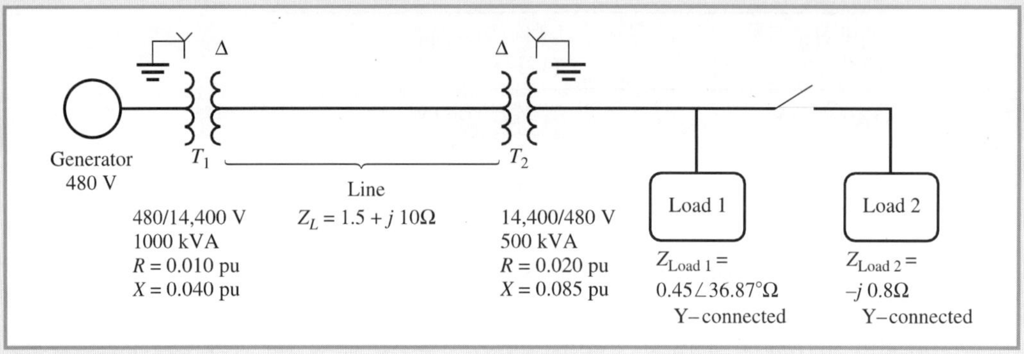

그림 P2-4
연습문제 2-24의 전력시스템. 어떤 임피던스는 단위시스템으로 주어졌고 나머지는 오옴(ohm)으로 주어졌다.

(*c*) 스위치가 닫혀있을 때 발전기에 의해 공급되는 유효전력 *P*, 무효전력 *Q*, 그리고 피상전력 *S*를 구하라. 발전기의 역률은 얼마인가?

(*d*) 스위치가 개방되었을 때 이 시스템에서 송전손실은 얼마인가?(변압기와 송전선 손실 포함) 스위치가 닫혔을 때 시스템에 부하 2를 추가된 효과는 무엇인가?

참고문헌 References

1. Beeman, Donald: *Industrial Power Systems Handbook,* McGraw-Hill, New York, 1955.
2. Del Toro, V.: *Electric Machines and Power Systems,* Prentice-Hall, Englewood Cliffs, N.J., 1985.
3. Feinberg, R.: *Modern Power Transformer Practice,* Wiley, New York, 1979.
4. Fitzgerald, A. E., C. Kingsley, Jr., and S. D. Umans: *Electric Machinery,* 6th ed., McGraw-Hill, New York, 2003.
5. McPherson, George: *An Introduction to Electrical Machines and Transformers,* Wiley, New York, 1981.
6. M.I.T. Staff: *Magnetic Circuits and Transformers,* Wiley, New York, 1943.
7. Slemon, G. R., and A. Straughen: *Electric Machines,* Addison-Wesley, Reading, Mass., 1980.
8. *Electrical Transmission and Distribution Reference Book*, Westinghouse Electric Corporation, East Pittsburgh, 1964.

CHAPTER 03

교류기의 기초

학습목표

- 균일한 자계 내에서 회전하는 루프에 전압을 만드는 방법
- 균일한 자계 내에서 전류가 흐르는 루프에 토오크를 만드는 방법
- 3상 고정자에서 회전자계를 만드는 방법
- 자계를 갖고 있는 회전하는 회전자가 고정자 권선에 전압을 유기시키는 방법
- 전기기기의 전기 주파수, 극수, 그리고 회전속도 사이의 관계
- 교류기에서 토오크를 유도하는 방법
- 기기의 수명에 미치는 권선 절연의 효과
- 기기에서 손실의 종류와 전력흐름도에 대한 이해

교류기계에는 기계적 에너지를 전기적 에너지로 변환시키는 발전기와 전기적 에너지를 기계적인 에너지로 변환시키는 전동기가 있다. 교류기의 기본 원리는 매우 간단하나 실제 기기의 구조는 다소 복잡하다. 이 장은 먼저 간단한 예를 이용하여 교류기의 원리를 설명하고 실제 교류기에서 발생하는 복잡한 현상을 고려한다.

교류기에는 중요한 2종류의 형태가 있다: **동기기**(synchronous machine)와 **유도기**(induction machine)가 있다. 동기기에는 전동기와 발전기가 있는데 계자(field) 전류는 분리된 직류전력에 의해 공급되어진다. 이에 비해 유도기는 전동기와 발전기 모두 자기유도작용(변압기 작용)에 의하여 계자전류가 계자권선에 공급된다. 동기기나 유도기의 대부분의 계자회로는 회전자에 위치한다. 이 장에서는 두 형태의 3상 교류기에 공통되는 기본원리를 다룬다. 동기기는 4장과 5장에, 유도기는 6장에 자세히 기술되어 있다.

3.1 일정 자계 내의 단순한 루프

일정한 자계 내에 회전하는 권선루프가 있는 단순한 교류기를 검토해 보자. 일정한 자계 내에 있는 권선루프는 정현파 교류전압을 발생하는 가장 간단한 기기이다. 이 경우가 실제 기기를 대변하는 것은 아니다. 실제 기기에서는 자속의 방향과 크기가 일정하지 않다. 그러나, 루프의 전압과 토오크를 결정하는 요소는 실제 기기와 같다.

그림 3-1은 일정하고 균일한 자속을 만드는 자석과 이 자계 내에서 회전하는 권선루프로 구성된 가장 간단한 기기를 보여준다. 회전하는 부분을 **회전자**(rotor), 정지된 부분을 **고정자**(stator)라 한다. 회전자가 자계 내에 회전할 경우 발생하는 전압을 계산해보자.

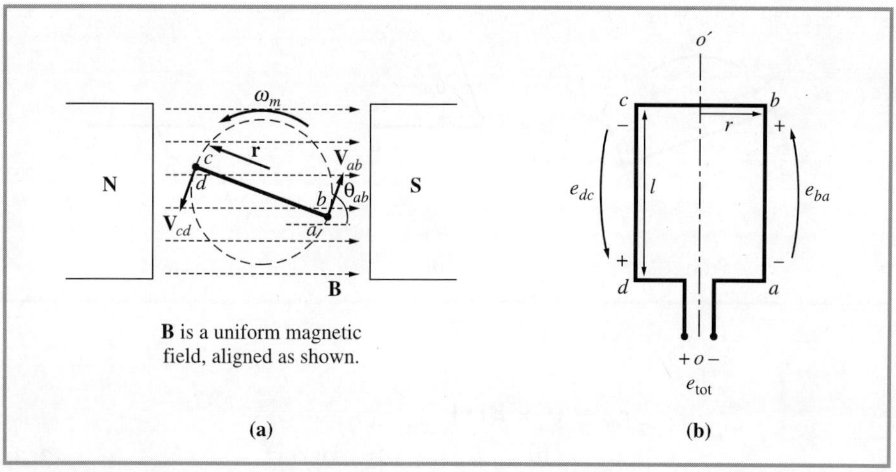

그림 3-1 균일 자계 내에 회전하는 단순한 루프 (a) 전면도 (b) 도체

단순한 회전루프에서의 유기전압

이 기기의 회전자가 회전하면 권선루프에 전압이 유기된다. 그 크기와 형태를 알아보기 위해 그림 3-2를 보자. 권선루프는 사각형이며, *ab*, *cd*는 지면에 수직이고, *bc*, *da*는 지면과 평행하다. 자속은 일정하고 균일하며 지면의 왼쪽에서 오른쪽으로 흐르다.

루프의 총 전압 e_{tot}를 계산하기 위해 루프의 각 변을 각각 계산하여 더한다. 각 변의 전압은 식 (1-45)에 의해 주어진다.

$$e_{ind} = (\mathbf{v} \times \mathbf{B}) \bullet \mathbf{l} \qquad (1\text{–}45)$$

1. *ab*변. 이 변의 도체 속도는 회전반경에 대해 접선방향이다. 그림 3-2(b)에서와 같이 자속 **B**는 오른쪽으로 향한다. **v** × **B**의 크기는 지면 안으로 향하고, 이것은 도체변 *ab*와 같은 방향이다. 그러므로 이 도체변에 유기되는 전압은 다음과 같다.

$$\begin{aligned} e_{ba} &= (\mathbf{v} \times \mathbf{B}) \bullet \mathbf{l} \\ &= vBl \sin \theta_{ab} \qquad \text{지면 안으로} \end{aligned} \qquad (3\text{–}1)$$

2. *bc*변. 이 변의 처음 반의 **v** × **B** 크기는 지면 안으로 향하고, 나머지 반의 **v** × **B** 크기는 지면 밖으로 향한다. 길이 **l**이 지면에 있으므로, **v** × **B**는 **l**에 수직이다. 그러므로 이 도체변 *bc*에 유기되는 전압은 0이다.

$$e_{cb} = 0 \qquad (3\text{–}2)$$

3. *cd*변. 이 변의 속도는 회전반경에 대해 접선방향이다. 반면 자속 **B**는 그림 3-2(c)와 같이 오른쪽으로 향한다. **v** × **B** 크기는 지면 안으로 향하고 이것은 도체 *cd*와 같다. 그러므로 이 도체변에 유기된 전압은 다음과 같다.

그림 3-2
(a) 자계에 대한 도체변의 회전속도와 방향, (b) 도체변 ab의 자계에 대한 운동방향, (c) 도체변 cd의 자계에 대한 운동방향

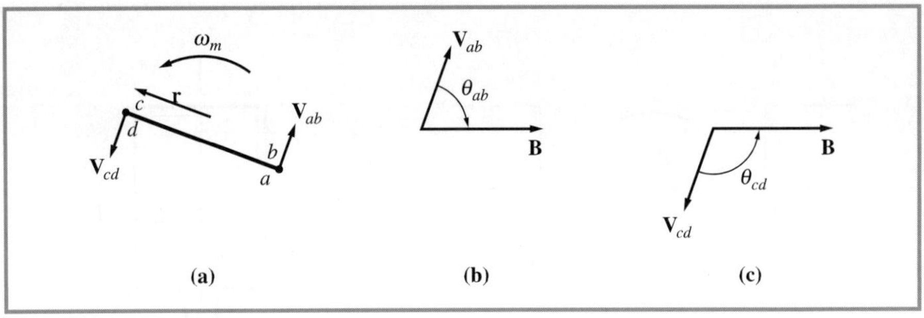

$$e_{dc} = (\mathbf{v} \times \mathbf{B}) \cdot \mathbf{l}$$
$$= vBl \sin \theta_{cd} \qquad \text{지면 밖으로} \tag{3-3}$$

4. *da*변. 변 *bc*와 같이 $\mathbf{v} \times \mathbf{B}$는 l에 수직이다. 그러므로 이 도체변에 유기되는 전압은 0이다.

$$e_{ad} = 0 \tag{3-4}$$

루프의 총 유기전압 e_{ind}는 각 도체변의 유기전압의 합이다.

$$e_{\text{ind}} = e_{ba} + e_{cb} + e_{dc} + e_{ad}$$
$$= vBl \sin \theta_{ab} + vBl \sin \theta_{cd} \tag{3-5}$$

여기서 $\theta_{ab} = \sin(180° - \theta_{cd})$이고, 삼각함수에 의해 $\sin \theta = \sin(180° - \theta)$이다. 그러므로 유기전압은

$$e_{\text{ind}} = 2vBl \sin \theta \tag{3-6}$$

이다. 이 유기전압은 그림 3-3에 보여준다.

식 (3-6)을 표현하는 다른 방법이 있다. 이것은 보다 크고 실질적인 교류기기와 관련이 있다. 이것을 유도하기 위해 그림 3-1을 보자. 루프가 일정한 각속도 ω로 회전하고 루프의 각 θ는 시간에 따라 선형적으로 증가한다고 하자. 즉,

$$\theta = \omega t$$

이고, 또한, 루프 끝의 접선방향 속도 v는

$$v = r\omega \tag{3-7}$$

이다. 여기서 r은 회전축에서 루프 끝까지의 반경, ω는 루프의 각속도이다. 이 식을 식 (3-6)이 대입하면

$$e_{\text{ind}} = 2r\omega Bl \sin \omega t \tag{3-8}$$

와 같이 된다. 그림 3-1(b)로부터 루프의 면적은 $2rl$이므로

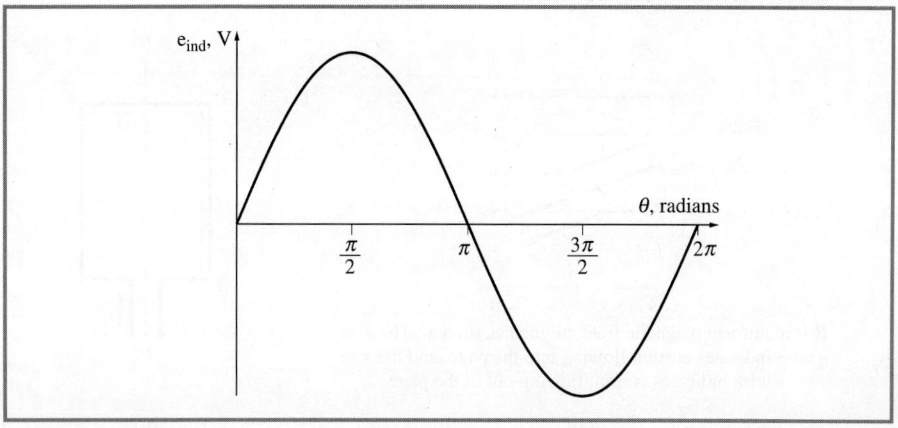

그림 3-3
θ와 e_{ind}의 그래프

$$e_{ind} = AB\omega \sin \omega t \tag{3–9}$$

이 된다. 마지막으로 루프를 통과하는 최대자속은 루프가 자속선과 수직이 될 때이다. 이 자속은 루프의 표면과 루프를 통과하는 자속의 곱이다.

$$\phi_{max} = AB \tag{3–10}$$

그러므로 전압식은 다음과 같다.

$$\boxed{e_{ind} = \phi_{max}\omega \sin \omega t} \tag{3–11}$$

루프에서 발생하는 전압은 기기 내의 자속과 기기의 회전속도의 곱에 비례하는 정현값이다. 이것은 실제 기계에도 적용된다. 일반적으로 실제 기계에서의 전압은 3가지 요소에 의해 영향을 받는다.

1. 기계의 자속
2. 회전속도
3. 기계의 구조에 따른 상수(루프의 개수 등)

전류가 흐르는 루프에서의 발생토오크

지금 회전자 루프는 그림 3-4에서 보는 바와 같이 자속에 대한 임의의 θ의 각도를 가지며 전류 i가 흐른다고 하자. 전류가 루프에 흐르면 도체에 토오크가 발생된다. 이것의 크기와 방향을 알아보기 위해 그림 3-5를 보자. 루프의 각 부분의 힘은 식 (1-43)에 의해 구해진다.

$$\mathbf{F} = i(\mathbf{l} \times \mathbf{B}) \tag{1–43}$$

여기서

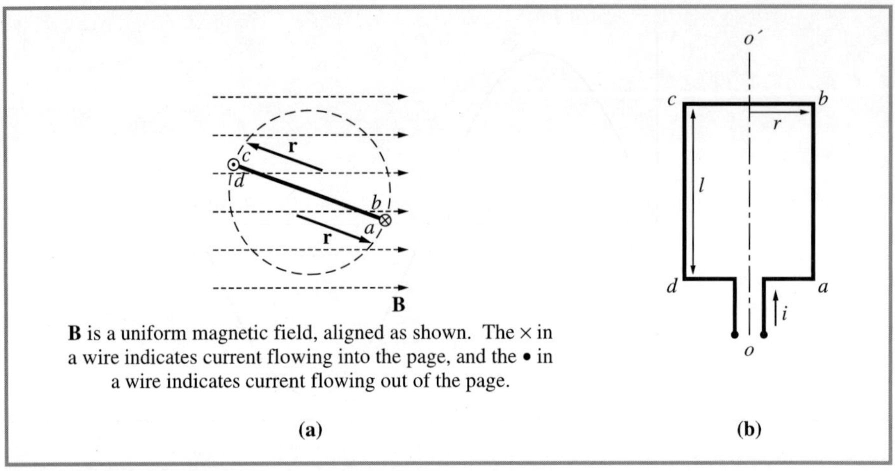

그림 3-4 균일한 자속 내에서 전류가 흐르는 도체 루프 (a) 전면도, (b) 도체

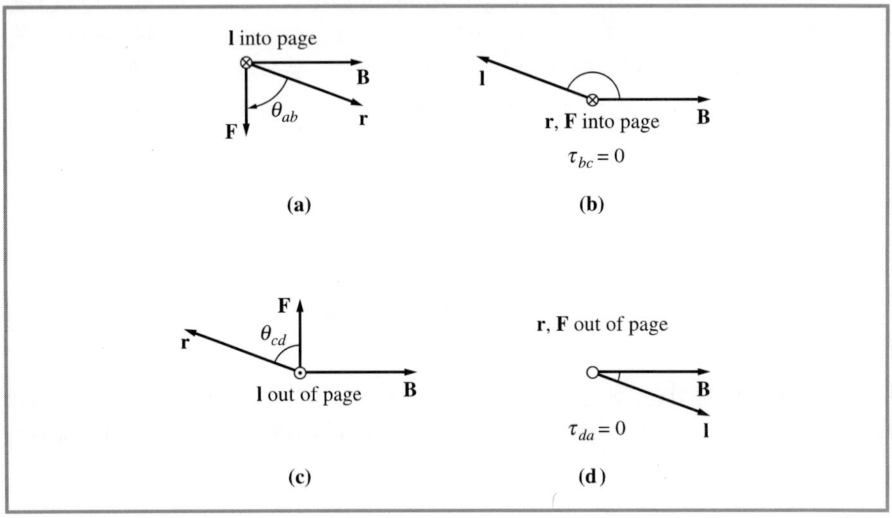

그림 3-5 (a) 도체 *ab* 부분에 발생한 힘, (b) 도체 *bc* 부분에 발생한 힘, (c) 도체 *cd* 부분에 발생한 힘, (d) 도체 da부분에 발생한 힘

i = 도체부분의 전류의 크기

$\mathbf{l}$ = 도체의 길이, $\mathbf{l}$ 방향은 전류의 방향이다.

$\mathbf{B}$ = 자속밀도 벡터

도체 각 부분의 토오크는

$$\begin{aligned}\tau &= (\text{인가된 힘})(\text{수직거리}) \\ &= (F)\,(r \sin\theta) \\ &= rF \sin\theta \end{aligned} \tag{1–6}$$

여기서 θ는 $\mathbf{r}$벡터와 $\mathbf{F}$벡터의 사이각이다. 도체에 힘이 시계방향으로 작용하면 회전방향은 시계방향이고, 그 반대이면 반시계방향으로 회전한다.

1. *ab* 변. 그림 3-5(a)와 같이 도체의 전류방향은 지면 안으로 향하고, 자속 **B**는 오른쪽으로 향한다. **1** × **B**의 방향은 아래로 향한다. 그러므로 이 도체변에 발생되는 힘은 다음과 같다.

$$\begin{aligned} \mathbf{F} &= i(\mathbf{l} \times \mathbf{B}) \\ &= ilB \quad \text{아래로} \end{aligned}$$

그러므로 토오크는

$$\begin{aligned} \tau_{ab} &= (F)\,(r \sin \theta_{ab}) \\ &= rilB \sin \theta_{ab} \quad \text{시계방향} \end{aligned} \tag{3–12}$$

2. *bc* 변. 그림 3-5(b)와 같이 도체의 전류방향은 지면과 수평이고, 자속 **B**는 오른쪽으로 향한다. **1** × **B**의 방향은 지면 안으로 향한다. 그러므로 이 도체변에 발생되는 힘은 다음과 같다.

$$\begin{aligned} \mathbf{F} &= i(\mathbf{l} \times \mathbf{B}) \\ &= ilB \quad \text{지면 안으로} \end{aligned}$$

r벡터와 **1**벡터는 평행임으로 θ_{bc}는 0이다. 결과적으로 토오크는 0이다.

$$\begin{aligned} \tau_{bc} &= (F)\,(r \sin \theta_{bc}) \\ &= 0 \end{aligned} \tag{3–13}$$

3. *cd* 변. 그림 3-5(c)와 같이 도체의 전류방향은 지면밖으로 향하고, 자속 **B**는 오른쪽으로 향한다. **1** × **B**의 방향은 위로 향한다. 그러므로 이 도체변에 발생되는 힘은 다음과 같다.

$$\begin{aligned} \mathbf{F} &= i(\mathbf{l} \times \mathbf{B}) \\ &= ilB \quad \text{위로} \end{aligned}$$

그러므로 토오크는

$$\begin{aligned} \tau_{cd} &= (F)\,(r \sin \theta_{cd}) \\ &= rilB \sin \theta_{cd} \quad \text{시계방향} \end{aligned} \tag{3–14}$$

4. *da* 변. 그림 3-5(d)와 같이 도체의 전류방향은 지면과 평행하고, 자속 **B**는 오른쪽으로 향한다. **1** × **B**의 방향은 지면 밖으로 향한다. 그러므로 이 도체변에 발생되는 힘은 다음과 같다.

$$\begin{aligned} \mathbf{F} &= i(\mathbf{l} \times \mathbf{B}) \\ &= ilB \quad \text{지면 밖으로} \end{aligned}$$

r벡터와 **1**벡터는 평행임(둘 다 지면 밖으로)으로 θ_{da}는 0이다. 결과적으로 토오크는 0이다.

$$\begin{aligned} \tau_{da} &= (F)\,(r \sin \theta_{da}) \\ &= 0 \end{aligned} \tag{3–15}$$

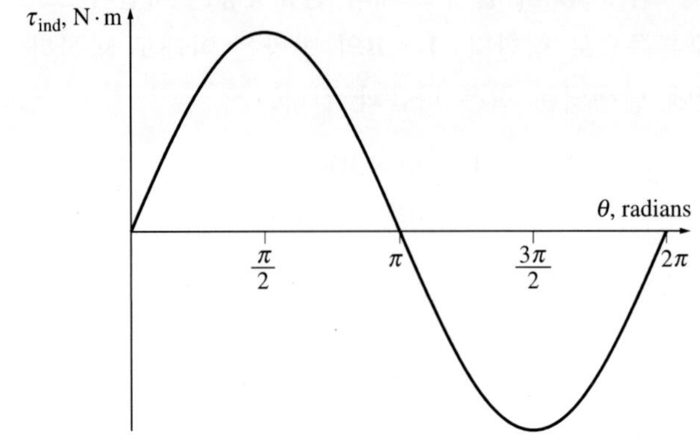

그림 3-6
각도 θ에 따른 토오크 τ_{ind}

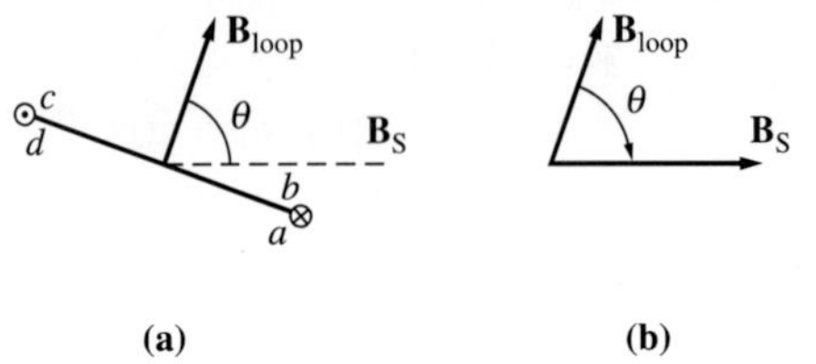

그림 3-7
발생 토오크식의 유도
(a) 루프 내의 전류는 루프에 수직인 자속밀도 $\mathbf{B}_{loop}$를 생성,
(b) $\mathbf{B}_{loop}$와 $\mathbf{B}_S$의 관계

루프에서 발생되는 총토오크는 각 변의 합이다.

$$\tau_{ind} = \tau_{ab} + \tau_{bc} + \tau_{cd} + \tau_{da} \\ = rilB \sin\theta_{ab} + rilB \sin\theta_{cd} \tag{3–16}$$

여기서 $\theta_{ab} = \theta_{cd}$이므로

$$\tau_{ind} = 2rilB \sin\theta \tag{3–17}$$

토오크 τ_{ind}는 그림 3-6에 각도의 함수로 표시되어 있다. 여기서 토오크는 루프면이 자속과 평행할 때 최대값을 가지고, 자속과 수직일 때 0이 된다.

식 (3-17)의 다른 표현법이 있는 데, 이것은 보다 크고 실제 기기의 한 루프의 동작과 관련 있다. 이것은 그림 3-7을 통해 구할 수 있다. 루프의 전류가 그림과 같으면, 이 전류가 자속밀도 $\mathbf{B}_{loop}$를 그림과 같은 방향으로 만든다. $\mathbf{B}_{loop}$의 크기는

$$B_{loop} = \frac{\mu i}{G}$$

이고 G은 루프의 형상과 관계되는 값이다.[2)] 그리고 루프의 면적은 $2rl$이다. 이

2) 만약 루프가 원이면, $G = 2r$이다. 여기서 r은 원의 반경이다. 따라서 $B_{loop} = \mu i/2r$이다. 직사각형 루프에 대해서 G값은 루프의 넓이에 대한 길이의 비에 따라 달라진다.

두 식을 식 (3-17)에 대입하면,

$$\tau_{\text{ind}} = \frac{AG}{\mu} B_{\text{loop}} B_S \sin\theta \tag{3–18}$$

$$= kB_{\text{loop}} B_S \sin\theta \tag{3–19}$$

여기서 $k = AG/\mu$이고 기기의 구조와 관계있다. B_S는 고정자 자속으로 회전자에 의해 생성되는 자속과 구분하기 위한 것이다. $\mathbf{B}_{\text{loop}}$와 $\mathbf{B}_S$ 간의 각도는 식 (3-17)의 각 θ와 같다.

발생된 토오크의 크기와 방향은 식 (3-19)에 의해 구해지고 벡터곱으로 표시하면

$$\boxed{\tau_{\text{ind}} = k\mathbf{B}_{\text{loop}} \times \mathbf{B}_S} \tag{3–20}$$

와 같다. 이 식을 그림 3-7에 적용하면 토오크의 크기는 식 (3-19)로 주어진다.

그러므로, 루프에 발생된 토오크는 루프의 자속과 외부자속 그리고 그들 사이의 정현값에 비례한다. 이것은 실제 기기에 적용된다. 일반적으로 실제기기는 다음이 4가지 요소에 영향을 받는다.

1. 회전자계의 세기
2. 외부자계의 세기
3. 두 자계 사이의 정현값
4. 기기의 구조에 따른 상수

3.2 회전자계

3.1절에서 두 자계가 존재하면 자계가 서로 일치하려는 작용에 의해 토오크가 발생한다는 사실을 알았다. 만약 한 자계가 교류기의 고정자에서, 다른 자계는 회전자에서 만들어 지면, 회전자의 자계가 고정자와 일치하기 위해 토오크를 발생할 것이다.

고정자의 자계를 회전시키는 방법이 있다면, 회전자에 유도된 토오크가 고정자 자계를 끊임없이 돌아가게 될 것이다. 이것이 교류전동기의 구동 원리이다.

고정자 자계를 어떻게 회전시킬 것인가? 교류기계 운전의 기본원리는 각각 같은 크기와 서로간의 다른 120°의 위상 차를 가진 3상 전류가 3상 권선으로 흘러간다면 일정한 크기의 회전자계를 발생시킨다는 것이다. 3상 권선은 기기의 표면 주위에 120°의 전기적인 각으로 떨어진 3개의 분리된 권선으로 구성된다.

회전자계(*rotating magnetic field*)의 개념은 각각 120°로 떨어진 3개의 코일을

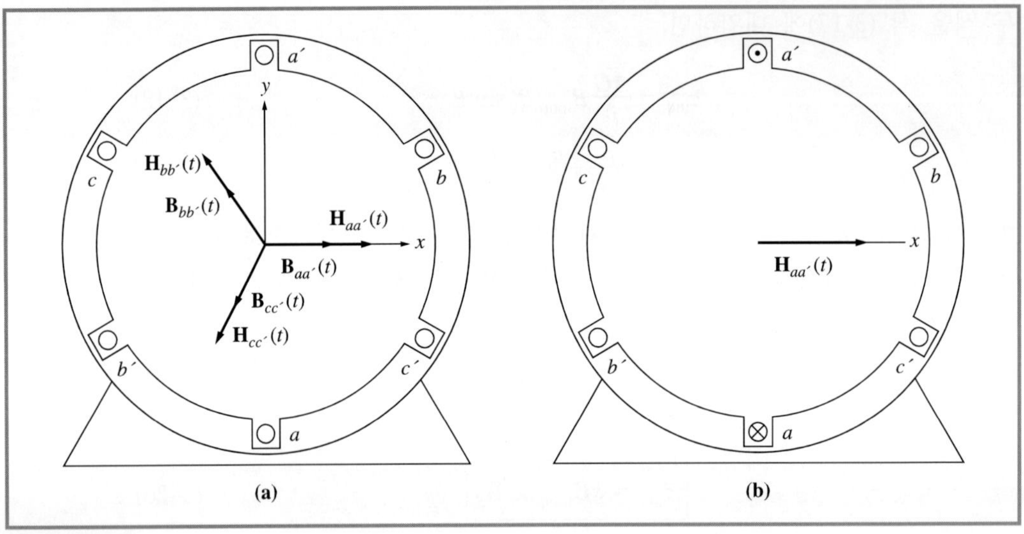

그림 3-8
(a) 간단한 3상 고정자. 고정자 전류가 프라임(')표시가 없는 도체로 들어가 프라임표시가 된 곳으로 나온다고 가정함. 각 코일에 의해 만들어진 자계세기는 그림과 같다. (b) 자계세기 벡터 $H_{aa'}(t)$는 코일 aa'로 흘러가는 전류에 의해 발생한다.

포함하는 고정자로 간단히 설명할 수 있다[그림 3-8(a) 참조]. 이 권선은 오직 하나의 N과 S극이 있는 2극 권선이다.

회전자계의 개념을 이해하기 위해서는 그림 3-8의 고정자에 전류를 인가하고 시간의 특정 순간에 나타나는 것을 관찰한다. 3개의 코일에 전류가 다음의 방정식과 같이 주어졌다고 가정을 한다면,

$$i_{aa'}(t) = I_M \sin \omega t \qquad \text{A} \tag{3–21a}$$

$$i_{bb'}(t) = I_M \sin (\omega t - 120°) \qquad \text{A} \tag{3–21b}$$

$$i_{cc'}(t) = I_M \sin (\omega t - 240°) \qquad \text{A} \tag{3–21c}$$

코일 aa'의 전류가 코일의 a 끝점 안으로 흘러들어 갔다가 코일의 a' 끝으로 나온다.

$$\mathbf{H}_{aa'}(t) = H_M \sin \omega t \angle 0° \qquad \text{A} \bullet \text{turns / m} \tag{3–22a}$$

자계세기는 그림 3-8(b)에서 자속 벡터의 공간각 0°에서 발생된다. 자계세기 벡터 $\mathbf{H}_{aa'}(t)$의 방향은 오른손의 법칙에 의해 주어진다. 만약에 오른손의 손가락들을 코일의 전류 흐름의 방향으로 잡는다면 자속의 방향은 엄지손가락의 방향이 될 것이다. 주의해야 할 것은 자계세기 벡터 $\mathbf{H}_{aa'}(t)$의 크기는 정현적으로 변하지만, $\mathbf{H}_{aa'}(t)$의 방향은 항상 일정하다. 마찬가지로 자계세기 벡터 $\mathbf{H}_{bb'}(t)$와 $\mathbf{H}_{cc'}(t)$는

$$\mathbf{H}_{bb'}(t) = H_M \sin(\omega t - 120°) \angle 120° \quad \text{A} \bullet \text{turns / m} \tag{3–22b}$$

$$\mathbf{H}_{cc'}(t) = H_M \sin(\omega t - 240°) \angle 240° \quad \text{A} \bullet \text{turns / m} \tag{3–22c}$$

이 자계세기로부터 나오는 자속밀도는 식 (1-21)와 같다.

$$\mathbf{B} = \mu \mathbf{H} \tag{1–21}$$

여기에

$$\mathbf{B}_{aa'}(t) = B_M \sin \omega t \angle 0° \quad \text{T} \tag{3–23a}$$
$$\mathbf{B}_{bb'}(t) = B_M \sin(\omega t - 120°) \angle 120° \quad \text{T} \tag{3–23b}$$
$$\mathbf{B}_{cc'}(t) = B_M \sin(\omega t - 240°) \angle 240° \quad \text{T} \tag{3–23c}$$

$B_M = \mu H_M$이 된다. 전류와 그에 대응하는 자속밀도는 고정자에 총 자속을 결정하기 위해 특정시간에서 검토할 수 있다.

예로 $\omega t = 0°$일 때, 코일 aa'에서의 자속은

$$\mathbf{B}_{aa'} = 0 \tag{3–24a}$$

코일 bb'에서의 자장은

$$\mathbf{B}_{bb'} = B_M \sin(-120°) \angle 120° \tag{3–24b}$$

그리고 코일 cc'에서의 자속은

$$\mathbf{B}_{cc'} = B_M \sin(-240°) \angle 240° \tag{3–24c}$$

세 코일에서의 총 자속은 모두 합해지며

$$\begin{aligned}
\mathbf{B}_{\text{net}} &= \mathbf{B}_{aa'} + \mathbf{B}_{bb'} + \mathbf{B}_{cc'} \\
&= 0 + \left(-\frac{\sqrt{3}}{2}B_M\right)\angle 120° + \left(\frac{\sqrt{3}}{2}B_M\right)\angle 240° \\
&= \left(\frac{\sqrt{3}}{2}B_M\right)\left[-\left(\cos 120°\,\hat{\mathbf{x}} + \sin 120°\,\hat{\mathbf{y}}\right) + \left(\cos 240°\,\hat{\mathbf{x}} + \sin 240°\,\hat{\mathbf{y}}\right)\right] \\
&= \left(\frac{\sqrt{3}}{2}B_M\right)\left(\frac{1}{2}\,\hat{\mathbf{x}} - \frac{\sqrt{3}}{2}\,\hat{\mathbf{y}} - \frac{1}{2}\,\hat{\mathbf{x}} - \frac{\sqrt{3}}{2}\,\hat{\mathbf{y}}\right) \\
&= \left(\frac{\sqrt{3}}{2}B_M\right)\left(-\sqrt{3}\,\hat{\mathbf{y}}\right) \\
&= -1.5B_M\,\hat{\mathbf{y}} \\
&= 1.5B_M \angle -90°
\end{aligned}$$

여기서 그림 3-8에서 보는 바와 같이 $\hat{\mathbf{x}}$는 x축 단위벡터이고, $\hat{\mathbf{y}}$는 y축 단위벡터이다. 총 자속은 그림 3-9(a)와 같다.

다른 예제로, $\omega t = 90°$일 때 자속을 보자. 이때의 전류는

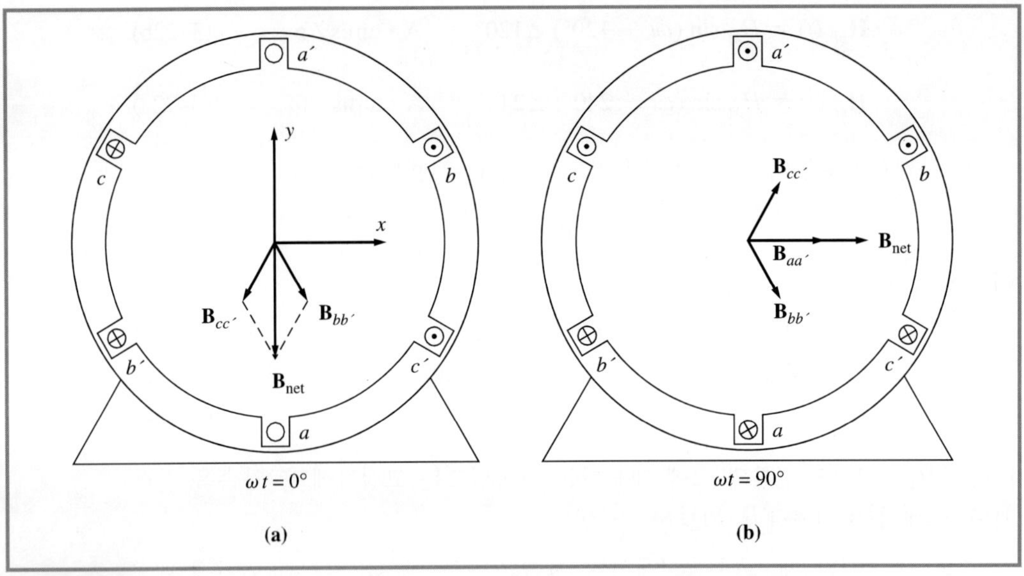

그림 3-9
(a) $\omega t = 0°$일 때 자계벡터, (b) $\omega t = 90°$일 때 고정자의 자계벡터

$$i_{aa'} = I_M \sin 90° \quad \text{A}$$
$$i_{bb'} = I_M \sin(-30°) \quad \text{A}$$
$$i_{cc'} = I_M \sin(-150°) \quad \text{A}$$

그리고 자계는

$$\mathbf{B}_{aa'} = B_M \angle 0°$$
$$\mathbf{B}_{bb'} = -0.5\, B_M \angle 120°$$
$$\mathbf{B}_{cc'} = -0.5\, B_M \angle 240°$$

최종 자계는

$$\begin{aligned}
\mathbf{B}_{net} &= \mathbf{B}_{aa'} + \mathbf{B}_{bb'} + \mathbf{B}_{cc'} \\
&= B_M \angle 0° + \left(-\frac{1}{2}B_M\right) \angle 120° + \left(-\frac{1}{2}B_M\right) \angle 240° \\
&= B_M \left[\hat{\mathbf{x}} - \frac{1}{2}\left(\cos 120°\,\hat{\mathbf{x}} + \sin 120°\,\hat{\mathbf{y}}\right) - \frac{1}{2}\left(\cos 240°\,\hat{\mathbf{x}} + \sin 240°\,\hat{\mathbf{y}}\right)\right] \\
&= B_M \left(\hat{\mathbf{x}} - \frac{1}{2}\,\hat{\mathbf{x}} - \frac{\sqrt{3}}{2}\,\hat{\mathbf{y}} - \frac{1}{2}\,\hat{\mathbf{x}} - \frac{\sqrt{3}}{2}\,\hat{\mathbf{y}}\right) \\
&= \left(\frac{\sqrt{3}}{2}B_M\right)\left(-\sqrt{3}\,\hat{\mathbf{y}}\right) \\
&= -\frac{3}{2}B_M\,\hat{\mathbf{y}} \\
&= 1.5B_M \angle -90°
\end{aligned}$$

최종 자계는 그림 3-9(b)에 나타내어진다. 주의해야 할 것은 자계의 방향이 바뀌어도 크기는 일정하다는 것이다. 즉 자계는 반시계방향으로 회전하는 동안 일정한 크기를 유지한다.

회전자계 개념의 증명

어떤 임의의 시간 t에서도 자계는 같은 크기 $1.5B_M$을 가지고 각속도 ω로 계속 회전한다. 시간 t에 대한 증명은 아래에 주어진다.

그림 3-8에서 좌표계에서의 x의 방향은 오른쪽이고 y의 방향은 위쪽방향이다. 벡터 $\hat{\mathbf{x}}$는 가로축의 단위벡터이고 벡터 $\hat{\mathbf{y}}$는 수직축의 단위벡터이다. 고정자 내의 전체 자속밀도를 알기 위하여 3개의 자계성분은 벡터적으로 더하여 그 합을 결정한다.

고정자 내의 자속밀도는 다음과 같이 주어진다.

$$\begin{aligned}\mathbf{B}_{\text{net}}(t) &= \mathbf{B}_{aa'}(t) + \mathbf{B}_{bb'}(t) + \mathbf{B}_{cc'}(t)\\ &= B_M \sin \omega t \angle 0° + B_M \sin(\omega t - 120°) \angle 120° + B_M \sin(\omega t - 240°) \angle 240° \text{ T}\end{aligned}$$

자계의 3성분은 x와 y로 나눌 수 있다.

$$\begin{aligned}\mathbf{B}_{\text{net}}(t) = {} & B_M \sin \omega t\,\hat{\mathbf{x}}\\ & - [0.5B_M \sin(\omega t - 120°)]\hat{\mathbf{x}} + \left[\frac{\sqrt{3}}{2} B_M \sin(\omega t - 120°)\right]\hat{\mathbf{y}}\\ & - [0.5B_M \sin(\omega t - 240°)]\hat{\mathbf{x}} - \left[\frac{\sqrt{3}}{2} B_M \sin(\omega t - 240°)\right]\hat{\mathbf{y}}\end{aligned}$$

x와 y의 성분을 합치면

$$\begin{aligned}\mathbf{B}_{\text{net}}(t) = {} & [B_M \sin \omega t - 0.5B_M \sin(\omega t - 120°) - 0.5B_M \sin(\omega t - 240°)]\,\hat{\mathbf{x}}\\ & + \left[\frac{\sqrt{3}}{2} B_M \sin(\omega t - 120°) - \frac{\sqrt{3}}{2} B_M \sin(\omega t - 240°)\right]\hat{\mathbf{y}}\end{aligned}$$

삼각함수에 의해

$$\begin{aligned}\mathbf{B}_{\text{net}}(t) = {} & \left[B_M \sin \omega t + \frac{1}{4}B_M \sin \omega t + \frac{\sqrt{3}}{4}B_M \cos \omega t + \frac{1}{4}B_M \sin \omega t - \frac{\sqrt{3}}{4}B_M \cos \omega t\right]\hat{\mathbf{x}}\\ & + \left[-\frac{\sqrt{3}}{4}B_M \sin \omega t - \frac{3}{4}B_M \cos \omega t + \frac{\sqrt{3}}{4}B_M \sin \omega t - \frac{3}{4}B_M \cos \omega t\right]\hat{\mathbf{y}}\end{aligned}$$

$$\boxed{\mathbf{B}_{\text{net}}(t) = (1.5B_M \sin \omega t)\hat{\mathbf{x}} - (1.5B_M \cos \omega t)\hat{\mathbf{y}}} \tag{3–25}$$

식 (3-25)은 자속밀도의 최종식이다. 주의해야 될 것은 크기는 $1.5B_M$으로 일정하며 각속도 ω로 반시계방향으로 계속 회전한다. 또한 $\omega t = 0°$에서 $\mathbf{B}_{\text{net}} = 1.5B_M \angle -90°$이며, $\omega t = 90°$에서는 $\mathbf{B}_{\text{net}} = 1.5B_M \angle 0°$이라는 것에 주목하라. 이 결과들은 앞서 풀어본 예제와 일치한다.

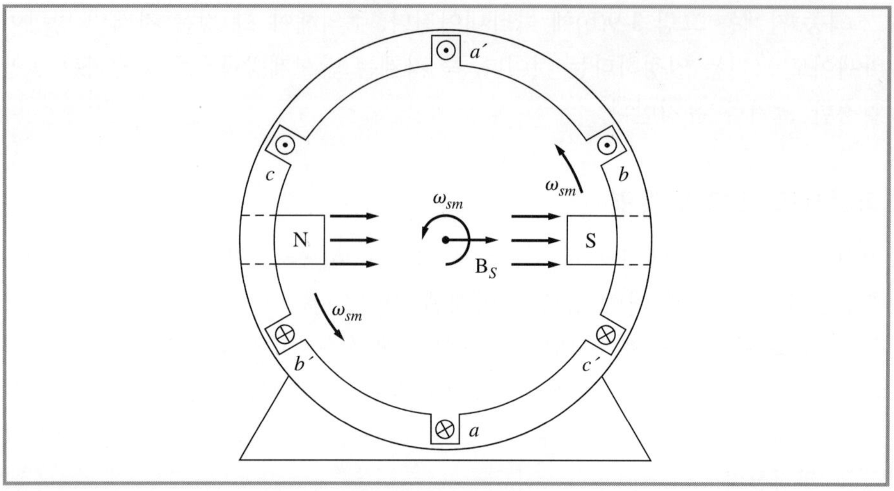

그림 3-10
움직이는 N극과 S극으로 표현된 고정자 내의 회전자계

주파수와 회전자계 속도의 관계

그림 3-10과 같이 고정자 내의 회전자계는 N극(고정자에서 나가는 자속)과 S극(고정자로 유입되는 자속)으로 나타내어진다. 이 자극은 공급되는 전류의 주기마다 고정자 주위에서 기계적으로 1회전한다. 그러므로, 초당 회전하는 회전자계의 기계적인 속도는 전기적 주파수인 Hz와 같다.

$$f_{se} = f_{sm} \quad 2\text{극} \tag{3–26}$$

$$\omega_{se} = \omega_{sm} \quad 2\text{극} \tag{3–27}$$

f_{sm}과 ω_{sm}은 기계적 속도로 rps와 rad/sec이고, f_{se}와 ω_{se}는 전기적인 속도 Hz와 rad/sec이다.

그림 3-10의 2극 고정자 위의 권선은 순서대로 감겨져 있다(반시계방향으로).

$$a\text{-}c'\text{-}b\text{-}a'\text{-}c\text{-}b'$$

만약에 고정자 내에 이러한 패턴이 2번 반복된다면 어떻게 되겠는가? 그림 3-11(a)에 이러한 고정자를 보여준다. 권선의 패턴은(반시계방향으로 주어진다)

$$a\text{-}c'\text{-}b\text{-}a'\text{-}c\text{-}b'\text{-}a\text{-}c'\text{-}b\text{-}a'\text{-}c\text{-}b'$$

이전의 2배 반복되는 고정자의 패턴이다. 3상 전류가 인가될 때 그림 3-11(b)에 보여주듯이 고정자 권선에서 2개의 N극과 2개의 S극이 발생한다. 이 권선에서 한 극은 전기각으로 한 주기동안 고정자 주위를 반바퀴 움직인다. 전기각으로 한 주기는 전기각 360°이고, 기계적 운동은 기계각 180°이기 때문에 고정자 내의 전기각 θ_{se}와 기계적인 각 θ_{sm}사이의 관계는

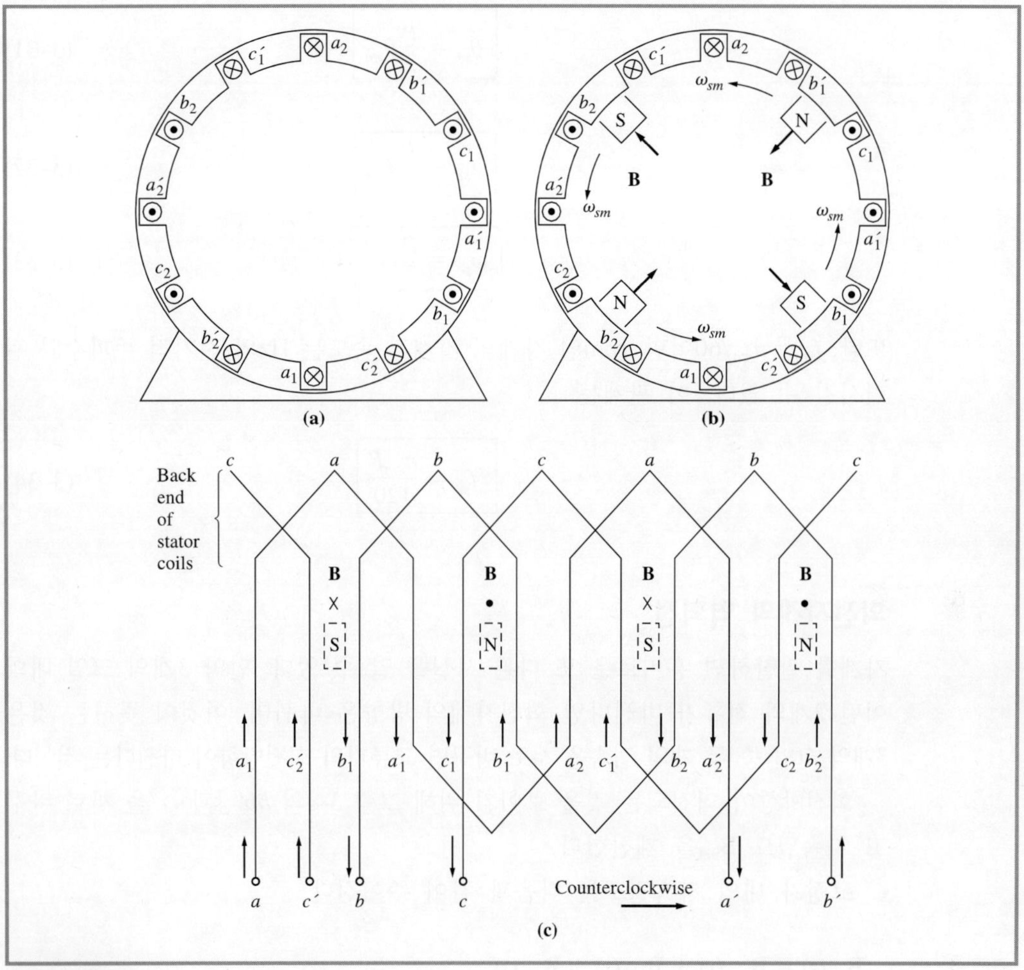

그림 3-11

(a) 간단한 4극 고정자 권선, (b) 고정자 자극. 고정자 표면주위로 90°마다 교번하는 극성을 갖는 이동하는 극들이 있음, (c) 표면 안쪽으로 본 고정자의 권선도. 고정자 전류가 어떻게 N극과 S자극에 발생하는가를 보여준다.

$$\theta_{se} = 2\theta_{sm} \tag{3–28}$$

그러므로 4극 권선에서 전류의 전기적 주파수는 기계적 회전주파수의 2배이다.

$$f_{se} = 2f_{sm} \quad \text{4극} \tag{3–29}$$
$$\omega_{se} = 2\omega_{sm} \quad \text{4극} \tag{3–30}$$

일반적으로, 교류기계 고정자에서 자극의 수가 P라고 하면, 권선은 내부표면 주위로 a-c'-b-a'-c-b'의 순서로 $P/2$배로 반복되고, 또한 고정자의 전기적, 기계적인 값은 다음의 관계가 있다.

$$\boxed{\theta_{se} = \frac{P}{2}\theta_{sm}} \tag{3–31}$$

$$\boxed{f_{se} = \frac{P}{2}f_{sm}} \tag{3–32}$$

$$\boxed{\omega_{se} = \frac{P}{2}\omega_{sm}} \tag{3–33}$$

또한, $f_{sm} = n_{sm}/60$이면, rpm인 자계의 기계적 속도는 Hz의 전기적 주파수와 관련시킬 수 있다. 이 관계는

$$\boxed{f_{se} = \frac{n_{sm}P}{120}} \tag{3–34}$$

회전자계의 역회전

자계를 관찰하면 흥미로운 또 다른 사실을 알 수 있다. 만약 3개의 코일 내의 어떤 2개의 전류가 바뀐다면 회전자계의 방향은 바뀌며, 이것이 뜻하는 것은 3개의 코일 중 두 개의 접속을 서로 바꾸면 교류기의 회전방향이 바뀐다는 것이다.

회전방향이 역전되는 것을 보이기 위해 그림 3-8의 bb'상과 cc'을 서로 바꾸고 자속밀도 $\mathbf{B}_{\text{net}}$을 계산한다.

고정자 내의 자속밀도는 다음과 같이 주어진다.

$$\begin{aligned}\mathbf{B}_{\text{net}}(t) &= \mathbf{B}_{aa'}(t) + \mathbf{B}_{bb'}(t) + \mathbf{B}_{cc'}(t)\\ &= B_M \sin \omega t \angle 0° + B_M \sin(\omega t - 240°) \angle 120° + B_M \sin(\omega t - 120°) \angle 240° \text{ T}\end{aligned}$$

각 각의 3개의 자속 요소를 x와 y의 성분으로 나누면

$$\begin{aligned}\mathbf{B}_{\text{net}}(t) = {} & B_M \sin \omega t\, \hat{\mathbf{x}}\\ & - [0.5B_M \sin(\omega t - 240°)]\hat{\mathbf{x}} + \left[\frac{\sqrt{3}}{2} B_M \sin(\omega t - 240°)\right]\hat{\mathbf{y}}\\ & - [0.5B_M \sin(\omega t - 120°)]\hat{\mathbf{x}} - \left[\frac{\sqrt{3}}{2} B_M \sin(\omega t - 120°)\right]\hat{\mathbf{y}}\end{aligned}$$

x와 y 성분을 합하면

$$\begin{aligned}\mathbf{B}_{\text{net}}(t) = {} & [B_M \sin \omega t - 0.5B_M \sin(\omega t - 240°) - 0.5B_M \sin(\omega t - 120°)]\hat{\mathbf{x}}\\ & + \left[\frac{\sqrt{3}}{2} B_M \sin(\omega t - 240°) - \frac{\sqrt{3}}{2} B_M \sin(\omega t - 120°)\right]\hat{\mathbf{y}}\end{aligned}$$

삼각함수에 의해

$$\mathbf{B}_{\text{net}}(t) = \left[B_M \sin \omega t + \frac{1}{4}B_M \sin \omega t - \frac{\sqrt{3}}{4}B_M \cos \omega t + \frac{1}{4}B_M \sin \omega t + \frac{\sqrt{3}}{4}B_M \cos \omega t\right]\hat{\mathbf{x}}$$
$$+ \left[-\frac{\sqrt{3}}{4}B_M \sin \omega t + \frac{3}{4}B_M \cos \omega t + \frac{\sqrt{3}}{4}B_M \sin \omega t + \frac{3}{4}B_M \cos \omega t\right]\hat{\mathbf{y}}$$

$$\boxed{\mathbf{B}_{\text{net}}(t) = (1.5B_M \sin \omega t)\hat{\mathbf{x}} + (1.5B_M \cos \omega t)\hat{\mathbf{y}}} \tag{3–35}$$

자속은 같은 크기를 갖지만 시계방향으로 회전한다. 그러므로 2개의 고정자 상의 전류를 서로 바꾸면 교류기의 회전자계는 방향이 바뀐다.

예제 3-1

그림 3-9에 보인 3상 고정자의 회전자계 모델을 MATLAB으로 표현하라.

풀이

고정자 내의 루프는 그림 3-9와 같다. 루프의 전류는

$$i_{aa'}(t) = I_M \sin \omega t \quad \text{A} \tag{3–21a}$$
$$i_{bb'}(t) = I_M \sin (\omega t - 120°) \quad \text{A} \tag{3–21b}$$
$$i_{cc'}(t) = I_M \sin (\omega t - 240°) \quad \text{A} \tag{3–21c}$$

자속밀도는

$$\mathbf{B}_{aa'}(t) = B_M \sin \omega t \angle 0° \quad \text{T} \tag{3–23a}$$
$$\mathbf{B}_{bb'}(t) = B_M \sin (\omega t - 120°) \angle 120° \quad \text{T} \tag{3–23b}$$
$$\mathbf{B}_{cc'}(t) = B_M \sin (\omega t - 240°) \angle 240° \quad \text{T} \tag{3–23c}$$
$$\phi = 2rlB = dlB$$

시간의 함수로서의 $\mathbf{B}_{aa'}$, $\mathbf{B}_{bb'}$, $\mathbf{B}_{cc'}$ 그리고 $\mathbf{B}_{\text{net}}$를 그리는 MATLAB프로그램은 다음과 같다.

```
% M-file: mag_field.m
% M-file to calculate the net magnetic field produced
% by a three-phase stator.

% Set up the basic conditions
bmax = 1;                    % Normalize bmax to 1
freq = 60;                   % 60 Hz
w = 2*pi*freq;               % angular velocity (rad/s)

% First, generate the three component magnetic fields
t = 0:1/6000:1/60;
Baa = sin(w*t) .* (cos(0) + j*sin(0));
Bbb = sin(w*t-2*pi/3) .* (cos(2*pi/3) + j*sin(2*pi/3));
Bcc = sin(w*t+2*pi/3) .* (cos(-2*pi/3) + j*sin(-2*pi/3));

% Calculate Bnet
Bnet = Baa + Bbb + Bcc;

% Calculate a circle representing the expected maximum
% value of Bnet
circle = 1.5 * (cos(w*t) + j*sin(w*t));
```

```
% M-file: mag_field.m
% M-file to calculate the net magnetic field produced
% by a three-phase stator.

% Set up the basic conditions
bmax = 1;                 % Normalize bmax to 1
freq = 60;                % 60 Hz
w = 2*pi*freq;            % angular velocity (rad/s)

% First, generate the three component magnetic fields
t = 0:1/6000:1/60;
Baa = sin(w*t) .* (cos(0) + j*sin(0));
Bbb = sin(w*t-2*pi/3) .* (cos(2*pi/3) + j*sin(2*pi/3));
Bcc = sin(w*t+2*pi/3) .* (cos(-2*pi/3) + j*sin(-2*pi/3));

% Calculate Bnet
Bnet = Baa + Bbb + Bcc;

% Calculate a circle representing the expected maximum
% value of Bnet
circle = 1.5 * (cos(w*t) + j*sin(w*t));
```

프로그램을 실행하면 3개의 자계와 총 자계를 그린다. $\mathbf{B}_{net}$의 결과를 보라.

3.3 기자력과 교류기의 자속분포

3.2절에서 교류기의 내부에서 발생되는 자속은 자유로운 공간 내에 있는 것으로 간주된다. 도체의 코일에 의해 발생한 자속밀도의 방향은 코일의 수직면이라고 가정한다. 이때 자속의 방향은 오른손 법칙에 의해 주어진다.

실제 기계의 자속은 위에서 가정한 것처럼 간단한 방법으로 작동되지는 않는다. 왜냐하면 기계중심에 강자성체 회전자가 있고 회전자와 고정자 사이에 작은 **공극**(air gap)이 있기 때문이다. 회전자는 그림 3-12(a)에 보여지는 하나의

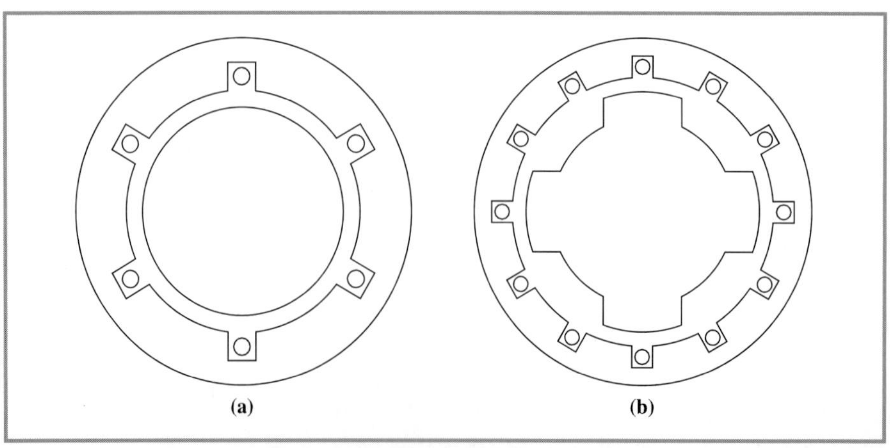

그림 3-12 (a) 원통형 또는 비돌극형 회전자의 교류기계, (b) 돌극형 회전자를 가지는 교류기계

원통형이거나, 그림 3-12(b)에서 보듯이 극이 회전자면에서 밖으로 돌출된 모양을 갖는다. 만약에 회전자가 원통형이라면 기계는 비돌극형 극을 가졌다고 하고 회전자가 극면에서 튀어나왔다면 기계는 돌극형 극을 가졌다고 한다. 원통형 회전자 혹은 비돌극형 기계는 돌극형 기계보다 이해와 해석이 쉽다. 여기서는 원통형 회전자에 한하여 설명한다. 돌극기는 부록 C에 간단하게 설명되어 있고, 보다 자세한 것은 참고문헌 1과 2에 서술되어 있다.

원통형 전동기는 그림 3-12(a)에서 보여주고 있다. 기계 내 공극의 자기저항은 회전자나 고정자의 자기저항보다 훨씬 높다. 그래서 자속밀도 벡터 **B**는 공극 내에서 가장 짧은 통로를 만들고 고정자와 회전자 사이에 수직으로 연결되어 있다.

기계에서 정현전압을 발생하기 위하여 자속밀도 벡터 **B**의 크기는 공극의 표면을 따라서 정현적으로 변해야만 한다. 자속밀도는 자계의 세기 **H**(또한 기자력 $\mathscr{F}$)가 공극의 표면을 따라서 정현적으로 변화할 때만 정현적으로 변화할 것이다(그림 3-13).

공극의 표면을 따라서 기자력이 정현적으로 변화하기 위한 가장 직접적인 방법은 기계표면 주위로 빽빽하게 배치된 슬롯에서 기자력을 발생시키는 권선을 분포시키고 각 슬롯의 도체의 수를 정현적으로 되도록 변화시킨다. 그림 3-14(a)에 이러한 권선을 보여주고 그림 3-14(b)는 권선으로부터 나오는 기자력을 보여준다. 각 슬롯에 도체의 수는 다음 식에 주어져 있다.

$$n_C = N_C \cos \alpha \tag{3–36}$$

N_C는 각도 0°에서 도체의 수이다. 그림 3-14(b)에서 보이듯이, 도체의 분포는 기자력의 정현적인 분포에 근접하도록 한다. 게다가, 기계표면 주위에 있는 많은 슬롯들과 공간적으로 밀접하게 슬롯들을 근접하여 설치시키면 더욱 근사화된다.

실제, 분포권선은 식 (3-36)과 정확하게 일치하는 것이 가능하지는 않다. 실제 기계에서 제한된 슬롯의 수와 정수배의 도체만 각 슬롯에 넣을 수 있기 때문이다. 결과적으로 분포 기자력은 거의 정현적으로 되나 높은 차수의 고조파 성분이 존재할 것이다. 부록 B.1에 설명한 것처럼 단절권 권선배치는 원하지 않는 고조파 성분들을 억제시키는 데 이용된다.

더구나, 흔히 기계 설계자들은 편의상 식 (3-36)과 같이 각 슬롯의 도체수를 변화시키는 대신에 각 슬롯의 같은 수의 도체를 넣는다. 이 타입의 권선들은 부록 B.2에 설명되어져 있다. 이것들은 식 (3-36)과 같이 설계된 권선보다 높은 고조파 성분요소가 많다. 부록 B.1의 고조파 억제 기술은 이러한 권선에 특히 중요하다.

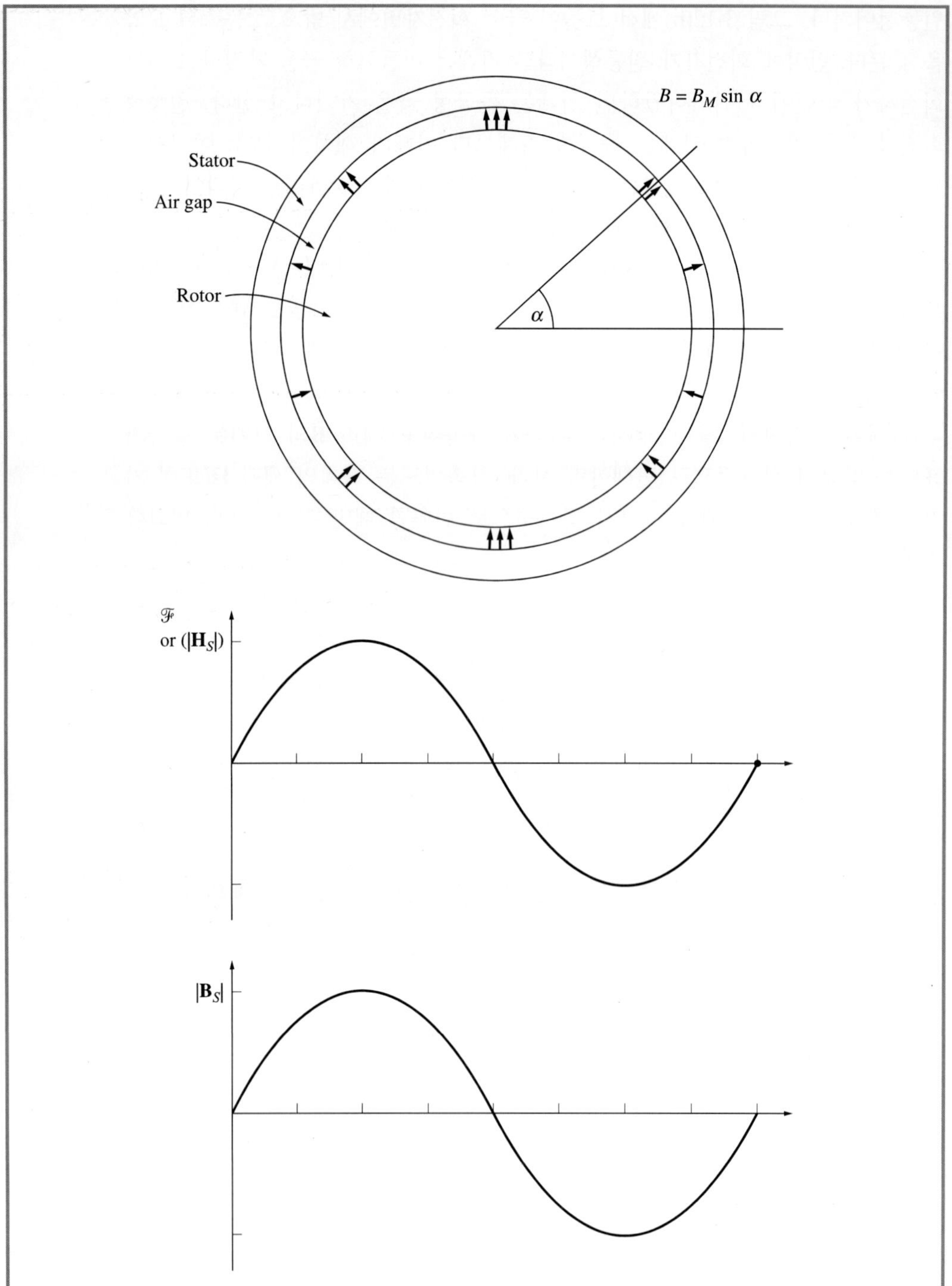

그림 3-13

(a) 정현적으로 변화하는 공극 자속밀도를 가지는 원통형 회전자, (b) 공극에서 각 α에 따른 기자력 또는 자계세기, (c) 공극에서 각 α에 따른 자속밀도

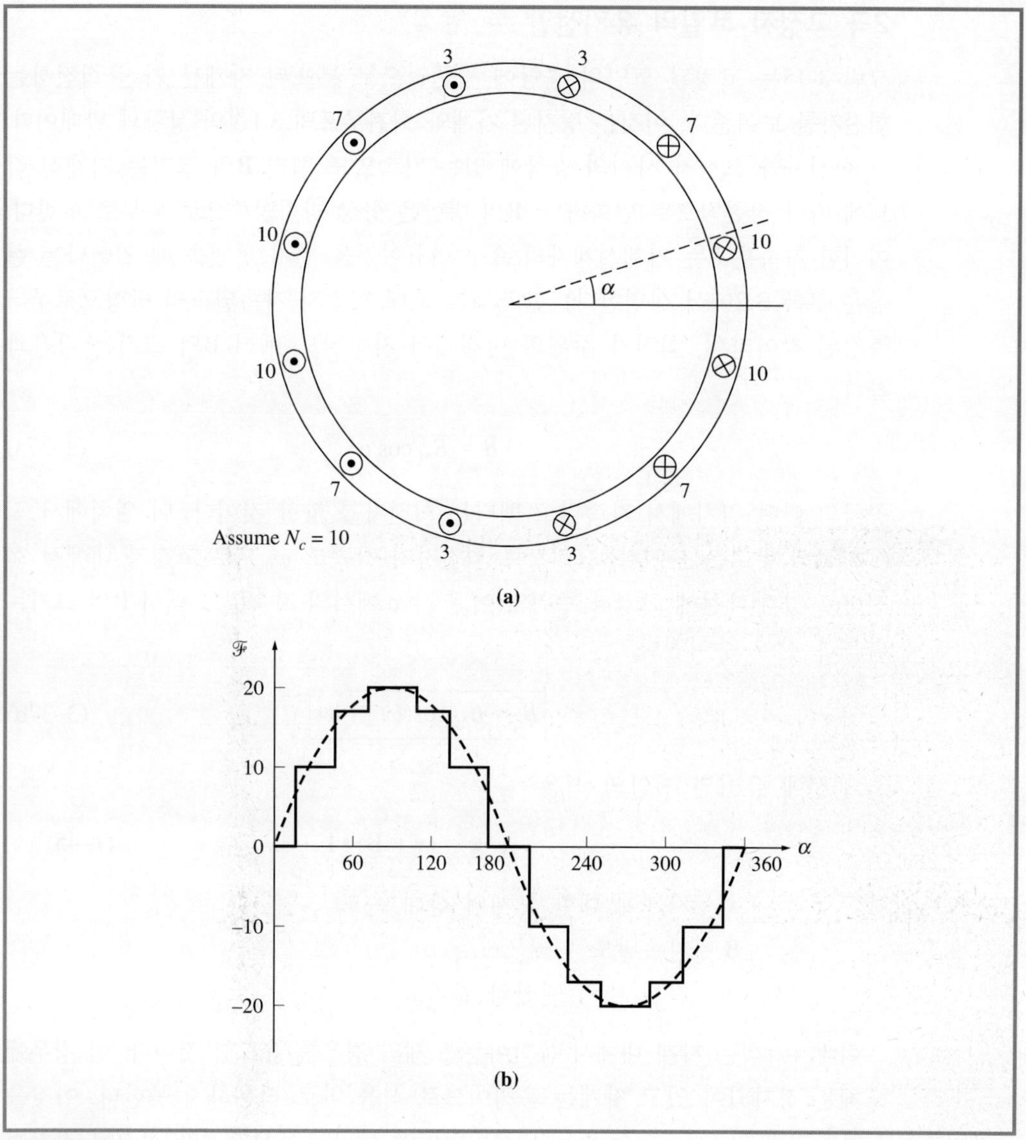

그림 3-14
(a) 공극 자속밀도가 정현적으로 변화하기 위한 분포 고정자 권선을 갖는 교류기. 도체의 각 슬롯의 수는 그림에 설명, (b) 권선으로부터 만들어진 기자력 분포로 이상적인 분포와 비교

3.4 교류기의 유기전압

고정자에서 3상 전류가 회전자계를 만들 수 있는 것과 같이 회전자계는 고정자의 코일에 3상 전압을 만들 수 있다. 3상 고정자에서 유기되는 전압을 이 장에서 유도할 것이다. 그 현상을 손쉽게 이해하도록 하기 위해 한 개의 코일을 검토하고, 그 결과를 더 일반적인 3상 고정자로 확장시킬 것이다.

2극 고정자 코일의 유기전압

그림 3-15는 고정된 코일의 중앙에 정현적으로 분포된 자계를 가진 회전하는 회전자를 보여준다. 이것은 정지된 자계와 회전루프의 3.1절의 상황과 반대이다.

회전자와 고정자 사이의 공극에 있는 자속밀도 벡터 **B**의 크기는 기계적 각도에 따라 정현적으로 변화하며, **B**의 방향은 항상 방사방향으로 외부로 향한다. 이러한 자속분포는 기계설계자의 요구이다(이것을 얻지 못했을 때 일어나는 현상은 부록 B.2에서 설명한다). 만약 α가 최대 회전자 자속밀도의 방향으로부터 측정된 각이라면, 회전자 주위의 한점에서 자속밀도 벡터 **B**의 크기는 다음과 같다.

$$B = B_M \cos \alpha \qquad (3\text{–}37a)$$

공극의 어떤 위치에서 자속밀도 벡터는 회전자를 향할 것이다. 이 위치에서 식 (3-37a)의 부호는 음이다. 그러므로 회전자가 각속도 ω_m으로 고정자 내에서 회전하고 있기 때문에 고정자 주위의 어떤 각 α에서의 자속밀도 벡터 **B**의 크기는 다음과 같이 주어진다.

$$\boxed{B = B_M \cos(\omega t - \alpha)} \qquad (3\text{–}37b)$$

권선에 유기된 전압의 식은

$$e = (\mathbf{v} \times \mathbf{B}) \cdot \mathbf{l} \qquad (1\text{–}45)$$

$\mathbf{v}$ = 자계에 대한 도체의 상대 속도

$\mathbf{B}$ = 자속밀도 벡터

$\mathbf{l}$ = 자계 내의 권선의 길이

그런데, 이 식은 자계 내에서 움직이는 도체의 경우를 유도한 것이다. 이 경우에 도체는 정지되어 있고 자계는 움직이므로 식을 바로 적용하지 못한다. 이것을 이용하려면 자계의 기준 축은 고정되었어야 한다. 만약 자계가 정지된 것처럼 보이기 위해서 자계 위에 앉아 있다고 한다면 코일변은 속도 $\mathbf{v}_{rel}$로 움직이는 것처럼 보이기 때문에 식을 적용할 수 있다. 그림 3-15(b)는 자계 벡터와, 정지된 자계와 움직이는 도체의 관점에서 본 속도를 보여준다.

코일에서 유기되는 총 전압은 4개의 각 도체변의 합이다. 이 전압은 아래와 같다.

1. *ab* 선분. *ab*부분에 대해, $\alpha = 180°$. **B**는 회전자에서 방사방향으로 외부쪽으로 향한다고 가정하자. *ab*부분에서의 **v**와 **B**사이의 각은 90°이고 $\mathbf{v} \times \mathbf{B}$은 $\mathbf{l}$의 방향이다.

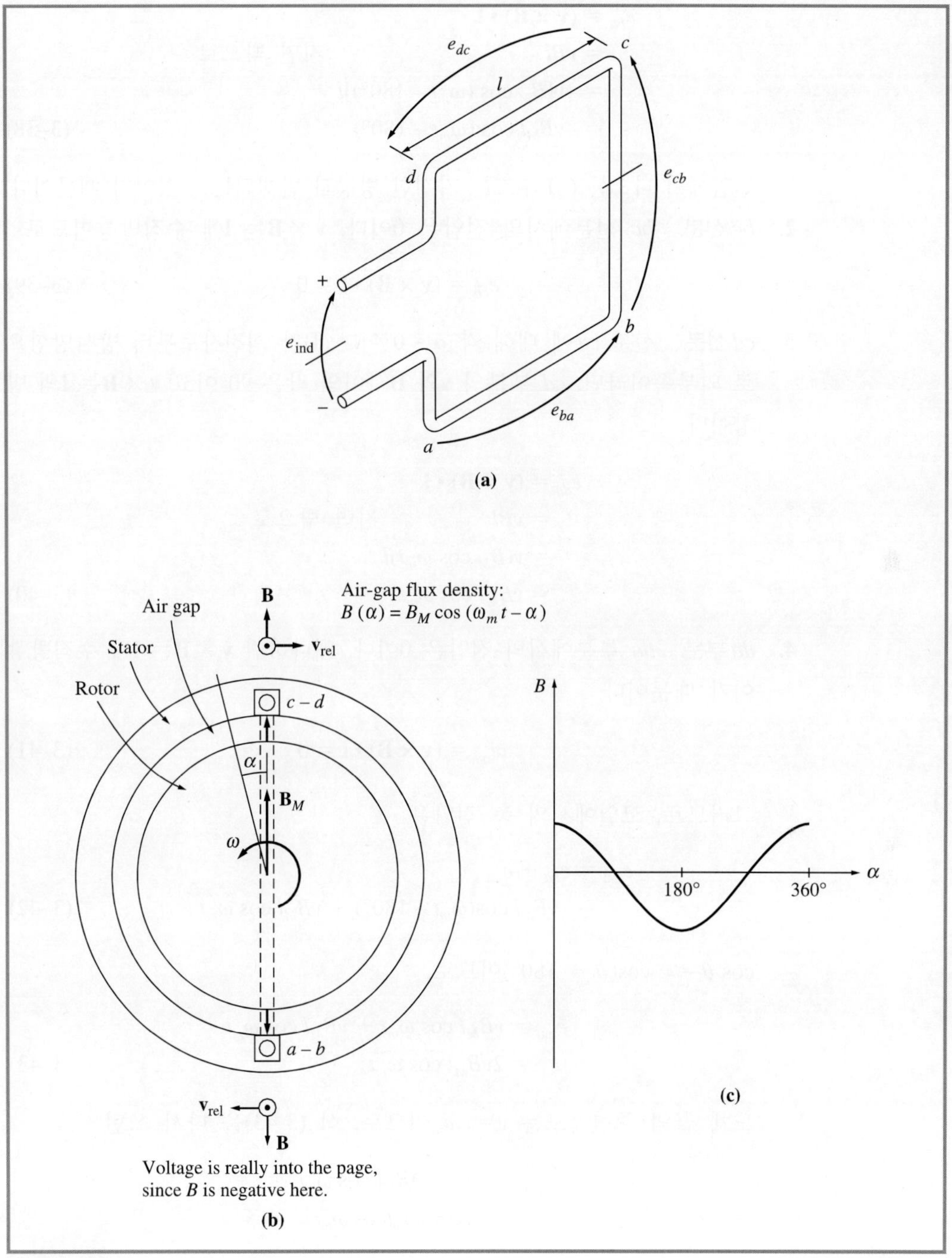

그림 3-15

(a) 정지한 고정자 코일 내부의 회전하는 회전자자계, (b) 코일변에서의 자속밀도와 속도 벡터. 속도는 자계가 정지한 것을 기준으로 한 방향, (c) 공극에서의 자속밀도 분포

$$\begin{aligned} e_{ba} &= (\mathbf{v} \times \mathbf{B}) \cdot \mathbf{l} \\ &= vBl \qquad \text{지면 밖으로} \\ &= -v[B_M \cos(\omega_m t - 180°)]l \\ &= -vB_M l \cos(\omega_m t - 180°) \end{aligned} \tag{3–38}$$

전압에서 나오는 (−) 부호는 가정한 방향과 반대되는 극성이기 때문이다.

2. bc 선분. bc 선분에서의 전압은 0이다. $\mathbf{v} \times \mathbf{B}$는 $\mathbf{l}$에 수직방향이므로.

$$e_{cb} = (\mathbf{v} \times \mathbf{B}) \cdot \mathbf{l} = 0 \tag{3–39}$$

3. cd 선분. 선분 cd에 대해 각 $\alpha = 0°$이다. B가 회전자로부터 방사방향으로 외부쪽이라면, cd 부분의 $\mathbf{v}$와 $\mathbf{B}$사이의 각은 90°이고 $\mathbf{v} \times \mathbf{B}$는 $\mathbf{l}$의 방향이다.

$$\begin{aligned} e_{dc} &= (\mathbf{v} \times \mathbf{B}) \cdot \mathbf{l} \\ &= vBl \qquad \text{지면 밖으로} \\ &= v(B_M \cos \omega_m t)l \\ &= vB_M l \cos \omega_m t \end{aligned} \tag{3–40}$$

4. da 부분. da 부분에서의 전압은 0이다. 왜냐하면 $\mathbf{v} \times \mathbf{B}$는 $\mathbf{l}$에 수직방향이기 때문이다.

$$e_{ad} = (\mathbf{v} \times \mathbf{B}) \cdot \mathbf{l} = 0 \tag{3–41}$$

그러므로, 코일에서의 총 전압은

$$\begin{aligned} e_{\text{ind}} &= e_{ba} + e_{dc} \\ &= -vB_M l \cos(\omega_m t - 180°) + vB_M l \cos \omega_m t \end{aligned} \tag{3–42}$$

$\cos \theta = -\cos(\theta - 180°)$이므로,

$$\begin{aligned} e_{\text{ind}} &= vB_M l \cos \omega_m t + vB_M l \cos \omega_m t \\ &= 2vB_M l \cos \omega_m t \end{aligned} \tag{3–43}$$

도체 끝의 주변속도는 $v = r\omega_m$이므로, 식 (3-43)을 다시 쓰면

$$\begin{aligned} e_{\text{ind}} &= 2(r\omega_m)B_M l \cos \omega_m t \\ &= 2rlB_M\omega_m \cos \omega_m t \end{aligned}$$

끝으로, 코일속으로 통과하는 자속은 $\phi = 2rlB_m$(연습문제 3-9참조)이고, 고정자가 2극인 경우에는 $\omega_m = \omega_e = \omega$이고 유기전압은 다음과 같이 표현되어진다.

$$\boxed{e_{\text{ind}} = \phi\omega \cos \omega t} \tag{3–44}$$

식 (3-44)는 한 번 감은 코일 내의 유기전압을 설명한다. 고정자 내의 코일이 N_C번 감겨있다면 코일의 전체 유기전압은

$$\boxed{e_{\text{ind}} = N_C \phi\omega \cos \omega t} \tag{3–45}$$

간단한 교류기계 권선내에 유기되는 전압은 정현적이고, 전압의 크기는 기계의 자속 ϕ와 회전자의 각속도 ω, 기계의 구조에 관련있는 상수에 영향을 받는다(간단한 경우 N_C). 이것은 3.1절에서 구한 단순한 루프에서 얻은 결과와 같다.

식 (3-45)는 이 장에서 다른 식에서 사용한 $\sin \omega t$ 대신에 $\cos \omega t$ 성분을 포함하고 있다. sin항과 cos항은 특별한 의미가 있는 것이 아니고, 이미 언급되어진 방향에 이용되어진 α의 기준을 잡는 데 따른 것이다. α의 기준축을 90° 회전하면 $\sin \omega t$가 된다.

3상 권선의 유기전압

3개의 코일이 그림 3-16의 고정자 주위에 각각 N_C번 감겨져 있다면, 유기전압은 동일한 크기를 가지지만 120° 위상이 다르다. 3개 각 코일에서의 전압은

$$e_{aa'}(t) = N_C \phi\omega \sin \omega t \quad \text{V} \tag{3–46a}$$
$$e_{bb'}(t) = N_C \phi\omega \sin (\omega t - 120°) \quad \text{V} \tag{3–46b}$$
$$e_{cc'}(t) = N_C \phi\omega \sin (\omega t - 240°) \quad \text{V} \tag{3–46c}$$

그러므로, 3상 전압은 고정자 내의 균일한 회전자계를 발생시키고, 균일한 회전자계는 이러한 고정자에서 3상 전압을 발생시킨다.

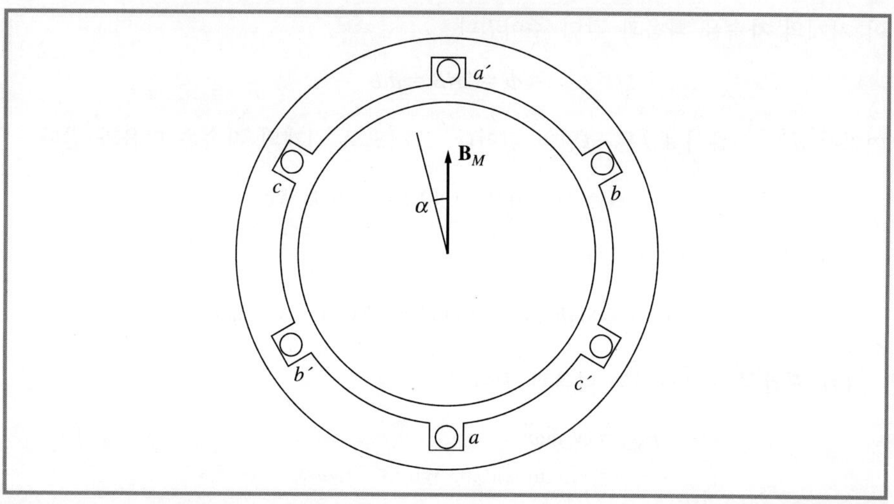

그림 3-16
120°로 떨어진 3상 권선에 발생하는 3상 전압

3상 고정자의 실효전압

이러한 3상 고정자에서의 최고 상전압은

$$E_{max} = N_C \phi \omega \tag{3–47}$$

$\omega = 2\pi f$ 이기 때문에 이 식은 또한 다음과 같이 표현할 수 있다.

$$E_{max} = 2\pi N_C \phi f \tag{3–48}$$

그러므로, 3상 고정자에서 상의 실효전압은

$$E_A = \frac{2\pi}{\sqrt{2}} N_C \phi f \tag{3–49}$$

$$\boxed{E_A = \sqrt{2}\pi N_C \phi f} \tag{3–50}$$

단자에서의 실효전압은 고정자가 Y나 Δ선이냐에 따라 달라진다. Y결선이면 단자전압은 $\sqrt{3}E_A$가 되고, Δ결선이면 단자전압은 E_A와 같다.

예제 3-2

다음은 그림 3-16에서 보여지는 간단한 2극 발전기의 자료이다. 회전자자계의 최고 자속밀도는 0.2 T이고 축의 기계적인 회전속도는 3600 rpm이다. 고정자의 지름은 0.5 m이고 코일의 길이는 0.3 m이며 코일당 15번 감겨있다. 기계는 Y결선이다.

(*a*) 발전기의 3상 출력전압은?
(*b*) 이 발전기의 실효 상전압은?
(*c*) 이 발전기의 실효 단자전압은?

풀이

이 기계의 자속은 다음과 같이 주어진다.

$$\phi = 2rlB = dlB$$

여기서 d는 지름이고 l은 코일의 길이다. 그러므로 기계의 자속은 다음과 같다.

$$\phi = (0.5 \text{ m})(0.3 \text{ m})(0.2 \text{ T}) = 0.03 \text{ Wb}$$

회전자의 속도는 다음과 같다.

$$\omega = (3600 \text{ r/min})(2\pi \text{ rad})(1 \text{ min}/60 \text{ s}) = 377 \text{ rad/s}$$

(*a*) 전압의 최대크기는 다음과 같다.

$$\begin{aligned} E_{max} &= N_C \phi \omega \\ &= (15 \text{ turns})(0.03 \text{ Wb})(377 \text{ rad/s}) = 169.7 \text{ V} \end{aligned}$$

그리고 3상 전압은

$$e_{aa'}(t) = 169.7 \sin 377t \quad V$$
$$e_{bb'}(t) = 169.7 \sin (377t - 120°) \quad V$$
$$e_{cc'}(t) = 169.7 \sin (377t - 240°) \quad V$$

(*b*) 이 발전기의 3상 실효전압은

$$E_A = \frac{E_{max}}{\sqrt{2}} = \frac{169.7 \text{ V}}{\sqrt{2}} = 120 \text{ V}$$

(*c*) 발전기가 Y-결선되어 있다면

$$V_T = \sqrt{3}E_A = \sqrt{3}(120 \text{ V}) = 208 \text{ V}$$

3.5 교류기의 발생토오크

정상적인 동작상태에서 교류기는 회전자 회로에서 발생된 자계와 고정자 회로에서 발생된 자계가 있다. 이 두 개의 자계의 상호작용으로 토오크가 발생되고, 이것은 두 개의 영구자석이 정렬하기 위해 발생하는 토오크와 같은 것이다.

그림 3-17은 최대값이 위로 향하는 고정자의 정현적 자속분포와 회전자에 있는 한 개의 도체를 가진 간단한 교류기를 보여주고 있다. 이 기계의 고정자의 자속분포는 다음과 같다.

$$B_S(\alpha) = B_S \sin \alpha \tag{3–51}$$

여기서 B_S는 자속밀도의 최고값이다; $B_S(\alpha)$는 회전자 표면에서 고정자의 표면으로 방사방향으로 향하면 양의 값을 가진다. 간단한 교류기의 회전자에서 발생하는 토오크의 양은 얼마나 될까? 우리는 각각의 두 도체의 힘과 토오크를 해석할 것이다.

도체 1에 생기는 힘은

$$\mathbf{F} = i(\mathbf{l} \times \mathbf{B}) \tag{1–43}$$
$$= ilB_S \sin \alpha \quad \text{그림에 보여진 방향}$$

이때 도체의 토오크는

$$\tau_{\text{ind},1} = (\mathbf{r} \times \mathbf{F})$$
$$= rilB_S \sin \alpha \quad \text{반시계방향}$$

도체 2에 생기는 힘은

$$\mathbf{F} = i(\mathbf{l} \times \mathbf{B}) \tag{1–43}$$
$$= ilB_S \sin \alpha \quad \text{그림에 보여진 방향}$$

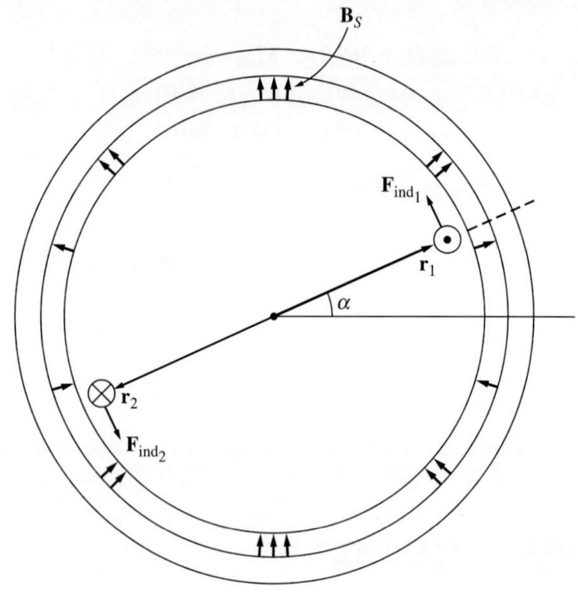

그림 3-17 고정자의 자속이 정현적으로 분포되고 회전자에 하나의 도체가 있는 단순한 교류기

이때 도체의 토오크는

$$\begin{aligned}\tau_{\text{ind},1} &= (\mathbf{r} \times \mathbf{F}) \\ &= rilB_S \sin \alpha \quad \text{반시계방향}\end{aligned}$$

그러므로 회전자 루프의 토오크는 아래와 같다.

$$\boxed{\tau_{\text{ind}} = 2rilB_S \sin \alpha \quad \text{반시계방향}} \tag{3-52}$$

그림 3-18을 검토함으로서 식 (3-52)를 더 쉽게 표현할 수 있다.

1. 회전자에 흐르는 전류 i는 자계를 생성한다. 이 자계의 최대값의 방향은 오른손법칙이 적용된다. 그리고 자계세기 $\mathbf{H}_R$의 크기는 회전자 전류에 비례한다.

$$H_R = Ci \tag{3-53}$$

여기서 C는 비례상수이다.

2. 고정자 자속밀도 $\mathbf{B}_S$의 최대값과 회전자의 자계세기 $\mathbf{H}_R$의 최대값 사이의 각은 γ이다. 게다가,

$$\gamma = 180° - \alpha \tag{3-54}$$

$$\sin \gamma = \sin (180° - \alpha) = \sin \alpha \tag{3-55}$$

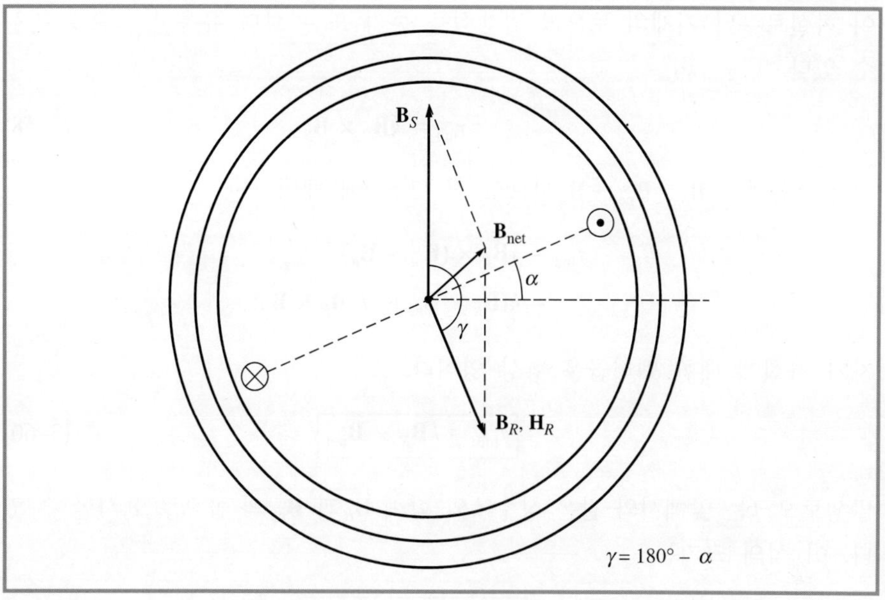

그림 3-18 그림 3-17의 기기 내에서 발생하는 자속밀도 성분

이 두 고찰에 의해 루프의 토오크는 아래와 같이 나타낼수 있다.

$$\tau_{ind} = KH_R B_S \sin\alpha \quad \text{반시계방향} \tag{3–56}$$

여기서 K는 기계의 구조에 의해 정해지는 값이다. 토오크의 크기와 방향은 다음의 식에 의해 나타난다.

$$\boxed{\tau_{ind} = K\mathbf{H}_R \times \mathbf{B}_S} \tag{3–57}$$

마지막으로 $B_R = \mu H_R$이므로, 식은 다음과 같이 된다.

$$\boxed{\tau_{ind} = k\mathbf{B}_R \times \mathbf{B}_S} \tag{3–58}$$

여기서 $k = K/\mu$이다. 자기 투자율 μ가 기계의 자기포화에 의해 변하기 때문에 일반적으로 k는 일정하지 않다.

식 (3-58)은 식 (3-20)과 같다. 식 (3-20)은 균일 자계 내의 단순한 하나의 회전자 루프의 경우이다. 이것은 어떤 교류기에서도 적용할 수 있으며 단지 앞에서 언급한 하나의 루프를 가진 회전자만이 적용되는 것이 아니다. 상수 k가 기계에 따라서 다르게 나타난다. 이 식으로 교류기에서 토오크의 정성적인 점을 공부하는 데 사용할 수 있다. 그래서 k의 실제적인 값은 중요하지 않다.

이 기계의 총 자계는 회전자와 고정자 자계의 합이다(포화상태가 아닐 때임).

$$\mathbf{B}_{net} = \mathbf{B}_R + \mathbf{B}_S \tag{3–59}$$

이 사실로부터 기계의 토오크 발생식을 등가 또는 보다 유용한 식으로 만들 수 있다.

$$\tau_{\text{ind}} = k\mathbf{B}_R \times \mathbf{B}_S \tag{3–58}$$

식 (3-59)에서 $\mathbf{B}_S = \mathbf{B}_{\text{net}} - \mathbf{B}_R$이므로 식 (3-58)에 대입하면

$$\begin{aligned}\tau_{\text{ind}} &= k\mathbf{B}_R \times (\mathbf{B}_{\text{net}} - \mathbf{B}_R)\\ &= k(\mathbf{B}_R \times \mathbf{B}_{\text{net}}) - k(\mathbf{B}_R \times \mathbf{B}_R)\end{aligned}$$

자기 자신에 대한 벡터곱은 항상 영이다.

$$\boxed{\tau_{\text{ind}} = k\mathbf{B}_R \times \mathbf{B}_{\text{net}}} \tag{3–60}$$

발생토오크는 앞에서와 같은 상수 k와 함께 $\mathbf{B}_R$과 $\mathbf{B}_{\text{net}}$의 곱으로 표시할 수 있다. 이 식의 크기는

$$\boxed{\tau_{\text{ind}} = kB_R B_{\text{net}} \sin\delta} \tag{3–61}$$

여기서 δ는 $\mathbf{B}_R$와 $\mathbf{B}_{\text{net}}$의 각이다.

식 (3-58)에서 (3-61)까지의 식은 기계에서 토오크의 정성적 이해를 돕는 데 사용될 수 있다. 예로 그림 3-19의 간단한 동기기를 보라. 그림에서 자계는 반시계방향으로 회전하고 있다. 기계의 회전자의 축의 토오크는 어떤 방향인가? 식 (3-58)이나 (3-60)에 오른손법칙을 작용하면, 발생 토오크는 시계방향, 또는 회전자의 회전방향과 반대방향이 된다. 그러므로 이 기계는 발전기로 동작한다.

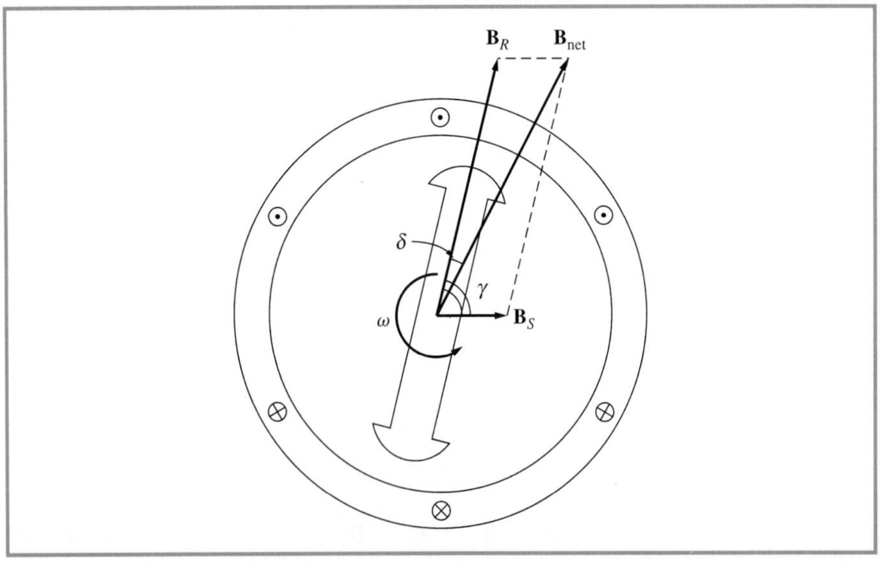

그림 3-19 회전자와 고정자 자계를 보여주는 단순한 동기기

3.6 교류기의 권선절연

기계의 설계에서 중요한 부분 중의 하나가 권선의 절연이다. 만약 전동기나 발전기의 절연이 파괴되면 그 기계는 단락될 것이다. 만약 단락된 기계의 수리가 가능하다해도 기계의 수리를 위한 절연은 큰 비용이 든다. 과열에 의한 권선의 절연파괴를 피하기 위해서는 권선의 온도를 제한할 필요가 있다. 권선의 냉각은 공기의 순환으로 부분적으로 할 수 있으나 결국은 최고 권선 온도는 기계가 연속적으로 공급할 수 있는 최대 전력을 제한하게 된다.

절연은 어떤 높은 온도에서 즉시 파괴되지는 않는다. 대신에 온도의 증가로 인해서 절연이 단계적으로 나빠지고, 그것으로 인해 전기적 스트레스나 진동 충격 등과 같은 다른 문제가 생겨난다. 오랜 경험으로 권선의 온도가 정격보다 10 % 증가되면 전동기의 예상수명은 반감된다. 이 법칙은 오늘날에도 폭넓게 적용되고 있다.

기계의 절연의 온도한계의 표준은 미국의 National Electrical Manufacturers Association(NEMA)에서 절연계급에 의해서 정의되어 있다. 각 절연계급에 최고허용를 명시하였다. 세 가지의 일반적인 NEMA 절연계급이 마력급의 교류전동기에 적용된 것이다(B, F, H). 각 계급은 앞의 것보다 높은 허용온도를 나타낸다. 예로 연속동작하는 유도전동기의 한 경우에서 주위온도보다 전기자 권선온도가 B급에서는 80°C, F급에서는 105°C, H급에서는 125°C 이내로 제한된다.

실제적인 기기의 절연에 대한 동작 온도의 영향은 매우 극적이다. 그림 3-20이 실제적인 곡선을 보여준다. 이 곡선은 여러 가지 다른 절연계급에 대하여 권선의 온도에 대한 수천 시간 동안의 기기의 평균 수명 변화를 나타낸다.

교류전동기와 발전기의 각 형태의 온도특성은 NEMA 표준발전기와 전동기 규격, MG1-1993에 자세히 쓰여져 있다. 유사한 표준으로 국제 전기기술 위원회(IEC)에 의해 정의된 규격이 있고, 다양한 다른 국가의 국가표준기구도 있다.

3.7 교류기의 전력과 손실

교류발전기는 기계적 에너지를 전기적 에너지로, 교류전동기는 전기적 에너지를 기계적 에너지로 변환한다. 이 기기들은 모든 에너지는 여러 가지 형태로 나타난다—이것들은 항상 손실을 수반한다.

교류기의 효율은 다음의 식으로 정의된다.

$$\boxed{\eta = \frac{P_{\text{out}}}{P_{\text{in}}} \times 100\%} \tag{3–62}$$

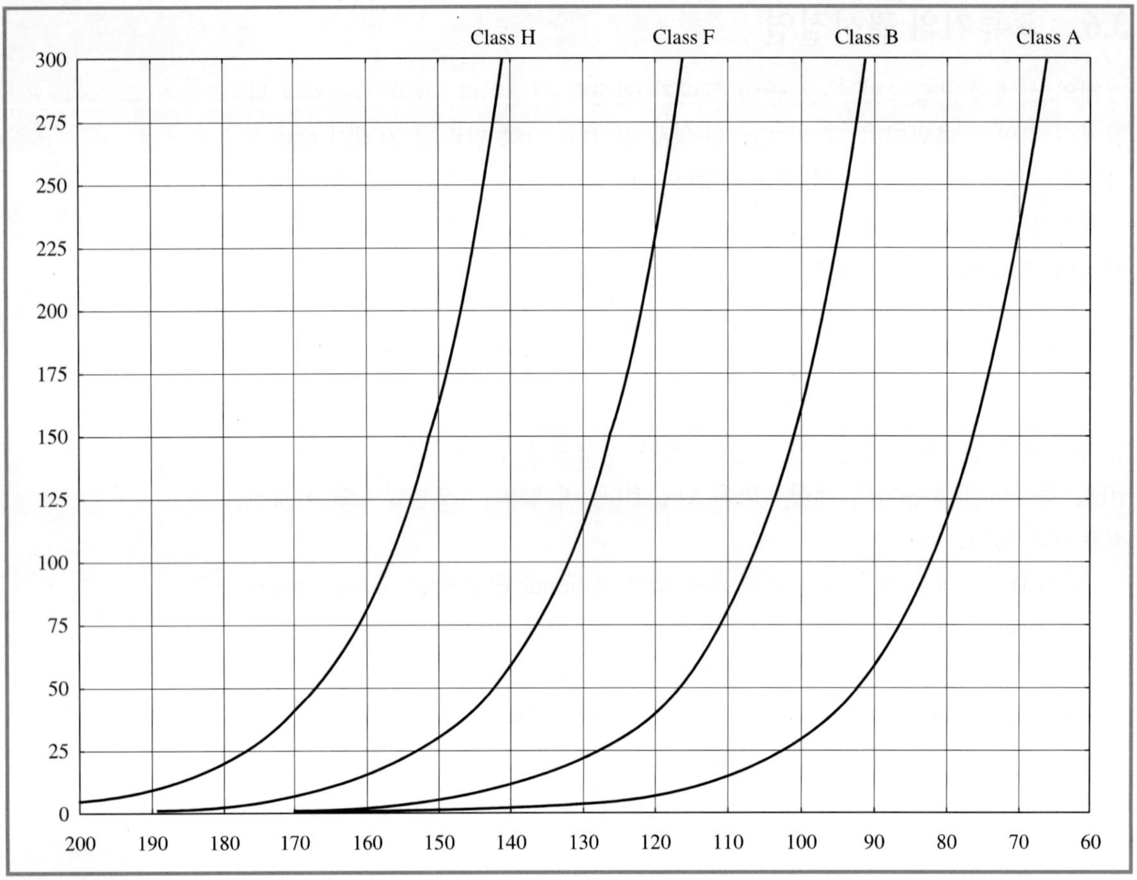

그림 3-20
여러 절연계급에 관해서 권선의 온도에 대한 평균 절연수명 곡선
(Marathon Electric Company 제공)

입력과 출력의 차는 기기내부의 손실이다.

$$\eta = \frac{P_{\text{in}} - P_{\text{loss}}}{P_{\text{in}}} \times 100\% \tag{3-63}$$

교류기의 손실

교류기계의 손실은 4가지로 나뉜다.

1. 전기손 또는 동손(copper loss, I^2R 손실)
2. 철손(core loss)
3. 기계손(mechanical loss)
4. 표유부하손(stray load loss)

전기손 또는 동손 동손은 기계의 고정자(전기자, armature)와 회전자(계자, field) 도체에서 열을 발생시키는 저항 손실이다. 3상 교류 기계의 고정자 동손(SCL)은 아래의 식에 주어진다.

$$\boxed{P_{\text{SCL}} = 3I_A^2 R_A} \tag{3–64}$$

여기서 I_A는 전기자에 흐르는 전류이며, R_A는 전기자 저항이다.

동기기의 회전자 동손(RCL)은 아래와 같이 주어진다(유도기는 6장에 따로 설명되어 있다).

$$\boxed{P_{\text{RCL}} = I_F^2 R_F} \tag{3–65}$$

여기서 I_F는 회전자에 있는 계자권선에 흐르는 전류이며, R_F는 계자권선의 저항이다. 여기서의 저항은 정상 운전상태에서의 권선저항이다.

철손 철손은 전동기 철심에서 발생하는 히스테리시스손과 와전류손이다. 철손은 1장에서 설명하였다. 철손은 자속밀도의 제곱(B^2)에 비례하고 고정자에서 자계의 회전속도의 1.5성($n^{1.5}$)에 비례한다.

기계손 교류기에서 기계손은 기계적인 영향으로 발생한다. 기계손에는 두 가지 형태가 있다. **마찰손**(friction loss)과 **풍손**(windage loss)이다. 마찰손은 베어링의 마찰에 의한 것이고, 풍손은 기기 내의 회전부분과 공기사이의 마찰에 의한 것이다. 이것들은 기기 회전속도의 3성에 비례한다.

기기의 기계손과 철손을 가끔씩 하나로 묶어 기계의 **무부하 회전손실**이라 부른다. 무부하에서, 모든 입력은 이러한 손실들을 극복하는 데 사용된다. 더구나, 교류기계가 무부하로 전동기가 작동하고 있을 때, 고정자에서의 입력은 거의 이들 손실과 유사하다.

표유부하손 표유부하손은 앞의 분류와는 다르다. 손실을 아무리 정밀하게 측정하여도 위의 범주를 벗어나는 것이 있게 마련이고 이것을 모두 합하여 표유부하손이라 한다. 대개의 기계는 기계 출력의 1%를 표유부하손으로 정한다.

전력흐름도

기계의 손실을 보여주는 가장 쉬운 방법 중의 하나는 전력흐름도를 그리는 것이다. 교류발전기의 전력흐름도는 그림 3-21(a)에 보여준다. 이 그림에서 기계적 동력이 입력이고, 표유부하손, 기계손, 그리고 철손이 빠져나간다. 나머지 입력은 P_{conv}에서 기계적 동력이 전기적 전력으로 변한다. 변환된 기계적 동력은

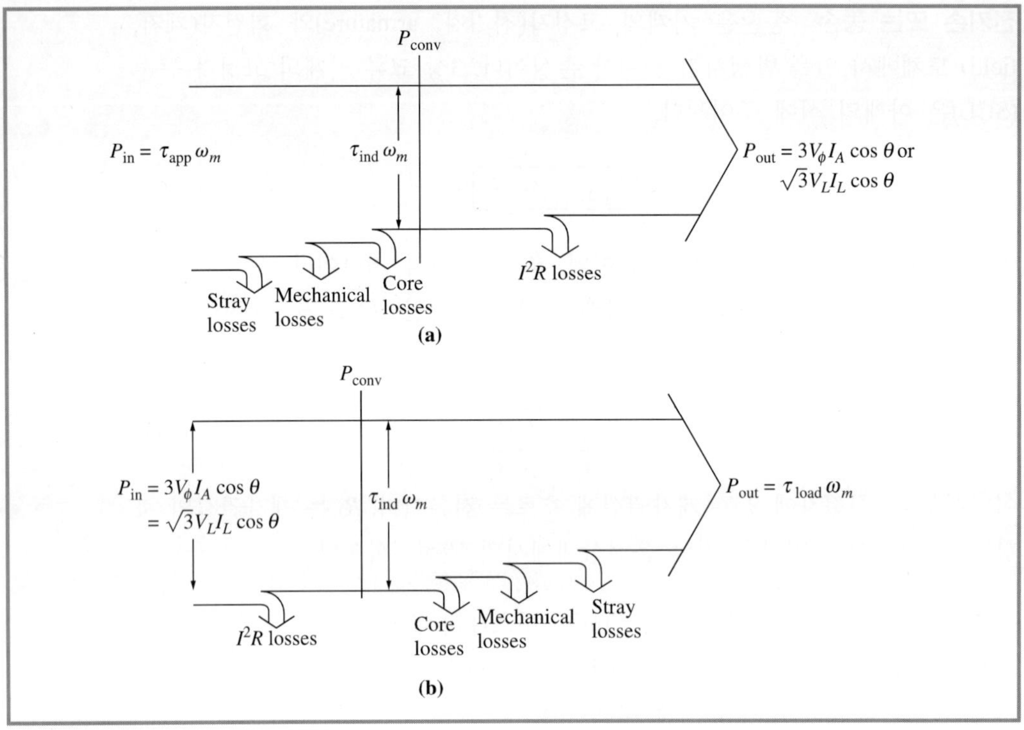

그림 3-21
(a) 3상 교류발전기의 전력흐름도, (b) 3상 교류전동기의 전력흐름도

$$\boxed{P_{\text{conv}} = \tau_{\text{ind}}\omega_m} \tag{3–66}$$

이고 같은 양의 전기적 전력이 만들어 진다. 그러나 이것이 기기의 단자에 나타나는 것은 아니다. 단자에 도달하기 전에 동손 I^2R을 빼야 된다.

교류 전동기에서는 이 그림이 반대로 된다. 전동기의 전력흐름도는 그림 3-21(b)에 있다. 교류전동기와 발전기의 효율산정과 관련있는 문제는 다음의 세 장에서 다룬다.

3.8 전압과 속도 변동률

발전기는 **전압변동률**(voltage regulation, VR)로 다른 발전기와 비교한다. 전압변동률은 부하가 변할 때 단자전압을 일정하게 유지하는 능력을 측정하는 것이다. 이것의 정의는 다음과 같다.

$$\boxed{\text{VR} = \frac{V_{\text{nl}} - V_{\text{fl}}}{V_{\text{fl}}} \times 100\%} \tag{3–67}$$

여기서 V_{nl}은 발전기의 무부하 단자전압, V_{fl}은 전부하 단자전압이다. 발전기의 전압-전류특성에서 양의 전압변동률은 수하특성을, 음의 값은 상승특성을 가진다. VR이 작으면 발전기 단자전압의 변화가 부하 변화에 거의 무관하게 일정하다는 의미에서 더 좋다.

비슷하게 전동기의 경우 **속도변동률**(speed requlation, SR)로 비교한다. 부하의 변화에 따라 속도를 일정하게 유지하는 능력을 의미하고

$$\boxed{SR = \frac{n_{nl} - n_{fl}}{n_{fl}} \times 100\%} \tag{3-68}$$

또는

$$\boxed{SR = \frac{\omega_{nl} - \omega_{fl}}{\omega_{fl}} \times 100\%} \tag{3-69}$$

이다. 전동기의 토오크-속도 특성에서 양의 값은 부하의 증가에 따라 속도 수하특성을, 음의 속도변동률은 부하가 증가함에 따라 전동기 속도가 증가함을 의미한다. 속도변동률의 크기는 토오크-속도 곡선이 얼마나 가파른 가를 보여준다.

3.9 요약

교류기계의 두 가지 주요한 형태는, 동기기와 유도기이다. 두 형태의 중요한 차이점은, 동기기는 회전자에 직류계자전류를 공급해주어야 하며, 반면에 유도기는 변압기 작용에 의해 회전자에 계자전류를 유도시켜주어야 한다는 것이다. 그것들은 다음의 3개의 장에서 자세히 알아볼 것이다.

고정자에서 전기각으로 120°씩 떨어져서 위치한 코일에서 발생되는 3상 시스템의 전류는 고정자에서 균일한 회전자계를 발생시킬 수 있다. 자계의 회전방향은 3상 중 임의의 2개의 상을 교체 접속하면 역전된다. 바꾸어 말하면, 회전자계는 이러한 코일의 구성으로 3상 전압을 발생시킬 수 있다.

2극 이상의 고정자에서는 기계적으로 1회전하면 전기적으로는 1회전 이상 이동한다. 이러한 고정자에서는 기계적 회전은 $P/2$곱의 전기적 회전을 발생시킨다. 더구나 이러한 기계의 전압과 전류의 전기각은 자계의 기계각과 밀접한 관련이 있다.

$$\theta_{se} = \frac{P}{2}\theta_{sm}$$

자계가 회전할 때의 고정자의 전기적 주파수와 기계적 회전과의 관계는

$$f_{se} = \frac{n_{sm}P}{120}$$

교류기계의 손실은 전기손 또는 동손(I^2R), 철손, 기계손 그리고 표유부하손이 있다. 각 손실은 기계의 전반적 정의와 함께 이 장에서 설명하였다. 마지막으로 발전기의 전압변동률은

$$\text{VR} = \frac{V_{\text{nl}} - V_{\text{fl}}}{V_{\text{fl}}} \times 100\%$$

이고 전동기의 속도변동률은 다음과 같다.

$$\text{SR} = \frac{n_{\text{nl}} - n_{\text{fl}}}{n_{\text{fl}}} \times 100\%$$

질문 Questions

3-1. 동기기와 유도기의 주요한 차이점은?

3-2. 왜 3상 중 임의의 2상에 흐르는 전류를 서로 바꾸면 고정자의 자계의 회전방향에 역전하는가?

3-3. 교류기계의 전기각과 자계속도 사이와의 관계는?

3-4. 교류기에서 발생토오크 식은?

연습문제 Problems

3-1. 그림 3-1에서 보여주는 균일한 자속 내에 회전하는 간단한 루프는 다음의 값을 가진다.

$\mathbf{B} = 1.0$ T to the right $\quad r = 0.1$ m

$l = 0.3$ m $\quad \omega_m = 377$ rad/s

(*a*) 이 회전하는 루프에서 유기되는 전압 $e_{\text{tot}}(t)$를 계산하라.

(*b*) 이 루프에서 만들어지는 전압의 주파수는 얼마인가 ?

(*c*) 루프에 10 Ω 의 부하가 연결되어 있다. 저항에 흐르는 전류는?

(*d*) (*c*)의 경우 루프에 발생되는 토오크의 크기와 방향은?

(*e*) (*c*)의 경우 루프에서 발생하는 순시와 평균 전기적 출력은?

(*f*) (*c*)의 경우 루프에 소모되는 기계적 출력은? 이것을 루프에서 발생된 전력과 비교하면 어떠한가?

3-2. 주파수 50, 60, 400 Hz에서 동작하는 2, 4, 6, 8, 10, 12, 그리고 14극의 교류기의 회전자계 속도를 표로 작성하라.

3-3. 미국에서 처음 사용한 전력시스템의 주파수는 133 Hz였다. 만약 이 시스템에서 교류전력을 4극 발전기에서 만들었다면 발전기의 축 속도는 얼마인가?

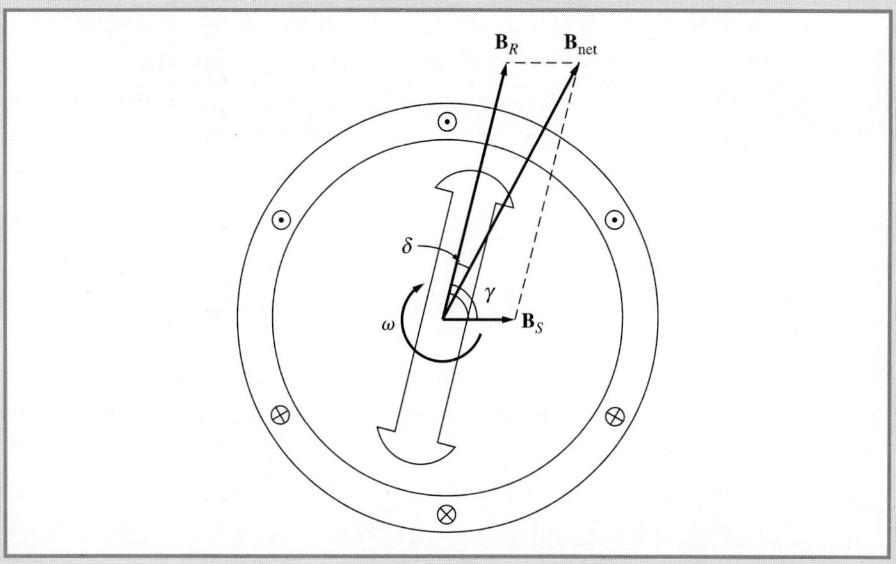

그림 P3-1
연습문제 3-8의 교류기

3-4. Y결선된 3상 4극 권선이 12개의 슬롯에 감겨있다. 각 슬롯에는 40회 감겨져 있다. 모든 권선은 직렬로 연결되어 있다. 기기의 극당 자속은 0.060 Wb, 회전 속도는 1800 r/min이다.

(*a*) 이 권선에서 유기되는 전압의 주파수는 얼마인가?

(*b*) 고정자의 상전압과 단자전압은 얼마인가?

3-5. Δ–결선된 3상 6극 권선이 36개의 슬롯에 감겨있다. 각 슬롯에는 150회 감겨져 있다. 모든 권선은 직렬로 연결되어 있다. 기기의 극당 자속은 0.060 Wb, 회전 속도는 1000 r/min이다.

(*a*) 이 권선에서 유기되는 전압의 주파수는 얼마인가?

(*b*) 고정자의 상전압과 단자전압은 얼마인가?

3-6. 3상 Y-접속된 60 Hz, 2극 동기기는 고정자 상당 5000회의 권선이 감겨있다. 13.2 kV 선간 단자전압을 얻기 위한 회전자 자속은?

3-7. 예제 3-1에서 2상의 전류를 바꾸어서 MATLAB으로 변경하여 보아라. 그 결과 합성자계는 어떻게 되는가?

3-8. 그림 P3-1과 같이 교류기가 고정자와 회전자 자속을 가지고 있다면, 기계에서 발생된 토오크 방향은? 기계는 전동기 또는 발전기 중 어떻게 동작하나?

3-9. 반지름 r과 길이 l인 2극 고정자의 표면 위의 자속밀도는 아래와 같다.

$$B = B_M \cos(\omega_m t - \alpha) \qquad (3\text{–}37b)$$

각 극아래의 총 자속이 다음과 같음을 증명하라.

$$\phi = 2rlB_M$$

3-10. 교류 전동기 개발의 초기에 설계자들은 철손(히스테리시스, 와전류)을 제어하는 데 매우 어려움을 겪었다. 그들은 작은 히스테리시스 손실을 갖은 강판을 개발하지 못하였었고, 오늘날 사용하고 있는 얇은 철판의 두께를 만들어 내지

못하였었다. 이러한 손실들을 제어하기 위하여 미국에서는 교류 전동기들은 25-Hz에서 기동하였고, 조명 시스템은 60-Hz에서 동작되었다.

(a) 25Hz에서 동작하는 2, 4, 6, 8, 10, 12 그리고 14극 교류 기기에서 회전자계의 속도를 표로 나타내라. 이들 초기의 전동기에서 얻을 수 있는 가장 빠른 회전 속도는 얼마인가?

(*b*) 일정한 자속밀도 *B*에서 동작하는 전동기에 대해서 25 Hz에서 동작하는 전동기의 철손과 60 Hz에서 동작하는 전동기의 철손을 비교하라.

(*c*) 최초의 엔지니어들이 조명 시스템을 위해서 독립적인 60Hz 전력을 사용한 이유는 무엇인가?

3-11. 수년 뒤에 전동기 성능이 개선되었고 60 Hz 전력시스템에서 구동이 가능하자 25 Hz 전력 시스템은 사라지게 되었다. 그러나 사용자가 버리지 않은 25 Hz의 양호한 전동기가 아직 많이 남아 있기 때문에 이를 구동시키기 위해 몇몇 사용자는 전동기-발전기 세트를 이용하여 25 Hz 전력을 만들었다. 전동기-발전기 세트는 같은 축에 연결되어 있는 두 개의 전기기기로 구성되어 있는데 하나는 전동기로 다른 하나는 발전기로 각각 동작한다. 만약 이 두 전기기기는 같은 축속도에도 불구하고 다른 극수를 가지고 있다면 두 전기기기의 주파수는 식 (3-34)에 의해 다르게 나타날 것이다. 두 전기기기의 극수를 어떻게 조합하면 60Hz에서 25Hz 전력을 얻을 수 있을까?

$$f_{se} = \frac{n_{sm} P}{120} \tag{3–34}$$

참고문헌 References

1. Beeman, Donald: *Industrial Power Systems Handbook,* McGraw-Hill, New York, 1955.
2. Del Toro, V.: *Electric Machines and Power Systems,* Prentice-Hall, Englewood Cliffs, N.J., 1985.
3. Feinberg, R.: *Modern Power Transformer Practice,* Wiley, New York, 1979.
4. Fitzgerald, A. E., C. Kingsley, Jr., and S. D. Umans: *Electric Machinery,* 6th ed., McGraw-Hill, New York, 2003.
5. McPherson, George: *An Introduction to Electrical Machines and Transformers,* Wiley, New York, 1981.
6. M.I.T. Staff: *Magnetic Circuits and Transformers,* Wiley, New York, 1943.
7. Slemon, G. R., and A. Straughen: *Electric Machines,* Addison-Wesley, Reading, Mass., 1980.
8. *Electrical Transmission and Distribution Reference Book*, Westinghouse Electric Corporation, East Pittsburgh, 1964.

CHAPTER 04

동기발전기

학습목표

- 동기발전기의 등가회로의 이해
- 동기발전기의 페이저도 작성 방법
- 동기발전기에서 전력과 토오크 수식 이해
- 측정(OCC와 SCC)을 통한 동기기의 특성을 유도하는 방법
- 동기발전기의 단독 운전에서 부하의 변화에 따른 단자전압의 변화 이해. 가변 부하 조건에서 단자전압 계산법
- 두 대 혹은 그 이상의 동기발전기의 병렬운전 조건
- 동기발전기의 병렬운전의 절차 이해
- 매우 큰 전력시스템(무한모선)에 연결되는 병렬운전에서 동기발전기의 동작 이해
- 동기발전기의 정상상태 용량한계의 이해, 왜 과도상태 용량한계가 정상상태 용량 한계보다 작은지에 대한 이해
- 고장(단락회로) 조건에서 과도 전류의 이해
- 동기발전기 정격 이해, 각 정격 값을 제한하는 조건에 대한 이해

동기발전기 또는 교류발전기는 기계적인 힘을 교류전력으로 바꾸는 기기이다. 이 장은 단일 운전하거나 다른 발전기와 함께 병렬 운전을 할 때 동기발전기의 동작을 알아본다.

4.1 동기발전기의 구조

동기발전기에서 회전자자계는 영구자석으로 회전자를 만들거나, 전자석을 만드는 회전자 권선에 직류전류를 흐르게 함으로써 만들 수 있다. 발전기의 회전자는 외부의 원동기에 의해 회전함으로서 기계의 내부에서 자계를 회전시킨다. 이 회전하는 자계는 발전기의 고정자 권선에 3상 전압을 유기한다.

기계의 권선은 두 종류, **계자권선**(field winding)과 **전기자권선**(armature winding)이 있다. 일반적으로 계자권선은 기기의 주자속을 발생하는 권선이고 전기자권선은 주전압이 유기되는 권선이다. 동기기에서 계자권선은 회전자에 있어 회전자 권선과 계자권선의 용어는 서로 혼용하여 사용할 수 있다. 비슷하게 고정자 권선과 전기자 권선도 같다.

동기발전기의 회전자는 큰 전자석이다. 회전자의 자극은 **돌극형** 또는 **비돌극형** 구조로 할 수 있다. 돌극의 의미는 "불쑥 나오다" 또는, "돌출하다"이고 돌극은 전동기의 표면으로부터 돌출된 자극을 말한다. 반면에, 비돌극은 회전자의 표면에 내장된 권선을 갖는 자극을 말한다. 비돌극형 회전자는 그림 4-1에 나타나 있다. 전자석의 권선은 회전자 표면에 내장되어 있음을 명심하자. 한편 돌극형 회전자는 그림 4-2에 보여 준다. 전자석의 권선은 회전자 표면에 내장되어 있지 않고 극 둘레에 감겨있다. 비돌극형 회전자는 보통 2극 또는 4극 회전자

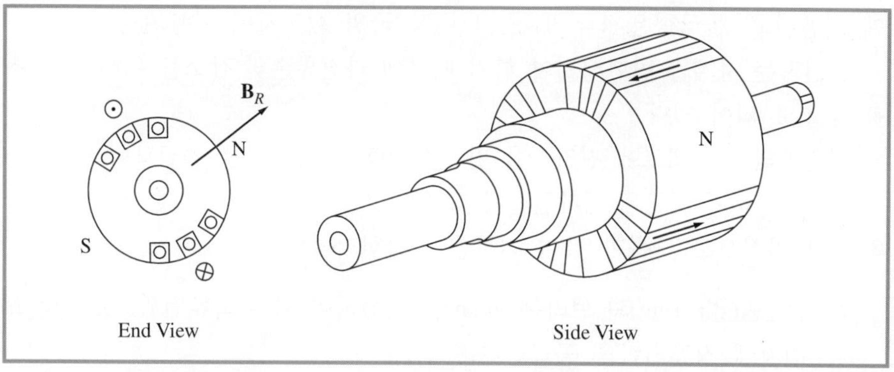

그림 4-1
동기기의 비돌극형 2극 회전자

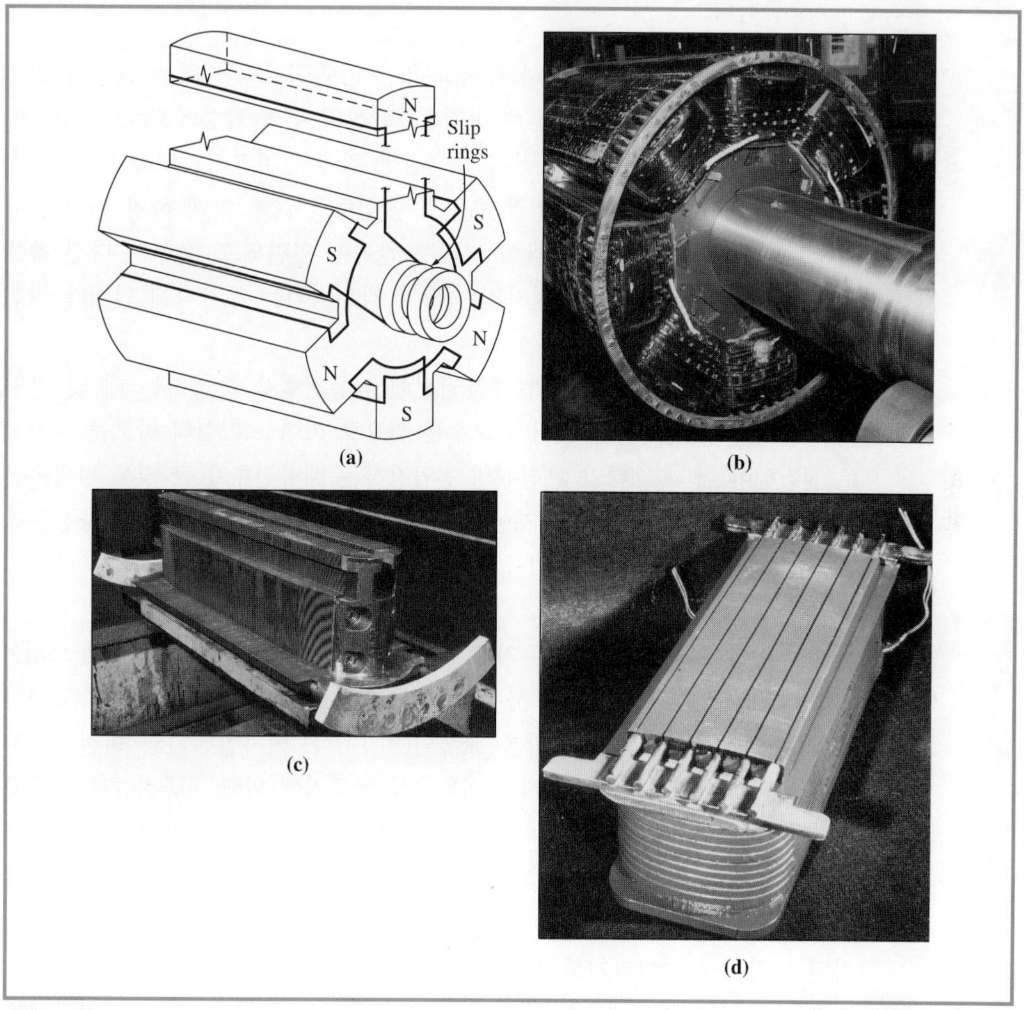

그림 4-2
(a) 동기기 돌극형 6극회전자, (b) 각 회전자 극의 권선을 보여주는 돌극형 8극 동기기의 회전자의 그림, (c) 계자권선을 삽입하지 않은 돌극형 회전자, (d) 계자권선이 감겨져 있는 하나의 돌극으로 회전자에 설치되기 전 상태

에 이용되고, 돌극형은 4극 또는 그 이상 극의 회전자에 이용된다.

회전자는 자계를 변화시켜야 하기 때문에 와전류손의 감소를 위해 얇은 적층 구조로 되어 있다.

회전자의 자기회로에 전자석을 만들기 위해 직류전류를 공급해야 한다. 회전자가 회전하기 때문에 계자권선에 직류를 공급하기 위해 특별한 장치가 필요하다. 일반적으로 다음과 같이 직류를 공급한다.

1. 슬립링(slip ring)과 브러쉬(brush)를 이용하여 외부 직류전원으로부터 회전자에 직류전력을 공급한다.
2. 동기발전기의 축에 직접 설치된 특별한 직류전원으로부터 직류전력을 공급한다.

슬립링은 기기의 축을 완전히 감싸고 있는 금속링이며 축과는 완전히 절연되어 있다. 회전자 권선의 양 끝은 동기기 축 상의 두 슬립링에 각각 연결되어 있다. 그리고 고정되어 있는 브러쉬는 슬립링 위에서 미끄러지도록 되어 있다. 브러쉬는 탄소복합체로 전류가 잘 흐르고 슬립링을 닳지 않게 하기 위해서 마찰저항은 적다. 직류전원의 양극이 브러쉬 한쪽에 연결되고, 음극이 다른 쪽에 연결되면 같은 직류전압이 회전자의 속도나 각위치와는 무관하게 언제나 권선에 인가된다.

슬립링과 브러쉬는 동기기의 계자권선에 직류전력을 공급하는 데 몇 가지 문제가 발생한다. 이것들은 기기의 보수를 필요로 하여 브러쉬의 마모를 정기적으로 점검해야 한다. 게다가 브러쉬의 전압강하는 계자전류가 큰 경우 전력손실이 매우 크게 된다. 이러한 문제에 불구하고 슬립링과 브러쉬는, 계자전류를 공급하는 다른 경제적인 방법이 없기 때문에 소형 동기기에는 모두 이 방법이 사용된다.

대형발전기나 전동기의 경우 기계에 직류 계자전류를 공급하기 위해 **브러쉬레스 여자기**(brushless exciter)를 사용한다. 브러쉬레스 여자기는 계자가 고정자에, 전기자가 회전자에 있는 작은 교류발전기이다. 여자발전기의 회전자에서 발생하는 3상 출력은 발전기축에 설치된 3상 정류기에 의해 직류전류로 정류되어 주 직류 계자회로에 공급된다. 여자발전기의 작은 직류 계자전류(고정자에 장치된)를 제어함으로써 슬립링과 브러쉬 없이 주 기기에 계자전류를 제어하는 것이 가능하다. 이 장치는 그림 4-3에서 도식적으로 보여준다. 그리고 같은 축에 장치된 브러쉬레스 여자기를 가진 동기기의 회전자는 그림 4-4에서 보여준다. 회전자와 고정자 사이에 기계적인 연결이 없기 때문에 브러쉬레스 여자기는 슬립링과 브러쉬가 있는 것보다 보수유지비가 적다.

완전히 독립된 발전기의 여자를 만들기 위해 소형의 **보조 여자기**(pilot exciter)가 종종 계통에 포함된다. 보조 여자기는 고정자에 3상 권선을 가지고 회전자축

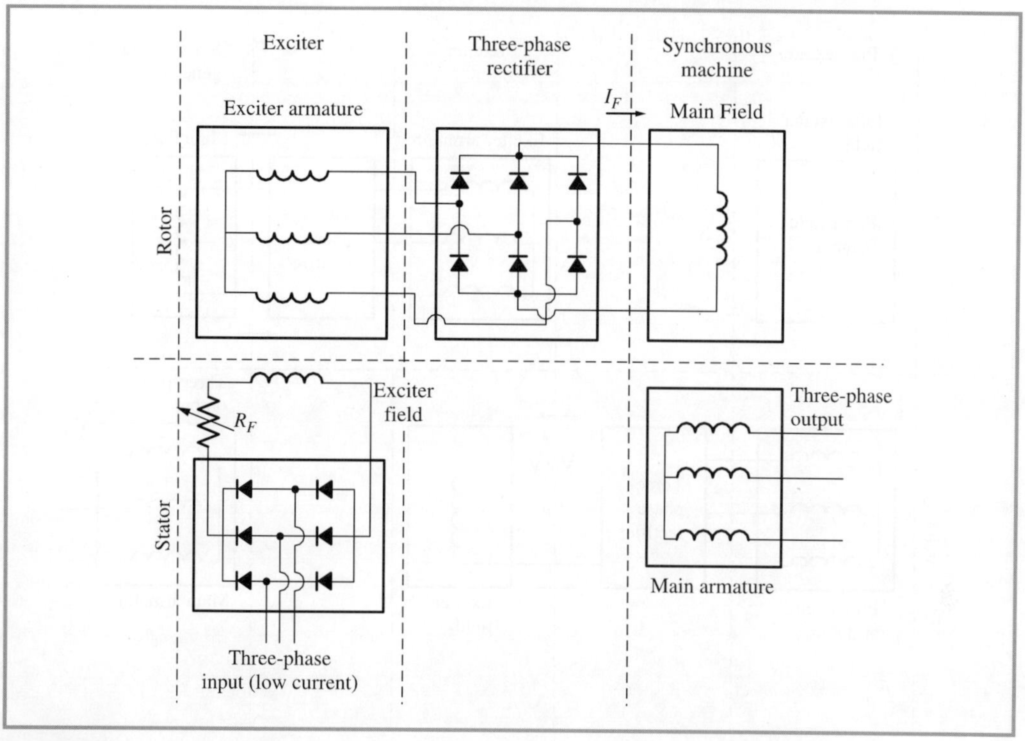

그림 4-3

브러쉬레스 여자기 회로. 적은 3상 전류는 정류되어 고정자에 위치한 여자기의 계자회로에 공급된다. 여자기의 전기자 회로(회전자에 있는) 출력은 정류되어 주기기의 계자전류를 공급하기 위해 사용된다.

그림 4-4

축에 장치된 브러쉬레스 여자기를 가진 동기기의 회전자 그림. 여자기의 전기자 옆에 보이는 정류회로를 주목하라.

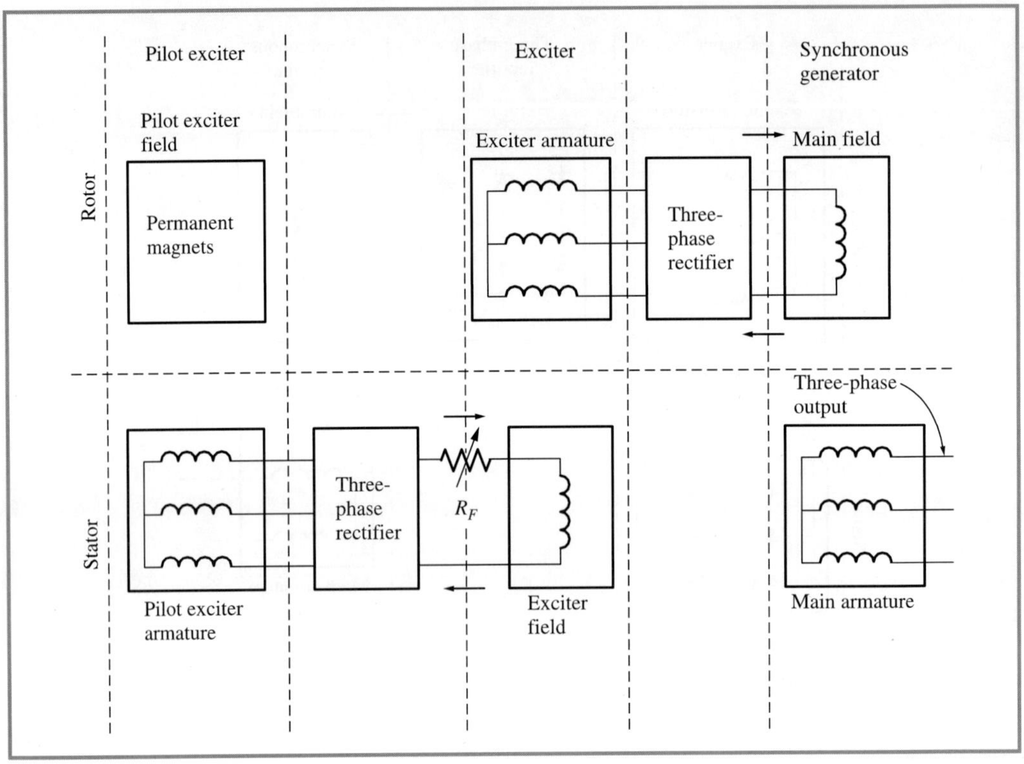

그림 4-5
보조 여자기를 포함한 브러쉬레스 여자기. 보조 여자기의 영구자석은 여자기의 계자전류를 만들고 이 여자기는 주 기기의 계자전류를 만든다.

에 장치된 영구자석을 가진 소형 교류발전기이다. 이것은 여자기의 계자회로에 전력을 공급하고 또 이 여자기는 주 기기의 계자회로를 제어한다. 만일 보조 여자기가 발전기축에 위치하면, 발전기를 운전하기 위해 요구되는 외부 전력은 없다(그림 4-5를 보라).

브러쉬레스 여자기를 갖고 있는 많은 동기발전기들도 슬립링과 브러쉬를 가지고 있는데 이것은 비상시에 보조 직류 계자전류를 얻기 위함이다.

동기발전기의 고정자는 이미 3장에서 설명되었다. 자세한 구조는 부록 B에 있다. 일반적으로 동기발전기 고정자는 2층권의 고정자 코일로 구성되어 있다. 부록 B에 설명하듯이 출력 전압과 전류의 고조파성분을 감소시키기 위해 권선은 조화롭게 분포되어 있다.

대형 동기기의 단면도는 그림 4-6에 보여준다. 이 그림은 8극 돌극형 회전자, 2층권 분포를 가진 고정자와 브러쉬레스 여자기를 보여준다.

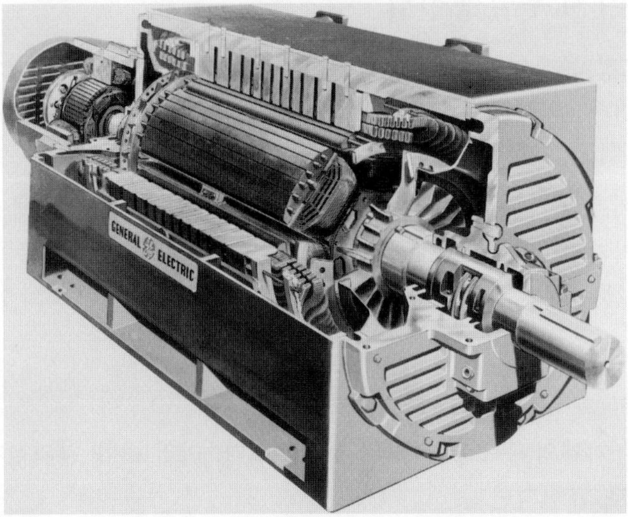

그림 4-6
대형 동기기의 단면도. 돌극형 구조와 축에 부착된 여자기를 주목하라.

4.2 동기발전기의 회전속도

동기발전기는 발전기에 발생된 전기적 주파수가 기계적 회전에 동기되거나 고정되는 것을 의미하는 "동기(synchronous)"로 정의된다. 동기발전기의 회전자는 직류가 공급되는 전자석으로 구성되어 있다. 회전자자계는 회전자가 어떤 방향으로 돌더라도 일정하다. 이 기기의 자계에 대한 회전비는 식 (3-34)와 같이 고정자의 전기적 주파수와 관련된다.

$$\boxed{f_{se} = \frac{n_m P}{120}} \tag{3–34}$$

여기서,

f_{se} = 전기적 주파수, Hz
n_m = 자계의 기계적 속도, rpm (= 동기기의 회전자 속도)
P = 극수

회전자가 자계와 같은 속도로 회전하기 때문에, 이 식은 전기적 주파수에 대한 회전자의 회전 속도와 관련 있다. 전력은 50 또는 60 Hz로 발전됨으로 발전기는 기기의 극수에 따라 고정된 속도로 회전해야만 한다. 예를 들어 2극 기기에서 60 Hz의 전력을 발생하기 위해서는 회전자는 반드시 3600 rpm으로 회전해야만 한다. 그리고 4극 기계에서 50 Hz를 발생하기 위해서는 회전자는 반드시 1500 rpm으로 회전해야만 한다. 주어진 주파수에 대한 회전속도는 항상 식 (3-34)에서 계산되어진다.

4.3 동기발전기의 내부발생전압

3장에서, 고정자 상의 유기전압의 크기는 다음과 같다.

$$E_A = \sqrt{2}\pi N_C \phi f \tag{3–50}$$

이 전압은 기계의 자속 ϕ, 주파수나 회전 속도, 그리고 기계상수에 의해 결정되어진다. 동기기의 문제를 풀기 위해, 이 식은 기계를 운전하는 동안에 변할 수 있는 값을 강조하기 위해서 간단한 형태로 다음과 같이 쓸 수 있다.

$$\boxed{E_A = K\phi\omega} \tag{4–1}$$

여기서 K는 기계의 구조를 나타내는 상수이다. 만일 ω가 단위시간당 전기적 rad/sec값으로 표현되면

$$K = \frac{N_c}{\sqrt{2}} \tag{4–2}$$

와 같이 되고, 반면에 ω가 단위시간당 기계적 rad/sec값으로 표현되면 다음과 같다.

$$K = \frac{N_c P}{\sqrt{2}} \tag{4–3}$$

내부발생전압 E_A는 자속과 속도에 직접적으로 비례하지만, 자속자체는 회전자의 계자회로의 전류에 의존한다. 그림 4-7(a)에서 보는 것처럼 계자회로의 I_F는 자속 ϕ와 관련이 있다. E_A가 자속에 직접적으로 비례하기 때문에, E_A는 그림 4-7(b)에서 보는 것처럼 계자전류에 영향을 받는다. 이 그림을 **자화곡선**(magnetization curve) 또는 기계의 **개방회로 특성곡선**(open-circuit characteristic)이라 부른다.

4.4 동기발전기의 등가회로

전압 $\mathbf{E}_A$는 동기발전기의 1상에서 발생된 내부발생전압이다. 그러나 이 전압 $\mathbf{E}_A$는 발전기의 단자전압과는 다르다. 사실, 단지 내부발생전압 $\mathbf{E}_A$는 기기에 전기자전류가 없을 때 한 상의 출력전압 $\mathbf{V}_\phi$와 같다. 왜 출력 전압 $\mathbf{V}_\phi$와 $\mathbf{E}_A$가 다른가? 그리고, 이 두 전압 사이의 관계는 무엇인가? 이들 문제에 대한 대답이 동기발전기의 모델을 결정한다.

$\mathbf{E}_A$와 $\mathbf{V}_\phi$ 사이의 차이를 유발하는 요인은 다음과 같이 많다:

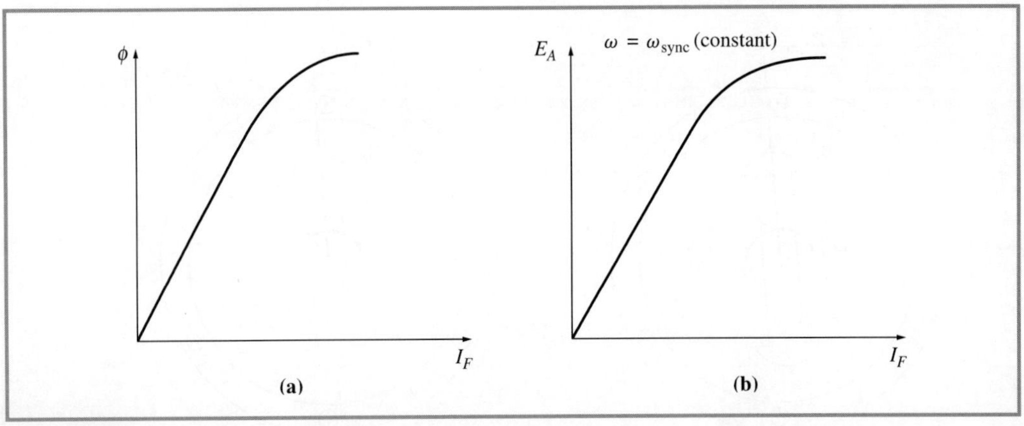

그림 4-7
(a) 동기발전기의 계자전류와 자속, (b) 동기발전기의 자화 곡선

1. 고정자에 흐르는 전류에 의한 공극 자계의 왜곡. 이것을 **전기자 반작용**(armature reaction)이라 한다.
2. 전기자 권선의 자기 인덕턴스
3. 전기자 권선의 저항
4. 돌극형 회전자의 효과

우리는 처음 3가지 요소의 효과를 알아보고 이것으로 기계의 모델을 유도할 것이다. 이 장에서는, 동기기의 운전에 있어서 돌극형의 효과는 무시될 것이다. 즉, 이 장의 모든 기기는 비돌극형 또는 원통형 회전자로 가정한다. 이 가정은 기기가 돌극형 회전자인 경우 약간 오차를 야기한다. 그러나 이 오차는 비교적 중요하지 않다. 돌극형 회전자 효과는 부록 C에 간략하게 설명한다.

일반적으로 먼저 언급해야할 가장 큰 영향은 전기자 반작용이다. 동기발전기의 회전자가 회전할 때 발전기의 고정자 권선에 전압 $\mathbf{E}_A$가 유기된다. 만일 발전기의 단자에 부하가 연결되면, 전류가 흐른다. 하지만 3상 고정자의 전류는 기기 내에서 그 자신의 자계를 만들 것이다. 이 고정자 자계는 원래의 회전자자계를 왜곡시켜서 전압의 위상을 변화시킨다. 전기자(고정자) 전류가 그 전류를 만든 회전자자계에 영향을 끼치는 것을 전기자 반작용이라고 한다.

전기자 반작용은 그림 4-8에서 잘 보여 주고 있다. 그림 4-8(a)는 3상 고정자 내부에서 돌고 있는 2극 회전자를 보여준다. 여기서 고정자에는 부하가 연결되지 않으며 회전 자계 $\mathbf{B}_R$은 최대치가 $\mathbf{B}_R$의 방향과 일치하는 내부발생전압 $\mathbf{E}_A$를 발생한다. 앞장에서 보여준 것처럼 전압은 위쪽에서 도체 밖으로 향하는 양이 될 것이고, 그림의 아래쪽에서 도체 안으로 향하는 음이 될 것이다. 발전기의 무부하 운전은 전기자전류의 흐름이 없고, $\mathbf{E}_A$는 위상 전압 $\mathbf{V}_\phi$와 같다.

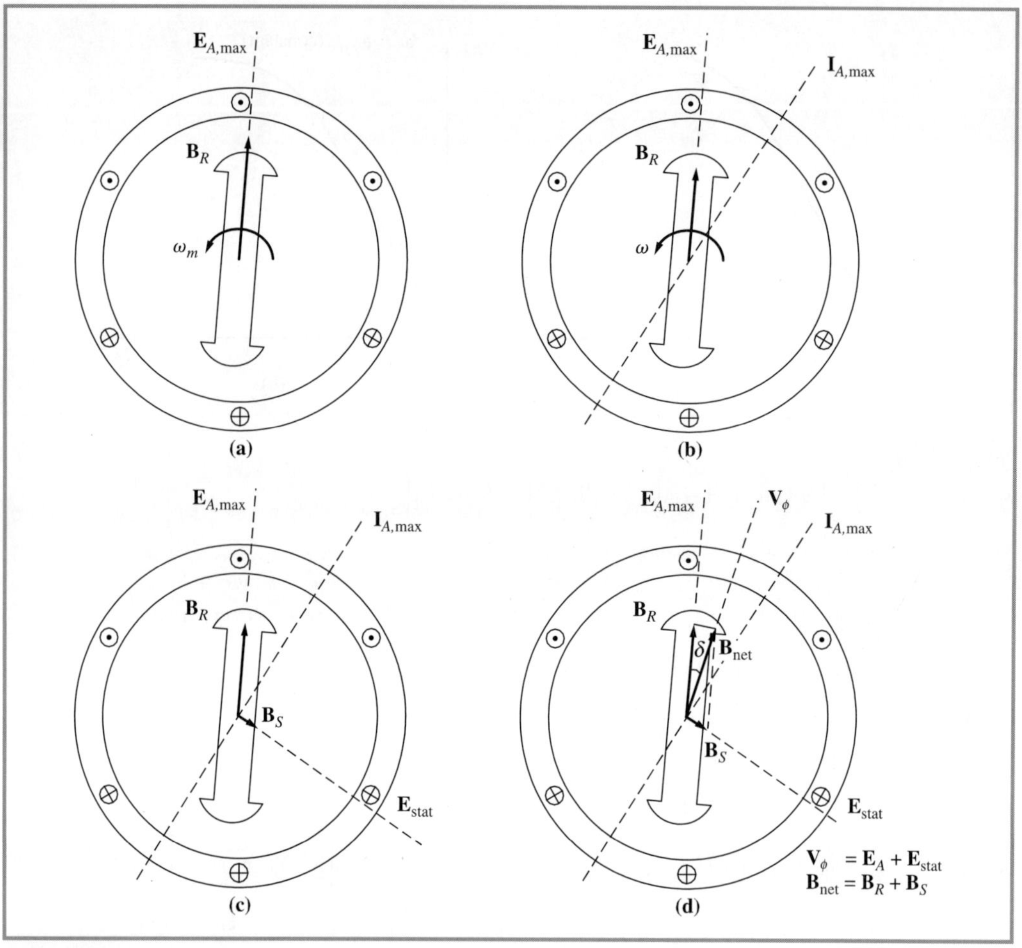

그림 4-8

전기자 반작용의 모델 (a) 회전 자계 내부발생전압 $\mathbf{E}_A$를 만든다. (b) 전압은 지상부하가 연결될 때 지상 전류를 만든다. (c) 고정자 전류가 자신의 자계 $\mathbf{B}_S$를 만든다. 이것은 기기의 고정자 권선에 전압 $\mathbf{E}_{\text{stat}}$를 만든다. (d) 자계 $\mathbf{B}_S$는 $\mathbf{B}_R$과 더하고, $\mathbf{B}_{\text{net}}$로 뒤틀린다. 전압 $\mathbf{E}_{\text{stat}}$가 $\mathbf{E}_A$와 더해지고 출력 상전압 $\mathbf{V}_\phi$를 발생한다.

지금 발전기에 지상역률 부하가 연결되었다고 생각하자. 부하가 지상이기 때문에 최대 전류는 최대 전압에 뒤진다. 이것은 그림 4-8(b)와 같이 나타낼 수 있다.

고정자 권선에서 전류는 고정자 자계를 발생한다. 이 고정자 자계를 $\mathbf{B}_S$라고 하고, 방향은 그림 4-8(c)에서 보는 것처럼 오른손법칙에 따라 주어진다. 고정자 자계 $\mathbf{B}_S$는 고정자에서 고정자 전압을 발생시키고, 이 전압은 $\mathbf{E}_{\text{stat}}$라 부른다.

고정자 권선에서 전체전압은 내부발생전압 $\mathbf{E}_A$와 전기자 반작용전압 $\mathbf{E}_{\text{stat}}$의 합이다.

$$\mathbf{V}_\phi = \mathbf{E}_A + \mathbf{E}_{\text{stat}} \tag{4–4}$$

총 자속 $\mathbf{B}_{\text{net}}$은 회전자와 고정자 자속의 합이다.

$$\mathbf{B}_{\text{net}} = \mathbf{B}_R + \mathbf{B}_S \tag{4–5}$$

$\mathbf{E}_A$과 $\mathbf{B}_R$의 각이 같고, $\mathbf{E}_{\text{stat}}$와 $\mathbf{B}_S$의 각이 같기 때문에, 자속 $\mathbf{B}_{\text{net}}$는 총 전압 $\mathbf{V}_\phi$와 일치한다. 이 전압과 전류는 그림 4-8(d)에서 보여 주고 있다.

$\mathbf{B}_R$과 $\mathbf{B}_{\text{net}}$ 사이의 각은 내부각(internal angle) 혹은 토오크각 Δ(gr Δ)로 알려져 있다. 이 각은 발전기가 공급하는 전력 량과 비례한다. 이것은 4.6절에서 설명할 것이다.

상전압에서 전기자 반작용은 어떻게 모델링할 수 있는가? 먼저, 전압 $\mathbf{E}_{\text{stat}}$는 최대 전류 $\mathbf{I}_A$보다 90° 뒤진다. 두 번째로, 전압 $\mathbf{E}_{\text{stat}}$는 전류 $\mathbf{I}_A$에 직접적으로 비례한다. 만일 X가 비례상수라면 전기자 반작용 전압은 다음과 같이 표현 될 것이다.

$$\mathbf{E}_{\text{stat}} = -jX\mathbf{I}_A \tag{4–6}$$

상전압은 다음과 같다.

$$\boxed{\mathbf{V}_\phi = \mathbf{E}_A - jX\mathbf{I}_A} \tag{4–7}$$

그림 4-9의 회로도를 보자. 이 회로에 키르히호프의 전압 법칙을 적용하면

$$\mathbf{V}_\phi = \mathbf{E}_A - jX\mathbf{I}_A \tag{4–8}$$

가 된다. 이것은 정확히 전기자 반작용 전압을 표현하는 식이다. 따라서 전기자 반작용 전압은 내부발생전압과 직렬로 연결된 직렬 인덕터로 모델링할 수 있다.

전기자 반작용의 효과와 더불어 고정자 권선은 자기 인덕턴스와 저항을 가진다. 고정자 자기 인덕턴스를 $L_A(X_A = \omega L_A)$, 저항을 R_A라 하면, 전체 $\mathbf{E}_A$와 $\mathbf{V}_\phi$의 차이는

$$\mathbf{V}_\phi = \mathbf{E}_A - jX\mathbf{I}_A - jX_A\mathbf{I}_A - R_A\mathbf{I}_A \tag{4–9}$$

로 주어진다. 전기자 반작용과 자기 인덕턴스는 리액턴스로 표현될 수 있으며, 이것은 동기 리액턴스(synchronous reactance)라는 하나의 리액턴스로 조합할 수 있다.

$$X_S = X + X_A \tag{4–10}$$

따라서, 최종적인 식 $\mathbf{V}_\phi$는

$$\boxed{\mathbf{V}_\phi = \mathbf{E}_A - jX_S\mathbf{I}_A - R_A\mathbf{I}_A} \tag{4–11}$$

가 된다.

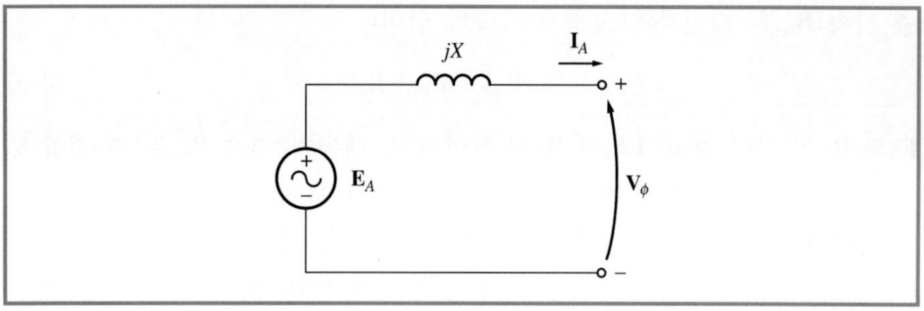

그림 4-9
간단한 회로

여기서 3상 동기발전기의 등가회로를 그릴 수 있다. 전체 등가회로는 그림 4-10에 있다. 이 등가회로는 직렬로 연결된 코일의 인덕턴스와 저항으로 모델링된 회전자 계자회로에 공급하는 직류전원을 보여준다. 계자전류를 제어하기 위한 가변저항 R_{adj}는 R_F와 직렬로 연결되어 있다. 등가회로의 나머지는 각 상에

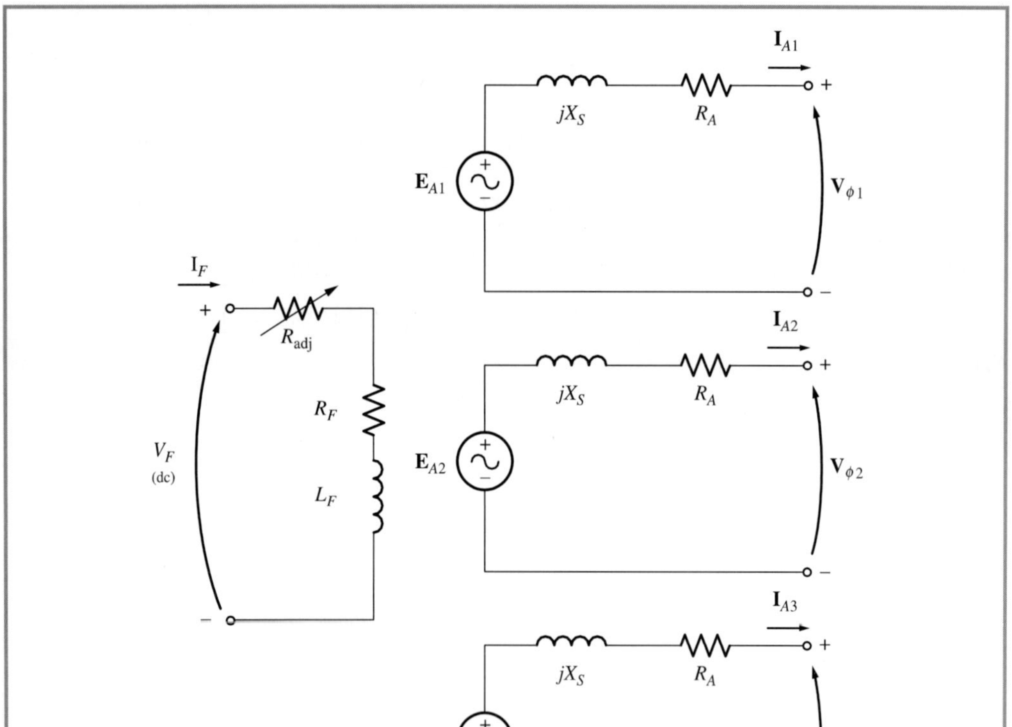

그림 4-10
3상 동기발전기의 전체 등가회로

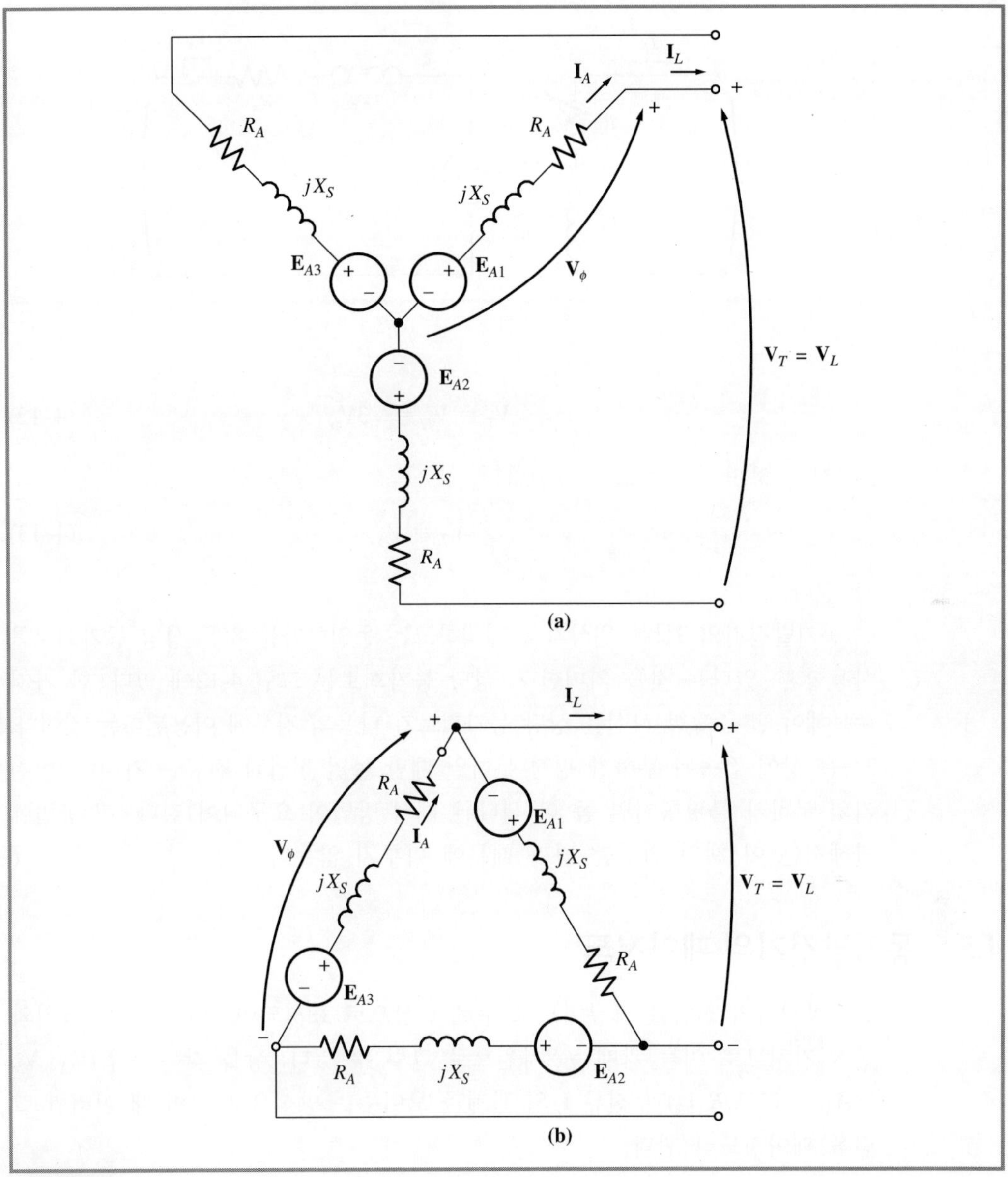

그림 4-11
(a) Y결선과 (b) Δ결선된 발전기의 등가회로

대한 모델로 구성되어 있다. 각 상은 직렬 인덕턴스 X_S(전기자 리액턴스와 권선의 자기 인덕턴스의 합으로 구성된)와 저항 R_A와 직렬로 연결된 내부발생전압을 가진다. 3상은 동일하고 전압과 전류는 위상각이 120°씩 떨어져 있다.

3상은 그림 4-11에서처럼 Y 또는 Δ결선으로 할 수 있다. Y결선으로 하면 단자전압 V_T(선간전압 V_L)는 상전압 V_ϕ와는 다음의 관계가 있다.

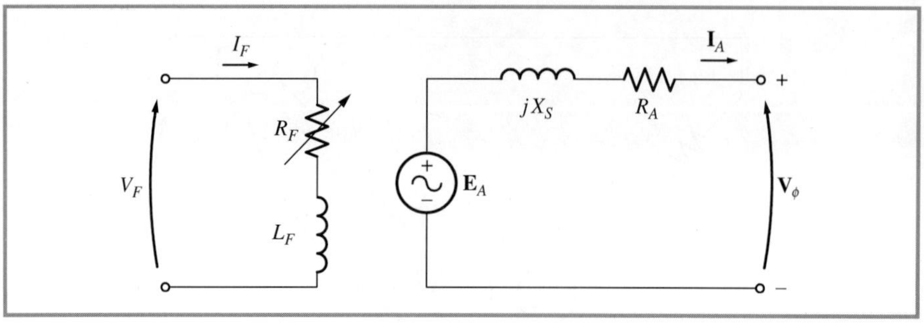

그림 4-12
동기발전기의 상당 등가회로. 내부 계자회로 저항과 외부 가변저항은 단일 저항 R_F로 결합된다.

$$V_T = V_L = \sqrt{3}V_\phi \tag{4–12}$$

Δ결선을 하면

$$V_T = V_\phi \tag{4–13}$$

가 된다.

동기발전기의 3상은 위상각을 제외하고는 동일하다는 것은 상당 등가회로를 사용할 수 있다는 것을 의미한다. 상당 등가회로는 그림 4-12에 있다. 한 가지 주목해야 할 중요한 사실은 상당 등가회로가 다음의 경우에 이용된다는 것이다. 3상은 상에 접속된 부하가 평형 부하일 때만 동일 전압과 전류를 가진다. 발전기의 부하가 불평형이면 좀 더 색다른 해석 방법이 요구되어 진다. 이 방법에 관해서는 이 책의 범위를 넘기 때문에 다루지 않는다.

4.5 동기발전기의 페이저도

동기발전기의 전압은 교류이므로 주로 위상으로 표시되어진다. 위상은 크기와 상을 가지므로 이들 관계는 2차원으로 그릴 수 있다. 상을 갖는 전압($\mathbf{E}_A$, $\mathbf{V}_\phi$, $jX_S\mathbf{I}_A$, 그리고 $R_A\mathbf{I}_A$)과 전류 $\mathbf{I}_A$의 관계를 보여주는 방식으로 그릴 때 이러한 그림을 페이저도라 한다.

예를 들어 그림 4-13은 발전기에 단위 부하역률(순 저항부하)을 공급할 때 이들의 관계를 나타낸 것이다. 식 (4-11)에서 전 전압 $\mathbf{E}_A$은 저항 전압강하와

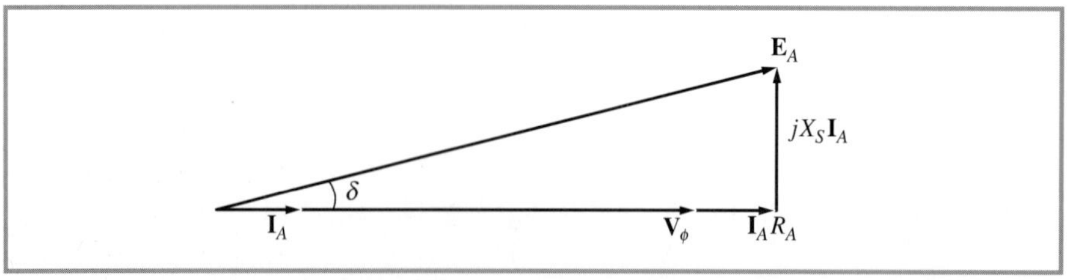

그림 4-13
단위 역률의 동기발전기의 페이저도

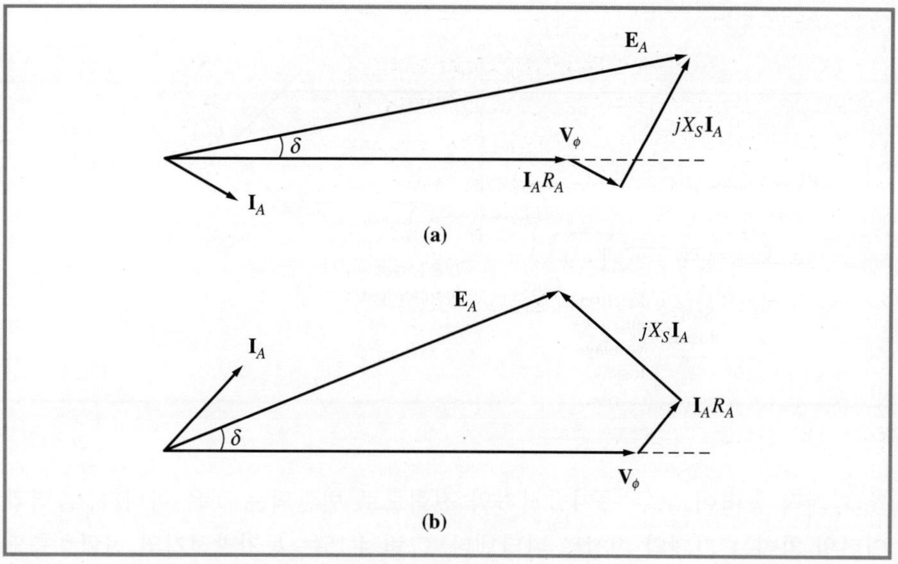

그림 4-14
동기발전기의 페이저도 (a) 지상역률, (b) 진상역률

인덕턴스 전압강하에 의해 상 단자전압 $\mathbf{V}_\phi$와는 다르다. 모든 전압과 전류는 $\mathbf{V}_\phi$를 기준으로 하고 이때를 0°의 각에 있다고 가정한다.

페이저도는 지상 또는 진상역률로 운전하는 발전기의 페이저도를 비교할 수 있다. 페이저도는 그림 4-14에서 보여준다. 주어진 상전압과 전기자전류에 대해 진상부하보다 지상부하일 때 더 큰 내부발생전압 $\mathbf{E}_A$가 요구된다. 따라서 지상부하일 때 같은 단자전압을 얻기 위해서 더 큰 계자전류를 필요로 한다.

$$E_A = K\phi\omega \qquad (4\text{–}1)$$

여기서 ω는 일정한 주파수를 얻기 위해 상수가 되어야 한다.

부하전류의 크기와 계자전류가 주어지면, 단자전압은 지상부하일 때는 낮아지고 진상부하일 때는 높아진다. 실제 동기기에서, 동기 리액턴스는 일반적으로 권선저항 R_A에 비해 훨씬 크다. 그래서 R_A는 전압변동률의 정성적 해석에서는 무시될 수 있지만, 정확한 결과 수치를 얻기 위해서는 R_A는 고려되어야 한다.

4.6 동기발전기의 출력과 토오크

동기발전기는 발전기로 사용되는 동기기다. 이것은 기계적 동력을 3상 전력으로 바꾼다. 기계적 동력(원동기)은 디젤 엔진, 증기 터빈, 수력 터빈, 또는 유사한 장치가 될 수 있다. 동력원에 관계없이 기본적으로 출력에 무관하게 거의 일정한 속도를 유지하는 특성을 가져야 한다. 만일 그렇지 못하다면 이 전력 장치의 주파수가 변하기 때문이다.

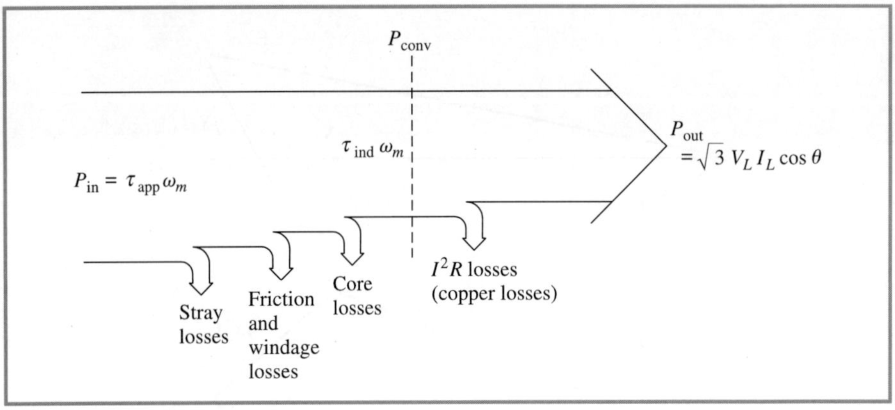

그림 4-15 동기발전기의 전력흐름도

기계적 동력이 모두 동기발전기의 전력으로 변환되는 것은 아니다. 출력과 입력의 차이는 기계의 손실로 나타낸다. 그림 4-15는 동기발전기의 전력흐름도이다. 기계적 동력의 입력은 $P_{in} = \tau_{app}\omega_m$으로 표시되는 발전기의 축력이다. 반면에 기계적 동력에서 전기적으로 변환된 전력은 아래와 같이 나타낼 수 있다.

$$P_{conv} = \tau_{ind}\omega_m \tag{4–14}$$

$$= 3E_A I_A \cos\gamma \tag{4–15}$$

여기서, γ는 $\mathbf{E}_A$와 $\mathbf{I}_A$사이의 각이며, 발전기 입력과 발전기에서 변환된 출력 사이의 차는 기기의 철손, 표유부하손으로 표시된다.

동기발전기의 실제 전기적 출력은 다음과 같이 표현될 수 있다.

$$P_{out} = \sqrt{3}V_L I_L \cos\theta \tag{4–16}$$

그리고 상전압으로는 다음과 같다.

$$P_{out} = 3V_\phi I_A \cos\theta \tag{4–17}$$

무효전력은 다음과 같이 선전압과 선전류로 표시된다.

$$Q_{out} = \sqrt{3}V_L I_L \sin\theta \tag{4–18}$$

또는 상전압으로 표현될 수 있다.

$$Q_{out} = 3V_\phi I_A \sin\theta \tag{4–19}$$

전기자 저항 R_A를 무시하면 ($X_S \gg R_S$이므로), 발전기의 대략적인 출력을 얻는 데 매우 유용한 식이다. 이 식을 얻기 위해 그림 4-16의 페이저도를 검토한다. 그림 4-16은 고정자 저항을 무시한 발전기의 페이저도를 도식화한 것이다. 여기서, 수직 성분 bc는 $E_A \sin\delta$나 $X_S I_A \cos\theta$로 표현될 수 있음을 알 수 있다. 즉,

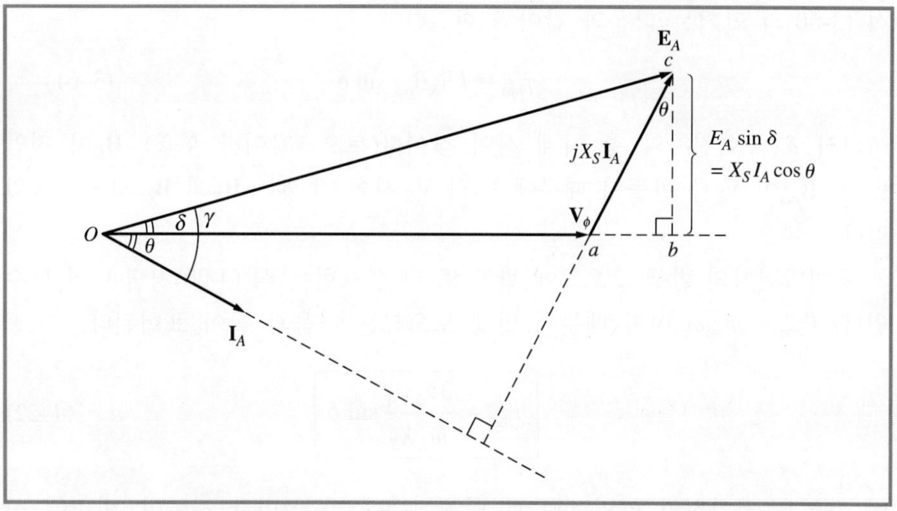

그림 4-16
전기자 저항을 무시한 단순화된 페이저도

$$I_A \cos\theta = \frac{E_A \sin\delta}{X_S}$$

그리고 식 (4-17)을 대입하면,

$$\boxed{P_{\text{conv}} = \frac{3V_\phi E_A}{X_S}\sin\delta} \tag{4–20}$$

식 (4-20)에서 저항이 0으로 가정했기 때문에 발전기의 전기적 손실은 없어 이 식은 P_{conv}혹은 P_{out}로도 될 수 있다.

식 (4-20)은 동기발전기의 출력이 $\mathbf{V}_\phi$와 $\mathbf{E}_A$의 사이 각 δ에 의존한다는 것을 말하고 있다. 각 δ는 기기의 토오크각이다. 또한, 최대 출력은 발전기가 $\delta = 90°$일 때이고, $\delta = 90°$에서 $\sin\delta = 1$이므로

$$P_{\max} = \frac{3V_\phi E_A}{X_S} \tag{4–21}$$

가 된다. 이 식에서 말하는 최대 출력은 정태안정도의 한계(static stability limit)라 부른다. 보통, 실제 발전기는 결코 이 한계점에 근접하지 않는다. 실제 발전기에서는 15°에서 20°의 전부하토오크각이 일반적이다.

또 다른 식 (4-17), (4-19), (4-20)에서 보면, 만일 $\mathbf{V}_\phi$가 일정하면 실제 출력은 $I_A \cos\theta$와 $E_A \sin\theta$에 비례하고, 무효전력은 $I_A \sin\theta$에 비례한다. 이것은 부하 변화에 따른 동기발전기의 페이저도를 그리는 데 유용하다.

3장으로부터 발전기에 발생한 토오크를 다음과 같이 표현할 수 있다.

$$\tau_{\text{ind}} = k\mathbf{B}_R \times \mathbf{B}_S \tag{3–58}$$

$$\tau_{\text{ind}} = k\mathbf{B}_R \times \mathbf{B}_{\text{net}} \tag{3–60}$$

식 (3-60)의 크기는 다음과 같이 표현된다.

$$\tau_{\text{ind}} = kB_R B_{\text{net}} \sin \delta \tag{3-61}$$

여기서 δ는 회전자와 총 자계 사이 각이다(토오크각이라 부름). $\mathbf{B}_R$이 전압 $\mathbf{E}_A$를, $\mathbf{B}_{\text{net}}$이 $\mathbf{V}_\phi$를 만들기 때문에 $\mathbf{E}_A$와 $\mathbf{V}_\phi$ 사이 각 δ는 $\mathbf{B}_R$과 $\mathbf{B}_{\text{net}}$사이각 δ와 같다.

동기발전기의 발생 토오크에 관한 또 다른 표현은 식 (4-20)처럼 나타낼 수 있다. $P_{\text{conv}} = \tau_{\text{ind}}\omega_m$이기 때문에 발생 토오크는 다음과 같이 표현된다.

$$\boxed{\tau_{\text{ind}} = \frac{3V_\phi E_A}{\omega_m X_S} \sin \delta} \tag{4-22}$$

이 표현은 전기적인 양의 항으로 발생 토오크를 설명한 것이며, 반면에 식 (3-60)은 자기적인 량의 항으로 발생 토오크를 설명한 것이다.

$$\boxed{P_{\text{conv}} = \frac{3V_\phi E_A}{X_S} \sin \delta} \tag{4-20}$$

$$\boxed{\tau_{\text{ind}} = \frac{3V_\phi E_A}{\omega_m X_S} \sin \delta} \tag{4-22}$$

이 두 값은 토오크각 δ가 90°일 때 최대값이 된다. 발전기는 순간일지라도 이들 한계를 초과하지 않는다. 실제 발전기는 전부하토오크각이 20°~30°이다. 발전기가 공급할 수 있는 순간 최대 전력과 토오크는 적어도 전부하 값의 두 배이기 때문이다. 이것은 발전기들을 포함한 전력시스템의 안정도를 위해 필수적으로 필요한 전력과 토오크를 확보해 두는 것이다. 4.10절에서 자세히 설명할 것이다.

4.7 동기발전기 정수의 측정

동기발전기의 등가회로는 실제 동기발전기의 동작을 완전히 설명하기 위해서는 반드시 결정되어야 할 세 가지 정수를 포함하여 표현되어야 한다.

1. 계자전류와 자속 사이의 관계(즉, 계자전류와 E_A의 관계)
2. 동기 리액턴스
3. 전기자 저항

이 절은 동기발전기에서 이 세 가지 정수들을 결정하는 간단한 방법을 설명하고 있다.

먼저 발전기의 **개방회로 시험**을 행한다. 이 시험에서 발전기는 정격 속도로 회전하고, 단자는 모든 부하로부터 분리시켜 놓고, 계자전류는 0으로 해야 한다.

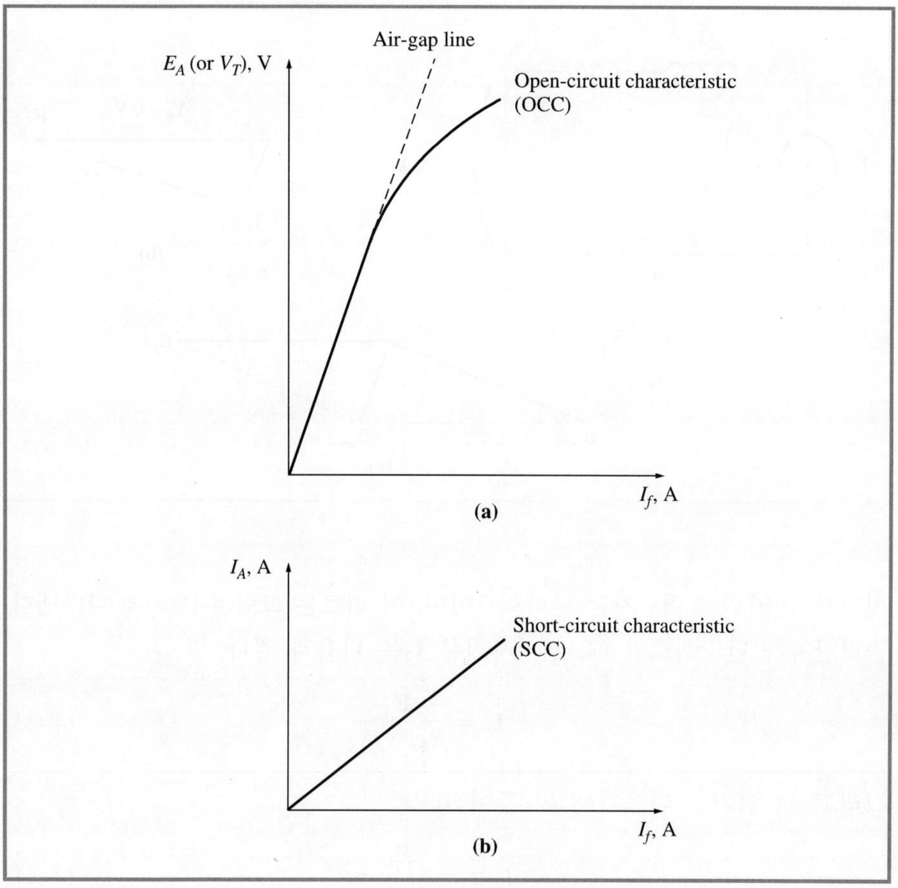

그림 4-17
(a) 동기발전기의 개방회로 특성(OCC),
(b) 동기발전기의 단락회로 특성(SCC)

계자전류는 단계적으로 증가된다. 그리고, 단자전압은 각 단계에서 크기를 측정한다. 단자를 개방하면, $I_A = 0$, 또한 $E_A = V_\phi$로부터 I_F에 대한 E_A나 V_T의 그래프를 그릴 수 있다. 이 그래프는 **개방회로 특성**(OCC)이라 한다. 이 특성곡선으로 어떤 주어진 계자전류에 대한 발전기의 내부발생전압을 알 수 있으며, 전형적인 개방회로 특성을 그림 4-17(a)에 보여준다. 곡선에서 높은 계자전류로 포화 상태가 될 때까지는 거의 완전한 선형이다. 비포화 동기기의 내부의 철심은 공극의 자기저항보다 수천 배 작은 자기저항 값을 가진다. 그래서 처음에는 거의 모든 기자력은 공극에 걸리고 자속은 선형적으로 증가한다. 철심이 포화 되면 철심의 자기저항은 급격히 증가하고, 자속은 기자력의 증가에 비해 적게 증가한다. OCC의 선형 부분을 이 특성의 **공극선**(air-gap line)이라 한다.

두 번째는 **단락회로 시험**을 한다. 단락회로 시험을 위해 계자전류를 다시 0으로 하고 발전기의 출력단자를 단락회로로 만들고 단락회로에 전류계를 직렬로 연결한다. 전기자전류 I_A와 선전류 I_L는 계자전류를 증가시킴으로써 측정할 수 있으며, 이것을 **단락회로 특성**(SCC)라고 하고 그림 4-17(b)에서 보여 준다. 이 특성곡선이 선형인 이유를 설명하기 위해 그림 4-12의 등가회로를 보자.

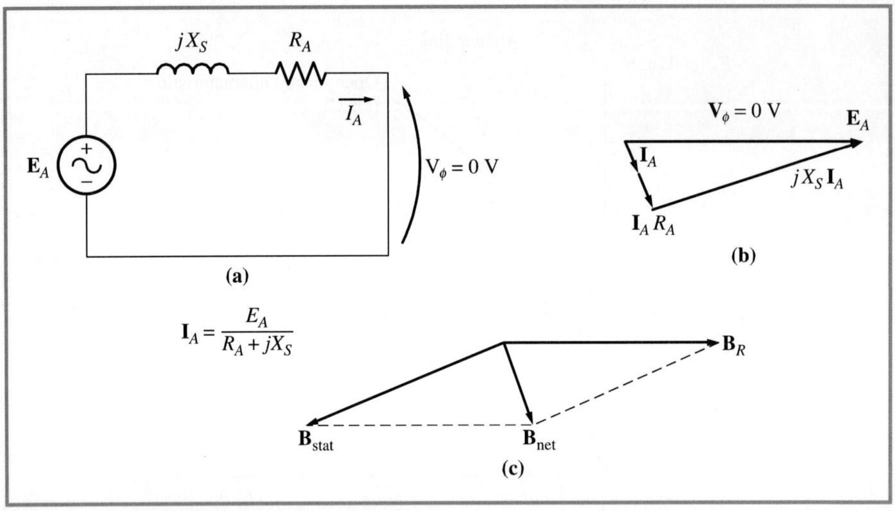

그림 4-18
(a) 단락회로 시험시 동기발전기의 등가회로, (b) 페이저도, (c) 단락회로 시험시 자계

여기서, 기기의 출력단자는 단락회로이며, 이 회로는 그림 4-18(a)에 나타낸다. 출력단자가 단락회로일 때, 전기자전류 $\mathbf{I}_A$는 다음과 같다.

$$\mathbf{I}_A = \frac{\mathbf{E}_A}{R_A + jX_S} \tag{4–23}$$

그리고 그 크기는 다음과 같이 주어진다.

$$I_A = \frac{E_A}{\sqrt{R_A^2 + X_S^2}} \tag{4–24}$$

이 페이저도는 그림 4-18(b)에서 보여주고 이에 대응하는 자계는 그림 4-18(c)에서 보여준다. $\mathbf{B}_S$가 $\mathbf{B}_R$을 거의 상쇄시키므로 실제 총 자속 $\mathbf{B}_{net}$은 매우 작다(단지, 내부 저항 강하와 인덕턴스 강하만을 고려할 때). 기기의 실제 총 자속은 매우 적기 때문에 포화되지 않고 단락회로 특성은 선형이다.

이 두 가지 특성을 이해하기 위해서 그림 4-18에서 $\mathbf{V}_\phi$가 0이면 기기 내부 임피던스는 다음과 같이 주어진다.

$$Z_S = \sqrt{R_A^2 + X_S^2} = \frac{E_A}{I_A} \tag{4–25}$$

여기서, $X_S \gg R_A$이므로 이 식은 다음과 같이 줄일 수 있다.

$$X_S \approx \frac{E_A}{I_A} = \frac{V_{\phi,oc}}{I_A} \tag{4–26}$$

E_A와 I_A를 주어진 상황에서 알 수 있다면, 동기 리액턴스 X_S를 알 수 있다.

그러므로 주어진 계자전류에서 동기 리액턴스 X_S를 결정하기 위한 대략적인 방법은 다음과 같다.

1. 계자전류에 따른 개방회로 특성으로 부터 내부발생전압 E_A를 얻는다.
2. 단락회로 특성으로 부터 계자전류에 대한 단락 전류 $I_{A,SC}$를 얻는다.
3. 식 (4-26)을 적용하여 X_S를 구한다.

그러나, 이 접근법에는 문제가 있다. 내부발생전압 E_A는 큰 계자전류에 대해 부분적으로 기기가 포화된 개방회로 특성으로부터 구해지고, I_A는 기기의 모든 계자전류에 대해 비포화된 단락회로 특성으로부터 구해진다. 따라서 높은 계자전류의 경우, 주어진 계자전류의 개방회로 특성으로부터 구한 E_A는, 단락회로의 같은 계자전류에서 구한 E_A와 다르다. 그러므로 이 차이로 인해 X_S의 값은 정확하지 못하다.

이 접근법에 의해 구해진 값은 포화의 측면에서는 정확하다. 그러므로 기기의 비포화 동기 리액턴스, $X_{S,u}$는 개방회로 특성의 선형영역(공극선 상의)에서 임의의 계자전류에 대해 식 (4-26)를 적용함으로서 간단히 구해진다.

동기 리액턴스의 근사 값은 개방회로 특성의 포화값에 따라 변한다. 그래서 주어진 문제에 이용되는 동기 리액턴스의 값은 기기의 근사 부하값에서 계산되어야 한다. 계자전류에 대한 함수로서 대략적인 동기 리액턴스를 나타낸 그림은 그림 4-19에 있다.

포화된 동기 리액턴스의 더 정확히 산정하기 위해서 참고문헌 2의 5.3절을 살펴보라.

동기 리액턴스뿐만 아니라 권선저항을 알아내는 것도 중요하다면, 정지한 기기에 직류전압을 인가하고 전류를 측정하면 된다. 직류전압을 인가하면 권선의 리액턴스는 0이 될 것이다.

이 방법이 정확한 것은 아니며, 교류 저항이 직류 저항보다 약간 크다(높은

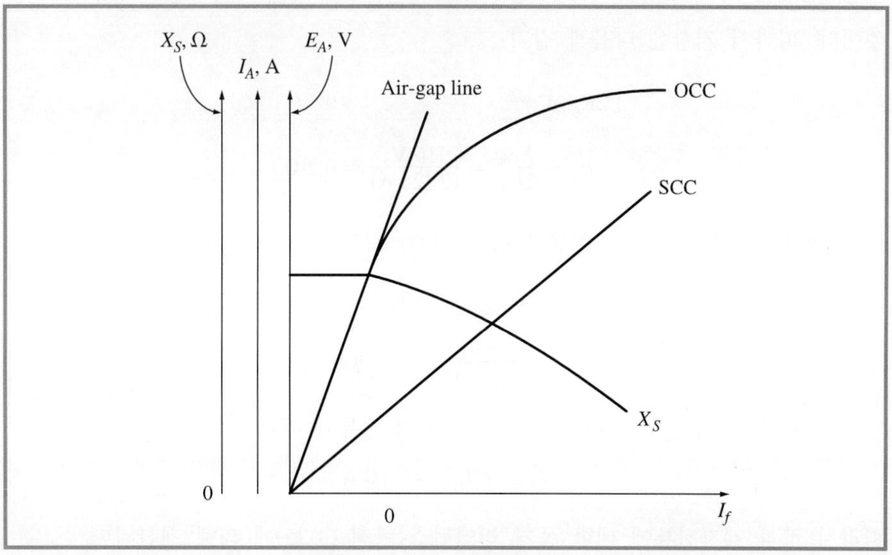

그림 4-19 기기의 계자전류에 따른 동기발전기의 대략적인 동기 리액턴스. 계자전류의 작은 값에서 나타나는 일정한 리액턴스는 기기의 비포화 동기 리액턴스이다.

주파수에서의 표피 효과 때문). X_S의 보다 정확한 값을 산정하기 위해 식 (4-26)에 측정된 저항 값을 포함할 수 있다(이 같은 계산이 근사 계산법에 많은 도움을 주지는 못한다. 포화는 R_A보다 X_S의 계산에 더 많은 오차를 발생시킨다).

단락비

동기발전기를 설명하기 위한 또 다른 요소는 **단락비**(*short-circuit ratio*)이다. 발전기의 단락비는 단락회로에서 정격 전기자전류가 흐르는 데 필요한 계자전류 대 개방회로에서 정격 전압에 필요한 계자전류의 비로 정의된다. 이것은 식 (4-26)에서 계산된 대략적인 포화 동기 리액턴스의 단위값(per unit value)에 반비례한다는 것을 보여 준다.

단락비가 포화된 동기 리액턴스로부터 발전기의 새로운 정보를 알지 못한다 해도 이것이 무엇인지는 알아야 한다. 왜냐하면, 이 용어는 산업현장에서 많이 사용되기 때문이다.

예제 4-1

200 kVA, 480 V, 50 Hz, 5 A의 정격 계자전류를 가진 Y-결선의 동기발전기를 시험하고, 다음 데이터를 얻었다.

1. 정격 I_F에서 $V_{T,OC}$는 540 V
2. 정격 I_F에서 $I_{L,SC}$는 300 A
3. 직류 10 V 전압을 두 단자에 인가하면 전류는 25 A

정격 상태에서 발전기모델에 사용되는 전기자 저항과 대략적인 동기 리액턴스를 구하라.

풀이

위의 발전기는 Y결선이다. 그래서 저항은 2개의 권선을 통해 직류 전류를 흘려 측정한 것이다. 따라서 저항은 다음과 같다.

$$2R_A = \frac{V_{\text{DC}}}{I_{\text{DC}}}$$

$$R_A = \frac{V_{\text{DC}}}{2I_{\text{DC}}} = \frac{10\text{ V}}{(2)(25\text{ A})} = 0.2\ \Omega$$

정격 계자전류에 대한 내부발생전압은 다음과 같다.

$$E_A = V_{\phi,\text{OC}} = \frac{V_T}{\sqrt{3}}$$

$$= \frac{540\text{ V}}{\sqrt{3}} = 311.8\text{ V}$$

단락 전류 I_A는 발전기가 Y결선이기 때문에 선전류와 같다.

$$I_{A,SC} = I_{L,SC} = 300\text{ A}$$

따라서 정격 계자전류에 대한 동기 리액턴스는 식 (4-25)에 의해 계산된다.

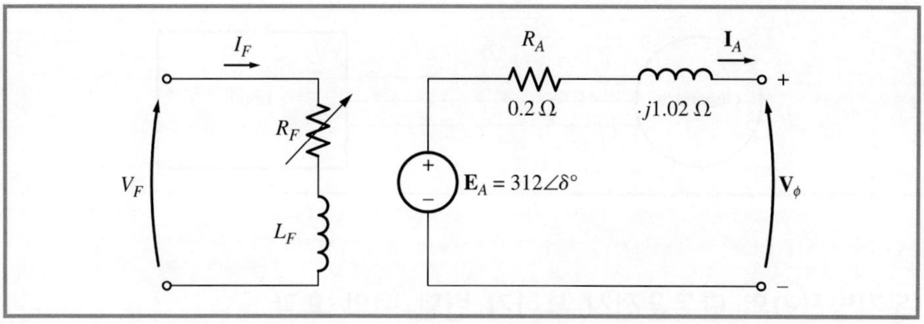

그림 4-20
예제 4-1 발전기의 상당 등가회로

$$\sqrt{R_A^2 + X_S^2} = \frac{E_A}{I_A} \tag{4–25}$$

$$\sqrt{(0.2\ \Omega)^2 + X_S^2} = \frac{311.8\ \text{V}}{300\ \text{A}}$$

$$\sqrt{(0.2\ \Omega)^2 + X_S^2} = 1.039\ \Omega$$

$$0.04 + X_S^2 = 1.08$$

$$X_S^2 = 1.04$$

$$X_S = 1.02\ \Omega$$

R_A의 포함이 X_S의 계산에 얼마나 영향을 미치는가? 그렇게 크지 않다. X_S를 식 (4-26)에서 구하면 다음과 같다.

$$X_S = \frac{E_A}{I_A} = \frac{311.8\ \text{V}}{300\ \text{A}} = 1.04\ \Omega$$

R_A를 무시했기 때문에 생기는 X_S의 오차는 포화 효과에 의한 오차보다 적다. 대략적인 계산은 식 (4-26)으로 한다.

상당 등가회로는 그림 4-20과 같다.

4.8 동기발전기의 단독운전

부하가 있는 동기발전기의 동작은 부하의 역률에 따라, 발전기를 단독 또는 다른 동기발전기와 병렬 운전하는가에 따라 크게 변화한다. 이 절에서는, 동기발전기의 단독운전의 동작에 대해 공부한다. 병렬운전에 대해서는 4.9절에서 알아보기로 한다.

이 절에서는, R_A의 효과를 무시하는 간단한 페이저도로 개념을 설명하지만, 어떤 수치계산 예제에서는 저항 R_A를 포함한다.

만약, 이 절에서 특별한 언급이 없으면, 발전기의 속도는 일정하다. 그리고 모든 단자의 특성은 일정 속도에서 구해지며 또한 계자전류가 변하지 않는 한 발전기의 회전자 자속은 일정하다고 가정한다.

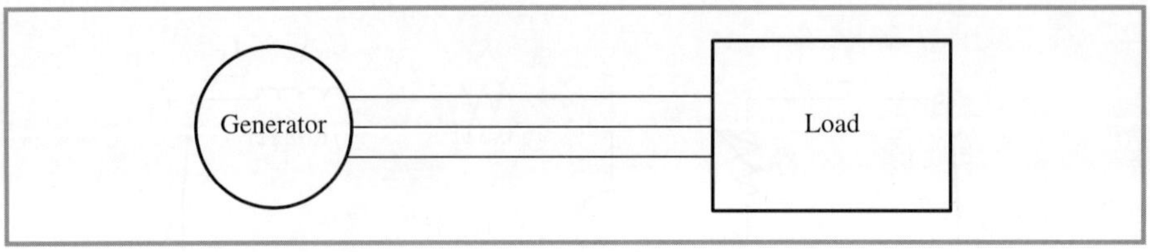

그림 4-21
단독 발전기에서의 부하공급

동기발전기의 단독운전시 부하가 변할 때의 효과

동기발전기 단독운전시 운전특성을 이해하기 위해서, 발전기에 부하를 걸어 시험한다. 한 대의 발전기에 부하를 걸었을 때를 그림 4-21에서 보여주고 있다. 부하를 증가시킬 때 발전기는 어떻게 될까?

부하가 증가한다는 것은 발전기에서 만든 유효전력 또는 무효전력이 증가한다는 것이다. 부하를 증가시키는 것은 발전기로부터의 부하전류가 증가하는 것이다. 왜냐하면, 계자저항이 증가되지 않았기 때문에 계자전류는 일정하고, 또 자속 ϕ도 상수다. 발전기를 회전시키는 원동기의 속도 ω도 일정하므로 내부발생전압 $E_A = K\phi\omega$도 일정하다.

만약 E_A가 상수라면 부하의 변화에 따라 무엇이 변할까? 이것을 찾는 방법은 발전기의 제한조건을 유지하고 부하의 증가시키면서 페이저도를 그려보는 것이다.

첫째로 지상역률로 발전기를 운전하는 것을 시험한다. 만약 같은 역률의 부하가 더 걸린다면, $|\mathbf{I}_A|$는 증가되나 $\mathbf{V}_\phi$와 사이각 θ는 그대로이다. 그러므로 전기자 반작용 전압 $jX_S\mathbf{I}_A$는 같은 각이지만 전보다 더 커진다. 그래서

$$\mathbf{E}_A = \mathbf{V}_\phi + jX_S\mathbf{I}_A$$

이다. $jX_S\mathbf{I}_A$는 0°에서의 $\mathbf{V}_\phi$와 부하 증가 이전과 크기가 같다는 제한조건이 있는 $\mathbf{E}_A$사이에서 그려야 한다. 만약 이러한 제한이 페이저도로 표시된다면, 단지 원래 위치에 있던 점에서 전기자 반작용 전압이 크기가 증가하면, 원래 위치에서 평행하게 움직인 단 하나의 점에 나타난다. 그 결과는 그림 4-22(a)에 나타내었다.

만약 제한이 지켜지면, 부하가 증가되고 전압 $\mathbf{V}_\phi$는 급격히 감소함을 볼 수 있다.

지금 발전기가 단위역률 부하에 연결되어 있다고 하자. 만약 단위역률의 새로운 부하가 더해진다면 어떻게 되겠는가? 물론 이전의 제한과 같다고 하면 $\mathbf{V}_\phi$는 약간 감소한다[그림 4-22(b)].

마지막으로 발전기에 진상역률 부하가 걸려 있다면, 이때에 동일한 진상역률의 새로운 부하가 추가되면 전기자 반작용 전압은 이전의 값 밖으로 조정될

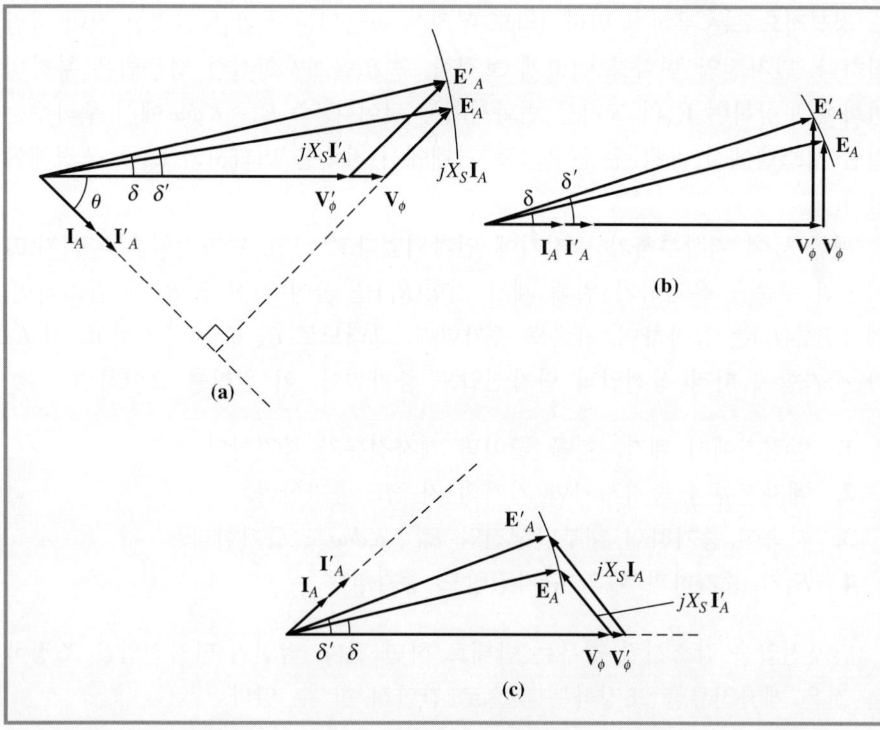

그림 4-22
일정 역률에서 발전기 부하를 증가할 때 단자전압의 영향
(a) 지상역률,
(b) 단위역률,
(c) 진상역률

것이고 $\mathbf{V}_\phi$는 증가한다[그림 4-22(c)]. 이 마지막 경우 부하의 증가는 발전기의 단자전압을 증가시킨다.

동기발전기 동작의 검토로부터 일반적인 결론은

1. 만약 지상부하($+Q$또는 유도성 부하)가 발전기에 인가되면 $\mathbf{V}_\phi$와 단자전압 V_T는 급격히 감소한다.
2. 만약, 단위역률 부하(무효전력이 아님)가 발전기에 인가되면, $\mathbf{V}_\phi$와 단자전압은 서서히 감소한다.
3. 만약 진상부하($-Q$ 또는 용량성 전력 부하)가 걸리면, $\mathbf{V}_\phi$와 단자전압은 상승한다.

두 발전기의 전압의 변화를 비교하는 쉬운 방법은 전압변동률이다. 발전기의 전압변동률(VR)은 다음 식으로 정의된다.

$$\boxed{\mathrm{VR} = \frac{V_{\mathrm{nl}} - V_{\mathrm{fl}}}{V_{\mathrm{fl}}} \times 100\%} \qquad (3\text{–}67)$$

여기에서 V_{nl}은 발전기의 무부하 전압, 그리고 V_{fl}은 전부하 전압이다. 지상역률로 운전되는 동기발전기는 큰 전압변동률을 가진다. 단위역률로 운전되면, 작은 전압변동률을 나타내고 진상부하로 운전되면 음의 전압변동률을 가진다.

정상적으로는 부하가 변하더라도 부하에 공급되는 전압은 일정한 것이 바람직하다. 단자전압 변화를 어떻게 보정할 수 있을까? 확실한 접근법은 부하의 변화에 보상하여 $\mathbf{E}_A$의 크기를 변화시키는 것이다. 즉 $E_A = K\phi\omega$에서 주파수는 일반 시스템에서 바뀔 수 없으므로 기계에서 자속을 변화시켜 E_A를 조정해야 한다.

예를 들어 지상부하가 발전기에 인가되었다고 하면, 단자전압은 떨어지고, 이전의 수준을 유지하기 위해 계자 저항(R_F)을 줄여야 한다. R_F가 감소하면, 계자전류(I_F)는 증가하며, 자속도 증가한다. 그러므로 E_A 또한 증가하고, 이 E_A가 증가함에 따라 상전압과 단자전압도 증가한다. 이 원리를 요약하면,

1. 발전기에서 계자저항을 줄이면 계자전류가 증가한다.
2. 계자전류를 증가시키면 기기의 자속도 증가한다.
3. 자속이 증가하면 내부발생전압 $E_A = K\phi\omega$도 증가한다.
4. E_A가 증가하면 $\mathbf{V}_\phi$와 단자전압도 증가한다.

단자전압을 감소시킬 경우는 반대로 하면 된다. 발전기 단자전압을 조정하는 것은 계자전류를 조정하는 것으로 간단히 할 수 있다.

예제

아래의 두 문제는 동기발전기에서 전압, 전류, 전력의 흐름을 포함하는 간단한 계산이다. 첫 번째 문제에서는 전기자 저항 R_A을 포함하나 두 번째는 R_A가 무시된다. 첫 예제 문제는 부하가 변할 때 V_T를 일정하게 하기 위해 발전기의 계자전류가 어떻게 조정하는가 하는 문제이고, 두 번째 문제는, 만약 계자가 일정하면서 부하가 변하는 경우 단자전압은 어떻게 되는가 하는 문제이다. 이 장에서 배운 정성적 설명과 계산결과가 일치하는가를 비교해 보아야 한다. 마지막으로 동기발전기의 단자전압을 구하기 위해 MATLAB을 사용해 본다.

예제 4-2

480-V, 60-Hz, Δ결선, 4극의 동기발전기는 그림 4-23(a)에 보이는 OCC특성을 가지고 있다. 이 발전기는 0.1 Ω의 동기 리액턴스와 0.015 Ω의 전기자 저항을 가지고 있다. 전부하에서 기기는 0.8 지상역률의 1200 A를 공급한다. 전부하일 때의 마찰손과 풍손은 40 kW, 그리고 철손 30 kW, 계자회로 손실은 무시한다.

(*a*) 이 발전기의 회전 속도는?
(*b*) 무부하시 단자전압 480 V가 될 때 계자전류는 얼마나 공급되어야 하는가?
(c) 만약에 발전기에 부하가 연결되어 0.8 지상역률 1200 A가 흐른다면 단자전압 480 V를 유지하기 위해서는 계자전류는 얼마가 되어야 하는가?

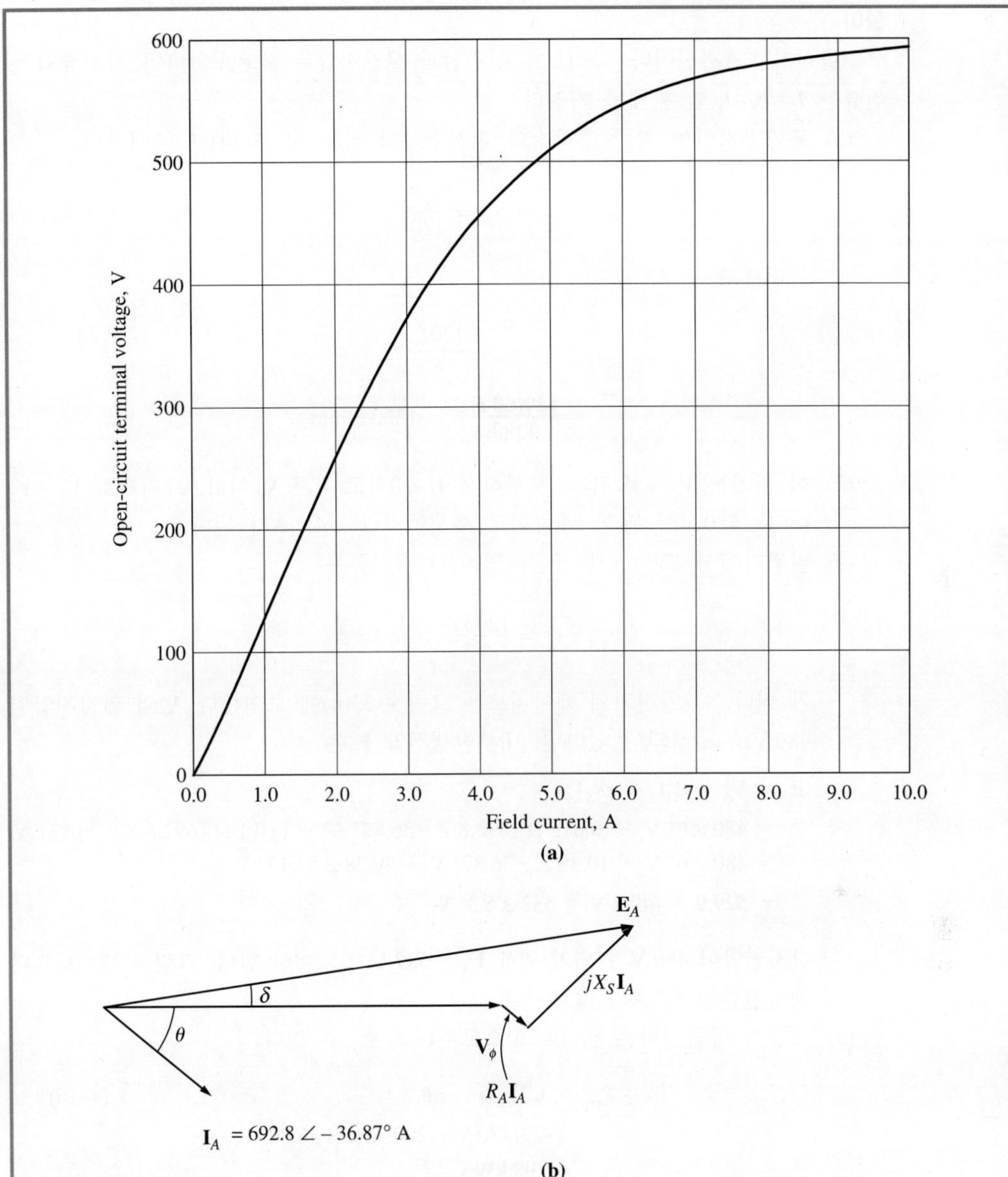

그림 4-23
(a) 예제 4-2 발전기의 개방회로 특성, (b) 예제 4-2 발전기의 페이저도

(*d*) 발전기는 얼마만큼의 전력을 공급하는가? 원동기는 얼마나 많은 입력을 발전기에 공급하는가? 이 기계의 전체 효율은?

(*e*) 만약 발전기가 갑자기 부하가 제거된다면 단자전압은 어떻게 되는가?

(*f*) 발전기가 부하에 연결되어 0.8 진상역률 1200 A를 공급한다. V_T전압을 480 V로 유지하기 위한 계자전류의 값은 얼마인가?

풀이

동기발전기는 Δ결선이다. 그러므로 상전압과 선간전압은 같고($V_\phi = V_T$), 상전류와 선전류는 $I_L = \sqrt{3}I_\phi$의 관계를 가진다.

(*a*) 동기발전기의 전기 주파수와 회전수와의 비는 식 (3-34)로 주어진다.

$$f_{se} = \frac{n_m P}{120} \tag{3–34}$$

그러므로,

$$n_m = \frac{120 f_{se}}{P}$$

$$= \frac{120(60\ \text{Hz})}{4\ \text{poles}} = 1800\ \text{r/min}$$

(*b*) 이 기기는 $V_\phi = V_T$이다. 무부하시 $\mathbf{I}_A = 0$이고 $\mathbf{E}_A = \mathbf{V}_\phi$이다. 그러므로 $V_T = V_\phi = E_A = 480$ V이 된다. 개방회로 특성에서 $I_F = 4.5$ A가 된다.

(*c*) 발전기에서 1200 A가 공급하면, 전기자전류는

$$I_A = \frac{1200\ \text{A}}{\sqrt{3}} = 692.8\ \text{A}$$

가 된다. 이 발전기의 페이저도는 그림 4-23(b)에 보여준다. 만약 단자전압이 480 V로 조정되어 있다면, 내부발생전압 $\mathbf{E}_A$는

$$\begin{aligned}
\mathbf{E}_A &= \mathbf{V}_\phi + R_A\mathbf{I}_A + jX_S\mathbf{I}_A \\
&= 480\angle 0°\ \text{V} + (0.015\ \Omega)(692.8\angle -36.87°\ \text{A}) + (j0.1\ \Omega)(692.8\angle -36.87°\ \text{A}) \\
&= 480\angle 0°\ \text{V} + 10.39\angle -36.87°\ \text{V} + 69.28\angle 53.13°\ \text{V} \\
&= 529.9 + j49.2\ \text{V} = 532\angle 5.3°\ \text{V}
\end{aligned}$$

단자전압이 480 V가 되기 위해 $\mathbf{E}_A$는 532 V가 되어야 한다. 그림 4-23으로부터 계자전류는 5.7 A가 요구된다.

(*d*) 발전기 공급전력은 식 (4-16)으로부터 구할 수 있다.

$$\begin{aligned}
P_{\text{out}} &= \sqrt{3}V_L I_L \cos\theta \qquad (4\text{–}16) \\
&= \sqrt{3}(480\ \text{V})(1200\ \text{A})\cos 36.87° \\
&= 798\ \text{kW}
\end{aligned}$$

발전기 입력을 결정하기 위해 전력흐름도(그림 4-15)를 이용한다. 전력흐름도로부터 기계적 입력은 다음 식으로 주어진다.

$$P_{\text{in}} = P_{\text{out}} + P_{\text{elec loss}} + P_{\text{core loss}} + P_{\text{mech loss}} + P_{\text{stray loss}}$$

표유부하손은 언급되어 있지 않으므로 무시한다. 발전기의 전기적 손실은

$$\begin{aligned}
P_{\text{elec loss}} &= 3I_A^2 R_A \\
&= 3(692.8\ \text{A})^2(0.015\ \Omega) = 21.6\ \text{kW}
\end{aligned}$$

철손이 30 kW, 마찰손과 풍손이 40 kW, 따라서 발전기 입력은

$$P_{\text{in}} = 798\ \text{kW} + 21.6\ \text{kW} + 30\ \text{kW} + 40\ \text{kW} = 889.6\ \text{kW}$$

그러므로 이 기기의 전 효율은

$$\eta = \frac{P_{\text{out}}}{P_{\text{in}}} \times 100\% = \frac{798\ \text{kW}}{889.6\ \text{kW}} \times 100\% = 89.75\%$$

(*e*) 발전기의 부하가 갑자기 떨어지면 전류 $\mathbf{I}_A$는 0이 되고 $\mathbf{E}_A = \mathbf{V}_\phi$가 된다. 계자전류가 변하지 않았으므로, $|\mathbf{E}_A|$는 변하지 않고, $\mathbf{V}_\phi$와 V_T는 $\mathbf{E}_A$와 같기 위해서 증가한다. 그래서 부하가 갑자기 계통에서 떨어지면 발전기 단자전압은 532 V로 증가한다.

(*f*) 만약 발전기가 단자전압 480 V이고 부하가 걸려 진상역률 0.8의 1200 A가 흐른다면, 내부발생전압은

$$\begin{aligned}\mathrm{E}_A &= \mathrm{V}_\phi + R_A\mathrm{I}_A + jX_S\mathrm{I}_A \\ &= 480\angle 0°\ \text{V} + (0.015\ \Omega)(692.8\angle 36.87°\ \text{A}) + (j0.1\ \Omega)(692.8\angle 36.87°\ \text{A}) \\ &= 480\angle 0°\ \text{V} + 10.39\angle 36.87°\ \text{V} + 69.28\angle 126.87°\ \text{V} \\ &= 446.7 + j61.7\ \text{V} = 451\angle 7.1°\ \text{V}\end{aligned}$$

그래서 만약 V_T가 480 V로 유지한다면, 유기전압 E_A는 451 V로 조정되어야 한다. 개방회로 특성을 이용하여 계자전류는 4.1 A로 조정되어야 한다.

어떤 종류의 부하(진상/지상)가 정격전압을 유지하기 위해 더 많은 계자전류가 필요한가? 어떤 종류의 부하(진상/지상)가 발전기에서 열응력이 더 많은가? 왜?

예제 4-3

480 V, 50 Hz, Y-결선, 6극의 동기발전기의 각 상은 1.0 Ω의 동기 리액턴스를 가진다. 전부하 전기자전류는 0.8 지상역률의 60 A이다. 전부하 60 Hz일 때 마찰손과 풍손이 1.5 kW, 철손이 1 kW이다. 전기자 저항이 무시한다면, I^2R손은 무시할 수 있다. 계자전류는 무부하일 때 단자전압이 480 V로 되도록 조정되어 있다.

(*a*) 이 발전기의 회전속도는?

(*b*) 아래의 조건에서 발전기 단자전압은?

1. 지상역률 0.8, 정격전류가 흐르는 부하

2. 역률 1, 정격전류가 흐르는 부하

3. 진상역률 0.8, 정격전류의 부하

(*c*) 지상역률 0.8, 정격전류일 때 이 발전기 효율은(다른 전기적 손실은 무시한다)?

(*d*) 원동기에 전부하시 축토오크는 얼마나 공급되어야 하는가? 유기되는 역토오크는 얼마인가?

(*e*) 지상역률 0.8인 경우 이 발전기의 전압변동률은? 역률 1.0일 때는, 진상역률 0.8일 때는?

풀이

이 발전기는 Y결선이다. 따라서 상전압은 $V_\phi = V_T/\sqrt{3}$이다. 이것은 V_T가 480 V로 조정되면 $V_\phi = 277$ V이 된다. 계자전류가 $V_{T,\text{nl}} = 480$ V가 되기 위해 조정된다면, $V_\phi = 277$ V이 된다. 무부하일 때 전기자전류는 0이고, 그래서 전기자 반작용 전압과 I_AR_A강하는 0이다. $\mathbf{I}_A = 0$이기 때문에 내부발생전압 $E_A = V_\phi = 277$ V이다. 내부발생전압 $E_A(= K\phi\omega)$는 계자전류가 변할 때만 변한다. 이 문제에서 계자전류는 초기에만 조정하여 고정하면, 내부발생전압의 크기 $E_A = 277$ V이고 이 문제에서는 변하지 않는다.

(*a*) 동기발전기 회전자의 분당 회전속도는 식 (3-34)로 주어진다.

$$f_{se} = \frac{n_m P}{120} \tag{3–34}$$

그러므로

$$\begin{aligned} n_m &= \frac{120 f_{se}}{P} \\ &= \frac{120(60\ \text{Hz})}{6\ \text{poles}} = 1000\ \text{r/min} \end{aligned}$$

또한 이 속도를 rad/s으로 표현하면

$$\begin{aligned} \omega_m &= (1000\ \text{r/min})\left(\frac{1\ \text{min}}{60\ \text{s}}\right)\left(\frac{2\pi\ \text{rad}}{1\text{r}}\right) \\ &= 104.7\ \text{rad/s} \end{aligned}$$

(*b*) 1. 만약 0.8지상역률의 정격전류를 발전기에 흘렸다면 그림 4-24(a)의 페이저도를 보여줄 것이다. 이 페이저도에서 $\mathbf{V}_\phi$의 각이 0°인 것과 $\mathbf{E}_A$의 크기가 277 V인 것을 알 수 있다. 그리고 $jX_S\mathbf{I}_A$의 양은

$$jX_S\mathrm{I}_A = j(1.0\ \Omega)(60\angle -36.87°\ \text{A}) = 60\angle 53.13°\ \text{V}$$

전압 페이저도에서 알 수 없는 두 가지 값은 $\mathbf{V}_\phi$의 크기와 $\mathbf{E}_A$의 각 δ이다. 이 값들을 구하기 위한 가장 쉬운 방법은 그림 4-24(a)에서 보여진 것처럼 직각삼각형 페이저도로 그리는 것이다. 직각삼각형에서

$$E_A^2 = (V_\phi + X_S I_A \sin\theta)^2 + (X_S I_A \cos\theta)^2$$

그러므로 정격부하, 0.8 지상역률에서의 상전압은

$$\begin{aligned} (277\ \text{V})^2 &= [V_\phi + (1.0\ \Omega)(60\ \text{A})\sin 36.87°]^2 + [(1.0\ \Omega)(60\ \text{A})\cos 36.87°]^2 \\ 76{,}729 &= (V_\phi + 36)^2 + 2304 \\ 74{,}425 &= (V_\phi + 36)^2 \\ 272.8 &= V_\phi + 36 \\ V_\phi &= 236.8\ \text{V} \end{aligned}$$

발전기는 Y결선이므로 $V_T = \sqrt{3}V_\phi = 410$ V이다.

2. 만약, 단위역률의 정격전류를 발전기에 인가하면, 페이저도는 그림 4-24(b)와 같이 나타내어진다. $\mathbf{V}_\phi$를 알기 위해 직각삼각형에서

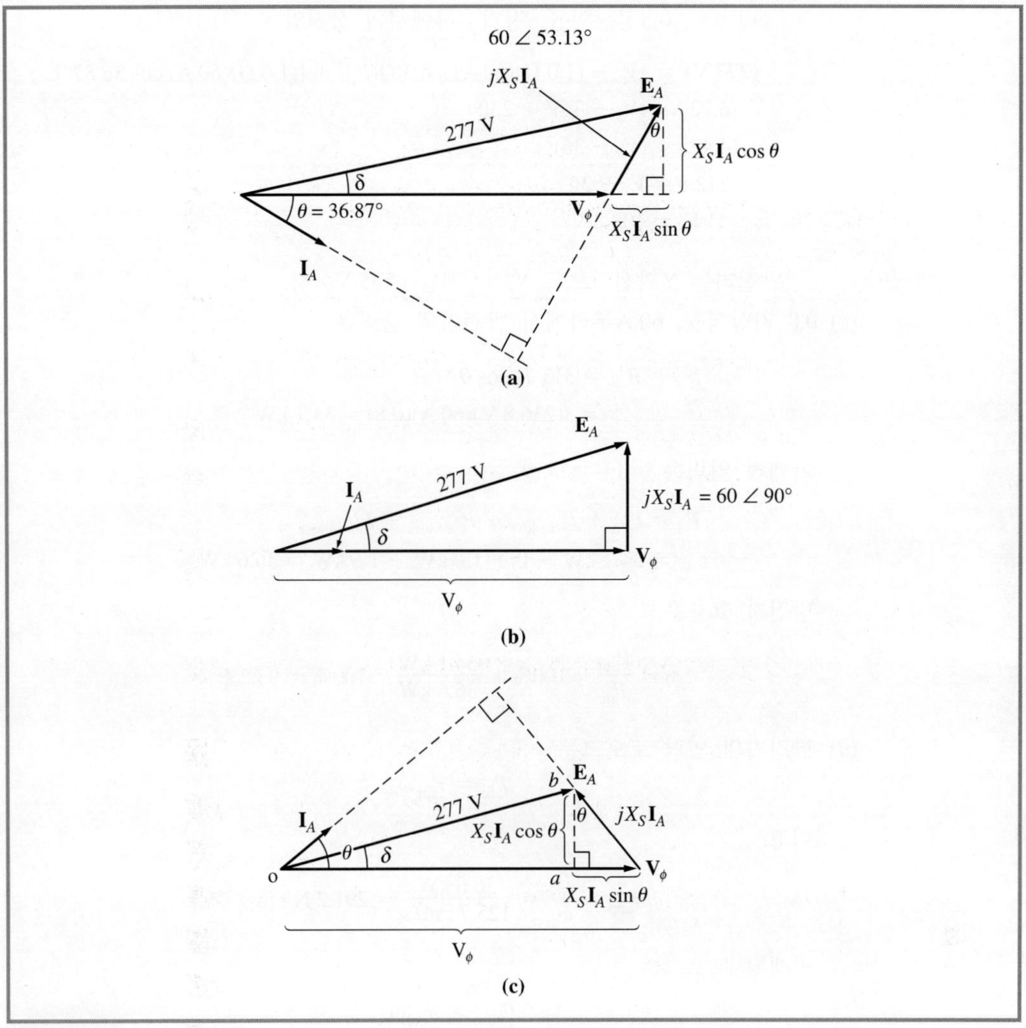

그림 4-24

예제 4-3의 발전기 페이저도 (a) 지상역률, (b) 단위역률, (c) 진상역률

$$\begin{aligned} E_A^2 &= V_\phi^2 + (X_S I_A)^2 \\ (277\text{ V})^2 &= V_\phi^2 + [(1.0\ \Omega)(60\text{ A})]^2 \\ 76{,}729 &= V_\phi^2 + 3600 \\ V_\phi^2 &= 73{,}129 \\ V_\phi &= 270.4\text{ V} \end{aligned}$$

이고, 그러므로 $V_T = \sqrt{3}V_\phi = 468.4\text{ V}$이다.

3. 발전기에 0.8의 진상역률의 정격전류를 인가했을 때, 그 결과는 그림 4-24(c)와 같은 페이저도로 나타내어진다. $\mathbf{V}_\phi$를 알기 위해 그림의 OAB의 직각삼각형을 그리면, 결과 식은

$$E_A^2 = (V_\phi - X_S I_A \sin\theta)^2 + (X_S I_A \cos\theta)$$

그러므로, 0.8진상역률, 정격부하에서의 상전압은

$$(277\text{ V})^2 = [V_\phi - (1.0\ \Omega)(60\text{ A})\sin 36.87°]^2 + [(1.0\ \Omega)(60\text{ A})\cos 36.87°]^2$$
$$76{,}729 = (V_\phi - 36)^2 + 2304$$
$$74{,}425 = (V_\phi - 36)^2$$
$$272.8 = V_\phi - 36$$
$$V_\phi = 308.8\text{ V}$$

발전기는 Y결선이므로 $V_T = \sqrt{3}V_\phi = 535$ V이다.

(*c*) 0.8 지상역률, 60 A부하에서 발전기의 출력은

$$P_{\text{out}} = 3V_\phi I_A \cos\theta$$
$$= 3(236.8\text{ V})(60\text{ A})(0.8) = 34.1\text{ kW}$$

기계적 입력은

$$P_{\text{in}} = P_{\text{out}} + P_{\text{elec loss}} + P_{\text{core loss}} + P_{\text{mech loss}}$$
$$= 34.1\text{ kW} + 0 + 1.0\text{ kW} + 1.5\text{ kW} = 36.6\text{ kW}$$

발전기 효율은

$$\eta = \frac{P_{\text{out}}}{P_{\text{in}}} \times 100\% = \frac{34.1\text{ kW}}{36.6\text{ kW}} \times 100\% = 93.2\%$$

(*d*) 발전기의 입력 토오크는

$$P_{\text{in}} = \tau_{\text{app}}\omega_m$$

이고,

$$\tau_{\text{app}} = \frac{P_{\text{in}}}{\omega_m} = \frac{36.6\text{ kW}}{125.7\text{ rad/s}} = 291.2\text{ N}\cdot\text{m}$$

발생된 토오크는

$$P_{\text{conv}} = \tau_{\text{ind}}\omega_m$$

그러므로

$$\tau_{\text{ind}} = \frac{P_{\text{conv}}}{\omega_V} = \frac{34.1\text{ kW}}{125.7\text{ rad/s}} = 271.3\text{ N}\cdot\text{m}$$

(*e*) 발전기의 전압변동률은 다음과 같이 정의된다.

$$\text{VR} = \frac{V_{\text{nl}} - V_{\text{fl}}}{V_{\text{fl}}} \times 100\% \tag{3–67}$$

이 정의에서 지상, 단위, 진상의 역률의 경우의 전압변동률은 다음과 같다.

1. 지상역률인 경우: $\text{VR} = \frac{480\text{ V} - 410\text{ V}}{410\text{ V}} \times 100\% = 17.1\%$

2. 단위역률인 경우: $\text{VR} = \frac{480\text{ V} - 468\text{ V}}{468\text{ V}} \times 100\% = 2.6\%$

3. 진상역률인 경우: $\text{VR} = \frac{480\text{ V} - 535\text{ V}}{535\text{ V}} \times 100\% = -10.3\%$

예제 4-3에서 지상역률은 단자전압을 강하시키고, 단위역률은 V_T에 미치는 효과가 적고, 진상역률은 단자전압을 높인다.

예제 4-4

예제 4-3의 발전기는 무부하에서 단자전압이 480 V이다. (a) 지상역률 0.8 (b) 진상역률 0.8로 전기자전류가 무부하에서 전부하로 운전할 때 단자특성(단자전압과 전류의 관계)을 그려라.

풀이

발전기의 단자특성은 단자전압과 선전류를 그리는 것이다. 발전기는 Y결선이므로 상전압은 $V_\phi = V_T/\sqrt{3}$이고 V_T는 무부하에서 480V로 조정된다면, $V_\phi = E_A = 277$ V이다. 계자전류가 일정하므로 E_A는 계속 277 V이다. Y결선 이므로 발전기의 출력전류 L_L은 전기자전류 I_A와 같다.

(a) 발전기가 0.8지상부하이면 페이저도는 그림 4-24(a)와 같다. 이 그림에서 $\mathbf{V}_\phi$는 각도 0°이고, $\mathbf{E}_A$는 277 V, $jX_S\mathbf{I}_A$의 크기는 $\mathbf{V}_\phi$와 $\mathbf{E}_A$ 사이를 잇는다. 페이저에서 알려지지 않은 값은 $\mathbf{V}_\phi$의 크기와 $\mathbf{E}_A$의 δ값이다. $\mathbf{V}_\phi$를 구하기 위한 가장 간단한 방법은 직각삼각형법이다. 그림 4-24(a)로부터

$$E_A^2 = (V_\phi + X_SI_A \sin\theta)^2 + (X_SI_A \cos\theta)^2$$

이고 이것으로부터 I_A의 함수로 V_ϕ를 구할 수 있다.

$$V_\phi = \sqrt{E_A^2 - (X_SI_A \cos\theta)^2} - X_SI_A \sin\theta$$

간단한 MATLAB M파일을 사용해 전류의 함수로 V_ϕ(그리고 V_T)를 구할 수 있다. 다음은 M파일이다.

```
% M-file: term_char_a.m
% M-file to plot the terminal characteristics of the
%   generator of Example 4-4 with an 0.8 PF lagging load.

% First, initialize the current amplitudes (21 values
% in the range 0-60 A)
i_a = (0:1:20) * 3;

% Now initialize all other values
v_phase = zeros(1,21);
e_a = 277.0;
x_s = 1.0;
theta = 36.87 * (pi/180);  % Converted to radians

% Now calculate v_phase for each current level
for ii = 1:21
 v_phase(ii) = sqrt(e_a^2 - (x_s * i_a(ii) * cos(theta))^2) ...
                         - (x_s * i_a(ii) * sin(theta));
end
```

```
% Calculate terminal voltage from the phase voltage
v_t = v_phase * sqrt(3);

% Plot the terminal characteristic, remembering the
% the line current is the same as i_a
plot(i_a,v_t,'Color','k','Linewidth',2.0);
xlabel('Line Current (A)','Fontweight','Bold');
ylabel('Terminal Voltage (V)','Fontweight','Bold');
title ('Terminal Characteristic for 0.8 PF lagging load', ...
    'Fontweight','Bold');
grid on;
axis([0 60 400 550]);
```

M파일을 실행한 결과는 그림 4-25(a)에 있다.

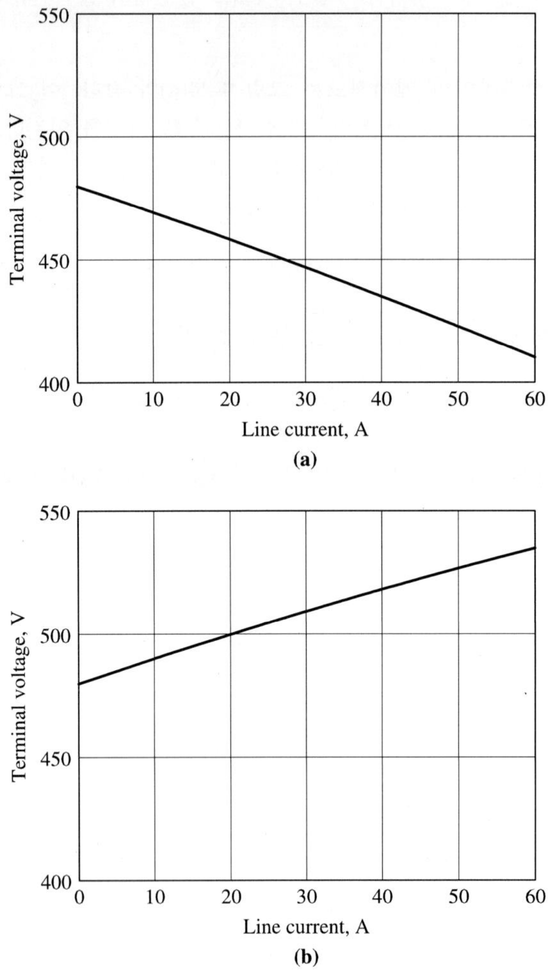

그림 4-25
(a) 부하가 0.8 지상역률일 때인 예제 4-4의 발전기 단자특성,
(b) 부하가 0.8 진상역률일 때인 예제 4-4의 발전기 단자특성

(*b*) 발전기가 0.8 진상부하에 연결되면 페이저도는 그림 4-24(c)와 같다. V_ϕ를 구하기 위한 가장 간단한 방법은 직각삼각형법이다. 그림 4-24(c)로부터

$$E_A^2 = (V_\phi - X_S I_A \sin\theta)^2 + (X_S I_A \cos\theta)^2$$

이고, 이것으로부터 I_A의 함수로 V_ϕ를 구할 수 있다.

$$V_\phi = \sqrt{E_A^2 - (X_S I_A \cos\theta)^2} + X_S I_A \sin\theta$$

이 식은 (*a*)와 비슷한 방법으로 단자전압특성을 그릴 수 있다. 그 결과는 그림 4-25(*b*)에 있다.

4.9 교류발전기의 병렬운전

오늘날 각각의 독립된 발전기가 각각의 부하에 전력을 공급하는 경우는 드물다. 이것은 비상용 발전기에서와 같이 약간의 비정상적인 경우에 사용된다. 일반적으로 한 대 이상의 발전기를 병렬운전하여 부하에 필요한 전력을 공급한다. 미국이 극단적인 예인데 수천 대의 발전기가 부하를 공유하고 있다. 왜 동기발전기를 병렬로 운전하는가? 여기에서 다음과 같은 몇 가지 장점이 있다.

1. 몇 개의 발전기는 하나의 발전기보다 더 많은 부하에 공급할 수 있다.
2. 많은 발전기는 전력계통에서의 신뢰성을 높인다. 이들 중 하나의 고장으로 부하에 전력을 공급하는 데에는 영향이 없다.
3. 많은 발전기 병렬운전에서는 그들 중 하나 혹은 그 이상의 것을 예방적 보수유지나 전원차단의 상태로 할 수 있다.
4. 만일 하나의 발전기를 사용한다면 이것을 전부하에 가깝게 운전하지 않는다면 비효율적이다. 그러나 몇 개의 작은 발전기로 분담이 가능하고, 이것들은 각각 전부하부근에서 운전이 가능하므로 보다 효율적이다.

이 장에서는 발전기의 병렬운전 조건과 동기발전기의 병렬운전 시 동작상태를 조사해 보자.

병렬운전의 조건

동기발전기 G_1은 부하에 전력을 공급하고 있고 다른 발전기 G_2는 스위치 S_1을 닫음으로서 병렬 연결하려는 것을 그림 4-26에서 보여주고 있다. 스위치를 닫아 두 개의 발전기가 접속하기 전에 필요한 조건은 무엇인가?

임의의 순간에 스위치를 닫으면, 발전기는 일반적으로 크게 손상되고 부하에 전력공급이 어렵다. 만약 연결된 도체 간에 전압이 정확히 같지 않으면 스위

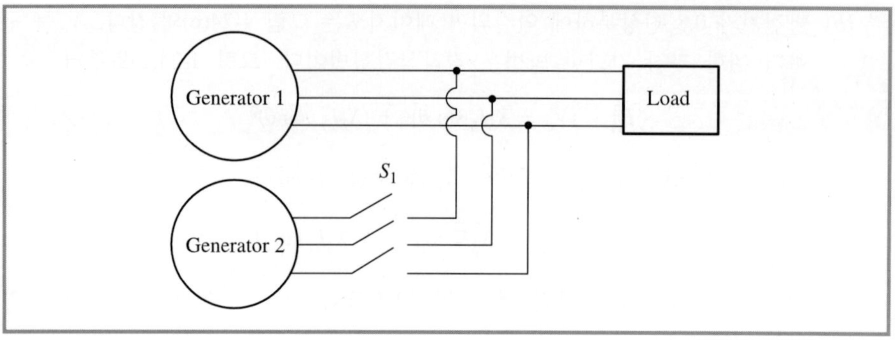

그림 4-26
발전기의 병렬 운전

치를 닫을 때 매우 큰 전류가 흐른다. 이 문제를 피하기 위해 각각의 3상에 정확하게 같은 크기와 위상각을 가진 전압을 접속해야만 한다. 다시 말해 전압의 위상 a는 반드시 정확하게 a'와 같아야 하고, 동시에 $b-b'$, $c-c'$가 같아야 한다. 이것을 만족하기 위해 다음의 병렬운전조건을 꼭 만족해야 한다.

1. 두 발전기의 선간전압 실효값이 같아야 한다.
2. 두 발전기는 상회전이 같아야 한다.
3. 두 a상은 위상각이 같아야 한다.
4. 인입 발전기라고 불리는 새로운 발전기의 주파수는 운전중인 시스템의 주파수보다 약간 높아야 한다.

이들 병렬운전조건은 조금의 설명이 필요하다. 조건 1은 알기 쉽다—전압설정을 동일하게 하기 위해 같은 크기의 전압 실효값를 인가해야 한다. 전압의 위상과 크기가 항상 같다면 a 그리고 a'의 전압은 동상이다. 이것은 조건 3에서 설명한다.

조건 2는 회로상의 두 대의 발전기의 상전압의 최고치가 되는 순서가 같아야 한다는 것이다. 만약 상회전이 다르다면[그림 4-27(a)와 같이], 비록 한상의 전압(a상)은 같을지라도 다른 두상의 전압이 120°만큼 다르다. 이와 같이 발전기가 연결되었다면 발전기의 a상은 아무런 문제점이 없지만 b상과 c상은 큰 전류가 흐르고 두 기기는 큰 손상을 받는다. 상회전의 문제를 해결하는 방법은 3상 중 2개의 상을 바꾸면 된다.

발전기는 동시에 접속했을 때 주파수들이 거의 동일하지 않으면, 같은 주파수로 발전기가 안정화될 때까지 순간적으로 큰 전력이 발생한다. 기기의 주파수는 거의 약간 차이가 나지만 인입발전기의 위상각이 운전하는 시스템의 위상각으로 천천히 바꿀 수 있을 만큼 작은 차이만 나야 한다. 이런 방식으로 전압사이의 위상각을 관찰할 수 있고 두 시스템이 정확하게 동상일 때 스위치 S_1을 닫는다.

발전기 병렬운전순서

그림 4-27에서 운전중인 시스템에 발전기 G_2를 연결한다고 가정하자. 병렬운전을 하기 위해 아래 단계를 따라야 한다.

첫 번째로, 전압계를 이용해서 인입 발전기의 계자전류를 인입발전기의 단자전압이 운전중인 시스템의 선간전압과 같게 될 때까지 조정한다.

두 번째로 인입발전기의 상회전을 운전 중인 시스템의 상회전과 비교해야 하며, 상회전은 몇 가지 다른 방식으로 확인해야 한다. 하나의 방식은 두 대의 발전기의 각각의 단자와 작은 유도전동기를 접속한다. 만약 전동기가 계속 같은 방향으로 회전하면 두 대의 전동기와 상회전이 동일하게 되며, 만약 전동기가 반대방향으로 회전하면 상회전은 다르다. 이 경우 인입발전기의 전선 중 2개를 서로 바꾸어야 한다.

상회전을 검사하기 위한 또 다른 방법은 세 전구법이 있다. 이것은 세 개의 전구를 그림 4-27(b)에 보이는 것처럼 발전기에 결선한다. 두 시스템 사이의

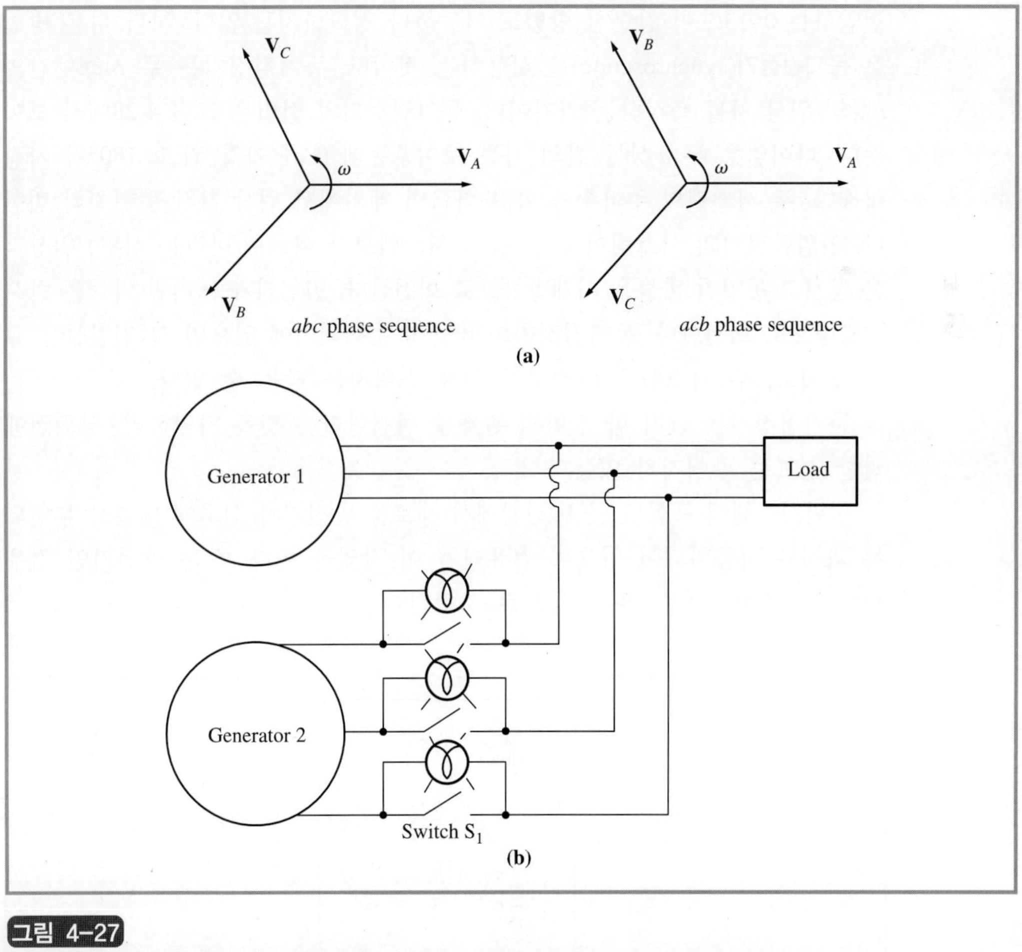

그림 4-27
(a) 3상계통의 상회전, (b) 상회전 점검을 위한 3전구법

상이 변하면 전구가 밝아지고(큰 위상 차이) 어두워진다(작은 위상 차이). 만약 세 개의 전구 모두 같이 밝아지고 어두워진다면, 그 시스템은 같은 상회전을 가지게 된다. 만약 전구가 순차적으로 밝아지면, 그 시스템은 역상회전이 되며 상회전을 바꾸어야 된다.

다음으로, 인입발전기의 주파수는 운전중인 시스템의 주파수보다 약간 높게 조정되어 있다. 이것은 먼저 주파수가 같을 때까지 주파수 메터로 보고나서 시스템 사이의 동상 변화를 관찰하는 것이다. 이 인입발전기는 접속되어질 때보다 조금 더 높게 조정되어 있으며, 전동기로서 전력을 소모하지 않는 대신에 발전기로서 선로에 전력을 공급한다(이것은 뒤에 설명함).

일단 두 발전기의 주파수가 거의 동일하게 근접하면 두 시스템간의 전압은 서로에 대해 매우 느리게 위상이 변할 것이다. 위상변화를 관찰하여, 위상이 같으면, 두 시스템 스위치를 서로 연결한다.

최종적으로 두 시스템의 위상이 같다는 것을 어떻게 말할 수 있는가? 간편한 방법은 상회전에서의 세 전구를 관찰하는 것이다. 세 개의 전구가 꺼졌을 때, 전압차는 0이고, 이 간단한 방법도 가능하나 정확하지는 않다. 보다 나은 방법은 **동기검정기**(synchroscope)를 사용하는 것이다. 동기검정기는 두 시스템간의 a상의 위상 차를 측정하는 기기이다. 동기검정기의 전면은 그림 4-28에서 보여준다. 다이얼은 두 a상들 간의 차를 보여주는데 0°가 가장 위고, 180°가 가장 아래다. 두 시스템의 주파수가 약간 다르면 계기에서 위상 차각은 천천히 변한다. 인입발전기의 시스템이 운전 중인 시스템보다 빠르면(바라는 상황) 위상각은 앞서고 동기기 바늘은 시계방향으로 회전한다. 인입기가 느리면 바늘은 반시계방향으로 회전한다. 동기검정기의 바늘이 수직위치에 있으면 그 전압들은 같은 상이고, 두 시스템을 연결하기 위해 스위치를 닫을 수 있다.

동기검정기는 단지 한 상만의 관계를 점검한다는 것을 기억하라. 상회전에 관한 정보는 주어지지 않는다.

전력시스템에 포함된 큰 발전기에서 새로운 발전기가 선로에 병렬로 투입되는 과정은 자동화되어 있으며 컴퓨터가 이 작업을 한다. 작은 발전기인 경우 위에서 설명한 과정으로 수동으로 조작한다.

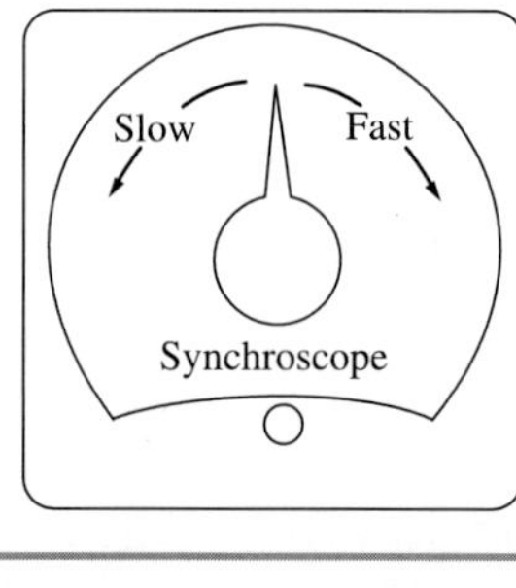

그림 4-28
동기검정기

동기발전기의 주파수-전력, 전압-무효전력 특성

모든 발전기는 기계적인 힘의 원천인 원동기에 의해 운전된다. 대부분의 원동기의 형태는 증기 터어빈이다. 그러나 다른 형태는 디젤 엔진, 가스 터어빈, 수력 터어빈, 심지어 풍력 터어빈까지도 포함한다.

동력원에 무관하게 모든 원동기는 부하가 증가함에 따라 속도는 감소하는 경향이 있다. 감속형태는 일반적으로 비선형의 형태이지만 조속기(governor)를 이용하여 대개 요구 출력의 증가에 따라 선형적으로 감소하도록 한다. 조속기에 의한 원동기의 속도저하(SD)는 다음 방정식에 의해 정의된다.

$$\boxed{\mathrm{SD} = \frac{n_{\mathrm{nl}} - n_{\mathrm{fl}}}{n_{\mathrm{fl}}} \times 100\%} \tag{4–27}$$

여기서 n_{nl}은 무부하 원동기의 속도이고, n_{fl}은 전부하 원동기의 속도이다. 대부분의 발전기는 식 (4-27)에 정의된 값으로 2∼4 %의 속도저하를 가진다. 대부분 조속기는 무부하속도의 변화를 허용하는 여러 가지의 조정방식을 가지고 있다. 전형적인 속도–출력의 그림은 그림 4-29에 보여준다.

식 (3-34)에 의하여 축의 속도는 전기적인 주파수에 관련이 있기 때문에, 동기기의 출력은 주파수와 관계있다.

$$f_{se} = \frac{n_m P}{120} \tag{3–34}$$

예로 주파수와 전력곡선을 그림 4-29(b)에 보인다. 이런 형태의 주파수–전력 특징은 동기발전기의 병렬운전의 중요한 역할을 하며 주파수와 전력의 관계는 다음 식으로 표현된다.

$$\boxed{P = s_P(f_{\mathrm{nl}} - f_{\mathrm{sys}})} \tag{4–28}$$

여기에서

P = 발전기의 출력전력
f_{nl} = 발전기의 무부하 주파수
f_{sys} = 시스템의 운전주파수
S_P = 곡선의 기울기, kW/Hz 또는 MW/Hz

유사한 관계는 무효전력 Q와 단자전압 V_T에서도 볼 수 있다. 앞서 보았듯이 지상부하가 동기발전기에 더해질 때 단자전압이 떨어진다. 또 진상부하가 동기발전기에 더해질 때에는 단자전압은 증가한다. 그것은 단자전압–무효전력의 그림을 그리는 것이 가능하고, 그림 4-30에 보여지는 것과 같이 수하특성을 가지고 있다. 이 특성은 반드시 선형일 필요는 없지만 많은 발전기의 전압조정기는 이런 특성을 가진다. 특성곡선은 전압조정기의 무부하 단자전압의 변화에 의해

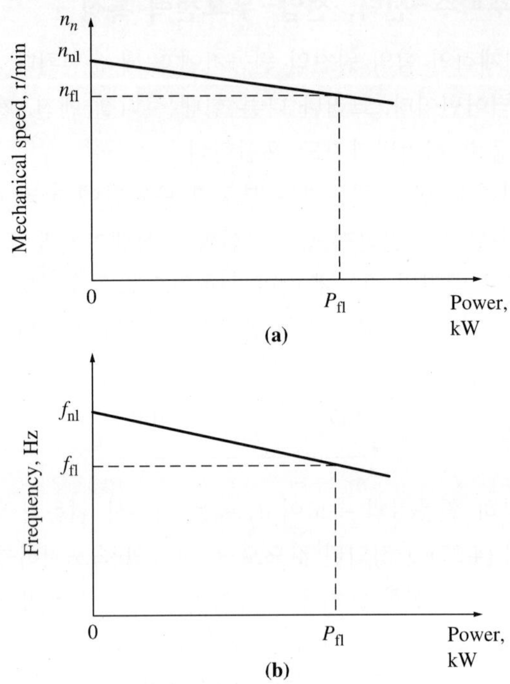

그림 4-29
(a) 전형적인 원동기에서 속도와 출력곡선, (b) 발전기의 출력과 주파수 곡선

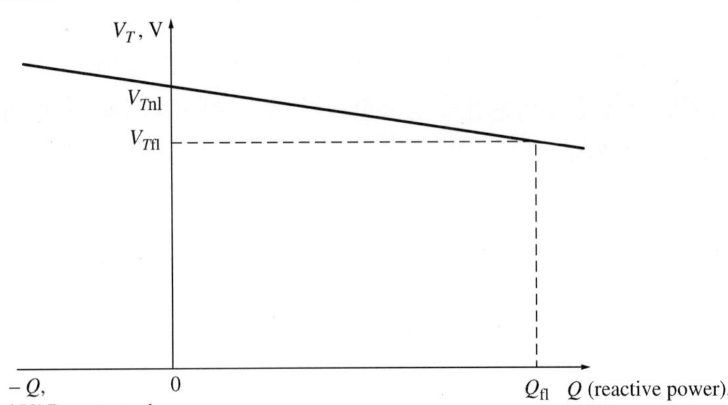

그림 4-30
동기발전기의 단자전압(V_T) – 무효전력(Q)곡선

위, 아래로 움직인다. 주파수–전압의 특징에 따라 이 특성곡선은 동기기의 병렬 운전에서 중요한 역할을 나타낸다.

만약 전압조정기가 무효전력의 조정에 따라 출력을 선형적으로 변하시킨다면 단자전압과 무효전력의 관계[식 (4-28)]는 주파수–전력관계와 유사한 식에 의해 표현되어 진다.

한 대의 발전기가 단독운전될 때 유효전력 P와 무효전력 Q는 발전기의 제어에 의한 것이 아니라 발전기에 연결되는 부하에 의해 요구되어지는 유효전력 P와 무효전력 Q에 의한 것이라는 사실을 깨닫는 것이 중요하다. 그러므로 어떤 주어진 유효전력에 대해서 조속기의 설정치는 발전기의 운전주파수 f_e를 결정하고, 어떤 주어진 무효전력에 대해서 계자전류는 발전기의 단자전압 V_T을 결정한다.

예제 4-5

그림 4-31은 발전기의 부하공급을 보여준다. 두 번째 부하는 첫 번째 부하와 같이 병렬로 연결되어 있다. 발전기의 무부하 주파수는 61.0 Hz이고 기울기 s_P는 1 MW/Hz이다. 부하 1은 지상역률 0.8에 1000 kW의 유효전력을 소비한다. 반면에 부하 2는 진상역률 0.707에 800 kW의 유효전력을 소비한다.

(*a*) 스위치를 닫기 전 시스템의 운전주파수는 얼마인가?

(*b*) 부하 2가 연결된 후 시스템의 운전주파수는 얼마인가?

(*c*) 부하 2가 연결된 후 시스템 주파수 60 Hz를 회복하기 위한 운전방법은 무엇인가?

풀이

이 문제에서 발전기의 기울기특성은 1 MW/Hz고, 무부하 주파수는 61 Hz이다. 그러므로 발전기의 전력은 다음으로 주어진다.

$$P = s_P(f_{nl} - f_{sys}) \tag{4–28}$$

그래서

$$f_{sys} = f_{nl} - \frac{P}{s_P}$$

(*a*) 최초의 시스템 주파수는

$$f_{sys} = f_{nl} - \frac{P}{s_P}$$

$$= 61 \text{ Hz} - \frac{1000 \text{ kW}}{1 \text{ MW/Hz}} = 61 \text{ Hz} - 1 \text{ Hz} = 60 \text{ Hz}$$

(*b*) 부하 2가 연결된 후의 주파수는

$$f_{sys} = f_{nl} - \frac{P}{s_P}$$

$$= 61 \text{ Hz} - \frac{1800 \text{ kW}}{1 \text{ MW/Hz}} = 61 \text{ Hz} - 1.8 \text{ Hz} = 59.2 \text{ Hz}$$

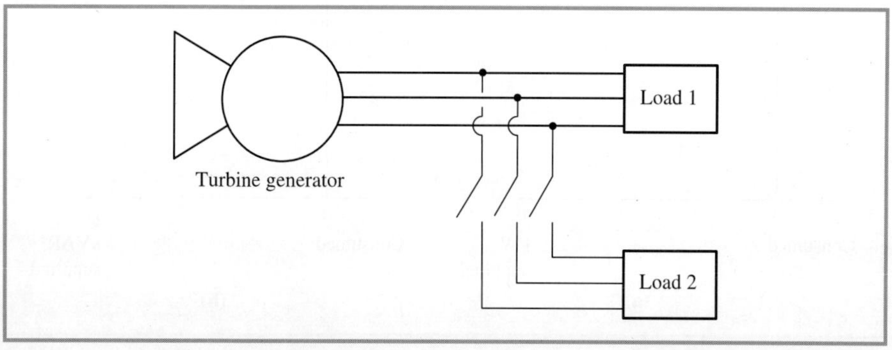

그림 4-31
예제 4-5의 전력시스템

(*c*) 부하가 연결된 후 시스템 주파수는 59.2 Hz로 떨어진다. 시스템의 적절한 운전 주파수로 회복하기 위해 조속기의 무부하 설정치를 0.8 Hz 증가하여 61.8 Hz로 해야 한다. 이것으로 시스템 주파수를 60 Hz로 회복할 것이다.

발전기가 시스템의 부하를 공급할 때

1. 발전기에서 공급되는 유효, 무효전력은 연결된 부하가 요구하는 량이다.
2. 발전기의 조속기 설정치는 전력시스템의 운전주파수를 제어할 것이다.
3. 계자전류(또는 계자조정기 설정치)는 전력시스템의 단자전압을 제어한다.

이것은 원격 계자조정 환경에서 단독 발전기의 경우이다.

대전력시스템에서의 발전기의 병렬운전

동기발전기가 전력시스템에 연결되었을 때 발전기는 전력시스템에 큰 영향을 주지 못한다. 이런 상황의 예가 단독발전기를 전국 전력망에 연결하는 것이다. 전력은 큰 변화가 없을 것이다.

이 이론은 **무한모선**(infinite bus)의 개념에서 알 수 있다. 무한모선은 전력시스템이 너무 커서 무효 또는 유효전력이 공급되거나 소비되어도 그것의 전압과 주파수는 변화하지 않는다. 이런 시스템의 전력–주파수의 특성은 그림 4-32(a)에, 무효전력–전압의 특성은 그림 4-32(b)에 있다.

큰 시스템에 발전기의 동작을 이해하기 위해, 병렬로 부하에 전력을 공급하는 무한모선과 발전기를 포함하는 시스템을 검토한다. 발전기의 원동기는 조속기(governor) 장치가 있다고 가정한다. 그러나 계자는 저항기에 의해 수동으로 제어되어 진다. 그것은 자동계자전류 조정기 없이 발전기의 운전을 설명하는

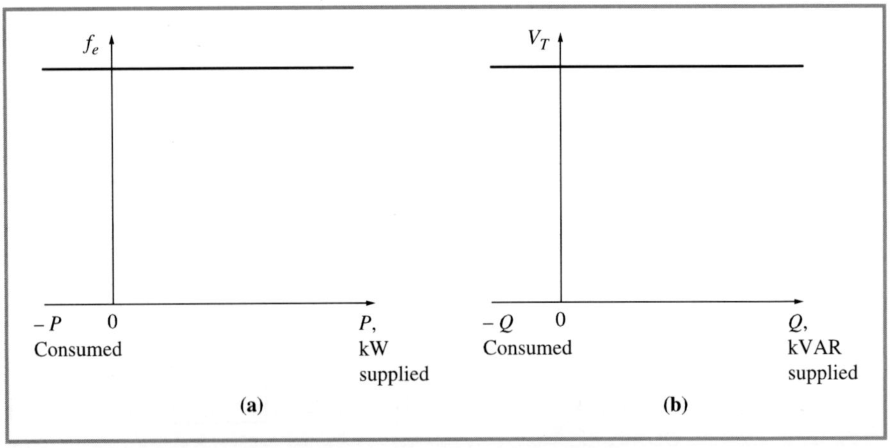

그림 4-32 무한모선에서의 (a) 주파수-전력, (b) 단자전압-무효전력 곡선

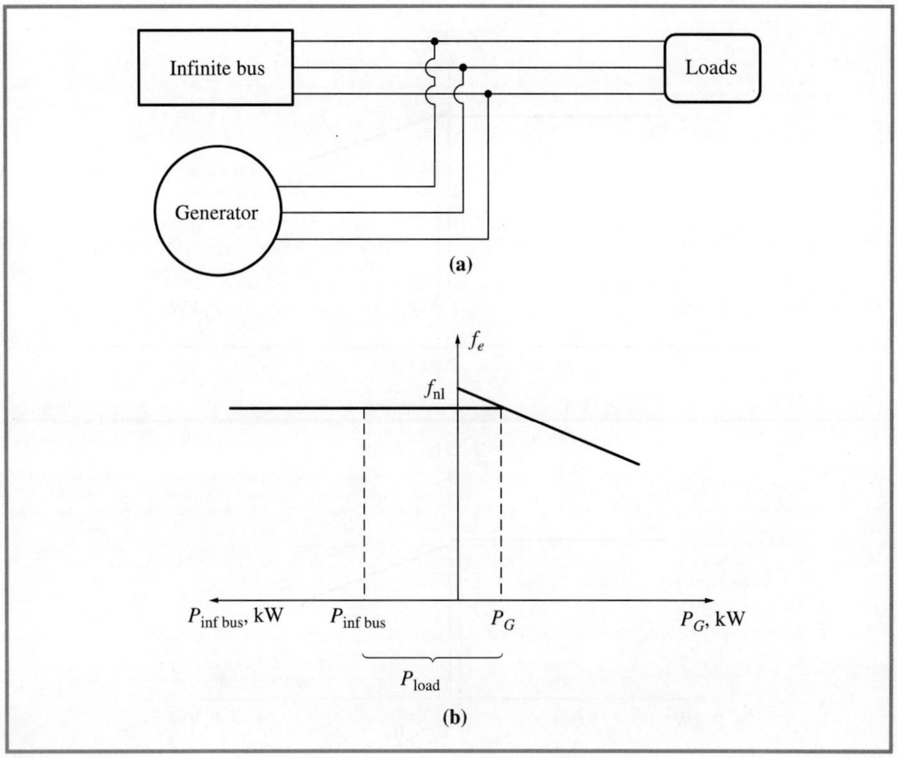

그림 4-33 (a) 무한모선에 연결된 동기발전기, (b) 무한모선에 연결된 동기발전기의 주파수-전력도(house diagram)

것이 더 쉽고, 그래서 계자 조정기에 의해 발생되는 약간의 차이는 무시할 수 있다. 이런 시스템은 그림 4-33(a)에 있다.

발전기가 다른 발전기 또는 더 큰 시스템과 병렬로 연결될 때 모든 기기의 주파수와 단자전압은 같아야만 한다. 왜냐하면 출력선은 같이 연결되어 있기 때문이다. 그러므로 유효전력–주파수와 무효전력–전압의 특성은 수직축에 같이 그릴 수 있다. 이 그림을 속칭 *house diagram*이라 하고 그림 4-33(b)에 있다.

발전기가 앞에서 설명한 절차로 무한모선과 병렬로 연결되어 있다고 가정한다. 그때 발전기는 선로에서 연결되어 있으며, 적은 양의 유효전력과 극히 작은 무효전력을 공급한다. 이러한 상황은 그림 4-34에 나타낸다.

발전기는 전력선에 병렬로 연결되었다고 가정한다. 발전기는 운전시스템보다 높은 주파수로 운전하지 않고 약간 낮은 주파수로 운전한다고 한다. 이런 경우 병렬운전이 될 때의 결과는 그림 4-35에 보여준다. 여기에서 발전기의 무부하 주파수가 시스템의 운전 주파수보다 낮다는 것을 주목하라. 이 주파수에서 전력은 실제로 음이다. 다시 말하면, 발전기의 무부하주파수가 시스템의 운전 주파수보다 낮을 때 실제적으로 발전기는 전기적인 힘을 소비하고 전동기와 같이 운전된다. 실제 발전기에서는 반대이고 그래서 운전시스템의 주파수보다 높다. 만약 발전기가 전력을 소모하면 자동적으로 전력선에서 차단된다.

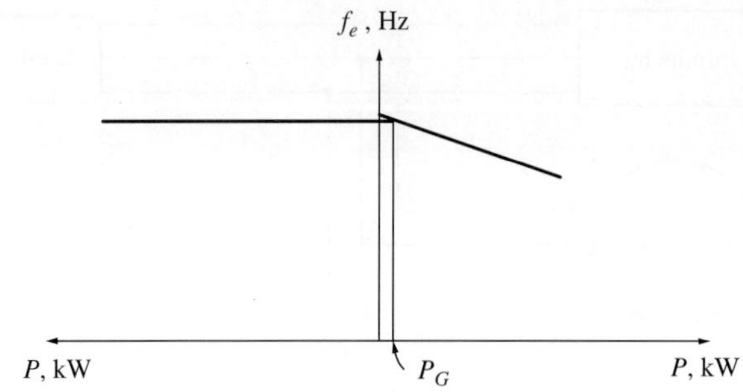

그림 4-34
병렬 운전 직후의 주파수-전력도

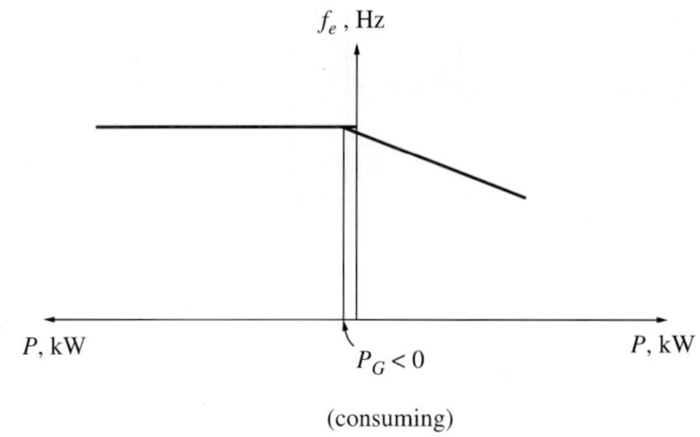

그림 4-35
병렬 운전전에 발전기의 무부하 주파수가 계통의 주파수 보다 약간 작을 때의 주파수-전력도

발전기가 접속되었을 때 조속기의 설정치가 증가할 때 어떻게 되는가? 이 증가의 영향은 발전기의 무부하 주파수를 높인다. 시스템의 주파수가 불변(무한모선의 주파수가 변하지 않는)일 때, 발전기에서 공급되는 전력이 증가한다. 이것은 그림 4-36(a)의 house diagram과 그림 4-36(b)의 페이저도에 나타내어진다. 페이저도에서 $E_A \sin \delta$(V_T가 일정한 한 공급되는 전력과 비례)가 증가되고 E_A의 크기(= $K\phi\omega$)는 일정한 것에 주목하자. 왜냐하면 계자전류 I_F와 회전속도 ω 모두 불변이기 때문이다. 조속기의 설정치가 더 증가되면 무부하 주파수는 증가하며, 발전기에 의해 공급되는 전력이 증가한다. 출력이 증가함에 따라 E_A는 일정한 반면에 $E_A \sin \delta$는 더 증가한다.

이 시스템에서 만약 발전기의 출력이 부하에 의한 소비전력을 초과할 때까지 증가하면 어떻게 되는가? 만약 이런 일이 발생하면 초과전력은 무한모선으로 역으로 흐르게 된다. 무한모선은 초과전력을 소비하기 위하여 주파수 변화없이 많은 양의 전력을 공급하기도 하고 소비하기도 한다.

발전기의 유효전력이 바람직한 양으로 조정된 후의 발전기의 페이저도는 그림 4-36(b)에 있다. 이때 발전기는 음의 무효전력을 공급하며 약간 진상역률로 운전하는 것에 유의하라. 발전기가 무효전력을 소비한다고 할 수 있다. 시스템에 무효전력 Q를 공급하기 위해 발전기를 어떻게 조정할 것인가? 이것은 기기

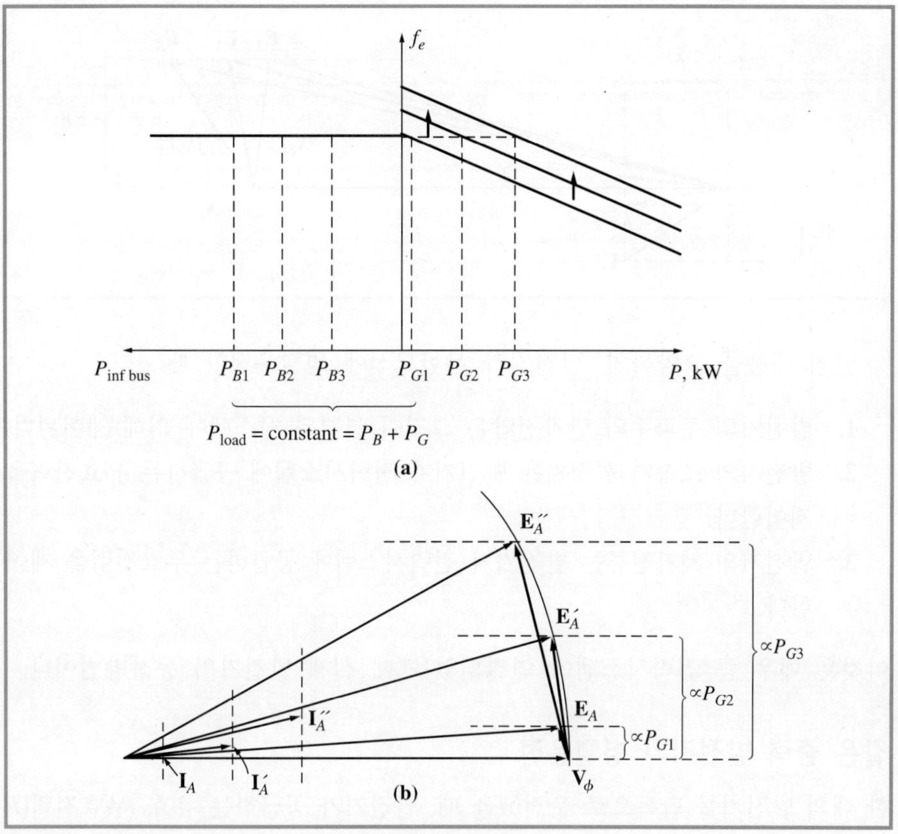

그림 4-36 조속기의 설정을 증가한 효과 (a) house diagram, (b) 페이저도

의 계자전류를 조정하면 된다. 이것을 이해하려면 이 조건하에서 발전기 동작의 제한조건들을 고려할 필요가 있다.

발전기에서의 첫 제한은 I_F가 변할 때 출력은 일정해야 한다. 발전기로 들어가는 전력(손실무시)은 $P_{\text{in}} = \tau_{\text{ind}}\omega_m$이다. 지금 동기발전기의 원동기는 주어진 조속기의 설정치에 의해 고정된 토오크–속도 특성을 가진다. 이 곡선은 단지 조속기의 값이 변할 때 바뀐다. 발전기는 무한모선에 연결되어 속도는 바꿀 수 없다. 발전기의 속도가 바뀌지 않고, 조속기의 값이 바뀌지 않는다면 발전기에서 공급되는 전력은 항상 일정하다.

계자전류가 바뀌어도 전력이 일정하게 공급된다면, 페이저도에서 전력에 비례하는 거리($I_A \cos\theta$와 $E_A \sin\delta$)는 바뀌지 않는다. 계자전류가 증가하면, 자속 ϕ는 증가하고 $E_A(= K\phi\uparrow\omega)$는 증가한다. E_A가 증가하고, $E_A \sin\delta$가 일정하다면, 그림 4-37과 같이 페이저 $\mathbf{E}_A$는 일정한 전력의 선을 따라 움직인다. $\mathbf{V}_\phi$가 일정하고, $jX_S\mathbf{I}_A$의 각이 보는 바와 같이 바뀌기 때문에 $\mathbf{I}_A$의 크기와 각도도 바뀐다. 그 결과 $Q(I_A \sin\theta)$에 비례하는 거리가 증가한다. 다르게 말하면, 무한모선에 병렬운전하는 동기발전기의 계자전류가 증가하면 발전기의 출력의 무효전력이 증가한다.

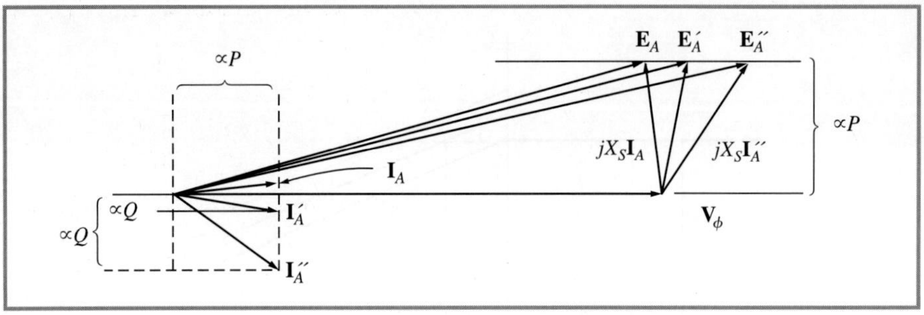

그림 4-37
발전기 계자전류 증가에 따른 효과

앞의 내용을 요약하면, 발전기가 무한모선에 병렬운전할 때:

1. 발전기의 주파수와 단자전압은 그것이 연결된 시스템에 의해 제어된다.
2. 발전기의 조속기 설정치는 발전기가 전력시스템에 공급하는 유효전력을 제어한다.
3. 발전기의 계자전류는 발전기가 전력시스템에 공급하는 무효전력을 제어한다.

이것은 매우 큰 전력시스템에 연결되었을 때 실제 발전기의 동작방법이다.

같은 출력 발전기의 병렬운전

한 대의 발전기를 단독으로 운전했을 때, 발전기가 공급하는 유효, 무효전력(P와 Q)은 부하가 요구하는 전력과 같기 위해서 고정되고 제한된다. 그리고 주파수와 단자전압은 조속기 설정치와 계자전류에 의해 변한다. 발전기가 무한모선에 병렬로 운전하면 주파수와 단자전압은 무한모선에 의해 일정하게 제한되고, 유효, 무효전력은 조속기 설정치와 계자전류에 의해 변한다. 동기발전기가 무한모선이 아닌 같은 크기의 다른 발전기와 병렬로 연결될 때 어떻게 되는가? 조속기 설정치와 계자전류가 변할 때 어떤 현상이 일어나는가?

발전기가 같은 크기의 다른 발전기와 병렬로 연결되었을 때의 결과를 그림 4-38(a)이 보여 준다. 이 시스템에서 기본적인 제한은 두 개의 발전기에서 공급되어지는 유효와 무효전력의 합과 부하에 의해 요구되어지는 P와 Q가 같다는 것이다. 시스템 주파수가 일정하게 되어야 하는 제한은 없다. 선로에 G_2가 병렬로 연결된 후의 시스템의 전력–주파수 도는 그림 4-38(b)에 보여준다. 여기서 총전력 P_{tot}(P_{load}와 같다)는

$$P_{\text{tot}} = P_{\text{load}} = P_{G1} + P_{G2} \tag{4–29a}$$

로 주어진다. 그리고 무효전력의 합계는

$$Q_{\text{tot}} = Q_{\text{load}} = Q_{G1} + Q_{G2} \tag{4–29b}$$

로 주어진다.

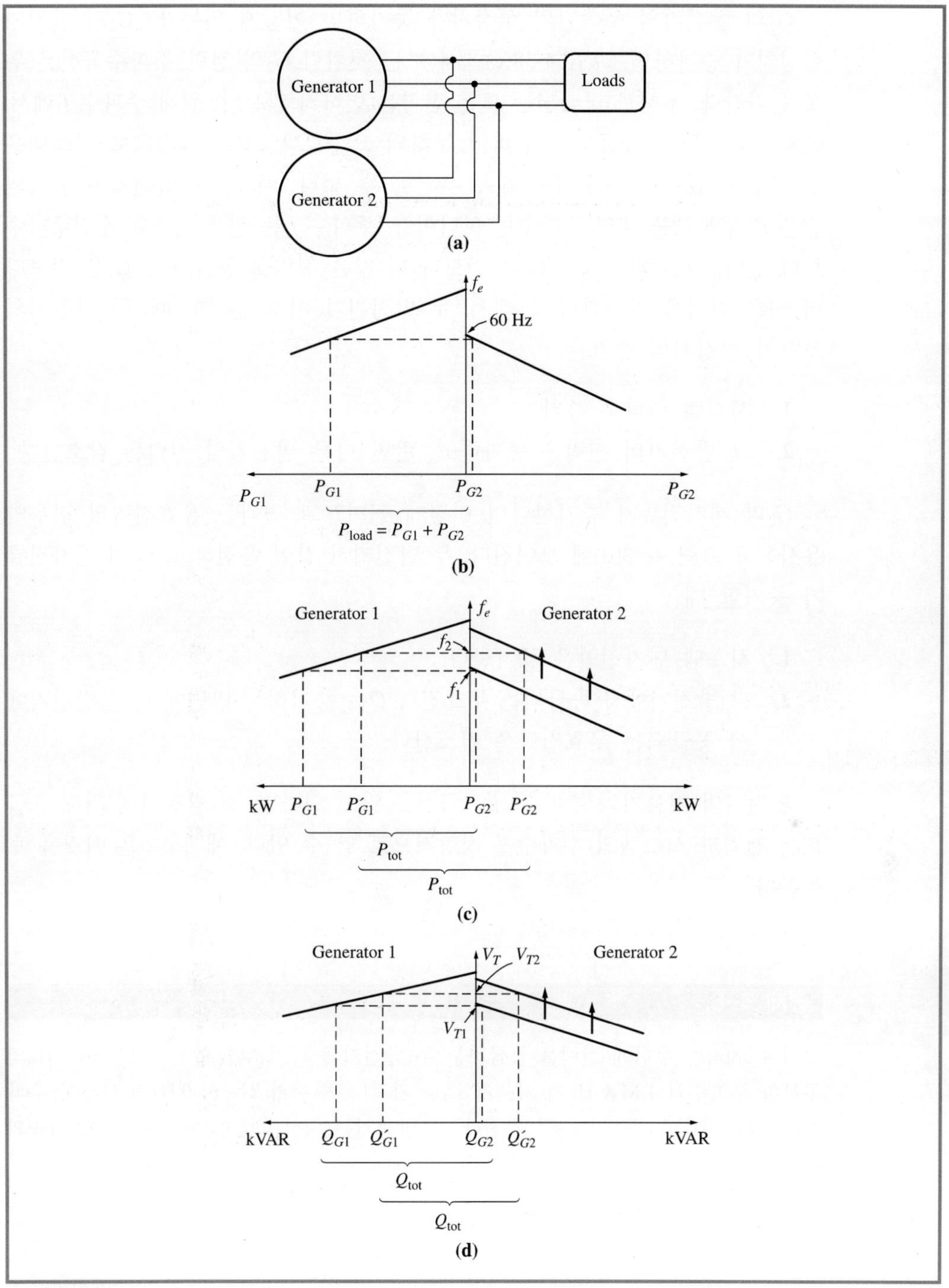

그림 4-38
(a) 같은 출력 발전기의 병렬운전, (b) 발전기 2의 병렬결선시 house diagram,
(c) 발전기 2의 조속기 증가시 효과, (d) 발전기 2의 계자증가시 효과

G_2의 발전기의 조속기의 설정치가 증가하면 어떻게 되는가? G_2의 발전기 설정치가 증가하면, 그림 4-38(c)에서 보는 것처럼 G_2의 전력–주파수곡선은 위로 올라간다. 부하로 공급되는 모든 전력은 변하지 않는다. 원래 주파수 f_1에서, G_1과 G_2에 의해 공급되는 전력이 부하의 요구보다 크다. 그러므로 시스템은 전과 같이 같은 주파수에서 계속 운전할 수 없다. 사실, 두 발전기의 출력의 합은 P_{load}와 같을 때의 주파수는 하나이다. 주파수 f_2는 원래 시스템 운전주파수보다 높다. 그 주파수에서 G_2는 전보다 더 많은 전력을 공급하고, G_1은 전보다 더 적은 전력을 공급한다. 그래서, 두 발전기가 서로 운전할 때, 한 발전기의 조속기 설정치의 증가는

1. 시스템 주파수 증가
2. 그 발전기의 전력은 증가하고, 반면 다른 발전기의 전력은 감소한다.

G_2의 계자전류가 증가한다면 어떻게 될까? 그 결과는 유효전력의 경우와 유사하고 그림 4-38(d)에 보여진다. 두 발전기가 같이 운전하고, G_2의 계자전류가 증가할 때

1. 시스템 단자전압은 증가한다.
2. 그 발전기에서 공급되는 무효전력 Q는 증가하는 반면에 다른 발전기에서 공급되는 무효전력은 감소한다.

발전기의 기울기와 주파수–전력곡선을 알고 있다면, 각 발전기에 의해 공급되는 전력과 시스템의 주파수를 정량적으로 알 수 있다. 예제 4-6은 이것을 보여준다.

예제 4-6

그림 4-38(a)는 부하에 전력을 공급하는 두 발전기를 보여준다. 발전기 1은 61.5 Hz의 무부하 주파수와 1 MW/Hz의 기울기 s_{P1}를 가진다. 발전기 2는 61.0 Hz의 무부하 주파수와 1 MW/Hz의 기울기 s_{P2}를 가진다. 두 발전기는 지상역률 0.8에서 모두 2.5 MW의 유효전력을 공급한다. 전력-주파수 또는 house diagram은 그림 4-39에 있다.

(*a*) 이 시스템의 운전주파수는 얼마이고, 두 발전기의 각각에 공급하는 전력은 얼마인가?

(*b*) 1 MW의 부하를 추가했다고 가정하자. 새로운 시스템 주파수는 얼마인가? G_1과 G_2가 공급하는 전력은 얼마인가?

(*c*) (*b*)에서 설명한 시스템에서, 만일 G_2의 조속기 설정치를 0.5 Hz 증가했다면, 시스템 주파수와 발전기 전력은 얼마가 될 것인가?

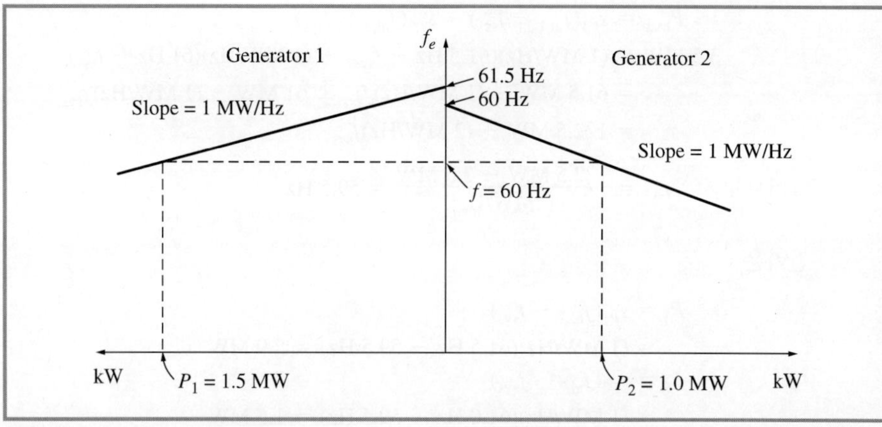

그림 4-39
예제 4-6시스템의 house diagram

풀이

주어진 기울기와 무부하주파수에서 동기발전기의 전력은 식 (4-28)에 의해 계산할 수 있다.

$$P_1 = s_{P1}(f_{\text{nl},1} - f_{\text{sys}})$$
$$P_2 = s_{P2}(f_{\text{nl},2} - f_{\text{sys}})$$

발전기에 의해 공급되는 총 전력은 부하에 의해 소모된 전력과 같아야 된다.

$$P_{\text{load}} = P_1 + P_2$$

이 식이 질문에 대한 답이다.

(*a*) 먼저 두 개의 발전기는 1 MW/Hz의 기울기를 가진다. 그리고 G_1은 61.5 Hz의 무부하 주파수를 가진다. 반면에 G_2는 61.0 Hz의 무부하 주파수를 가진다. 모든 부하는 2.5 MW이다. 그러므로 시스템 주파수는 다음과 같음을 알 수 있다.

$$\begin{aligned} P_{\text{load}} &= P_1 + P_2 \\ &= s_{P1}(f_{\text{nl},1} - f_{\text{sys}}) + s_{P2}(f_{\text{nl},2} - f_{\text{sys}}) \\ 2.5\text{ MW} &= (1\text{ MW/Hz})(61.5\text{ Hz} - f_{\text{sys}}) + (1\text{ MW/Hz})(61\text{ Hz} - f_{\text{sys}}) \\ &= 61.5\text{ MW} - (1\text{ MW/Hz})f_{\text{sys}} + 61\text{ MW} - (1\text{ MW/Hz})f_{\text{sys}} \\ &= 122.5\text{ MW} - (2\text{ MW/Hz})f_{\text{sys}} \end{aligned}$$

그러므로 $$f_{\text{sys}} = \frac{122.5\text{ MW} - 2.5\text{ MW}}{(2\text{MW/Hz})} = 60.0\text{ Hz}$$

두 발전기에서 공급되는 전력은 다음과 같다.

$$\begin{aligned} P_1 &= s_{P1}(f_{\text{nl},1} - f_{\text{sys}}) \\ &= (1\text{ MW/Hz})(61.5\text{ Hz} - 60.0\text{ Hz}) = 1.5\text{ MW} \\ P_2 &= s_{P2}(f_{\text{nl},2} - f_{\text{sys}}) \\ &= (1\text{ MW/Hz})(61.0\text{ Hz} - 60.0\text{ Hz}) = 1\text{ MW} \end{aligned}$$

(b) 부하가 1 MW 증가되었을 때 전부하는 3.5 MW이다. 새로운 시스템 주파수는 다음과 같다.

$$\begin{aligned} P_{\text{load}} &= s_{P1}(f_{\text{nl},1} - f_{\text{sys}}) + s_{P2}(f_{\text{nl},2} - f_{\text{sys}}) \\ 3.5 \text{ MW} &= (1 \text{ MW/Hz})(61.5 \text{ Hz} - f_{\text{sys}}) + (1 \text{ MW/Hz})(61 \text{ Hz} - f_{\text{sys}}) \\ &= 61.5 \text{ MW} - (1 \text{ MW/Hz})f_{\text{sys}} + 61 \text{ MW} - (1 \text{ MW/Hz})f_{\text{sys}} \\ &= 122.5 \text{ MW} - (2 \text{ MW/Hz})f_{\text{sys}} \end{aligned}$$

그러므로 $$f_{\text{sys}} = \frac{122.5 \text{ MW} - 3.5 \text{ MW}}{(2\text{MW/Hz})} = 59.5 \text{ Hz}$$

전력은

$$\begin{aligned} P_1 &= s_{P1}(f_{\text{nl},1} - f_{\text{sys}}) \\ &= (1 \text{ MW/Hz})(61.5 \text{ Hz} - 59.5 \text{ Hz}) = 2.0 \text{ MW} \\ P_2 &= s_{P2}(f_{\text{nl},2} - f_{\text{sys}}) \\ &= (1 \text{ MW/Hz})(61.0 \text{ Hz} - 59.5 \text{ Hz}) = 1.5 \text{ MW} \end{aligned}$$

(c) 무부하 G_2의 조속기 설정치가 0.5 Hz 증가한다면, 새로운 시스템 주파수는

$$\begin{aligned} P_{\text{load}} &= s_{P1}(f_{\text{nl},1} - f_{\text{sys}}) + s_{P2}(f_{\text{nl},2} - f_{\text{sys}}) \\ 3.5 \text{ MW} &= (1 \text{ MW/Hz})(61.5 \text{ Hz} - f_{\text{sys}}) + (1 \text{ MW/Hz})(61.5 \text{ Hz} - f_{\text{sys}}) \\ &= 123 \text{ MW} - (2 \text{ MW/Hz})f_{\text{sys}} \\ f_{\text{sys}} &= \frac{123 \text{ MW} - 3.5 \text{ MW}}{(2\text{MW/Hz})} = 59.75 \text{ Hz} \end{aligned}$$

전력은

$$\begin{aligned} P_1 = P_2 &= s_{P1}(f_{\text{nl},1} - f_{\text{sys}}) \\ &= (1 \text{ MW/Hz})(61.5 \text{ Hz} - 59.75 \text{ Hz}) = 1.75 \text{ MW} \end{aligned}$$

이다. 시스템의 주파수는 올라가고, G_2가 공급하는 전력은 증가하고 G_1이 공급하는 전력은 감소함을 주목하라.

비슷한 크기의 두 개의 발전기를 병렬운전할 때, 조속기 설정치를 바꾸면 시스템의 주파수와 전력을 분담이 바뀐다. 한 번에 하나의 양만 바뀌는 것이 바람직하다. 시스템의 주파수와 무관하게 전력분담을 어떻게 조절할 수 있을까? 또는 그 반대로 할 수 없을까?

해답은 매우 간단하다. 하나의 발전기에서 조속기 설정치 증가는 기계의 출력과 시스템의 주파수를 증가시킨다. 다른 발전기의 조속기 설정치의 감소는 다른 발전기의 주파수와 출력의 감소를 가져온다. 그러므로 주파수의 변동 없이 전력분담을 바꾸기 위해 한 발전기의 조속기 설정치를 바꾸면서 동시에 다른 발전기의 조속기 설정치를 바꾸어야 한다[그림 4-40(a)]. 전력 분담의 변화가 없이 시스템 주파수를 조정하려면, 조속기 설정치를 서로 동시에 증가, 감소해야 한다[그림 4-40(b)].

무효전력과 단자전압 조정은 유사한 형태로 행해진다. V_T의 변화 없이 무효

전력분담을 조정하려면, 동시에 하나의 발전기에서 계자전류는 증가하고 다른 것의 계자전류는 감소해야한다[그림 4-40(c)]. 무효전력분담의 변화 없이 단자전압을 바꾸려면, 동시에 서로의 계자전류가 증가, 감소해야 한다[그림 4-40(d)].

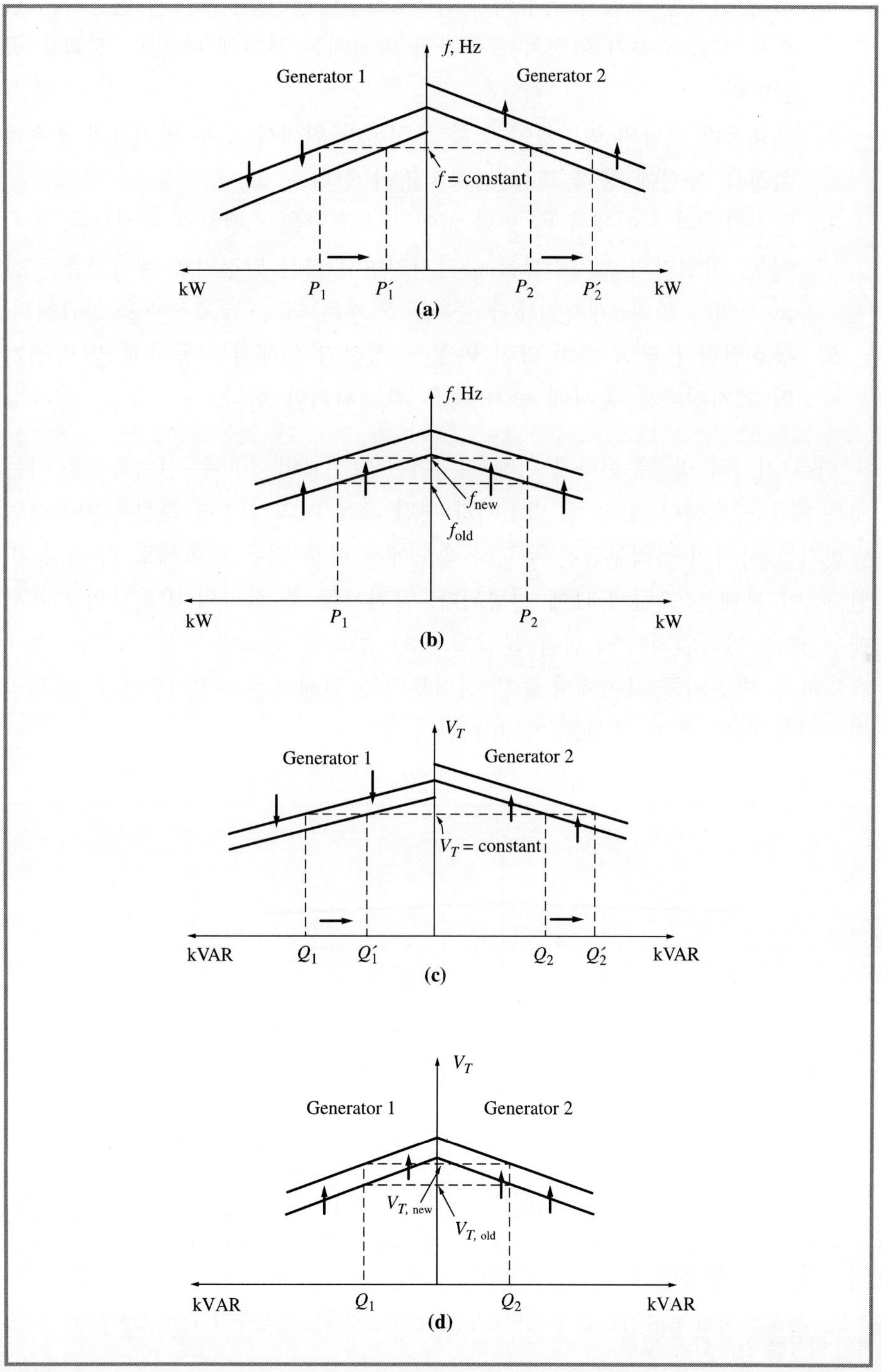

그림 4-40
(a) 시스템 주파수에 영향을 미치지 않은 전력 분담의 변동, (b) 전력 분담에 영향을 미치지 않은 시스템 주파수 변동, (c) 단자전압에 영향을 미치지 않은 무효전력 변동, (d) 무효전력 분담에 영향을 미치지 않은 단자전압 변동

앞의 내용을 요약하면, 두 개의 발전기를 같이 운전할 경우:

1. 두 개의 발전기에 의해 공급하는 총전력은 부하에 의해 소비한 양과 같다는 제한이 있다. f_{sys}와 V_T는 일정하지 않다.
2. f_{sys}의 변화 없이 발전기 사이의 유효전력을 조정하기 위해, 동시에 하나의 발전기는 조속기 설정치가 증가하고, 다른 것의 조속기 설정치는 감소시킨다. 조속기 설정치를 증가한 발전기는 부하에 더 많이 전력을 공급한다.
3. 유효전력 분담의 변화없이 f_{sys}를 조정하기 위해서는, 두 발전기의 조속기 설정을 동시에 증가 또는 감소시켜야 한다.
4. 발전기들의 사이에서 V_T 변화 없이 무효전력을 조정하기 위해서는, 동시에 한 발전기의 계자전류를 증가시키면서 다른 발전기의 계자전류는 감소 시켜야 한다. 계자전류가 증가된 기계는 더 큰 무효전력을 공급한다.
5. 무효전력 분담의 변화 없이 V_T를 조정하기 위해서는 동시에 양 발전기의 계자전류를 동시에 증가 혹은 감소시켜야 한다.

다른 기계와 병렬운전하기 위해서는 어떤 발전기의 주파수–전력특성을 아는 것은 매우 중요하다. 만약 두 발전기가 평탄 혹은 거의 일정한 특성을 가진다면 발전기들 사이의 전력분담은 무부하 속도에서 아주 작은 변화에도 더 크게 변한다. 이 문제는 그림 4-41에 설명된다. 발전기들 중 하나의 발전기의 f_{nl}에서 매우 작은 변화일지라도 전력 분담에서 큰 변화를 일으킬 수도 있다는 것에 유의하라. 발전기들 사이에서 좋은 전력분담을 위해서는 발전기들은 2～5 %의 범위에서 속도 수하 특성을 가져야 한다.

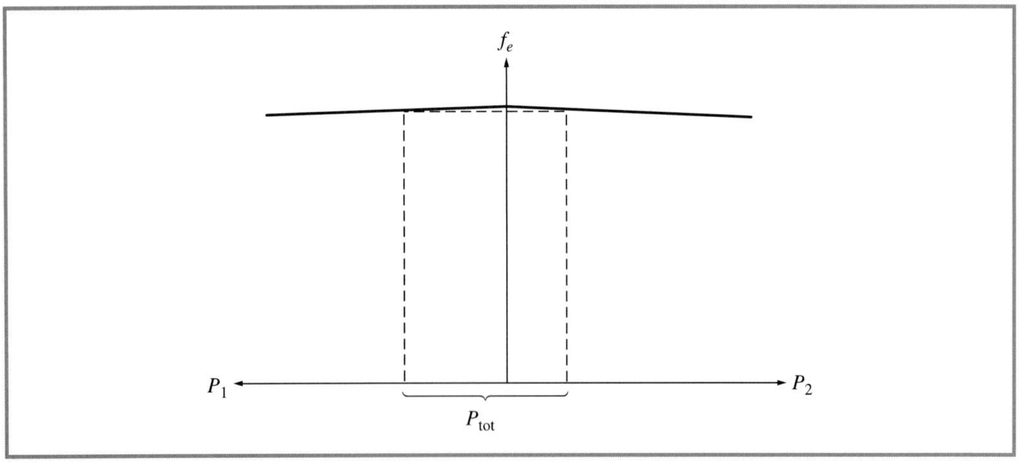

그림 4-41
평탄한 주파수-전력 특성을 가진 두 동기발전기. 전력분담에서 이런 기계들은 무부하 주파수에서 매우 작은 변화가 큰 전력의 이동을 일으킬 수 있다.

4.10 동기발전기의 과도상태

발전기에 인가된 축 토오크나 출력 부하가 갑자기 변할 경우 발전기가 정상상태로 되기까지 항상 짧은 기간동안의 과도상태를 가지게 된다. 예를 들어, 동기발전기가 전력시스템에 투입될 시점에서 발전기는 처음에는 빠른 회전수를 나타내고 전력시스템보다 높은 주파수를 가진다. 일단 병렬운전 되면 발전기가 전력선에 정상적으로 연결되기 전에 과도 기간이 존재하게 되고, 그리고는 작은 전력을 부하에 공급하면서 운전하게 된다.

이러한 현상을 설명하기 위하여 그림 4-42를 보자. 그림 4-42(a)는 발전기가 대전력시스템에 투입되기 직전의 자계와 발전기의 페이저도를 나타낸다. 여기서 발전기는 어떠한 부하도 공급되지 않으므로 고정자 전류는 0이고, $\mathbf{E}_A = \mathbf{V}_\phi$와 $\mathbf{B}_R = \mathbf{B}_{\text{net}}$이다.

시각 $t = 0$인 시점에서 발전기의 스위치가 온되어 전력시스템에 투입되면, 고정자에는 전류가 흐르게 된다. 발전기의 회전자는 여전히 시스템보다 더 빠른 회전 속도를 가짐으로 시스템의 전압 $\mathbf{V}_\phi$보다 앞서게 된다. 발전기 축에 발생되는 토오크는 다음 식으로 주어진다.

$$\tau_{\text{ind}} = k\mathbf{B}_R \times \mathbf{B}_{\text{net}} \qquad (3\text{–}60)$$

이 토오크 방향은 운전방향과 반대방향으로 동작하며, 토오크는 $\mathbf{B}_R$과 $\mathbf{B}_{\text{net}}$(또는 $\mathbf{E}_A$와 $\mathbf{V}_\phi$) 사이의 위상각이 증가한 만큼 증가한다. 그리고 회전방향과 반대방향으로 작용하는 토오크는 전력시스템의 동기속도로 될 때까지 발전기를 감속시킨다.

비슷하게, 발전기가 전력시스템에 투입되는 시점에서 동기속도보다 낮게 운전되면, 회전자는 자계보다 뒤지고, 발전기의 회전방향으로 발생한 토오크가

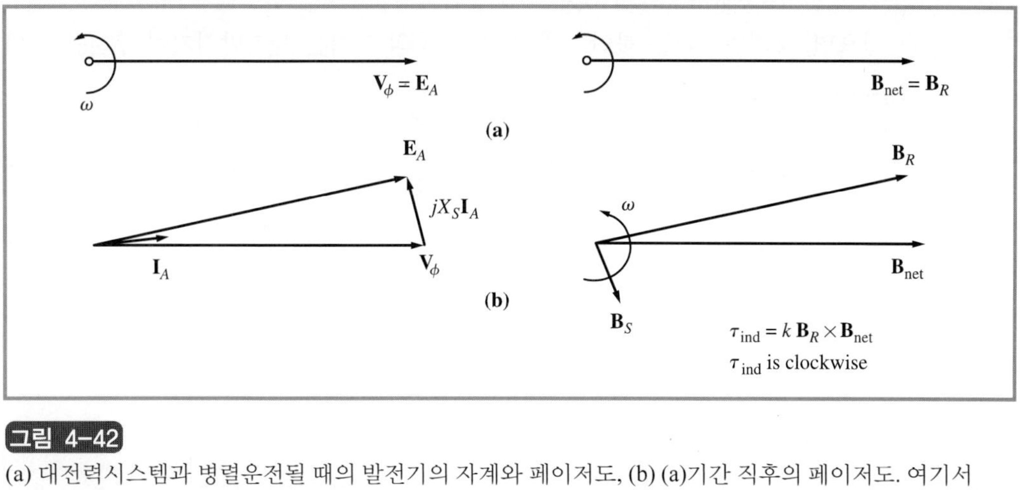

그림 4-42
(a) 대전력시스템과 병렬운전될 때의 발전기의 자계와 페이저도, (b) (a)기간 직후의 페이저도. 여기서 회전자는 총 자계($\mathbf{B}_{\text{net}}$)보다 앞서게 되며, 시계방향의 토오크를 발생하게 된다. 이 토오크는 전력시스템의 동기속도로 회전자의 속도를 낮춘다.

발전기의 축에 발생한다. 이 토오크는 발전기가 동기속도로 회전될 때까지 회전자의 속도를 상승시킨다.

동기발전기의 과도안정도

동기발전기의 **정태안정도**(static stability limit)는 어떤 조건하에서도 발전기가 공급할 수 있는 최대전력이다. 발전기가 공급할 수 있는 최대전력은 식 (4-21)로 주어진다.

$$P_{\max} = \frac{3V_\phi E_A}{X_S} \tag{4–21}$$

그리고 최대 토오크는

$$\tau_{\max} = \frac{3V_\phi E_A}{\omega_m X_S} \tag{4–30}$$

이론적으로 발전기는 불안정하기 전에 이 만큼의 전력과 토오크를 공급할 수 있다. 사실 발전기가 공급할 수 있는 최대 부하는 **동태안정도**(dynamic stability limit)에 의해 더 낮은 수준에서 제한된다.

이러한 제한을 이해하기 위해 그림 4-42의 발전기를 다시 검토하자. 원동기에 의해 가해진 토오크(τ_{app})가 갑자기 증가하면 발전기 축 속도는 상승하고 토오크각 δ는 설명한 바와 같이 증가할 것이다. 발전기의 유기된 토오크 τ_{ind}은 반대방향의 τ_{app}과 같아질 때까지 증가할 것이다. 그러나 회전자의 관성이 크므로 토오크각 δ는 정상상태의 위치보다 지나칠 것이고, 그림 4-43에 보인 것과 같이 진동하여 점차 위치를 정할 것이다. 이러한 댐핑의 정확한 현상은 비선형 미분방정식을 풀면 되나, 이것은 이 책의 범위를 벗어난다. 자세한 것은 참고문헌 4의 345쪽을 보라.

그림 4-43에서 중요한 것은 과도응답의 어느 시점에서 순시 토오크가 $\tau_{\max}$를 넘으면, 동기발전기는 불안정해 진다. 진동의 크기는 동기발전기에 부하를 얼마

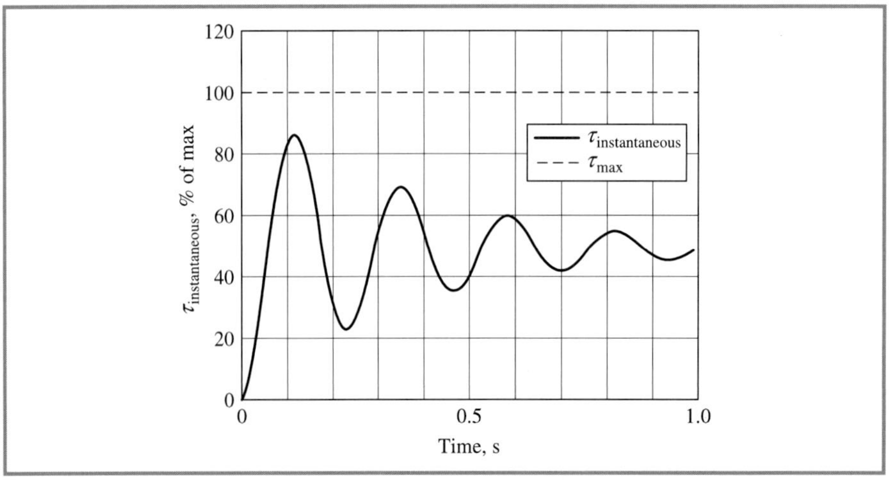

그림 4-43 동기발전기의 큰 부하를 갑자기 연결했을 때의 과도응답

나 갑자기 인가했느냐에 달렸다. 만약 부하를 매우 천천히 인가하면, 기기는 정태안정도까지 갈 것이다. 반면에 부하를 갑작스럽게 가하면, 기기는 매우 낮은 한계까지에서만 안정할 것이며 이것을 계산하기는 매우 복잡하다. 급작스런 부하로 인한 동태안정도는 정태안정도의 절반에도 미치지 못한다.

동기발전기의 단락회로 과도상태

동기발전기에서 일어날 수 있는 가장 가혹한 과도조건은 발전기의 3개의 출력 단자가 갑자기 단락되었을 경우이다. 전력시스템에서는 이러한 단락을 고장이라 부른다. 단락된 동기전동기에서 나타나는 전류에는 다음에 서술되는 몇몇의 성분들이 있다. 비슷한 영향들이 부하변동에서도 덜 가혹한 과도현상으로 나타난다. 다만 단락의 극단적인 경우에 보다 확실히 나타난다.

동기발전기에 고장이 일어났을 때 발전기의 각 상전류의 변화를 그림 4-44에 보인다. 그림 4-42에 보이는 각 상전류는 대칭적인 교류성분에 직류 과도 성분을

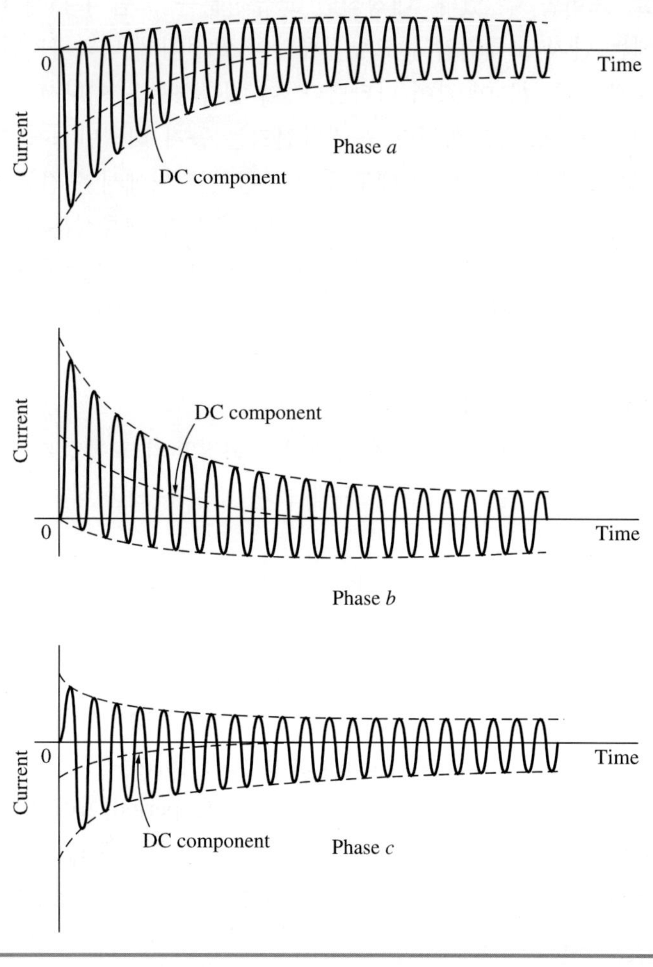

그림 4-44 동기발전기의 3상 단락시의 전체 고장전류

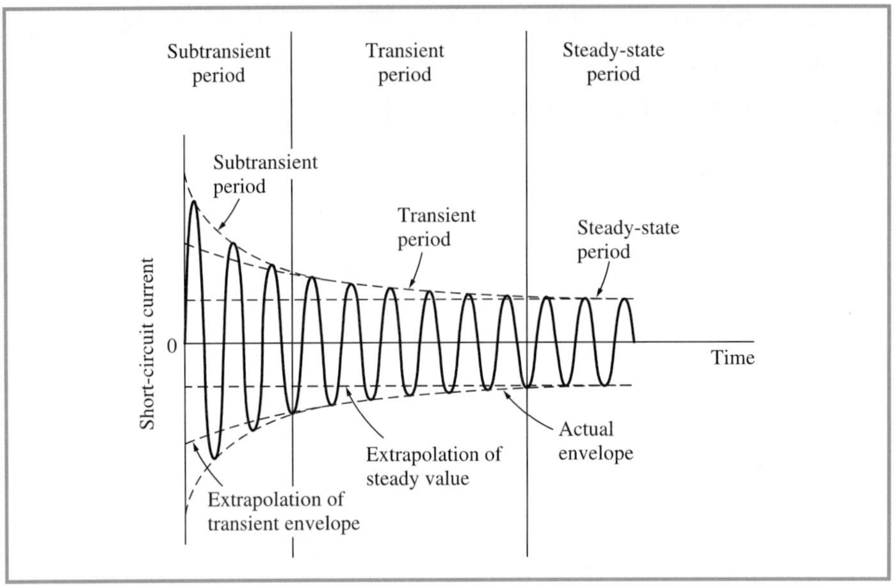

그림 4-45 고장전류의 대칭 교류성분

더한 것으로 표현할 수 있다. 대칭적인 교류성분을 그림 4-45에 나타낸다.

고장전에는 단지 교류전압과 교류전류만이 발전기에 나타나지만, 고장시에는 교류성분과 직류성분이 같이 나타난다. 이 직류성분은 어디서 왔을까? 동기발전기는 기본적으로 유도성이다. 동기발전기는 동기 리액턴스에 직결된 내부발생전압으로 모델화될 수 있기 때문이다. 또한 인덕터에서는 전류가 순간적으로 변할 수 없다는 것을 상기하라. 고장이 일어났을 때 교류성분의 전류는 매우 큰 값으로 상승되지만 전체 전류는 순간적으로 변화되지는 않는다. 전류의 직류성분은 고장 후의 교류와 직류성분의 합이 고장전의 교류성분과 같게 되기 위해서 크게 된다. 고장 순간의 전류 순시값은 각상마다 다르므로 직류성분의 진폭치는 각 상마다 차이가 있다.

이러한 직류성분은 아주 빠르게 감쇄되고 고장후의 교류성분의 약 50~60 %가 초기 전류로 흐른다. 그래서 전체 초기 전류는 전형적으로 교류성분의 1.5~1.6배이다.

전류의 교류 대칭성분은 그림 4-45에 나타내며, 전체 세 구간으로 나눠진다. 고장이 일어난 첫 사이클 동안 또는 고장이 일어난 후, 교류성분은 매우 크게 되고 빠르게 감쇄된다. 이 구간을 **차과도 기간**(subtransient period)으로 부른다. 그 후 전류는 정상상태에 도달하기까지 낮은 비율로 계속해서 감쇄된다. 이렇게 천천히 감쇄되는 구간을 **과도 기간**(transient period)이라 부른다. 그리고 이 구간 후는 정상상태로 되므로 **정상상태 기간**(steady-state period)이라 한다.

교류성분의 전류 실효치 진폭을 대수 눈금으로 시간축에 나타내면 고장후의 세 구간은 그림 4-46과 같이 쉽게 관찰할 수가 있다. 이 도표로부터 각 구간의 감쇠 시정수는 결정될 수 있다.

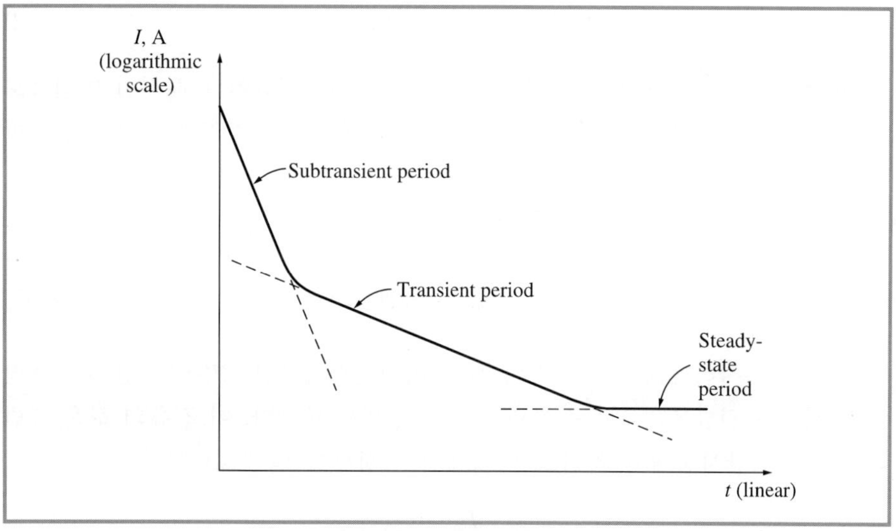

그림 4-46 시간에 따른 대수값으로 나타낸 고장전류의 교류성분. 발전기의 차과도상태와 과도상태의 시정수는 이 그림으로부터 얻을 수 있다.

차과도 기간 동안 발전기에 흐르는 교류 실효치 전류는 차과도전류라 부르고 기호 I''로 나타내어지며 이 전류는 동기발전기의 제동권선(제5장의 제동권선)에 의해 만들어진다. 차과도전류에 대한 시정수는 기호 T''로 놓으며 시정수는 그림 4-46에 나타낸 곡선에서 차과도전류의 기울기로부터 결정된다. 이 전류는 일반적으로 정상상태 고장전류의 약 10배 정도의 크기이다.

과도 기간 동안 발전기에 흐르는 실효치 전류는 과도전류라 부르고 기호 I'로 나타낸다. 이 전류는 단락시에 계자회로에서 유도된 직류 전류성분으로부터 나타난 것이다. 이 계자전류는 내부발생전압을 상승시키고 고장전류를 증가시키게 된다. 직류 자기회로의 시정수는 제동권선의 시정수보다 더 길며, 또한 과도 기간은 차과도 기간보다 더 길게 나타난다. 이 시정수는 기호 T'로 표시하면 과도 기간 동안의 평균 실효 전류는 일반적으로 정상상태 고장전류의 약 5배 정도이다.

과도 기간 후 고장전류는 정상상태에 도달하게 된다. 고장 동안의 정상상태 전류는 기호 I_{ss}로 표시한다. 이 전류는 대략 발생전압 E_A의 기본파 성분을 동기리액턴스로 나눈 값으로 얻을 수 있다.

$$I_{ss} = \frac{E_A}{X_S} \qquad \text{정상상태} \tag{4–31}$$

동기발전기의 교류 고장전류의 실효값 진폭은 시간함수에 대해서 계속적으로 변화한다. I''가 고장시의 차과도 전류성분, I'는 고장시의 과도 전류성분 그리고 I_{ss}가 정상상태 고장전류이라면, 발전기 고장후 임의 시점에서의 전류의 실효값 진폭은 다음과 같다.

$$I(t) = (I'' - I')e^{-t/T''} + (I' - I_{ss})e^{-t/T'} + I_{ss} \qquad (4\text{–}32)$$

고장전류의 차과도성분과 과도성분을 설명하기 위하여 관례적인 방법으로써 동기기에 대해서 차과도 리액턴스와 과도 리액턴스를 정의하게 된다. 동기발전기의 차과도 리액턴스는 내부발생전압의 기본파 성분에 대한 고장 시점의 차과도 전류 성분의 비율로 정의를 내린다. 그것은 다음 식으로 주어진다.

$$X'' = \frac{E_A}{I''} \quad \text{차과도상태} \qquad (4\text{–}33)$$

이것과 유사하게 동기발전기의 과도 리액턴스는 E_A의 기본파 성분에 대한 고장 시점의 전류 I'의 과도성분의 비율로 정의를 내린다. 이 전류의 값은 그림 4-46에서 고장시점에서 차과도 영역에서 추정하여 얻을 수 있다.

$$X' = \frac{E_A}{I'} \quad \text{과도상태} \qquad (4\text{–}34)$$

보호장치의 크기를 결정하기 위한 목적으로 차과도전류는 종종 E_A/X''로 나타내며, 과도전류는 종종 E_A/X'로 나타낸다. 이것은 각 전류에 대한 최대값을 나타내기 때문이다.

위에서 서술된 고장은 3상 모두가 동시에 단락된 경우라는 것에 주목하자. 만약 고장이 3상 전체에 같이 일어나지 않는다면, 그것을 이해하기 위해서는 더욱 복잡한 방법이 요구될 것이다. 이들 방법(대칭분으로 알려진)은 이 책의 범위를 넘는다.

예제 4-7

100 MVA, 13.8 kV, Y-결선, 3상 60 Hz 동기발전기가 무부하 정격전압으로 구동되다가, 단자들 간의 3상 고장이 일어났다. 이 기기 기본값에 대한 단위 리액턴스는 다음과 같다.

$$X_S = 1.0 \qquad X' = 0.25 \qquad X'' = 0.12$$

그리고 그들의 시정수는

$$T' = 1.10\,\text{s} \qquad T'' = 0.04\,\text{s}$$

이다. 이 기기의 초기 직류성분은 초기 교류성분의 50%이다.

(*a*) 발전기의 고장 후의 교류전류 성분은 얼마인가?

(*b*) 발전기의 고장시점에서의 전체전류(직류분 + 교류분) 성분은 얼마인가?

(*c*) 2사이클 후의 교류성분은 얼마인가? 5초 후는?

풀이

이 발전기의 기본 전류는 다음 식으로 주어진다.

$$I_{L,\text{base}} = \frac{S_{\text{base}}}{\sqrt{3}\, V_{L,\text{base}}} \qquad (2\text{–}95)$$

$$= \frac{100\text{ MVA}}{\sqrt{3}(13.8\text{ kV})} = 4184\text{ A}$$

차과도상태, 과도상태 그리고 정상상태에서의 전류는

$$I'' = \frac{E_A}{X''} = \frac{1.0}{0.12} = 8.333$$

$$= (8.333)(4184\text{ A}) = 34{,}900\text{ A}$$

$$I' = \frac{E_A}{X'} = \frac{1.0}{0.25} = 4.00$$

$$= (4.00)(4184\text{ A}) = 16{,}700\text{ A}$$

$$I_{ss} = \frac{E_A}{X'} = \frac{1.0}{1.0} = 1.00$$

$$= (1.00)(4184\text{ A}) = 4184\text{ A}$$

(*a*) 초기 교류 전류성분 $I'' = 34{,}900\text{A}$

(*b*) 고장시점에서의 전체전류(직류분+교류분)

$$I_{\text{tot}} = 1.5I'' = 52{,}350\text{ A}$$

(*c*) 시간함수의 교류전류 성분은 식 (4-32)로 주어진다.

$$I(t) = (I'' - I')e^{-t/T''} + (I' - I_{ss})e^{-t/T'} + I_{ss} \qquad (4\text{–}32)$$

$$= 18{,}200e^{-t/0.04\text{ s}} + 12{,}516e^{-t/1.1\text{ s}} + 4184\text{ A}$$

2사이클에 대해서 $t = 1/30$ s이므로 전체전류는

$$I\left(\frac{1}{30}\right) = 7910\text{ A} + 12{,}142\text{ A} + 4184\text{ A} = 24{,}236\text{ A}$$

2사이클 후 전류의 과도성분은 최대가 되고, 이 시간은 단락회로의 과도 기간이다. 5 s에 대해서 그 전류는 다음과 같이 감소된다.

$$I(5) = 0\text{ A} + 133\text{ A} + 4184\text{ A} = 4317\text{ A}$$

이 시점은 단락회로의 정상상태 기간의 일부분이 된다.

4.11 동기발전기의 정격

동기발전기에서 얻을 수 있는 속도와 전력은 기본적인 제한이 있다. 이러한 제한을 그 기기의 정격이라 한다. 정격을 규정하는 목적은 부적절한 운전에 의한 손상으로부터 발전기를 보호하기 위해서이다. 각 기기들은 다양한 정격을 이름표에 적어 부착하고 있다.

동기기의 전형적인 정격에는 전압, 주파수, 속도, 피상전력(kVA), 역률, 계자전류 등이 있다. 그리고 이러한 정격은 아래의 절에서 논의된다.

전압, 속도 그리고 주파수 정격

동기발전기의 정격주파수는 발전기가 연결되는 전력시스템에 의존한다. 오늘날의 일반적인 전력시스템의 주파수는 50 Hz(유럽, 아시아 등), 60 Hz(미주) 그리고 400 Hz(특수 기기 또는 제어응용)등이 있다. 동작주파수는 극수와 회전속도로 결정된다. 그리고 주파수와 속도 간의 관계는 이전에 서술된 식 (3-34)로 주어진다.

$$f_{se} = \frac{n_m P}{120} \tag{3–34}$$

아마도 가장 확실한 정격은 발전기가 동작하도록 설계된 전압이다. 발전기의 전압은 자속, 회전속도 그리고 기기의 기계적 구조에 의존된다. 기기의 주어진 프레임 크기와 속도에 대해서 더 큰 전압을 필요로 하면 더 큰 자속값이 요구된다. 그러나 자속은 계속 증가할 수 없으며, 이것은 최대 허용 계자전류가 있기 때문이다.

또한 최대 허용 전압을 정하는 데 고려해야 할 점은 권선의 절연파괴이다. 일반적으로 동작전압은 절연파괴에 너무 근접하여서는 안 된다.

만약 어떠한 정격 주파수를 가진다면 발전기를 다른 주파수로의 운전은 가능할까? 예를 들면 60 Hz발전기가 50 Hz에서 동작할 수 있는가? 약간의 조건이 만족하면 그 대답은 분명히 가능하다이다. 기본적으로 그 문제는 기기에 허용되는 최대 자속에 있다. $E_A = K\phi\omega$이므로, 최대 허용 E_A는 속도가 변하면 바뀐다. 특히 60 Hz 발전기를 50 Hz로 운전하려면, 동작전압을 50/60의 비율 즉 83.3%로 정격저하를 시켜야 한다. 또 50 Hz 발전기를 60 Hz로 운전할 경우는 그 반대로가 된다.

피상전력과 역률의 정격

전기기기의 전력의 한계를 결정하는 데는 두 가지 요소가 있다. 첫째로는 기기의 축에 주어지는 기계적 토오크이며, 둘째로는 기기의 권선에 나타나는 발열이다. 실제 모든 동기전동기 및 발전기의 축은 기기의 정격 보다 더욱 큰 전력에도 견딜 수 있도록 설계된다. 그래서 실제 정상상태 내에서의 기기의 한계는 권선에 발생하는 발열에 의해 규정된다.

동기발전기에는 전기자 권선과 계자권선의 두 권선이 있으며, 각각 과열로부터 보호되어야 한다. 최대 허용 전기자전류는 발전기의 피상전력으로 규정되어 진다. 왜냐하면, 피상전력 S는 다음 식으로 주어지기 때문이다.

$$S = 3V_\phi I_A \tag{4–35}$$

정격전압을 안다면 그 최대 허용 전기자전류는 발전기의 정격 kVA로부터 결정되어 진다.

$$S_{\text{rated}} = 3V_{\phi,\text{rated}} I_{A,\max} \tag{4–36}$$

또는,

$$S_{\text{rated}} = \sqrt{3}V_{L,\text{rated}} I_{L,\max} \tag{4–37}$$

기자 권선의 발열은 전기자전류의 역률과는 무관하다. 고정자 동선의 발열 효과는 다음과 같이 주어진다.

$$P_{\text{SCL}} = 3I_A^2 R_A \tag{4–38}$$

그리고 열 효과는 $\mathbf{V}_\phi$에 대한 전류의 위상각에는 무관하다. 전류 위상은 전기자 발열에는 무관하기 때문에 이러한 기기들은 kW 대신에 kVA의 정격을 가진다.

이와 관련된 다른 권선은 계자권선이다. 계자동손은 다음 식과 같다.

$$P_{\text{RCL}} = I_F^2 R_F \tag{4–39}$$

그래서 최대 허용 발열은 기기의 최대 계자전류에 의존된다. $E_A = K\phi\omega$이 E_A에 대한 최대 허용 크기를 결정한다.

최대 I_F 와 최대 E_A의 효과는 발전기가 정격 kVA로 운전될 때 발전기의 최소 허용 역률에 직접적인 제한을 준다. 그림 4-47은 정격전압과 정격 전기자전류에 대한 동기발전기의 위상 벡터도를 나타낸 것이다. 페이저도에서 보인 것과 같이 전류는 여러 가지 다른 값을 가진다. 내부발생전압 $\mathbf{E}_A$는 $\mathbf{V}_\phi$와 $jX_S\mathbf{I}_A$의 합이다. 여기서 어떤 전류각에서는 E_A가 $E_{A,\max}$보다 커야 한다. 발전기가 정격 전기자전류와 정격 역률로 운전된다면 그 계자권선은 소손될 것이다.

$\mathbf{V}_\phi$가 정격치를 유지하는 동안 최대 허용 $\mathbf{E}_A$를 요구하는 $\mathbf{I}_A$의 위상각은 발전기의 정격 역률로 주어진다. 전동기가 정격 보다 낮은 역률(지상역률)로 운전하는 것이 가능하며, 발전기에 허용된 kVA에 제한된다.

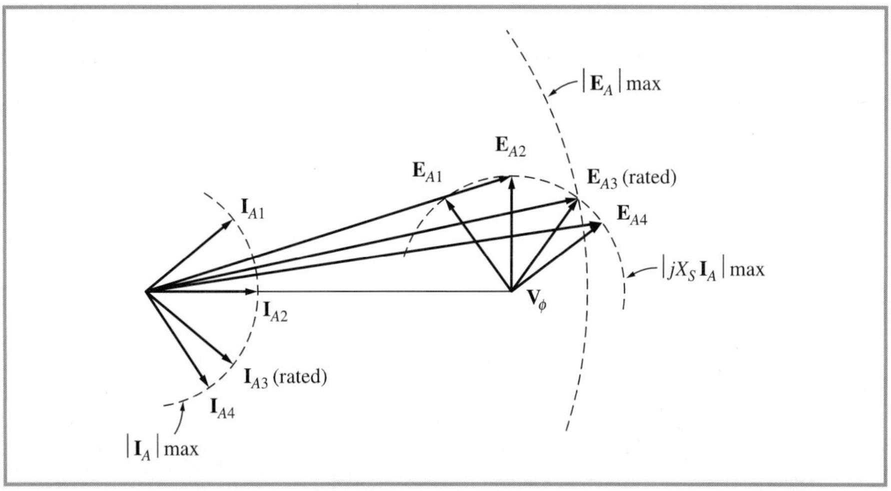

그림 4-47 회전자 계자전류의 한계가 발전기의 정격 역률을 결정하는 벡터법

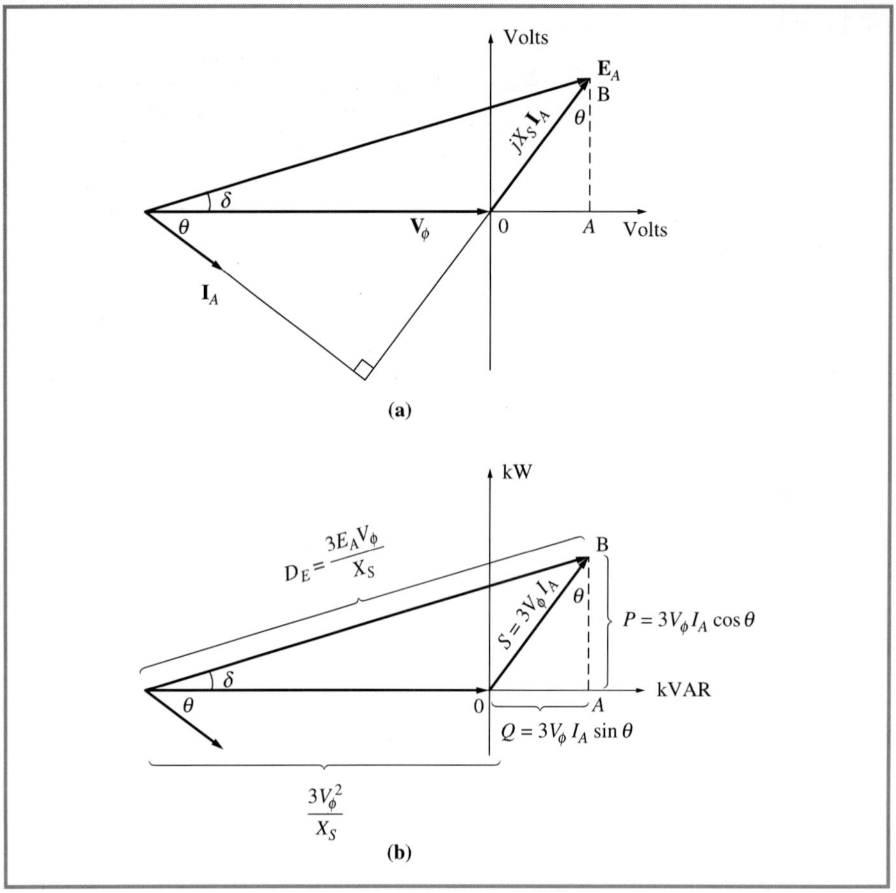

그림 4-48
동기발전기 허용출력곡선 (a) 동기발전기 페이저도, (b) 전력도

동기발전기의 용량곡선

동기발전기의 고정자와 회전자의 발열 한계는 발전기의 용량곡선의 그래프에서 설명할 수 있다. 용량곡선은 복소전력 $S = P + jQ$의 벡터도이다. 그것은 발전기의 페이저도에서 유도되며, $\mathbf{V}_\phi$는 기기의 정격전압으로 일정하다고 가정한다.

그림 4-48(a)는 동기발전기가 정격전압과 지상역률로 운전될 때의 페이저도를 나타낸 것이다. 직교축은 전압의 단위이며, $\mathbf{V}_\phi$의 끝단이 원점으로 주어진다. 이 그래프에서 수직성분 AB는 길이 $X_S I_A \cos\theta$를 가지며, 수평성분 OA는 길이 $X_S I_A \sin\theta$를 갖는다.

발전기의 출력 유효전력은 다음과 같다.

$$P = 3V_\phi I_A \cos\theta \tag{4–17}$$

출력 무효전력은 다음 식으로 주어진다.

$$Q = 3V_\phi I_A \sin\theta \tag{4–19}$$

그리고 피상전력은 다음 식으로 주어진다.

$$S = 3V_\phi I_A \tag{4–35}$$

그래서 이 도표의 수평, 수직축은 유효전력과 무효전력사이의 관계를 나타낸다 [그림 4-48(b)]. 전압을 VA(전력)으로 바꾸는 변환요소는 $3V_\phi / X_S$이다.

$$P = 3V_\phi I_A \cos\theta = \frac{3V_\phi}{X_S}(X_S I_A \cos\theta) \tag{4–40}$$

그리고

$$Q = 3V_\phi I_A \sin\theta = \frac{3V_\phi}{X_S}(X_S I_A \sin\theta) \tag{4–41}$$

로 된다.

페이저도의 원점은 수평축의 $-V_\phi$이므로 전력도의 원점은

$$\begin{aligned} Q &= \frac{3V_\phi}{X_S}(-V_\phi) \\ &= -\frac{3V_\phi^2}{X_S} \end{aligned} \tag{4–42}$$

계자전류는 기기의 자속에 비례하고, 자속은 $E_A = K\phi\omega$에 비례한다. 전력도에서 E_A에 해당하는 길이는 다음 식과 같다.

$$D_E = -\frac{3E_A V_\phi}{X_S} \tag{4–43}$$

전기자전류 I_A는 $X_S I_A$에 비례하고, 전력도에서 $X_S I_A$에 대한 길이는 $3V_\phi I_A$로 된다.

그래서 최종 동기발전기 용량곡선은 그림 4-49와 같이 나타낼 수 있다. 이것은 P에 대한 Q의 궤적으로 수평축이 유효전력 P, 수직축이 무효전력 Q를 나타내고 있다. 일정 전기자전류 I_A의 곡선은 일정 $S = 3V_\phi I_A$의 선으로 나타난다. 여기서 S는 원점을 기준으로 한 동심원이다. 또한 일정 계자전류의 곡선은 일정 E_A의 곡선에 상응한다. 이 E_A는 크기가 $3E_A V_\phi / X_S$이고 중심은 다음과 같다.

$$Q = -\frac{3V_\phi^2}{X_S} \tag{4–42}$$

전기자전류의 한계는 I_A의 정격 또는 kVA의 정격에 해당하는 곡선으로 주어진다. 그리고 계자전류의 한계는 I_F 또는 E_A의 정격에 해당하는 곡선으로 주어진다. 두 곡선에 사이에 놓여 있는 점들은 발전기의 안정 동작점으로 된다.

또한 궤적선도에서 최대 원동기동력과 정적 안정도 한계 등의 또 다른 제약 등을 살펴 볼 수 있다. 최대 원동기동력곡선은 그림 4-50과 같이 나타낼 수 있다.

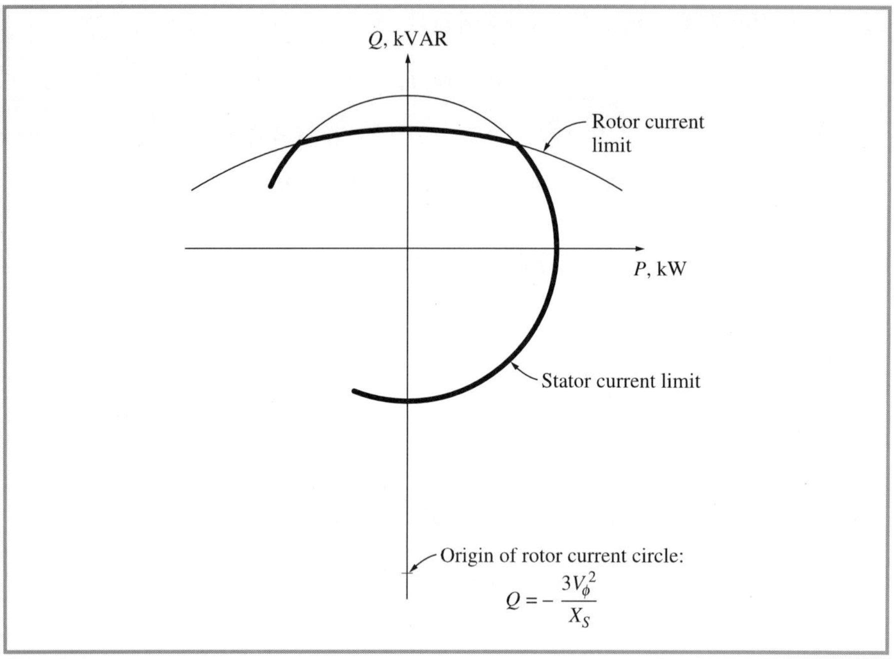

그림 4-49 동기발전기의 용량곡선

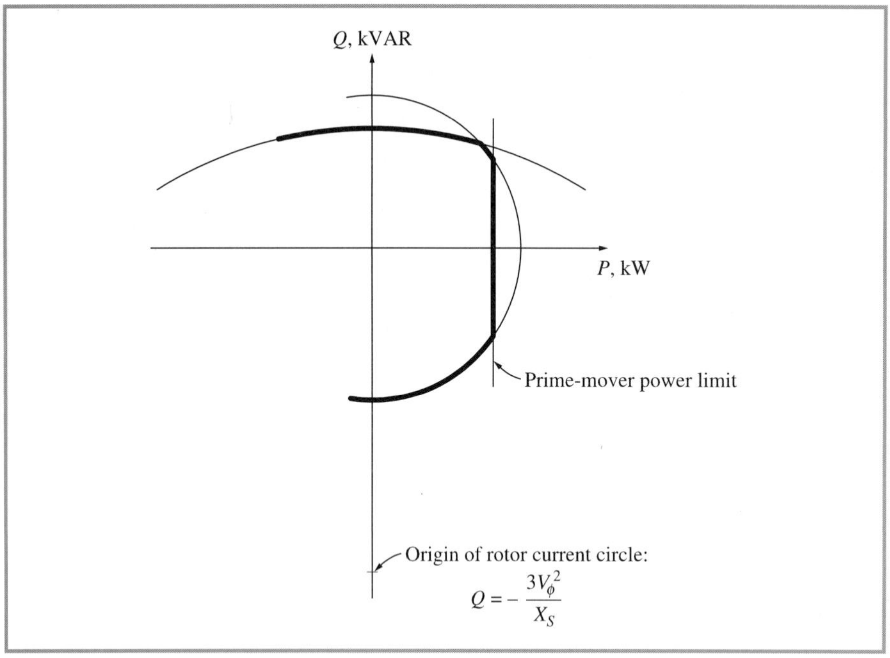

그림 4-50 원동기 전력 한계를 보여주는 용량곡선

예제 4-8

480 V, 50 Hz, Y결선, 6극인 동기발전기는 50 kVA이고 0.8 지상역률을 가진다. 여기에서 동기 리액턴스는 1.0 Ω/상을 가진다. 45 kW급의 스팀 터어빈에 연결되는 발전기라 가정한다. 마찰손과 풍손이 1.5 kW이고 철손이 1.0 kW이다.

(*a*) 원동기 동력제한을 포함하는 이 발전기에 대한 출력곡선을 그려라.
(*b*) 이 발전기는 0.7 지상역률에서 56 A의 선전류를 공급할 수 있는가?
(*c*) 이 발전기가 발전할 수 있는 최대 무효전력은 얼마인가?
(*d*) 만약 발전기가 30 kW의 유효전력을 제공한다면 동시에 제공할 수 있는 최대 무효전력은 얼마인가?

풀이

이 발전기에서 최대 전류는 식 (4-36)으로 구할 수 있다.

$$S_{\text{rated}} = 3V_{\phi,\text{rated}} I_{\text{A,max}} \tag{4–36}$$

이 기기의 전압 V_ϕ는

$$V_\phi = \frac{V_T}{\sqrt{3}} = \frac{480\text{ V}}{\sqrt{3}} = 277\text{ V}$$

최대 전기자전류는

$$I_{A,\text{max}} = \frac{S_{\text{rated}}}{3V_\phi} = \frac{50\text{ kVA}}{3(277\text{ V})} = 60\text{ A}$$

이 값을 이용하여 질문에 대한 답하는 것이 가능하다.

(*a*) 최대 안전 전기자전류인 최대 허용 피상전력은 50 kVA이다. E_A 원의 중심은

$$Q = -\frac{3V_\phi^2}{X_S} \tag{4–42}$$

$$= -\frac{3(277\text{ V})^2}{1.0\ \Omega} = -230\text{ kVAR}$$

E_A의 최대 크기는

$$\begin{aligned} \mathbf{E}_A &= \mathbf{V}_\phi + jX_S\mathbf{I}_A \\ &= 277\angle 0°\text{ V} + (j1.0\ \Omega)(60\angle -36.87°\text{ A}) \\ &= 313 + j48\text{ V} = 317\angle 8.7°\text{ V} \end{aligned}$$

그러므로 E_A에 대한 거리의 진폭은

$$D_E = \frac{3E_AV_\phi}{X_S} \tag{4–43}$$

$$= \frac{3(317\text{ V})(277\text{ V})}{1.0\ \Omega} = 263\text{ kVAR}$$

45 kW의 원동기 동력으로 가능한 최대출력은 대략

$$\begin{aligned} P_{\text{max,out}} &= P_{\text{max,in}} - P_{\text{mech loss}} - P_{\text{core loss}} \\ &= 45\text{ kW} - 1.5\text{ kW} - 1.0\text{ kW} = 42.5\text{ kW} \end{aligned}$$

(이 값은 I^2R의 손실과 표류부하 감소가 고려되지 않았으므로 근사값이다.)

(*b*) 0.7 지상역률에서 56 A의 전류의 유효전력은

$$\begin{aligned} P &= 3V_\phi I_A \cos\theta \\ &= 3(277\text{ V})(56\text{ A})(0.7) = 32.6\text{ kW} \end{aligned}$$

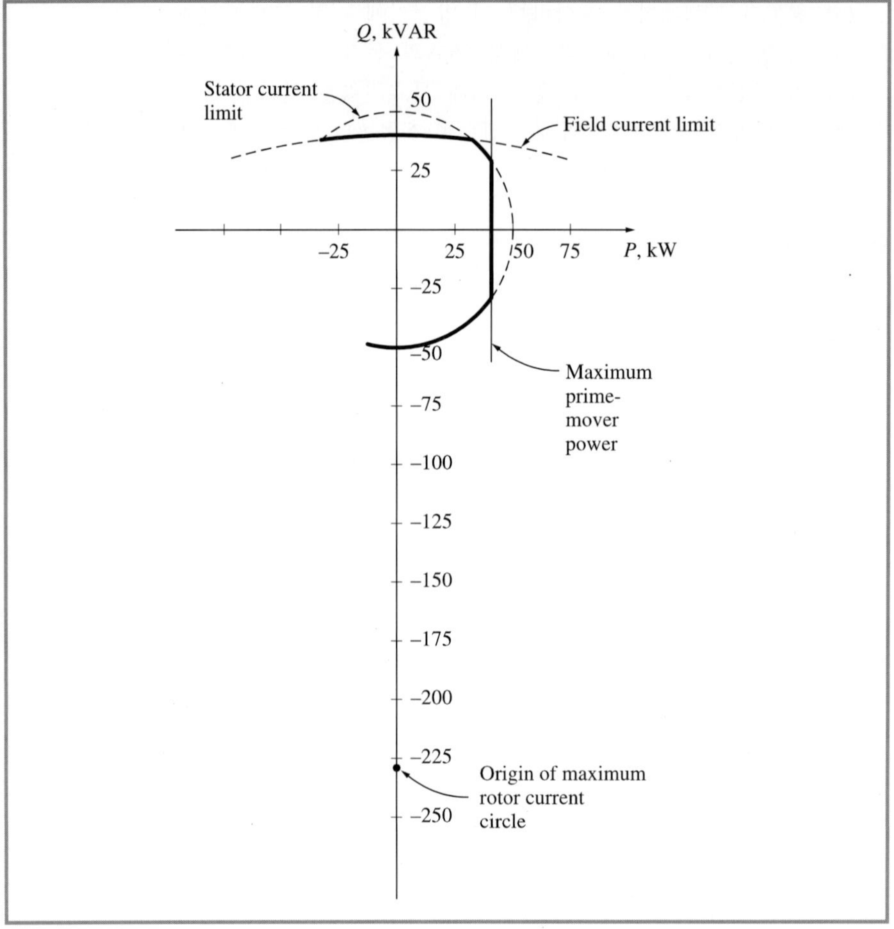

그림 4-51 예제 4-8 발전기의 출력도

무효전력은

$$Q = 3V_\phi I_A \sin\theta$$
$$= 3(277 \text{ V})(56 \text{ A})(0.714) = 33.2 \text{ kVAR}$$

도표위에 나타낸 점은 최대전류 I_A곡선 위에 있지만 최대전류 I_F곡선 밖에 있음을 보여준다. 그러므로 이 점은 안전조건이 아니다.

(*c*) 발전기에 의해 공급된 유효전력이 0일 때, 발전기가 공급할 수 있는 무효전력은 최대이다. 이 점은 용량곡선이 최대치의 오른쪽이다. 발전기가 공급할 수 있는 Q는

$$Q = 263 \text{ kVAR} - 230 \text{ kVAR} = 33 \text{ kVAR}$$

(*d*) 만약 발전기에 30 kW의 유효전력이 공급된다면, 발전기가 공급하는 최대무효전력은 31.5 kVAR이다. 이 값은 용량곡선의 30 kW에서 일정 유효전력선을 따라 한계점까지 올라간 점이다. 이 경우의 한계요소는 계자전류이다. 전기자는 39.8 kVAR까지 안전하다.

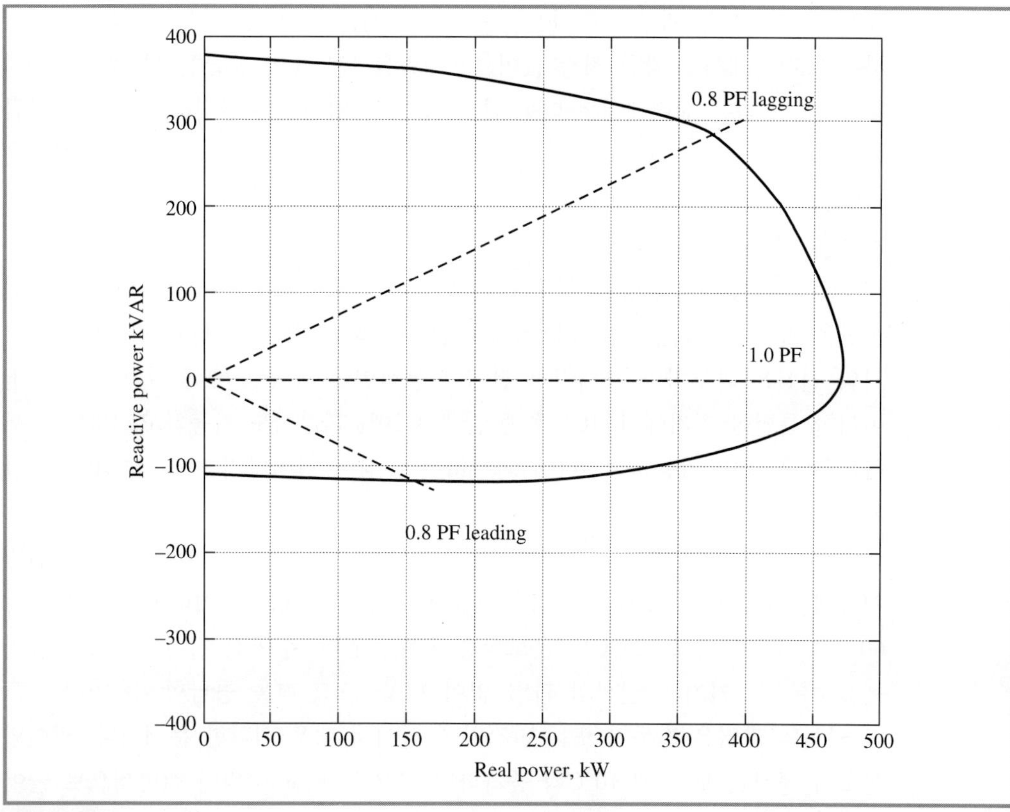

그림 4-52
정격 470 kVA의 실제 동기발전기의 특성곡선.
(Marathon Electric Company 제공)

그림 4-52는 실제 동기발전기의 특성곡선을 보여준다. 실제 발전기에 대한 특성 영역은 원이 아님을 기억하자. 이것은 돌극을 갖는 실제 동기발전기는 우리가 고려하지 않은 추가적인 영향을 갖기 때문이다. 이 영향은 부록 C에 나타나 있다.

단시간 운전과 수용율

동기발전기가 정상상태에서 동작할 때 가장 중요한 경계값은 전기자 권선과 계자권선의 발열이다. 그러나 발열 한계점은 때때로 발전기가 자기적 요소와 기계적 요소에 의해 최대전력점보다 더욱 낮은 점이 될 수 있다. 실제로, 전형적인 동기발전기는 잠시 동안 정격전력의 300% 정도(권선이 소손될 때까지)를 공급할 수 있다. 정격량 이상으로 전력이 공급되는 경우는 전동기 기동시점과 부하 과도상태 동안이다.

또한 과도한 부하가 제거되기 전에 권선이 과도하게 가열되지 않는다면 비교적 긴 시간동안 과부하로 사용할 수 있다. 예를 들어, 정격전력 1 MW를 공급하는 발전기에서 심각한 지장 없이 1.5 MW를 1분 동안 공급한다든지, 또는 이보다 좀 더 낮은 전력에서는 더욱 긴 시간 동안 발전기는 안정하게 전력을 공급할 수도 있다. 그러나 부하는 결국 제거되어야 하고 그렇지 않으면 그 권선은 과열될 수도 있다. 정격전력보다 더 크게 공급하면 할수록 기기가 견딜 수 있는 시간은 더욱 짧아진다.

그림 4-53은 이 영향을 설명해 준다. 이 그림은 실제적인 전기기기에 열적 손상을 가할 수 있는 시간 초단위에 대한 과부하의 영향을 보여준다. 이 전기기기의 권선은 과부하가 가해지기 전에 정상적인 동작 온도에 있다고 가정한다. 이러한 특별한 기기에서, 1000초 동안에는 20% 과부하도 가능하고, 100% 과부하는 30초 동안 가능하며 200% 과부하는 손상이 일어나지 전에 약 10초 동안 가능하다.

기기가 견딜 수 있는 최대 온도상승은 권선의 절연계급에 따른다. 표준 절연계급에는 4가지 즉 A, B, F 그리고 H급이 있다. 일반적으로 이러한 계급은 각각 60, 80, 105 그리고 125°C의 온도상승에 대응된다. 주어진 기기의 절연계급이 높을수록 각 기기는 권선의 과열 없이 더욱 큰 전력을 공급할 수 있다.

권선의 과열은 전동기 또는 발전기에 있어서 매우 심각한 문제이다. 권선의 온도가 정격치 보다 매 10°C씩 증가하면, 기기의 평균 수명이 절반씩으로 줄어든다고 알려져 있다(그림 3-20). 현대의 절연재료는 그것보다는 길어지겠지만 온도상승은 그들의 수명에 치명적이다. 이 같은 이유로 반드시 필요한 경우를 제외하고 동기기는 과부하로 운전되어서는 안 된다.

발열 정격에 대한 문제로는: 기기의 요구전력을 어떻게 잘 알 수 있을까? 종종 발전기의 선택은 설치 전, 부하의 대략적인 예측으로 이뤄진다. 이 때문에 통상의 기기들은 **수용률**(service factor)을 가진다. 수용률은 명찰에 쓰여진 정격치에 대한 실제 사용 최대전력의 비로 정의된다. 수용률 1.15의 발전기는 발전기의 손상 없이 정격부하의 115%까지 운전이 가능하다. 기기의 수용률은 부하를 부적절하게 예측했을 때의 여유이다.

4.12 요약

동기발전기는 원동기의 동력을 임의의 전압과 주파수의 전기적 에너지로 변환하는 기기이다. 동기라는 단어는 기기의 전기 주파수가 고정된 것 또는 축회전에 동기된다는 의미에서 유래되었다. 동기발전기는 전세계에 대부분의 전력을 공급하는 데 쓰인다.

이 기기의 내부발생전압은 축 회전수와 자속의 크기에 의존된다. 기기의 상전압은 발전기의 전기자 반작용과 전기자 권선의 내부 저항과 리액턴스에 의

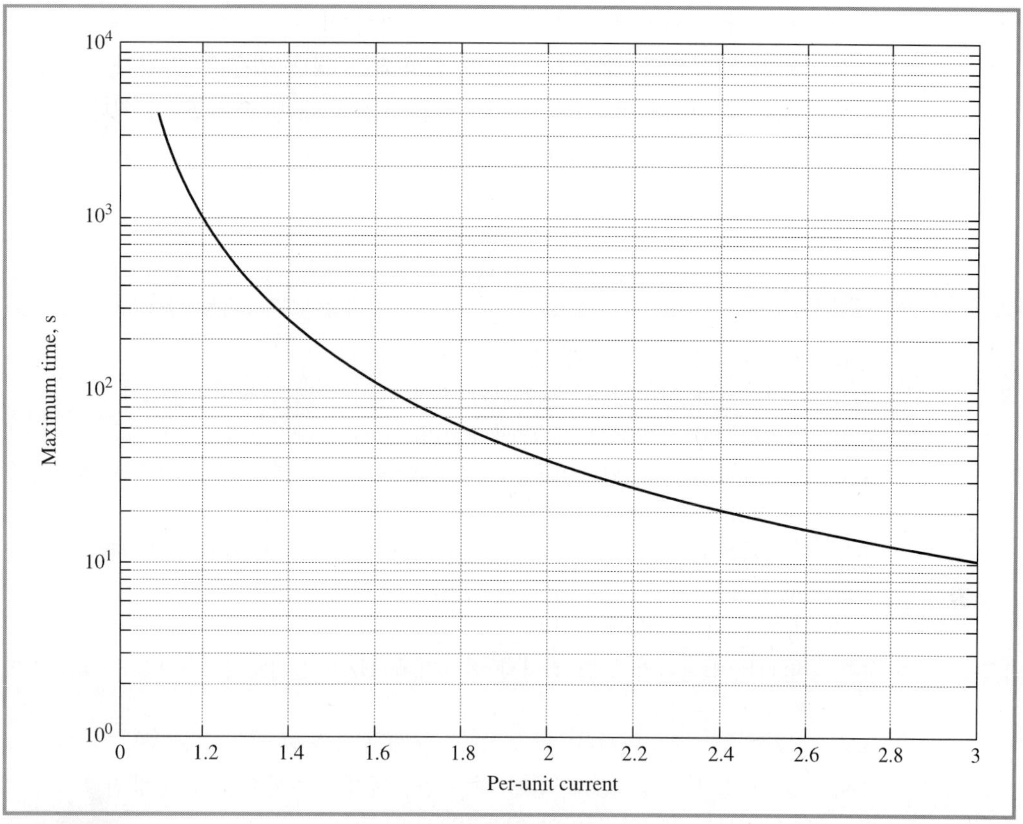

그림 4-53
특별한 동기기에 대한 열적 손상 곡선. 과부하가 가해졌을 때 권선은 이미 동작온도에 있다고 가정한다(Marathon Electric Company 제공).

해 내부발생전압과 다르다. 발전기의 단자전압은 그 기기가 Δ결선이냐 Y결선이냐에 따라 상전압과 동등할 수도 있고 $\sqrt{3}$배 클 수도 있다.

동기발전기가 실제 전력시스템이 동작하는 방법은 제한요소에 영향을 받는다. 동기발전기가 단독으로 운전될 때 공급되는 유효, 무효전력은 접속되는 부하에 의해 결정된다. 그리고 조속기 설정치와 계자전류는 주파수와 단자전압을 각각 제어한다. 발전기가 무한모선에 연결되었을 때, 발전기의 주파수와 전압은 고정된다. 그래서 조속기 설정치와 계자전류는 발전기의 유효, 무효전력을 제어한다. 동급의 발전기들을 포함한 실시스템에서 조속기의 설정치는 주파수와 유효전력 흐름 모두에 영향을 미치고, 계자전류는 단자전압과 무효전력 흐름에 영향을 미친다.

전력을 공급하는 동기발전기의 능력은 기기 내의 발열에 의해 우선적으로 제한을 받는다. 발전기의 권선이 과열할 때 기기의 수명은 극단적으로 단축된다. 두 개의 다른 권선(전기자 권선과 계자권선)이 있으므로 발전기는 두 요소로 분리되어 해석된다. 전기자 권선에 허용되는 최대 발열은 기기가 허용하는 최대 kVA를 결정지으며, 계자권선에 허용되는 최대 발열은 E_A의 최대치를 결정짓는다. 또, E_A의 최대치와 I_A의 최대치는 둘 다 발전기의 정격역률을 결정짓게 된다.

질문 Questions

4-1. 동기발전기의 주파수가 왜 축의 회전수를 결정하는가?

4-2. 지상부하가 작아졌을 때 발전기 전압이 왜 급격히 낮아지는가?

4-3. 진상부하가 작아졌을 때 발전기 전압이 왜 올라가는가?

4-4. 동기발전기가 (a) 단위역률, (b) 지상역률, (c) 진상역률로 운전할 때 페이저도와 계자의 관계를 그려라.

4-5. 동기기에서 동기 임피던스와 전기자 저항을 구하는 법을 설명하라.

4-6. 60 Hz에서 운전하는 발전기가 50 Hz로 운전되면 정격이 감소되는 이유는? 이 경우 얼마나 감소하는가?

4-7. 400 Hz 발전기가 동일 전력과 전압의 60 Hz 발전기보다 클것인가, 작을 것인가? 그 이유는?

4-8. 2대의 동기발전기의 병렬 운전 시 조건은 무엇인가?

4-9. 전력시스템에 병렬로 연결될 때 인입발전기의 주파수가 운전 중인 시스템의 주파수보다 왜 더 높아야 하는가?

4-10. 무한모선이란? 발전기의 병렬운전의 조건은?

4-11. 시스템 주파수의 영향 없이 두 발전기의 유효전력의 분담을 제어할 수 있는가? 시스템의 단자전압의 영향 없이 두 발전기 사이의 무효전력분담을 어떻게 제어할 수 있는가?

4-12. 큰 전력시스템에서 발전기의 전력분담에 영향 없이 어떻게 주파수를 조정할 수 있는가?

4-13. 세 개 또는 더 이상의 병렬운전중인 발전기의 전력량과 시스템의 주파수를 계산하기 위해 4.9절의 개념을 어떻게 확장할 수 있는가?

4-14. 발전기의 과열은 왜 심각한 문제인가?

4-15. 용량곡선의 개념을 상세히 설명하라.

4-16. 단시간 정격은 무엇인가? 왜 그것들이 일반적인 발전기 운전에 중요한가?

연습문제 Problems

4-1. 유럽의 한 지역에서, 60 Hz의 1000 kW의 전력이 필요하다. 유럽 지역에서는 단지 50 Hz의 전원이 가능하다. 동기발전기를 운전하기 위한 동기전동기로 되어 있는 전동기-발전기 세트로 전력을 발생시키기로 결정하였다. 50 Hz의 전력이 60 Hz의 전력으로 변환하기 위해서 각각의 기기는 얼마의 극수를 가져야 하는가?

4-2. 13.8 kV, 50 MVA, 0.9 지상역률, 60 Hz, 4극 Y결선인 동기발전기가 60 Hz에서 2.5 Ω의 동기 리액턴스, 0.2 Ω의 전기자 저항, 마찰손과 풍손은 1 MW, 그리고 철손은 1.5 MW을 가지고 있다. 계자회로는 120 V의 직류전압을 가지고 있고, I_F의 최대치는 10 A이다. 계자회로의 전류는 0에서 10 A까지 조정할 수 있다. 이 발전기의 OCC는 그림 P4-1에 있다.

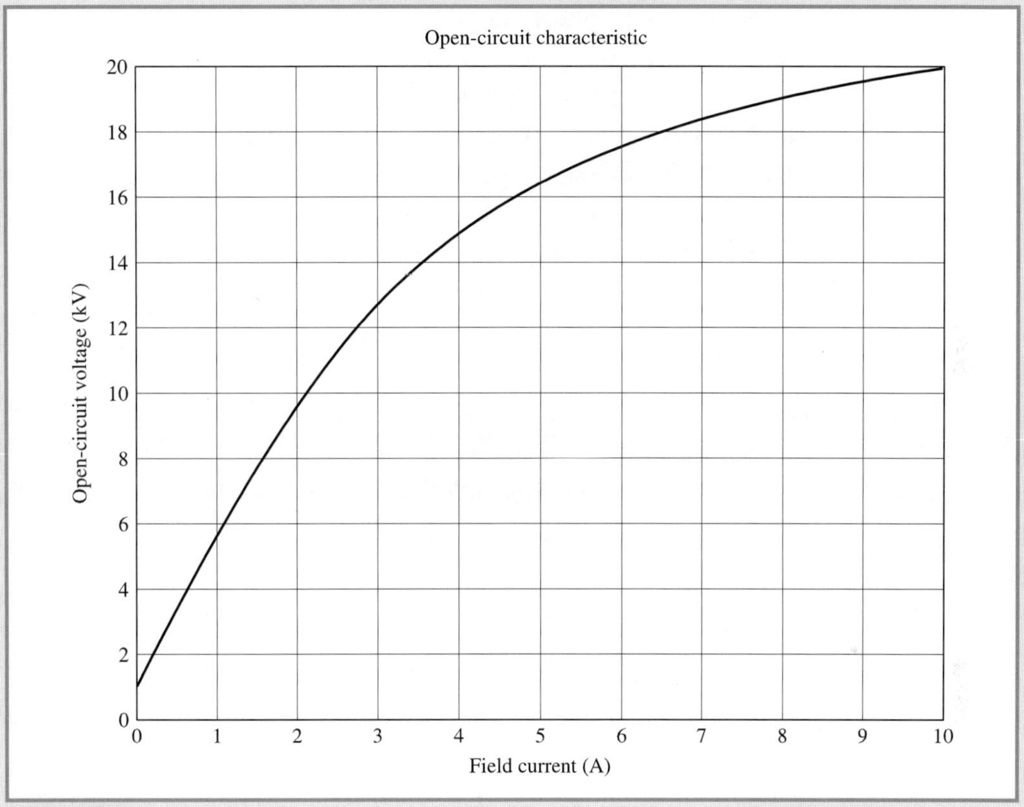

그림 P4-1
연습문제 4-2 발전기를 위한 개방회로 특성

(*a*) 발전기가 무부하로 운전중일 때 V_T(혹은 선전압 V_L)가 13.8 kV되기 위해 얼마의 계자전류가 필요한가?

(*b*) 정격에서의 이 발전기의 내부발생전압 E_A은 얼마인가?

(*c*) 정격에서의 이 발전기의 상전압전압 V_ϕ은 얼마인가?

(*d*) 발전기가 정격으로 운전중일 때 V_T가 13.8 kV되기 위해 얼마의 계자전류가 필요한가?

(*e*) 정격에서의 이 발전기가 동작한다고 가정하고 부하를 계자전류의 변화 없이 제거한다면, 발전기의 단자전압은 얼마인가?

(*f*) 정격조건을 조정하기 위해 발전기의 원동력는 얼마의 정상상태 전력과 토오크를 공급할 수 있는가?

(g) 이 발전기의 용량곡선을 그려라.

4-3. 연습문제 4-2의 발전기의 계자전류를 5 A로 조정되었다고 가정한다.

(*a*) 24 ∠ 25° Ω의 임피던스를 가진 Δ결선의 부하가 연결되었을 때 발전기의 단자전압은 얼마인가?

(*b*) 이 발전기의 페이저도를 그려라.

(*c*) 이 조건에서 발전기의 효율은 얼마인가 ?

(*d*) 첫 번째 것과 같은 Δ결선 부하를 병렬연결 하였다고 가정하라. 그 발전기의 페이저도는 어떻게 되는가?

(*e*) 부하를 더한 후의 새로운 단자전압은 얼마인가?

(*f*) 단자전압을 원래의 값으로 되기 위한 방법은?

4-4. 연습문제 4-2의 발전기에서 전부하 조건에서 정격전압(13.8 kV)를 얻기 위해 계자전류를 조정하였다.

(*a*) 정격부하에 있어서의 발전기의 효율은 얼마인가 ?

(*b*) 0.9의 지상역률 부하를 가진 정격 kVA부하가 인가되면 발전기의 전압변동률은 얼마인가?

(*c*) 0.9의 진상역률 부하를 가진 정격 kVA부하가 인가되면 발전기의 전압 변동률은 얼마인가?

(*d*) 단위역률 부하를 가진 정격 kVA부하가 인가되면 발전기의 전압 변동률은 얼마인가?

(*e*) 모든 역률에서 부하에 따른 발전기의 단자전압을 MATLAB으로 그려라.

4-5. 연습문제 4-2에서 단위역률 부하에 정격전압이 공급되도록 발전기의 계자전류를 조정하였다.

(*a*) 단위역률에서 정격전류를 공급할 때 토오각 δ는?

(*b*) 계자전류로 전류 값을 조정할 때 발전기가 단위역률 전부하로 운전할 수 있는 최대 전력은 얼마인가?

(*c*) 이 발전기가 단위역률 전부하로 운전할 때 이 발전기의 정태안정도에 얼마나 근접하는가?

4-6. Y결선인 3상 동기발전기의 내부발생전압 E_A는 14.4 kV이고 단자전압 V_T는 12.8 kV이다. 이 기계의 동기 리액턴스는 4 Ω이고 전기자 저항은 무시한다.

(*a*) 발전기의 토오크각 $\delta = 18°$이다. 이때 이 발전기가 공급하는 전력은 얼마인가?

(*b*) 이 때 발전기의 역률은 얼마인가?

(*c*) 이 상황에서 페이저도를 그려라.

(*d*) 이 발전기의 저항을 무시하면, 원동기의 축에 적용되는 토오크는 얼마인가?

4-7. 100 MVA, 14.4 kV, 0.8 지상역률, 50 Hz, 2극 Y결선 동기발전기의 단위 동기 리액턴스는 1.1이고 단위 전기자 저항은 0.011이다.

(*a*) 동기 리액턴스와 전기자 저항은 몇 Ω인가?

(*b*) 정격 상태에서 내부발생전압 E_A는 얼마인가? 이때의 토오크각 δ는 얼마인가?

(*c*) 이 발전기의 손실을 무시하면, 전부하에서 축에 인가되는 토오크는 얼마인가?

4-8. 200 MVA, 12 kV, 0.85 지상역률, 50 Hz, 20극, Y결선인 수력발전기는 단위 동기 리액턴스 0.9와 단위 전기자 저항 0.1을 가지고 있다. 이 발전기는 큰 전력 시스템(무한모선)에 병렬로 연결되었다.

(*a*) 이 발전기의 축 속도는 얼마인가?

(*b*) 정력조건에서 내부발생전압 E_A의 크기는 얼마인가?

(*c*) 정격조건에서 발전기의 토오크각은 얼마인가?

(*d*) 발전기의 동기 리액턴스와 전기자 저항은 몇 Ω인가?

(*e*) 계자전류를 일정하고 하면, 이 발전기의 최대 전력은 얼마인가? 이 발전기의 전부하에서 예비전력과 토오크는 얼마인가?

(*f*) 가능한 최대 전력에서, 이 발전기가 공급하거나 소비하는 무효전력은 얼마인가? 이에 대응하는 페이저도를 그려라(I_F는 고정).

4-9. 480 V, 250 kVA, 0.8 지상역률, 60 Hz, 2극, 3상 동기발전기의 원동기는 3650 rpm의 무부하 속도와 3570 rpm의 전부하 속도를 가지고 있다. 이것은 480 V, 250 kVA, 0.85 지상역률, 4극, 60 Hz의 동기발전기와 병렬 연결되어 있고, 이것의 원동기는 1800 rpm 무부하 속도와 1780 rpm의 전부하 속도를 가진다. 두 발전기에 의해 공급하는 부하는 0.8 지상역률에서 300 kW이다.

(*a*) 발전기 1과 발전기 2의 속도저하를 계산하라.

(*b*) 전력시스템의 운전 주파수를 구하라.

(*c*) 이 시스템에서 각각의 발전기가 공급하는 전력을 구하라.

(*d*) 동작 주파수를 60 Hz로 조정하기 위해 발전기의 조작원이 무엇을 하여야 하는가?

(*e*) 만약 V_T가 460 V라면, 낮은 단자전압의 보정하기 위하여 발전기의 조작원이 무엇을 하여야 하는가?

4-10. 세 개의 동일한 동기발전기가 병렬로 운전하고 있다. 이것들은 0.8 지상역률에서 100 MW의 전부하 정격이다. 발전기 A의 무부하 주파수는 61 Hz이고, 속도저하비율은 3 %이다. 발전기 B의 무부하 주파수는 61.5 Hz이고, 속도저하 비율은 3.4 %이다. 발전기 C의 무부하 주파수는 60.5 Hz이고, 속도저하 비율은 2.6 %이다.

(*a*) 만일 230 MW의 전부하가 이 전력시스템에 의해 공급된다면, 주파수는 얼마가 되고, 3대의 발전기는 어떻게 부하가 분배될 것인가?

(*b*) 모든 부하에 공급되는 총 전력의 함수로 각 발전기에 의해 공급되는 전력을 계산하고 보여라(MATLAB을 사용하여 그려라). 이 정격을 초과한 발전기 중 하나의 부하는 무엇인가? 어느 발전기가 정격을 처음 초과하였는가?

(*c*) (*a*)에서 분배된 전력을 수용할 수 있는가? 그 이유는?

(*d*) 이들 발전기에 분배되는 유효전력을 개선하기 위해서 어떻게 해야 하는가?

4-11. 제지 공장은 스팀을 제공하고 그 폐기물을 에너지원으로 사용하기 위해 3대의 스팀 발전기(보일러)를 설치하였다 여분의 용량이 있기 때문에 이것을 위해 10 MW의 터빈 발전기 3대를 설치한다. 각 발전기는 4160 V, 12.5 MVA, 60 Hz, 지상역률 0.8, 2극 Y결선 동기발전기로 1.10 Ω의 동기 리액턴스, 0.03 Ω의 전기자 저항을 가진다. 발전기 1과 2는 5 MW/Hz의 전력-주파수 기울기 S_P의 특성을 가지고, 발전기 3은 6 MW/Hz의 특성을 가진다.

(*a*) 3대의 각 발전기의 무부하 주파수가 61 Hz이면, 실제 시스템의 주파수가 60 Hz일 때, 각 기기에 공급되는 전력은 얼마인가?

(*b*) 3대의 발전기 모두가 정격을 초과하지 않을 때 최대 공급전력은 얼마인가? 이 한계에서 주파수는 얼마인가? 이 때 각 발전기는 얼마의 전력을 공급하는가?

(*c*) 60 Hz 전체 동작 주파수에서 정격 실효 전력과 무효전력을 3대의 발전기 모두에 공급하기 위해서 어떻게 해야 하는가?

(*d*) 이 상태에서 3대의 발전기의 내부발생전압은 얼마인가?

4-12. 잉여 증기로 발전소 건설을 계획하고 있다고 하자. 2기의 10 MW 또는 1기의 20 MW의 터빈발전기를 택할 수 있다. 각 조건의 장단점은 무엇인가?

4-13. 25 MVA, 3상, 12.2 kV, 0.9 지상역률, 2극, 60 Hz 동기발전기는 개방회로 시험으로 시험했다. 그리고 이것의 공극 전압은 다음의 결과로 추정된다.

개방회로 시험					
Field current, A	320	365	380	475	570
Line voltage, kV	13.0	13.8	14.1	15.2	16.0
Extrapolated air-gap voltage, kV	15.4	17.5	18.3	22.8	27.4

단락회로 시험의 결과는 다음과 같다.

단락회로 시험					
Field current, A	320	365	380	475	570
Armature current, A	1040	1190	1240	1550	1885

전기자 저항은 상당 0.6 Ω이다.

(*a*) 이 발전기의 비포화 동기 리액턴스를 상당 저항값과 단위값으로 구하라.

(*b*) 380 A의 계자전류에서 대략적인 포화 동기 리액턴스는 얼마인가? 상당 저항값과 단위값으로 구하라.

(*c*) 475 A의 계자전류에서 대략적인 포화 동기 리액턴스 X_S는 얼마인가, 상당 저항값과 단위값으로 구하라?

(*d*) 이 발전기의 단락비를 구하라.

(*e*) 정격조건에서 이 발전기의 내부발생전압은 얼마인가?

(*f*) 정격부하에서 정격전압을 얻기 위한 계자전류는 얼마인가?

4-14. 단락회로 시험동안 Y결선 동기발전기는 2.5 A의 계자전류에서 100 A의 상당 단락회로 전기자전류를 만든다. 같은 계자전류에서 개방회로 선전압은 440 V로 측정되었다.

(*a*) 이 조건에서 포화 동기 리액턴스를 계산하라.

(*b*) 전기자 저항이 상당 0.3 Ω이고 계자전류를 고정한 상태에서 Y결선의 순수상당 저항 3Ω에 60A를 공급한다면, 이들 부하 조건에서 전압변동률을 결정하라.

4-15. 3상 Y결선 동기발전기는 120 MVA, 13.8 kV, 0.8 지상역률, 60 Hz의 정격이다. 동기 리액턴스는 상당 1.2 Ω이고, 전기자 저항은 상당 0.1 Ω이다.

(*a*) 전압 변동률은 얼마인가?

(*b*) 만일 60 Hz의 전기자 및 계자손실과 같은 손실을 갖는 경우 50 Hz에서의 피상전력과 전압은 얼마인가?

(*c*) 50 Hz에서 발전기의 전압 변동률은 얼마인가?

연습문제 4-16에서 4-26에서는 6극 Y결선 동기발전기는 1 MVA, 3.2 kV, 60 Hz, 지상역률 0.9에서 운전한다. 전기자 저항 R_A는 0.7 Ω이다. 정격에서의 철손은 8 kW, 마찰손과 풍손은 10 kW이다. 개방회로와 단락회로의 특성은 그림 P4-2에서 보여준다.

4-16. (*a*) 정격 상태에서 이 발전기의 포화 동기 리액턴스는 얼마인가?

(*b*) 발전기의 비포화 동기 리액턴스는 얼마인가?

(*c*) 발전기의 포화 동기 리액턴스를 부하의 함수로 그려라.

4-17. (*a*) 발전기의 정격 전류와 내부발생전압은 얼마인가?

(*b*) 정격 전압, 전류, 역률로 운전하기 위한 계자전류는 얼마인가?

4-18. 정격 전류와 역률에서 이 발전기의 전압 변동률은 얼마인가?

4-19. 발전기가 정격상태로 운전되고, 부하가 갑자기 제거되면, 단자전압은 어떻게 되는가?

4-20. 정격에서 발전기의 전기적 손실은 얼마인가?

4-21. 기기가 정격으로 운전된다면 축에는 얼마의 토오크가 가해져야 하는가? 답을 newton-meters와 pound-feet로 표현하라.

4-22. 정격에서의 이 발전기의 부하각 δ는 얼마인가?

4-23. 발전기의 전압이 정격에서 3200 V가 되도록 계자전류를 조정하였다. 이 기기의 정태안정도는(계산을 간단하게 하기위해 R_A는 무시)? 전부하조건은 정태안정도에 얼마나 접근하는가?

4-24. 발전기의 전압이 정격에서 3200 V가 되도록 계자전류를 조정하였다. 부하각 δ의 함수로 발전기에 공급되는 전력을 그려라.

4-25. 발전기의 계자전류는 정격부하, 역률에서 정격전압이 되도록 조정되었다고 하자. 계자전류와 부하전류의 크기는 일정하고 부하 역률이 0.9지상에서 0.9진상까지 변할 때 단자전압에 대한 부하 역률을 구하라.

4-26. 발전기가 3200 V 무한모선에 연결되어 있고 계자전류는 정격전력과 정격역률을 모선에 공급하도록 조정되어 있다고 하자. R_A는 무시하고 다음에 답하라.

(*a*) 계자자속(E_A)을 5%줄일 경우 발전기가 공급하는 유효, 무효전력은?

(*b*) 자속이 정격값의 80%에서 100%로 변할 때 자속의 함수로 발전기가 공급하는 유효전력을 그려라.

(*c*) 자속이 정격값의 80%에서 100%로 변할 때 자속의 함수로 발전기가 공급하는 무효전력을 그려라.

(*d*) 자속이 정격값의 80%에서 100%로 변할 때 자속의 함수로 발전기가 공급하는 선전류를 그려라.

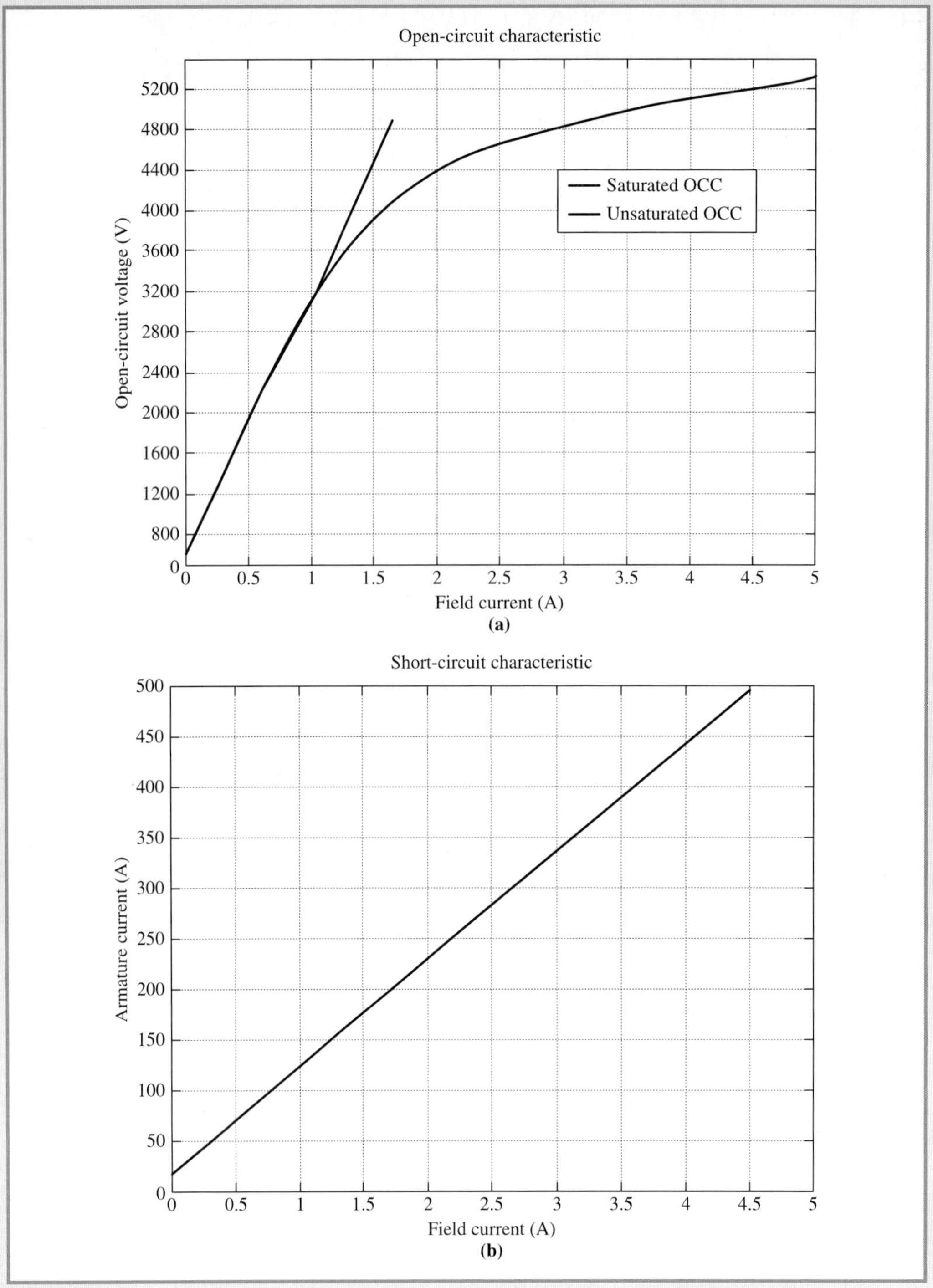

그림 P4-2

연습문제 4-16에서 4-26까지 (a) 발전기의 개방회로 특성곡선, (b) 단락회로 특성곡선

4-27. 동일한 2.5 MVA, 1200 V, 0.8 지상역률, 60 Hz 3상, 동기발전기가 부하에 병렬로 연결되어있다. 이 두 발전기의 원동기는 다른 속도저하특성을 가진다. 두 발전기의 계자전류가 같을 때, 하나는 0.9 지상역률에서 1200 A를 공급하고, 다른 하나는 0.75 지상역률에서 900 A를 공급한다.

(*a*) 이 부하에서 각 발전기가 공급하는 유효전력과 무효전력은 얼마인가?

(*b*) 이 부하의 전체 역률은 얼마인가?

(*c*) 같은 역률에서 동작하도록 하기 위해서 각 발전기의 계자전류는 어떻게 해야 하는가?

4-28. 병렬 운전에서 동일 속도저하 특성을 지닌 300 MVA, 15 kV, 0.85 지상역률의 동기발전기 4대로 구성된 발전소가 있다. 발전기의 원동기의 조속기는 무부하에서 전부하까지 3 Hz의 저하특성을 가진다. 발전기 3대는 각각 60 Hz의 주파수에서 정상상태로 200 MW를 공급하고 있다. 반면 4번째 발전기(swing generator)는 시스템이 60 Hz를 유지하도록 시스템의 모든 부하변동을 제어한다.

(*a*) 주어진 상황에서 전 시스템의 부하는 60 Hz에서 650 MW이다. 각 시스템의 발전기의 무부하 주파수는 얼마인가?

(*b*) 만일 시스템 부하가 725 MW까지 증가하고, 발전기 조속기는 변하지 않도록 고정한다면, 이 새로운 시스템의 주파수는 얼마인가?

(*c*) 60 Hz까지 시스템 주파수를 복원하기 위해 4번째 발전기의 무부하 주파수를 얼마로 해야 하는가?

(*d*) 만일 이 시스템이 (*c*)와 같은 상황에서 운전되고, 4번째 발전기가 전력선에서 분리된다면 어떻게 되겠는가?

4-29. 100 MVA, 14.4 kV, 0.8 지상역률, Y결선 동기발전기는 무시해도 좋은 전기자 저항과 1.0의 단위 동기 리액턴스를 가진다. 이 발전기가 주파수나 단자전압의 변화가 없이 어떤 유효전력이나 무효전력을 수용하거나 공급할 수 있는 60 Hz, 14.4 kV의 무한모선에 병렬 연결되어 있다.

(*a*) 이 발전기의 동기 리액턴스는 몇 Ω인가?

(*b*) 정격 상태에서 동기발전기의 내부발생전압 $\mathbf{E}_A$는 얼마인가?

(*c*) 정격 상태에서 이 기기의 전기자전류 $\mathbf{I}_A$는 얼마인가?

(*d*) 이 발전기는 처음에는 정격 상태에서 운전된다고 하자. 내부발생전압 $\mathbf{E}_A$가 5% 감소한다면, 새로운 전기자전류 $\mathbf{I}_A$는 얼마인가?

(*e*) $\mathbf{E}_A$를 10, 15, 20, 25 % 감소하는 경우에 대해 (*d*)를 반복하라.

(*f*) E_A의 함수로 전기자전류 I_A의 크기를 그려라(MATLAB을 사용하라).

참고문헌 References

1. Chaston, A. N.: *Electric Machinery,* Reston Publishing, Reston, Va., 1986.
2. Del Toro, V.: *Electric Machines and Power Systems*, Prentice-Hall, Englewood Cliffs, N.J., 1985.
3. Fitzgerald, A. E., and C. Kingsley, Jr.: *Electric Machinery*, McGraw-Hill Book Company, New York, 1952.
4. Fitzgerald, A. E., C. Kingsley, Jr., and S. D. Umans: *Electric Machinery*, 5th ed., McGraw-Hill Book Company, New York, 1990.

5. Kosow, Irving L.: *Electric Machinery and Transformers*, Prentice-Hall, Englewood Cliffs, N.J., 1972.
6. Liwschitz-Garik, Michael, and Clyde Whipple: *Alternating-Current Machinery*, Van Nostrand, Princeton, N.J., 1961.
7. McPherson, George: *An Introduction to Electrical Machines and Transformers*, Wiley, New York, 1981.
8. Slemon, G. R., and A. Straughen: *Electric Machines*, Addison-Wesley, Reading, Mass., 1980.
9. Werninck, E. H. (ed.): *Electric Motor Handbook*, McGraw-Hill Book Company, London, 1978.

CHAPTER 05

동기전동기

학습목표

- 동기전동기의 등가회로 이해
- 동기전동기의 페이저도 작성 방법
- 동기전동기에서 전력과 토오크 수식 이해
- 동기전동기의 부하가 증가함에 따라 왜 어떻게 역률이 변하는지에 대한 이해
- 동기발전기의 계자전류기 변화함에 따라 왜 어떻게 역률이 변하는지에 대한 이해 –V 곡선
- 동기전동기 기동에 대한 이해
- 동기기가 전동기로 혹은 발전기로 행동하는지, 페이저도를 이용하여 무효전력을 공급 혹은 소비하는지에 대한 이해
- 동기전동기의 정격 이해

동기전동기는 전기적 에너지를 기계적 에너지로 변환하는 기기이다. 이 장은 동기전동기의 기본적인 운전과 동기발전기와 관련 있는 동작을 설명한다.

5.1 전동기의 기본원리

동기전동기의 기본개념을 이해하기 위해서, 그림 5-1과 같은 2극 동기전동기를 보라. 이 전동기의 계자전류 I_F는 정상상태 자계 $\mathbf{B}_R$을 발생시킨다. 3상 전압은 기기의 고정자에 인가되며, 권선에는 3상 전류가 흐른다.

3장에서, 전기자 권선의 3상 전류는 균일한 회전자계 $\mathbf{B}_S$를 발생시킨다. 그 결과, 기기는 두 개의 자계가 존재한다. 회전자자계는 고정자 자계와 일치하려 하는 데 이것은 각각 서로 다른 극의 두 막대자석이 가까이 있을 때 일치하려는 것과 같다. 실제 고정자 자계가 회전하면, 회전자자계는 끝임 없이 고정자 자계를 따라가기 위해 노력한다. 두 자계 사이에 각이 클수록(어떤 최대값까지) 회전자의 토오크는 커진다. 동기전동기의 기본 동작원리는 회전자가 회전하는 고정자 자계를 따라가지만 결코 따라 잡지는 못한다.

동기전동기는 동기발전기와 같은 기계이며 3장과 4장의 속도, 출력, 토오크의 방정식은 동기전동기에도 적용된다.

동기전동기의 등가회로

동기전동기는 에너지의 흐름이 반대되는 것을 제외하고는 동기발전기와 모든 측면에서 동일하다. 기계에너지 흐름의 방향이 반대이기 때문에, 전동기 고정자의 전류 흐름의 방향도 역시 반대이다. 그러므로 등가회로에서 동기전동기 고정자 전류 $\mathbf{I}_A$의 방향이 반대되는 것을 제외하고는 동기발전기와 같다. 동기전동기의 등가회로는 그림 5-2(a)에 보여준다. 그리고 동기전동기 상당 등가회로는 그림 5-2(b)에 보여준다. 앞에서와 마찬가지로 등가회로의 3상은 Y결선 또는

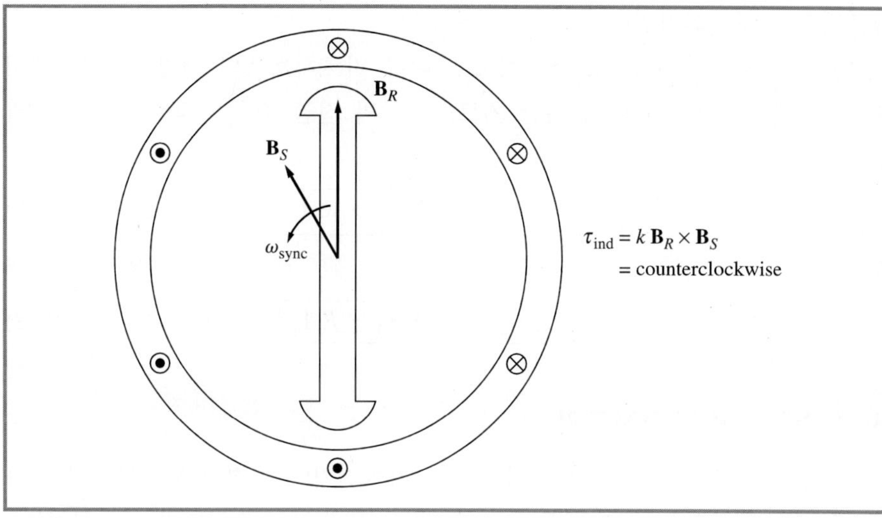

그림 5-1
2극 동기전동기

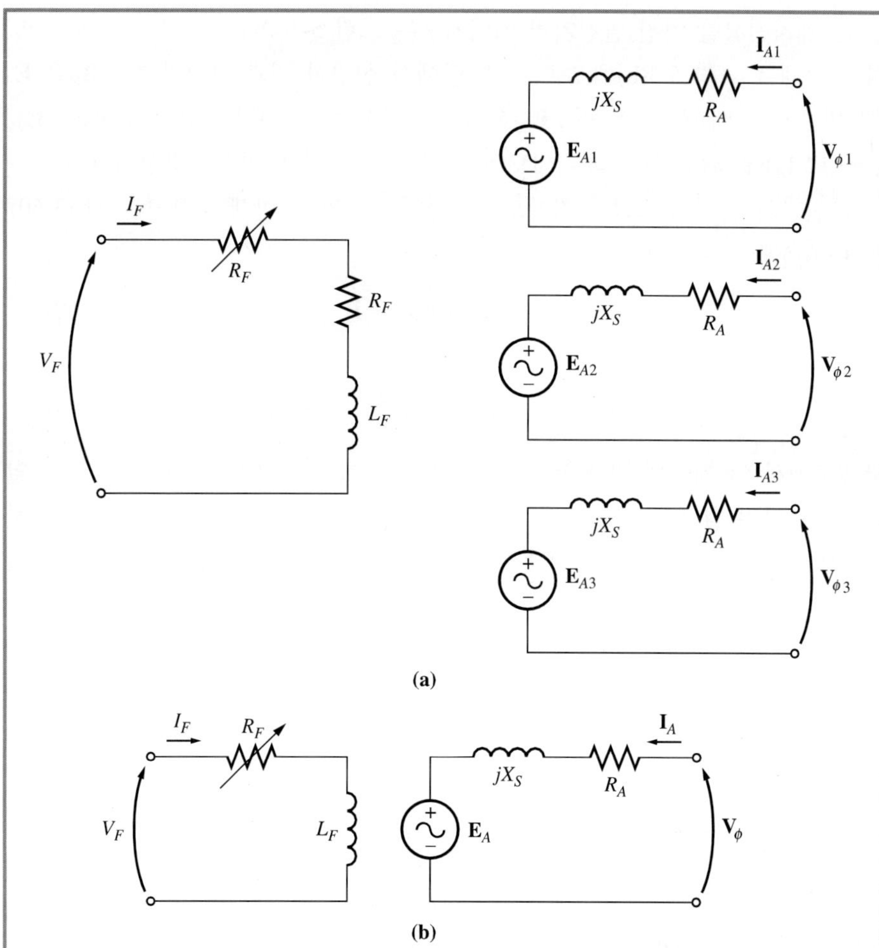

그림 5-2
(a) 3상 동기전동기의 등가회로, (b) 상당 등가회로

Δ결선으로 연결되어있다.

$\mathbf{I}_A$의 방향 변화 때문에, 등가회로에 대한 키르히호프의 전압 법칙도 역시 변한다. 새로운 등가회로에 대한 키르히호프의 전압 법칙을 적어보면 다음과 같다.

$$\boxed{\mathbf{V}_\phi = \mathbf{E}_A + jX_S\mathbf{I}_A + R_A\mathbf{I}_A} \tag{5–1}$$

또는

$$\boxed{\mathrm{E}_A = \mathrm{V}_\phi - jX_S\mathrm{I}_A - R_A\mathrm{I}_A} \tag{5–2}$$

자계 측면에서 동기전동기

동기전동기 동작을 이해하기 위해서는, 동기발전기에 연결된 무한모선과는 다른 관점에서 보아야 한다. 발전기는 회전력을 일으키는 원동기를 가지고 있다. 원동기의 토오크 방향은 운동방향이다. 왜냐하면, 원동기가 발전기를 회전시키기 때문이다.

큰 계자전류를 가진 발전기의 페이저도는 그림 5-3(a)에 보여주며, 이에 해당하는 자계는 그림 5-3(b)에 보여준다. 앞에서 설명한 것과 마찬가지로 $\mathbf{B}_R$은 $\mathbf{E}_A$(를 발생하는 데)에 해당하고, $\mathbf{B}_{\text{net}}$은 $\mathbf{V}_\phi$(를 발생하는 데)에 상응하며, $\mathbf{B}_S$는 $\mathbf{E}_{\text{stat}}$ $(= -jX_S\mathbf{I}_A)$에 해당한다. 페이저도와 자계도의 회전은 반시계방향이다.

발전기의 발생 토오크는 자계도에서 찾을 수 있다. 발생 토오크는 식 (3-60), 식 (3-61)에 주어진다.

$$\tau_{\text{ind}} = k\mathbf{B}_R \times \mathbf{B}_{\text{net}} \tag{3–60}$$

또는

$$\tau_{\text{ind}} = kB_R B_{\text{net}} \sin \delta \tag{3–61}$$

자계도에서 이 기기의 발생 토오크는 시계방향이고, 회전방향과는 반대임을 알 수 있다. 달리 말해서, 발전기의 발생 토오크는 외부의 인가 토오크, τ_{app}에 의한 회전방향과 반대인 대응 토오크이다.

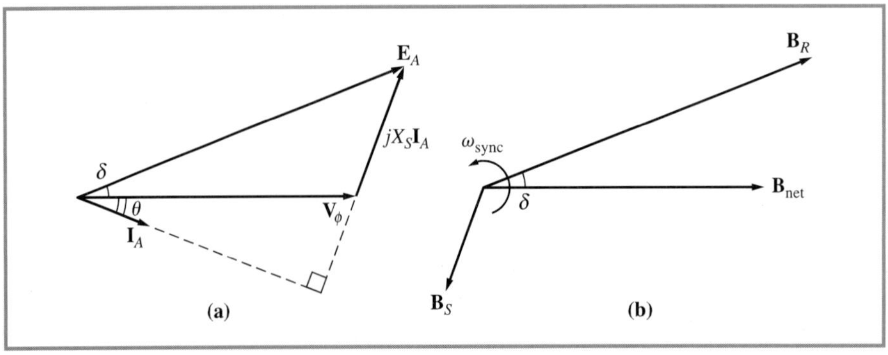

그림 5-3
(a) 지상역률일 때 동기발전기의 페이저도, (b) 이에 해당하는 자계도

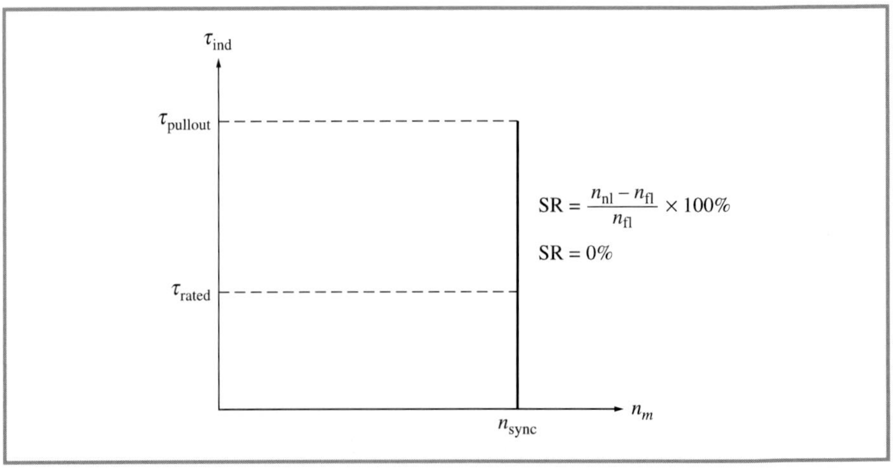

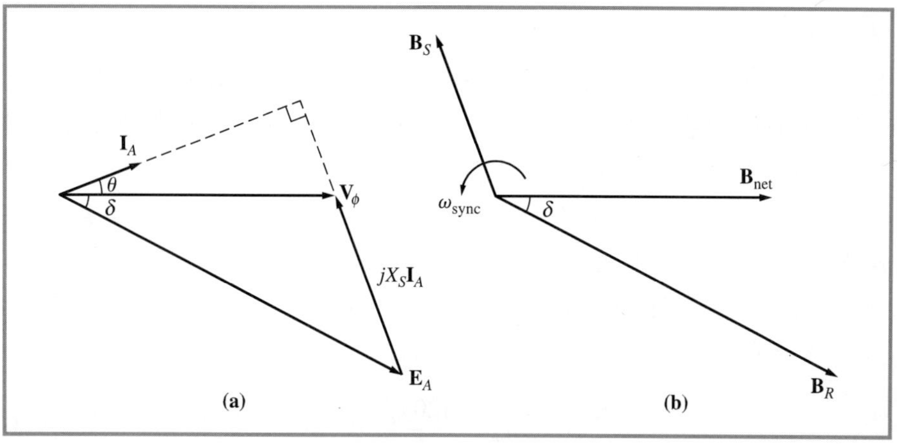

그림 5-4
(a) 동기전동기의 페이저도, (b) 이에 해당하는 자계도

만일 운동방향으로 회전하는 대신에 원동기가 갑자기 동력을 잃고, 기계의 축에 끌려가는 것을 상상해 보자. 이 기계는 어떤 현상이 생기겠는가? 그림 5-4(a)를 참고해 보면 회전자는 원동기의 축을 끌기 때문에 속도가 줄어들고 기기의 자계회전 속도 이하로 떨어지는 것을 알 수 있다. 회전자자계 $\mathbf{B}_R$은 속도가 감소되고 $\mathbf{B}_{net}$뒤로 떨어지므로, 기계의 운전은 갑자기 변화된다. 식 (3-60)에 의하면, $\mathbf{B}_R$이 $\mathbf{B}_{net}$뒤지게 되면, 발생 토오크 방향은 반대가 되어 반시계방향이 된다. 즉, 기계 토오크는 운동방향이고, 기계는 전동기처럼 움직이고 있다. 전동기의 유도토오크가 축에 가해진 부하토오크와 같아질 때까지 증가하는 토오크각 δ는 회전방향으로 점점 더 큰 토오크를 만든다. 이 점에서 기기는 안정된 상태로 동작되고 전동기로 동작하지만 다시 동기속도에서 동작하게 된다.

발전기 동작에 해당하는 페이저도는 그림 5-3(a)에 보여준다. 전동기 동작에 해당하는 페이저도는 그림 5-4(a)에 보여준다. $jX_S\mathbf{I}_A$ 크기가 발전기에서는 $\mathbf{V}_\phi$로부터 $\mathbf{E}_A$로 향하고 전동기에서는 $\mathbf{E}_A$로부터 $\mathbf{V}_\phi$로 향하는 이유는 전동기의 등가회로 정의에서 $\mathbf{I}_A$의 기준방향이 반대이기 때문이다. 동기기의 전동기와 발전기 동작의 기본적인 차이는 자계도와 페이저도에서 볼 수 있다. 발전기에서 $\mathbf{E}_A$는 $\mathbf{V}_\phi$앞에 놓여 있고, $\mathbf{B}_R$은 $\mathbf{B}_{net}$앞에 놓여 있다. 전동기에서 $\mathbf{E}_A$는 $\mathbf{V}_\phi$뒤에 놓여 있고, $\mathbf{B}_R$은 $\mathbf{B}_{net}$뒤에 놓여 있다. 전동기에서 발생 토오크는 운동방향이고, 발전기에서 발생 토오크는 운동방향의 반대인 대응토오크이다.

5.2 동기전동기의 정상상태 운전

이 장은 동기전동기의 부하 전류와 계자전류의 다양한 조건하에서 동기전동기의 운전을 연구한다. 여기서 전동기의 전기자 저항은 일반적으로 무시한다. 그러나 R_A는 어떤 계산에서는 고려되어질 것이다.

동기전동기의 토오크-속도 특성곡선

동기전동기는 기본적으로 일정한 속도 장치로 부하에 동력을 공급한다. 일반적으로 전력시스템은 전동기 입장에서 무한모선이라 할 정도로 개개의 전동기보다 매우 큰 전력계통에 연결되어 있다. 그래서 전력계통은 전동기에 의해 많은 양의 전력이 요구됨에도 불구하고 단자전압과 시스템 주파수는 일정하다는 것을 의미한다. 전동기 회전속도는 자계의 회전비에 고정되고 가해진 기계적 계자의 회전속도 비는 전기적 주파수에 고정된다. 그래서 전동기의 속도는 부하에 무관하게 일정하다. 이 고정된 회전비는

$$n_m = \frac{120 f_{se}}{P} \tag{5–3}$$

이고 여기서 n_m은 기계적 회전비, f_{se}는 고정자 주파수, 그리고 P는 전동기의 극수이다.

토오크-속도의 특성곡선을 그림 5-5에 보여준다. 전동기의 정상상태의 속도는 무부하에서 전동기가 공급할 수 있는 **최대 토오크**(탈출토오크)까지 일정하다. 그래서 전동기의 속도변동률[식 (3-68)]은 0%이다. 토오크 식은

$$\tau_{\text{ind}} = kB_R B_{\text{net}} \sin \delta \tag{3–61}$$

또는

$$\boxed{\tau_{\text{ind}} = \frac{3V_\phi E_A \sin \delta}{\omega_m X_S}} \tag{4–22}$$

이다. 최대 토오크, 탈출토오크는 $\delta = 90°$일 때 발생한다. 정상적인 전부하토오크는 이 값보다 상당히 작다. 실제 최대 토오크는 일반적으로 기계의 전부하토오크의 3배이다.

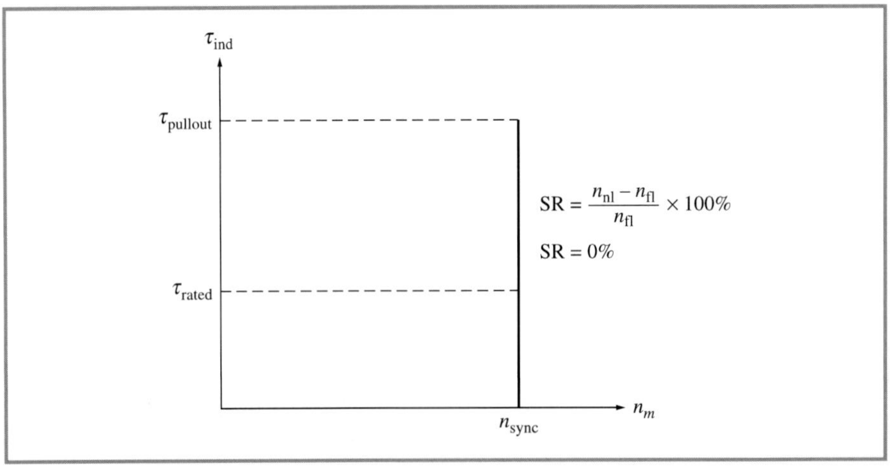

그림 5-5 동기전동기의 토오크-속도 특성. 전동기의 속도는 일정함으로 속도변동률은 0이다.

동기전동기의 축 토오크가 최대 출력 토오크를 능가할 때, 회전자는 고정자와 총 자계에 더 이상 고정되지 못한다. 대신에, 회전자는 고정자와 총 자계보다 늦어지기 시작한다. 회전자가 늦어지기 때문에, 고정자 자계는 반복적으로 겹치며 회전자내 발생 토오크의 방향은 각각 반대로 향한다. 한 번은 이 방향 다음은 다른 방향으로 커다란 토오크가 생기면 전동기는 심각하게 진동되는 현상을 발생시킨다.

전동기의 최대 출력토오크는 다음과 같다.

$$\tau_{\max} = kB_R B_{\text{net}} \tag{5–4a}$$

또는

$$\boxed{\tau_{\max} = \frac{3V_\phi E_A}{\omega_m X_S}} \tag{5–4b}$$

이 식은 계자전류(결과적으로 E_A)가 클수록 전동기의 최대 토오크는 더 크다는 사실을 알 수 있다. 그러므로 계자전류와 E_A가 클수록 전동기는 안정된 운전을 할 수 있다는 장점이 있다.

동기전동기 부하변화의 효과

만약에 부하가 동기전동기의 축에 연결되면, 전동기는 회전력을 유지하기 위해 충분한 토오크를 만들 것이고 부하는 동기속도로 회전된다. 동기전동기의 부하가 변화되면 어떤 일이 생기는가?

그것을 알기 위해 그림 5-6과 같이 처음에 진상역률로 동작하는 동기전동기를 검토해 보자. 전동기 축에 있는 부하가 증가되면 처음에는 회전자가 감속될 것이다. 그것에 따라서, 토오크각 δ는 더 커질 것이고, 발생 토오크도 증가된다. 결국, 발생 토오크의 증가는 회전자 속도를 복원시키고 전동기는 다시 동기속도로 전환된다. 그러나 동기속도는 더 큰 토오크각 δ을 가진다.

이 과정이 진행되는 동안 페이저도는 어떻게 될까? 그것을 알아내기 위해, 부하가 바뀌는 동안 기계의 제한들을 조사해 보자. 그림 5-6(a)는 부하가 증가되기 전에 전동기의 페이저도를 보여준다. 내부발생전압 E_A는 $K\phi\omega$로 기계의 속도와 계자전류에 의존한다. 속도는 입력 전력에 의해 제한되어지고, 계자회로를 조정할 수 없기 때문에 계자전류도 역시 일정하다. 그러므로 $|\mathbf{E}_A|$는 부하가 변하여도 일정하다. 전력에 비례하는 이 간격($E_A \sin\delta$와 $I_A \cos\theta$은 증가되나 $\mathbf{E}_A$의 크기는 일정하다. 부하가 증가함에 따라 $\mathbf{E}_A$는 그림 5-6(b)에 보여주는 방식과 같이 아래로 내려갈 것이다. $\mathbf{E}_A$가 계속 아래로 떨어지기 때문에 $jX_S\mathbf{I}_A$ 크기는 $\mathbf{E}_A$ 끝에서 $\mathbf{V}_\phi$ 끝으로 도달하기 위해 증가된다. 그러므로 전기자전류 $\mathbf{I}_A$도

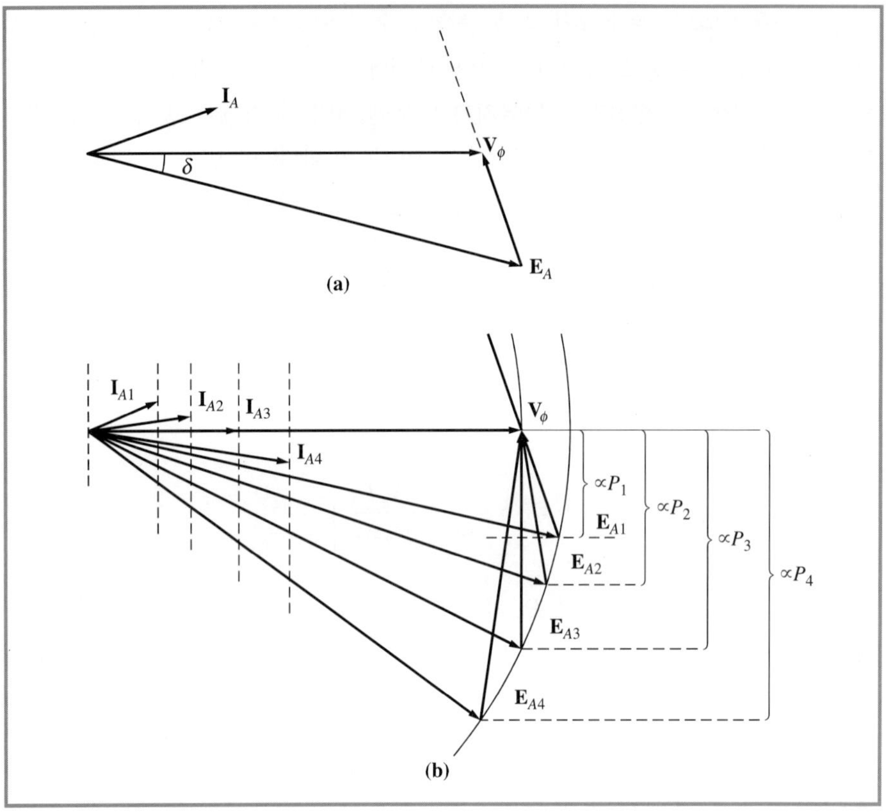

그림 5-6
(a) 진상역률로 운전하는 전동기의 페이저도, (b) 동기전동기가 운전할 때 부하증가에 따른 효과

역시 증가한다. 역률각 θ 역시 진상역률에서는 점점 더 줄어들고, 지상역률에서는 더욱 더 커지는 변화가 생긴다.

예제 5-1

208 V, 45 hp, 진상역률 0.8, Δ결선, 60 Hz인 동기전동기는 2.5 Ω의 동기 리액턴스를 가지고 전기자저항은 무시한다. 마찰손과 풍손은 1.5 kW이고, 철손은 1.0 kW이다. 처음 축에 15-hp부하가 걸리고 전동기의 역률은 진상역률 0.8이다.

(*a*) 전동기의 페이저도를 그리고, $\mathbf{I}_A$, I_L, $\mathbf{E}_A$를 구하라.
(*b*) 축 부하를 30-hp 증가시킨다고 하면, 이 변화에 따른 페이저도를 그려라.
(*c*) 부하를 변화시킨 후 $\mathbf{I}_A$, I_L, $\mathbf{E}_A$를 구하라. 전동기의 새 역률은 얼마인가?

풀이

(*a*) 처음에 전동기 출력은 15-hp이다. 이것에 대응하는 출력은

$$P_{\text{out}} = (15\text{ hp})(0.746\text{ KW/hp}) = 11.19\text{ kW}$$

그러므로 기계에 공급하는 전기적 에너지는

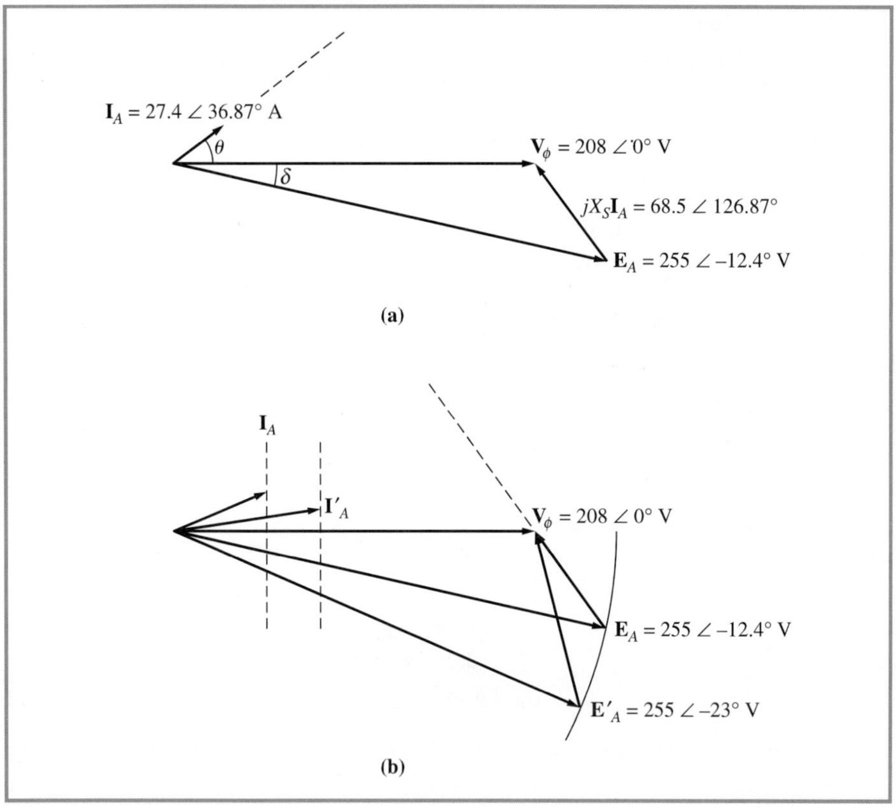

그림 5-7
(a) 예제 5-1(a)의 전동기 페이저도, (b) 예제 5-1(b)의 전동기 페이저도

$$\begin{aligned} P_{\text{in}} &= P_{\text{out}} + P_{\text{mech loss}} + P_{\text{core loss}} + P_{\text{elec loss}} \\ &= 11.19 \text{ kW} + 1.5 \text{ kW} + 1.0 \text{ kW} + 0 \text{ kW} = 13.69 \text{ kW} \end{aligned}$$

실제로 전동기의 역률은 진상역률 0.8이다. 결과적으로 선전류는 다음과 같다.

$$\begin{aligned} I_L &= \frac{P_{\text{in}}}{\sqrt{3}V_T \cos\theta} \\ &= \frac{13.69 \text{ kW}}{\sqrt{3}(208 \text{ V})(0.80)} = 47.5 \text{ A} \end{aligned}$$

여기서 전기자전류는 $I_L\sqrt{3}$이고 진상역률 0.8이면 다음과 같이 나타낼 수 있다.

$$\mathbf{I}_A = 27.4 \angle 36.87° \text{ A}$$

$\mathbf{E}_A$를 구하기 위해 키로히호프의 전압법칙을 적용하면[식 (5-2)]

$$\begin{aligned} \mathbf{E}_A &= \mathbf{V}_\phi - jX_S\mathbf{I}_A \\ &= 208 \angle 0° \text{ V} - (j2.5\ \Omega)(27.4 \angle 36.87° \text{ A}) \\ &= 208 \angle 0° \text{ V} - 68.5 \angle 126.87° \text{ V} \\ &= 249.1 - j54.8 \text{ V} = 255 \angle -12.4° \text{ V} \end{aligned}$$

이 결과는 그림 5-7(a)의 페이저도에 보여준다.

(*b*) 동력을 30 hp으로 증가시키면 축은 일시적으로 느리게 되고, 내부발생전압 $\mathbf{E}_A$는 크기는 일정하면서 위상각 δ를 증가시킨다. 이 결과 페이저도는 그림 5-7(b)와 같다.

(*c*) 부하를 변화시킨 후에 기계의 전기적인 입력은

$$\begin{aligned} P_{\text{in}} &= P_{\text{out}} + P_{\text{mech loss}} + P_{\text{core loss}} + P_{\text{elec loss}} \\ &= (30\ \text{hp})(0.746\ \text{kW/hp}) + 1.5\ \text{kW} + 1.0\ \text{kW} + 0\ \text{kW} \\ &= 24.88\ \text{kW} \end{aligned}$$

토오크각으로 표현된 전력식[식 (4-20)]으로부터 δ의 크기를 알 수 있다($\mathbf{E}_A$의 크기는 일정하다).

$$P = \frac{3V_\phi E_A \sin\delta}{X_S} \tag{4–20}$$

그리고

$$\begin{aligned} \delta &= \sin^{-1}\frac{X_S P}{3V_\phi E_A} \\ &= \sin^{-1}\frac{(2.5\ \Omega)(24.88\ \text{kW})}{3(208\ \text{V})(255\ \text{V})} \\ &= \sin^{-1} 0.391 = 23° \end{aligned}$$

그러므로 내부발생전압 $\mathbf{E}_A = 255 \angle -23°$이다. 이것에 의하여 $\mathbf{I}_A$을 다음과 같이 된다.

$$\begin{aligned} \mathbf{I}_A &= \frac{\mathbf{V}_\phi - \mathbf{E}_A}{jX_S} \\ &= \frac{208\angle 0°\ \text{V} - 255\angle -23°\ \text{V}}{j2.5\ \Omega} \\ &= \frac{103.1\angle 105°\ \text{V}}{j2.5\ \Omega} = 41.2\angle 15°\ \text{A} \end{aligned}$$

그리고 I_L은

$$I_L = \sqrt{3} I_A = 71.4\ \text{A}$$

이고 최종 역률은 cos(−15°) 또는 진상역률 0.966이다.

동기전동기의 계자전류 변화에 대한 영향

우리는 동기전동기의 부하의 변화가 전동기에 영향을 미치는 것을 보았다. 동기전동기를 조정할 수 있는 또 다른 변수가 있는데 그것은 계자전류이다. 계자전류를 변화시킴으로써 동기전동기의 어떤 영향이 있는가?

이것을 위해 그림 5-8을 보자. 그림 5-8(a)는 동기전동기가 처음에는 지상역률로 운전하고 있다. 여기서 계자전류가 증가하면 전동기가 어떻게 동작하는

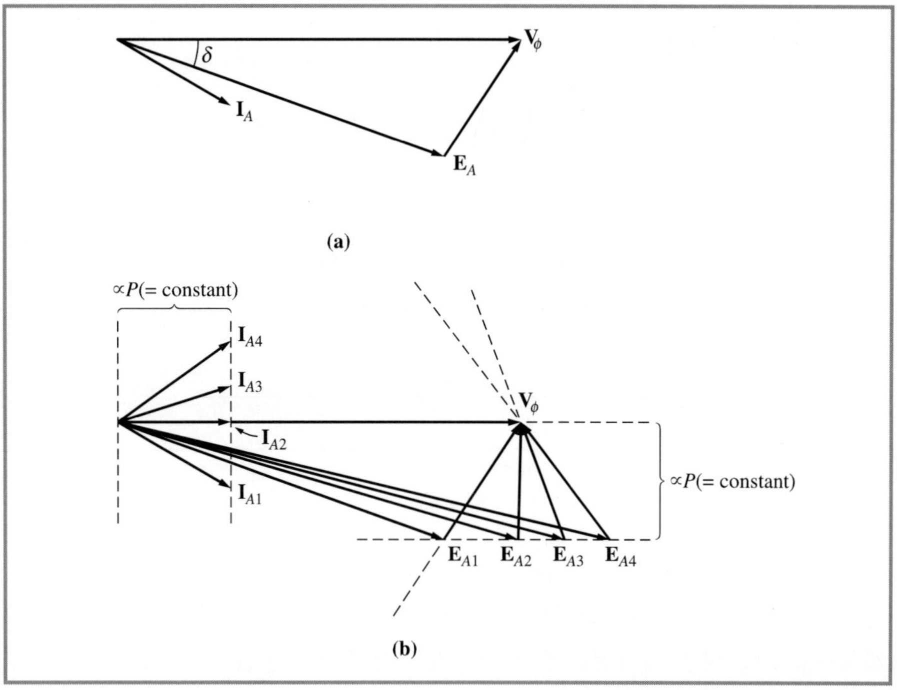

그림 5-8
(a) 지상역률에서 운전하는 동기전동기, (b) 전동기의 운전시 계자전류 증가에 따른 효과

가를 살펴보자. 계자전류의 증가는 $\mathbf{E}_A$의 크기를 증가시키지만, 실제 전동기가 공급하는 유효전력에는 아무런 영향을 미치지 않는다. 전동기가 공급하는 유효전력은 축의 부하 토오크가 변화되었을 때만 변화한다. I_F의 변화가 축의 속도 n_m에 영향을 주지 않고, 축에 접속된 부하가 변하지 않기 때문에 실제 공급되는 유효전력은 변화하지 않는다. 물론 V_T는 상수이다. 이것은 전동기에 공급하는 전원이 일정하기 때문이다. 페이저도에서 전력에 비례하는 이 값($E_A \sin\delta$, $I_A \cos\theta$)은 상수가 되어야 한다. 계자전류가 증가하면 $\mathbf{E}_A$는 반드시 증가하지만 일정한 전력선을 따라 움직일 수 있을 뿐이다. 이 효과는 그림 5-8(b)에서 보여주고 있다.

$\mathbf{E}_A$의 값이 증가함에 따라, 전기자전류 $\mathbf{I}_A$의 크기는 처음에 감소하였다가 다시 증가한다. 낮은 $\mathbf{E}_A$에서 전기자전류는 지상이고, 전동기는 유도성 부하이다. 이것은 무효전력 Q로 소모하는 인덕터-저항 조합처럼 작용한다. 계자전류가 증가하면, 전기자전류는 결국 $\mathbf{V}_\phi$와 정렬된다. 그리고 전동기는 순 저항처럼 된다. 계자전류가 더욱 증가하면, 전기자전류는 진상이 된다. 그리고, 전동기는 용량성 부하가 된다. 이것은 음의 무효전력 $-Q$을 소비되거나, 다른 말로 계통에 무효전력 Q를 공급하는 콘덴서-저항 조합처럼 작용한다.

동기전동기의 $I_F - I_A$의 관계는 그림 5-9에 있다. 영문자 V와 모양이 비슷하기 때문에 이 그림을 동기전동기의 V곡선이라 부른다. 서로 다른 유효전력에 따라 몇 가지 V곡선이 이 그림에 있다. 각 곡선에서 전기자전류의 최소값은

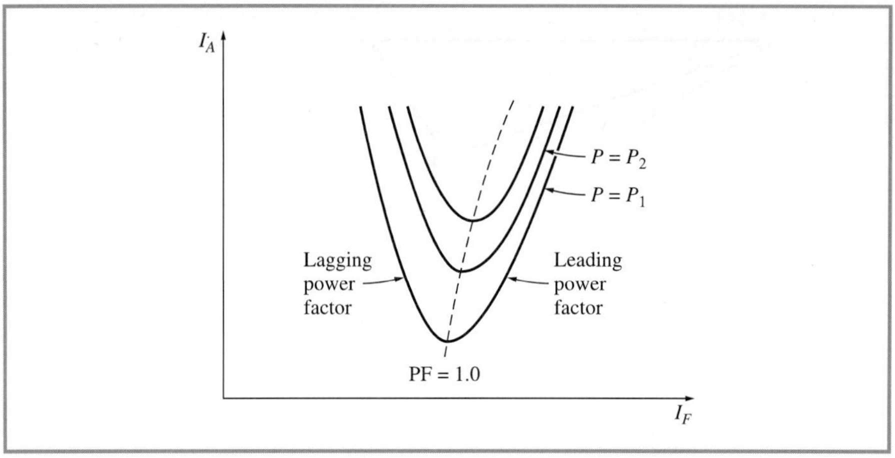

그림 5-9
동기전동기의 V곡선

유효전력만이 전동기에 공급되는 단위 역률에서 나타난다. 곡선의 다른 곳에서는 무효전력이 전동기로 공급되거나 소비된다. 주어진 최소 전류 I_A를 만드는 계자전류보다 적은 계자전류에서 전동기는 무효전력 Q를 소비하고, 전기자전류는 지상이다. 최소 전류 I_A를 만드는 계자전류보다 적은 계자전류에서 전기자전류는 진상이다. 이것은 캐패시터처럼 전력 계통에 무효전력 Q를 공급한다. 즉, 동기전동기의 계자전류를 제어함으로써 무효전력을 공급하거나 소비하는 전력시스템으로 제어할 수 있다.

$\mathbf{V}_\phi(E_A \cos\delta)$에 대한 $\mathbf{E}_A$의 투영성분이 이 $\mathbf{V}_\phi$보다 짧을 때 동기전동기는 지상 전류를 가지고, Q를 소모한다. 이때 계자전류가 작기 때문에 전동기는 **부족여자(underexcited)**라고 한다. 반면에 $\mathbf{V}_\phi$에 대해 $\mathbf{E}_A$의 투영이 $\mathbf{V}_\phi$보다 길 때, 동기전동기는 진상 전류를 가지고, 전력 계통에 Q를 공급한다. 이때 계자전류가 크기 때문에 전동기는 **과여자(overexcited)**라고 한다. 이 개념에 대한 페이저도가 그림 5-10에 있다.

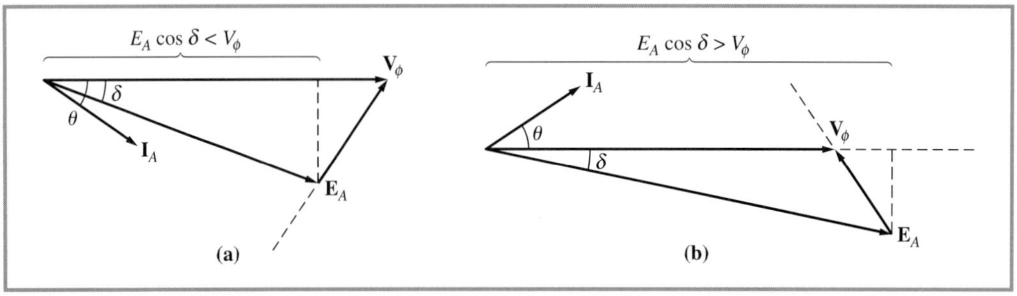

그림 5-10
(a) 부족여자 동기전동기의 페이저도, (b) 과여자 동기전동기의 페이저도

예제 5-2

208 V, 45 hp, 진상역률 0.8, Δ결선, 60 Hz인 앞 예제의 동기전동기는 초기 지상역률 0.85로 15 hp 부하를 공급한다. 이 조건에서 계자전류 I_F는 4.0 A이다.

(*a*) 전동기의 초기 페이저도를 그리고, $\mathbf{I}_A$와 $\mathbf{E}_A$의 값을 구하라.
(*b*) 자속을 25% 증가시킬 때 전동기의 새 페이저도를 그려라. 전동기의 $\mathbf{I}_A$, $\mathbf{E}_A$ 그리고 역률은 얼마인가?
(*c*) 자속이 계자전류 I_F에 비례한다고 하자. 15 hp 부하에서 I_A와 I_F의 관계를 그려라.

풀이

(*a*) 앞 예제로부터 모든 손실을 포함한 입력은 $P_{in}=13.69$ kW이다. 실제 전동기의 역률은 지상역률 0.85이고, 결과적으로 전기자전류는 다음과 같다.

$$I_A = \frac{P_{\text{in}}}{3V_\phi \cos\theta}$$
$$= \frac{13.69\text{ kW}}{3(208\text{ V})(0.85)} = 25.8\text{ A}$$

각 θ는 $\cos^{-1}0.85 = 31.8°$이고 상전류 I_A는

$$\mathbf{I}_A = 25.8\angle -31.8°\text{ A}$$

$\mathbf{E}_A$를 구하기 위해 키로히호프 전압법칙을 적용하면[식 (5-2)]:

$$\mathbf{E}_A = \mathbf{V}_\phi - jX_S\mathbf{I}_A$$
$$= 208\angle 0°\text{ V} - (j2.5\ \Omega)(25.8\angle -31.8°\text{ A})$$
$$= 208\angle 0°\text{ V} - 64.5\angle 58.2°\text{ V}$$
$$= 182\angle -17.5°\text{ V}$$

이 결과는 (*b*)의 결과와 함께 페이저도를 그리면 그림 5-11과 같다.

(*b*) 자속을 25% 증가하면 $E_A = K\phi\omega$도 역시 25% 증가한다.

$$E_{A2} = 1.25\,E_{A1} = 1.25(182\text{ V}) = 227.5\text{ V}$$

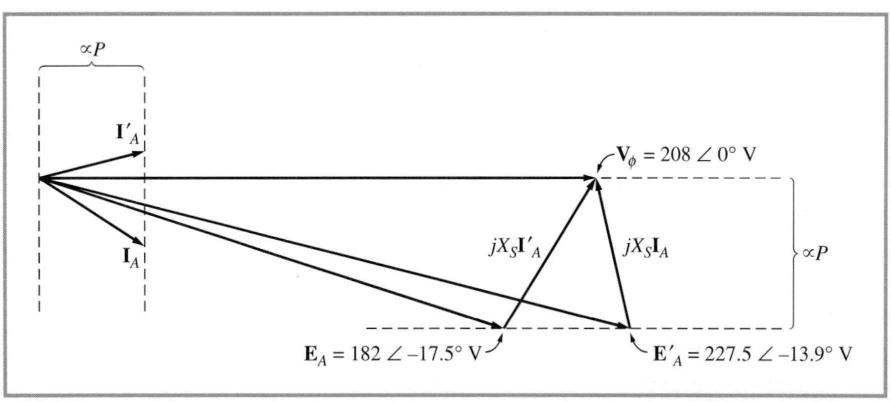

그림 5-11 예제 5-2의 전동기 페이저도

그러나 부하에 공급되는 전력은 일정해야 한다. 왜냐하면 $E_A \sin \delta$ 크기는 전력에 비례함으로, 페이저도에서 그 크기는 기존의 자속과 새로운 자속에서도 일정하다.

$$E_{A1} \sin \delta_1 = E_{A2} \sin \delta_2$$

$$\delta_2 = \sin^{-1}\left(\frac{E_{A1}}{E_{A2}} \sin \delta_1\right)$$

$$= \sin^{-1}\left[\frac{182 \text{ V}}{227.5 \text{ V}} \sin(-17.5°)\right] = -13.9°$$

전기자전류는 키로히호프 전압 법칙에 의해 다음과 같이 구할 수 있다.

$$\mathbf{I}_{A2} = \frac{\mathbf{V}_\phi - \mathbf{E}_{A2}}{jX_S}$$

$$\mathbf{I}_A = \frac{208 \angle 0° \text{ V} - 227.5 \angle -13.9° \text{ V}}{j2.5 \ \Omega}$$

$$= \frac{56.2 \angle 103.2° \text{ V}}{j2.5 \ \Omega} = 22.5 \angle 13.2° \text{ A}$$

최종적으로 전동기의 새 역률은

$$\text{PF} = \cos(13.2°) = 0.974 \ \text{진상}$$

동기전동기의 페이저도는 그림 5-11에 있다.

(*c*) 자속은 계자전류에 비례하기 때문에 E_A는 계자전류에 선형적으로 비례하여 변한다. 계자전류 4.0 A에서 E_A는 182 V이므로 주어진 계자전류에서의 전압 $\mathbf{E}_A$은 다음과 같다.

$$\frac{E_{A2}}{182 \text{ V}} = \frac{I_{F2}}{4.0 \text{ A}}$$

또는

$$E_{A2} = 45.5 \, I_{F2} \tag{5–5}$$

이다. 주어진 계자전류에서 토오크각 δ는 부하에 공급하는 전력이 항상 일정하다는 제한으로 구해진다.

$$E_{A1} \sin \delta_1 = E_{A2} \sin \delta_2$$

그러므로

$$\delta_2 = \sin^{-1}\left(\frac{E_{A1}}{E_{A2}} \sin \delta_1\right) \tag{5–6}$$

이 두 정보는 페이저 전압 $\mathbf{E}_A$를 알려준다. $\mathbf{E}_A$를 알면 새로운 전기자전류는 키르히호프 법칙으로부터 계산된다.

$$\mathbf{I}_{A2} = \frac{\mathbf{V}_\phi - \mathbf{E}_{A2}}{jX_S} \tag{5–7}$$

식 (5-5)와 (5-7)을 이용하여 $I_A - I_F$의 관계를 계산하고 그릴 MATLAB M파일은 다음과 같다.

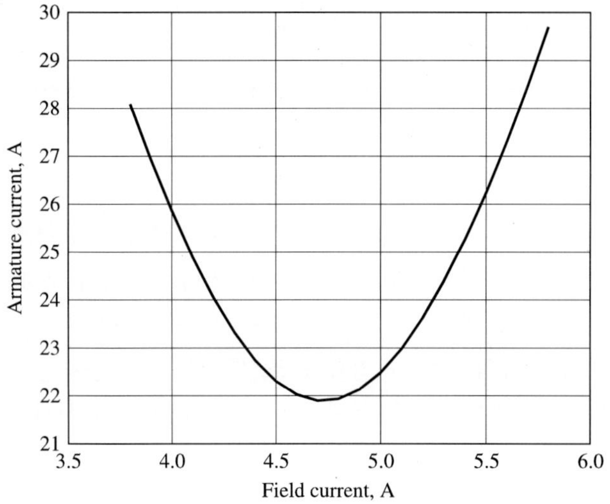

그림 5-12 예제 5-2 전동기의 V 곡선

```
% M-file: v_curve.m
% M-file create a plot of armature current versus field
% current for the synchronous motor of Example 5-2.

% First, initialize the field current values (21 values
% in the range 3.8-5.8 A)
i_f = (38:1:58) / 10;

% Now initialize all other values
i_a = zeros(1,21);              % Pre-allocate i_a array
x_s = 2.5;                      % Synchronous reactance
v_phase = 208;                  % Phase voltage at 0 degrees
delta1 = -17.5 * pi/180;        % delta 1 in radians
e_a1 = 182 * (cos(delta1) + j * sin(delta1));

% Calculate the armature current for each value
for ii = 1:21
    % Calculate magnitude of e_a2
    e_a2 = 45.5 * i_f(ii);

    % Calculate delta2
    delta2 = asin ( abs(e_a1) / abs(e_a2) * sin(delta1) );

    % Calculate the phasor e_a2
    e_a2 = e_a2 * (cos(delta2) + j * sin(delta2));

    % Calculate i_a
    i_a(ii) = ( v_phase - e_a2 ) / ( j * x_s);
end

% Plot the v-curve
plot(i_f,abs(i_a),'Color','k','Linewidth',2.0);
xlabel('Field Current (A)','Fontweight','Bold');
ylabel('Armature Current (A)','Fontweight','Bold');
title ('Synchronous Motor V-Curve','Fontweight','Bold');
grid on;
```

M파일에 의한 그려진 그림은 그림 5-12이 있다. 계자전류가 4.0 A일 때 전기자전류는 25.8 A이다. 이것은 (a)의 결과와 일치한다.

동기전동기와 역률개선

그림 5-13은 무한모선이 먼 곳에 있는 산업설비로 송전선을 통해 연결된 것을 보여준다. 산업설비는 3가지 부하로 이루어져 있다. 두 개의 부하는 지상역률을 가진 유도전동기이고, 세 번째 부하는 가변 역률의 동기전동기이다.

전력계통에서 하나의 부하가 역률을 조절할 수 있는 능력을 어떻게 가지는가? 그 해답은 다음 예제문제를 통해서 알아보자(3상 전력식과 이것의 이용은 부록 A가 있다).

예제 5-3

그림 5-13의 무한모선은 480 V이다. 부하 1은 지상역률 0.78에서 100 kW의 유도전동기이고, 부하 2는 지상역률 0.8에서 200 kW의 유도전동기이다. 부하 3은 유효 소비전력 150 kW이다.

(*a*) 동기전동기는 지상역률 0.85로 조정할 경우 이 계통의 송전선 전류는 얼마인가?

(*b*) 동기전동기를 진상역률 0.85로 조정하여 작용하면 이 계통의 송전선 전류는 얼마인가?

(*c*) 송전선로 손실은 다음과 같이 나타내어진다.

$$P_{\text{LL}} = 3I_L^2 R_L \quad \text{선로 손실}$$

여기서 P_{LL}은 선로 손실이다. 두 경우의 송전선로 손실은 얼마인가?

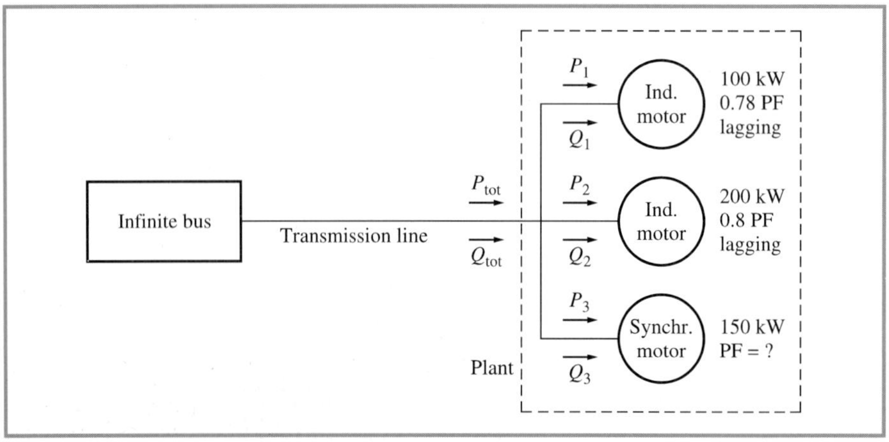

그림 5-13 송전선로를 통하여 산업설비에 전력을 공급하는 무한모선의 전력시스템

풀이

(*a*) 첫 번째 경우, 부하 1의 실제 전력은 100 kW이고 부하 1의 무효전력은 다음과 같다.

$$Q_1 = P_1 \tan\theta$$
$$= (100\text{ kW})\tan(\cos^{-1} 0.78) = (100\text{ kW})\tan 38.7°$$
$$= 80.2\text{ kVAR}$$

부하 2의 유효전력은 200 kW이고 부하 2의 무효전력은

$$Q_2 = P_2 \tan\theta$$
$$= (200\text{ kW})\tan(\cos^{-1} 0.80) = (200\text{ kW})\tan 36.87°$$
$$= 150\text{ kVAR}$$

부하 3의 실제 전력은 150 kW이고 부하 3의 무효전력은

$$Q_3 = P_3 \tan\theta$$
$$= (150\text{ kW})\tan(\cos^{-1} 0.85) = (150\text{ kW})\tan 31.8°$$
$$= 93\text{ kVAR}$$

전체 유효부하는

$$P_{\text{tot}} = P_1 + P_2 + P_3$$
$$= 100\text{ kW} + 200\text{ kW} + 150\text{ kW} = 450\text{ kW}$$

전체 무효부하는

$$Q_{\text{tot}} = Q_1 + Q_2 + Q_3$$
$$= 80.2\text{ kVAR} + 150\text{ kVAR} + 93\text{ kVAR} = 323.2\text{ kVAR}$$

등가시스템의 역률은 다음과 같다.

$$\text{PF} = \cos\theta = \cos\left(\tan^{-1}\frac{Q}{P}\right) = \cos\left(\tan^{-1}\frac{323.2\text{ kVAR}}{450\text{ kW}}\right)$$
$$= \cos 35.7° = 0.812 \text{ lagging}$$

마지막으로 선전류는 다음과 같다.

$$I_L = \frac{P_{\text{tot}}}{\sqrt{3}V_L\cos\theta} = \frac{450\text{ kW}}{\sqrt{3}(480\text{ V})(0.812)} = 667\text{ A}$$

(*b*) 부하 1과 2의 유효전력과 무효전력은 변하지 않는다. 부하 3의 유효전력 또한 변하지 않는다. 부하 3의 무효전력은

$$Q_3 = P_3 \tan\theta$$
$$= (150\text{ kW})\tan(-\cos^{-1} 0.85) = (150\text{ kW})\tan(-31.8°)$$
$$= -93\text{ kVAR}$$

그러므로 전체의 유효전력은

$$P_{\text{tot}} = P_1 + P_2 + P_3$$
$$= 100\text{ kW} + 200\text{ kW} + 150\text{ kW} = 450\text{ kW}$$

전체의 무효전력은

$$Q_{tot} = Q_1 + Q_2 + Q_3$$
$$= 80.2 \text{ kVAR} + 150 \text{ kVAR} - 93 \text{ kVAR} = 137.2 \text{ kVAR}$$

등가시스템의 역률은

$$\text{PF} = \cos\theta = \cos\left(\tan^{-1}\frac{Q}{P}\right) = \cos\left(\tan^{-1}\frac{137.2 \text{ kVAR}}{450 \text{ kW}}\right)$$
$$= \cos 16.96° = 0.957 \text{ lagging}$$

마지막으로 선전류는

$$I_L = \frac{P_{tot}}{\sqrt{3}V_L\cos\theta} = \frac{450 \text{ kW}}{\sqrt{3}(480 \text{ V})(0.957)} = 566 \text{ A}$$

(*c*) 첫 번째 경우의 송전선로 손실은

$$P_{LL} = 3I_L^2R_L = 3(667 \text{ A})^2R_L = 1{,}344{,}700\ R_L$$

두 번째 경우의 송전선로 손실은

$$P_{LL} = 3I_L^2R_L = 3(566 \text{ A})^2R_L = 961{,}070\ R_L$$

각 부하에 전력을 공급할 때 첫 번째 경우 보다 두 번째 경우의 송전손실이 28% 작다. 반면 부하에 공급하는 전력은 같다.

앞의 예제에서 전력 계통에 하나 또는 그 이상의 부하에 대한 역률의 조정능력은 전력계통의 운전효율에 중요한 영향을 줄 수 있다. 계통의 역률이 낮을수록 전력의 손실은 더 커진다. 전형적인 전력 계통의 부하들은 유도전동기이다. 그래서 전력 계통은 거의 변화 없이 지상역률이다. 이 계통에 하나 또는 그 이상의 진상부하(과여자 동기전동기)를 가지면 다음과 같은 이유 때문에 유용하다.

1. 진상부하는 발전기로부터가 아니라 근접하는 지상부하로부터 무효전력 Q를 공급한다. 무효전력이 상당히 높은 저항을 가진 송전선로로 장거리를 갈 필요가 없기 때문에 송전선로의 전류는 감소하고, 전력 계통의 손실은 더욱 적어진다(이것은 앞의 예제에서 알 수 있다).
2. 송전선로가 낮은 전류로 송전되기 때문에 정해진 정격보다 작게 할 수 있다. 기기의 낮은 정격전류는 전력 계통의 비용을 감소시킨다.
3. 진상역률로 동기전동기를 운전하기 위한 조건은 전동기가 과여자로 운전해야 한다는 것이다. 이런 운전은 전동기의 최대 토오크를 증가시키고, 탈출토오크를 벗어나는 사고를 줄인다.

전력 계통의 전체적인 역률을 증가시키기 위한 동기전동기나 다른 장비의 사용을 **역률개선**(power-factor correction)이라 부른다. 동기전동기가 역률 개선용으로 사용되고, 전력 계통의 비용 절감을 할 수 있으므로, 정속도 전동기가 필요한 경우(만일 필요하지 않더라도) 동기전동기를 사용한다. 기본적으로 동기전동기가 유도전동기보다 더 많은 비용이 드는 데도 불구하고 동기전동기를 역률 개선을 위해 진상역률로 운전하면 산업설비에서 볼 때 경제적이다. 이런 결과로 동기전동기를 구입해서 사용한다.

설비에서 동기전동기는 역률 개선과 탈출토오크를 높이기 위해 과여자로 운전한다. 그러나 동기전동기를 과여자로 운전하는 것은 전동기에 열을 발생시키는 높은 계자전류와 자속을 필요로 한다. 전동기의 운전에서 정격 계자전류를 초과함으로서 계자권선이 과열되지 않도록 주의해야 한다.

동기 캐패시터와 동기 조상기

부하를 구동하기 위해 구입한 동기전동기는 전력계통의 무효전력 Q를 공급하기 위해 과여자 운전을 할 수 있다. 과거에는 때때로 동기전동기는 단순히 역률 개선을 위해 무부하로 운전한다. 무부하 과여자로 운전하는 동기전동기의 페이저도는 그림 5-14에 보여준다.

전동기로부터 공급되는 전력이 없기 때문에 전력에 비례하는 거리($E_A \sin \delta$와 $I_A \cos \theta$)는 0이다. 동기전동기의 키르히호프 전압법칙이 다음과 같다.

$$\mathbf{V}_\phi = \mathbf{E}_A + jX_S\mathbf{I}_A \tag{5–1}$$

$jX_S\mathbf{I}_A$는 왼쪽으로 향한다. 그럼으로, 전기자전류 $\mathbf{I}_A$는 수직으로 된다. 만일 $\mathbf{V}_\phi$와 $\mathbf{I}_A$를 살펴보면, 이들 사이의 전압–전류관계는 캐패시터와 유사하다. 무부하의 과여자 동기전동기는 전력 계통에서 큰 캐패시터와 같다.

어떤 동기전동기는 역률 개선용으로 특별히 이용된다. 이들 기기는 무부하로 동작하기 때문에 다른 것과 연결이 필요 없기 때문에 축이 전동기의 프레임 밖으로 나오지 않는 축을 가진다. 이같이 특수 목적 동기전동기를 **동기콘덴서**(synchronous condensor) 또는 **동기캐패시터**(synchronous capacitor)라고 부른다(콘덴서는 캐패시터의 옛 이름이다).

동기 커패시터의 V곡선은 그림 5-15(a)에 보여 주고 있다. 기기에 공급되는 유효전력이 0이므로, 단일역률에서 전류 $I_A = 0$이다(손실을 제외하고). 계자전류가 이 값보다 더 증가하면, 선전류(그리고 전동기에 의해 공급되는 무효전력)

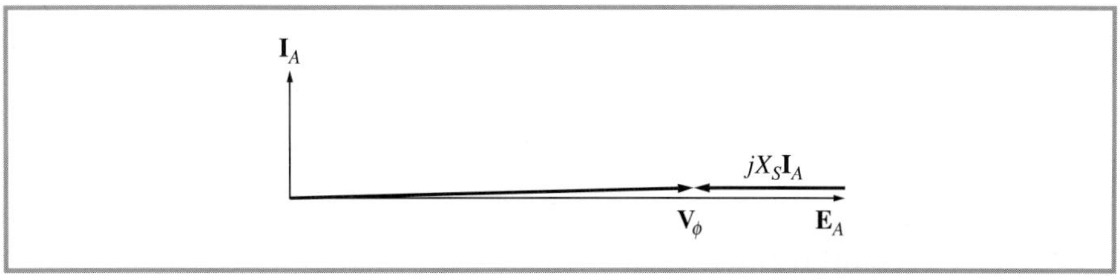

그림 5-14 동기 캐패시터의 페이저도

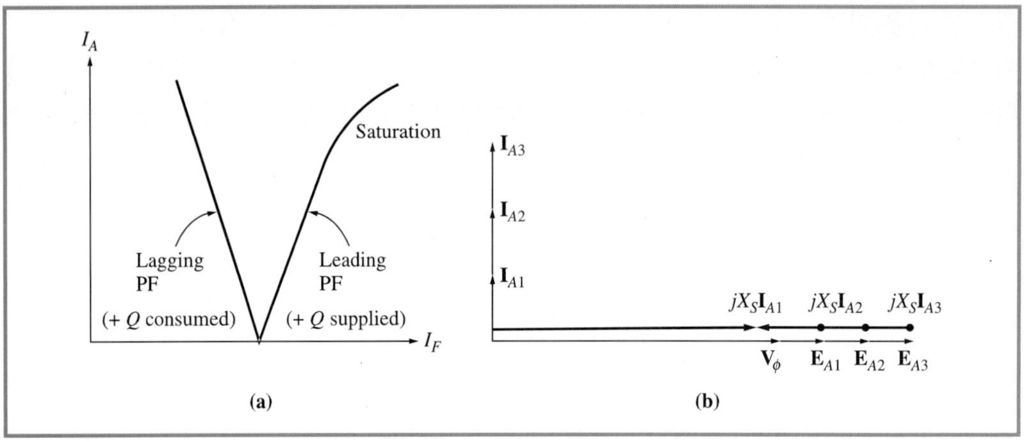

그림 5-15
(a) 동기 캐패시터의 V곡선, (b) 페이저도

는 포화가 될 때까지 거의 선형적으로 증가한다. 그림 5-15(b)는 전동기의 페이저도에서 계자전류의 증가효과를 보여준다.

오늘날 고정 캐패시터는 동기 캐패시터보다 더욱 경제적이고, 더 많이 사용된다. 그러나 많은 동기 캐패시터가 여전히 오래된 산업 설비에 사용되고 있다.

5.3 동기전동기의 기동

5.2절은 정상상태에서 동기전동기의 운전을 설명하였다. 그 절에서는 동기전동기가 동기속도로 회전한다고 가정하였다. 이 문제에서 고려되지 않은 것은 전동기에서 동기속도를 어떻게 처음 얻는가 하는 것이다.

기동문제의 특성을 이해하기 위해 그림 5-16을 참조하라. 이 그림은 60 Hz 동기전동기의 고정자권선에 전원을 공급하였을 때 순간들을 보여준다. 전동기의 회전자는 움직이지 않는다. 그 결과 자계 $\mathbf{B}_R$도 움직이지 않는다. 고정자 자계 $\mathbf{B}_S$는 동기속도로 회전한다.

그림 5-16(a)는 $\mathbf{B}_R$과 $\mathbf{B}_S$가 일치하는 $t = 0$ s의 경우를 보여준다. 발생토오크 식에서

$$\tau_{\text{ind}} = k\mathbf{B}_R \times \mathbf{B}_S \qquad (3\text{–}58)$$

이고, 축의 발생토오크는 0이다. 그림 5-16(b)는 $t = 1/240$ s일 때를 보여준다. 이렇게 짧은 시간에 회전자는 거의 움직이지 않는다. 하지만 고정자 자계는 새로 왼쪽으로 향한다. 발생토오크 식으로부터 축에 발생하는 토오크는 반시계방향이다. 그림 5-15(c)는 $t = 1/120$ s일 때를 보여준다. 이때 $\mathbf{B}_R$와 $\mathbf{B}_S$는 서로 반대되는 방향이며, τ_{ind}는 0이다. $t = 3/240$ s일 때는 고정자 자계는 오른쪽으로 향하고 토오크는 시계방향이다.

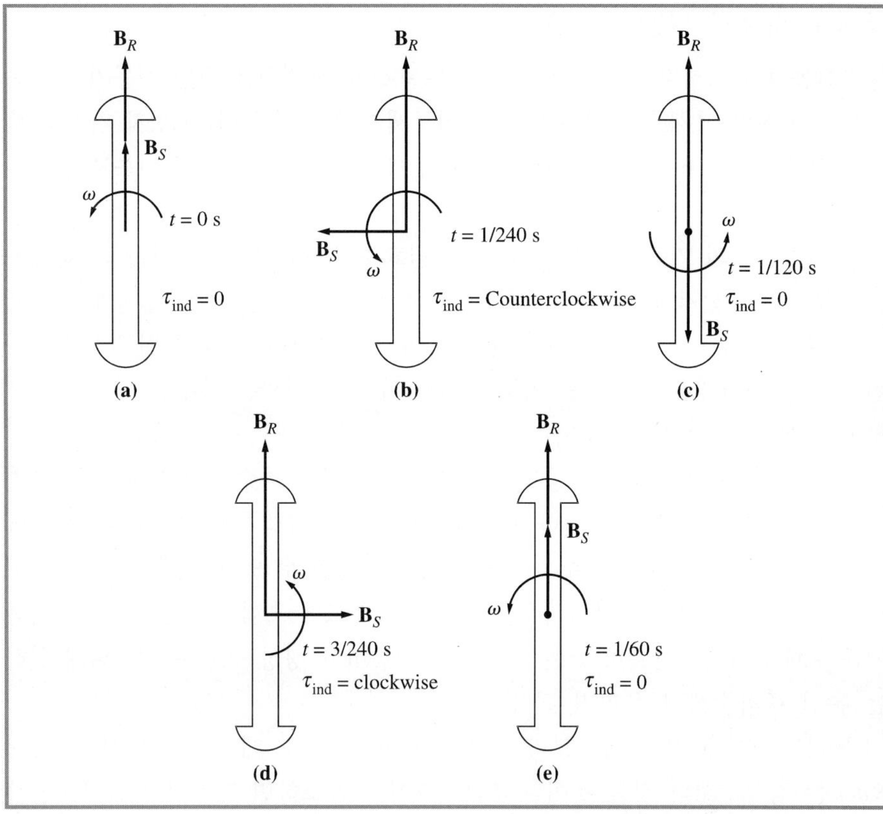

그림 5-16 동기전동기의 기동문제-토오크의 크기와 방향을 신속하게 바뀌고 기동토오크는 0이다.

최종적으로 $t = 1/60$ s일 때, 고정자 자계는 회전자자계와 다시 일치하고 $\tau_{ind} = 0$이다. 전기적으로 한 주기 동안에 토오크는 처음에 반시계방향이었다가 시계방향으로 한 주기의 평균 토오크는 0이다. 결국 전동기는 전기적인 주기로 진동하고 과열된다.

위와 같이 하면 동기전동기를 기동하지 못하고 비싼 기기를 손상시킨다. 동기전동기를 어떻게 기동할 수 있을까?

동기전동기를 안전하게 기동하는 3가지 접근법은

1. 회전자가 충분히 가속할 수 있도록, 또 자계 회전의 반 주기 안에 들도록 고정자 자계속도를 줄인다. 이것은 전력 주파수를 줄임으로써 할 수 있다.
2. 외부 원동기를 이용하여 동기전동기를 동기속도까지 가속시키고, 발전기처럼 병렬운전 순서로 전력선에 연결한다. 그리고 원동기를 제거하면 동기기는 전동기로 동작한다.
3. 제동권선을 이용한다. 제동권선의 역할과 기동시의 사용은 다음에 설명한다.

동기전동기 기동을 위한 각 방법은 아래에서 설명한다.

주파수 감소에 의한 기동법

동기전동기의 고정자 자계를 충분히 낮은 속도로 회전하게 하면 전동기를 가속시키고 고정자 자계에 고정시키는 데 별문제가 없을 것이다. 고정자 자계의 속도는 50 Hz 또는 60 Hz까지 점진적으로 f_{se}를 증가시킴으로써 회전속도를 증가시킬 수 있다.

동기전동기의 기동에는 많은 감각이 필요하다. 하지만 이것에는 큰 문제가 한 가지 있다. 전기적 가변주파수는 어떻게 얻을까? 일반적으로 전력계통은 50 Hz 또는 60 Hz를 조정하는 데 상당한 주의가 필요하다. 그래서 최근까지는 가변 주파수 전압원은 발전기를 이용하였다. 이 같은 상황은 특수한 경우를 제외하고는 분명히 비실용적이다.

오늘날은 다르다. 고정 전동기 제어기는 일정한 주파수를 어떤 원하는 출력 주파수로 변환하는 데 사용한다. 반도체 가변주파수발생기의 개발로 분수 Hz에서 정격 주파수이상의 주파수까지 연속적으로 얻을 수 있다. 만일 이러한 주파수 가변장치가 속도제어를 위한 전동기 제어 회로에 포함된다면 동기전동기의 기동은 매우 쉽다. 단순히 낮은 주파수로 기동하고 정상적인 운전을 위해 원하는 운전 주파수까지 올리면 된다.

동기전동기가 정격 속도보다 낮은 속도로 운전될 때 내부발생전압 $E_A = K\phi\omega$는 정상값보다 적을 것이다. E_A의 크기가 감소하면 전동기의 단자전압은 고정자 전류를 안전하게 유지하기 위해 그만큼 감소해야 한다. 가변 주파수 기동기 회로내의 전압은 가변되는 주파수와 함께 거의 선형적으로 가변되어야 한다.

반도체 전동기운전 장치를 배우기 위해서는 참고문헌 9를 참조하라.

원동기에 의한 기동법

동기전동기 기동법의 두 번째 접근은 동기전동기에 외부 기동전동기를 연결하고 외부 전동기로 하여금 동기전동기를 외부 전동기의 정격속도로 올리는 것이다. 그런 다음 동기기는 발전기처럼 전력시스템에 병렬로 연결하고 기동전동기는 기계의 축에서 떼어낸다. 기동전동기를 제거하면, 기기의 축은 감속되고, 회전자 자속 $\mathbf{B}_R$은 $\mathbf{B}_{net}$는 뒤로 뒤떨어진다. 그리고 동기기는 전동기의 역할을 한다. 일단 병렬운전이 되면 동기전동기는 일반적인 방식으로 부하를 걸 수 있다.

많은 동기기는 전동기–발전기의 부분이기 때문에, 이 전과정은 이상하지 않다. 또한 전동기–발전기 내의 동기기는 기동전동기로 사용되는 다른 전동기로 기동할 수 있다. 또한 기동전동기는 부하가 없어도 동기기의 관성을 극복해야 한다—전동기가 전력 계통과 병렬운전할 때까지 무부하이다. 단지 전동기 관성만을 극복해야 하기 때문에 기동전동기는 기동시키려는 동기전동기보다 더 작은 정격을 가진다.

대부분 큰 동기전동기는 그들의 축에 장착된 브러쉬레스 여자 시스템을 가지고 있기 때문에, 종종 이 여자기들을 기동전동기로서 사용할 수 있다.

많은 중간 크기에서 대형 전동기들은 외부의 기동전동기 또는 여자기를 이용한 기동이 가능한 유일한 해결책일 수 있다. 왜냐하면 그들과 연결된 전력시스템은 다음에 나올 제동권선을 사용할 때 필요한 기동전류를 공급할 수 없기 때문이다.

제동권선에 의한 기동법

현재까지 동기전동기의 기동을 위한 일반적 방법은 **제동권선**(amortisseur or damper winding)을 이용하는 것이다. 제동권선은 동기전동기의 회전자 표면에 특수한 바를 넣고 큰 단락환으로 각각의 끝을 단락한 것이다. 제동권선을 설치한 극면은 그림 5-17과 같다. 그리고 제동권선은 그림 4-2, 4-4에서 보여준다.

제동권선이 동기전동기에서 어떤 작용을 하는가를 이해하기 위해, 그림 5-18에 보여진 전형적인 2극 돌극형 회전자를 검토해 보자. 이 회전자는 두 회전자 극면의 끝에서 단락된 바를 가진 제동권선을 보여준다.

처음에 주 회전자의 계자권선을 연결하지 않고, 3상 전압을 기기의 고정자에 공급한다고 하자. $t = 0$ s에서 전력이 인가되면, 그림 5-19(a)에 보여주는 것과 같이 자계 $\mathbf{B}_S$는 수직이라 하자. 자계 $\mathbf{B}_S$는 반시계방향으로 회전하기 때문에 식 (1-45)에 의해 제동권선에 전압이 유도된다.

$$e_{\text{ind}} = (\mathbf{v} \times \mathbf{B}) \cdot \mathbf{l} \qquad (1\text{–}45)$$

여기서,

$\mathbf{v}$ = 자계에 대한 바의 상대속도
$\mathbf{B}$ = 자속밀도 벡터
$\mathbf{l}$ = 바의 길이

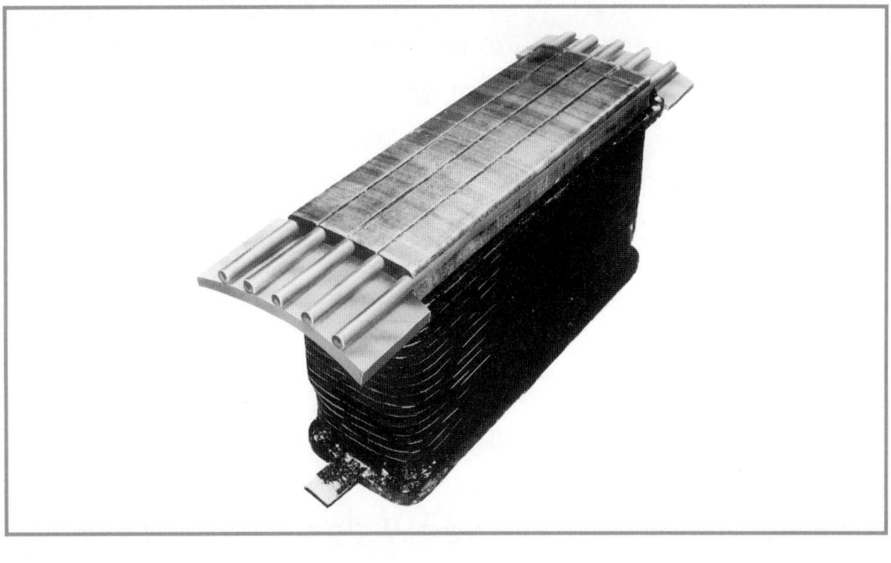

그림 5-17 자극면에 있는 제동권선을 보여주는 회전자 자극 (General Electric Company 제공)

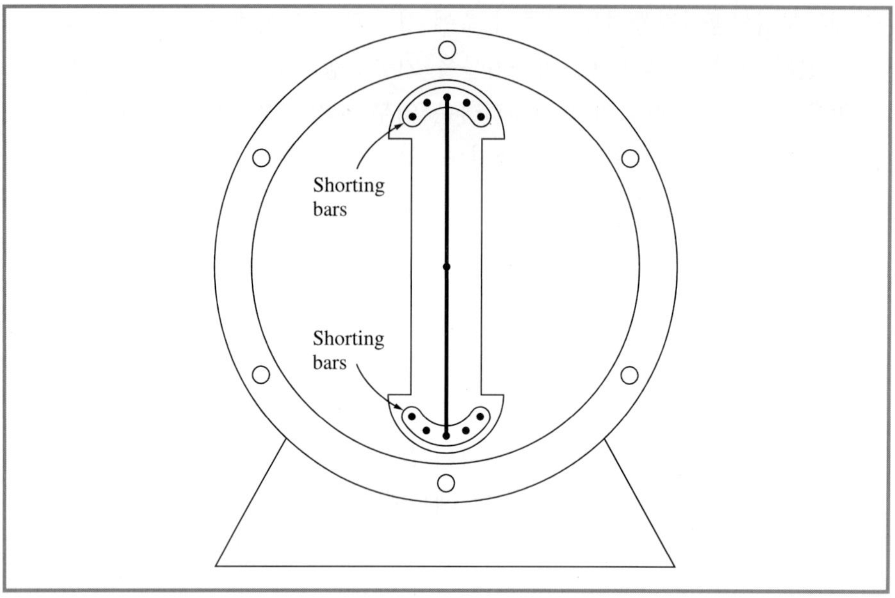

그림 5-18
제동권선을 보여주는 2극 돌극형 기기의 간략도

회전자 위에 있는 바는 자계에 대해 상대적으로 오른쪽으로 움직인다. 그래서, 유기전압 방향은 지면 밖이다. 비슷하게, 바의 아래에 있는 도체의 유기전압은 지면 안이다. 이 전압은 위쪽 바에서는 지면 밖으로 아래쪽 바에서는 지면 안으로 전류를 흐르게 한다. 결과적으로 제동권선 자계 $\mathbf{B}_W$는 오른쪽 방향이다. 발생 토오크 식은

$$\tau_{\text{ind}} = k\mathbf{B}_W \times \mathbf{B}_S$$

이고 회전자에서 발생된 토오크는 반시계방향이다.

그림 5-19(b)는 $t = 1/240$ s때를 보여 준다. 고정자 자계는 90° 회전하지만 회전자는 움직이지 못한다(짧은 시간동안 가속할 수 없다). 이 점에서 제동권선에 유기된 전압은 0이다. 왜냐하면 $\mathbf{v}$와 $\mathbf{B}$는 평행하기 때문이다. 유기전압이 없다면 제동권선에서 전류도 없다. 그리고 발생 토오크도 0이다.

그림 5-19(c)는 $t = 1/120$ s일 때를 보여 준다. 이때 고정자 자계는 또 90° 회전된다. 그리고 회전자는 아직까지 움직이지 않는다. 제동권선 내에서 유기전압[식 (1-45)에 주어진]은 아래쪽 바에서는 지면 밖이고, 위쪽 비에서는 지면 안쪽이다. 자계 $\mathbf{B}_W$는 왼쪽 방향이다. 발생 토오크는

$$\tau_{\text{ind}} = k\mathbf{B}_W \times \mathbf{B}_S$$

이고, 반시계방향이다.

그림 5-19(d)는 $t = 3/240$ s에서의 상황이다. 여기서는 $t = 1/240$ s에서와 같이 발생 토오크는 0이다.

토오크는 반시계방향이거나 0이지만 항상 단방향성이다. 한 방향으로 토오

크가 있기 때문에, 전동기의 회전자는 가속된다(이것은 정상적인 계자전류를 가진 동기전동기 기동과는 다르다. 토오크가 처음엔 시계방향, 다음엔 반시계방향인 경우이기 때문에 평균은 0이다. 제동권선을 사용하는 경우에는, 토오크는 항상 같은 방향이고, 발생 토오크는 0이 아니다).

비록, 전동기 회전자가 가속되어도, 결코 동기속도에 이르지 못한다. 이것은 쉽게 이해할 수 있다. 회전자가 동기속도로 되면, 고정자 자계 $\mathbf{B}_S$의 속도와 회전자 속도가 같아져 $\mathbf{B}_S$와 회전자 사이의 상대속도가 없기 때문에 제동권선 내에

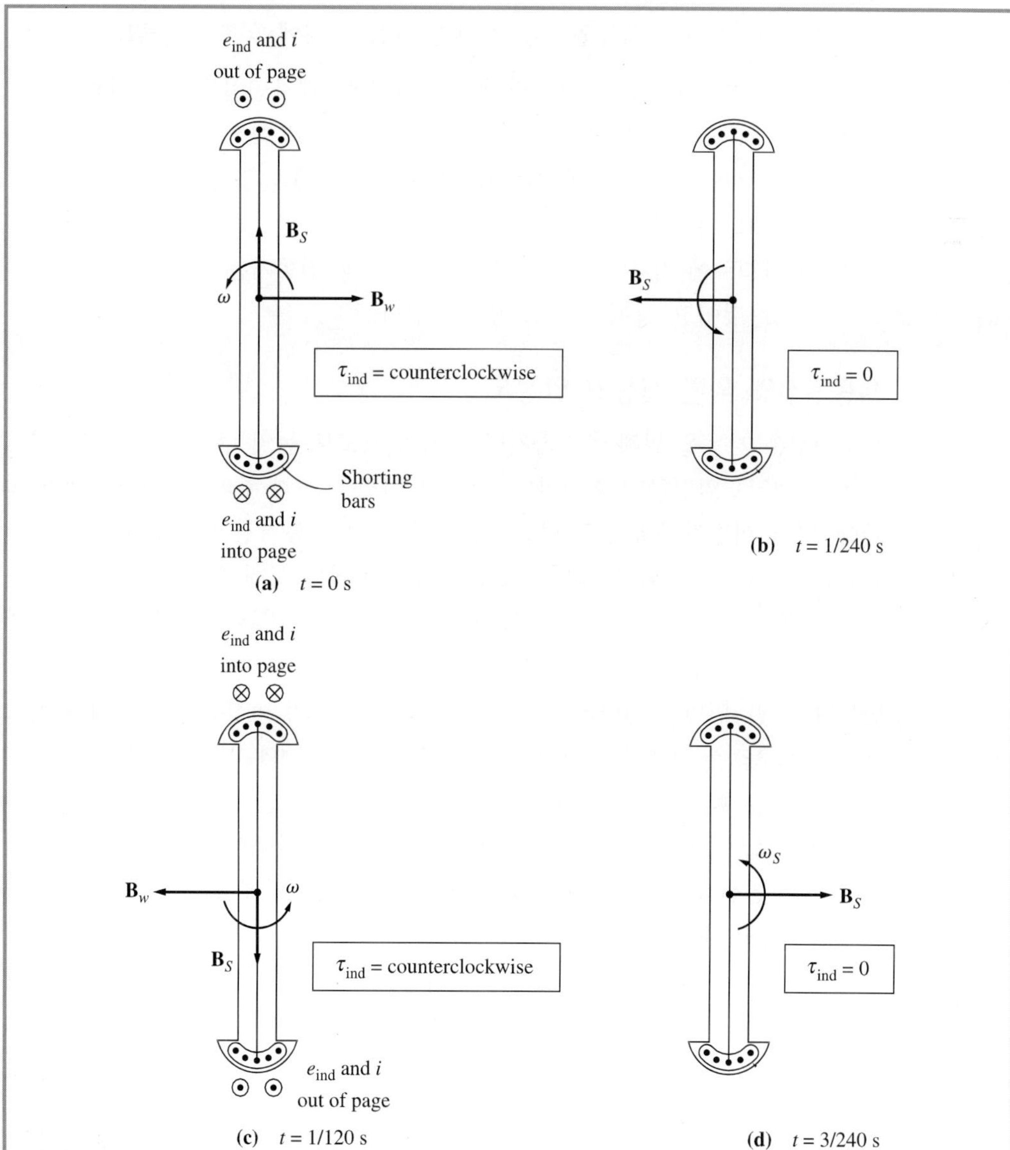

그림 5-19
동기전동기의 제동권선에 의한 단방향성의 토오크의 발생

유기전압은 0이고 전류도 역시 0이 되고 권선 자속도 0이다. 그러므로, 회전자에는 회전할 만한 토오크가 없다. 회전자가 동기속도를 낼 수 없을지라도, 그것에 접근할 수 있다. 동기속도 n_{sync}에 충분히 접근하면 계자전류를 흐르게 하고, 회전자는 고정자 자계에 끌어당겨질 것이다.

실제 기계에서 계자권선은 기동과정 동안 개방회로가 아니다. 만약 계자권선이 개방회로면 기동 중에 높은 전압이 유도될 것이다. 만약 계자권선이 기동 중 단락회로면 위험한 전압이 발생하지는 않는다. 그리고 유도된 계자전류는 실제로 전동기의 기동토오크에 기여한다.

요약하면, 기계가 제동권선을 가지면 다음 과정에 의해 기동될 수 있다.

1. 직류 전원으로부터 계자권선을 차단하고, 계자권선을 단락시킨다.
2. 전동기 고정자에 3상 전압을 공급한다. 그리고 회전자를 동기속도에 가깝게 가속시킨다. 전동기는 가능한 동기속도에 근접하도록 하기 위해 무부하로 기동한다.
3. 계자회로에 직류전원을 연결한다. 그 후에, 전동기는 동기속도 n_{sync}로 진입할 것이고 축에 부하를 인가시킨다.

제동권선에 의한 전동기 안정도

제동권선은 기동을 위해 추가하지만 기기 안정도도 높일 수 있다. 고정자 자계는 n_{sync}속도로 일정하게 회전한다. 그리고 이것은 정격 주파수가 변할 때만 변한다. 만약 회전자가 n_{sync}로 회전하면, 제동권선은 유기전압이 없다. 회전자가 n_{sync}보다 느려지면, 회전자와 고정자 자계 사이에는 상대 운동이 발생한다. 그리고 제동권선 내에서 전압이 유기된다. 이 전압은 전류를 발생하고, 전류는 자계를 만든다. 두 자계의 상호작용은 기기를 다시 가속시킬 수 있는 토오크를 만든다. 반면, 만약 회전자가 고정자 자계보다 더 빨리 회전하면, 회전자를 감소시키는 토오크가 발생하게 될 것이다. 따라서 제동권선에 의해 발생된 토오크는 느린 기계를 빠르게 하고, 빠른 기계를 느리게 한다.

그러므로, 이 권선은 부하나 기계의 과도상태를 완충시키려고 하는 경향이 있다. 제동권선을 **댐퍼권선**이라 불리어지는 이유가 여기에 있다. 제동권선은 동기발전기에도 사용된다. 그리고 이것은 발전기가 무한모선에 다른 발전기와 연결된 병렬운전에서도 안정화시키는 역할을 한다. 만약, 발전기의 축 토오크의 진동이 있으면, 회전자가 일시적으로 빨라지거나 느려질 것이다. 이 변화는 제동권선에 의해 제어될 것이다. 제동권선은 전력과 토오크의 과도상태의 크기를 감소시킴으로서 전력시스템의 안정도를 향상시킨다.

제동권선은 고장이 발생한 동기기 내의 대부분의 차과도 전류에도 역할을 한다. 발전기단자의 단락은 단지 다른 과도 형태이고, 제동권선은 신속히 그것에 반응한다.

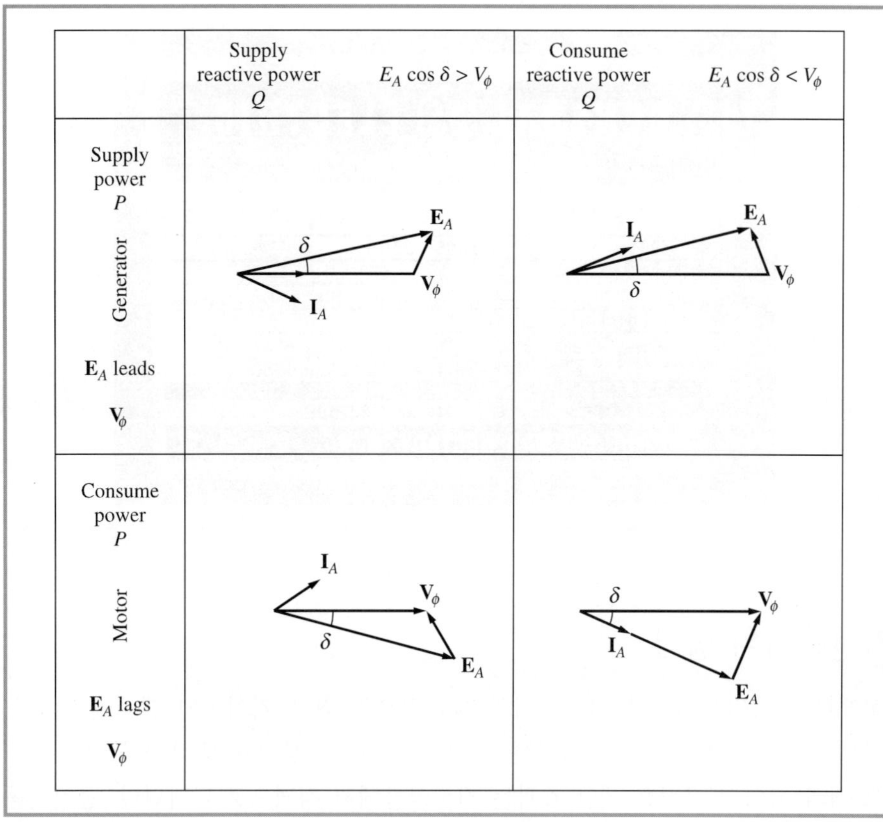

그림 5-20 동기전동기와 동기발전기의 유효전력 P와 무효전력 Q의 발생과 소비를 나타내는 페이저도

5.4 동기전동기와 동기발전기

동기발전기는 기계적 에너지를 전기적 에너지로 변환하는 동기기이며, 동기전동기는 전기적 에너지를 기계적 에너지로 변환시키는 기기이다. 사실 이것들은 같은 기기이다.

동기기는 전력계통에 유효전력과 무효전력을 공급하거나 소비하는 것이 가능하다. 유효전력과 무효전력의 흐름은 모두 4가지 결합이 가능하며, 그림 5-20은 이러한 조건을 페이저도로 나타낸 것이다. 그림으로부터

1. 동기발전기의 특징은 $\mathbf{E}_A$가 $\mathbf{V}_\phi$보다 앞에 있는 경우이고, 반면 전동기의 경우 $\mathbf{E}_A$가 $\mathbf{V}_\phi$보다 뒤에 있다.
2. 기기에 공급하는 무효전력 Q의 특징은 기기가 발전기 또는 전동기로 동작하는 것에 무관하게 $\mathbf{E}_A \cos\delta > \mathbf{V}_\phi$이다. 무효전력 Q을 소비하는 기기는 $\mathbf{E}_A \cos\delta < \mathbf{V}_\phi$의 특성을 가진다.

그림 5-21 대형 동기전동기의 전형적인 명판

5.5 동기전동기의 정격

실제로 동기전동기는 동기발전기와 물리적으로 같은 기기이기 때문에 기기의 기본 정격은 같다. 주요 차이점은 큰 E_A에 대해 지상역률 대신 진상역률이고, 그 결과 최대 계자전류 제한 효과는 진상역률에서 정격으로 나타난다. 동기전동기의 출력은 기계적 에너지이며, 동기전동기의 정격은 일반적으로 마력이나 kW로 주어진다. 동기발전기의 정격은 VA와 역률로 주어진다.

대형 동기전동기의 명판은 그림 5-21에 있다. 작은 동기전동기는 그림의 자료이외에 수용률이 있다.

일반적인 유도전동기보다 동기전동기는 낮은 속도, 높은 전력에 더 효율적이다(6장 참조). 그러므로 일반적으로 낮은 속도, 높은 전력 부하에 사용된다.

5.6 요약

동기전동기는 동기발전기와 같은 기기이며, 유효전력의 흐름이 반대방향이다. 실제로 동기전동기는 일반적으로 전동기보다 매우 큰 발전기를 가지는 전력계통에 연결되어 주파수와 단자전압은 고정되어 있다(즉, 전력 계통은 무한모선이다).

동기전동기의 등가회로는 동기발전기의 등가회로와 전기자전류 방향이 반대라는 것만 제외하고 같다.

동기전동기의 속도는 무부하에서 최대부하까지 일정하다. 회전속도는

$$n_m = \frac{120 f_{se}}{P} \tag{5-3}$$

기계의 최대출력은

$$P_{\max} = \frac{3V_\phi E_A}{X_S} \tag{4–21}$$

이고 최대 가능 토오크는

$$\tau_{\max} = \frac{3V_\phi E_A}{\omega X_S} \tag{4–22}$$

이다. 만일 이 값을 넘는 경우 회전자는 고정자의 회전자계와 동기되어 회전하지 못하고 정지한다.

전기적, 기계적 손실들을 무시하면 전동기에서 전기적 형태에서 기계적 형태로 변환된 전력은

$$P_{\text{conv}} = \frac{3V_\phi E_A}{X_S} \sin\delta \tag{4–20}$$

이고, 입력전압 $\mathbf{V}_\phi$이 상수이면 변환된 전력(전력을 공급하는)은 $E_A \sin\delta$의 크기와 직접적으로 비례한다. 이 관계는 동기전동기의 페이저도를 그릴 때 유용하다. 예를 들어 계자전류가 증가하거나 감소한다면, 전동기의 내부발생전압은 증가하거나 감소할 것이다. 그리고 $E_A \sin\delta$의 크기는 여전히 일정할 것이다. 이 제한조건은 전동기의 페이저도(그림 5-9 참조)에서 변화를 그리고 동기전동기의 V곡선을 계산하는 것을 쉽게 해준다.

동기전동기에서 부하가 일정한데 계자전류를 변화시키면 전동기가 공급하거나 소비하는 무효전력이 변한다. $E_A \cos\delta < V_\phi$이면 전동기가 무효전력을 공급하고, $E_A \cos\delta < V_\phi$이면 전동기는 무효전력을 소비한다. 동기전동기는 보통 무효전력을 공급하고 부사의 전 역률을 개선하기 위해 $E_A \cos\delta < V_\phi$로 운전한다.

동기전동기는 기동토오크가 없고, 자기기동을 못한다. 동기전동기를 기동하는 3가지 방법은

1. 안전하게 기동할 수 있는 수준으로 고정자 주파수로 감소시킨다.
2. 외부 원동기를 이용한다.
3. 계자권선에 직류를 인가하기 전에 전동기의 제동권선으로 동기속도 부근으로 가속한다.

만약 댐퍼권선이 전동기에 있다면, 부하가 변동할 때에도 전동기의 안전도를 높여준다.

질문 Questions

5-1. 동기전동기와 동기발전기를 비교 설명하라.

5-2. 동기전동기의 속도변동률을 설명하라.

5-3. 일정 속도-토오크 특성이 요구되지 않는 경우에도 동기전동기를 사용하는 이유는?

5-4. 동기전동기가 자기기동을 할 수 없는 이유는 무엇인가?

5-5. 동기전동기를 기동운전하는 데 필요한 기술은 무엇인가?

5-6. 제동권선이란? 주 자계에 의해 발생한 토오크는 교번하는데, 왜 기동시 제동권선에 의해서 만들어진 토오크는 단방향인가?

5-7. 동기 캐패시터는 무엇인가? 이것을 사용하는 이유는 무엇인가?

5-8. 페이저도를 이용하여 동기전동기의 계자전류가 변할 때의 경우를 설명하라. 페이저도로부터 동기전동기 V곡선을 유도하라.

5-9. 진상 또는 지상으로 동작할 때 어느 쪽이 동기전동기 계자회로가 과열로 인해 동기전동기가 더 위험한가? 페이저도를 이용하여 설명하라.

5-10. 동기전동기가 고정된 유효부하에서 동작하고 계자전류를 증가시킨다. 만약에 전기자전류가 감소하면, 초기에 역률은 진상인가 지상인가?

5-11. 동기전동기의 운전주파수가 정격보다 낮으면 왜 인가전압을 낮추어야 하는가?

연습문제 Problems

5-1. 480 V, 60 Hz, 400 hp, 진상역률 0.8, 8극, Δ결선의 동기전동기가 있다. 이 전동기의 동기 리액턴스는 0.6 Ω이고 전기자 저항은 무시한다. 마찰손, 풍손, 철손도 무시한다. $|\mathbf{E}_A|$는 계자전류에 직접적으로 비례한다(전동기는 자화곡선에서 선형영역에서 동작한다고 가정). 그리고 $I_F = 4$ A이면 $|\mathbf{E}_A| = 480$ V이다.

(*a*) 이 전동기의 속도는 얼마인가?

(*b*) 처음에 전동기는 지상역률 0.8로 400 hp을 공급했다면 $\mathbf{E}_A$와 $\mathbf{I}_A$의 크기와 각은 얼마인가?

(*c*) 이 전동기에 발생하는 토오크와 토오크각 δ은 얼마인가? 또, 이 계자전류 값에서 전동기의 발생 토오크가 최대 토오크에 얼마나 근접하는가?

(*d*) $|\mathbf{E}_A|$가 30% 증가하면 이 전동기의 전기자전류의 크기와 전동기의 역률은 얼마인가?

(*e*) 이 부하조건에서 전동기의 V곡선을 계산하고 그려라.

5-2. 연습문제 5-1의 전동기가 정격조건에서 동작한다고 가정한다.

(*a*) $\mathbf{E}_A$와 $\mathbf{I}_A$의 크기와 각, 그리고 $\mathbf{I}_F$는 얼마인가?

(*b*) 부하를 제거했을 때, $\mathbf{E}_A$와 $\mathbf{I}_A$의 크기와 각은 얼마인가?

5-3. 230 V, 50 Hz, 2극인 동기전동기는 전부하 단위역률로 40 A가 흐르며 이 전동기의 손실은 무시한다.

(*a*) 전동기의 출력 토오크는 얼마인가? 답을 newton-meters와 pound-feet로 표현하라.

(*b*) 진상역률 0.85로 하기 위해서 어떻게 해야 하는가(페이저도를 사용하여 설명하라)?

(*c*) 진상역률 0.85로 조정할 때 선전류의 크기는 얼마인가?

5-4. 2300 V, 1000 hp, 진상역률 0.8, 60 Hz, 2극, Y결선의 동기전동기는 동기 리액턴스 5.0 Ω, 전기자 저항 0.3 Ω이다. 60 Hz일 때, 마찰손과 풍손은 30 kW이고, 철손은 20 kW이다. 계자회로는 직류 200 V와 최대 $I_F = 10$ A이다. 이 전동기의 개방회로 특성은 그림 P5-1과 같다. 이 전동기에 대해서 다음의 질문에 답하라. 전원은 무한모선이다.

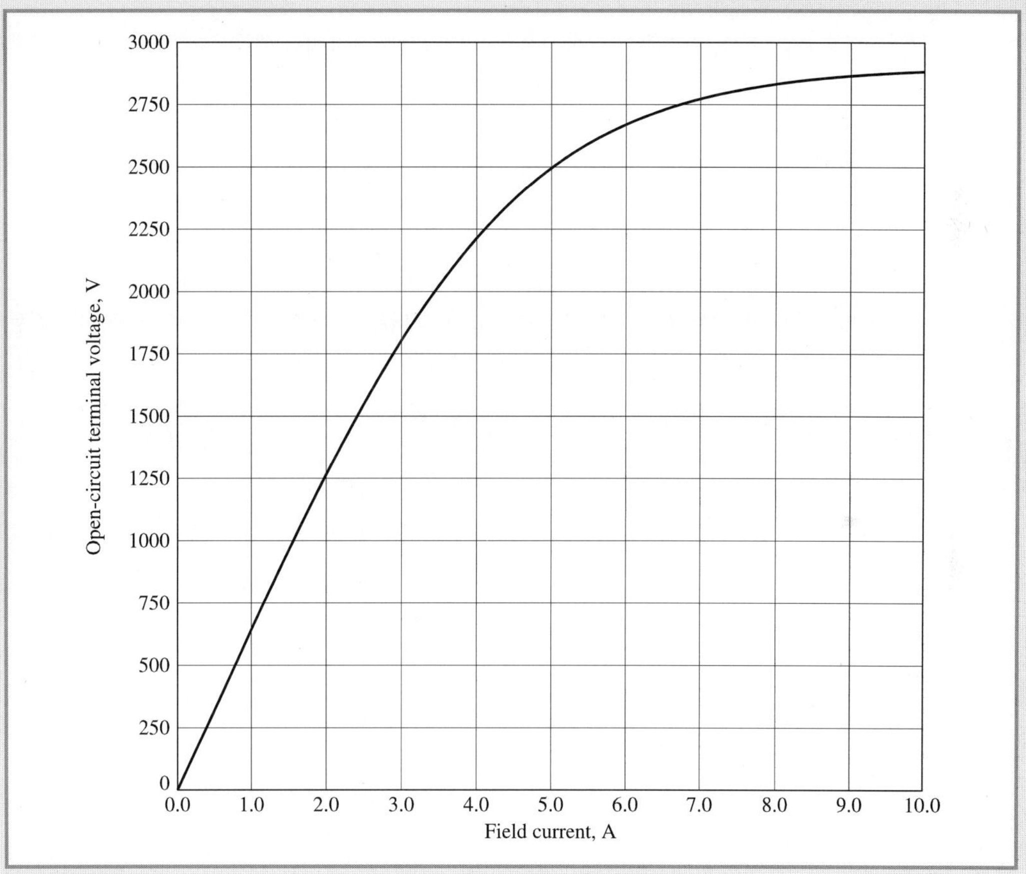

그림 P5-1

연습문제 5-4와 5-5의 개방회로 특성곡선

(*a*) 전부하, 단위역률에서 동작하기 위한 계자전류는?

(*b*) 전부하, 단위역률에서의 효율?

(*c*) 계자전류를 5% 증가할 경우 전기자전류와 역률은 어떻게 되는가? 이 전동기의 공급 또는 소비하는 무효전력은 얼마인가?

(*d*) 단위역률과 0.8 진상역률에서 기기가 이론적으로 만들 수 있는 최대 토오크는 얼마인가?

5-5. 연습문제 5-4의 동기전동기에 대해서 무부하, 반부하, 전부하에서의 V곡선을 그려라. 전기자 저항은 무시한다(그림 P5-1에서 개방회로 특성의 전자 판은 책의 웹사이트에서 얻을 수 있다. 계산이 간단해질 것이다).

5-6. 60 Hz 동기전동기가 50 Hz로 운전할 때 동기 리액턴스는 변화하는가(힌트: X_S의 유도에 대해서 생각하라)?

5-7. 208 V, Y결선인 동기전동기는 208 V 전력시스템으로부터, 단위역률에서 50 A가 흐른다. 계자전류는 2.7 A이다. 동기 리액턴스는 1.6 Ω이다. 개방회로 특성은 선형으로 가정한다.

(*a*) 이 조건에서 $\mathbf{V}_\phi$와 $\mathbf{E}_A$는 얼마인가?

(*b*) 토오크의 각 δ을 구하라.

(*c*) 이 조건에서 정태안정도 전력한계는 얼마인가?

(*b*) 전동기가 진상역률 0.8로 되기 위한 계자전류는 얼마인가?

(*e*) (*d*)에서 새로운 토오크의 각은 얼마인가?

5-8. 4.12 kV, 60 Hz, 3000 hp, 진상역률 0.8, 8극, Δ결선, 3상 동기전동기가 있다. 이 전동기의 단위 동기 리액턴스는 1.1이고 단위 전기자 저항은 0.1이다. 전동기가 0.85 진상역률에서 300 A의 선전류를 가진 정격전압에서 동작한다면, 전동기의 내부발생전압은 얼마인가? 토오크 각 δ은 얼마인가?

5-9. 그림 P5-2는 R_A 없이 진상역률로 동작되는 동기전동기의 페이저도이다. 전동기의 토오크각은 다음과 같이 구할 수 있다.

$$\tan \delta = \frac{X_S I_A \cos \theta}{V_\phi + X_S I_A \sin \theta}$$

$$\delta = \tan^{-1}\left(\frac{X_S I_A \cos \theta}{V_\phi + X_S I_A \sin \theta}\right)$$

전기자 저항을 포함하는 경우 동기전동기의 토오크각 식을 유도하라.

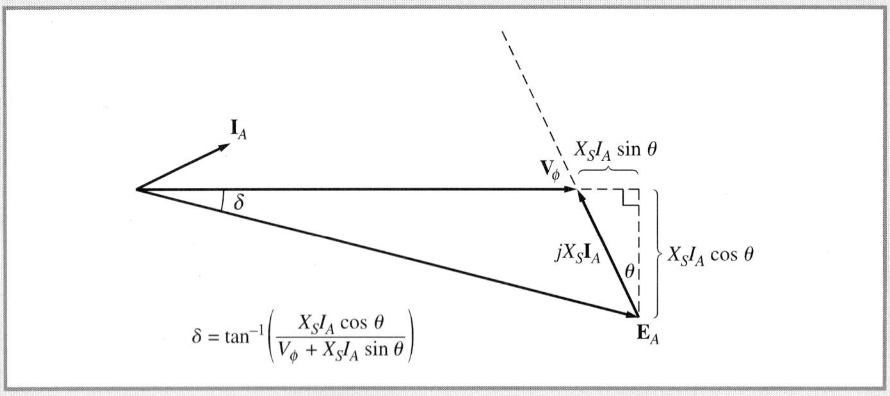

그림 P5-2 진상역률을 가지는 전동기의 페이저도

5-10. 동기기의 동기 리액턴스는 1.0 Ω/상이고 전기자 저항은 0.1 Ω/상이다. 만약, $\mathbf{E}_A = 460 \angle -10°$ V이고 $\mathbf{V}_\phi = 480 \angle 0°$ V일 때 이 기계는 전동기인가? 발전기인가? 전원 시스템에서 공급 혹은 소비되는 전력 P는 얼마인가? 전원 시스템에서 공급 혹은 소비되는 무효전력 Q는 얼마인가?

5-11. 500 kVA, 600 V, 진상역률 0.8, Y결선의 동기전동기는 단위 동기 리액턴스 1.0, 단위 전기자 저항은 0.1이다. 이때 $\mathbf{E}_A = 1.00 \angle 12°$ pu과 $\mathbf{V}_\phi = 1 \angle 0°$ pu 이다.

(*a*) 이 전동기는 현재 전동기 혹은 발전기처럼 동작하는가?

(*b*) 전원 시스템에서 공급 혹은 소비되는 유효전력 *P*는 얼마인가?

(*c*) 전원 시스템에서 공급 혹은 소비되는 무효전력 *Q*는 얼마인가?

5-12. 그림 P5-3은 외부에 3상 480 V 전원에 의해 공급되는 작은 산업 공장을 보여준다. 이 공장은 그림에서와 같이 3개의 부하가 있다. 동기전동기는 100 hp, 460 V, 0.8 진상역률이다. 단위 동기 리액턴스는 1.1이고 단위 전기자 저항은 0.01이다. 이 전동기에 대한 개방회로 특성은 그림 P5-4에 보여진다.

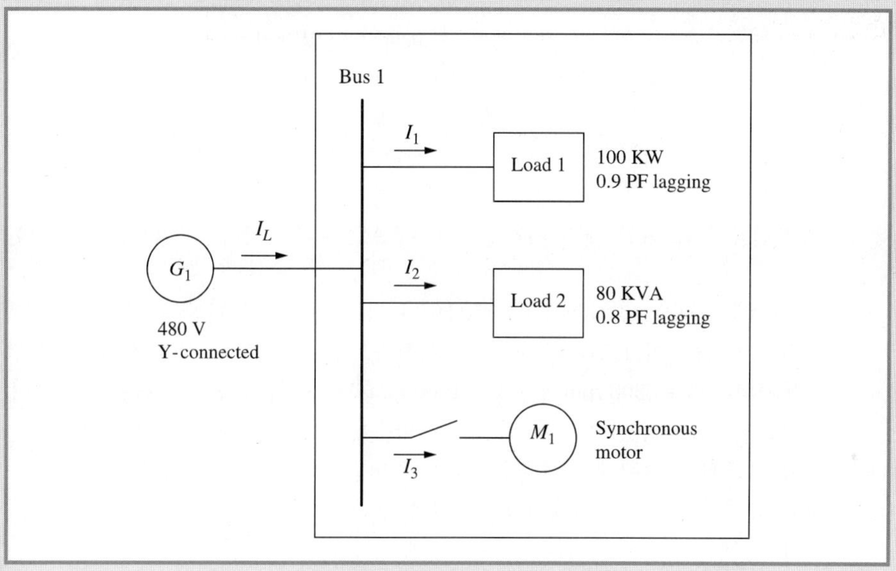

그림 P5-3
작은 산업 시설

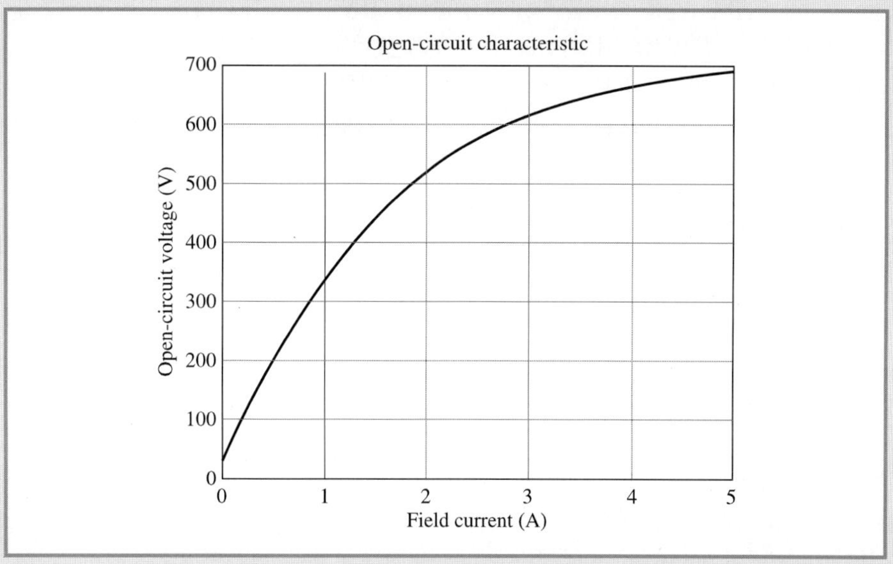

그림 P5-4
동기전동기의 개방회로 특성

(*a*) 만약 동기전동기의 스위치가 개방되어 있다면, 이 공장에서 공급하는 유효전력, 무효전력, 그리고 피상전력은 각각 얼마인가? 송전선에서 전류 I_L는 얼마인가?

스위치는 지금 닫히고 동기전동기는 계자전류 1.5 A로 조정되어 정격출력을 공급한다.

(*b*) 동기전동기에 공급되는 유효전력, 무효전격은 얼마인가?
(*c*) 동기전동기의 토오크각은 얼마인가?
(*d*) 동기전동기의 역률은 얼마인가?
(*e*) 이 공장에서 공급하는 유효전력, 무효전력, 그리고 피상전력은 각각 얼마인가? 송전선에서 전류 I_L는 얼마인가?

지금 계자전류를 3.0 A로 증가시킨다.

(*f*) 동기전동기에 공급되는 유효전력, 무효전격은 얼마인가?
(*g*) 동기전동기의 토오크각은 얼마인가?
(*h*) 동기전동기의 역률은 얼마인가?
(*i*) 이 공장에서 공급하는 유효전력, 무효전력, 그리고 피상전력은 각각 얼마인가? 송전선에서 전류 I_L는 얼마인가?
(*j*) 계자전류가 1.5 A일 때와 계자전류가 3.0 A일 때의 선전류를 비교하면 어떠한가?

5-13. 480 V, 100 kW, 진상역률 0.8, 50 Hz, 46극, Y결선인 동기전동기의 동기 리액턴스가 1.8 Ω이고 전기자저항은 무시한다. 회전 손실도 역시 무시한다. 이 전동기의 속도는 300 rpm에서부터 1500 rpm까지 범위 내에 연속적인 동작하며, 반도체구동장치를 이용한 시스템 주파수 제어로 속도를 변화시키다.

(*a*) 속도제어 범위에 대응하는 입력 주파수의 범위는 어떻게 되는가?
(*b*) 전동기가 정격조건에서 E_A을 값은 얼마인가?
(*c*) (*b*)에서 계산한 E_A값과 정격속도에서 전동기의 최대전력은 얼마인가?
(*d*) 300 rpm에서 최대전압 E_A은 얼마인가?
(*e*) E_A만큼 V_ϕ를 줄였을 때 300 rpm에서 전동기의 최대전력은 어떻게 되는가?
(*f*) 이 속도에서의 동기전동기의 출력은?

5-14. 2300 V, 400 hp, 60 Hz, 8극 Y결선인 동기전동기는 정격 진상역률 0.85를 가진다. 전부하에서 효율은 90%이다. 전기자저항은 0.8 Ω이고 동기 리액턴스는 11 Ω이다. 기기가 전부하로 운전할 때 다음 질문에 답하라.

(*a*) 출력 토오크
(*b*) 입력
(*c*) n_m
(*d*) $\mathbf{E}_A$
(*d*) $|\mathbf{I}_A|$
(*f*) P_{conv}
(*g*) $P_{\text{mech}} + P_{\text{core}} + P_{\text{stray}}$

5-15. 그림 5-21에서 보여준 명판을 갖는 Y결선 동기전동기는 동기 리액턴스 0.70 pu와 저항 0.02 pu를 가진다.

(*a*) 전동기의 정격입력은 얼마인가?
(*b*) 정격상태에서 $\mathbf{E}_A$의 크기는 얼마인가?
(*c*) 전동기의 입력은 12 MW이면 전동기가 공급할 수 있는 최대 무효전력은 얼마인가? 또, 전기자전류와 계자전류 중 어느 것이 무효전력의 출력을 제한하는가?
(*d*) 정격상태에서 계자회로의 소비 전력은 얼마인가?
(*e*) 전부하에서 전동기의 효율은 얼마인가?
(*f*) 정격상태에서 전동기의 출력 토오크는 어떻게 되는가? 답을 newton-meters와 pound-feet로 표현하라.

5-16 480 V, 500 kVA, 진상역률 0.8, Y결선인 동기발전기의 동기 리액턴스는 0.4 Ω이고 전기자 저항은 무시한다. 이 발전기은 480 V, 80 kW, 진상역률 0.8, Y결선인 동기전동기에 전력을 공급하고 이 동기전동기의 동기 리액턴스는 2.0 Ω이고 전기자 저항은 무시한다. 동기전동기가 단위역률에서 정격으로 운전될 때 동기발전기의 단자전압은 480 V이다.
(a) 발전기와 전동기 각각 $\mathbf{E}_A$의 크기와 각을 계산하라.
(b) 전동기의 자속을 10%로 증가시키면 단자전압은 어떻게 변화하는가? 이때의 값을 구하라.
(c) 전동기의 자속을 증가시킨 후에 전동기의 역률은 어떻게 되는가?

5-17. 440 V, 60Hz, Y결선, 3상 동기전동기는 1.5 Ω/상의 동기 리액턴스를 가진다. 발전기의 공급 전력이 90 kW일 때 토오크각 δ를 25°가 되도록 계자전류를 조정하였다.
(*a*) 기계 내부발생전압 $\mathbf{E}_A$의 크기는 어떻게 되는가?
(*b*) 기계의 전기자전류의 크기와 각은 어떻게 되는가? 이 전동기의 역률은 어떻게 되는가?
(*c*) 계자전류를 일정하게 고정한 후, 전동기에 공급할 수 있는 최대전력은?

5-18 460 V, 200 kVA, 진상역률 0.85, 400 Hz, 4극, Y결선인 동기전동기는 전기자저항은 무시하고 동기 리액턴스는 0.90 pu를 가지며 모든 손실은 무시한다.
(*a*) 전동기의 회전속도는 얼마인가?
(*b*) 정격상태에서 출력토오크는 얼마인가?
(*c*) 정격상태에서 전동기의 내부발생전압은 얼마인가?
(*d*) (*c*)의 계자전류에서 기계의 최대 가능한 출력은 얼마인가?

5-19. 100 hp, 440 V, 진상역률 0.8, Δ결선인 동기전동기는 0.3 Ω의 전기자 저항과 4.0 Ω의 동기 리액턴스를 가진다. 전부하의 효율은 96 %이다.
(*a*) 정격상태에서 전동기의 입력은 얼마인가?
(*b*) 정격상태에서 전동기의 선전류와 상전류는 얼마인가?
(*c*) 정격상태에서 전동기를 공급하거나 소비하는 무효전력은 얼마인가?
(*d*) 정격상태에서 전동기의 내부발생전압 $\mathbf{E}_A$는 얼마인가?
(*e*) 정격상태에서 전동기의 고정자 동손은 얼마인가?
(*f*) 정격상태에서 P_{conv}은 얼마인가?
(*g*) E_A를 10 % 감소시킬 때 전동기에서 공급하거나 소비하는 무효전력은 얼마인가?

5-20. 연습문제 5-19의 기계에 대해서 다음 질문에 답하라.

(*a*) $\mathbf{E}_A = 430 \angle 15°$ V이고 $\mathbf{V}_\phi = 440 \angle 0°$ V인 경우, 기계가 전력계통에서 유효전력이 공급되는가 아니면 소비하는가? 기계가 전력계통에서 무효전력이 공급되는가 아니면 소비하는가?

(*b*) (*a*) 조건하에 기계가 공급하거나 소비하는 유효전력 P와 무효전력 Q를 계산하라. 이들 조건하에서 이 기계는 정격 내에서 동작하는가?

(*c*) $\mathbf{E}_A = 470 \angle -20°$ V이고 $\mathbf{V}_\phi = 440 \angle 0°$ V인 경우, 기계가 전력계통에서 유효전력이 공급되는가 아니면 소비하는가? 기계가 전력계통에서 무효전력이 공급되는가 아니면 소비하는가?

(*d*) (*c*) 조건하에 기계가 공급하거나 소비하는 유효전력 P와 무효전력 Q를 계산하라. 이들 조건하에서 이 기계는 정격 내에서 동작하는가?

참고문헌 References

1. Chaston, A. N. *Electric Machinery*. Reston, Va.: Reston Publishing, 1986.
2. Del Toro, V. *Electric Machines and Power Systems*. Englewood Cliffs, N.J.: Prentice-Hall, 1985.
3. Fitzgerald, A. E., and C. Kingsley, Jr. *Electric Machinery*. New York: McGraw-Hill, 1952.
4. Fitzgerald, A. E., C. Kingsley, Jr., and S. D. Umans. *Electric Machinery*, 6th ed. New York: McGraw-Hill, 2003.
5. Kosow, Irving L. *Control of Electric Motors*. Englewood Cliffs, N.J.: Prentice-Hall, 1972.
6. Liwschitz-Garik, Michael, and Clyde Whipple. *Alternating-Current Machinery*. Princeton, N.J.: Van Nostrand, 1961.
7. Nasar, Syed A. (ed.). *Handbook of Electric Machines*. New York: McGraw-Hill, 1987.
8. Slemon, G. R., and A. Straughen. *Electric Machines*. Reading, Mass.: Addison-Wesley, 1980.
9. Vithayathil, Joseph. *Power Electronics: Principles and Applications*. New York: McGraw-Hill, 1995.
10. Werninck, E. H. (ed.). *Electric Motor Handbook*. London: McGraw-Hill, 1978.

CHAPTER 06

유도전동기

학습목표

- 동기전동기와 유도전동기의 주요 차이에 대한 이해
- 슬립의 개념과 회전자 주파수와의 관계에 대한 이해
- 유도전동기의 등가회로 사용법과 이해
- 유동전동기의 전력 흐름과 전력흐름도에 대한 이해
- 토오크-속도 곡선에서 수식 사용법
- 토오크-속도 특성곡선은 왜 회전자 디자인에 따라 변하는가에 대한 이해
- 유도전동기 기동 기법
- 유동전동기의 속도제어 방법
- 유도전동기 회로 모델 파라메터 측정법
- 발전기로서 유도기에 대한 이해
- 유도전동기의 정격 이해

앞장에서, 우리는 동기전동기의 제동권선이 자계를 발생시키는 전류를 외부에서 공급받지 않고 어떻게 기동토오크를 발생하는지 살펴보았다. 사실은, 동기전동기에서는 직류계자회로 없이 전동기로 동작할 수 있도록 하는 역할을 제동권선이 하고 있으며, 이러한 제동권선만 가지고 있는 기기를 유도기라 한다. 이와 같은 기기를 유도기라고 하는 이유는 회전자 전압(회전자 전류를 흐르게 하여 회전자자계를 만든다)이 물리적 결선이 없이 회전자 권선에 유도되기 때문이다. 유도기의 특징은 기계를 동작하기 위해서 직류 계자전류가 필요 없다는 것이다.

유도기는 전동기나 발전기로도 사용할 수는 있지만, 발전기로 사용하기에는 많은 단점을 가지고 있기 때문에 거의 쓰이지 않으며, 이러한 이유로 유도기라고 하면 대개 유도전동기를 말한다.

6.1 유도전동기의 구조

유도전동기의 고정자의 구조는 동기전동기와 동일하지만 회전자의 구조는 서로 다르다. 그림 6-1은 전형적인 2극 고정자를 보여주고 있으며, 동기기의 고정자와 같은 것임을 알 수 있다. 고정자 안쪽에 놓이게 될 유도기의 회전자는 두 가지 종류가 있다. 하나는 **농형 회전자(cage rotor)**이고 나머지 하나는 **권선형 회전자(wound rotor)**이다.

그림 6-2와 그림 6-3은 농형 유도전동기의 회전자를 나타낸다. 농형 유도전동기의 회전자는 회전자 표면에 슬롯을 파고 도체 바를 나란히 넣어 그 양단을 단락환(shorting ring)으로 연결한 구조를 가지고 있다. 회전자의 이런 모양이 마치 다람쥐나 햄스터가 뛰어 노는 쳇바퀴처럼 생겨서 농형 회전자라고 한다.

그림 6-1
전형적인 유도전동기의 고정자. 고정자 권선이 보이고 있다(MagneTek, Inc. 제공).

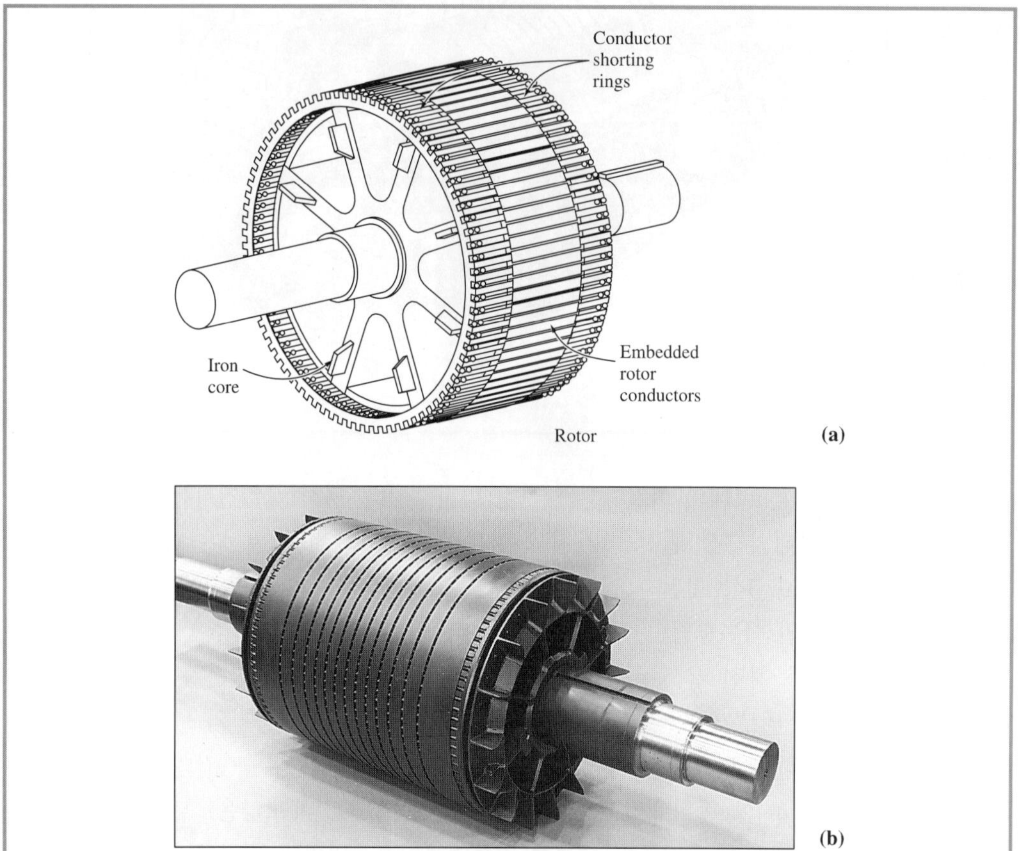

그림 6-2
(a) 농형 회전자의 개요도, (b) 전형적인 농형 회전자(General Electric Company 제공)

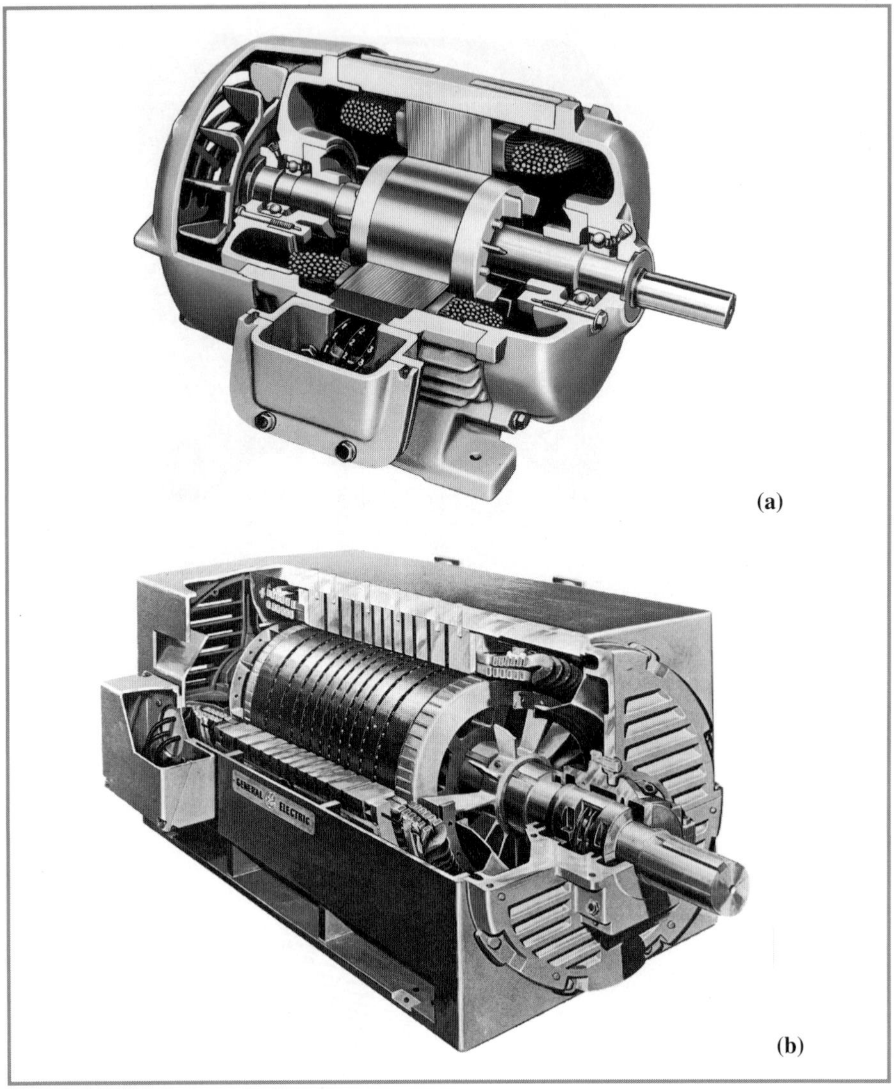

그림 6-3
(a) 전형적인 소형 농형 유도전동기의 내부구성도(MagneTek, Inc. 제공), (b) 전형적인 대형 농형 유도전동기의 내부구성도(General Electric Company 제공)

또 다른 형태의 회전자는 권선형 회전자이다. 권선형 회전자는 고정자 권선과 같은 형태의 3상 권선을 가지고 있다. 이 3상 회전자 권선은 대개 Y결선으로 되어 있고, 3상 회전자 권선의 한쪽 끝은 회전자 축의 슬립링에 연결되어 있다. 회전자 권선은 슬립링 위에 놓여진 브러쉬를 통해 단락되어 있다. 따라서 권선형 회전자를 가진 유도전동기는 고정자의 브러쉬를 통해 회전자 전류를 측정할 수 있고, 외부저항을 회전자 회로에 삽입할 수 있다. 전동기의 토오크-속도 특성을 변경하기 위해서는 이러한 특징을 이용할 수 있다. 두 가지의 권선형 회전자를 그림 6-4에 나타내었고, 권선형 유도전동기의 전체모양은 그림 6-5에 나타내었다. 권선형 유도전동기는 농형 전동기보다 더 비싸며 브러쉬나 슬립링의 마모 때문에 유지비도 더 많이 소요된다. 결과적으로 권선형 유도전동기는 드물게 사용된다.

(a)

(b)

그림 6-4
유도전동기의 전형적인 권선형 회전자. 회전자 권선이 슬립링에 연결되어 있는 슬립링과 바를 주목하라(General Electric Company 제공).

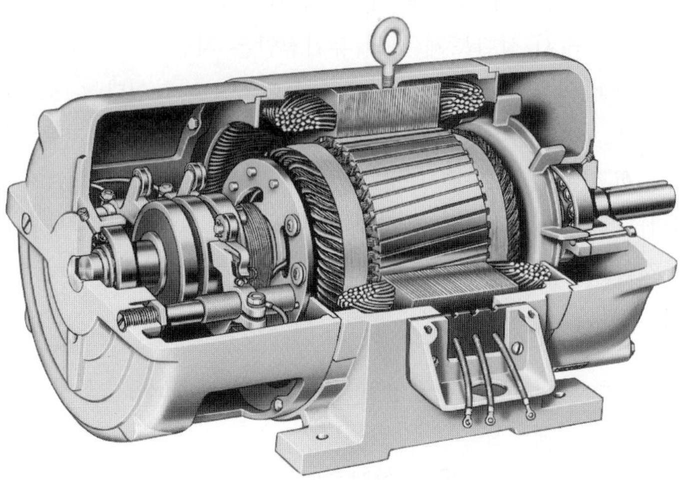

그림 6-5
권선형 유도전동기의 단면도. 브러쉬와 슬립링을 주목하라. 또한 회전자 권선이 슬롯 고조파를 제거하기 위하여 사구(skew)되어 있다(MagneTek, Inc. 제공).

6.2 유도전동기의 기본개념

유도전동기의 동작은 기본적으로 동기전동기에서 제동권선이 작동하는 원리와 똑같다. 그 기본동작을 다시 살펴보고, 몇 가지 중요한 유도전동기의 용어를 정의한다.

유도전동기에서 유도토오크의 발생

그림 6-6은 농형 유도전동기를 나타낸다. 고정자에 3상 전압을 인가하면 3상 전류가 흐른다. 이 전류는 반시계방향으로 회전하는 자계 $\mathbf{B}_S$를 발생하며 회전 자계의 회전속도는 다음 식으로 주어진다.

$$\boxed{n_{\text{sync}} = \frac{120 f_{se}}{P}} \tag{6–1}$$

여기서, f_{se}는 전원주파수(Hz)이고, P는 기기의 극수이다. 이 회전자계 $\mathbf{B}_S$는 회전자 도체 바를 쇄교하며, 회전자 도체 바에 전압을 유기시킨다.

주어진 회전자 도체바에 유기된 전압은 다음 식으로 주어진다.

$$e_{\text{ind}} = (\mathbf{v} \times \mathbf{B}) \cdot \mathbf{l} \tag{1–45}$$

여기서,

$\mathbf{v}$ = 회전자계에 대한 회전자 도체바의 속도

$\mathbf{B}$ = 자속밀도 벡터

$\mathbf{l}$ = 자계 내에 도체 길이

회전자 도체 바에 전압을 유기하는 것은 고정자 자계에 대한 회전자의 상대운동 때문이다. 고정자 자계에 대한 회전자 상단 도체 바의 상대속도는 오른쪽 방향이며, 따라서 상단도체 바의 유기전압은 지면에서 나오는 방향이다. 반면에 하단 도체 바의 유기전압은 지면으로 들어가는 방향이다. 이로 인해 전류의 흐름은 상단 도체 바에서 흘러나와 하단 도체 바로 흘러 들어가는 결과로 나타난다. 그러나 회전자는 유도성이므로 첨두 회전자전류는 첨두 회전자전압보다 위상이 뒤진다[그림 6-6(b) 참조]. 회전자 전류의 흐름은 회전자자계 $\mathbf{B}_R$을 발생시킨다.

마지막으로 기기의 유도토오크는 다음 식으로 주어지기 때문에

$$\tau_{\text{ind}} = k\mathbf{B}_R \times \mathbf{B}_S \tag{3–58}$$

이 결과, 토오크는 반시계방향이 된다. 회전자 유도토오크가 반시계방향이므로 회전자는 반시계방향으로 가속된다.

그러나 전동기의 속도는 상한선이 존재한다. 만일 유도전동기의 회전자가 동기속도로 회전한다면 회전자 도체 바는 회전자계에 대해 상대적으로 정지해 있는 것과 같으며 따라서 전압이 유기되지 않는다. 만약 e_{ind}가 0이라면, 회전자 전류가 흐르지 않아 회전자자계가 발생하지 않으므로 유도토오크는 0이 되어

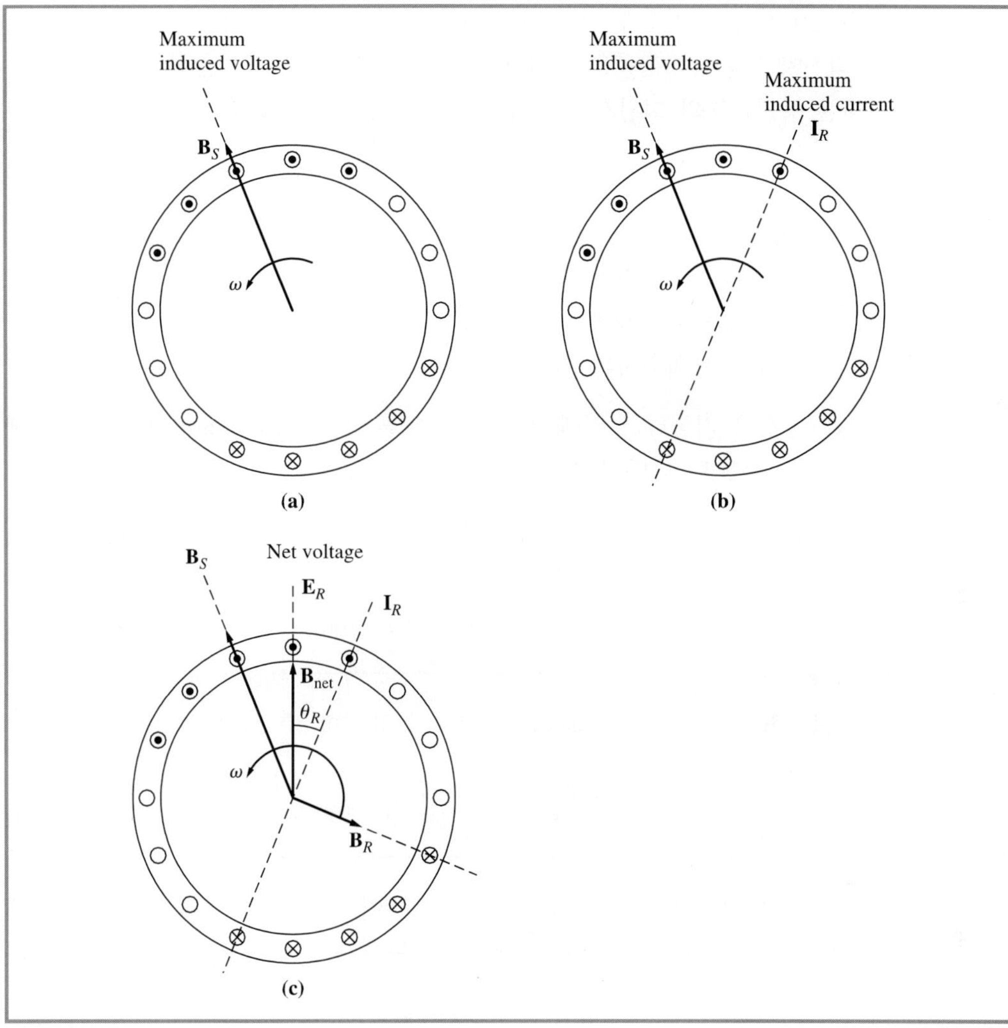

그림 6-6
유도전동기에서 유도토오크의 발생 (a) 회전하는 고정자자계 $\mathbf{B}_S$는 회전자 도체 바에 전압을 유기시킨다. (b) 회전자 전압은 회전자 전류를 흐르게 하고, 회전자 전류는 회전자의 인덕턴스로 인해 유기된 전압보다 위상이 지연된다. (c) 회전자 전류는 위상이 90°뒤지는 회전자자계 $\mathbf{B}_R$을 발생시키고, $\mathbf{B}_R$는 전동기에서 반시계방향 토오크를 발생하기 위하여 $\mathbf{B}_{\text{net}}$와 상호 작용한다.

회전자는 마찰손실에 의해 속도가 느려진다. 따라서 유도전동기는 동기속도 근처까지 속도가 상승할 수 있지만 정확히 동기속도에 도달하지는 못한다.

일반적인 동작에서 회전자와 고정자 자계, $\mathbf{B}_R$과 $\mathbf{B}_S$는 모두 동기속도로 회전하지만, 회전자 자체는 더 낮은 속도에서 회전한다.

회전자 슬립의 개념

유도전동기의 회전자 도체바에 유기되는 전압은 회전자계에 대한 회전자의 상대적 운동속도에 따라 다르다. 유도전동기의 동작은 회전자의 전압과 전류에 달려있기 때문에 이 상대속도에 관해 얘기하는 것이 훨씬 더 논리적이다. 회전자와 회전자계의 상대운동을 정의하기 위해 두 개의 용어가 흔히 쓰이며, 그 중 하나는 동기속도와 회전자 속도와의 차이로 정의되는 **슬립속도(slip speed)**이다.

$$\boxed{n_{\text{slip}} = n_{\text{sync}} - n_m} \tag{6–2}$$

여기서,

n_{slip} = 전동기의 슬립속도

n_{sync} = 회전자계의 동기속도

n_m = 회전자의 기계적 축속도

상대운동을 기술하기 위해 쓰이는 또 다른 용어는 슬립(slip)인데, 이것은 백분율 또는 P.U.로 나타낸 상대속도이다. 즉, 슬립은 다음과 같이 정의한다.

$$s = \frac{n_{\text{slip}}}{n_{\text{sync}}}(\times 100\%) \tag{6–3}$$

$$\boxed{s = \frac{n_{\text{sync}} - n_m}{n_{\text{sync}}}(\times 100\%)} \tag{6–4}$$

이 식은 또한 각속도 ω[rad/sec]의 항으로 표시할 수 있다.

$$\boxed{s = \frac{\omega_{\text{sync}} - \omega_m}{\omega_{\text{sync}}}(\times 100\%)} \tag{6–5}$$

만약 회전자가 동기속도로 회전한다면 $s = 0$이 되고, 반면에 회전자가 정지해 있으면 $s = 1$이 된다. 정상적으로 운전하는 모든 전동기 속도는 이 두 속도 범위 내의 어떤 점에 존재하게 된다.

동기속도와 슬립 항으로 회전자 축의 기계적 속도를 나타낼 수 있다. 식 (6-4)와 식 (6-5)를 기계적 속도에 대해 풀면

$$\boxed{n_m = (1 - s)n_{\text{sync}}} \tag{6–6}$$

혹은

$$\boxed{\omega_m = (1 - s)\omega_{\text{sync}}} \tag{6–7}$$

과 같이 된다. 이 식들은 유도전동기의 토오크와 출력관계식을 도출하는 데 유용하다.

회전자의 전기적 주파수

유도전동기는 회전자에 전압과 전류를 유도시켜서 동작하므로 때때로 회전하는 변압기라 불린다. 변압기와 같이 1차측(고정자)은 2차측(회전자)에 전압을

유도하지만 변압기와는 달리 2차측 주파수는 1차측 주파수와 같지 않다.

전동기의 회전자가 구속되어 움직일 수 없다면, 그때 회전자는 고정자와 같은 주파수를 가질 것이다. 반면에 회전자가 동기속도로 회전한다면, 회전자의 주파수는 0이 될 것이다. 임의의 회전속도에서 회전자 주파수는 어떻게 될 것인가?

$n_m = 0$ rpm에서 회전자 주파수 $f_{re} = f_{se}$이고 슬립 $s = 1$이다. $n_m = n_{\text{sync}}$에서 회전자 주파수 $f_{re} = 0$ Hz이고 슬립 $s = 0$이다. 이 둘 사이의 임의의 속도에서 회전자 주파수는 회전자계의 속도 n_{sync}와 회전자 속도 n_m과의 차이에 직접적으로 비례한다. 회전자의 슬립은 식 (6-4)와 같이 정의되기 때문에 회전자 주파수는 식 (6-8)과 같이 쓸 수 있다.

$$s = \frac{n_{\text{sync}} - n_m}{n_{\text{sync}}} \tag{6–4}$$

$$\boxed{f_{re} = sf_{se}} \tag{6–8}$$

이 수식은 몇 가지 다른 형태로 표시가 가능하며, 그것들은 때에 따라 유용하게 쓰인다. 가장 많이 쓰이는 수식 중에 하나인 슬립에 대한 식 (6-4)를 식 (6-8)에 대입하고, 이 수식의 분모에 n_{sync}를 대입하므로 얻어진다.

$$f_{re} = \frac{n_{\text{sync}} - n_m}{n_{\text{sync}}} f_{se}$$

$n_{\text{sync}} = 120f_{se}/P$[식 (6-1)으로부터]이므로

$$f_{re} = (n_{\text{sync}} - n_m)\frac{P}{120f_{se}} f_{se}$$

따라서,

$$\boxed{f_{re} = \frac{P}{120}(n_{\text{sync}} - n_m)} \tag{6–9}$$

예제 6–1

208-V, 10-hp, 4극 60-Hz, Y결선 유도전동기가 슬립 5%의 전부하로 운전되고 있다.

(*a*) 이 전동기의 동기속도는 얼마인가?
(*b*) 정격부하에서 회전자의 속도는 얼마인가?
(*c*) 정격부하에서 회전자 주파수는 얼마인가?
(*d*) 정격부하에서 축토오크는 얼마인가?

풀이

(*a*) 이 전동기의 동기속도는

$$n_{\text{sync}} = \frac{120 f_{se}}{P} \quad (6\text{–}1)$$
$$= \frac{120(60\text{ Hz})}{4\text{ poles}} = 1800\text{ r/min}$$

(*b*) 회전자 속도는 다음으로 주어진다.

$$n_m = (1 - s)n_{\text{sync}} \tag{6–6}$$
$$= (1 - 0.05)(1800\text{ r/min}) = 1710\text{ r/min}$$

(*c*) 회전자 주파수는 다음 식으로 주어진다.

$$f_{re} = sf_{se} = (0.05)(60\text{ Hz}) = 3\text{ Hz} \tag{6–8}$$

또한, 주파수는 식 (6-9)로부터 다음과 같이 구할 수도 있다.

$$f_{re} = \frac{P}{120}(n_{\text{sync}} - n_m) \tag{6–9}$$
$$= \frac{4}{120}(1800\text{ r/min} - 1710\text{ r/min}) = 3\text{ Hz}$$

(*d*) 축 부하 토오크는 다음으로 주어진다.

$$\tau_{\text{load}} = \frac{P_{\text{out}}}{\omega_m}$$
$$= \frac{(10\text{ hp})(746\text{ W/hp})}{(1710\text{ r/min})(2\pi\text{ rad/r})(1\text{ min}/60\text{ s})} = 41.7\text{ N}\cdot\text{m}$$

영국단위계로 나타낸 축 부하토오크는 식 (1-17)로 주어진다.

$$\tau_{\text{load}} = \frac{5252P}{n}$$

여기서 τ는 pound-feet, P는 마력, 그리고 n_m은 1분당 회전수이다. 따라서

$$\tau_{\text{load}} = \frac{5252(10\text{ hp})}{1710\text{ r/min}} = 30.7\text{ lb}\cdot\text{ft}$$

6.3 유도전동기의 등가회로

유도전동기의 운전은 변압기 작용에 의해 고정자 회로에서부터 회전자 회로에 유도된 전압과 전류에 따라 다르다. 유도전동기 회전자 회로에서 유도되는 전압과 전류는 본질적으로 변압기 동작에 의한 것이기 때문에 유도전동기의 등가회로는 변압기 등가회로와 거의 유사함을 알 수 있다. 동기기를 2중 여자기라고 하는 것에 반해서 유도전동기는 단일 여자기라 부른다. 왜냐하면 유도전동기의 전력공급은 고정자회로에만 가해지기 때문이다. 유도전동기는 독립적인 계자회로를 가지고 있지 않기 때문에 동기기에서처럼 내부발생전압 $\mathbf{E}_A$와 같은 내부 전압원을 가지고 있지 않다.

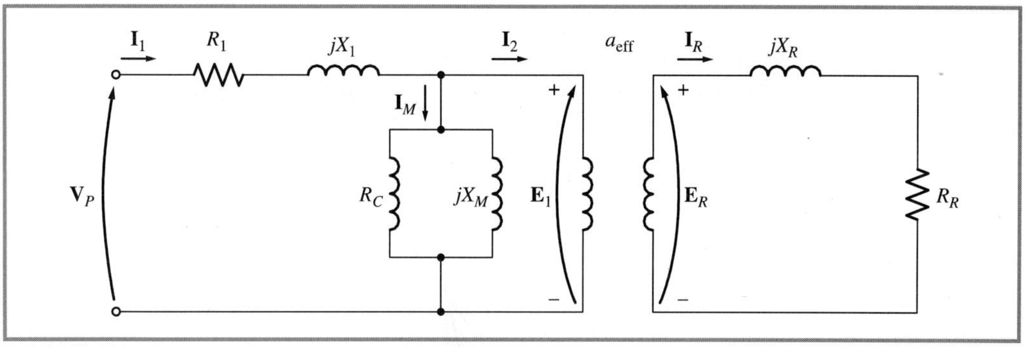

그림 6-7
유도전동기의 변압기 모델, 권선비 a_{eff}를 가지는 이상변압기로 회전자와 고정자가 연결되어 있다.

유도전동기의 등가회로는 변압기에 관한 지식과 운전중인 유도전동기에서 회전자 주파수가 속도에 따라 변화한다는 것으로부터 등가회로를 이끌어낼 수 있다. 유도전동기 모델은 2장의 변압기 모델로부터 출발하여 가변하는 회전자 주파수와 다른 유사한 유도전동기의 영향을 어떻게 고려할 것인가를 결정함으로 해서 만들어진다.

유도전동기의 변압기 모델

유도전동기의 동작을 나타내는 각 상당 변압기 등가회로는 그림 6-7과 같다. 변압기와 마찬가지로 1차측(고정자)권선에 저항과 인덕턴스 성분이 있으며, 이것은 기기의 등가회로에 표시해야 한다. 고정자 저항은 R_1이라 하고 고정자 누설 리액턴스는 X_1이라 하며, 이 두 성분은 기기 모델의 입력단의 오른쪽에 표시한다.

또한, 철심을 가진 변압기와 마찬가지로 기기의 자속은 인가전압 $\mathbf{E}_1$의 적분과 관계가 있다. 그림 6-8에서 이 기기의 기자력-자속곡선(자화 곡선)은 이와 유사한 변압기 자화곡선과 비교된다. 유도전동기의 기자력-자속곡선의 기울기는 우수한 성능을 가진 변압기의 자화곡선의 기울기보다 훨씬 낮다. 이것은 유도전동기에서는 공극이 존재하기 때문이며, 이 공극으로 인해 자로의 자기저항이 크게 증대되고 1차측과 2차측 권선의 자기적 결합력이 감소하게 된다. 공극으로 인한 자기저항의 증가는 주어진 자속 레벨을 얻기 위해 훨씬 더 많은 양의 자화전류가 필요하게 된다. 따라서 등가회로의 자화 리액턴스 X_M은 일반적인 변압기의 자화 리액턴스보다 훨씬 더 작은 값을 가진다(혹은 서셉턴스 B_M은 훨씬 더 큰 값을 가진다).

1차측 고정자 내부전압 $\mathbf{E}_1$은 유효권선비 a_{eff}를 가지는 이상변압기에 의해 2차측 전압 $\mathbf{E}_R$과 결합되어 있다. 권선형 회전자 전동기에 대한 유효권선비 a_{eff}

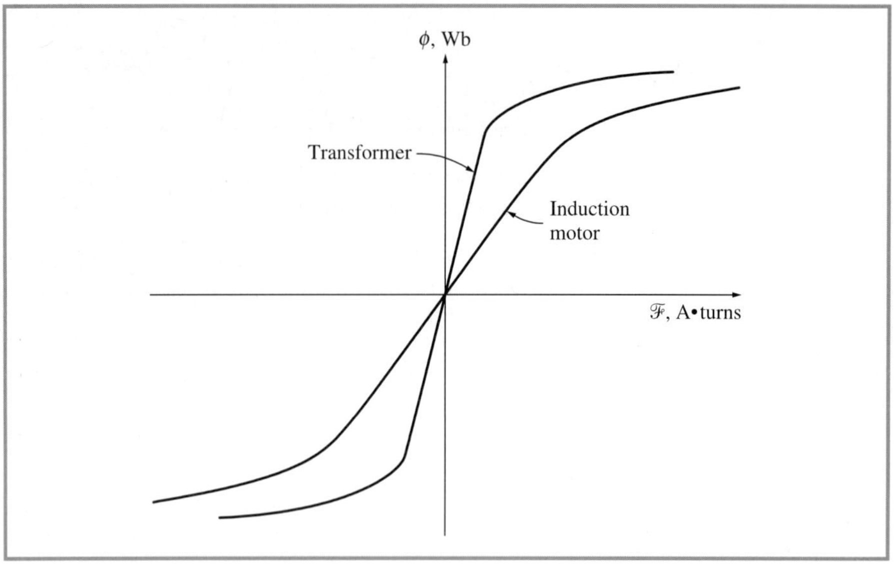

그림 6-8
변압기와 비교한 유도전동기의 자화곡선

는 비교적 쉽게 결정할 수 있다. 그것은 기본적으로 회전자의 상당 도체수에 대한 고정자의 상당 도체수의 비이며, 어떤 단절계수와 분포계수 차이에 의해 수정이 된다. 그러나 농형 회전자에 대해서는 a_{eff}를 정확히 정의하기가 다소 까다로운데 그 이유는 농형 회전자에서 명확하게 권선이 구분되지 않기 때문이다. 그러나 분명히 이 두 경우 모두에 대해서 전동기에 대한 유효권선비는 존재한다.

회전자에서 발생하는 전압 $\mathbf{E}_R$은 기기의 단락된 회전자 2차측 회로에 전류를 흐르게 한다.

유도전동기의 1차측 임피던스와 자화전류는 변압기 등가회로에서 대응하는 성분들과 매우 흡사하다. 그러나, 유도전동기의 등가회로는 회전자 전압 $\mathbf{E}_R$, 회전자 임피던스 R_R 및 jX_R가 회전자 주파수의 변화에 대한 영향으로 변압기 등가회로와는 다르다.

회전자 회로 모델

유도전동기에서 고정자에 전압이 인가될 때 회전자 권선에 전압이 유도된다. 일반적으로 회전자와 고정자 자계 사이의 상대운동이 크면 클수록 회전자 전압과 주파수는 더 커진다. 가장 큰 상대운동은 회전자가 정지하고 있을 때 발생하며, 이때를 **회전자 구속조건**이라 부르며, 이 조건에서 가장 큰 전압과 주파수가 회전자에 유도된다. 가장 작은 전압(0 V)과 주파수(0 Hz)는 회전자가 고정자 자계와 같은 속도로 회전할 때 발생하며 이때는 상대운동은 0이다. 이 두 경계 사이의 임의의 속도에서 회전자에 유도되는 전압과 주파수는 회전자의 슬립에

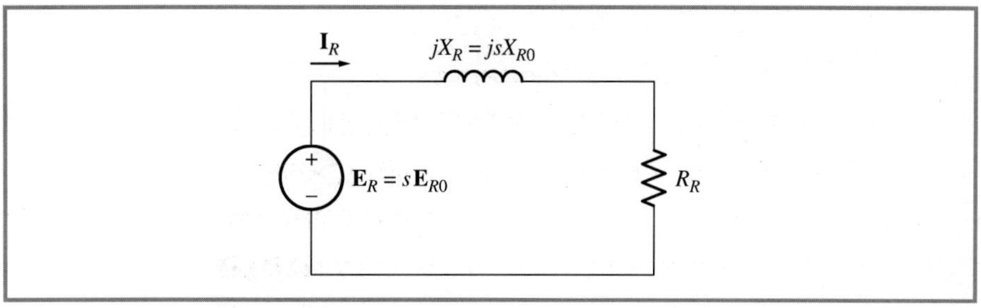

그림 6-9
유도전동기 회전자 회로 모델

직접적으로 비례한다. 따라서 회전자 구속조건에서 회전자에 유도되는 전압을 E_{R0}라고 한다면 임의의 슬립에서 유기전압은 다음 식으로 주어진다.

$$E_R = sE_{R0} \tag{6–10}$$

그리고 임의의 슬립에서 회전자 주파수는 다음 식으로 주어진다.

$$f_{re} = sf_{se} \tag{6–8}$$

이 전압은 저항 및 리액턴스의 두 성분 모두를 가지고 있는 회전자에 유도된다. 회전자저항 R_R은 슬립에 관계없이 일정하며(표피효과를 무시하면), 반면에 회전자 리액턴스는 슬립에 따라 훨씬 복잡하게 영향을 받는다.

유도전동기 회전자의 리액턴스는 회전자의 인덕턴스와 회전자에서 전압 및 전류의 주파수에 따라 다르다. 회전자 인덕턴스가 L_R이라면, 회전자 리액턴스는 다음 식으로 주어진다.

$$X_R = \omega_{re} L_R = 2\pi f_{re} L_R$$

식 (6-8), $f_{re} = sf_{se}$에 의해

$$\begin{aligned} X_R &= 2\pi s f_{se} L_R \\ &= s(2\pi f_{se} L_R) \\ &= sX_{R0} \end{aligned} \tag{6–11}$$

여기서, X_{R0}는 회전자가 구속되었을 때의 회전자 리액턴스이다.

그 결과 회전자 등가회로는 그림 6-9에 나타내었으며 회전자 전류는 다음과 같이 얻을 수 있다.

$$\mathbf{I}_R = \frac{\mathbf{E}_R}{R_R + jX_R}$$

$$\boxed{\mathbf{I}_R = \frac{\mathbf{E}_R}{R_R + jsX_{R0}}} \tag{6–12}$$

혹은

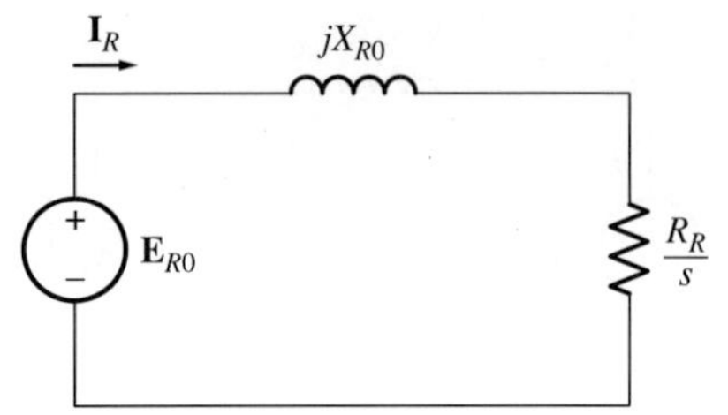

그림 6-10
저항 R_R에 모든 주파수슬립의 영향이 집중된 회전자 회로모델

$$\boxed{\mathbf{I}_R = \frac{\mathbf{E}_{R0}}{R_R/s + jX_{R0}}} \tag{6–13}$$

식 (6-13)으로 부터 정전압원 $\mathbf{E}_{R0}$로부터 전력을 공급받는 가변 임피던스가 회전자 속도를 변화시킴으로 인해 나타나는 모든 회전자의 영향을 다룰 수 있다는 사실에 주목하라. 이러한 관점에서 등가 회전자 임피던스는 다음 식과 같다.

$$Z_{R,\mathrm{eq}} = R_R/s + jX_{R0} \tag{6–14}$$

이러한 방식을 이용한 회전자 등가회로가 그림 6-10에 나타내었다. 그림 6-10의 등가회로에서 회전자 전압은 상수 $\mathbf{E}_{R0}$ V이며 회전자 임피던스 $Z_{R,\mathrm{eq}}$는 변화하는 회전자 슬립의 모든 영향을 포함하고 있다. 식 (6-12)와 식 (6-13)에서 유도한 것과 같이 회전자 전류흐름의 곡선은 그림 6-11에 나타내었다.

슬립이 매우 낮을 경우 $R_R/s \gg X_{R0}$로서 회전자의 저항 성분이 지배적이며, 회전자 전류는 슬립에 따라 선형적으로 변화한다는 것에 주목하라. 슬립이 높은 경우에는 X_{R0}가 R_R/s보다 훨씬 더 크며, 회전자 전류는 슬립이 상당히 크므로 정상상태 값에 도달한다.

최종적인 등가회로

유도전동기의 최종적인 각 상당 등가회로를 만들기 위해 모델의 회전자부분을 고정자측으로 환산하는 것이 필요하다. 고정자 측으로 환산하게 될 회전자 회로 모델은 그림 6-10에 나타나 있으며, 모든 속도변화의 영향은 임피던스 항에 집중하도록 하였다.

일반적인 변압기에서 2차측의 전압, 전류 및 임피던스는 변압기의 권선비를 이용하여 1차측으로 환산할 수 있다.

$$\mathbf{V}_P = \mathbf{V}'_S = a\mathbf{V}_S \tag{6–15}$$

$$\mathbf{I}_P = \mathbf{I}'_S = \frac{\mathbf{I}_S}{a} \tag{6–16}$$

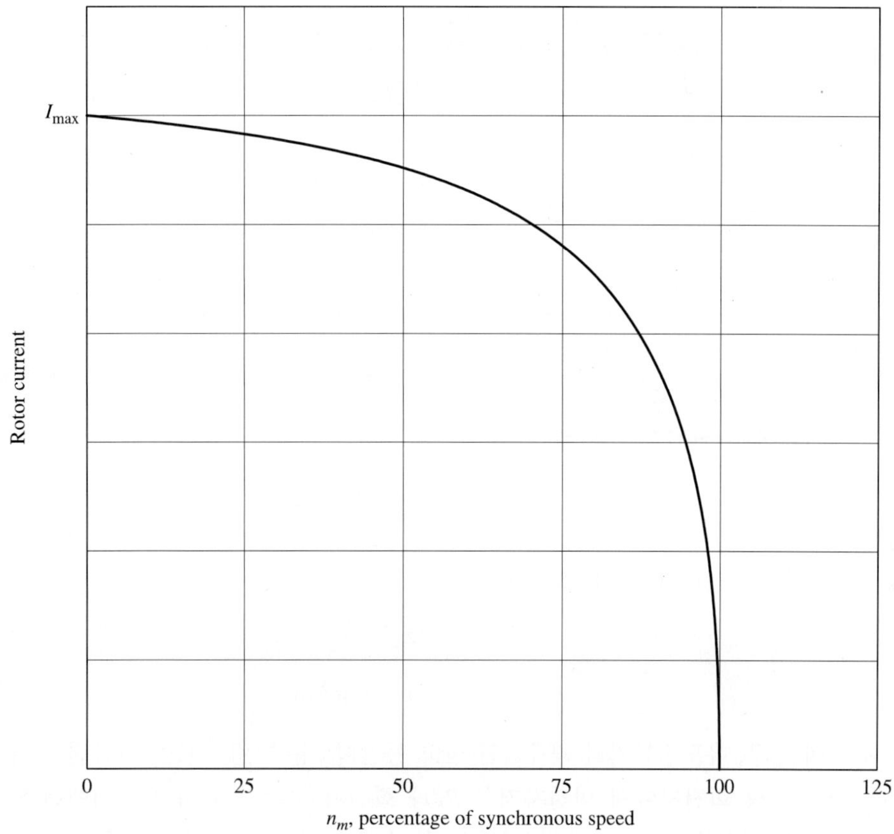

그림 6-11
회전자 속도의 함수로 나타낸 회전자 전류

$$Z'_S = a^2 Z_S \tag{6–17}$$

여기서, 각 식에서 프라임표시(′)는 전압, 전류 및 임피던스의 환산값을 말한다.

정확하게 똑같은 변환 방법을 유도전동기의 회전자회로에 대해서 적용할 수 있다. 만일 유도전동기의 유효권선비가 a_{eff}라면, 그 때 환산한 회전자 전압은 다음과 같이 된다.

$$\mathbf{E}_1 = \mathbf{E}'_R = a_{eff}\mathbf{E}_{R0} \tag{6–18}$$

회전자 전류는 다음과 같이 되며

$$\mathbf{I}_2 = \frac{\mathbf{I}_R}{a_{eff}} \tag{6–19}$$

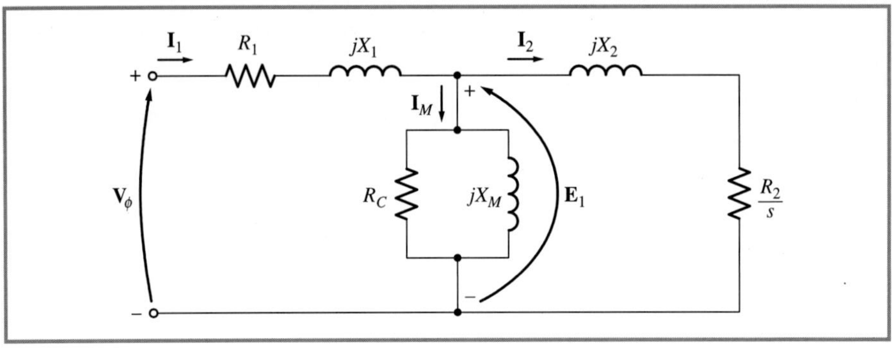

그림 6-12
유도전동기의 각 상당 등가회로

회전자 임피던스는 다음과 같다.

$$Z_2 = a_{\text{eff}}^2\left(\frac{R_R}{s} + jX_{R0}\right) \tag{6–20}$$

만약 다음과 같이 정의를 하면

$$R_2 = a_{\text{eff}}^2 R_R \tag{6–21}$$

$$X_2 = a_{\text{eff}}^2 X_{R0} \tag{6–22}$$

이 경우, 유도전동기의 최종적인 상당 등가회로는 그림 6-12에 나타낸 것과 같다.

농형 회전자에서 회전자저항 R_R과 회전자 구속시의 회전자 리액턴스 X_{R0}를 직접 구하는 것은 상당히 어려우며 거의 불가능하다. 유효권선비 a_{eff}도 역시 농형 회전자에서는 구하기가 힘들다. 다행히 R_R, X_{R0} 및 a_{eff} 각각을 분리하여서 알 수는 없을지라도 환산저항 R_2와 환산 리액턴스 X_2는 직접 측정이 가능하며, 유도전동기의 파라미터에 대한 측정은 6.11절에서 다룬다.

6.4 유도전동기의 출력과 토오크

유도전동기는 단일 여자기이기 때문에, 출력과 토오크의 관계가 앞서 배웠던 동기기의 경우와 상당히 다르며, 이 절에서는 유도전동기의 출력과 토오크의 관계에 대해 고찰하도록 한다.

손실과 전력의 흐름도

유도전동기는 기본적으로 회전하는 변압기로 기술될 수 있으며 입력은 3상 전압 및 전류 시스템이다. 일반적인 변압기의 경우에 출력은 2차측 권선으로부터 나오는 전기적 전력이다. 유도전동기의 2차측 권선(회전자)은 단락되어 있으므로 전기적 출력은 존재하지 않고 대신, 기계적 출력이 발생한다. 이 전동기의 전기적 입력과 기계적 출력사이의 관계는 그림 6-13에 에너지 흐름도로 나타내었다.

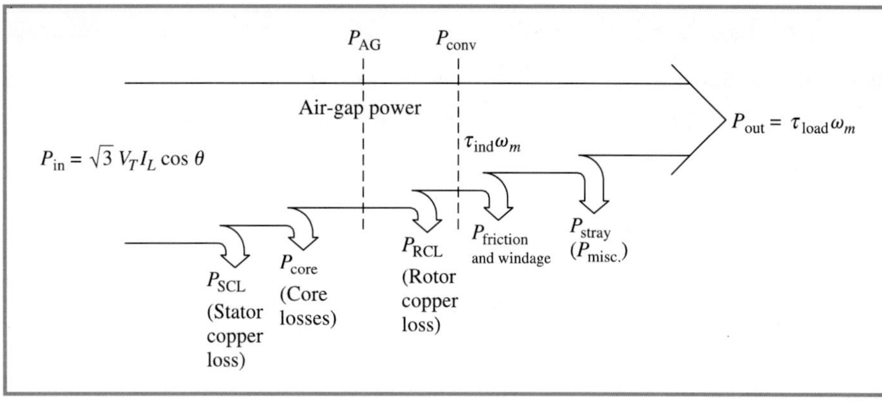

그림 6-13 유도전동기의 에너지 흐름도

유도전동기의 입력전력 P_{in}은 3상 전압과 전류의 형태로 나타난다. 첫 번째로 나타나는 기기의 손실은 고정자권선의 I^2R손(고정자 동손 P_{SCL})이다. 그리고 고정자에서 히스테리시스손과 와류손(P_{core})이 발생한다. 이때까지 남아있는 전력은 고정자와 회전자 사이의 공극을 통해 회전자로 전달되며 이 전력을 공극전력 P_{AG}라 한다. 전력이 회전자로 전달된 후에, 전달된 전력의 일부분은 I^2R(회전자 동손 P_{RCL})으로 없어지고 나머지가 전기적 에너지에서 기계적 에너지의 형태로 변환된다(P_{conv}). 마지막으로 마찰손 및 풍손($P_{F\&W}$)과 표유부하손(P_{misc})이 발생한다. 이러한 손실을 제외하고 남아 있는 에너지가 전동기의 출력(P_{out})이 된다.

그림 6-13의 에너지 흐름도에서 철손은 항상 나타나는 것은 아니다. 철손의 특성상 기기에서 철손을 고려하는 곳은 다소 임의적이다. 유도전동기의 철손의 일부는 고정자 회로에서 발생하고 나머지 일부는 회전자 회로에서 발생한다. 유도전동기는 보통 동기속도 근처에서 동작되므로, 회전자 표면에 대한 자계의 상대운동은 매우 느려서 회전자 철손은 고정자에 비하면 매우 적다. 철손의 대부분은 고정자 회로에서 일어나기 때문에 모든 철손을 통틀어서 에너지흐름도의 고정자 측에 나타내었고, 이들 손실은 유도전동기의 등가회로도에서 저항 R_C(혹은 컨덕턴스 G_C)로 나타난다. 만일 철손이 회로 정수 대신 어떤 값(X 와트)로만 주어진다면 철손은 기계적 손실에 포함되고 에너지 흐름도의 기계적 손실이 위치한 곳에서 손실로 빠져나간다.

유도전동기의 속도가 빨라질수록 마찰손 및 풍손과 표유부하손은 더 높아지게 되지만 전동기의 속도가 빨라질수록(동기속도까지) 철손은 점점 더 줄어든다. 따라서, 이 세 가지 종류의 손실은 때로는 하나로 합쳐 **회전손실**이라 부른다. 전동기의 총 회전손실은 종종 회전속도의 변화에 대해 일정한 것으로 간주하는데 그 이유는 속도가 변함에 따라 구성 손실들이 서로 반대방향으로 변화하기 때문이다.

예제 6-2

480-V, 60-Hz, 50-hp의 3상 유도전동기가 60 A, 0.85 지상역률로 부하를 구동하고 있다. 고정자 동손은 2 kW이고 회전자 동손은 700 W이다. 마찰손 및 풍손은 600 W이고, 철손은 1800 W이며, 표유부하손은 무시한다. 다음을 계산하라.

(*a*) 공극전력 P_{AG}
(*b*) 변환전력 P_{conv}
(*c*) 출력 P_{out}
(*d*) 전동기의 효율

풀이

이 문제의 답을 구하기 위해 유도전동기의 에너지 흐름도를 참조하라(그림 6-13).

(*a*) 공극전력은 입력전력에서 고정자 동손인 I^2R과 철손을 빼기만 하면 된다. 입력전력은 다음과 같이 주어진다.

$$\begin{aligned} P_{\text{in}} &= \sqrt{3}V_T I_L \cos\theta \\ &= \sqrt{3}(480 \text{ V})(60 \text{ A})(0.85) = 42.4 \text{ kW} \end{aligned}$$

에너지 흐름도에서 공극전력은 다음과 같이 주어진다.

$$\begin{aligned} P_{\text{AG}} &= P_{\text{in}} - P_{\text{SCL}} - P_{\text{core}} \\ &= 42.4 \text{ kW} - 2 \text{ kW} - 1.8 \text{ kW} = 38.6 \text{ kW} \end{aligned}$$

(*b*) 에너지 흐름도로부터 전기적 형태에서 기계적 형태로의 변환전력은 다음과 같다.

$$\begin{aligned} P_{\text{conv}} &= P_{\text{AG}} - P_{\text{RCL}} \\ &= 38.6 \text{ kW} - 700 \text{ W} = 37.9 \text{ kW} \end{aligned}$$

(*c*) 에너지 흐름도로부터 전동기의 출력은 다음으로 주어진다.

$$\begin{aligned} P_{\text{out}} &= P_{\text{conv}} - P_{\text{F\&W}} - P_{\text{misc}} \\ &= 37.9 \text{ kW} - 600 \text{ W} - 0 \text{ W} = 37.3 \text{ kW} \end{aligned}$$

또한, 마력으로 나타내면

$$P_{\text{out}} = (37.3 \text{ kW})\frac{1 \text{ hp}}{0.746 \text{ kW}} = 50 \text{ hp}$$

(*d*) 따라서, 유도전동기의 효율은 다음과 같다.

$$\begin{aligned} \eta &= \frac{P_{\text{out}}}{P_{\text{in}}} \times 100\% \\ &= \frac{37.3 \text{ kW}}{42.4 \text{ kW}} \times 100\% = 88\% \end{aligned}$$

유도전동기의 출력과 토오크

그림 6-12는 유도전동기의 상당 등가회로를 나타낸다. 만일 등가회로를 면밀히 검토한다면, 전동기의 동작을 지배하는 출력과 토오크 식을 이끌어 낼 수 있다.

전동기의 한 상에 대한 입력전류는 입력전압을 전체 등가 임피던스로 나누어 구할 수 있다.

$$\mathbf{I}_1 = \frac{\mathbf{V}_\phi}{Z_{\text{eq}}} \tag{6–23}$$

여기서

$$Z_{\text{eq}} = R_1 + jX_1 + \cfrac{1}{G_C - jB_M + \cfrac{1}{V_2/s + jX_2}} \tag{6–24}$$

따라서, 고정자 동손, 철손 및 회전자 동손을 구할 수 있다. 3상 고정자 동손은 다음으로 주어진다.

$$\boxed{P_{\text{SCL}} = 3I_1^2 R_1} \tag{6–25}$$

철손은 다음으로 주어진다.

$$\boxed{P_{\text{core}} = 3E_1^2 G_C} \tag{6–26}$$

따라서 공극 전력은 다음과 같이 구할 수 있다.

$$\boxed{P_{\text{AG}} = P_{\text{in}} - P_{\text{SCL}} - P_{\text{core}}} \tag{6–27}$$

회전자의 등가회로를 자세히 살펴보자. 공극전력이 소비되는 등가회로의 유일한 요소는 저항 R_2/s이다. 따라서 공극전력은 다음과 같이 나타낼 수 있다.

$$\boxed{P_{\text{AG}} = 3I_2^2 \frac{R_2}{s}} \tag{6–28}$$

회전자 회로에서 유효 저항손은 다음 식으로 주어진다.

$$P_{\text{RCL}} = 3I_R^2 R_R \tag{6–29}$$

이상적인 변압기로 가정한 경우에는 전력은 변하지 않으므로 회전자 동손은 다음으로 표시 가능하다.

$$\boxed{P_{\text{RCL}} = 3I_2^2 R_2} \tag{6–30}$$

전동기의 입력전력에서 고정자 동손, 철손, 회전자 동손을 빼고 남은 전력은 전기적 형태에서 기계적 형태로 변환된다. 이 변환된 전력은 '발생한 기계적 출력(developed mechanical power)'으로 불리기도 하며 다음 식으로 주어진다.

$$\begin{aligned} P_{\text{conv}} &= P_{\text{AG}} - P_{\text{RCL}} \\ &= 3I_2^2 \frac{R_2}{s} - 3I_2^2 R_2 \\ &= 3I_2^2 R_2\left(\frac{1}{s} - 1\right) \end{aligned}$$

$$\boxed{P_{\text{conv}} = 3I_2^2 R_2\left(\frac{1-s}{s}\right)} \tag{6–31}$$

식 (6-28)과 식 (6-30)으로부터 회전자 동손은 공극전력과 슬립의 곱으로 나타남을 주목하라.

$$P_{\text{RCL}} = sP_{\text{AG}} \tag{6–32}$$

따라서, 전동기의 슬립이 낮을수록 회전자 손실은 더 줄어든다. 회전자가 회전하지 않는다면 슬립 s는 1이고, 공극전력은 모두 회전자에서 소비된다. 만일 회전자가 회전하지 않는다면 출력 $P_{\text{out}}(= \tau_{\text{load}}\,\omega_m)$은 분명히 0이므로 이것은 합당하다. $P_{\text{conv}} = P_{\text{AG}} - P_{\text{RCL}}$이기 때문에 이것은 역시 공극전력과 전기적 형태에서 기계적 형태로 변환되는 전력 사이의 또 다른 관계식을 나타낸다.

$$\begin{aligned} P_{\text{conv}} &= P_{\text{AG}} - P_{\text{RCL}} \\ &= P_{\text{AG}} - sP_{\text{AG}} \end{aligned}$$

$$\boxed{P_{\text{conv}} = (1-s)P_{\text{AG}}} \tag{6–33}$$

마지막으로, 마찰손 및 풍손과 표유부하손을 안다면, 출력은 다음 식과 같이 구할 수 있다.

$$\boxed{P_{\text{out}} = P_{\text{conv}} - P_{\text{F\&W}} - P_{\text{misc}}} \tag{6–34}$$

유도토오크 τ_{ind}가 내부적인 전기–기계에너지 변환에 의해 발생한 토오크로 정의되었다. 이 토오크는 마찰 및 풍손 때문에 전동기의 마지막 단에서 출력으로 나오는 이용 가능한 실제 토오크와 차이가 나며, 이 유도토오크는 다음 식으로 주어진다.

$$\tau_{\text{ind}} = \frac{P_{\text{conv}}}{\omega_m} \tag{6–35}$$

이 토오크는 또한 기기의 발생토오크(developed torque)라고도 한다.

유도전동기의 유도토오크는 다른 형태로도 표현 가능하다. 식 (6-7)은 동기속도와 슬립의 항으로 실제 속도를 나타내고 있다. 반면에 식 (6-33)은 P_{AG}와 슬립의 항으로 P_{conv}를 나타내고 있다. 이 두 식을 식 (6-35)에 대입하면 다음 식이 도출된다.

$$\tau_{ind} = \frac{(1-s)P_{AG}}{(1-s)\omega_{sync}}$$

$$\boxed{\tau_{ind} = \frac{P_{AG}}{\omega_{sync}}} \tag{6–36}$$

마지막 식은 변하지 않는 공극전력과 동기속도의 항으로 직접 유도토오크를 나타내고 있으므로 매우 유용한 식이다. 따라서 P_{AG}를 알면 바로 τ_{ind}를 도출해 낼 수 있다.

유도전동기의 등가회로에서 회전자 동손과 변환전력의 분리

유도전동기에서 공극을 통해 전달된 전력의 일부분은 회전자 동손으로 소비되고 나머지 부분은 기계적 출력으로 변환되어 전동기의 축을 구동한다. 공극전력은 두 가지 용도로 분리되고 유도전동기의 등가회로에서 그것들을 분리하여 조사하는 것이 가능하다.

식 (6-28)은 유도전동기에서 전체 공극전력을 나타내고 있고, 반면에 식 (6-30)은 전동기의 실제 회전자 손실을 나타낸다. 공극전력은 R_2/s의 값을 가지는 저항에서 소비되는 전력이고, 반면에 회전자 동손은 R_2의 값을 가지는 저항에서 소비되는 전력을 나타낸다. 그 둘 사이의 차이점은 P_{conv}인데, 따라서 이것은 다음 식으로 표시되는 저항에서 소비되는 전력이다.

$$R_{conv} = \frac{R_2}{s} - R_2 = R_2\left(\frac{1}{s} - 1\right)$$

$$\boxed{R_{conv} = R_2\left(\frac{1-s}{s}\right)} \tag{6–37}$$

회전자 동손과 명확한 요소로 분리된 기계적 형태의 에너지로 변환되는 전력을 나타내는 상당 등가회로는 그림 6-14에 나타내었다.

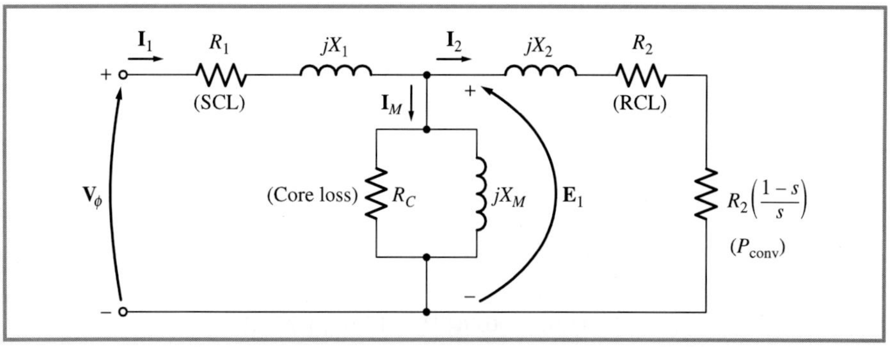

그림 6-14 회전자 손실과 P_{conv}가 분리된 상당 등가회로

예제 6-3

460-V, 25-hp, 60-Hz, 4극 Y결선 유도전동기가 고정자측 회로로 환산한 상당 임피던스값을 다음과 같이 가지고 있다.

$$R_1 = 0.641\ \Omega \quad R_2 = 0.332\ \Omega$$
$$X_1 = 1.106\ \Omega \quad X_2 = 0.464\ \Omega \quad X_M = 26.3\ \Omega$$

전체 회전손실은 1100 W로 일정하다고 가정한다. 철손은 회전손실에 포함되어 있다. 정격전압, 정격 주파수에서 회전자 슬립이 2.2%일 때 다음을 구하라.

(*a*) 속도
(*b*) 고정자 전류
(*c*) 역률
(*d*) P_{conv} 및 P_{out}
(*e*) τ_{ind} 및 τ_{load}
(*f*) 효율

풀이

이 전동기의 상당 등가회로가 그림 6-12에 나타나 있다. 그리고 에너지 흐름도는 그림 6-13에 나타내었다. 철손은 마찰손 및 풍손과 표유부하손을 포함하며 기계손으로 취급하여 에너지 흐름도의 P_{conv}에서 그 만큼을 뺀다.

(*a*) 동기속도는

$$n_{\text{sync}} = \frac{120 f_{se}}{P} = \frac{120(60\text{ Hz})}{4\text{ poles}} = 1800\text{ r/min}$$

또는

$$\omega_{\text{sync}} = (1800\text{ r/min})\left(\frac{2\pi\text{ rad}}{1\text{ r}}\right)\left(\frac{1\text{ min}}{60\text{ s}}\right) = 188.5\text{ rad/s}$$

회전자의 기계적 축 속도는

$$\begin{aligned} n_m &= (1 - s)n_{\text{sync}} \\ &= (1 - 0.022)(1800\text{ r/min}) = 1760\text{ r/min} \end{aligned}$$

혹은

$$\begin{aligned} \omega_m &= (1 - s)\omega_{\text{sync}} \\ &= (1 - 0.022)(188.5\text{ rad/s}) = 184.4\text{ rad/s} \end{aligned}$$

(*b*) 고정자 전류를 구하기 위해 등가회로의 임피던스를 구하라. 첫 번째로 1차측으로 환산한 회전자 임피던스와 자화지로의 임피던스를 병렬 합성하고 다음에 그것을 고정자 임피던스와 직렬 합성한다. 1차측에 환산한 회전자 임피던스는 다음과 같다.

$$\begin{aligned} Z_2 &= \frac{R_2}{s} + jX_2 \\ &= \frac{0.332}{0.022} + j0.464 \\ &= 15.09 + j0.464\ \Omega = 15.10\angle 1.76^\circ\ \Omega \end{aligned}$$

자화 임피던스와 회전자 임피던스를 조합하면 다음과 같이 된다.

$$\begin{aligned} Z_f &= \frac{1}{1/jX_M + 1/Z_2} \\ &= \frac{1}{-j0.038 + 0.0662\angle -1.76°} \\ &= \frac{1}{0.0773\angle -31.1°} = 12.94\angle 31.1°\ \Omega \end{aligned}$$

따라서, 전체 임피던스는 다음과 같다.

$$\begin{aligned} Z_{tot} &= Z_{stat} + Z_f \\ &= 0.641 + j1.106 + 12.94\angle 31.1°\ \Omega \\ &= 11.72 + j7.79 = 14.07\angle 33.6°\ \Omega \end{aligned}$$

결과적으로, 고정자 전류는 다음과 같이 구해진다.

$$\begin{aligned} \mathbf{I}_1 &= \frac{\mathbf{V}_\phi}{Z_{tot}} \\ &= \frac{266\angle 0°\ \text{V}}{14.07\angle 33.6°\ \Omega} = 18.88\angle -33.6°\ \text{A} \end{aligned}$$

(*c*) 역률은 다음과 같다.

$$\text{PF} = \cos 33.6° = 0.833 \quad \text{지상}$$

(*d*) 이 전동기의 입력 용량은 다음과 같다.

$$\begin{aligned} P_{in} &= \sqrt{3} V_T I_L \cos\theta \\ &= \sqrt{3}(460\ \text{V})(18.88\ \text{A})(0.833) = 12{,}530\ \text{W} \end{aligned}$$

이 기기의 고정자 동손은

$$\begin{aligned} P_{SCL} &= 3I_1^2 R_1 \qquad (6\text{–}25) \\ &= 3(18.88\ \text{A})^2(0.641\ \Omega) = 685\ \text{W} \end{aligned}$$

공극전력은 다음으로 주어진다.

$$P_{AG} = P_{in} - P_{SCL} = 12{,}530\ \text{W} - 685\ \text{W} = 11{,}845\ \text{W}$$

따라서 변환된 전력은 다음과 같다.

$$P_{conv} = (1 - s)P_{AG} = (1 - 0.022)(11{,}845\ \text{W}) = 11{,}585\ \text{W}$$

출력 P_{out}은 다음으로 주어진다.

$$\begin{aligned} P_{out} &= P_{conv} - P_{rot} = 11{,}585\ \text{W} - 1100\ \text{W} = 10{,}485\ \text{W} \\ &= 10{,}485\ \text{W}\left(\frac{1\ \text{hp}}{746\ \text{W}}\right) = 14.1\ \text{hp} \end{aligned}$$

(*e*) 유도토오크는 다음으로 주어진다.

$$\begin{aligned} \tau_{ind} &= \frac{P_{AG}}{\omega_{sync}} \\ &= \frac{11{,}845\ \text{W}}{188.5\ \text{rad/s}} = 62.8\ \text{N} \bullet \text{m} \end{aligned}$$

그리고 출력 토오크는 다음으로 주어진다.

$$\tau_{\text{load}} = \frac{P_{\text{out}}}{\omega_m}$$

$$= \frac{10{,}485 \text{ W}}{184.4 \text{ rad/s}} = 56.9 \text{ N} \bullet \text{m}$$

(*f*) 이런 동작 조건하에서의 전동기 효율은 다음과 같다.

$$\eta = \frac{P_{\text{out}}}{P_{\text{in}}} \times 100\%$$

$$= \frac{10{,}485 \text{ W}}{12{,}530 \text{ W}} \times 100\% = 83.7\%$$

6.5 유도전동기의 토오크–속도 특성

부하가 변할 때 유도전동기의 토오크는 어떻게 변하는가? 기동시에 유도전동기에 얼마의 토오크가 발생하는가? 유도전동기축의 부하가 증가할 때 유도전동기의 속도는 얼마나 낮아지는가? 이 질문과 이와 유사한 물음에 답하기 위해서 전동기의 토오크, 속도 그리고 힘 사이의 관계를 분명히 이해할 필요가 있다.

다음의 내용에서, 토오크–속도 관계를 전동기의 자계 작용의 물리적 관점에서 먼저 고찰할 것이다. 그러면, 슬립의 함수로서 토오크에 대한 일반식을 유도전동기 등가회로(그림 6-12)로부터 구할 것이다.

물리적 관점에서의 유도토오크

그림 6-15(a)는 초기에 무부하로 운전하여 거의 동기속도 근처에서 구동되고 있는 농형유도전동기를 나타낸다. 이 전동기에서 합성자계 $\mathbf{B}_{\text{net}}$는 전동기의 등가회로(그림 6-12)에서 흐르는 자화전류 $\mathbf{I}_M$에 의해서 만들어진다. 자화전류의 크기와 $\mathbf{B}_{\text{net}}$는 전압 $\mathbf{E}_1$에 비례하며 만약 $\mathbf{E}_1$이 일정하다면 전동기에서의 합성자계도 일정하게 된다. 실제의 전동기에서는 부하가 변함에 따라서 고정자 임피던스 R_1과 X_1이 전압강하를 야기하기 때문에 부하가 변함에 따라서 $\mathbf{E}_1$은 변한다. 그러나 고정자권선에서의 전압강하는 상대적으로 작으므로 $\mathbf{E}_1$(그리고 $\mathbf{I}_M$, $\mathbf{B}_{\text{net}}$)은 부하의 변화에 대해서 거의 일정하다.

그림 6-15(a)는 무부하에서의 유도전동기의 자계를 나타낸다. 무부하에서 회전자슬립은 매우 작으므로 회전자와 자계사이의 상대운동이 매우 작아지고, 회전자 주파수도 매우 작아진다. 상대운동이 작기 때문에, 회전자 바에 유기된 전압 $\mathbf{E}_R$은 작으며 그 결과로 전류 $\mathbf{I}_R$도 작다. 또한 회전자 주파수가 매우 작기 때문에 회전자의 리액턴스는 거의 0이다. 그래서 최대 회전자전류 $\mathbf{I}_R$은 회전자전압 $\mathbf{E}_R$과 거의 위상이 같으므로 회전자전류는 합성자계 $\mathbf{B}_{\text{net}}$보다 90° 뒤진 약간 큰 각도에서 작은 자계 $\mathbf{B}_R$을 만든다. 고정자전류는 $\mathbf{B}_{\text{net}}$의 대부분을 공급해야 하기

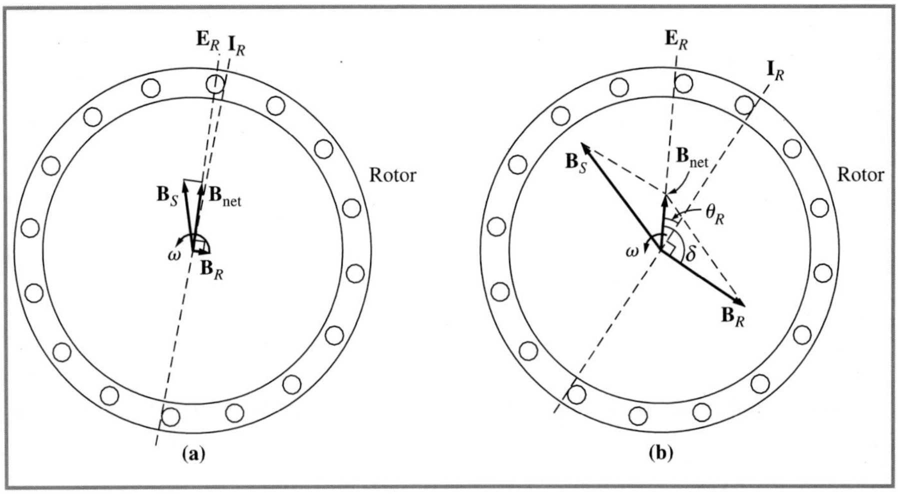

그림 6-15 (a) 경부하시의 유도전동기에서의 자계, (b) 중부하시의 유도전동기에서의 자계

때문에 무부하에서 상당히 커야만 한다는 것에 주의하라(이것은 유도전동기가 다른 형태의 기계에 비해서 큰 무부하전류를 가지는 이유이다).

회전자를 계속 회전하게 하는 유도토오크는 다음의 식으로 주어진다.

$$\tau_{\text{ind}} = k\mathbf{B}_R \times \mathbf{B}_{\text{net}} \tag{3–60}$$

크기는 다음과 같다.

$$\tau_{\text{ind}} = k\mathbf{B}_R\mathbf{B}_{\text{net}} \sin\delta \tag{3–61}$$

회전자자계가 매우 작기 때문에 유도토오크도 또한 아주 작으며, 이것은 단지 전동기의 회전손실을 극복할 정도의 유도토오크에 불과하다.

이제 유도전동기에 부하가 가해졌다고 가정해보라[그림 6-15(b)]. 전동기 부하가 증가함으로 전동기의 슬립이 증가하고, 회전자의 속도가 감소한다. 회전자의 속도가 느려지기 때문에, 전동기에서 회전자와 고정자 자계사이의 상대운동이 더 커진다. 상대운동 커질수록 회전자 전압 $\mathbf{E}_R$은 더 크게 발생하며, 큰 회전자전류 $\mathbf{I}_R$을 만든다. 보다 큰 회전자전류로 인해 회전자자계 $\mathbf{B}_R$ 또한 증가한다. 그러나 회전자 전류와 $\mathbf{B}_R$의 각도는 변한다. 회전자슬립이 커지기 때문에 회전자주파수가 증가하고($f_{re} = sf_{se}$), 회전자 리액턴스($\omega_{re}L_R$)도 증가하므로 회전자전류는 회전자전압보다 더욱 더 지연된다. 그리고 회전자자계는 전류와 함께 이동한다. 그림 6-15(b)는 상당히 큰 부하에서 운전하고 있는 유도전동기를 나타낸다. 회전자전류가 증가하고 각도 δ가 증가한 것을 주의하라. $\mathbf{B}_R$이 증가하면 토오크를 증가시키려는 경향을 가지며, 반면에 각도 δ가 증가하면 토오크를 감소시키려는 경향을 가진다(τ_{ind}는 $\sin\delta$에 비례한다. 그리고 $\delta > 90°$이다). 첫 번째 영향이 두 번째 영향보다 더 크기 때문에 총 유도토오크는 전동기의 증가된 부하를 공급하기 위하여 증가하게 된다.

유도전동기는 언제 탈출토오크(pullout torque)에 도달하는가? 이것은 축의 부하가 증가함에 따라, sin δ 항이 B_R이 증가하는 것보다 더 많이 감소하는 점에 도달할 때 발생한다. 이 점에서 부하가 더 크게 증가하면 τ_{ind}는 감소하고 전동기는 정지한다.

전동기의 자계에 관한 지식을 이용하여 근사적으로 유도전동기의 출력 토오크 대 속도 특성을 구할 수 있다. 기기에서 유도토오크의 크기는 아래와 같이 주어진다.

$$\tau_{\text{ind}} = kB_R B_{\text{net}} \sin \delta \tag{3–61}$$

이 식의 각항은 전반적인 전동기동작을 유추하기 위해서 개별적으로 고찰되어질 수 있다. 각각의 항은 다음과 같이 기술할 수 있다.

1. B_R. 회전자가 포화가 되지 않는 한, 회전자자계는 회전자에 흐르는 전류에 비례한다. 회전자에 흐르는 전류는 식 (6-13)에 의하여 슬립이 증가함(속도가 감소함)에 따라 증가한다. 이 전류는 그림 6-11에 나타내었으며, 또한 그림 6-16(a)에 다시 나타내었다.
2. B_{net}. 전동기에서의 합성자계는 E_1에 비례한다. 그러므로 근사적으로 일정하다(E_1은 실질적으로 전류가 증가함에 따라 감소한다. 그러나 이 영향은 다른 두개의 영향에 비하여 작다. 그래서 도식적 전개에서 무시되어질 수 있다). B_{net} 속도에 대한 곡선은 그림 6-16(b)이다.
3. sin δ. 합성자계와 회전자자계 사이의 각도는 매우 유용한 방법으로서 표현되어질 수 있다. 그림 6-15(b)를 보자. 이 그림에서 각도 δ는 회전자의 역률 각에 90°를 더한 것과 같다:

$$\delta = \theta_R + 90° \tag{6–38}$$

그러므로, $\sin \delta = \sin(\theta_R + 90°) = \cos \theta_R$이고 이 항은 회전자의 역률이다. 회전자 역률각은 다음 식으로 계산할 수 있다.

$$\theta_R = \tan^{-1} \frac{X_R}{R_R} = \tan^{-1} \frac{sX_{R0}}{R_R} \tag{6–39}$$

이 결과로 회전자 역률은 다음과 같다.

$$\text{PF}_R = \cos \theta_R$$

$$\boxed{\text{PF}_R = \cos\left(\tan^{-1} \frac{sX_{R0}}{R_R}\right)} \tag{6–40}$$

회전자 역률–속도에 대한 그림은 그림 6-16(c)에 나타내었다.

유도토오크가 이 세항의 곱에 비례하기 때문에, 유도전동기의 토오크–속도 특성은 앞의 세 그림[그림 6-16(a), (b), (c)]의 도식적 곱으로부터 만들 수 있다.

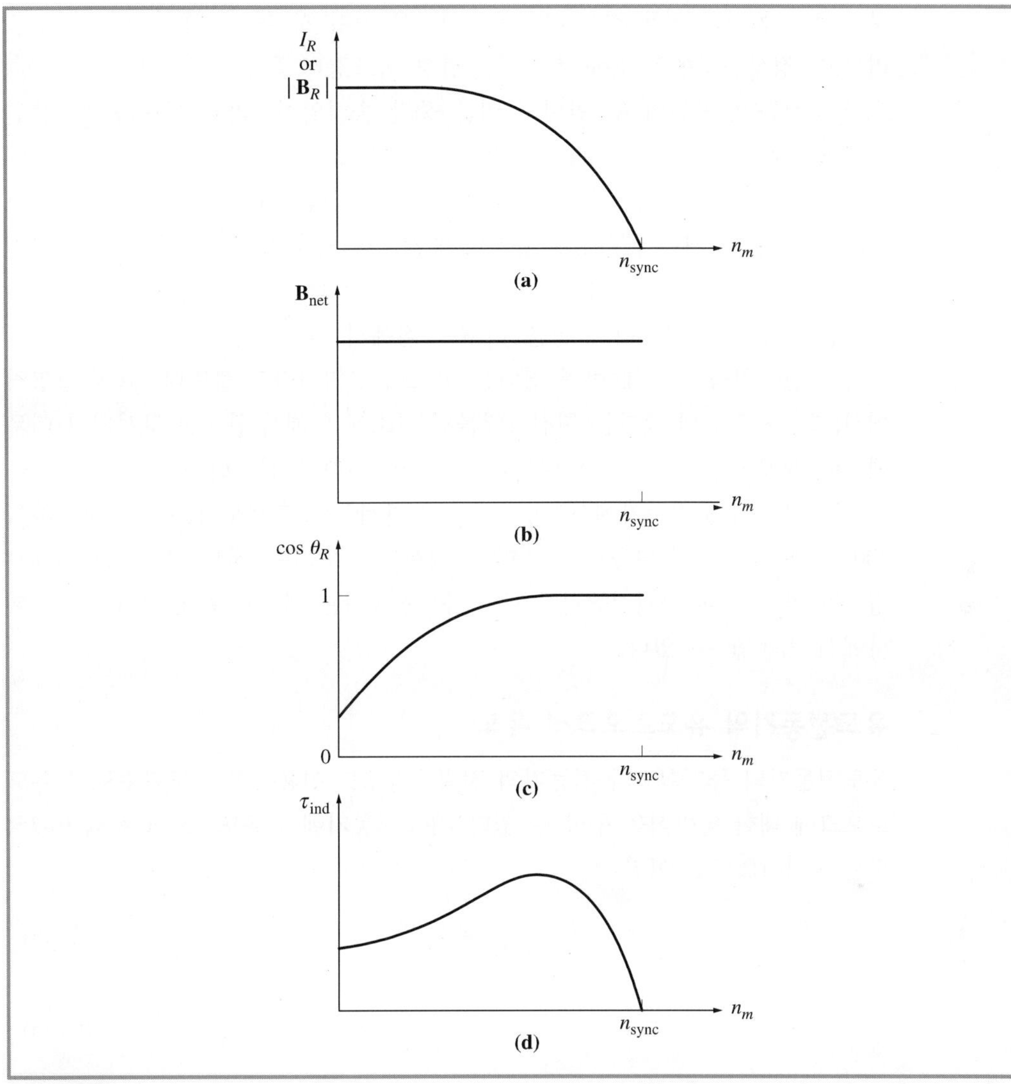

그림 6-16
유도전동기의 토오크-속도 특성의 도식적 전개. (a) 유도전동기에서 회전자전류(그러므로 $|\mathbf{B}_R|$ 대 속도에 대한 그림, (b) 전동기에서 합성자계 대 속도에 대한 그림, (c) 전동기에서 회전자 역률 대 속도에 대한 그림, (d) 토오크-속도 특성

이와 같은 형태로 얻은 유도전동기의 토오크-속도 특성은 그림 6-16(d)에 나타내었다.

이 특성곡선은 개략적으로 세 가지 영역으로 나눌 수 있다. 첫 번째 영역은 곡선의 저 슬립영역이다. 저 슬립영역에서 전동기슬립은 부하를 증가함에 따라 대략 선형으로 증가한다. 그리고 회전자의 기계적 속도는 부하에 따라 대략 선형으로 감소한다. 이 동작 영역에서, 회전자 리액턴스는 무시할 수 있다. 그래서 회전자역률은 대략 1이다. 반면에 회전자전류는 슬립에 대해 선형으로 증가한다. 유도전동기의 전체 정상상태 동작영역은 선형 저 슬립영역을 포함한다. 그러므로, 정상동작에서 유도전동기는 선형 속도강하 특성을 가진다.

유도전동기 곡선의 두 번째 영역은 중간 슬립영역이라고 불린다. 이 중간 슬립영역에서, 회전자주파수는 저 슬립영역에서 보다 높다. 그리고 회전자 리액턴스는 회전자저항과 비슷한 크기를 가진다. 이 영역에서 회전자전류는 더 이상 저 슬립영역에서처럼 급격하게 증가하지 않으며 역률은 저하하기 시작한다. 전동기의 피크토오크(탈출토오크)는 부하가 증가할 때 회전자전류의 증가와 회전자역률의 감소가 정확히 균형을 이루는 점에서 발생한다.

유도전동기곡선의 세 번째 영역은 고 슬립영역이라고 불린다. 고 슬립영역에서, 회전자전류의 증가는 회전자역률의 감소에 의해서 완전히 무시되기 때문에 유도토오크는 실질적으로 부하가 증가함에 따라 감소한다.

전형적인 유도전동기에서, 곡선에서의 기계의 탈출토오크는 정격전부하의 200 ~ 250%가 되며 기동토오크(속도 0에서의 토오크)는 전부하토오크의 150% 정도가 될 것이다. 동기전동기와 달리 유도전동기는 전동기 축에 걸려있는 전부하에서 기동할 수 있다.

유도전동기의 유도토오크식 유도

유도전동기의 등가회로와 전동기의 전력흐름도를 이용하여 속도함수로서 유도토오크에 대한 일반식을 구할 수 있다. 유도전동기에서 유도토오크는 식 (6-35) 또는 (6-36)으로 주어진다.

$$\tau_{\text{ind}} = \frac{P_{\text{conv}}}{\omega_m} \tag{6–35}$$

$$\tau_{\text{ind}} = \frac{P_{\text{AG}}}{\omega_{\text{sync}}} \tag{6–36}$$

주어진 주파수와 극수에 대해서 동기속도가 일정하기 때문에 후자의 식은 매우 유용하다. ω_{sync}가 일정하기 때문에, 공극전력에 관한 지식으로 전동기의 유도토오크를 알 수 있다.

공극전력은 고정자회로에서 공극을 통하여 회전자회로에 전달되는 전력이다. 이것은 저항 R_2/s에서 소모되는 전력과 같다. 이 전력을 어떻게 알 수 있는가?

그림 6-17에 주어진 등가회로를 참고하자. 이 그림에서 전동기의 한 상에 공급된 공극전력은 다음과 같다.

$$P_{\text{AG},1\phi} = I_2^2 \frac{R_2}{s}$$

그러므로, 총 공극전력은 다음 식과 같다.

$$P_{\text{AG}} = 3I_2^2 \frac{R_2}{s}$$

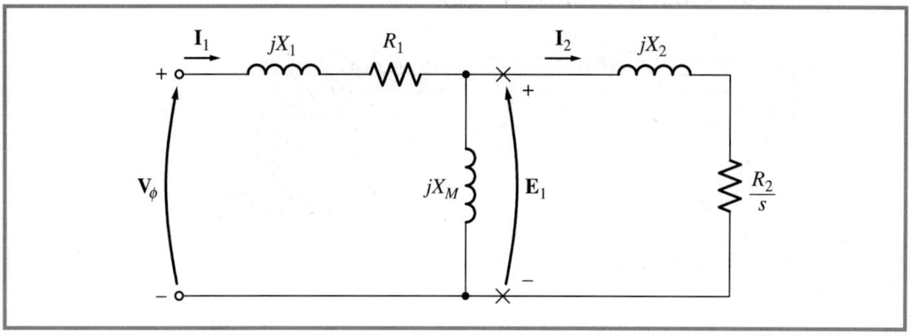

그림 6-17
유도전동기의 각 상의 등가회로

만약, I_2를 결정할 수 있다면, 공극전력과 유도토오크는 알 수 있다.

비록 그림 6-17의 회로에서 전류 I_2를 구하는 다수의 방법이 있지만, 가장 쉬운 방법은 그림에서 X의 왼쪽부분에 대한 테브난 등가회로로부터 결정하는 방법이다. 테브난 이론은 시스템의 나머지 부분을 두 단자에 의해 분리되어질 수 있는 임의의 선형회로를 등가임피던스와 직렬로 연결한 전압원으로 대체될 수 있다는 것을 나타내고 있다. 만약 이것을 유도전동기 등가회로에 적용하면, 회로는 그림 6-18(c)에서 나타낸 것과 같이 요소의 단순 직렬결합으로 될 것이다.

유도전동기 등가회로의 입력부분에 테브난 이론을 적용하기 위하여, 먼저 X에서 단자를 개방회로로 만들고, 개방회로 전압을 구한다. 그래서 테브난 임피던스를 구하기 위해서는 상전압을 제거하고(단락회로), 단자에서 보는 $\mathbf{Z}_{\text{eq}}$를 구한다.

그림 6-18(a)는 테브난 전압을 구하기 위해서 이용되어진 개방단자를 나타낸다. 전압분배법칙에 의해서 테브난 전압 $\mathbf{V}_{\text{TH}}$의 크기를 구하면 다음 식과 같다.

$$\begin{aligned}\mathbf{V}_{\text{TH}} &= \mathbf{V}_{\phi}\frac{Z_M}{Z_M + Z_1} \\ &= \mathbf{V}_{\phi}\frac{jX_M}{R_1 + jX_1 + jX_M}\end{aligned}$$

테브난전압 $\mathbf{V}_{\text{TH}}$크기는 다음과 같다.

$$\boxed{V_{\text{TH}} = V_{\phi}\frac{X_M}{\sqrt{R_1^2 + (X_1 + X_M)^2}}} \tag{6–41a}$$

자화 리액턴스는 $X_M \gg X_1$, $X_M \gg R_1$이기 때문에 테브난전압의 크기는 대략 다음과 같다.

$$\boxed{V_{\text{TH}} \approx V_{\phi}\frac{X_M}{X_1 + X_M}} \tag{6–41b}$$

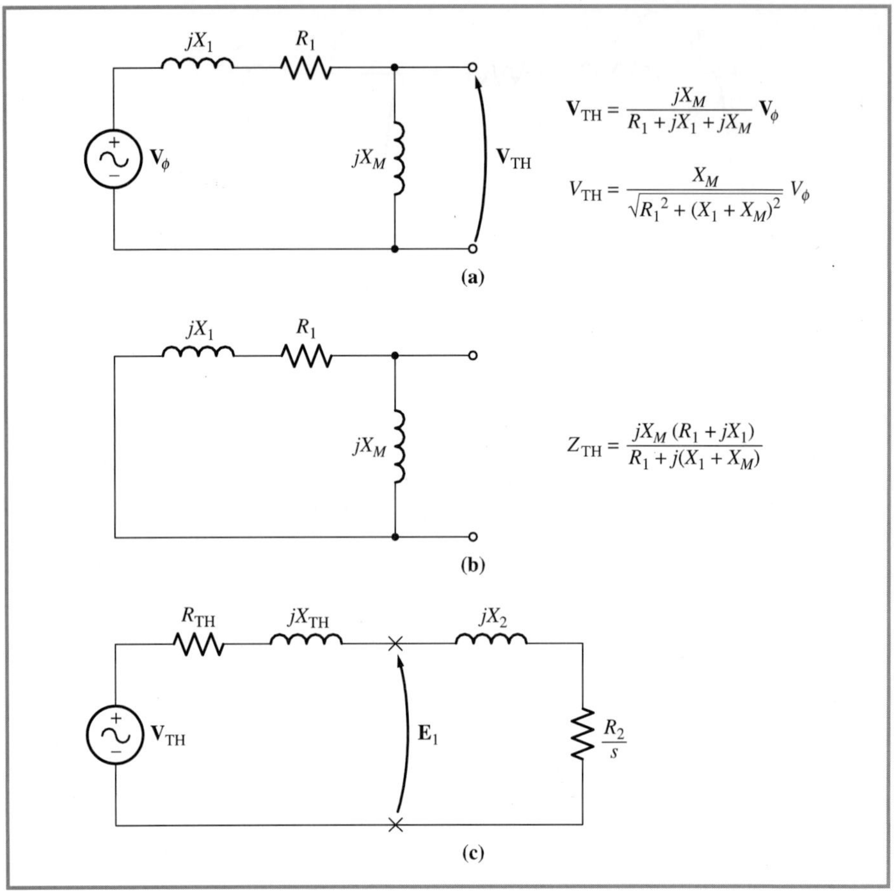

그림 6-18
(a) 도전동기입력회로의 테브난등가 전압, (b) 입력회로의 테브난등가 임피던스, (c) 유도전동기의 간략화된 등가회로

그림 6-18(b)는 입력전압을 제거한 입력회로를 보여준다. 두 임피던스는 병렬이고, 테브난 임피던스는 다음과 같이 주어진다.

$$Z_{TH} = \frac{Z_1 Z_M}{Z_1 + Z_M} \tag{6–42}$$

이 임피던스는 다음과 같이 유도된다.

$$Z_{TH} = R_{TH} + jX_{TH} = \frac{jX_M(R_1 + jX_1)}{R_1 + j(X_1 + X_M)} \tag{6–43}$$

$X_M \gg X_1$, $X_M + X_1 \gg R_1$이기 때문에 테브난 저항과 리액턴스는 대략 다음과 같다.

$$\boxed{R_{TH} \approx R_1\left(\frac{X_M}{X_1 + X_M}\right)^2} \tag{6–44}$$

$$\boxed{X_{TH} \approx X_1} \tag{6–45}$$

등가회로는 그림 6-18(c)에 나타내었다. 이 회로로부터 전류 $\mathbf{I}_2$를 구하면 다음과 같다.

$$\mathbf{I}_2 = \frac{\mathbf{V}_{\mathrm{TH}}}{Z_{\mathrm{TH}} + Z_2} \tag{6–46}$$

$$= \frac{\mathbf{V}_{\mathrm{TH}}}{R_{\mathrm{TH}} + R_2/s + jX_{\mathrm{TH}} + jX_2} \tag{6–47}$$

이 전류의 크기는 다음 식과 같다.

$$I_2 = \frac{V_{\mathrm{TH}}}{\sqrt{(R_{\mathrm{TH}} + R_2/s)^2 + (X_{\mathrm{TH}} + X_2)^2}} \tag{6–48}$$

그러므로 공극전력은 다음 식과 같이 얻어진다.

$$P_{\mathrm{AG}} = 3I_2^2 \frac{R_2}{s}$$

$$= \frac{3V_{\mathrm{TH}}^2 R_2/s}{(R_{\mathrm{TH}} + R_2/s)^2 + (X_{\mathrm{TH}} + X_2)^2} \tag{6–49}$$

그리고, 회전자 유도토오크는 아래와 같다.

$$\tau_{\mathrm{ind}} = \frac{P_{\mathrm{AG}}}{\omega_{\mathrm{sync}}}$$

$$\boxed{\tau_{\mathrm{ind}} = \frac{3V_{\mathrm{TH}}^2 R_2/s}{\omega_{\mathrm{sync}}[(R_{\mathrm{TH}} + R_2/s)^2 + (X_{\mathrm{TH}} + X_2)^2]}} \tag{6–50}$$

속도(그리고 슬립)함수로서 유도전동기 토오크 곡선은 그림 6-19에 나타내었고, 그림 6-20에서는 정상적인 전동기의 속도 범위의 위·아래 둘에 대한 속도 곡선을 나타낸다.

유도전동기의 토오크–속도 곡선의 설명

유도전동기의 토오크–속도 특성곡선은 그림 6-19에 그려져 있다. 그리고 그림 6-20은 유도전동기 동작에 관한 여러 가지 중요한 정보를 제공한다. 이 정보는 아래와 같이 요약할 수 있다.

1. 전동기의 유도토오크는 동기속도에서 0이다. 이 사실은 이미 논의되어졌다.
2. 토오크–속도 곡선은 무부하와 전부하사이에서 거의 선형이다. 이 범위에서 회전자저항은 회전자 리액턴스보다 아주 크다. 그래서 슬립이 증가할 때 회전자전류, 회전자자계, 그리고 유도토오크는 선형적으로 증가한다.
3. 초과할 수 없는 최대가능토오크가 있다. **탈출토오크**(*pullout torque*) 또는 **항복토오크**(*breakdown torque*)라고 불리는 이 토오크는 전동기의 정격 전부하토오크의 2～3배이다. 이 장의 다음 절에서는 탈출토오크를 계산하는 방법이 포함되어 있다.

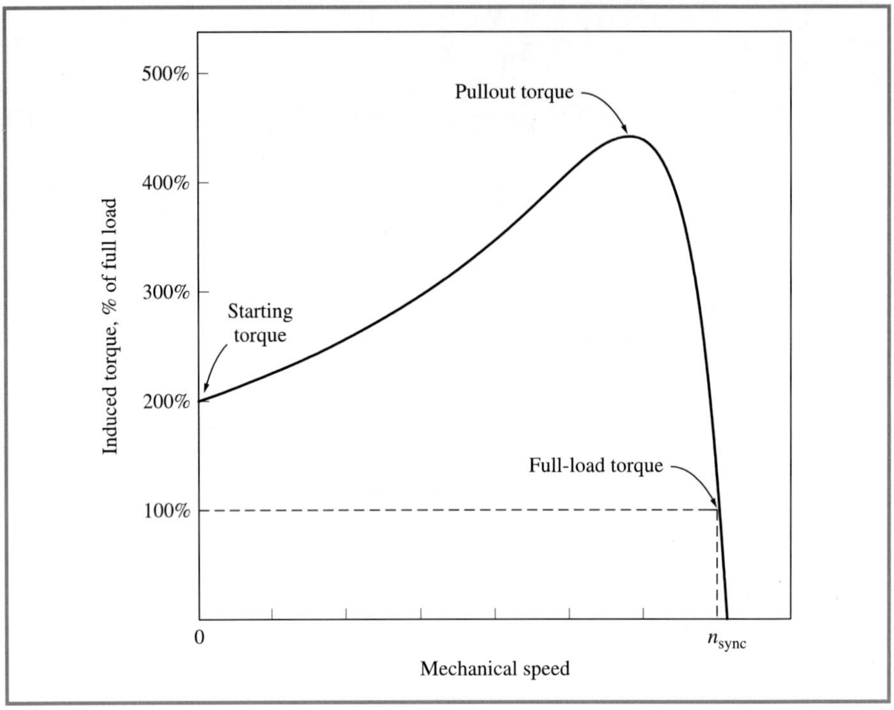

그림 6-19
유도전동기
토오크-속도 특성곡선

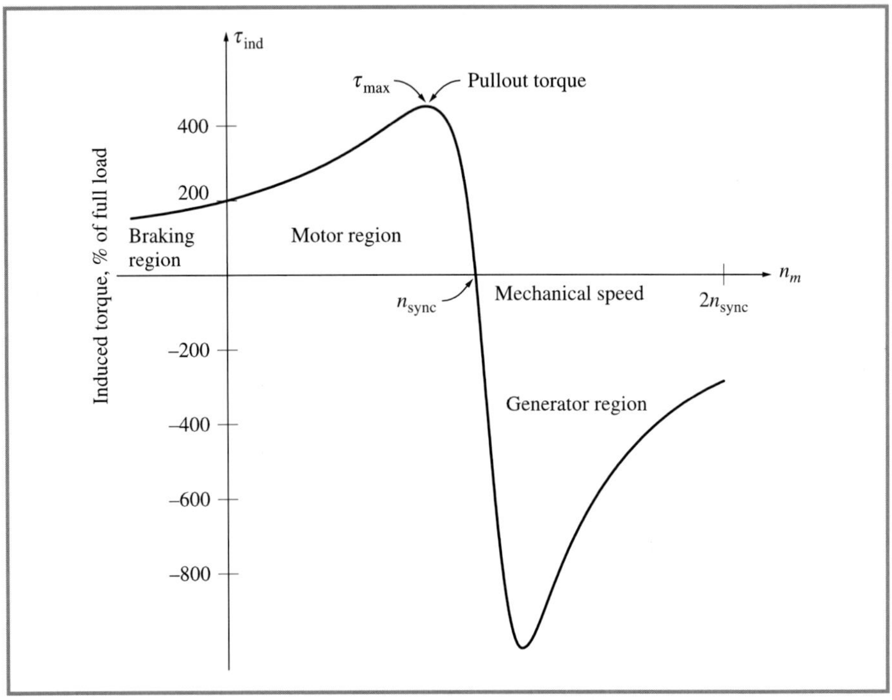

그림 6-20
동작범위(제동 영역과
발전기 영역)를
확장시킨 유도전동기
토오크-속도 특성곡선

4. 전동기에서 기동토오크는 **전부하토오크보다** 약간 크다. 그래서 이 전동기는 전 전력에서 어떤 부하든지 기동시킬 것이다.
5. 주어진 슬립에서 전동기의 토오크는 인가전압의 **제곱에 비례한다는** 사실을 주목하자. 이 사실은 나중에 언급될 유도전동기의 속도제어의 한 방식에서 이용된다.
6. 만약 유도전동기의 회전자가 동기속도보다 빠르게 구동되면 기계의 유도토오크의 방향이 반대로 되어 기계는 기계적 힘을 전기적 힘으로 변환하는 발전기가 될 것이다. 발전기로서의 유도전동기의 이용은 이 후에 언급될 것이다.
7. 만약 전동기가 자계방향에 대해 반대로 회전한다면, 기계에서의 유도토오크는 기계를 매우 신속히 정지시키고, 다른 방향으로 회전하게 될 것이다. 자계 회전방향을 반대로 하는 것은 임의의 두 고정자 상을 바꾸는 간단한 문제이기 때문에, 이 사실은 유도전동기를 신속히 정지시키는 방법으로 이용되어 진다. 전동기를 매우 신속히 정지시키기 위해서 두상을 바꾸는 동작을 **역상제동**(plugging)이라고 한다.

유도전동기에서 기계적 형태로 변환된 전력은 다음과 같고 그림 6-21에 나타내었다.

$$P_{\text{conv}} = \tau_{\text{ind}}\,\omega_m$$

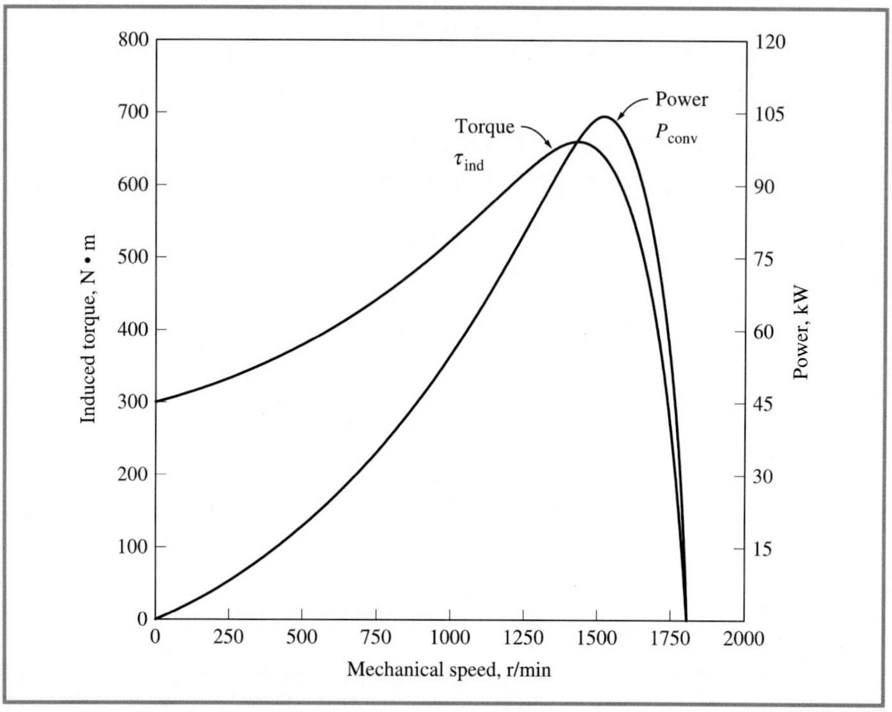

그림 6-21 4극 유도전동기에서 유도토오크와 변환된 전력 대 전동기속도

유도전동기에 의해서 공급되는 피크전력은 최대 토오크일 때의 속도와는 다른 속도에서 발생한다는 것을 유의하라. 물론, 회전자의 속도가 0일 때 기계적 형태로 변환되는 전력은 없다.

유도전동기의 최대(탈출)토오크

유도토오크는 P_{AG}/ω_{sync}이기 때문에, 최대가능토오크는 공극전력이 최대일 때 발생한다. 공극전력은 저항 R_2/s에서 소비되어지는 전력과 같기 때문에, 최대유도토오크는 저항에서 소비되어지는 전력이 최대일 때 발생할 것이다.

R_2/s에 공급되는 전력은 언제 최대인가? 그림 6-18(c)에서 간략화된 등가회로를 참조하자. 부하 임피던스각이 고정되어 있는 경우에 최대전력 전달이론은 부하저항 R_2/s에서의 최대전력 전달은 부하임피던스의 크기와 전원임피던스의 크기가 같을 때 일어날 것이다. 회로에서 등가전원임피던스는 아래와 같다.

$$Z_{source} = R_{TH} + jX_{TH} + jX_2 \tag{6–51}$$

그래서, 최대전력 전달은 아래와 같을 때 발생한다.

$$\frac{R_2}{s} = \sqrt{R_{TH}^2 + (X_{TH} + X_2)^2} \tag{6–52}$$

슬립에 대해서 식 (6-52)를 풀면, 우리는 탈출토오크에서의 슬립은 다음과 같다는 것을 알 수 있다.

$$\boxed{s_{max} = \frac{R_2}{\sqrt{R_{TH}^2 + (X_{TH} + X_2)^2}}} \tag{6–53}$$

언급된 회전자저항 R_2는 분자에서만 나타난다는 것을 인지하자. 그러므로 최대토오크에서의 회전자슬립은 회전자저항에 비례한다.

최대 토오크값은 최대 토오크에서의 슬립에 관한 식을 토오크식[식 (6-50)]에 대입함으로써 구할 수 있다. 그 결과, 최대 또는 탈출토오크식은 다음과 같다.

$$\boxed{\tau_{max} = \frac{3V_{TH}^2}{2\omega_{sync}[R_{TH} + \sqrt{R_{TH}^2 + (X_{TH} + X_2)^2}]}} \tag{6–54}$$

이 토오크는 공급전압의 제곱에 비례하고 또한 고정자임피던스와 회전자 리액턴스의 크기에 반비례한다. 전동기의 리액턴스가 작아지면 작아질수록, 전동기가 감당할 수 있는 최대 토오크는 더욱 더 커진다. 최대 토오크가 발생할 수 있는 슬립은 회전자저항에 직접 비례하지만[식 (6-53)], 최대 토오크의 값은 회전자저항값과 상관이 없다[식 (6-54)].

권선형 유도전동기에서의 토오크–속도 특성이 그림 6-22에 나타내었다. 회전자회로는 슬립링을 통하여 고정자에 연결되어 있기 때문에 권선형 회전자의

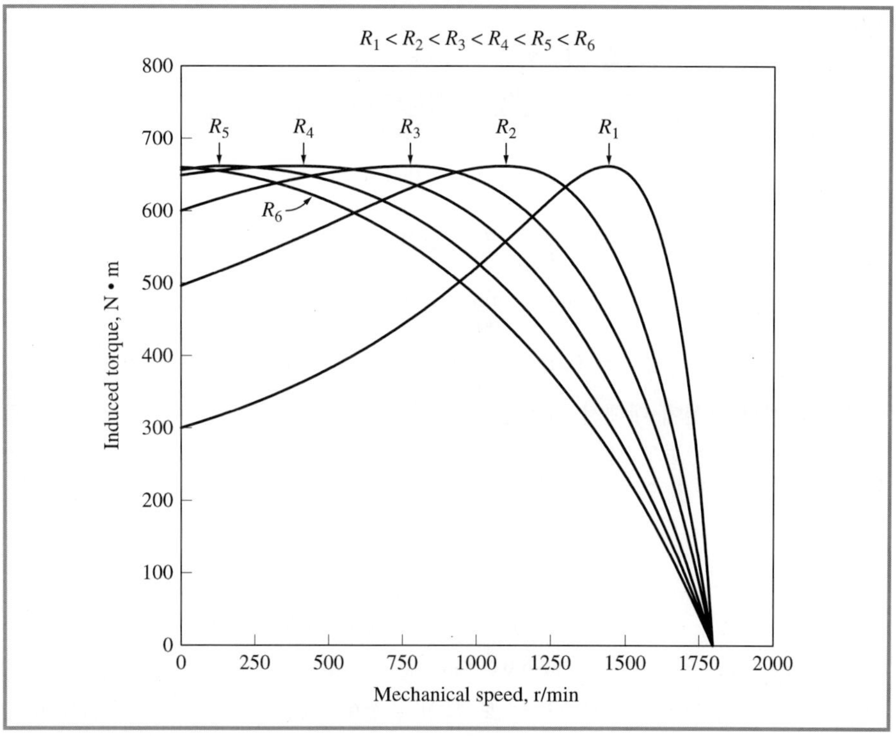

그림 6-22 권선형 유도전동기의 토오크-속도 특성에서 회전자저항을 변화시켰을 때의 효과

회전자회로에 저항을 삽입하는 것이 가능하다는 것을 상기하자. 그림에서 회전자저항이 증가함에 따라 전동기의 탈출속도는 감소하지만 최대 토오크는 일정하다는 사실을 인지하자.

대단히 큰 중부하를 기동시키기 위해서 권선형 유도전동기의 이와 같은 특성을 이용하는 것이 가능하다. 만약 회전자회로에 저항을 삽입하면, 최대 토오크는 기동조건에서 발생되도록 조정되어질 수 있다. 그러므로, 최대가능 토오크는 중부하를 기동시키는 데 이용할 수 있을 것이다. 다른 한편 일단 부하가 회전하면, 외부저항을 회로로부터 제거할 수 있으며 최대 토오크는 정격동작을 위해 거의 동기속도까지 올라갈 것이다.

예제 6-4

2극 50 Hz 유도전동기가 2950 rpm의 속도로 15 kW의 전력을 어떤 부하에 공급하고 있다.

(*a*) 전동기의 슬립은 얼마인가?
(*b*) 이 조건에서 전동기의 유도토오크(N·m)는 얼마인가?
(*c*) 토오크가 두 배가 되면 전동기의 운전속도는 얼마인가?
(*d*) 토오크가 두 배가 될 때 전동기에 의해서 공급되는 전력은 얼마인가?

풀이

(*a*) 이 전동기의 동기속도는 아래와 같다.

$$n_{\text{sync}} = \frac{120f_{se}}{P} = \frac{120(50 \text{ Hz})}{2 \text{ poles}} = 3000 \text{ r/min}$$

그러므로, 전동기의 슬립은 다음과 같다.

$$s = \frac{n_{\text{sync}} - n_{\text{m}}}{n_{\text{sync}}}(\times 100\%) \qquad (6\text{–}4)$$

$$= \frac{3000 \text{ r/min} - 2950 \text{ r/min}}{3000 \text{ r/min}}(\times 100\%)$$

$$= 0.0167 \text{ or } 1.67\%$$

(*b*) 기계적 손실에 대해서 어떤 값도 주어지지 않았기 때문에 전동기에서 유도토오크는 부하토오크와 같다고 가정할 수 있다. 즉 P_{conv}는 P_{load}와 같다고 가정한다. 그래서 토오크는 다음과 같다.

$$\tau_{\text{ind}} = \frac{P_{\text{conv}}}{\omega_{\text{m}}}$$

$$= \frac{15 \text{ kW}}{(2950 \text{ r/min})(2\pi \text{ rad/r})(1 \text{ min}/60 \text{ s})}$$

$$= 48.6 \text{ N} \bullet \text{m}$$

(*c*) 낮은 슬립영역에서 토오크-속도 특성은 선형이고, 유도토오크는 슬립에 비례한다. 그러므로 만약 토오크가 두 배가 된다면, 슬립은 3.33%가 된다. 그래서 전동기의 운전속도는 아래와 같이 된다.

$$n_m = (1 - s)n_{\text{sync}} = (1 - 0.0333)(3000 \text{ r/min}) = 2900 \text{ r/min}$$

(*d*) 전동기가 공급하는 전력은 다음과 같다.

$$P_{\text{conv}} = \tau_{\text{ind}}\omega_m$$

$$= (97.2 \text{ N} \bullet \text{m})(2900 \text{ r/min})(2\pi \text{ rad/r})(1 \text{ min}/60 \text{ s})$$

$$= 29.5 \text{ kW}$$

예제 6-5

460-V, 25-hp, 60-Hz, 4극 Y결선 권선형 유도전동기가 고정자측 회로로 환산한 상당 임피던스값을 다음과 같이 가지고 있다.

$$R_1 = 0.641\ \Omega \quad R_2 = 0.332\ \Omega$$
$$X_1 = 1.106\ \Omega \quad X_2 = 0.464\ \Omega \quad X_M = 26.3\ \Omega$$

(*a*) 이 전동기의 최대 토오크는 얼마인가? 어떤 속도와 슬립에서 최대 토오크가 발생하는가?

(*b*) 이 전동기의 기동토오크는 얼마인가?

(*c*) 회전자저항이 두 배일 때, 최대 토오크가 발생하는 속도는 얼마인가? 전동기의 새 기동토오크는 얼마인가?

(*d*) 이 전동기의 원래의 회전자저항과 두 배의 회전자저항의 경우 속도-토오크 특성곡선을 그려라.

풀이

이 전동기의 테브난 전압은 다음과 같다.

$$V_{TH} = V_\phi \frac{X_M}{\sqrt{R_1^2 + (X_1 + X_M)^2}} \tag{6–41a}$$

$$= \frac{(266\text{ V})(26.3\ \Omega)}{\sqrt{(0.641\ \Omega)^2 + (1.106\ \Omega + 26.3\ \Omega)^2}} = 255.2\text{ V}$$

테브난 저항은 다음과 같다.

$$R_{TH} \approx R_1\left(\frac{X_M}{X_1 + X_M}\right)^2 \tag{6–44}$$

$$\approx (0.641\ \Omega)\left(\frac{26.3\ \Omega}{1.106\ \Omega + 26.3\ \Omega}\right)^2 = 0.590\ \Omega$$

테브난 리액턴스는 아래와 같다.

$$X_{TH} \approx X_1 = 1.106\ \Omega$$

(*a*) 최대 토오크가 발생할 때의 슬립은 식 (6-53)에 의해서 구해진다:

$$s_{max} = \frac{R_2}{\sqrt{R_{TH}^2 + (X_{TH} + X_2)^2}} \tag{6–53}$$

$$= \frac{0.332\ \Omega}{\sqrt{(0.590\ \Omega)^2 + (1.106\ \Omega + 0.464\ \Omega)^2}} = 0.198$$

이에 상응하는 기계적 속도 다음과 같다.

$$n_m = (1 - s)n_{sync} = (1 - 0.198)(1800\text{ r/min}) = 1444\text{ r/min}$$

이 속도에서의 토오크는 아래와 같다.

$$\tau_{max} = \frac{3V_{TH}^2}{2\omega_{sync}[R_{TH} + \sqrt{R_{TH}^2 + (X_{TH} + X_2)^2}\,]} \tag{6–54}$$

$$= \frac{3(255.2\text{ V})^2}{2(188.5\text{ rad/s})[0.590\ \Omega + \sqrt{(0.590\ \Omega)^2 + (1.106\ \Omega + 0.464\ \Omega)^2}]}$$

$$= 229\text{ N}\bullet\text{m}$$

(*b*) 이 전동기에서의 기동토오크는 식 (6-50)에서 $s = 1$로 놓으면 다음과 같다.

$$\tau_{start} = \frac{3V_{TH}^2 R_2}{\omega_{sync}[(R_{TH} + R_2)^2 + (X_{TH} + X_2)^2]}$$

$$= \frac{3(255.2\text{ V})^2(0.332\ \Omega)}{(188.5\text{ rad/s})[(0.590\ \Omega + 0.332\ \Omega)^2 + (1.106\ \Omega + 0.464\ \Omega)^2]}$$

$$= 104\text{ N}\bullet\text{m}$$

(*c*) 만약 회전자저항이 두 배가 된다면, 최대 토오크에서 슬립은 두 배가 되어 아래와 같이 된다.

$$s_{max} = 0.396$$

그리고, 최대 토오크에서의 속도는 다음과 같이 된다.

$$n_m = (1 - s)n_{\text{sync}} = (1 - 0.396)(1800 \text{ r/min}) = 1087 \text{ r/min}$$

최대 토오크는 여전히 아래와 같다.

$$\tau_{\max} = 229 \text{ N} \cdot \text{m}$$

기동토오크는 식 (6-50)에서 저항만 0.664로 변하여 다음과 같다.

$$\tau_{\text{start}} = \frac{3(255.2 \text{ V})^2(0.664 \ \Omega)}{(188.5 \text{ rad/s})[(0.590 \ \Omega + 0.664 \ \Omega)^2 + (1.106 \ \Omega + 0.464 \ \Omega)^2]}$$

$$= 170 \text{ N} \cdot \text{m}$$

(*d*) MATLAB 프로그램을 이용하여 원래의 회전자저항과 저항이 두 배가 되었을 경우의 토오크-속도 특성곡선을 그릴 수 있는 M파일을 생성시킬 수 있다. M 파일은 근사식 대신에 V_{TH}와 Z_{TH}[식 (6-41a)와 식 (6-43)]에 대한 정확한 방정식을 이용하여 테브난 임피던스를 계산하고, 식 (6-50)을 이용하여 유도토오크를 계산하고 그 결과를 그린다. 최종적인 M-파일은 다음과 같다.

```
% M-file: torque_speed_curve.m
% M-file create a plot of the torque-speed curve of the
%   induction motor of Example 6-5.

% First, initialize the values needed in this program.
r1 = 0.641;                 % Stator resistance
x1 = 1.106;                 % Stator reactance
r2 = 0.332;                 % Rotor resistance
x2 = 0.464;                 % Rotor reactance
xm = 26.3;                  % Magnetization branch reactance
v_phase = 460 / sqrt(3);    % Phase voltage
n_sync = 1800;              % Synchronous speed (r/min)
w_sync = 188.5;             % Synchronous speed (rad/s)

% Calculate the Thevenin voltage and impedance from Equations
% 6-41a and 6-43.
v_th = v_phase * ( xm / sqrt(r1^2 + (x1 + xm)^2) );
z_th = ((j*xm) * (r1 + j*x1)) / (r1 + j*(x1 + xm));
r_th = real(z_th);
x_th = imag(z_th);

% Now calculate the torque-speed characteristic for many
% slips between 0 and 1.  Note that the first slip value
% is set to 0.001 instead of exactly 0 to avoid divide-
% by-zero problems.
s = (0:1:50) / 50;                 % Slip
s(1) = 0.001;
nm = (1 - s) * n_sync;             % Mechanical speed

% Calculate torque for original rotor resistance
for ii = 1:51
  t_ind1(ii) = (3 * v_th^2 * r2 / s(ii)) / ...
         (w_sync * ((r_th + r2/s(ii))^2 + (x_th + x2)^2) );
end
```

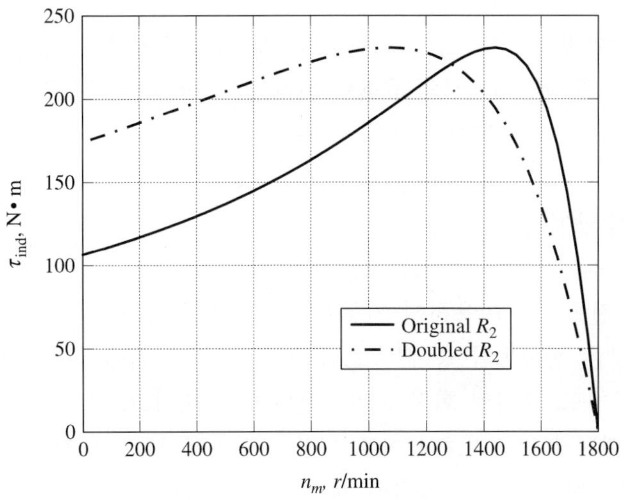

그림 6-23
예제 6-5 전동기에 대한 토오크-속도 특성

```
% Calculate torque for doubled rotor resistance
for ii = 1:51
  t_ind2(ii) = (3 * v_th^2 * (2*r2) / s(ii)) / ...
          (w_sync * ((r_th + (2*r2)/s(ii))^2 + (x_th + x2)^2) );
end

% Plot the torque-speed curve
plot(nm,t_ind1,'Color','b','LineWidth',2.0);
hold on;
plot(nm,t_ind2,'Color','k','LineWidth',2.0,'LineStyle','-.');
xlabel('\bf\itn_{m}');
ylabel('\bf\tau_{ind}');
title ('\bfInduction motor torque-speed characteristic');
legend ('Original R_{2}','Doubled R_{2}');
grid on;
hold off;
```

그림 6-23에서 토오크-속도 특성을 보여주고 있다. 곡선상의 최대 토오크와 기동토오크값은 (*a*)와 (*c*)에서 계산된 값과 일치하며 전동기의 기동토오크는 R_2가 증가함에 따라 상승하였다.

6.6 유도전동기의 토오크-속도 특성변화

6.5절에서 유도전동기의 토오크-속도 특성을 유도하였다. 사실, 제시된 여러 가지 특성곡선은 회전자저항에 종속적이다는 것을 알 수 있었다. 예제 6-5는 유도전동기 설계자의 어려움을 나타내고 있다. 즉 회전자를 고저항으로 설계하면 전동기의 기동토오크가 상당히 높아지지만, 정상동작상태에서 슬립도 아주 높아진다는 것이다. $P_{conv} = (1 - s)P_{AG}$의 식을 보면, 슬립이 높아질수록 실제로 기

계에너지로 변화되는 공극전력의 부분이 점점 더 작아진다는 것이며, 전동기의 효율이 더 낮아지게 된다. 높은 회전자저항을 가진 전동기는 좋은 기동토오크를 가지지만 정상동작상태에서의 효율이 나빠진다. 반면에, 낮은 회전자저항을 가진 전동기는 낮은 기동토오크를 가지지만 정상동작상태에서 높은 효율을 가진다. 유도전동기 설계자는 높은 기동토오크와 좋은 효율의 상충되는 요구사이에서 절충할 수밖에 없다.

이 어려움을 해결할 수 있는 한 가지 방법은 6.5절을 통해서 제안되었다: 권선형 유도전동기를 이용하여 기동시에 회전자에 추가저항을 삽입하는 것이다. 추가저항은 정상동작 중에는 보다 높은 효율을 위해서 완전히 제거될 수 있다. 불행하게도, 권선형 회전자 전동기는 매우 비싸고, 많은 유지관리가 필요하고, 농형 회전자 전동기보다 아주 복잡한 자동제어회로가 요구된다. 또한, 위험하거나 폭발적인 환경에 설치될 때는 완전한 차폐가 아주 중요하다. 그리고 완전히 독립된 회전자로 구동하는 것이 더 쉽다. 슬립링 없이 그리고 조작자 또는 제어회로의 개입 없이 기동시에 추가 회전자저항을 삽입하고 정상동작에서 추가저항을 제거하는 몇 가지 방법을 이해하는 것은 중요하다.

그림 6-24는 바람직한 전동기특성을 나타내고 있다. 이 그림은 두개의 권선형 유도전동기의 특성을 보여주고 있다. 하나는 고 저항을 가진 것이고 다른 하나는 저 저항을 가진 것이다. 고 슬립에서, 바람직한 전동기는 고 저항 권선형 유도전동기 곡선에서처럼 동작하고 저 슬립에서는 저 저항 권선형 유도전동기 곡선에서처럼 동작한다.

다행스럽게도, 유도전동기 회전자 설계에서 누설 리액턴스를 이용함으로써 이 효과를 얻을 수 있다.

농형 회전자 설계에 의한 전동기특성 제어

유도전동기 등가회로에서 리액턴스 X_2는 언급된 회전자 누설 리액턴스의 형태로 나타난다. 누설 리액턴스는 고정자권선과 결합하지 않는 회전자 자속에 의한 것임을 상기하자. 일반적으로, 회전자바 또는 바의 일부분이 고정자에서 멀어질수록 회전자바 자속 중에서 점점 더 적은 양의 자속이 고정자에 도달하기 때문에 그것의 누설 리액턴스는 증가하게 된다. 그러므로 만약 농형 회전자바가 거의 회전자의 표면에 놓여 있다면, 누설자속이 아주 작아지게 되고 리액턴스 X_2는 등가회로에서 작아질 것이다. 반면에, 회전자바가 회전자 표면에서 깊이 놓여있다면, 누설자속이 많아지고 회전자 리액턴스 X_2는 더 증가한다.

예를 들어, 그림 6-25(a)는 회전자에서 바의 단면을 보여주는 회전자 철심 적층판의 그림이다. 그림에서 회전자바는 상당히 크고 거의 회전자표면에 놓여있다. 이 같은 설계는 저저항(큰 단면에 의한), 낮은 누설 리액턴스와 X_2(고정자에 가까운 바의 위치때문)를 가질 것이다. 회전자저항이 낮기 때문에, 탈출토오

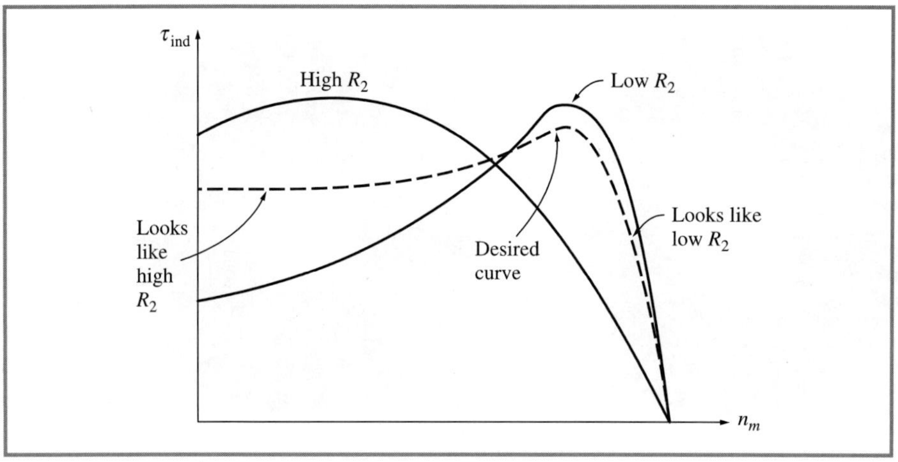

그림 6-24 저속(고 슬립)에서의 고저항 영향과 고속(저 슬립)에서의 저저항 영향을 결합한 토오크-속도 특성곡선

크는 거의 동기속도[식 (6-53)을 보자] 근처에서 존재하고 전동기는 상당히 효율이 높다. 아래의 식과 같이 공극전력의 작은 일부분만이 회전자저항에서 소비하게 된다는 것을 기억하자.

$$P_{conv} = (1 - s)P_{AG} \tag{6–33}$$

그러나 R_2가 작기 때문에, 전동기의 기동토오크가 작아지고, 기동전류는 높아진다. 이런 형태의 설계를 NEMA(National Electrical Manufacturers Association) 설계등급 A라고 부른다. 이것은 전형적인 유도전동기이고, 그 특성은 권선형 회전자 전동기에 추가적인 저항을 삽입하지 않았을 경우의 것과 근본적으로 동일하다. 이것의 토오크–속도 특성은 그림 6-26에 나타나 있다.

그러나 그림 6-25(d)는 작은 바가 회전자 표면근처에 위치하고 있는 유도전동기 회전자의 단면을 보여주고 있다. 바의 단면적이 작기 때문에, 회전자저항은 상대적으로 높다. 그리고 바가 고정자에 가까이 위치하고 있기 때문에, 회전자 누설 리액턴스가 적게 되고, 이 전동기는 권선형 유도전동기의 회전자에 추가저항을 삽입한 경우와 매우 유사하다. 큰 회전자저항 때문에, 이 전동기는 고 슬립에서 탈출토오크를 가지고, 기동토오크는 상당히 높다. 이러한 형태의 회전자구조를 가진 농형 전동기를 NEMA설계등급 D라고 부른다. 이것의 토오크–속도 특성을 그림 6-26에 나타내었다.

심구(deep)바와 2중 농형 회전자 설계

앞에서 설명한 두 가지의 회전자 설계는 회전자저항을 가진 권선형 유도전동기와 근본적으로 유사하다. 높은 기동토오크와 낮은 기동전류특성을 가진 설계등급 D와 낮은 정상동작슬립과 높은 효율을 가진 설계등급 A를 결합하기 위해서 어떻게 가변 회전자저항을 만들까?

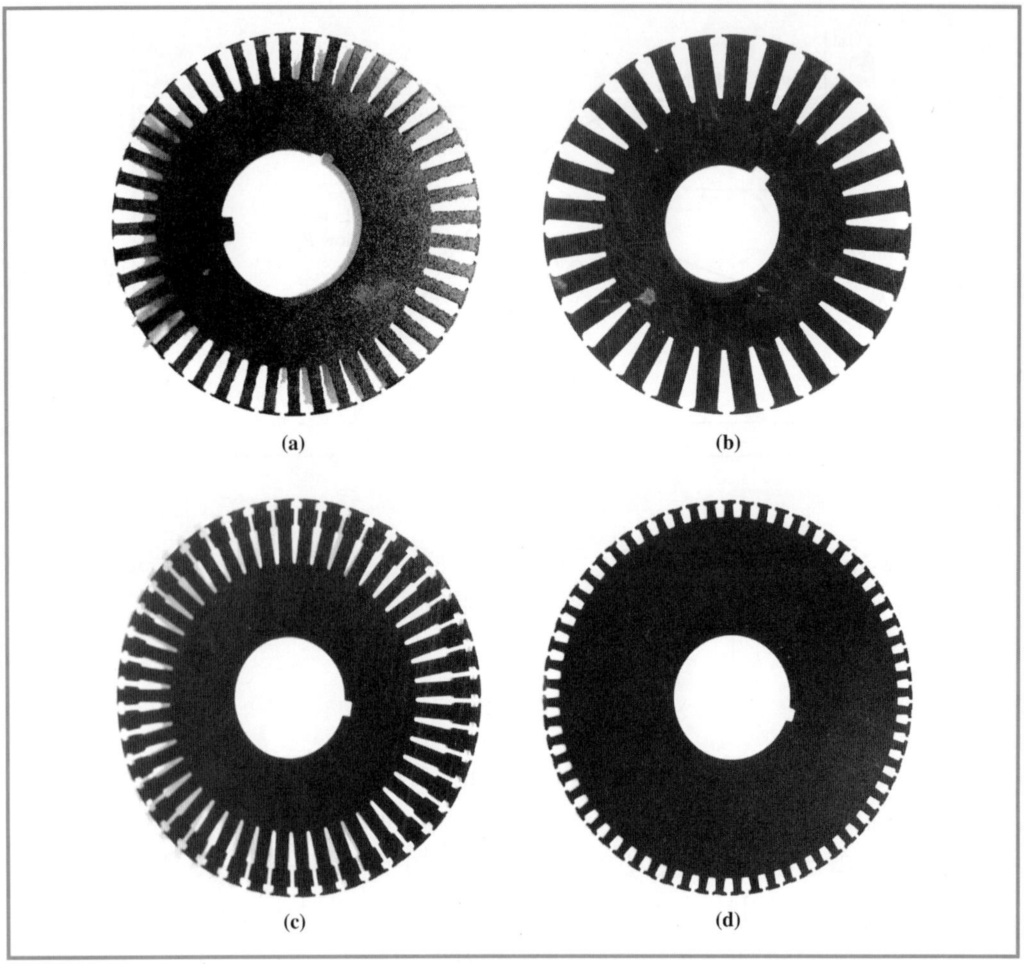

그림 6-25
회전자바의 단면을 보여주는 전형적인 농형유도전동기 회전자의 적층판
(a) NEMA설계등급 A—표면근처에서 큰 바, (b) NEMA설계등급 B—크고 깊은 회전자바, (c) NEMA설계등급 C—2중 농형 회전자 설계, (d) NEMA설계등급 D—표면근처에서의 작은 바(MagneTek. Inc. 제공)

심구(deep) 회전자바 또는 2중 농형 회전자를 이용해서 가변회전자저항을 만드는 것이 가능하다. 기본적 개념이 그림 6-27에서 심구바(deep bar) 회전자를 가지고 설명한다. 그림 6-27(a)는 심구(deep) 회전자바의 상위부분을 통하여 흐르는 전류를 나타내고 있다. 이 영역에서 흐르는 전류가 고정자에 상당히 많이 쇄교하기 때문에, 이 영역에서 누설 리액턴스는 작다. 그림 6-27(b)는 바의 깊은 곳에서 흐르는 전류를 보여주고 있으며, 여기서는 누설 인덕턴스가 크다. 모든 회전자바는 전기적으로 병렬로 연결되어 있기 때문에, 바는 당연히 일련의 병렬 전기회로로 나타나며 상위부분에서 작은 인덕턴스를 가지고 하위부분에서는 큰 인덕턴스를 가진다[그림 6-27(c)].

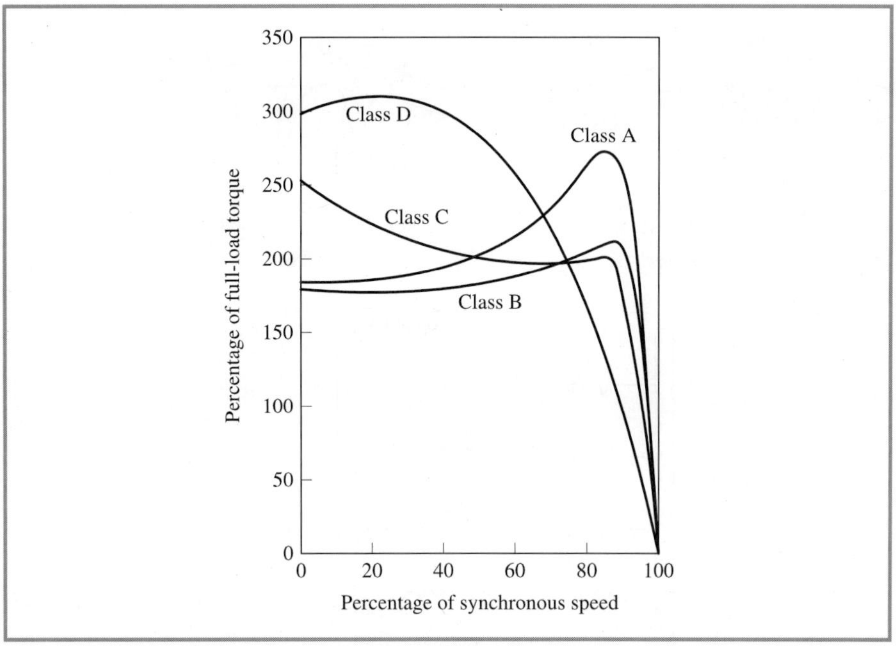

그림 6-26 여러가지 회전자 설계에 의한 전형적 토오크-속도 곡선

저 슬립에서, 회전자주파수는 매우 작으며 바를 통하는 모든 병렬 경로의 리액턴스는 그것의 저항에 비하여 작다. 모든 바의 임피던스는 거의 같기 때문에 바를 통하여 흐르는 전류는 모두 동등하게 된다. 이 결과 큰 단면적은 회전자 저항을 상당히 작게 만들고, 낮은 슬립에서 좋은 효율을 가진다. 높은 슬립(기동 조건)에서, 회전자바에서의 리액턴스는 저항에 비해 크다. 그래서 모든 전류는 고정자근처의 바에서 낮은 리액턴스부분으로 흐른다. 전류가 흐르는 유효 단면이 적기 때문에, 회전자저항은 전보다 높아진다. 기동상태에서 높은 회전자저항으로, 설계등급 A에서 보다 기동토오크는 상대적으로 높고, 기동전류는 낮다. 이러한 구조에서의 전형적인 토오크–속도 특성은 그림 6-26에서 설계등급 B곡선으로 나타난다.

2중 농형 회전자단면은 그림 6-25(c)에 나타나있다. 그것은 회전자에 깊게 묻혀진 크고 낮은 저항세트의 바와 회전자 표면에서 작고 큰 저항세트의 바로 구성되어있다. 저 슬립과 고 슬립작용사이에서의 차이점이 너무 과장되어 있다는 것을 제외하고는 이것은 심구바(deep bar) 회전자와 유사하다. 기동상태에서는 작은 바가 효과적 이여서 회전자저항은 상당히 크며 이 큰 저항은 큰 기동토오크를 만든다. 그러나, 정상동작속도에서는 양쪽 바는 모두 유용하며, 저항은 거의 심구(deep)바 회전자만큼 낮다. 이런 종류의 2중 농형 회전자는 NEMA등급 B와 등급 C의 특성을 만들기 위해서 이용되어진다. 이런 설계의 회전자에 대한 가능 토오크–속도 특성은 그림 6-26에서 설계등급 B와 설계등급 C에서 설계되어 졌다.

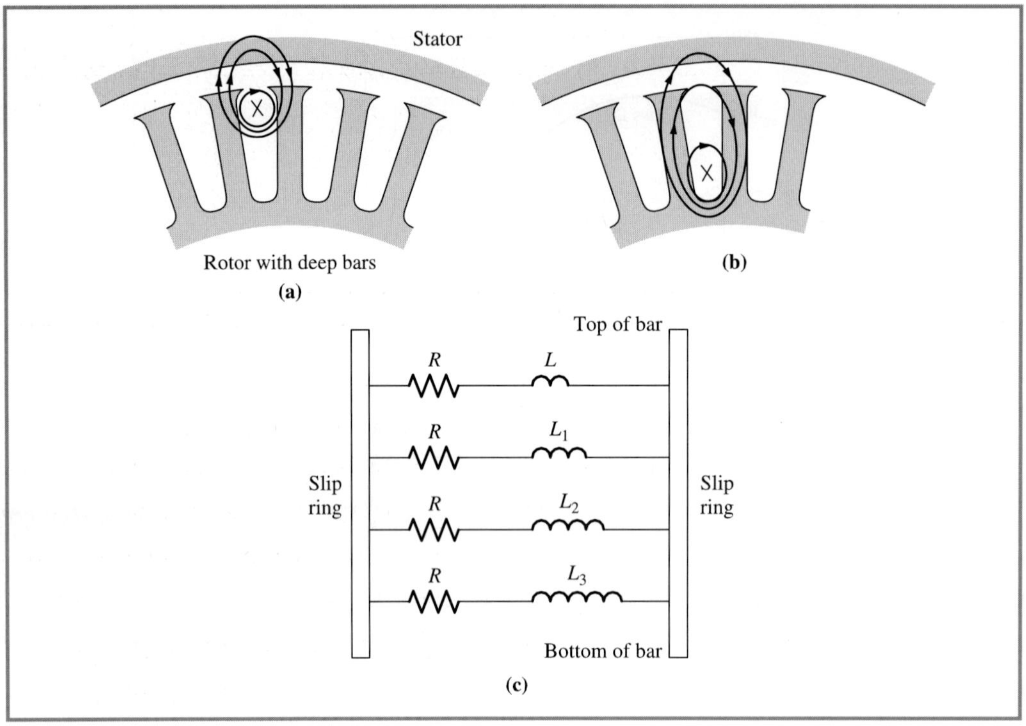

그림 6-27
심구(deep)바 회전자의 자속 (a) 바의 윗부분에 전류가 흐를 때, 자속은 고정자에 잘 쇄교한다. 그리고 누설 인덕턴스는 작다. (b) 바의 아랫부분에 전류가 흐를 때, 자속은 고정자에 덜 쇄교한다. 그리고 누설 인덕턴스는 크다. (c) 회전자의 깊이 함수에 대한 회전자 바의 등가회로.

2중 농형 회전자는 다른 형태의 농형 회전자보다 많이 비싸다는 단점을 가지고 있지만, 그것은 권선형 회전자 설계보다 저렴하다. 그것은 낮은 비용과 슬립링 그리고 브러쉬를 유지관리할 필요가 없으며 권선형 회전자 전동기(낮은 기동전류를 가진 높은 기동토오크 그리고 정상동작상태에서 좋은 효율)가 갖는 여러 가지의 최상의 특징을 갖는다.

유도전동기 설계등급

유도전동기의 회전자특성을 변화시킴으로써 토오크–속도 곡선을 크게 변화시키는 것이 가능하다. 산업체가 정수–마력 범위에서 다양한 응용에 적절한 전동기를 선택하는 것을 돕기 위해서, 미국의 NEMA와 유럽의 IEC(International Electrotechnical Commission)는 여러 가지 토오크–속도 곡선을 가지고 일련의 표준설계를 정의하였다. 이 표준설계는 설계등급으로서 간주되었고 각각의 전동기는 설계등급 X의 전동기로서 간주되었다. 오래전부터 NEMA와 IEC 설계등급을 적용해 왔다. 그림 6-26은 4가지의 표준 NEMA 설계등급에 관해서 전형적 토오크–속도 곡선을 보여주고 있으며 각각의 표준설계등급의 특성은 아래에 주어져있다.

설계등급 A. 설계등급 A 전동기는 일반적인 기동토오크와 일반적인 기동전류, 저 슬립을 가진 표준전동기설계이다. 설계 A 전동기의 전부하 슬립은 등가 정격의 설계 B 전동기의 전부하 슬립보다 5% 내지 그 보다 더 작아야 한다. 탈출토오크는 전부하토오크의 200～300 %이고 저 슬립(20%보다 낮은)에서 나타난다. 이 설계의 기동토오크는 최소한 아주 큰 전동기에 대해서는 정격토오크이고, 더 작은 전동기에 대해서는 정격토오크의 200% 이상이다. 이 설계등급의 중요한 문제는 기동시의 큰 유입전류이며, 기동시에 흐르는 전류는 일반적으로 정격전류의 500～800% 정도이다. 약 7.5 hp이상의 크기에서, 낮은 전압으로 기동하는 방법을 이용해야하며 이것은 전동기와 연결된 전력시스템에서 기동시의 전압 급강하 문제를 막아주는 것이다. 과거에는 설계등급 A 전동기는 7.5 hp이하 그리고 약 200 hp이상의 대부분의 응용에 대한 표준설계였지만, 최근에 설계등급 B전동기로 대체되고 있다. 이 전동기는 선풍기, 송풍기, 펌프, 선반과 다른 기계 장치에 일반적으로 응용되고 있다.

설계등급 B. 설계등급 B 전동기는 일반적인 기동토오크와 낮은 기동전류, 저 슬립을 가진다. 이 전동기는 등급 A 전동기보다 약 25% 정도 작은 기동전류를 가지고 거의 동일한 기동토오크를 만든다. 탈출토오크는 정격부하토오크의 200%보다 크거나 같지만, 증가된 회전자 리액턴스때문에 등급 A 설계보다 작다. 회전자슬립은 여전히 전부하에서 상대적으로 작다(5%보다 작다). 응용은 설계 A와 유사하지만, 낮은 기동전류때문에 설계 B를 더 선호하게 된다. 설계등급 B전동기는 새로운 장치설비에서는 설계등급 A전동기를 많이 대체하고 있다.

설계등급 C. 설계등급 C 전동기는 전부하에서 높은 기동토오크와 낮은 기동전류, 저슬립(5 % 보다 작다)을 가진다. 탈출토오크는 등급 A 전동기에서보다 다소 작지만 기동토오크는 전부하토오크의 250%까지 올라간다. 이 전동기는 2중 농형 회전자로 만들어지므로 다른 등급의 전동기보다 상당히 비싸다. 이것은 부하가 걸린 펌프, 압축기, 컨베이어 같은 높은 기동토오크 부하에서 이용된다.

설계등급 D. 설계등급 D 전동기는 매우 높은 기동토오크(정격부하보다 275% 이상 높은)와 낮은 기동전류를 가지지만 전부하에서 높은 슬립을 가진다. 그것은 근본적으로 보통의 등급 A 유도전동기이지만, 회전자 바를 작게 만들고 높은 저항재료로 만들었다. 높은 회전자저항은 매우 낮은 저속도영역으로 최대 토오크를 이동시킨다. 그래서 속도 0(100%슬립)에서 가장 높은 토오크가 발생하는 것이 가능하다. 이 전동기의 전부하 슬립은 높은 회전자저항 때문에 상당히 높다. 전부하슬립은 일반적으로 7～11%이지만, 17% 이상이 될 수도 있다. 이 전동기는 특히 펀치프레스나 전단기에서 이용되는 큰 플라이휠 같은 아주 높은 관성형태의 부하에 가속을 필요로 할 때 이용되어진다. 이 같은 응용에서, 전동기는 큰 플라이휠을 점진적으로 전속도까지 가속하고 펀치를 구동한다. 펀칭 후에 전동기는 다음 동작을 위해 상당히 긴 시간 동안 플라이휠을 감속시킨다.

이 4가지의 설계등급에 부가하여, NEMA는 소프트-기동 유도전동기(그림 6-28)라고 불리는 설계등급 E와 F를 인정하고 있다. 이 설계는 매우 낮은 기동전류를 가짐으로써 특정지어지고 기동전류가 문제가 되는 곳에서는 저 기동토오크로 이용되어진다. 이 설계는 지금은 구식이 되었다.

예제 6-6

460-V, 30-hp, 60 Hz, 4극 Y 결선 유도전동기는 단일 농형 회전자나 이중 농형 회전자를 가질 수 있는 회전자 설계방법이 있다(고정자는 동일한 설계를 가졌음). 단일 농형 회전자를 가진 전동기의 상당임피던스를 고정자측으로 환산한 값은 다음과 같다.

$$R_1 = 0.641\ \Omega \quad R_2 = 0.300\ \Omega$$
$$X_1 = 0.750\ \Omega \quad X_2 = 0.500\ \Omega \quad X_M = 26.3\ \Omega$$

모델링할 수 있는 이중 농형 회전자 전동기는 고저항 바깥쪽 농형은 병렬로 느슨하게 결합되어 있고 저저항 안쪽 농형 바는 완전하게 결합되어 있다(그림 6-25(c)와 유사한 구조). 고정자와 자화저항 및 리액턴스는 단일 농형설계에서와 동일하다.

회전자의 바깥쪽 농형 바의 저항과 리액턴스는 다음과 같다.

$$R_{2o} = 3.200\ \Omega \quad X_{2o} = 0.500\ \Omega$$

바깥쪽 바는 단면이 작으므로 저항이 높지만, 리액턴스는 단일 농형 회전자의 리액턴스와 같다. 이것은 바깥쪽 농형 바는 고정자와 대단히 가깝기 때문이며, 누설 리액턴스는 작다.

회전자의 안쪽 농형 바의 저항과 리액턴스는 다음과 같다.

$$R_{2i} = 0.400\ \Omega \quad X_{2i} = 3.300\ \Omega$$

안쪽 바는 단면이 크므로 저항이 작지만, 누설 리액턴스는 아주 크다.

두 가지 회전자 설계에 대한 토오크-속도 특성을 계산하라. 어떻게 비교되는가?

풀이

단일 농형 회전자를 가진 전동기의 토오크-속도 특성은 예제 6-5에서와 똑같은 방법으로 계산될 수 있다. 이중 농형 회전자 전동기의 토오크-속도 특성은 각 슬립에서 회전자저항과 리액턴스는 바깥쪽과 안쪽 농형 임피던스들의 병렬조합이 될 것이다. 회전자 리액턴스는 저슬립에서 상대적으로 중요도가 덜하고 큰 안쪽 농형은 전동기의 동작에서 중요한 역할을 할 것이다. 고슬립에서 안쪽농형의 높은 리액턴스는 회로에서 전류를 거의 못 흐르게 됨으로서 제거된 것과 유사하다.

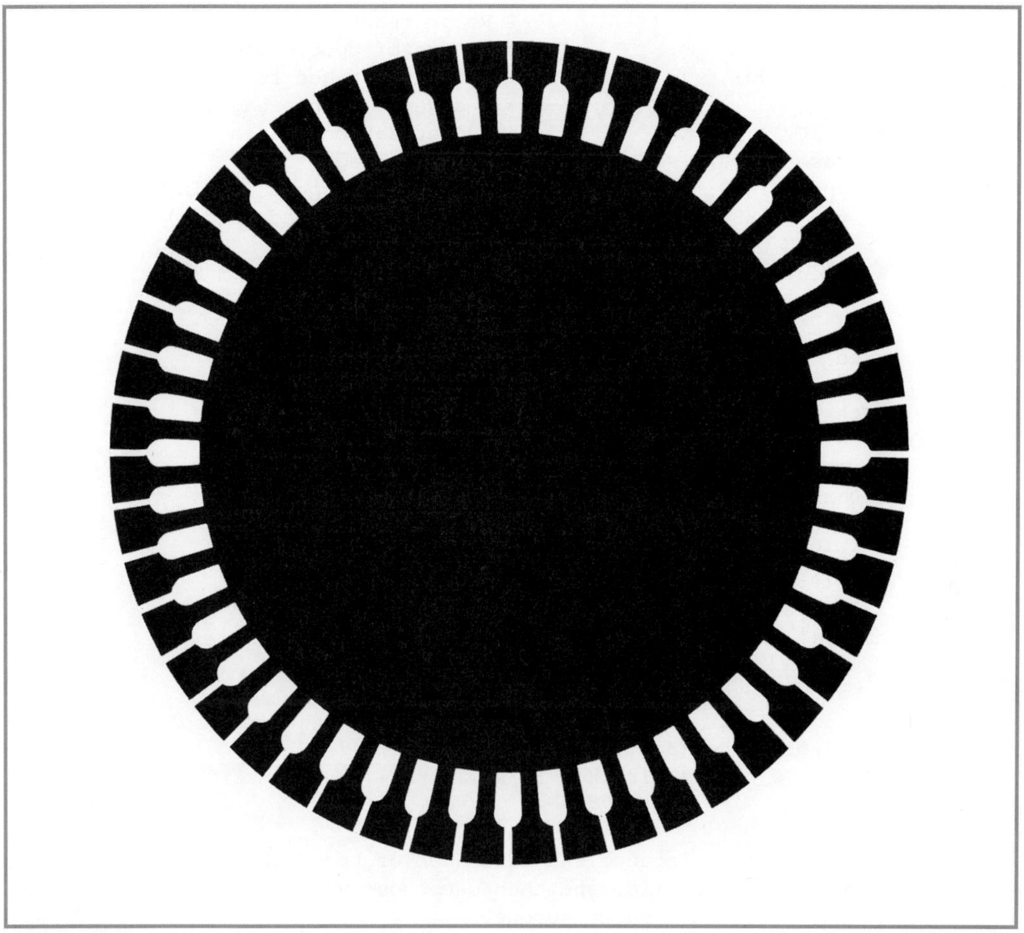

그림 6-28
이전의 설계등급 F 유도전동기의 구조를 보여주는 회전자단면. 회전자바가 깊게 묻혀있기 때문에 누설 리액턴스는 매우 높다. 높은 누설 리액턴스는 전동기의 낮은 기동토오크와 전류를 유도한다. 그래서 이것을 소프트-기동 설계라고 한다(MagneTek Inc. 제공).

토오크-속도 특성을 계산하고 그리기 위한 MATLAB의 M파일은 다음과 같다.

```
% M-file: torque_speed_2.m
% M-file create and plot of the torque-speed curve of an
%   induction motor with a double-cage rotor design.

% First, initialize the values needed in this program.
r1 = 0.641;                 % Stator resistance
x1 = 0.750;                 % Stator reactance
r2 = 0.300;                 % Rotor resistance for single-
                            %   cage motor
r2i = 0.400;                % Rotor resistance for inner
                            %   cage of double-cage motor
r2o = 3.200;                % Rotor resistance for outer
                            %   cage of double-cage motor
x2 = 0.500;                 % Rotor reactance for single-
                            %   cage motor
```

```
x2i = 3.300;                   % Rotor reactance for inner
                               %   cage of double-cage motor
x2o = 0.500;                   % Rotor reactance for outer
                               %   cage of double-cage motor
xm = 26.3;                     % Magnetization branch reactance
v_phase = 460 / sqrt(3);       % Phase voltage
n_sync = 1800;                 % Synchronous speed (r/min)
w_sync = 188.5;                % Synchronous speed (rad/s)

% Calculate the Thevenin voltage and impedance from Equations
% 6-41a and 6-43.
v_th = v_phase * ( xm / sqrt(r1^2 + (x1 + xm)^2) );
z_th = ((j*xm) * (r1 + j*x1)) / (r1 + j*(x1 + xm));
r_th = real(z_th);
x_th = imag(z_th);

% Now calculate the motor speed for many slips between
% 0 and 1.  Note that the first slip value is set to
% 0.001 instead of exactly 0 to avoid divide-by-zero
% problems.
s = (0:1:50) / 50;                 % Slip
s(1) = 0.001;                      % Avoid division-by-zero
nm = (1 - s) * n_sync;             % Mechanical speed

% Calculate torque for the single-cage rotor.
for ii = 1:51
  t_ind1(ii) = (3 * v_th^2 * r2 / s(ii)) / ...
       (w_sync * ((r_th + r2/s(ii))^2 + (x_th + x2)^2) );
end

% Calculate resistance and reactance of the double-cage
% rotor at this slip, and then use those values to
% calculate the induced torque.
for ii = 1:51
  y_r = 1/(r2i + j*s(ii)*x2i) + 1/(r2o + j*s(ii)*x2o);
  z_r = 1/y_r;                 % Effective rotor impedance
  r2eff = real(z_r);           % Effective rotor resistance
  x2eff = imag(z_r);           % Effective rotor reactance

  % Calculate induced torque for double-cage rotor.
  t_ind2(ii) = (3 * v_th^2 * r2eff / s(ii)) / ...
       (w_sync * ((r_th + r2eff/s(ii))^2 + (x_th + x2eff)^2) );
end

% Plot the torque-speed curves
plot(nm,t_ind1,'b-','LineWidth',2.0);
hold on;
plot(nm,t_ind2,'k-.','LineWidth',2.0);
xlabel('\bf\itn_{m}');
ylabel('\bf\tau_{ind}');
title ('\bfInduction motor torque-speed characteristics');
legend ('Single-cage design','Double-cage design');
grid on;
hold off;
```

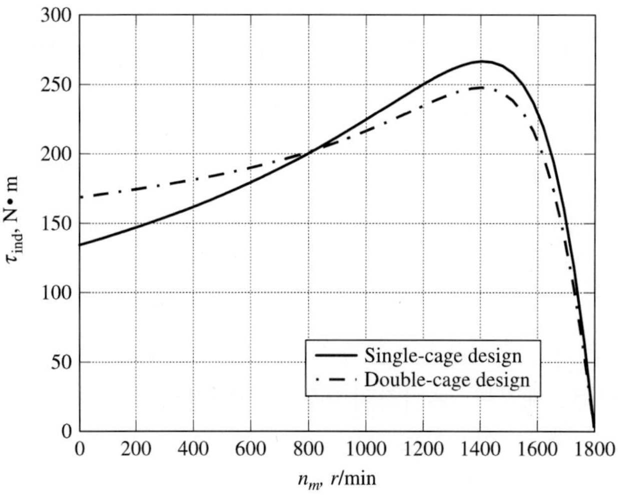

그림 6-29
예제 6-6의 단일 농형과 이중 농형의 토오크-속도 비교

계산된 토오크-속도 특성은 그림 6-29에서 보여주고 있다. 이중농형 설계는 정상운전 범위에서 약간 높은 운전 슬립을 가지며, 동일한 단일 농형 회전자 설계에 비하여 최대 토오크는 더 작고 기동토오크는 더 작게 된다. 이러한 운전특성은 본 절에서 이론적으로 기술한 것과 일치한다.

6.7 유도전동기 설계의 경향

유도전동기의 기본적 개념은 1888년 특허를 받은 Nicola Tesla에 의해서 1880년 대 말에 개발되었다. 그 시기에, 그는 두 가지 중요한 교류전동기(동기전동기와 리럭턴스전동기)의 생각과 함께 권선형 회전자 유도전동기의 기본원리를 기술한 논문을 American Institute of Electrical Engineers(AIEE, 오늘날 IEEE의 전신)에 발표하였다.

비록 유도전동기의 기본개념이 1888년에 발표되었지만, 전동기는 빠르게 성장하지는 못했다. 오늘날까지 더디고, 때로는 급격한 발전의 시기가 계속되고 있다.

유도전동기는 1888년과 1895년 사이에 인정할 만한 근대적 형태로 발전되었다고 생각된다. 그 시기 동안에, 전동기 안에서 회전자계를 만들 수 있는 2상과 3상 전력원이 개발되었다. 분포 고정자권선이 개발되었고, 농형 회전자가 소개되었다. 1896년에 완전히 기능적이고 인정할 만한 3상 유도전동기가 상업적으로 이용되었다.

1970년대에, 유도전동기에서 사용되는 철의 특성, 주조기술, 절연, 구조형태가 지속적으로 개발되었다. 이러한 경향은 출력에 대해 보다 작은 전동기를 얻는 결과를 가져왔고, 제조비용의 상당한 절감을 가져왔다. 사실, 현대의 100 hp

전동기는 1897년의 7.5 hp 전동기와 물리적 크기가 같으며 이러한 진보는 그림 6-30(그림 6-31 참조)에 나타나고 있는 15 hp 유도전동기에 의해 분명하게 예증되고 있다.

그러나, 유도전동기 설계는 반드시 전동기 운전효율을 개선시키기 위해서 진보한 것은 아니다. 주된 설계노력은 효율을 증가시키려는 방향이 아니라 기계의 초기재료비용을 줄이는 데 있었다. 전기가 비싸고 구매자가 전동기 선택의 주요기준으로 선불비용이 들었기 때문에 설계노력은 이러한 방향으로 맞추어 졌다.

1973년 기름가격이 이례적으로 오르기 시작하였기 때문에, 기계의 일생운전비용이 아주 중요해졌고, 초기장치비용은 상대적으로 덜 중요해졌다. 이러한 경향의 결과로 설계자와 기계의 실수요자 모두는 전동기의 효율에 중요성을 두게 되었다.

새로운 형태의 고효율 유도전동기는 모든 대규모 제작회사에서 만들어졌으며, 그들은 유도전동기 시장의 시장점유률을 지속적으로 증가시켰다. 몇몇 기술은 전통적인 표준효율설계에 비하여 전동기의 효율을 개선하기 위하여 여러가지 기술들이 이용되었으며 다음과 같다.

1. 동손을 감소시키기 위해서 많은 구리가 고정자권선에 이용되었다.
2. 회전자와 고정자 철심 길이는 전동기의 공극자속밀도를 감소시키기 위해서 증가시킨다. 이것은 전동기의 자기포화를 감소시키고, 철손을 감소시킨다.

그림 6-30
유도전동기의 발전, 이 그림에서의 전동기는 모두 정격 220 V, 15 hp이다. 1890년대에 처음으로 실용적인 전동기가 생산되어진 이후로 유도전동기에서 재료와 전동기의 크기가 대단히 작아졌다(General Electric Company 제공).

그림 6-31
전형적인 초기의 큰 유도전동기. 그림의 전동기는 정격 2000 hp이다(General Electric Company 제공).

3. 전동기 밖으로 열전달을 많이 시키고, 동작온도를 낮추기 위해서 많은 철을 전동기의 고정자에 사용한다. 그리고 회전자 팬은 풍손을 감소시키기 위해서 다시 설계한다.
4. 고정자에 사용되는 철은 낮은 히스테리시스손을 가진 아주 우수한 전기강판이다.
5. 철은 특히 얇은 두께로 만들어지고(즉, 적층은 아주 조밀하게 한다.), 철은 아주 높은 내부저항을 가져야 한다. 이 두 가지 효과는 전동기에서 와전류손실(eddy current loss)을 감소시킨다.
6. 회전자는 전동기에서 표유부하손을 줄이기 위해서 일정한 공극을 가지도록 주의해서 만든다.

위에서 언급한 일반적 기술에 부가하여 각 제조회사는 전동기의 효율을 개선하기 위한 그들만의 독특한 개발을 계속하고 있다. 전형적 고효율 유도전동기를 그림 6-32에서 보여주고 있다.

전동기효율의 비교를 돕고 전동기 효율측정을 위해서 NEMA는 IEEE표준 112(다상 유도전동기와 발전기를 위한 실험 절차)의 방법에 기반을 두고 있는 표준기술을 채택하고 있다. NEMA는 또한 설계등급 A, B, C 전동기의 명판에 나타난 NEMA 공칭효율이라고 불리는 새로운 정격을 소개하였다. 이 공칭효율은 다수의 주어진 모델 전동기의 평균효율과 동일하며, 그 형태의 전동기에 대해서 확실한 최소효율을 보장한다. 표준 NEMA 공칭효율은 그림 6-33에 나타나있다.

다른 표준기관에서도 유도전동기에 대한 효율표준을 만들었으며, 이것들 중에서 가장 중요한 것은 영국(BS-269), IEC(IEC34-2), 일본(JEC-37)표준이다. 그러나 유도전동기의 효율측정을 규정하는 기술은 각 표준마다 다르고 물리적으로 동일한 기계에서도 다른 결과를 나타낸다. 만약 두 전동기가 정격효율이

그림 6-32

General Electric회사의 에너지 절약형 전동기. 전형적인 현대의 고효율 유도전동기

Nominal efficiency, %	Guaranteed minimum efficiency, %	Nominal efficiency, %	Guaranteed minimum efficiency, %
95.0	94.1	80.0	77.0
94.5	93.6	78.5	75.5
94.1	93.0	77.0	74.0
93.6	92.4	75.5	72.0
93.0	91.7	74.0	70.0
92.4	91.0	72.0	68.0
91.7	90.2	70.0	66.0
91.0	89.5	68.0	64.0
90.2	88.5	66.0	62.0
89.5	87.5	64.0	59.5
88.5	86.5	62.0	57.5
87.5	85.5	59.5	55.0
86.5	84.0	57.5	52.5
85.5	82.5	55.0	50.5
84.0	81.5	52.5	48.0
82.5	80.0	50.5	46.0
81.5	78.5		

그림 6-33

NEMA공칭 표준효율표. 공칭효율은 다수의 샘플전동기의 평균효율을 나타내고, 보장 최소효율은 주어진 전동기의 등급에 대한 최소의 허용효율을 나타낸다.

82.5%이지만, 서로 다른 표준에 따라 측정되어진다면 동일한 효율이 아닐 수도 있다. 두 전동기가 비교될 때, 동일 표준서로 측정된 효율을 비교하는 것이 중요하다.

6.8 유도전동기의 기동

유도전동기에서는 동기전동기에서 발생되는 여러 형태의 기동문제는 없다. 대부분의 경우에, 유도전동기는 단순히 전원을 연결함으로써 기동할 수 있다. 그러나 때때로 이렇게 동작하지 않는 데에는 몇 가지 충분한 이유가 있다. 예를 들어, 요구된 기동전류가 직입기동을 받아들일 수 없는 정도의 전력시스템의 전압강하를 야기할 수 있다.

권선형 유도전동기는 기동시에 회전자회로에 추가저항을 삽입함으로써 상대적으로 낮은 전류에서 기동될 수 있다. 이 추가저항은 기동토오크를 증가시킬 뿐만 아니라 기동전류를 감소시킨다.

농형 유도전동기에서는 기동전류는 주로 정격전력과 기동시의 유효 회전자 저항에 의해서 광범위하게 변할 수 있다. 기동시의 회전자전류를 평가하기 위해서, 모든 농형 유도전동기는 명판에 기동 코드등급(code letters, 설계등급과 혼동되지 않기 위해서)을 가지고 있다. 이 코드문자세트는 기동시에 전동기에 흘릴 수 있는 전류의 양을 제한하고 있다.

이 제한은 정격마력함수로서 전동기의 기동피상전력 항으로 표현된다. 그림 6-34는 각 등급에 대해서 마력당 기동 kVA를 나타내는 표이다.

Nominal code letter	Locked rotor, kVA/hp	Nominal code letter	Locked rotor, kVA/hp
A	0–3.15	L	9.00–10.00
B	3.15–3.55	M	10.00–11.00
C	3.55–4.00	N	11.20–12.50
D	4.00–4.50	P	12.50–14.00
E	4.50–5.00	R	14.00–16.00
F	5.00–5.60	S	16.00–18.00
G	5.60–6.30	T	18.00–20.00
H	6.30–7.10	U	20.00–22.40
J	7.10–8.00	V	22.40 and up
K	8.00–9.00		

그림 6-34
전동기의 정격마력당 기동 kVA를 나타내는 NEMA 코드등급. 각 코드등급은 한 등급 위의 경계까지 확장되지만 경계를 포함하지는 않는다.

유도전동기의 기동전류를 구하기 위해서, 명판의 정격전압, 마력, 등급을 읽고, 전동기의 기동피상전력을 다음과 같이 계산한다.

$$S_{\text{start}} = (\text{정격마력})(\text{등급계수}) \tag{6-55}$$

그리고 기동전류는 다음 식과 같이 된다.

$$I_L = \frac{S_{\text{start}}}{\sqrt{3}V_T} \tag{6-56}$$

예제 6-7

15-hp, 208-V, F 코드등급, 3상 유도전동기에서의 기동전류는 얼마인가?

풀이

그림 6-34에 의해서, 마력당 최대 kVA는 5.6이다. 그러므로 이 전동기의 최대기동 kVA는 아래와 같다.

$$S_{\text{start}} = (15\text{ hp})(5.6) = 84\text{ kVA}$$

기동전류는 다음과 같다.

$$I_L = \frac{S_{\text{start}}}{\sqrt{3}V_T} \tag{6-56}$$

$$= \frac{84\text{ kVA}}{\sqrt{3}(208\text{ V})} = 233\text{ A}$$

만약 필요하다면, 유도전동기의 기동전류는 기동회로에 의해서 감소될 수도 있지만, 이것이 실행된다면, 전동기의 기동토오크도 또한 감소될 것이다.

기동전류를 감소시키는 한 방법은 기동 과정동안 Y결선 전동기에서 Δ결선 전동기로 바꾸는 것이다. 전동기의 고정자 권선이 Δ결선에서 Y결선으로 변환된다면 권선에 걸리는 전압은 V_L에서 $V_L/\sqrt{3}$으로 감소할 것이고 최대 기동전류도 같은 비율로 감소할 것이다.전동기가 전 속도에 가깝게 가속이 될 때 고정자 권선은 개방하고 Δ결선(그림 6-35 참조)으로 다시 연결한다.

기동전류를 감소시키는 다른 방법으로 기동시에 임시 인덕터나 저항을 전원회로에 넣는 방법이 있다. 다른 방법으로는 기동시에 전압을 강하시키기 위해서 단권변압기를 이용하여 전동기의 단자전압을 감소시키는 방법이 있다. 그림 6-36은 단권변압기를 이용한 전형적인 감압 기동회로를 보여주고 있다. 기동시에, 전동기에 낮은 전압을 공급하기 위해서, 접점 1과 3을 닫는다. 전동기의 속도가 다소 상승하면, 접점 1과 3을 열고 점접 2를 닫는다. 그러면 전동기에는 전 선로전압이 걸린다.

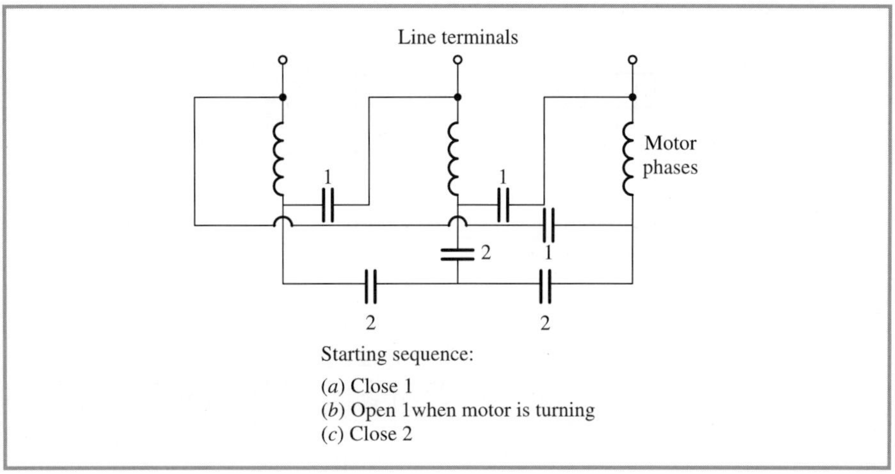

그림 6-35
유도전동기의 Y-Δ 기동

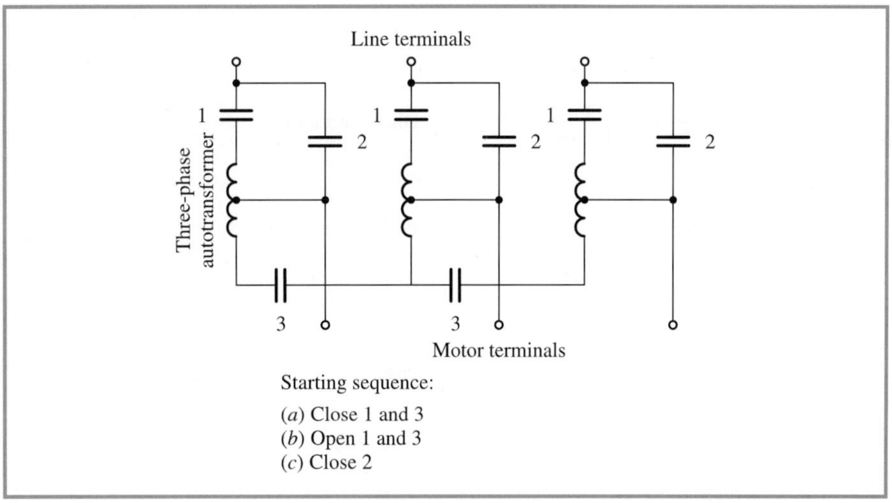

그림 6-36
유도전동기의 단권변압기 기동기

단자전압의 감소에 비례하여 기동전류가 감소하는 동안에는, 인가전압의 제곱으로 기동토오크가 감소한다라는 사실을 이해하는 것이 중요하다. 그러므로 축에 부하가 있는 전동기를 기동시키면 전류가 아주 작게 감소할 뿐이다.

유도전동기의 기동회로

전형적인 전 전압 또는 선간에 결선된 자기 유도전동기 기동기 회로를 그림 6-37에 나타내었다. 그림에서 사용한 기호의 의미는 그림 6-38에 설명되어 있다. 이 회로의 동작은 매우 간단하다. 기동스위치를 누르면 계전기 코일 M이 여자되어 접점 M_1, M_2, M_3가 닫힌다. 이 접점이 닫히면 전원이 유도전동기와 기동기에 인가되고 전동기는 기동된다. 접점 M_4는 기동스위치를 누를 때 닫히고 기동

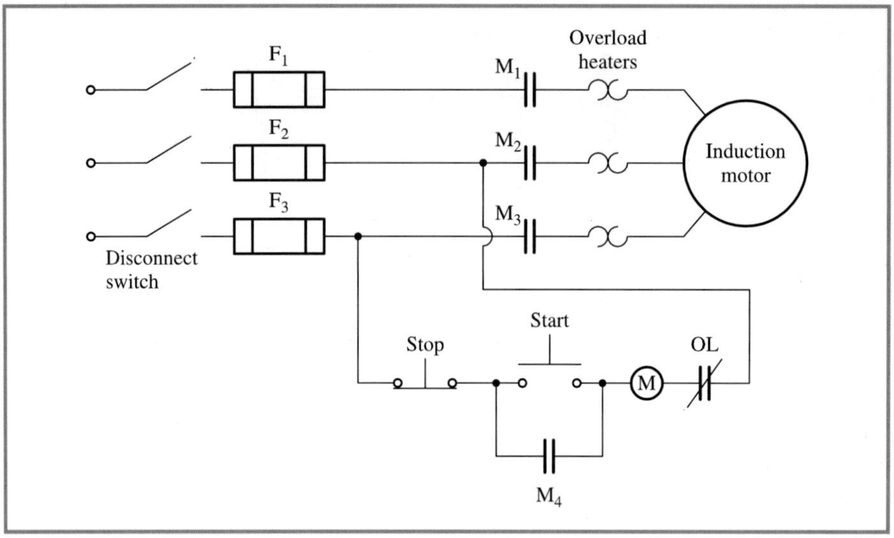

그림 6-37 유도전동기의 일반 기동기

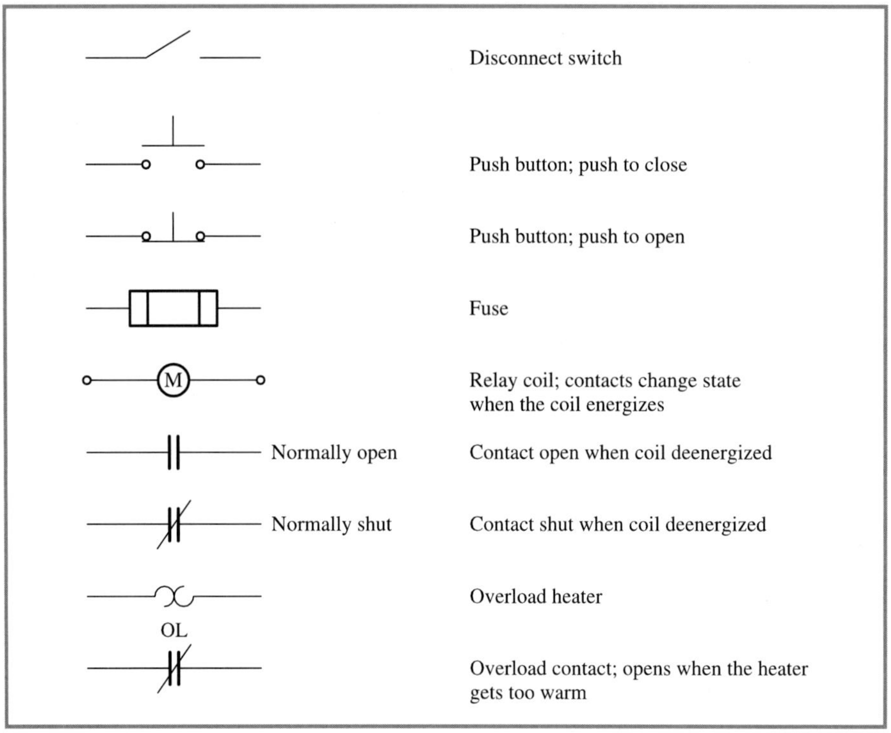

그림 6-38 유도전동기 제어회로에서 볼 수 있는 전형적인 부품들

스위치를 제거해도 계전기 M을 유지하도록 한다. 정지버튼을 눌렀을 때, 계전기 M이 비여자되어져 접점 M이 열리고, 전동기는 정지한다.

이런 종류의 자기 전동기 기동기회로는 몇 가지 고정적인 보호특징을 가지고 있다.

1. 단락보호
2. 과부하보호
3. 부족전압보호

전동기의 단락보호는 퓨즈 F_1, F_2, F_3에 의해서 이루어진다. 만약 전동기에 갑작스러운 단락이 발생되어 수배의 정격전류가 흐르면 이 퓨즈는 끊어진다. 전원으로부터 분리시켜 전동기가 소손하는 것을 방지한다. 그러나 이 퓨즈는 일반적인 전동기 기동시에는 끊어져서는 안 된다. 그래서 퓨즈는 퓨즈가 회로를 개방시키기 전에서는 전부하전류보다 수배 큰 전류로 설계된다. 이것은 고저항 또는 전동기의 과부하에서의 단락회로는 퓨즈에 의해서 차단되어지지 않는다는 것을 의미한다.

전동기의 과부하보호는 그림의 OL기호의 기계에 의해서 이루어진다. 이 과부하보호기는 과부하히터(overload heater)부분과 과부하접점의 두 부분으로 구성된다. 정상상태 아래에서는 과부하접점은 닫혀져있다. 그러나 과부하 히터부분의 온도가 상당히 상승하면, OL접점이 개방되어서 계전기 M의 전원을 차단한다. 그리고 접점 M이 개방되어 전동기로부터 전원을 차단한다.

유도전동기가 과부하될 때, 실질적으로 유도전동기는 높은 전류에 의한 과도한 열에 의해서 손상을 입는다. 그러나 이런 손상은 시간이 필요하기 때문에 유도전동기는 짧은 기간의 높은 전류(기동전류 같은)에 의해서는 손상을 입지 않는다. 만약 높은 전류가 지속적으로 흐르면 손상을 입는다. 과부하 히터 부분의 동작은 열에 의존한다. 그래서 그것은 짧은 기간에서는 영향을 받지 않고 긴 기간의 높은 전류에서 동작하고, 전동기가 손상을 입기 전에 전동기를 전원으로부터 차단한다.

부족전압보호는 콘트롤러에 의해서 이루어진다. 계전기 M의 제어전원은 전동기선에서 직접 나오고 있다는 것을 인지하자. 만약 전동기에 인가되는 전압이 상당히 강하하면, 또한, 계전기 M에 인가되는 전압도 강하하여 계전기의 전원이 차단될 것이다. 그때 접점 M은 개방되고 전동기단자에서 전원을 제거할 것이다.

기동전류를 감소시키기 위한 저항을 가진 유도전동기 기동회로가 그림 6-39에 나타내었다. 기동저항을 제거할 수 있는 부가적인 부분을 제외하면, 이 회로는 앞의 회로와 유사하다. 그림 6-39의 계전기 1TD, 2TD, 3TD는 소위 한시동작 계전기라고 불린다. 이것은 계전기가 여자되었을 때, 계전기접점이 붙기 전에 지정시간을 가지는 것을 의미한다.

이 회로에서 기동버튼을 누르면, 계전기 M은 여자되고 앞에서처럼 전원은 전동기에 인가된다. 1TD, 2TD, 3TD 접점이 모두 개방되었기 때문에, 전동기에 직렬로 연결된 전 기동저항은 기동전류를 감소시킬 것이다.

접점 M이 닫혀질 때, 계전기 1TD는 여자된다는 것을 인식하자. 그러나 접점 1TD는 지정된 지연시간 후에 닫힌다. 그 시간동안에, 전동기는 부분적으로 속

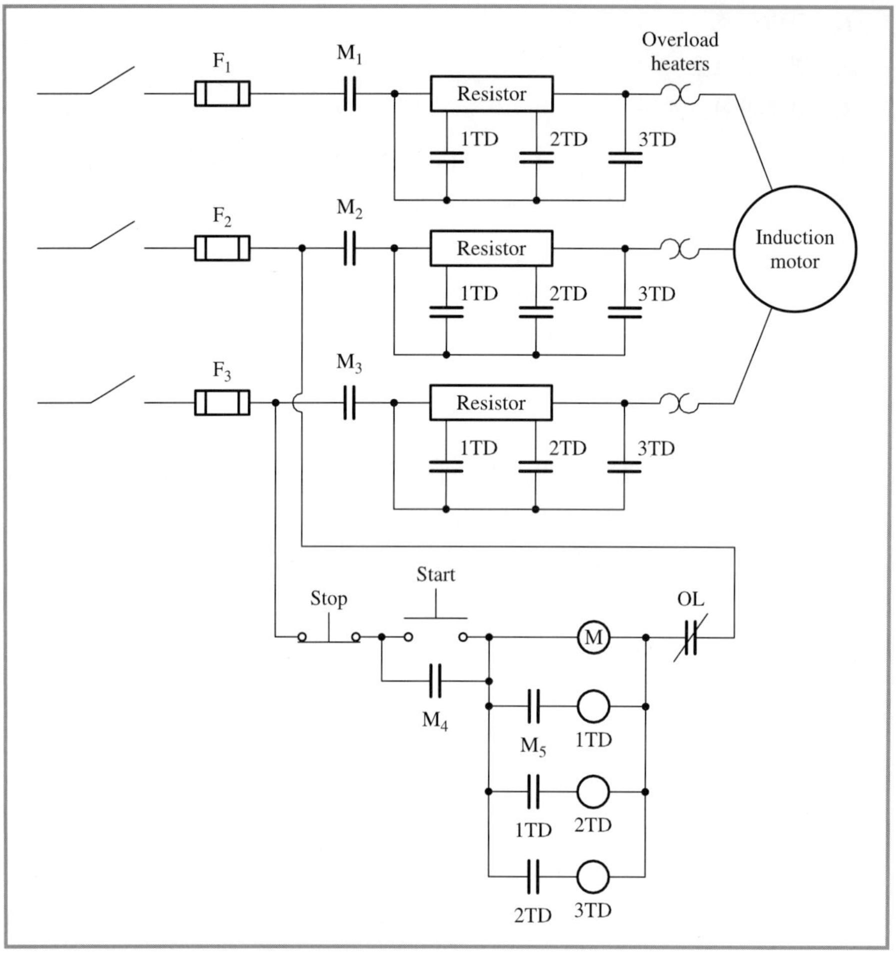

그림 6-39 유도전동기의 3단계 저항기동기

도가 올라간다. 그리고 기동전류는 약간 감소한다. 지연시간 이후에, 1TD접점은 기동저항의 일부분을 분리시킨다. 그리고, 동시에 2TD는 여자된다. 또 다른 지연시간 이후에, 2TD접점이 닫히고 저항의 두 번째 부분도 분리시킨다. 그리고 동시에 3TD계전기가 여자된다. 마침내, 3TD접점이 닫히고, 기동저항은 완전히 회로에서 분리된다.

저항값과 시간지연의 적절한 선택에 의해서, 이 기동회로는 전동기의 기동전류가 위험하게 커지는 것을 방지한다. 하지만 정상동작 속도로 신속하게 가속하기에 충분한 전류를 흘릴 수도 있다.

6.9 유도전동기의 속도제어

현대의 반도체 소자를 이용한 구동장치가 출현할 때까지, 일반적으로 유도전동기는 상당히 큰 속도제어가 요구되는 응용에는 좋은 전동기가 아니었다. 전형적인 유도전동기(설계종류 A, B, C)의 일반적인 동작범위는 5%보다 작은 슬립으로 제한된다. 그리고 그 범위에서 속도변동은 전동기축의 부하에 근사적으로 비례한다. 만약 슬립이 커지면, 회전자 동손이 전동기의 슬립에 비례하기 때문에($P_{RCL} = sP_{AG}$를 기억하자.) 전동기의 효율이 매우 나빠진다.

사실은 유도전동기의 속도를 제어할 수 있는 기술은 단 두 가지 밖에 없다. 하나는 회전자 속도가 항상 n_{sync}와 거의 같기 때문에 고정자와 회전자자계의 속도인 동기속도를 변화시키는 것이고 다른 하나는 부하에 대해서 전동기의 슬립을 변화시키는 방법이다. 이 기술에 대해서 보다 상세하게 아래에서 다루게 될 것이다.

유도전동기의 동기속도는 다음과 같이 주어진다.

$$n_{sync} = \frac{120 f_{se}}{P} \tag{6–1}$$

그래서 기계의 동기속도를 변하게 할 수 있는 방법은 (1) 전기적 주파수를 변화시키는 것과 (2) 전동기의 극수를 변화시키는 방법이 있다. 슬립제어는 회전자 저항이나 전동기의 단자전압을 변화시킴으로써 할 수 있다.

극수변화에 의한 유도전동기 속도제어

유도전동기에서 극수를 변화시키는 데에는 주로 2가지의 방법이 있다.

1. 논리극 변환법
2. 다중의 고정자권선

극변환법은 1897년에 개발된 상당히 오래된 속도제어방법이다. 이 방법은 유도전동기 고정자권선의 극수는 단순히 코일의 결선을 바꿈으로서 2:1비율로 쉽게 바꿀 수 있다는 사실에 기반을 두고 있다. 그림 6-40은 극을 변화시킬 수 있는 단순한 2극 유도전동기의 고정자를 나타내고 있다. 각각의 코일은 매우 짧은 피치(60에서 90°)라는 사실을 인지하자. 그림 6-41은 a상의 권선을 상세하게 나타내고 있다.

그림 6-41(a)는 정상운전 중 어떤 순시시간에서 고정자권선의 a상에서 흐르는 전류를 보여준다. 자계는 위쪽 그룹(N극)에서는 고정자에서 나오고 아래쪽 그룹(S극)에서는 고정자로 들어간다. 그러므로 이 권선은 두 개의 고정자 자극을 만든다.

고정자의 아래쪽 그룹에서 전류의 방향이 반대로 되면[그림 6-41(b)] 그때 자계는 위쪽 그룹과 아래쪽 그룹 양쪽에서 고정자에서 나오며, 각각은 N극이 될 것이다. 이 전동기에서 자속은 두 상그룹 사이에서 고정자로 돌아갈 것이다. 그래서 논리 S자극의 쌍이 생긴다. 이때에 고정자는 4개의 자극을 가진다. 즉 자극이 이전의 두 배가 된다.

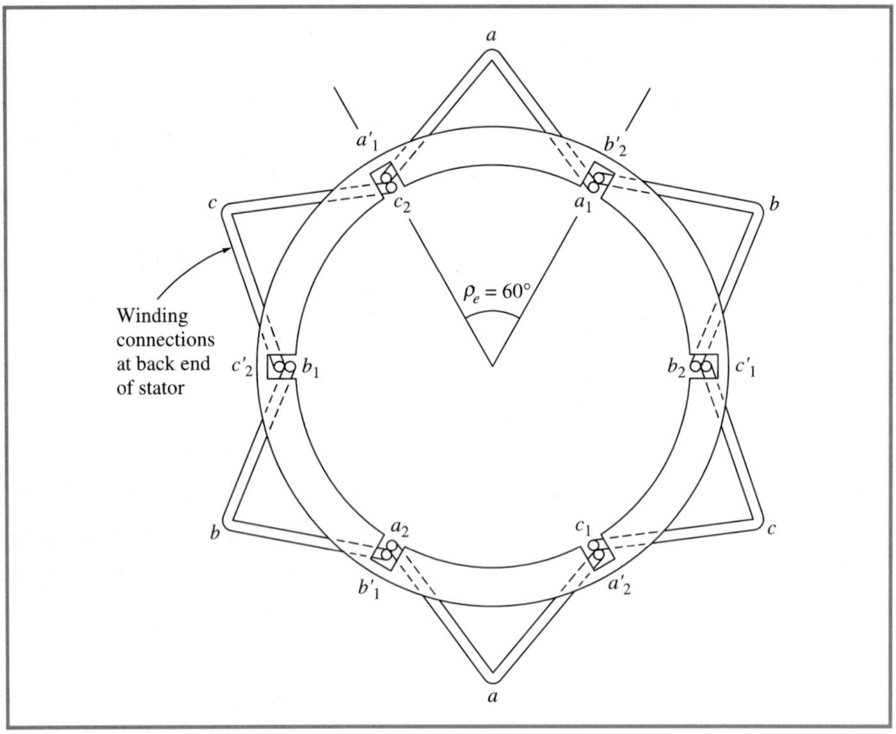

그림 6-40
극변환을 위한 2극 고정자 권선. 이 권선의 회전자 피치는 매우 작다.

농형 회전자는 항상 고정자에 있는 극수만큼 같은 극수를 갖기 때문에 그와 같은 전동기의 회전자는 농형전동기로 설계한다. 그리하여 고정자극수를 변화할 때 같이 변화할 수 있다.

2극에서 4극 동작으로 전동기를 재결선할 때, 어떻게 고정자권선을 재배치하느냐에 따라서 유도전동기에서의 최대 토오크는 이전과 같거나(일정 토오크 결선), 이전의 값의 절반이거나(팬 등에 이용되어지는 제곱 토오크 결선), 이전 값의 2배(일정출력 결선)가 될 수 있다. 그림 6-42는 가능한 고정자 결선과 토오크속도곡선의 영향을 보여주고 있다.

논리극 속도변환법의 주된 단점은 속도가 항상 2 : 1 비율이라는 것이다. 이 한계를 극복하기 위한 전통적 접근으로 다른 극수를 가진 다중권선을 사용하고 한번에 한 세트만 여자시키는 방법이 있다. 예를 들어, 전동기의 고정자권선이 4극과 6극으로 감겨져 있으면 60 Hz 시스템에서 전동기의 동기속도는 권선의 다른 세트에 전원을 공급함으로 해서 1800에서 1200 rpm으로 변환할 수 있을 것이다. 그러나, 불행스럽게도 다중 고정자권선은 전동기의 비용을 증가시키기 때문에 꼭 필요한 경우가 아니면 사용하지 않는다.

논리극과 다중 고정자권선방법을 결합함으로 해서, 4가지의 속도를 가진 유도전동기를 만드는 것이 가능하다. 예를 들어, 4극과 6극 권선을 분리하면 600, 900, 1200, 1800 rpm으로 구동하는 60 Hz 전동기를 만들 수 있다.

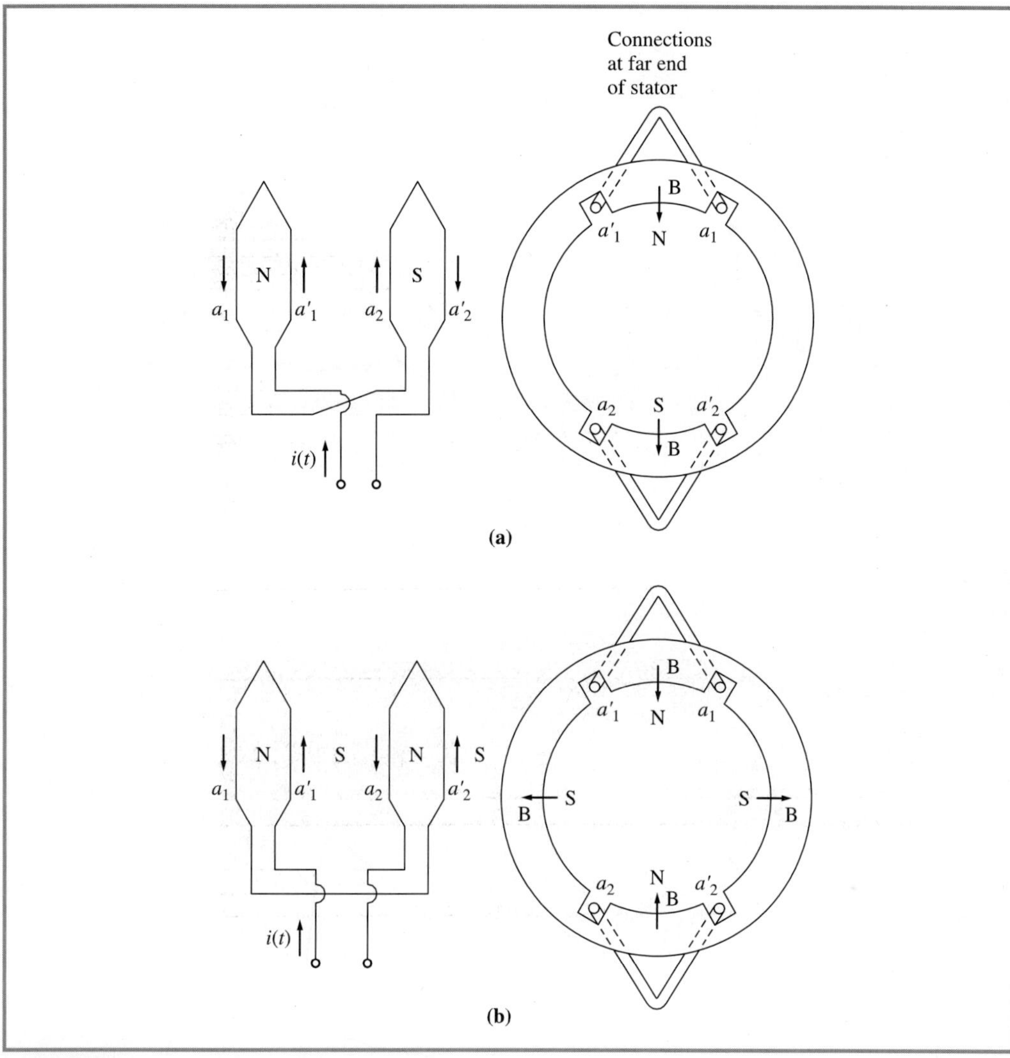

그림 6-41
극변환권선의 한 상의 상세도 (a) 2극 배열, 한 코일은 N극이고 다른 코일은 S극이다. (b) 두 코일 중 한 코일의 결선을 반대로 하였을 때, 두 극은 모두 N극이 되고 자속은 두 코일 사이의 중간지점의 고정자로 돌아간다. 이 S극을 논리 극(consequently poles)이라고 부른다. 그리고 권선은 4극권선이 된다.

주파수 변화에 의한 속도제어

만약 유도전동기의 고정자에 인가된 전기적 주파수가 변한다면, 고정자의 자계 회전비 n_{sync}는 전기적 주파수의 변화에 비례하여 변할 것이다. 그리고, 토오크-속도 특성곡선의 무부하점도 변할 것이다(그림 6-43 참조). 정격조건에서 전동기의 동기속도는 **기본속도**라 한다. 가변주파수제어를 이용함으로 해서, 기본속도의 위아래로 전동기의 속도를 조정하는 것이 가능하다. 적절히 설계된 가변주파수 유도전동기 구동기는 매우 다루기가 쉽다. 그리고, 유도전동기의 속도를

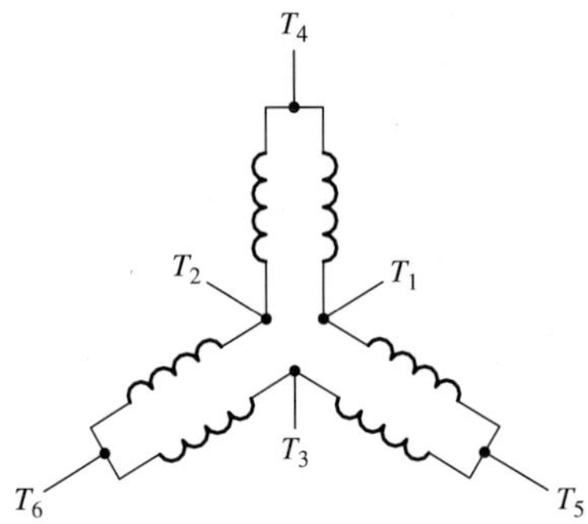

Speed	Lines			
	L_1	L_2	L_3	
Low	T_1	T_2	T_3	T_4, T_5, T_6 open
High	T_4	T_5	T_6	$T_1 - T_2 - T_3$ together

(a)

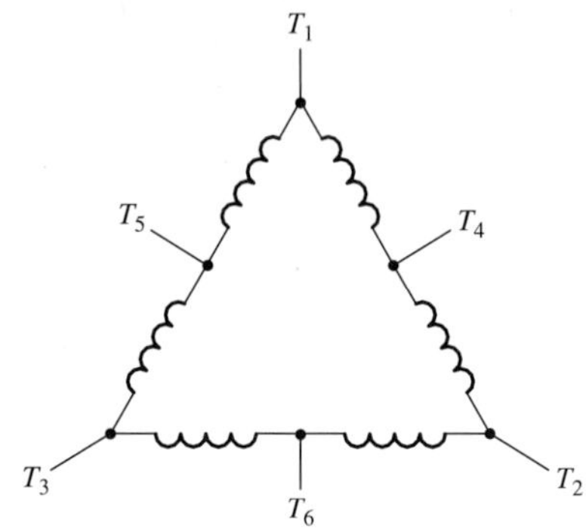

Speed	Lines			
	L_1	L_2	L_3	
Low	T_4	T_5	T_6	$T_1 - T_2 - T_3$ together
High	T_1	T_2	T_3	T_4, T_5, T_6 open

(b)

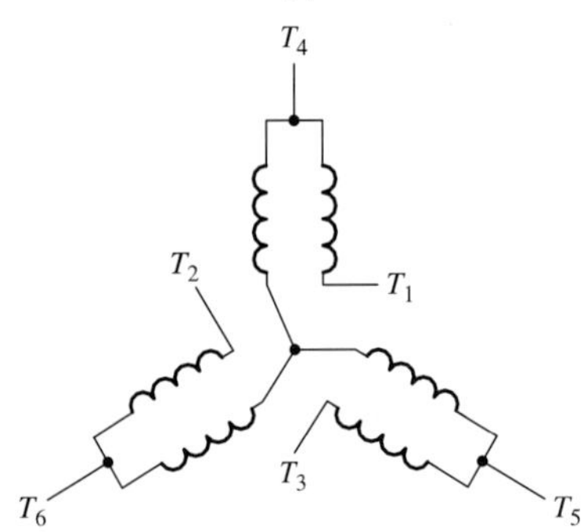

Speed	Lines			
	L_1	L_2	L_3	
Low	T_1	T_2	T_3	T_4, T_5, T_6 open
High	T_4	T_5	T_6	$T_1 - T_2 - T_3$ together

(c)

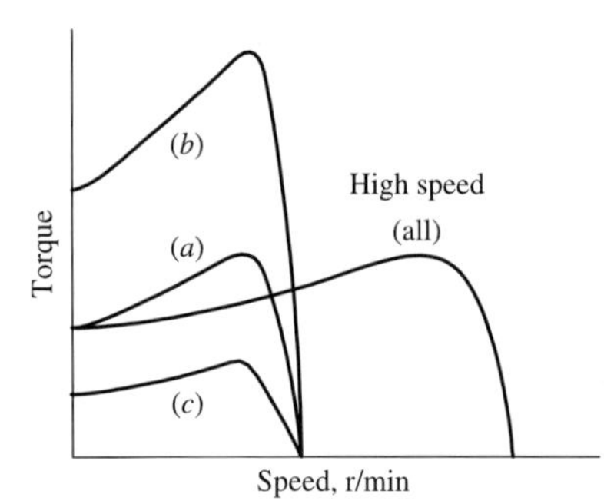

(d)

그림 6-42
극변환 전동기에서 가능한 고정자의 결선과 토오크-속도 특성 (a) 일정 토오크결선—고속도와 저속도에서 대략 일정한 토오크결선, (b) 일정 마력결선—고속도와 저속도에서 일정한 전력 결선, (c) 팬 토오크결선—팬 형태의 부하에 따라서 전동기의 토오크는 속도를 변화시킨다.

기본속도의 5%에서 약 2배까지의 범위로 제어할 수 있다. 그러나, 주파수가 변하기 때문에 안전한 구동을 위해서 전동기의 일정한 전압과 토오크제한을 유지하는 것이 중요하다.

전동기가 기본속도 이하의 속도로 구동될 때, 적합한 동작을 위해서 고정자에 인가되는 단자전압을 감소시키는 것이 필요하다. 고정자에 인가된 단자전압은 고정자주파수가 감소함에 따라 선형적으로 감소해야한다. 이 과정을 정격저하(derating)라고 한다. 만약 정격저하를 하지 않으면, 유도전동기의 철심의 철이 포화되고 전동기에 과도한 자화전류가 흐르게 될 것이다.

정격저하의 필요성을 이해하기 위해서, 유도전동기는 기본적으로 회전하는 변압기라는 것을 상기하자. 임의의 변압기에서처럼, 유도전동기 철심에서의 자속은 파라데이 법칙으로부터 아래와 같이 나타낼 수 있다.

$$v(t) = -N\frac{d\phi}{dt} \qquad (1\text{–}36)$$

철심에 인가되는 전압이 $v(t) = V_M \sin \omega t$ 라면, 자속 ϕ를 구하면 다음과 같다.

$$\phi(t) = \frac{1}{N_P}\int v(t)\,dt$$

$$= \frac{1}{N_P}\int V_M \sin \omega t\,dt$$

$$\boxed{\phi(t) = -\frac{V_M}{\omega N_P}\cos \omega t} \qquad (6\text{–}57)$$

이 식에서 전원 각속도 ω는 분모에 있다는 것을 유의하자. 만약 고정자에 인가되는 전압의 크기가 일정하고 고정자에 인가되는 전기적 주파수가 10% 감소한다면 철심의 자속은 약 10% 증가할 것이다. 그리고 전동기의 자화전류는 증가할 것이다. 전동기의 자화곡선의 비포화 영역에서 자화전류는 약 10% 증가할 것이다. 그러나 전동기의 자화곡선의 포화영역에서는 자속이 10% 증가하려면 상당히 더 큰 자화전류가 필요하다. 유도전동기는 일반적으로 거의 자화곡선의 포화점에서 동작되도록 설계된다. 그래서 주파수의 감소에 의한 자속의 증가는 전동기에서 과도한 자화전류가 흐르게 된다(이와 동일한 문제를 변압기에서 고찰해 보았다; 2-12절 참조).

과도한 자화전류를 피하기 위해서, 통례적으로 주파수가 전동기의 정격주파수 아래로 떨어질 때마다 주파수가 감소하는 비로 고정자에 인가되는 전압을 감소시킨다. 인가전압 v는 식 (6-57)의 분자에, 각속도 ω는 식 (6-57)의 분모에 있기 때문에 이 두 가지는 서로 반대의 영향을 미친다. 따라서 자화전류는 영향을 받지 않는다.

유도전동기에 인가되는 전압이 기본속도이하에서 주파수가 선형적으로 변할 때, 전동기의 자속은 거의 일정하다. 그러므로, 전동기의 최대 토오크는 상당

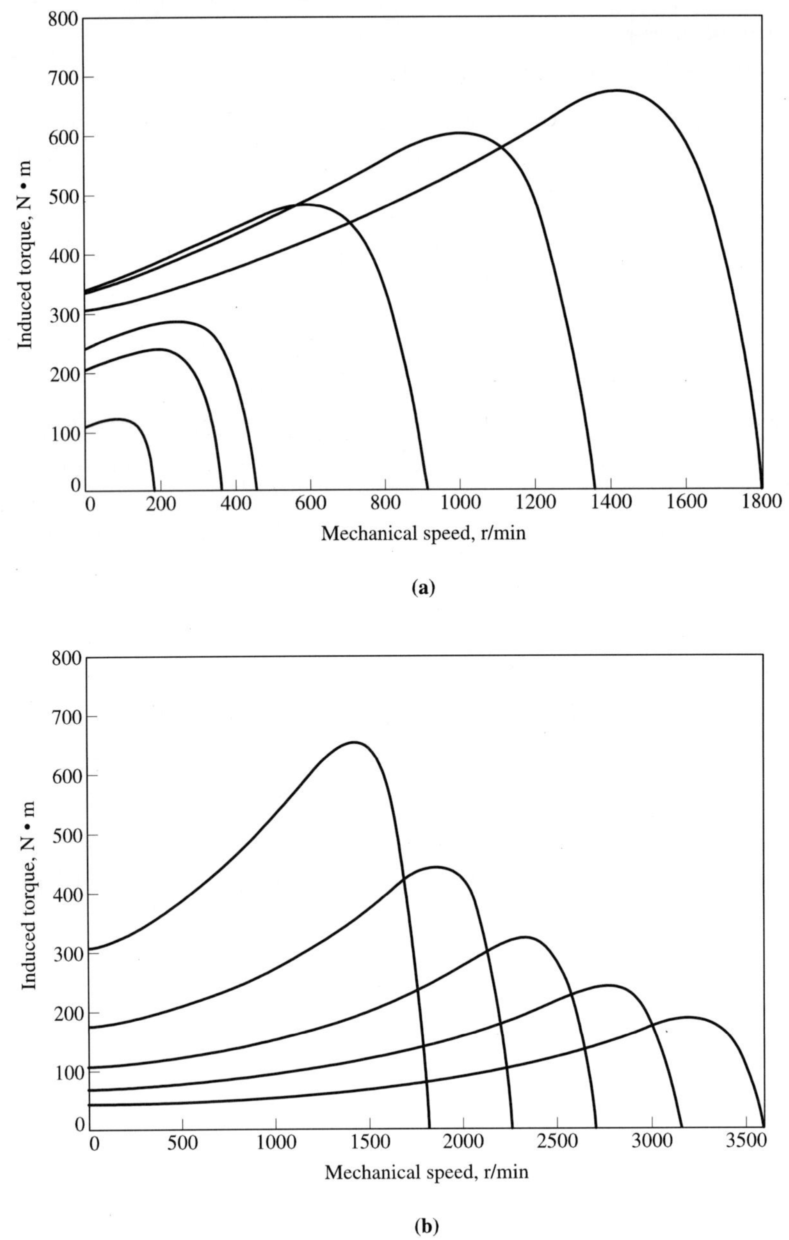

그림 6-43
유도전동기의 가변주파수 속도제어: (a) 기본속도 이하의 속도에서의 토오크-속도 특성군(주파수에 대해서 선형적으로 선로전압이 감소한다는 것을 가정한다), (b) 기본속도 이상의 속도에서의 토오크-속도 특성군(선로전압이 일정하다는 것을 가정한다)

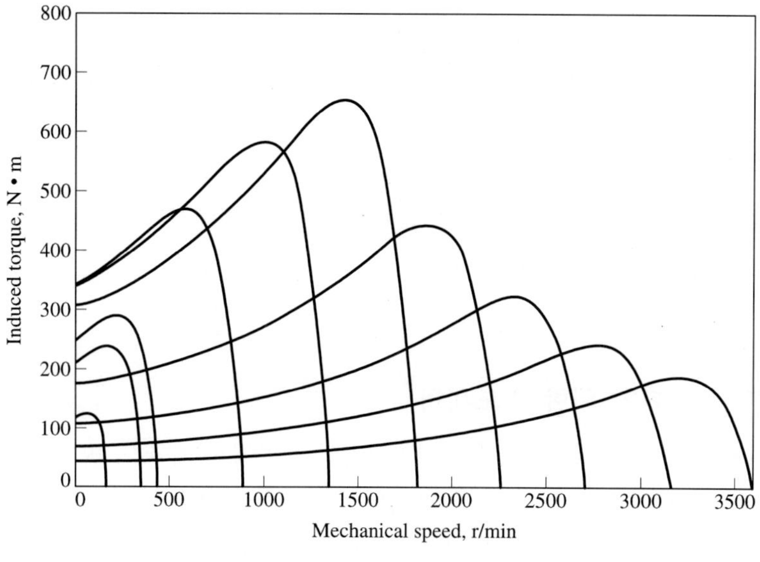

그림 6-43 (계속)
(c) 모든 주파수에서의 토오크-속도 특성곡선

히 높게 유지된다. 그러나, 과열로부터 고정자회로를 보호하기 위해서 주파수가 감소할 때 전동기의 최대정격전력은 선형적으로 감소한다. 3상 유도전동기에 인가되는 전력은 다음과 같이 주어진다.

$$P = \sqrt{3} V_L I_L \cos\theta$$

만약 전압 V_L이 감소하면, 최대전력 P도 또한 감소해야 한다. 그렇지 않으면 전동기에 흐르는 전류가 과도하게 되어 전동기는 과열될 것이다.

그림 6-43(a)는 고정자전압의 크기는 주파수에 대해서 선형적으로 변한다고 가정하면 기본속도 아래에서 유도전동기 토오크-속도 특성곡선을 나타낸다.

전동기에 인가되는 전원주파수가 전동기의 정격주파수를 넘을 때에, 고정자전압은 일정한 정격값을 가진다. 비록 이러한 환경에서 포화를 고려하여 정격값 이상으로 전압을 상승시키더라도 전동기의 권선절연을 보호하기 위해서는 정격전압으로 제한한다. 기본속도보다 전원주파수가 높아질수록, 식 (6-57)의 분모의 값은 더 커진다. 정격주파수 이상에서 분자항은 일정하기 때문에 그 결과 전동기의 자속은 감소하고 최대 토오크도 감소한다. 그림 6-43(b)는 고정자전압이 일정하다고 가정한 후 기본속도 이상의 속도에서의 유도전동기 토오크-속도 특성곡선을 보여준다.

고정자전압이 기본속도 이하에서 주파수에 대해서 선형적으로 변하고 기본속도 이상에서 정격값을 가질 때의 토오크-속도 특성을 그림 6-43(c)에 나타냈으며, 그림 6-43에서 이 전동기의 정격속도는 1800 rpm이다.

과거에는 속도변화법으로 전원 주파수제어의 주요 단점은 전동기를 구동시키기 위해서 전용발전기 또는 기계적 주파수 변환기가 필요하다는 것이었다. 이 문제는 오늘날의 반도체회로 가변주파수 전동기 구동장치의 발달로 인해서 사라져가고 있다. 사실, 반도체회로 전동기 구동장치에 의한 선로주파수 변화는 유도전동기 속도제어를 위한 방법이 되었다. 이 방법은 특별한 고정자권선을 필요로 하는 극수 변환기술과는 달리 어떤 유도전동기에서든지 이용할 수 있다.

일반적인 반도체회로 가변주파수 유도전동기 구동장치는 6.10절에서 설명할 것이다.

선로전압 변화에 의한 속도제어

유도전동기에서 발생한 토오크는 인가전압의 제곱에 비례한다. 만약 부하가 그림 6-44에서 보여지고 있는 것 중의 어느 하나처럼 토오크–속도 특성을 가지면, 전동기의 속도는 선로전압을 변환시키므로 제한된 영역이상까지 제어가 가능할 것이다. 이러한 속도제어법은 구동팬과 같은 작은 전동기에서 때때로 이용된다.

회전자저항 변화에 의한 속도제어

권선형 유도전동기에서 전동기의 회전자회로에 외부저항을 삽입함으로 해서 토오크–속도곡선의 모양을 변화시킬 수 있다. 그 결과 토오크–속도 특성곡선은

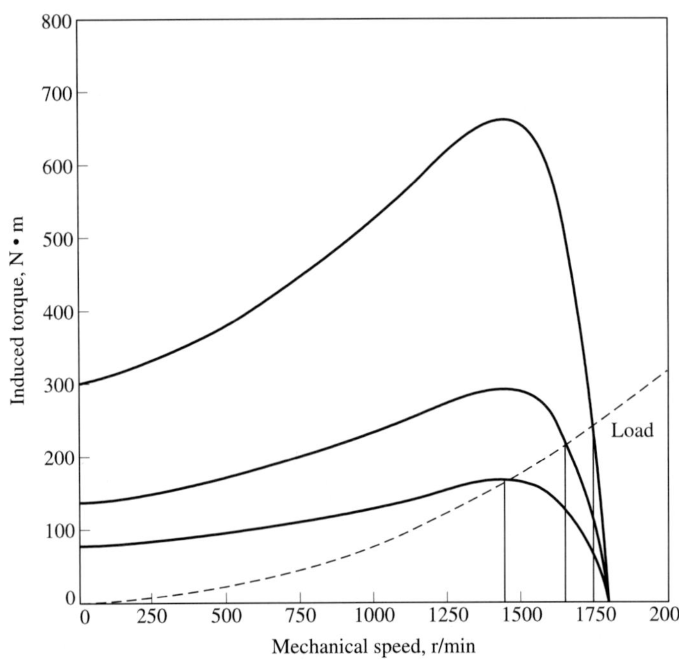

그림 6-44 유도전동기에서의 가변 선로전압 속도제어

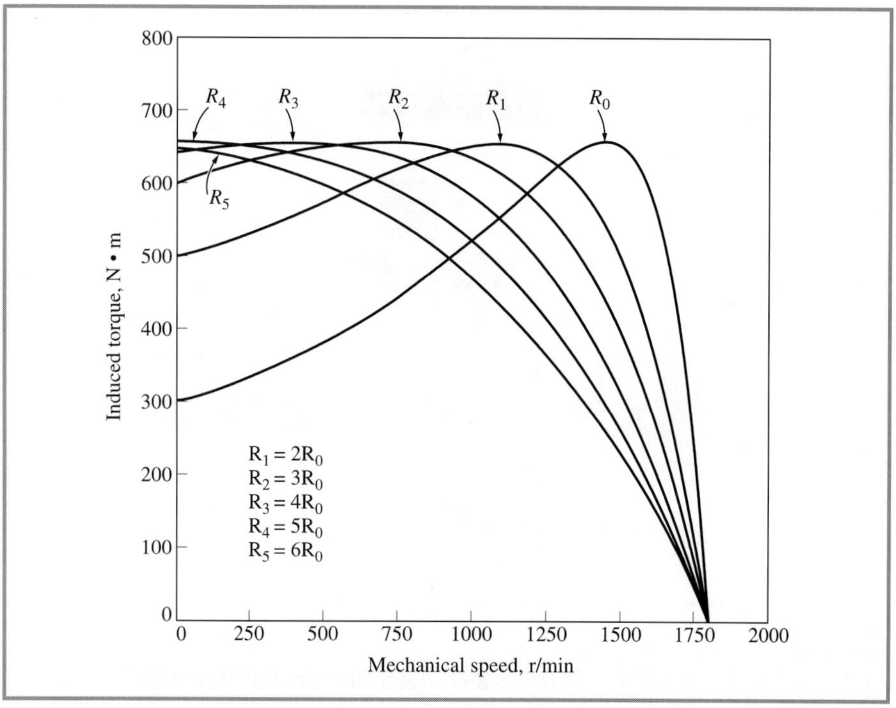

그림 6-45
권선형 유도전동기의 가변회전자저항에 의한 속도제어

그림 6-45와 같다. 만약 부하의 토오크–속도곡선이 그림과 같으면, 회전자저항의 변화는 전동기의 운전속도를 변화시킬 것이다. 그러나 유도전동기의 회전자회로에 외부저항을 넣으면 전동기의 효율이 심각하게 저하하므로 이러한 속도제어 방법은 효율의 문제 때문에 통상적으로 아주 짧은 기간에만 이용된다.

6.10 반도체회로 유도전동기 구동장치

앞 절에서 언급한 것처럼, 오늘날의 유도전동기 속도제어방법은 반도체회로 가변주파수 유도전동기 구동장치에 의한 방법이다. 이런 종류의 일반적인 구동장치가 그림 6-46에 나타나 있다. 이 구동장치는 매우 융통성이 높다. 이것의 입력전원은 단상 또는 3상이 될 수도 있고, 50 Hz 또는 60 Hz가 될 수도 있고, 크기가 208 V에서 230 V까지 어떤 곳에서도 사용할 수 있다. 이 구동장치의 출력은 주파수가 0~120 Hz로 변하고 전압이 0 V에서 전동기 정격전압까지 변하는 3상 전압이다.

출력전압과 주파수제어는 3장에서 설명한 펄스폭변조(PWM)기술을 이용해서 수행한다. 출력주파수와 출력전압은 PWM에 의해서 독립적으로 제어될 수 있다. 그림 6-47은 일정한 실효전압을 유지하는 동안 출력주파수를 조정할 수 있는 PWM구동장치에 의한 방법을 나타내고 있다. 반면에 그림 6-48은 일정한

그림 6-46
전형적인 반도체회로 가변주파수 유도전동기 구동장치(MagneTek, Inc. 제공)

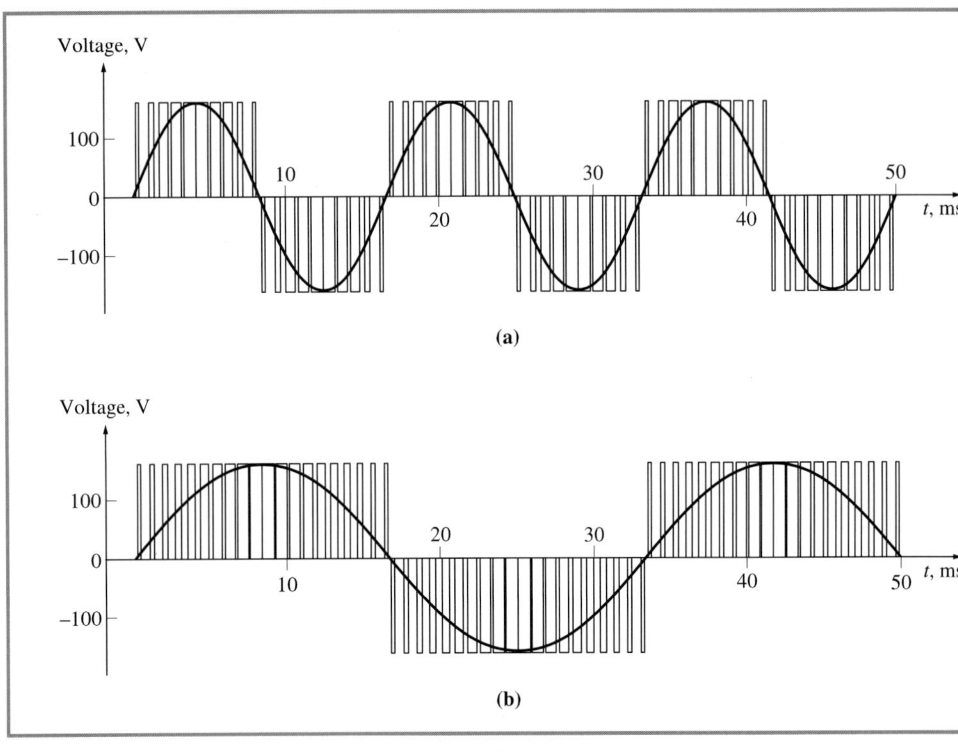

그림 6-47
PWM파형을 가진 가변주파수제어: (a) 60-Hz 120-V PWM파형, (b) 30-Hz 120-V PWM파형

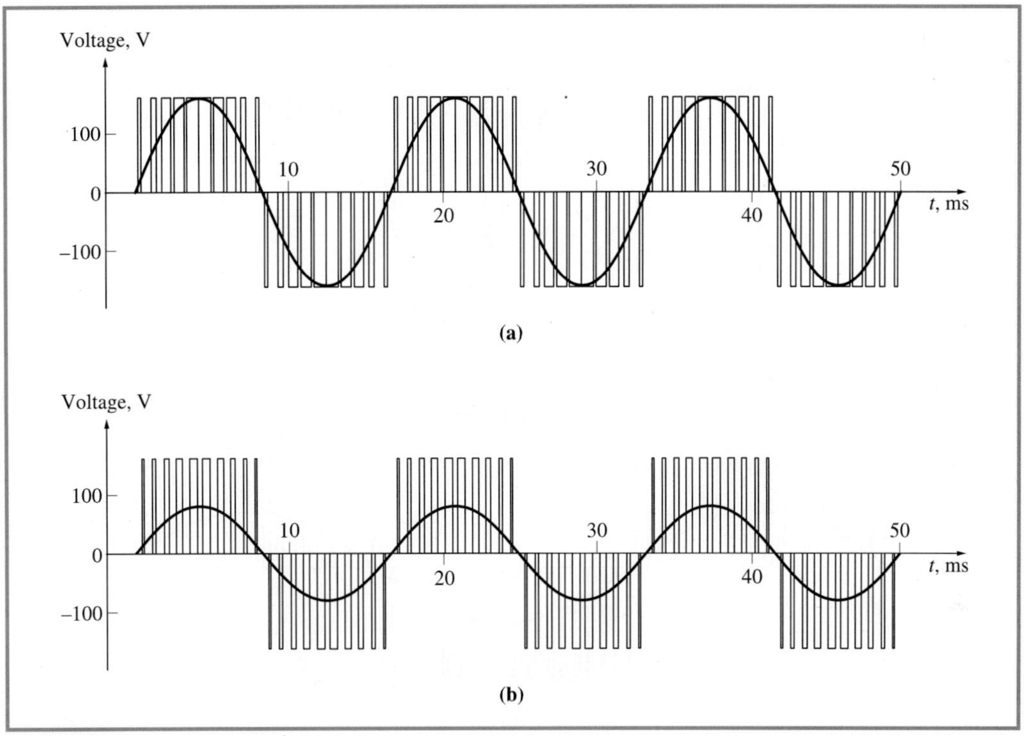

그림 6-48
PWM파형을 가진 가변전압 제어: (a) 60-Hz 120-V PWM파형, (b) 60-Hz 60-V PWM파형

주파수를 유지하는 동안 실효전압을 조정할 수 있는 PWM구동장치에 의한 가변전압 제어를 나타내고 있다.

우리가 6.9절에서 설명하였듯이, 출력주파수와 출력실효전압을 선형적 형태로 변화시키는 것이 요구된다. 그림 6-49는 주파수와 전압이 동시에 선형형태로 변할 때 구동장치의 한 상의 일반적 출력전압파형을 보여준다. 그림 6-49(a)는 주파수 60 Hz, 실효전압 120 V로 조정된 출력전압을 보여준다. 그림 6-49(b)는 주파수 30 Hz, 실효전압 60 V로 조정된 출력전압을 보여준다. 그림 6-49(c)는 주파수 20 Hz, 실효전압 40 V로 조정된 출력전압을 보여준다. 세 경우 모두에서 구동장치 외부의 피크전압이 같게 나타난다는 것을 유의하자. 실효치 전압은 미소 시간동안에 스위치가 동작하는 시간에 의해서 제어되며, 주파수는 반복해서 양에서 음으로 전환되는 펄스극성의 비에 의해서 제어된다.

그림 6-46에 나타나 있는 전형적인 유도전동기 구동장치는 조정할 수 있는 기능이 많이 내장되어 있으므로 이용이 쉽다. 이런 몇 가지 특징들을 요약하면 다음과 같다.

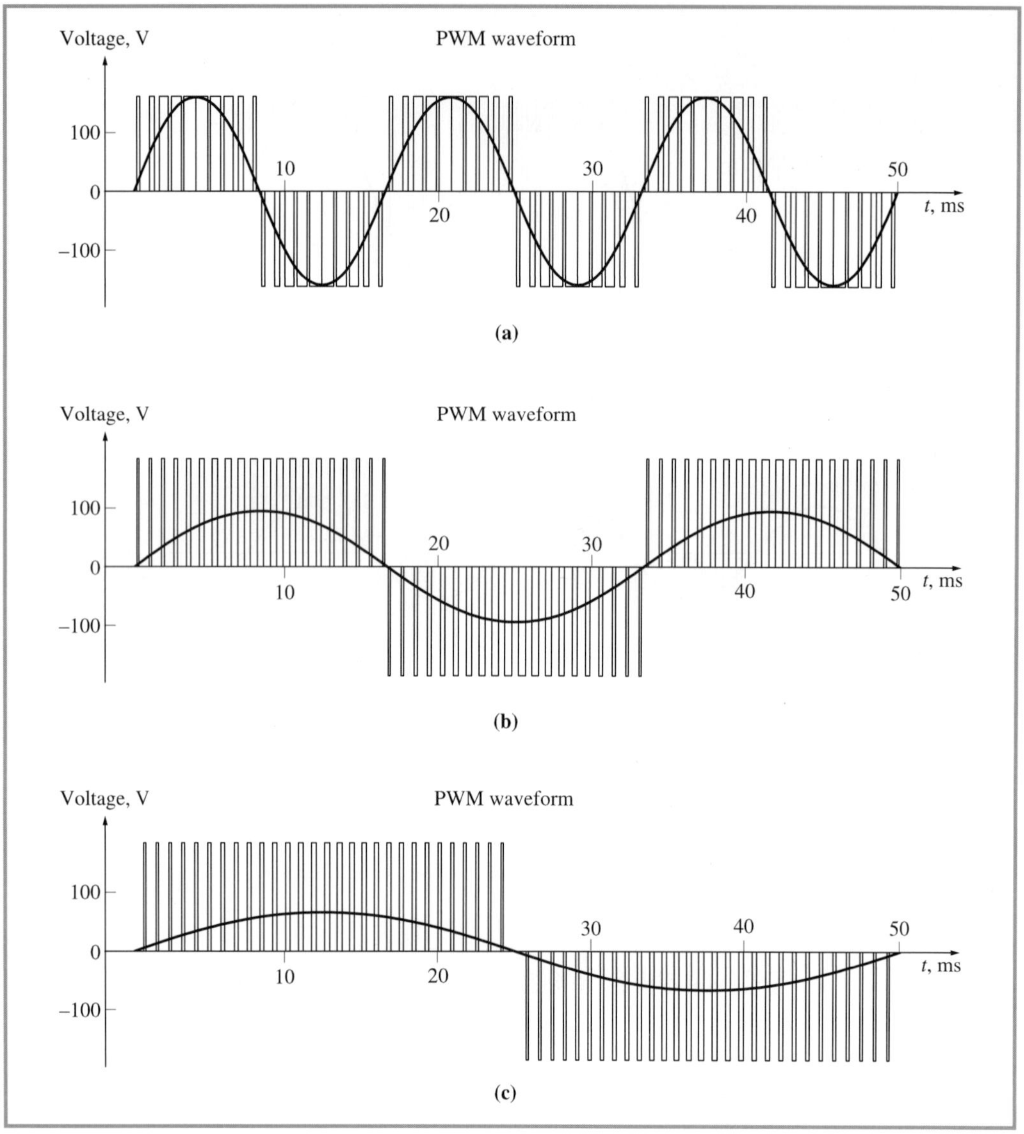

그림 6-49
PWM파형을 이용한 동시 전압과 주파수제어: (a) 60-Hz 120-V PWM파형, (b) 30-Hz 60-V PWM파형, (c) 20-Hz 40-V PWM파형

주파수(속도)조정

구동장치의 출력주파수는 구동장치 캐비닛에 설치된 제어기구로 수동으로 제어할 수 있고, 또는 외부 전압과 전류신호에 의해서 원격적으로 제어가 가능하다. 전동기가 설치된 플랜트의 종합적인 필요에 따라서 외부 컴퓨터와 프로세서 컨트롤러에 의한 전동기 속도제어가 가능하기 때문에 몇 가지 외부신호에 응답해서 구동장치의 주파수를 조정할 수 있는 능력은 매우 중요하다.

전압과 주파수패턴의 선택

유도전동기로 구동할 수 있는 기계적 부하의 형태는 크게 변한다. 팬과 같은 몇몇 부하는 기동시(혹은 저속도에서 운전)에 아주 작은 토오크가 필요하고 속도의 제곱으로 증가하는 토오크를 가진다. 부하를 움직이기 위해서 전동기의 정격 전부하토오크보다 큰 토오크를 요구하면 전동기를 기동하기가 어렵다. 이 구동장치는 부하에 의해서 요구되는 토오크와 유도전동기의 토오크가 일치하도록 선택할 수 있는 다양한 전압–주파수패턴을 제공하며 그림 6-50부터 그림 6-52까지 이 세 가지의 패턴을 나타내고 있다.

그림 6-50(a)는 앞 절에서 설명한 표준 또는 일반적 목적의 주파수–전압패턴을 보여준다. 이 패턴에서는 기본속도이하 속도의 출력전압은 출력주파수의 변화에 대해서 선형적으로 변화하며, 기본 속도 이상의 속도에서 일정한 출력전압을 유지한다(저주파수의 낮은 일정전압 영역에서는 매우 낮은 속도에서 기동토오크가 확실히 발생할 필요가 있다). 그림 6-50(b)는 기본 속도 이하에서의 몇몇 동작주파수에 대한 유도전동기 토오크–속도 특성을 보여준다.

그림 6-51(a)는 높은 기동토오크를 가진 부하에 대해서 주파수에 대한 전압패턴을 보여준다. 이 패턴은 또한 기본속도 이하의 속도에 대해서는 출력전압은 출력주파수의 변화에 대해서 선형적으로 변한다. 그러나 그것은 30 Hz 이하에서의 주파수에서는 보다 낮은 기울기를 가진다. 30 Hz 이하의 주파수에 대해서, 출력전압은 이전의 패턴에서보다 높아질 것이다. 자기포화가 증가하고 자화전류도 증가하지만 큰 전압은 큰 토오크를 만든다. 포화의 증가와 큰 전류는 가끔 중부하를 기동시키기 위해서 짧은 기간 동안에서만 허용될 수 있다. 그림 6-51(b)는 기본속도 이하의 몇 가지 동작 주파수에 대해서 유도전동기의 토오크–속도 특성을 보여준다. 증가된 토오크는 그림 6-50(b)와 비교하여 저주파수에서 이용 가능하다는 것에 유의하자.

그림 6-52(a)는 저기동토오크(경기동부하)의 부하에서 이용되어지는 주파수에 대한 전압패턴을 보여준다. 이 패턴은 기본속도 이하의 속도에 대한 출력주파수의 변화에 대해서 출력전압을 포물선 모양으로 변화시킨다. 60 Hz 이하의 임의의 주파수에서, 출력전압은 표준 형태를 가진 출력전압보다 낮다. 이 낮은 전압은 낮은 토오크를 만들고 저 토오크 부하에 대해서 느리고 부드러운 기동을 할 수 있게 한다. 그림 6-52(b)는 기본속도 이하에서의 몇 가지 동작주파수에 대한 유도전동기 토오크–속도 특성을 보여준다. 감소된 토오크는 그림 6-50과 비교하여 저주파수에서 유용하다.

독립적으로 조정 가능한 가속과 감속

전동기가 원하는 동작속도로 변할 때에는, 구동장치는 전동기가 새로운 동작속도로 되는 주파수로 변화시킨다. 만약 속도가 갑자기 변하면(예, 순간적으로

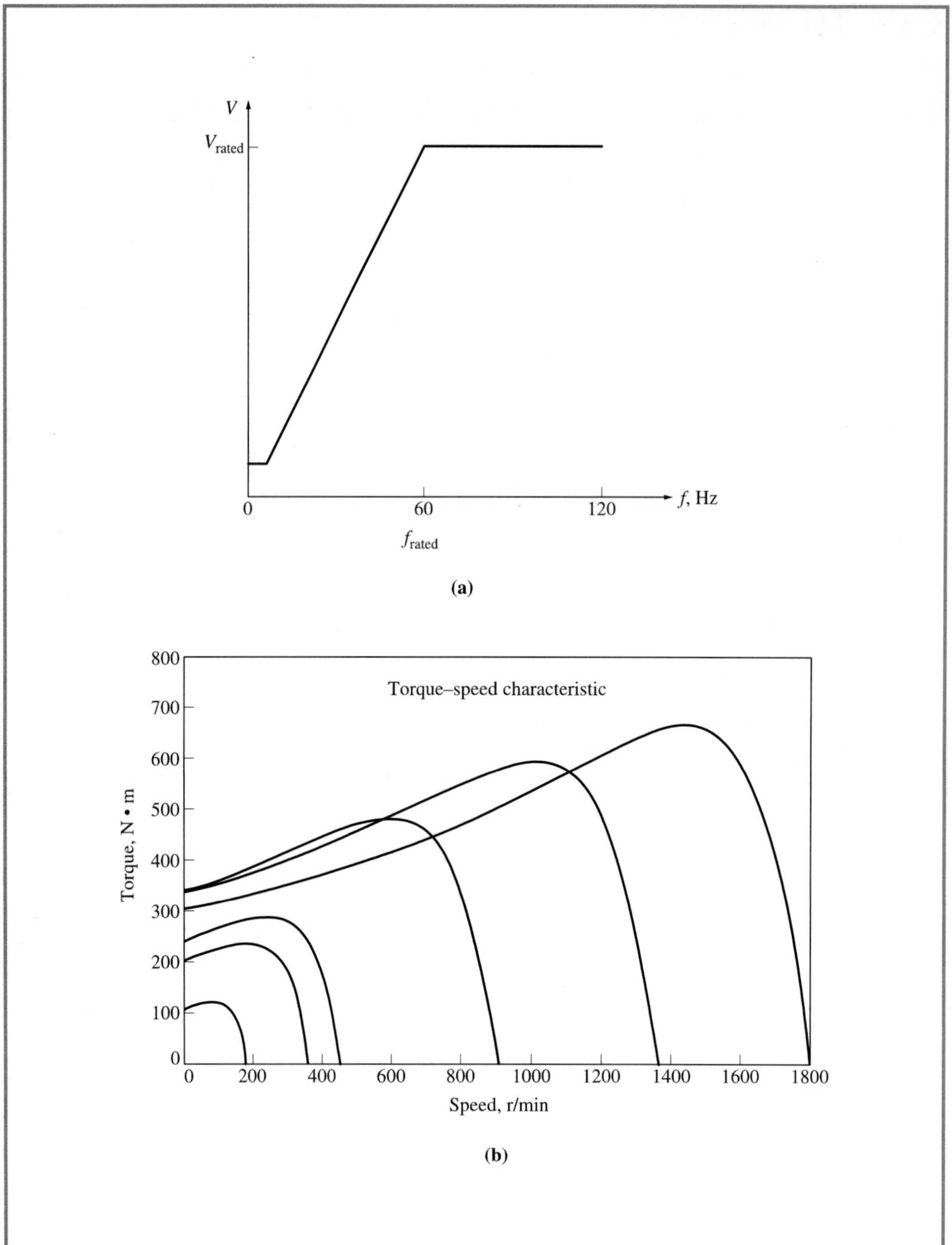

그림 6-50

(a) 반도체회로 가변주파수 유도전동기 구동장치에서 가능한 전압-주파수 패턴; 일반 목적의 패턴. 이 패턴은 정격주파수 이하에서는 선형 전압-주파수 곡선이고, 정격주파수 이상에서는 일정전압이 된다.
(b) 정격주파수이하의 속도에 대한 토오크-속도 특성곡선[정격주파수 이상의 속도에서는 그림 6-42(b)와 같다.]

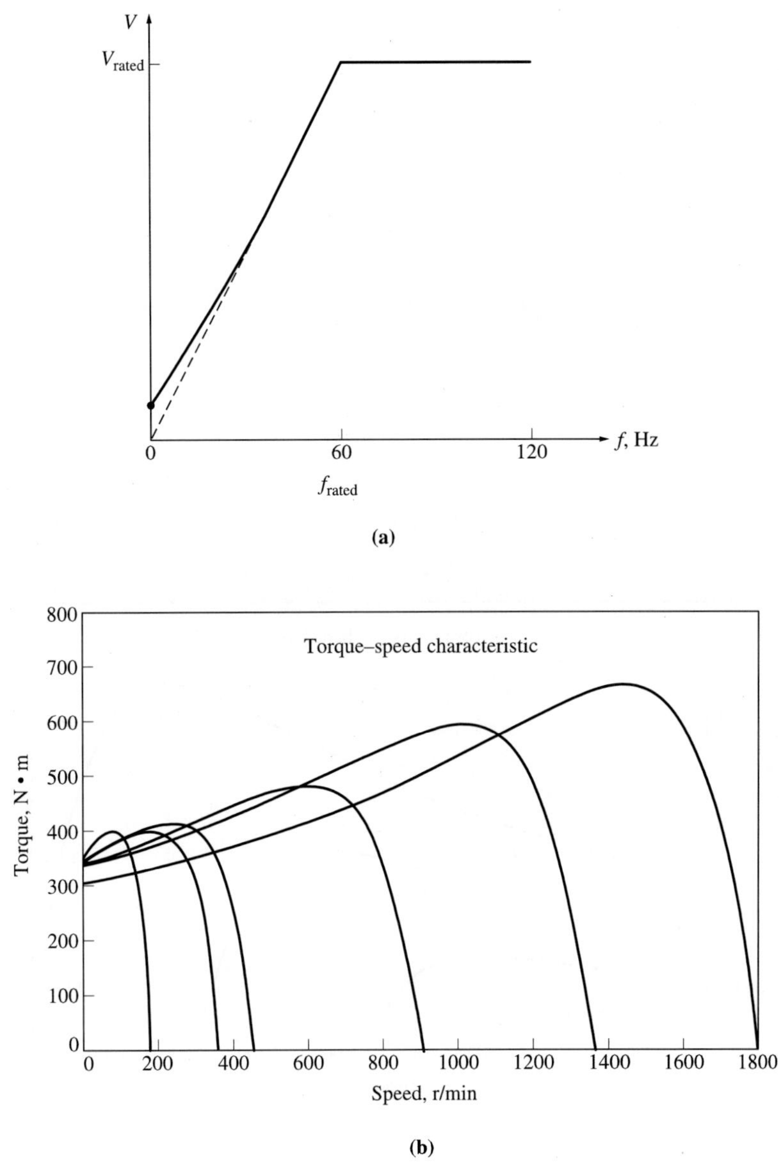

그림 6-51
(a) 반도체회로 가변주파수 유도전동기구동장치에서 가능한 주파수-전압패턴; 높은 기동토오크 패턴. 이 패턴은 높은 기동토오크가 필요한 부하에 적합하도록 수정된 전압-주파수형태이다. 저속도일 때를 제외하면 선형 전압-주파수 형태가 된다. 높은 자화전류에도 불구하고 추가 토오크를 만드는 전압은 저속도에서 불균형적으로 높다. (b) 이 결과, 정격주파수 이하의 속도에 대한 토오크-속도 특성곡선[정격주파수이상의 속도는 그림 6-42(b)와 같다.]

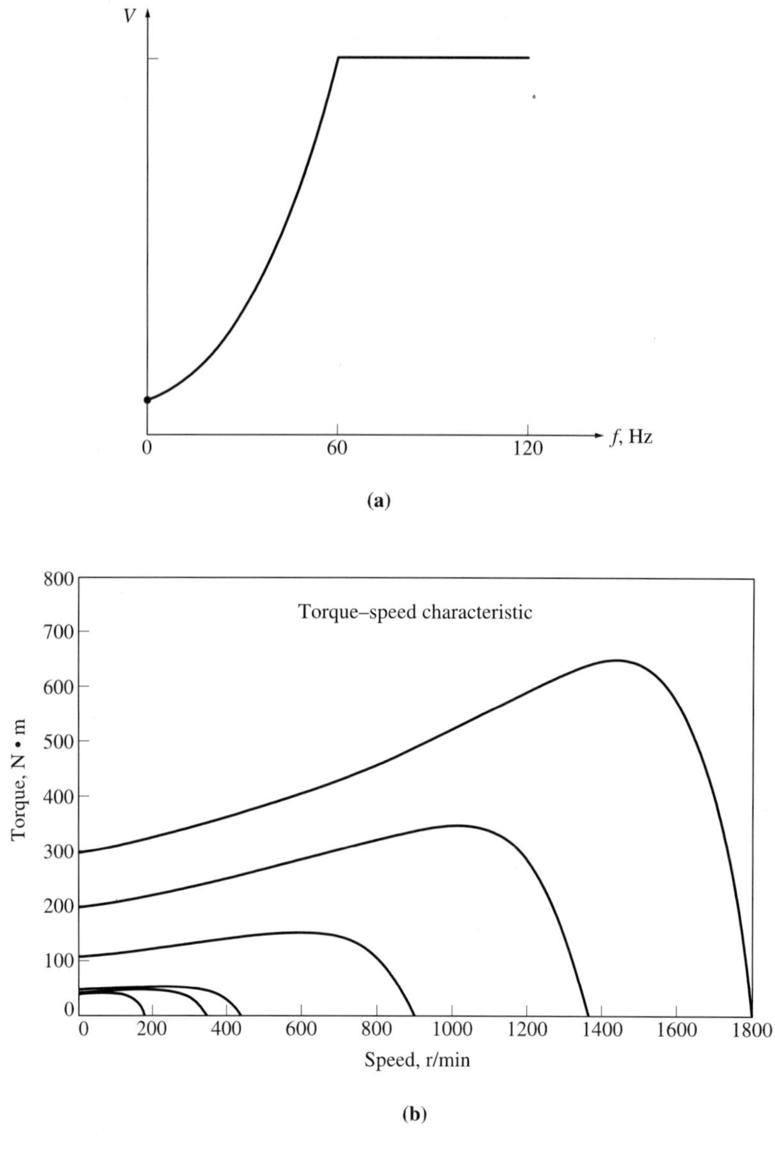

그림 6-52

(a) 반도체회로 가변주파수 유도전동기 구동장치에서 가능한 주파수-전압 패턴; 팬 토오크패턴. 이 패턴은 매우 낮은 기동토오크를 가지는 팬 그리고 원심펌프 구동용 전동기에 이용하기 적당한 전압-주파수 패턴이다. (b) 이 결과, 정격주파수이하의 속도에 대한 토오크-속도 특성곡선[정격주파수 이상의 속도는 그림 6-42(b)와 같다.

900에서 1200 rpm으로 변하는 경우), 구동장치는 전동기를 순간적으로 이전 속도에서 새로운 속도로 구동할 수는 없다. 대신에 전동기의 가속 또는 감속비는 구동장치의 전자시스템으로부터 특별히 만든 회로에 의해서 안전한 수준으로 제한되어 진다. 이 비율은 가속과 감속에 대해서 독립적으로 조정되어질 수 있다.

전동기보호

유도전동기 구동장치는 구동장치에 부착된 전동기를 보호할 수 있도록 여러 가지 특징을 가질 수 있도록 만든다. 구동장치는 과도한 정상상태전류(과부하상태), 과도한 순시전류, 과전압상태, 또는 부족전압상태를 검출할 수 있다. 위의 어느 경우에서도 구동장치는 전동기를 차단할 것이다.

위에서 나타난 것과 같은 유도전동기 구동장치는 아주 다루기가 쉽고 신뢰성이 있어서 이 구동장치를 가진 유도전동기는 넓은 속도변화가 필요한 많은 응용부분에서 직류전동기를 대체하고 있다.

6.11 등가회로 정수의 결정

유도전동기의 등가회로는 부하변동에 대한 전동기의 응답을 결정하는 데 아주 유용하게 사용된다. 그러나, 만약 어떤 모델이 실제 기기에 사용된다면 이 모델에 있는 요소의 값들을 결정하는 것이 필요하다. 실제전동기에서 R_1, R_2, X_1, X_2, X_M을 어떻게 결정할 수 있는가?

이런 값들의 정보는 유도전동기와 상사 관계에 있는 변압기의 단락회로와 개방회로시험과 같은 일련의 시험에 의해 알 수 있다. 이러한 시험에서 저항은 온도에 따라 변하고 회전자저항은 역시 회전자 주파수에 따라 변하기 때문에 정확하게 제어된 상태에서 수행되어져야 한다. 개개의 유도전동기 시험방법에 대한 정확한 세부사항은 IEEE 표준규격 112에 나타나 있으며, 정확한 결과를 얻기 위해서 IEEE 표준규격 112를 따른다. 시험의 세부사항들은 아주 복잡하지만, 세부사항의 기본개념은 비교적 명확하며 이 책에서 설명하게 될 것이다.

무부하 시험

유도전동기의 무부하 시험은 전동기의 회전에 의한 손실을 측정하고 자화전류에 대한 정보를 제공한다. 이러한 시험의 시험회로는 그림 6-53(a)와 같다. 전력계, 전압계, 세 개의 전류계가 유도전동기에 결선 되어져 있고 자유롭게 회전할 수 있다. 전동기에서의 유일한 부하는 마찰손과 공기에 의한 풍손이다. 그래서 전동기의 모든 P_{conv}는 기계 손실로 소모되며, 기기의 슬립(0.001 혹은 더 작아질 수 있다)은 아주 작다. 이러한 전동기의 등가회로가 그림 6-53(b)에 나타나 있다. 슬립이 아주 작을 때 변환된 전력 $R_2(1-s)/s$에 일치하는 저항은 회전자

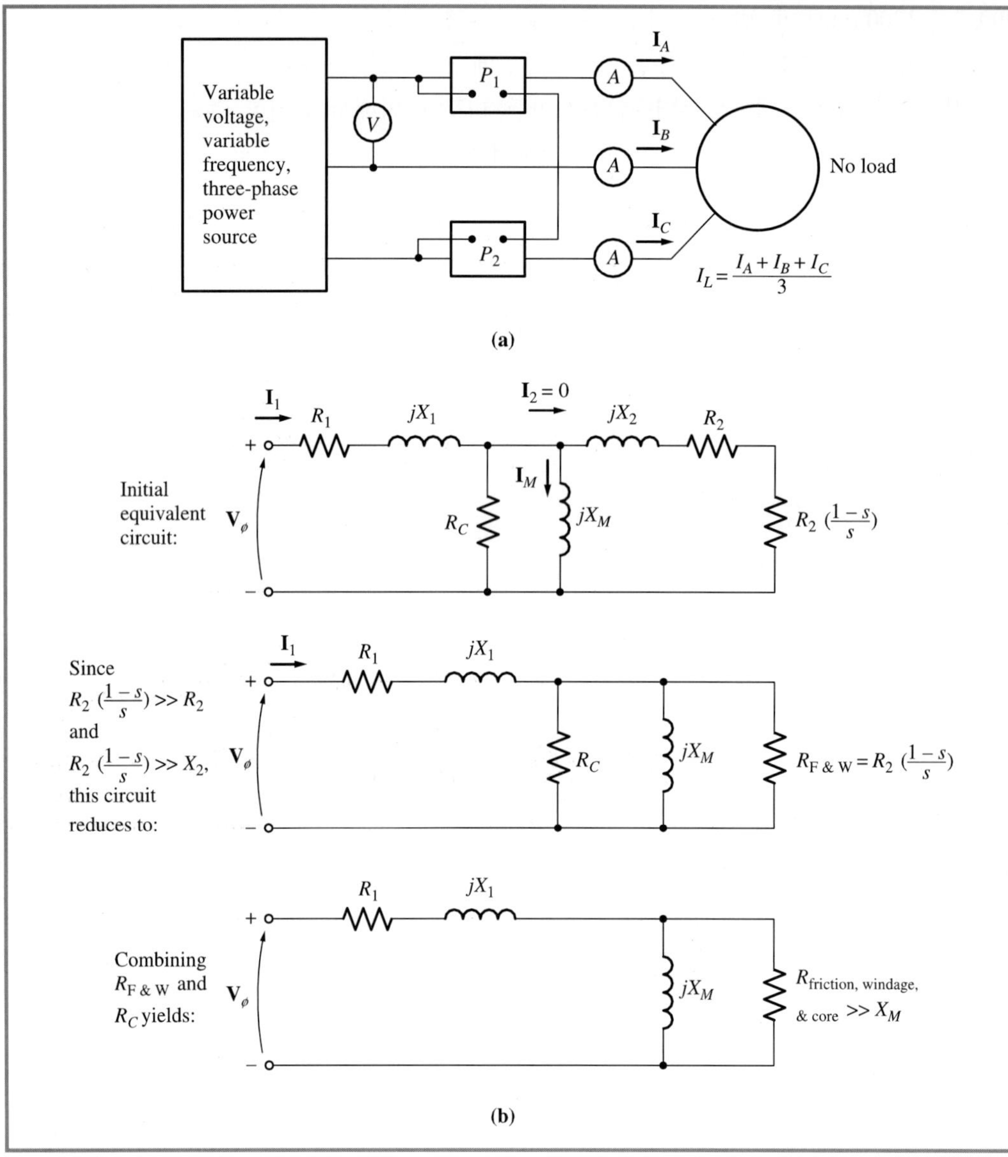

그림 6-53
유도전동기의 무부하시험: (a) 시험회로, (b) 전동기의 등가회로. 무부하에서 전동기의 임피던스는 R_1, jX_1, jX_M의 직렬결합과 같다.

동손 R_2에 상응하는 저항보다 더 크고 회전자 리액턴스 X_2보다 더 크다. 이 경우에 등가회로는 그림 6-53(b)의 마지막 그림과 같이 간략화될 수 있다. 출력저항은 자화 리액턴스 X_M과 철손 R_C의 병렬연결이다.

무부하 상태의 전동기에서 계측기에 의해 측정된 입력 전력은 전동기에서의 손실과 같아야 한다. 회전자 동손은 전류 I_2가 아주 작기 때문에[$R_2(1-s)/s$가 큰 부하저항이다] 무시할 수 있으며, 고정자 동손은 다음과 같이 주어진다.

$$\boxed{P_{\text{SCL}} = 3I_1^2 R_1} \tag{6–25}$$

그래서 입력 전력은 다음과 같아진다.

$$\begin{aligned} P_{\text{in}} &= P_{\text{SCL}} + P_{\text{core}} + P_{\text{F\&W}} + P_{\text{misc}} \\ &= 3I_1^2 R_1 + P_{\text{rot}} \end{aligned} \tag{6–58}$$

고정자 동손은 전동기의 회전에 의한 손실 P_{rot}로 주어진다.

$$P_{\text{rot}} = P_{\text{core}} + P_{\text{F\&W}} + P_{\text{misc}} \tag{6–59}$$

이와 같이 전동기에 입력전력이 주어질 때 기기의 회전손실을 결정할 수 있다.

이 조건에서 동작하는 전동기를 나타내는 등가회로는 자화 리액턴스 X_M과 병렬로 연결된 저항 R_C와 $R_2(1-s)/s$를 포함한다. 전동기 공극의 높은 리액턴스 때문에 자계를 발생하는 데 필요한 전류는 유도전동기에서는 상당히 크다. 그래서 리액턴스 X_M은 병렬로 연결된 저항보다 훨씬 작게 될 것이다. 그리고 전체 입력 역률은 대단히 작아지게 될 것이다. 대개의 큰 지연전류로 인한 전압강하는 회로의 유도성 성분사이에서 발생한다. 등가 입력 임피던스는 대략 다음과 같다.

$$\boxed{|Z_{\text{eq}}| = \frac{V_\phi}{I_{1,\text{nl}}} \approx X_1 + X_M} \tag{6–60}$$

그리고, X_1을 다른 형태로 구할 수 있다면, 전동기에서 자화 임피던스 X_M을 알 수 있을 것이다.

고정자 저항 DC시험

회전자저항 R_2는 유도전동기의 동작에 있어서 극히 중요한 역할을 한다. 다른 여러 가지 요소 중에서 R_2는 토오크–속도 곡선의 모양을 결정하고 탈출토오크가 발생하는 속도를 결정한다. 회전자 구속시험이라 부르는 표준 전동기 시험은 전체전동기 회로저항을 결정하는 데 사용할 수 있지만(다음에서 설명), 이 시험에서는 단지 전체저항을 구하는 것이다. 회전자저항 R_2를 정확하게 구하기 위해서는 전체저항에서 빼야하는 R_1을 알 필요가 있다.

R_2, X_1, X_2로부터 독립적인 R_1에 대한 시험이 있다. 이 시험을 dc시험이라 부른다. 기본적으로 dc전압을 유도전동기의 고정자 권선에 인가한다. 전류가 dc이기 때문에 회전자에 유기전압이 없고 결과적으로 유도전류도 흐르지 않으며, 전동기의 리액턴스도 직류전류에서 0이다. 그러므로 전동기에 흐르는 전류를 제한하는 요소는 고정자 저항이며, 이 저항을 결정할 수 있다.

dc시험을 하기 위한 기본회로는 그림 6-54와 같다. 이 그림은 Y결선된 유도

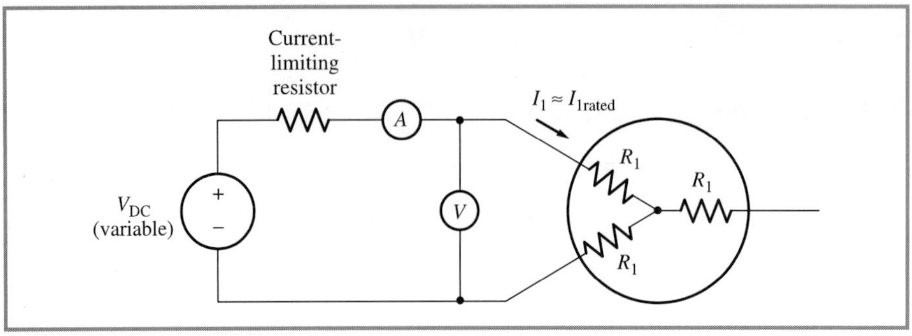

그림 6-54
DC 저항시험을 위한 시험회로

전동기의 3단자 중 2단자에 dc전원을 연결한 그림이다. 시험을 하기 위하여 고정자 권선에 흐르는 전류는 정격값으로 조정하고 단자 사이의 전압을 측정한다. 고정자 권선의 전류는 정상상태 동작동안(권선저항은 온도 함수임을 기억하자) 정상상태에서와 같은 온도, 같은 열에서 권선의 정격값으로 조정한다.

그림 6-54의 전류는 두 권선을 통해서 흐른다. 그래서 전류경로의 저항 합은 $2R_1$이다. 그러므로

$$2R_1 = \frac{V_{DC}}{I_{DC}}$$

혹은

$$\boxed{R_1 = \frac{V_{DC}}{2I_{DC}}} \tag{6–61}$$

이 값 R_1에서 무부하 고정자 동손이 결정되며, 회전손실은 무부하 입력전력과 고정자 동손 사이의 차에 의해 알 수 있다. 이러한 방법으로 계산된 R_1은 권선에 교류전압이 흐를 때 일어나는 표피 효과(Skin effect)를 무시했기 때문에 완벽하게 정확한 값은 아니다. 온도와 표피효과의 보정에 대한 사항은 IEEE표준규격 112에 상세하게 기술되어 있다.

회전자 구속 시험

회로의 변수를 결정하기 위해 유도전동기에서 할 수 있는 세 번째 시험은 회전자 구속 시험이다. 이 시험은 변압기의 단락 시험에 해당된다. 이 시험에서 회전자를 회전하지 않도록 구속하고 전압을 전동기에 인가하고, 그 때의 전압, 전류 및 전력을 측정한다.

그림 6-55(a)는 회전자 구속 시험의 결선을 나타낸다. 회전자 구속 시험을 하기 위해 교류전압을 고정자에 인가하고 전류가 거의 전부하와 같이 되도록 조정한다. 전류가 전부하값일 때 전동기에 흐르는 전압, 전류, 전력을 측정한다.

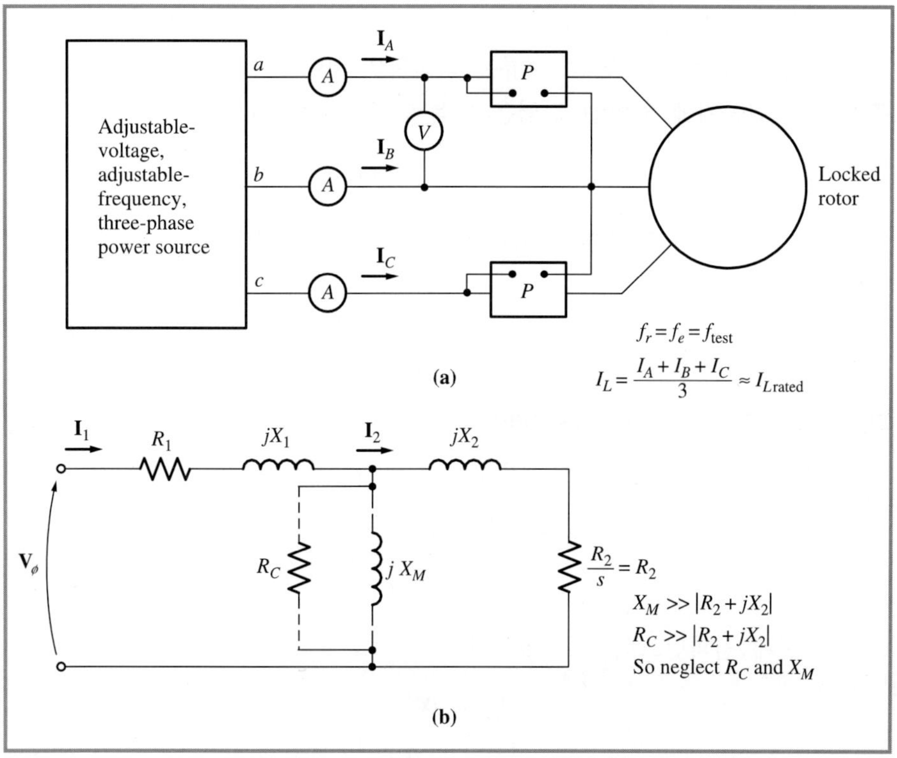

그림 6-55 유도전동기의 회전자 구속시험 (a) 시험회로, (b) 전동기 등가회로

이 시험의 등가회로는 그림 6-55(b)와 같다. 회전자가 움직이지 않기 때문에 슬립은 $s = 1$이고, 회전자저항 R_2/s는 R_2와 같아진다. R_2와 X_2가 아주 작기 때문에 보다 큰 자화 리액턴스 X_M에 흐르기보다 R_2와 X_2를 통해서 대부분의 입력 전류가 흐른다. 그러므로 이런 조건하에서 회로는 X_1, R_1, X_2, 그리고 R_2의 직렬 결합처럼 보인다.

그러나, 이 시험은 한 가지 문제점이 있다. 정상동작에서 고정자 주파수는 전력시스템의 선로주파수(50 Hz 또는 60 Hz)이다. 기동상태에서 회전자도 선로 주파수와 같다. 그러나 정상적인 동작상태에서 대개의 전동기의 슬립은 단지 2～4%이고 결과적으로 회전자 주파수의 범위는 1～3 Hz이다. 이 때문에 선로 주파수가 회전자의 정상적인 동작조건을 나타내지 못하는 문제가 발생한다. 유효 회전자저항은 B, C 등급의 전동기설계에서 주파수의 함수이기 때문에 정확하지 않은 회전자 주파수는 이 시험의 결과를 잘못 유도할 수 있다. 전형적인 형태는 주파수의 25% 또는 정격주파수보다 낮은 주파수를 사용한다. 한편 이런 접근법이 근본적으로 일정 저항 회전자(설계등급 A와 D)에 적용될 수 있을지라도 가변 저항 회전자의 정상 회전자저항을 알려고 할 때에는 다른 많은 것을 더 알아야만 한다. 이것과 이와 유사한 문제 때문에 시험 시 측정에 많은 주의를 기울여야 한다.

시험전압과 주파수가 인가된 후, 전동기에 흐르는 전류는 빠르게 정격값으로 조정하고, 입력전력, 전압, 전류는 회전자의 열이 너무 높이 올라가기 전에 측정한다. 전동기에 입력된 전력은 다음과 같이 주어진다.

$$P = \sqrt{3} V_T I_L \cos\theta$$

그러므로 회전자 구속 역률은 아래와 같이 얻을 수 있다.

$$\boxed{\text{PF} = \cos\theta = \frac{P_{\text{in}}}{\sqrt{3} V_T I_L}} \qquad (6\text{–}62)$$

그리고 임피던스 각 θ는 $\cos^{-1}\text{PF}$와 마찬가지이다.

이 때, 전동기회로의 전체 임피던스의 크기는 아래와 같이 표현된다.

$$\boxed{|Z_{\text{LR}}| = \frac{V_\phi}{I_1} = \frac{V_T}{\sqrt{3} I_L}} \qquad (6\text{–}63)$$

그리고 전체 임피던스의 각은 θ이다. 그러므로

$$\begin{aligned} Z_{\text{LR}} &= R_{\text{LR}} + jX'_{\text{LR}} \\ &= |Z_{\text{LR}}|\cos\theta + j|Z_{\text{LR}}|\sin\theta \end{aligned} \qquad (6\text{–}64)$$

회전자 구속 저항 R_{LR}은 다음 식과 같다.

$$\boxed{R_{\text{LR}} = R_1 + R_2} \qquad (6\text{–}65)$$

한편 회전자 구속 리액턴스 X'_{LR}은 다음 식과 같아진다.

$$X'_{\text{LR}} = X'_1 + X'_2 \qquad (6\text{–}66)$$

여기서, X'_1와 X'_2는 시험주파수에서 각각 고정자와 회전자 리액턴스이다.

회전자저항 R_2는 아래의 식으로 나타난다.

$$R_2 = R_{\text{LR}} - R_1 \qquad (6\text{–}67)$$

여기서, R_1은 dc시험에서 결정된다. 고정자로 환산한 전체 회전자저항도 또한 구하여 진다. 리액턴스는 주파수에 직접 비례하기 때문에 정상적인 동작 주파수에서의 전체 등가 리액턴스는 다음과 같이 얻을 수 있다.

$$\boxed{X_{\text{LR}} = \frac{f_{\text{rated}}}{f_{\text{test}}} X'_{\text{LR}} = X_1 + X_2} \qquad (6\text{–}68)$$

그러나, 고정자 리액턴스와 회전자 리액턴스 각각을 분리할 수 있는 간단한 방법은 없다. 수년에 걸친 경험에 의해서 어떤 형태로 설계된 전동기는 회전자

	X_1 and X_2 as functions of X_{LR}	
Rotor Design	X_1	X_2
Wound rotor	$0.5\ X_{LR}$	$0.5\ X_{LR}$
Design A	$0.5\ X_{LR}$	$0.5\ X_{LR}$
Design B	$0.4\ X_{LR}$	$0.6\ X_{LR}$
Design C	$0.3\ X_{LR}$	$0.7\ X_{LR}$
Design D	$0.5\ X_{LR}$	$0.5\ X_{LR}$

그림 6-56
회전자와 고정자 회로 리액턴스 분리를 위한 비율

리액턴스와 고정자 리액턴스 사이에 어떤 비를 가진다는 것을 제시하였다. 그림 6-56은 이러한 경험을 요약한 것이다. 실제에서 리액턴스는 모든 토오크식에서 $X_1 + X_2$의 합으로 나타나기 때문에, X_{LR}이 어떻게 분리하느냐 하는 것은 문제가 되지 않는다.

예제 6-8

정격전류 28 A인 7.5 hp, 4극, 208-V, 60 Hz, 설계 A형, Y결선 유도전동기의 시험 데이터를 아래와 같이 얻었다.
DC시험 :

$$V_{DC} = 13.6\text{ V} \qquad I_{DC} = 28.0\text{ A}$$

무부하시험:

$$V_T = 208\text{ V} \qquad f = 60\text{ Hz}$$
$$I_A = 8.12\text{ A} \qquad P_{in} = 420\text{ W}$$
$$I_B = 8.20\text{ A}$$
$$I_C = 8.18\text{ A}$$

회전자구속시험:

$$V_T = 25\text{ V} \qquad f = 15\text{ Hz}$$
$$I_A = 28.1\text{ A} \qquad P_{in} = 920\text{ W}$$
$$I_B = 28.0\text{ A}$$
$$I_C = 27.6\text{ A}$$

(*a*) 이 전동기에 대한 상당 등가회로를 그려라.
(*b*) 정토오크에서 슬립을 구하고, 푸시오버 토오크의 값을 구하라.

풀이

(*a*) dc시험에서

$$R_1 = \frac{V_{DC}}{2I_{DC}} = \frac{13.6\text{ V}}{2(28.0\text{ A})} = 0.243\ \Omega$$

무부하 시험에서

$$I_{\mathrm{L,av}} = \frac{8.12\ \mathrm{A} + 8.20\ \mathrm{A} + 8.18\ \mathrm{A}}{3} = 8.17\ \mathrm{A}$$

$$V_{\phi,\mathrm{nl}} = \frac{208\ \mathrm{V}}{\sqrt{3}} = 120\ \mathrm{V}$$

그러므로,

$$|Z_{\mathrm{nl}}| = \frac{120\ \mathrm{V}}{8.17\ \mathrm{A}} = 14.7\ \Omega = X_1 + X_M$$

X_1을 알고 있을 때, X_M을 구할 수 있다. 고정자 동손은 다음과 같다.

$$P_{\mathrm{SCL}} = 3I_1^2 R_1 = 3(8.17\ \mathrm{A})^2(0.243\ \Omega) = 48.7\ \mathrm{W}$$

그러므로 무부하 회전손실은 다음과 같다.

$$\begin{aligned} P_{\mathrm{rot}} &= P_{\mathrm{in,nl}} - P_{\mathrm{SCL,nl}} \\ &= 420\ \mathrm{W} - 48.7\ \mathrm{W} = 371.3\ \mathrm{W} \end{aligned}$$

회전자구속 시험에서

$$I_{\mathrm{L,av}} = \frac{28.1\ \mathrm{A} + 28.0\ \mathrm{A} + 27.6\ \mathrm{A}}{3} = 27.9\ \mathrm{A}$$

회전자 구속임피던스는 다음과 같다.

$$|Z_{\mathrm{LR}}| = \frac{V_\phi}{I_A} = \frac{V_T}{\sqrt{3}I_A} = \frac{25\ \mathrm{V}}{\sqrt{3}(27.9\ \mathrm{A})} = 0.517\ \Omega$$

그리고, 임피던스의 각 θ는 아래와 같다.

$$\begin{aligned} \theta &= \cos^{-1}\frac{P_{\mathrm{in}}}{\sqrt{3}V_T I_L} \\ &= \cos^{-1}\frac{920\ \mathrm{W}}{\sqrt{3}(25\ \mathrm{V})(27.9\ \mathrm{A})} \\ &= \cos^{-1} 0.762 = 40.4° \end{aligned}$$

그러므로, $R_{\mathrm{LR}} = 0.517\cos 40.4° = 0.394\ \Omega = R_1 + R_2$이다. $R_1 = 0.243\ \Omega$이기 때문에, R_2는 $0.151\ \Omega$이 된다. 15 Hz에서의 리액턴스는 다음과 같다.

$$X'_{\mathrm{LR}} = 0.517 \sin 40.4° = 0.335\ \Omega$$

60 Hz에서의 등가 리액턴스는 다음 식과 같다.

$$X_{\mathrm{LR}} = \frac{f_{\mathrm{rated}}}{f_{\mathrm{test}}} X'_{\mathrm{LR}} = \left(\frac{60\ \mathrm{Hz}}{15\ \mathrm{Hz}}\right) 0.335\ \Omega = 1.34\ \Omega$$

설계등급 A형 유도전동기에서, 이 리액턴스가 고정자와 회전자에 균등하게 분배된다고 가정하면, 그때

$$X_1 = X_2 = 0.67\ \Omega$$

이고

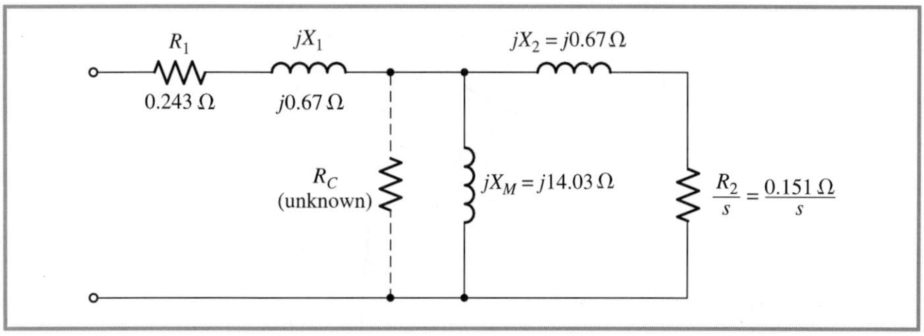

그림 6-57
예제 6-8에서 전동기의 상당 등가회로

$$X_M = |Z_{nl}| - X_1 = 14.7\ \Omega - 0.67\ \Omega = 14.03\ \Omega$$

마지막으로 상당 등가회로는 그림 6-57과 같이 나타난다.

(*b*) 이 등가회로에 있어서, 식 (6-41b), 식 (6-44)와 식 (6-45)에 의해 테브난 등가회로값을 구할 수 있다.

$$V_{TH} = 114.6\ \text{V} \qquad R_{TH} = 0.221\ \Omega \qquad X_{TH} = 0.67\ \Omega$$

그러므로, 푸시오버 토오크에서의 슬립은 다음과 같이 표현된다.

$$s_{max} = \frac{R_2}{\sqrt{R_{TH}^2 + (X_{TH} + X_2)^2}} \tag{6–53}$$

$$= \frac{0.151\ \Omega}{\sqrt{(0.243\ \Omega)^2 + (0.67\ \Omega + 0.67\ \Omega)^2}} = 0.111 = 11.1\%$$

이 전동기의 최대 토오크는 다음과 같이 주어진다.

$$\tau_{max} = \frac{3V_{TH}^2}{2\omega_{sync}[R_{TH} + \sqrt{R_{TH}^2 + (X_{TH} + X^2)}]} \tag{6–54}$$

$$= \frac{3(114.6\ \text{V})^2}{2(188.5\ \text{rad/s})[0.221\ \Omega + \sqrt{(0.221\ \Omega)^2 + (0.67\ \Omega + 0.67\ \Omega)^2}]}$$

$$= 66.2\ \text{N} \cdot \text{m}$$

6.12 유도발전기

그림 6-20에서 토오크–속도 특성곡선은 만약 유도전동기가 외부의 원동기에 의해 동기속도 n_{sync}보다 더 큰 속도로 구동되면 이 전동기의 유도토오크의 방향은 역전할 것이며, 이것은 발전기로 작용하는 것을 나타낸다. 원동기에 의해서 축에 인가되는 토오크가 증가할 때 유도발전기에 의해서 생성되는 전력의 총량도 증가한다. 그림 6-58을 보면, 발전기모드 동작에서의 최대가능 유도토오크가 발생한다. 이 토오크는 발전기의 푸시오버토오크(push over torque)로 알려져 있다. 만약 원동기가 유도발전기의 축에 푸쉬오버토오크보다 큰 토오크를 가한다면 발전기는 과속될 것이다.

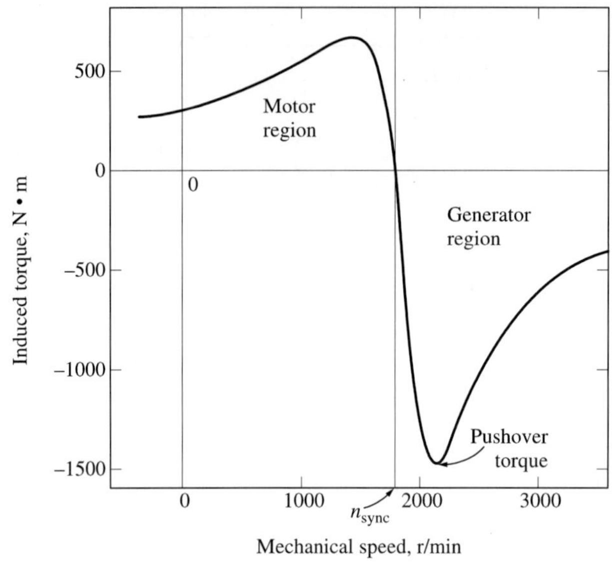

그림 6-58
발전영역을 나타낸 유도기의 토오크-속도 특성. 푸시오버 토오크를 유의하자.

발전기로서의 유도기는 엄격한 제약들이 있다. 발전기는 분권계자회로가 없기 때문에 유도발전기는 무효전력을 만들 수 없다. 사실, 발전기는 무효전력을 소비하기 때문에 항상 고정자자계를 유지하기 위해서 무효전력원의 외부전원이 연결되어 있어야 한다. 외부 무효전력원은 계자전류 없는 발전기의 단자전압으로 제어할 수 있어야 하며 유도발전기는 스스로 출력전압을 조정할 수 없다. 보통, 발전기전압은 연결되어있는 외부 전력시스템에 의해 유지되어진다.

유도발전기의 한 가지 큰 장점은 간단하다는 것이다. 유도발전기는 분권계자회로가 필요하지 않고 연속적으로 일정속도에서 구동해서는 안 된다. 기기의 속도가 연결되어 있는 전력시스템의 동기속도 n_{sync}보다 약간 더 높은 속도 동안에 전동기가 발전기로써 작용할 것이다. 토오크가 전동기 축에 더 크게 작용하면 할수록 출력은 더 크게 된다. 정확한 조정이 요구되지 않는다는 사실은 이 발전기가 풍력용, 열재생 시스템과 기존 전력시스템에 연계된 유사 보조전력원으로 좋은 대상이 될 것이다. 이러한 응용에서 커패시터에 의해 역률개선이 될 수 있고 발전기의 단자전압은 외부 전력시스템에 의해 제어될 수 있다.

유도발전기 단독동작

발전기가 필요로 하는 무효전력과 연결된 부하가 요구하는 무효전력을 공급할 수 있는 커패시터가 사용가능하다면, 유도발전기는 어떤 전력시스템에 관계없이 독립된 발전기로서 작용하는 것이 가능하다. 이와 같은 독립된 유도발전기는 그림 6-59와 같다.

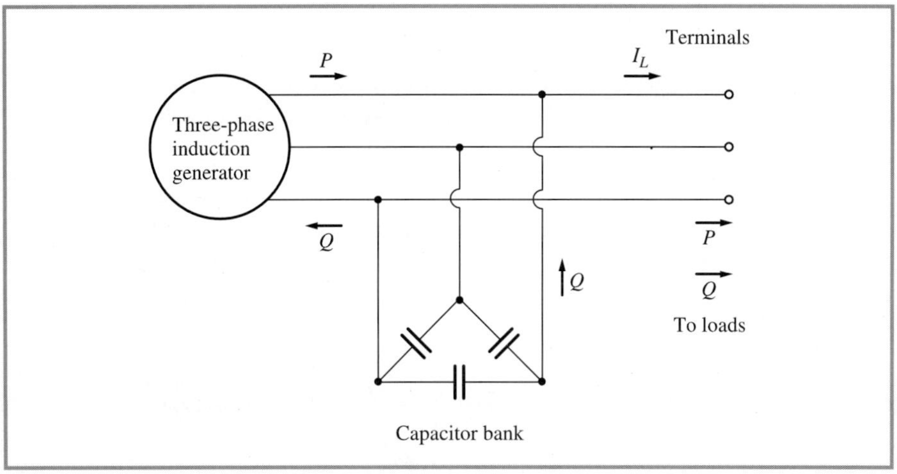

그림 6-59 무효전력을 공급하는 커패시터 뱅크를 가지고 단독 동작하는 유도발전기

단자전압원 기능으로 유도기기가 요구하는 자화전류 I_M은 무부하시 전동기로서 기기를 운전함으로 구할 수 있으며, 또한 단자전압원 기능으로서 기기의 전기자전류를 측정하므로 해서 구할 수 있다. 이러한 자화곡선은 그림 6-60(a)에 나타나있다. 유도발전기에서 주어진 전압수준을 얻기 위해서 외부 커패시터는 주어진 전압수준과 일치하는 자화전류를 공급해야 한다.

커패시터가 만들 수 있는 무효전류는 커패시터에 인가된 전압에 직접 비례하기 때문에 커패시터를 통하는 모든 전압과 전류 조합의 궤적은 일직선으로 된다. 주어진 주파수에서의 전압 대 전류곡선이 그림 6-60(b)에 나타나 있다. 만약 유도발전기의 단자가 3상 커패시터와 연결되어 있다면 유도발전기의 무부하전압은 발전기의 자화곡선과 커패시터의 부하선의 교점에서의 값이 된다. 세 개의 서로 다른 커패시터에서 유도발전기의 무부하 단자전압이 그림 6-60(c)에 나타나 있다.

유도발전기가 기동하면 어떻게 전압이 발생되어 증가할까? 유도발전기가 처음 운전하기 시작할 때, 계자회로의 잔류자기는 작은 전압을 만든다. 그 작은 전압은 용량성 전류를 만들고 이 전류는 또 전압을 증가시킨다. 이와 같이 하여 전압은 완전히 상승하게 된다. 유도발전기 회전자에 잔류 자속이 없다면, 전압은 생기지 않을 것이고, 전동기로서의 순간적인 동작에 의해 자화되어야 한다.

유도발전기에서 가장 심각한 문제는 특히 무효부하 같은 부하에서 전압이 광범위하게 변하게 된다는 것이다. 일정한 병렬 커패시턴스를 가진 유도발전기가 단독으로 동작할 때의 전형적인 단자특성이 그림 6-61에 보여지고 있다. 유도부하인 경우 전압이 급격히 떨어지는 것에 주목하자. 발전기전압의 큰 전압강하의 이유는 고정된 커패시터가 부하와 발전기가 필요로 하는 모든 무효전력을 공급하기 때문이며, 그리고, 부하에서 변환되어진 임의의 무효전력은 발전기를 자화곡선에 따라 전압이 낮은 쪽으로 이동시키게 되며, 이것이 발전기 전압

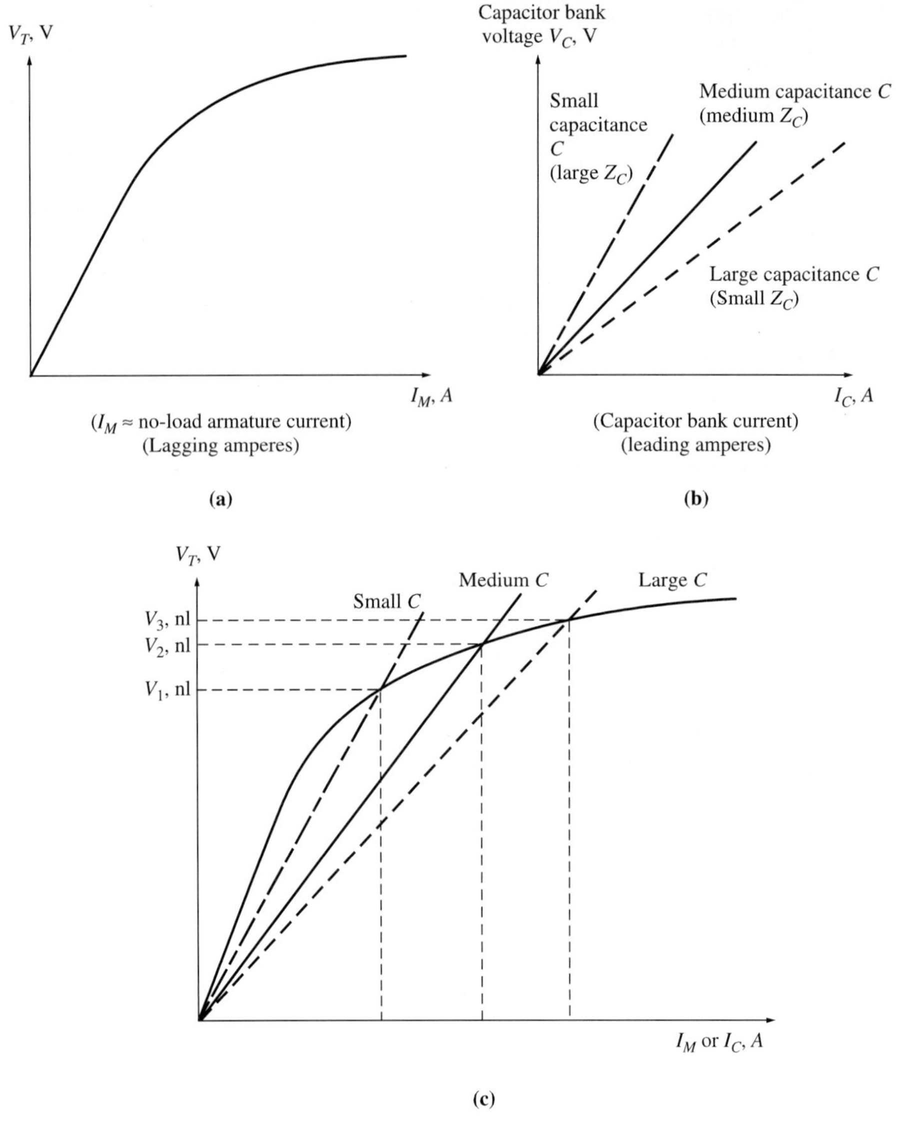

그림 6-60

(a) 유도기의 자화곡선. 자화전류의 함수로서 기기의 단자전압의 곡선(약 90°뒤진 상전압), (b) 커패시터뱅크의 전압-전류 특성곡선. 커패시턴스가 증가하면 할수록 인가된 전압에 대한 전류도 증가한다는 사실을 이해하자. 이 전류는 상전압보다 약 90° 앞선다. (c) 고립된 유도발전기에 대한 무부하 단자전압은 축에서 발전기단자특성과 커패시터 전압-전류 특성을 그림으로 해서 알 수 있다. 두 곡선의 교점은 발전기에서 요구하는 무효전력과 커패시터가 공급하는 무효전력이 같게 되는 점이다. 그리고, 이점은 발전기의 무부하 단자전압을 나타낸다.

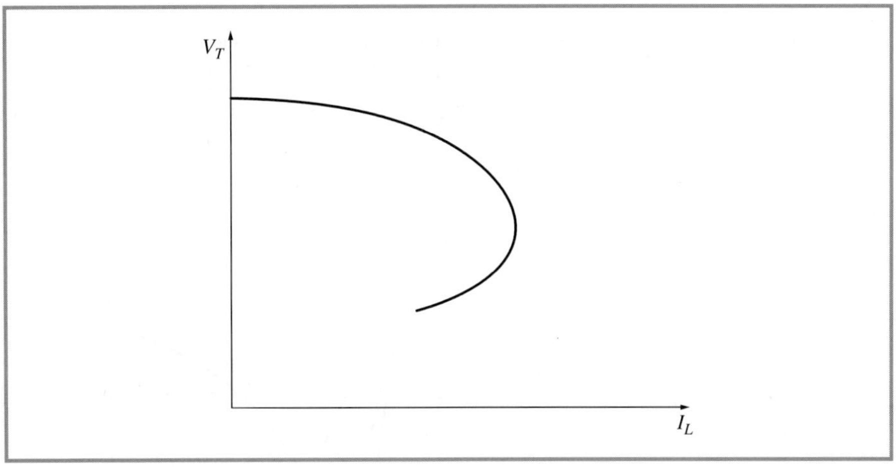

그림 6-61 일정한 지상역률을 가진 부하에 대한 유도발전기의 단자 전압-전류 특성

을 강하시키는 주된 요인이다. 그래서 유도발전기에 의해서 공급되는 전력시스템에 있어서는 유도전동기의 기동은 매우 어렵다. 즉 기동 시에는 효과적으로 커패시터가 증가하고 정상동작 때에는 감소하는 특별한 방법을 사용한다.

유도기의 토오크-속도 특성 때문에 유도발전기 주파수는 부하변동에 따라 변한다. 그러나 토오크-속도 특성은 정상동작구간에서 아주 변화율이 크기 때문에 전체 주파수 변화는 일반적으로 5% 이하로 제한된다. 이러한 변화율은 많은 독립 발전기나 비상용 발전기의 적용에 아주 잘 받아들여지고 있다.

유도발전기 응용

유도발전기는 20세기 초 이후 지금까지 사용되었으나 1960년대와 70년대에는 거의 사라졌다. 그러나 1973년에 기름값이 급격히 올랐기 때문에 유도발전기는 다시 등장하였다. 에너지 비용이 아주 높았기 때문에 에너지절약은 대부분의 산업공정에서 경제적으로 중요부분이 되었다. 유도발전기는 시스템의 제어나 혹은 유지 관리방법이 간단하기 때문에 에너지절약 차원의 적용에 아주 이상적이었다.

또한, 유도발전기는 그 단순성과 단위출력 킬로와트당 크기가 작기 때문에 작은 풍차에 많이 사용되었다. 많은 상업적인 풍차는 큰 전력시스템에서 병렬로 동작하도록 설계되었고, 소비자의 총 전력수요에 대해 부분적으로 공급하고 있다. 이러한 동작에서 전력시스템은 전압과 주파수제어에 의해서 유지되고 정적 커패시터는 역률개선에 사용되어질 수 있다.

권선형 유도기는 유도발전기가 풍차에 연결된 것처럼 재기가 이루어지고 있다. 6.9절에서 언급했듯이 권선형 유도기는 농형 유도기보다 비싸고 슬립링과 브러쉬가 포함되었기 때문에 유지보수가 필요하다. 회전자의 저항을 추가하고

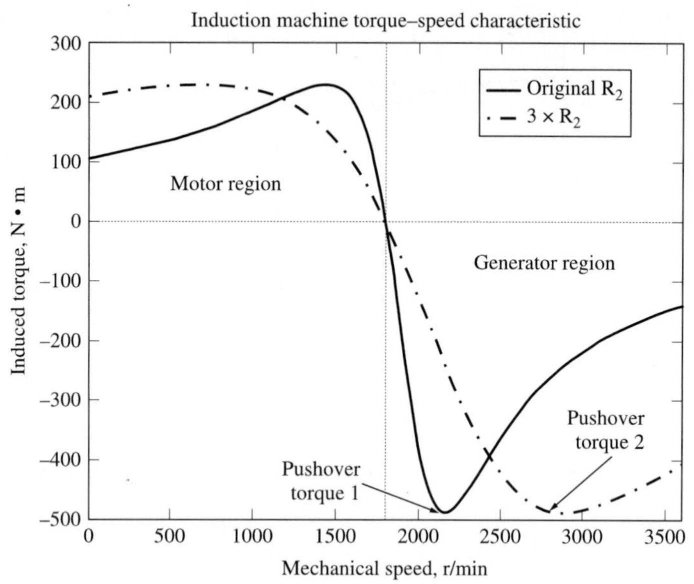

그림 6-62 원래의 회전자저항과 원래의 3배의 회전자저항을 갖는 권선형 유도발전기의 토오크-속도 특성. 발전기로 동작하는 기기에서 속도 범위는 추가된 회전자저항에 의해 대단히 커진다.

제거하는 것은 토오크–속도 특성의 형태를 변화시키고 기기의 동작속도를 변화시킨다(그림 6-45).

권선형 유도기의 특성은 풍차에 연결된 유도발전기에서는 매우 중요하다. 바람은 변화가 심하고 불확실한 전력원이다. 바람은 때때로 강하게, 약하게, 잠잠해진다. 발전기로서 일반적인 농형 유도기를 사용하기 위해서는 바람은 n_{sync}와 푸시오버 속도(그림 6-58) 사이의 속도에서 기기의 축이 회전해야만 한다. 이것은 매우 작은 속도 범위이고 풍력 발전기를 사용할 때 제한이 된다.

권선형 유도기는 회전자저항을 삽입할 수 있고 토오크–속도 특성을 변화시킬 수 있기 때문에 더 유리하다. 그림 6-62는 원래 회전자저항 R_2과 최대 회전자 $3R_2$의 경우에 대한 권선형 유도기의 예를 보여준다. 푸시오버 토오크는 두 경우 같지만 n_{sync}와 푸시오버 속도 사이의 속도 범위는 삽입한 회전자저항을 갖은 발전기가 더 크다. 이것은 넓은 범위의 풍력 조건에서도 유용한 전력을 생산하는 것을 가능케 한다.

사실 반도체 제어기는 권선형 유도발전기의 유효 회전자저항을 실제 저항이 없이도 조정할 수 있다. 그러나 토오크–속도 특성의 효과는 같다.

6.13 유도전동기의 정격

전형적인 고효율 정수–마력 유도전동기 명판이 그림 6-63에 나타나 있다. 명판에 쓰여진 가장 중요한 정격은 다음과 같다.

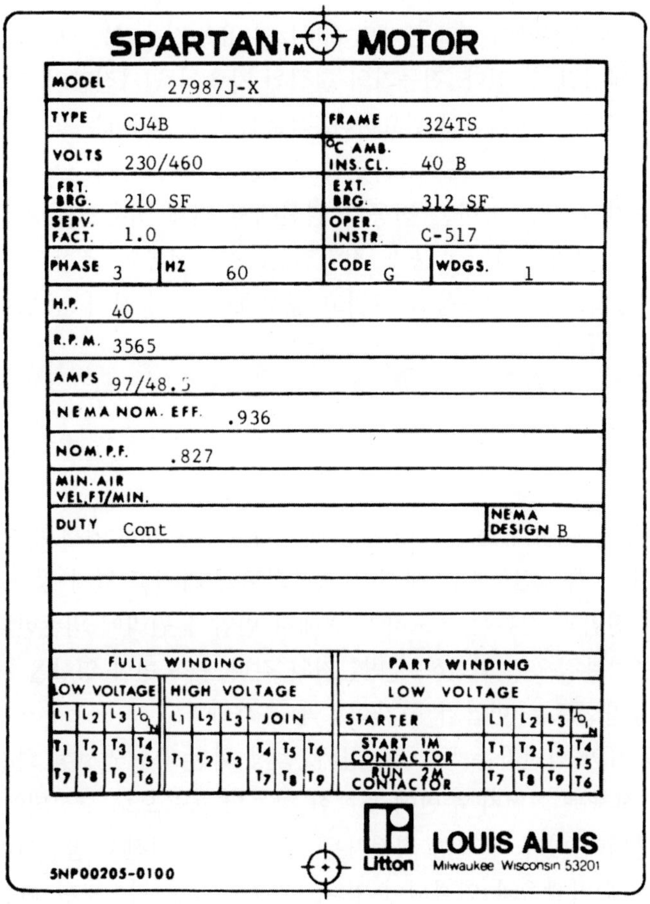

그림 6-63
전형적인 고효율
유도전동기의 명판
(MagneTek, Inc. 제공)

1. 출력(hp, kW)
2. 전압
3. 전류
4. 역률
5. 속도
6. 공칭효율
7. NEMA 설계 등급
8. 기동계급

전형적인 표준 효율 유도전동기의 명판은 공칭효율이 명시되어있지 않은 것을 제외하면 고효율 전동기의 명판과 유사하다.

보다 높은 전압을 얻으려 하면 전동기 철심은 더 포화되고 자화전류는 더 높아지기 때문에 전동기의 전압 제한은 허용 가능한 최대 자화전류를 기준으로 한다. 단지 변압기와 동기기의 경우에 있어서, 만약 주파수의 감소에 비례하는 양에 의해서 정격전압이 감소한다면 60 Hz의 유도전동기는 50 Hz의 전원시스템에서 이용되어질 수 있다. 전동기의 철심의 자속이 인가전압의 적분에 비례하기 때문에 이러한 정격격감이 필요하다. 적분시간이 증가하는 동안 일정한 철심에서 최대자속을 유지하려면 평균전압크기를 줄여야 한다.

유도전동기의 전류 제한은 전동기 권선에서 최대 허용열을 기준으로 하고 전력제한은 기기의 역률, 효율과 정격전압, 정격전류의 조합으로 결정된다. NEMA설계등급, 기동 코드등급 그리고 공칭효율은 이 장의 앞 절에서 논의하였다.

6.14 요약

유도전동기는 단순성과 운전의 용이성 때문에 ac전동기 중에서 가장 많이 활용하는 형태이다. 유도전동기는 분리된 계자회로를 가지고 있지 않다. 대신에 계자회로에서 전압과 전류를 유도하기 위해서 변압기 원리에 의존한다. 사실, 유도전동기는 기본적으로 회전하는 변압기와 같다. 속도변화 영향을 제외하면 유도전동기 등가회로는 변압기 등가회로와 유사하다.

유도전동기의 회전자는 두 가지 형태, 농형 회전자와 권선형 회전자를 가진다. 농형 회전자는 회전자 주변에 평행한 바들의 묶음으로 구성되어 있고 바의 양끝은 단락되어 있다. 권선형 회전자는 완전한 3상 회전자 권선이며 슬립링과 브러쉬를 통해 바깥쪽과 연결되어 있다. 권선형 회전자는 농형 회전자보다 더 비싸고 더 많은 유지보수가 필요하다. 따라서 권선형 회전자는 잘 사용하지 않는다(유도발전기의 경우는 제외).

유도전동기는 일반적으로 동기속도 근처에서 동작하지만 정확하게 동기속도 n_{sync}에서 동작하지는 않는다. 유도전동기 계자회로에서 유기전압을 얻기 위해서는 항상 상대운동이 있어야 한다. 회전자와 고정자의 상대운동에 의해서 유도되는 회전자 전압은 회전자 전류를 생성하고, 전동기에 유도토오크를 만들기 위해서 회전자전류는 고정자 자계와 상호작용을 한다.

유도전동기에서 최대 토오크가 발생하는 지점의 슬립과 속도는 회전자저항에 의해 제어될 수 있다. 최대 토오크의 값은 회전자저항과는 독립적이다. 높은 회전자저항은 최대 토오크가 발생하는 지점에서 속도를 느리게 하고, 전동기의 기동토오크를 증가시킨다. 그러나, 이 기동토오크는 일반적 동작범위에서 매우 좋지 않은 속도조정을 한다. 다른 한편으로 낮은 회전자저항은 속도조정을 개선시키는데 반하여 전동기의 기동토오크를 감소시킨다. 임의의 일반적인 유도전동기 설계는 이 두 가지의 상충되는 요구사이에서 절충해야만 한다.

이러한 절충을 이루기 위한 한가지의 방법으로 심구바(deep bar)나 혹은 이

중 농형 회전자를 사용하는 방법이 있다. 이 회전자는 기동시에 높은 실효저항을 가지고 정상동작상태에서는 낮은 실효저항을 갖는다. 그러므로, 같은 전동기에서 높은 기동토오크와 양호한 회전속도를 나타낸다. 만약 회전자 계자저항을 변화시킨다면, 권선형 유도전동기에서도 같은 효과를 얻을 수 있다.

유도전동기는 NEMA 설계 등급에 따라 토오크-속도 특성을 분류한다. 설계등급 A 전동기는 일반적인 기동토오크, 상대적으로 높은 기동전류, 낮은 슬립, 그리고 높은 탈출토오크의 특징을 갖는 표준 유도전동기이다. 설계등급 B 전동기는 일반적인 기동토오크, 낮은 기동전류, 좀 큰 슬립, 그리고 설계등급 A 전동기와 비교하여 좀 낮은 탈출토오크를 만들기 위해 심구바를 가진다. 이 전동기는 25% 정도 적은 기동전류를 필요로 하기 때문에 높은 돌입전류를 공급할 수 없는 전력시스템에 사용되는 것이 좋다. 설계등급 C 전동기는 높은 슬립과 낮은 탈출토오크의 희생으로 낮은 기동토오크를 갖는 높은 기동토오크를 만들기 위해 심구바 혹은 이중농형 설계를 사용한다. 이 전동기는 과도한 선전류 없이 높은 기동토오크가 필요한 응용에 사용된다. 설계등급 D 전동기는 매우 높은 슬립을 가지지만 낮은 기동전류를 갖는 매우 높은 기동토오크를 만드는 고저항 바를 갖는다. 푸시오버 토오크는 높지만 극히 높은 슬립에서 발생한다.

유도전동기의 속도제어는 기기의 극수를 변화시키는 방법, 인가된 전기 주파수를 변화시키는 방법, 인가된 단자전압을 변화시키는 방법, 권선형 유도전동기의 경우에 회전자저항을 변화시키는 방법으로 수행된다.

유도전동기는 전동기의 정격전류의 몇 배나 높은 기동전류를 갖고 이 높은 기동전류는 전동기가 연결된 전력시스템에 문제를 발생시킨다. 주어진 유도전동기의 기동전류는 NEMA 코드등급에 의해 규정지어져 있으며 전동기 명판에도 표시되어 있다. 이 기동전류가 너무 높아서 전력시스템에서 다루기가 어려울 때 전동기 기동회로는 기동전류를 안전한 수준으로 줄이는 역할을 한다. 기동회로는 전동기의 결선을 기동시에 Δ에서 Y로 결선을 변경할 수 있고, 또 기동시에 추가 저항을 삽입할 수 있다. 또한 기동시에 인가된 전압(주파수)을 줄일 수 있다.

또한 전력시스템에서 이용 가능한 무효전력(커패시터 혹은 동기기)을 갖는 몇몇 전원이 있다면 유도기는 발전기로서 이용된다. 유도발전기의 단독동작은 심각한 전압 조정문제를 가지고 있다. 그러나, 큰 전원시스템에서 병렬로 동작할 때에는 전원시스템은 기기의 전압을 제어할 수 있다. 유도발전기는 일반적으로 다소 작은 기기이고 이론적으로 풍차와 같은 교류전원이나 혹은 에너지 회복시스템으로 사용된다. 실제 운용되고 있는 거의 모든 대형 발전기는 대개가 동기발전기이다.

질문 Questions

6-1. 유도전동기에서 슬립과 슬립속도는 무엇인가?

6-2. 유도전동기는 어떻게 토오크를 만드는가?

6-3. 왜 유도전동기는 동기속도로 구동하는 것이 불가능한가?

6-4. 일반적인 유도전동기의 토오크-속도 특성곡선을 그리고 설명하라.

6-5. 탈출토오크가 발생하는 속도에서 가장 직접 제어하는 등가회로요소는 무엇인가?

6-6. 심구바(deep bar) 농형 회전자란 무엇인가? 그리고 왜 그것을 이용하는가? 그것을 이용하는 NEMA설계종류는 어떤 것인가?

6-7. 2중 농형 회전자는 무엇인가? 그리고 왜 그것을 이용하는가? 그것을 이용하는 NEMA설계종류는 어떤 것인가?

6-8. 권선형 유도전동기의 이용 및 특성과 각각의 농형 유도전동기의 NEMA설계종류를 서술하라.

6-9. 고슬립에서 유도전동기(권선형 또는 농형)의 효율을 왜 나쁜가?

6-10. 유도전동기의 속도제어의 4가지 방법의 명칭을 적고 설명하라.

6-11. 전기주파수가 감소할 때 유도전동기에 인가되는 전압을 왜 감소시킬 필요가 있는가?

6-12. 동작범위에서 왜 단자전압 속도제어는 제한되는가?

6-13. 기동코드 요소는 무엇인가? 유도전동기의 기동전류에 대해서는 어떻게 나타내는가?

6-14. 유도전동기를 동작시키기 위한 저항기동기 회로는 어떤 것인가?

6-15. 회전자 구속시험에서 무엇을 알 수 있는가?

6-16. 무부하 시험에서 무엇을 알 수 있는가?

6-17. 현대의 고효율 유도전동기의 효율을 개선시키기 위해서 어떻게 하는가?

6-18. 유도발전기 단독동작의 단자전압은 어떻게 제어하는가?

6-19. 일반적으로 이용되는 유도발전기의 응용에는 어떤 것이 있는가?

6-20. 주파수 변환기로서 권선형 유도전동기는 어떻게 이용되는가?

6-21. 여러 가지의 전압-주파수 형태는 유도전동기의 토오크-속도 특성에 어떻게 영향을 미치는가?

6-22. 6.10절에서 나타낸 반도체회로 유도전동기 구동장치의 주된 특징을 서술하라.

6-23. 두 개의 480 V 100 hp 유도전동기가 있다. 하나는 50 Hz에서 동작되도록 설계되었고, 다른 하나는 60 Hz에서 동작하도록 설계되었다. 그러나 두 전동기는 유사한 성능을 가진다. 이 전동기중 어떤 것이 더 큰가?

6-24 유도전동기가 정격조건에서 구동되고 있다. 만약 축의 부하가 증가한다면 아래의 값들은 어떻게 되는가?

(*a*) 기계적 속도
(*b*) 슬립
(*c*) 회전자 유기전압
(*d*) 회전자 전류
(*e*) 회전자 주파수

(*f*) P_{RCL}
(*g*) 동기속도

연습문제 Problems

6-1. 220 V, 3상, 6극, 50 Hz 유도전동기가 슬립 3.5%에서 동작하고 있다. 다음 물음에 답하라.
(*a*) 자계의 속도(rpm)
(*b*) 회전자의 속도(rpm)
(*c*) 회전자의 슬립속도
(*d*) 회전자 주파수(Hz)

6-2. 슬립 0.025에서 동작하는 480 V, 3상, 2극, 60 Hz 유도전동기에 대해서 연습문제 6-1에서와 같은 물음에 답하라.

6-3. 3상, 60 Hz 유도전동기가 무부하 시에 710 rpm이고 전부하 시에 670 rpm이다.
(*a*) 이 전동기의 극수는 얼마인가?
(*b*) 정격부하에서 슬립은 얼마인가?
(*c*) 정격부하의 1/4에서의 속도는 얼마인가?
(*d*) 정격부하의 1/4에서 회전자의 전기주파수는 얼마인가?

6-4. 전부하 조건에서 50 kW, 460 V, 50 Hz 유도전동기가 5%의 슬립을 가지고 있다. 전부하 조건에서, 마찰손과 풍손은 700 W이고 동손은 600 W이다. 전부하 조건에서 아래의 값을 구하라.
(*a*) 축속도 n_m
(*b*) 출력(W)
(*c*) 부하토오크 τ_{load}(N·m)
(*d*) 유도토오크 τ_{ind}(N·m)
(*e*) 회전자 주파수(Hz)

6-5. 208 V 4극, 60 Hz, Y결선된 권선형 유도전동기는 30 hp에서 정격이다. 등가회로정수는 아래와 같다.

$R_1 = 0.100\ \Omega$	$R_2 = 0.070\ \Omega$	$X_M = 10.0\ \Omega$
$X_1 = 0.210\ \Omega$	$X_2 = 0.210\ \Omega$	
$P_{mech} = 500$ W	$P_{misc} \approx 0$	$P_{core} = 400$ W

슬립이 0.05일 때, 다음 물음에 답하라.
(*a*) 선전류 I_L
(*b*) 고정자동손 P_{SCL}
(*c*) 공극전력 P_{AG}
(*d*) 전기 형태에서 기계 형태로 바뀐 전력 P_{conv}
(*e*) 유도토오크 τ_{ind}
(*f*) 부하토오크 τ_{load}
(*g*) 전동기의 전체효율 η
(*h*) 전동기의 속도(rpm과 radian/second)

6-6. 연습문제 6-5의 전동기에서, 푸시오버 토오크의 슬립은 얼마인가? 그리고 이 전동기의 푸시오버 토오크는 얼마인가?

6-7. (a) 연습문제 6-5에서 전동기의 토오크-속도 특성을 계산하고 곡선을 그려라.
(b) 연습문제 6-5의 전동기에서 출력-속도 특성을 계산하고 곡선을 그려라.

6-8. 연습문제 6-5의 전동기에서, 기동시(축이 움직이지 않을 때)에 최대 토오크를 만들기 위해서 회전자회로에 얼마의 저항(고정자회로를 참고하여)을 삽입하여야 하는가? 추가저항을 삽입했을 경우 이 전동기의 토오크-속도 특성을 그려라.

6-9. 만약 연습문제 6-5의 전동기가 50 Hz 전원시스템에서 동작한다면 전동기의 공급전압은 얼마인가? 그리고 이유는 무엇인가? 50 Hz에서 등가회로의 요소들의 값은 얼마인가? 이 전동기가 적절한 전압, 슬립 0.05, 50 Hz에서 동작할 때 연습문제 6-5의 물음에 답하라.

6-10. 3상, 60 Hz, 2극 유도전동기가 무부하에서 3580 rpm이고 전부하에서 3440 rpm이다. 무부하와 전부하에서 슬립과 회전자 전기주파수를 계산하라. 이 전동기의 속도변동률[식 (3-68)]은 얼마인가?

6-11. 1100 rpm으로 운전하고 있는 6극, 60 Hz 유도전동기의 회전자 회로의 입력은 5 kW이다. 이 전동기에서 회전자저항 손실은 얼마인가?

6-12. 4극, 60 Hz 유도전동기의 공극을 넘는 전력은 25 kW이고 전동기의 전기적 형태에서 기계적 형태로 변환하는 전력은 23.2 kW이다.
(*a*) 이때 전동기의 슬립은 얼마인가?
(*b*) 이 전동기에서 유도된 토오크는 얼마인가?
(*b*) 이 슬립에서 기계적인 손실은 300 W라 가정하면 이 전동기의 부하 토오크는 얼마인가?

6-13. 그림 6-18(a)는 전압원, 저항, 두 개의 리액턴스로 구성된 간단한 회로를 보여준다. 단자에서 이 회로의 테브난 등가전압과 임피던스를 구하라. 식 (6-41b)와 식 (6-44)에 주어진 $\mathbf{V}_{TH}$와 $\mathbf{R}_{TH}$의 크기에 대한 식을 유도하라.

6-14. 그림 P6-1은 전압원, 두 개의 저항, 두 개의 리액턴스를 병렬로 결합하여 구성한 간단한 회로를 보여주고 있다. 만약 저항 R_L은 가변할 수 있고, 나머지 요소는 일정하다면, 최대가능전력이 공급될 때의 R_L의 값은 얼마인가? 답을 증명하라(힌트:V, R_S, X_S, R_L, X_L의 항에서 부하전력의 식을 구하라. 그리고, R_L에 대해서 식을 편미분하라). 푸시오버 토오크[식 (6-54)]에 대한 식을 구하기 위해서 이 결과를 이용하라.

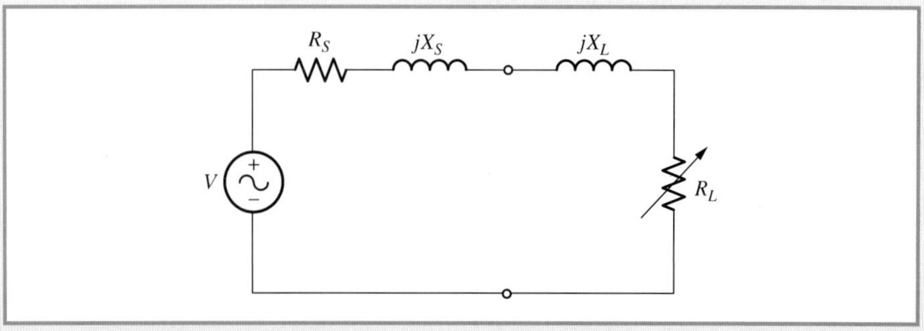

그림 P6-1
연습문제 6-14에 대한 회로

6-15. 460-V, 60-Hz, 4극 Y결선된 유도전동기는 25 hp에서 정격이다. 이 등가회로의 매개변수는 아래와 같다.

$R_1 = 0.15\ \Omega$ $\quad R_2 = 0.154\ \Omega$ $\quad X_M = 20\ \Omega$

$X_1 = 0.852\ \Omega$ $\quad X_2 = 1.066\ \Omega$

$P_{F\&W} = 400\ W$ $\quad P_{misc} = 150\ W$ $\quad P_{core} = 400\ W$

슬립이 0.02일 때, 다음 물음에 답하라.

(*a*) 선전류 I_L
(*b*) 고정자 역률
(*c*) 회전자 역률
(*d*) 회전자 주파수
(*e*) 고정자동손 P_{SCL}
(*f*) 공극전력 P_{SAG}
(*g*) 전기형태에서 기계형태로 바뀐 전력 P_{conv}
(*h*) 유도토오크 τ_{ind}
(*i*) 부하토오크 τ_{load}
(*j*) 총 기기의 효율 η
(*k*) 전동기의 속도(rpm와 radian/second)
(*l*) 이 전동기의 기동 코드등급은 무엇인가?

6-16 연습문제 6-15의 전동기에서, 푸시오버 토오크는 얼마인가? 푸시오버 토오크의 슬립은 얼마인가? 푸시오버 토오크의 회전자 속도는 얼마인가?

6-17. 만약 연습문제 6-15의 전동기가 460 V, 50 Hz 전원에서 구동된다면, 푸시오버 토오크는 얼마인가? 푸시오버 토오크의 슬립은 얼마인가?

6-18. 연습문제 6-15의 전동기의 슬립이 0 %에서 10 %까지 변할 때 다음의 양들에 대한 곡선을 그려라. (*a*) τ_{ind}; (*b*) P_{conv}; (*c*) P_{out}; (*d*) 효율 , 어느 슬립에서 P_{out}이 전동기의 정격출력과 같은가?

6-19. 직류 시험을 460 V, Δ결선, 100 hp 유도전동기에서 실행하였다. 만약 V_{DC}는 21 V이고 I_{DC}는 72 A라면, 고정자 저항 R_1은 얼마인가? 왜 그렇게 되는가?

6-20. 208 V, 6극, Y결선 25 hp 설계등급 B 유도전동기를 연구실에서 실험한 결과 다음과 같다.

무부하 시험:	208 V, 24.0 A, 1400 W, 60 Hz
회전자구속 시험:	24.6 V, 64.5 A, 2200 W, 15 Hz
직류 시험:	13.5 V, 64 A

이 전동기의 등가회로를 구하고, 토오크-속도 특성곡선을 그려라.

6-21. 460-V, 10 hp, 4극, Y결선, 절연등급 F, 수용률 1.15 유도전동기는 다음과 같은 변수를 가지고 있다.

$R_1 = 0.54\ \Omega$ $\quad R_2 = 0.488\ \Omega$ $\quad X_M = 51.12\ \Omega$

$X_1 = 2.093\ \Omega$ $\quad X_2 = 3.209\ \Omega$

$P_{F\&W} = 150\ W$ $\quad P_{misc} = 50\ W$ $\quad P_{core} = 150\ kW$

슬립이 0.02일 때, 다음 물음에 답하라.

(*a*) 선전류 I_L

(*b*) 고정자 역률

(*c*) 회전자 역률

(*d*) 회전자 주파수

(*e*) 고정자동손 P_{SCL}

(*f*) 공극전력 P_{AG}

(*g*) 전기형태에서 기계형태로 바뀐 전력 P_{conv}

(*h*) 유도토오크 τ_{ind}

(*i*) 부하토오크 τ_{load}

(*j*) 총 기기의 효율 η

(*k*) 전동기의 속도(rpm와 radian/second)

(*l*) 이 전동기의 전력흐름도를 그려라.

(*m*) 이 전동기의 기동 코드등급은 무엇인가?

(*n*) 주어진 절연등급에서 전동기의 최대 허용 온도상승은 얼마인가?

(*o*) 이 전동기의 수용률은 무엇을 의미하는가?

6-22. 연습문제 6-21에서 전동기의 토오크-속도 특성을 그려라. 이 전동기의 기동토오크는 얼마인가?

6-23. 460 V, 4극, 75 hp, 60-Hz, Y결선, 3상 유도전동기는 60 Hz, 460 V로 동작할 때 슬립 1.2 %에서 전부하 유도토오크를 만든다. 이 전동기의 상당 회로 모델의 임피던스는 다음과 같다.

$$R_1 = 0.058\ \Omega \qquad X_M = 18\ \Omega$$
$$X_1 = 0.32\ \Omega \qquad X_2 = 0.386\ \Omega$$

이 문제에서 기계손, 동손, 그리고 표유부하손은 무시한다.

(*a*) 회전자저항 R_2의 값을 구하라.

(*b*) 이 전동기의 최대 토오크에서 τ_{max}, s_{max}, 회전자 속도를 구하라.

(*c*) 이 전동기의 기동토오크를 구하라.

(*d*) 이 전동기에 지정된 코드등급은 무엇인가?

6-24. 연습문제 6-21의 전동기에 대해서 다음의 물음에 답하라.

(*a*) 만약 이 전동기가 460 V의 무한모선에 연결되어서 기동한다면, 기동시에 이 전동기에는 얼마의 전류가 흐르는가?

(*b*) 만약 상당 $0.50 + j0.35\ \Omega$의 임피던스를 가진 무한모선이 유도전동기에 연결되어 있다면, 전동기의 기동토오크는 얼마인가? 기동시의 전동기의 단자전압은 얼마인가?

(*c*) 만약 1.4:1의 강압단권변압기가 송전선로와 전동기 사이에 연결되어있다면 기동 시의 송전선로에 흐르는 전류는 얼마인가? 기동시의 송전선로의 모터에 걸리는 전압은 얼마인가?

6-25. 제6장에서 우리는 강압 단권변압기가 유도전동기의 기동전류를 줄이는데 사용될 수 있다는 것을 배웠다. 이 기술이 활용은 되지만 단권변압기는 상대적으로 비싸다. 기동전류를 줄이는 더 경제적인 방법은 소위 Y-Δ 기동기를 사용하는

것이다. 만일 유도전동기가 정상적으로 Δ결선으로 되어 있고, 기동 중에 고정자권선을 간단하게 Y결선으로 바꿀 수 있다면 상전압 V를 감소시키는 것이 가능하다. 그리고 전동기가 속도가 상승하면 Δ결선으로 바꾸면 된다. 이러한 형태의 기동기에 대해서 다음 질문에 답하라.

(*a*) 기동시 상전압을 정상운전시의 상전압과 비교하여 설명하라.

(*b*) Y-결선 전동기의 기동전류를 기동시에 Δ결선으로 둔 상태에서의 기동전류와 비교하여 설명하라.

6-26. 460 V, 50 hp, 6극, Δ-결선, 60-Hz, 3상 유도전동기는 4%의 전부하 슬립, 91 %의 효율, 0.87 지상역률을 가지고 있다. 기동시에, 전동기는 정격전압에서 전부하토오크의 1.75 배의 토오크를 만들지만, 전류는 정격전류의 7배가 된다. 이 전동기는 기동시 전압을 감소시키는 단권변압기를 가지고 기동할 것이다.

(*a*) 전동기의 정격토오크와 같아질 때까지 기동토오크를 감소시키는 기동기회로의 출력전압은 얼마인가?

(*b*) 전동기의 기동전류와 이 전압에서 전원으로부터 공급되는 전류는 얼마인가?

6-27. 권선형 유도전동기는 슬립링과 전동기 정격값의 약 25 %의 부하를 가지고 정격전압과 주파수에서 동작한다. 만약 전동기의 회전자저항이 회전자회로에 외부저항을 삽입함으로 해서 두 배가 된다면, 다음의 항들은 어떻게 되는지 설명하라.

(*a*) 슬립 s

(*b*) 전동기 속도 n_m

(*c*) 회전자에서 유기전압

(*d*) 회전자 전류

(*e*) τ_{ind}

(*f*) P_{out}

(*g*) P_{RCL}

(*h*) 총효율 η

6-28. 460-V, 75 hp, 4극, Y결선인 유도전동기는 다음과 같은 변수를 가지고 있다.

$$R_1 = 0.058\ \Omega \qquad R_2 = 0.037\ \Omega \qquad X_M = 9.24\ \Omega$$
$$X_1 = 0.320\ \Omega \qquad X_2 = 0.386\ \Omega$$
$$P_{\text{F\&W}} = 650\text{ W} \qquad P_{\text{misc}} = 150\text{ W} \qquad P_{\text{core}} = 600\text{ kW}$$

슬립이 0.01일 때, 다음 물음에 답하라.

(*a*) 선전류 I_L

(*b*) 고정자 역률

(*c*) 회전자 역률

(*d*) 회전자 주파수

(*e*) 고정자동손 P_{SCL}

(*f*) 공극전력 P_{AG}

(*g*) 전기적 형태에서 기계적 형태로 바뀐 전력 P_{conv}

(*h*) 유도토오크 τ_{ind}

(*i*) 부하토오크 τ_{load}

(*j*) 총 기기의 효율 η

(*k*) 전동기의 속도(rpm와 radian/second)

(*l*) 이 전동기의 전력흐름도를 그려라.

(*m*) 이 전동기의 기동 코드등급은 무엇인가?

6-29. 연습문제 6-28에서 전동기의 토오크-속도 특성을 그려라. 이 전동기의 기동토오크는 얼마인가?

6-30. 460 V, Δ-결선, 2극, 100 hp, 60 Hz, 기동 코드등급 F 유도전동기에 대해서 아래의 물음에 답하라.

(*a*) 이 전동기를 제어하기 위해서 설계된 제어기의 기동전류의 최대값은 얼마인가?

(*b*) 만약 기동시에 Δ-결선에서 Y-결선으로 고정자권선을 바꾸기 위해서 제어기를 설계했다면, 제어하기 위해 설계된 제어기의 기동전류의 최대값은 얼마인가?

(*c*) 만일 1.25:1의 강압용 단권변압기를 기동시에 사용한다면, 전원선로에서부터 인입되는 최대 기동전류는 얼마인가?

6-31. 유도전동기를 급속히 정지시킬 필요가 있다면, 많은 유도전동기 제어기는 두 개의 고정자단자를 바꿈으로써 자계의 회전방향을 반대로 만들 것이다. 자계의 회전방향이 반대로 될 때, 전동기는 현재 회전하는 방향의 반대로 유도토오크를 발생시킨다. 그래서 급속히 정지하고, 반대방향으로 회전을 시작할 것이다. 만약 회전자 속도가 0인 순간에 고정자회로로부터 전원을 제거하면, 그때 전동기는 급속히 정지할 것이다. 유도전동기의 급제동에 관한 이런 기술을 역상제동(plugging)이라고 한다. 연습문제 6-23의 전동기는 정격조건에서 동작하고 있고, 역상제동에 의해서 정지한다.

(*a*) 역상제동 전의 슬립 s는 얼마인가?

(*b*) 역상제동 전의 회전자 주파수는 얼마인가?

(*c*) 역상제동 전의 유도토오크 τ_{ind}는 얼마인가?

(*d*) 고정자 단자를 바꾼 직후의 슬립 s는 얼마인가?

(*e*) 고정자 단자를 바꾼 직후의 회전자 주파수는 얼마인가?

(*f*) 고정자 단자를 바꾼 직후의 유도토오크 τ_{ind}는 얼마인가?

6-32. 460-V, 10 hp, 2극, Y결선인 유도전동기는 다음과 같은 변수를 가지고 있다.

$$R_1 = 0.54\ \Omega \qquad X_1 = 2.093\ \Omega \qquad X_M = 51.12\ \Omega$$
$$P_{\text{F\&W}} = 150\text{ W} \qquad P_{\text{misc}} = 50\text{ W} \qquad P_{\text{core}} = 150\text{ kW}$$

회전자가 단단히 결합된 고 저항의 바깥쪽 농형 바와 느슨하게 결합된 저 저항의 안쪽 농형 바를 갖는 이중 농형 회전자(그림 6-25(c) 참조)이다. 바깥쪽 농형 바의 변수는 다음과 같다.

$$R_2 = 3.20\ \Omega \qquad X_2 = 2.00\ \Omega$$

저항은 적은 단면적을 가짐으로 높고 리액턴스는 회전자와 고정자 사이에 단단한 자기적 결합으로 인하여 상대적으로 낮다. 안쪽 농형 바의 변수는 다음과 같다.

$$R_2 = 0.382\ \Omega \qquad X_2 = 5.10\ \Omega$$

저항은 넓은 단면적을 가짐으로 낮고 리액턴스는 회전자와 고정자 사이에 느슨한 자기적 결합으로 인하여 상대적으로 높다.

이 유도전동기에 대한 토오크-속도 특성을 계산하여라. 그리고 연습문제 6-21에서 단일 농형 회전자 디자인과 토오크-속도 특성을 비교하라. 곡선이 어떻게 다른가? 차이에 대해 설명하라.

참고문헌 References

1. Alger, Phillip. *Induction Machines*, 2nd ed., Gordon and Breach, New York, 1970.
2. Del Toro, V.: *Electric Machines and Power Systems*. Prentice Hall, Englewood Cliffs, N.J., 1985.
3. Fitzgerald, A. E., and C. Kingsley, Jr.: *Electric Machinery*. McGraw-Hill, New York, 1952.
4. Fitzgerald, A. E., C. Kingsley, Jr., and S. D. Umans. *Electric Machinery*, 6th ed., McGraw-Hill, New York, 2003.
5. Institute of Electrical and Electronics Engineers. *Standard Test Procedure for Polyphase Induction Motors and Generators*, IEEE Standard 112-1996, IEEE, New York, 1996.
6. Kosow, Irving L.: *Control of Electric Motors*. Prentice Hall, Englewood Cliffs, N.J., 1972.
7. McPherson, George. *An Introduction to Electrical Machines and Transformers*. Wiley, New York, 1981.
8. National Electrical Manufacturers Association: *Motors and Generators*, Publication No. MG1-2006, NEMA, Washington, 2006.
9. Slemon, G. R., and A. Straughen. *Electric Machines*, Addison-Wesley, Reading, Mass., 1980.
10. Vithayathil, Joseph: *Power Electronics: Principles and Applications*, McGraw-Hill, New York, 1995.
11. Werninck, E. H. (ed.): *Electric Motor Handbook*, McGraw-Hill, London, 1978.

CHAPTER 07

직류기의 기본 원리

학습목표

- 회전루프에서의 전압 유기 방법
- 곡면자극이 일정자속을 발생하고 전압 유기가 더 용이한 이유
- 직류기의 유기전압과 토크에 대한 방정식의 이해
- 정류(commutation)에 대한 이해
- 전기자 반작용과 $L\,di/dt$에 대한 정류문제의 이해
- 직류기의 전력흐름도에 대한 이해

직류기에는 기계에너지를 전기에너지로 변환시키는 발전기와 전기에너지를 기계에너지로 변환시키는 전동기가 있다. 대부분의 직류기는 교류 전압과 전류를 사용하는 교류기와 같으며, 직류기는 내부의 교류 전압을 직류 전압으로 변환시켜주는 장치가 있기 때문에 그 단자에서는 직류 출력만이 나타나게 된다. 이 장치를 정류자라고 부르기 때문에 직류기는 **정류기기**(commuating machinary)로도 불리운다.

직류기의 동작에 필요한 기본 원리는 매우 간단하지만 실제의 기계는 복잡한 구조를 가졌기 때문에 어려운 점도 있다. 이번 장에서는 먼저 직류기의 동작원리를 간단한 예를 들어 설명하고 실제 직류기에서 발생할 수 있는 복잡한 현상들을 고찰해 보도록 한다.

7.1 곡면 극 사이의 간단한 회전루프

1.8절에서 공부한 선형기는 기본적인 기기의 동작의 개념을 설명한 것이다. 부하와 자계 변화에 대한 선형기의 응답은 8장에서 공부하게 될 실제 직류발전기와 전동기의 작동원리와 거의 유사하다. 그러나 실제 발전기와 전동기는 직선으로 움직이지 않고 회전하게 되며, 실질적인 직류기를 이해하기 위한 다음 단계는 회전기기의 가장 간단한 모형을 공부하는 것이다.

그림 7-1은 가장 간단한 회전형 직류기의 모형을 보여 주고 있다. 그것은 고정된 축 주위를 회전하는 단일 루프 권선으로 구성되어 있다. 이 기기의 회전부분을 **회전자**(*rotor*)라 부르며, 고정된 부분을 **고정자**(*stator*)라 부른다. 이 기기의 자계는 그림 7-1의 고정자의 자극 N극과 S극에서 공급된다.

회전자 권선의 루프는 강자성체 철심의 슬롯속에 삽입되어 있다는 것에 주의하라. 곡면 형상의 극표면을 가진 철심 회전자는 고정자와의 사이에 일정 간격의 공극을 형성한다. 1장에서 공부한 대로 공기의 자기저항은 철의 자기저항보다 매우 크다는 것을 기억하라. 기기를 통과하는 자로의 자기저항을 최소

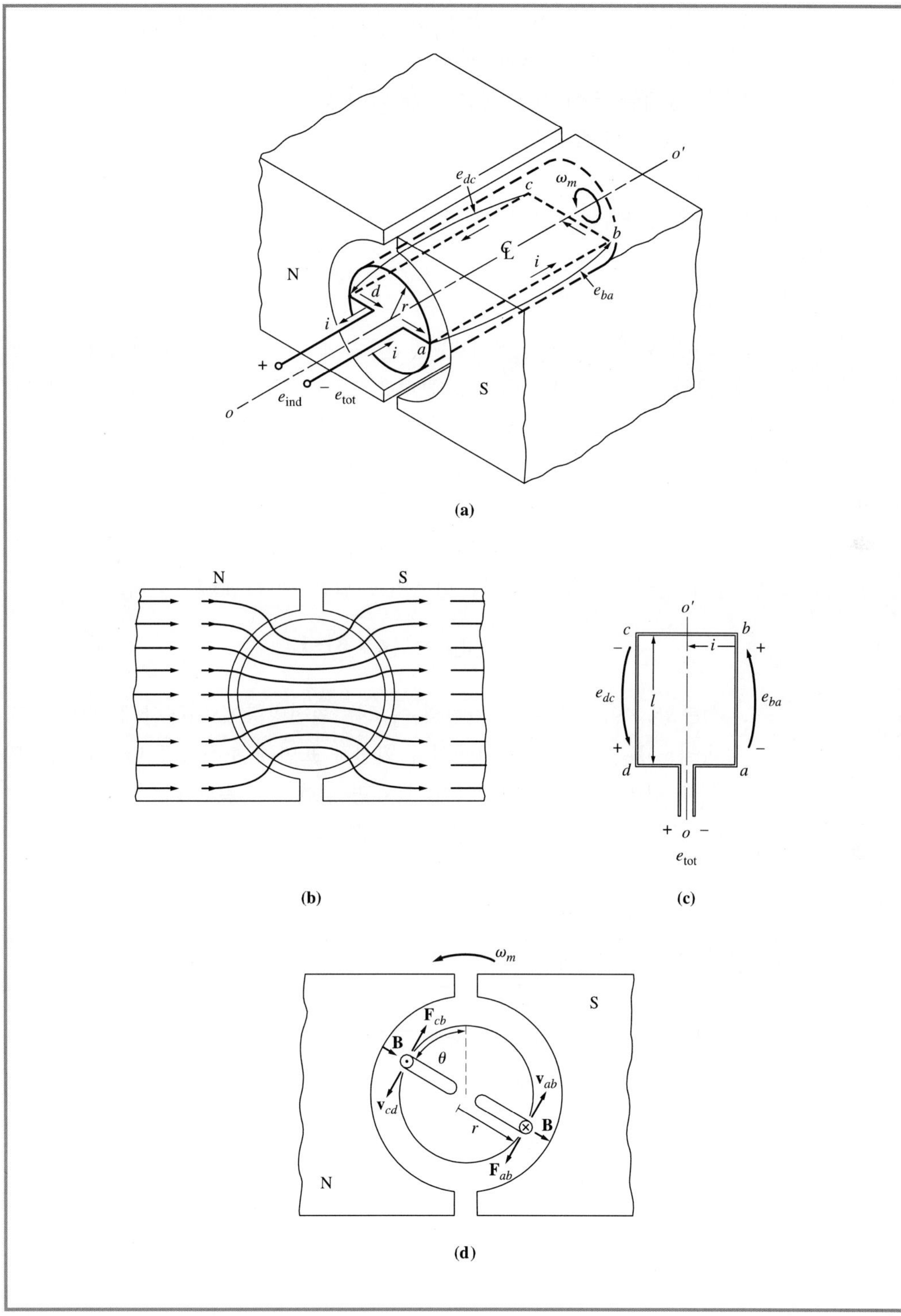

그림 7-1
곡면 자극 사이의 간단한 회전루프 (a) 투시도, (b) 자속선도, (c) 윗면, (d) 정면

로 하기 위해서는, 자속은 극표면과 회전자 표면 사이의 공극을 통하여 가능한 한 가장 짧은 자로를 택해야 한다.

자속은 공기를 통해 가장 짧은 길을 택해야하므로, 극표면 밑의 어디에서나 회전자의 표면과 수직이 된다. 또한, 공극은 일정한 간격이고, 자기저항은 극표면의 어디에서나 동일하다. 자기저항이 일정하다는 것은 자속밀도가 **극표면** 어디에서나 일정하다는 것을 의미한다.

회전루프의 유기전압

만약 기기의 회전자가 회전한다면, 권선루프에 전압이 유기될 것이다. 전압의 크기와 모양을 결정하기 위해서 그림 7-2를 관찰해보자. 권선의 루프는 직사각형이고, 변 *ab*와 *cd*는 지면과 수직이고, 변 *bc*와 *da*는 지면과 평행이다. 자계는 일정하고 극표면 어디에서나 회전자의 표면과 수직이며, 극의 모서리(edge)를 지나면 급격히 0으로 떨어진다.

루프의 총전압 e_{tot}를 결정하기 위해서는, 루프의 각 선분을 각각 조사하여 모두 합성 전압에 합산한다. 각 선분의 전압은 식 (1-45)와 같다:

$$e_{\text{ind}} = (\mathbf{v} \times \mathbf{B}) \cdot \mathbf{l} \tag{1–45}$$

1. 선분 *ab*. 이 선분에서 권선의 속도는 회전방향에 대해서 접선이다. 자속밀도 **B**는 극표면 어디에서나 회전자 표면에 수직으로 나오고 극표면의 모서리를 지나서면 0이다. 극표면 밑에서는 속도 **v**는 **B**와 수직이며 **v** × **B**는 지면의 속으로 향하므로 선분의 유기전압

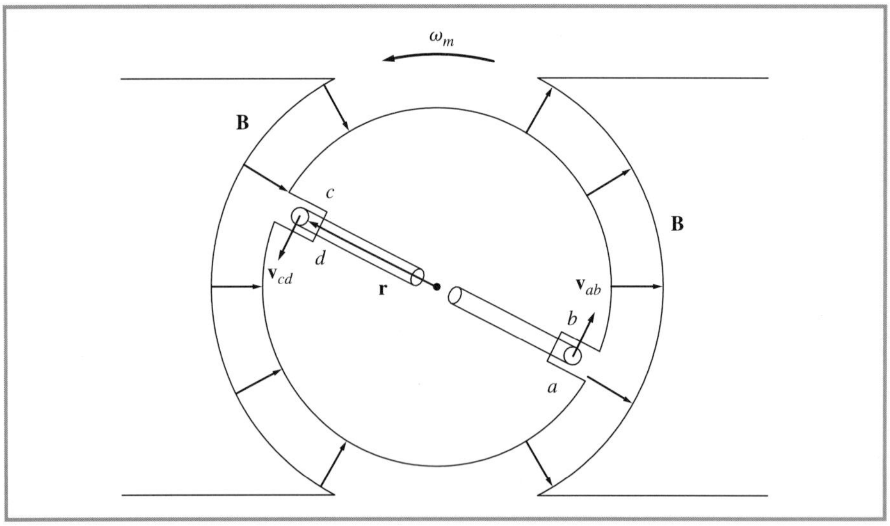

그림 7-2
루프에 유도된 전압 방정식의 유도

$$e_{ba} = (\mathbf{v} \times \mathbf{B}) \cdot \mathbf{l}$$
$$= \begin{cases} vBl & \text{극표면 아래에서 지면 속으로(+)} \\ 0 & \text{극 모서리를 지나서} \end{cases} \tag{7-1}$$

2. 선분 *bc.* 이 선분에서, $\mathbf{v} \times \mathbf{B}$는 지면 안이나 밖으로 나오고, 길이 $\mathbf{l}$은 지면의 깊이므로, $\mathbf{v} \times \mathbf{B}$는 $\mathbf{l}$과 수직이다. 그러므로 선분 bc의 전압은 0이 될 것이다.

$$e_{cb} = 0 \tag{7-2}$$

3. 선분 *cd.* 이 선분에서 권선의 속도는 회전방향에 접선이다. 자속밀도는 극표면 어디에서나 회전자 표면과 수직으로 향하고 극표면의 모서리를 지나면 0이 된다. 극표면의 밑에서 속도 $\mathbf{v}$는 $\mathbf{B}$와 수직이며 벡터 $\mathbf{v} \times \mathbf{B}$는 지면의 밖으로 향하므로 선분의 유기전압은

$$e_{dc} = (\mathbf{v} \times \mathbf{B}) \cdot \mathbf{l}$$
$$= \begin{cases} vBl & \text{극표면 아래에서 지면 밖으로} \\ 0 & \text{극 모서리를 지나서} \end{cases} \tag{7-3}$$

4. 선분 *da.* 선분 bc와 똑같이, $\mathbf{v} \times \mathbf{B}$는 $\mathbf{l}$과 수직이다. 그러므로 이 선분의 전압 또한 0이 될 것이다:

$$e_{ad} = 0 \tag{7-4}$$

루프의 총전압 e_{ind}은 다음과 같다.

$$e_{\text{ind}} = e_{ba} + e_{cb} + e_{dc} + e_{ad}$$

$$\boxed{e_{\text{ind}} = \begin{cases} 2vBl & \text{극표면 아래에서} \\ 0 & \text{극 모서리를 지나서} \end{cases}} \tag{7-5}$$

루프가 180° 회전할 동안, 선분 ab는 S극 대신 N극 밑에 있게 된다. 이때에 선분의 전압 방향은 역으로 되나 크기는 일정하게 된다. 결과 총전압 e_{tot}는 그림 7-3과 같이 시간 함수로 표현된다.

식 (7-5)를 표현하는 대체 방법이 있으며, 그것은 확실히 단일 루프에서의 동작과 실제의 더 큰 직류기에서의 동작과 관계가 있다는 것이다. 이 대체 표현식을 유도하기 위해서는 그림 7-4를 관찰해 보자. 루프 모서리의 접선속도 v는 다음과 같이 표현될 수 있다.

$$v = r\omega_m$$

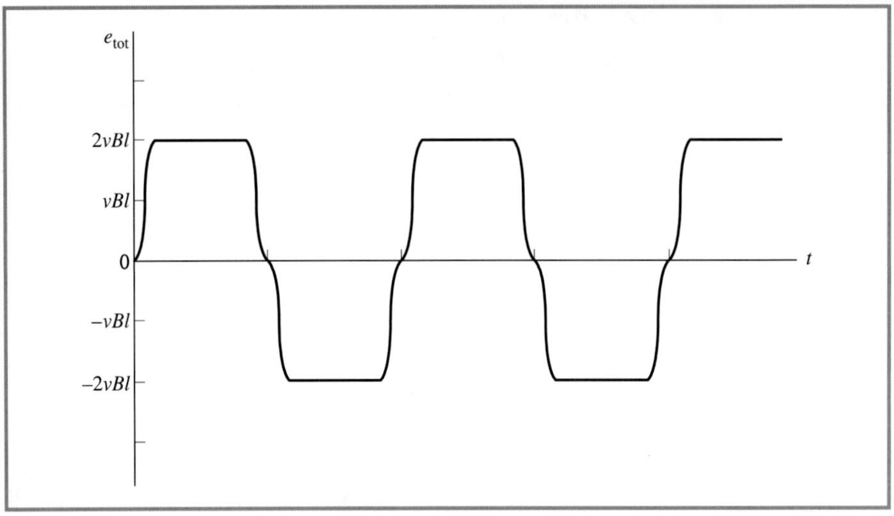

그림 7-3
루프의 출력전압

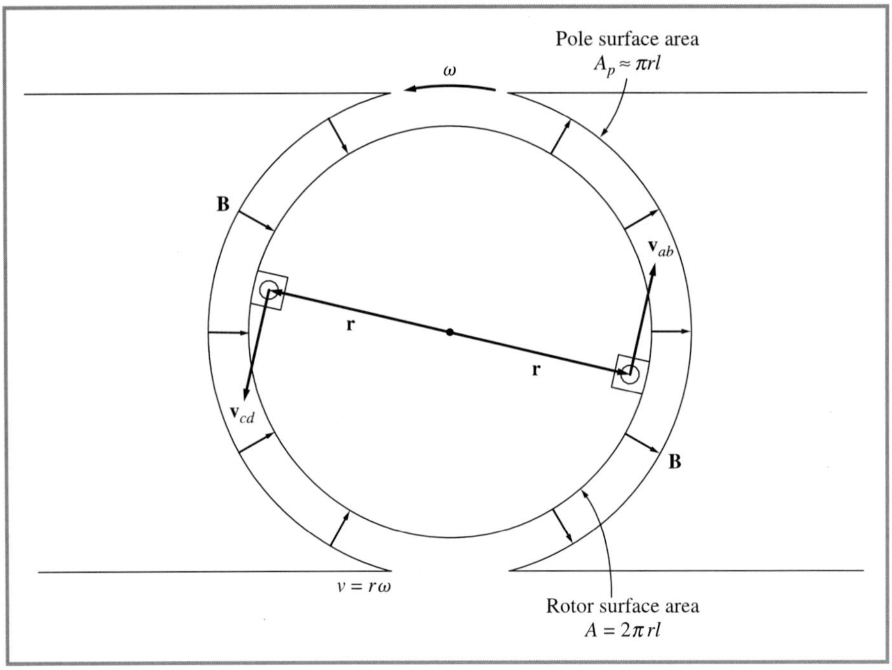

그림 7-4
유기전압 방정식의 대체 형태의 도출

여기서 r은 루프의 회전 반지름이고 ω_m는 루프의 각속도이다. 이 식을 식 (7-5)에 치환하면

$$e_{\text{ind}} = \begin{cases} 2r\omega_m Bl & \text{극표면 아래에서} \\ 0 & \text{극 모서리를 지나서} \end{cases}$$

$$e_{\text{ind}} = \begin{cases} 2rlB\omega_m & \text{극표면 아래에서} \\ 0 & \text{극 모서리를 지나서} \end{cases}$$

그림 7-4를 보면 회전자 표면은 원통형이며 회전자의 표면적 A는 $2\pi rl$이다. 두 극이 있으므로, 각 극의 아래의 회전자 면적(극사이의 작은 갭은 무시한다)은 $A_P = \pi rl$이다.

그러므로,

$$e_{\text{ind}} = \begin{cases} \frac{2}{\pi} A_P B \omega_m & \text{극표면 아래에서} \\ 0 & \text{극 모서리를 지나서} \end{cases}$$

자속밀도 B는 극표면 아래 공극의 어디에서나 일정하기 때문에, 각 극 밑의 총 자속은 극면적에 자속밀도를 곱한 것이다:

$$\phi = A_P B$$

그러므로, 전압방정식의 최종 형태는 다음과 같다.

$$\boxed{e_{\text{ind}} = \begin{cases} \frac{2}{\pi} \phi \omega_m & \text{극표면 아래에서} \\ 0 & \text{극 모서리를 지나서} \end{cases}} \qquad (7\text{–}6)$$

그러므로, 이 기기에서 발생한 전압은 기기의 내부 자속과 회전 속도, 그리고 기기의 기계 구조 상수를 곱한 것과 동일하다. 일반적으로, 실제 기기의 전압은 다음과 같은 세 가지 요소에 의하여 결정된다:

1. 기기 내의 자속
2. 회전속도
3. 기계 구조 상수

회전루프에서 직류전압 출력

그림 7-3은 회전루프에서 발생된 전압 e_{tot}를 그린 것이다. 그림을 보면, 루프에서의 전압은 일정한 양의 값과 음의 값을 교대로 갖는다. 이 기기에서 어떻게 하면 현재의 교류 전압 대신에 직류전압을 생성하게 할 수 있을까?

이렇게 할 수 있는 한 가지 방법을 그림 7-5(a)에서 보여 주고 있다. 두 개의 반원 도체편을 루프의 끝에 설치하고, 2개의 고정 접촉자를 전압이 0이 되는 각도, 즉 두 접촉자가 두 개의 도체편을 단락시키도록 맞춘다. 이렇게 하는 방법은, 루프의 전압이 방향을 바꿀 때마다, 접촉자도 연결을 바꾸고, 접촉자의 출력이 항상 그림 7-5(b)와 같이 같은 방향이 되도록 한다. 이 연속접촉–스위칭 과정을 **정류**라 한다. 이 회전하는 반원형 도체편을 **정류자편**이라 부르며, 고정 접촉자를 브러쉬라 부른다.

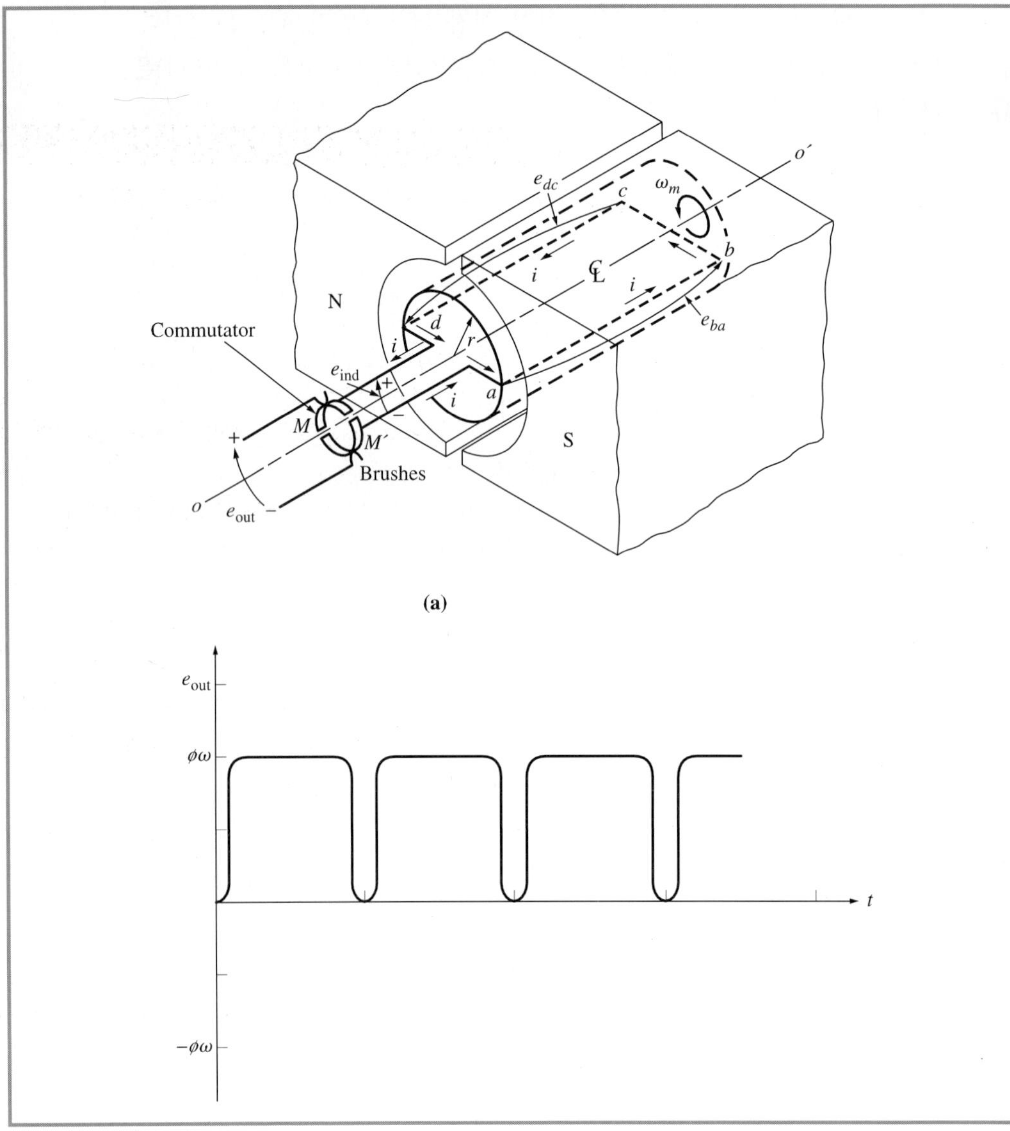

그림 7-5
정류기와 브러쉬가 있는 기기로 부터 직류를 생산. (a) 투시도, (b) 출력 전압

회전루프에서의 유도토오크

축전지가 그림 7-5의 기기에 연결되었다고 가정하자. 그 전체 구성 결과는 그림 7-6에서 보여주고 있다. 스위치가 닫히고 전류가 흐르게 될 때 루프에 발생하는 토오크는 얼마나 되는가? 토오크를 결정하기 위해서, 그림 7-6(b)의 루프를 자세히 보자.

루프의 토오크를 결정하는 것은 한 번에 하나의 정류자편을 관찰하고 각 정류자편의 결과를 모두 합산하는 것이다. 루프의 한 정류자편에 작용하는 힘은

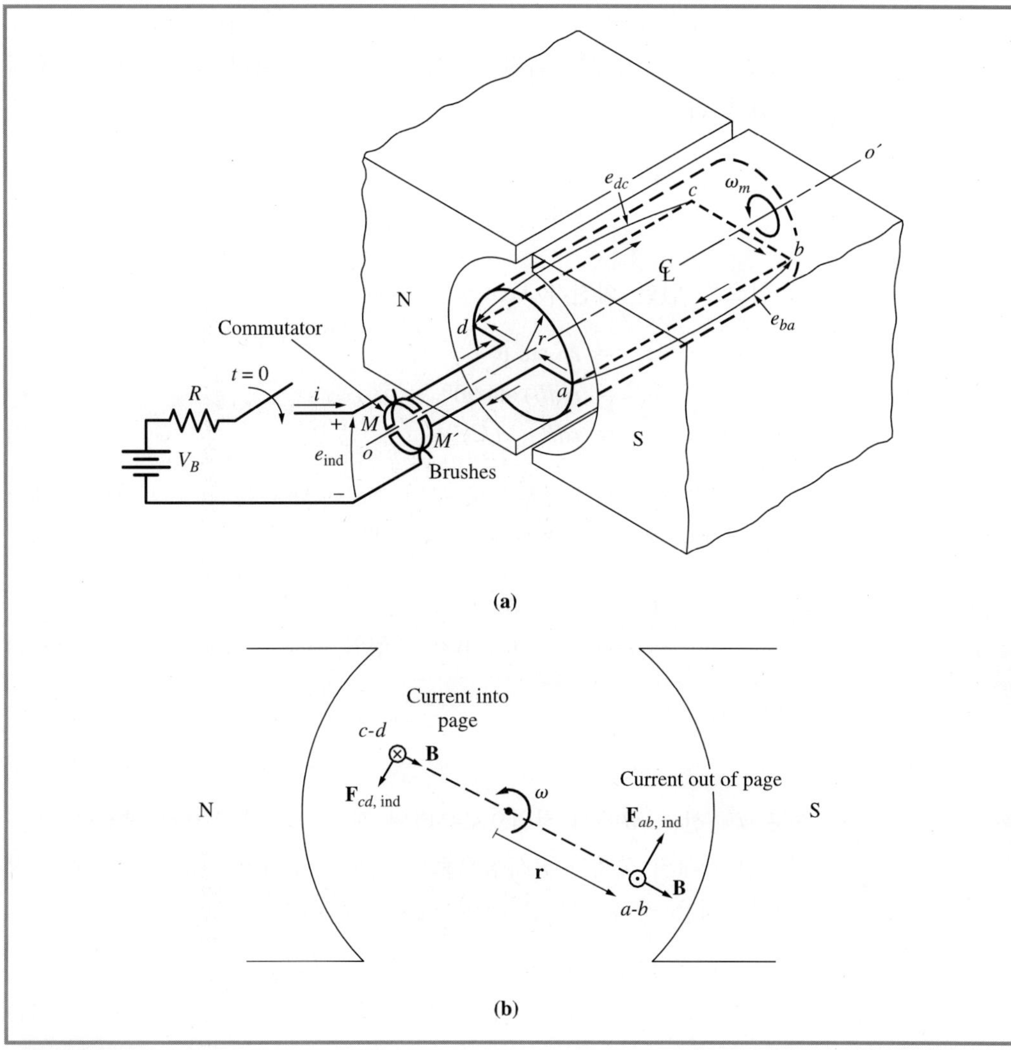

그림 7-6
루프의 유도토오크 방정식의 도출. 그림의 명확성을 위하여 철심은 (b)부분에서 나타내지 않았음에 유의하라.

식 (1-43)과 같고:

$$\mathbf{F} = i(\mathbf{l} \times \mathbf{B}) \qquad (1\text{–}43)$$

정류자편에 작용하는 토오크는

$$\tau = rF \sin \theta \qquad (1\text{–}6)$$

여기서 **r**과 **F** 사이의 각도가 θ이다. 토오크는 루프가 극의 모서리를 벗어나면 언제나 반드시 0이 된다.

루프가 극아래 있을 때에 토오크는

1. **선분** *ab*. 선분 *ab*에서 전원으로부터 전류는 지면 위로 나오는 방향이다. 극표면 아래의 자계는 회전자에서 방사상으로 향하므로 권선에 작용하는 힘은 다음과 같다.

$$\begin{aligned} \mathbf{F}_{ab} &= i(\mathbf{l} \times \mathbf{B}) \\ &= ilB \qquad \text{운동방향으로 접선} \end{aligned} \tag{7–7}$$

이 힘으로 인한 회전자 토오크는

$$\begin{aligned} \tau_{\text{ab}} &= rF \sin \theta \\ &= r(ilB) \sin 90° \\ &= rilB \qquad \text{CCW} \end{aligned} \tag{7–8}$$

2. **선분** *bc*. 선분 *bc*에서 전원으로 부터 흐르는 전류는 그림의 좌측 위에서 우측 아래로 흐른다. 권선에 유도된 힘은

$$\begin{aligned} \mathbf{F}_{bc} &= i(\mathbf{l} \times \mathbf{B}) \\ &= 0 \qquad \mathbf{I}\text{와 } \mathbf{B}\text{가 평행일 때} \end{aligned} \tag{7–9}$$

그러므로

$$\tau_{\text{bc}} = 0 \tag{7–10}$$

3. **선분** *cd*. 선분 *cd*에서 전원으로부터의 전류는 지면 속으로 향하고 있다. 극표면 아래의 자계는 방사상으로 회전자로 향하고 있으므로 권선에 작용하는 힘은 다음 식으로 주어진다.

$$\begin{aligned} \mathbf{F}_{cd} &= i(\mathbf{l} \times \mathbf{B}) \\ &= ilB \qquad \text{운동방향으로 접선} \end{aligned} \tag{7–11}$$

이 힘으로 인한 회전자 토오크는

$$\begin{aligned} \tau_{\text{cd}} &= rF \sin \theta \\ &= r(ilB) \sin 90° \\ &= rilB \qquad \text{CCW} \end{aligned} \tag{7–12}$$

4. **선분** *da*. 선분 *da*에서 전원으로부터 흐르는 전류는 그림의 좌측 위에서 우측 아래로 흐른다. 권선에 유도된 힘은 다음 식으로 주어진다.

$$\begin{aligned} \mathbf{F}_{da} &= i(\mathbf{l} \times \mathbf{B}) \\ &= 0 \qquad \mathbf{I}\text{와 } \mathbf{B}\text{가 평행일 때} \end{aligned} \tag{7–13}$$

그러므로

$$\tau_{\text{da}} = 0 \tag{7–14}$$

이다.

루프의 총 유도토오크는 다음과 같다.

$$\tau_{\text{ind}} = \tau_{ab} + \tau_{bc} + \tau_{cd} + \tau_{da}$$

$$\tau_{\text{ind}} = \begin{cases} 2rilB & \text{극표면 아래에서} \\ 0 & \text{극표면 모서리를 지나서} \end{cases} \tag{7-15}$$

$A_P \approx \pi rl$과 $\phi = A_P B$라는 사실을 이용하여, 토오크를 표현하면 다음과 같다.

$$\tau_{\text{ind}} = \begin{cases} \dfrac{2}{\pi}\phi i & \text{극표면 아래에서} \\ 0 & \text{극표면 모서리를 지나서} \end{cases} \tag{7-16}$$

이와 같이, 기기에서 발생된 토오크는 기기에서의 자속과 전류, 기계적 구조상수를 표현한 양을 곱한 것의 결과이다(극표면으로 덮힌 회전자의 비율). 일반적으로, 실제 기기의 토오크는 다음과 같은 세 가지 요소에 의하여 결정된다:

1. 기기 내의 자속
2. 기기의 전류
3. 기계적 구조상수

예제 7-1

그림 7-6은 곡면의 극표면 사이의 간단한 회전루프가 스윗치를 통하여 전원과 저항으로 연결된 것을 보여준다. 저항은 전원과 기기의 권선의 전체 저항을 나타낸다. 물리적 치수와 기기의 특성은 다음과 같다.

$$r = 0.5\text{ m} \qquad l = 1.0\text{ m}$$
$$R = 0.3\ \Omega \qquad B = 0.25\text{ T}$$
$$V_B = 120\text{ V}$$

(*a*) 스위치를 닫으면 어떤 일이 발생할까?

(*b*) 기기의 최대 기동전류는 얼마일까? 무부하에서 정상상태의 각 속도는 얼마인가?

(*c*) 루프에 부하를 인가하였고, 부하 토오크는 10 N·m라고 가정하자. 새로운 정상상태 속도는 얼마가 될까? 얼마나 많은 전력이 기기의 축에 공급되는가? 전원에 의해 얼마의 전력이 공급되는가? 이 기기는 전동기인가 아니면 발전기인가?

(*d*) 이 기기는 다시 무부하이고, 회전방향으로 축에 7.5 N·m의 토오크가 가해진다고 가정하자. 새로운 정상상태 속도는 얼마인가? 이 기기는 전동기인가 아니면 발전기인가?

(*e*) 이 기기가 무부하로 운전되고 있다고 가정하자. 만약 자속밀도가 0.20 T로 감소된다면 회전자의 최종 정상상태 속도는 얼마인가?

풀이

(*a*) 그림 7-6의 스위치가 닫히면, 전류는 루프로 흐르게 된다. 처음에 루프가 정지하고 있었기 때문에 $e_{\text{ind}} = 0$이다. 그러므로, 전류는 다음과 같다.

$$i = \frac{V_B - e_{\text{ind}}}{R} = \frac{V_B}{R}$$

전류가 회전자 루프를 통해 흐르고, 발생된 토오크는

$$\tau_{\text{ind}} = \frac{2}{\pi}\phi i \qquad \text{CCW}$$

이 유도토오크는 반시계방향으로 각가속도를 발생시키고, 기기의 회전자는 돌기 시작한다. 그러나 회전자가 돌기 시작함에 따라, 전동기에 유기전압이 발생되고 그것은 다음과 같다.

$$e_{\text{ind}} = \frac{2}{\pi}\phi\omega_m$$

그래서 전류 i는 떨어지게 된다. 전류가 떨어짐에 따라, $\tau_{\text{ind}} = (2/\pi)\phi i\downarrow$는 감소하고, 기기는 $\tau_{\text{ind}} = 0$으로 정상상태가 되고, 전원전압은 $V_B = e_{\text{ind}}$이 된다.

이것은 앞에서 배운 선형직류기와 동일한 기동 특성을 가진 종류이다.

(*b*) 기동 조건에서 기기의 전류는

$$i = \frac{V_B}{R} = \frac{120\text{ V}}{0.3\ \Omega} = 400\text{ A}$$

이다. 무부하 정상상태 조건에서 유도토오크 τ_{ind}는 0이어야 한다. 그러나 $\tau_{\text{ind}} = 0$이라는 것은 전류 i도 0이라는 것을 의미하고 $\tau_{\text{ind}} = (2/\pi)\phi i$이기 때문이며, 자속은 0이 아니다. $i = 0$ A라는 사실은 전원전압 $V_B = e_{\text{ind}}$라는 것을 뜻한다. 그러므로 회전자 속도는 다음과 같다.

$$V_B = e_{\text{ind}} = \frac{2}{\pi}\phi\omega_m$$

$$\omega = \frac{V_B}{(2/\pi)\phi} = \frac{V_B}{2rlB}$$

$$= \frac{120\text{ V}}{2(0.5\text{ m})(1.0\text{ m})(0.25\text{ T})} = 480\text{ rad/s}$$

(*c*) 10 N·m의 부하 토오크가 기기의 축에 가해진다면 속도가 떨어지기 시작할 것이다. 그러나 ω가 감소함에 따라 $e_{\text{ind}} = (2/\pi)\phi\omega\downarrow$는 감소하고 회전자의 전류[$i = (V_B - e_{\text{ind}}\downarrow)/R$]는 증가한다. 회전자의 전류가 증가함에 따라 $|\tau_{\text{ind}}|$ 또한 증가하고, 낮은 속도 ω에서 $|\tau_{\text{ind}}| = |\tau_{\text{load}}|$로 된다.

정상상태에서 $|\tau_{\text{load}}| = |\tau_{\text{ind}}| = (2/\pi)\phi i$이다. 그러므로

$$i = \frac{\tau_{\text{ind}}}{(2/\pi)\phi} = \frac{\tau_{\text{ind}}}{2rlB}$$

$$= \frac{10\text{ N}\cdot\text{m}}{(2)(0.5\text{ m})(1.0\text{ m})(0.25\text{ T})} = 40\text{ A}$$

키르히호프의 전압법칙에 의해 $e_{\text{ind}} = V_B - iR$이고

$$e_{ind} = 120\text{ V} - (40\text{ A})(0.3\ \Omega) = 108\text{ V}$$

이다. 결국 축의 속도는 다음과 같이 된다.

$$\omega = \frac{e_{ind}}{(2/\pi)\phi} = \frac{e_{ind}}{2rlB}$$
$$= \frac{108\text{ V}}{(2)(0.5\text{ m})(1.0\text{ m})(0.25\text{ T})} = 432\text{ rad/s}$$

축에 공급된 전력은

$$P = \tau\omega_m$$
$$= (10\text{ N}\cdot\text{m})(432\text{ rad/s}) = 4320\text{ W}$$

이고, 전원의 출력은

$$P = V_B i = (120\text{ V})(40\text{ A}) = 4800\text{ W}$$

이다. 이 기기는 전동기로 동작하며 전기적 출력을 기계적 출력으로 변환한다.

(*d*) 토오크가 회전방향으로 가해진다면 회전자는 가속된다. 속도 ω가 증가함에 따라, 내부전압 e_{ind}은 증가하고 V_B를 초과하게 되고, 전류는 바의 상단을 통해서 전원으로 흘러 들어간다. 이 기기는 발전기이다. 이 전류는 회전방향의 반대방향으로 유도토오크를 발생시킨다. 유도토오크는 외부에서 가해진 토오크와 반대이고, 결국 높은 속도 ω에서 $|\tau_{load}| = |\tau_{ind}|$가 된다.

회전자의 전류는 다음과 같이 될 것이다.

$$i = \frac{\tau_{ind}}{(2/\pi)\phi} = \frac{\tau_{ind}}{2rlB}$$
$$= \frac{7.5\text{ N}\cdot\text{m}}{(2)(0.5\text{ m})(1.0\text{ m})(0.25\text{ T})} = 30\text{ A}$$

내부전압 e_{ind}는

$$e_{ind} = V_B + iR$$
$$= 120\text{ V} + (30\text{ A})(0.3\ \Omega)$$
$$= 129\text{ V}$$

최종 속도는 다음과 같다.

$$\omega = \frac{e_{ind}}{(2/\pi)\phi} = \frac{e_{ind}}{2rlB}$$
$$= \frac{129\text{ V}}{(2)(0.5\text{ m})(1.0\text{ m})(0.25\text{ T})} = 516\text{ rad/s}$$

(*e*) 기기가 처음에 원래의 조건에서 무부하이기 때문에 속도 $\omega = 480$ rad/s이다. 만약 자속이 감소한다면 과도기가 있게 된다. 그러나 과도기가 끝난 후 기기는 다시 토오크가 0이 되어야 하며, 이것은 기기의 축이 여전히 무부하이기 때문이다. 만약 $\tau_{ind} = 0$이면 회전자의 전류는 0이고 $V_B = e_{ind}$이다. 그래서 축의 속도는 다음과 같다.

$$\omega = \frac{e_{ind}}{(2/\pi)\phi} = \frac{e_{ind}}{2rlB}$$

$$= \frac{120\text{ V}}{(2)(0.5\text{ m})(1.0\text{ m})(0.20\text{ T})} = 600\text{ rad/s}$$

기기의 자속이 감소할 때 속도가 증가함에 주의하라. 이것은 선형기에서 본 것과 동일한 동작이고 실제 직류전동기의 현상과 똑같은 방법이다.

7.2 간단한 4-루프 직류기의 정류

정류는 직류기 회전자에서의 교류전압과 전류를 단자에서의 직류 전압과 전류로 변환시키는 과정이다. 그것은 어떤 직류기를 설계하고 동작시키는 데 가장 중요한 부분이 된다. 더욱 상세한 연구는 이 변환이 어떻게 일어나는지 결정하고 그것과 관련된 문제를 발견하는 것이 필요하다. 이번 절에서는, 정류기술은 7.1절의 단일 회전루프보다는 복잡하고 실제 직류기보다는 덜 복잡한 기기에 대해서 설명할 것이다. 7.3절에서는 이 보다는 더 상세하게 전개되며 실제 직류기의 정류를 설명할 것이다.

간단한 4-루프 2극 직류기를 그림 7-7에서 보여 주고 있다. 이 기기는 회전자의 적층 철심에 새긴 슬롯에 4개의 완전한 루프가 있다. 기기의 극표면은 일정한 공극 넓이를 갖고 극표면 어디에서나 일정한 자속밀도를 주기 위해 곡면화되어 있다.

이 기기의 4-루프는 특별한 방법으로 슬롯 속에 놓여 있다. 각 루프의 1, 2, 3, 4 단자는 각 슬롯의 가장 바깥쪽의 권선이고, 각 루프의 1′, 2′, 3′, 4′ 단자는 반대방향 슬롯의 가장 안쪽의 권선이다. 그림 7-7(b)는 기기의 권선과 정류자를 연결한 것을 보여주고 있다. 루프 1은 정류자편 a와 b를 연결하고, 루프 2는 정류자편 b와 c를 연결하고, 그렇게 회전자 주위로 연결시킨다.

그림 7-7에 나타난 순간에는, 루프의 1, 2, 3′과 4′ 단자는 N극면 아래 있고, 루프의 1′, 2′, 3과 4 단자는 S극면의 아래에 있다. 루프의 1, 2, 3′과 4′ 단자의 각 전압은 다음과 같다.

$$e_{\text{ind}} = (\mathbf{v} \times \mathbf{B}) \cdot \mathbf{l} \qquad (1\text{–}45)$$

$$e_{\text{ind}} = vBl \quad \text{지면 위로(+)} \qquad (7\text{–}17)$$

루프의 1′, 2′, 3과 4 단자의 각 전압은 다음과 같다

$$e_{\text{ind}} = (\mathbf{v} \times \mathbf{B}) \cdot \mathbf{l} \qquad (1\text{–}45)$$

$$= vBl \quad \text{지면 속으로(+)} \qquad (7\text{–}18)$$

전체 결과는 그림 7-7(b)에서 보여 주고 있다. 그림 7-7(b)에서 각 코일은 루프의 한쪽 변을 나타난다. 만약 루프의 어느 한쪽에 유기된 전압이 $e = vBl$이라면 기기의 브러쉬에서의 총전압은

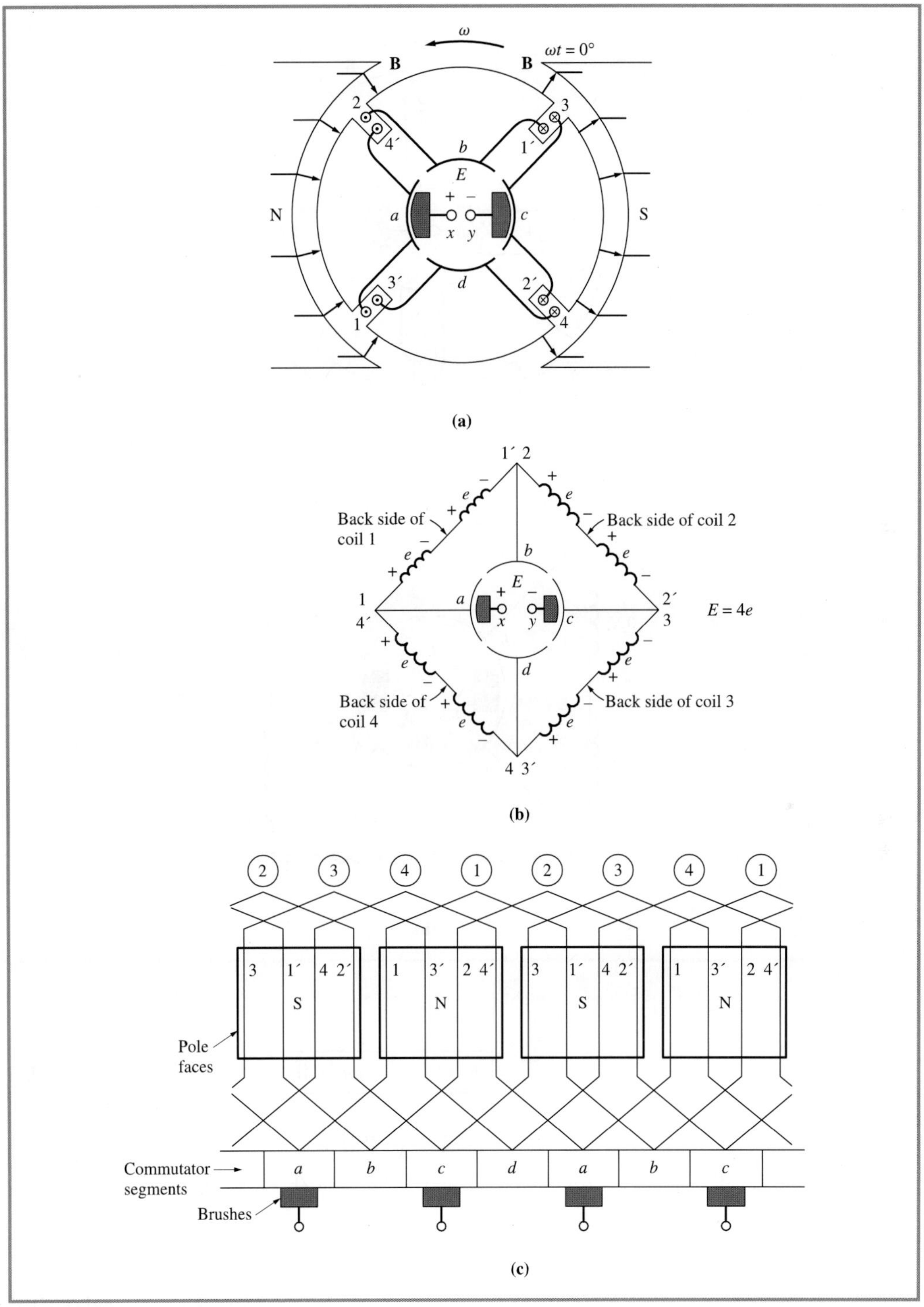

그림 7-7

(a) 시간 $\omega t = 0°$일 때의 4-루프 2 극 직류기, (b) 이 시간일 때 회전자 도체의 전압, (c) 회전자 루프의 상호연결을 보여주는 기기의 권선도

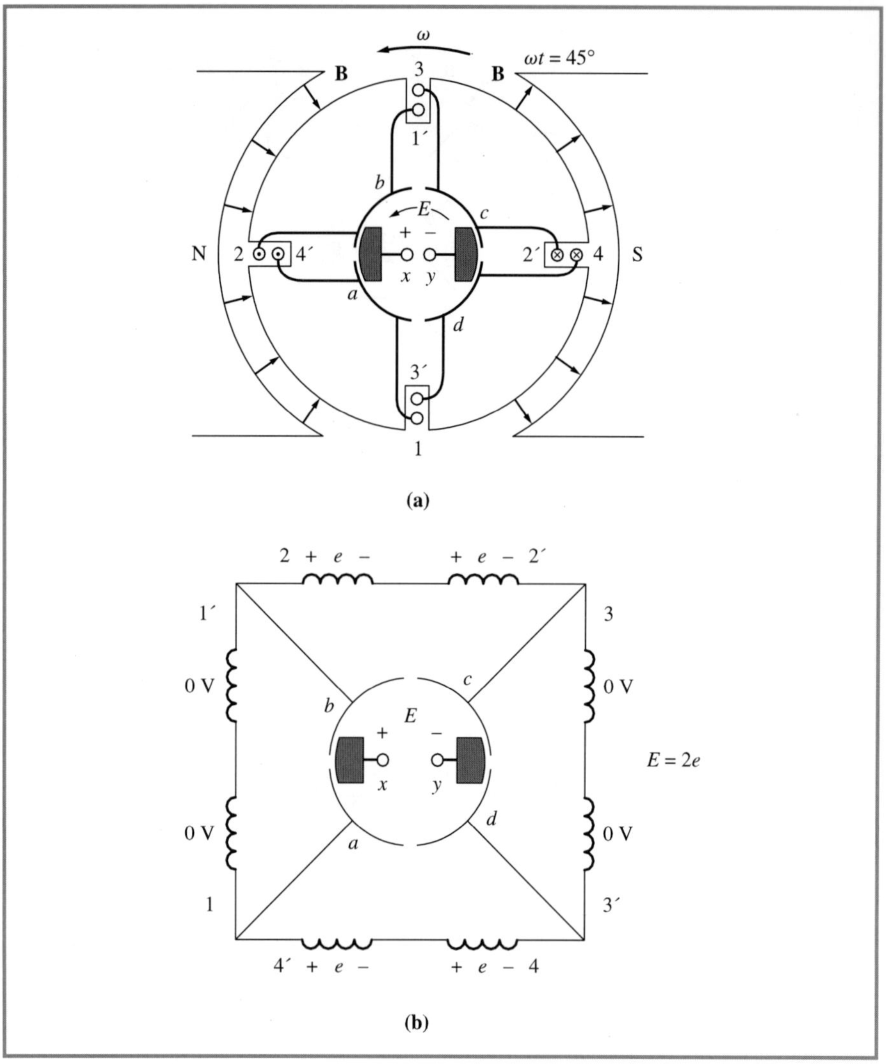

그림 7-8
동일한 기기에서 ωt = 45°일 때 도체 전압

$$E = 4e \qquad \omega t = 0° \tag{7–19}$$

이다. 이 기기 전체에는 전류의 흐름을 위하여 2개의 **병렬 회로**가 있음을 주목하라. 회전자 전류를 위하여 2개 이상의 병렬 회로가 존재하는 것은 모든 정류기 구조에서 공통적인 특성이다.

회전자가 계속 회전하게 되면 단자전압 E는 어떻게 될까? 이것을 알아내기 위하여 그림 7-8을 관찰해 보라. 이 그림은 시간 $\omega t = 45°$일 때의 기기의 모습이다. 이때, 루프 1과 3은 극 사이의 공극에서 회전하므로, 각 루프의 전압은 0이다. 이 순간에 기기의 브러쉬는 정류자편 ab와 cd는 단락됨에 유의하라. 이것은 정류자편 사이에 있는 루프가 0 V일 때 발생하므로, 정류자편이 단락되어도

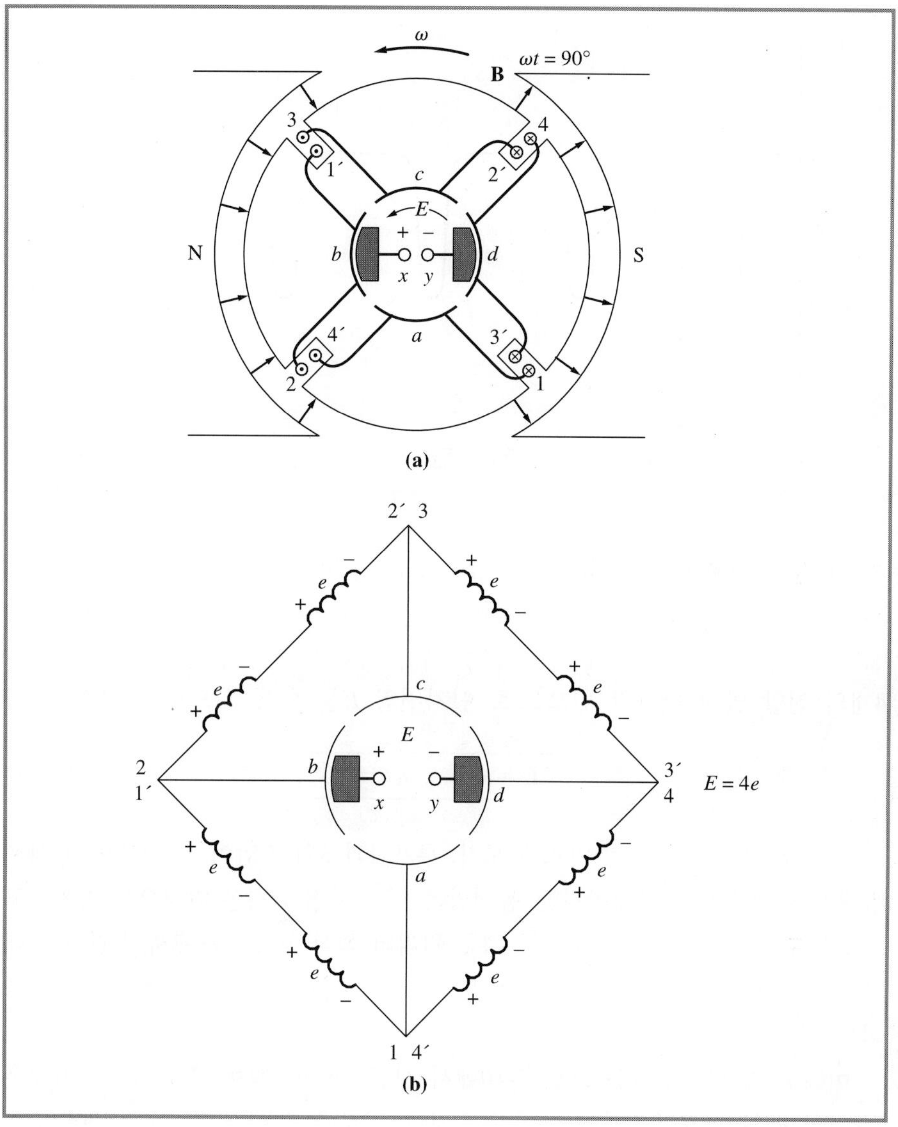

그림 7-9
동일한 기기에서 ωt = 90°일 때의 도체 전압

아무런 문제가 발생되지 않는다. 이때, 루프 2와 4 만이 극표면 아래에 있으므로, 다음과 같은 단자전압을 갖는다.

$$\boxed{E = 2e \qquad \omega t = 0^\circ} \tag{7–20}$$

이제 회전자를 45° 더 회전시켜 보자. 그 결과 그림 7-9와 같은 상황이 된다. 루프의 단자 1′, 2, 3과 4′는 N극 밑에 있게 되고, 루프의 단자 1, 2′, 3′과 4는 S극 밑에 있게 된다. N극 밑에 있는 단자에서의 전압은 지면에서 나오는 방향이고, S극 밑에 있는 단자에서의 전압은 지면 속으로 향한다. 그 결과 각 코일의 전압도는 그림 7-9(b)에서 보여 주고 있다. 이제 기기 전체의 각 병렬 회로는

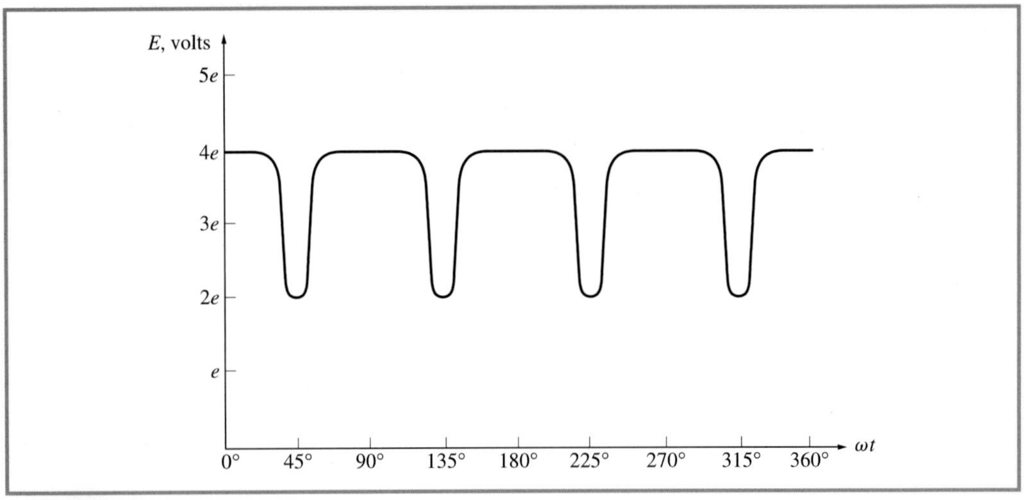

그림 7-10
그림 7-7에서 보여준 직류기의 최종 출력 전압

4개의 전압 발생 단자가 있으므로, 단자전압 E는 다음 식으로 주어진다.

$$\boxed{E = 4e \qquad \omega t = 90°} \tag{7–21}$$

그림 7-7과 그림 7-9를 비교해 보자. 루프 1과 3의 전압이 두 그림에서 서로 반대이고 결선 또한 반대이지만, 총전압은 여전히 전과 같은 방향으로 발생하고 있음에 유의하라. 이 사실은 모든 정류 원리의 핵심이다. 루프에서 전압이 반대로 될 때마다 루프의 결선 또한 바뀌므로 총전압은 여전히 원래방향으로 발생되는 것이다.

이 기기의 단자전압을 그림 7-10에서 시간 함수로 보여 주고 있다. 이것은 7.1절의 단일 회전루프에서 발생한 것보다 일정한 직류 전압 레벨에 더 좋은 근사치임을 보여주고 있다. 회전자의 루프 수가 증가할수록 더욱 더 완벽한 직류전압을 생산할 수 있게 된다.

요약하면, 정류란 근본적으로 일정한 직류 출력 전압을 유지하기 위하여 루프 전압의 극성이 바뀜에 따라 직류기 회전자의 루프 결선을 바꾸어 주는 과정이다.

이런 간단한 회전루프 경우처럼 루프에 붙어 있는 회전 도체편을 **정류자편**이라 부르고, 움직이는 편자의 위에 접촉되어 고정되어 있는 소자를 **브러쉬**라 부른다. 실제 기기의 정류자편은 일반적으로 구리로 만든다. 브러쉬는 흑연이 포함된 혼합물로 만들며 회전 정류자편과 접촉되어도 거의 마찰이 없도록 제작한다.

7.3 실제 직류 기기의 정류와 전기자 구조

실제 직류기에서 회전자(전기자라 부르기도 함)의 루프를 정류자편과 연결하기 위한 여러 가지 방법이 있다. 결선이 다르면 회전자 내부의 병렬 전류 회로수와 회전자의 출력전압, 정류자편과 접촉되어 있는 브러쉬의 수와 위치에 영향을 미친다. 우리는 지금 실제 직류 회전자의 코일 구조와 직류전압을 발생하기 위해 정류자에 어떻게 결선되어 있는 지를 알아본다.

회전자 코일

정류자편에 결선하는 권선법과는 관계없이 대부분의 회전자 권선은 하나의 유니트로서 전기자 슬롯에 삽입할 수 있도록 다이아몬드 형태로 미리 만들어진 코일로 구성되어 있다(그림 7-11 참조). 각 코일은 여러 턴(루프)의 전선으로 구성되어 있고, 각 턴은 테이프로 감겨 있고 다른 턴과 회전자 슬롯과의 절연이 되어있다. 각 턴의 한 변을 **도체**라 부른다. 기기의 전기자의 **도체수**는

$$\boxed{Z = 2CN_C} \tag{7–22}$$

단,

Z = 회전자의 도체수
C = 회전자의 코일수
N_C = 코일당 턴수

보통 코일은 180°의 전기각을 갖는다. 이것은 코일의 한 변이 극의 중앙에 있을 때 또 다른 변은 반대 극성의 극 중앙에 있다는 것을 의미한다. 물리적인 극은 기계각으로 180°가 떨어져 있지 않으나 자계는 한극에서 다음 극까지 움직일 때 자극이 완전히 바뀐다. 기기에서 **전기각**과 **기계각** 사이의 관계는 다음과 같다.

$$\boxed{\theta_e = \frac{P}{2}\theta_m} \tag{7–23}$$

단,

θ_e = 전기각
θ_m = 기계각
P = 극수

만약 코일이 180°의 전기각을 갖는다면, 코일 양쪽 도체의 전압은 항상 정확하게 같은 크기와 반대방향을 갖는다. 이런 코일을 **전절코일**(*full-pitch coil*)이라 부른다.

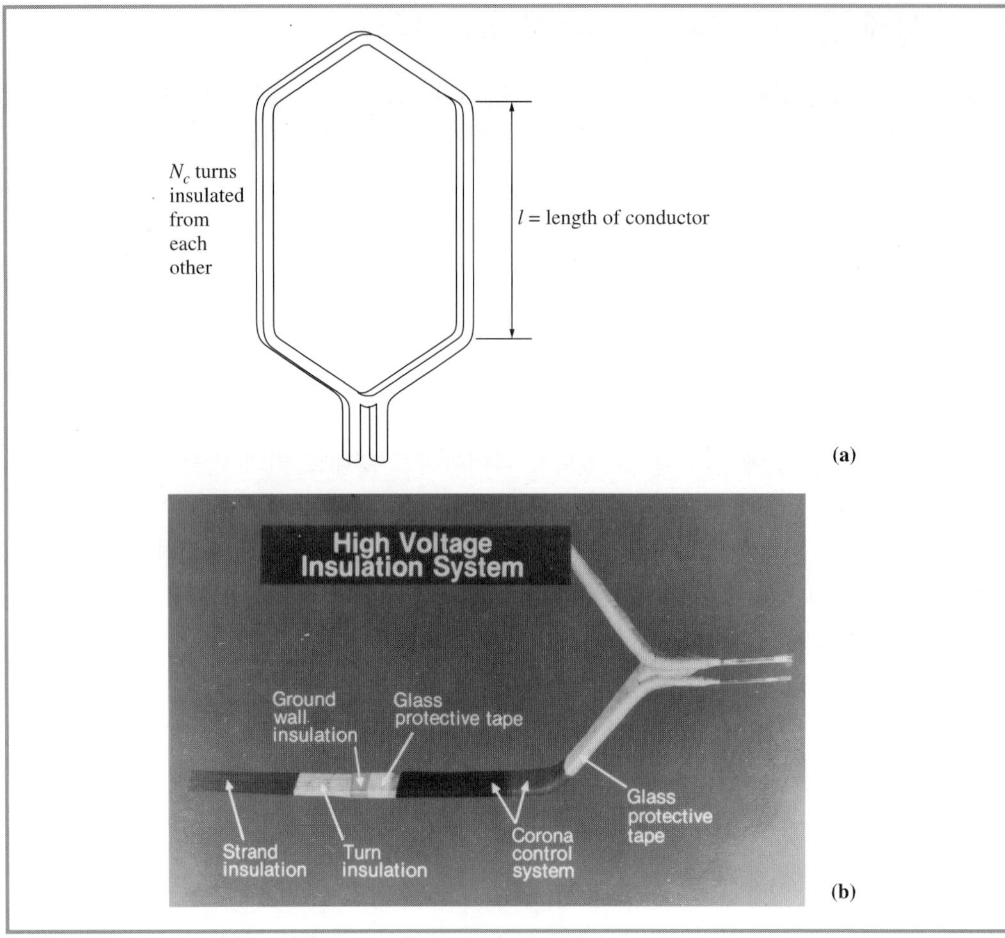

그림 7-11
(a) 미리 만들어진 전형적인 회전자 코일의 형상, (b) 코일 내부 턴 사이의 절연을 보여주는 전형적인 코일 절연 시스템(General Electric 회사 제공)

때때로 코일은 180°보다 작은 전기각을 가지며, 이런 코일을 **단절코일**(fractional-pitch coil)이라 하고, 단절코일로 감은 회전자 권선을 **단절권**이라 부른다. 권선의 감은 양을 피치 계수 p로 표현하면 다음 식과 같이 정의할 수 있다.

$$\boxed{p = \frac{\text{코일의 전기각}}{180°} \times 100\%} \tag{7–24}$$

흔히 정류를 개선하기 위하여 직류 회전자 권선에는 단절권이 사용될 것이다.

대부분의 회전자 권선은 **2층권**이며, 이것은 각 슬롯에 다른 두 코일 변을 삽입하는 것이다. 각 코일의 한 변은 슬롯의 아래쪽에, 다른 한 변은 슬롯의 위에 있게 된다. 이와 같은 구조는 각 코일을 회전자 슬롯에 삽입하기 위하여

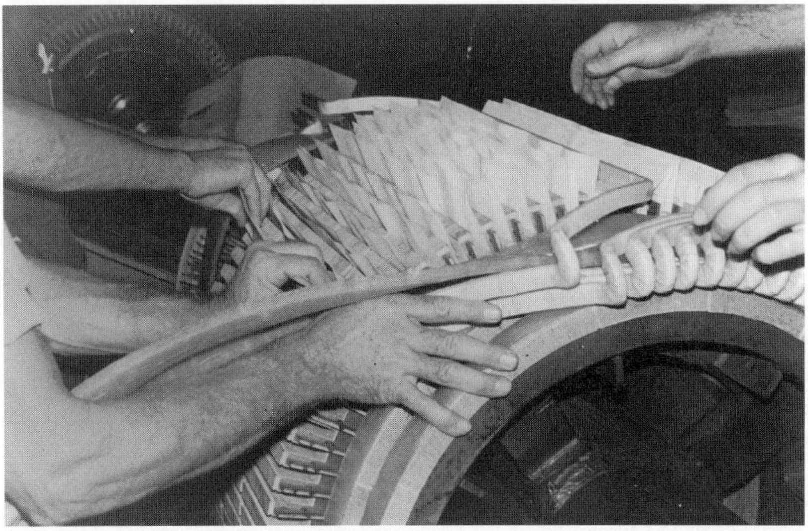

그림 7-12
직류기에 미리 성형된 회전자 코일을 설치하는 모습(Westinghouse Electric Co. 제공)

매우 정교한 제작과정이 필요하다(그림 7-12 참조). 각 코일의 한 변을 슬롯의 아래 쪽에 넣어서 모든 슬롯의 아래 부분이 차게 되고, 각 코일의 다른 쪽 변을 슬롯의 윗부분에 넣는다. 이런 방법으로 모든 권선이 함께 짜여지고 기계적 강도와 최종 구조의 균일성도 증가하게 된다.

정류자편의 연결

회전자 슬롯에 권선을 설치한 후, 그것을 정류자편과 연결시켜야 한다. 결선할 수 있는 몇 가지 방법이 있으며 각 권선 배열법에는 장점과 단점이 있다.

코일의 두 단자를 연결하는 정류자편 사이의 거리(편자의 수)를 정류자 피치 y_c라고 한다. 만일 코일의 단자(파권의 경우 코일 세트 수)가 시작했던 것보다 하나 앞선 정류자편에 연결된다면 이 결선은 **전진 권선법**(progresive winding)이라고 부른다[그림 7-13(a)]. 만일 코일의 단자가 시작했던 것보다 하나 뒤에 있는 정류자편에 연결된다면 이 결선은 **후진 권선법**(retrogressive winding)이라고 부른다[그림 7-13(b)]. 만일 그 밖의 모든 것이 동일하다면 전진 권선법 회전자의 회전방향은 후진 권선법 회전자의 회전방향과 반대가 될 것이다.

회전자(전기자) 권선은 권선의 **층수**(*plex*)에 따라 분류되기도 한다. **단중권**(simplex) **회전자 권선**은 회전자에 하나의 완전한 폐쇄 권선으로 감은 것이다. **이중권**(duplex) **회전자 권선**은 2개의 완전한 독립된 권선으로 회전자를 권선한 것이다. 만일 회전자가 이중권이면 각 권선은 매번 다른 정류자편에 연결될

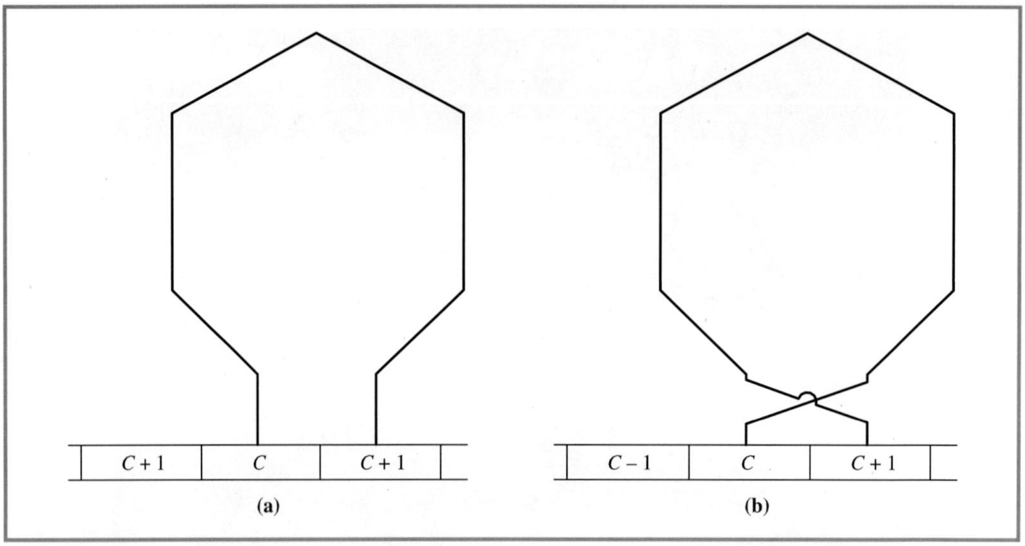

그림 7-13
(a) 전진 회전자 권선 코일, (b) 후진 회전자 권선 코일

것이다: 즉 한 권선은 1, 3, 5, . . . 편자에 연결되고 다른 권선은 2, 4, 6 편자에 연결될 것이다. 똑같은 이치로 삼중권(triplex)은 3개의 완전히 독립된 권선을 갖고, 각 권선은 회전자의 매 3번째 정류자편에 연결될 것이다. 결론적으로, 한 세트 이상의 권선을 가진 모든 전기자는 **복수권**(*multiplex winding*)을 가졌다라고 한다.

마지막으로 전기자 권선은 정류자편의 결선 순서에 따라 분류되기도 한다. 전기자 권선 결선의 2가지 기본 순서는 중권(lap winding)과 파권(wave winding)이다. 또한 3번째 권선 형태로 **와교형 권선**(*frog-leg winding*)이라 하며, 이것은 단일 회전자에 중권과 파권을 합성한 것이다. 이 권선법들은 다음에 자세히 공부하게 될 것이며 권선법의 장단점을 논하게 될 것이다.

중권

현대의 직류기에 사용되는 가장 간단한 권선 구조는 단일권 직렬 또는 중권이다. 단일 중권은 하나 이상의 턴수를 가진 각 코일의 두 단자가 바로 인접한 정류자편으로 연결되는 권선으로 이루어진 회전자 권선이다(그림 7-13). 만약 코일 끝이 시작점에 연결된 편자의 바로 다음 편자에 연결된다면, 이 권선은 전진 중권이고 $y_c = 1$이다. 만일 코일 끝이 시작점에 연결된 편자의 바로 앞의 편자에 연결된다면 이 권선은 후진 중권이고 $y_c = -1$이다. 중권으로된 간단한 2극기를 그림 7-14에서 보여 주고 있다.

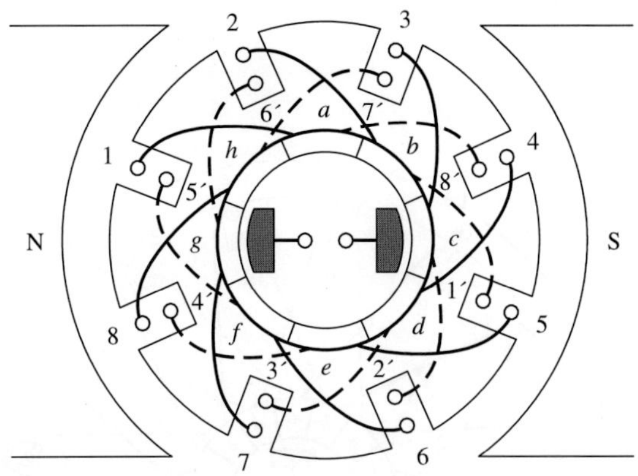

그림 7-14
간단한 2극 중권 직류기

단일 중권의 흥미 있는 특징은 기기의 **병렬 회로수**는 기기의 극수와 같다는 것이다. 만일 C는 코일의 숫자이고 정류자편이 회전자에 있으며 P가 기기의 극수라면 기기 전체에는 P개의 병렬회로 수가 있고 각 회로는 C/P개의 코일이 있게 될 것이다. P개의 병렬 회로수가 있다는 것은 또한 전류회로를 구성하기 위하여 극수만큼의 브러쉬 수가 요구된다는 것이다. 이 개념은 그림 7-15의 간단한 4극 전동기에서 설명해 주고 있다. 이 전동기는 회전자를 통하여 4개의 전류회로가 있고, 각 회로는 동일한 전압을 갖는다는 것에 유의하라. 다극기에서 병렬 회로 수가 많은 것은 중권이 저전압 대전류 기기에서는 이상적인 선택이 되며 대전류는 여러 개의 전류회로로 나눌 수 있기 때문이다. 이렇게 전류를 나누는 것은 각 회전자 도체의 크기를 전체 전류가 아주 크게 될지라도 합리적으로 균등하게 할 수 있기 때문이다.

그러나 다극 중권 기기에서 병렬회로 수가 많다는 것은 상당히 심각한 문제를 야기할 수 있다. 이 문제의 본질을 이해하기 위해서 그림 7-16에 있는 6극기를 분석해 보자. 오랫동안 사용했기 때문에 기계의 베어링에 약간의 마모가 있고, 낮은 측 권선은 위에 있는 권선보다 극면에 더 가까워진다. 그 결과 아랫면에 포함된 전류회로 권선에는 윗면의 극에 포함된 회로의 권선보다 훨씬 큰 전압이 걸리게 된다. 모든 회로가 병렬로 연결되어 있기 때문에, 그 결과 순환전류가 그림 7-17과 같이 한 브러쉬를 통하여 다른 쪽 브러쉬로 흐르게 될 것이다. 말할 필요도 없이 이것은 기계에 좋지 않을 것이다. 회전자 회로의 권선저항은 아주 작기 때문에, 병렬회로의 전압간에 아주 작은 불평형이 있을지라도 브러쉬를 통해서 큰 순환 전류를 발생시키고 중대한 열적 문제를 일으킬 수도 있게 된다.

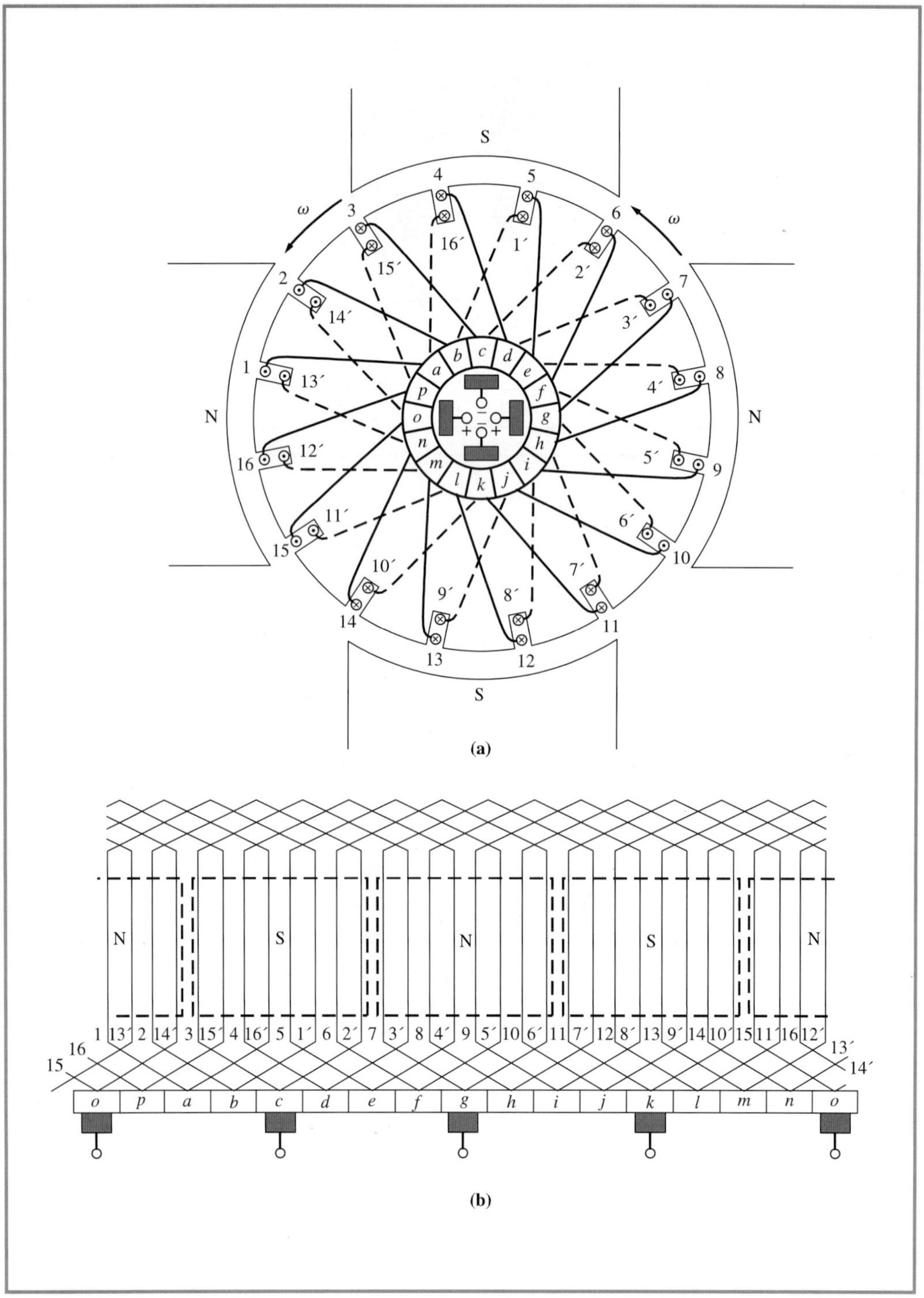

그림 7-15
(a) 4극 중권 직류전동기, (b) 이 기기의 회전자 권선도. 각 권선 시작했던 바로 다음의 정류자편으로 연결된다. 이것은 전진 중권이다.

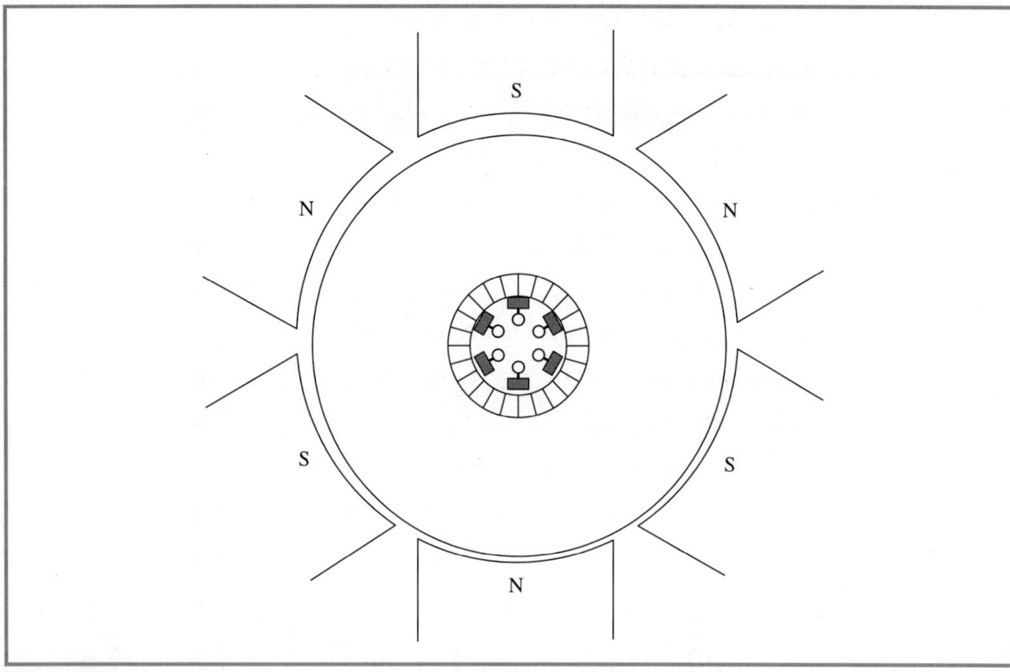

그림 7-16
베아링 마모 효과를 보여주고 있는 6극 직류전동기. 회전자는 윗면에 있는 극보다 아래에 있는 극에 약간 더 가깝게 있음에 유의하라.

4극 이상의 기기에서 병렬회로 내부의 순환전류 문제는 완전하게 해결될 수는 없지만, 균압선이나 **균등화 권선**(*equalizing winding*)으로 약간 감소시킬 수는 있다. 균압선은 중권 직류기의 회전자에서 서로 다른 병렬회로의 동일 전압 레벨의 점들을 단락시키는 금속도체이다. 이 단락 효과는 순환전류를 단락된 권선의 작은 부분에서만 흐르게 하고, 순환전류가 기기의 브러쉬를 통해서는 흐르지 않토록 하는 것이다. 이 순환 전류는 처음 발생했던 곳의 자속 불평형을 부분적으로 개선시키는 것이다. 그림 7-15의 4극기에 대한 균압선을 그림 7-18에서 보여주고, 대형 중권 직류기에 대한 균압선은 그림 7-19에서 보여주고 있다.

만일 중권이 **2중권**(*duplex*)이면, 2개의 완전한 독립 권선이 회전자를 감싸고 있으며, 정류자편이 하나 건너씩 한 세트로 묶여 있다. 그래서 각 코일은 시작한 곳에서 내려와서 2번째 정류자편으로 연결되고 $y_c = \pm 2$이다(권선이 전진형인지 후진형인지에 따라 다르다). 각 권선 세트는 기기의 극수만큼 많은 전류회로수를 가지기 때문에 이중권을 가진 기기는 극수의 2배의 전류 회로 수를 가진다.

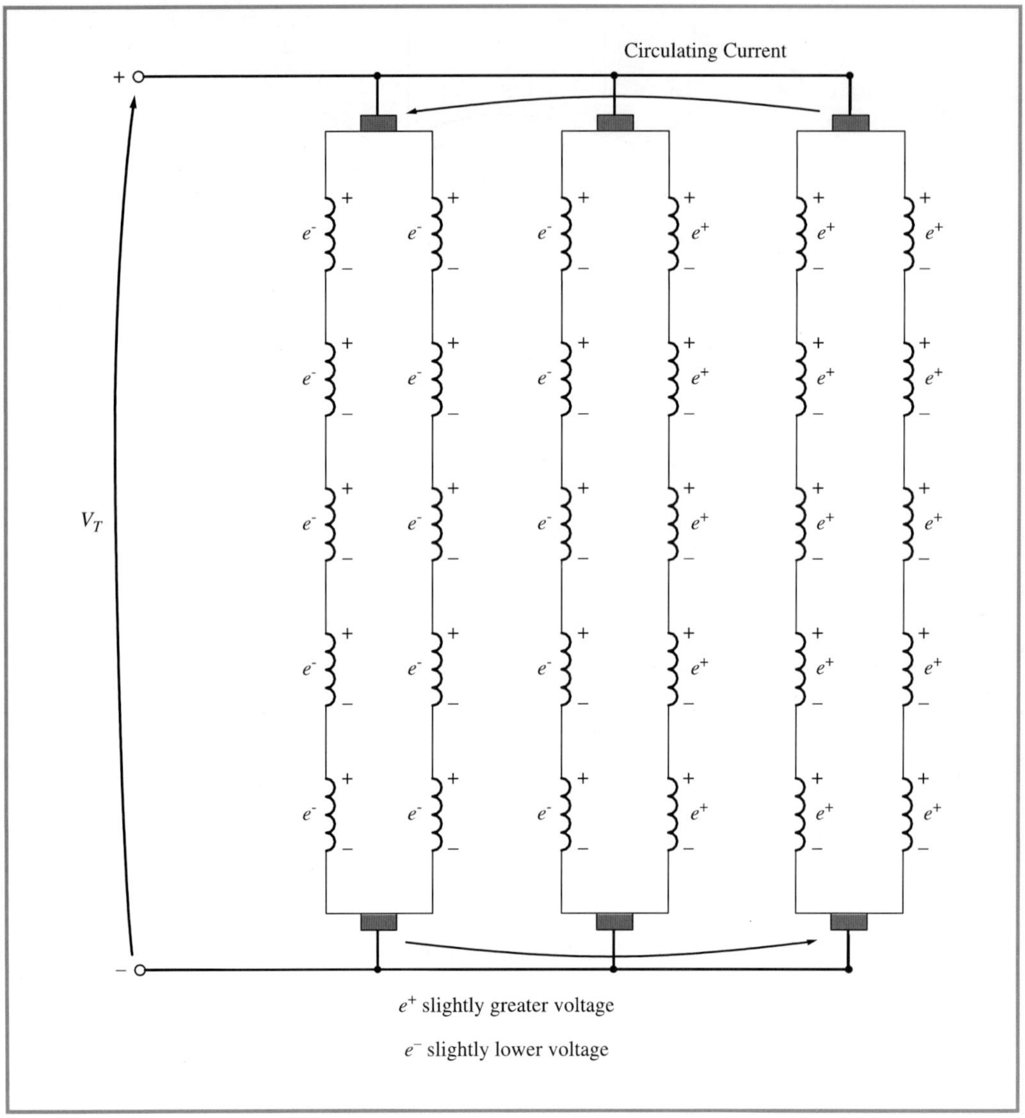

그림 7-17
그림 7-16에서 보여준 기기의 회전자 도체 전압은 브러쉬를 통해 순환전류를 흐르게 함을 보여준다.

일반적으로 m-중권에서 정류자 피치 y_c는 다음과 같다.

$$\boxed{y_c = \pm m} \quad \text{중권} \tag{7–25}$$

기기에서 병렬 전류 회로의 수는 다음과 같다.

$$\boxed{a = mP} \quad \text{중권} \tag{7–26}$$

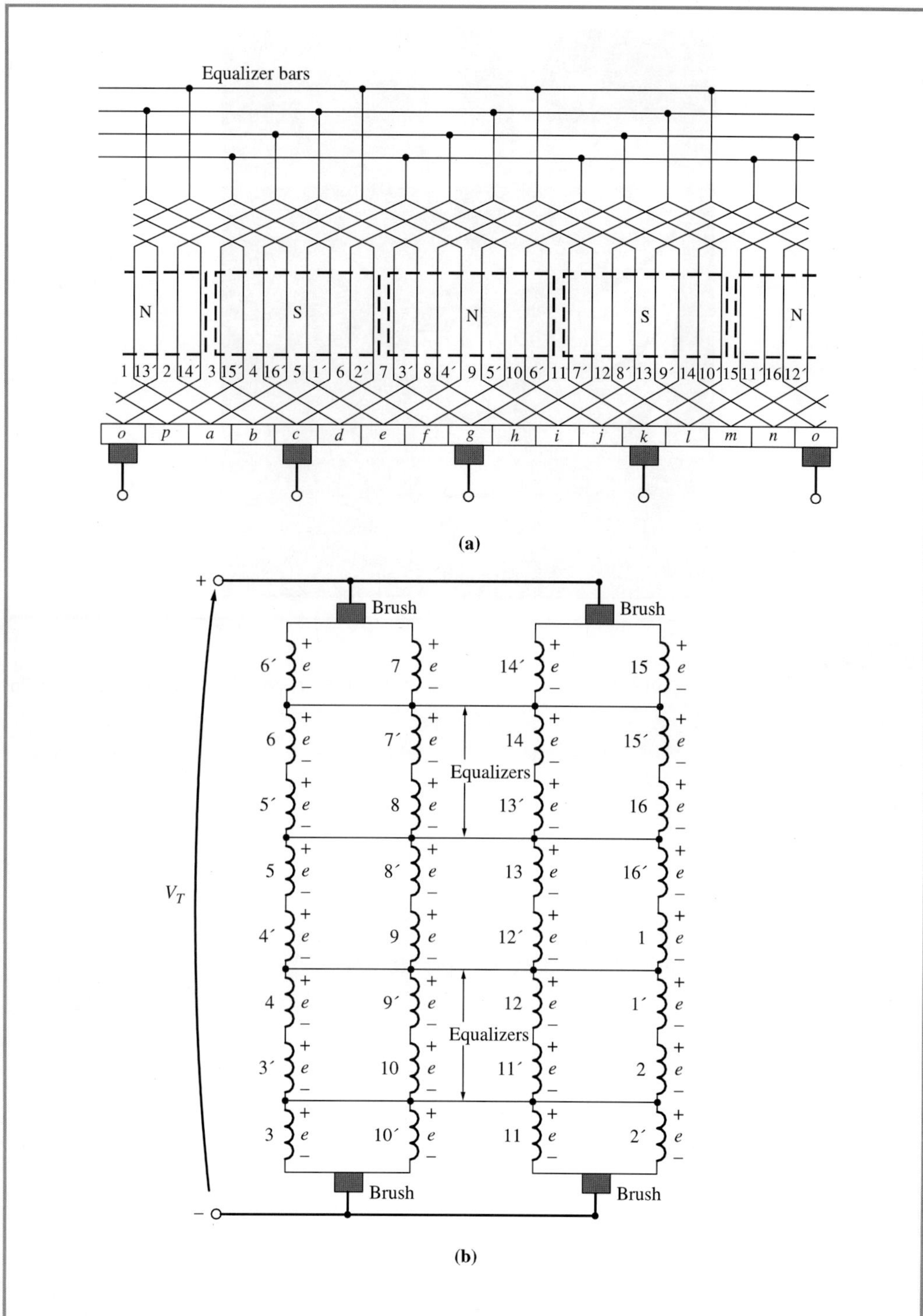

그림 7-18

(a) 그림 7-15의 4극 기기에 대한 균압선의 결선, (b) 균압선에 의해서 단락된 점에 대한 기기의 전압도

그림 7-19
대형 중권 직류기의 정류자. 균압선은 정류자편 바로 앞에 작은 링으로 취부되어 있다(General Electric Co. 제공).

여기서

a = 회전자의 병렬회로수
m = 권선의 중권수(1, 2, 3 등)
P = 기기의 극수를 각각 표시한다.

파권

직권과 **파권**은 정류자편에 회전자의 코일을 연결할 수 있는 대체 방법이다. 그림 7-20는 단중 파권의 간단한 4극기이다. 이 단중 파권에서 회전자 코일은 하나씩 건너서 첫 코일 시작 부분에 인접한 정류자편의 뒤쪽에 연결된다. 그러므로 인접한 정류자편 사이에는 두 개의 코일이 직렬로 연결된다. 더욱이 인접한 정류자편 사이의 각 코일 쌍은 각 극표면의 아래쪽에 변을 가지고 있기 때문에 모든 출력 전압은 각 극에 의한 전압의 합이 되고 전압 불균형은 있을 수 없다.

두 번째 코일에서 나온 단자는 첫 번째 코일이 시작되는 편자의 앞이나 뒤쪽 정류자편에 연결된다. 만일 두 번째 코일이 첫 번째 코일의 앞쪽 정류자편에

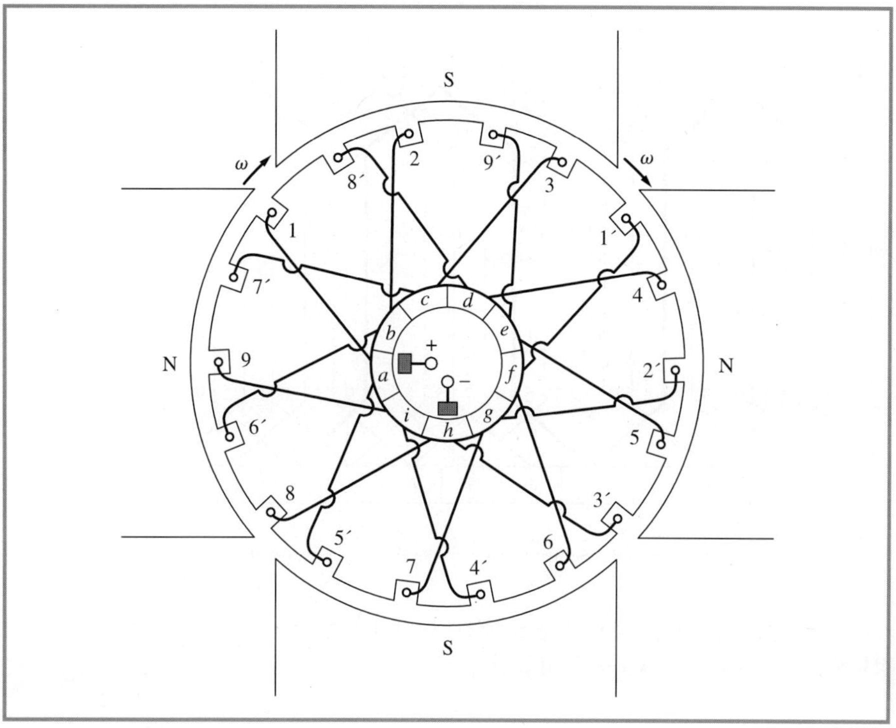

그림 7-20
간단한 파권 4극 직류기

연결된다면, 이것은 **전진**(*progressive*) **권선법**이고, 뒤쪽 편자에 연결된다면 이것은 **후진**(*retrogressive*) **권선법**이다.

일반적으로, P극을 갖는 기기이면 인접하는 정류자편 사이에는 $P/2$개의 코일이 직렬로 연결되어 있다. 만약 $(P/2)$번째 코일이 첫 번째 코일의 앞 쪽의 정류자편에 연결되었다면 이것은 전진 권선법이다. 만약 $(P/2)$번째 코일이 첫 번째 코일의 뒷쪽의 정류자편에 연결되었다면 이것은 후진 권선법이다.

단중 파권에서는 오직 두 개의 병렬 전류 회로가 있다. 각 병렬회로마다 $C/2$ 혹은 1/2의 권선이 있다. 이와 같은 기기의 브러쉬는 다른 한 쪽의 브러시와 완전히 극간격 만큼의 거리에 놓여지게 될 것이다.

파권에서 정류자 피치는 어떻게 될 것인가? 그림 7-20은 전진(progressive) 9-코일 권선을 보여주고, 한 코일의 끝은 시작점에서 5번째의 정류자편에 나타난다. 후진(retrogressive) 파권에서는 한 시작점의 끝은 4번째의 정류자편에 나타난다. 그러므로 4극 파권에서 코일의 끝은 시작점에서 그려지는 원의 중간부분의 바로 앞 혹은 뒤쪽에 연결되어야 한다.

어떤 단중 파권이든지 정류자 피치의 일반적인 표현은 다음과 같다.

$$\boxed{y_c = \frac{2(C \pm 1)}{P}} \qquad \text{단중 파권} \qquad (7\text{–}27)$$

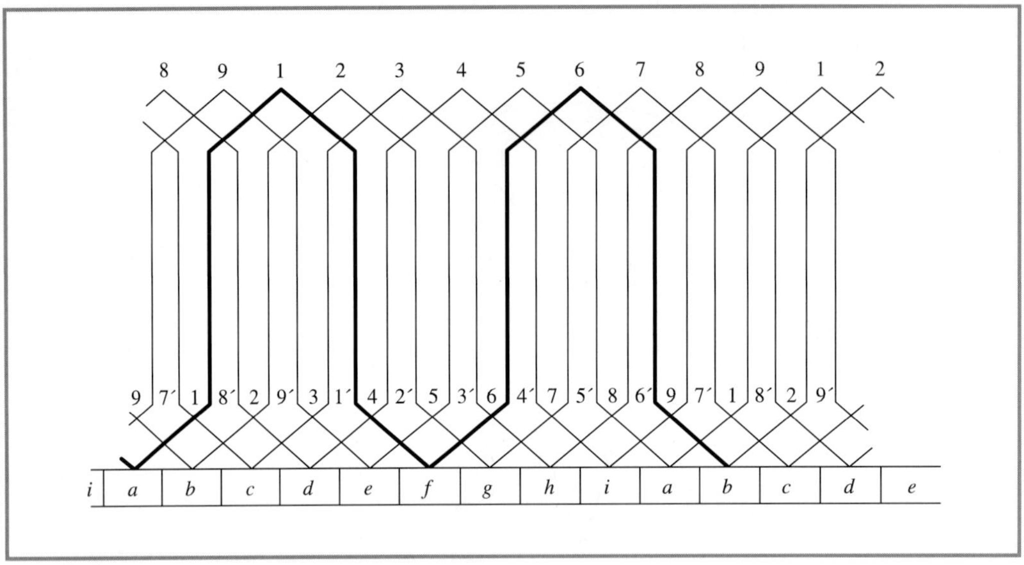

그림 7-21

그림 7-20의 기기에 대한 회전자 권선도. 주의할 것은 직렬로 연결된 각 두 번째 코일의 끝이 첫 번째 코일의 시작점 뒤의 정류자편에 직열로 연결된다는 것이다. 이는 전진 파권이다.

여기서 C는 회전자의 코일 개수이고, P는 이 기기의 극수이다. 양(+)의 표시는 전진(progressive) 권선법을 의미하고 음(−)의 기호는 후진(retrogressive) 권선법을 의미한다. 단중 파권을 그림 7-21에 나타내었다.

단중 파권 회전자에는 오직 두 개의 병렬 전류 회로만이 있기 때문에, 전류를 흐르게 하는 데 단지 2개의 브러쉬만이 필요하게 된다. 이는 정류되는 정류자편이 모든 극면 상의 등전위 점과 연결되어 있기 때문이다. 원한다면 더 많은 브러쉬를 전기각 180도 되는 곳에 추가할 수 있다. 왜냐하면, 이 기기에서 그들은 같은 전위값을 가지며 기기에서 정류되는 것에 선으로 모두 함께 연결되어 있기 때문이다. 여분의 브러쉬는 그것이 꼭 필요하지 않아도 파권기에서는 종종 추가되곤 한다. 왜냐하면 그것이 주어진 브러쉬 장치를 통과해야 되는 전류의 양을 감소시켜 주기 때문이다.

파권은 더 높은 고전압 직류기를 만드는 데 아주 적격이며, 이것은 다수의 코일이 정류자편 사이에 직렬로 연결되어 있으므로 중권에서 보다 더욱 쉽게 고전압 발생을 가능하게 하기 때문이다. 다중 파권은 회전자의 권선이 다수의 독립된 파권들로 이루어져 있다. 그 별도의 권선들은 각각 두 개의 병렬 전류 회로 경로를 가지고 있으므로, 다중 파권의 병렬회로 수는 다음과 같다.

$$\boxed{a = 2m} \quad \text{다중 파권} \tag{7–28}$$

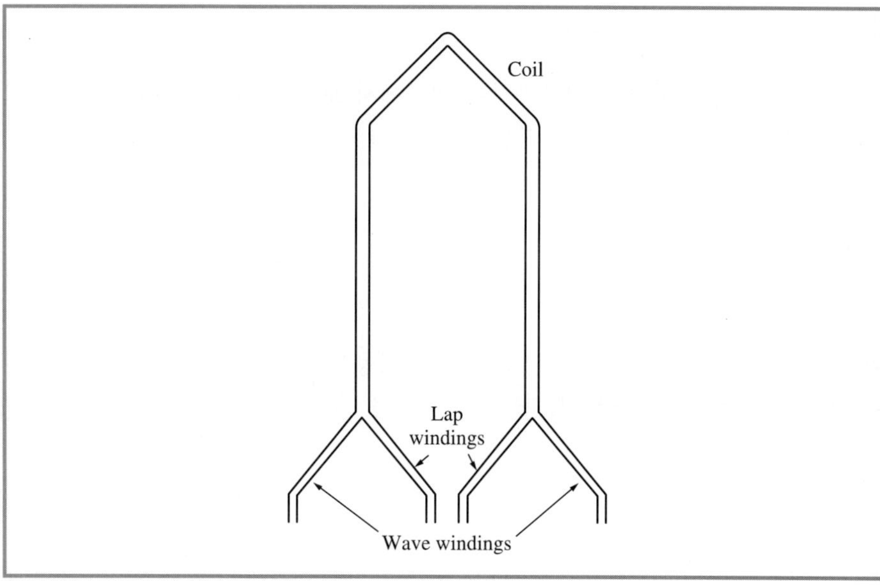

그림 7-22
와교형 또는
자기균압화 권선

와교형 권선

와교형(蛙橋型, Frog-Leg) 권선 또는 **자기균압화**(*self-equalizing*) **권선**이라는 이름은 그림 7-22에서 보듯이 이들 코일의 모양에서 비롯되었다. 그것은 중권과 파권을 합성한 것이다.

보통의 중권에서 균압선은 권선의 전압이 같은 점들을 연결한 것이다. 파권은 같은 극성의 연속하는 극면(pole pace)에 본질적으로 같은 전압의 점들 사이에 놓여 있다. 이것은 균압선을 함께 묶는 동일한 위치이다. 와교형(蛙橋型, Frog-Leg) 혹은 자기균압화(self-equalizing) 권선은 중권에 파권을 결합한 것이므로, 파권은 중권에 대해 균압선의 기능을 할 수 있다.

와교형 권선의 병렬 회로 수는 다음과 같다.

$$\boxed{a = 2Pm_{\text{lap}}} \quad \text{와교형 권선} \tag{7–29}$$

여기서 P는 이 기기의 극수이고, m_{lap}은 중권의 층수(plex) 수이다.

예제 7-2

7.2절의 4-루프 기기의 회전자 권선배치를 설명하라.

풀이

7.2절에서 설명된 기기는 4개의 코일을 가지고 있고, 한 코일은 1턴이며, 모두 8개의 도체가 있는 것이다. 이는 전진(progressive) 중권이다.

7.4 실제 직류기에서 정류문제

7.2절과 7.3절에서 설명한 정류과정은 이론에서 보는 것과 같이 실제에서는 그렇게 간단하지 만은 않다. 왜냐하면 실제 기기에서는 그것을 방해하는 두 가지의 주요한 영향이 발생하기 때문이다.

1. 전기자 반작용
2. $L\,di/dt$의 전압

이 절에서는 이러한 문제들의 본질과 그런 작용을 감소시킬 수 있는 해결 방안에 대해 탐구해 보도록 한다.

전기자 반작용

만일 직류기의 계자권선이 전원 공급 장치에 연결되었다고 가정하고, 회전자는 외부의 기계적 힘에 의해 회전된다고 하면 전압이 회전자의 도체에 유기될 것이다. 이 전압은 기기의 정류 작용에 의해서 직류 출력으로 정류될 것이다.

이때 부하를 기기의 단자에 연결하면 전류가 전기자 권선에 흐르게 된다. 이 전류는 그 자체의 자장을 만들어 내게 되고, 이것은 기기의 극에 의한 원래의 자장을 일그러지게 한다. 이렇게 부하가 증가함에 따라 기기에서 자속이 왜곡되는 현상을 **전기자 반작용**이라 한다. 이는 실제의 직류기에서 두 가지의 심각한 문제를 불러일으킨다.

전기자 반작용에 의한 첫 번째 문제는 **중성축**의 이동이다. 이 **자기중성축**은 회전자 권선의 속도가 자속선과 정확하게 평행되는 기기의 안쪽 평면으로 정의한다. 그래서 이 면에 있는 도체의 e_{ind}가 정확히 0이 되는 것이다.

중성축 이동에 관한 이해를 돕기 위해 그림 7-23를 살펴보자. 그림 7-23(a)는 2극 직류기이다. 자속이 극면에 고르게 분포되어 있다는 것에 주목하라. 회전자 권선은 N극 밑의 권선은 지면에서 나오는 방향의 전압을 가지며 S극 밑의 권선은 지면으로 들어가는 방향의 전압을 가지고 있다. 이 기기의 중성축은 정확히 수직이다.

또한, 이 기기에 부하를 연결하여 발전기로 동작한다고 가정해 보자. 전류는 발전기의 양의 단자로부터 흘러나올 것이고, N극 밑의 권선은 지면에서 나오는 방향의 전류가 흐르며 S극 밑의 권선은 지면으로 들어가는 방향의 전류가 흐를 것이다. 이 전류는 그림 7-23(c)에 보인 것과 같이 회전자 권선에 의해 자장을 만들게 된다. 이 회전자의 자장은 처음으로 발전기 전압에 의해 만들어진 극에 의해 원래의 자장에 영향을 미치게 된다. 극표면 중 어떤 곳에서는 자속이 감해지고, 또 다른 곳에서는 자속이 가해지게 된다. 결과적으로 공극에서의 자속은 그림 7-23(d)와 (e)에서 보여주듯이 비스듬해 진다. 회전자에서 도체에 유기되

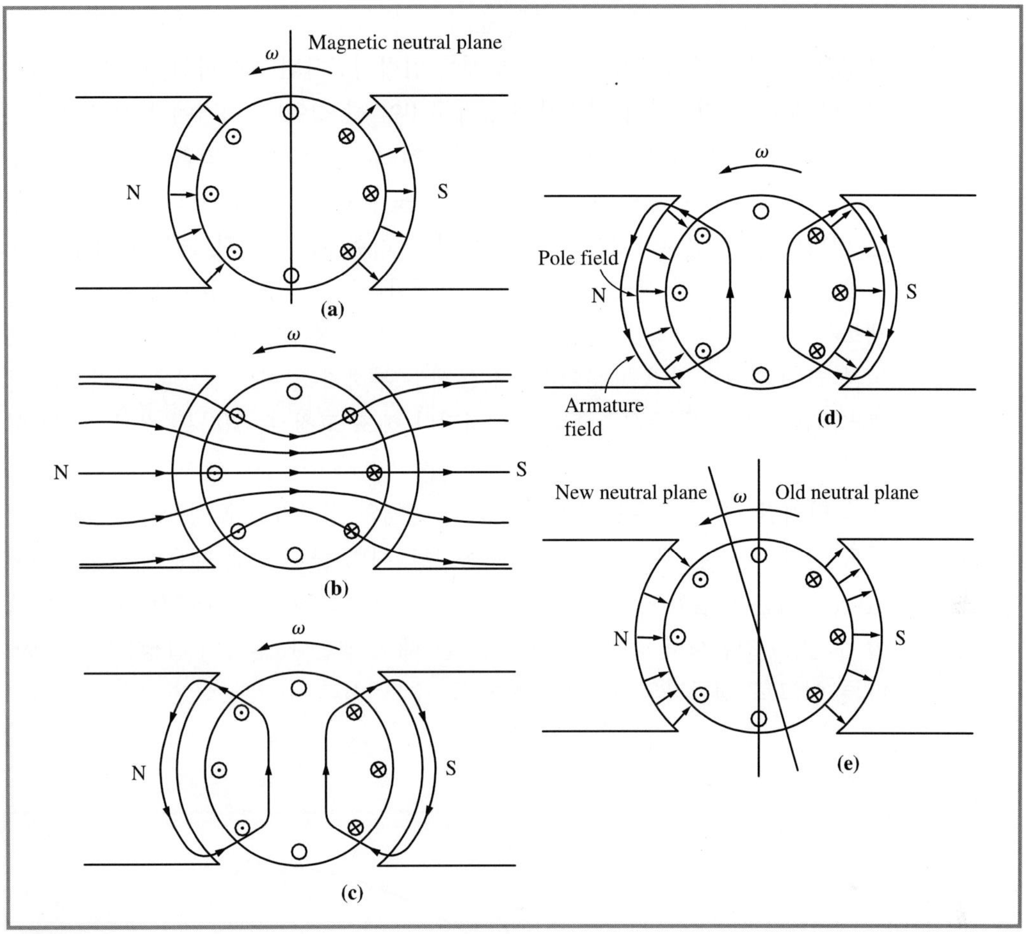

그림 7-23
직류발전기에서 전기자 반작용의 발생. (a) 처음에는 극자속은 균등하게 분포었되고, 자기 중성축은 수직이다. (b) 공극의 영향에 의한 극 자속분포, (c) 부하가 연결되었을 때의 전기자의 자장, (d) 회전자와 극의 자속을 함께 보임으로써 자속의 가감을 볼 수 있다. (e) 극에서의 자속분포 결과. 중성축이 회전방향으로 이동되었다.

는 전압이 0이 되는 점(중성점)이 이동되었다는 것을 주목해야 한다.

그림 7-23의 발전기에서는 중성축이 회전방향으로 이동되었다. 만약 이 기기가 전동기가 된다면 회전자의 전류는 역방향이 되고 자속도 그림에 나타난 밀집되어진 곳의 반대쪽으로 모여지게 된다. 그 결과 자기중성축은 다른 쪽으로 이동될 것이다.

일반적으로 중성축은 발전기의 경우는 운동방향으로 이동하고 전동기의 경우는 운동방향과 반대로 이동한다. 또한 이동량은 회전자 전류의 양과 기기의 부하의 크기에 따라 결정된다.

그러면 중성축 이동에 대해 중요한 점은 무엇인가? 그것은 바로 정류자는 정류자편 양단의 전압이 0이 되는 순간에 정류자편을 단락시켜야 한다는 것이다. 만약 브러쉬가 수직면 상에서 도체를 단락시킨다면 정류자편 사이의 전압은 기기에 부하가 연결되기 전까지는 실제로 0이 될 것이다. 기기에 부하가 인가되면 중성축은 이동되고 브러쉬는 정류자편에 걸린 한정된 전압을 단락시켜 버린다. 그 결과 전류는 단락된 정류자편 사이를 순환하게 되고 브러쉬가 정류자편은 떠나면서 그 전류의 흐름이 차단될 때 브러쉬에는 커다란 불꽃이 튀게 된다. 최종 결과는 아크와 불꽃이 브러쉬에 발생한다는 것이다. 이는 매우 심각한 문제로서 브러쉬의 수명을 결정적으로 단축시키고, 정류자편에 흠집을 내며, 유지비를 크게 증대시키기 때문이다. 이 문제는 부하가 없어도 불꽃은 일기 때문에 브러쉬를 전부하시 중성축으로 이동시킨다 해도 고칠 수 없다는 것에 주의해야 한다.

극단적인 경우 중성축 이동은 브러쉬 근처의 정류자편에 섬락을 불러일으키기도 한다. 브러쉬 부근의 공기는 보통 브러쉬의 불꽃 방전 때문에 이온화되어 있다. 섬락은 인접한 정류자편사이의 전압이 이온화된 공기 중에서 아크를 발생할 수 있는 전압보다 충분히 크게 되었을 때 발생한다. 섬락이 발생한다면 그에 따른 아크로 정류자의 표면이 녹게 될 수도 있다.

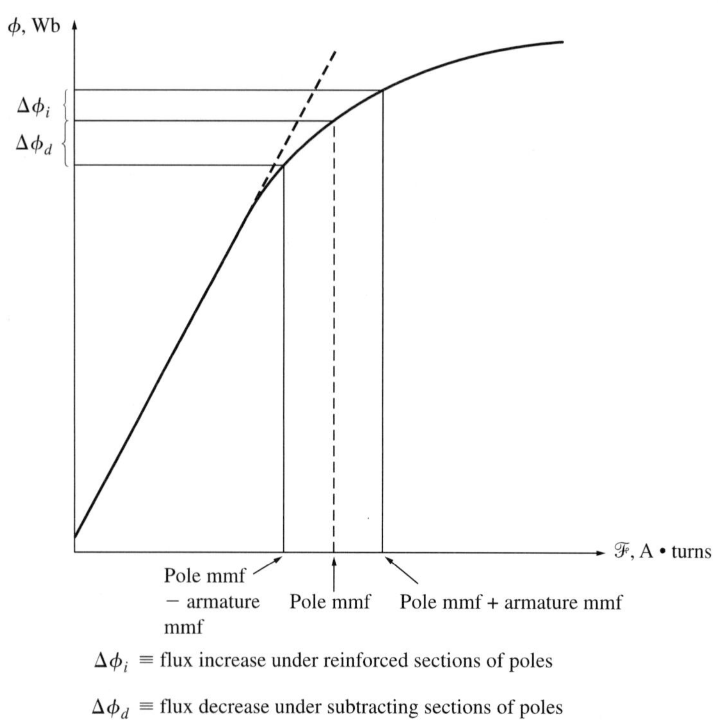

그림 7-24 전형적인 자화곡선으로 전기자와 극에 기자력이 가해졌을 때 극의 포화 효과를 보여주고 있다.

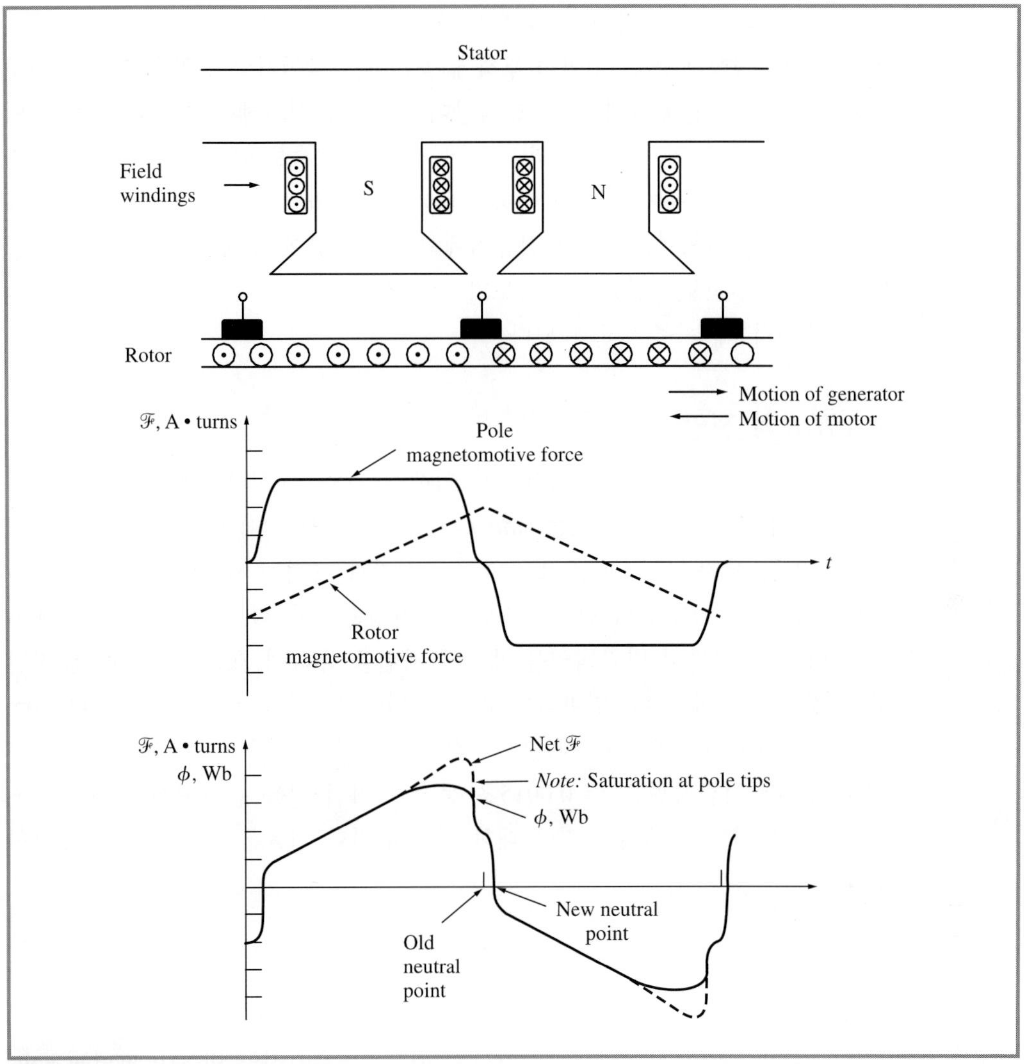

그림 7-25
직류기의 극표면 상에서의 자속과 기자력. 기자력이 감해지는 점들에서 자속은 철에서의 기자력과 가까운 값에 따른다. 그러나 기자력이 가해지는 부분에서는 포화가 전체 자속을 제한시킨다. 회전자의 중성축이 이동된다는 것도 유의해야 한다.

전기자 반작용에 의한 두 번째 문제는 **감자작용**이다. 감자작용을 이해하기 위하여 자화곡선을 그림 7-24에 나타내었다. 대부분의 기기는 포화점 부근의 자속밀도에서 운전하도록 한다. 그러므로 회전자의 기자력이 극의 기자력과 더해지는 극표면상의 위치에서 아주 작은 자속의 증가가 발생한다. 그러나 회전자의 기자력에서 극의 기자력이 감해지는 극표면상의 위치에서는 커다란 자속의 감소가 생긴다. 결국은 전체 극표면상의 총 평균자속은 감소하게 된다(그림 7-25 참조).

감자작용은 발전기와 전동기 모두에게서 문제의 원인이 된다. 발전기에서 감자작용의 영향은 어떤 주어진 부하에 공급하는 발전기의 전압을 단순히 감소시키는 것이다. 전동기에서는 그 영향이 보다 더 심각해질 수 있다. 이 장의 앞에서 예로 들었듯이, 전동기의 자속이 감소하면, 속도가 증가하게 된다. 그러나 전동기의 속도 증가는 그의 부하를 증가시키게 되고, 이는 더 많은 감자작용을 일으키게 된다. 어떤 분권 직류기에서 감자작용에 의해 탈조 조건으로 갈 수 있는데, 이때에는 전동기의 속도가 전원에서 분리될 때까지 혹은 기기가 파괴될 때까지 계속 증가하게 된다.

*L di/dt*의 전압

두 번째의 주요한 문제는 브러쉬에 의해서 단락된 정류자편에서 발생하는 $L\,di/dt$ 전압이며, 이를 **유도반동**(*inductive kick*)이라 부른다. 이를 이해하기 위해 그림 7-26을 보자. 이 그림은 일련의 정류자편과 그것들 사이에 결선된 도체를 나타내고 있다. 브러쉬의 전류를 400 A로 가정한다면, 각 회로의 전류는 200 A가 된다. 정류자편이 단락되었을 때 정류자편을 통하여 흐르는 전류는 역전된다는 것을 알아야 한다. 얼마나 빨리 역전되어야 하는가? 이 기기가 800 rpm으로 회전하고 50개의 정류자편(전형적인 전동기에 합당한 숫자)이 있다고 가정할 때, 각 정류자편은 $t = 0.0015$초 동안 브러쉬 밑을 통과해서 빠져나간다. 그러므로 단락 루프에서 시간에 대한 전류의 변화 비율은 다음과 같이 평균화된다.

$$\frac{di}{dt} = \frac{400\text{ A}}{0.0015\text{ s}} = 266{,}667\text{ A/s} \tag{7–30}$$

루프에 아주 작은 인덕턴스가 있더라도 매우 큰 유기전압 반동(inductive voltage kick) $v = L\,di/dt$가 단락된 정류자편에 유기될 것이다. 이 고전압은 당연히 기기의 브러쉬에서 스파크의 원인이 되고 결과적으로 중성축 이동의 원인이 되는 아크 문제를 일으킨다.

정류문제의 해결 방안

전기자 반작용과 $L\,di/dt$ 전압 문제를 바로 잡는 세 가지의 해결 방법이 부분적이거나 완전하게 개발되어 왔다:

1. 브러쉬의 이동
2. 정류극 또는 보극
3. 보상권선

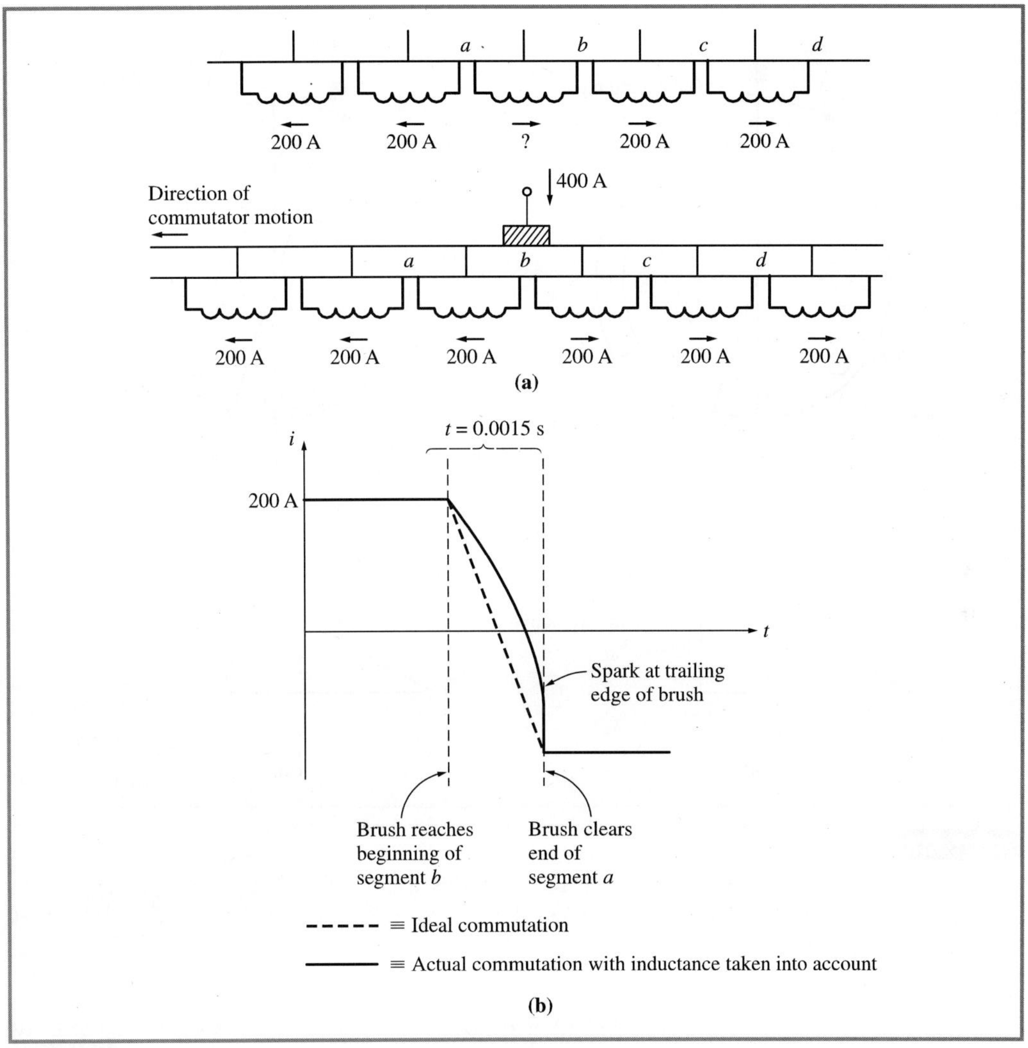

그림 7-26
(a) 정류되는 코일에서 전류의 역전. 브러쉬가 두 정류자편을 단락시키는 동안 정류자편 a와 b 사이의 코일 전류는 역방향이 되어야 한다. (b) 이상적인 정류와 실제의 정류를 시간의 함수로 나타낸 정류되는 코일 전류.

이러한 방법들의 장점과 단점을 살펴보면 다음과 같다.

브러쉬 이동 역사적으로 실제 직류기에서 정류 과정을 개선하기 위한 첫 번째 시도는 중성축 이동과 $L\,di/dt$ 전압 효과 때문에 생기는 브러쉬의 불꽃 현상을 멈추게 하는 시도에서 시작되었다. 기계 설계자에 의해서 취해진 첫 번째 시도는 간단한 것이었다. 만일 중성축이 이동한다면 불꽃을 막기 위해 브러쉬도 이동시킨다는 것이었다. 이는 확실히 좋은 생각인 것 같지만 여기에도 몇 가지의 심각한 문제점이 있다. 한 가지는 중성축은 부하가 바뀔 때마다 움직이고 기기

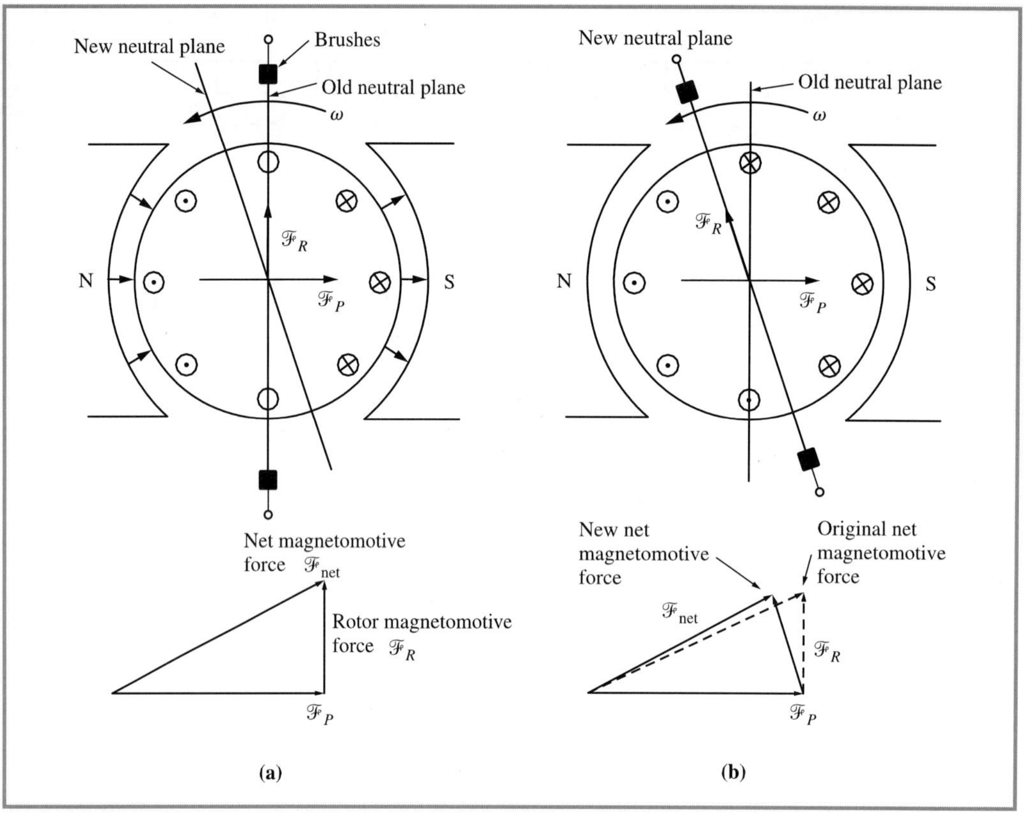

그림 7-27
(a) 수직면에 브러쉬가 있는 직류기의 순수 기자력, (b) 이동된 중성축에 브러쉬가 있는 직류기의 순수 기자력. 극의 기자력과 직접적으로 반대되는 전기자 기자력의 성분이 있고, 기기의 순수 기자력은 감소된다는 것에 유의하라.

의 동작이 전동기 동작에서 발전기 동작으로 변할 때 중성축의 이동방향은 반대가 된다는 것이다. 그러므로 누군가가 기기의 부하가 바뀔 때 마다 브러쉬를 조정해 주어야 한다. 또한 브러쉬의 이동은 불꽃이 튀는 것은 막을 수 있어야 하지만 그것은 실제로 전기자 반작용에 감자작용을 더욱 가중시키게 되며, 이것은 다음 두 효과를 볼 때 사실임을 알 수 있다:

1. 회전자의 기자력에는 극으로부터 기자력을 방해하는 벡터 성분이 포함되어 있다(그림 7-27).
2. 전기자전류 분포의 변화로 인해 극표면의 포화된 부분에 보다 많은 자속이 모여진다.

또 하나의 방법은 브러쉬를 절충된 위치에 고정시키는 것이다(말하자면, 전부하의 2/3에서는 불꽃이 일지 않는 것). 이 경우 전동기는 무부하와 전부하에서 약간의 불꽃이 일지만 만약 전동기가 부하의 2/3 지점에서 그 수명의 대부분을 동작한다면 불꽃은 최소화되었을 것이다. 물론 이 같은 기기는 발전기로서는 전혀 사용될 수 없었고 불꽃은 문제거리가 되어 왔다.

불꽃을 조절하기 위한 브러쉬 이동법은 1910년경까지 사용한 진부한 방법이다. 오늘날에는, 브러쉬 이동은 언제나 같은 방향으로만 움직이는 아주 작은 기기에나 쓰일 뿐이며 이 같은 작은 전동기에다 더 좋은 방법을 적용하는 것은 비경제적이기 때문에 더 이상은 고려하지 않는다.

정류극 또는 보극 위에서 설명한 단점들과 특히 부하가 변할 때마다 사람이 브러쉬의 위치를 조절해야 하는 것 때문에 브러쉬에 튀는 불꽃 문제를 위한 다른 방안이 개발되었다. 이 새로운 방법의 이면에 있는 기본 착상은, 만일 정류되고 있는 권선의 전압을 0으로 만들 수 있다면, 브러쉬에는 불꽃이 일지 않을 것이라는 것이다. 이를 위해 정류극 혹은 보극이라 불리는 작은 극을 주극의 중간지점에 설치한다. 이 정류극들은 정류되는 도체들의 바로 위에 위치하게 된다. 정류극에서 나온 자속으로 정류되는 코일의 전압이 정확하게 상쇄된다. 만약 이 상쇄가 정확하다면 브러쉬에는 불꽃이 튀지 않게 될 것이다.

정류극은 기기의 동작에 변화를 주지 않는데 왜냐하면 그들은 아주 작아서 정류되고 있는 소수의 도체에만 영향을 미치기 때문이다. 주극면에서의 전기자 반작용은 영향을 받지 않게 되는데 이것은 정류극의 영향이 그렇게 멀리 미치지 않기 때문이다. 이것은 정류자극이 기기의 자속약화에 영향을 미치지 않는다는 것을 의미한다.

모든 값의 부하에 대해 정류자편의 전압 상쇄를 어떻게 이룰 수 있을까? 이것은 그림 7-28에서 보는 것과 같이 간단하게 보극권선을 회전자 권선에 직렬로

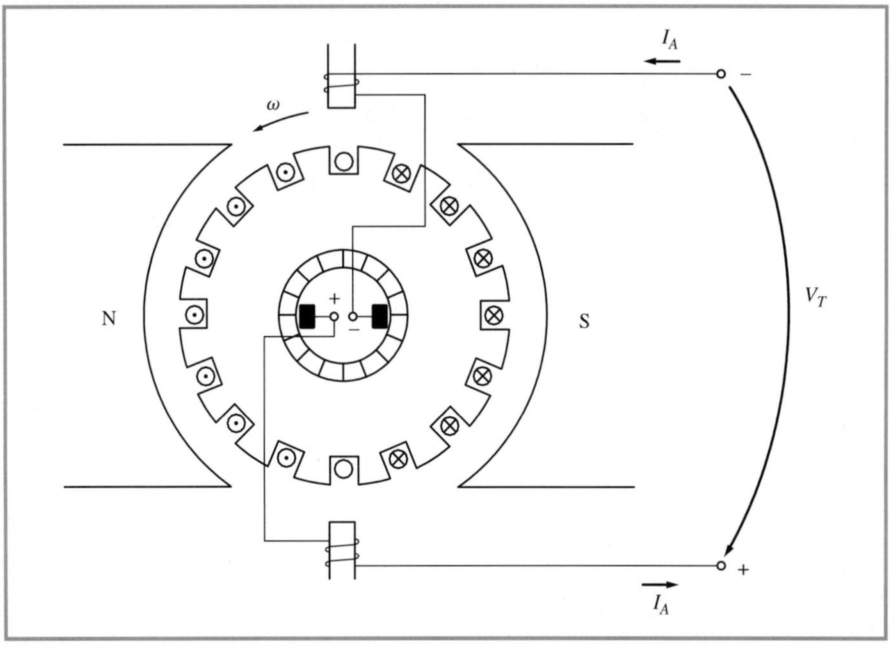

그림 7-28
보극이 있는 직류기

연결하면 되는 것이다. 부하가 증가하면 회전자의 전류가 증가하고, 중성축 이동의 크기와 $L\,di/dt$ 효과도 역시 증가하게 된다. 이 두 가지 효과는 정류되고 있는 도체의 전압을 증가시킨다. 그렇지만, 보극의 자속도 증가하고 이는 중성축 이동 때문에 전압에 반대되는 도체에 큰 전압을 만들어 낸다. 그 결과 넓은 범위의 부하에서 그 효과들을 없애게 된다. 보극은 전동기와 발전기 모두에 적용될 수 있다는 것을 알아야 하며, 그 이유는 기기가 전동기에서 발전기로 전환될 때 전류는 회전자와 보극에서 모두 역방향이 되기 때문이다. 그러므로 전압 효과는 여전히 상쇄되는 것이다.

보극의 자속은 어떤 극성을 가져야 하는가? 보극은 정류되고 있는 도체에 중성축 이동과 $L\,di/dt$ 효과에 의한 전압과 반대되는 방향으로 전압을 유기해야 한다. 발전기의 경우 중성축은 회전방향으로 이동하고, 정류되는 도체는 그들이 막 떠난 극과 같은 극성을 갖는다는 것을 의미한다(그림 7-29 참조). 이 전압을 막기 위하여 보극은 반대되는 자속을 가져야 하며, 이것은 다가오는 극성과 같은 자속이다. 그러나 전동기에서는 중성축 이동이 회전방향과 반대이고, 정류되는 도체는 다가오는 극과 같은 자속을 가진다. 이같은 전압을 막기 위하여 보극은 이전의 주극과 같은 극성을 가져야 한다. 그러므로

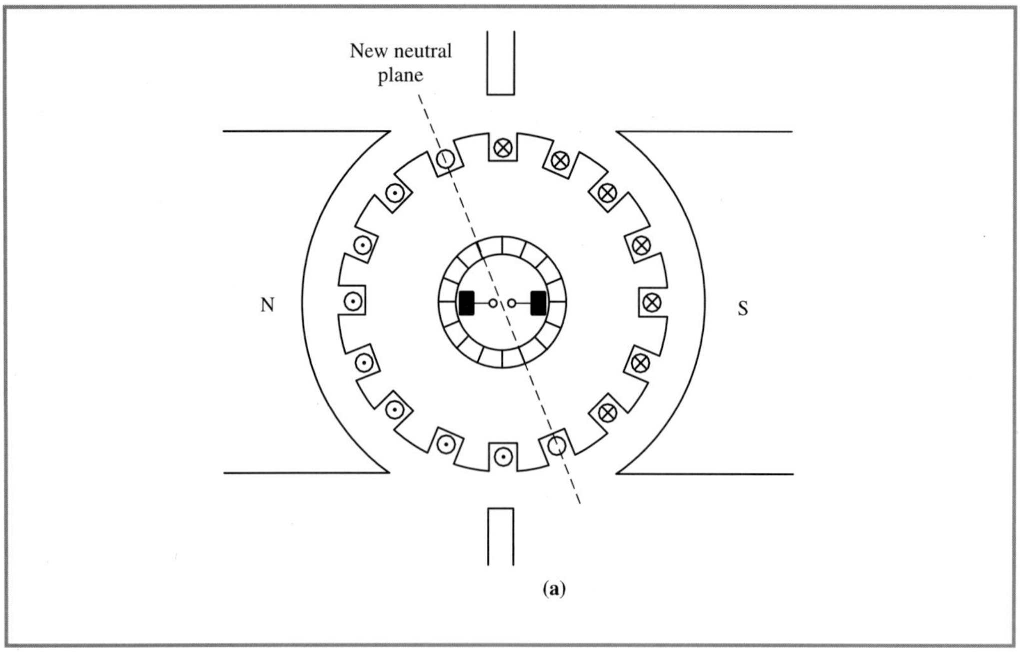

그림 7-29
보극에 요구되는 극성의 결정. 보극에 의한 자속은 도체의 원래 전압과 반대되는 전압을 발생시켜야 한다.

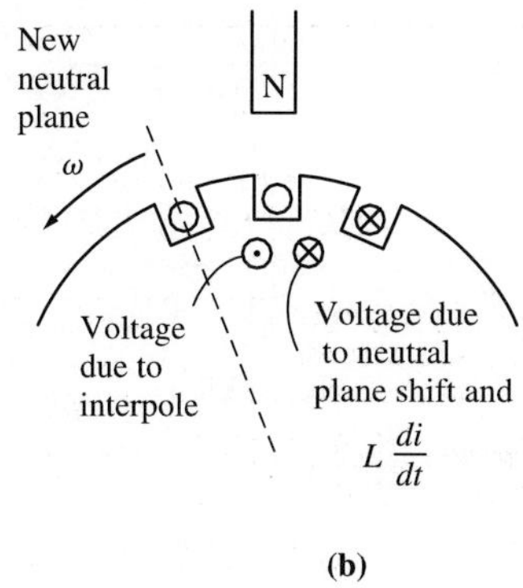

그림 7-29 (계속)
보극에 요구되는 극성의 결정. 보극에 의한 자속은 도체의 원래 전압과 반대되는 전압을 발생시켜야 한다.

1. 발전기에서 보극은 다가오는 주극과 같은 극성을 가져야 한다.
2. 전동기에서 보극은 지나간 주극과 같은 극성을 가져야 한다.

정류극 또는 보극의 사용은 일반적이며, 이것은 상당히 적은 비용으로 직류기의 불꽃 문제를 해결할 수 있기 때문이며 대부분 1마력 이상의 직류기에서 발견될 수 있다. 그러나 그들은 자극면의 자속분포에는 아무런 영향도 주지 않기 때문에 감자 작용 문제는 여전히 존재한다는 것을 인지하는 것이 중요하다. 대부분의 중간 크기 일반 목적의 전동기는 보극으로 불꽃 문제는 해결했지만 감자효과는 여전히 남아 있는 것이다.

보상권선 대형 중부하용 전동기에서 감자작용은 매우 중요한 문제가 될 수 있다. 전기자 반작용을 완전히 상쇄시키고 중성축의 이동과 감자작용을 함께 제거하기 위해서 또 다른 기술이 개발되었다. 이 세 번째 기술은 전기자 반작용에 의한 왜곡 영향을 없애기 위하여 회전자도체와 평행하게 자극면에 슬롯을 파서 보상권선이라는 것을 설치한다. 이 권선은 회전자 권선과 직렬로 연결되어 회전자의 부하가 변할 때마다 보상권선의 전류도 같이 변하게 된다. 그림 7-30은 기본 개념을 보여주고 있다. 그림 7-30(a)는 극자속만을 나타낸다. 그림 7-30(b)는 회전자 자속과 보상권선 자속을 같이 나타낸다. 그림 7-30(c)는 이 세 자속의 합을 나타내는데, 그것은 원래의 극자속과 똑같이 되었다.

그림 7-31은 직류기에서 보상권선의 영향을 체계적으로 보여주고 있다. 보상권선에 의한 기자력은 자극면의 각 점에서 회전자에 의한 기자력과 크기는 같고 방향은 반대가 된다는 것에 유의해야한다. 결국 최종적인 합성 기자력은 자

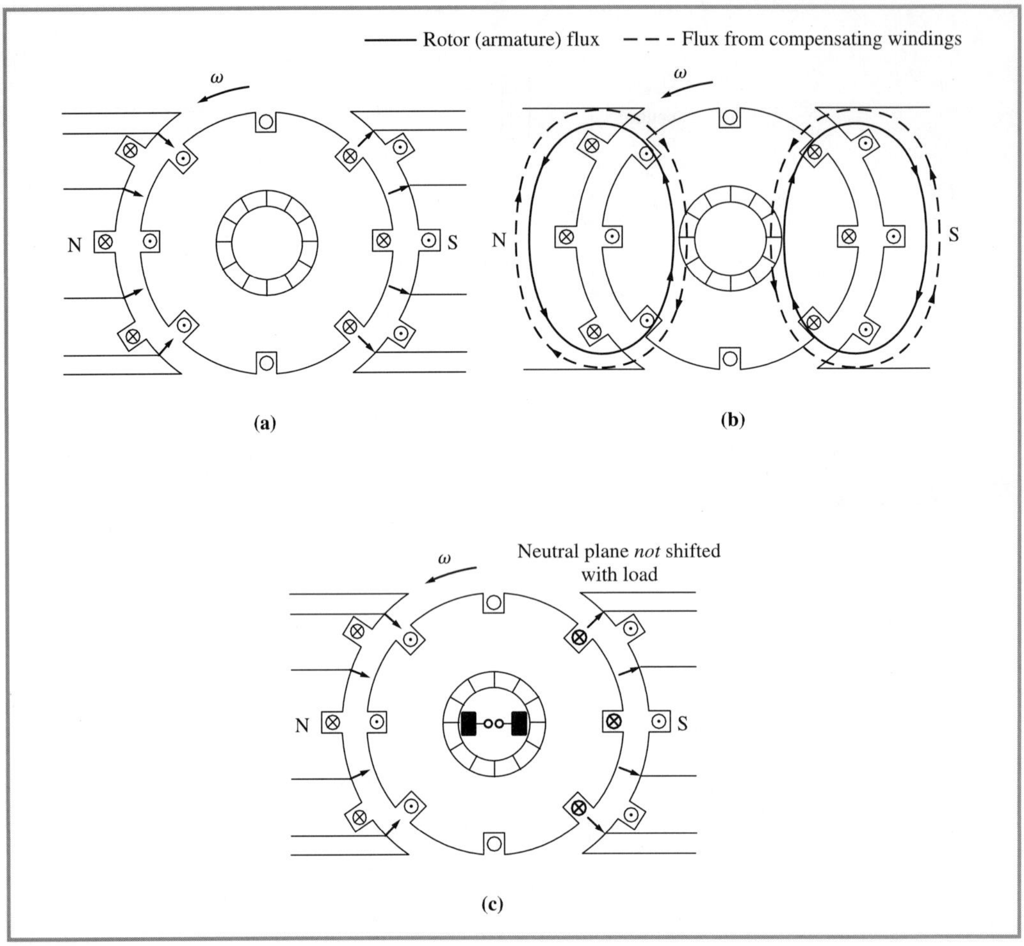

그림 7-30
직류기 보상권선의 효과. (a) 기기의 극자속, (b) 전기자와 보상권선에 의한 자속. 그들은 크기가 같고 방향은 반대이다. (c) 원래의 극자속과 동일하게 된 기기의 최종 자속

극에 의한 기자력이 되어서 기기의 자속은 부하에 관계없이 변하지 않는다. 보상권선이 있는 대형 직류기의 고정자를 그림 7-32에서 보여주고 있다.

보상권선의 주요한 단점은 고가라는 점이며, 이것은 자극의 면에 가공설치를 해야 하기 때문이다. 보상권선을 사용하는 전동기들은 모두 보극도 가져야 하는데, 이것은 보상권선이 $L\,di/dt$ 효과를 상쇄시킬 수 없기 때문이다. 그러나 보극은 클 필요가 없는데, 이들은 권선의 $L\,di/dt$ 전압만 상쇄시키고 중성축 이동에 따른 전압은 상쇄하지 못하기 때문이다. 보상권선과 보극을 같이 갖는 비용 때문에 이 권선들은 전동기의 극히 중대한 운전책무가 요구되는 곳에 만 사용한다.

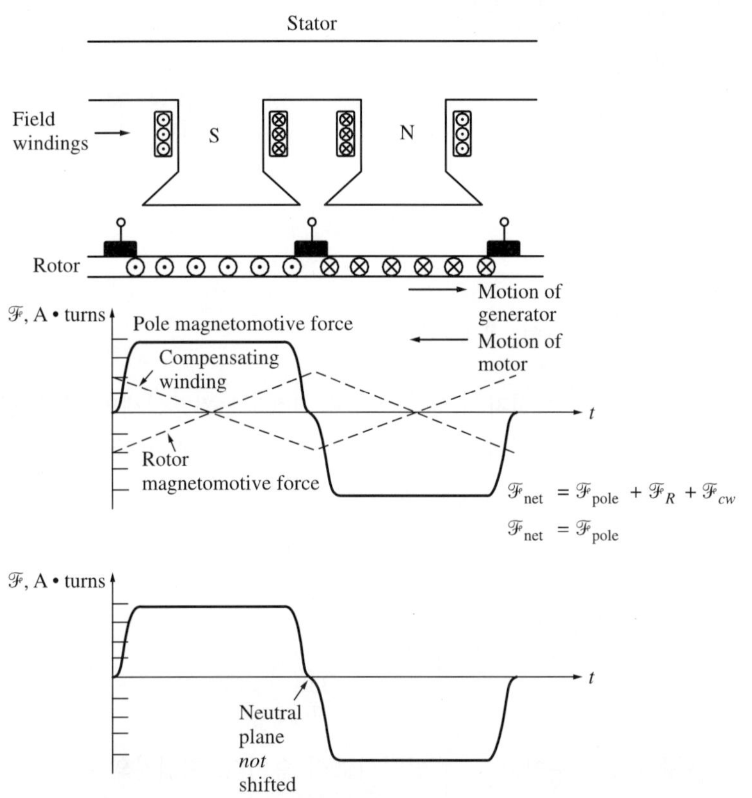

그림 7-31
보상권선이 있는 직류기의 자속과 기자력

그림 7-32
보극과 보상권선이 있는 6극 직류기의 고정자(Westinghouse Electric Co. 제공)

7.5 실제 기기의 내부발생전압과 유기된 토오크 방정식

실제의 직류기에서 얼마만큼의 전압이 발생되는가? 어떤 기기의 유기전압은 세 가지 요소에 의해서 결정된다:

1. 기기의 자속 ϕ
2. 회전자의 속도 ω
3. 기기구조에 의해서 결정되는 상수

어떻게 실제 기기에서 회전자의 권선전압이 결정되는가? 실제의 기기에서 전기자의 출력 전압은 병렬회로의 도체수와 각 도체의 전압을 곱한 값과 같다. 극면상에서 어떤 단일 도체의 전압은 앞에서 보았듯이,

$$e_{\text{ind}} = e = vBl \tag{7–31}$$

실제 기기에서 전기자의 출력 전압은 다음과 같다.

$$E_A = \frac{ZvBl}{a} \tag{7–32}$$

여기서 Z는 총도체의 수이고, a는 병렬회로의 수이다. 회전자의 각 도체의 속도는 $v = r\omega_m$로 표현할 수 있고, r을 회전자의 반경이라 할 때 E_A는 다음과 같다.

$$E_A = \frac{Zr\omega_m Bl}{a} \tag{7–33}$$

이 전압은 극의 자속이 그 공극의 자속밀도와 극면적의 곱과 같다는 식을 이용하면 더 편리한 형태로 다시 표기할 수 있다:

$$\phi = BA_P$$

회전자의 모양이 원통형이라면 그 면적은

$$A = 2\pi rl \tag{7–34}$$

이다. P극기로 가정했을 때 각 극에 해당되는 면적은 총면적을 극수로 나눈 것이다:

$$A_P = \frac{A}{P} = \frac{2\pi rl}{P} \tag{7–35}$$

각 극당의 총 자속은

$$\phi = BA_P = \frac{B(2\pi rl)}{P} = \frac{2\pi rlB}{P} \tag{7–36}$$

그러므로 내부에 생성된 전압은 다음과 같이 나타낼 수 있다.

$$E_A = \frac{Zr\omega_m Bl}{a} \tag{7–33}$$

$$= \left(\frac{ZP}{2\pi a}\right)\left(\frac{2\pi rlB}{P}\right)\omega_m$$

$$\boxed{E_A = \frac{ZP}{2\pi a}\phi\omega_m} \tag{7–37}$$

결과적으로,

$$\boxed{E_A = K\phi\omega_m} \tag{7–38}$$

여기서 K는 다음과 같다.

$$\boxed{K = \frac{ZP}{2\pi a}} \tag{7–39}$$

현대의 산업 현장에서는 속도를 나타내는 데 초당 라디안을 사용하는 것보다 분당 회전수(rpm)를 사용하는 것이 더 일반적이다. 분당 회전수를 초당 라디안으로 바꾸는 식은

$$\omega_m = \frac{2\pi}{60}n_m \tag{7–40}$$

이며, rpm으로 표시한 속도가 포함된 전압 방정식은

$$\boxed{E_A = K'\phi n_m} \tag{7–41}$$

이며, 여기서

$$\boxed{K' = \frac{ZP}{60a}} \tag{7–42}$$

이다.

얼마나 많은 토오크가 실제 직류기의 전기자에서 유기되는가? 어떤 직류기에서 토오크는 다음의 세 가지 요소에 의해서 결정된다:

1. 기기의 자속 ϕ
2. 전기자(혹은 회전자)의 전류 I_A
3. 기기 구조에 의해서 결정되는 상수

실제의 기기에서 회전자의 토오크는 어떻게 결정되어 지는가? 실제 기기에서 전기자의 토오크는 도체의 수 Z와 각 도체 토오크와의 곱과 같다. 극면상의 각 단일 도체의 토오크는 앞에서 보여진 것과 같이

$$\tau_{\text{cond}} = rI_{\text{cond}}lB \tag{7–43}$$

이다. 만일 기기의 병렬회로 수가 a라 하면, 단일 도체의 전류는 다음과 같이 주어진다.

$$I_{\text{cond}} = \frac{I_A}{a} \tag{7–44}$$

그래서 전동기에 작용하는 단일 도체의 토오크는 다음과 같이 표현된다.

$$\tau_{\text{cond}} = \frac{rI_A lB}{a} \tag{7–45}$$

Z개의 도체가 존재하기 때문에 직류기 회전자에서 유기되는 총 토오크는

$$\tau_{\text{ind}} = \frac{ZrlBI_A}{a} \tag{7–46}$$

각 극의 자속은 다음과 같이 표현된다.

$$\phi = BA_P = \frac{B(2\pi rl)}{P} = \frac{2\pi rlB}{P} \tag{7–47}$$

그래서 유기되는 총토오크를 다시 쓰면,

$$\tau_{\text{ind}} = \frac{ZP}{2\pi a}\phi I_A \tag{7–48}$$

이며, 결과적으로

$$\boxed{\tau_{\text{ind}} = K\phi I_A} \tag{7–49}$$

여기서

$$\boxed{K = \frac{ZP}{2\pi a}} \tag{7–39}$$

이다.

위에서 주어진 **내부발생전압** 방정식과 유기된 토오크식은 둘 다 근사식이며, 그 이유는 어떤 시간에서 도체 모두가 극면 아래에 있지 않기 때문이고, 또한 각 극표면이 회전자 표면의 $1/P$ 전부를 덮지 못하기 때문이다. 더 큰 정밀성을 얻기 위해, 회전자의 전체 도체수가 아닌 극면 아래의 도체수가 사용되어 질 수 있다.

예제 7–3

정류자편 두 개 정도의 길이를 가진 6개의 브러쉬가 있는 6극 직류기에 복권 중권(duplex lap-wound)전기자가 사용되고 있다. 전기자에는 72개의 코일이 있고, 각 코일은 12의 턴으로 되어 있다. 각 극의 자속은 0.039 Wb이고, 400 rpm으로 회전한다.

(*a*) 이 기기에는 몇 개의 병렬회로가 있는가?
(*b*) 유기된 전압 E_A는 얼마인가?

풀이

(*a*) 병렬 회로의 개수는

$$a = mP = 2(6) = 12\text{개 병렬회로} \qquad (7\text{–}26)$$

이다.

(*b*) 기기에 유기된 전압은

$$E_A = K'\phi n_m \qquad (7\text{–}41)$$

그리고

$$K' = \frac{ZP}{60a} \qquad (7\text{–}42)$$

이다. 기기의 도체의 수는 다음과 같다.

$$\begin{aligned} Z &= 2CN_C \qquad (7\text{–}22) \\ &= 2(72)(12) = 1728\text{개 도체} \end{aligned}$$

그러므로, 상수 K'은

$$K' = \frac{ZP}{60a} = \frac{(1728)(6)}{(60)(12)} = 14.4$$

이고, 전압 E_A는 다음과 같다.

$$\begin{aligned} E_A &= K'\phi n_m \\ &= (14.4)(0.039\text{ Wb})(400\text{ r/min}) \\ &= 224.6\text{ V} \end{aligned}$$

예제 7–4

각 코일이 10턴인 144개 코일로 된 단중(simplex) 파권 전기자로 된 12극 직류 발전기가 있다. 각 턴의 저항은 0.011 Ω이다. 극당 자속은 0.05 Wb이고, 200 rpm의 속도로 회전한다.

(*a*) 몇 개의 병렬회로가 있는가?
(*b*) 유기된 전기자 전압은 얼마인가?
(*c*) 이 기기의 유효 전기자 저항은 얼마인가?
(*d*) 이 발전기의 양단에 1-kΩ의 저항이 연결되면, 축에 유기되는 역토오크는 얼마인가(내부의 전기자 저항은 무시한다)?

풀이

(*a*) 이 권선에는 $a = 2m = 2a$개의 병렬회로가 있다.

(*b*) 발전기 회전자에는 $Z = 2CN_c = 2(144)(10) = 2880$개의 도체가 있다. 그러므로,

$$K' = \frac{ZP}{60a} = \frac{(2880)(12)}{(60)(2)} = 288$$

그리고, 유기된 전압은 다음과 같다.

$$\begin{aligned} E_A &= K'\phi n_m \\ &= (288)(0.05\ \text{Wb})(200\ \text{r/min}) \\ &= 2880\ \text{V} \end{aligned}$$

(*c*) 회전자를 통과하는 2개의 전류 회로가 있고, 각 회로는 $Z/2 = 1440$개의 도체, 또는 720턴으로 되어있다. 그러므로, 각 전류 회로의 저항은

$$\text{Resistance/path} = (720\ \text{turns})(0.011\ \Omega/\text{turn}) = 7.92\ \Omega$$

이다. 두 개의 병렬회로가 있기 때문에, 유효 전기자 저항은

$$R_A = \frac{7.92\ \Omega}{2} = 3.96\ \Omega$$

이다.

(*d*) 발전기의 단자에 1000 Ω을 연결한다면, 그리고 R_A를 무시한다면 $I = 2880\ \text{V}/1000\ \Omega = 2.88\ \text{A}$의 전류가 흐른다. 상수 K는 주어진 바와 같이

$$K = \frac{ZP}{2\pi a} = \frac{(2880)(12)}{(2\pi)(2)} = 2750.2$$

그러므로, 발전기 축에서의 역토오크는

$$\begin{aligned} \tau_{\text{ind}} &= K\phi I_A = (2750.2)(0.05\ \text{Wb})(2.88\ \text{A}) \\ &= 396\ \text{N} \cdot \text{m} \end{aligned}$$

7.6 직류기의 구조

직류기의 간단한 개략도를 그림 7-33에서 보여주고 있으며, 더 상세한 직류기의 내부 단면을 그림 7-34에서 보여주고 있다.

기기의 물리적인 구조는 두 부분으로 이루어져 있다: 고정자 혹은 고정되어 있는 부분과 회전자 혹은 회전하는 부분이다. 기기의 고정되어 있는 부분에는 물리적으로 기기를 지지해 주는 프레임을 포함하고 있고, 안쪽으로 돌출되어 자속의 공급경로가 되는 자극이 포함되어 있다. 회전자에 근접한 자극의 끝 부분은 회전자 표면에 자속을 고르게 분포시키기 위하여 회전자 전면에 걸쳐 넓게 퍼져 있다. 이 끝부분을 **자극편**(pole shoes)이라 한다. 자극편에서 회전자와 면한 부분을 **자극면**(pole face)이라 하고 회전자와 극면 사이의 거리를 공극이라 부른다.

직류기에는 두 가지의 주요한 권선이 있다: **전기자권선**과 **계자권선**이다. 전기자 권선은 전압이 유기되는 권선으로 정의되고, 계자권선은 기기의 주자속을 발생시키는 권선으로 정의된다. 보통 정상적인 직류기에서 전기자 권선은 회전자에 위치하고, 계자권선은 고정자에 위치하게 된다. 전기자 권선이 회전자에 위치하게 때문에 직류기의 회전자는 때때로 **전기자**라고 부르기도 한다.

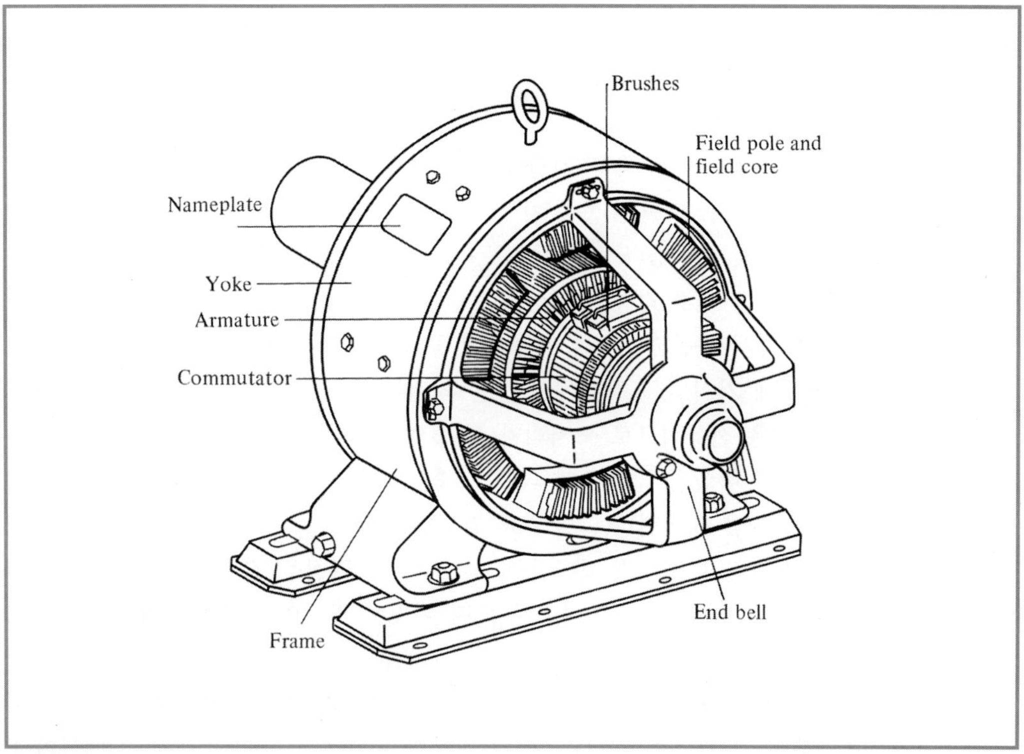

그림 7-33
직류기의 간단한 개략도

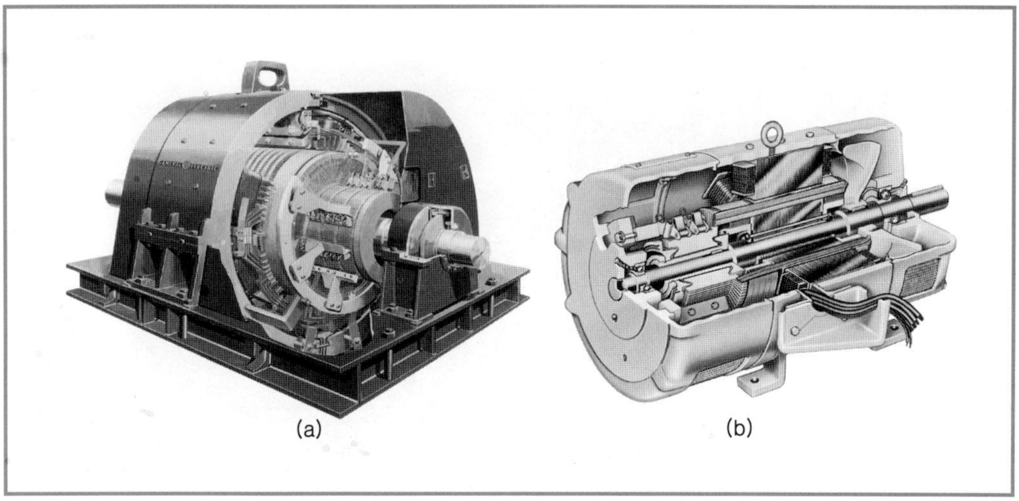

그림 7-34
(a) 보상권선, 보극, 균압선, 정류자가 있는 4000-hp 700-V 14-극 직류기의 절단면(General Electric Co. 제공),
(b) 보상권선은 없지만 보극이 있는 보다 작은 4극 직류전동기(MagneTek Inc. 제공)

전형적인 직류기 전동기의 구조의 특징들을 아래에서 기술하도록 한다.

극과 틀의 구조

예전의 직류기에서 주극은 가끔 하나의 주철로 만들어 계자권선을 그 주위에 감아서 제작했다. 그들은 종종 자극면에서의 철심 손실을 줄이기 위해 적층판에 볼트로 고정시키곤 했다. 반도체 구동 소자들이 일반화되었기 때문에 더 새로운 기기의 주극은 전부 적층된 철심으로 만들어 진다(그림 7-35 참조). 반도체 구동 소자에 의해서 구동되는 직류전동기에 공급되는 전원에는 아주 높은 AC성분이 있기 때문에 기기의 고정자에서 높은 와전류 손실이 많이 생기는 것은 사실이다. 자극면은 전형적으로 모서리가 깎여 있거나 편심의 구조로 되어있으며, 이것은 극면의 바깥쪽 끝부분이 극면의 중심보다 회전자면과 조금 더 멀리 떨어져 있다는 것을 의미한다(그림 7-36 참조). 이 구조는 극면의 끝부분에서 자기저항을 증가시키고 전기자 반작용에 의한 자속 밀집을 감소시킨다.

직류기의 자극은 **돌극**이라고 부르며 이것은 자극이 고정자면에서 튀어나와 있기 때문이다.

직류기에서 보극은 주극의 사이에 위치하며 보극도 적층된 구조가 점점 더 일반화되어 가는데 주극에서 일어나는 것과 똑같은 손실 문제가 있기 때문이다.

어떤 제조업자는 자속이 돌아오는 경로 역할을 하는 프레임(요크) 부분도 적층구조로 하는데, 이것은 전력변환장치로 구동되는 전동기에서 코아 손실을 더욱 줄이기 위해서이다.

그림 7-35
직류 전동의 주계자극 조립품. 자극의 적층과 보상권선을 주목하라 (General Electric Co. 제공).

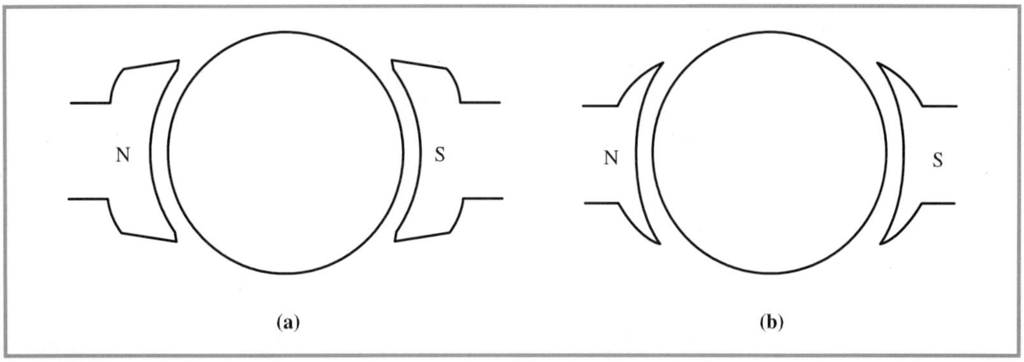

그림 7-36
전기자 반작용을 줄이기 위한 방편으로 여분의 공극이 있는 자극 (a) 모서리가 깎여진 자극, (b) 편심이나 균등하게 경사를 준 자극

회전자 또는 전기자의 구조

직류기에서 **회전자** 또는 **전기자**는 강관으로 가공된 축과 축을 싸고 있는 철심 코아로 되어 있다. 코아는 금형으로 찍어낸 많은 강판 적층으로 되어 있으며, 전기자 권선을 고정하기 위해 바깥면을 따라 노치가 있다. 정류자는 코아의 한 쪽 끝 부분에 회전자축에 같이 설치되어 있다. 전기자 코일은 7.4절에서 설명한 것과 같이 코아의 슬롯안에 놓여있고 그들의 끝은 정류자편에 연결된다(그림 7-37).

그림 7-37
고정자 상부를 제거하여 회전자를 보여주는 직류기(General Electric Co. 제공)

정류자와 브러쉬

직류기의 **정류자**(그림 7-38)는 전형적으로 마이카 재질로 절연된 구리 바(bar)로 만들어 진다. 구리바는 전동기 수명 동안 정상적인 마모가 되어도 괜찮을 정도로 충분히 두껍게 만든다. 정류자편 사이의 마이카 절연체는 정류자 재질보다 더 강하기 때문에 기계를 운전함에 따라 안전을 위하여 구리바의 높이보다 절연체가 더 튀어나오지 않게 하기 위해 잘라주는 것이 필요하다.

기기의 브러쉬는 탄소, 흑연, 금속 흑연, 혹은 탄소와 흑연의 혼합물로 만들어진다. 이들은 전기적 손실을 줄이기 위해서 높은 도전율을 가졌고 과도한 마모를 줄이기 위해서 낮은 마찰계수를 가지고 있다. 이들은 일부러 정류자편보다 약한 재질로 만들어줌으로써 정류자 표면은 거의 마모가 되지 않을 것이다. 브러쉬 강도의 선택은 절충적이다. 만약 브러쉬가 너무 약하다면 너무 자주 바꾸어 주어야 되고, 반면에 너무 강하다면 정류자의 표면이 기기의 수명에 비추어 과도하게 빨리 마모될 것이다.

정류자 표면에서 일어나는 마모는 모두 회전자 권선의 AC 전압을 기기의 단자의 DC 전압으로 바꾸기 위해 브러쉬가 정류자편 위를 문질러져야만 하는 사실 때문에 생긴 직접적인 결과이다. 브러쉬가 누르는 압력이 너무 크면 브러쉬와 정류자편 모두 과도하게 마모될 것이며, 브러쉬의 압력이 너무 약하다면 브러쉬는 약간 튀는 경향이 있고, 브러쉬와 정류자편 접속면에서 아주 많은 스

그림 7-38
대형 직류기의 정류자와 브러쉬(General Electric Co. 제공)

파크가 발생하게 될 것이다. 이 스파크 현상은 브러쉬와 정류자 표면에 모두 나쁜 영향을 주므로 정류자 표면의 브러쉬 압력은 최대의 수명을 위해 기술적으로 조정되어야 한다.

직류기에서 브러쉬와 정류자의 마모에 영향을 미치는 또 다른 요소는 기기 내에 흐르는 전류의 양이다. 브러쉬는 일반적으로 정류자 표면의 얇은 산화층 위를 움직이며 그것은 정류자편 위의 브러쉬 움직임에 윤활제 역할을 한다. 그러나 전류가 매우 작다면 그 층은 부서지고 브러쉬와 정류자 사이의 마찰은 크게 증가한다. 이 증가된 마찰은 마모가 빨리 되게 한다. 브러쉬의 최장 수명을 위해서 기계에는 적어도 일부분의 부하가 항상 존재해야 한다.

권선절연

정류자 보다는 직류전동기 설계에서 가장 결정적인 부분은 권선의 절연이다. 만약 전동기 권선의 절연이 파괴된다면 전동기는 단락되고 말 것이다. 절연이 단락된 기기를 수리하는 것은 가능하다 할지라도 아주 경비가 많이 든다. 과열로 인한 권선의 절연파괴를 막기 위해서는, 권선의 온도를 제한하는 것이 필요하다. 이것은 냉각 공기를 순환시킴으로써 부분적으로 막을 수 있지만, 결국은 권선의 최고온도는 기기로부터 계속적으로 공급할 수 있는 최대전력을 제한하게 된다.

절연은 어떤 결정적인 온도에서 순간적으로 파괴되는 일은 좀처럼 일어나지 않는다. 그 대신에 온도의 상승은 점진적인 절연의 열화를 가져오고, 이것은 충격, 진동, 전기적 스트레스 같은 또 다른 원인에 의해서 파괴되는 요인이 된다. 일반적으로 통용되는 법칙에 따르면 주어진 절연으로 전동기의 수명은 권선의 온도가 10% 올라갈 때마다 반감된다는 것이다. 이 법칙은 오늘날에도 어느 정도 적용되고 있다.

기기 절연체 온도의 한계를 표준화하기 위해 미국의 국립 전기제조자 협회(National Electrical Manufacturers Association: NEMA)는 절연물의 등급을 정의했다. 각 각의 절연계 등급은 각 각의 절연체에서 최고 상승 온도를 규정하고 있다. 여기에는 종합 직류기를 위한 4개의 NEMA 절연등급이 있다: A, B, F, H가 그것이다. 각 등급은 전보다 더 높아진 권선의 허용온도를 나타낸다. 예를 들어, 연속 운전을 하는 직류기에서 온도계에 의해 측정된 전기자 권선의 온도가 주위의 온도보다 높아졌다고 하면, 이는 A 등급에서는 70°C에서, B등급에서는 100°C, F등급에서는 130°C, H등급에서는 155°C로 제한되어야 한다.

이 온도 규정은 *NEMA* 규격 MGI-1993, 'Motors and Generators'에 자세히 나타나 있다. 유사한 표준규격이 International Electrotechnical Commission(IEC)과 여러 나라의 표준국에 의해 정의되고 있다.

7.7 직류기에서 출력의 흐름과 손실

직류발전기에서 기계적인 동력을 받아서 전력을 생산하는 반면 직류전동기는 전력을 받아서 기계적인 동력을 생산한다. 두 경우 모두 기기에 들어가는 입력이 모두 유용한 형태로 출력측에 나타나는 것은 아니며 거기에는 언제나 변환과정과 연관된 약간의 손실이 있게 마련이다.

직류기의 효율은 다음 방정식에 의해 정의된다.

$$\eta = \frac{P_{\text{out}}}{P_{\text{in}}} \times 100\% \tag{7–50}$$

기기의 입력과 출력의 차이는 그 내부에서 생기는 손실이다. 그러므로 효율은

$$\eta = \frac{P_{\text{out}} - P_{\text{loss}}}{P_{\text{in}}} \times 100\% \tag{7–51}$$

이다.

직류기의 손실

직류기에서 생기는 손실은 다섯 가지의 기본 종류로 분류될 수 있다:

1. 전기 또는 동손(I^2R 손실)
2. 브러쉬손
3. 코아(철)손
4. 기계손
5. 표유부하손

전기 또는 동손 동손은 기기의 전기자와 계자권선에서 발생하는 손실이다. 전기자와 계자권선에서의 동손은 다음과 같다.

$$\text{전기자손:} \qquad P_A = I_A^2 R_A \tag{7–52}$$

$$\text{계자손:} \qquad P_F = I_F^2 R_F \tag{7–53}$$

여기서

P_A = 전기자 손실
P_F = 계자회로 손실
I_A = 전기자전류
I_F = 계자전류

R_A = 전기자 저항
R_F = 계자 저항

이다. 이 계산에 사용된 저항은 보통 정상 운전 온도에서의 권선저항이다.

브러쉬손 브러쉬에서의 손실은 브러쉬의 접촉 전위에 의한 전력손이다. 이것은 다음 식으로 주어진다.

$$\boxed{P_{BD} = V_{BD} I_A} \tag{7–54}$$

여기서

P_{BD} = 브러쉬 손실
V_{BD} = 브러쉬 전압강하
I_A = 전기자전류

이다. 브러쉬 손실이 이같은 방법으로 계산되는 이유는 브러쉬 장치의 전압강하는 전기자전류의 넓은 범위 내에서 거의 일정하기 때문이다. 만약 특별히 크기를 정하지 않는다면, 브러쉬의 전압강하는 보통 2 V로 가정한다.

철손 철손은 전동기의 금속에서 생기는 히스테리시스손과 와전류손이다. 이 손실은 1장에서 설명하였다. 이 손실은 회전자의 자속밀도의 제곱(B^2)과 회전속도의 1.5승에 의해 변한다($n^{1.5}$).

기계손 직류기에서 기계적 손실은 기계적인 작용에 의한 손실이다. 기계적인 손실은 두 가지의 기본 형태가 있다: 마찰손과 풍손이다. 마찰손은 기기의 베어링 마찰에 의한 것이고, 풍손은 모터 외함에 포함된 공기와 기기의 움직이는 부분사이의 마찰에 의한 것이다. 이들 손실은 기기속도의 세제곱에 비례한다.

표유손(또는 기타 손실) 표유손은 앞의 범주에 들지 않는 손실들이다. 아무리 세심하게 손실을 계산한다 할지라도 어떤 손실은 항상 앞의 범주에서 빠지는 것들이 있다. 이와 같이 계산에 고려되지 않는 모든 손실을 표유손으로 할 수 있다. 대개의 기기에서 표유손은 전부하의 1% 정도가 된다.

전력 흐름도

기기의 전력손실을 계산하는 데 가장 편리한 기술 중의 하나가 전력흐름도이다. 직류발전기에 대한 전력흐름도를 그림 7-39(a)에 나타내었다. 이 그림에서 기계적인 힘이 기기의 입력으로 들어갔고, 표유손, 기계손, 코아손을 뺀다. 이들을 뺀 후에 남아있는 동력이 P_{conv}지점에서 이상적으로 기계적인 형태에서 전기적인 형태로 변환된다. 변환된 기계적인 동력은 다음과 같다.

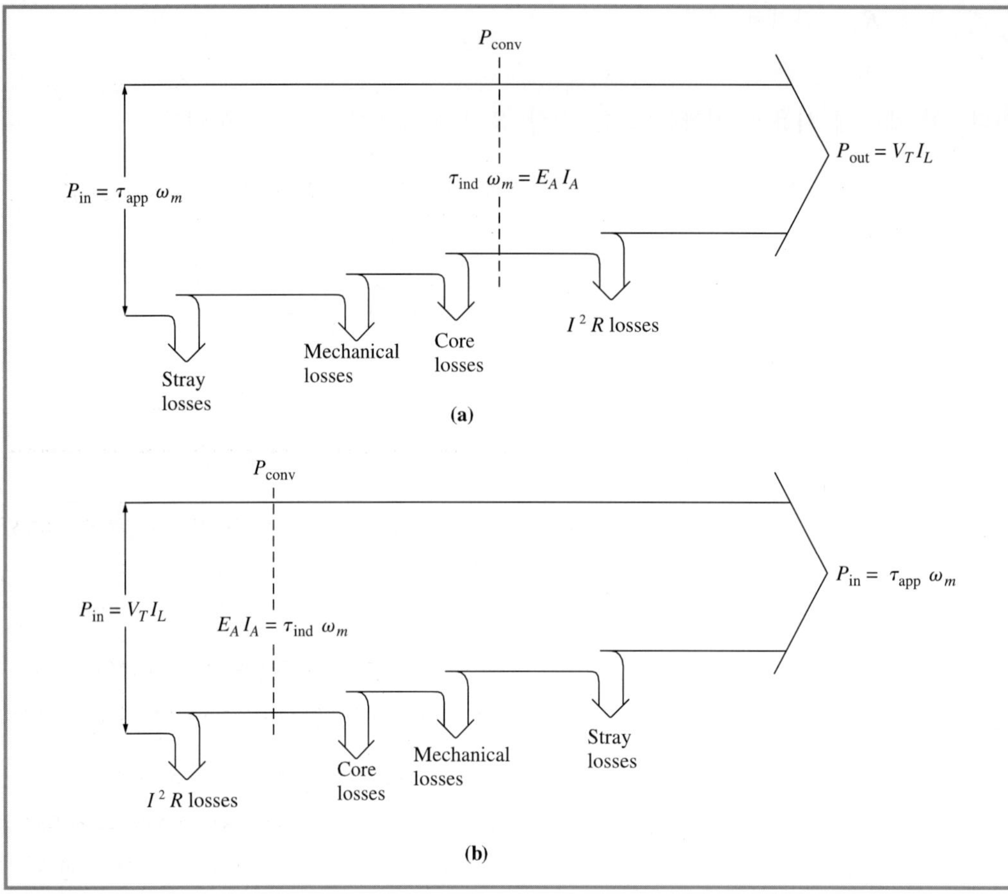

그림 7-39
직류기의 전력흐름도 (a) 발전기, (b)전동기

$$\boxed{P_{conv} = \tau_{ind}\omega_m} \tag{7–55}$$

최종적으로 생산된 전력은 다음과 같다.

$$\boxed{P_{conv} = E_A I_A} \tag{7–56}$$

그러나 이것은 기기의 단자에 나타나는 전력은 아니다. 단자에 도달하기 전에 전기적인 I^2R 손실과 브러쉬손을 제해야 한다.

직류전동기의 경우 전력흐름도는 이것을 간단하게 역순으로 고려하면 된다. 전동기에 대한 전력흐름도를 그림 7-39(b)에 나타내었다.

전동기와 발전기의 효율 계산이 포함된 예제들을 다음 두 장에서 다루게 될 것이다.

7.8 요약

직류기는 기계적 동력을 직류 전력으로, 또는 역으로 변환하는 것이다. 이번 장에서는 직류기 작동의 기본 원리를 먼저 간단한 선형기기와 단일 회전루프로 된 기기를 이용하여 설명하였다.

회전자 도체의 AC전압을 DC출력 전압으로 변환하는 기술로서 정류의 개념을 소개하였고, 이들의 문제점도 기술되었으며, 직류기의 회전자에서 권선의 가능한 도체 배열방법(중권과 파권)도 또한 설명되었다.

직류기의 유기된 전압과 토오크에 관한 방정식들을 유도하였고 기기의 물리적인 구조도 기술하였다. 마지막에는 직류기에서 손실의 형태를 설명하였고 전체적인 운전 효율도 고찰하였다.

질문 Questions

7-1. 정류가 무엇인가? 어떻게 정류자는 전기자의 AC전압을 단자의 DC전압으로 변환시킬 수 있는가?

7-2. 왜 직류기에서 극면을 곡선으로 하는 것이 출력 DC 전압을 더 평활하게 하는 요인이 되는가?

7-3. 코일의 피치 계수란 무엇인가?

7-4. 전기각의 개념을 설명하라. 회전자 도체 전압의 전기각과 기기축의 기계적인 각과는 어떠한 관계가 있는가?

7-5. 정류자 피치는 무엇인가?

7-6. 전기자 권선의 권선법 중 plex란 무엇인가?

7-7. 중권과 파권은 어떻게 다른가?

7-8. 균압선이란 무엇인가? 왜 이것은 중권에서만 필요하고 파권에서는 필요하지 않은가?

7-9. 전기자 반작용이 무엇인가? 이것은 직류기 작용에 어떻게 영향을 미치는가?

7-10. 정류되고 있는 도체의 $L\ di/dt$ 전압문제를 설명하라.

7-11. 직류기에서 브러쉬의 이동은 스파크 문제에 어떻게 영향을 미치는가?

7-12. 정류극은 무엇인가? 그들이 어떻게 사용되는가?

7-13. 보상권선은 무엇인가? 이들의 가장 심각한 단점은 무엇인가?

7-14. 왜 현대의 기기 구조는 적층된 극을 사용하는가?

7-15. 절연 등급은 무엇인가?

7-16. 직류기에는 어떤 종류의 손실이 존재하는가?

연습문제 Problems

7-1. 그림 7-6은 간단한 회전루프에 대해 아래와 같은 특성들이 주어졌다:

$$B = 0.4\text{ T} \qquad V_B = 48\text{ V}$$
$$l = 0.5\text{ m} \qquad R = 0.4\ \Omega$$
$$r = 0.25\text{ m} \qquad \omega = 500\text{ rad/s}$$

(*a*) 이 기기는 전동기와 발전기 중 어느 것으로 동작되는가? 설명하라.

(*b*) 기기의 밖으로 혹은 안으로 흐르는 전류 *i*는 얼마인가? 기기의 입력이나 출력은 얼마인가?

(*c*) 회전자의 속도가 550 rad/s로 변했다면, 안이나 밖으로 흐르는 전류에는 어떤 변화가 있는가?

(*d*) 회전자의 속도가 450 rad/s로 변했다면, 안이나 밖으로 흐르는 전류에는 어떤 변화가 있는가?

7-2. 간단한 2 극 8개의 코일을 가진 기기를 그림 P7-1에서 보여 주고 있다. 이 기기에 관한 특성은 다음과 같이 주어졌다:

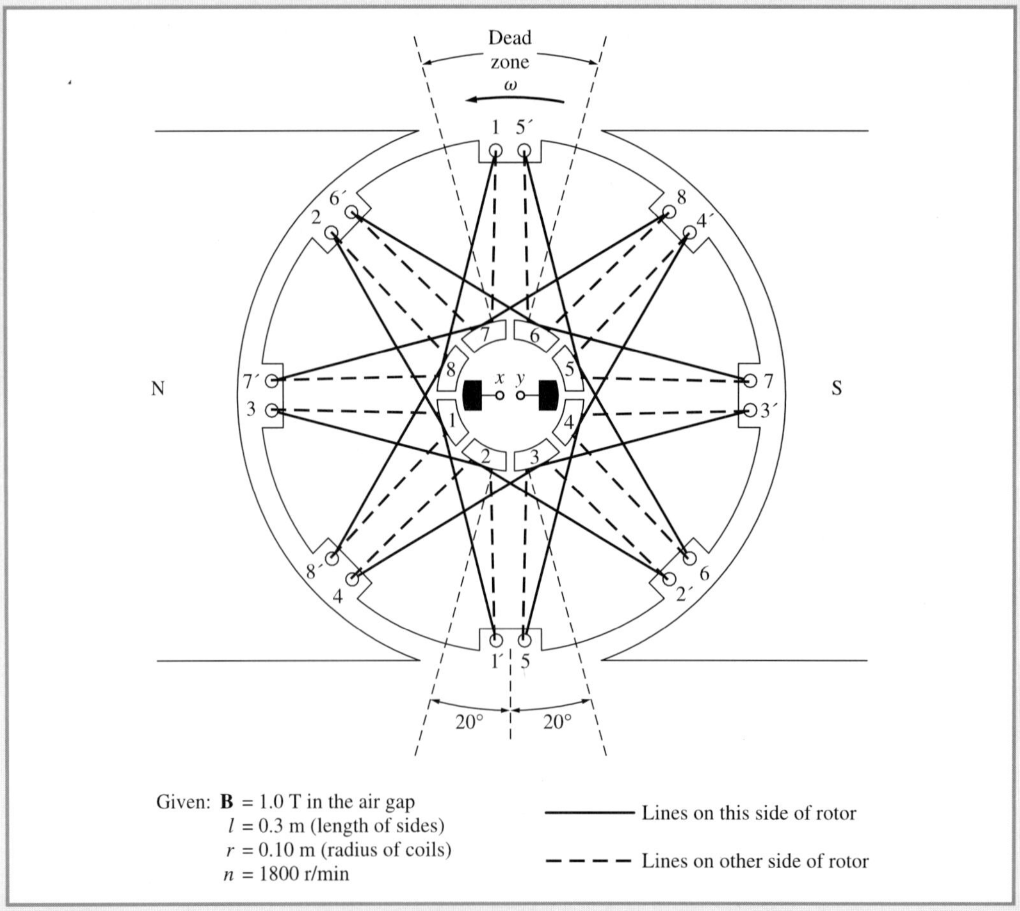

그림 P7–1
연습문제 7-2의 기기

$B = 1.0\text{ T}$ 공극에서
$l = 0.3\text{ m}$ (코일변의 길이)
$r = 0.10\text{ m}$ (코일의 반지름)
$n = 1800\text{ r/min}$ 반시계방향

각 회전자 코일의 저항은 0.04 Ω이다.

(*a*) 전진 혹은 후진 권선 중 이 전기자 권선은 어떤 것인가?

(*b*) 이 기기에서 전기자를 통하는 병렬 전류 회로 수는 몇 개인가?

(*c*) 이 기기에서 브러쉬 전압의 크기와 극성은 어떻게 되는가?

(*d*) 이 기기의 전기자 저항 R_A는 얼마인가?

(*e*) 5-Ω의 저항이 기기의 단자에 연결되어 있다고 가정할 때, 기기에 흐르는 전류는 얼마인가? 내부저항을 고려하여 기기에 흐르는 전류를 정하라.

(*f*) 발생된 토오크의 크기와 방향은 어떻게 되는가?

(*g*) 회전속도와 자속밀도가 일정하다고 가정하고 전류의 함수로서 이 기기의 단자전압의 특성을 그려라.

7-3. 단일의 회전루프에서 유기된 전압방정식

$$e_{\text{ind}} = \frac{2}{\pi}\phi\omega_m \tag{7–6}$$

는 직류기에서 일반적인 유기전압 방정식

$$E_A = K\phi\omega_m \tag{7–38}$$

의 특별한 경우이다. 이를 증명하여라.

7-4. 8극, 정격전류 120 A의 직류기가 있다. 전기자가 (*a*) 단중 중권, (*b*) 2중 중권, (*c*) 단중 파권일 때 정격에서 각 회로에 흐르는 전류는 얼마인가?

7-5. 전기자가 (*a*) 단중 중권, (*b*) 2중 중권, (*c*) 삼중 중권, (*d*) 사중 중권 일 때, 이 12극 기기의 병렬 회로 수는 각각 얼마인가?

7-6. 직류기에서 한 형태에서 다른 형태로 바뀌는 동력은 $P_{\text{conv}} = E_A I_A = \tau_{\text{ind}}\,\omega_m$의 식으로 주어진다.

$E_A I_A = \tau_{\text{ind}}\,\omega_m$를 증명하기 위해 E_A와 τ_{ind}[식 (7-38)과 식 (7-49)]를 사용하라. 즉, 동력이 변환되는 시점에서 나타나는 전력은 그 시점에서 나타나는 기계적인 출력과 동일하다는 것을 증명하라.

7-7. 각각 10턴씩으로 된 코일 64개를 가진 2중 중권의 8극 25 kW, 120-V 직류발전기가 있다. 정격속도는 3600 rpm이다.

(*a*) 무부하에서 이 발전기에 정격전압을 만드는 데 필요한 각 극당 자속은 얼마인가?

(*b*) 정격부하에서 이 발전기 전기자의 회로 당 전류는 얼마인가?

(*c*) 정격부하에서 유기되는 토오크는 얼마인가?

(*d*) 이 기기는 몇 개의 브러쉬를 가져야 하는가? 각 브러쉬의 넓이는 얼마로 해야 하는가?

(*e*) 권선 한 턴당의 저항이 0.011 Ω이라면, 전기자의 저항 R_A은 얼마인가?

7-8. 그림 P7-2는 코일당 10개의 턴으로된 8개의 코일을 가진 작은 2극 직류기를 보여주고 있다. 극당 자속은 0.006 Wb이다.

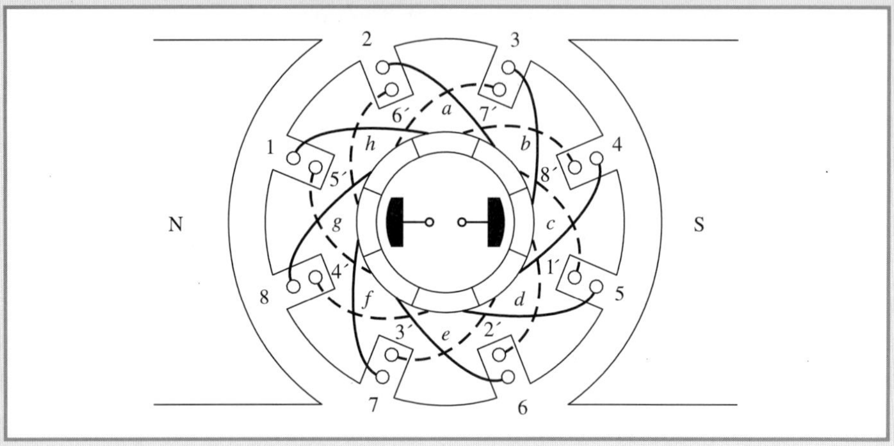

그림 P7-2
연습문제 7-8의 기기

(*a*) 이 전동기가 12-V의 자동자 전지에 연결되었다면 이 전동기의 무부하 속도는 얼마인가?

(*b*) 만일 전지의 양극이 가장 오른편에 있는 브러쉬에 연결되었다면 기기의 회전방향은 어느 쪽인가?

(*c*) 만일 전동기가 전지로 부터 600 W를 공급받도록 부하를 줄였다면, 이 전동기에 유기되는 토오크는 얼마인가(기기의 내부저항은 무시하라.)?

7-9. 기기의 권선을 그림 P7-3에 나타내었다.

(*a*) 전기자 권선을 통과하는 병렬회로 수는 몇 개인가?

(*b*) 이 기기에서 적당한 정류를 위하여 브러쉬는 어디에 위치 시켜야 하는가? 그들의 폭은 얼마가 되어야 하는가?

(*c*) 이 기기의 권선형태 plex는 무엇인가?

(*d*) 극면 아래의 어떤 단일 도체의 전압을 e라면 이 기기의 단자에서의 전압은 얼마인가?

7-10. 그림 P7-4의 권선에 대해 자세히 설명하라. 만일 N극 쪽에 있는 브러쉬에 양의 전압이 공급된다면 전동기의 회전방향은 어느 쪽인가?

참고문헌 References

1. Del Toro, V.: *Electric Machines and Power Systems,* Prentice Hall, Englewood Cliffs, N.J., 1985.
2. Fitzgerald, A. E., C. Kingsley, Jr., and S. D. Umans: *Electric Machinery,* 6th ed., McGraw-Hill, New York, 2003.
3. Hubert, Charles I.: *Preventative Maintenance of Electrical Equipment,* 2d ed., McGraw-Hill, New York, 1969.
4. Kosow, Irving L.: *Electric Machinery and Transformers,* Prentice Hall, Englewood Cliffs, N.J., 1972.
5. National Electrical Manufacturers Association: *Motors and Generators*, Publication No. MG1-2006, NEMA, Washington, D.C., 2006.
6. Siskind, Charles: *Direct Current Machinery,* McGraw-Hill, New York, 1952.
7. Werninck, E. H. (ed.): *Electric Motor Handbook,* McGraw-Hill, London, 1978.

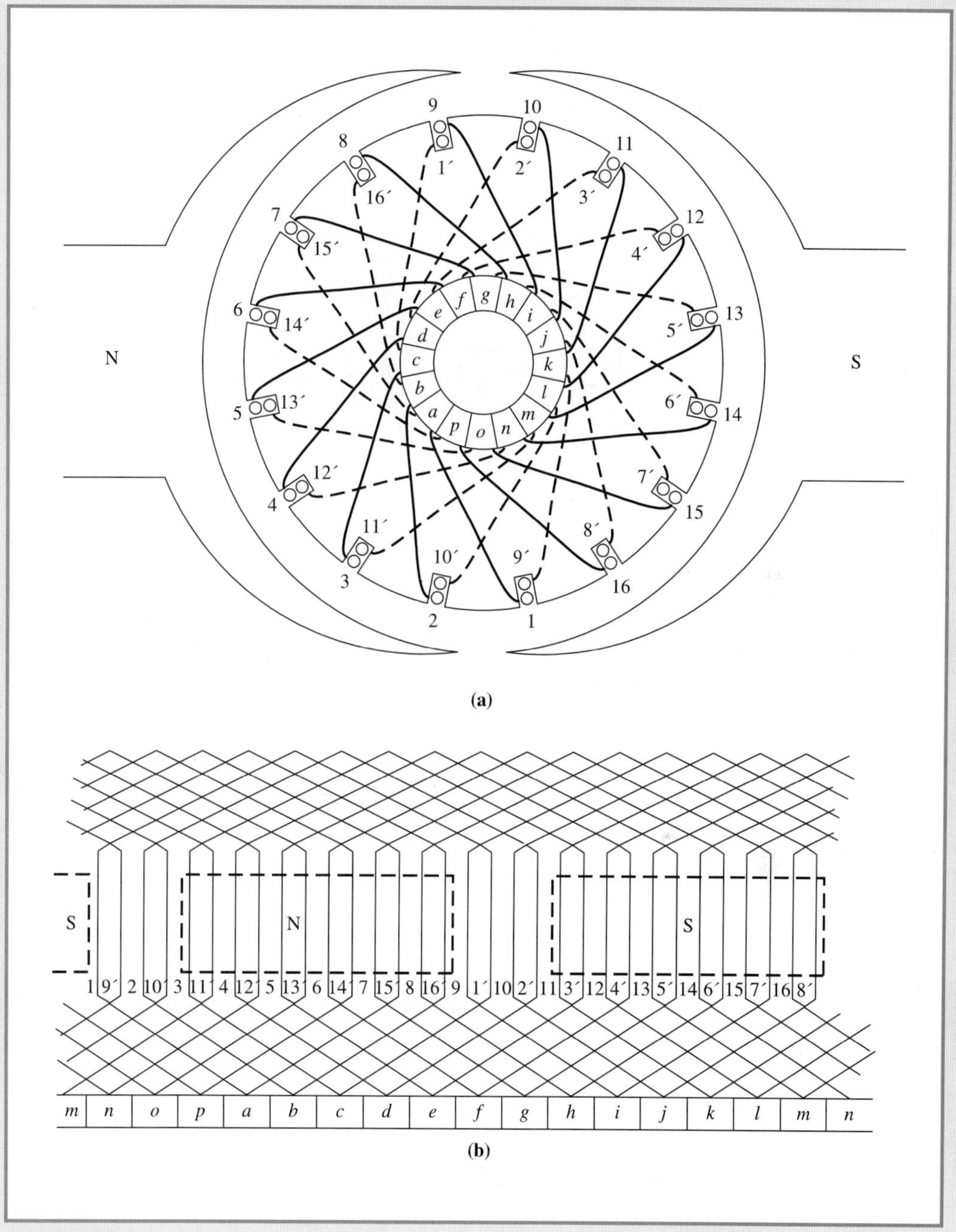

그림 P7-3

(a) 연습문제 7-9의 기기, (b) 이 기기의 전기자 권선도

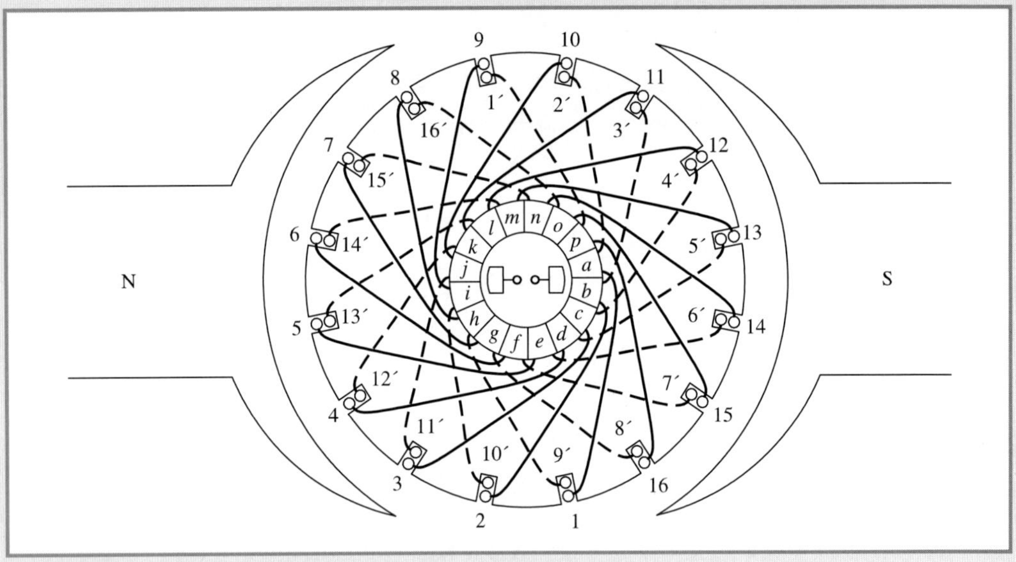

그림 P7-4
연습문제 7-10의 기기 결선도

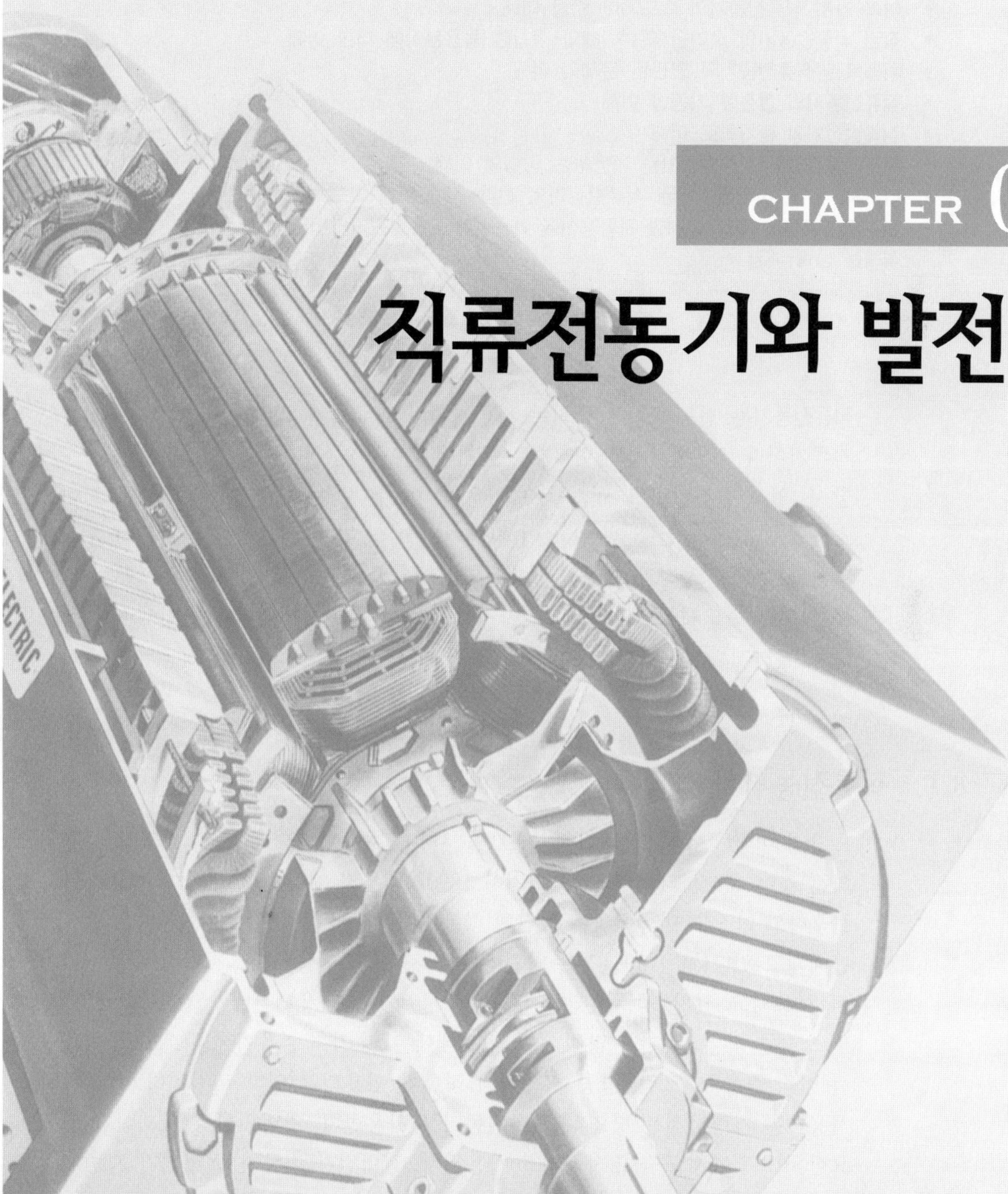

CHAPTER 08

직류전동기와 발전기

학습목표

- 일반용 직류전동기의 종류
- 직류전동기의 등가회로 이해
- 타여자, 분권, 직권 및 복권 직류전동기의 토크-속도 특성 유도 방법 이해
- 전기자 반작용 효과를 고려한 자화곡선을 이용하여 직류전동기의 비선형 특성을 분석하는 능력 배양
- 여러 가지 직류전동기의 속도제어 방법 이해
- 직권 직류전동기의 특이한 특성이해와 적합한 응용분야에 대한 이해
- 차동복권 직류전동기와 연관된 문제의 이해
- 직류전동기의 안전한 기동법 이해
- 직류발전기의 등가회로 이해
- 외부전압원없이 직류발전기를 기동하는 방법의 이해
- 타여자, 분권, 직권 및 복권 직류발전기의 전압-전류 특성 유도 방법 이해
- 전기자 반작용 효과를 고려한 자화곡선을 이용하여 직류발전기의 비선형 특성을 분석하는 능력 배양

직류전동기는 전동기로 사용되는 직류기이며 직류발전기는 발전기로 사용되는 직류기이다. 7장에서 설명한 대로, 물리적으로 동일한 기계를 전동기로도 사용할 수 있고 발전기로도 사용할 수 있으며 이것은 단순히 기계를 통과하는 전력 흐름의 방향에 관한 문제이다. 이 장에서는 여러 가지 형태의 직류전동기를 설명하고 각각의 장점과 단점을 살펴본다. 또한 직류전동기의 기동과 반도체소자를 이용한 속도제어를 살펴본다. 마지막으로 본 장에서는 직류발전기에 대해서도 고찰하게 될 것이다.

8.1 직류전동기의 개요

초창기 미국에서는 직류 전력시스템을 사용했지만(그림 8-1참조) 교류를 사용하는 것이 유리하다는 것이 밝혀져서 1890년대부터 교류를 사용했다. 그럼에도 불구하고 아직도 미국에서는 상당히 많은 양의 직류전동기가 1960년 이후 매년 판매되고 있다(지난 30년간은 약간 감소의 경향이 있음). 직류전력시스템은 거의 사용되고 있지 않는데 왜 직류전동기는 많이 사용되는가?

오늘날 직류전동기가 많이 사용되는 데에는 몇 가지 이유가 있다. 그 한 가지는 아직 승용차, 트럭, 항공기 등에서 직류가 이용되고 있다는 점이다. 직류를 사용하는 차량에서는 당연히 직류전동기를 사용한다. 광범위한 속도제어가 필요한 시스템에서도 직류전동기가 사용된다. 전력전자 정류기-인버터가 광범위하게 사용되기 전에는 직류전동기가 속도제어용 전동기로서는 최고의 성능을

(a)

(b)

그림 8-1
초창기의 직류전동기 (a) 1886년에 Elihu Thompson에 의해 제작된 0.5 hp 직류전동기, (b) 20세기에 제작된 4극 직류전동기. 브러쉬를 중성점으로 이동할 수 있는 손잡이가 보인다(General Electric Company 제공).

나타냈다. 직류가 공급되지 않는 시스템에서도 반도체소자를 이용한 정류기나 초퍼를 이용해서 필요한 직류전력을 만들었고 직류전동기는 원하는 속도제어 성능을 발휘했다(현재에는 반도체소자로 구동되는 교류전동기도 대부분 속도 제어의 측면에서 직류전동기보다 더 선호도가 높지만, 아직도 상당히 많은 직류 전동기가 속도제어용 전동기로서 호평 받고 있다).

직류전동기는 자신의 속도변동에 의해서 성능을 비교하며 전동기의 **속도변동율**(*SR*)은 다음과 같이 정의한다.

$$\mathrm{SR} = \frac{\omega_{\mathrm{m,nl}} - \omega_{\mathrm{m,fl}}}{\omega_{\mathrm{m,fl}}} \times 100\% \tag{8-1}$$

$$\mathrm{SR} = \frac{n_{\mathrm{m,nl}} - n_{\mathrm{m,fl}}}{n_{\mathrm{m,fl}}} \times 100\% \tag{8-2}$$

전동기의 속도변동률은 전동기의 토오크–속도 특성을 개략적으로 보여주는 것이다. 속도조정률이 양이면 부하가 증가할 때에 전동기의 속도가 감소하고, 속도변동률이 음이면 부하가 증가할 때에 전동기의 속도도 증가한다. 속도변동률의 크기는 토오크–속도 특성곡선의 가파른 정도를 나타낸다.

직류전동기는 물론 직류전원으로 구동되며, 만일 별다른 언급이 없다면 직류전동기의 입력 전압은 일정하다고 가정한다. 이렇게 하는 것은 직류전동기 해석 시에는 물론, 다른 형태의 전동기와 비교 시에도 간편하기 때문이다.

직류전동기에는 일반적으로 다음과 같은 5가지 종류가 사용되고 있다.

1. 타여자 직류전동기
2. 분권 직류전동기
3. 영구자석 직류전동기
4. 직권 직류전동기
5. 복권 직류전동기

이 장에서는 위의 직류전동기들을 차례로 고찰할 것이다.

8.2 직류전동기의 등가회로

직류전동기의 등가회로를 그림 8-2에서 보여주고 있다. 이 그림에서 전기자 회로는 이상적인 전압원 E_A와 저항 R_A로 나타내었으며, 이것은 전기자의 회전자 코일, 보극 및 보상권선을 포함한 전체 회전자구조에 대한 테브난등가회로이다. 브러쉬 전압강하는 기계내에서 전류의 방향과 반대로 작은 전지 V_{brush}로 나타낸다. 발전기에서 자속을 발생시키는 계자코일은 인덕터 L_F와 자항 R_F로 나타낸다. 저항 R_{adj}는 계자회로에서 전류량을 제어하는 데 사용하는 외부의 가변저항이다.

이러한 기본 등가회로에 약간의 변화를 주어서 간단하게 할 수 있다. 브러쉬 전압강하는 기계 내에서 발생된 전압의 극히 작은 부분에 해당되므로 결정적인 영향을 주지 않는다면 생략하거나 개략적으로 R_A에 포함시킬 수도 있다. 또한 계자코일의 내부저항도 가변저항에 포함시키기도 하며 그 전체를 R_F라고 부른다(그림 8-2b참조).

직류전동기의 내부발생전압은 다음 식과 같다.

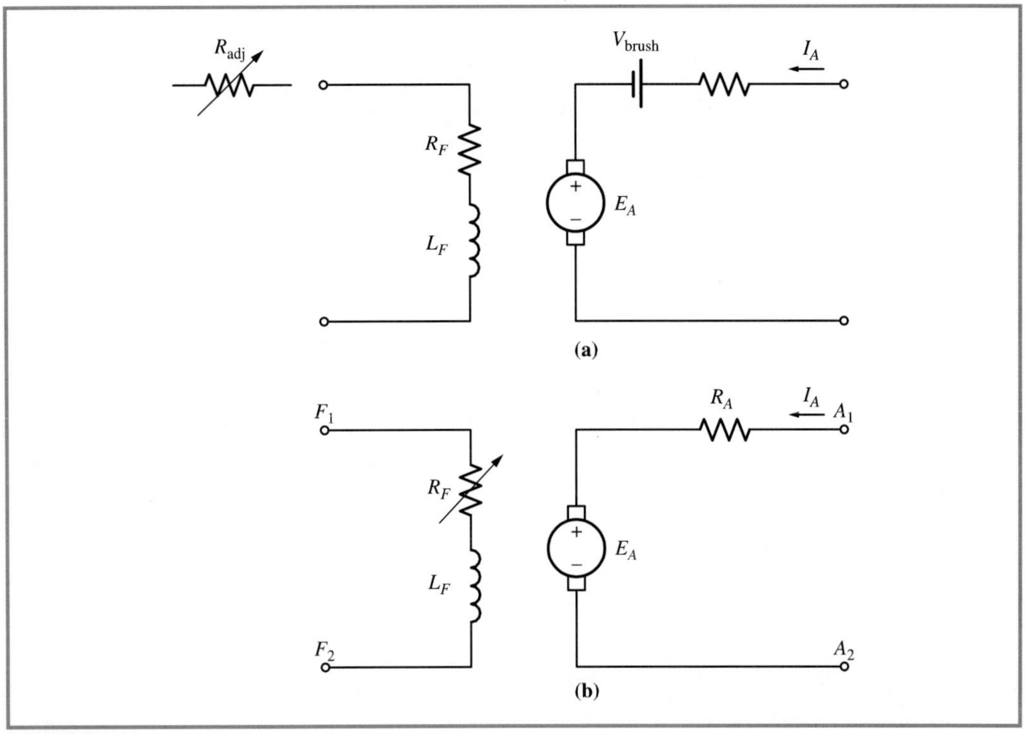

그림 8-2
(a) 직류전동기의 등가회로, (b) 브러쉬 전압강하를 무시하고 R_{adj}를 계자 저항과 합하여 간략화한 등가회로

$$\boxed{E_A = K\phi\omega_m} \tag{7–38}$$

그리고 전동기에서 발생된 토오크는 다음과 같다.

$$\boxed{\tau_{ind} = K\phi I_A} \tag{7–49}$$

전기자 회로에서의 키르호프의 전압법칙 공식과 자화곡선에서 나온 이 두 식은 직류전동기의 모든 동작을 해석하는 데 필수 공식이 될 것이다.

8.3 직류기의 자화곡선

직류발전기의 내부유기전압 E_A는 식 (7-38)과 같다.

$$\boxed{E_A = K\phi\omega_m} \tag{7–38}$$

따라서 E_A는 발전기의 자속과 회전속도에 비례한다. 어떻게 유기전압이 계자전류와 관련이 되는가?

발전기의 계자전류는 $\mathscr{F} = N_F I_F$에 의해서 기자력을 발생시킨다. 이 기자력은 그림 8-3에 있는 자화곡선에 따라서 발전기 내에 자속을 발생시킨다. 계자전류가 기자력에 비례하고 E_A가 자속에 비례하기 때문에 일반적으로 발전기의 자화곡선은 주어진 속도 ω_0에 대해서 계자전류에 대한 E_A의 변화를 표시한다(그림 8-4).

단위 중량당의 출력을 최대로 하기 위해서 대부분의 발전기는 자화곡선의 포화점 부근에서 운전되도록 설계되어 있다. 이것은 전부하 근처에서 운전될 때에 E_A를 조금이라도 더 증가시키기 위해서는 대단히 큰 전류가 필요하다는 것을 의미한다.

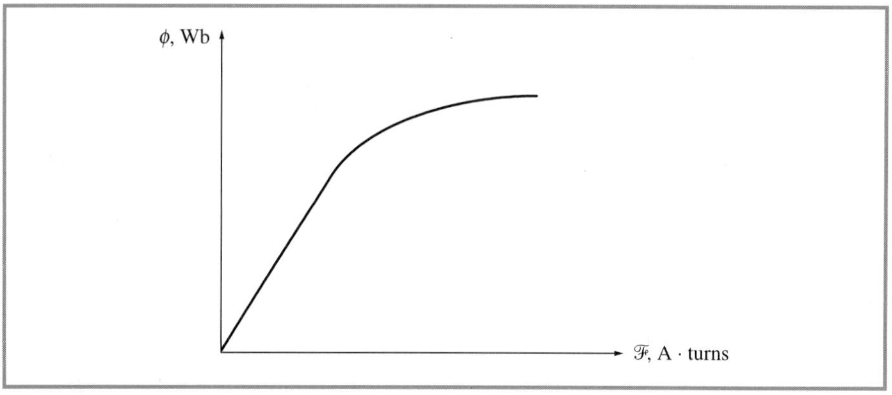

그림 8-3
강자성체의 자화곡선(ϕ 대 $\mathscr{F}$)

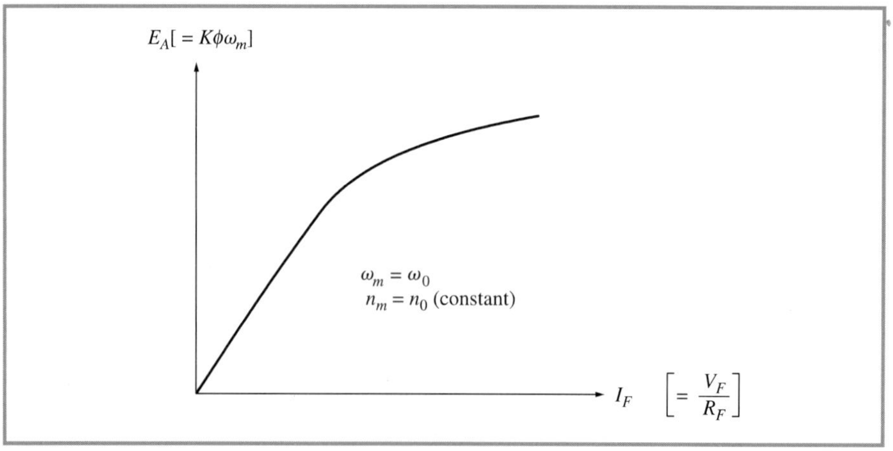

그림 8-4
일정속도에서 E_A와 I_F의 관계를 그린 발전기의 자화곡선

이 책에서 사용하고 있는 직류기의 자화곡선은 MATLAB을 이용한 문제풀이에도 적용 가능한 형태이다. 각 자화곡선은 별도의 MAT파일에 저장하고 MAT파일은 3개의 변수를 포함하고 있다. 즉 계자전류값 `if_values`, 해당되는 내부발생전압 E_A값 `ea_values` 및 자화곡선이 측정된 rpm 속도 `n_0`이다.

8.4 타여자 및 분권 직류전동기

타여자 직류전동기의 등가회로가 그림 8-5(a)에, 그리고 분권 직류전동기의 등가회로가 그림 8-5(b)에 있다. 타여자 직류전동기는 계자회로의 전원이 따로 분리된

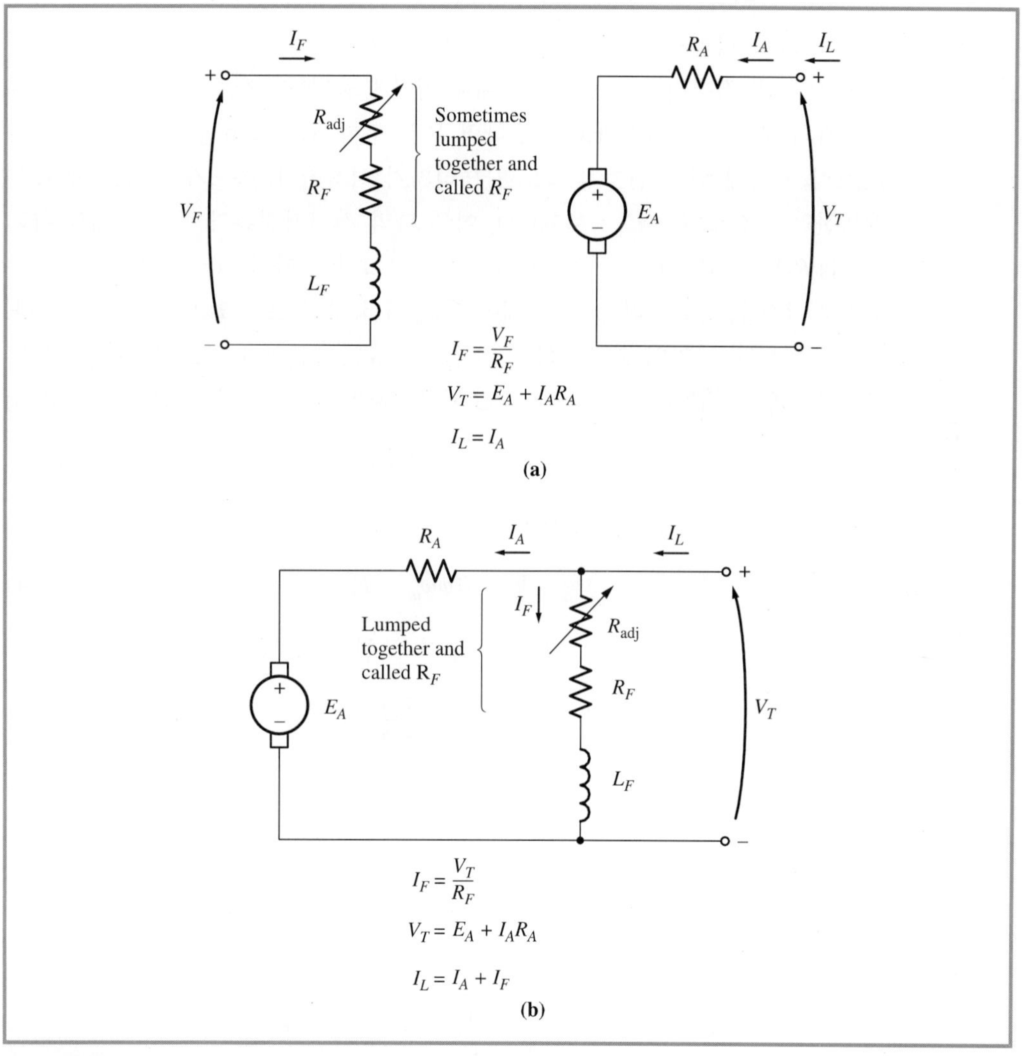

그림 8-5
(a) 타여자 직류전동기의 등가회로, (b) 분권 직류전동기의 등가회로

정전압원인 전동기이고 분권 직류전동기는 계자회로의 전원을 전동기 전기자 단자와 병렬로 연결하여 공급받는 전동기이다. 전원전압이 일정하다면 두 전동기 구동은 실질적으로 차이가 없기 때문에 특별한 조건이 없으면 분권전동기를 언급할 때 타여자 전동기도 여기에 포함되는 것으로 한다.

전기자 회로에서 키르히호프 전압 공식(KVL)은 다음과 같다.

$$\boxed{V_T = E_A + I_A R_A} \tag{8-3}$$

분권 직류전동기의 단자특성

전기기기의 단자특성은 기기의 각 출력량들의 그래프로 나타낸다. 전동기에서 출력량은 전동기 축의 토오크와 속도이므로 전동기 단자특성은 토오크 대 속도의 그래프로 나타낸다.

먼저 분권 직류전동기는 부하에 대해 어떻게 응답하는가 알아보자. 분권 직류전동기의 부하가 증가한다고 가정하면 우선 부하 토오크 τ_{load}가 유도된 토오크 τ_{ind}보다 커지게 되고 전동기 속도가 느려지기 시작한다. 속도가 줄어들 때 내부발생전압이 감소하고($E_A = K\phi\omega_m\downarrow$), 이에 따라 전기자전류가 증가한다[$I_A = (V_T - E_A\downarrow)/R_A$]. 전기자전류가 증가하면 유도토오크가 증가하고($\tau_{\text{ind}} = K\phi I_A\uparrow$), 최종적으로 유도토오크는 더 낮은 기계속도 ω_m에서 부하 토오크와 같게 될 것이다.

분권 직류전동기의 **출력 특성**은 전동기의 유기기전력과 토오크방정식 및 키르호프 전압법칙(KVL)에 의하여 유도된다. 분권 직류전동기의 KVL 식은 (8-3)

$$V_T = E_A + I_A R_A \tag{8-3}$$

이고 유기기전력 $E_A = K\phi\omega_m$이므로 단자전압은 다음과 같다.

$$V_T = K\phi\omega_m + I_A R_A \tag{8-4}$$

$\tau_{\text{ind}} = K\phi I_A$이므로 전류 I_A는 다음과 같이 표현된다.

$$I_A = \frac{\tau_{\text{ind}}}{K\phi} \tag{8-5}$$

식 (8-4)에 식 (8-5)를 대입하면

$$V_T = K\phi\omega_m + \frac{\tau_{\text{ind}}}{K\phi} R_A \tag{8-6}$$

이므로, 결국 **전동기속도**는 다음과 같이 나타내진다.

$$\boxed{\omega_m = \frac{V_T}{K\phi} - \frac{R_A}{(K\phi)^2}\tau_{\text{ind}}} \tag{8-7}$$

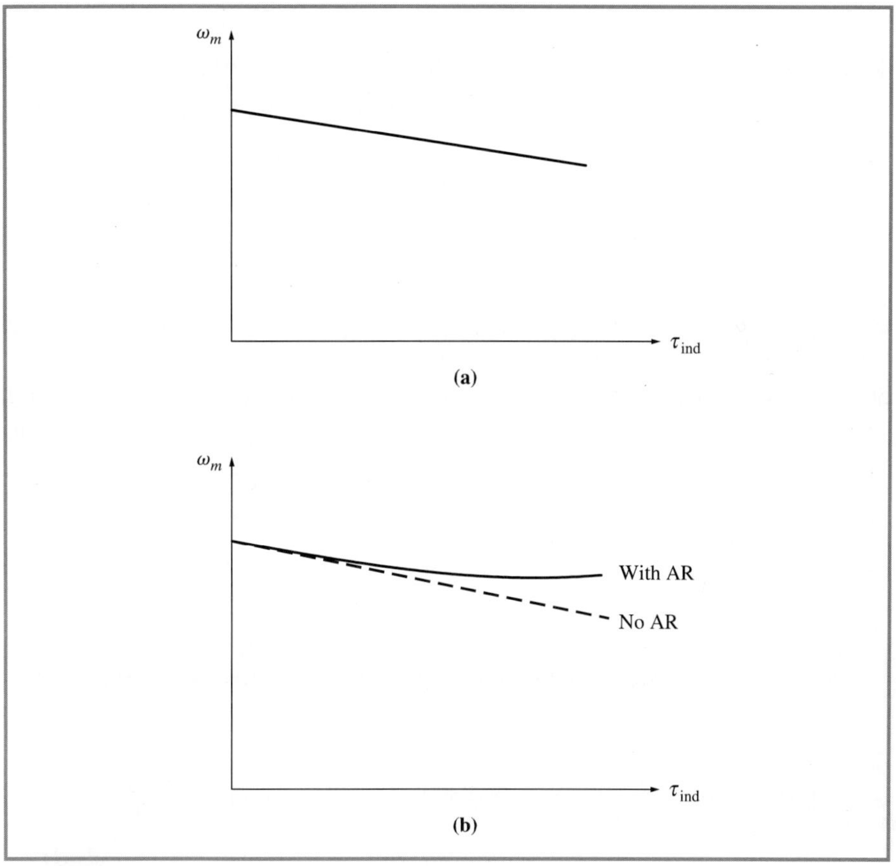

그림 8-6
(a) 전기자 반작용을 없애기 위한 보상권선이 있는 분권 및 타여자 직류전동기의 토오크-속도 특성 (b) 전기자 반작용이 있는 전동기의 토오크-속도 특성

이 방정식은 음의 기울기를 갖는 직선의 방정식이다. 분권 직류전동기의 토오크-속도 특성은 그림 8-6(a)와 같다.

전동기속도가 토오크에 비례하여 선형적으로 변하게 된 것은 식의 다른 항들은 모두 일정하다고 가정한 상태에서 부하만 변한다고 설정했기 때문인데 이는 기억해야 할 중요한 사항이다. 직류전원에 의해 공급되는 단자전압은 일정하다고 가정하는데, 만일 그렇지 않으면 전압 변화가 **토오크-속도 곡선**에 영향을 미치게 된다.

토오크-속도 곡선에 영향을 줄 수 있는 전동기 내부의 또 다른 요소는 바로 전기자 반작용이다. 전동기에 전기자반작용이 있다면 부하가 증가하면서 감자작용에 의해 자속을 감소시킨다. 식 (8-7)에서 보였듯이 자속의 감소는 전동기 속도를 부하 상태에 관계없이 전기자 반작용이 없을 때보다 더 크게 만든다. 전기자 반작용을 갖는 분권 직류전동기의 토오크-속도 특성을 그림 8-6(b)에 나타낸다. 만일 보상권선을 가지고 있는 전동기라면, 전기기기에서 자속감자 문제는 물론 없을 것이고, 기기 내의 자속은 일정할 것이다.

만약 분권 직류전동기가 보상권선을 가지고 있어서 그것의 자속이 부하에 관계없이 일정하고 어느 부하에서 전동기의 속도와 전기자전류가 알려져 있다면 다른 부하에서의 속도를 계산할 수 있다. 예제 8-1은 이 계산방법을 설명해 준다.

예제 8-1

50 hp, 250 V, 1200 rpm의 분권 직류전동기가 있고, 보상권선이 있으며, 전기자저항(브러쉬, 보상권선, 보극포함)이 0.06 Ω이다. 이 전동기의 자기회로의 전체저항 $R_{\text{adj}} + R_F$는 50 Ω이며, 무부하 속도는 1200 rpm이 된다. 분권 계자권선의 각 극당 권선수는 1200회이다(그림 8-7 참조).

(*a*) 입력전류가 100 A일 때 이 전동기의 속도는 얼마인가?
(*b*) 입력전류가 200 A일 때 이 전동기의 속도는 얼마인가?
(*c*) 입력전류가 300 A일 때 이 전동기의 속도는 얼마인가?
(*d*) 위에서 구한 값들을 이용하여 이 전동기의 토오크-속도 특성곡선을 그려라.

풀이

분권 직류전동기의 내부발생전압을 속도와 분당 회전수로 나타내면 다음 식과 같다.

$$E_A = K'\phi n_m \tag{7–41}$$

기기 내의 계자전류는 일정하고(V_T와 계자저항이 모두 일정), 전기자 반작용의 영향이 없으므로, 이 전동기내의 자속은 일정할 것이다. 그러므로 두 개의 다른 부하조건에서 이 전동기의 속도와 내부발생전압과의 관계식은 다음과 같다.

$$\frac{E_{A2}}{E_{A1}} = \frac{K'\phi n_{m2}}{K'\phi n_{m1}} \tag{8–8}$$

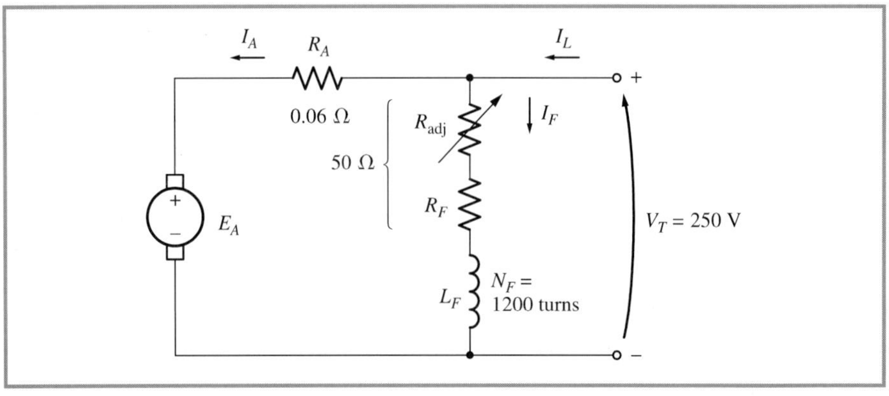

그림 8-7
예제 8-1의 분권 직류전동기

K'은 어떤 전동기에서도 상수이므로 서로 약분되고, 자속 ϕ도 마찬가지로 약분된다. 그러므로,

$$n_{m2} = \frac{E_{A2}}{E_{A1}} n_{m1} \tag{8–9}$$

와 같은 식이 성립된다. 무부하에서 전기자전류는 0이므로 $n_{m1} = 1200$ r/min이면 $E_{A1} = V_T = 250$ V이다. 어떤 부하에서 내부발생전압을 계산하면, 식 (8-9)로부터 그 부하에서의 전동기의 속도계산이 가능해진다.

(a) $I_L = 100$ A라면 이 전동기의 전기자전류는

$$\begin{aligned} I_A &= I_L - I_F = I_L - \frac{V_T}{R_F} \\ &= 100\text{ A} - \frac{250\text{ V}}{50\ \Omega} = 95\text{ A} \end{aligned}$$

따라서 이 부하에서 E_A는 다음과 같이 된다.

$$\begin{aligned} E_A &= V_T - I_A R_A \\ &= 250\text{ V} - (95\text{ A})(0.06\ \Omega) = 244.3\text{ V} \end{aligned}$$

결과적으로 이 전동기의 속도는 다음과 같다.

$$n_{m2} = \frac{E_{A2}}{E_{A1}} n_{m1} = \frac{244.3\text{ V}}{250\text{ V}} 1200\text{ r/min} = 1173\text{ r/min}$$

(b) $I_L = 200$ A라면 이 전동기의 전기자전류는

$$I_A = 200\text{ A} - \frac{250\text{ V}}{50\ \Omega} = 195\text{ A}$$

이므로, 이 부하에서 E_A는 다음과 같이 된다.

$$\begin{aligned} E_A &= V_T - I_A R_A \\ &= 250\text{ V} - (195\text{ A})(0.06\ \Omega) = 238.3\text{ V} \end{aligned}$$

결과적으로 이 전동기의 속도는 다음과 같다.

$$n_{m2} = \frac{E_{A2}}{E_{A1}} n_{m1} = \frac{238.3\text{ V}}{250\text{ V}} 1200\text{ r/min} = 1144\text{ r/min}$$

(c) $I_L = 300$ A라면 이 전동기의 전기자전류는

$$\begin{aligned} I_A &= I_L - I_F = I_L - \frac{V_T}{R_F} \\ &= 300\text{ A} - \frac{250\text{ V}}{50\ \Omega} = 295\text{ A} \end{aligned}$$

이므로, 이 부하에서 E_A는 다음과 같이 된다.

$$\begin{aligned} E_A &= V_T - I_A R_A \\ &= 250\text{ V} - (295\text{ A})(0.06\ \Omega) = 232.3\text{ V} \end{aligned}$$

결과적으로 이 전동기의 속도는 다음과 같다.

$$n_{m2} = \frac{E_{A2}}{E_{A1}} n_{m1} = \frac{232.3\text{ V}}{250\text{ V}} 1200\text{ r/min} = 1115\text{ r/min}$$

(*d*) 이 전동기의 출력 특성곡선을 그리기 위해서는 각각의 속도에 대한 토오크를 알아야 한다. 무부하 상태에서 유도된 토오크 τ_{ind}는 정확히 0이다. 직류전동기에서 다른 부하 상태에서 유도된 토오크는 전동기 내에서 변환된 전력식에 의해 구할 수 있고, 그 식은 다음과 같다.

$$\boxed{P_{\text{conv}} = E_A I_A = \tau_{\text{ind}}\,\omega_m} \qquad (7\text{–}55,\ 7\text{–}56)$$

위 식으로부터 전동기에서 유도된 토오크는

$$\tau_{\text{ind}} = \frac{E_A I_A}{\omega_m} \qquad (8\text{–}10)$$

와 같이 되므로, $I_L = 100$ A일 때 유도된 토오크는

$$\tau_{\text{ind}} = \frac{(244.3\text{ V})(95\text{ A})}{(1173\text{ r/min})(1\text{ min/60s})(2\pi\text{ rad/r})} = 190\text{ N}\cdot\text{m}$$

이고, $I_L = 200$ A일 때 유도된 토오크는,

$$\tau_{\text{ind}} = \frac{(238.3\text{ V})(95\text{ A})}{(1144\text{ r/min})(1\text{ min/60s})(2\pi\text{ rad/r})} = 388\text{ N}\cdot\text{m}$$

이고, $I_L = 300$ A일 때 유도된 토오크는,

$$\tau_{\text{ind}} = \frac{(232.3\text{ V})(295\text{ A})}{(1115\text{ r/min})(1\text{ min/60s})(2\pi\text{ rad/r})} = 587\text{ N}\cdot\text{m}$$

이다. 이 전동기의 결과적인 토오크-속도 특성곡선은 그림 8-8과 같다.

분권 직류전동기의 비선형 해석

자속 ϕ와 직류기의 내부발생전압 E_A는 기자력의 비선형함수이므로 기기에서 기자력의 변화는 내부발생전압의 비선형적인 영향을 받는다. E_A의 변화는 해석적으로 계산할 수 없기 때문에 기기의 자화곡선을 이용하여 주어진 기자력에 대한 E_A를 정확하게 계산해야 한다. 기자력에 주로 영향을 주는 것은 계자전류와 전기자 반작용이다.

자화곡선은 주언진 속도에서 I_F와 E_A를 직접 그린 것이기 때문에 계자전류의 변화에 대한 영향은 직접 자화곡선으로부터 결정될 수 있다.

만일 기기가 전기자 반작용을 가지고 있다면 그것의 자속량은 부하가 증가함에 따라 줄어들 것이다. 분권 직류전동기의 전체기자력은 전기자 반작용으로 인한 기자력을 뺀 계자회로의 기자력이다.

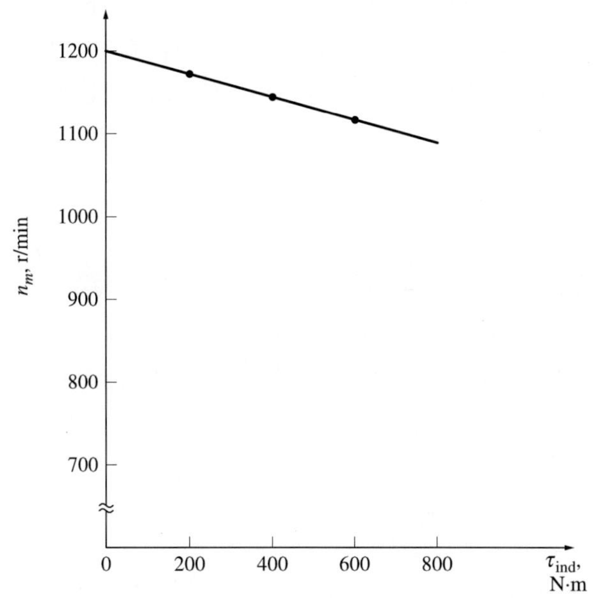

그림 8-8
예제 8-1 전동기의 토오크-속도 특성

$$\mathscr{F}_{net} = N_F I_F - \mathscr{F}_{AR} \tag{8-11}$$

자화곡선은 E_A와 계자전류로 나타내므로 등가계자전류는 통상 기기 내의 모든 기자력의 합성으로 동일한 출력전압을 발생시키는 것으로 정의한다. 그래서 전압 E_A는 자화곡선상의 등가계자전류에 해당하는 곳으로 결정할 수 있으며, 분권 직류전동기의 등가계자전류는 다음 식으로 주어진다.

$$I_F^* = I_F - \frac{\mathscr{F}_{AR}}{N_F} \tag{8-12}$$

직류전동기의 내부발생전압을 결정하기 위하여 비선형해석법을 사용할 때 또 다른 영향을 고려해야 된다. 기기의 자화곡선은 보통은 정격속도에서지만 어떤 특정속도에서 구해진 것이다. 만일 전동기가 다른 속도에서 회전하고 있다면 주어진 계자전류의 영향은 어떻게 될까?

직류전동기의 속도가 rpm으로 표현될 때 유기전압식은 다음과 같다.

$$E_A = K'\phi n_m \tag{7-41}$$

주어진 유효계자전류에 대해서 기기의 자속은 일정하기 때문에 내부발생전압과 속도는 다음관계가 성립한다.

$$\boxed{\frac{E_A}{E_{A0}} = \frac{n_m}{n_0}} \tag{8-13}$$

여기에서 E_A는 속도 n에서의 내부발생전압이고 E_{A0}는 자화곡선의 기준속도 n_0에서의 내부발생전압이다. 만일 자화곡선으로부터 기준조건이 알려지고 Kirchhoff 법칙으로부터 실제 E_A값이 알려지면 식 (8-13)으로부터 실제 속도 n을 결정할 수 있다. 자화곡선과 식 (8-12) 및 식 (8-13)의 이용법은 다음 예제를 통하여 설명할 수 있고, 이 예제는 전기자 반작용이 있는 직류전동기를 해석한 것이다.

예제 8-2

보상권선 없는 50-hp, 250-V, 1200 rpm의 분권 직류전동기의 전기자저항이 0.06 Ω이다. 총 자기회로의 저항 $R_F + R_{adj}$는 50 Ω이다. 이 저항에서는 무부하속도가 1200 rpm이다. 분권계자의 권회수는 극당 1200회이고 전기자 반작용이 200 A의 부하전류에서 840 A·turns의 기자력을 감자시킨다. 이 전동기의 자화곡선은 그림 8-9와 같다.

(*a*) 입력전류가 200 A일 때 이 전동기의 속도를 구하라.

(*b*) 이 전동기는 예제 8-1의 전동기와 비교하면 보상권선이 없다는 점만 빼고 똑같은 모델이다. 200 A의 부하에서 속도를 앞의 전동기와 비교해 보아라.

(*c*) 이 전동기의 토오크-속도 특성을 계산하고 그래프를 그려라.

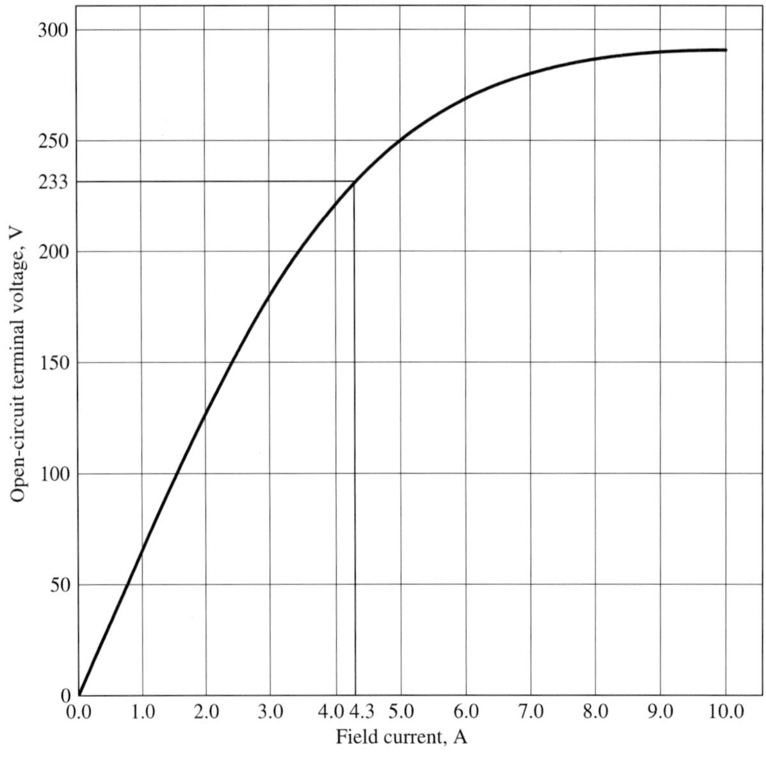

그림 8-9
속도 1200 rpm에서 전형적인 250 V 직류전동기의 자화곡선

풀이

(*a*) 만일 $I_L = 200$ A라면 전기자전류는

$$I_A = I_L - I_F = I_L - \frac{V_T}{R_F}$$
$$= 200 \text{ A} - \frac{250 \text{ V}}{50 \ \Omega} = 195 \text{ A}$$

따라서 내부발생전압은 다음과 같다.

$$E_A = V_T - I_A R_A$$
$$= 250 \text{ V} - (195 \text{ A})(0.06 \ \Omega) = 238.3 \text{ V}$$

$I_L = 200$ A에서 이 전동기의 감자기자력은 840 A·turns이므로 유효 분권 계자전류는 다음과 같다.

$$I_F^* = I_F - \frac{\mathscr{F}_{AR}}{N_F} \tag{8–12}$$
$$= 5.0 \text{ A} - \frac{840 \text{ A} \bullet \text{turns}}{1200 \text{ turns}} = 4.3 \text{ A}$$

자화곡선으로부터 유효 계자전류는 1200 rpm의 속도 n_0에서 233 V의 내부발생전압 E_{A0}를 생성함을 알 수 있다. 내부발생전압 E_A는 1200 rpm에서 233 V인데, 실제 E_A가 238.3 V라면 전동기속도는

$$\frac{E_A}{E_{A0}} = \frac{n_m}{n_0} \tag{8–13}$$

$$n_m = \frac{E_A}{E_{A0}} n_0 = \frac{238.3 \text{ V}}{233 \text{ V}} (1200 \text{ r/min}) = 1227 \text{ r/min}$$

(*b*) 예제 8-1에서 부하가 200 A일 경우 전동기 속도는 $n_m = 1144$ rpm이었다. 여기에서 전동기속도는 1227 rpm이다. 전기자 반작용이 있을 때가 없을 때보다 속도가 더 높음에 주의하기 바란다. 이 상대적인 속도의 증가는 전기자 반작용에 의한 자속의 감소 때문이다.

(*c*) 이전동기의 토오크-속도 특성을 구하기 위해서 여러 가지의 부하조건에서 토오크와 속도를 계산해야 된다. 전기자 반작용의 감자기자력은 200 A인 경우의 부하조건만 주어져 있다. 부가적인 정보를 이용할 수 없으므로 기자력 $\mathscr{F}_{AR}$이 부하전류에 따라 선형적으로 변한다고 가정한다.

다음의 MATLAB-M파일은 이 계산을 자동으로하고 그 결과의 토오크-속도 특성을 그래프로 그린다. 각부하에 대한 속도를 결정하는 것을 (a)에서와 같은 동일한 단계로 수행하면 그 속도에서의 유도토오크를 계산할 수 있다. `fig8_9.mat`라는 파일에서 자화곡선을 읽을 수 있고, 다른 여러 가지의 자화곡선을 웹사이트에서 다운로드받을 수 있다.

```
% M-file: shunt_ts_curve.m
% M-file create a plot of the torque-speed curve of the
%   the shunt dc motor with armature reaction in
%   Example 8-2.
```

```
% Get the magnetization curve.  This file contains the
% three variables if_value, ea_value, and n_0.
load fig8_9.mat.

% First, initialize the values needed in this program.
v_t = 250;               % Terminal voltage (V)
r_f = 50;                % Field resistance (ohms)
r_a = 0.06;              % Armature resistance (ohms)
i_l = 10:10:300;         % Line currents (A)
n_f = 1200;              % Number of turns on field
f_ar0 = 840;             % Armature reaction @ 200 A (A-t/m)

% Calculate the armature current for each load.
i_a = i_l - v_t / r_f;

% Now calculate the internal generated voltage for
% each armature current.
e_a = v_t - i_a * r_a;

% Calculate the armature reaction MMF for each armature
% current.
f_ar = (i_a / 200) * f_ar0;

% Calculate the effective field current.
i_f = v_t / r_f - f_ar / n_f;

% Calculate the resulting internal generated voltage at
% 1200 r/min by interpolating the motor's magnetization
% curve.
e_a0 = interp1(if_values,ea_values,i_f,'spline');

% Calculate the resulting speed from Equation (8-13).
n = ( e_a ./ e_a0 ) * n_0;

% Calculate the induced torque corresponding to each
% speed from Equations (7-55) and (7-56).
t_ind = e_a .* i_a ./ (n * 2 * pi / 60);

% Plot the torque-speed curve
plot(t_ind,n,'k-','LineWidth',2.0);
hold on;
xlabel('\bf\tau_{ind} (N-m)');
ylabel('\bf\itn_{m} (r/min)');
title ('\bfShunt DC motor torque-speed characteristic');
axis([ 0 600 1100 1300]);
grid on;
hold off;
```

계산된 토오크-속도 특성을 그림 8-10에서 보여주고 있고, 어떤 주어진 부하에서 전기자 반작용이 있는 전동기의 속도는 전기자 반작용이 없는 전동기의 속도보다 더 높다는 것을 알 수 있다.

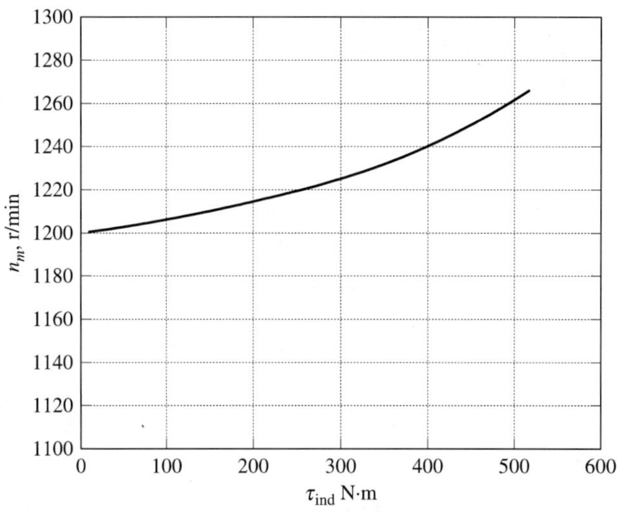

그림 8-10
예제 8-2의 전기자 반작용이 있는 전동기의 토오크-속도 특성

분권 직류전동기의 속도제어

어떻게 분권 직류전동기의 속도를 제어할 것인가? 두 가지의 일반적으로 사용되는 방법과 자주 사용되지 않는 한 가지 방법이 있다. 일반적인 두 방법은 1장의 간단한 선형기기와 7장의 간단한 회전루프에서 보인 바 있다. 자주 사용하는 두 가지 방법은

1. 계자저항 R_F를 조정하는 방법(즉 계자 자속을 조정)
2. 전기자의 단자전압을 조정하는 방법

이고 좀 덜 쓰이는 방법은

3. 전기자 회로에 저항을 직렬로 끼워 넣는 방법이다.

이 방법들을 각각 다음과 같이 설명될 수 있다.

계자저항의 변화 직류전동기의 계자저항이 변했을 때 어떤 일이 일어나는지 알려면 일단 계자저항을 증가시킨 뒤 각 출력의 변화를 점검해봐야 한다. 계자저항이 증가하면 먼저 계자전류가 감소하고($I_F = V_T/R_F\uparrow$) 이에 따라 자속 ϕ도 감소한다. 자속의 감소는 즉각 내부발생전압 E_A $(= K\phi\downarrow\omega_m)$를 감소하게 하고 이것은 전기자전류를 증가시킨다. 즉,

$$I_A\uparrow = \frac{V_T - E_A\downarrow}{R_A}$$

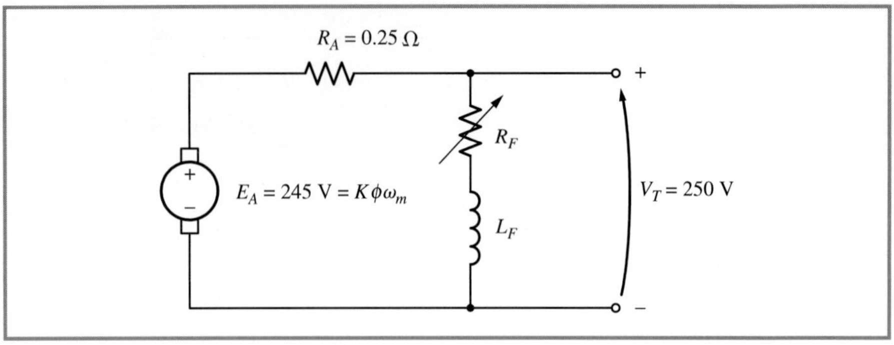

그림 8-11
전형적인 E_A와 R_A를 갖는 250 V 분권 직류전동기

유도된 토오크는 $\tau_{\text{ind}} = K\phi I_A$이다. 전류 I_A가 증가하는 반면, 자속 ϕ는 감소하는데, 이 상황이 유도된 토오크를 어떻게 변화시키는지 알아보자. 쉽게 알려면 예를 들어 보면 된다. 그림 8-11은 내부저항이 0.25 Ω인 분권 직류전동기이다. 이 전동기는 250 V의 단자전압과 245 V의 내부발생전압으로 작동된다. 따라서 전기자전류 $I_A = (250\ \text{V} - 245\ \text{V})/0.25\ \Omega = 20\ \text{A}$이다. 만약 자속이 1% 감소한다면 어떻게 되는지 살펴보자. 1%의 자속 감소는, $E_A = K\phi\omega_m$이므로 1%의 E_A의 감소를 가져온다. 따라서 E_A는 다음과 같이 감소한다.

$$E_{A2} = 0.99\ E_{A1} = 0.99(245\ \text{V}) = 242.55\ \text{V}$$

전기자전류는 다음과 같이 증가한다.

$$I_A = \frac{250\ \text{V} - 242.55\ \text{V}}{0.25\ \Omega} = 29.8\ \text{A}$$

결국 1%의 자속감소는 49%의 전기자전류의 증가를 가져온다.

처음 제기한 문제로 돌아가 보면, 자속의 감소보다 전류의 증가분이 훨씬 크므로 유도된 토오크는 증가하게 된다. 즉,

$$\tau_{\text{ind}} = K\overset{\downarrow}{\phi}\overset{\Uparrow}{I_A}$$

이다. $\tau_{\text{ind}} > \tau_{\text{load}}$이므로 전동기속도가 올라간다.

전동기속도 증가에 따라 내부발생전압은 증가하지만 I_A는 감소한다. I_A가 감소하면서 유도된 토오크 τ_{ind}도 감소하여 최종적으로 처음보다 높은 속도의 안정상태에서 τ_{ind}가 τ_{load}와 같게 된다.

지금까지의 속도제어 과정을 요약하면 다음과 같다.

1. R_F의 증가가 $I_F(= V_T/R_F\uparrow)$를 감소시킨다.
2. I_F의 감소가 ϕ를 감소하게 한다.
3. ϕ의 감소가 $E_A(= K\phi\downarrow\omega_m)$의 감소를 가져온다.

4. E_A의 감소는 $I_A[=(V_T - E_A\downarrow)/R_A]$를 증가하게 한다.
5. I_A의 증가는 자속의 감소보다 훨씬 우세하므로 $\tau_{ind}(=K\phi\downarrow I_A\Uparrow)$가 증가한다.
6. τ_{ind}의 증가로 인해 $\tau_{ind} > \tau_{load}$가 되어 속도 ω_m를 높아진다.
7. ω_m의 증가는 다시 $E_A(=K\phi\omega_m\uparrow)$의 증가를 가져온다.
8. E_A의 증가는 I_A를 감소하게 한다.
9. I_A가 감소하면 τ_{ind}가 더 높은 속도 ω_m에서 $\tau_{ind} = \tau_{load}$가 될 때까지 감소한다.

계자저항을 증가시킨 후에 분권 직류전동기의 출력특성 결과를 그림 8-12(a)에 나타내었다. 전동기의 자속이 감소할수록 토오크-속도 곡선의 기울기의 절대값이 더 커져서 무부하속도는 더 증가한다는 것을 기억하기 바란다. R_F가 감소하면 당연히 위의 과정이 반대로 되어 전동기의 속도는 줄게 된다.

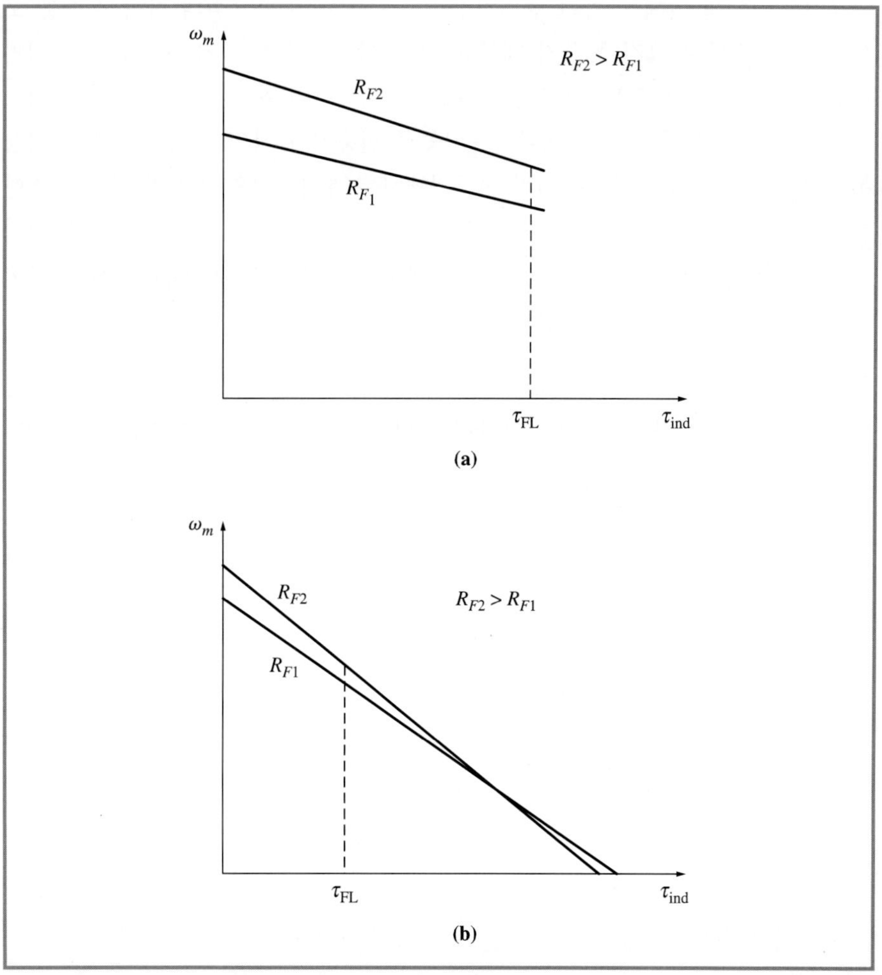

그림 8-12 분권 직류전동기의 토오크-속도 특성에서 계자저항 속도제어 효과 (a)전동기 정상 동작 영역, (b) 무부하상태에서 정지상태까지 전체 작동 영역

계자저항 속도제어에서 주의할 점 분권 직류전동기의 토오크–속도 특성에서 계자저항을 증가시킨 결과를 그림 8-12에서 보이고 있다. 전동기의 자속이 감소할수록 토오크–속도 특성곡선의 기울기의 절대값이 더 커져서 무부하속도는 더 증가한다는 것을 유의하기 바란다. 이 현상은 전동기 단자전압을 나타낸 식 (8-7)에서 나온 결과이다. 식 (8-7)에서 보면 무부하속도는 자속에 반비례하는데 특성곡선의 기울기는 자속의 제곱에 반비례한다. 따라서 약간의 자속의 감소도 토오크–속도 특성곡선의 기울기를 상당히 가파르게 할 수 있다.

그림 8-12(a)는 무부하에서 최대부하까지의 영역에서 전동기 단자특성을 보이고 있다. 이 영역에서는 계자저항의 증가가 앞서 말한 대로 전동기의 속도를 높인다. 전동기가 무부하에서 최대부하사이의 영역에서 동작하고 있다면 R_F의 증가는 확실하게 속도를 증가시킨다.

그림 8-12(b)는 무부하상태에서 정지상태까지 전체 동작 영역에서의 단자특성을 보이고 있다. 여기서는 매우 낮은 속도일 때 계자저항의 증가가 실제로 전동기속도를 감소시키는 것을 확실히 알 수 있다. 이것은 매우 낮은 속도에서는 E_A의 감소에 의해 증가된 전기자전류가 유도된 토오크식의 자속 감소를 보상할 만큼 충분히 크지 못하기 때문에 나타나는 현상이다. 자속의 감소가 전기자전류의 증가보다 크면 유도된 토오크는 감소하여 속도가 떨어지게 된다.

제어용으로 쓰이는 소형 직류전동기들은 전동기가 거의 정지할 때까지 정상동작이 필요한 경우가 있다. 이런 전동기에서는 계자저항의 증가가 아무런 영향을 주지 못하거나 심지어 전동기 속도를 줄일 수도 있다. 결과를 예측할 수 없기 때문에 이런 종류의 직류전동기에서는 계자저항 속도제어법은 사용하지 않고 대신 전기자전압 속도제어 방법을 사용한다.

전기자 전압의 변화 전압변화와 관련된 두 번째 속도제어방법은 계자에 공급하는 전압을 일정하게 하고 전기자에 공급하는 전압을 변화시키는 방법이다. 이 형태의 제어를 위해서는 회로를 그림 8-13과 같은 모양으로 연결한다. 실제로 전기자 전압제어를 사용하기 위해서는 전동기는 타여자이어야 한다.

만약에 전압 V_A가 증가한다면 그때 전동기의 전기자전류도 증가해야 한다 $[I_A = (V_A\uparrow - E_A)/R_A]$. I_A가 증가함에 따라 유도된 토오크 $\tau_{\text{ind}}\,(= K\phi I_A\uparrow)$가 증가하고 이는 $\tau_{\text{ind}} > \tau_{\text{load}}$하게 만든다. 그리고 이때 속도 ω_m는 증가한다.

속도 ω_m가 증가하면서 내부발생전압 $E_A(= K\phi\omega_m\uparrow)$가 증가해서 전기자전류를 감소시킨다. I_A의 감소는 유도된 토오크를 감소시켜 더 높은 회전속도 ω에서 τ_{ind}와 τ_{load}를 같도록 만든다.

이 속도제어를 원인과 결과의 순서로 정리하면 다음과 같다.

1. V_A의 증가는 I_A를 증가하게 한다$[I_A = (V_A\uparrow - E_A)/R_A]$.
2. I_A의 증가는 $\tau_{\text{ind}}(= K\phi I_A\uparrow)$를 증가하게 한다.

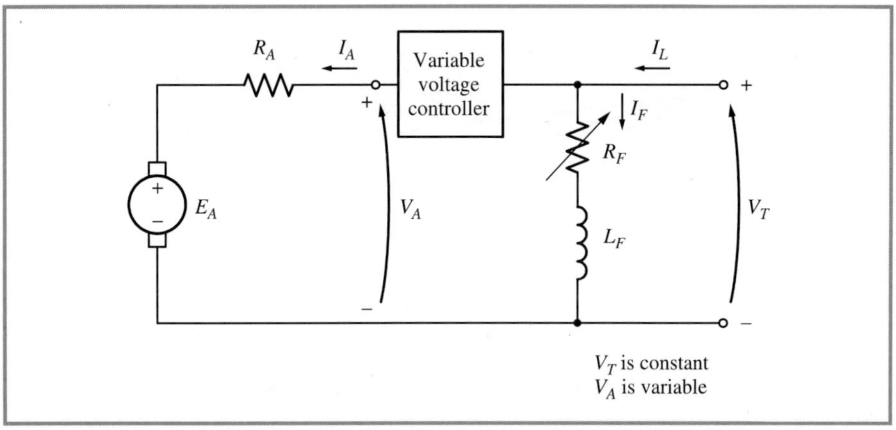

그림 8-13 분권(혹은 타여자) 직류전동기의 전기자 전압제어

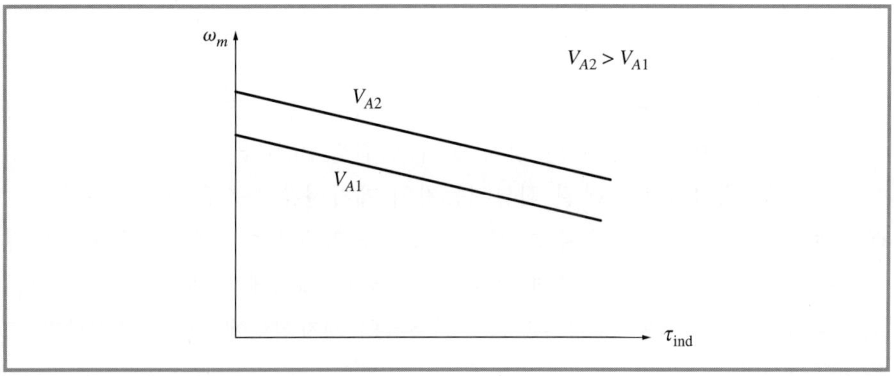

그림 8-14 분권 직류전동기의 토오크-속도 특성에서 전기자전압 속도제어의 효과

3. τ_{ind}가 증가하면 $\tau_{ind} > \tau_{load}$하여 ω_m를 증가시킨다.
4. ω_m의 증가는 $E_A(= K\phi\omega_m\uparrow)$를 증가시킨다.
5. E_A의 증가는 I_A를 감소하게 한다[$I_A = (V_A\uparrow - E_A)/R_A$].
6. I_A의 감소는 더 높은 ω_m상태에서 $\tau_{ind} = \tau_{load}$일 때까지 τ_{ind}를 감소하게 한다.

분권 직류전동기의 토오크-속도 특성에서 V_A를 증가시킬 때의 효과를 그림 8-14에서 보였다. 이 속도제어 방식에서는 그래프 직선의 기울기는 변함이 없지만 전동기 무부하속도가 옮겨져 있음을 유의해야 한다.

전기자 회로에 직렬저항기를 삽입하는 방법 만일 전기자 회로에 직렬저항기를 삽입한다면 그 효과는 전동기의 토오크-속도 특성에서 기울기를 결정적으로 증가하게 하고 부하가 있을 때 속도가 더 느려지도록 할 것이다(그림 8-15). 이 사항은 식 (8-7)에서 바로 알 수 있다. 저항기의 삽입은 저항기에서 매우 큰 손실이 생기게 하므로 매우 소모적인 속도제어 방법이다. 이런 이유로 이 방법은 거의 사용되지 않고 있다. 이 방법은 전동기가 항상 최고속도에서 동작

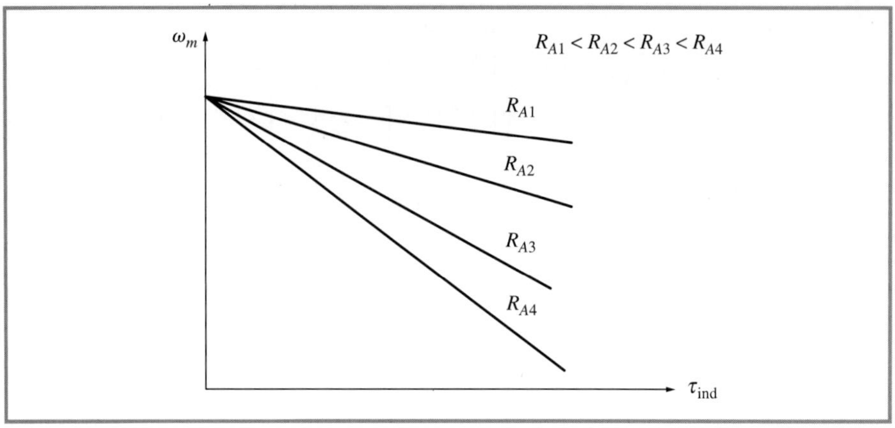

그림 8-15 분권 직류전동기의 토오크-속도 특성곡선에서 전기자저항 속도제어의 영향

되는 상태이거나 다른 속도제어 방법을 적용하기가 너무 비경제적일 때에만 사용한다.

분권 직류전동기 속도제어에서 가장 일반적인 두 가지 방법—계자저항 변화와 전기자전압 변화—은 다른 정격 동작 범위를 가진다.

계자저항 제어에서는 분권 직류전동기의 계자전류가 작을수록 회전속도는 빠르게 되고 계자전류가 클수록 회전속도는 느리게 된다. 계자전류의 증가가 속도의 감소를 가져오기 때문에 언제나 계자회로 제어에 의해 도달할 수 있는 최저 속도가 존재한다. 이 최저속도는 전동기의 계자회로에 최대허용전류가 흐를 때 생긴다.

만일 전동기의 전압, 출력, 계자전류가 정격인 상태에서 전동기가 동작하고 있다면 정격속도에서 운전하게 되는데 이 속도는 기준속도로 알 수 있다. 계자저항 제어방법은 기준속도 이상의 속도에서만 전동기의 속도제어가 가능하다. 계자회로 제어로 기준속도 이하의 속도를 제어하기 위해서는 상당히 큰 계자전류가 필요하며, 이 전류는 계자권선을 모두 태워 버릴 수도 있다.

전기자 전압제어에서는 타여자 직류전동기의 전기자전압이 낮아질수록 회전속도는 떨어지고 전기자전압이 높아질수록 속도는 높아진다. 전기자전압의 증가가 속도의 증가를 가져오기 때문에 언제나 전기자 전압제어에 의해 도달할 수 있는 최대속도가 존재한다. 이 최대속도는 전동기의 전기자전압이 최대값이 될 때 생긴다.

만일 전동기의 전압, 출력, 계자전류가 정격인 상태에서 전동기가 동작하고 있다면 정격속도에서 운전하게 되는데 이 속도는 기준속도로 알 수 있다. 전기자 전압제어방법은 기준속도 이하의 속도에서만 전동기의 속도제어가 가능하다. 전기자 전압제어로 기준속도보다 높은 속도를 제어하기 위해서는 초과 전기자전압이 필요하며, 이 전압에서는 전기자회로에 손상을 입힐 수도 있다.

속도제어의 이러한 두 가지 기술은 분명히 상호 보완적이다. 전기자 전압제어가 기준속도 이하에서 잘 사용하는 데 비해 계자저항 혹은 계자전류제어는 기준속도 이상에서 잘 사용한다. 두 속도제어법을 한 전동기에서 혼합하여 사용하면 속도 변화 범위를 1에서 40까지 혹은 그 이상까지 넓힐 수 있다. 따라서 분권 및 타여자 직류전동기를 사용하면 광범위한 속도제어가 가능하다는 것을 알 수 있다. 특히 정밀한 속도제어에서는 더 그렇다.

이 두 가지 형식의 속도제어를 사용할 때 토오크와 출력의 제한은 두 방식에서 명백하게 다르게 된다. 각 경우에서 제한 요소는 전기자도체가 가열되는 문제이며, 이는 전기자전류 I_A의 최대 크기를 제한하는 가장 중요한 요소이다.

전기자 전압제어에서 전동기의 자속이 일정하면 전동기의 최대 토오크는 다음과 같다.

$$\tau_{\max} = K\phi I_{A,\max} \tag{8–14}$$

최대 토오크는 전동기속도와 관계없이 일정하다. 전동기의 출력이 $P = \tau\omega$로 주어질 때 전기자 전압제어 상태에서 속도와 관계없이 전동기의 최대 출력은

$$P_{\max} = \tau_{\max}\omega_m \tag{8–15}$$

이다. 따라서 전기자 전압제어 상태에서 전동기 최대 출력은 회전속도에 바로 비례한다.

한편, 계자저항 제어가 사용된다면 자속이 바뀌게 된다. 이 방식의 제어에서는 전동기 자속의 감소는 속도의 증가를 불러온다. 전기자전류의 한계치를 넘지 않기 위해서 속도가 증가함에 따라 유도된 토오크의 한계치를 줄여야 한다. 전동기의 출력이 $P = \tau\omega$로 주어지고 속도가 증가하면서 토오크 한계치가 감소하기 때문에 계자전류제어에서 직류전동기 최대출력은 일정한 반면, 최대 토오크는 전동기속도에 반비례하여 변한다.

이러한 안전한 작동을 위한 분권 직류전동기 출력과 토오크의 제한이 속도의 함수로 나타내진 것이 그림 8-16이다.

다음 예들은 계자저항이나 전기자 전압제어법에 의해 속도가 변할 때 변동된 속도를 어떻게 찾을 것인지를 보이고 있다.

예제 8-3

그림 8-17(a)는 전기자저항이 0.03 Ω이고 계자저항은 41.67 Ω인 100 hp, 250 V, 1200 rpm 분권 직류전동기이다. 이 전동기에는 전기자 반작용을 상쇄하도록 보상권선이 있고 기계손, 철손은 무시한다. 이 전동기의 계자전류는 6 A이다. 이 전동기는 126 A의 선전류와 초기속도 1103 rpm로 일정토오크 부하로 구동된다.

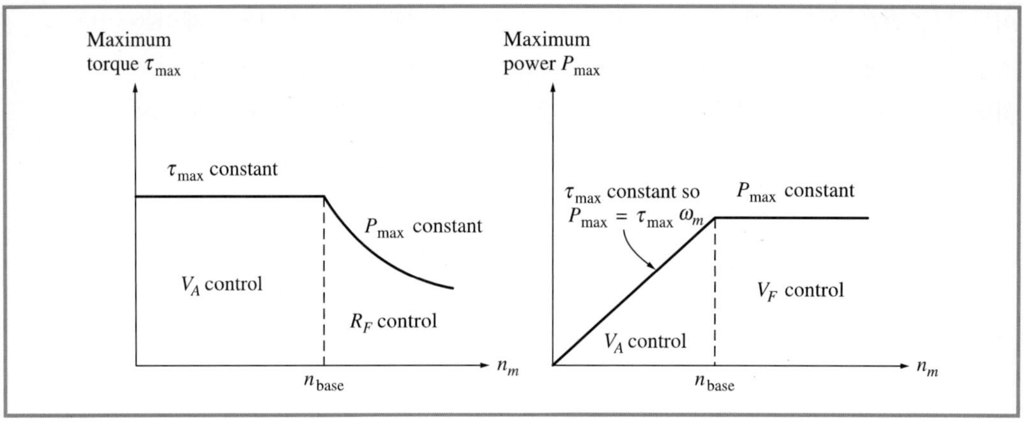

그림 8-16
계자저항이나 전기자전압 제어상태에서 속도의 함수로 나타낸 분권 직류전동기출력과 토오크의 제한

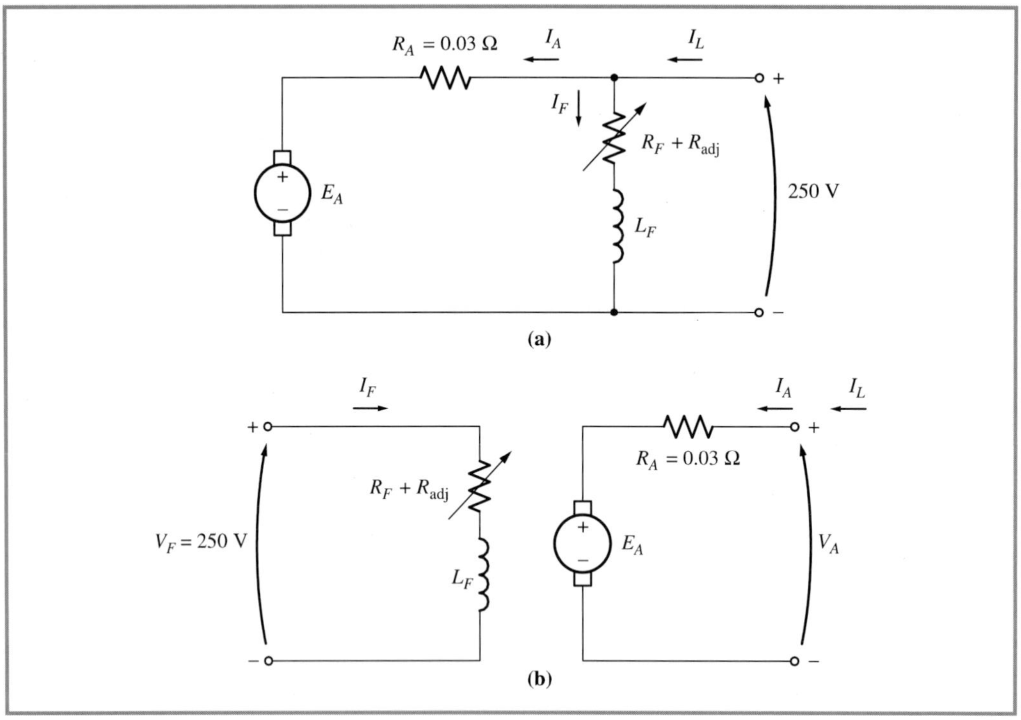

그림 8-17
(a) 예제 8-3에서의 분권 직류전동기, (b) 예제 8-4에서의 타여자 직류전동기

(*a*) 만일 전동기의 자화곡선이 그림 8-9에서 보여준 것이라면, 계자저항이 50 Ω까지 증가할 때 전동기의 속도는 얼마인가?

(*b*) 일정전류 부하로 가정하고 이 전동기의 속도를 계자저항 R_F의 함수로 계산하고 그래프를 그려라.

풀이

(*a*) 전동기의 초기 선전류가 126 A이므로 초기 전기자전류는

$$I_{A1} = I_{L1} - I_{F1} = 126\text{ A} - \frac{150\text{ V}}{41.67\ \Omega} = 120\text{ A}$$

이다. 따라서 내부발생전압은

$$\begin{aligned} E_{A1} &= V_T - I_{A1}R_A = 250\text{ V} - (120\text{ A})(0.03\ \Omega) \\ &= 246.4\text{ V} \end{aligned}$$

계자저항이 50 Ω까지 증가한 후 계자전류는 다음과 같이 될 것이다.

$$I_{F2} = \frac{V_T}{R_F} = \frac{250\text{ V}}{50\ \Omega} = 5\text{ A}$$

두 가지 속도에 대한 내부발생전압의 비는 식 (7-41)에서 주어졌다.

$$\frac{E_{A2}}{E_{A1}} = \frac{K'\phi_2 n_{m2}}{K'\phi_1 n_{m1}} \tag{8–16}$$

전기자전류가 일정하다고 가정했으므로 $E_{A1} = E_{A2}$이고 이 식은 다음과 같이 정리된다.

$$1 = \frac{\phi_2 n_{m2}}{\phi_1 n_{m1}}$$

또는

$$n_{m2} = \frac{\phi_1}{\phi_2} n_{m1} \tag{8–17}$$

주어진 속도에서 자화곡선은 E_A–I_F그래프가 된다. 그래프에서의 E_A값은 자속에 비례하므로 읽어들인 내부발생전압의 변화율은 자속의 그것과 같다. I_F = 5 A일 때 E_{A0} = 250 V이고, I_F = 6 A일 때 E_{A0} = 268 V이므로 자속의 비율은 다음과 같다.

$$\frac{\phi_1}{\phi_2} = \frac{268\text{ V}}{250\text{ V}} = 1.076$$

그리고 전동기의 새로운 속도는 다음과 같다.

$$n_{m2} = \frac{\phi_1}{\phi_2} n_{m1} = (1.076)(1103\text{ r/min}) = 1187\text{ r/min}$$

(*b*) R_F에 대한 전동기의 속도를 계산하는 MATLAB M파일은 다음과 같다.

```
% M-file: rf_speed_control.m
% M-file create a plot of the speed of a shunt dc
%   motor as a function of field resistance, assuming
%   a constant armature current (Example 8-3).

% Get the magnetization curve.  This file contains the
% three variables if_value, ea_value, and n_0.
load fig8_9.mat

% First, initialize the values needed in this program.
v_t = 250;                % Terminal voltage (V)
r_f = 40:1:70;            % Field resistance (ohms)
r_a = 0.03;               % Armature resistance (ohms)
i_a = 120;                % Armature currents (A)

% The approach here is to calculate the e_a0 at the
% reference field current, and then to calculate the
% e_a0 for every field current.  The reference speed is
% 1103 r/min, so by knowing the e_a0 and reference
% speed, we will be able to calculate the speed at the
% other field current.

% Calculate the internal generated voltage at 1200 r/min
% for the reference field current (5 A) by interpolating

% the motor's magnetization curve.  The reference speed
% corresponding to this field current is 1103 r/min.
e_a0_ref = interp1(if_values,ea_values,5,'spline');
n_ref = 1103;

% Calculate the field current for each value of field
% resistance.
i_f = v_t ./ r_f;

% Calculate the E_a0 for each field current by
% interpolating the motor's magnetization curve.
e_a0 = interp1(if_values,ea_values,i_f,'spline');

% Calculate the resulting speed from Equation (8-17):
% n2 = (phi1 / phi2) * n1 = (e_a0_1 / e_a0_2 ) * n1
n2 = ( e_a0_ref ./ e_a0 ) * n_ref;

% Plot the speed versus r_f curve.
plot(r_f,n2,'k-','LineWidth',2.0);
hold on;
xlabel('\bfField resistance, \Omega');
ylabel('\bf\itn_{m} \rm\bf(r/min)');
title ('\bfSpeed vs \itR_{F} \rm\bffor a Shunt DC Motor');
axis([40 70 0 1400]);
grid on;
hold off;
```

R_F의 변화에도 전기자전류가 일정하다는 가정은 실제부하에서 잘 맞는 것은 아니다. 전기자전류는 전동기에 걸린 부하의 형태와 조건에 따라 토오크에 종속적인 속도에 따라 변한다. 이러한 차이는 전동기의 속도대 R_F의 커브가 그림 8-18에 보여준 것과는 약간 다르다는 것을 말하지만 형태는 비슷할 것이다.

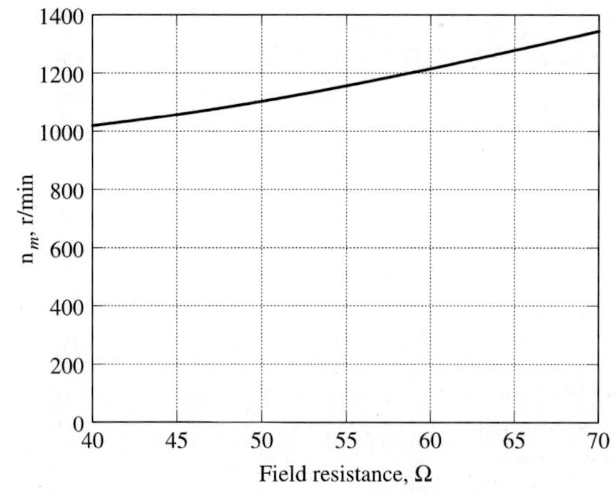

그림 8-18
예제 8-3의 분권 직류전동기에 대한 속도-계자저항 특성

예제 8-4

그림 8-17(b)에서와 같이 예제 8-3의 전동기를 이제 타여자로 연결한다. 전동기의 초기 동작 조건은 일정 토오크 부하 상태에서 $V_A = 250$ V, $I_A = 120$ A, $n = 1103$ rpm이다. 만일 V_A가 200 V까지 감소한다면 이 전동기의 속도는 얼마인가?

풀이

전동기의 초기 선전류는 120 A이고 전기자전압 V_A는 250 V이므로 내부발생전압 E_A은

$$E_A = V_T - I_A R_A = 250\text{ V} - (120\text{ A})(0.03\ \Omega) = 246.4\text{ V}$$

식 (8-16)을 적용하고 자속 ϕ가 일정한 점을 고려하면 전동기의 속도는 다음과 같이 계산된다.

$$\frac{E_{A2}}{E_{A1}} = \frac{K'\phi_2 n_{m2}}{K'\phi_1 n_{m1}} \tag{8–16}$$

$$= \frac{n_{m2}}{n_{m1}}$$

$$n_{m2} = \frac{E_{A2}}{E_{A1}} n_{m1}$$

이다. E_{A2}를 찾기 위해 키르호프의 전압법칙을 사용하면

$$E_{A2} = V_T - I_{A2} R_A$$

토오크와 자속이 일정하므로 I_A가 일정하다. 이에 의해 다음과 같이 전압을 계산할 수 있다.

$$E_{A2} = 200\text{ V} - (120\text{ A})(0.03\ \Omega) = 196.4\text{ V}$$

전동기의 최종속도는 따라서

$$n_{m2} = \frac{E_{A2}}{E_{A1}} n_{m1} = \frac{196.4 \text{ V}}{246.4 \text{ V}} 1103 \text{ r/min} = 879 \text{ r/min}$$

이다.

개방된 계자회로의 영향

이 장의 앞에서는 분권 직류전동기의 계자저항을 변화시켜 속도를 제어하는 내용이었다. 계자저항이 증가함에 따라 속도가 증가하게 된다. 만일 계자저항기에서 실제 저항이 계속해서 증가하면 끝내는 무슨 일이 발생할까? 전동기가 동작하는 동안 계자회로가 개방된다면 어떤 일이 발생할까? 앞의 설명에서 전기기계의 자속이 급격히 감소할 때 ϕ_{res}와 $E_A(= K\phi\omega_m)$도 감소하게 된다. 이는 엄청난 양의 전기자전류 증가를 가져오고 이 결과로 유도된 토오크가 전동기 부하 토오크보다 상당히 높은 값을 가지게 된다. 따라서 전동기속도는 증가하기 시작하고 증가 상태가 계속된다.

계자회로 개방의 결과는 대단한 것이다. 저자가 대학 재학시절에 저자의 연구팀이 이런 종류의 실수를 저지른 적이 있었다. 그 팀에서는 3마력의 분권 직류전동기로 구동되는 소형 전동기–발전기 장치를 사용하고 있었다. 그 전동기가 연결되었고 작동 준비가 다 되어 있었는데 여기서 작은 실수가 있었다. 즉, 계자회로가 연결되었을 때 늘 사용하던 3 A의 퓨즈 대신 0.3 A의 퓨즈를 써버린 것이다.

전동기가 움직이기 시작하면서 약 3초 정도는 정상적으로 동작하더니 갑자기 퓨즈에서 섬광이 번쩍하고 튀었다. 그 이후 갑자기 전동기의 속도는 우주로켓 속도가 되어 버렸다. 몇 초 후에 누군가가 전동기의 회로 차단기를 꺼버렸지만 이미 그때 전동기속도 측정기는 4000 rpm을 가리키고 있었다. 그 전동기의 정격속도는 800 rpm이었다.

말할 것도 없이 그 경험은 모두에게 유쾌한 것은 아니었지만 계자회로 안전에 대한 주의를 일깨워 주었다(일반적으로 직류전동기의 기동회로와 보호회로에는 계자손실 릴레이를 넣어서 계자전류가 흐르지 않을 때에 전동기에 공급되는 전력을 차단하도록 한다).

일반적인 분권 직류전동기에서도 계자전류가 작을 때에 전기자 반작용이 상당히 크다면 비슷한 효과가 나타날 수 있다. 만일 전기자 반작용이 심각하게 크다면 부하의 증가는 전동기의 속도를 높일 수 있는 정도로 자속을 약화시킬 수 있다. 그렇지만 대부분의 부하는 속도와 같이 증가하는 토오크를 갖는 토오크–속도 특성을 지니고 있으므로 속도의 증가는 부하의 증가를 가져오고 이것은 결국 전기자 반작용의 증가를 초래하고 자속을 다시 감소시킨다. 감소된 자속은 더 크게 속도를 높게 하고 더 크게 부하를 증가하게 하고... 결국 이 현상은 전동기의 속도가 정격속도를 넘을 때까지 계속되며 이것을 **탈주현상**(*runaway*)이라고도 한다.

전동기의 부하 변화가 매우 심하고 시비율이 높은 상태에서 동작할 때 이 자속약화 문제는 보상권선을 설치함으로써 해결될 수 있지만 보상권선은 가격이 매우 비싸기 때문에 일반적인 용도의 전동기에서는 사용하기 어렵다. 따라서 그렇게 비싼 편이 아니고 그렇게 높지 않은 시비율을 갖는 전동기에 맞추어 탈주문제를 해결하는 법은 화동복권을 1회나 2회 전동기의 자극에 감아주는 것이다. 부하가 증가할 때 기자력을 줄이는 전기자 반작용에 대응하여 직렬 권선이 기자력을 증가시킨다. 분권 직류전동기에 단지 몇 회 감아놓은 권선이 추가되는 이 전동기를 안정화된 분권 직류전동기라고 한다.

8.5 영구자석 직류전동기

영구자석 직류(PMDC)전동기는 자극이 영구자석으로 된 직류전동기이다. 영구자석 직류전동기는 분권 직류전동기와 비교해서 적용에 따라서 많은 장점을 가지고 있다. 먼저 이 전동기는 외부자계회로가 불필요하므로 분권 직류전동기의 자계회로에서처럼 동손을 걱정할 필요가 없다. 계자권선이 없으므로 분권 직류전동기와 비교해서 크기를 더 작게 만들 수 있다. 영구자석 전동기는 특히 경비와 공간이 필요한 타여자 회로가 없으므로 1마력 이하 또는 아주 작은 크기의 전동기에서 일반적으로 쓰인다.

그러나, PMDC 전동기도 단점이 있다. 영구자석은 타여자 회로에 비해 강한 자속을 만들어 내지는 못하므로 PMDC 전동기는 같은 크기와 구조의 분권 직류전동기에 비해 I_A당 τ_{ind}가 더 작다. 그리고 PMDC 전동기는 영구자석의 탈자 위험을 감수해야 한다. 8장에서 언급했듯이 직류전동기에서 전기자전류 I_A는 전기자에 자속을 발생시킨다. 전기자 기자력은 자극표면의 위치에 따라 계자자극의 기자력에 더해지거나 빼지게 되고, 전체적으로는 전동기의 자속이 줄도록 작용한다(그림 8-23, 그림 8-25 참조). 이러한 효과를 전기자 반작용이라 한다. PMDC 전동기에서는 자극의 자속은 단지 영구자석의 잔류자기에 의한 것이므로 만일 전기자전류가 매우 크다면 전기자 기자력이 자극을 탈자시켜 영구자석의 자속을 회복할 수 없도록 감소시킬 위험이 있다. 탈자 현상은 과부하에 의해 많은 열이 생길 때에 이 열에 의해 발생하기도 한다.

그림 8-19(a)는 전형적인 강자성체의 **자화곡선**을 보이고 있다. 이것은 자속밀도 **B**와 자계의 세기 **H**(혹은 자속 ϕ와 기자력 $\mathscr{F}$)를 각각 X-Y축으로 하는 그래프이다. 강한 외부 기자력이 이 물질에 가해진 후 없어진다면 **잔류자속** $\mathbf{B}_{\text{res}}$가 남을 것이다. 잔류자속을 0으로 만들기 위해서는 보자력 $\mathbf{H}_C$를 원래 자화 방향

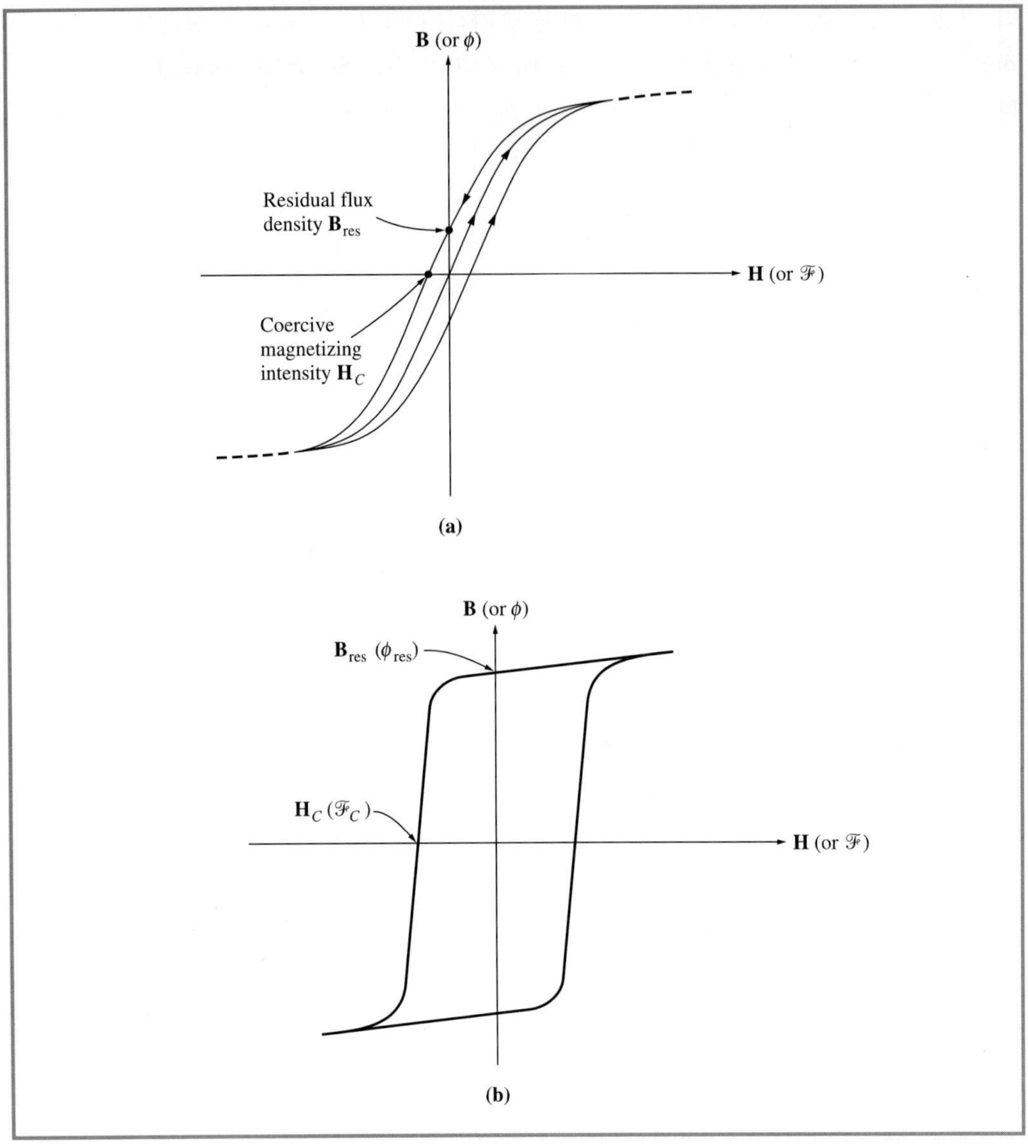

그림 8-19
(a) 전형적인 강자성체의 자화곡선. 강한 외부 기자력을 이 물질에 가한 후 제거하면 잔류자속 $\mathbf{B}_{res}$가 남는다. 보자력 $\mathbf{H}_C$를 원래 자화 방향의 반대방향으로 걸어주면 잔류자속이 0으로 된다. 여기서는 비교적 적은 $\mathbf{H}$가 감자를 발생시킨다. (b) 영구자석에 적합하도록 한 페로 자성체의 자화곡선. 높은 잔류자기 $\mathbf{B}_{res}$와 큰 값의 보자력 $\mathbf{H}_C$를 유의하기 바란다.

의 반대방향으로 걸어주어야 한다. 일반적으로 전동기의 회전자나 고정자에 적용되는 강자성체는 $\mathbf{B}_{res}$와 $\mathbf{H}_C$를 가능한 한 작게 해서 히스테리시스 손실을 적게 한다.

한편 PMDC 전동기의 자극에 사용되는 자성체는 가급적 높은 잔류자기 $\mathbf{B}_{res}$와 큰 값의 보자력 $\mathbf{H}_C$를 가지는 것을 택한다. 이런 물질에서의 자화곡선이 그림

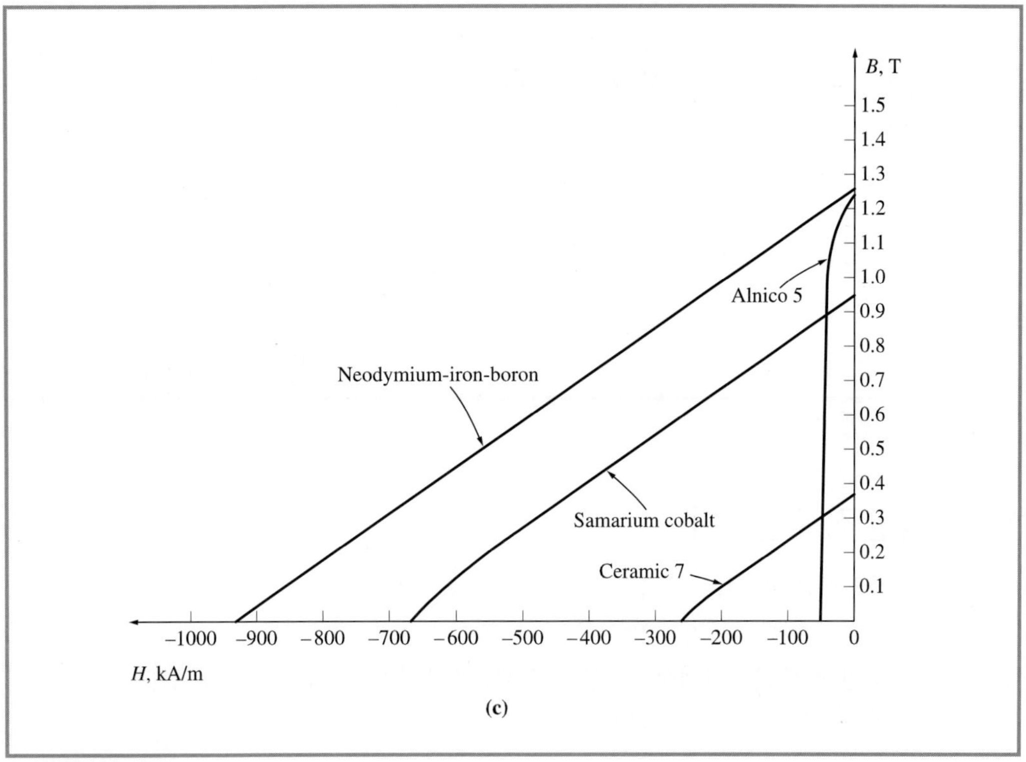

그림 8-19 (계속)
(c) 몇몇 자성체에서 자화곡선의 2 사분면. 희토류 자석은 높은 잔류자기 $\mathbf{B}_{res}$와 큰 값의 보자력 $\mathbf{H}_C$를 가짐을 주목하기 바란다.

8-19(b)이다. 큰 $\mathbf{B}_{res}$는 큰 자속을 만들고 큰 $\mathbf{H}_C$를 가진 자성체는 탈자하는 큰 전류가 필요하기 때문이다.

지난 40여 년 동안 영구자석에 쓰기 적합한 많은 자성 물질이 개발되었다. 중요한 물질들은 주로 세라믹(페라이트) 종류와 희토류 계열이 있다. 그림 8-19(c)는 몇몇 세라믹과 희토류 자성체에서 자화곡선의 2사분면을 보인 것으로 통상적인 페라이트 합금(Alnico 5)과 비교해 볼 수 있다. 이 비교에서 명백하게 알 수 있는 것은 우수한 희토류 자성물질은 전기자 반작용에 대한 저항이 아주 강하면서도 잔류자속은 아주 좋은 상용 페라이트와 같은 수준이라는 것이다.

영구자석 직류전동기는 자속이 고정되어 있다는 점만 빼고 기본적으로는 분권 직류전동기와 같다. 따라서 계자전류나 자속의 변화에 의해 PMDC 전동기의 속도를 제어하는 것은 불가능하다. 속도제어의 유일한 방법은 전기자전압과 전기자저항에 의한 제어이다.

PMDC 전동기에 대한 더 자세한 사항은 참고문헌 4와 10을 참고하기 바란다.

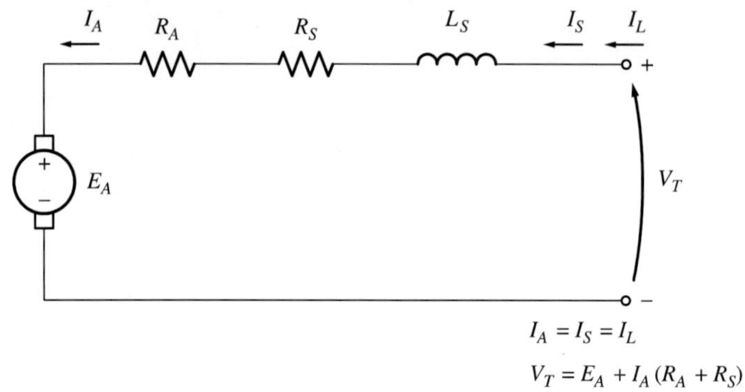

그림 8-20 직권 직류전동기의 등가회로

8.6 직권 직류전동기

직권 직류전동기는 상대적으로 작은 권회수의 계자권선이 전기자회로에 직렬로 연결된 직류전동기를 말한다. 직권 직류전동기의 등가회로는 그림 8-20에 있다. 직권 직류전동기에서는 전기자전류, 계자전류, 선전류가 모두 같다. 이 전동기에서 키르호프의 전압법칙 공식은

$$V_T = E_A + I_A(R_A + R_S) \tag{8–18}$$

직권 직류전동기에서 유도된 토오크

직권 직류전동기의 단자특성은 앞서 공부한 분권전동기와 매우 다르다. 직권 직류전동기의 동작 구조는 자속이 포화되기 전까지는 전기자전류에 비례한다는 점이다. 전동기 부하가 증가할 때 자속도 같이 증가한다. 앞에서 본 바와 같이 자속이 증가하면 속도가 감소한다. 그 결과로 직권 직류전동기는 급격하게 떨어지는 형태의 토오크–속도 특성을 가진다.

직권 직류전동기에서 유도된 토오크는 식 (7-49)과 같다.

$$\tau_{\text{ind}} = K\phi I_A \tag{7–49}$$

이 식에서 알 수 있듯이 자속은 (포화되기 전까지는) 전기자전류에 비례한다. 따라서 자속은 다음과 같이 쓸 수 있다.

$$\phi = cI_A \tag{8–19}$$

단, c는 비례 상수이다. 유도된 토오크는 다음과 같다.

$$\tau_{\text{ind}} = K\phi I_A = KcI_A^2 \tag{8–20}$$

즉, 토오크는 전기자전류의 제곱에 비례한다. 이 관계에 의해 직권 직류전동기

는 다른 직류전동기보다 전류당 토오크가 더 큼을 쉽게 알 수 있다. 따라서 직권 직류전동기는 매우 높은 토오크가 필요한 곳에 사용된다. 적용 사례로서는 자동차의 시동 전동기, 승강기용 전동기, 기관차의 견인 전동기를 들 수 있다.

직권 직류전동기의 단자특성

직권 직류전동기의 단자특성을 결정하려면 선형 자화곡선을 가정한 해석이 이루어진 후에 그래프해석에서 자기포화를 고려해야 한다.

선형 자화곡선을 가정하면 이때 자속은 식 (8-19)과 같이 주어진다.

$$\phi = cI_A \tag{8–19}$$

이 식은 토오크–속도 특성곡선을 도출하는 데 사용될 것이다.

직권 직류전동기의 토오크–속도 특성의 도출은 키르호프 전압 공식에서 시작한다.

$$V_T = E_A + I_A(R_A + R_S) \tag{8–18}$$

식 (8-20)로부터 전기자전류는 다음과 같이 나타낼 수 있다.

$$I_A = \sqrt{\frac{\tau_{\text{ind}}}{Kc}}$$

또한 $E_A = K\phi\omega_m$이다. 이 식들을 식 (8-18)에 대입하면

$$V_T = K\phi\omega_m + \sqrt{\frac{\tau_{\text{ind}}}{Kc}}(R_A + R_S) \tag{8–21}$$

이다. 만일 자속이 이 식에서 소거될 수 있다면 이 식은 바로 전동기의 토오크와 속도의 관계를 나타낸다. 이 식에서 자속을 소거하기 위해 다음 식을 이용한다.

$$I_A = \frac{\phi}{c}$$

그리고 유도된 토오크식을 다시 쓰면,

$$\tau_{\text{ind}} = \frac{K}{c}\phi^2$$

따라서, 전동기의 자속을 다시 쓰면 다음과 같다.

$$\phi = \sqrt{\frac{c}{K}}\sqrt{\tau_{\text{ind}}} \tag{8–22}$$

식 (8-22)을 식 (8-21)에 대입해서 속도에 대해 풀면,

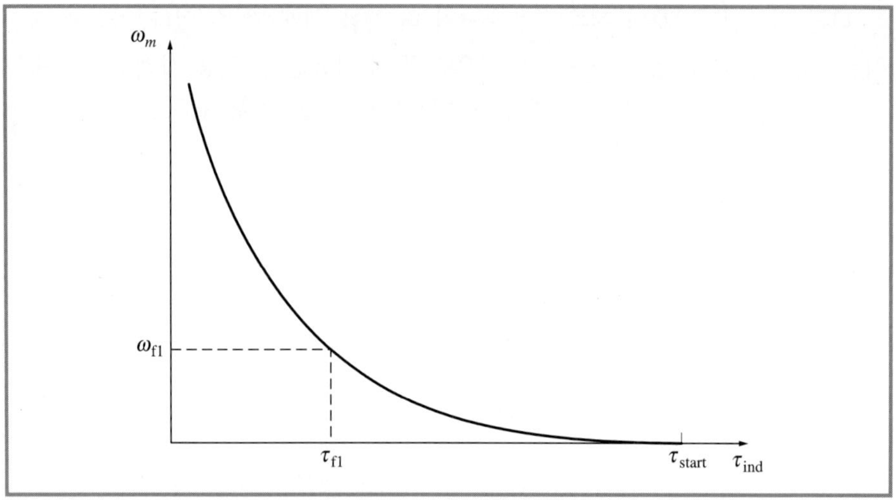

그림 8-21 직권 직류전동기의 토오크-속도 특성

$$V_T = K\sqrt{\frac{c}{K}}\sqrt{\tau_{ind}}\,\omega_m + \sqrt{\frac{\tau_{ind}}{Kc}}(R_A + R_S)$$

$$\sqrt{Kc}\sqrt{\tau_{ind}}\,\omega_m = V_T - \frac{R_A + R_S}{\sqrt{Kc}}\sqrt{\tau_{ind}}$$

$$\omega_m = \frac{V_T}{\sqrt{Kc}\sqrt{\tau_{ind}}} - \frac{R_A + R_S}{Kc}$$

결과로서 나온 **토오크-속도 관계**는 다음과 같다.

$$\boxed{\omega_m = \frac{V_T}{\sqrt{Kc}}\frac{1}{\sqrt{\tau_{ind}}} - \frac{R_A + R_S}{Kc}} \qquad (8\text{–}23)$$

이 식에서 보면 직권 직류전동기의 비포화영역에서는 전동기속도가 토오크의 제곱근에 반비례함을 알 수 있다. 이런 경우는 사실 상당히 특수한 경우이다. 이상적인 토오크-속도 특성은 그림 8-21과 같다.

직권 직류전동기의 단점 하나를 이 식에서 바로 알 수 있다. 그것은 전동기의 토오크가 0으로 수렴할 때 속도는 무한대가 되는 점인데 사실은 기계손, 철손, 표유부하손 때문에 토오크가 0이 되지는 않는다. 그렇지만 다른 부하가 전동기에 없다면 속도가 너무 빨라져서 전동기 자체에 손상을 입히게 될 것이다. 절대 직권 직류전동기를 무부하 상태나 벨트 같은 끊어지기 쉬운 것으로 연결해서 동작시켜서는 안 된다. 만일 동작 중에 위와 같은 문제로 무부하 상태가 된다면 심각한 결과를 초래할 것이다.

직권 직류전동기에서 자기 포화를 고려하고 전기자 반작용은 고려하지 않은 그래프해석은 예제 8-5에서와 같다.

예제 8-5

그림 8-20은 250 V이고 보상권선이 있으며 총 직렬 저항 $R_A + R_S$가 0.08 Ω인 직권 직류전동기를 보이고 있다. 직렬로 연결된 계자는 자극당 권선수는 25회이고 자화곡선은 그림 8-22이다.

(*a*) 전기자전류가 50 A일 때 전동기의 속도와 유도된 토오크를 찾아보아라.
(*b*) 이 전동기의 토오크-속도 특성 결과를 그래프로 나타내어라.

풀이

(*a*) 포화 상태에서 직권 직류전동기의 동작 특성을 해석하기 위해서 동작 곡선을 따라 몇 점을 잡고 그 점에서의 토오크와 속도를 찾는다. 이 문제의 자화곡선은 속도 1200 rpm에서의 기자력과 E_A의 그래프이고 여기서 계산된 E_A는 실제 전동기속도를 정하기 위해 1200 rpm에서의 등가치와 비교해야 한다.

$I_A = 50$ A일 때,

$$E_A = V_T - I_A(R_A + R_S) = 250 \text{ V} - (50\text{A})(0.08\ \Omega) = 246 \text{ V}$$

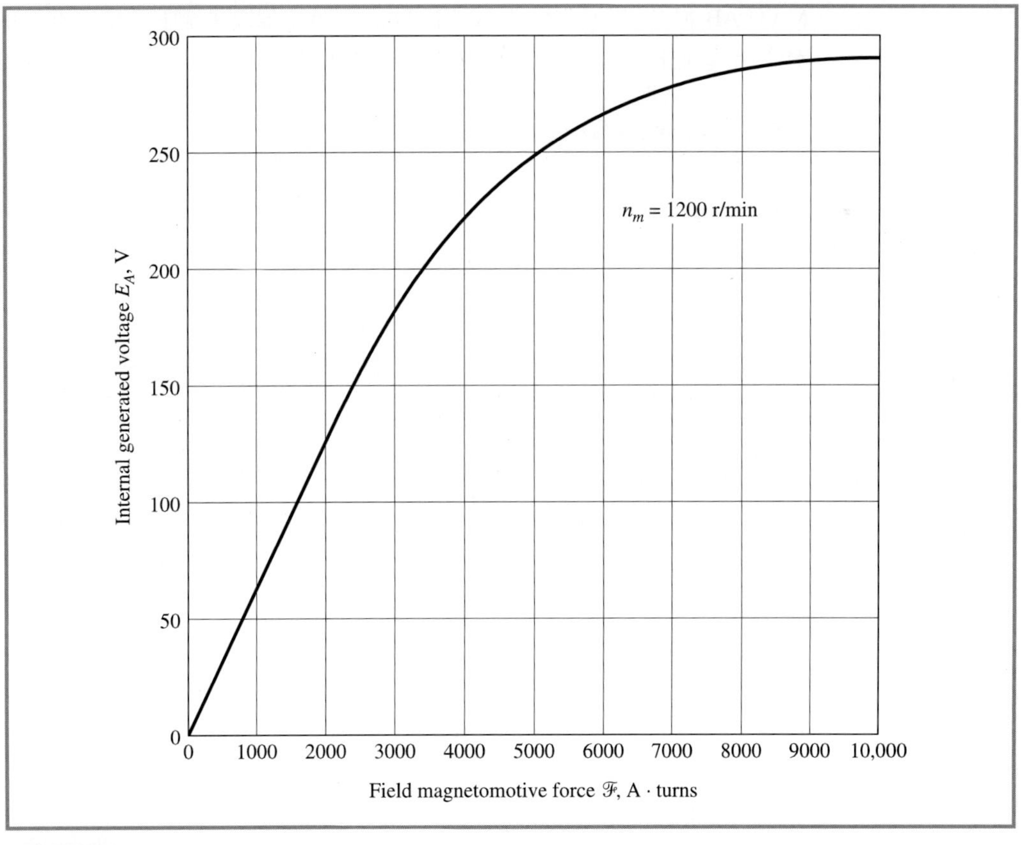

그림 8-22
예제 8-5 전동기의 자화곡선. 이 곡선은 속도 $n_m = 1200$ rpm이다.

$I_A = I_F = 50$ A이므로 기자력은

$$\mathscr{F} = NI = (25 \text{ turns})(50 \text{ A}) = 1250 \text{ A} \cdot \text{turns}$$

자화곡선으로부터 $\mathscr{F} = 1250$ A·turns일 때 $E_{A0} = 80$ V이다. 속도를 교정하기 위해 식 (8-13)을 상기해보면

$$\begin{aligned} n_m &= \frac{E_A}{E_{A0}} n_0 \\ &= \frac{246 \text{ V}}{80 \text{ V}} 120 \text{ r/min} = 3690 \text{ r/min} \end{aligned}$$

그 속도에서 전동기에 의해 공급되는 유도된 토오크를 찾기 위해 $P_{\text{conv}} = E_A I_A = \tau_{\text{ind}} \omega_m$를 다시 불러와 쓰면,

$$\begin{aligned} \tau_{\text{ind}} &= \frac{E_A I_A}{\omega_m} \\ &= \frac{(246 \text{ V})(50 \text{ A})}{(3690 \text{ r/min})(1 \text{ min}/60 \text{ s})(2\pi \text{ rad/r})} = 31.8 \text{ N} \cdot \text{m} \end{aligned}$$

(*b*) 완전한 토오크-속도 특성을 계산하기 위하여 여러 가지 경우의 전류에 대해서 (*a*)의 단계를 반복해야 된다. 직권 직류전동기의 토오크-속도 특성을 계산한 MATLAB M-file을 다음에서 보여주고 있다. 이 프로그램에서 사용된 자화곡선은 유효계자전류 대신에 계자기자력을 사용하였다.

```
% M-file: series_ts_curve.m
% M-file create a plot of the torque-speed curve of the
%   the series dc motor with armature reaction in
%   Example 8-5.

% Get the magnetization curve.  This file contains the
% three variables mmf_values, ea_values, and n_0.
load fig8_22.mat
% First, initialize the values needed in this program.
v_t = 250;                % Terminal voltage (V)
r_a = 0.08;               % Armature + field resistance (ohms)
i_a = 10:10:300;          % Armature (line) currents (A)
n_s = 25;                 % Number of series turns on field

% Calculate the MMF for each load
f = n_s * i_a;

% Calculate the internal generated voltage e_a.
e_a = v_t - i_a * r_a;

% Calculate the resulting internal generated voltage at
% 1200 r/min by interpolating the motor's magnetization
% curve.
e_a0 = interp1(mmf_values,ea_values,f,'spline');

% Calculate the motor's speed from Equation (8-13).
n = (e_a ./ e_a0) * n_0;
```

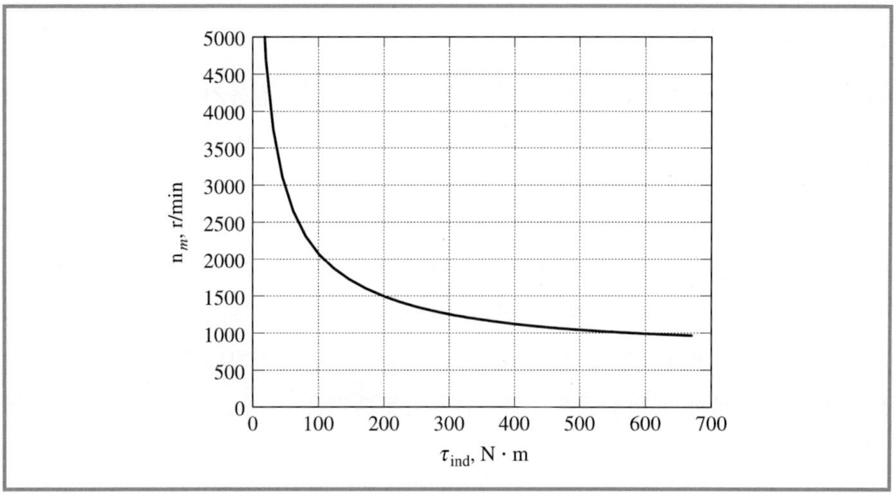

그림 8-23 예제 8-5에서 직권 직류전동기의 토오크-속도 특성

```
% Calculate the induced torque corresponding to each
% speed from Equations (7-55) and (7-56).
t_ind = e_a .* i_a ./ (n * 2 * pi / 60);

% Plot the torque-speed curve
plot(t_ind,n,'Color','k','LineWidth',2.0);
hold on;
xlabel('\bf\tau_{ind} (N-m)');
ylabel('\bf\itn_{m} \rm\bf(r/min)');
title ('\bfSeries DC Motor Torque-Speed Characteristic');
axis([ 0 700 0 5000]);
grid on;
hold off;
```

전동기의 토오크-속도 특성 결과는 그림 8-23에 있다. 매우 적은 토오크에서는 심각한 과속도상태가 됨을 알 수 있다.

직권 직류전동기의 속도제어

분권 직류전동기와는 다르게 직권 직류전동기의 속도를 제어하는 데는 오직 한 가지 효과적인 방법이 있으며, 이것은 단자전압을 변화시키는 것이다. 단자전압이 증가하면 식 (8-23)의 첫 항이 증가하고 이것은 주어진 토오크에 대해 이전보다 더 높은 속도를 갖게 한다.

직권 직류전동기의 속도는 전동기 회로에 직렬로 저항기를 삽입하여 제어할 수도 있다. 그러나 이 방법은 전력소모가 매우 심하므로 일부 전동기에서 기동 시에만 사용된다.

지난 40여 년 동안에는 V_T를 쉽게 변화시킬 수 있는 방법이 없었기 때문에 소모가 큰 직렬 저항법을 써야만 했다. 그러나 현재는 반도체에 의한 제어회로 방법이 도입되어 모두 이 방법을 사용하고 있다.

8.7 복권 직류전동기

복권 직류전동기는 분권과 **직권계자**를 모두 가지고 있는 전동기이다. 이 전동기의 회로도는 그림 8-24와 같다. 두 코일에 나타난 점들은 변압기의 점들과 같은 의미를 가지고 있다. 여기에서도 보통 전기회로에서 흔히 쓰이는 점이 쓰였다. 점 안으로 흘러 들어가는 방향의 전류는 양의 기자력을 갖는다. 만일 전류가 양 코일의 점 있는 쪽으로 들어가면 합성기자력은 더 많은 전체 기자력이 되기 위해서 더해지며 이것이 **화동복권**이다. 만일 전류가 한쪽 계자코일 쪽으로 흘러 들어가고 다른 계자코일의 점에서 흘러나온다면 합성기자력은 감소해질 것이다. 그림 8-24에서 원형점들은 전동기의 화동복권을 말하고 사각점들은 **차동복권**을 나타낸다.

복권 직류전동기에서 키르호프 전압법칙 공식은 다음과 같다.

$$V_T = E_A + I_A(R_A + R_S) \tag{8–24}$$

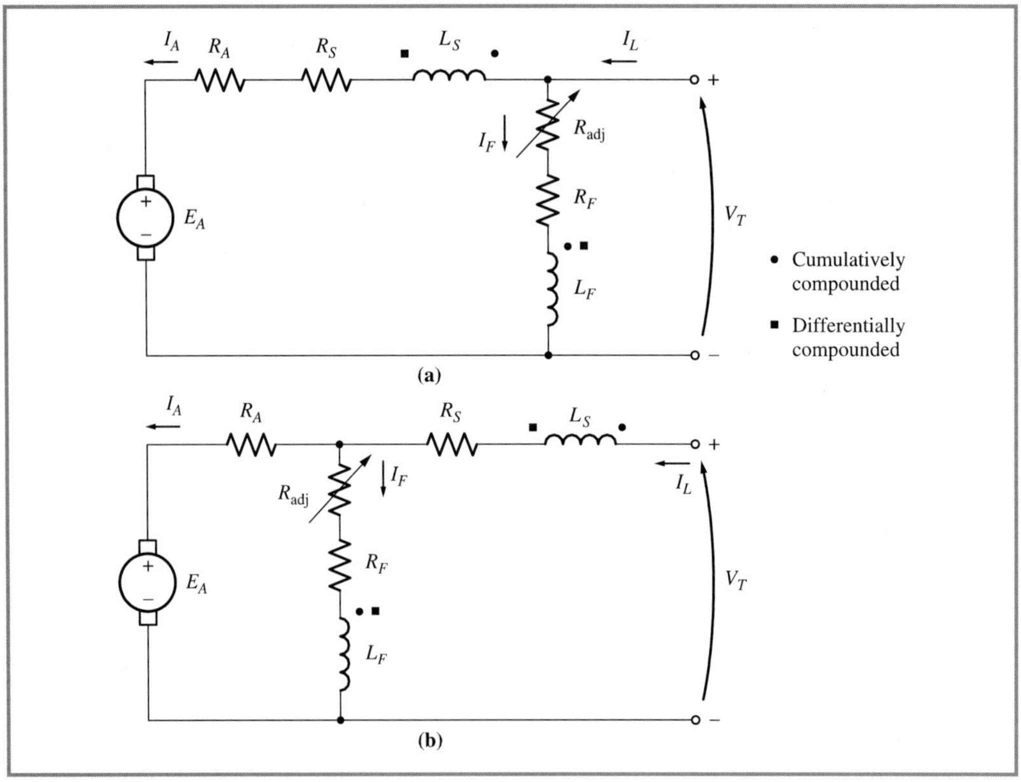

그림 8-24
복권 직류전동기의 등가회로 (a) 외분권결선, (b) 내분권결선

복권 직류전동기에서 각 전류는 다음 관계식으로 나타낸다.

$$I_A = I_L - I_F \tag{8–25}$$

$$I_F = \frac{V_T}{R_F} \tag{8–26}$$

복권 직류전동기에서 총 기자력과 유효 분권 계자전류는 다음과 같다.

$$\boxed{\mathscr{F}_{\text{net}} = \mathscr{F}_F \pm \mathscr{F}_{\text{SE}} - \mathscr{F}_{\text{AR}}} \tag{8–27}$$

$$\boxed{I_F^* = I_F \pm \frac{N_{SE}}{N_F} I_A - \frac{\mathscr{F}_{\text{AR}}}{N_F}} \tag{8–28}$$

단, 여기서 식의 양의 부호는 화동복권 직류전동기와 음의 부호는 차동복권 직류전동기와 관련된 것이다.

화동복권 직류전동기의 토오크-속도 특성

화동복권 직류전동기에서는 늘 일정한 일정자속성분과 전기자전류(혹은 부하)에 따라 변하는 나머지 자속성분이 있다. 따라서 화동복권 직류전동기는 자속이 늘 일정한 분권 직류전동기보다는 기동토오크가 높지만 자속 전체가 전기자전류에 비례하는 직권 직류전동기보다는 낮다.

어떤 의미로는 화동복권 직류전동기는 분권과 직권 전동기를 가장 좋은 점만을 취해서 조합한 형태라고 할 수 있다. 이 전동기는 직권 전동기와 같이 기동을 위한 여분의 토오크를 가지고 있을 뿐 아니라 분권전동기와 같이 무부하에서도 정격속도를 넘지 않는다.

부하가 적은 경우에 직권 계자는 매우 적은 영향을 주어서 전동기가 마치 분권 직류전동기처럼 동작하게 한다. 부하가 매우 커지면 직렬계자 자속의 영향력이 매우 커지면서 토오크-속도 특성이 직권 전동기의 그것과 비슷해진다. 각 전동기의 토오크-속도 특성을 비교한 것이 그림 8-25이다.

화동복권 직류전동기의 특성곡선을 그래프해석으로 찾는 것은 앞의 분권, 직권 전동기에서의 접근법과 비슷하다. 이와 같은 해석은 다음 예제에서 설명될 것이다.

차동복권 직류전동기의 토오크-속도 특성

차동복권 직류전동기에서는 분권기자력과 직권기자력이 서로 반대방향이다. 이것은 전동기 부하가 증가할 때 I_A는 증가하고 자속은 감소한다는 것을 의미한다. 그러나 자속이 감소하면서 속도는 증가하게 된다. 이 속도의 증가는 또 다른 부하의 증가가 되므로 더 큰 I_A의 증가와 자속의 감소를 불러오고 이는 다시

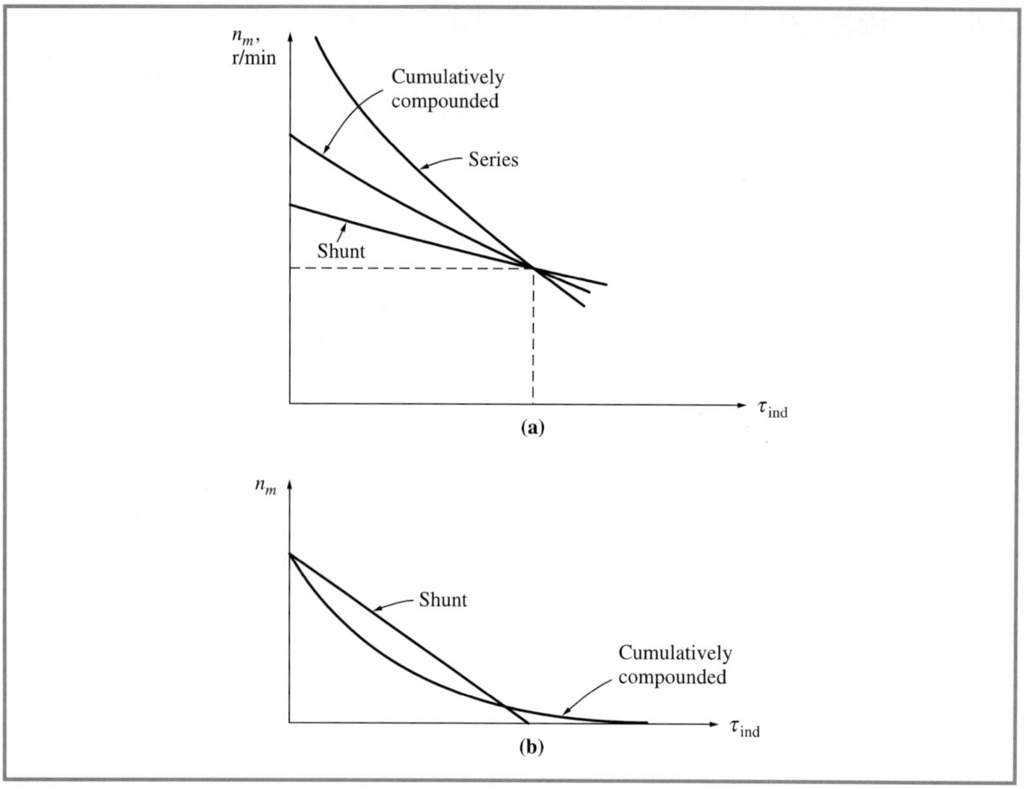

그림 8-25
(a) 같은 최대 부하 비율에서 직권 및 분권전동기와 비교한 화동복권 직류전동기의 토오크-속도 특성, (b) 같은 무부하 속도에서 직권 및 분권전동기와 비교한 화동복권 직류전동기의 토오크-속도 특성.

속도의 증가를 초래한다. 이 결과로 차동복권 직류전동기는 점점 불안정해져서 탈주하게 된다. 이러한 결정적인 단점 때문에 차동복권 직류전동기는 일반적인 사용에는 적합하지 않다.

더욱이 이 전동기를 기동하는 것은 불가능하다. 기동시에는 전기자전류와 직렬 계자전류가 매우 높다. 직권 자속이 분권 자속에서 빼지는 반대방향이기 때문에 직권 자속 방향이 자극의 자기적 극성과는 실제로 반대가 될 수 있기 때문이다. 이때 전동기는 보통 그냥 정지해 있거나 과도한 전기자전류 때문에 내부가 타면서 잘못된 방향으로 천천히 회전하게 될 것이다. 이 전동기를 기동하기 위해서는 직권 계자를 단락시켜서 일반적인 분권전동기와 같은 상태에서 기동시켜야 한다.

차동복권 직류전동기는 안정성 문제 때문에 거의 사용하지 않는다. 그렇지만 차동복권 직류전동기에서 전원의 극성을 바꾸면 화동복권 발전기가 될 수 있기 때문에, 화동복권 발전기가 시스템에 전력을 공급하는 데 쓰일 때는 전력이 반대로 들어올 경우에 대비해서 회로의 접속을 끊을 수 있는 역방향 전원차

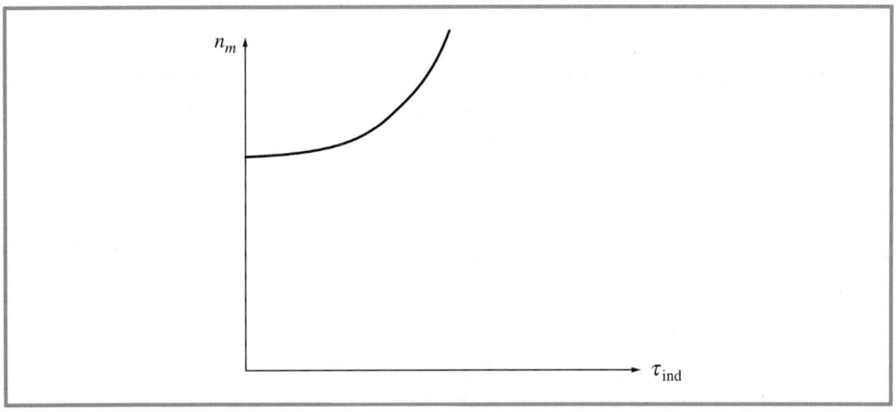

그림 8-26 차동복권 직류전동기의 토오크-속도 특성

단회로를 구비해야 한다. 한편 양 방향의 전력 변환이 가능한 어떤 전동기-발전기세트도 차동복권 직류전동기로 쓸 수는 없으므로 화동복권 직류전동기로도 쓸 수 없다.

차동복권 직류전동기의 전형적인 단자전압 특성이 그림 8-26에 있다.

복권 직류전동기의 비선형 해석

복권 직류전동기의 토오크와 속도를 결정하는 방법의 예를 예제 8-6에서 설명하고 있다.

예제 8-6

100-hp, 250-V 복권 직류전동기의 직렬 권선을 포함한 내부저항이 0.04 Ω이다. 분권 계자의 극당 권회수는 1000이고 직렬권선은 극당 3회이다. 이 전동기는 그림 8-27에서 보여주고 자화곡선은 그림 8-9에서 보여주고 있다. 무부하에서는 계자저항이 전동기 속도가 1200 rpm이도록 맞춰져 있다. 철손, 기계손, 표유부하손은 무시하였다.

(*a*) 무부하에서 이 전동기의 분권 계자전류는 얼마인가?

(*b*) 이 전동기가 화동복권 직류전동기라고 할 때 $I_A = 200\text{A}$에서 속도를 구하라.

(*c*) 이 전동기가 차동복권 직류전동기라고 할 때 $I_A = 200\text{A}$에서 속도를 구하라.

풀이

(*a*) 무부하에서 전기자전류가 0이므로 내부발생전압은 V_T와 같은 250 V이어야 한다. 자화곡선으로부터 계자전류 5 A는 속도 1200 rpm에서 250 V의 전압 E_A를 생성함을 알 수 있다. 따라서 분권 계자전류는 5 A이어야 한다.

(*b*) 200 A의 전기자전류가 흐를 때 전동기 내부발생전압은

$$\begin{aligned} E_A &= V_T - I_A(R_A + R_S) \\ &= 250\text{ V} - (200\text{ A})(0.04\ \Omega) = 242\text{ V} \end{aligned}$$

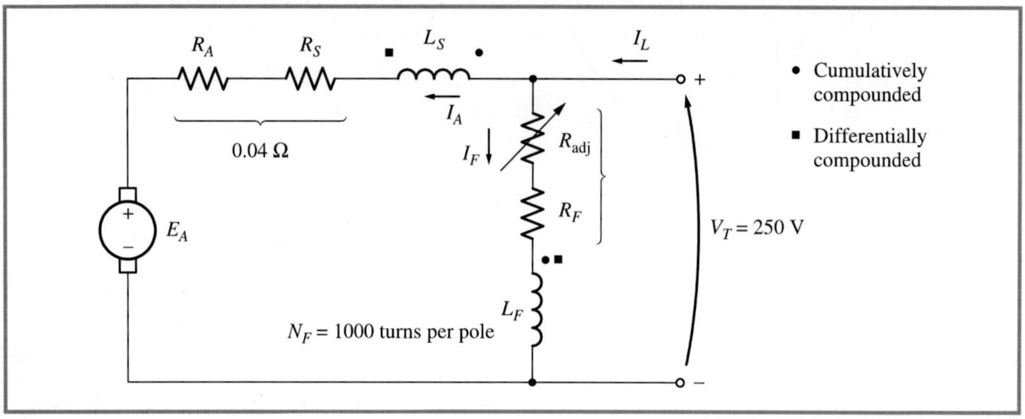

그림 8-27
예제 8-6의 복권 직류전동기

이다. 이 복권 직류전동기의 유효계자전류는

$$I_F^* = I_F + \frac{N_{SE}}{N_F} I_A - \frac{\mathscr{F}_{AR}}{N_F} \tag{8-28}$$

$$= 5 \text{ A} + \frac{3}{1000} 200 \text{ A} = 5.6 \text{ A}$$

이고 자화곡선으로부터 속도 $n_0 = 1200$ rpm일 때 $E_{A0} = 262$ V이다. 따라서 전동기속도는

$$n_m = \frac{E_A}{E_{A0}} n_0$$

$$= \frac{242 \text{ V}}{262 \text{ V}} 1200 \text{ r/min} = 1108 \text{ r/min}$$

(c) 차동복권으로 연결했을 때에 유효계자전류는

$$I_F^* = I_F - \frac{N_{SE}}{N_F} I_A - \frac{\mathscr{F}_{AR}}{N_F} \tag{8-28}$$

$$= 5 \text{ A} - \frac{3}{1000} 200 \text{ A} = 4.4 \text{ A}$$

이고 자화곡선으로부터 속도 $n_0 = 1200$ rpm일 때 $E_{A0} = 236$ V이다. 따라서 전동기속도는 다음과 같다.

$$n_m = \frac{E_A}{E_{A0}} n_0$$

$$= \frac{242 \text{ V}}{236 \text{ V}} 1200 \text{ r/min} = 1230 \text{ r/min}$$

화동복권 발전기는 부하가 증가하면 속도가 감소하고 차동복권 발전기는 부하가 증가하면 속도가 증가한다.

화동복권 직류전동기의 속도제어

화동복권 직류전동기의 속도제어 방법은 분권전동기에서와 같다.

1. 계자 저항 R_F를 변화시킨다.
2. 전기자 전압 V_A를 변화시킨다.
3. 전기자 저항 R_A를 변화시킨다.

R_F나 V_A를 변화시킬 때의 효과는 앞에서 언급한 분권전동기와 매우 유사하다.

이론적으로, 차동복권 직류전동기도 유사한 방법으로 제어될 수 있지만. 이 전동기는 거의 사용되지 않기 때문에 실제로는 속도제어도 중요하지 않다.

8.8 직류전동기의 기동기

직류전동기가 적절하게 동작시키기 위해서는 제어장치와 보호장치가 필요하며, 그 장치의 목적은 다음과 같다.

1. 단락으로 인한 손상으로부터 전동기 보호
2. 장시간 과부하로 인한 손상으로부터 전동기 보호
3. 과다 기동전류로 인한 손상으로부터 전동기 보호
4. 전동기의 운전 속도를 편리하게 제어

앞의 세 가지에 대해서는 이 절에서, 네 번째는 8.9절에서 살펴 볼 것이다.

기동시 직류전동기의 문제

직류전동기의 적절한 동작을 위해서 기동 기간 동안 손상으로부터 보호해야 한다. 기동시 전동기는 회전하지 않으므로 $E_A = 0$ V이다. 전동기의 내부저항은 그 크기(중형전동기의 경우에 3~6 %)에 비해 매우 낮으므로 매우 높은 전류가 흐른다.

예로써 예제 8-1의 50-hp, 250-V 전동기를 살펴본다. 이 전동기의 전기자 저항은 0.06 Ω이고 정격 부하 전류는 200 A 이하이지만 **기동전류는**

$$I_A = \frac{V_T - E_A}{R_A}$$

$$= \frac{250\text{ V} - 0\text{ V}}{0.06\ \Omega} = 4167\text{ A}$$

이다. 이 전류는 정격 부하 전류의 20배를 넘는다. 비록 순간적으로 흐른다 할지라도 전동기는 그러한 전류에 의해 심각한 손상을 입을 수 있다.

기동시 발생하는 과전류의 문제는 전류 흐름을 제한하기 위해 전기자와 직렬로 **기동저항**을 삽입하여 해결할 수 있다. 이 저항은 손실을 증가시키고, 부하가

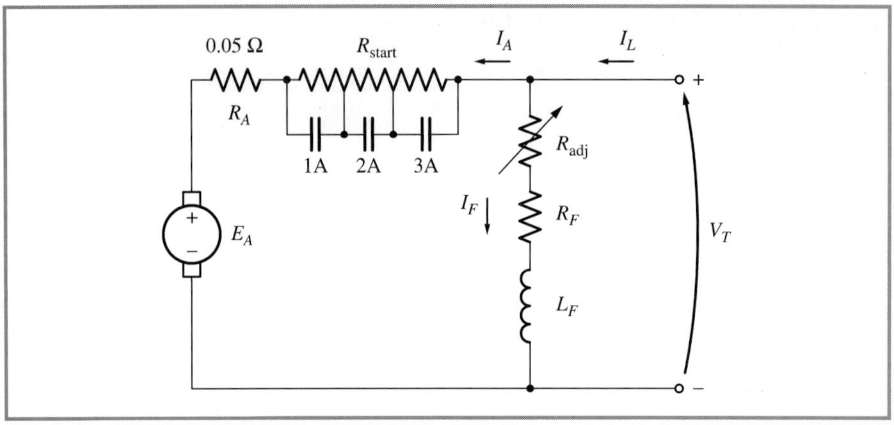

그림 8-28 전기자와 직렬로 기동저항을 갖는 분권전동기. 접점 1A, 2A, 3A를 닫으면 기동저항의 일부가 단락된다.

증가함에 따라 전동기의 토오크 특성을 급격히 감소시키므로 회로 내에 영구적으로 있어서는 안 된다.

그러므로 이 저항은 기동시 흐르는 전류를 제한하기 위해 전기자 회로에 삽입되어야 하고 전동기의 속도가 증가함에 따라 다시 제거되어야 한다. 현재 실제 사용되는 기동 저항은 여러 저항들을 직렬로 연결하여 만들고 빠른 가속을 위해 전류가 너무 낮지 않고 안전한 값에서 전동기를 동작시키기 위해 전동기의 속도가 증가함에 따라 직렬로 연결된 저항들을 차례로 전동기 회로에서 제거한다.

그림 8-28은 1A, 2A, 3A의 접점을 닫아서 회로로부터 분리될 수 있는 여분의 기동저항을 갖는 분권전동기를 보인다. 전동기 기동을 위해서는 두 가지가 필요하다. 첫째는 기동 전류를 요구된 값으로 제한하기 위한 저항 조각의 크기와 수를 결정하는 것이고, 둘째는 적당한 시간에 그 저항들을 회로에서 제거하기 위해 접점을 연결시킬 제어 회로를 설계하는 것이다.

예전의 몇 가지 직류전동기들은 핸들을 움직여서 수동으로 회로로부터 점차적으로 분리되는 연속적인 기동저항을 사용했었다(그림 8-29). 이러한 형태의 기동기들은 핸들이 너무 빠르거나 느리지 않도록 조작해야 하고 이는 전동기를 기동하는 사람에 크게 의존하는 문제점들을 안고 있다. 저항이 너무 빨리(전동기가 충분한 속도에 도달하기 전에) 줄어들면 결과적으로 전류가 너무 많이 흐르게 되고, 너무 늦게 줄어들면 기동 저항이 타버린다. 그러한 저항기들은 자동 기동회로를 설치함으로 거의 사라지게 되었다.

예제 8-7은 자동 기동회로에 의해 요구되는 저항기들의 크기와 개수를 선택하는 과정을 설명한다. 접점을 이용해서 저항기들을 전기자 회로로부터 제거하는 시간에 대한 문제는 후에 검토할 것이다.

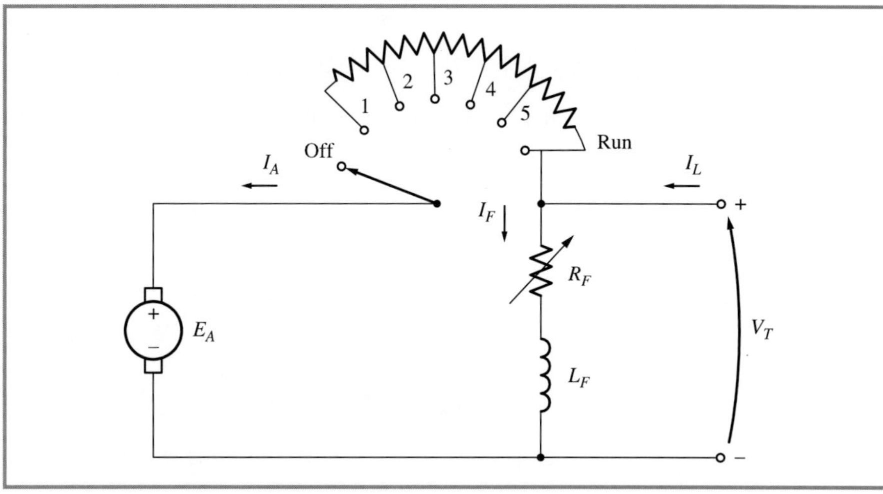

그림 8-29
직류전동기의 수동기동기

예제 8-7

그림 8-28은 0.05 Ω의 전기자 저항을 갖는 100-hp, 250-V, 350-A 분권 직류전동기를 보인다. 이 전동기에 대해 최대 기동 전류가 정격치의 두 배로 제한되고, 전기자전류가 정격치로 떨어짐에 따라 저항 부분들을 제거할 수 있도록 기동회로를 설계하도록 요구된다.

(*a*) 언급된 범위까지 전류를 제한하는 데 필요한 기동저항의 단계는 몇 단계인가?
(*b*) 그 저항의 각 부분의 값은? 기동 저항의 각 부분을 제거할 때의 전압은?

풀이

(*a*) 기동 저항이 처음에 연결되었을 때 전동기의 정격 전류의 두 배에 해당하는 전류가 흐르도록 기동 저항을 선택한다. 전동기의 속도가 증가하기 시작함에 따라, 내부발생전압 E_A가 전동기에서 발생될 것이다. 이 전압은 전동기의 단자 전압에 반대이기 때문에 증가하는 내부발생전압은 전동기에서 전류의 흐름을 감소시킨다. 전동기에 흐르는 전류가 정격 전류로 떨어질 때 기동저항의 부분들은 정격전류의 200퍼센트까지 기동전류를 증가시키도록 제거되어야 한다. 전동기의 속도가 계속 증가함에 따라 E_A는 계속 증가하고 전기자전류는 계속 감소한다. 전동기에 흐르는 전류가 다시 정격 전류로 떨어질 때 기동저항의 또 다른 부분을 제거한다. 주어진 단계에서 제거해야 할 기동 저항이 전동기의 전기자 회로의 저항보다 더 작아질 때까지 이러한 과정이 반복된다. 이때에 이르면 전기자 저항은 자체적으로 안전한 값으로 전류를 제한시킬 것이다.

전류 제한을 달성하기 위해 얼마나 많은 단계들이 요구되는가를 알아보기 위해 기동회로의 초기 저항을 R_{tot}라 하자. R_{tot}는 전동기의 전기자 회로의 저항과 기동 저항의 각 단계의 저항의 합이다.

$$R_{tot} = R_1 + R_2 + \cdots + R_A \tag{8–29}$$

단계 1에서 단계 i까지 닫힌 후의 기동회로에 남아 있는 전체저항을 $R_{\text{tot},i}$라 하자. 단계 1부터 단계 i까지 제거한 후 회로에 남아 있는 저항은

$$R_{\text{tot},i} = R_{i+1} + \cdots + R_A \tag{8-30}$$

이다. 초기의 기동 저항은 다음과 같다.

$$R_{\text{tot}} = \frac{V_T}{I_{\text{max}}}$$

기동회로의 첫 번째 단계에서, 저항 R_1은 전류 I_A가

$$I_A = \frac{V_T - E_A}{R_{\text{tot}}} = I_{\text{min}}$$

로 떨어질 때 회로에서 제거되어야 한다. 저항 R_1이 제거된 후 전기자전류는

$$I_A = \frac{V_T - E_A}{R_{\text{tot},1}} = I_{\text{max}}$$

까지 점프하게 된다. $E_A(= K\phi\omega)$는 순간적으로 변화할 수 없는 전동기의 속도에 비례하므로, $V_T - E_A$는 저항이 제거되는 순간에 일정할 것이다. 그러므로

$$I_{\text{min}}R_{\text{tot}} = V_T - E_A = I_{\text{max}}R_{\text{tot},1}$$

이거나, 또는 첫 번째 단계가 제거된 후 회로에 남아있는 저항은

$$R_{\text{tot},1} = \frac{I_{\text{min}}}{I_{\text{max}}} R_{\text{tot}} \tag{8-31}$$

이다. 같은 방법으로 생각하면 n번째 단계가 제거된 후 회로에 남아있는 저항은

$$R_{\text{tot},n} = \left(\frac{I_{\text{min}}}{I_{\text{max}}}\right)^n R_{\text{tot}} \tag{8-32}$$

이다. 단계 n에 대하여 $R_{\text{tot},n}$이 전동기의 내부 전기자 저항 R_A보다 작거나 같을 때 기동과정은 완료된다. 그러한 시점에서는 R_A는 자체적으로 요구된 값으로 전류를 제한시킬 수 있다. $R_A = R_{\text{tot},n}$인 경계에서

$$R_A = R_{\text{tot},n} = \left(\frac{I_{\text{min}}}{I_{\text{max}}}\right)^n R_{\text{tot}} \tag{8-33}$$

$$\frac{R_A}{R_{\text{tot}}} = \left(\frac{I_{\text{min}}}{I_{\text{max}}}\right)^n \tag{8-34}$$

이다. 단계 n에 대해 풀면 다음과 같다.

$$n = \frac{\log (R_A/R_{\text{tot}})}{\log (I_{\text{min}}/I_{\text{max}})} \tag{8-35}$$

기동의 단계는 분수값을 가질 수 없으므로 다음의 정수값까지 올림해야 한다. n이 분수 부분을 가지면, 기동저항의 마지막 단계가 제거되었을 때, 전동기의 전기자전류는 I_{max}보다 더 작은 값까지 점프할 것이다.

이 문제에서, $I_{min}/I_{max} = 0.5$이고, R_{tot}는

$$R_{tot} - \frac{V_T}{I_{max}} = \frac{250\text{ V}}{700\text{ A}} = 0.357\ \Omega$$

이고, 따라서 n은 다음과 같다.

$$n = \frac{\log (R_A/R_{tot})}{\log (I_{min}/I_{max})} = \frac{\log (0.05\ \Omega/0.357\ \Omega)}{\log (350\text{ A}/700\text{ A})} = 2.84$$

필요한 단계의 수는 3이 될 것이다.

(*b*) 전기자 회로는 전기자 저항 R_A와 세 개의 기동 저항들 R_1, R_2, R_3를 포함할 것이다. 이러한 배열을 그림 8-28에 보인다.

처음에 $E_A = 0$ V이고 $I_A = 700$ A이므로

$$I_A = \frac{V_T}{R_A + R_1 + R_2 + R_3} = 700\text{ A}$$

그러므로, 전체저항은

$$R_A + R_1 + R_2 + R_3 = \frac{250\text{ V}}{700\text{ A}} = 0.357\ \Omega \tag{8–36}$$

이러한 전체 저항은 전류가 350 A로 떨어질 때까지 회로에 남아 있게 될 것이다. 이때 E_A는 다음과 같다.

$$E_A = V_T - I_A R_{tot} = 250\text{ V} - (350\text{ A})(0.357\ \Omega) = 125\text{ V}$$

$E_A = 125$ V일 때, I_A는 350 A로 떨어지고, 첫 번째 기동저항 R_1를 제거할 시점이 된다. R_1이 제거될 때 전류는 700 A로 다시 점프하게 된다. 그러므로

$$R_A + R_2 + R_3 = \frac{V_T - E_A}{I_{max}} = \frac{250\text{ V} - 125\text{ V}}{700\text{ A}} = 0.1786\ \Omega \tag{8–37}$$

이러한 전체 저항은 I_A가 다시 350 A로 떨어질 때까지 회로에 남아 있게 될 것이다. 이때 E_A는

$$E_A = V_T - I_A R_{tot} = 250\text{ V} - (350\text{ A})(0.1786\ \Omega) = 187.5\text{ V}$$

에 도달하게 된다. $E_A = 187.5$ V일 때, I_A는 350 A로 떨어지고, 두 번째 기동저항 R_2를 제거할 시점이 된다. R_2가 제거될 때 전류는 700 A로 다시 점프하게 된다. 그러므로

$$R_A + R_3 = \frac{V_T - E_A}{I_{max}} = \frac{250\text{ V} - 187.5\text{ V}}{700\text{ A}} = 0.0893\ \Omega \tag{8–38}$$

이다. 이러한 전체 저항은 I_A가 다시 350 A로 떨어질 때까지 회로에 남아 있게 될 것이다. 이때 E_A는

$$E_A = V_T - I_A R_{tot} = 250\text{ V} - (350\text{ A})(0.0893\ \Omega) = 218.75\text{ V}$$

에 도달하게 된다. $E_A = 218.75$ V일 때, I_A는 다시 350 A로 떨어지고, 세 번째 기동저항 R_3를 제거할 시점이 된다. R_3가 제거되면, 전동기의 내부저항만이 남게 된다. R_A만으로 전동기의 전류를

$$I_A = \frac{V_T - E_A}{R_A} = \frac{250\text{ V} - 218.75\text{ V}}{0.05\ \Omega}$$
$$= 625\text{ A} \qquad \text{(less than allowed maximum)}$$

까지 제한 할 수 있게 된다. 이때부터는 전동기는 자체적으로 속도를 증가시킬 수 있다.

식 (8-34)~(8-36)로부터, 필요한 저항값을 계산할 수 있다.

$$R_3 = R_{\text{tot},3} - R_A = 0.0893\ \Omega - 0.05\ \Omega = 0.0393\ \Omega$$
$$R_2 = R_{\text{tot},2} - R_3 - R_A = 0.1786\ \Omega - 0.0393\ \Omega - 0.05\ \Omega = 0.0893\ \Omega$$
$$R_1 = R_{\text{tot},1} - R_2 - R_3 - R_A = 0.357\ \Omega - 0.1786\ \Omega - 0.0393\ \Omega - 0.05\ \Omega = 0.1786\ \Omega$$

R_1, R_2, R_3 는 E_A가 125, 187.5, 218.75 V에 도달할 때 각각 제거한다.

직류전동기 기동회로

기동저항이 결정되었을 때 어떻게 정확히 폐회로 접점을 제어할 수 있는가? 이러한 스위칭을 위하여 몇 가지 방법이 사용되고 있으며 가장 일반적인 방법 중에서 두 가지를 여기서 검토할 것이다. 그 전에 먼저 전동기 기동회로에 사용되는 소자들 몇 가지를 설명하는 것이 필요하다.

그림 8-30은 전동기 제어 회로에 통상적으로 사용되는 몇 가지 소자이다. 그림에 나온 것들은 퓨우즈, 누름 스위치, 릴레이, 시간지연 릴레이, 과부하 릴레이 등이다.

그림 8-30(a)는 퓨우즈에 대한 표시이다. 퓨우즈는 전동기 제어 회로에서 단락회로의 위험으로부터 전동기를 보호하기 위해 사용된다. 퓨우즈는 전동기 앞쪽의 전원측에 위치하며, 회로가 단락될 때에 퓨우즈가 먼저 끊어지게 되어 전동기 자체가 해를 입기 전에 회로를 개방한다.

그림 8-30(b)는 스프링형 누름 스위치이다. 두 가지 기본적인 형태의 스위치가 있다—상시열림과 상시닫힘. 상시열림 접점은 버튼을 누르면 닫혀지는 반면에 상시닫힘 접점은 버튼을 누르면 열리게 된다.

릴레이는 그림 8-30(c)와 같다. 릴레이는 하나의 주 코일과 많은 접점으로 구성되어 있다. 주 코일은 원으로 표시되고, 접점들은 병렬로 표시된 선으로 나타낸다. 접점들은 두 가지 형태가 있다—상시열림과 상시닫힘. 상시열림 접점은 릴레이에 전류가 흐르지 않을 때 열리고, 상시닫힘 접점은 릴레이에 전류가 흐르지 않을 때 닫힌다. 전력이 릴레이에 공급될 때(릴레이는 여자), 접점들은 상태가 바뀐다: 상시열림 접점은 닫히고, 상시닫힘 접점은 열린다.

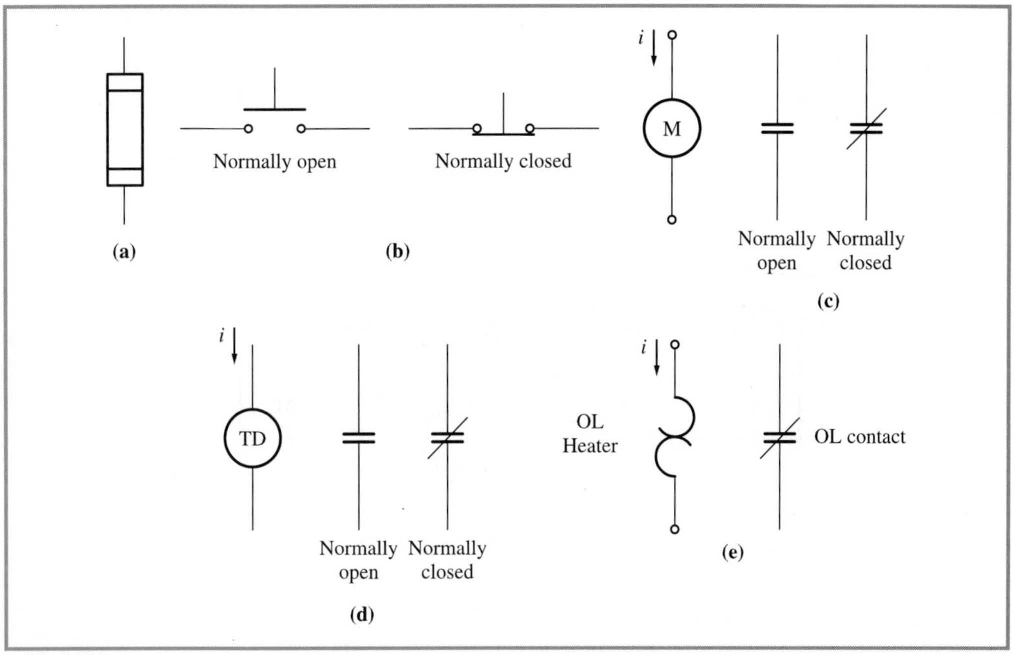

그림 8-30
(a) 퓨우즈, (b) 상시열림과 상시닫힘 누름 스위치, (c) 릴레이 코일과 접점, (d) 시간지연릴레이와 접점, (e) 부하릴레이와 상시열림 접점

시간지연 릴레이는 그림 8-30(d)에 있다. 이 릴레이는 전력이 공급되어 접점의 상태가 바뀌기 전에 적당히 시간지연이 있다는 점을 제외하고는 보통의 릴레이와 같이 동작한다.

과부하 릴레이는 그림 8-30(e)에 보인다. 그것은 하나의 히터코일과 몇 개의 상시닫힘 접점으로 구성되어 있다. 전동기로 흐르는 전류는 히터 코일으로 통해 흐른다. 만약 전동기의 부하가 너무 크면 전동기로 흐르는 전류는 히터 코일들을 가열하게 되고, 과부하 릴레이의 상시닫힘 접점들을 열리게 한다.

이러한 소자들을 사용한 일반적인 전동기 기동회로가 그림 8-31이다. 이 회로에서, 직렬로 연결된 시간지연 릴레이는 전력이 전동기에 공급된 후 거의 정확한 시간에 기동저항의 각 부분들을 제거하도록 접점이 닫히게 된다. 이 회로에서 시작 버튼이 눌려지면, 전동기의 전기자 회로는 전원에 연결되고 기계는 회로상의 모든 저항과 함께 기동한다. 그러나, 전동기 기동과 동시에 릴레이 1TD가 여자되고, 어느 정도의 시간지연 후에 1TD접점이 닫히게 되어 회로로부터 기동저항의 한 부분을 제거하게 된다.

동시에 릴레이 2TD가 여자되고 시간지연 후 2TD접점이 닫히게 되어, 기동저항의 두 번째 부분을 제거하게 된다. 2TD 접점이 닫혔을 때 3TD릴레이가 여자되고 그 과정을 다시 반복하여, 결국에는 전동기는 기동저항 없이 정격속

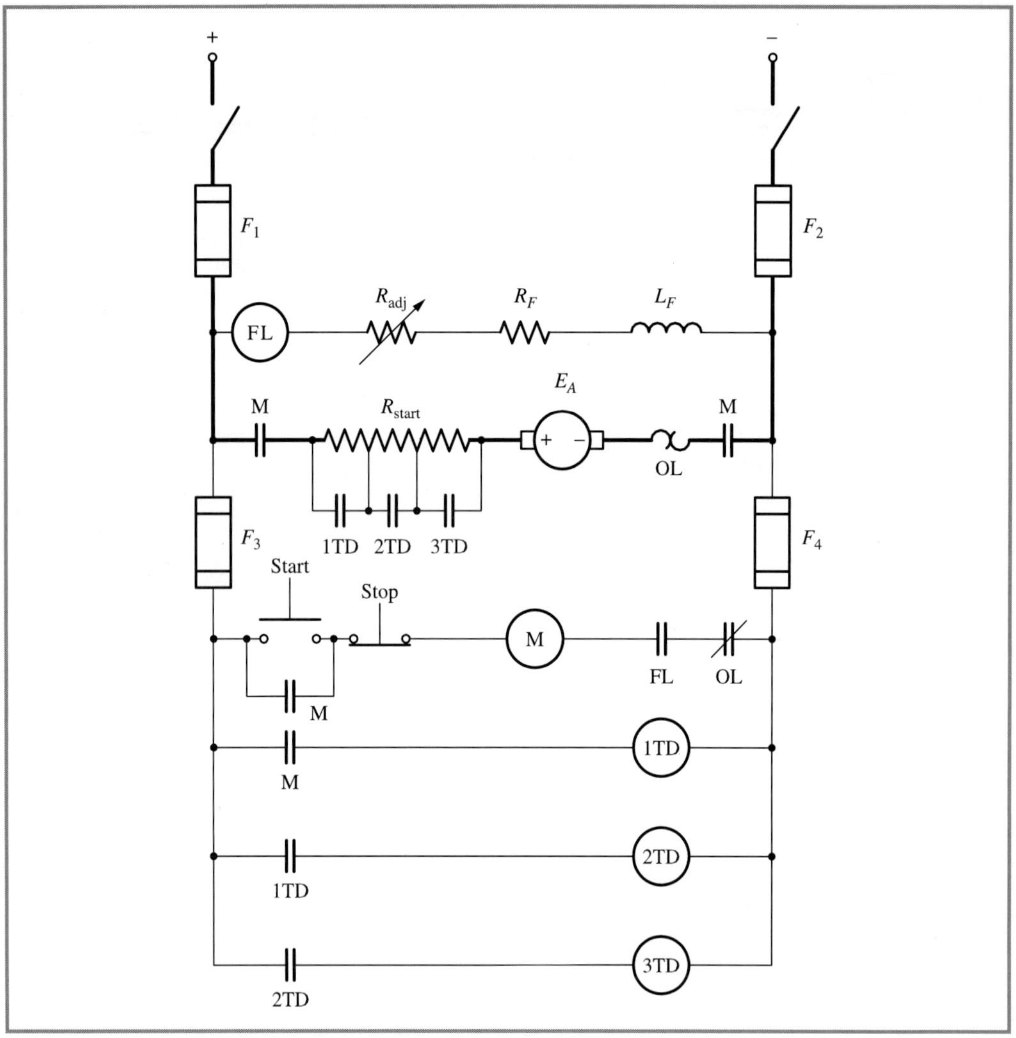

그림 8-31
시간지연 릴레이를 이용해 기동저항을 제거하는 직류전동기의 기동회로

도에서 동작하게 된다. 만약 시간지연이 적당히 정해진다면 전동기 전류를 설계값으로 제한할 수 있는 적당한 시간에 기동저항들을 제거할 수 있다.

전동기 기동기의 다른 형태가 그림 8-32이다. 여기서 직렬로 연결된 릴레이는 전동기의 E_A값을 감지하고, E_A가 정해진 값으로 증가함에 따라 기동저항을 제거한다. 전동기가 과부하이고 보통보다 더 천천히 기동하게 되면, 전류가 적당한 값으로 떨어졌을 때 전기자 저항 역시 제거되므로 이 기동기는 앞의 기동기보다 더 우수하다.

두 기동회로에서 FL이라 표시된 릴레이가 계자 회로에 있음을 주의하라. 이것은 계자손실 릴레이이다. 만약 계자전류가 어떤 이유로 갑자기 흐르지 않으

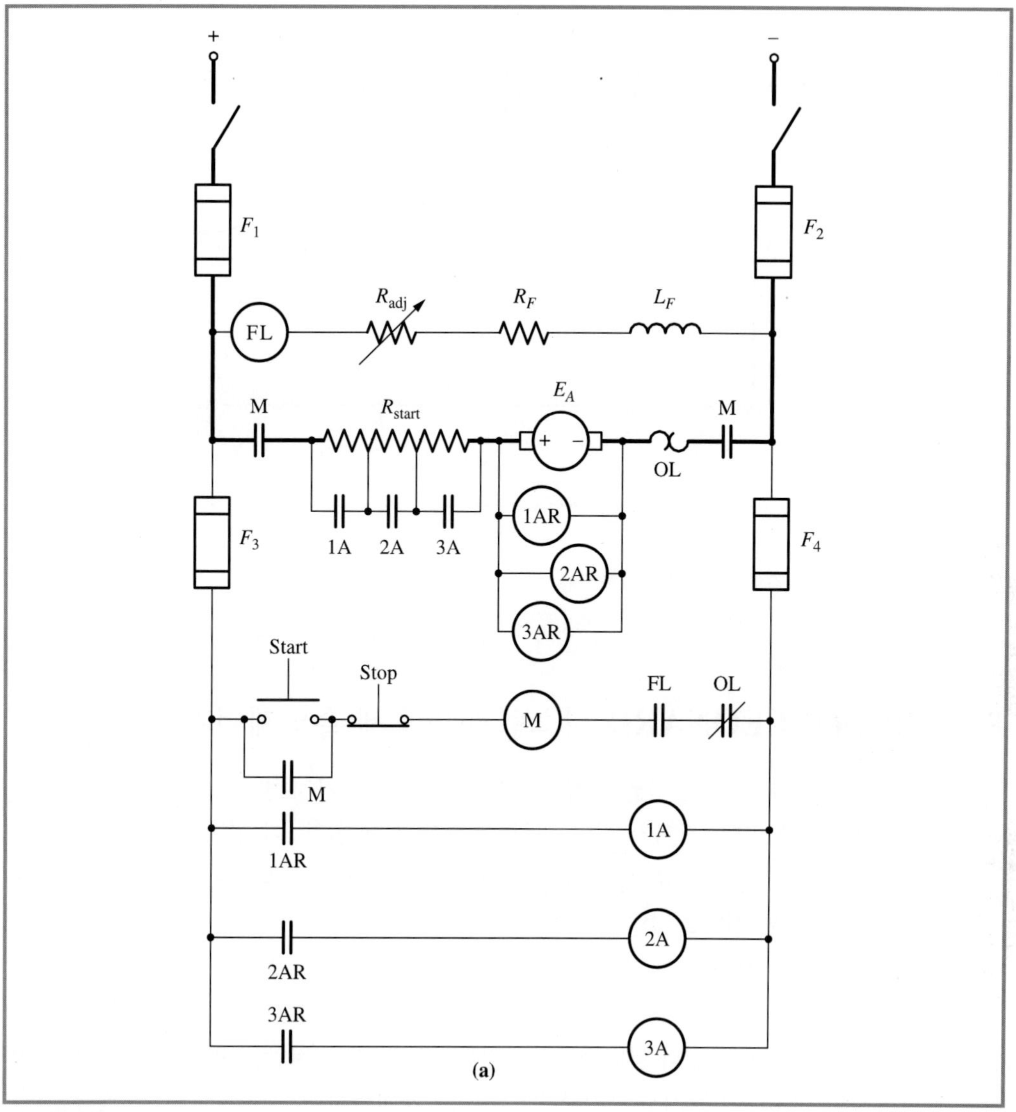

그림 8-32

(a) 기동저항을 제거하기 위해 전압감지 릴레이를 이용한 직류전동기의 기동회로

면, 계자손실 릴레이도 전류가 흐르지 않게 되고 M 릴레이로 가는 전류를 차단한다. M 릴레이에 전류가 흐르지 않으면 상시열림 접점이 개방되어 전원으로부터 전동기를 분리시킨다. 이 릴레이는 계자전류가 사라졌을 때 탈주로부터 전동기를 보호한다. 또한 각각의 전동기 기동 회로에 과부하 릴레이가 있음을 주의하라. OL 상시닫힘 접점들을 개방해서 M 릴레이로 공급되는 전력을 차단한다. M 릴레이에 전류가 흐르지 않으면 상시열림 접점이 개방되어 전원으로부터 전동기를 분리시킴으로써 과부하로부터 전동기를 보호한다.

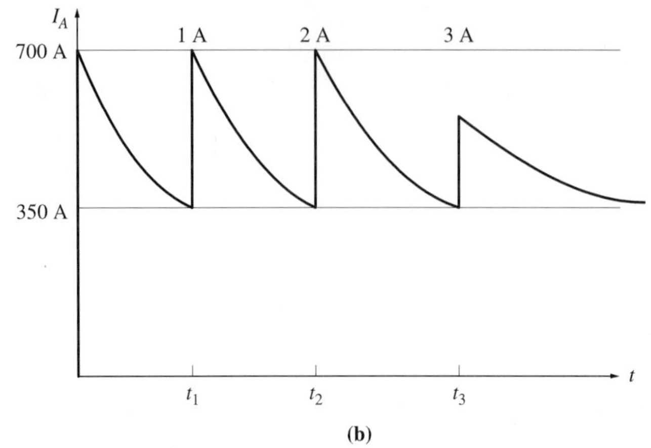

그림 8-32 (계속)
(b) 기동 중의 직류전동기에 흐르는 전기자전류

8.9 WARD-LEONARD 시스템과 반도체 속도제어기

타여자, 분권 또는 복권 직류전동기의 속도는 세 가지 방법으로 조정할 수 있다: 계자저항 변화, 전기자 전압 변화, 전기자 저항 변화. 이 방법들 중 가장 효과적인 것은 전동기의 최대 토오크에 영향을 주지 않고 광범위한 속도 변화가 가능한 전기자 전압조정일 것이다.

높은 토오크와 전기자 전압 조정으로 가능한 속도 변화를 위해 많은 전동기 제어 시스템들이 개발되어 왔다. 반도체 소자 이전의 시대에는 다양한 직류전압을 만들기 어려웠다. 사실상, 직류전동기의 전기자 전압을 변화시키는 일반적인 방법은 직류발전기로 전압을 공급하는 것이었다.

이러한 전기자 전압 제어 시스템은 그림 8-33과 같다. 이 그림은 직류발전기의 원동기로 사용되는 교류 전동기를 보여준다. 이러한 시스템은 *Ward-Leonard* 시스템이라 불리며, 용도가 매우 넓다.

이러한 전동기 제어 시스템에서 전동기의 전기자 전압은 직류발전기의 계자전류를 변화시킴으로써 조절할 수 있다. 이 전기자 전압은 전동기 속도를 매우 낮은 속도에서 기준 속도사이까지 순조롭게 변하도록 한다. 또한 전동기의 계자전류를 감소시킴으로써 전동기 속도를 기준 속도보다 크도록 조절할 수 있다.

더욱이, 발전기의 계자전류를 역으로 하면, 발전기의 전기자 전압의 극성 또한 바뀌게 되어 전동기의 회전방향을 바꿀 수 있다. 그러므로 Ward-Leonard 직류전동기 제어 시스템으로써 임의의 회전방향으로 넓은 범위의 속도 조정이 가능하다.

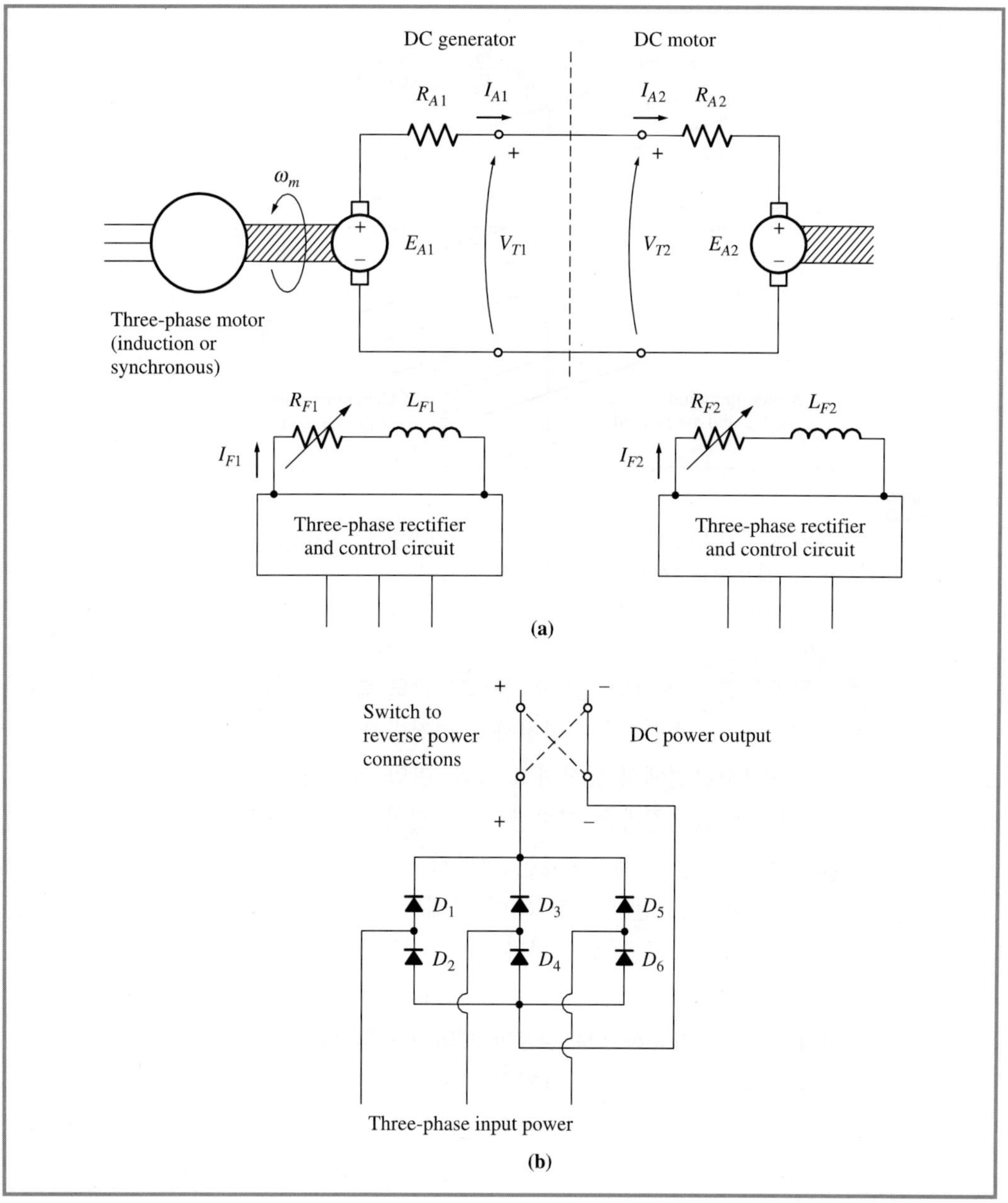

그림 8-33
(a) 직류전동기의 속도제어를 위한 Ward-Leonard 시스템, (b) 직류발전기와 직류전동기에서 계자전류를 공급하기 위한 회로

이 시스템의 또 다른 장점은 '회생'으로서 기계의 운동에너지를 전원으로 되돌릴 수 있다. 전동기에 큰 부하가 연결되어 회전하다가 부하가 감소하면 직류전동기가 발전기로 작동해서 전력을 전원측으로 회생시킨다. 이와 같은 과정을 통해서 부하의 속도를 증가시키는 데에 소비되었던 에너지 중에서 상당부분이 회생되고 이는 유지비를 감소시키는 데에 기여한다.

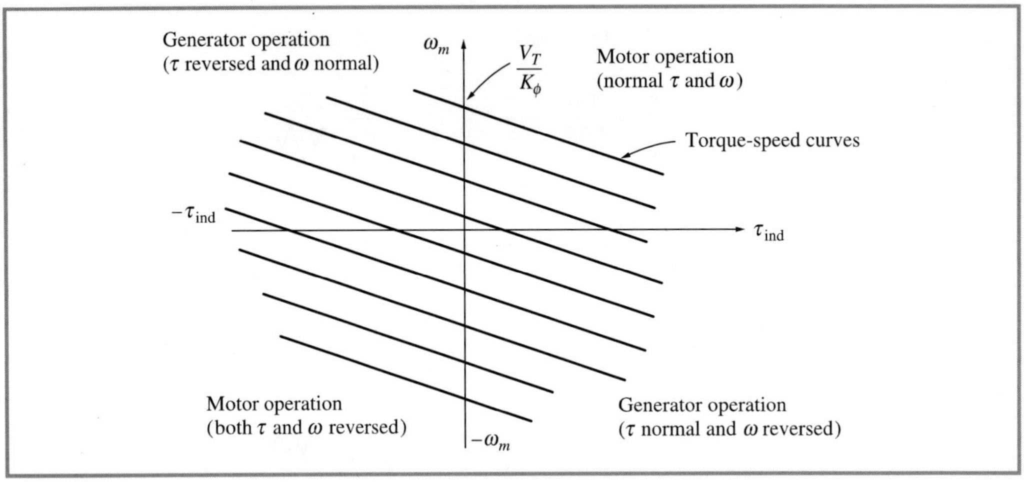

그림 8-34
Ward-Leonard 전동기 제어 시스템의 동작 범위. 전동기는 정방향(1사분면) 또는 역방향(3사분면)에서 전동기로써 동작하고, 2사분면과 4사분면에서 회생할 수 있다.

동작가능한 직류기의 영역을 **토오크-속도 특성곡선**에 표시한 것이 그림 8-34이다. 전동기가 정방향으로 회전하고 회전방향으로 토오크를 공급하고 있을 때는 그림의 1사분면에서 동작하고 있다. 만약 발전기의 계자전류가 역방향이 되면, 발전기의 단자전압은 역방향이 될 것이고 전동기의 전기자전압이 역으로 바뀌게 된다. 전동기 계자전류는 변하지 않고 전기자전압이 역으로 되면, 전동기의 토오크와 속도는 역으로 되어 기계는 그림의 3사분면에서 전동기로써 동작하고 있다. 만약 다른 것은 변하지 않고 토오크나 속도 중 어느 하나만 역으로 된다면 발전기로써 작동하게 된다. Ward-Leonard 시스템은 임의의 방향으로 회전과 회생이 가능하므로 '**4상한 제어 시스템**'이라 한다.

Ward-Leonard 시스템의 단점은 사용자가 반드시 동일한 급의 세 가지 기계를 구입해야 하며 상당히 비싸다는 점과 효율이 낮다는 점이다. 이러한 결점 때문에, SCR 제어 회로를 사용한 새로운 방식으로 대체되고 있다.

간단한 전기자 전압 제어 회로를 그림 8-35에서 보여주고 있다. 전동기의 전기자에 공급되는 평균 전압과 평균 속도는 전기자에 전압이 공급되는 시간에 따라 달라지며, 이것은 정류 회로의 SCR들이 트리거 되는 위상에 따라서 결정된다. 이 회로는 하나의 극성으로만 전기자 전압을 공급할 수 있을 뿐이므로, 전동기는 계자를 거꾸로 연결함으로서 극성을 바꿀 수 있다. 전류는 SCR을 통해 역으로 흐를 수 없으므로, 전기자전류는 이 전동기의 (+)단자로부터 흘러나올 수 없다. 그러므로 이 전동기는 회생할 수 없고, 전동기에 공급된 어떤 에너지도 되찾을 수 없다. 이러한 타입의 제어회로는 그림 8-35(b)에 보인 것처럼 '**2상한 제어기**'이다.

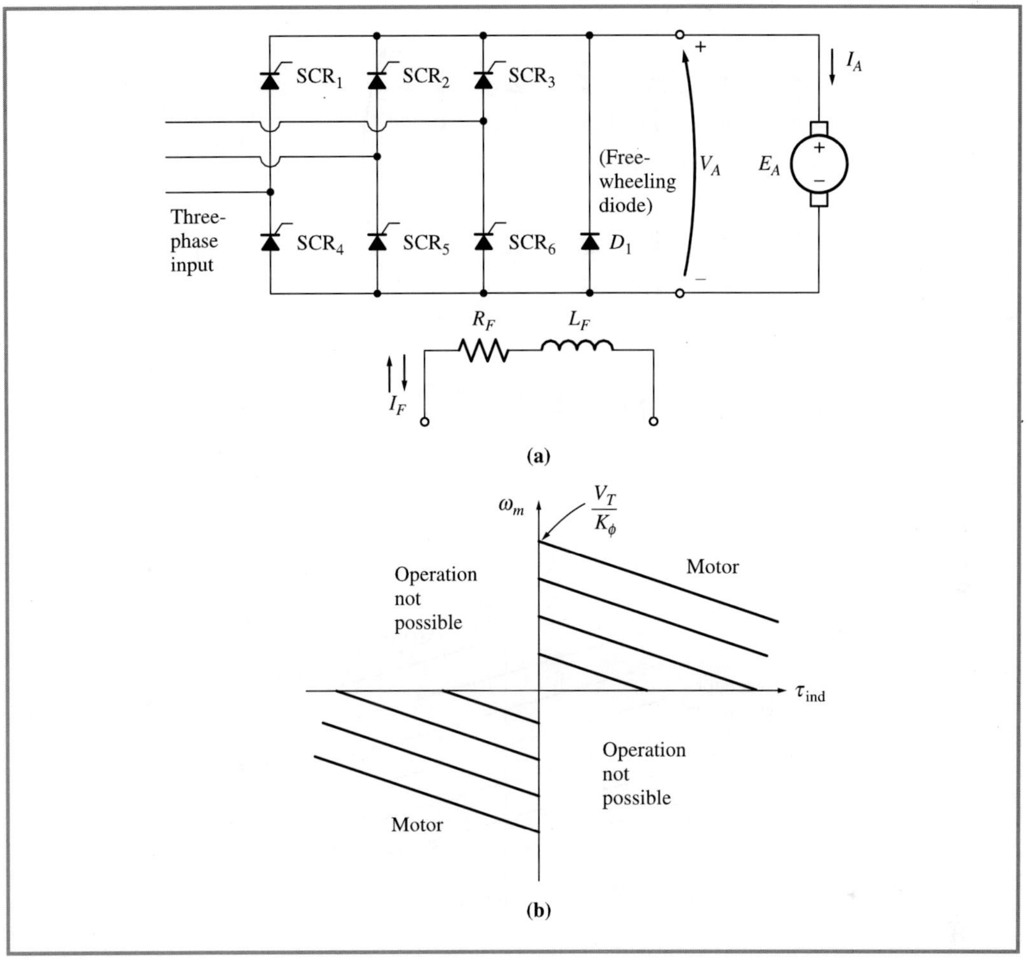

그림 8-35

(a) 직류전동기의 2상한 반도체 제어기. 전류는 전기자의 (+)단자로부터 흘러나올 수 없으므로 이 전동기는 발전기로써 동작할 수 없고 전동기로 전력을 되돌려 준다. (b) 이 전동기 제어기가 작동할 수 있는 동작 범위

임의의 극성을 갖는 전기자 전압을 공급할 수 있는 더 발전된 회로가 그림 8-36에 있다. 이 회로는 발전기의 (+)단자들로부터 전류가 흘러나올 수 있으므로 이러한 타입의 제어기를 갖는 전동기는 '회생'할 수 있다. 전동기의 계자회로의 극성을 반대로 하면, 반도체 소자 회로는 Ward-Leonard 시스템처럼 '4상한 제어기'이다.

일반적으로 SCR로 만들어진 '2상한' 또는 '4상한' 제어기는 Ward-Leonard 시스템이 요구하는 여분의 두 기계보다 싸기 때문에 반도체 소자 속도제어 시스템이 광범위하게 사용되고 있다.

전기자전압 속도제어기능을 갖는 전형적인 분권 직류전동기 구동장치가 그림 8-37이고 간략화된 모형이 그림 8-38이다. 이 구동장치는 3상 전파 정류기

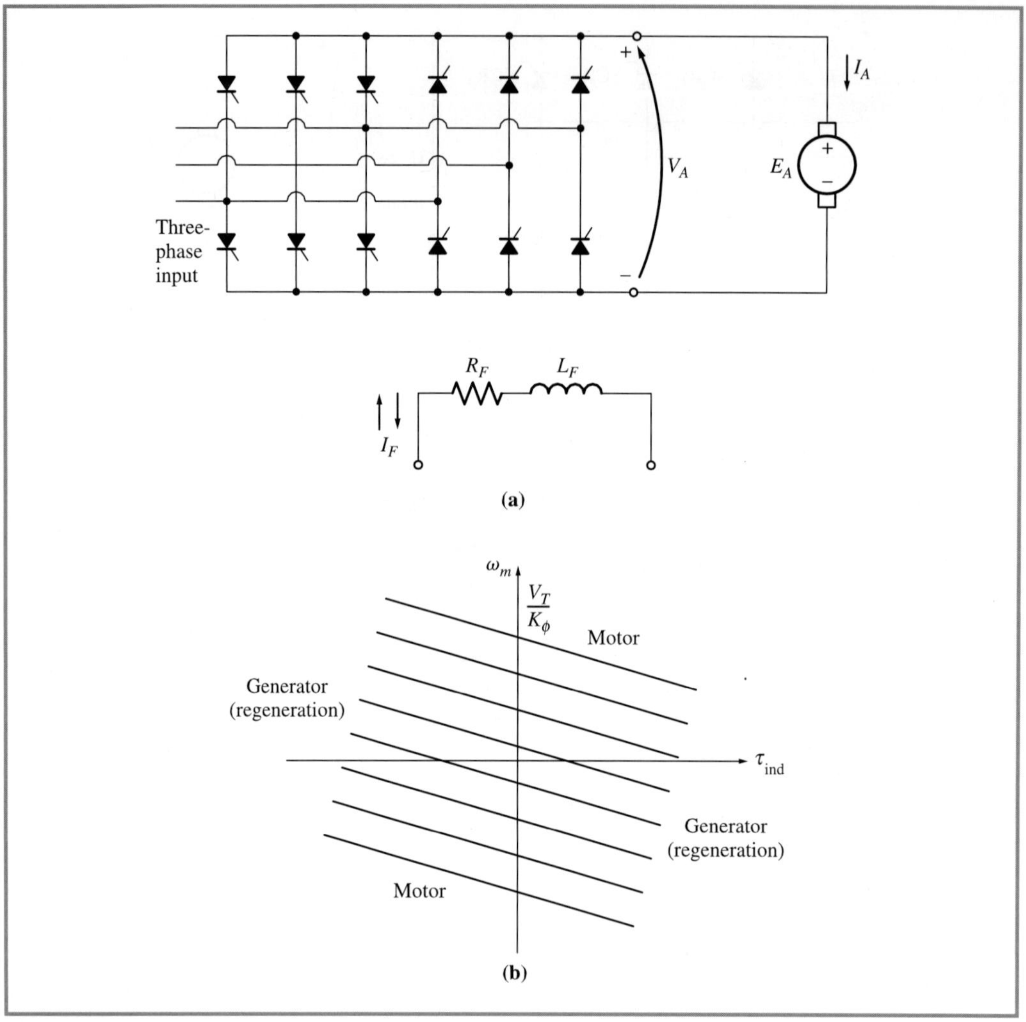

그림 8-36
(a) 직류전동기의 4상한 반도체 제어기, (b) 이 제어기가 작동할 수 있는 동작범위

에 의해 공급되는 일정 계자 전압을 가지고 여섯 개의 SCR이 3상 전파 정류기를 구성하여 공급하는 가변 전기자 단자전압을 갖는다. 전동기의 전기자에 공급되는 전압은 SCR들의 점호각을 조절함으로써 제어될 수 있다. 이 전동기 제어기는 일정 계자 전압과 가변 전기자 전압을 가지므로 전동기 속도를 기준 속도와 같거나 더 낮도록만 조정할 수 있다(8.4절의 '전기자 전압의 변화' 참조). 제어기회로는 그림 8-35에서 보여준 것과 일치하며, 여기서 모든 전자제어 및 귀환 회로는 제외시켰다.

이 직류전동기 구동장치의 주된 구성은 다음과 같다.

1. 과도한 전기자전류, 낮은 단자전압, 계자전류 차단으로부터 전동기를 보호하기 위한 보호 회로부

(a) (b)

그림 8-37
(a) 전형적인 반도체 분권 직류전동기 구동장치(MagneTek Drives and Systems 사 제공), (b) 저전력 전자 소자 회로부의 근접 촬영과 전류 제한, 가속비, 감속비, 최소 속도, 최대 속도 조절을 보임(MagneTek Drives and Systems사 제공)

2. 전원으로부터 전동기를 연결 또는 분리시키기 위한 기동/정지 회로
3. 전동기의 전기자 회로와 계자 회로에 공급하기 위해 3상 교류전력을 직류 전력으로 변환시키기 위한 고전력 소자부
4. SCR을 동작시키기 위해 필요한 저전력 소자부. 이 부분은 몇 가지 중요한 부분들을 포함하므로 좀 더 자세히 설명할 것이다.

보호 회로부

보호 회로부는 전동기를 안전하게 작동시키기 위한 소자들로 구성되어 있으며, 안전을 위해서 사용하는 소자들은 다음과 같다.

1. **전류 제한용 퓨우즈** 전동기 내 단락사고 시 전원으로부터 전동기를 빠르고 안전하게 분리하기 위해.
2. **순시 차단** 전기자전류가 정격의 3배를 초과하게 되면 전동기를 차단시킨다. 전기자전류가 최대 허용치를 초과하면, 차단회로가 사고 릴레이를 동작시켜서 주 접점을 열고 전원으로부터 전동기를 분리시킨다.
3. **역시간 과전류 차단** 순시차단을 시킬 만큼 큰 전류는 아니지만 지속적으로 흐를 경우 전동기에 손상을 입힐 수 있는 지속적인 과전류로부터 보

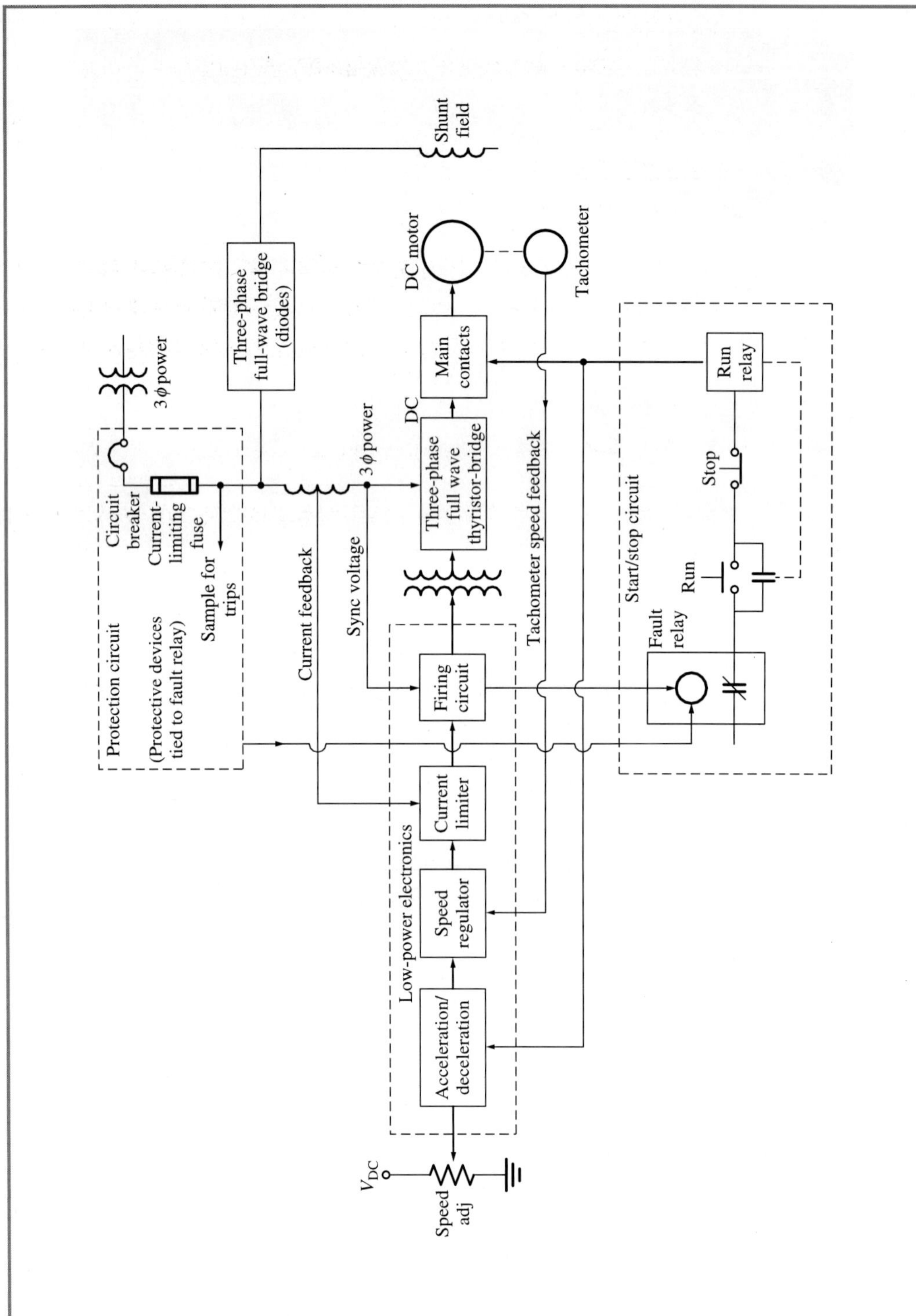

그림 8-38

그림 8-37에 있는 분권 직류전동기의 전형적인 반도체 구동장치를 간략화한 블록도(MagneTek Drives and Systems 사 제공)

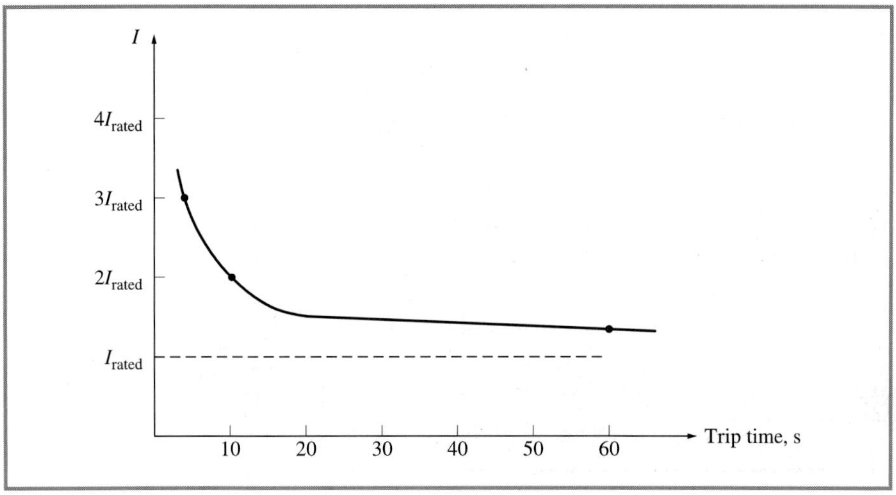

그림 8-39
역시간 과전류 차단 특성

호하기 위한 소자. '역시간'이란 전동기에 흐르는 과전류가 클수록, 과전류릴레이가 더 빨리 작동하게 됨을 의미한다(그림 8-39). 예를 들어 전동기 정격 전류의 1.5배가 흐를 경우 차단을 위해 일분이 소용되는 반면에, 정격치의 2배가 흐를 경우 약 10초가 소요된다.

4. **부족전압 차단** 전압이 20퍼센트 이하일 때 전동기를 차단시킨다.
5. **계자손실 차단** 계자전류가 흐르지 않을 때 전동기를 차단시킨다.
6. **온도상승 차단** 과열로 인한 위험으로부터 전동기를 차단시킨다.

기동/정지 회로부

기동/정지 회로부는 전원선과 전동기를 연결시키는 주접점들을 열고 닫음으로써 전동기를 기동 또는 정지시키기 위해 요구되는 제어 장치들을 포함한다. 전동기는 동작 버튼을 누름으로써 기동되고, 정지 버튼이나 사고 릴레이를 동작시킴으로써 정지된다. 다른 경우에는 동작 릴레이에 흐르는 전류를 차단함으로 전원선과 전동기를 연결하는 접점들을 열어서 동작을 정지시킬 수도 있다.

고전력 소자부

고전력 소자부는 전동기의 계자 회로에 정전압을 공급하기 위한 3상 전파 다이오드 정류기와 전동기의 전기자 회로에 가변 전압을 공급하기 위한 3상 전파 SCR정류기를 포함하고 있다.

저전력 소자부

저전력 소자부는 SCR을 동작시키기 위한 점호 펄스를 공급한다. SCR의 점호시간을 조절함으로써 저전력 소자부는 전동기의 평균 전기자 전압을 조절한다. 저전력 소자부는 다음과 같은 시스템들을 포함한다.

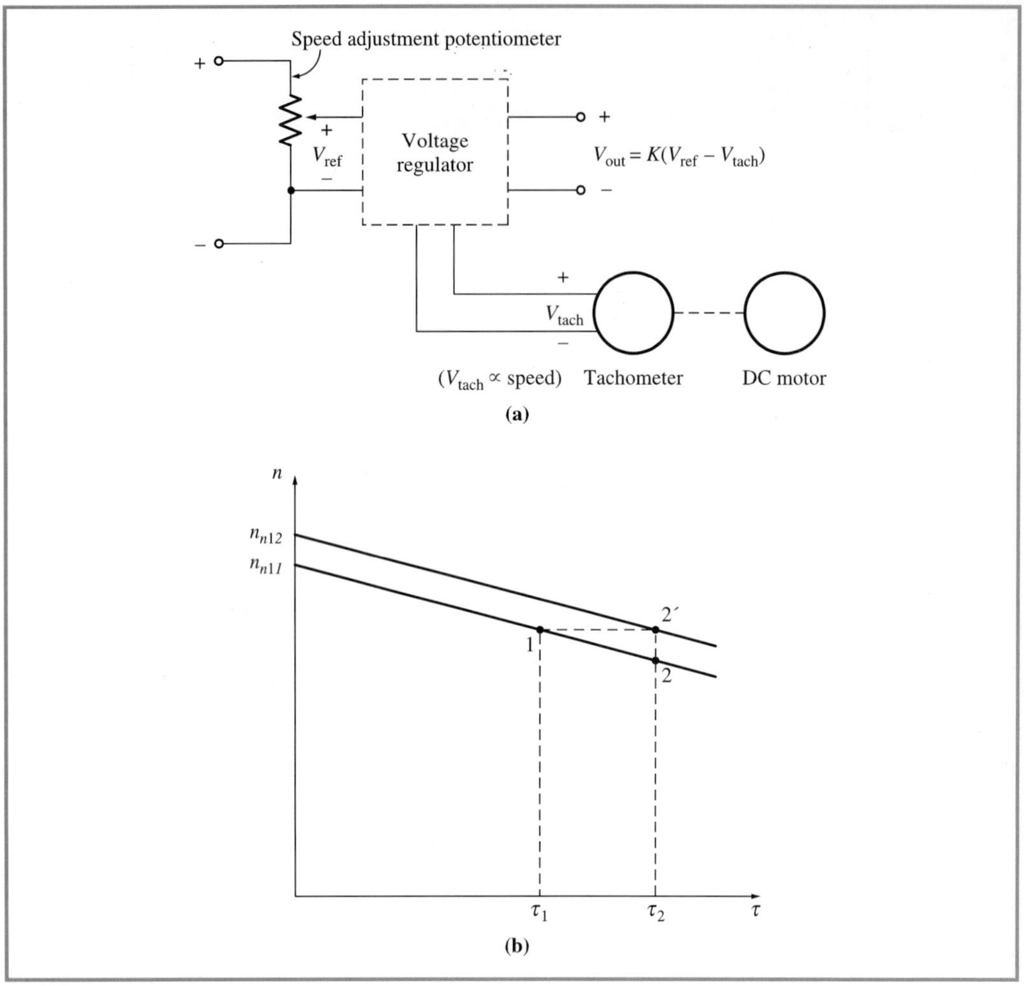

그림 8-40

(a) 속도 조정 회로는 전동기 요구속도(V_{ref})와 실제속도(회전속도계로 측정, V_{tach})의 차이에 비례하는 출력전압을 만든다. 이 출력전압은 점호회로에 인가되어 출력전압이 클수록 구동장치의 SCR들을 빨리 점호시키는 방법으로 평균 단자전압을 더 증가시킨다. (b) 속도 조정기가 있는 분권 직류전동기의 부하증가의 영향. 전동기의 부하는 증가될 때 속도 조정기가 없다면, 전동기는 속도가 감소하고 점 2에서 작동한다. 속도 조정기가 있다면, 속도의 감소를 감지하고 속도보상을 위해 전동기의 전기자 전압를 증가시켜 점 2'에서 작동하도록 전동기의 토오크-속도 특성을 향상시킨다.

1. **속도 조정 회로** 이 회로는 회전속도계로 전동기의 속도를 측정한다. 요구된 속도(기준전압)와 비교하고 요구된 속도를 유지하기 위하여 전기자 전압을 증가 또는 감소시킨다. 예를 들어 전동기 축에 부하가 증가되면 전동기의 속도는 감소하고, 속도 감소는 회전속도계에 의해 생긴 전압을 감소시키게 되고 이 감소된 전압이 속도 조정 회로로 들어오게 된다. 전동기의 속도에 상응하는 전압은 기준 전압 이하로 떨어지게 되고, 속도 조정 회로는 SCR의 점호 시간을 증가시켜 전기자 전압을 높여준다. 높

아진 전기자 전압은 기대치까지 전동기 속도를 증가시키게 된다(그림 8-40). 이러한 회로는 무부하와 정격부하조건 사이에 0.1퍼센트의 속도 조정율을 가능케 한다.

전동기의 동작 속도는 기준 전압의 변화로 제어된다. 기준 전압은 그림 8-40에 보여진 것처럼 소형 전압계로 조절될 수 있다.

2. **전류 제한 회로** 이 회로는 전동기로 흐르는 정상상태 전류를 측정하여 요구되는 최대 전류(기준전압)와 비교하고, 전류가 최대치를 넘지 않도록 전기자 전압을 감소시킨다. 요구되는 최대 전류는 전동기의 정격 전류의 0~200퍼센트 이상의 넓은 범위에 대해 조절 가능하다. 이러한 전류 제한은 일반적으로 정격 전류보다 더 크도록 해서 정격 부하 조건하에서 전동기의 가속이 가능하도록 해야 한다.
3. **가속/감속 회로** 이 회로는 전동기의 가속, 감속이 안전하게 이루어지도록 한다. 속도 변화가 필요할 때에, 원래의 속도에서 새로운 속도로 전이가 부드럽게 이루어지고 순간적인 과도 전기자전류가 발생하지 않도록 하는 데 기여한다.

전동기를 기동하는 것은 속도변화 중에서 속도변화가 대단히 큰 경우이다. 가속/감속회로는 속도의 부드러운 증가를 보장하므로, 가속/감속 회로를 사용하면 기동저항이 불필요하게 된다. 이러한 부드러운 속도 증가는 전기자로 흐르는 전류를 안전한 값으로 제한한다.

8.10 직류전동기 효율 계산

직류전동기의 효율을 계산하기 위해 다음과 같은 손실들을 계산해야 한다.

1. 동손
2. 브러쉬강하손
3. 기계손
4. 철손
5. 표유부하손

전동기의 동손은 전기자와 계자회로에서의 I^2R 손실이다. 이 손실은 전류와 두 저항을 알아야 계산할 수 있다. 전기자 회로의 저항을 결정하기 위해 회전자를 고정시키고 전기자의 단자로 낮은 직류 전압을 인가한다. 전기자에 흐르는 전류가 정격치와 같아질 때까지 전압을 조정한다. 최종적으로 흐르는 전기자전류에 대한 인가전압의 비가 R_A이다. 전류가 정격부하에 해당하도록 하는 이유는 R_A는 온도에 따라 변하고, 정격 부하에서 전기자 권선에 흐르는 전류는 정상동작온도에 있기 때문이다.

이와 같이 결정된 저항값은 다음과 같은 이유로 완전히 정확하지는 않을 것이다.

1. 전동기가 회전할 때 정상적으로 냉각이 발생하지 않는다.
2. 정상 운전중 회전자 도체에 교류전압이 존재하기 때문에 표피효과가 발생하여 전기자 저항이 좀 더 증가하게 된다.

IEEE 표준규격 113은 직류기의 시험과정을 다루며, R_A를 좀 더 정확히 결정하는 방법을 설명한다.

계자저항은 계자회로에 정격 계자전압을 가하고 최종적으로 흐르는 계자전류를 측정함으로써 결정할 수 있으며, 계자전류에 대한 계자전압의 비가 계자저항 R_F이다.

브러쉬 강하손은 가끔 동손과 함께 취급되며, 분리하여 취급한다면 사용되는 브러쉬에 대한 접촉 전압과 전류의 관계로부터 알 수 있다. 브러쉬 강하손은 브러쉬 전압강하 V_{BD}와 전기자전류 I_A의 곱으로서 결정될 수 있다.

철손과 기계손은 일반적으로 함께 결정된다. 전동기가 무부하에서 정격 속도로 자유롭게 회전한다면 기계로부터의 출력은 없다. 전동기가 무부하이기 때문에 I_A는 매우 작고 전기자의 동손은 무시할 수 있다. 그러므로 계자의 동손을 전기자의 입력에서 빼주면 남은 입력치는 그 속도에서의 기계의 기계손과 철손이 된다. 이러한 손실들을 전동기의 무부하 회전손실이라 한다.

전동기의 효율을 결정하는 한 예는 다음과 같다.

예제 8-8

50-hp, 250-V, 1200 rpm인 분권 직류전동기의 정격 전기자전류는 170 A, 정격 계자전류는 5 A이다. 회전자를 구속했을 때에, 10.2 V의 전기자 전압은 170 A의 전류를, 250 V의 계자 전압은 5 A의 계자전류를 만든다. 무부하시 단자전압이 240 V일 때 전기자전류는 13.2 A이고, 계자전류는 4.8 A, 전동기의 속도는 1150 rpm이다.

(*a*) 정격 조건에서 이 전동기의 출력은 얼마인가?
(*b*) 이 전동기의 효율은 얼마인가?

풀이

전기자전류는 대략

$$R_A = \frac{10.2\text{ V}}{170\text{ A}} = 0.06\ \Omega$$

이고, 계자 저항은

$$R_F = \frac{250\text{ V}}{5\text{ A}} = 50\ \Omega$$

이다. 그러므로, 전부하시 전기자 손실 I^2R은

$$P_A = (170\text{ A})^2(0.06\ \Omega) = 1734\text{ W}$$

이고, 계자 회로 손실 I^2R은

$$P_F = (5\text{ A})^2(50\ \Omega) = 1250\text{ W}$$

이다. 전부하에서 브러쉬손은

$$P_{\text{brush}} = V_{\text{BD}}I_A = (2\text{ V})(170\text{ A}) = 340\text{ W}$$

이다. 전동기의 무부하와 전부하시의 속도는 크게 변하지 않기 때문에 전부하에서의 회전손실은 무부하에서의 회전손실과 같다. 이 손실은 전기자 동손과 브러쉬강하손이 무시될 수 있다면 무부하 전기자 입력은 회전 손실과 같으므로, 무부하시 전기자 회로로의 입력을 결정함으로써 확인할 수 있다.

$$P_{\text{tot}} = P_{\text{core}} + P_{\text{mech}} = (240\text{ V})(13.2\text{ A}) = 3168\text{ W}$$

(*a*) 정격 부하에서 이 전동기의 입력은

$$P_{\text{in}} = V_T I_L = (250\text{ V})(175\text{ A}) = 43{,}750\text{ W}$$

로 주어진다. 출력은

$$\begin{aligned} P_{\text{out}} &= P_{\text{in}} - P_{\text{brush}} - P_{\text{cu}} - P_{\text{core}} - P_{\text{mech}} - P_{\text{stray}} \\ &= 43{,}750\text{ W} - 340\text{ W} - 1734\text{ W} - 1250\text{ W} - 3168\text{ W} - (0.01)(43{,}750\text{ W}) \\ &= 36{,}820\text{ W} \end{aligned}$$

이다.

(*b*) 전부하시 이 전동기의 효율은 다음과 같다.

$$\begin{aligned} \eta &= \frac{P_{\text{out}}}{P_{\text{out}}} \times 100\% \\ &= \frac{36{,}820\text{ W}}{43{,}750\text{ W}} \times 100\% = 84.2\% \end{aligned}$$

8.11 직류발전기의 개요

직류발전기는 발전기로서 사용되는 직류기이다. 앞에서 설명한 대로 발전기와 전동기는 전력흐름의 방향이 다른 것을 빼고는 차이가 없다. 이 장에서는 발전기로 사용되는 여러 가지 직류기를 설명한다. 직류발전기는 5가지의 주요형태가 있으며, 계자의 자속을 어떻게 발생시키는 가에 따라 다음과 같이 5가지로 나눌 수 있다.

1. 타여자발전기 타여자발전기에서 자속은 발전기와 별도로 설치된 독립전원에 의해서 발생된다.
2. 분권발전기 분권발전기에서 계자자속은 발전기의 단자에 병렬로 설치된 계자회로에서 만든다.

그림 8-41
최초의 실용적인 발전기. 이 발전기는 1879년에 토마스 에디슨이 제작한 "다리가 긴 매리 앤" 이라는 별명이 붙은 최초의 상업용발전기와 동일한 형태이다. 정격은 5 kW, 100 V, 1200 rpm 이었다(General Electric Co. 제공).

3. **직권발전기** 직권발전기에서 계자자속은 발전기의 전기자와 직렬로 연결된 계자회로에서 만든다.
4. **화동복권발전기** 화동복권발전기에는 직권계자와 분권계자가 있고 이 두 계자가 만드는 자속은 더해진다.
5. **차동복권발전기** 차동복권발전기에도 직권계자와 분권계자가 있고 이 두 계자가 만드는 자속은 빼진다.

여러 가지 발전기들은 서로 단자특성(전류–전압)이 다르고 이에 따라 그 응용분야도 다르다. 직류발전기는 전압, 용량, 효율 및 전압변동률에 의해서 비교되며, **전압변동률**(VR)은

$$\mathrm{VR} = \frac{V_{\mathrm{nl}} - V_{\mathrm{fl}}}{V_{\mathrm{fl}}} \times 100\% \tag{8–39}$$

로 표시되고 V_{nl}은 발전기의 무부하 단자전압이고 V_{fl}은 전부하 단자전압이다. 전압변동률은 발전기의 전압–전류 특성곡선의 개략적인 형태를 결정한다. 즉 전압변동률이 양수이면 감소곡선이고 음수이면 상승곡선이다.

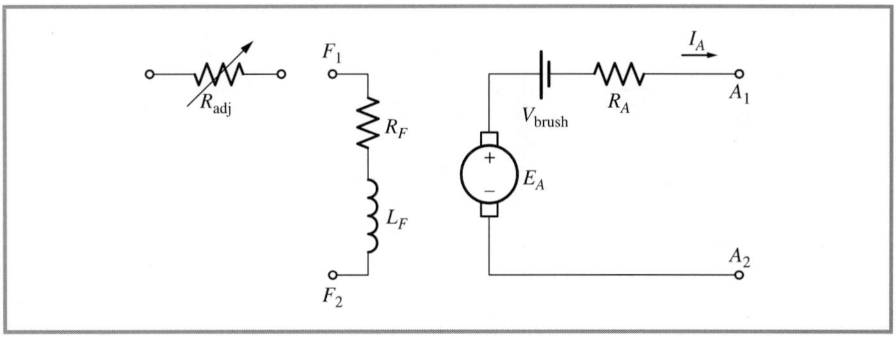

그림 8-42
타여자 직류발전기

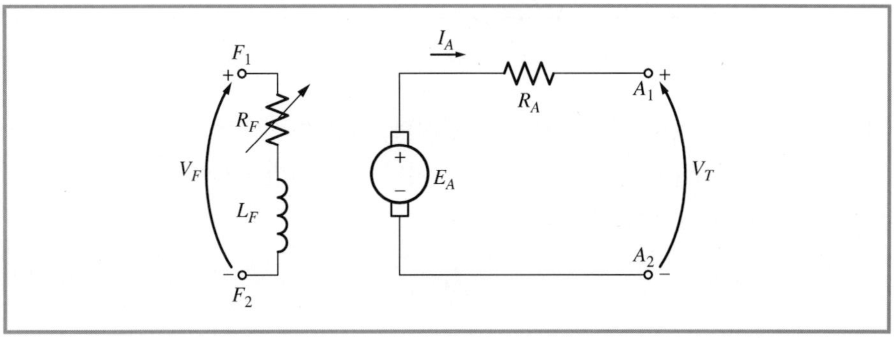

그림 8-43
계자저항과 가변제어저항을 합성한 R_F로 간략화된 직류발전기 등가회로

모든 발전기는 원동기라고 부르는 기계적인 동력원으로 구동된다. 직류발전기의 원동기는 스팀 터빈, 디젤 엔진 또는 전동기가 될 수 있다. 원동기의 속도에 따라 발전기의 출력전압이 변하고 원동기의 속도 특성이 원동기마다 크게 다르기 때문에 발전기의 출력특성과 속도변동률을 비교할 때에는 원동기의 속도가 일정하다고 가정한다. 이 장에서는 특별한 언급이 없는 한 원동기의 속도는 일정한 것으로 생각한다.

직류발전기는 현대의 전력계통에서 거의 사용되지 않으며, 현재 자동차에 사용되는 직류전력계통에서도 직류전력을 생산하기 위해서 교류발전기와 정류기가 같이 이용되고 있다.

직류발전기의 등가회로는 그림 8-42에서 보여주고 간략화된 등가회로를 그림 8-43에서 보여주고 있다. 직류전동기의 등가회로와 거의 유사하게 보이며, 다만 전류의 방향과 브러쉬 손실의 방향이 반대일 뿐이다.

8.12 타여자발전기

타여자발전기는 독립된 외부전원을 이용해서 계자전류를 흘리는 발전기이다. 이 발전기의 등가회로를 그리면 그림 8-44와 같다. 이 회로에서 V_T는 발전기의

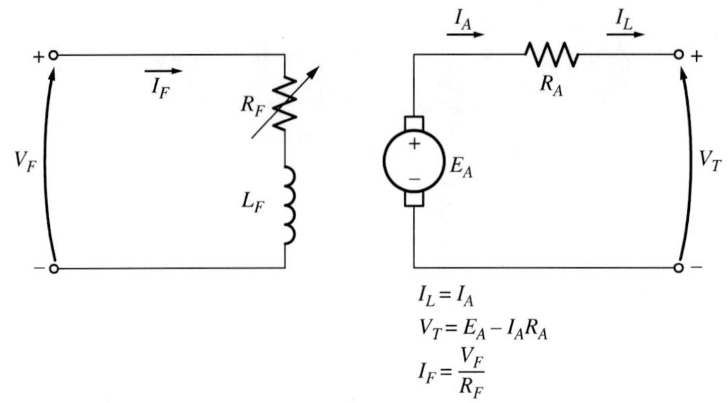

그림 8-44
타여자 직류발전기 등가회로

단자에서 측정한 실제전압이고 I_L은 단자에 연결된 선로에 흐르는 전류이다. 내부발생전압은 E_A이고 전기자전류는 I_A이다. 타여자발전기에서는 전기자전류와 선로에 흐르는 전류는 같다.

$$I_A = I_L \tag{8–40}$$

타여자 직류발전기의 단자특성

기계의 **단자특성**이라 함은 그 기계의 출력요소 사이의 관계이다. 직류발전기에서의 출력요소는 단자전압과 전류이다. 따라서 타여자 직류발전기의 단자특성은 일정한 속도 ω_m에서 V_T와 I_L의 관계이다. 키르호프의 전압법칙에 의하면 단자전압은 다음과 같다.

$$\boxed{V_T = E_A - I_A R_A} \tag{8–41}$$

내부발생전압이 I_A와 관계가 없기 때문에 타여자발전기의 단자특성은 그림 8-45(a)에서와 같이 직선이다.

이 발전기의 부하가 증가하면 어떻게 될까? 발전기에 연결된 부하가 증가하면 $I_L(I_A)$이 증가한다. 전기자전류가 증가하면 $I_L R_A$가 증가하고 결국 발전기의 단자전압이 감소한다.

이와 같은 단자특성은 모든 발전기에서 똑같은 것은 아니다. 보상권선이 없는 발전기에서는 I_A가 증가하면 전기자 반작용이 심하게 되어 자속을 감소시킨다. 약화된 자속은 발전전압을 $E_A = K\phi{\downarrow}\omega_m$ 감소시키고 발전기의 단자전압을 감소시킨다. 그림 8-45(b)는 이와 같은 단자특성을 보이고 있다. 앞으로 나오는 그림에서 특별한 가정이 없으면 보상권선이 있다고 가정한다. 그러나 보상권선이 없으면 전기자 반작용이 발전기 특성을 변화시킨다는 것을 기억해야 한다.

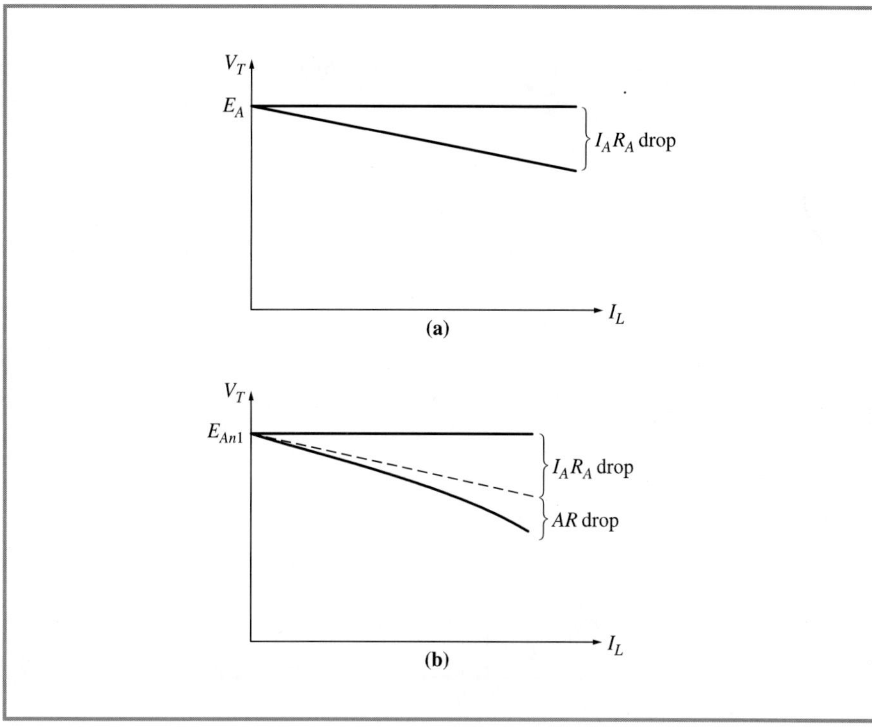

그림 8-45 타여자 직류발전기의 단자특성
(a) 보상권선이 있는 경우, (b) 보상권선이 없는 경우

단자전압 조절

타여자 직류발전기의 단자전압은 내부발생전압 E_A를 바꿈으로 조절할 수 있다. 키르호프의 법칙에 의해서 $V_T = E_A - I_A R_A$, E_A가 증가하면 V_T가 증가하고, E_A가 감소하면 V_T가 감소한다. 내부발생전압 E_A는 $E_A = K\phi\omega_m$이기 때문에 발전기의 전압을 조절하는 방법은 두 가지이다.

1. 회전속도변화.
   ω가 증가하면 $E_A(= K\phi\omega_m\uparrow)$가 증가하고 $V_T(= E_A\uparrow - I_A R_A)$도 증가한다.
2. 계자전류변화.
   R_F가 감소하면 계자전류가 증가한다($I_F = V_F/R_F\downarrow$). 따라서 자속 ϕ가 증가한다. 자속이 증가하면 $E_A = K\phi\uparrow\omega_m$가 증가해서 $V_T(= E_A\uparrow - I_A R_A)$가 증가한다.

대부분의 경우에 원동기의 속도는 바꾸기 어렵기 때문에 단자전압은 계자전류를 바꾸어서 조절한다. 그림 8-46(a)는 타여자발전기에 저항부하가 연결된 경우이다. 그림 8-46(b)는 발전기에 부하가 연결되어 있을 때에 계자저항을 감소시키면 단자전압이 증가하는 것을 나타낸다.

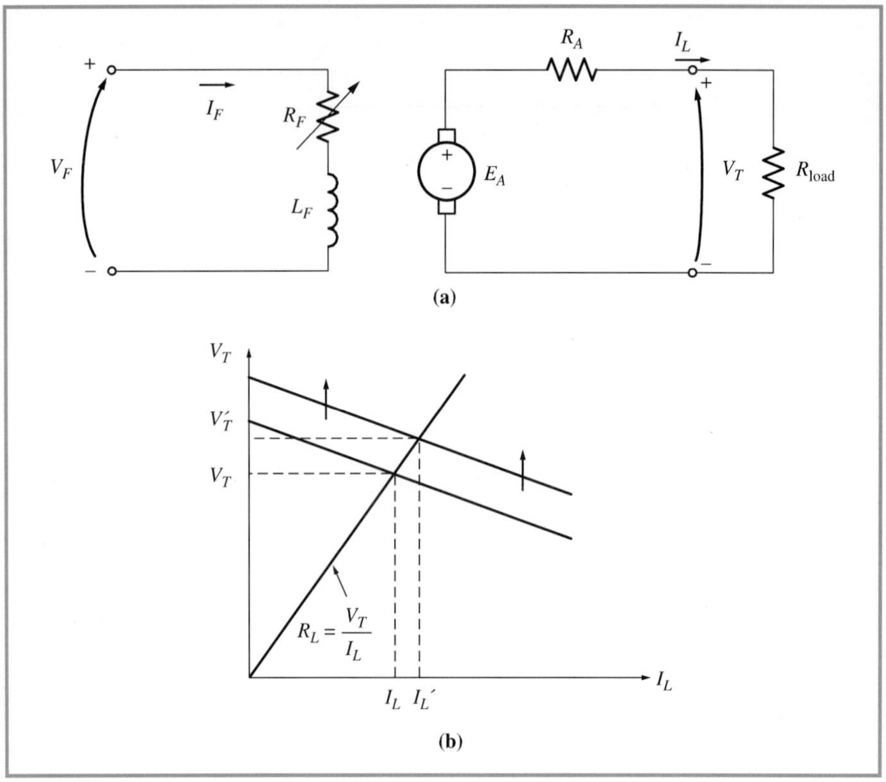

그림 8-46
(a) 저항부하가 연결된 타여자 직류발전기,
(b) 계자저항의 감소가 발전기의 출력전압에 미치는 영향

타여자 직류발전기의 비선형 해석

발전기의 내부발생전압은 기자력의 변화에 따라서 비선형적으로 변하기 때문에 주어진 계자전류에 대해서 E_A값을 해석적으로 계산해 내기는 불가능하다. 주어진 입력전압에서 출력전압을 계산하기 위해서는 발전기의 자화곡선을 이용해야 한다.

전기자 반작용이 있으면 부하가 증가할 때에 자속이 감소하고 E_A가 감소한다. 전기자 반작용이 발생하는 기계의 출력전압을 정확하게 결정하는 방법은 그래프를 이용하는 것이다.

타여자발전기의 전체 기자력은 계자기자력에서 전기자 반작용 기자력을 뺀 것이다.

$$\mathscr{F}_{\text{net}} = N_F I_F - \mathscr{F}_{\text{AR}} \tag{8–42}$$

자화곡선은 E_A와 계자전류의 관계를 그린 것으로 기계에 작용하는 모든 기자력에 의해서 발생하는 등가 계자전류가 E_A를 발생시킨다. 결국 이 등가 계자전류가 출력전압을 발생시킨다. 등가 계자전류에 의해서 발생하는 최종적인 전압 E_A는 자화곡선에서 구할 수 있다. 타여자 직류발전기의 등가계자전류는 다음과 같다.

$$I_F^* = I_F - \frac{\mathscr{F}_{\text{AR}}}{N_F} \tag{8–43}$$

또한, 자화곡선의 속도와 발전기의 실제속도 사이의 차이는 다음 식 (8-13)을 이용해서 고려되어야 한다.

$$\frac{E_A}{E_{A0}} = \frac{n_m}{n_0} \tag{8–13}$$

이고 E_{A0}와 n_0는 각각 전압과 속도의 기준값이다.

다음 예제가 타여자발전기의 비선형 해석방법을 설명해 줄 것이다.

예제 8–9

타여자 직류발전기의 정격이 172 kW, 430 V, 400 A, 1800 rpm이다. 이 발전기의 등가회로가 그림 8-47이고, 자화곡선이 그림 8-48이다. 발전기의 상수값은 다음과 같다.

$R_A = 0.05\ \Omega$ $\quad V_F = 430\text{ V}$

$R_F = 20\ \Omega$ $\quad N_F = 1000\text{ turns per pole}$

$R_{\text{adj}} = 0 \text{ to } 300\ \Omega$

(*a*) 이 발전기의 계자회로에 설치된 R_{adj}의 저항값이 63 Ω이고 원동기의 속도가 1600 rpm이다. 이때 발전기의 무부하 단자전압은 얼마인가?

(*b*) 360-A의 부하가 단자에 연결되었을 때 전압은 얼마인가? 이 발전기는 보상권선을 가지고 있다고 가정한다.

(*c*) 360-A의 부하가 단자에 연결되었는데 보상권선이 없을 경우 전압은 얼마인가? (이 부하에서 전기자 반작용은 450 A·turns로 가정하라.)

(*d*) 단자전압을 (*a*)의 경우와 같도록 하기 위해서는 발전기를 어떻게 조절해야 하는가?

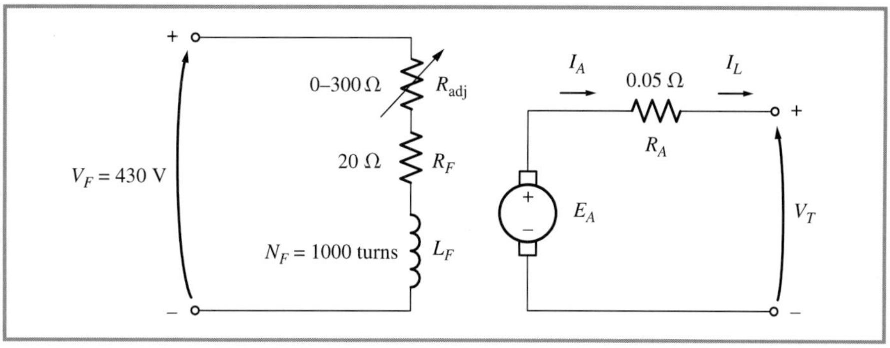

그림 8–47
예제 8-9의 타여자 직류발전기

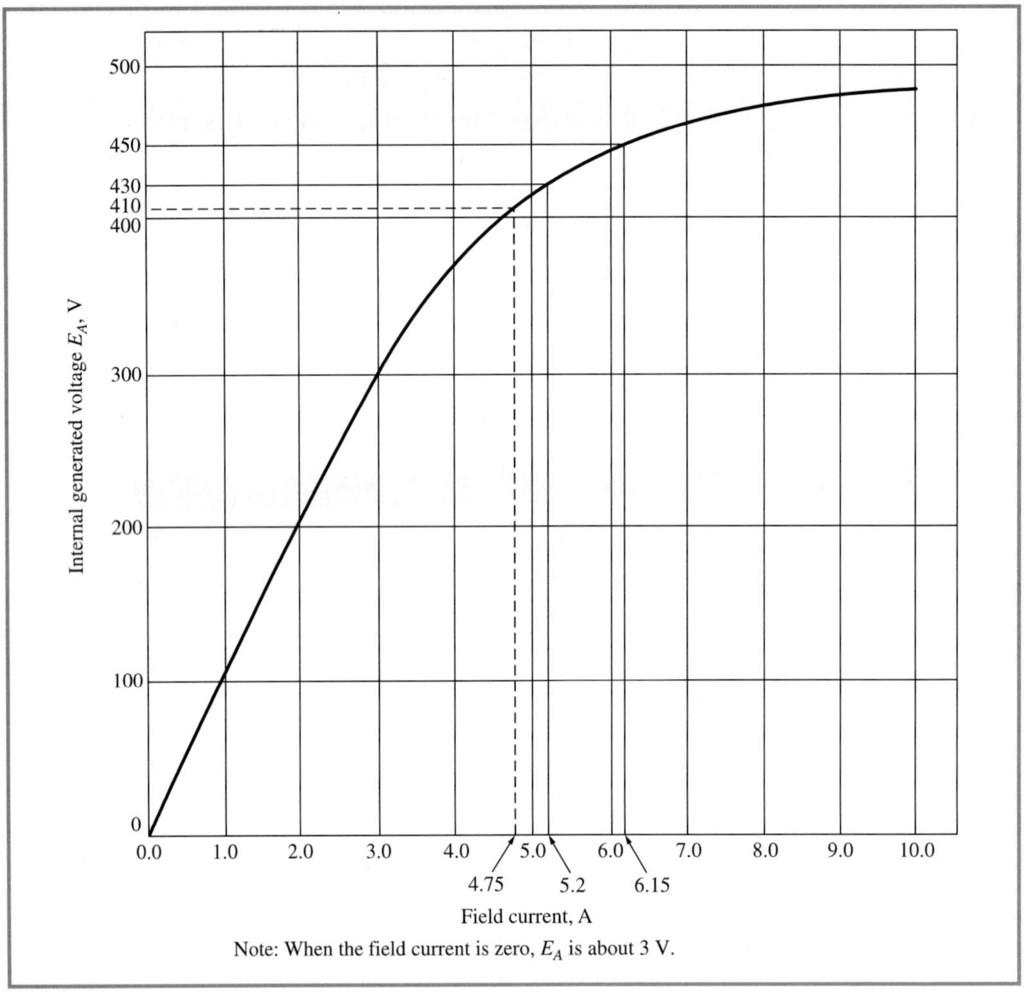

그림 8-48
예제 8-9의 자화곡선

(*e*) 단자전압을 무부하 시의 단자전압과 같도록 하기 위해서는 계자전류를 얼마로 해야 하는가? 이렇게 하기 위해서 필요한 R_{adj}값은 얼마로 해야 하는가?

풀이

(*a*) 발전기의 전체 계자저항이

$$R_F + R_{\text{adj}} = 83\ \Omega$$

이라면 발전기의 계자전류는 아래와 같다.

$$I_F = \frac{V_F}{R_F} = \frac{430\text{ V}}{83\ \Omega} = 5.2\text{ A}$$

발전기의 자화곡선으로부터 이 전류를 발생시키기 위한 전압 E_{A0}는 회전수가 1800 rpm일 때에 430 V임을 알 수 있다. 이 발전기는 실제로 $n_m = 1600$ rpm으로 회전하고 있기 때문에 내부발생전압 E_A는 다음과 같다.

$$\frac{E_A}{E_{A0}} = \frac{n_m}{n_0} \tag{8–13}$$

$$E_A = \frac{1600 \text{ r/min}}{1800 \text{ r/min}} 430 \text{ V} = 382 \text{ V}$$

무부하상태에서는 $V_T = E_A$이기 때문에 발전기의 출력전압은 $V_T = 382$ V이다.

(*b*) 이 발전기의 단자에 360-A 부하를 연결하면, 발전기의 단자전압은 다음과 같다.

$$V_T = E_A - I_A R_A = 382 \text{ V} - (360 \text{ A})(0.05 \ \Omega) = 364 \text{ V}$$

(*c*) 만일 발전기가 360-A의 부하에 연결되어 있고, 450 A·turns의 전기자 반작용을 가졌다면, 유효계자전류는 다음과 같다.

$$I_F^* = I_F - \frac{\mathscr{F}_{AR}}{N_F} = 5.2 \text{ A} - \frac{450 \text{ A} \bullet \text{turns}}{1000 \text{ turns}} = 4.75 \text{ A}$$

자화곡선으로부터 $E_{A0} = 410$ V이므로 1600 rpm에서 내부발생전압은

$$\frac{E_A}{E_{A0}} = \frac{n}{n_0} \tag{8–13}$$

$$E_A = \frac{1600 \text{ r/min}}{1800 \text{ r/min}} 410 \text{ V} = 364 \text{ V}$$

이다. 그러므로 발전기의 단자전압은

$$V_T = E_A - I_A R_A = 364 \text{ V} - (360 \text{ A})(0.05 \ \Omega) = 346 \text{ V}$$

이다. 전기자 반작용 때문에 그전보다 낮아졌다.

(*d*) 발전기의 단자전압이 낮아져서 원래의 값으로 만들기 위해서는 발전기의 내부발생전압을 증가시켜야 한다. 이것은 내부전압 E_A의 증가를 요하며 R_{adj}를 감소시켜서 발전기의 계자전류를 증가시켜야한다.

(*e*) 단자전압이 다시 382 V가 되면 E_A는

$$E_A = V_T + I_A R_A = 382 \text{ V} + (360 \text{ A})(0.05 \ \Omega) = 400 \text{ V}$$

이다. $n_m = 1600$ rpm에서 400 V의 E_A를 발생시키기 위해서 1800 rpm에서 요구되는 등가전압은 다음과 같다.

$$\frac{E_A}{E_{A0}} = \frac{n_m}{n_0} \tag{8–13}$$

$$E_{A0} = \frac{1800 \text{ r/min}}{1600 \text{ r/min}} 400 \text{ V} = 450 \text{ V}$$

자화곡선으로부터 이 전압을 발생시키는 데에 필요한 계자전류 $I_F = 6.15$ A를 구할 수 있다. 계자저항은 다음과 같다.

$$R_F + R_{adj} = \frac{V_F}{I_F}$$

$$20 \ \Omega + R_{adj} = \frac{430 \text{ V}}{6.15 \text{ A}} = 69.9 \ \Omega$$

$$R_{adj} = 49.9 \ \Omega \approx 50 \ \Omega$$

동일한 계자전류와 부하전류에 대해서 전기자 반작용이 있는 발전기는 전기자 반작용이 없는 발전기보다 출력전압이 낮아진다. 이 발전기에서는 전기자 반작용의 영향을 설명하기 위해서 과장되게 나타내었지만, 잘 설계된 현대의 기기에서는 전기자 반작용이 상당히 작게 된다.

8.13 분권 직류발전기

분권 직류발전기는 발전기의 단자에 병렬로 연결된 계자를 이용해서 스스로 계자전류를 흘리는 발전기이다. 그림 8-49는 분권 직류발전기의 등가회로이다. 이 회로에서 발전기의 전기자에는 계자회로에 흘리는 전류와 부하에 흐르는 전류가 모두 흐른다.

$$\boxed{I_A = I_F + I_L} \tag{8–44}$$

키르호프의 전압방전식을 전기자회로에 적용하면 다음과 같이 쓸 수 있다.

$$\boxed{V_T = E_A - I_A R_A} \tag{8–45}$$

타여자발전기에서는 계자회로에 전류를 흘리기 위해서 외부전원이 필요하나 이 발전기에서는 외부전원이 필요 없다는 장점을 갖고 있다. 그러나 발전기 자신이 발전한 전압을 이용해서 전류를 흘리기 때문에 발전기가 기동할 때에 어떻게 전류를 흘리는가 하는 의문이 생길 것이다.

분권발전기에서의 전압발생

그림 8-49의 발전기에 부하가 연결되어 있지 않고 원동기가 발전기의 축을 돌리기 시작한다고 가정한다. 이때 발전기의 단자에 초기전압이 어떻게 발생하겠는가?

직류발전기의 **전압확립**은 자극에 존재하는 잔류자기 때문이다. 발전기가 돌기 시작할 때에 발전되는 초기전압은

$$E_A = K\phi_{\text{res}}\omega_m$$

으로서 이 전압이 발전기의 단자에 발생한다(1 ~ 2 V 정도이다). 그러나 발전기의 단자에 발생하는 전압은 발전기의 계자권선에 전류를 흐르게 한다($I_F = V_T\uparrow/R_F$). 이 계자전류는 자극에 기자력을 발생시키고 자속을 증가시킨다. 자속이 증가하면 내부발생전압이 증가하고, $E_A = K\phi\uparrow\omega_m$, 단자전압 V_T가 증가한다. V_T가 증가하면 I_T가 더욱 증가하고 이는 자속 ϕ 및 E_A를 다시 증가시킨다.

위와 같은 전압상승과정이 그림 8-50에 표시되어 있다. 최종적으로 발전기의 단자전압을 제한하는 것은 자극표면에서의 자기포화이다.

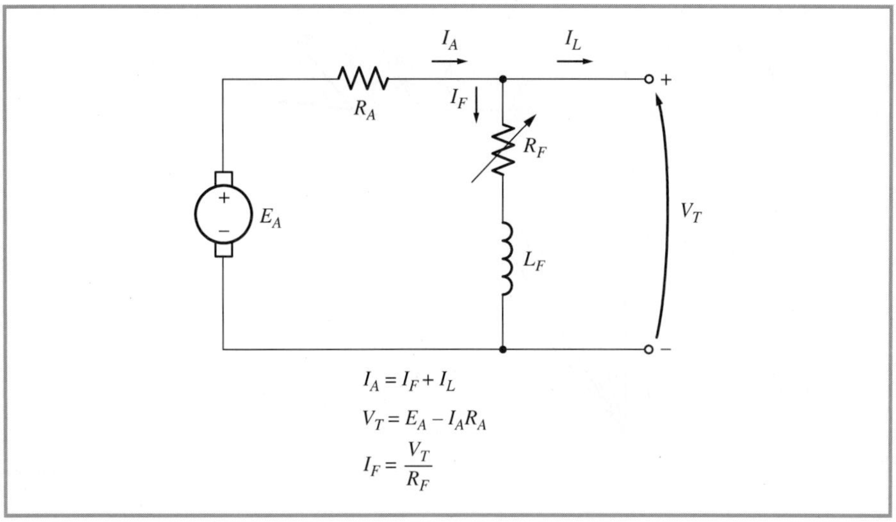

그림 8-49
분권 직류발전기의 등가회로

그림 8-50에서는 전압확립이 계단적으로 표시되어 있으나 이는 발전기의 내부전압과 계자전류 사이의 상호관계를 확실히 보이기 위한 것이다. 실제 발전기에서는 전압이 계단적으로 변하는 것이 아니라 정상상태에 도달할 때까지 E_A와 I_F가 동시에 증가한다.

분권발전기가 기동할 때에 전압이 확립되지 않으면 무엇이 잘못되어 있는가? 여러 가지 가능성이 있지만 그 중에서 몇 가지를 적으면 다음과 같다.

1. **잔류자속이 없을 수 있다.** 잔류자속이 없으면 $\phi_{res} = 0$, $E_A = 0$이 되어 전압이 발생될 수 없다. 이 문제가 발생하면 계자회로를 전기자에서 떼어

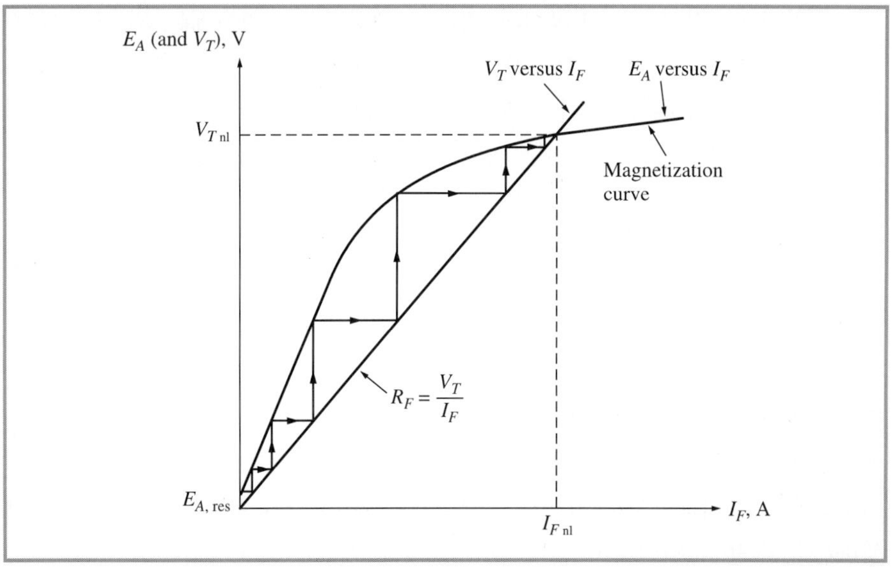

그림 8-50
분권 직류발전기의 기동시 전압확립 과정

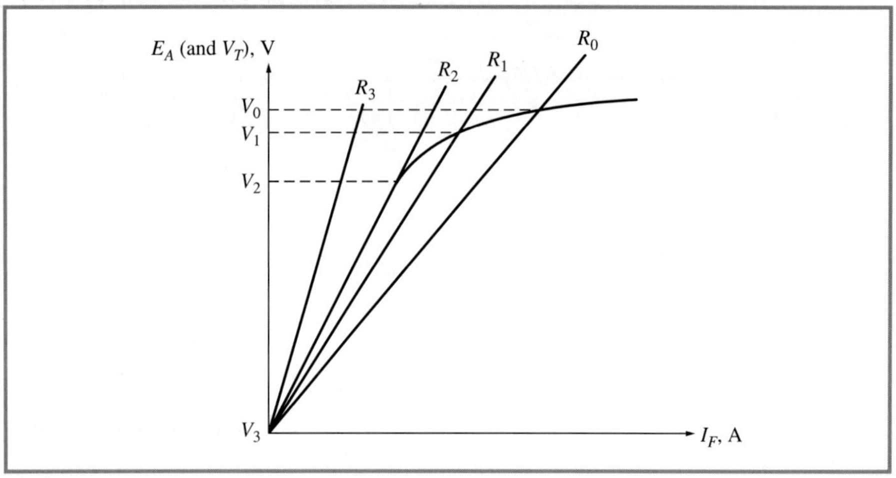

그림 8-51 직류발전기에서 분권 계자저항이 무부하 단자전압에 미치는 영향. $R_F > R_2$ (임계저항)이면 발전기의 전압은 발생되지 않는다.

내어 축전지와 같은 외부 직류전원에 연결한다. 외부전원으로부터 전류가 흐르면 자극에 잔류자속이 남게 되어 정상적인 기동이 가능하게 된다.

2. **발전기의 회전방향이 반대이거나 계자회로가 거꾸로 연결될 수 있다.** 두 경우 모두 잔류자속은 내부발생전압 E_A를 발생시킨다. 그러나 E_A가 발생시키는 자속의 방향은 잔류자속과는 반대방향이다. 이 상황에서 자속은 ϕ_{res} 이하가 되어 전압이 확립될 수 없다.

   이 문제가 발생하면 계자회로의 연결을 거꾸로 해서 회전방향을 반대로 하거나 1번에서와 같은 방법으로 잔류자속의 방향을 반대로 한다.

3. **계자저항값이 임계저항 값보다 크게 되어 있다.** 그림 8-51을 이용해서 이 문제를 설명한다. 일반적으로 분권발전기의 전압은 계자저항선과 자화곡선이 만나는 점까지 상승한다. 계자저항값이 그림에서 R_2로 표시된 값이면 이 직선은 자화곡선과 거의 평행하다. 이 경우에는 R_F 또는 I_A가 약간만 변하고 발전기의 전압은 크게 변동한다. 이때의 저항값을 **임계저항**이라고 부른다. R_F가 임계저항보다 크면(그림에서 R_3) 정상상태에서의 전압은 잔류자속에 의해서 발생하는 수준으로서 전압이 확립되지 않는다. 이에 대한 해결책은 R_F를 감소시키는 것이다.

자화곡선의 전압은 회전축의 회전수에 따라서 변하므로 임계저항 값은 회전수에 따라서 변한다. 일반적으로 회전수를 줄이면 임계저항값은 감소한다.

분권 직류발전기의 단자특성

분권 직류발전기의 단자특성은 타여자 직류발전기와는 다르다. 분권발전기의 단자특성을 이해하기 위해서 먼저 무부하로 운전하다가 부하를 더해가면서 발생하는 현상을 조사한다.

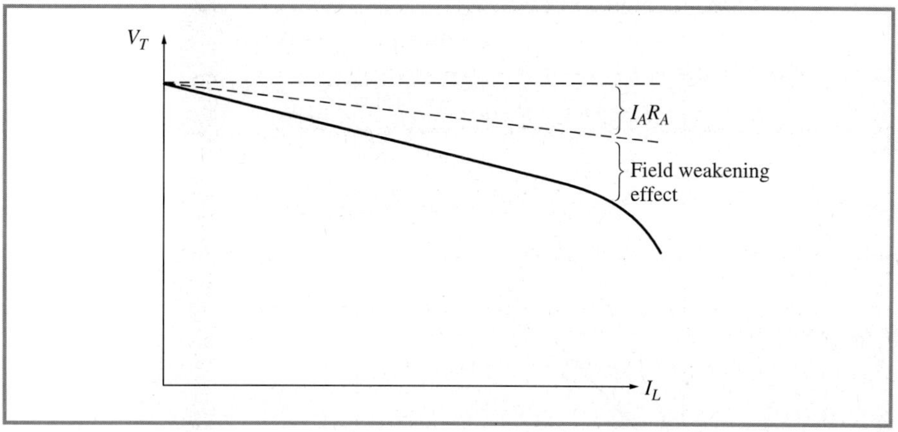

그림 8-52
분권 직류발전기의 단자특성

발전기의 부하를 증가시키면 I_L이 증가하고 $I_A = I_F + I_L\uparrow$도 증가한다. I_A가 증가하면 전기자저항에서의 전압강하 I_AR_A가 증가해서 $V_T = E_A - I_A\uparrow R_A$가 감소한다. 이것은 타여자발전기에서와 마찬가지이다. 그러나 V_T가 감소하면 계자전류도 따라서 감소한다. 이는 발전기의 자속을 감소시켜 E_A를 감소시킨다. E_A가 감소하면 단자전압은, $V_T = E_A\downarrow - I_AR_A$ 감소한다. 이와 같은 단자특성을 그린 것이 그림 8-52이다. 타여자발전기에서 단순히 I_AR_A에 의해서 발생하는 전압강하보다 분권발전기의 경우가 훨씬 심한 것을 볼 수 있다. 이 발전기의 전압변동은 타여자발전기보다 더 심하다.

분권 직류발전기의 전압제어

타여자발전기와 마찬가지로 분권발전기의 전압을 제어하는 방법은 두 가지이다.

1. 발전기의 회전속도 ω_m의 변화
2. 발전기의 계자저항 변화를 통한 계자전류 변화

실제로 분권발전기의 단자전압을 조절하는 기본적인 방법은 계자전류의 변화이다. R_F를 감소시키면 계자전류는, $I_F = V_T/R_F\downarrow$ 증가한다. I_F가 증가하면 자속 ϕ가 증가해서 내부발생전압 E_A가 증가한다. E_A가 증가하면 발전기의 단자전압도 증가한다.

분권 직류발전기의 그래프해석

분권 직류발전기의 그래프해석은 타여자발전기보다 약간 복잡하다. 그 이유는 계자전류가 발전기 자신의 출력전압에 따라서 변하기 때문이다. 먼저 전기자 반작용이 없는 경우에 대해서 분권발전기의 그래프해석을 수행하고 나서 전기자 반작용을 고려한다.

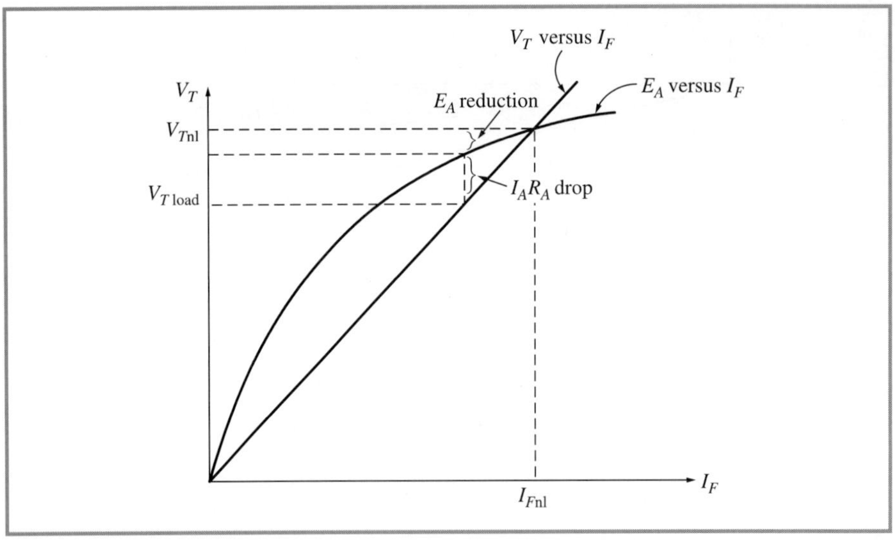

그림 8-53
보상권선이 있는 분권 직류발전기의 그래프해석

그림 8-53은 실제 운전속도에서 분권 직류발전기의 자화곡선이다. V_T/I_F로 계산되는 계자저항 R_F는 자화곡선 위에 직선으로 그려져 있다. 무부하시에는 $V_T = E_A$이고 자화곡선과 계자저항이 만나는 곳에서 발전기가 운전된다.

분권발전기의 그래프해석을 이해하는 데에 가장 중요한 것은 키르호프의 전압법칙(KVL)을 기억하는 것이다.

$$V_T = E_A - I_AR_A \tag{8–45}$$

또는

$$\boxed{E_A - V_T = I_AR_A} \tag{8–46}$$

내부발생전압과 단자전압과의 차이는 기계 내에서 발생하는 I_AR_A 강하이다. 가능한 모든 E_A값을 표시한 것이 자화곡선이고, 가능한 모든 단자전압을 표시한 것이 저항선이다($I_F = V_T/R_F$). 따라서 주어진 부하에서의 단자전압 값을 찾고 싶으면 I_AR_A를 계산해서 E_A로부터 뺀 값이 직선상에 위치하는 점을 찾는다. 이 점은 최대로 두 점까지 존재할 수 있다. 두 점이 있는 경우에 무부하전압에 가까운 점이 정상운전점이다.

분권발전기의 특성곡선 상의 몇 점에 대해서 자세하게 그린 것이 그림 8-54이다. 그림 8-54(b)에서 점선은 부하가 감소했을 때의 부하특성이다. 부하가 클 때에 직선과 잘 일치하지 않는 이유는 발전기 고정자 자극에서의 히스테리시스 특성 때문이다.

분권발전기에서 전기자 반작용이 발생하면 이 과정은 더욱 복잡해진다. 전기자 반작용이 발생하면 I_AR_A강하를 발생시키는 동시에 발전기 내에서 감자기자력이 발생한다.

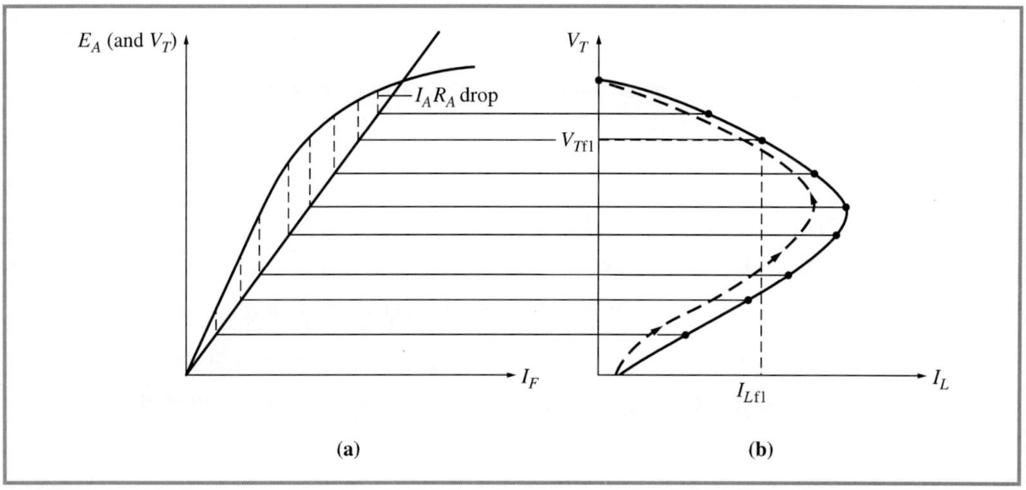

그림 8-54
그래프해석을 이용한 분권 직류발전기의 단자특성

전기자 반작용이 있는 발전기를 해석하기 위해서 전기자전류를 알고 있다고 가정한다. 그러면 저항에서의 전압강하 I_AR_A를 알 수 있고 전기자전류에 의한 감자기자력을 알 수 있다. 이 발전기의 단자전압은 전기자 반작용에 의한 단자전압을 빼고도 충분한 자속을 발생시킬 수 있도록 잡아야 한다. 이와 같은 요구조건을 만족시키기 위해서 전기자 반작용 기자력과 I_AR_A는 E_A와 V_T 사이에 들어야 한다. 주어진 기자력에서 출력전압을 결정하기 위해서는 I_AR_A강하와 전기자 반작용에 의한 감자기자력이 만드는 삼각형이 정확하게 들어가는 자화곡선상의 점을 찾는다(그림 8-55 참조).

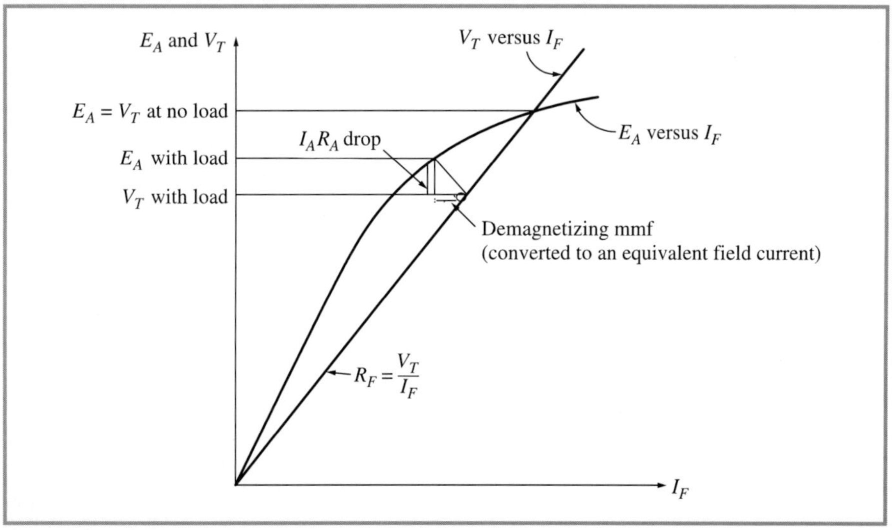

그림 8-55
전기자 반작용이 있는 분권발전기의 그래프해석

8.14 직권 직류발전기

직권 직류발전기는 계자권선이 전기자와 직렬로 연결된 발전기이다. 전기자에 흐르는 전류가 분권계자에 흐르는 전류보다 훨씬 많기 때문에 이 발전기의 직권계자는 권선수가 적고, 사용하는 전선도 분권계자에 비해서 훨씬 굵은 전선을 사용한다. 기자력은 $\mathscr{F} = NI$로 표시되기 때문에 굵은 선을 사용하고 권선수를 적게 하나 가는 선을 사용하고 권선수를 크게 하나 기자력은 동일하게 할 수 있다. 전부하전류가 직권계자에 흐르기 때문에 직권계자는 가능한 한 저항을 작게 설계해야 한다. 그림 8-56은 직권 직류발전기의 등가회로이다. 이 그림에서 전기자전류, 계자전류 및 선전류는 모두 같은 값이다. 이 발전기에 키르호프의 전압법칙을 적용하면 다음식과 같다.

$$\boxed{V_T = E_A - I_A(R_A + R_S)} \tag{8–47}$$

직권발전기의 단자특성

직권 직류발전기의 자화곡선은 다른 발전기의 자화곡선과 비슷하다. 그러나 무부하시에는 무부하전류가 흐르지 않기 때문에 V_T는 발전기의 잔류자속에 의해서 만들어지는 정도의 작은 값이다. 부하가 증가함에 따라서 계자전류가 증가하고 E_A는 급격히 증가한다. $I_A(R_A + R_S)$에 의한 전압강하도 따라서 증가하나 E_A의 증가가 $I_A(R_A + R_S)$ 강하보다 훨씬 크기 때문에 처음에는 V_T가 상승한다. 기계가 포화상태가 되면 E_A는 거의 일정해진다. 이때에는 저항강하의 영향이 뚜렷이 나타나서 V_T가 감소하기 시작한다.

이와 같은 특성을 그린 그림이 그림 8-57이다. 그림에서 볼 수 있는 바와 같이 이 기계는 정전압원으로는 적당하지 않다. 전압변동률은 큰 음수값이다.

직권발전기는 위와 같이 전압이 감소하는 것을 이용하는 특별한 경우에만 사용된다. 아크용접이 대표적인 응용분야이다. 아크용접에 사용되는 직권발전

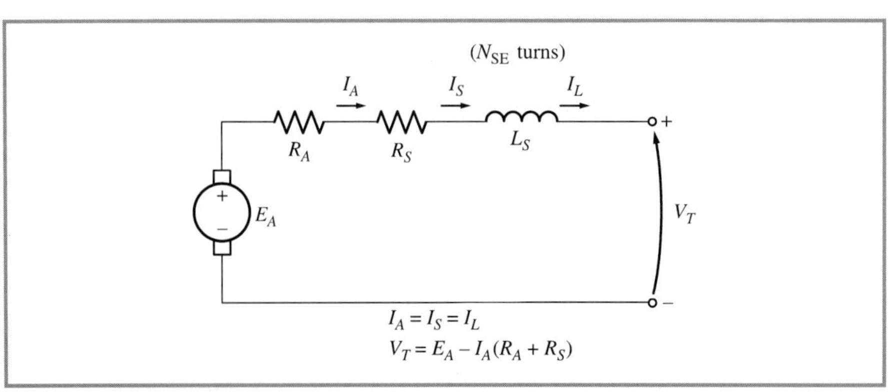

그림 8-56 직권 직류발전기의 등가회로

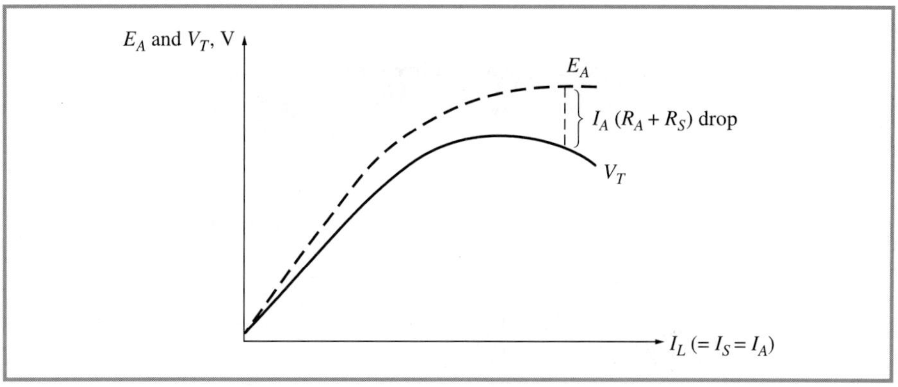

그림 8-57
직권 직류발전기의 단자특성

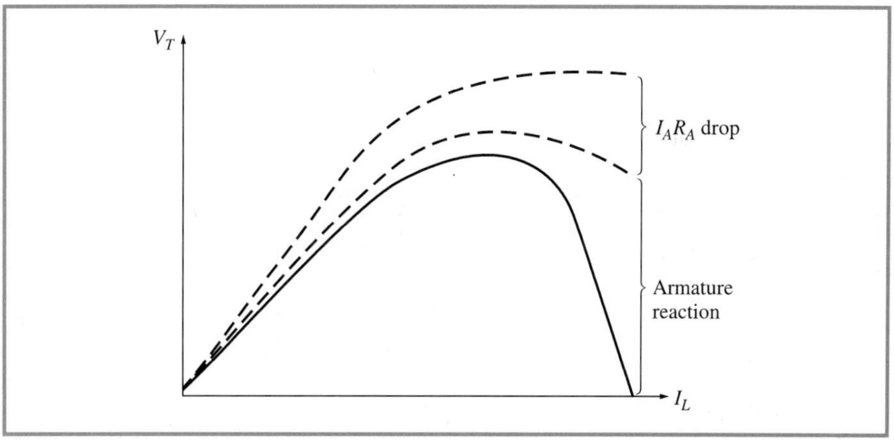

그림 8-58
전기용접에 사용되는 전기자 반작용이 크게 만들어진 직권발전기의 단자특성

기는 전기자 반작용을 크게 해서 단자특성이 그림 8-58과 같이 만든 것이다. 용접봉이 서로 닿아 용접이 시작되면 대단히 많은 전류가 흐른다. 용접기를 사용하는 사람이 용접봉을 떼면 발전기의 전압은 급격히 증가하지만 여전히 많은 전류가 흐른다. 이 높은 전압이 전극 사이의 공기부분에 아크를 발생해서 용접이 이루어지게 한다.

8.15 화동복권 직류발전기

화동복권 직류발전기는 직권계자와 분권계자의 두 계자를 갖는 직류발전기로서 두 계자에서 발생하는 기자력이 더 해진다. 그림 8-59는 외분권결선을 한 화동복권 직류발전기의 등가회로이다. 두 계자코일에 표시된 점은 변압기에서 사용하는 점과 같은 의미를 지닌다. 즉, 점이 있는 방향으로 전류가 흘러 들어가면 양의 기자력을 발생한다. 전기자전류와 분권 계자전류는 모두 계자코일에 표시된 점이 있는 방향으로 흐르므로 이 발전기에서의 총 기자력은

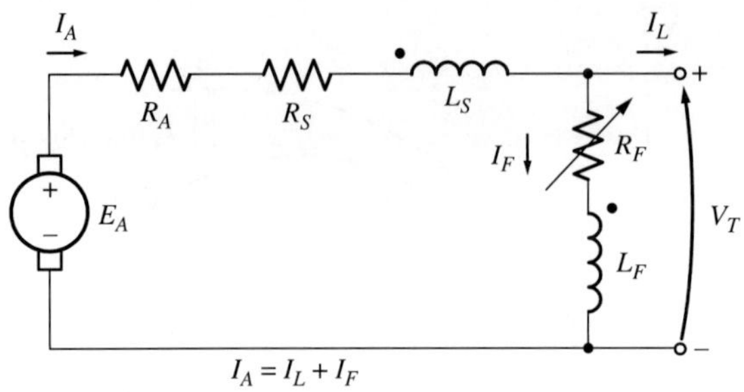

그림 8-59 외분권결선된 화동복권 직류발전기의 등가회로

$$\mathscr{F}_{\text{net}} = \mathscr{F}_F + \mathscr{F}_{\text{SE}} - \mathscr{F}_{\text{AR}} \tag{8-48}$$

이다. 이 식에서, $\mathscr{F}_F$는 분권계자 기자력, $\mathscr{F}_{\text{SE}}$는 직권계자 기자력, $\mathscr{F}_{\text{AR}}$은 전기자 반작용 기자력이다. 이 발전기에서 등가 유효분권 계자전류는 다음과 같다.

$$N_F I_F^* = N_F I_F + N_{\text{SE}} I_A - \mathscr{F}_{\text{AR}}$$

$$I_F^* = I_F + \frac{N_{\text{SE}}}{N_F} I_A - \frac{\mathscr{F}_{\text{AR}}}{N_F} \tag{8-49}$$

이 발전기에서 전압과 전류 사이의 관계는 아래와 같이 표현된다.

$$I_A = I_F + I_L \tag{8-50}$$

$$V_T = E_A - I_A(R_A + R_S) \tag{8-51}$$

$$I_F = \frac{V_T}{R_F} \tag{8-52}$$

화동복권 직류발전기를 결선하는 다른 방법으로는 내분권결선이 있다. 이 결선에서는 직권계자가 분권계자의 바깥쪽에 위치하고 이 직권계자에는 전류 I_A 대신 전류 I_L이 흐른다. 내분권결선한 화동복권 직류발전기의 등가회로는 그림 8-60이다.

화동복권 직류발전기의 단자특성

화동복권 직류발전기의 단자특성을 알기 위해서는 이 발전기 내부에서 발생하는 서로 다른 두 가지 요인을 이해해야 한다.

발전기의 부하가 증가한다고 가정하자. 부하가 증가함에 따라 부하전류 I_L도 증가한다. $I_A = I_F + I_L\uparrow$이기 때문에 전기자전류 또한 증가한다. 이런 이유로 두 가지 효과가 발전기에서 발생한다.

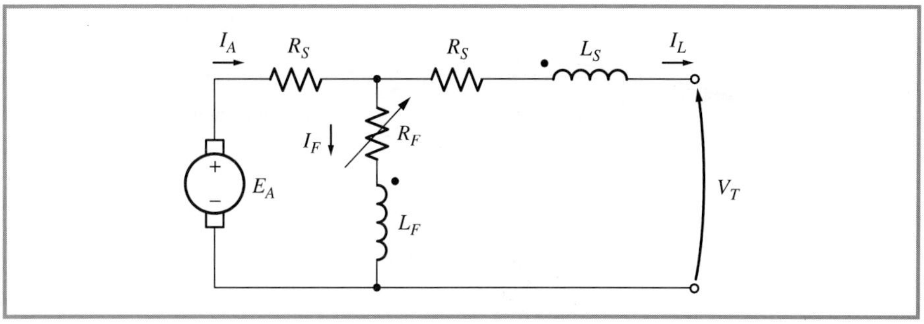

그림 8-60 내분권결선된 화동복권 직류발전기의 등가회로

1. I_A가 증가함에 따라 $I_A(R_A + R_S)$의 전압강하도 증가한다. 이것은 단자전압 $V_T = E_A - I_A\uparrow(R_A + R_S)$을 감소시키게 된다.
2. I_A가 증가함에 따라 직권계자의 기자력 $\mathscr{F}_{SE} = N_{SE} I_A$도 증가하게 된다. 이것이 총 기자력 $\mathscr{F}_{tot} = N_F I_F + N_{SE} I_A\uparrow$을 증가시키므로 발전기내의 자속이 더 세어지게 된다. 발전기 내의 증가된 자속은 E_A를 증가시키고 $V_T = E_A\uparrow - I_A(R_A + R_S)$를 증가시킨다.

이런 두 가지 효과는 서로 상반되는 결과를 야기한다. 하나는 단자전압을 증가시키게 되고 다른 하나는 단자전압을 감소시킨다. 그러면 어떤 효과가 주어진 발전기에서 더 뚜렷하게 나타내는가? 그것은 발전기의 극에 얼마나 많이 직권계자를 감느냐에 따라 결정된다. 이 문제는 다음의 몇 가지 경우를 살펴봄으로서 알 수 있다.

1. **직권권선수가 적은 경우(N_{SE} 적음).** 만약 직권계자의 권선수가 적으면 저항전압강하 효과가 중요하게 된다. 분권발전기에서처럼 감소하나 급격하게 감소하지는 않는다(그림 8-61). 전부하 단자전압이 무부하 단자전압보다 작은 이런 구성 형태를 **부족복권**이라 한다.
2. **직권권선수가 많은 경우(N_{SE} 많음).** 만약 극에 직권권선을 더 감으면 우선 자속이 증가하고 단자전압이 부하에 따라 증가한다. 그러나 부하가 계속 증가하게 되면 자속이 포화상태에 도달하고 저항 강하가 자속의 증가효과보다 크게 나타난다. 이런 경우 단자전압은 처음에는 증가하다가 부하가 증가됨에 따라 감소하게 된다. 무부하시 V_T가 전부하시 V_T와 같다면 이 발전기는 **평복권**이라 부른다.
3. **직권권선수가 대단히 큰 경우(N_{SE} 큼).** 만약 훨씬 많은 수의 직권권선을 감은 경우 자속의 증가효과는 저항 강하가 나타나기까지 오랜 시간동안 지속된다. 이때는 전부하시 단자전압이 실제로 무부하시 단자전압보다 크게 되는 특성을 보인다. 전부하시 V_T가 무부하시 V_T를 초과하게 된다면 이 발전기는 **과복권**이라 한다.

이러한 모든 가능성에 대한 것을 그림 8-61에서 볼 수 있다.

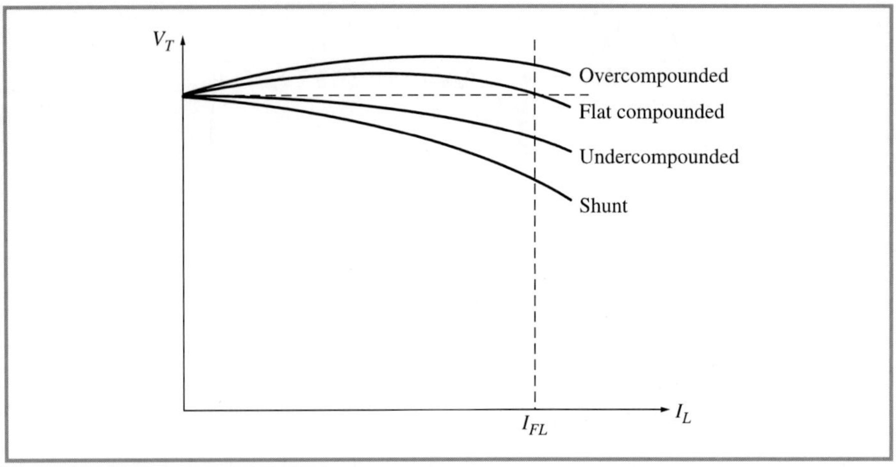

그림 8-61 화동복권 직류발전기의 단자특성

만약 분류저항을 사용한다면 이러한 모든 전압특성들을 하나의 발전기에서 실현하는 것이 가능하다. 그림 8-62는 상대적으로 많은 직렬 권선수 N_{SE}를 갖는 화동복권 직류발전기를 나타낸다. 분류저항이 직권계자에 병렬로 연결되어 있다. 만약 저항 R_{div}가 큰 값을 갖도록 조정하면 대부분의 전기자전류는 직권계자를 통해 흐르게 되고 이 발전기는 과복권상태에서 동작하게 된다. 반면, 저항 R_{div}가 작은 값을 갖도록 조정하면 대부분의 전기자전류는 분류저항을 통해 흐르게 되어 이 발전기는 부족복권상태에서 작동한다. 그러므로 분류저항을 잘 조정하면 발전기가 원하는 동작특성을 갖도록 제어할 수 있다.

화동복권 직류발전기의 전압제어

화동복권 직류발전기의 단자전압을 제어하는 요령은 분권 직류발전기에서와 같다.

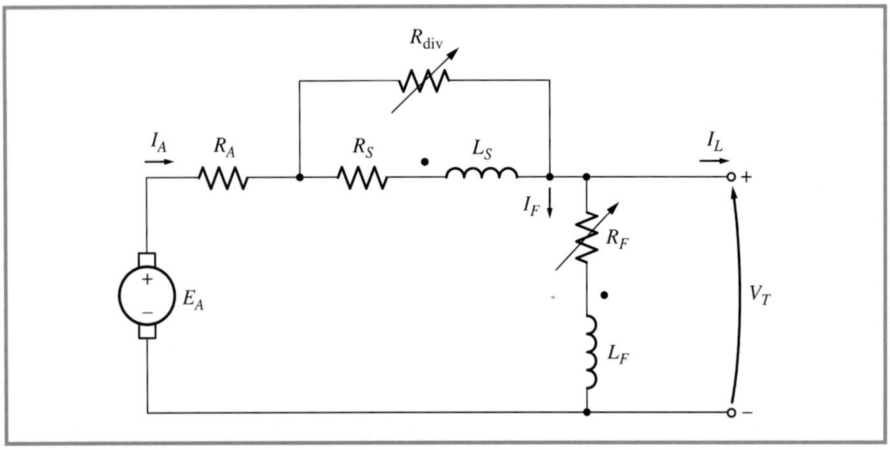

그림 8-62 직렬 분류저항을 갖는 화동복권 직류발전기

1. 회전속도를 조절한다. ω의 증가는 $E_A = K\phi\omega_m\uparrow$를 증가시키고 이는 단자전압 $V_T = E_A\uparrow - I_A(R_A + R_S)$를 증가시킨다.

2. 계자전류를 조절한다. R_F의 감소는 $I_F = V_T/R_F\downarrow$를 증가시키고 이는 발전기의 총 기자력을 증가시킨다. $\mathcal{F}_{tot}$의 증가는 발전기의 자속 ϕ를 증가시키고 이는 $E_A = K\phi\uparrow\omega_m$를 증가시킨다. 결국, E_A의 증가는 V_T를 증가시킨다.

화동복권 직류발전기의 그래프해석

식 (8-53)과 (8-54)는 화동복권 직류발전기의 단자특성을 그래프로 기술하는 데 중요한 식이다. 직권계자와 전기자 반작용 효과에 기인한 등가 분권계자전류 I_{eq}는 아래와 같다.

$$\boxed{I_{eq} = \frac{N_{SE}}{N_F} I_A - \frac{\mathcal{F}_{AR}}{N_F}} \tag{8–53}$$

그러므로 발전기의 총 유효 분권계자전류는

$$I_F^* = I_F + I_{eq} \tag{8–54}$$

이다.

이 등가전류 I_{eq}는 자화곡선의 축을 따라 계자저항선($R_F = V_T/R_F$)의 왼쪽 혹은 오른쪽으로의 수평거리로 표시된다.

발전기에서 저항전압강하는 $I_A(R_A + R_S)$로 주어지며 이는 자화곡선의 수직축을 따라 나타나는 거리이다. 등가전류 I_{eq}와 저항전압강하 $I_A(R_A + R_S)$는 모두 전기자전류 I_A의 세기에 따라 결정된다. 그러므로 이 두 값은 그 크기가 I_A의 함수로써 삼각형의 두 변을 형성한다. 주어진 부하에 따른 출력전압을 알기 위해서는 삼각형의 크기를 결정하고 계자전류선과 자화곡선이 정확히 만나는 점을 찾아내면 된다.

이 방법은 그림 8-63에서와 같다. 무부하상태의 단자전압은 앞에서와 같이 저항선과 자화곡선의 교점이다. 발전기에 부하가 증가함에 따라 직권계자 기자력이 증가하게 되고 발전기에서 등가분권 계자전류 I_{eq}와 저항전압강하 $I_A(R_A + R_S)$도 증가한다. 이 발전기에서 새로운 출력전압을 알기 위해서는 결정된 삼각형의 왼쪽 모서리에서부터 분권 계자전류선을 따라 움직여서 삼각형의 윗 꼭지점이 자화곡선과 만나게 한다. 그때 삼각형의 윗 꼭지점은 발전기의 내부발생전압을 나타내고 삼각형의 아래변은 발전기의 단자전압을 의미한다.

그림 8-64는 이 과정을 몇 차례 반복하여 발전기의 단자전압 특성을 찾는 방법을 보여준다.

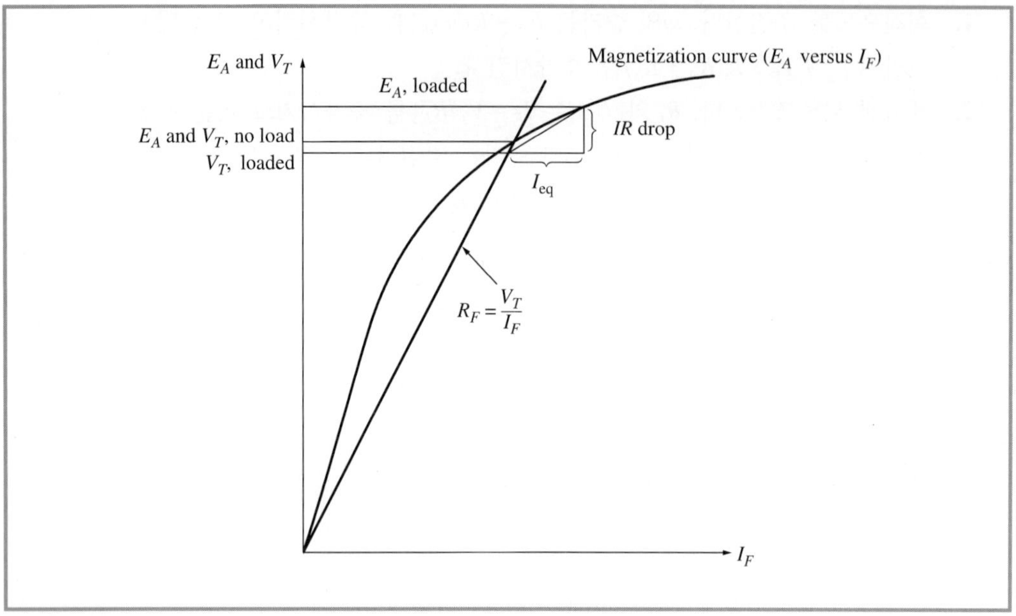

그림 8-63
화동복권 직류발전기의 그래프해석

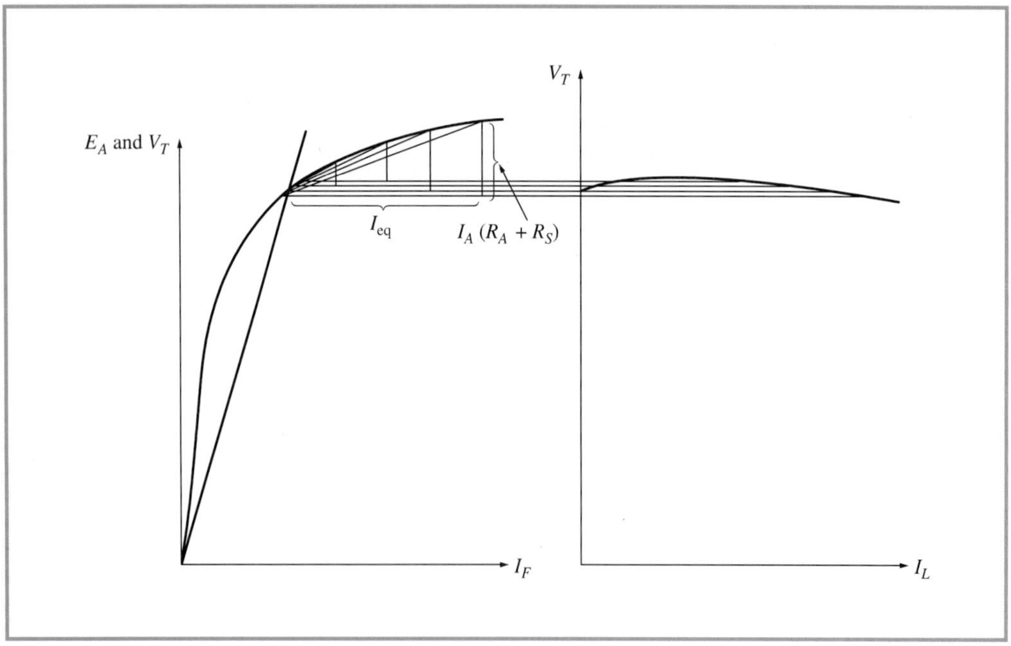

그림 8-64
화동복권 직류발전기의 단자특성의 그래프해석

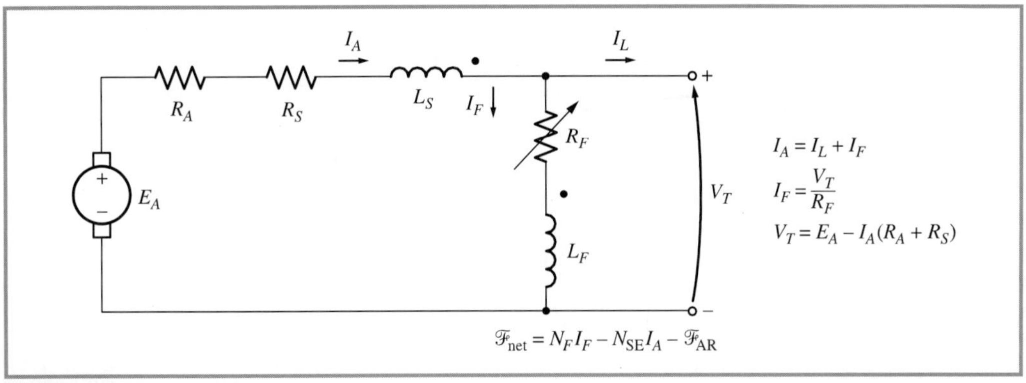

그림 8-65
외분권결선된 차동복권 직류발전기의 등가회로

8.16 차동복권 직류발전기

차동복권 직류발전기는 직권계자와 분권계자를 모두 갖추고 있지만 이 발전기에서는 각 계자에서 발생하는 기자력은 서로 상쇄된다. 그림 8-65는 외분권결선을 한 차동복권 직류발전기의 등가회로를 나타낸다. 전기자전류는 점이 찍힌 코일 끝을 통해 전류가 빠져나오고 분권 계자전류는 점이 찍힌 코일 끝으로 흘러 들어간다. 이 발전기에서의 총 기자력은

$$\boxed{\mathscr{F}_{\text{net}} = \mathscr{F}_F - \mathscr{F}_{\text{SE}} - \mathscr{F}_{\text{AR}}} \tag{8–55}$$

$$\boxed{\mathscr{F}_{\text{net}} = N_F I_F - N_{\text{SE}} I_A - \mathscr{F}_{\text{AR}}} \tag{8–56}$$

이고 직권계자와 전기자 반작용에 의한 분권계자전류는 다음과 같다.

$$\boxed{I_{\text{eq}} = -\frac{N_{\text{SE}}}{N_F} I_A - \frac{\mathscr{F}_{\text{AR}}}{N_F}} \tag{8–57}$$

이 발전기의 총 유효분권 계자전류는

$$I_F^* = I_F + I_{\text{eq}} \tag{8–58a}$$

$$\boxed{I_F^* = I_F - \frac{N_{\text{SE}}}{N_F} I_A - \frac{\mathscr{F}_{\text{AR}}}{N_F}} \tag{8–58b}$$

이다.

화동복권 직류발전기처럼 차동복권 직류발전기도 내분권결선과 외분권결선이 있다.

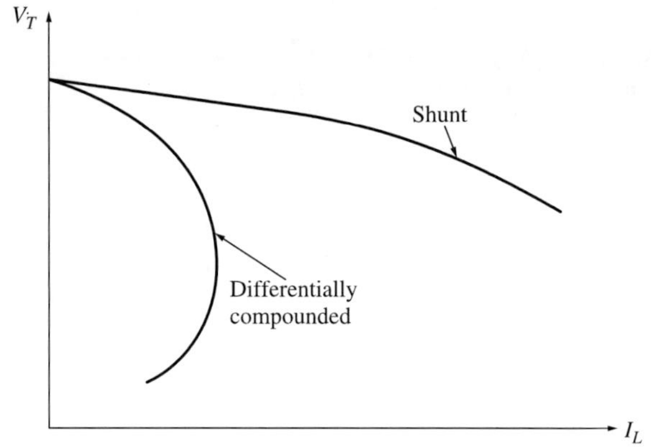

그림 8-66 차동복권 직류발전기의 단자특성

차동복권 직류발전기의 단자특성

차동복권 직류발전기에서도 화동복권 직류발전기에서 나타나는 똑같은 두 가지 효과가 발생한다. 그러나 이 두 효과는 같은 방향으로 작용하며, 이는 다음과 같다.

1. I_A가 증가함에 따라 $I_A(R_A + R_S)$의 강하도 증가한다. 이것은 단자전압을 감소시키게 된다[$V_T = E_A - I_A\uparrow(R_A + R_S)$].
2. I_A가 증가함에 따라 직권계자의 기자력도 증가하게 된다($\mathscr{F}_{SE} = N_{SE} I_A$). 직권계자의 기자력의 증가는 발전기의 총 기자력을 감소시키므로 발전기 ($\mathscr{F}_{tot} = N_F I_F - N_{SE} I_A\uparrow$) 내의 총 자속이 감소하게 된다. 자속의 감소는 $E_A = K\phi\downarrow\omega_m$를 감소시킨다. 이는 V_T를 감소시킨다.

이와 같이 두 가지 효과는 V_T의 감소를 야기하기 때문에 발전기에서 부하의 증가는 급격한 전압강하를 발생한다. 차동복권 직류발전기의 전형적인 단자전압특성은 그림 8-66에서 볼 수 있다.

차동복권 직류발전기의 전압제어

차동복권 직류발전기의 전압강하 특성은 상당히 나쁘지만 주어진 부하에 단자전압을 조절하는 것은 여전히 가능하다. 단자전압을 조정하는 데 사용하는 요령은 분권발전기와 화동복권 직류발전기에서와 같다.

1. 회전속도 ω_m을 조절한다.
2. 계자전류 I_F를 조절한다.

차동복권 직류발전기의 그래프해석

차동복권 직류발전기의 단자특성은 화동복권 직류발전기에서 사용했던 똑같은 방식으로 그래프적으로 결정된다. 이 발전기의 단자특성을 찾는 것은 그림 8-67

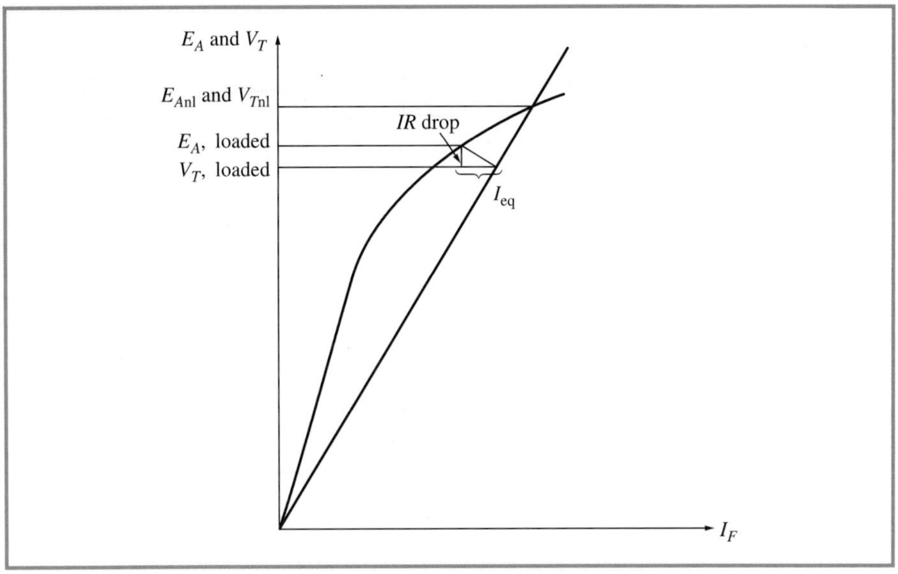

그림 8-67 차동복권 직류발전기의 그래프해석

을 이용한다.

분권계자에 큰 전류가 흐르기 때문에 실제 분권계자에 기인한 유효분권 계자전류의 비는 항상 V_T/R_F이다. 유효계자전류는 I_{eq}에 의해 주어지고 이는 직권계자와 전기자 반작용효과의 합이다. 이 등가전류 I_{eq}는 자화곡선의 축을 따라 왼쪽 방향의 수평거리로 나타난다. 이것은 직권계자와 전기자 반작용이 모두 빼지기 때문이다.

발전기에서 저항전압강하는 $I_A(R_A+R_S)$로 주어지며 이는 자화곡선의 수직축을 따라 나타나는 거리이다. 주어진 부하에 따른 출력전압을 알기 위해서는 저항 전압강하와 I_{eq}에 의해 형성된 삼각형의 크기를 결정하고 계자전류선과 자화곡선이 만나는 점을 정확히 찾아내면 된다.

그림 8-68은 이 과정을 몇 차례 반복하여 발전기의 단자전압 특성을 찾는 방법을 보여준다.

8.17 요약

직류전동기는 여자방식에 따라 몇 가지 형태로 분류되며, 그 종류로는 타여자, 분권, 영구자석, 직권, 복권 등이 있다. 여자 방식은 부하에 따라 변하고, 전동기의 토오크–속도 특성에 영향을 미친다.

분권 또는 타여자 직류전동기는 토오크가 증가함에 따라 속도가 선형적으로 변하는 토오크–속도 특성을 가지며 그 속도는 계자전류, 전기자전압, 전기자저항을 변화시킴으로써 조절할 수 있다.

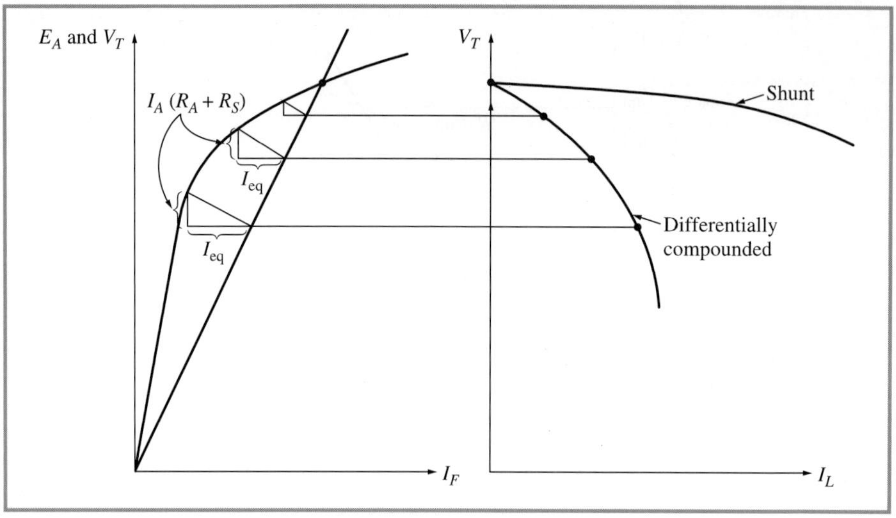

그림 8-68 차동복권 직류발전기 단자전압특성의 그래프해석

영구자석 직류전동기는 여자를 위해 영구자석을 사용한다는 점을 제외하고는 기본적으로 동일한 기계이며 속도는 계자전류를 변화시키는 것을 제외하면 위의 속도제어 방식과 같다.

직권전동기는 직류전동기 중에서 가장 큰 기동토오크를 가지지만 무부하시 과속되는 경향이 있다. 따라서 차량 기동기처럼 속도조정이 중요치 않고 높은 토오크를 요구하는 경우에 주로 이용된다.

화동복권 직류전동기는 직권과 복권의 결합형태로서 각각의 장점들을 포함하고 있으며 차동복권 직류전동기는 불안정하고 부하가 더해짐에 따라 과속되는 경향이 있다.

직류발전기는 발전기로서 사용되는 직류기이다. 자속을 제어하는 방식에 따라 여러 종류의 직류발전기들이 있다. 이런 자속제어법은 여러 종류의 발전기 출력 전압전류특성에 영향을 준다. 보통 직류발전기는 분권, 직권, 화동복권 그리고 차동복권 발전기로 분류된다.

분권과 복권 직류발전기의 출력전압의 안정도는 자화곡선의 비선형성에 달려있다. 만약 직류발전기의 자화곡선이 직선이라면 자화곡선과 발전기 단자전압선의 교점은 발생하지 않는다. 이렇게 되면 발전기의 안정된 무부하전압은 얻을 수 없게 된다. 자화곡선의 비선형 효과가 발전기의 운전에 핵심이 되므로 직류발전기의 출력전압은 컴퓨터를 사용한 수치해석법이나 그래프해석으로 만 구할 수 있다.

오늘날 직류발전기는 교류전원과 반도체회로에 의해 수많은 응용분야에서 대체되고 있다. 이것은 직류전원을 주로 사용하는 자동차에서도 마찬가지다.

질문 Questions

8-1. 직류전동기의 속도 변동율이란 무엇인가?

8-2. 분권 직류전동기의 속도는 어떻게 조정할 수 있는가? 상세히 설명하라.

8-3. 타여자과 분권 직류전동기의 실제적인 차이점은 무엇인가?

8-4. 분권 직류전동기에서 전기자 반작용이 토오크-속도 특성에 미치는 영향은? 전기자 반작용의 영향은 심각하다고 할 수 있는가? 이 문제를 해결하기 위해서는 어떻게 해야 하는가?

8-5. 영구자석 직류기에서 요구되는 영구자석의 특성은?

8-6. 직권 직류전동기의 근본적인 특성은? 유용성은?

8-7. 화동복권 직류전동기의 특성은?

8-8. 차동복권 직류전동기에서의 문제점들은 무엇인가?

8-9. 분권 직류전동기에서 동작중 계자회로가 개방되었을 때 어떤 일이 일어나는가?

8-10. 직류전동기 회로에서 기동저항기가 사용되는 이유는?

8-11. 기동중 직류 기동저항기가 전동기의 전기자회로에서 요구되는 시간에 어떻게 제거되는가?

8-12. Ward-Leonard 전동기 제어 시스템이란 무엇인가? 이것의 장단점은 무엇인가?

8-13. 재발전이란 무엇인가?

8-14. 반도체 전동기구동장치를 Ward-Leonard 제어 시스템과 비교했을 때 장단점은 무엇인가?

8-15. 계자손실 릴레이의 목적은 무엇인가?

8-16. 전형적인 반도체 전동기 구동장치에 포함된 보호장치의 타입은? 그들은 어떻게 구동하는가?

8-17. 타여자 직류전동기의 회전방향을 바꾸는 방법은?

8-18. 분권 직류전동기의 회전방향을 바꾸는 방법은?

8-19. 직권 직류전동기의 회전방향을 바꾸는 방법은?

8-20. 이 장에서 다룬 다섯 가지 종류의 발전기의 이름과 특성에 대해 기술한다.

8-21. 기동시 분권 직류발전기에서 전압 발생이 가능한 이유는?

8-22. 기동시에 전압발생에 실패하는 이유는 무엇인가? 실패하는 경우에 제대로 동작하게 하는 방법은?

8-23. 왜 전기자 반작용이 타여자 직류발전기의 출력전압에 영향을 미치나?

8-24. 차동복권발전기의 부하증가에 따른 급격한 전압강하의 원인은 무엇인가?

연습문제 Problems

연습문제 8-1부터 8-12까지는 다음의 직류전동기를 참고하라.

$P_{\text{rated}} = 30$ hp　　$I_{L,\text{rated}} = 110$ A

$V_T = 240$ V　　$N_F = 2700$ turns per pole

$n_{\text{rated}} = 1800$ r/min　　$N_{\text{SE}} = 14$ turns per pole

$R_A = 0.19\ \Omega$　　$R_F = 75\ \Omega$

$R_S = 0.02\ \Omega$　　$R_{\text{adj}} = 100$ to $400\ \Omega$

회전손실은 3550 W(전부하에서)이고, 자화곡선은 그림 P8-1이다.

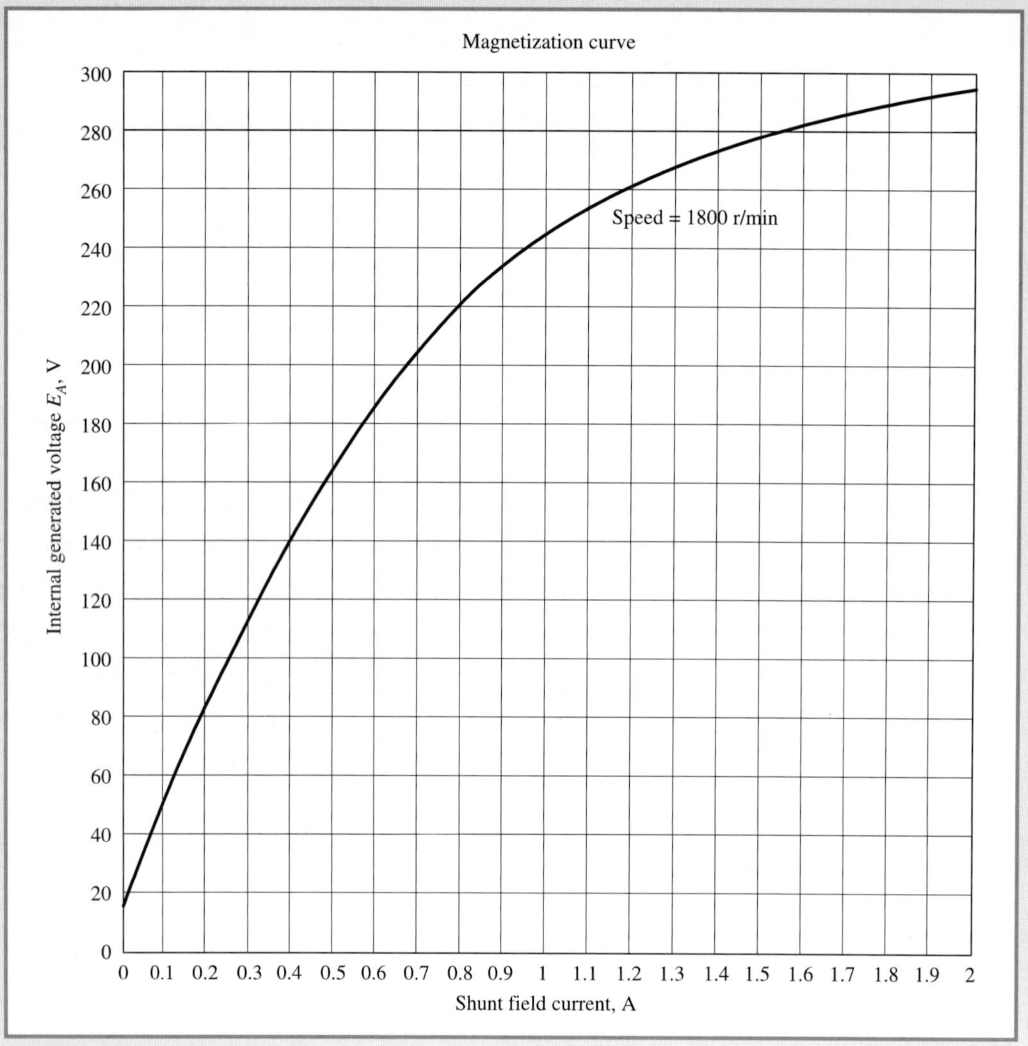

그림 P8-1
연습문제 8-1부터 8-12 까지의 직류전동기에 대한 자화 곡선. 이 곡선은 1800 rpm의 일정속도에서 얻었다.

연습문제 8-1부터 8-7까지에서, 위에 기술된 전동기가 분권으로 연결되어 있다. 분권전동기의 등가회로는 그림 P8-2에 보인다.

8-1. 저항기 R_{adj}가 175 Ω으로 조절되었을 때, 무부하 조건에서 전동기의 회전속도는 얼마인가?

8-2. 전기자 반작용이 없다고 가정했을 때, 전부하시 전동기의 속도는 얼마인가? 전동기의 속도변동률은 얼마인가?

8-3. 전동기가 전부하에서 동작하고 가변저항 R_{adj}가 250 Ω까지 증가되었다면, 이 전동기의 새로운 속도는 얼마인가? R_{adj} = 175 Ω, R_{adj} = 250 Ω일 때 전부하에서의 전동기의 속도를 비교하라.

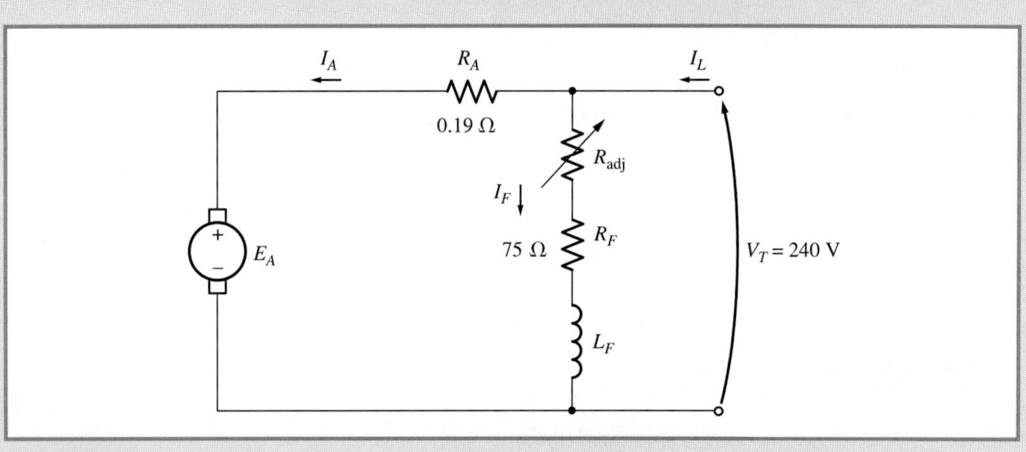

그림 P8-2
연습문제 8-1부터 8-7까지의 분권전동기의 등가회로

8-4. 전동기가 전부하에서 동작하고 $R_{adj} = 175\ \Omega$, 전기자 반작용이 전부하에서 2000 A·turns일 때, 전동기의 속도는 얼마인가? 연습문제 8-2의 결과와 비교하라.

8-5. R_{adj}가 100에서 400 Ω까지 조절될 수 있다면, 이 전동기로 가능한 최대, 최소 무부하 속도는?

8-6. 전동기가 전원 V_T에 직접 연결되어 있다면, 이 전동기의 기동전류는 얼마인가? 이 전동기의 전부하 전류와 비교하면 기동전류는 어떠한가?

8-7. 전기자 반작용이 없다고 가정하고 1200 A·turns의 전부하 전기자 반작용이 있다고 가정할 때의 이 전동기에 대한 토오크-속도 특성을 각각 그려라.

연습문제 8-8과 8-9에 대해서는 그림 P8-3에 보인 것처럼, 분권 직류전동기가 타여자로 연결되어 있다. 240 V의 고정된 계자전압 V_F와 120～240 V의 가변 전기자 전압 V_A를 가진다.

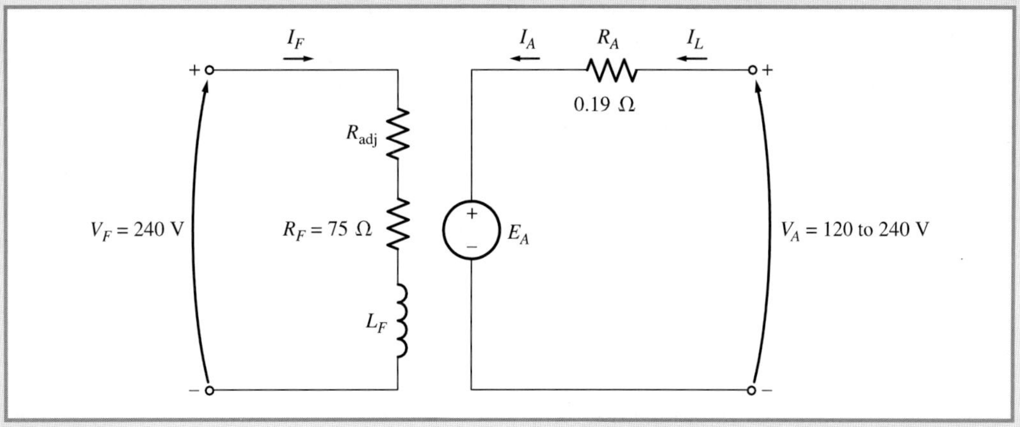

그림 P8-3
연습문제 8-8과 8-9의 타여자 분권전동기의 등가회로

8-8. (*a*) $V_A = 120$ V, (*b*) $V_A = 180$ V, (*c*) $V_A = 240$ V일 때 이 타여자 전동기의 무부하속도는 얼마인가?

8-9. 연습문제 8-8의 타여자 전동기에 대해,

(*a*) V_A와 R_{adj}를 변화시킴으로서 도달할 수 있는 최대 무부하속도는 얼마인가?

(*b*) V_A와 R_{adj}를 변화시킴으로서 도달할 수 있는 최소 무부하속도는 얼마인가?

연습문제 8-10과 8-11에서 전동기는 그림 P8-4와 같이 화동복권으로 결선되어 있다.

8-10. 전동기가 그림 P8-4와 같이 화동복권으로 연결되었을 때, R_{adj}가 175 Ω이면

(*a*) 무부하속도는 얼마인가?

(*b*) 전부하속도는 얼마인가?

(*c*) 속도변동률은 얼마인가?

(*d*) 이 전동기의 토오크–속도 특성을 계산하고 그래프를 그려라(이 문제에서 전기자 영향들은 무시하라).

8-11. 전동기가 화동복권으로 연결되었고 전부하에서 동작한다. R_{adj}가 250 Ω까지 증가하면 이 전동기의 새로운 속도는 얼마인가? 이 새로운 속도를 연습문제 8-10에서 계산된 전부하 속도와 비교하면?

8-12. 전동기가 차동복권으로 연결되었다.

(*a*) $R_{adj} = 175$ Ω이면, 전동기의 무부하속도는 얼마인가?

(*b*) 전기자전류가 20 A, 40 A 및 60 A일 때 전동기 속도는 얼마인가?

(*c*) 이 전동기의 토오크–속도 특성곡선을 간략히 그려라.

8-13. 15-hp, 120-V 직권식 직류전동기가 전기자 저항 0.1 Ω과 직렬계자저항 0.08 Ω를 갖는다. 전부하시 115 A가 흐르고, 1050 rpm으로 회전한다. 자화곡선은 그림 P8-5에서 보여주고 있다. 전부하에서 코아손이 420 W이고 기계손이 460 W이다. 기계손이 전동기 속도의 3승에 비례하고 코아손은 일정하다고 가정한다.

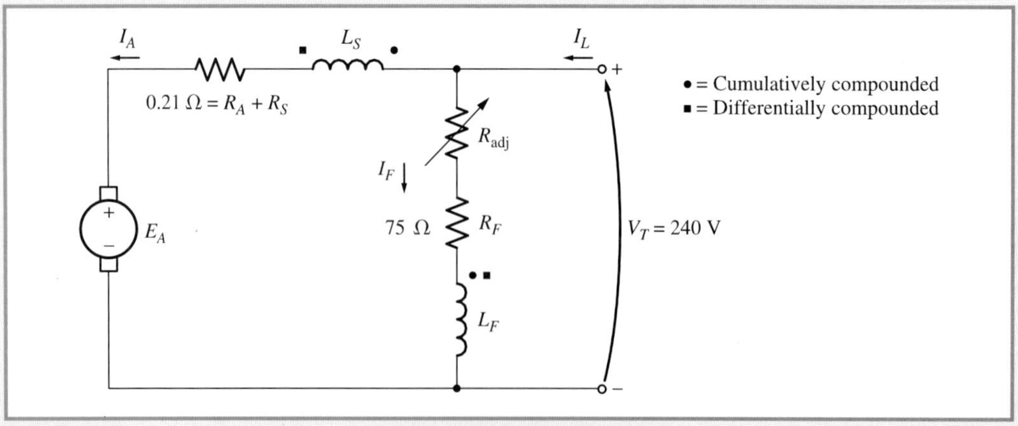

그림 P8-4
연습문제 8-10부터 8-12의 화동복권 전동기의 등가회로

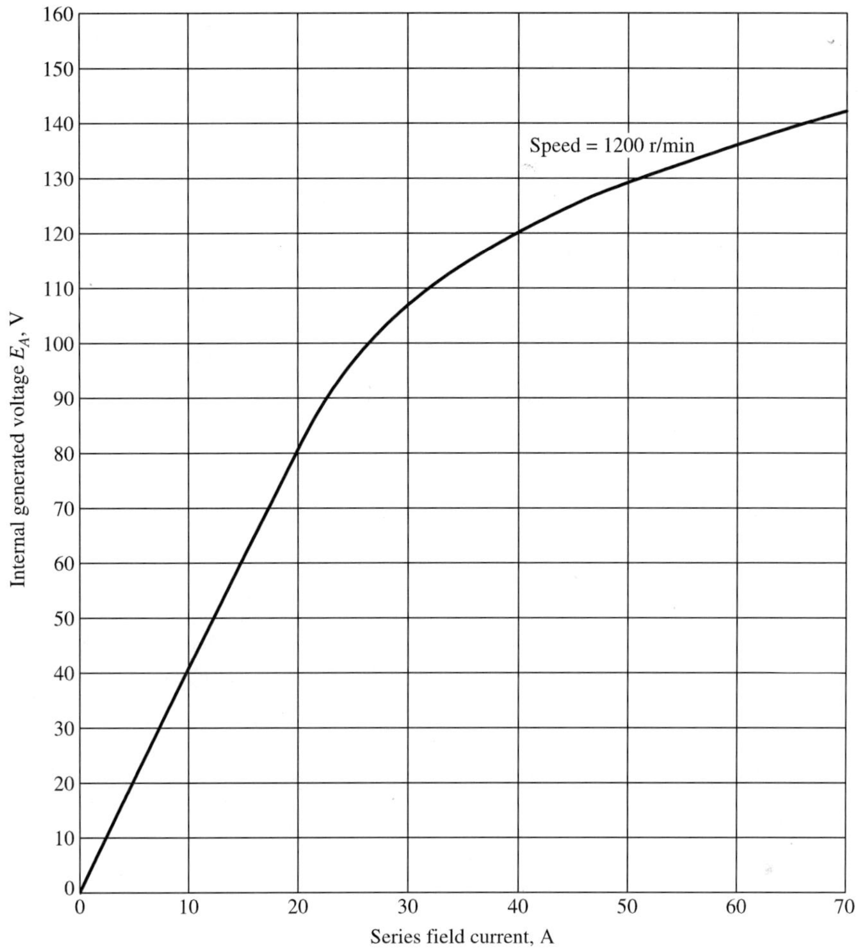

그림 P8-5
연습문제 8-13의 직권전동기의 자화 곡선. 이 곡선은 1200 rpm의 일정속도에서 얻어졌다.

(*a*) 전부하 조건에서 전동기의 효율은 얼마인가?

(*b*) 전기자전류가 70 A일 때 이 전동기의 속도와 효율은 얼마인가?

(*c*) 이전동기의 토오크-속도 특성을 그려라.

8-14. 20-hp, 240-V, 76-A, 900 rpm의 직권식 전동기가 극당 33턴의 계자권선을 가지고 있다. 전기자 저항은 0.09 Ω, 계자저항은 0.06 Ω이다. 900 rpm에서 E_A에 대한 기자력으로 표현된 자화곡선은 다음과 같이 주어져 있다.

E_A, V	95	150	188	212	229	243
$\mathscr{F}$, A • turns	500	1000	1500	2000	2500	3000

전기자 반작용은 무시한다.

(*a*) 전부하 전기자전류의 33, 67, 100, 133퍼센트에서 전동기의 토오크, 속도, 출력을 계산하라.

(*b*) 이 기계의 단자특성을 그려라.

8-15. 300-hp, 440-V, 560-A, 863 rpm의 분권 직류전동기를 시험하여 다음의 자료를 얻었다.

회전자 구속 시험시:

$V_A = 14.9$ V 브러쉬 제외 $V_F = 440$ V

$I_A = 500$ A $I_F = 7.52$ A

무부하 시험시:

$V_A = 440$ V 브러쉬 포함 $I_F = 7.50$ A

$I_A = 23.1$ A $n = 863$ r/min

정격 조건에서 이 전동기의 효율은 얼마인가? [주의: 가정 (1) 브러쉬 전압강하는 2 V이다. (2) 철손은 전부하시 전기자전압과 같은 전기자 전압에서 결정된다. (3) 표유부하손은 전부하의 1퍼센트이다.]

연습문제 8-16부터 8-19는 분권권선과 직권권선을 가진 240 V, 100 A 직류전동기를 참조하라. 그 특성은 다음과 같다.

$R_A = 0.14\ \Omega$ $N_F = 1500$ turns

$R_S = 0.05\ \Omega$ $N_{SE} = 15$ turns

$R_F = 200\ \Omega$ $n_m = 3000$ r/min

$R_{adj} = 0$ to $300\ \Omega$, 현재 $120\ \Omega$으로 조정

이 전동기는 보상권선과 보극를 가지며 자화곡선은 3000 rpm에서 그림 P8-6과 같다.

8-16. 위의 전동기를 분권으로 연결했다.

(*a*) $R_{adj} = 120\ \Omega$일 때 이 전동기의 무부하속도는 얼마인가?

(*b*) 전부하 속도는 얼마인가?

(*c*) 무부하조건 하에서 R_{adj}를 조절하여서 얻을 수 있는 속도 범위는 얼마인가?

8-17. 이 기계를 $R_{adj} = 120\ \Omega$인 화동복권 직류전동기로 연결했다.

(*a*) 이 전동기의 전부하속도는 얼마인가?

(*b*) 이 전동기의 토오크-속도 특성을 도시하라.

(*c*) 속도변동률은 얼마인가?

(*d*) 이 전동기에 대한 토오크-속도 특성을 그랴라.

8-18. 이 전동기가 $R_{adj} = 120\ \Omega$의 차동복권 직류전동기로 다시 연결되었다. 토오크-속도 특성의 형태를 예상하라.

8-19. 분권 계자권선을 완전히 떼어내어 이 기계를 직권전동기로 구성했을 때 토오크-속도 특성을 예상하라.

8-20. 자동기동회로가 20 hp, 240 V, 75 A에서 정격인 분권전동기를 위해 설계되도록 한다. 전동기의 전기자저항은 $0.12\ \Omega$, 분권계자저항은 $40\ \Omega$이다. 이 전동기는 정격 전기자전류의 250퍼센트 이내에서 시동되도록 하고 가능한 빨리 정격치로 떨어뜨리기 위해 기동저항이 제거되도록 한다. 얼마나 많은 개수의 기동저항단계가 요구되며 각각의 크기는 얼마나 되도록 해야 하는가?

8-21. 10-hp, 120-V, 1000 rpm의 분권 직류전동기가 정격 조건에서 동작할 때 70 A의 전부하 전기자전류를 갖는다. 전동기의 전기자저항 R_A는 $0.12\ \Omega$, 계자저항 R_F

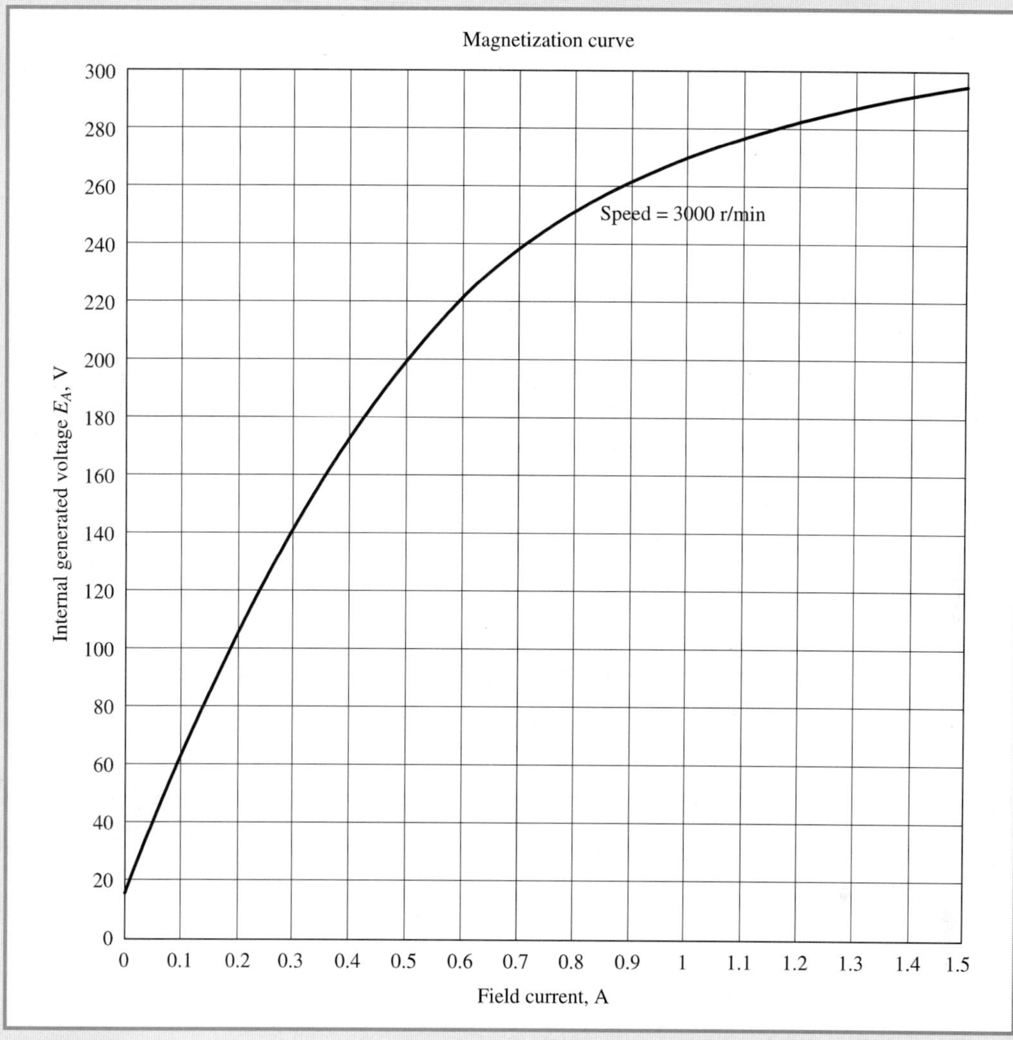

그림 P8-6
연습문제 8-16부터 8-19의 직류전동기의 자화 곡선

는 40 Ω이다. 계자회로에는 조절가능한 저항 R_{adj}가 0~200 Ω의 범위를 가지며, 현재 100 Ω으로 조정되어 있다. 이 기계의 전기자 반작용은 무시되고, 1000 rpm의 속도에서 자화곡선은 다음과 같은 표로 주어져 있다.

E_A, V	5	78	95	112	118	126
I_F, A	0.00	0.80	1.00	1.28	1.44	2.88

(*a*) 위에서 명시한 정격조건에서 운전할 때, 이 전동기의 속도는 얼마인가?
(*b*) 정격조건에서 전동기의 출력은 10 hp이다. 이 전동기의 출력 토오크는 얼마인가?
(*c*) 전부하에서 전동기의 동손과 회전손은 얼마인가?

(*d*) 전부하에서 이 전동기의 효율은 얼마인가?

(*e*) 전동기가 단자전압이나 R_{adj}는 변화가 없는 상태에서 부하가 없어진다면, 이 전동기의 무부하속도는 얼마인가?

(*f*) 전동기가 (*e*)에서 표현된 무부하조건에서 운전되고 있다고 가정하자. 계자회로가 열렸을 때 이 전동기에는 무슨 일이 일어나는가? 전기자 반작용이 무시되었을 때, 이 조건들 하에서 전동기의 최종의 정상상태 속도는 얼마인가?

(*g*) R_{adj}로 주어진 계자저항의 조절 범위에서 계자저항을 조절했을 때 이 전동기의 가능한 무부하속도 범위는 얼마인가?

8-22. 타여자 직류발전기의 자화곡선은 그림 P8-7과 같다. 발전기는 정격출력 6 kW, 정격전압 120-V, 정격전류 50-A, 정격회전속도 1800 rpm이고 그림 P8-8과 같다. 계자전류는 5 A이다. 이 기계의 상수는 다음과 같다.

$R_A = 0.18\ \Omega$ $\qquad V_F = 120$ V

$R_{adj} =$ 0에서 40 Ω $\qquad R_F = 20\ \Omega$

$N_F =$ 극당 1000 tuns

이 발전기에 대한 다음 질문에 답하라. 전기자 반작용은 무시한다.

(*a*) 무부하 동작시 R_{adj}를 조절하여 얻을 수 있는 전압의 조정범위는 얼마인가?

(*b*) 계자 조정저항이 0에서 30 Ω까지 변할 수 있고 발전기 회전속도가 1500에서 2000 rpm까지 조절이 가능할 때 무부하전압의 최대치와 최소치는?

8-23. 만약 연습문제 8-22에서 전기자전류가 50 A라면, 발전기의 속도는 1700 rpm이고 단자전압은 106 V이다. 발전기의 계자전류는 얼마로 해야 하는가?

8-24. 연습문제 8-22에서 발전기가 전부하시 기자력 400 A·turns에 해당하는 전기자 반작용이 발생하면 $I_F = 5$ A, $n_m = 1700$ rpm, $I_A = 50$ A일 때 이 발전기의 단자전압은 얼마인가?

8-25. 연습문제 8-22의 발전기를 그림 P8-9과 같이 분권발전기로 바꿀 수 있다. 분권 계자저항 R_{adj}가 10 Ω이고 회전속도는 1800 rpm이다.

(*a*) 무부하 단자전압은 얼마인가?

(*b*) 전기자 반작용을 무시하면 전기자전류가 20 A와 40 A일 때 단자전압은 얼마인가?

(*c*) 전부하시 전기자 반작용이 300 A·turns과 같다고 가정하면 전기자전류가 20 A일 때와 40 A일 때 단자전압은 얼마인가?

(*d*) 전기자 반작용이 있는 경우와 없는 경우에 대해서 각각 단자특성을 계산하고 그려라.

8-26. 연습문제 8-25에서 발전기가 계자저항 $R_{adj} = 10\ \Omega$, 전기자전류 25 A를 갖고 1800 rpm으로 회전할 때 단자전압은 얼마인가? 전기자전류가 25 A를 유지하면서 계자저항이 5Ω으로 감소하면, 단자전압은 얼마인가(단, 전기자 반작용 무시)?

8-27. 120 V, 50 A의 화동복권 직류발전기가 아래와 같은 특성을 갖는다.

$R_A + R_S = 0.21\ \Omega$ $\qquad N_F = 1000$ turns

$R_F = 20\ \Omega$ $\qquad N_{SE} = 25$ turns

$R_{adj} =$ 0에서 30 Ω, 10 Ω으로 조정 $\qquad n_m = 1800$ r/min

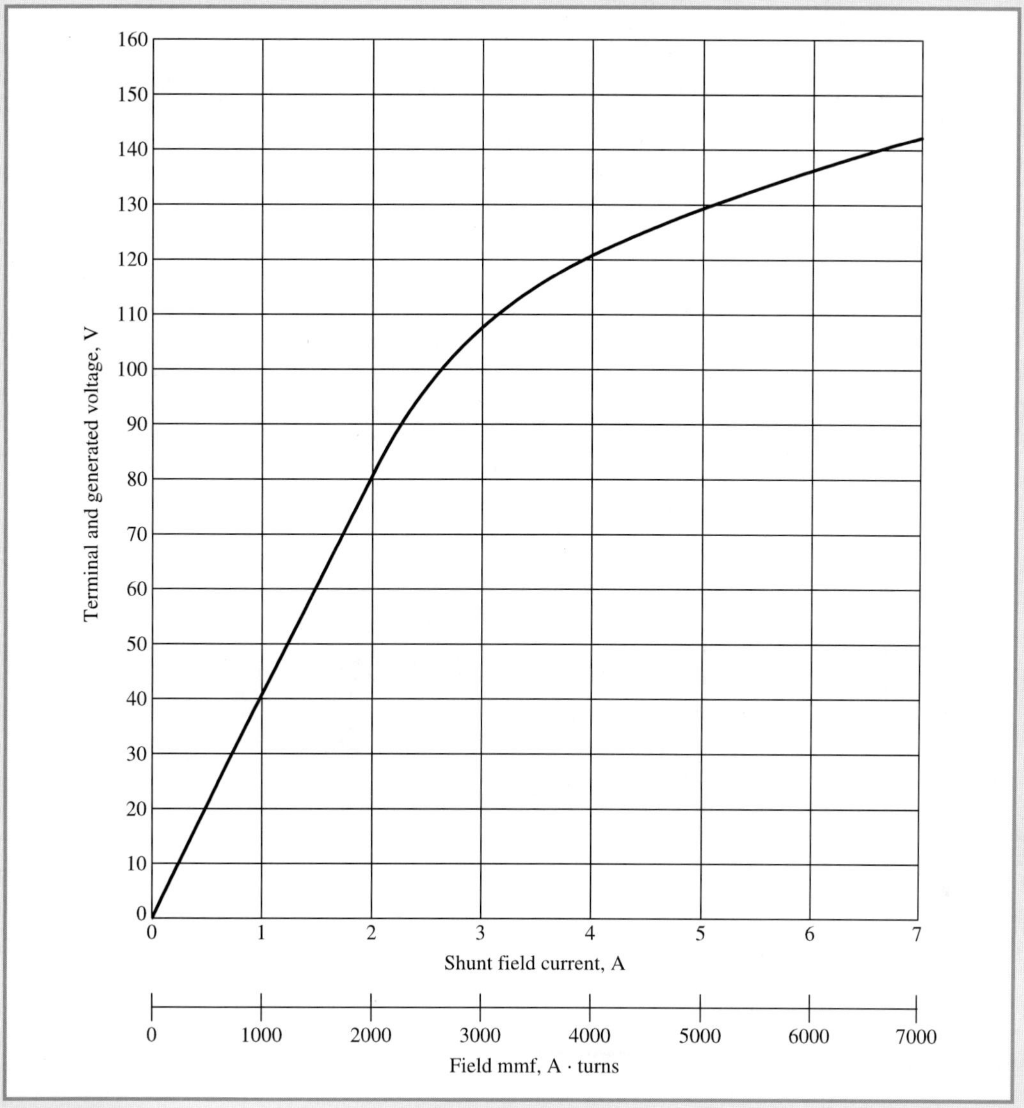

그림 P8-7
연습문제 8-22에서 8-28의 자화곡선

이 기계의 자화곡선은 그림 P8-7과 같다. 그리고 이의 등가회로는 그림 P8-10 이다. 전기자 반작용을 무시하고 다음에 답하라

(*a*) 발전기가 무부하로 동작한다면 단자전압은?

(*b*) 발전기의 전기자전류가 20 A이면 단자전압은?

(c) 발전기의 전기자전류가 40 A이면 단자전압은?

(d) 이 발전기의 단자전압특성을 계산하고 그려라.

8-28. 연습문제 8-27의 발전기를 차동복권 직류발전기로 결선한다면 단자전압특성은 어떻게 되나? 이를 연습문제 8-27에서와 같이 유도하라.

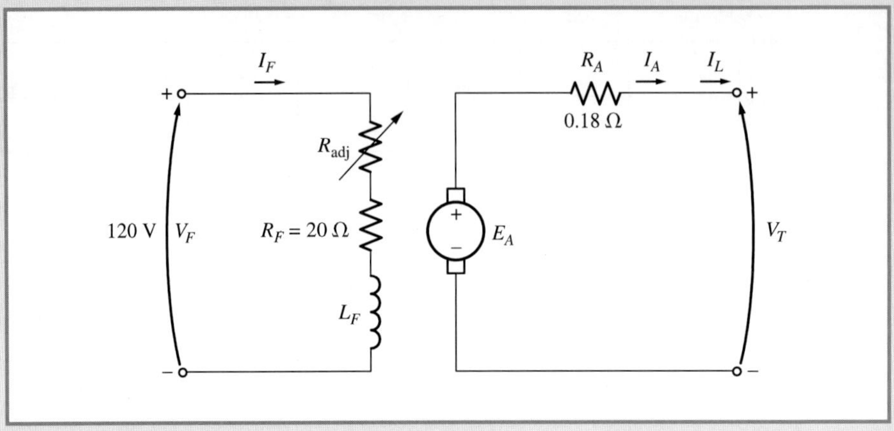

그림 P8-8 연습문제 8-22에서 8-24의 타여자 직류발전기

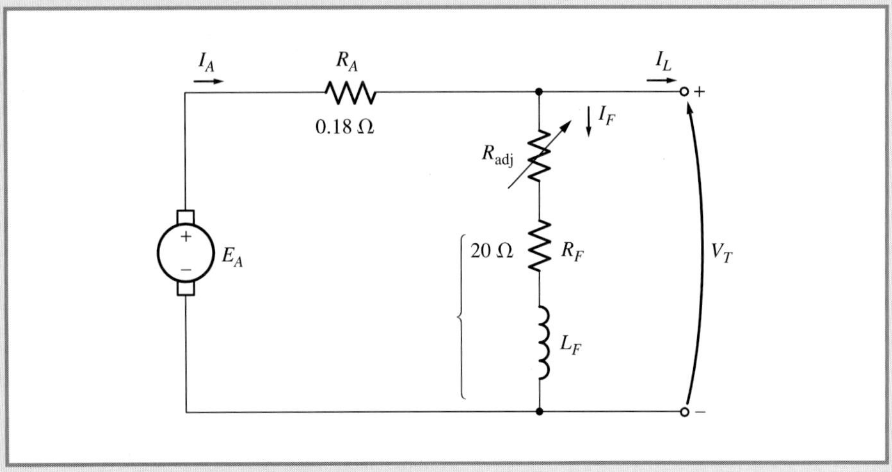

그림 P8-9 연습문제 8-25에서 8-26의 분권 직류발전기

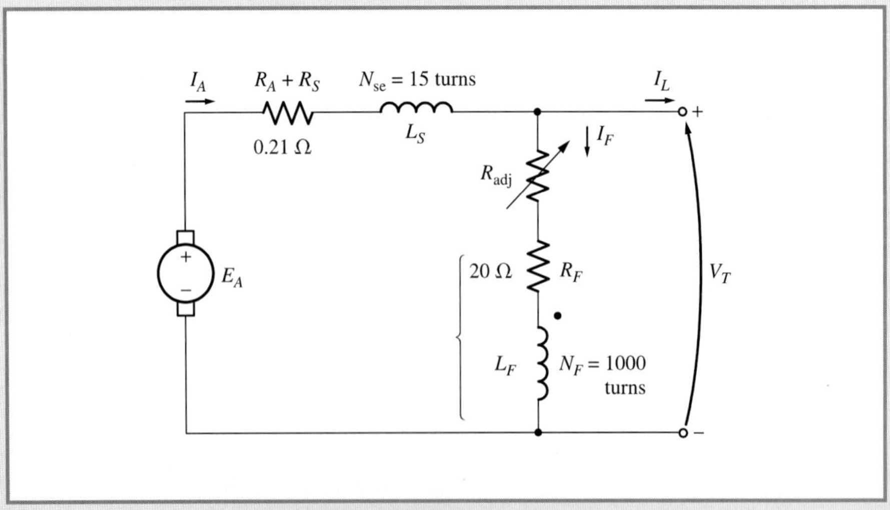

그림 P8-10 연습문제 8-27에서 8-28의 복권 직류발전기

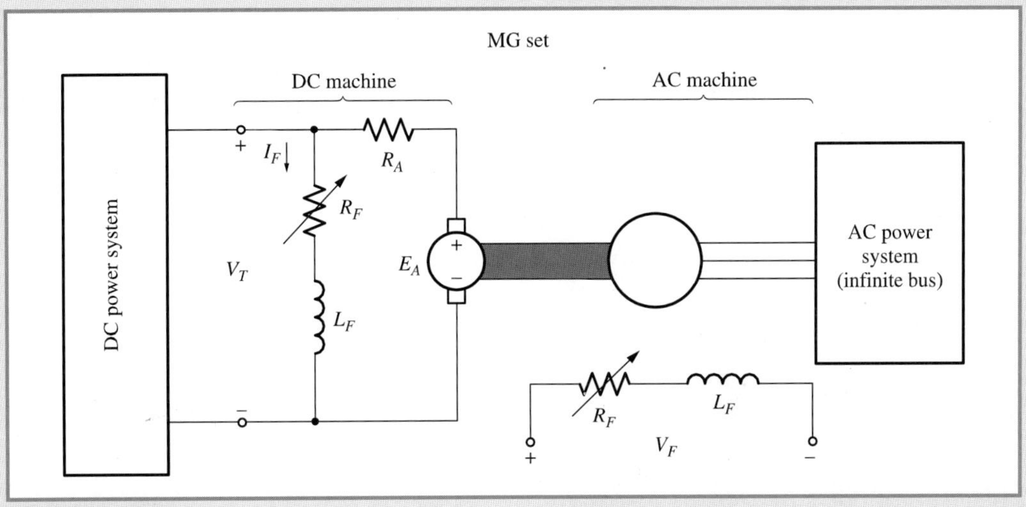

그림 P8-11
연습문제 8-30의 전동기-발전기 세트(M-G set)

8-29. 화동복권 직류발전기가 평복권 직류발전기로서 동작하고 있다. 이 기계를 정지시키고 분권계자결선으로 환원시킨다.

(*a*) 발전기가 앞에서와 같이 같은 방향으로 회전한다면 단자에서 출력전압이 확립되는가? 이에 대해 설명하라.

(*b*) 반대방향으로 회전할 때에도 전압이 확립되는가? 그 이유는?

(*c*) 전압이 확립되는 회전방향에 대해서 이 발전기는 화동복권인가 차동복권인가?

8-30. 3상 동기기가 분권 직류기로 결선되어 전동기-발전기세트를 그림 P8-11과 같이 구성하고 있다. 직류기는 240 V 일정전압원에 연결되어 있고 교류기는 480-V, 60-Hz 무한전원에 연결되어 있다.

직류기는 4극이고 50 kW 240 V가 정격이며 퍼유니트 전기자 저항은 0.03이다. 교류기는 4극 Y결선이고, 정격은 50 kVA, 480 V, 역율 0.8, 포화동기 리액턴스는 상당 3.0 Ω이다.

직류기의 전기자저항을 제외하고는 모든 손실은 무시한다. 두 기기의 자화곡선은 선형으로 가정한다.

(*a*) 먼저 교류기가 교류전력계통에 지연역율 0.8로 50 kVA를 공급하고 있다.

1. 얼마나 많은 전력이 직류계통에서 직류전동기로 공급되는가?

2. 직류기의 내부발생전압 E_A은 얼마인가?

3. 교류기의 내부발생전압 $\mathbf{E}_A$은 얼마인가?

(*b*) 교류기의 계자전류가 지금 5% 증가하였다. 전동기-발전기 세트에 의해서 공급된 유효전력에 어떤 영향을 미치는가? 무효전력에는 어떤 영향을 미치는가? 이 조건하에서 교류기에 의해서 공급되거나 소비하는 유효 및 무효전력을 계산하라. 계자전류가 변한 전후의 교류기에 대한 페이저도를 그려라.

(*c*) (*b*)의 조건에서 시작하여 교류기의 계자전류가 지금 1% 감소하였다. 전동기-발전기 세트에 의해서 공급된 유효전력에 어떤 영향을 미치는가? 무효전력에는 어떤 영향을 미치는가? 이 조건하에서 교류기에 의해서 공급되거나 소비하는 유효 및 무효전력을 계산하라. 계자전류가 변한 전후의 교류기에 대한 페이저도를 그려라.

(*d*) 상기결과를 가지고 다음 질문에 답하라.

1. 교류-직류전동기-발전기 세트를 통해서 유효전력의 흐름을 어떻게 제어할 수 있는가?

2. 교류기에 의해서 공급되거나 소비되는 무효전력을 유효전력의 흐름에 영향을 주지 않고 어떻게 제어할 수 있는가?

참고문헌 References

1. Chaston, A. N.: *Electric Machinery*, Reston Publications, Reston, Va., 1986.
2. Fitzgerald, A. E., and C. Kingsley, Jr.: *Electric Machinery*, McGraw-Hill, New York, 1952.
3. Fitzgerald, A. E., C. Kingsley, Jr., and S. D. Umans: *Electric Machinery*, 6th ed., McGraw-Hill, New York, 2003.
4. Heck, C.: *Magnetic Materials and Their Applications*, Butterworth & Co., London, 1974.
5. IEEE Standard 113-1985, *Guide on Test Procedures for DC Machines*, IEEE, Piscataway, N.J., 1985. (Note that this standard has been officially withdrawn but is still available.)
6. Kloeffler, S. M., R. M. Kerchner, and J. L. Brenneman: *Direct Current Machinery*, rev. ed. Macmillan, New York, 1948.
7. Kosow, Irving L.: *Electric Machinery and Transformers*, Prentice Hall, Englewood Cliffs, N.J., 1972.
8. McPherson, George: *An Introduction to Electrical Machines and Transformers*, Wiley, New York, 1981.
9. Siskind, Charles S.: *Direct-Current Machinery*, McGraw-Hill, New York, 1952.
10. Slemon, G. R., and A. Straughen. *Electric Machines*, Addison-Wesley, Reading, Mass., 1980.
11. Werninck, E. H. (ed.): *Electric Motor Handbook*, McGraw-Hill, London, 1978.

CHAPTER 09

단상 전동기와 특수 전동기

학습목표

- 유니버설전동기를 유니버설(universal)이라고 부르는 이유에 대한 이해
- 단상 유도기의 펄스형태 자장으로부터 단일방향 토오크 발생 이유에 대한 이해
- 단상 유도전동기의 기동방법에 대한 이해
- 단상 유도전동기(분상형, 커패시터형, shaded-pole)의 특성에 대한 이해
- 단상 유도전동기의 유도토오크 계산 능력
- 릴럭턴스 전동기와 히스테리시스 전동기의 기본원리 이해
- 스테핑 모터의 원리 이해
- BLDC전동기의 원리 이해

제3장부터 6장까지는 삼상 전력시스템에서 운전되는 두 종류의 대표적인 교류기기(동기기와 유도기)에 대한 동작에 대해 설명하였다. 이런 종류의 전동기와 발전기들은 상업적 목적으로 대규모의 산업계에서 가장 널리 쓰이고 있다. 그러나 가정이나 소규모 사업장에서는 삼상전력을 이용할 수 없으며, 이런 곳에서는 단상전원으로 전동기를 운전해야 한다. 본 장에서는 대표적인 2가지 형태의 단상전동기를 다루게 되며, 바로 유니버설전동기와 단상 유도전동기이다. 유니버설전동기는 직류 직권전동기의 확장으로서 9.1절에서 설명한다.

단상 유도전동기는 9.2절부터 9.5절까지에 걸쳐서 설명한다. 단상 유도전동기의 설계와 관련된 주된 문제점은 삼상전원과 달리 단상전원에 의해 발생한 자계는 공간적으로 정지해 있고 시간에 따라 그 크기가 맥동한다. 합성 회전자계가 없기 때문에 일반적인 유도전동기는 그 기능을 하지 못하고 특수한 설계가 필요하다.

또한, 단상 혹은 삼상 어느 것으로도 동작하는 특수 목적 전동기와 아직 다루지 못한 전동기가 많이 있으며 그것들은 9.6절에서 다루어진다.

9.1 유니버설전동기

단상 교류전원에서 동작하는 전동기를 설계하는 데 있어서 가장 간단한 접근방법은 직류기를 채택하여 교류전원에서 동작시켜 보는 것이다. 7장을 다시 살펴보면 직류전동기에서의 유도토오크는 다음으로 주어진다.

$$\tau_{\text{ind}} = K\phi I_A \tag{7–49}$$

만일 분권 혹은 직권 직류전동기에 인가한 전압의 극성을 바꾸면 계자 자속과 전기자전류의 방향이 둘 다 반대로 되어 그 결과로 나타나는 유도토오크는 그 이전과 같은 방향이다. 따라서 직류전동기를 교류전원으로 동작시키면 토오크가 맥동하지만 그 방향은 바뀌지 않는다.

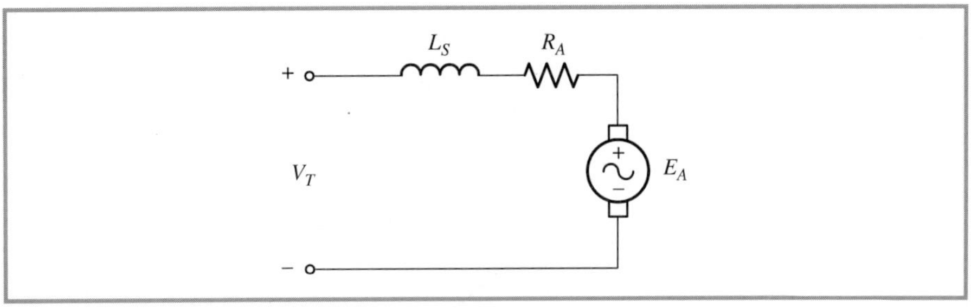

그림 9-1
유니버설전동기의 등가회로

이런 식의 설계는 직권 직류전동기(그림 9-1 참조)에 대해서만 실제로 적용 가능한데 그 이유는 전기자전류와 계자전류가 정확히 동시에 거꾸로 바뀌기 때문이다. 분권 직류전동기의 경우는 계자의 인덕턴스가 매우 커서 계자전류의 방향이 바뀌는 시점이 지연되고 따라서 전동기 평균 유도토오크를 저감시킨다.

직권 직류전동기를 교류전원으로 효과적으로 동작시키기 위해서는 계자극과 고정자 프레임을 완전히 적층해야 하며, 완전히 적층하지 않는다면 철손이 매우 증가하게 된다. 계자극과 고정자 프레임을 적층한 직권 직류전동기는 교류전원과 직류전원 어느 것으로도 동작할 수 있으므로 흔히 **유니버설전동기**라 부른다.

전동기가 교류전원으로 동작할 때는 직류전원으로 동작할 때 보다 정류작용이 상당히 악화된다. 브러시에서 발생하는 스파크는 정류가 진행 중인 코일에서 전압을 유기하는 변압기 작용에 의해 발생한다. 이 스파크는 브러시의 수명을 상당히 단축시키고 특정 환경에서 라디오 주파수대에 장애를 일으킬 수 있다.

유니버설전동기의 전형적인 속도–토오크 특성이 그림 9-2에 나타나 있다. 이것은 직류전원으로 동작할 때의 속도–토오크 특성과는 다른데 그것은 다음과 같은 두 가지 이유 때문이다.

1. 전기자와 계자의 권선은 50 Hz나 60 Hz에서 매우 큰 리액턴스를 가지고 있다. 따라서 직류전원으로 동작할 때 보다 교류전원으로 동작할 때 주어진 입력전압에 대한 E_A가 더 작다. 유기전압은 $E_A = K\phi\omega_m$이므로 주어진 전기자전류와 교류전류에 의한 유도토오크에 대해서 직류전류로 동작할 때 보다 더 천천히 돌아간다.
2. 또한 교류전원의 최대전압은 실효치의 $\sqrt{2}$배이므로 기기의 자기적 포화가 최대전류 근처에서 발생한다. 이 포화로 인해 주어진 전류 레벨에 대한 자속의 실효치가 상당히 감소하여 기기의 유도토오크가 저하된다. 직류기에서 자속이 감소될 때 속도가 증가한다는 점을 상기하면, 첫 번째 원인으로 인한 속도의 저감을 부분적으로 상쇄하는 역할을 할 수도 있다.

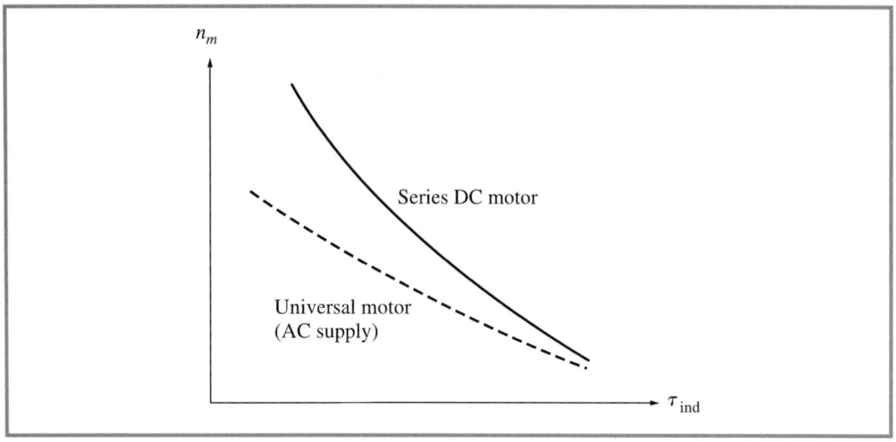

그림 9-2
유니버설전동기가 교류전원과 직류전원으로 동작할 때의 토오크-속도 특성 비교

유니버설전동기의 응용

유니버설전동기는 직류 직권전동기와 같이 토오크-속도 특성이 급격히 하강하는 특징을 가지고 있다. 따라서 이 전동기는 일정속도를 요구하는 응용분야에는 적당치 않다. 그러나 다른 단상전동기에 비해 크기가 작고 단위전류당 토오크가 크므로 경량 고토오크를 중요시 여기는 응용분야에 사용된다.

이 전동기의 전형적인 응용분야는 진공청소기, 드릴, 휴대용 공구 및 주방용품 등이다.

유니버설전동기의 속도제어

직류 직권전동기와 같이 유니버설전동기의 속도제어에 가장 적합한 방법은 입력전압의 실효치를 가변하는 것이다. 입력전압의 실효치가 증가할수록 전동기의 회전속도는 증가한다. 전압의 함수로 나타낸 유니버설전동기의 전형적인 토오크-속도 특성을 그림 9-3에서 보여주고 있다.

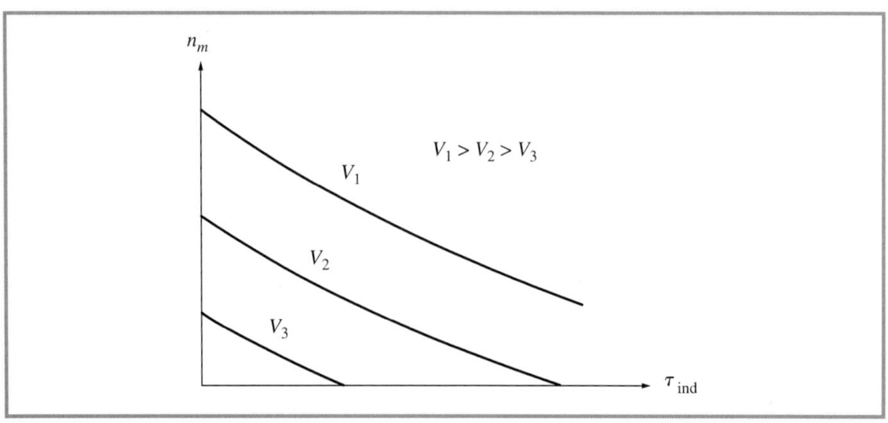

그림 9-3
유니버설전동기에서 단자전압의 변화가 토오크-속도 특성에 미치는 영향

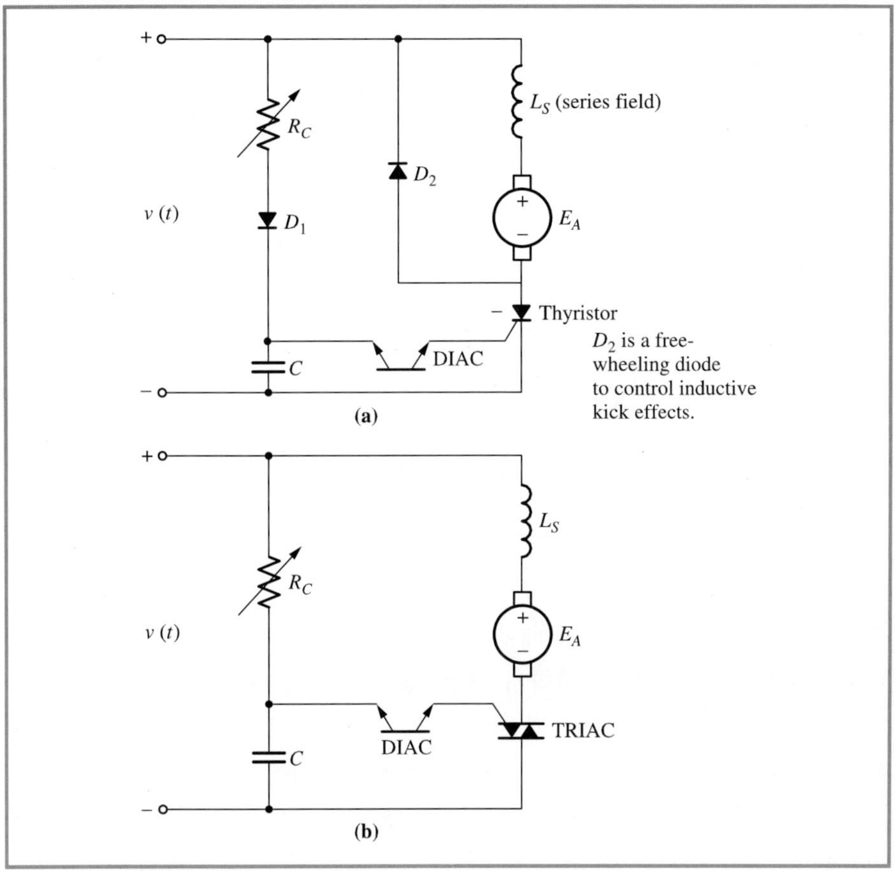

그림 9-4 유니버설전동기의 속도제어회로 예: (a) 반파, (b) 전파

실제로 이런 종류의 전동기에 인가한 평균전압은 반도체 이용 속도제어회로에 의해 가변된다. 두 종류의 속도제어회로가 그림 9-4에 나타나 있다. 그림에 있는 가변저항은 전동기의 속도조정 노브이다(예를 들면 이런 저항은 가변속 드릴의 기동기가 될 수 있다).

9.2 단상 유도전동기의 개요

일상적으로 많이 쓰이는 또 다른 단상전동기는 단상 유도전동기이다. 농형 회전자와 단상 고정자로 되어 있는 유도전동기가 그림 9-5에 나타나 있다.

단상 유도전동기는 몇 가지 결정적인 단점을 가지고 있다. 고정자권선이 단상으로 되어 있기 때문에 단상 유도전동기의 자계는 회전하지 않는다. 다만 그 크기만 커졌다 작아졌다 맥동하면서 항상 같은 방향으로 고정되어 있다. 고정자의 자계가 회전하지 않기 때문에 단상 유도전동기는 기동토오크가 없다.

이러한 사실은 전동기의 회전자를 정지시켜 놓고 실험해 보면 쉽게 알 수 있다. 고정자 자속은 증가했다가 다시 감소하지만 항상 같은 방향을 향해 있다.

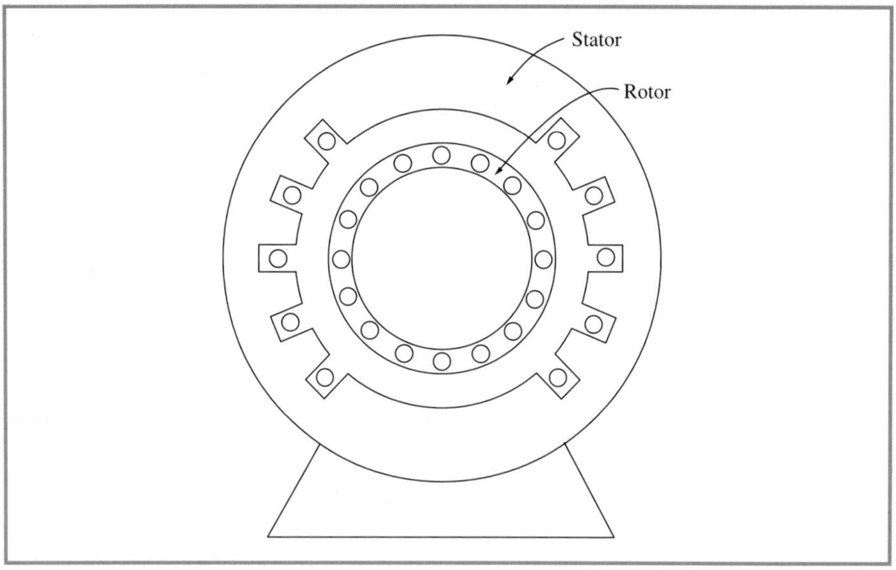

그림 9-5 단상 유도전동기의 구조. 회전자는 삼상유도전동기와 같은 종류의 것이지만 고정자권선은 단상으로 감겨져 있다.

고정자 자계가 회전하지 않기 때문에 고정자 자계와 회전자 도체바 사이의 상대운동은 존재하지 않는다. 따라서 상대운동에 기인한 유기전압이 회전자에 발생하지 않으며, 회전자에 전류가 흐르지 않기 때문에 토오크가 발생하지 않게 된다. 실제로 회전자 도체바에서 변압기 작용($d\phi/dt$)에 의해 전압이 유기되고 도체바는 단락회로이기 때문에 회전자에는 전류가 흐른다. 그러나 이것에 의한 자계는 고정자 자계와 일직선상의 방향이므로 회전자에 합성토오크가 발생하지 않는다.

$$\begin{aligned} \tau_{\text{ind}} &= k\mathbf{B}_R \times \mathbf{B}_S \qquad (3\text{–}58) \\ &= kB_R B_S \sin \gamma \\ &= kB_R B_S \sin 180° = 0 \end{aligned}$$

회전자가 정지해 있는 경우 전동기는 2차측 권선이 단락된 변압기와 같다(그림 9-6을 보라).

단상 유도전동기가 본질적으로 기동토오크가 없다는 사실은 일찍이 유도전동기의 개발에 있어서는 심각한 장애가 되었다. 1880년대 말에서 1890년대 초에 유도전동기가 처음 개발되었을 때 최초로 이용 가능한 교류전원은 133 Hz 단상이었다. 당시 이용 가능한 재료와 기술로서는 제대로 동작하는 전동기를 만들기 불가능했다. 1890년대 중반 삼상 60 Hz 전원이 개발되기 전까지는 유도전동기는 일반적으로 많이 쓰이지 않았다.

그러나 회전자가 한번 돌기 시작하면 유도토오크가 발생한다. 회전자가 돌기 시작하면 토오크가 발생하는 이유를 설명하는 두 가지 기본이론이 있다. 하나는 이중 회전자계 이론이고 또 하나는 교차자계 이론이다. 이들 각 이론에 대해서 다루어 보기로 한다.

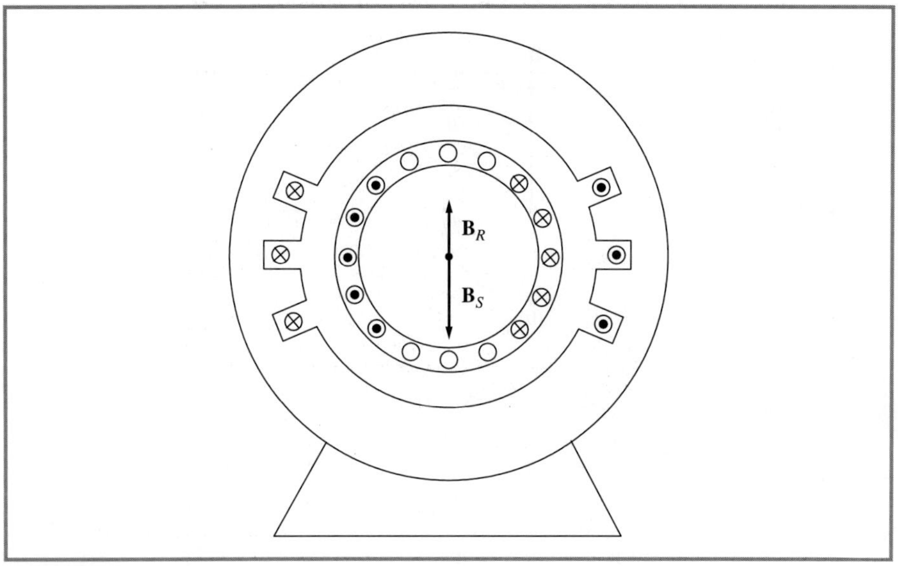

그림 9-6
기동조건에서 단상 유도전동기. 고정자권선은 회전자회로에 반대방향의 전압과 전류를 유기시켜 회전자자계가 고정자 자계와 일직선상에 놓이도록 하므로 $\tau_{\text{ind}} = 0$이다.

단상 유도전동기의 이중 회전자계 이론

단상 유도전동기의 이중 회전자계 이론은 기본적으로 정지 맥동자계는 크기가 같고 반대방향으로 회전하는 두 개의 회전자계로 분리될 수 있음을 설명한다. 유도전동기는 각각의 자계에 대해 따로 반응을 보이며, 기기의 합성토오크는 2개의 자계 각각에 의해 발생하는 토오크를 합한 것이다.

그림 9-7은 어떻게 정지 맥동자계가 같은 크기로 서로 반대방향으로 회전하는 자계로 분리될 수 있는가를 설명한다. 정지자계의 자속밀도는 다음으로 주어진다.

$$\mathbf{B}_S(t) = (\mathbf{B}_{\max} \cos \omega t)\,\hat{\mathbf{j}} \tag{9–1}$$

시계방향의 회전자계는 다음으로 표시될 수 있다.

$$\mathbf{B}_{\text{CW}}(t) = \left(\frac{1}{2} B_{\max} \cos \omega t\right)\hat{\mathbf{i}} - \left(\frac{1}{2} B_{\max} \sin \omega t\right)\hat{\mathbf{j}} \tag{9–2}$$

그리고 반시계방향의 회전자계는 다음으로 표시된다.

$$\mathbf{B}_{\text{CCW}}(t) = \left(\frac{1}{2} B_{\max} \cos \omega t\right)\hat{\mathbf{i}} + \left(\frac{1}{2} B_{\max} \sin \omega t\right)\hat{\mathbf{j}} \tag{9–3}$$

시계방향과 반시계방향의 회전자계를 서로 합하면 정지맥동자계 $\mathbf{B}_S$와 같게 된다.

$$\mathbf{B}_S(t) = \mathbf{B}_{\text{CW}}(t) + \mathbf{B}_{\text{CCW}}(t) \tag{9–4}$$

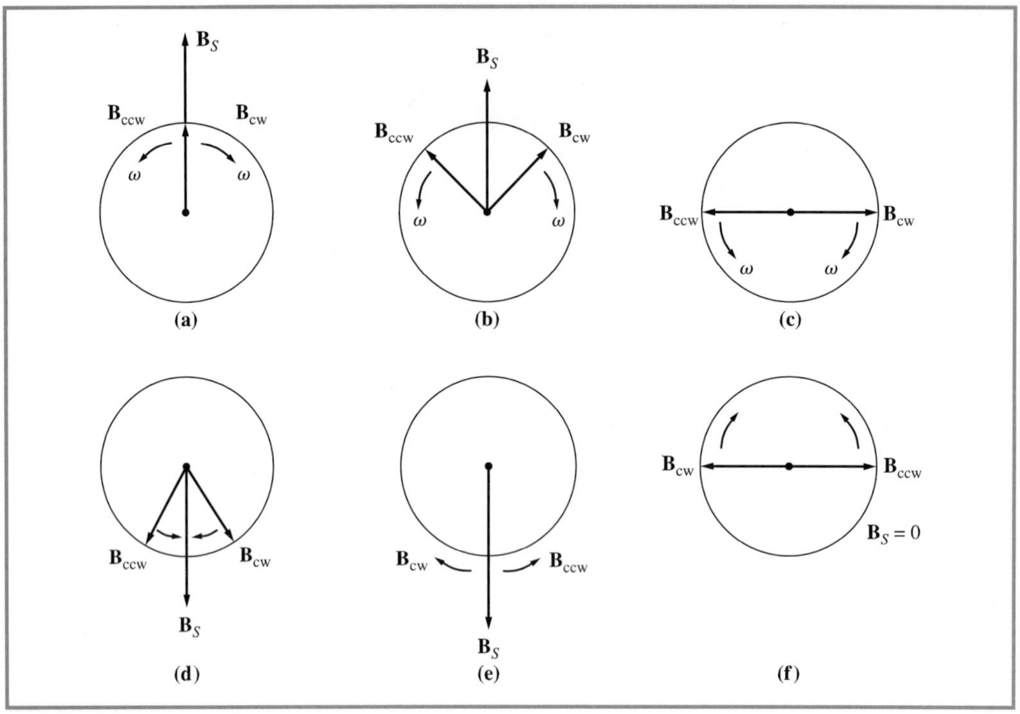

그림 9-7
단상맥동자계는 같은 크기를 가지고 서로 반대방향으로 회전하는 두 개의 회전자계로 분해된다. 임의의 시점에서 두 벡터의 합은 항상 수직방향에 있음을 주목하라.

단일 회전자계에 의한 삼상 유도전동기의 토오크-속도 특성이 그림 9-8(a)에 나타나 있다. 두 개의 자계 각각에 대한 단상 유도전동기의 속도-토오크 특성도 그림에 나타나 있으며, 전동기의 합성 유도토오크는 두 개의 토오크-속도 곡선의 차이로 나타난다. 이 합성토오크는 그림 9-8(b)에 나타나 있다. 속도가 0일 때는 합성토오크가 존재하지 않으며, 따라서 이 전동기는 기동토오크가 없음을 주목하라.

그림 9-8(b)에 나타낸 토오크-속도 특성은 단상 유도전동기의 토오크-속도 특성을 정확히 나타내고 있지 않다. 이것은 두 개의 삼상 유도전동기에 대한 토오크 특성을 중첩시켜 나타냈으므로 단상 유도전동기에서 두 개의 자계가 동시에 존재한다는 사실을 무시한 것이다.

삼상 유도전동기를 강제로 역방향으로 회전하도록 하는 동안 삼상전력을 공급하면 회전자 전류가 아주 많이 흐른다[그림 9-9(a)를 보라]. 그러나 회전자 전류가 아주 많이 흐른다면 회전자 리액턴스는 그 저항 성분보다 아주 많이 커진다. 회전자 리액턴스가 매우 크기 때문에 회전자 전류는 회전자 전압에 비해 거의 90° 가량 뒤지게 되며, 고정자 자계보다 거의 180° 가량 위상 차가 벌어지는 자계를 생성한다(그림 9-10을 보라). 전동기에서 발생하는 유도토오크는 두 자계

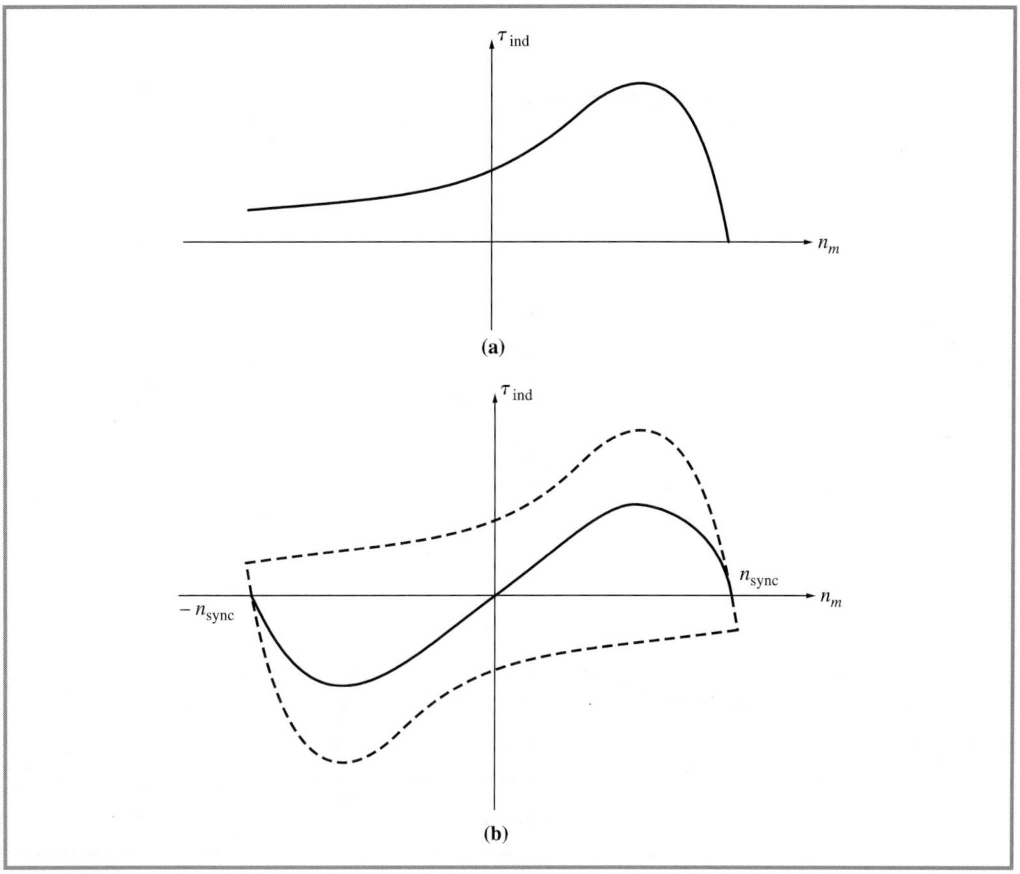

그림 9-8
(a) 삼상유도전동기의 토오크-속도 특성, (b) 크기가 같고 서로 반대방향으로 회전하는 고정자 자계의 토오크-속도 특성

사이의 정현값(sine값)에 비례한다. 그리고 180°에 가까운 값에 sin을 취하면 아주 작은 값이 된다. 극단적으로 많이 흐르는 회전자 전류가 자계각의 영향을 부분적으로 상쇄시키지만, 전동기의 토오크는 매우 작다[그림 9-9(b)를 보라].

반면에 단상전동기에서 정·역방향 회전자계가 모두 존재하고 이들은 같은 전류에 의해 생성된다. 전동기의 정·역방향 회전자계는 각각 고정자의 총 전압에 일정하게 기여하고 어떤 의미로는 서로 직렬로 되어 있다는 것이다. 두 자계가 존재하기 때문에 정방향 회전자계(매우 높은 실효 회전자저항 R_2/s를 가지고 있다)가 고정자 전류의 흐름을 제한하고 있다(정·역 자계 모두를 만들어 낸다). 역방향 고정자 자계를 만드는 전류는 적은 값으로 제한되고 역방향 회전자계가 역방향 고정자 자계에 대해 아주 큰 각으로 벌어져 있기 때문에 역방향 자계에 기인한 토오크는 동기속도 근처에서 매우 작다. 단상 유도전동기에 대한 보다 정확한 토오크-속도 특성은 그림 9-11에 나타나 있다.

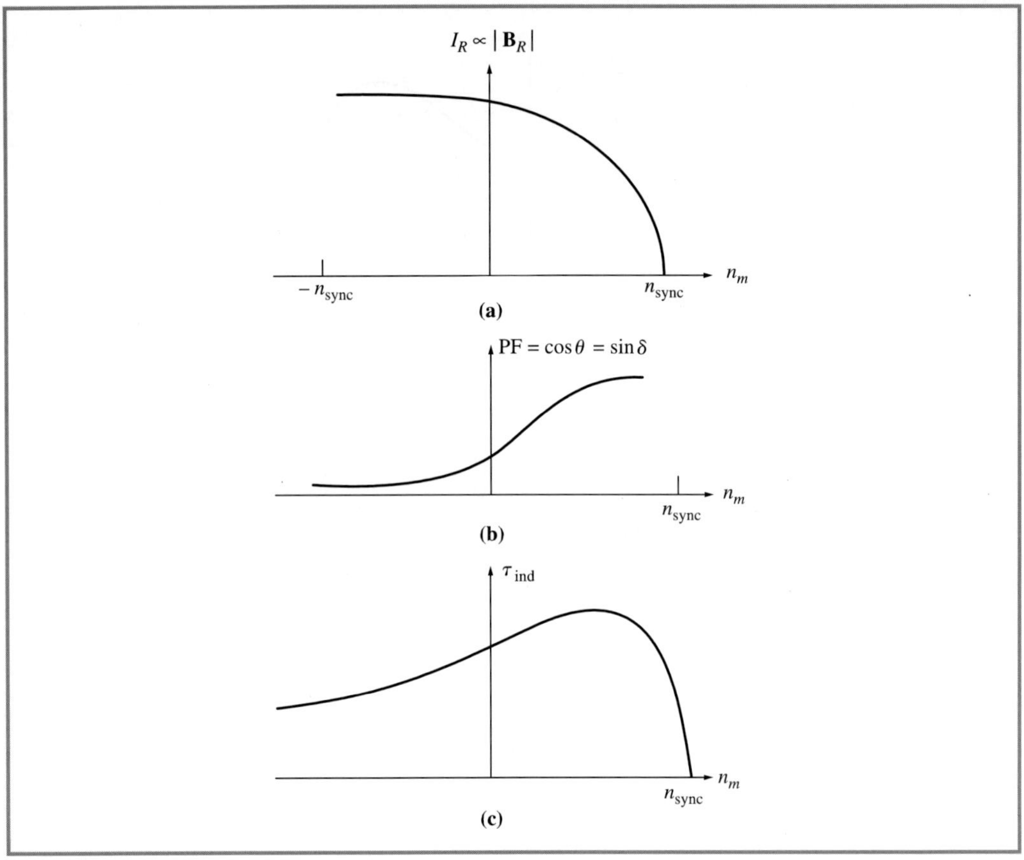

그림 9-9
삼상 유도전동기의 토오크-속도 특성은 회전자자계의 세기와 두 자계 사이의 각도에 sin을 취한 값에 비례한다. 회전자가 거꾸로 돌아가면, I_R과 I_S는 매우 커지지만 두 자계 사이의 각도가 매우 커지므로 그 각도가 전동기의 토오크를 제한한다.

평균 합성토오크가 그림 9-11에 나타나 있는데 이 외에도 고정자 주파수의 2배에 해당하는 맥동토오크가 존재한다. 이 토오크맥동은 정·역자계가 각 사이클마다 두 번씩 서로 교차할 때 발생한다. 비록 이 토오크맥동이 평균토오크를 생성하지 않는다 하더라도 진동을 증가시키고 같은 크기의 삼상 유도전동기에 비해 단상 유도전동기가 더 큰 소음을 발생한다. 단상회로에서 순시전력은 항상 맥동하므로 이 토오크맥동을 제거할 수는 없다. 따라서 전동기 설계자는 단상전동기의 이러한 고유의 진동을 고려해서 기계적 설계를 해야 한다.

단상 유도전동기의 교차자계 이론

단상 유도전동기의 교차자계 이론은 유도전동기를 전혀 다른 관점에서 바라본 것이다. 이 이론은 회전자가 움직일 때 정지 고정자 자계가 회전자 도체바에 유기시키는 전압과 전류에 관심이 있다.

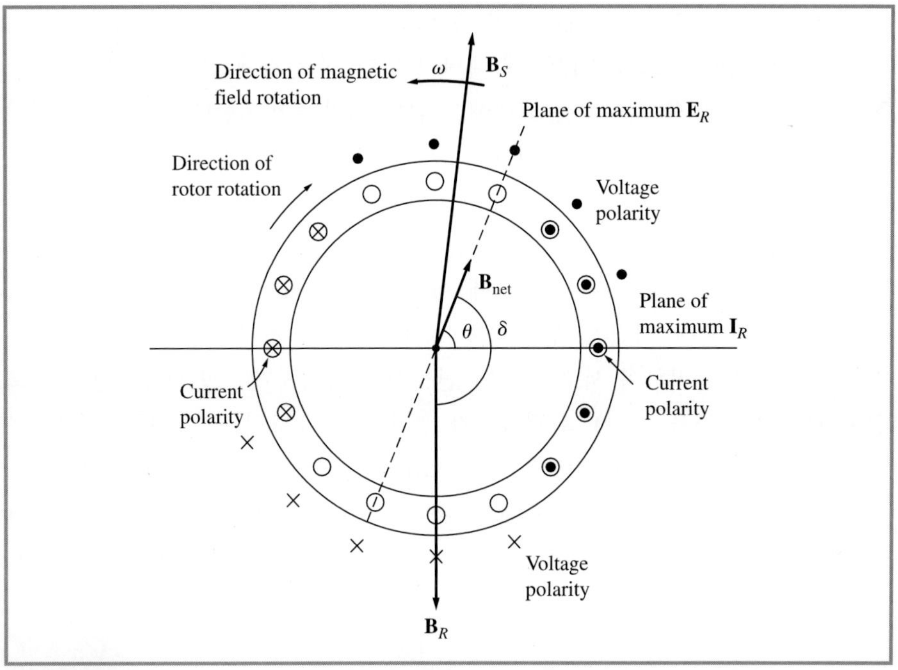

그림 9-10
전동기의 회전자를 강제로 거꾸로 돌리게 되면 $\mathbf{B}_R$과 $\mathbf{B}_S$ 사이의 각 δ는 180°에 가깝게 된다.

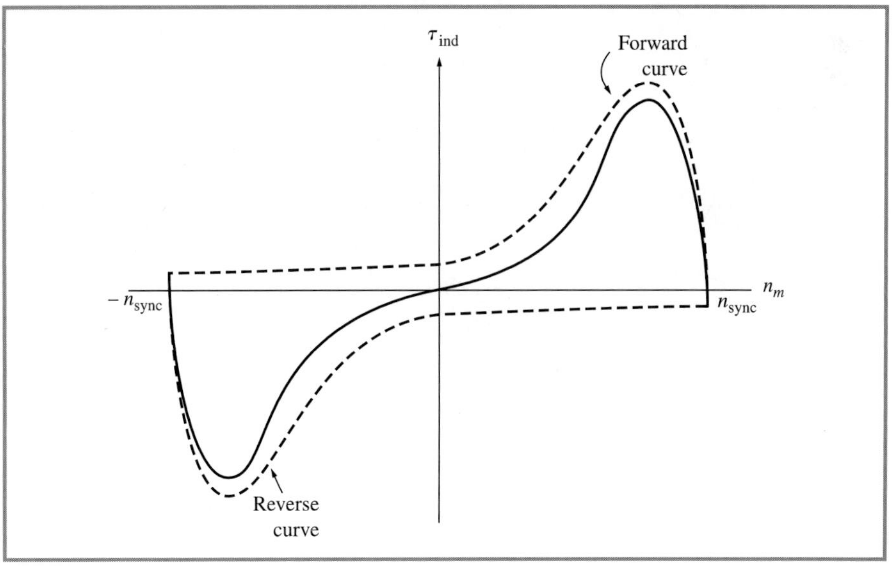

그림 9-11
정방향 회전자계로 인해 역방향 회전자계에 의한 전류가 제한되는 것을 고려한 단상 유도전동기의 토오크-속도 특성

단상 유도전동기가 외부에서 가한 힘으로 회전자가 어느 속도까지 상승했다고 하자. 이 경우가 그림 9-12(a)에 나타나 있다. 회전자에 전압이 유기되고 고정자 권선 바로 밑을 지나가는 권선에서 첨두 전압이 발생한다. 이 회전자 전압은 회전자에 전류가 흐르게 하지만 회전자의 리액턴스가 크기 때문에 전류는 전압에 비해 거의 90°가량 뒤진다. 그 결과로 나타나는 회전자자계가 그림 9-12(b)에 나타나 있다.

회전자에서 일어나는 손실 때문에 회전자자계는 고정자 자계보다 다소 작다. 그러나 그 둘은 시간적, 공간적으로 90°의 위상 차를 가지고 있다. 이 두 자계를 시간을 달리하여 서로 더하면 전동기의 합성자계는 반시계방향으로 회전한다(그림 9-13을 보라). 회전자계가 존재하면 유도전동기는 운동방향으로 합성토오크를 생성한다. 그리고 그러한 토오크는 회전자를 계속 회전하게 한다.

만일 전동기의 회전자가 처음에 시계방향으로 회전했다고 하면 합성토오크는 시계방향으로 발생하고 회전자는 그 방향으로 계속 회전하려 할 것이다.

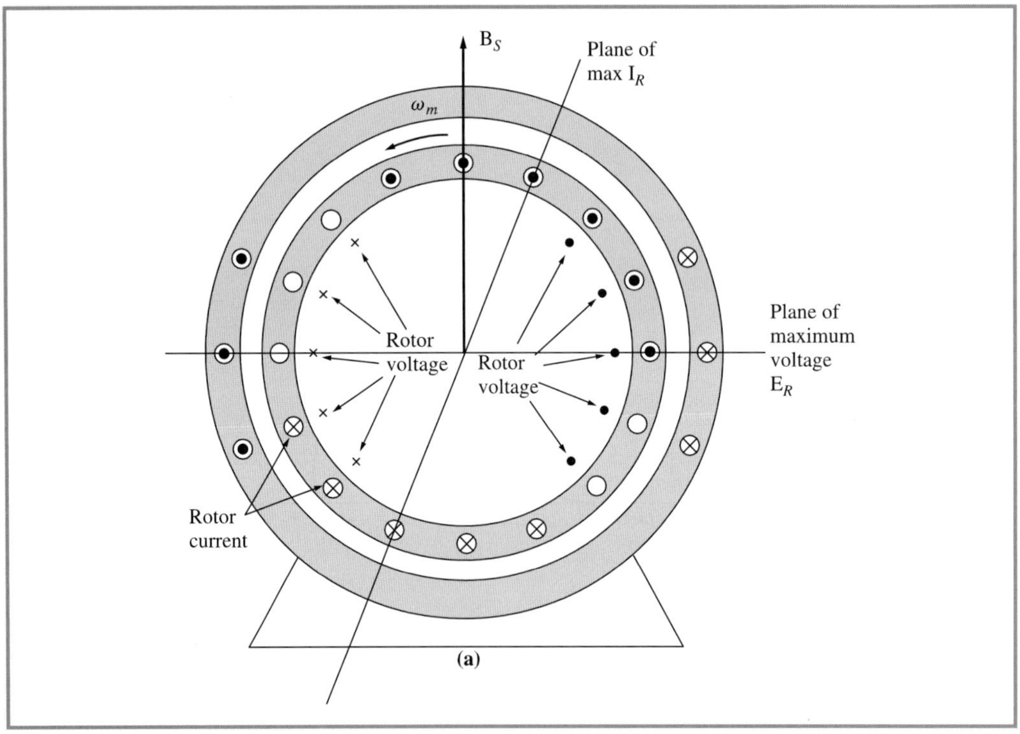

그림 9-12
(a) 교차자계이론에 의한 단상 유도전동기의 유도토오크 발생. 고정자 자계가 맥동하면 그림의 회전자 안쪽에 표시해 놓은 것처럼 회전자 도체바에 전압을 유기한다. 그러나 회전자 전류는 회전자 전압에 비해 거의 90° 가량 뒤쳐지고 회전자가 회전하게 되면 회전자 전류가 최대가 되는 지점의 각도가 회전자 전압이 최대로 되는 지점의 각도와 다르게 된다.

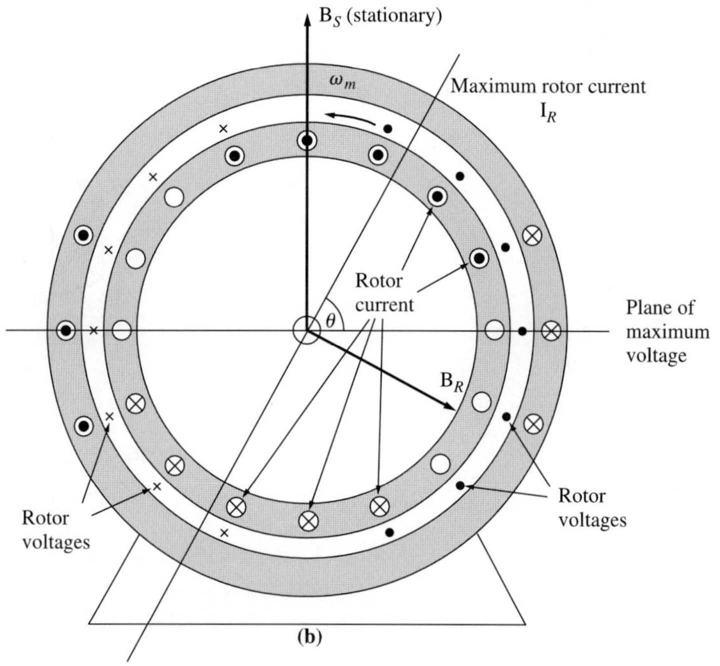

그림 9-12 (계속)
(b) 이렇게 지연된 회전자 전류는 고정자 자계로부터 다른 각도에서 회전자자계를 생성한다.

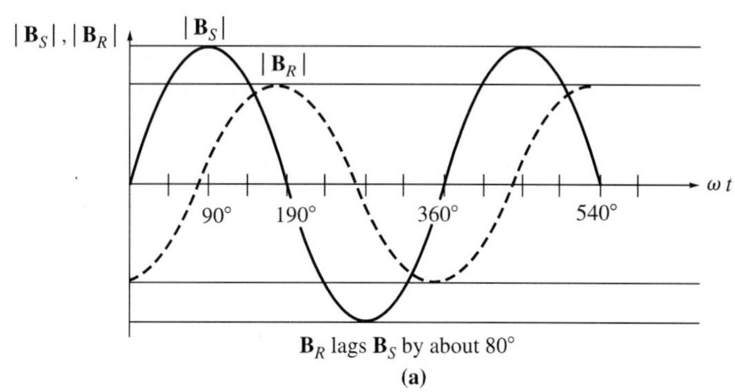

그림 9-13
(a) 시간의 함수로 나타낸 자계의 크기

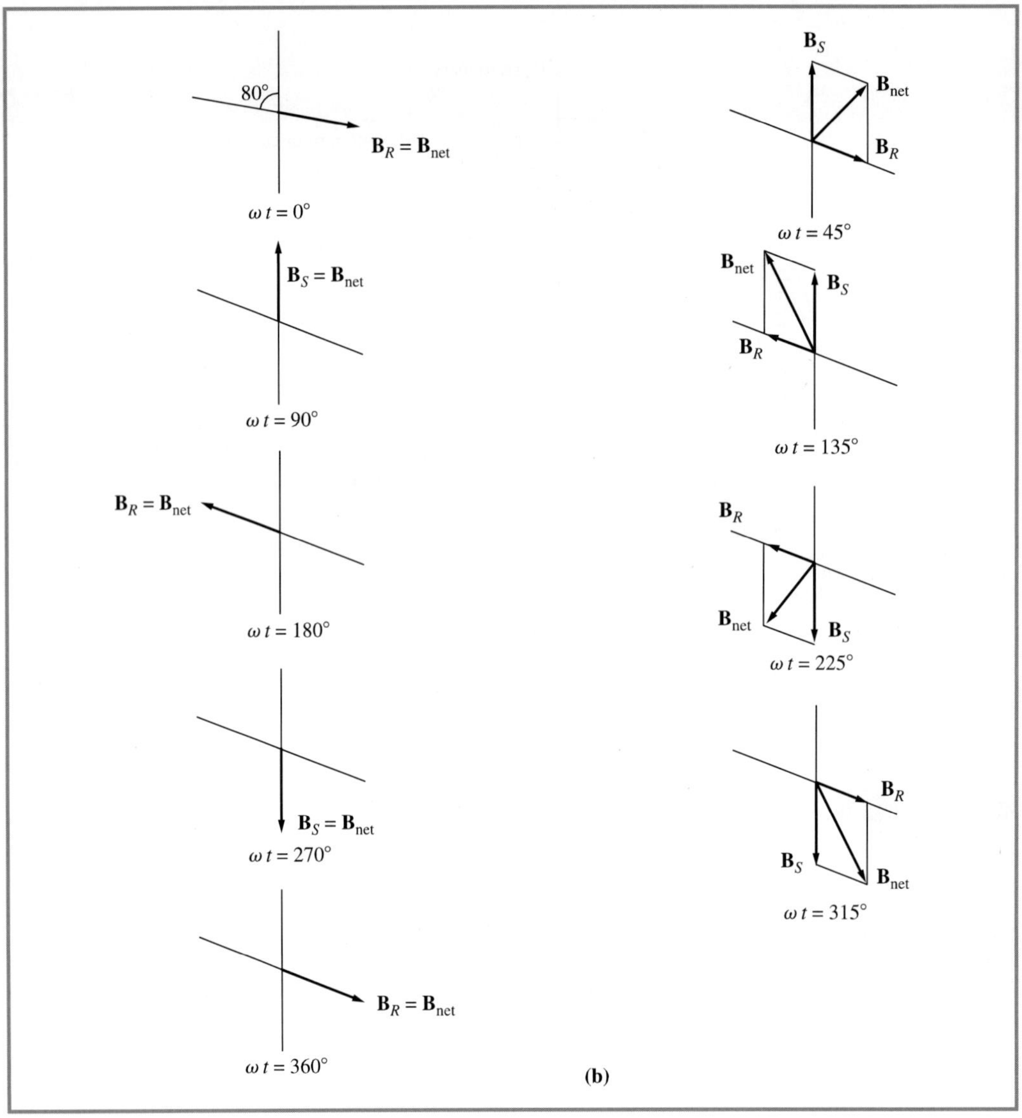

그림 9-13 (계속)
(b) 여러 시점에서의 회전자자계와 고정자 자계의 벡터합으로 반시계방향으로 회전하는 합성자계를 나타낸다.

9.3 단상 유도전동기의 기동

앞서 설명한 바와 같이 단상 유도전동기는 본질적으로 기동토오크가 없다. 단상 유도전동기를 기동하기 위해 흔히 쓰이는 3가지 기법이 있다. 그리고 단상 유도전동기는 기동방법에 따라 분류가 된다. 이 기동방법에 따라 소비되는 비용이 다르고 기동토오크의 크기도 다르다. 그리고 전동기 기술자들은 보통 주어진 응용분야에서 토오크 특성을 만족시키면서도 가장 적은 비용이 드는 기동법을 택하게 되며, 3가지 주요한 기동법은 다음과 같다.

1. 분상 권선
2. 커패시터형 권선
3. shaded 고정자극

이 3가지 기동법 모두가 두 개의 회전자계 중 하나를 다른 하나보다 강하게 만들어서 전동기를 처음에 어느 한쪽 방향으로 살짝 움직이게 한다.

분상 권선

분상기동형 단상 유도전동기는 주 고정자권선(M)과 보조 기동권선(A) 두 개의 고정자권선을 가지고 있다(그림 9-14를 보라). 이 두 권선은 전기각으로 90° 어긋나게 고정자에 취부되어 있고 보조권선은 원심분리 스위치에 의해 회전자가 일정속도에 도달했을 때 회로에서 분리되도록 설계되어 있다. 보조 권선은 저항/리액턴스 비가 주권선에 비해 크도록 설계되어 보조권선에 흐르는 전류는 주권선보다 앞서게 된다. 이러한 높은 R/X비율은 보통 보조권선에 가는 동선을 써서 실현된다. 보조권선은 기동시에만 그 역할을 하며 따라서 전전류가 연속적으로 흐르지 않기 때문에 보조권선에 가는 동선을 쓰는 것이 가능하다.

보조권선의 역할을 이해하기 위해 그림 9-15를 참조해라. 보조권선의 전류가 주권선의 전류 보다 앞서기 때문에 자계 $\mathbf{B}_A$의 최대값은 주자계 $\mathbf{B}_M$보다 앞서게 된다. 처음에 $\mathbf{B}_A$가 최대치로 나타나고 그 다음에 $\mathbf{B}_M$의 최대치가 나오므로 반시

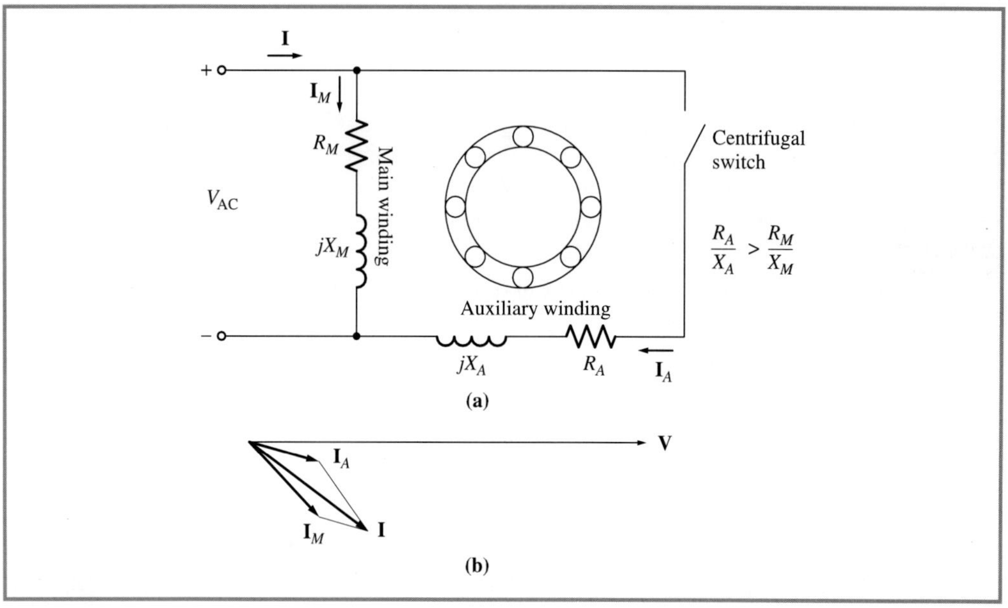

그림 9-14
(a) 분상유도전동기, (b) 기동조건에서 전동기에 흐르는 전류

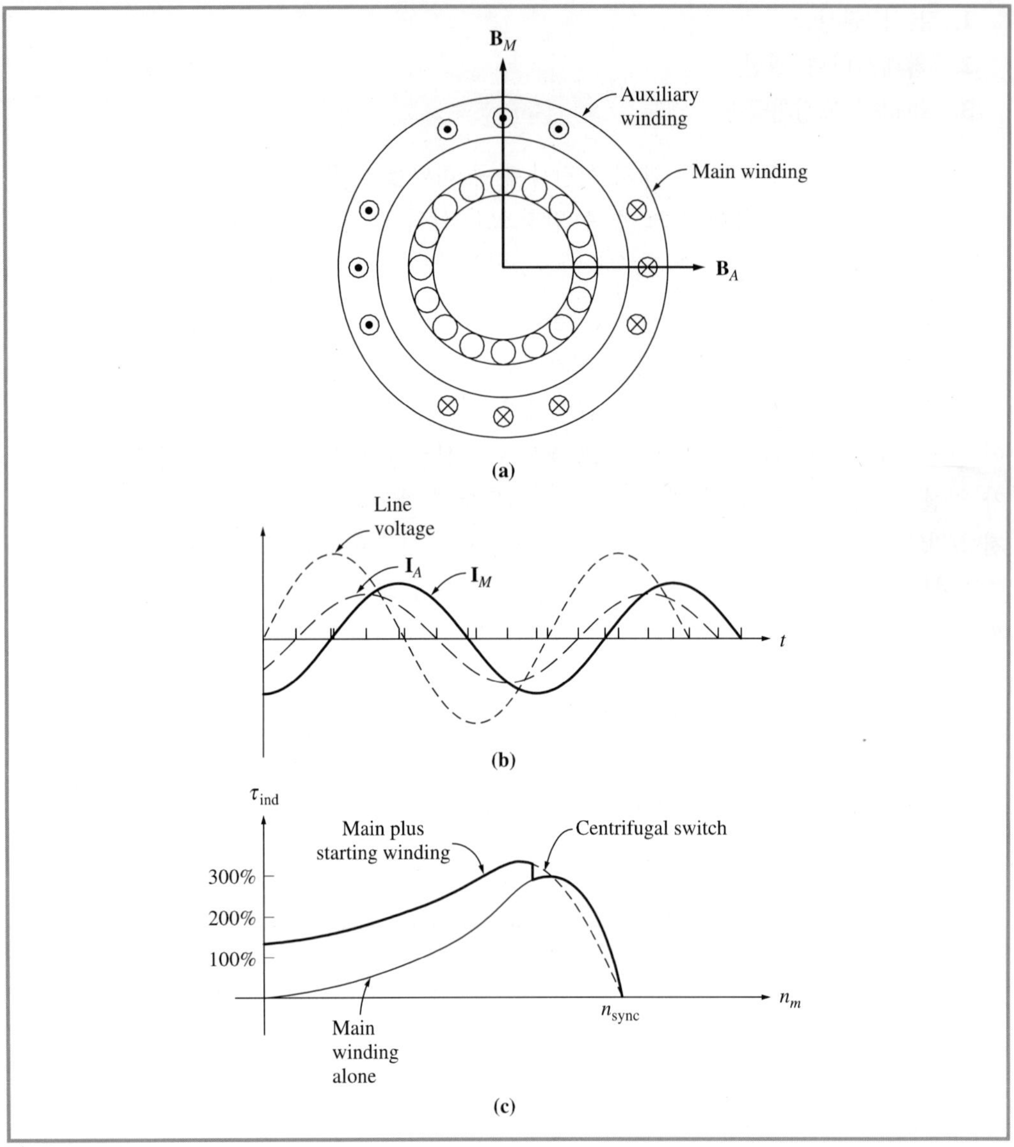

그림 9-15
$\mathbf{I}_A$의 최대값 다음에 $\mathbf{I}_M$의 최대값이 되므로 반시계방향으로 회전하는 합성자계가 발생한다. 그 결과로 나타나는 토오크-속도 특성이 (c)에 나타나 있다.

계 방향의 합성 회전자계가 발생한다. 즉 보조권선은 반대방향으로 회전하는 두 회전자계 중 어느 하나를 다른 하나보다 강하게 만들고 합성 기동토오크를 생성한다. 전형적인 토오크–속도 특성이 그림 9-15(c)에 나타나 있다.

분상기동형 전동기의 내부단면도가 그림 9-16에 나타나 있다. 주권선과 보조권선 그리고 전동기가 운전속도에 도달했을 때 보조권선을 회로에서 분리하는 원심분리 스위치가 보이고 있다(보조권선의 굵기가 더 가늘다).

그림 9-16
분상전동기의 내부단면도. 주권선과 보조권선 및 원심분리 스위치가 나타나 있다 (Westinghouse Electric Corporation 제공).

분상기동형 전동기는 상당히 적은 기동전류로 적당한 기동토오크를 발생한다. 이런 종류의 전동기는 선풍기, 송풍기, 원심분리 펌프 등과 같이 기동토오크를 많이 필요로 하지 않는 응용분야에 많이 쓰인다. 1마력 미만의 소출력용으로 적당하고 가격도 싼 편이다.

분상기동형 유도전동기에서 주권선에 흐르는 전류가 최대치에 도달하기 전까지 보조권선의 전류는 항상 최대치이고, 따라서 주권선의 자계가 최대치에 도달하기 전까지 보조권선의 자계는 항상 최대치이다. 보조권선에 의한 자계의 공간적 각이 주권선에 의한 자계보다 전동기의 회전방향이 결정된다. 그 각도는 보조권선의 접속을 바꿈으로써 90° 앞서거나 90° 뒤쳐지게 할 수 있기 때문에 주권선의 접속을 그대로 둔 채 보조권선의 접속을 스위치로 전환시킴으로서 회전방향을 바꿀 수 있다.

커패시터기동 전동기

어떤 응용분야에 있어서는 분상기동형 전동기의 기동토오크는 전동기축에 연결된 부하를 기동하기에는 불충분한 경우가 있다. 그런 경우에는 커패시터기동 전동기가 쓰일 수 있다(그림 9-17). 커패시터기동 전동기에서 커패시터는 보조권선과 직렬로 연결되어 있다. 커패시터의 크기를 적절히 선택하면 보조권선에 흐르는 기동전류에 의한 기자력이 주권선에 흐르는 전류에 의한 기자력과 크기

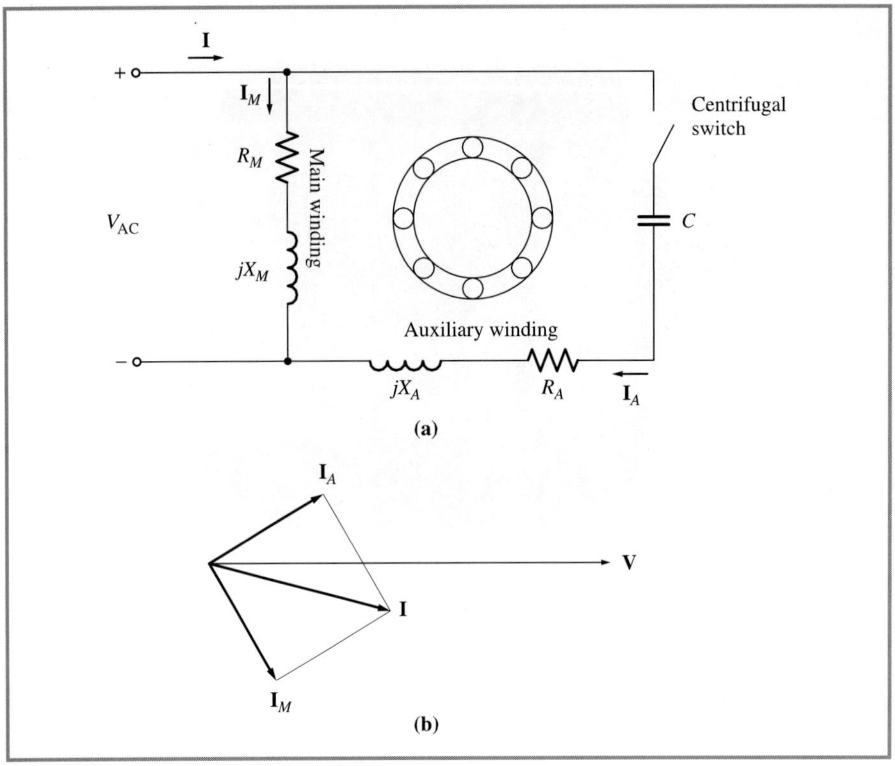

그림 9-17
(a) 커패시터기동 유도전동기,
(b) 기동시전류의 위상각

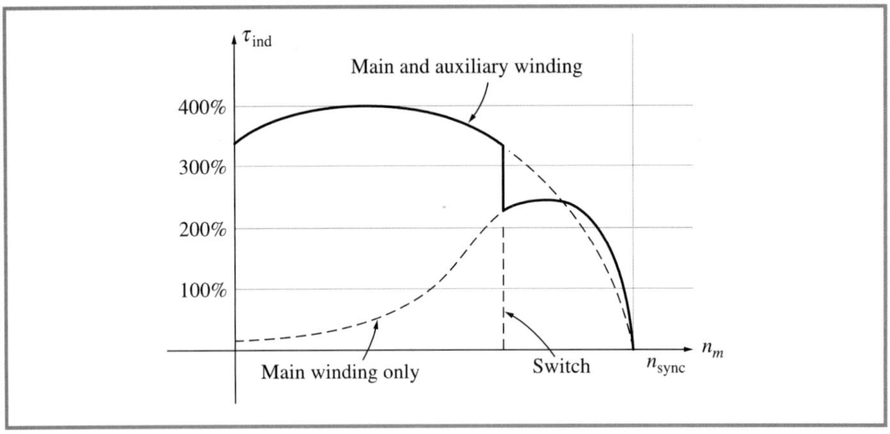

그림 9-18
커패시터기동 유도전동기의 속도-토오크 특성

가 같아질 수 있으며 보조권선에 흐르는 전류의 위상각이 주권선에 흐르는 전류의 위상각보다 90° 앞서게 할 수 있다. 두 권선은 물리적으로 90° 분리되어 있고, 전류에 있어서 90°의 위상 차는 균일한 하나의 고정자 회전자계를 생성하고, 이것은 마치 삼상유도전동기가 기동할 때와 흡사하다. 이 경우 전동기의 기동토오크는 정격의 300%에 달한다(그림 9-18을 보라).

그림 9-19
(a) 커패시터기동 유도전동기(Emerson Electric Company 제공), (b) 커패시터기동 유도전동기의 분해조립도(Westinghouse Electric Corporation 제공)

커패시터기동 전동기는 분상기동형보다 훨씬 고가이다. 그리고 이 전동기는 높은 기동토오크가 절대적으로 필요한 분야에 쓰인다. 일반적인 응용분야는 컴프레셔, 펌프, 에어컨, 그리고 부하를 물린 상태에서 기동하는 다른 장치들에 쓰인다(그림 9-19를 보라).

영구분상-커패시터전동기 및 커패시터-기동, 커패시터-운전 전동기

더 작은 커패시터와 연결된 보조권선이 때로는 전동기회로에서 영구히 분리되지 않는 유도전동기에서 기동커패시터는 토오크-속도 특성을 향상시키는 역할을 한다. 만약 커패시터의 용량을 정확히 선정하였다면, 그 전동기는 어떤 특정한 부하에서 완전히 균일한 회전자계를 가질 것이며 바로 그 시점에서는 마치 삼상 유도전동기처럼 동작할 것이다. 이렇게 동작하도록 설계된 전동기를 **영구분상-커패시터 전동기** 혹은 **커패시터기동 커패시터운전 전동기**라 한다(그림 9-20). 영구분상-커패시터전동기는 커패시터기동 전동기보다 단순한데, 이것은 기동스위치가 필요 없기 때문이다. 정상적인 부하에서는 일반적인 삼상 유도전동기에 비해 훨씬 더 효율적이고 더 높은 역율을 가지며 더 부드러운 토오크를 발생한다.

그러나 영구분상 커패시터전동기는 커패시터기동 전동기보다 낮은 기동토오크를 가지는데, 그 이유는 정상부하 조건에서 주권선과 보조권선에 흐르는 전류가 균형을 이루도록 커패시터의 용량을 결정하기 때문이다. 정상부하시 흐

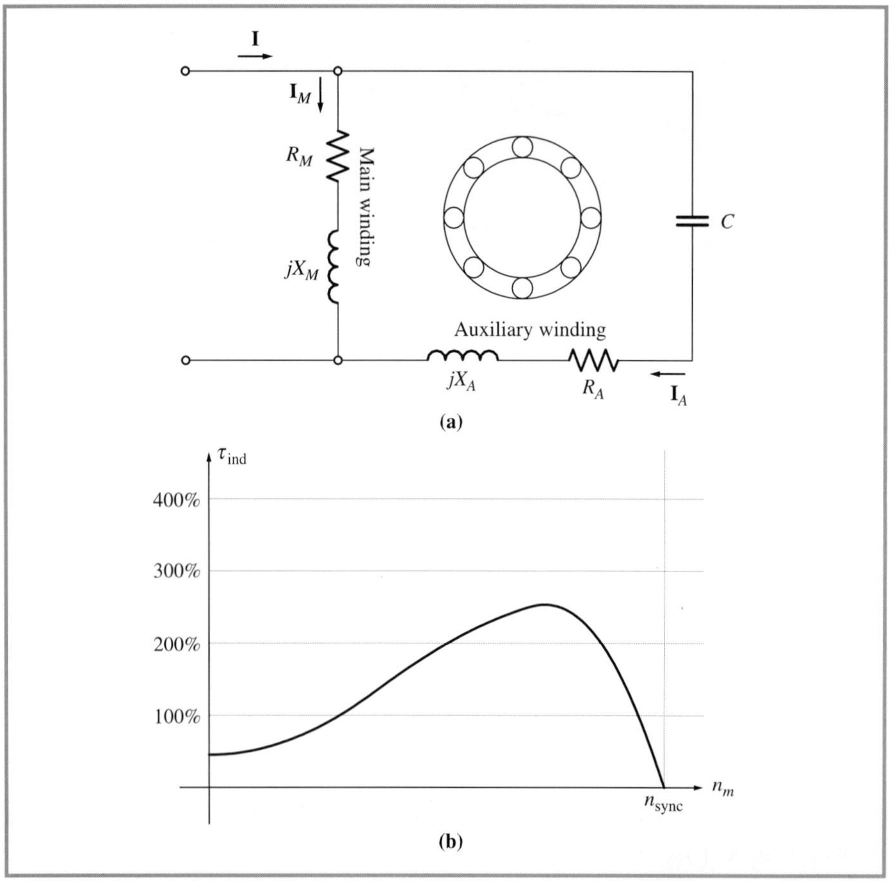

그림 9-20
(a) 영구분상커패시터 유도전동기,
(b) 토오크-속도 특성

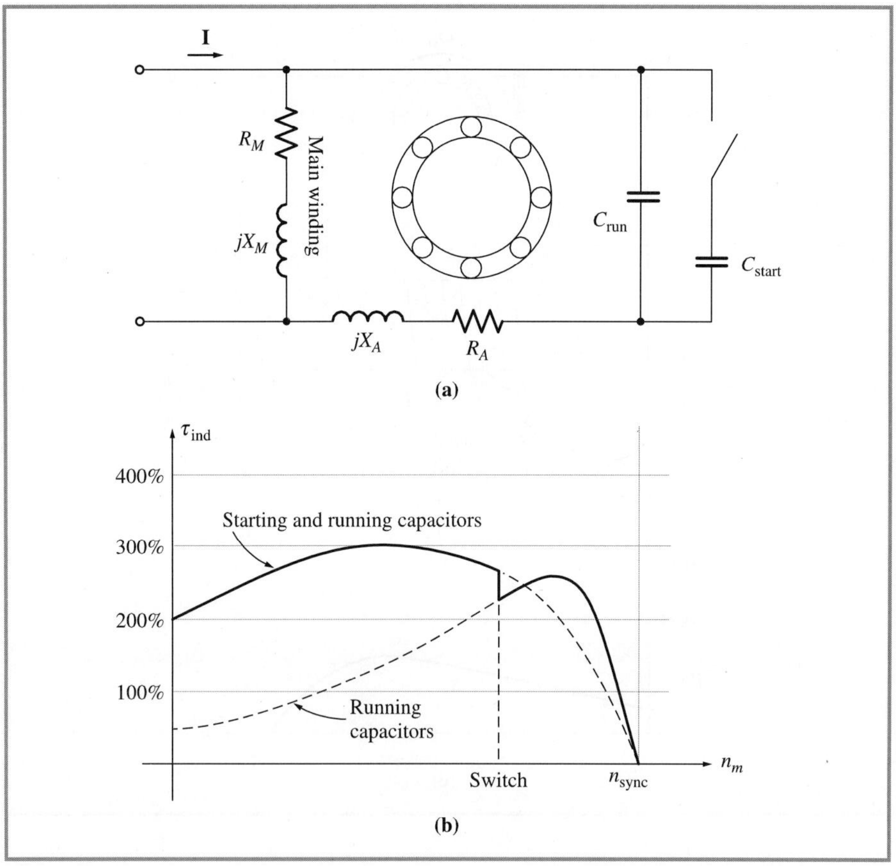

그림 9-21 (a) 커패시터기동 커패시터운전 유도전동기, (b) 토오크-속도 특성

르는 전류에 비해 기동시의 전류가 훨씬 크므로 정상부하시 상의 균형을 이루도록 하는 커패시터가 기동 조건에서는 심각한 상 불평형을 일으킨다.

가능한 최대의 기동토오크와 최적의 운전조건이 필요하다면 보조권선에 2개의 커패시터를 쓸 수 있다. 2개의 커패시터를 가진 전동기를 커패시터기동, 커패시터운전 전동기 혹은 이중 커패시터전동기(two-value capacitor motor, 그림 9-21)이라 한다. 큰 용량을 가진 커패시터는 기동시에 만 쓰이고 주권선과 보조권선에 흐르는 전류가 대충 균형이 잡혔을 때 매우 큰 시동 토오크를 발생한다. 전동기의 속도가 빨라지면 원심 분리스위치가 떨어지고 영구분상 커패시터는 보조권선회로에 연결된 채 계속 남아 있게 된다. 영구분상 커패시터는 정상 부하에 흐르는 전류가 균형이 잡힐 정도의 용량을 가지며 따라서 전동기는 고효율, 고토오크, 고역율의 상태로 운전된다. 이런 전동기에서 영구분상 커패시터는 대략 기동커패시터의 10～20％정도의 용량을 가지고 있다.

커패시터형 전동기는 보조권선의 접속을 바꿈으로서 회전방향을 바꿀 수 있다.

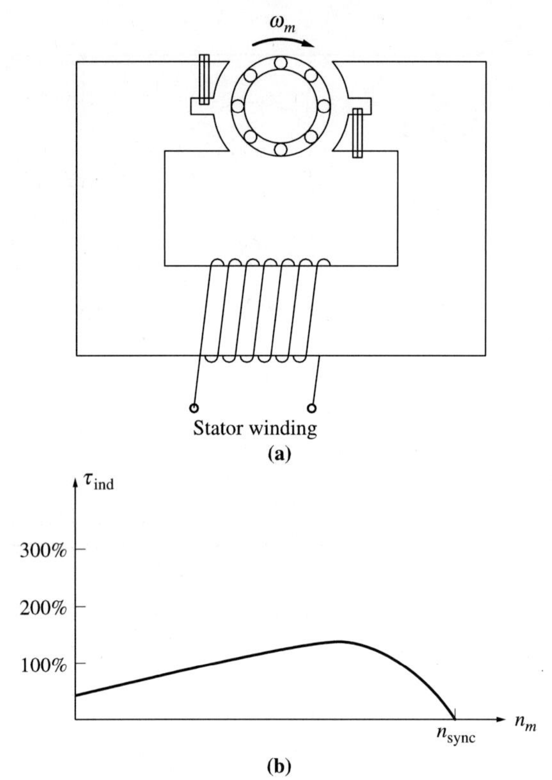

그림 9-22
(a) 기본적인 shaded-pole 유도전동기,
(b) 토오크-속도 특성

Shaded-pole 전동기

Shaded-pole 유도전동기는 주권선만 있는 유도전동기이다. 보조권선 대신 돌극을 가지고 있으며, 각 극의 한쪽 부분이 세이딩 코일이라는 단락된 코일로 감겨져 있다[그림 9-22(a)를 보라]. 주권선에 의해 각 극에서 시변자속이 발생한다. 그 극에서 자속이 변화하면 세이딩 코일에 원래 자속의 변화를 방해하는 방향으로 전압과 전류가 유기된다. 이러한 저항은 세이딩 코일로 감긴 부분의 자속 변화를 방해하고, 따라서 두 개의 반대방향으로 회전하는 자계에 약간의 불균형을 초래한다. 합성 회전방향은 자극면의 세이딩 코일이 감겨져 있지 않은 부분에서 감겨져 있는 부분으로 향한다. Shaded-pole 전동기의 토오크–속도 특성을 그림 9-22(b)에서 보여주고 있다.

Shaded-pole은 다른 유도전동기의 기동시스템에 비해 적은 기동토오크를 발생한다. 그리고 다른 형태의 단상 유도전동기에 비해 효율이 훨씬 낮고 슬립이 매우 높다. 이러한 극은 매우 낮은 기동토오크를 요구하는 아주 적은 출력(1/20마력 이하)의 전동기에만 쓰인다. 이러한 전동기를 이용 가능한 분야에선 shaded-pole 전동기가 가장 적은 비용으로 설계할 수 있는 전동기이다.

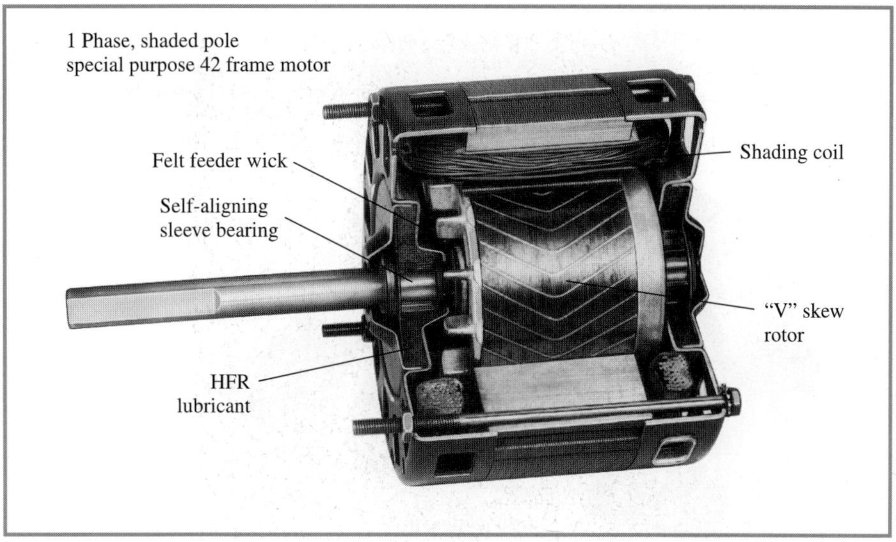

그림 9-23
shaded-pole 유도전동기 내부단면도 (Westinghouse Electric Corporation 제공)

Shaded-pole 전동기는 기동토오크의 발생을 세이딩 코일에 의존하는 전동기이므로 회전방향을 바꾸기가 쉽지 않다. 회전방향을 바꾸기 위해서는 각 극의 면에 두 개의 세이딩 코일을 설치하고 그들 중 어느 하나 혹은 다른 하나를 선택하여 단락시킴으로서 가능하다. 그림 9-23과 9-24를 보라.

단상 유도전동기의 비교

단상 유도전동기는 기동특성과 운전특성으로 가장 좋은 것에서 가장 나쁜 것까지 그 순위를 매길 수 있다.

1. 커패시터기동, 커패시터운전 전동기
2. 커패시터기동 전동기
3. 영구분상 커패시터전동기
4. 분상전동기
5. Shaded-pole 전동기

자연히 가장 좋은 전동기는 가장 비싸며 가장 나쁜 전동기는 가장 값이 싸다. 또한 이러한 기동방법 모두가 전동기의 크기에 관한 모든 범위에서 이용 가능한 것은 아니다.

주어진 응용분야에서 가장 좋은 성능을 나타내는 이용 가능한 가장 저렴한 전동기를 선택하는 것이 설계 기술자가 해야 할 일이다.

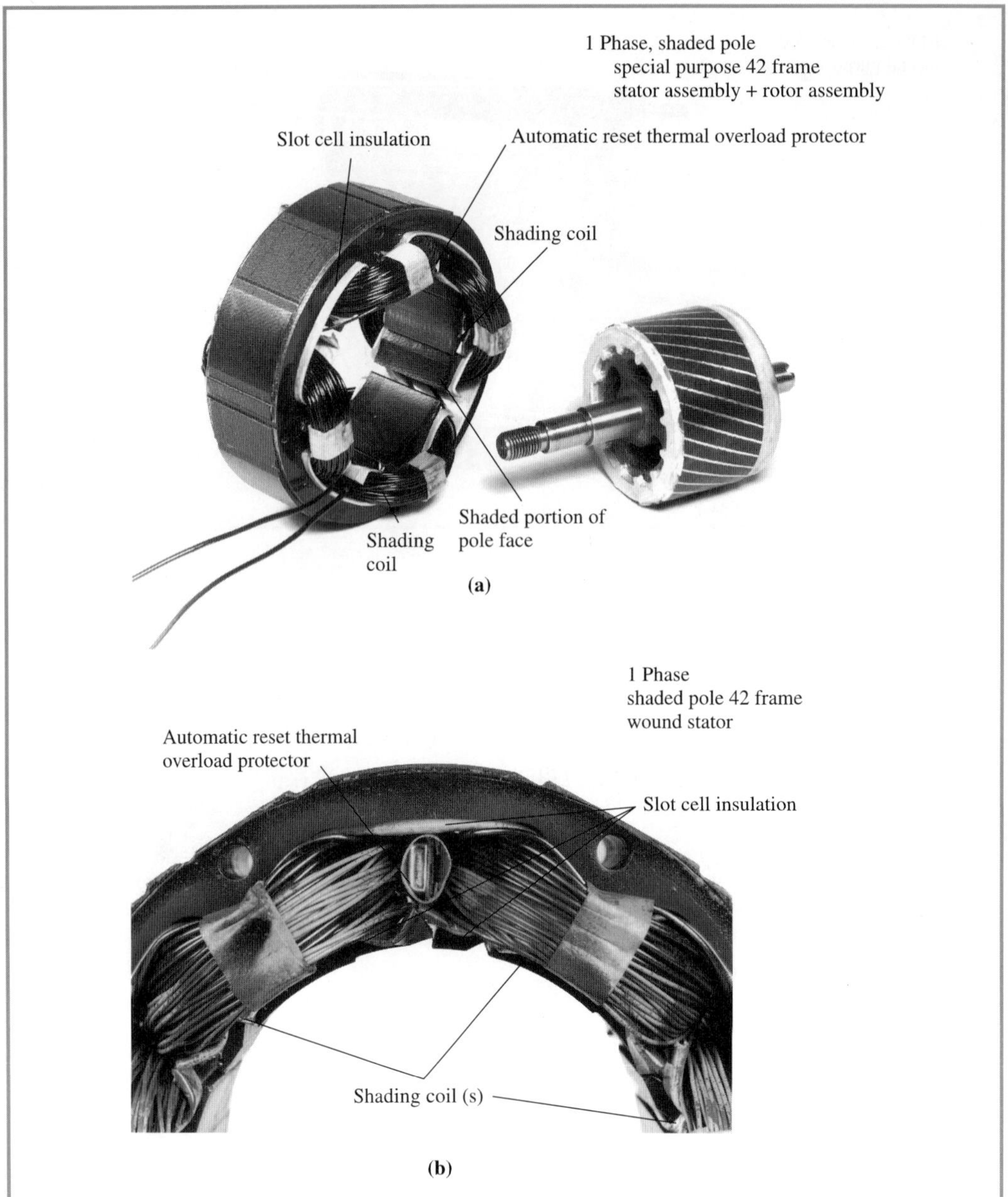

그림 9-24
4극 shaded-pole 유도전동기의 구조를 확대한 그림(Westinghouse Electric Corporation 제공)

9.4 단상 유도전동기의 속도제어

일반적으로 단상 유도전동기의 속도제어는 다상 유도전동기와 같은 방법으로 제어 가능하다. 농형 회전자를 가진 전동기에 대해 다음과 같은 기법들이 이용 가능하다.

1. 고정자 주파수를 변화시킨다.
2. 극수를 바꾼다.
3. 단자의 인가전압 V_T를 바꾼다.

상당히 높은 슬립으로 동작하는 전동기를 포함한 실제적인 설계에 있어서 속도제어에 관한 일반적인 접근법은 전동기의 단자전압을 변화시키는 것이다. 전동기에 인가한 전압은 다음 세 가지 방법 중 하나로 변화시킬 수 있다.

1. 선전압을 연속적으로 변화시키는 데에 자동변압기를 사용할 수 있다. 이 방법은 전압, 속도제어에 있어서 가장 값비싼 방법이며, 매우 부드러운 속도제어가 필요할 때만 이용된다.
2. 교류 위상제어로 전동기 인가전압의 실효치를 조정하는 데 반도체 제어 회로가 쓰일 수 있다. 반도체 제어회로가 자동변압기에 비해 상당히 가격이 저렴하므로 점점 더 많이 쓰여지고 있다.
3. 전동기의 고정자 회로에 직렬로 저항을 삽입하는 것이다. 이것은 가장 저렴한 전압제어 이지만 저항에서 상당한 전력손실이 발생하여 전체적인 전력변환 효율을 저감시키는 단점이 있다.

Shaded-pole 전동기와 같이 매우 큰 슬립으로 동작하는 전동기에 속도제어법으로 쓰일 수 있는 방법이 하나 더 있다. 전동기 고정자에 인가하는 전압을 가변하기 위해 따로 단권변압기를 사용하는 대신 고정자권선 그 자체가 단권변압기로 쓰일 수 있다. 그림 9-25는 길이 방향을 따라 많은 수의 탭을 가진 고정자 주권선을 도식적으로 표현하고 있다. 고정자 권선이 철심을 둘러싸고 있으므로 단권변압기처럼 작용한다.

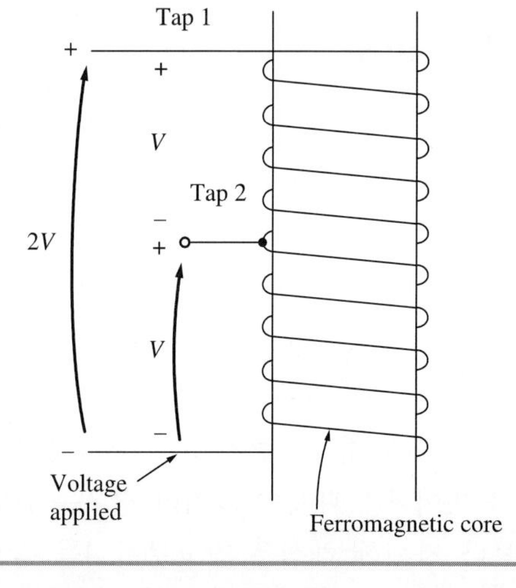

그림 9-25 고정자권선을 단권변압기로 사용. 전압 V를 권선의 중간 탭에 연결하면 전체 권선전압은 $2V$가 된다.

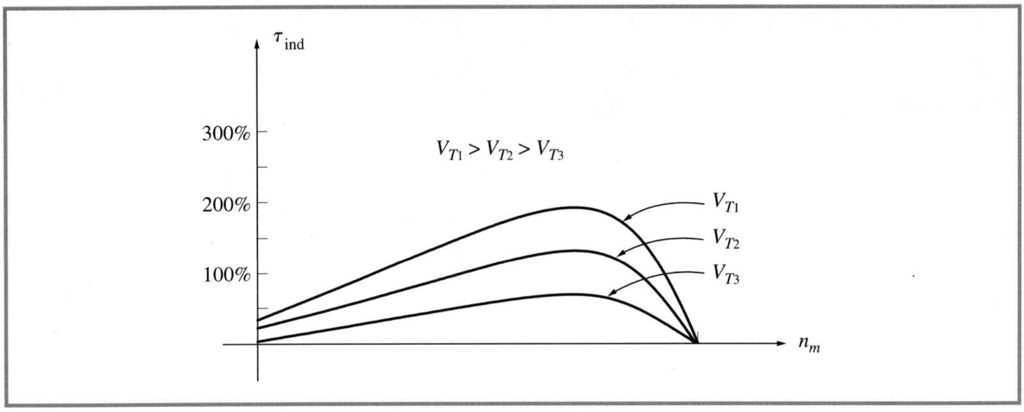

그림 9-26
단자전압을 변화시켰을 때 shaded-pole 전동기의 토오크-속도 특성. 전체권선에 인가하는 단자전압을 실제로 증가시키거나 고정자권선의 하단 탭에 전압이 인가되도록 스위치를 바꾸어 넣으면 V_T가 증가한다.

주권선에 전체 선전압 V가 인가되면 이 유도전동기는 정상적으로 동작한다. 만일 전체 선전압이 2번 탭에 인가되었다고 가정하자. 그러면 인가된 만큼의 전압이 변압기 작용에 의해 권선의 상단부에 유기되고 전체 권선전압은 인가한 선전압의 2배가 된다. 권선에 인가한 전체전압이 2배가 되는 효과가 나타난다.

따라서 선전압이 인가되는 코일부분이 작으면 작을수록 전체권선에 걸리는 전압은 커지고 주어지 부하에서 전동기의 속도는 증가한다(그림 9-26을 보라).

이것은 선풍기나 송풍기에 많이 쓰이는 단상 유도전동기의 속도제어법으로서 표준적인 방법이다. 속도제어에 필요한 구성 요소가 전동기 주권선의 탭과 일반적인 다중위치 스위치뿐이기 때문에 그러한 속도제어법은 매우 저렴하다는 장점이 있다. 또한 단권변압기로 작용하는 것은 직렬 저항에서 소비되는 것과 같은 전력손실이 없다는 장점도 있다.

9.5 단상 유도전동기의 등가회로

앞서 언급했던 것처럼 단상 유도전동기에서 유도토오크는 이중 회전자계 이론이나 교차자계 이론을 통해서 이해될 수 있다. 둘 중 어느 것으로도 전동기의 등가회로를 이끌어낼 수 있고, 토오크-속도 특성도 유도해낼 수 있다.

이 절은 이중 회전자계 이론에 기반을 둔 등가회로 시험에 국한하기로 하며 실제로는 그 이론의 특수한 경우에만 해당된다. 우리는 주권선으로만 동작할 때 단상 유도전동기의 주권선 등가회로를 만들어 낼 것이다. 대칭 성분 기법은 주권선과 보조권선을 가진 단상 유도전동기를 해석할 때 필요하다. 그리고 대칭 성분은 이 책의 범위를 벗어나기 때문에 그러한 경우는 논의되지 않을 것이다. 단상전동기에 대한 보다 자세한 해석은 참고문헌 4를 참조하라.

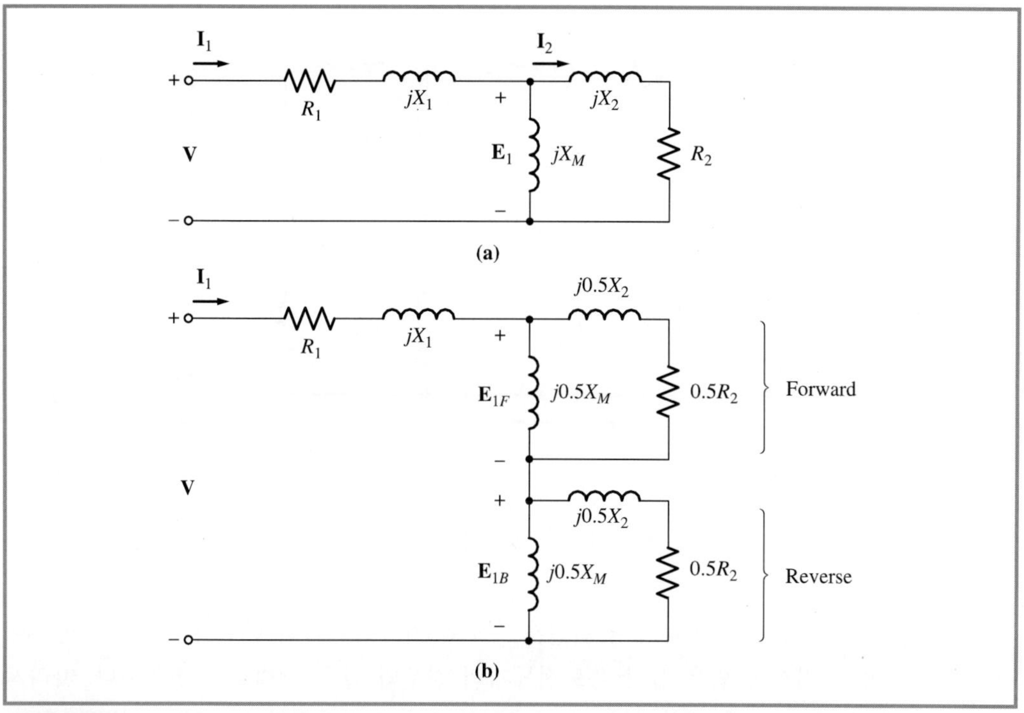

그림 9-27
(a) 정지지 단상 유도전동기의 등가회로. 주권선에만 에너지가 공급될 때를 나타내고 있다. (b) 정·역방향 자계를 분리하여 그 영향을 나타내는 등가회로

단상 유도전동기의 해석을 시작하는 가장 좋은 방법은 전동기가 정지해 있는 경우를 고려해 보는 것이다. 이 시점에서 전동기는 2 차측이 단락된 단상변압기로 간주되고 따라서 등가회로는 단상변압기의 등가회로와 같다. 이 등가회로는 그림 9-27(a)에 나타나 있다. 이 그림에서 R_1과 X_1은 고정자권선의 저항과 리액턴스이고 X_M은 자화 리액턴스이며 R_2와 X_2는 1차측에 환산한 회전자저항 및 리액턴스이다. 기기의 철손은 전동기 회전손실의 일부분으로서 기계손 및 표류손과 함께 일괄적으로 취급된다.

전동기가 정지한 상태에서 맥동하는 공극자속은 2개의 반대방향으로 회전하는 자계로 분해될 수 있다는 점을 상기하자. 이 두 자계는 크기가 같기 때문에 그 각각은 회전자회로에서 저항과 리액턴스의 전압강하에 똑같은 역할을 한다. 회전자 등가회로를 두 부분으로 분리하는 것이 가능하고 분리된 각 회로는 각각의 회전자계의 영향에 대응된다. 그림 9-27(b)에 나타나 있다.

이제 전동기가 보조권선의 도움으로 회전하기 시작하고 일정속도에 도달했을 때 보조권선이 회로에서 분리되었다고 가정하자. 8장에서 유도했던 것처럼 유도전동기의 유효 회전자저항은 회전자와 고정자의 상대운동의 크기에 따라

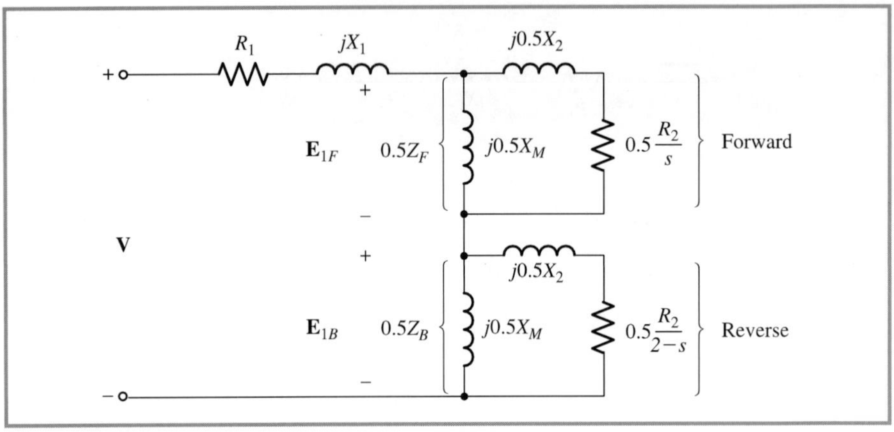

그림 9-28 주권선에만 에너지가 공급되어 일정속도로 운전되고 있는 경우의 단상 유도전동기의 등가회로

다르다. 그러나, 이 전동기에는 두 개의 자계가 있고 상대적인 운동량은 서로 다르게 된다.

정방향 자계에 대해서 회전자 속도와 자계속도와의 단위당 차이가 슬립 s이며, 여기서 슬립은 삼상 유도전동기의 경우와 같은 방법으로 정의된다. 따라서 정방향 자계에 대한 부분의 등가회로에서 회전자저항은 $0.5R_2/s$이다.

정방향 자계는 n_{sync}의 속도로 회전하고 역방향 자계는 $-n_{sync}$의 속도로 회전한다. 따라서 정방향 자계와 역방향 자계와의 속도에 있어서 단위당 차이(n_{sync}에 기준을 둠)는 2이다. 회전자는 정방향 자계에 대해 슬립 s만큼 느린 속도로 회전하기 때문에 회전자 속도와 회전자계 속도와의 단위 당 차이는 $(2 - s)$이다. 따라서 역방향 자계와 관련된 부분의 회로에서 유효 회전자저항은 $0.5R_2/(2 - s)$이다.

최종적인 유도전동기의 등가회로가 그림 9-28에 나타나 있다.

단상 유도전동기 등가회로에 의한 회로해석

그림 9-28에 있는 단상 유도전동기 등가회로는 전력과 토오크의 정·역방향 성분이 존재하는 것을 제외하면 삼상 유도전동기의 등가회로와 같다. 삼상전동기에 적용되던 일반적인 전력과 토오크와의 관계가 역시 단상 유도전동기의 정·역방향성분에도 적용되고 기기의 합성전력과 토오크는 정방향성분과 역방향성분이 서로 다르다.

유도전동기의 전력흐름도를 참조하기 쉽도록 그림 9-29에 다시 나타내었다.

전동기에 흘러 들어가는 전류를 쉽게 계산하기 위해 관습적으로 임피던스 Z_F와 Z_B를 정의하는데, 여기서 Z_F는 정방향 자계에 대한 모든 임피던스 요소에 대해 단일 등가임피던스이고 Z_B는 모든 역방향자계 임피던스 요소에 대한 단일 등가 임피던스이다(그림 9-30을 보라). 이 임피던스는 다음으로 주어진다.

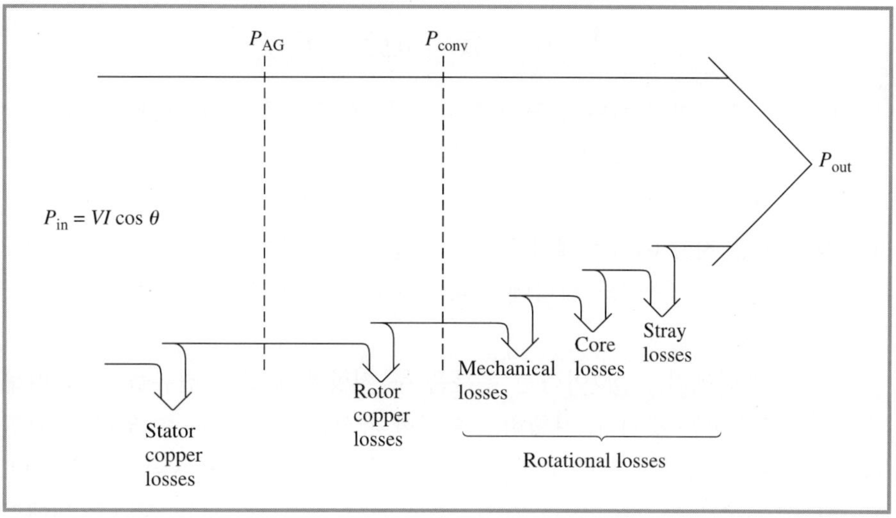

그림 9-29 단상 유도전동기의 전력흐름도

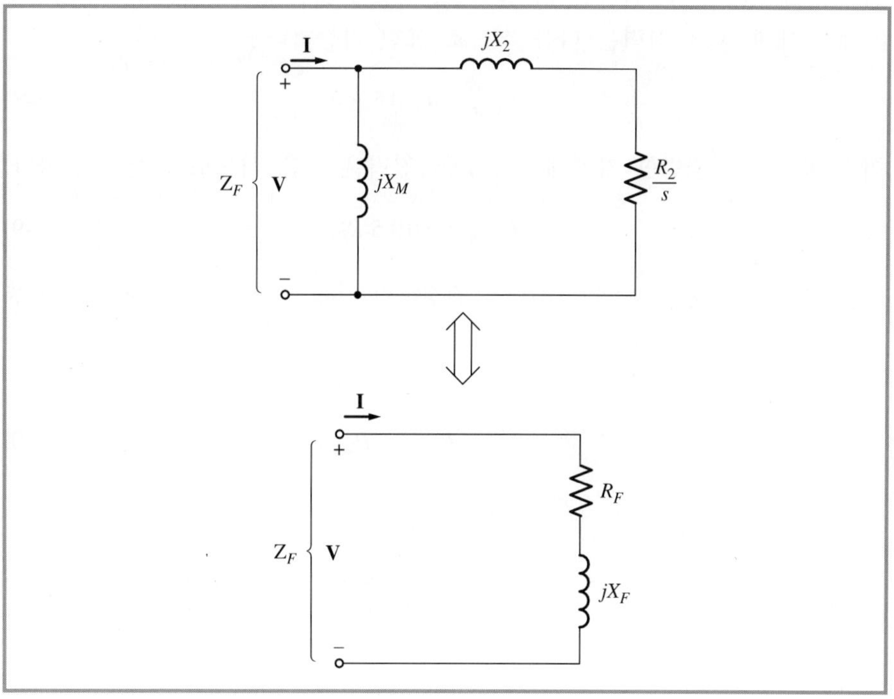

그림 9-30 R_F 와 jX_F 의 직렬 조합은 정방향 자계에 대한 임피던스의 테브난 등가회로이며, 따라서 R_F는 주어진 전류에 대해 R_2/s가 소비하는 전력과 같은 양의 전력을 소비해야 한다.

$$Z_F = R_F + jX_F = \frac{(R_2/s + jX_2)(jX_M)}{(R_2/s + jX_2) + jX_M} \tag{9–5}$$

$$Z_B = R_B + jX_B = \frac{[R_2/(2 - s) + jX_2](jX_M)}{[R_2/(2 - s) + jX_2] + jX_M} \tag{9–6}$$

Z_F와 Z_B의 항으로 나타낸 유도전동기 고정자 권선에 흐르는 전류는

$$\mathbf{I}_1 = \frac{\mathbf{V}}{R_1 + jX_1 + 0.5Z_F + 0.5Z_B} \tag{9-7}$$

삼상 유도전동기의 상당 공극전력은 회전자회로 저항 $0.5R_2/s$에서 소비되는 전력이다. 이와 유사하게 단상 유도전동기의 정방향 공극전력은 $0.5R_2/s$에 의해 소비되는 전력이고 역방향 공극전력 $0.5R_2/(2-s)$에 의해 소비되는 전력이다. 따라서 정방향 저항 $0.5R_2/s$에서의 전력을 구하고 역방향 저항 $0.5R_2/(2-s)$에서의 전력을 구한 다음 어느 하나에서 나머지 하나를 빼면 전동기의 공극전력이 구해진다.

이러한 계산에서 가장 어려운 부분은 두 저항에 흐르는 전류를 각각 따로 계산해서 결정하는 것이다. 다행히도 이러한 계산을 간단히 할 수 있다. 등가임피던스 Z_F를 구성하는 회로 요소 내에 유일한 저항성분은 R_2/s임을 주목하라. 그 회로에서 Z_F는 등가 임피던스이므로 Z_F에서 소비되는 모든 전력은 원래의 회로에서 소비되는 것이 분명하고 원래의 회로에서 R_2/s가 유일한 저항성분이기 때문에 그 전력소비는 임피던스 Z_F의 그것과 동일해야 한다. 따라서 정방향 자계에 대한 공극 전력은 다음 식으로 표현 가능하다.

$$P_{\mathrm{AG},F} = I_1^2(0.5\,R_F) \tag{9-8}$$

이와 유사하게 역방향 자계에 대한 공극전력은 다음 식으로 표현 가능하다.

$$P_{\mathrm{AG},B} = I_1^2(0.5\,R_B) \tag{9-9}$$

이 두 수식의 장점은 두 개의 전력을 결정하기 위해 계산을 하는데 하나의 전류 I_1만 필요하다는 것이다.

따라서, 단상 유도전동기에서 총 공극전력은 다음과 같다.

$$P_{\mathrm{AG}} = P_{\mathrm{AG},F} - P_{\mathrm{AG},B} \tag{9-10}$$

삼상 유도전동기에서 유도토오크는 다음 식으로 구할 수 있다.

$$\tau_{\mathrm{ind}} = \frac{P_{\mathrm{AG}}}{\omega_{\mathrm{sync}}} \tag{9-11}$$

여기서 P_{AG}는 식 (9-10)에서 주어진 합성 공극전력이다.

회전자 동손은 정방향 자계와 역방향자계 각각에 의한 회전자 동손의 합으로 구할 수 있다.

$$P_{\mathrm{RCL}} = P_{\mathrm{RCL},F} + P_{\mathrm{RCL},B} \tag{9-12}$$

삼상 유도전동기에서 회전자 동손은 회전자와 고정자 자계 사이의 단위 당 상대운동의 차이(슬립)에 기기의 공극전력을 곱한 값과 같다. 이와 유사하게 단상 유도전동기의 정방향 회전자 동손은 다음 식으로 주어진다.

$$P_{\text{RCL},F} = sP_{\text{AG},F} \tag{9-13}$$

그리고 전동기의 역방향 회전자 동손은 다음 식으로 주어진다.

$$P_{\text{RCL},B} = sP_{\text{AG},B} \tag{9-14}$$

회전자에서 이들 두 전력손실은 주파수에 따라 다르기 때문에 총 회전자 전력 손실은 단순히 그것들을 더하면 된다.

단상 유도전동기에서 전기적 형태에서 기계적 형태로 변환되는 전력은 삼상 유도전동기에 대한 P_{conv}의 수식과 같은 종류의 것으로 주어진다. 이 수식의 다음과 같다.

$$P_{\text{conv}} = \tau_{\text{ind}}\omega_m \tag{9-15}$$

$\omega_m = (1 - s)\omega_{\text{sync}}$이므로, 이 식은 다시 다음 식으로 표현된다.

$$P_{\text{conv}} = \tau_{\text{ind}}(1 - s)\omega_m \tag{9-16}$$

식 (10-11)로부터 $P_{\text{AG}} = \tau_{\text{ind}}\omega_{\text{sync}}$이므로 P_{conv}는 다음 식으로 표현 가능하다.

$$P_{\text{conv}} = (1 - s)\, P_{\text{AG}} \tag{9-17}$$

삼상 유도전동기에서와 마찬가지로 축출력은 P_{conv}와 동일하지 않은 데 이것은 회전손실을 아직 고려하지 않았기 때문이다. 여기에서 쓰인 단상 유도전동기 모델에서 철손, 기계손, 표류손을 P_{conv}에서 빼면 P_{out}을 얻는다.

예제 9-1

1/3-hp, 110-V, 60 Hz, 6극 분상 유도전동기가 다음의 임피던스를 가지고 있다.

$R_1 = 1.52\ \Omega \qquad X_1 = 2.10\ \Omega \qquad X_M = 58.2\ \Omega$

$R_2 = 3.13\ \Omega \qquad X_2 = 1.56\ \Omega$

이 전동기의 철손은 35 W이고 마찰손, 풍손 및 표류손은 16 W이다. 이 전동기가 기동권선이 개방된 채로 정격전압과 정격주파수에서 동작되며, 전동기의 슬립은 5%이다. 이러한 조건하에서 전동기에 대한 다음의 값들을 구하라.

(*a*) 분당 회전속도
(*b*) 고정자 전류
(*c*) 고정자 역율
(*d*) P_{in}
(*e*) P_{AG}
(*f*) P_{conv}
(*g*) τ_{ind}
(*h*) P_{out}
(*i*) τ_{load}
(*j*) 효율

풀이

슬립 5%일 때 이 전동기의 정방향 및 역방향 임피던스는

$$Z_F = R_F + jX_F = \frac{(R_2/s + jX_2)(jX_M)}{(R_2/s + jX_2) + jX_M} \tag{9–5}$$

$$= \frac{(3.13\ \Omega/0.05 + j1.56\ \Omega)(j58.2\ \Omega)}{(3.13\ \Omega/0.05 + j1.56\ \Omega) + j58.2\ \Omega}$$

$$= \frac{(62.6\angle 1.43°\ \Omega)(j58.2\ \Omega)}{(62.6\ \Omega + j1.56\ \Omega) + j58.2\ \Omega}$$

$$= 39.9\angle 50.5°\ \Omega = 25.4 + j30.7\ \Omega$$

$$Z_B = R_B + jX_B = \frac{[R_2/(2-s) + jX_2](jX_M)}{[R_2/(2-s) + jX_2] + jX_M} \tag{9–6}$$

$$= \frac{(3.13\ \Omega/1.95 + j1.56\ \Omega)(j58.2\ \Omega)}{(3.13\ \Omega/1.95 + j1.56\ \Omega) + j58.2\ \Omega}$$

$$= \frac{(2.24\angle 44.2°\ \Omega)(j58.2\ \Omega)}{(1.61\ \Omega + j1.56\ \Omega) + j58.2\ \Omega}$$

$$= 2.18\angle 45.9°\ \Omega = 1.51 + j1.56\ \Omega$$

이 값들은 전동기의 전류, 전력, 토오크를 결정하기 위해 쓰인다.

(*a*) 이 전동기의 동기속도는 다음과 같다.

$$n_{\text{sync}} = \frac{120f_{se}}{P} = \frac{120(60\ \text{Hz})}{6\ \text{pole}} = 1200\ \text{r/min}$$

전동기가 5%의 슬립으로 동작하고 있으므로 기계적 회전속도는

$$n_m = (1 - s)n_{\text{sync}}$$

$$n_m = (1 - 0.05)(1200\ \text{r/min}) = 1140\ \text{r/min}$$

(*b*) 고정자 전류는 다음과 같다.

$$\mathbf{I}_1 = \frac{\mathbf{V}}{R_1 + jX_1 + 0.5Z_F + 0.5Z_B} \tag{9–7}$$

$$= \frac{110\angle 0°\ \text{V}}{1.52\ \Omega + j2.10\ \Omega + 0.5(25.4\ \Omega + j30.7\ \Omega) + 0.5(1.51\ \Omega + j1.56\ \Omega)}$$

$$= \frac{110\angle 0°\ \text{V}}{14.98\ \Omega + j18.23\ \Omega} = \frac{110\angle 0°\ \text{V}}{23.6\angle 50.6°\ \Omega} = 4.66\angle -50.6°\ \text{A}$$

(*c*) 고정자의 역율은

$$\text{PF} = \cos(-50.6°) = 0.635\ \text{lagging}$$

(*d*) 입력전력

$$P_{\text{in}} = VI\cos\theta$$

$$= (110\ \text{V})(4.66\ \text{A})(0.635) = 325\ \text{W}$$

(*e*) 정방향 공극전력

$$P_{\text{AG},F} = I_1^2(0.5\,R_F) \tag{9–8}$$

$$= (4.66\ \text{A})^2(12.7\ \Omega) = 275.8\ \text{W}$$

역방향 공극전력

$$P_{AG,B} = I_1^2(0.5\,R_B) \quad (9\text{–}9)$$
$$= (4.66\text{ A})2(0.755\text{ V}) = 16.4\text{ W}$$

따라서 이 전동기의 총 공극전력은

$$P_{AG} = P_{AG,F} - P_{AG,B} \quad (9\text{–}10)$$
$$= 275.8\text{ W} - 16.4\text{ W} = 259.4\text{ W}$$

(*f*) 전기적 형태에서 기계적 형태로 바뀌는 전력은

$$P_{conv} = (1 - s)\,P_{AG} \quad (9\text{–}17)$$
$$= (1 - 0.05)(259.4\text{ W}) = 246\text{ W}$$

(*g*) 이 전동기에서 유도토오크는 다음으로 주어진다.

$$\tau_{ind} = \frac{P_{AG}}{\omega_{sync}} \quad (9\text{–}11)$$
$$= \frac{259.4\text{ W}}{(1200\text{ r/min})(1\text{ min}/60\text{ s})(2\pi\text{ rad/r})} = 2.06\text{ N} \bullet \text{m}$$

(*h*) 출력 전력은 다음으로 주어진다.

$$P_{out} = P_{conv} - P_{rot} = P_{conv} - P_{core} - P_{mech} - P_{stray}$$
$$= 246\text{ W} - 35\text{ W} - 16\text{ W} = 195\text{ W}$$

(*i*) 이 전동기의 부하토오크는 다음으로 주어진다.

$$\tau_{load} = \frac{P_{out}}{\omega_m}$$
$$= \frac{195\text{ W}}{(1140\text{ r/min})(1\text{ min}/60\text{ s})(2\pi\text{ rad/r})} = 1.63\text{ N} \bullet \text{m}$$

(*j*) 마지막으로 이러한 조건에서 전동기의 효율은 다음과 같다.

$$\eta = \frac{P_{out}}{P_{in}} \times 100\% = \frac{195\text{ W}}{325\text{ W}} \times 100\% = 60\%$$

9.6 다른 종류의 전동기

두 가지의 또 다른 형태의 전동기—즉 릴럭턴스 전동기와 히스테리시스 전동기가 특수목적의 응용분야에 쓰인다. 이러한 전동기들은 앞서 설명했던 전동기에 대해서 회전자의 구조는 다르지만 고정자의 구조는 동일하다. 유도전동기와 같이 이들 전동기들도 단상 혹은 삼상으로 만들 수 있다. 세 번째 형태의 특수목적 전동기는 스테핑 모터이다. 앞서 언급한 두 전동기와 달리 스테핑 모터는 다상 고정자권선을 필요로 하지만 삼상전원을 공급할 필요는 없다.

릴럭턴스 전동기

릴럭턴스 전동기라는 것은 릴럭턴스 토오크에 의해 동작하는 전동기를 말한다. 릴럭턴스 토오크는 외부자계가 존재하는 곳에 철로 된 물체(핀과 같은 것)에 유기되는 토오크이다. 그리고 그 토오크는 그 물체를 외부자계의 방향으로 일직선상에 놓이도록 한다. 외부자계가 철로 된 물체에 내부자계를 유기시키므로 이러한 토오크가 발생하고 두 자계사이에 생성된 토오크는 외부자계와 일직선상에 놓이도록 그 물질의 방향을 돌리도록 한다. 릴럭턴스 토오크가 어떤 물체에 발생하기 위해서는 그 물체는 외부자계의 인접해 있는 자극사이의 각에 일치하는 각을 따라서 축방향으로 길어야 한다.

2극 릴럭턴스 전동기의 간단한 개략도가 그림 9-31에 나타나 있다. 이 그림을 보면 이 전동기의 회전자에 인가된 토오크는 $\sin 2\delta$에 비례함을 알 수 있으며, 여기서 δ는 회전자와 고정자 자계 사이의 전기각이다. 따라서 전동기의 릴럭턴스 토오크는 회전자와 고정자 자계사이의 각이 45°일 때 최대가 된다.

그림 9-31에 나타난 것과 같은 종류의 간단한 릴럭턴스 전동기는 탈출(pull-out) 토오크를 초과하지 않는 한 회전자가 고정자 자계에 구속되어 있으므로 동기전동기이다. 보통의 동기전동기와 같이 이 전동기는 기동토오크가 없어 스스로 기동하지 못한다.

최대 릴럭턴스 토오크를 초과하기 전까지 동기속도로 운전되는 자기동 릴럭턴스 전동기는 그림 9-32에 보이듯이 유도전동기의 회전자를 개조하여 제작할 수 있다. 이 그림에서 회전자는 릴럭턴스 전동기로서의 정상상태 동작을 위한

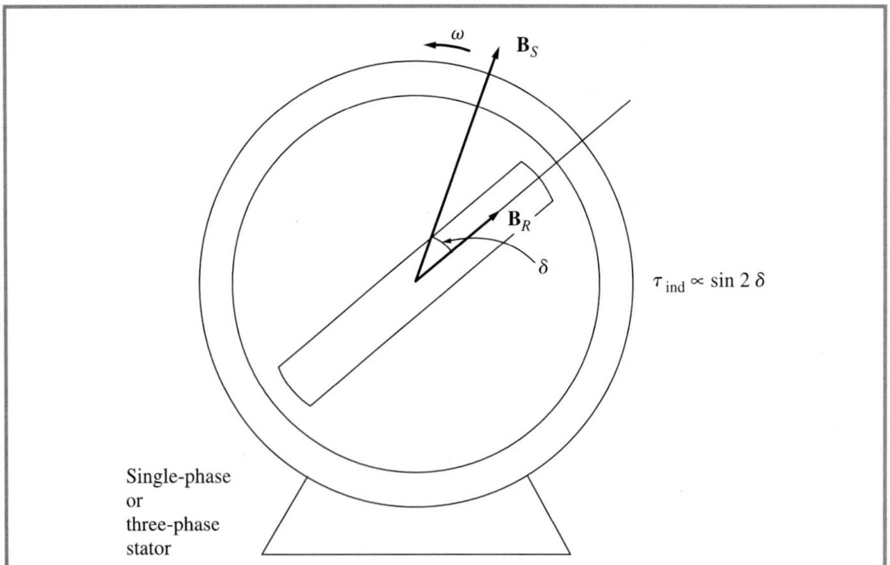

그림 9-31
릴럭턴스전동기의 기본개념

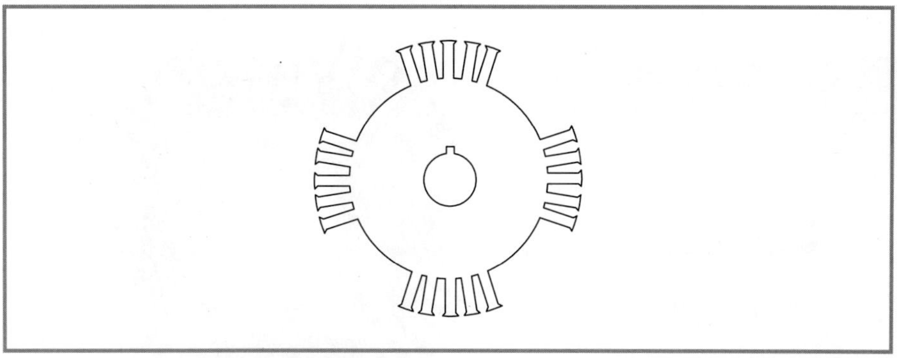

그림 9-32
"동기유도전동기" 혹은 자기동 릴럭턴스전동기의 회전자 설계

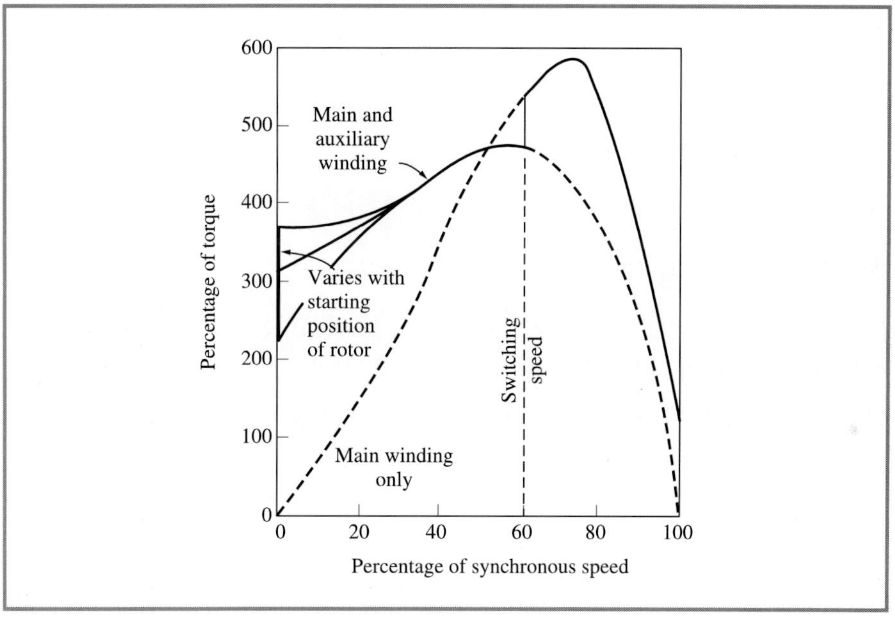

그림 9-33
단상자기동 릴럭턴스전동기의 토오크-속도 특성

돌극을 가지고 있고, 또한 기동을 위한 농형 혹은 제동권선을 가지고 있다. 이런 전동기의 고정자는 단상 혹은 삼상 어느 것으로도 가능하다. 때때로 동기 유도 전동기라 불리는 이 전동기의 토오크-속도 특성은 그림 9-33에 나타나 있다.

릴럭턴스 전동기의 착상에 관한 흥미로운 변화는 Syncrospede 전동기인데, 이것은 미국의 MagneTek. Inc에서 제작되었다. 이 전동기의 회전자는 그림 9-34에 나타나 있다. 인접 극면사이의 자기적 접속을 증대시키기 위해 "자속가이드(flux guides)"를 사용하며, 따라서 최대 릴럭턴스 토오크를 증대시킨다. 일반적인 릴럭턴스 전동기의 정격토오크를 100퍼센트라 하면 여기에 비해 이 자속가이드로 인해 최대 릴럭턴스 토오크는 정격토오크의 약 150퍼센트까지 증대된다.

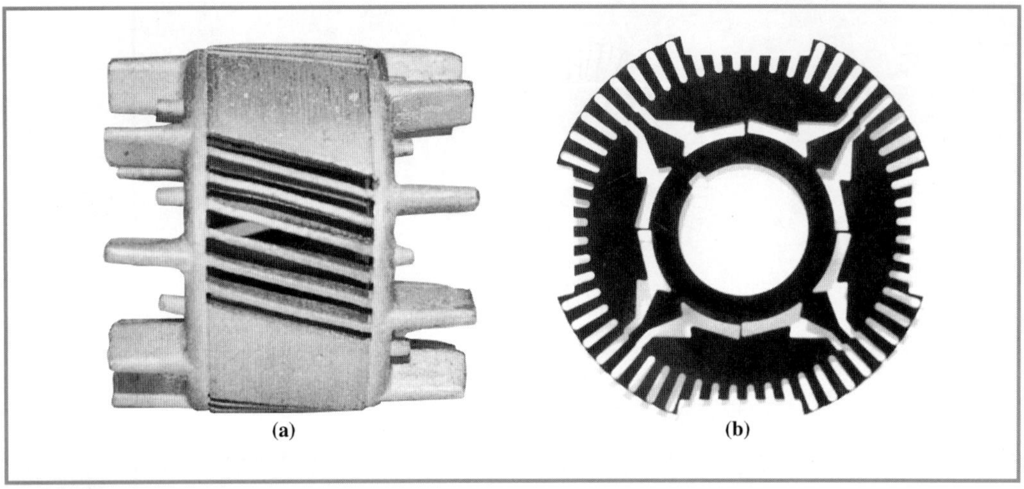

그림 9-34
(a) Synchrospede 전동기 회전자의 알루미늄 캐스팅, (b) 전동기의 회전자 적층. 인접한 극에 연결된 자속가이드를 주목하라. 이 가이드는 릴럭턴스 토오크를 증대시킨다(MagneTek, Inc 제공).

히스테리시스 전동기

또 하나의 특수목적 전동기는 기계적 토오크를 발생하는 히스테리시스 현상을 이용한 전동기이다. 히스테리시스 전동기의 회전자는 치, 돌극부 혹은 권선이 없는 자성재료로 된 매끄러운 표면을 가진 원통기둥이다. 전동기의 고정자는 단상 혹은 삼상 어느 것으로도 할 수 있지만, 만일 단상으로 한다면 영구분상 커패시터가 보조권선에 쓰여서 가능한 한 매끄러운 자계를 공급해야 한다. 왜냐하면 이것이 전동기의 손실을 매우 저감시키기 때문이다.

그림 9-35는 히스테리시스 전동기의 기본동작을 보여준다. 삼상(혹은 보조권선을 가진 단상)전류가 전동기의 고정자에 인가되면 회전자계가 발생한다. 이 회전자계는 회전자의 금속을 자화시켜 회전자에 자극을 생성시킨다.

전동기가 동기속도보다 낮은 속도로 운전될 때 두 가지 원인에 의해 토오크가 발생한다. 토오크의 대부분은 히스테리시스에 의해 발생한다. 고정자의 자계가 회전자 표면을 쓸고 지나갈 때 회전자 자속은 정확히 고정자 자속을 따라가지 못한다. 왜냐하면 회전자 금속은 매우 큰 히스테리시스 손실을 가지고 있기 때문이다. 회전자 재료의 본질적인 히스테리시스 손실이 클수록 회전자 자속이 고정자 자속에 쳐진 각도가 더 크게 벌어진다. 회전자와 고정자 자계가 서로 다른 각도에 위치해 있으면 유한한 토오크가 발생한다. 또한, 고정자 자계는 회전자에 와류를 일으켜 이 와류가 자체적으로 자계를 생성하고 심지어 회전자의 토오크를 증가시킨다. 회전자와 고정자 자계 사이의 상대운동이 커질수록 와류와 와류토오크는 커진다.

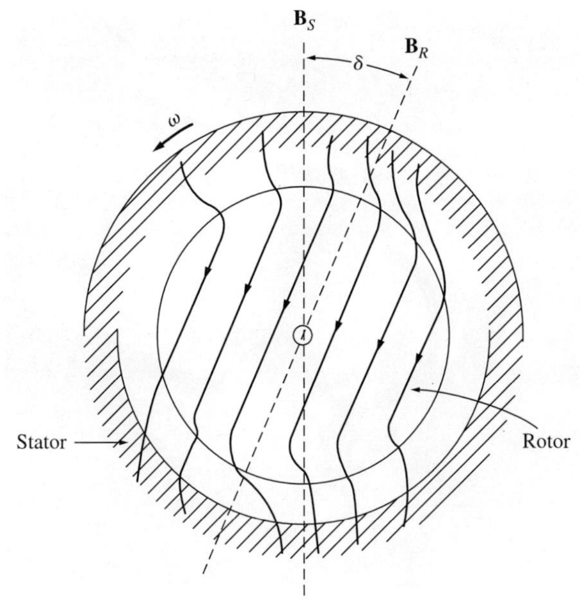

그림 9-35 히스테리시스전동기의 구조. 주된 토오크성분은 회전자와 고정자 자계와의 각도에 비례한다.

전동기가 동기속도에 도달하면 고정자 자속은 회전자를 더 이상 쓸고 지나가지 않으며 회전자는 마치 영구자석처럼 동작한다. 전동기의 유도토오크는 회전자와 고정자 자계 사이의 각도에 비례하고, 이 각도의 최대값은 회전자의 히스테리시스에 의해 정해진다.

히스테리시스 전동기의 토오크–속도 특성은 그림 9-36에 나타나 있다. 특정한 회전자 내에서 히스테리시스의 크기는 단지 고정자 자속과 회전자 재료의 함수이므로 히스테리시스 토오크는 0에서 n_{sync}사이의 임의의 속도에 대해 거의 일정하다. 와류토오크는 거의 슬립에 비례한다. 이 두 가지 원인에 의해 히스테리시스 전동기의 토오크–속도 특성곡선의 형상이 정해진다.

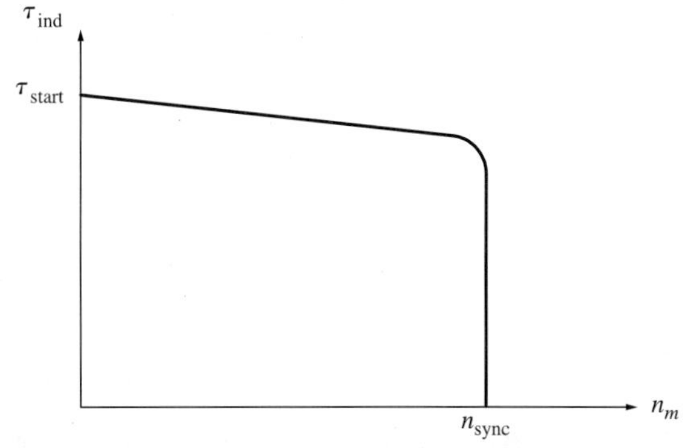

그림 9-36 전동기의 토오크-속도 특성

그림 9-37
시계에 적당한 shaded-pole고정자를 가진 소형 히스테리시스 전동기

동기속도보다 낮은 임의의 속도에서 히스테리시스 전동기의 토오크는 동기속도에서의 최대 토오크보다 크기 때문에 히스테리시스 전동기는 정상동작을 하는 동안 가동할 수 있는 어떠한 부하에 대해서도 가속할 수 있다.

초소형 자기동 저 전력 동기전동기를 만들기 위해 shaded-pole 고정자 구조를 가진 매우 작은 히스테리시스 전동기를 만들 수 있다. 그런 종류의 전동기가 그림 9-37에 나타나 있다. 이것은 주로 시계에 많이 쓰인다. 따라서 이런 전동기를 이용해 만든 시계는 전력시스템의 선로주파수에 동기되어 공급되는 전력시스템의 주파수의 정확성만큼 정확히(혹은 부정확하게)시간을 측정하게 된다.

스테핑 모터

스테핑 모터는 제어장치에 의해 공급되는 전기적 펄스열에 따라 정해진 각도만큼 회전하도록 설계된 일종의 동기전동기이다. 전형적인 스텝각은 펄스당 7.5° 혹은 15°이다. 전동기 축의 위치나 다른 기계류의 일부분이 정확히 제어되기 때문에 이런 전동기는 제어 시스템에 많이 쓰인다.

간단한 스테핑 모터와 관련된 제어유니트를 그림 9-38에서 보여주고 있다. 간단한 스테핑 모터의 동작을 이해하기 위해 그림 9-39를 살펴보자. 이 그림은 영구자석 회전자를 가진 2극 삼상 고정자를 보여준다. 만일 직류전압이 고정자의 a상에만 인가되고 b상과 c상에는 인가되지 않는다면 그림 9-39(b)에 보이듯이 회전자가 고정자 자계 $\mathbf{B}_S$에 일직선상에 놓이게 하는 토오크가 발생한다.

이제 a상에 전원공급이 중단되고 c상에 역방향으로 직류전압이 인가되었다

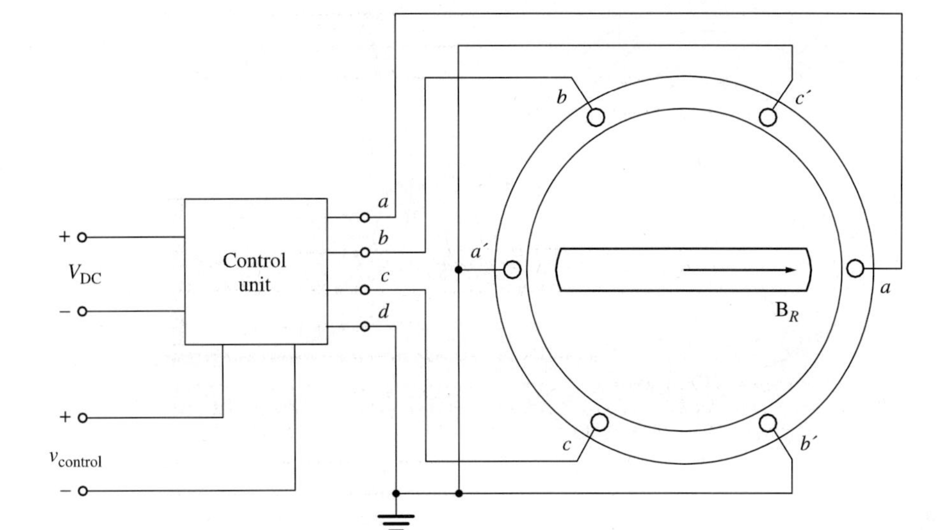

(a)

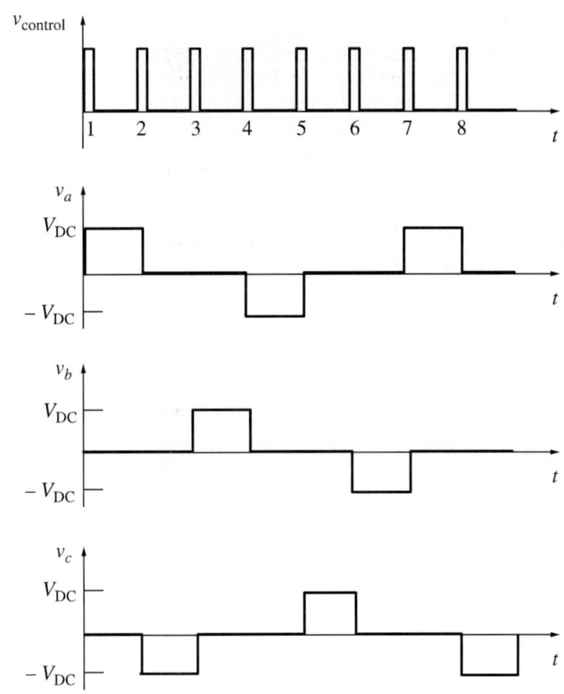

(b)

Pulse number	Phase voltages, V		
	v_a	v_b	v_c
1	V_{DC}	0	0
2	0	0	$-V_{DC}$
3	0	V_{DC}	0
4	$-V_{DC}$	0	0
5	0	0	V_{DC}
6	0	$-V_{DC}$	0

(c)

그림 9-38

(a) 간단한 삼상 스테핑 모터와 제어장치. 제어장치의 입력은 직류전원과 펄스열의 제어신호이다. (b) 일련의 제어펄스가 입력됨에 따라 제어장치의 출력전압의 형태를 간단히 나타낸 그림, (c) 펄스수의 함수로 나타낸 제어장치 출력전압의 테이블

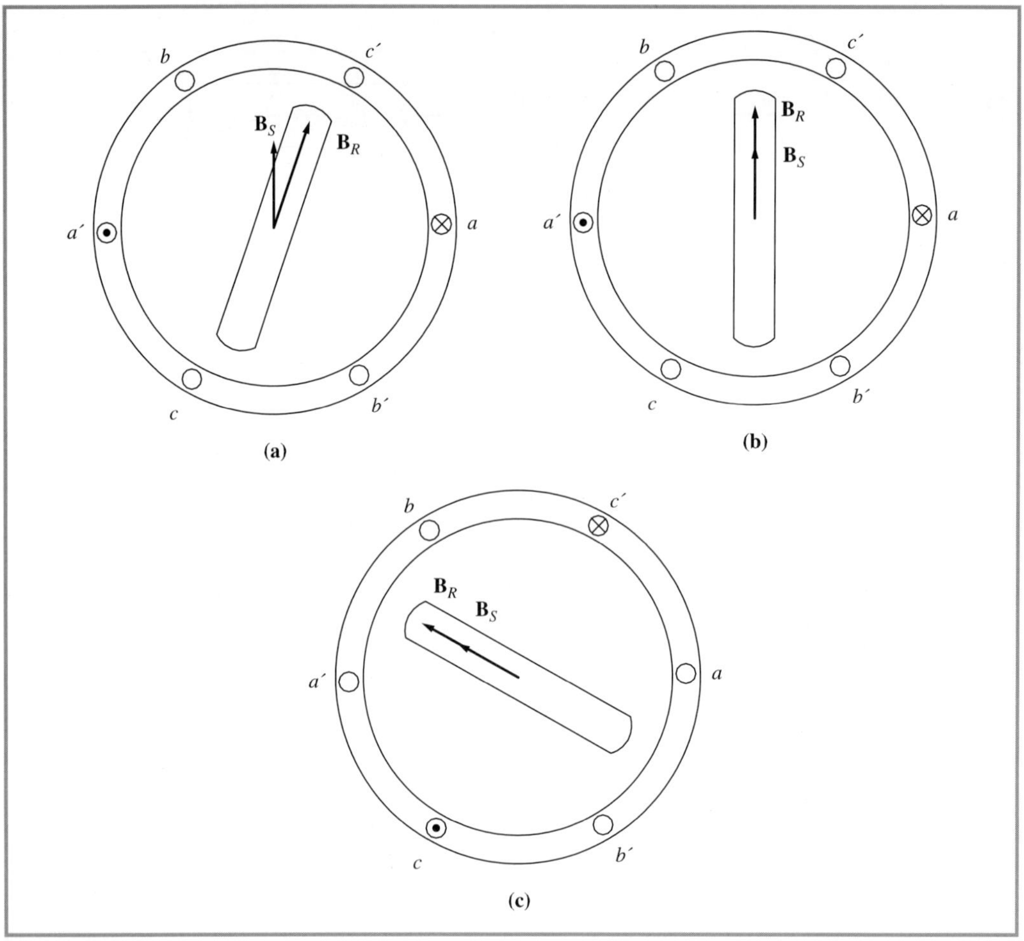

그림 9–39
스테핑 모터의 동작: (a) 전압 V가 a상에 인가되어 a상에 전류가 흐르고 고정자 자계 $\mathbf{B}_S$를 생성한다. $\mathbf{B}_R$과 $\mathbf{B}_S$의 상호작용은 회전자에 반시계방향 토오크를 생성한다. (b) 회전자가 고정자 자계와 일직선상에 놓이게 되면 합성토오크는 0이 된다. (c) 전압 $-V$가 고정자 c상에 인가되면 c상에 전류가 흘러 고정자 자계 $\mathbf{B}_S$를 발생한다. $\mathbf{B}_R$과 $\mathbf{B}_S$의 상호작용으로 회전자에 반시계방향 토오크를 생성하며, 새로운 자계의 위치에 회전자가 놓이게 된다.

고 가정하자. 새로운 고정자 자계는 이전의 자계에 대해 60° 회전하였고 회전자는 이것을 따라 회전한다. 이러한 방식을 계속 반복함으로서 전동기의 고정자에 인가하는 전압의 함수로 회전자의 위치를 나타내는 표를 구성할 수 있다. 제어장치에서 발생하는 전압이 표 9-1에 나타난 순서대로 입력펄스에 따라 변화하면 스테핑 모터는 각 입력펄스에 따라 60°씩 회전한다.

극수를 늘리면 더 좋은 스텝크기를 가진 스테핑 모터를 만들 수 있다. 식 (3-31)로부터 주어진 전기각에 대한 기계적 각도(또는 기계각)는 다음 식으로 표현된다.

$$\theta_m = \frac{2}{P}\theta_e \tag{9–18}$$

표 9-1

2극 스테핑 모터에서 전압의 함수로 나타낸 회전자 위치

	Phase voltages			
Input pulse number	***a***	***b***	***c***	**Rotor position**
1	V	0	0	0°
2	0	0	$-V$	60°
3	0	V	0	120°
4	$-V$	0	0	180°
5	0	0	V	240°
6	0	$-V$	0	300°

표 9-1의 각 스텝은 60°의 전기각에 해당되므로 극수가 늘어남에 따라 스텝당 이동하는 기계적 각도는 줄어든다. 예를 들면 스테핑 모터가 8개의 극을 가지고 있다면 전동기 축의 기계적 각도는 스텝당 15°씩 바뀔 것이다.

식 (9-18)을 이용하면 스테핑 모터의 속도는 단위 시간당 제어장치에 입력되는 펄스 수와 연관지을 수 있다. 식 (9-18)은 전기각의 함수로서 스테핑 모터의 기계적 각을 산출해 낸다. 이 식의 양변을 시간에 대해 미분하면 우리는 전동기의 전기적 회전속도와 기계적 회전속도 사이의 관계를 도출해 낼 수 있다.

$$\omega_m = \frac{2}{P}\omega_e \tag{9–19a}$$

혹은

$$n_m = \frac{2}{P}n_e \tag{9–19b}$$

전기적 1회전당 6개의 펄스가 필요하기 때문에 전동기의 분당 회전수와 분당 펄스 수와의 관계는 다음과 같이 된다.

$$\boxed{n_m = \frac{1}{3P}n_{\text{pulses}}} \tag{9–20}$$

여기서 n_{pulses}는 분당 펄스 수이다.

두 가지 기본적인 형태의 스테핑 모터가 있는데, 이 둘은 단지 회전자의 구조만 다를 뿐이다. 그 중 하나는 영구자석형이고 나머지 하나는 릴럭턴스형이다. 릴럭턴스형 스테핑 모터는 회전자가 영구자석대신 강자성체로 되어 있는 반면 영구자석형 스테핑 모터는 영구자석 회전자를 가지고 있다(이 절의 앞부분에서 설명한 릴럭턴스 전동기의 회전자가 릴럭턴스형이다). 일반적으로 영구자석 스테핑 모터는 릴럭턴스형에 비해 보다 큰 토오크를 발생할 수 있는데 이것은 영구자석형 스테핑 모터가 영구자석에 의한 회전자자계와 함께 릴럭턴스 효과에 의해서도 토오크를 발생하기 때문이다.

릴럭턴스형 스테핑 모터는 위에서 언급한 삼상 고정자권선 대신 종종 사상 고정자권선으로 만들어진다. 사상 고정자권선은 펄스열 사이의 스텝각을 60° 전기각에서 45° 전기각으로 줄인다. 이전에 언급한 것처럼 릴럭턴스 전동기의 토오크는 $\sin 2\delta$에 따라 변화하고 따라서 각 스텝사이의 릴럭턴스 토오크는 45°에서 최대가 된다. 따라서 주어진 릴럭턴스형 스테핑 모터는 삼상 고정자권선에 비해 사상 고정자권선이 더 큰 토오크를 발생시킨다.

식 (9-20)은 고정자권선의 상수에 상관없이 모든 스테핑 모터에 적용하기 위해 일반화 될 수 있다. 일반적으로 고정자가 N상을 가지고 있으면 전동기가 전기적으로 1회전하는데 $2N$개의 펄스가 필요하다. 따라서, 분당 회전수와 분당 펄스수의 관계는 다음과 같다.

$$n_m = \frac{1}{NP} n_{\text{pulses}} \tag{9–21}$$

스테핑 모터는 제어를 행하고 있는 컴퓨터가 피드백(feedback) 정보가 없어도 현재의 스테핑 모터의 정확한 속도와 위치를 알 수 있으므로 제어 및 위치결정 시스템에 있어서 매우 유용하게 쓰인다. 예를 들면, 제어 시스템이 분당 1200 pulse를 그림 9-38에 나타난 스테핑 모터에 보내면 전동기의 속도는 정확히 다음과 같이 된다.

$$\begin{aligned} n_m &= \frac{1}{3P} n_{\text{pulses}} \qquad (9\text{–}20) \\ &= \frac{1}{3(2\text{ poles})}(1200\text{ pulses/min}) \\ &= 200\text{ r/min} \end{aligned}$$

더욱이 초기의 축 위치를 알고 있다면 컴퓨터는 스테핑 모터의 제어장치로 보내는 펄스의 수를 세어 임의의 시간에 대한 회전자 축의 각을 정확히 결정할 수 있다.

예제 9–2

어떤 특정한 응용분야에 요구되어지는 삼상 영구자석형 스테핑 모터가 7.5°의 스텝각으로 축의 위치제어가 가능하고 300 rpm의 속도로 동작할 수 있어야 한다.

(*a*) 이 전동기는 몇 개의 극을 가져야 하나?

(*b*) 300 rpm으로 동작하기 위해 제어장치는 초당 얼마의 펄스(pulse/s)를 받아야 하나?

풀이

(*a*) 삼상 스테핑 모터에서 각 펄스는 회전자의 위치를 60° 전기각만큼 이동시킨다. 이 전기각은 7.5°의 기계각과 일치해야 한다. 식 (9-18)을 P에 관해 풀면

$$P = 2\frac{\theta_e}{\theta_m} = 2\left(\frac{60°}{7.5°}\right) = 16 \text{ poles}$$

(*b*) 식 (9-21)을 n_{pulse}에 관해 풀면 다음과 같다.

$$\begin{aligned} n_{\text{pulses}} &= NPn_m \\ &= (3 \text{ phases})(16 \text{ poles})(300 \text{ r/min}) \\ &= 240 \text{ pulses/s} \end{aligned}$$

브러쉬레스 직류전동기

일반적인 직류전동기는 직류전원이 사용가능한 항공기나 자동차에서 전통적으로 사용되고 있지만, 소형 직류전동기는 몇 가지의 단점을 가지고 있다. 주된 단점은 과도한 불꽃현상과 브러쉬의 마모이다. 소형 고속 직류전동기는 너무 작아서 보상권선이나 보극을 사용할 수 없기 때문에 전기자 반작용과 $L\,di/dt$의 영향은 정류자 브러쉬에 불꽃현상을 일으키게 된다. 또한, 이러한 전동기의 높은 회전속도는 브러쉬의 마모를 증가시키고 수천 시간마다 규칙적인 유지관리를 요구한다. 만일 전동기가 저압력의 환경(항공기의 높은 고도 같은)에서 사용되어진다면 브러쉬의 마모가 심해서 한 시간도 채 안되어서 브러쉬를 교체해야 될지도 모른다.

어떤 응용분야에서는 이와 같은 직류전동기의 브러쉬를 규칙적으로 교체할 수 없는 곳도 있다. 예를 들어 인공심장의 직류전동기를 생각해보자. 정규적인 유지보수를 해야 된다면 환자의 가슴을 복개해야 될 것이다. 또 다른 응용분야에서는 브러쉬의 불꽃은 폭발의 위험을 안고 있으며 고주파 잡음을 받아들일 수 없는 곳이 있다. 이러한 모든 경우를 위해서 소형 고속 직류전동기는 신뢰성이 높고 잡음이 낮으며 수명이 길어야 된다.

지난 25여 년 동안에 이와 같은 전동기는 회전자 위치센서를 가진 영구자석형 스텝모터와 전력전자의 스윗칭회로를 결합하여 개발되었다. 이러한 전동기를 소위 **브러쉬레스 직류전동기**(*Breshless DC motor, BLDC*)라고 하며, 직류전원에서 작동되지만 정류자와 브러쉬가 없기 때문이다. 소형 브러쉬레스 직류전동기의 개념도를 그림 9-40에서 보여주고 있으며, 전형적인 BLDC 전동기의 사진을 그림 9-41에서 보여주고 있다. 회전자는 영구자석 스텝모터와 유사하지만 비돌극형이다. 고정자는 3상 이상의 상을 가질 수 있다(그림 9-40에서 보여준 예제는 4상이다).

BLDC 전동기의 기본 요소는 다음과 같다.

1. 영구자석 회전자
2. 3상, 4상 또는 그 이상의 권선을 가진 고정자
3. 회전자 위치 센서
4. 회전자 권선의 상을 제어하는 전자회로

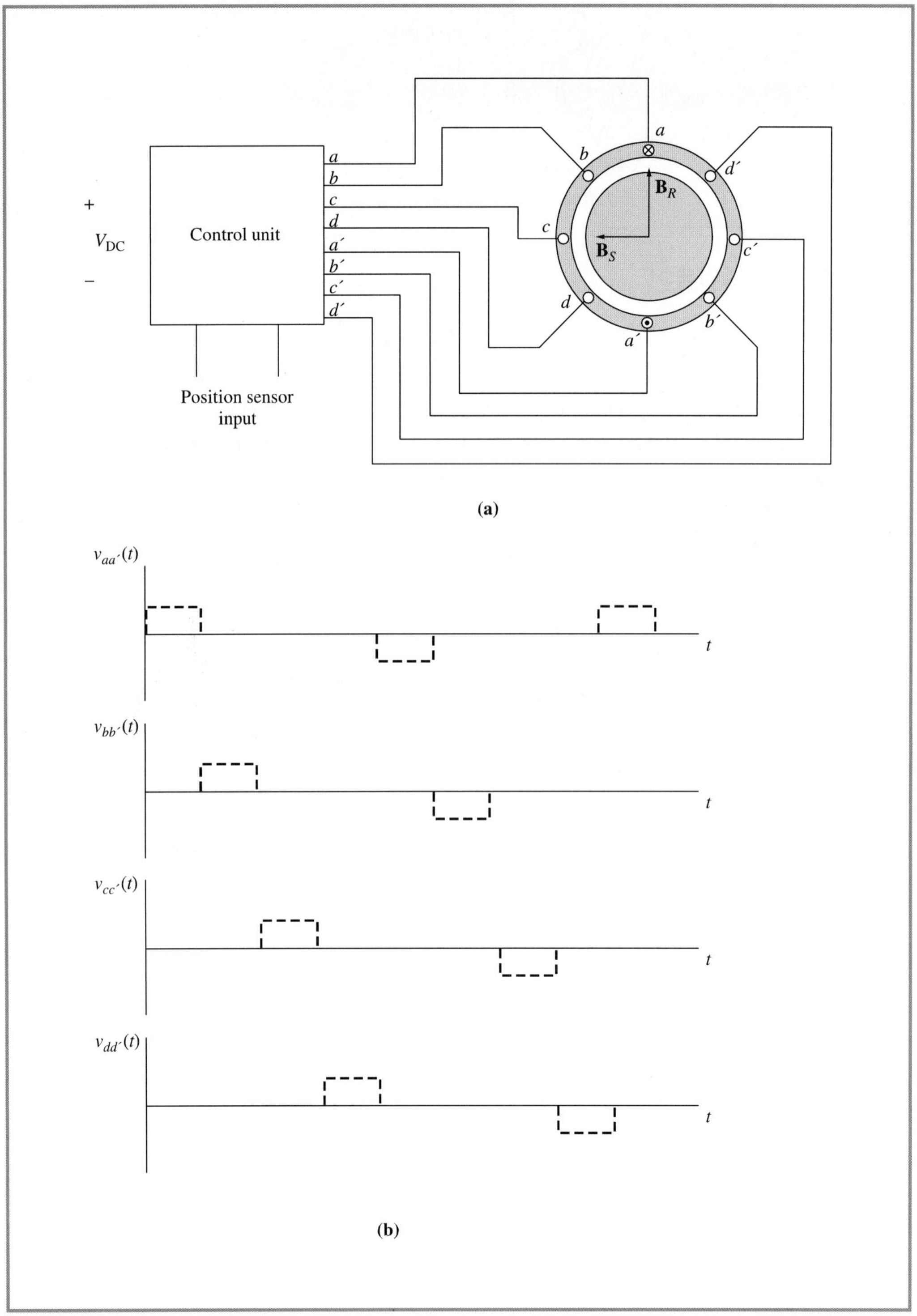

그림 9-40

(a) 간단한 BLDC전동기와 관련 제어 유니트. 제어유니트의 입력은 직류전원과 회전자 전류에 비례한 신호로 이루어진다. (b) 고정자코일에 인가된 전압

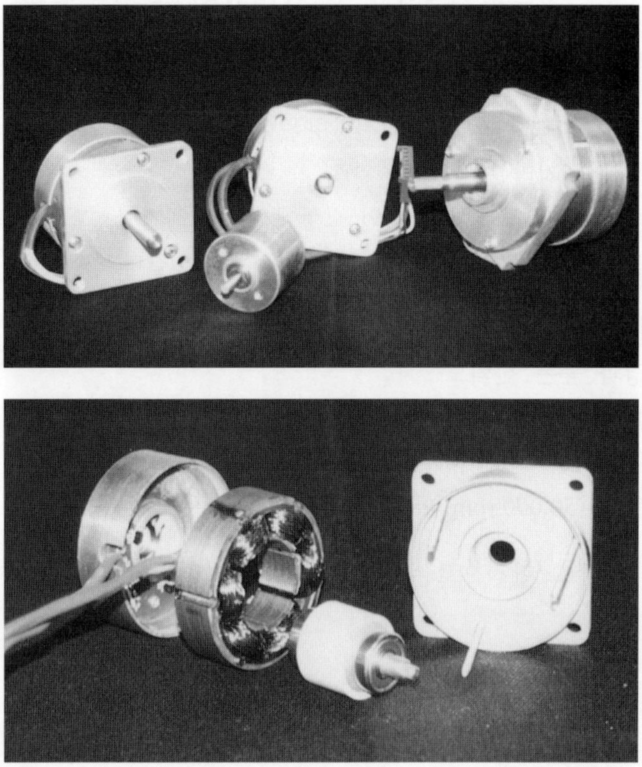

(a)

(b)

그림 9-41
(a) 전형적인 BLDC전동기, (b) 영구자석 회전자와 3상(6극) 고정자를 보요주고 있는 분해도(Carson Technologies Co. 제공)

BLDC 전동기는 일정 직류전압을 한번에 하나의 고정자코일을 여자함으로써 기능을 발휘한다. 코일이 여자되면 고정자자계 $\mathbf{B}_S$가 발생되고 회전자의 토오크는 다음 식으로 주어지며, 이것은 회전자자계를 고정자 자계와 일치시키려는 작용이 이루어진다.

$$\tau_{\text{ind}} = k\mathbf{B}_R \times \mathbf{B}_S$$

그림 9-40(a)의 그림에서 고정자자계 $\mathbf{B}_S$는 왼쪽으로 향하고 영구자석 회전자자계 $\mathbf{B}_R$위로 향하여 회전자에는 반시계방향의 토오크가 발생된다. 그 결과 회전자는 왼쪽으로 돌게 된다.

만일 코일 a가 항상 여자되어 있다면, 회전자는 두 자계가 일치될 때까지 돌고 스텝모터처럼 정지하게 될 것이다. BLDC 전동기 동작의 핵심은 위치센서가 있어서 제어회로가 회전자가 고정자의 자계와 거의 일치될 때를 감지하는 것이다. 코일 a가 개방되고 코일 b가 여자되어지면 회전자는 다시 반시계방향의 토오크를 받게 되고 회전을 계속할 것이다. 이 과정은 코일이 a, b, c, d,

$-a$, $-b$, $-c$, $-d$ 등의 순으로 계속하여 여자되면 전동기도 연속적으로 회전하게 될 것이다.

제어용 전자회로는 전동기의 속도와 방향을 모두 제어하는 데 사용될 수 있다. 이 설계의 순수효과는 속도와 회전방향을 완전히 제어할 수 있는 직류전원으로 운전되는 전동기라는 것이다.

BLDC 전동기는 200 W 정도까지의 소형에서 유용하지만, 그 이상의 크기에서도 많은 장점을 가지고 있다. 주요 장점은 다음과 같다.

1. 상대적으로 높은 효율
2. 긴 수명과 높은 신뢰도
3. 거의 불필요한 유지관리
4. 브러쉬가 있는 전동기에 비해 아주 작은 RF 노이즈
5. 초고속운전(50,000 rpm 이상도 가능)

BLDC 전동기의 주요 단점으로는 브러쉬가 있는 직류전동기보다 비싸다는 것이다.

9.7 요약

앞장에서 설명한 교류전동기는 그 기능을 수행하기 위해 삼상전력을 필요로 했다. 대부분의 가정과 소규모 사업장은 단상전원만을 가지고 있으므로 이런 전동기는 쓸 수 없다. 단상전원에서 동작 가능한 일련의 전동기들을 이번 장에서 설명했다.

첫 번째로 설명한 전동기는 유니버설전동기이다. 유니버설전동기는 직류직권 전동기가 교류전원으로도 동작할 수 있도록 한 것이며, 그 토오크–속도 특성은 직권 직류전동기의 그것과 유사하다. 유니버설전동기는 매우 큰 토오크를 가지고 있지만 일정속도를 유지하는 특성은 좋지 못하다.

단상 유도전동기는 본질적으로 기동토오크가 없지만, 한번 돌기 시작하면 토오크–속도 특성이 비교 가능한 크기의 삼상 유도전동기의 토오크–속도 특성만큼 좋은 성능을 가지고 있다. 단상 유도전동기는 주권선에 흐르는 전류보다 위상이 늦은 전류가 흐르는 보조권선을 추가하거나 고정자 극의 세이딩 부분에 의해 기동이 가능하다.

단상 유도전동기의 기동토오크는 주권선에 흐르는 전류와 보조권선에 흐르는 전류의 위상 차에 따라 다르며, 이 위상 차가 90°에 이르면 최대 토오크가 발생한다. 분상구조는 주권선과 보조권선의 위상 차가 적으므로 기동토오크가 별로 크지 않다. 커패시터기동 전동기는 거의 90°에 가까운 위상 차를 내는 보

조권선을 가지므로 기동토오크가 매우 크다. 영구분상 커패시터전동기는 보다 작은 커패시터를 가지고 있으므로 분상전동기와 커패시터기동 전동기의 중간 쯤에 해당하는 기동토오크를 낸다. Shaded-pole 전동기는 매우 적은 유효 위상차를 가지므로 기동토오크가 작다.

릴럭턴스 전동기와 히스테리시스 전동기는 동기전동기로서 필요한 회전자 자계를 만드는 권선 없이 동기속도로 동작하며 스스로 동기속도까지 가속할 수 있는 특수목적의 교류전동기이다. 이들 전동기는 단상고정자나 삼상고정자 둘 중 어느 것으로도 할 수 있다.

스테핑 모터는 제어펄스를 받아들이는 각 시각마다 정해진 양만큼 축 위치나 다른 기계적 장치를 움직이는 데 사용되는 전동기이다. 스테핑 모터는 위치 결정을 위한 제어 시스템에 광범위하게 이용된다.

BLDC 전동기는 위치센서를 가졌다는 것을 제외하면 영구자석 회전자를 가진 스테핑 모터와 유사하다. 위치센서는 회전자의 위치가 고정자와 일치되었을 때 회전자코일의 여자를 바꾸어 주는 데 이용되고 회전자가 제어회로에 의해서 일정속도로 회전하도록 한다. BLDC 전동기는 보통의 직류전동기보다 비싸지만 아주 저렴한 유지관리비, 높은 신뢰도, 긴수명, 낮은 RF 노이즈 등의 장점을 가지고 있다. 이 전동기는 현재 20 W 미만의 범위에서 유용하게 활용되고 있다.

질문 Questions

9-1. 직류직권 전동기를 교류전원으로 동작시키기 위해서는 어떻게 해야 하나?

9-2. 유니버설전동기를 직류전원으로 동작시킬 때와 교류전원으로 동작시킬 때 토오크-속도 특성이 다른 이유가 무엇인가?

9-3. 단상 유도전동기는 특별한 보조권선 없이 스스로 기동하지 못하는 이유는 무엇인가?

9-4. 단상 유도전동기에서 (*a*) 이중 회전자계 이론과 (*b*) 교차 자계이론에 따라 어떻게 유도토오크가 발생하는가?

9-5. 단상 유도전동기에서 보조권선이 어떻게 기동토오크를 발생하는가?

9-6. 분상 유도전동기에서 보조권선에 흐르는 전류의 위상이 어떻게 해서 늦어지는가?

9-7. 커패시터기동 전동기에서 보조권선에 흐르는 전류의 위상이 어떻게 해서 늦어지는가?

9-8. 같은 크기의 커패시터기동 전동기에 비해 영구분상 전동기의 기동토오크는 어떠한가?

9-9. 분상 유도전동기나 커패시터기동 유도전동기의 회전방향은 어떻게 하여 바뀔 수 있는가?

9-10. Shaded-pole 전동기에서 기동토오크는 어떻게 발생하는가?

9-11. 릴럭턴스 전동기는 어떻게 기동하는가?

9-12. 릴럭턴스 전동기가 어떻게 동기속도로 회전하는가?

9-13. 히스테리시스 전동기에서 기동토오크가 발생하는 메커니즘은 무엇인가?

9-14. 히스테리리스 전동기에서 동기토오크가 발생하는 메커니즘은 무엇인가?

9-15. 스테핑 모터의 동작을 설명하라.

9-16. 영구자석형 스테핑 모터와 릴럭턴스형 스테핑 모터의 차이점은 무엇인가?

9-17. 릴럭턴스 스테핑 모터에서 상간의 최적 공간분할은 어떠한 것이며 그 이유는 무엇인가?

9-18. BLDC 전동기를 일반 브러쉬가 있는 직류전동기와 비교할 때 정점과 단점은 무엇인가?

연습문제 Problems

9-1. 120-V, 1/4-hp, 60-Hz 4극, 분상 유도전동기가 다음의 임피던스를 가지고 있다.

$$R_1 = 2.00\ \Omega \qquad X_1 = 2.56\ \Omega \qquad X_M = 60.5\ \Omega$$
$$R_2 = 2.80\ \Omega \qquad X_2 = 2.56\ \Omega$$

0.05의 슬립에서 전동기의 회전손실은 51 W이다. 이 회전손실은 정상부하 범위 내에서 일정하다고 간주한다. 슬립이 0.05일 때 다음의 값들을 구하라.

(*a*) 입력전력
(*b*) 공극전력
(*c*) P_{conv}
(*d*) P_{out}
(*e*) τ_{ind}
(*f*) τ_{load}
(*g*) 전체 효율
(*h*) 고정자 역률

9-2. 연습문제 9-1에서 슬립이 0.025인 경우에 대해 풀어라.

9-3. 연습문제 9-1의 전동기가 기동되고 나서 회전자가 400 rpm까지 가속될 때까지 보조권선이 회로에서 분리되는 데 실패했다고 가정하자. 주권선에 의해서만 발생하는 유도토오크의 크기는 어느 정도이겠는가? 회전손실이 여전히 51 W라고 가정하면 이 전동기는 계속 가속을 하겠는가 아니면 다시 속도가 떨어지겠는가? 그 대답에 대한 근거를 제시하라.

9-4. MATLAB을 사용하여 연습문제 9-1의 전동기에서 기동 권선을 무시하였을 때 토크-속도 특성을 계산하고 곡선을 그려라.

9-5. 220-V, 1.5-hp, 50-Hz 6극, 커패시터기동 유도전동기가 다음의 주권선 임피던스를 가지고 있다.

$$R_1 = 1.30\ \Omega \qquad X_1 = 2.01\ \Omega \qquad X_M = 105\ \Omega$$
$$R_2 = 1.73\ \Omega \qquad X_2 = 2.01\ \Omega$$

0.05의 슬립에서 전동기의 회전손실은 291 W이다. 전동기의 회전손실은 정상부하 범위에서 일정하다고 가정한다. 슬립이 5%일 때 다음의 값들을 구하라.

(*a*) 고정자 전류
(*b*) 고정자 역률
(*c*) 입력전력
(*d*) P_{AG}
(*e*) P_{conv}
(*f*) P_{out}
(*g*) τ_{ind}
(*h*) τ_{load}
(*i*) 효율

9-6. 연습문제 9-5에서 5%의 슬립에서 단자전압이 (*a*) 190 V, (*b*) 208 V, (*c*) 230 V 일 때 전동기의 유도토오크를 구하라.

9-7. 다음과 같은 응용분야에 적합한 전동기는 무엇이며 그 이유는 무엇인가?
(*a*) 진공청소기
(*b*) 냉장고
(*c*) 에어컨 컴프레셔
(*d*) 에어컨 팬
(*e*) 가변속 재봉틀
(*f*) 시계
(*g*) 전기드릴

9-8. 특정한 응용분야에서 삼상 스테핑 모터가 스텝각이 10°씩 증가해야 한다. 이 스테핑 모터는 몇 개의 극이 필요한가?

9-9. 연습문제 9-8에서 600 rpm의 회전속도를 내기 위해 초당 몇 개의 펄스가 제어 장치에 공급되어야 하나?

9-10. 3상 스테핑 모터와 4상 스테핑 모터에 대해 스텝 크기 대 극수의 표를 만들어라.

참고문헌 References

1. Fitzgerald, A. E., and C. Kingsley, Jr.: *Electric Machinery*, McGraw-Hill, New York, 1952.
2. National Electrical Manufacturers Association, *Motors and Generators*, Publication No. MG1-1993, NEMA, Washington, 1993.
3. Werninck, E. H. (ed.): *Electric Motor Handbook*, McGraw-Hill, London, 1978.
4. Veinott, G. C.: *Fractional and Subfractional Horsepower Electric Motors*, McGraw-Hill, New York, 1970.

부록

부록 A

3상 회로

현재 대부분의 전력 발생과 전력 전송은 3상 교류회로의 형태이다. 3상 교류전력시스템은 3상 발전기, 전송선 그리고 부하로 구성된다. 교류전력 시스템은 2장에서 기술했듯이 전송 손실을 줄이기 위해서 변압기를 사용하여 전압 레벨을 변화시킬 수 있다는 점에 있어서 직류시스템보다 큰 장점을 가진다. 3상 교류전력시스템은 단상 교류전력시스템에 대해서 다음의 2가지의 큰 이점을 갖는다: (1) 3상 교류기로부터 금속의 킬로그램 당 더 큰 전력을 얻을 수 있다. (2) 3상 부하에 전달된 전력은 단상 시스템에서 발생하는 전력 변동과는 달리 일정하다. 3상 시스템은 또한 유도전동기를 특별한 기동 권선을 사용하지 않고 기동할 수 있게 해준다.

A.1 3상 전압 및 전류의 발생

3상 발전기는 세 개의 발전기로 구성이 되어 있으며, 각각의 전압은 크기가 같고 위상이 각각 120°씩 차이가 난다. 세 개의 발전기는 각각 세 개의 독립된 부하에 연결을 할 수 있으며, 결과적인 전력시스템은 그림 A-1(c)에 나타나 있다. 이러한 시스템은 세 개의 단상 회로로 구성이 되어 있고 위상이 120°씩 차이가 난다. 각 부하를 흐르는 전류는 다음 식으로 정의된다.

$$\mathbf{I} = \frac{\mathbf{V}}{\mathbf{Z}} \tag{A–1}$$

그래서 3상에 흐르는 전류는

$$\mathbf{I}_A = \frac{V\angle 0^\circ}{Z\angle\theta} = I\angle -\theta \tag{A–2}$$

$$\mathbf{I}_B = \frac{V\angle -120^\circ}{Z\angle\theta} = I\angle -120^\circ - \theta \tag{A–3}$$

$$\mathbf{I}_C = \frac{V\angle -240^\circ}{Z\angle\theta} = I\angle -240^\circ - \theta \tag{A–4}$$

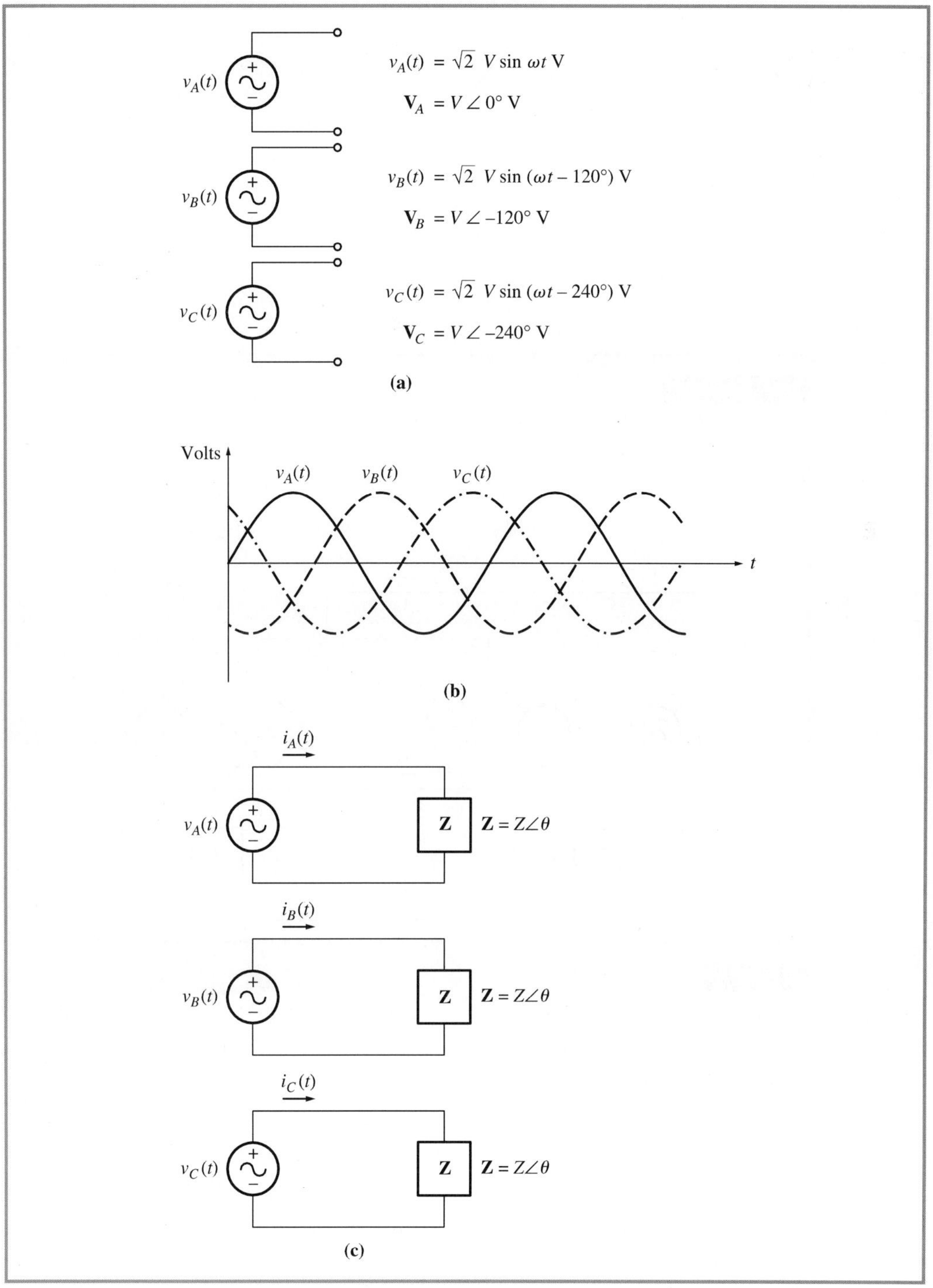

그림 A-1

(a) 전압의 크기가 같고 위상차가 120° 차이가 나는 세 개의 전원으로 구성되는 3상 발전기, (b) 발전기의 각 상의 전압, (c) 세 개의 독립된 부하에 연결된 3상 발전기

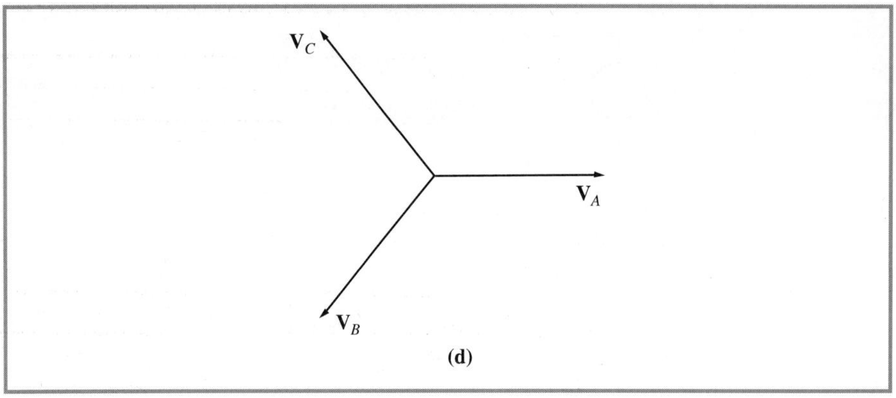

그림 A-1 (계속)
(d) 각상의 전압페이저도

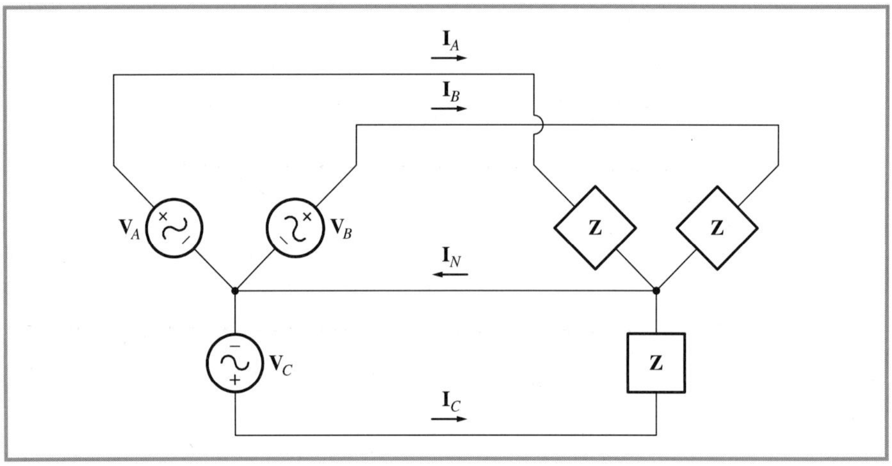

그림 A-2
공통 중성점으로 연결된 3상 회로

세 개의 3상 발전기 음의 단자와 부하를 함께 연결하는 것이 가능하며 이렇게 함으로서 중성점이라고 부르는 공통된 귀환선을 갖게 된다. 이것이 그림 A-2에 나타나있다. 세 개의 발전기로부터 세 개의 부하에 전력을 공급해주기 위해서는 단지 4개의 선만 필요하다는 것을 기억하자.

그림 A-2에 나타나 있는 중성점에 얼마만큼의 전류가 흐르게 될까? 귀환되는 전류는 전력시스템에서 각 부하에 흐르는 전류의 합이 될 것이다. 이 전류는 다음과 같이 주어진다.

$$\begin{aligned}\mathbf{I}_N &= \mathbf{I}_A + \mathbf{I}_B + \mathbf{I}_C \\ &= I\angle -\theta + I\angle -\theta - 120° + I\angle -\theta - 240° \\ &= I\cos(-\theta) + jI\sin(-\theta) \\ &\quad + I\cos(-\theta - 120°) + jI\sin(-\theta - 120°) \\ &\quad + I\cos(-\theta - 240°) + jI\sin(-\theta - 240°) \\ &= I[\cos(-\theta) + \cos(-\theta - 120°) + \cos(-\theta - 240°)] \\ &\quad + jI[\sin(-\theta) + \sin(-\theta - 120°) + \sin(-\theta - 240°)]\end{aligned} \tag{A–5}$$

다음과 같은 삼각함수 공식을 사용하자.

$$\cos(\alpha - \beta) = \cos\alpha\cos\beta + \sin\alpha\sin\beta \tag{A–6}$$

$$\sin(\alpha - \beta) = \sin\alpha\cos\beta - \cos\alpha\sin\beta \tag{A–7}$$

위 두 식을 사용하여 식 (A-5)를 변형하면 다음과 같다.

$$\begin{aligned}\mathbf{I}_N = I[&\cos(-\theta) + \cos(-\theta)\cos 120° + \sin(-\theta)\sin 120° + \cos(-\theta)\cos 240° \\ &+ \sin(-\theta)\sin 240°] \\ &+ jI[\sin(-\theta) + \sin(-\theta)\cos 120° - \cos(-\theta)\sin 120° \\ &+ \sin(-\theta)\cos 240° - \cos(-\theta)\sin 240°]\end{aligned}$$

$$\begin{aligned}\mathbf{I}_N = I&\left[\cos(-\theta) - \frac{1}{2}\cos(-\theta) + \frac{\sqrt{3}}{2}\sin(-\theta) - \frac{1}{2}\cos(-\theta) - \frac{\sqrt{3}}{2}\sin(-\theta)\right] \\ &+ jI\left[\sin(-\theta) - \frac{1}{2}\sin(-\theta) - \frac{\sqrt{3}}{2}\cos(-\theta) - \frac{1}{2}\sin(-\theta) + \frac{\sqrt{3}}{2}\cos(-\theta)\right]\end{aligned}$$

$$\mathbf{I}_N = 0\text{ A}$$

세 개의 부하가 같다면 중성점으로 흐르는 전류는 0이다. 세 개의 발전기가 크기가 같고 위상이 정확하게 120°가 나오며, 세 개의 부하가 동일한 3상 전력시스템은 평형 3상 시스템으로 부른다. 이러한 시스템에서 중성점은 사실상 불필요하다.

상회전 상회전 3상 전력시스템의 상회전은 각 상의 최고치에 있어서 전압의 순서이다. 그림 A-1에 있는 3상 전력시스템은 *abc*의 상회전을 갖고 있으므로 3상 최고치의 전압의 순서는 *a*, *b*, *c*(그림 A-1b 참조)이다. 상회전 *abc*를 갖는 3상 전력시스템의 위상도는 그림 A-3a에 나타나있다.

3상 전력시스템을 각 상전압의 최고치 순서가 *a*, *c*, *b*가 되도록 접속이 가능하다. 이러한 형태의 전력시스템은 *acb*의 상회전을 가진다고 말한다. *acb* 상회전을 갖는 전력시스템의 위상도는 그림 A-3b에 나타나있다.

위에서 유도했던 결과들은 상회전이 *abc*이든 *acb*이든 똑 같이 적용이 가능하다. 각 경우에 있어서 만일 전력시스템의 평형하다면 중성점에 흐르는 전류는 0이 될 것이다.

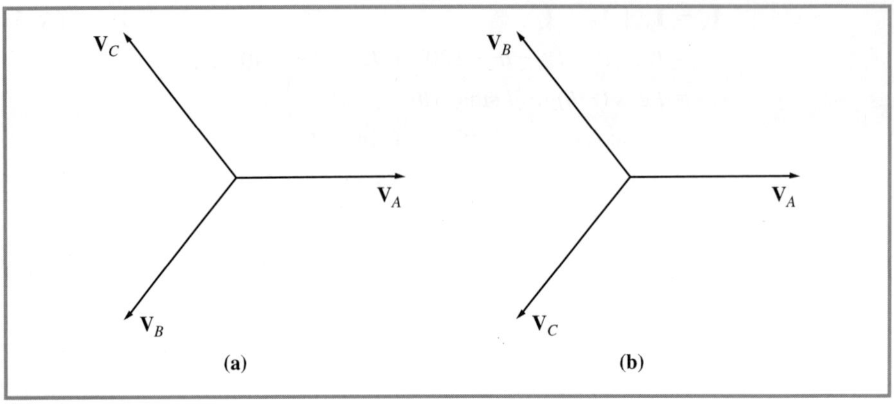

그림 A-3
(a) *abc* 상회전을 갖는 전력시스템의 상전압, (b) *acb* 상회전을 갖는 전력시스템의 상전압

A.2 3상 회로에서의 전압과 전류

그림 A-2에 나타낸 형태의 결선 방법을 wye(Y) 결선으로 부르는데 이것은 결선의 모양이 글자 Y와 닮았기 때문이다. 다른 형태의 결선 방법은 delta(Δ) 결선이라 부르고 이것은 세 개의 발전기들이 서로 서로 연결되어 있다. 세 전압의 합이 $\mathbf{V}_A + \mathbf{V}_B + \mathbf{V}_C = 0$이 되므로 Δ결선이 가능하며, 세 전원이 서로 연결되었을 경우에라도 단락 전류는 흐르지 않을 것이다.

3상 전력시스템에서 각 발전기와 각 부하들은 Y결선 혹은 Δ결선으로 연결될 수 있다. 전력시스템에서 Y결선 혹은 Δ결선을 발전기와 부하에 혼용해서 사용할 수 있다.

그림 A-4는 Y결선과 Δ결선으로 연결된 3상 발전기를 보여주고 있다. 주어진 상에서 전압들과 전류들은 상전압 및 상전류들이고, 발전기와 연결된 선들 사이의 전압과 전류값들은 선전압 및 선전류들이다. 주어진 발전기와 부하에 대한 선전압 및 선전류와 상전압 및 상전류에 관한 관계는 발전기와 부하에 사용된 연결 형태에 의존한다. 그 관계들은 Y결선과 Δ결선에 대해서 서술할 것이다.

Y결선에서의 전압과 전류

abc 상회전을 갖고 저항 부하에 연결되어 있는 Y결선된 3상 발전기의 그림이 그림 A-5에 나타나 있다. 이 발전기에서 상전압은 다음과 같다.

$$\begin{aligned}\mathbf{V}_{an} &= V_\phi\angle 0^\circ \\ \mathbf{V}_{bn} &= V_\phi\angle -120^\circ \\ \mathbf{V}_{cn} &= V_\phi\angle -240^\circ\end{aligned} \tag{A–8}$$

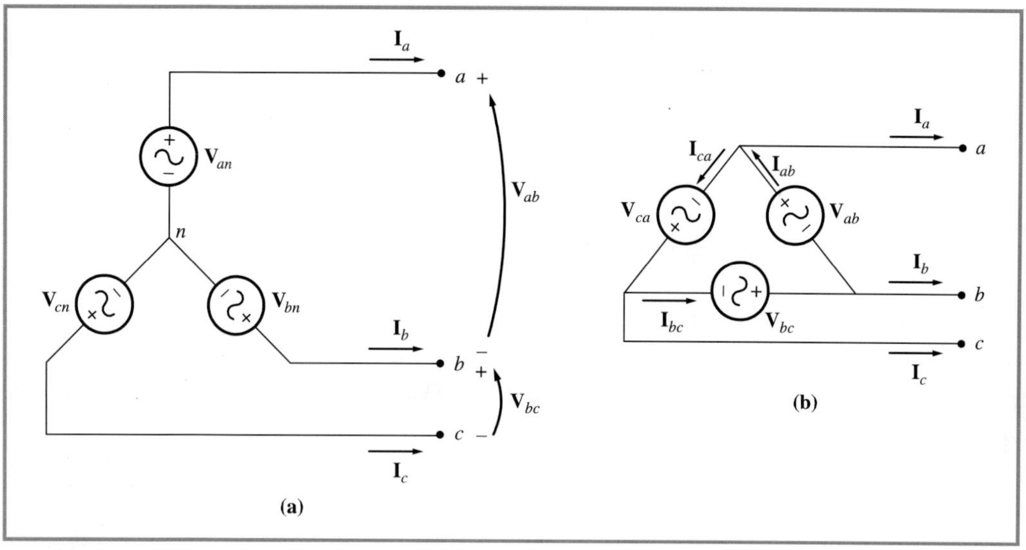

그림 A–4

(a) Y결선, (b) Δ결선

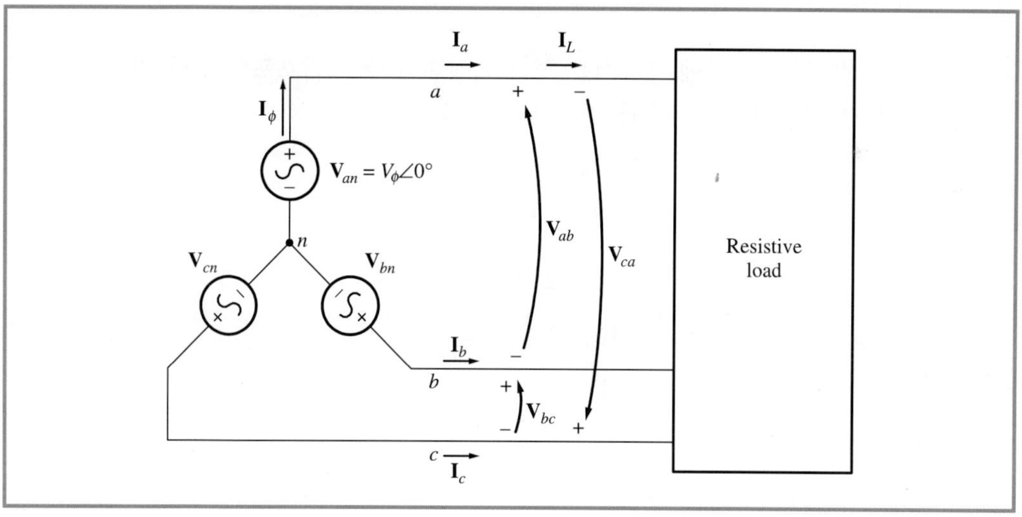

그림 A–5

저항부하를 가진 Y결선된 발전기

이 발전기에 연결된 부하가 저항성이기 때문에, 발전기의 각 상의 전류는 전압과 같은 각을 가질 것이다. 그러므로, 각 상의 전류는 다음과 같이 주어진다.

$$\begin{aligned} \mathbf{I}_a &= I_\phi\angle 0^\circ \\ \mathbf{I}_b &= I_\phi\angle -120^\circ \\ \mathbf{I}_c &= I_\phi\angle -240^\circ \end{aligned} \tag{A–9}$$

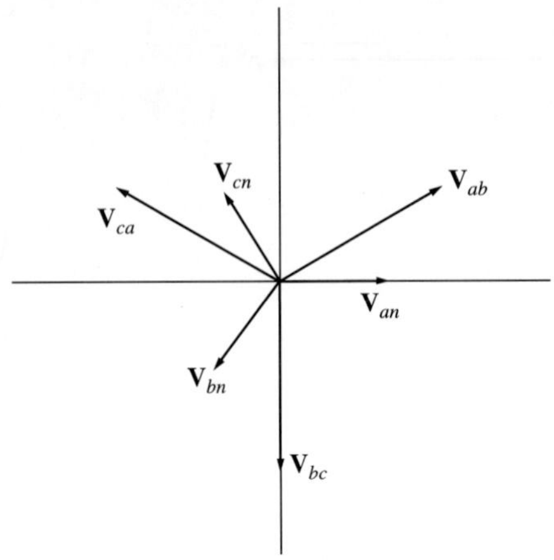

그림 A-6
그림 A-5에서 Y결선에 대한 선간전압과 상전압

그림 A-5로부터, 임의의 선로의 전류는 상전류와 비교해서 같은 전류라는 것은 명백하다. Y결선에서 아래의 식이 성립한다.

$$I_L = I_\phi \qquad \text{Y connection} \tag{A–10}$$

선전압과 상전압에 대해서는 약간 복잡하다. 키르히호프의 전압 법칙으로부터 선간 전압 $\mathbf{V}_{ab}$는 다음과 같이 나타난다.

$$\begin{aligned}
\mathbf{V}_{ab} &= \mathbf{V}_a - \mathbf{V}_b \\
&= V_\phi \angle 0° - V_\phi \angle -120° \\
&= V_\phi - \left(-\frac{1}{2}V_\phi - j\frac{\sqrt{3}}{2}V_\phi\right) = \frac{3}{2}V_\phi + j\frac{\sqrt{3}}{2}V_\phi \\
&= \sqrt{3}V_\phi\left(\frac{\sqrt{3}}{2} + j\frac{1}{2}\right) \\
&= \sqrt{3}V_\phi \angle 30°
\end{aligned}$$

그러므로 Y결선된 발전기 혹은 부하에서 선간 전압과 상전압의 크기에 대한 관계는 다음과 같다.

$$V_{LL} = \sqrt{3}V_\phi \qquad \text{Y connection} \tag{A–11}$$

그리고 선전압은 상전압에 대해서 30° 이동되어 있다. 그림 A-5의 Y결선에 대한 선전압과 상전압에 대한 위상도가 그림 A-6에 나타나있다.

그림 A-5와 같이 상회전가 *abc* 인 Y결선에 대해서 선전압이 상전압에 대해서 30° 앞서게 된다. *acb* 상회전인 Y결선에 대해서는 선전압이 상전압보다 30° 뒤지게 되며 이것에 대해서 부록의 끝 부분에서 문제로 주어져 있다.

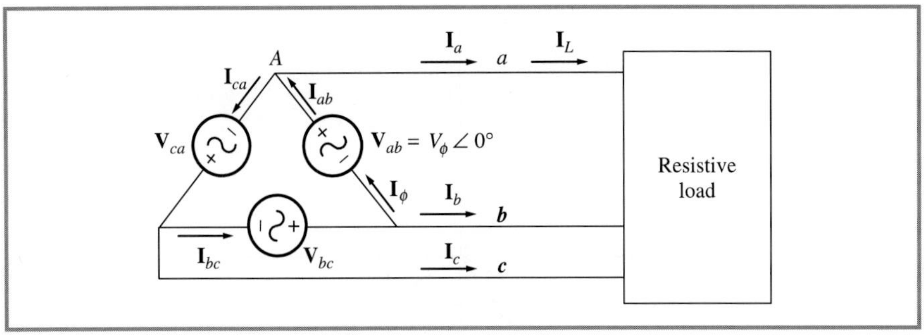

그림 A-7
저항 부하를 갖는 Δ결선된 발전기

비록 Y결선에 대한 선전압 및 선전류 그리고 상전압 및 전류에 대한 관계가 역률이 1이라는 가정에서 출발하였지만 이 관계는 어떤 역률에 대해서도 성립한다. 역률 1의 부하라는 가정은 관계를 도출하는 데 있어서 수학적으로 쉽게 할 뿐이다.

Δ결선에서의 전압과 전류

저항부하에 연결된 Δ결선된 3상 발전기가 그림 A-7에 나타나 있다. 이 발전기에서 상전압은 다음과 같이 나타난다.

$$\begin{aligned} \mathbf{V}_{ab} &= V_\phi \angle 0° \\ \mathbf{V}_{bc} &= V_\phi \angle -120° \\ \mathbf{V}_{ca} &= V_\phi \angle -240° \end{aligned} \qquad \text{(A–12)}$$

부하가 저항부하이므로 상전류는 다음과 같다.

$$\begin{aligned} \mathbf{I}_{ab} &= I_\phi \angle 0° \\ \mathbf{I}_{bc} &= I_\phi \angle -120° \\ \mathbf{I}_{ca} &= I_\phi \angle -240° \end{aligned} \qquad \text{(A–13)}$$

Δ결선의 경우, 두 선사이의 선간 전압이 상전압과 같음을 알 수 있다. Δ결선에서는 다음이 성립한다.

$$\boxed{V_{LL} = V_\phi \qquad \Delta \text{ connection}} \qquad \text{(A–14)}$$

선전류와 상전류 사이의 관계는 좀 더 복잡하다. 이 관계는 Δ결선의 노드에서 키르히호프의 전류 법칙을 적용하면 알 수 있다. 노드 A에 키르히호프의 전류 법칙을 적용하면 다음 식이 얻어진다.

$$\begin{aligned} \mathbf{I}_a &= \mathbf{I}_{ab} - \mathbf{I}_{ca} \\ &= I_\phi \angle 0° - I_\phi \angle -240° \\ &= I_\phi - \left(-\frac{1}{2} I_\phi + j\frac{\sqrt{3}}{2} I_\phi \right) = \frac{3}{2} I_\phi - j\frac{\sqrt{3}}{2} I_\phi \end{aligned}$$

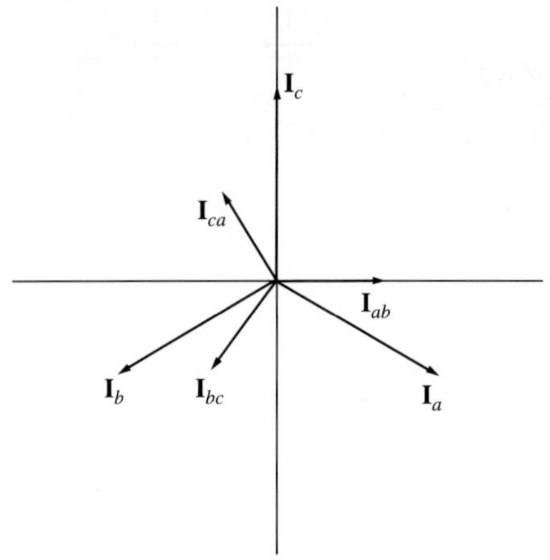

그림 A-8
그림 A-7의 Δ결선에 대한 선전류 및 상전류

표 A-1
Y결선과 Δ결선에서의 관계 요약

	Y connection	**Δ connection**
Voltage magnitudes	$V_{LL} = \sqrt{3}\,V_\phi$	$V_{LL} = V_\phi$
Current magnitudes	$I_L = I_\phi$	$I_L = \sqrt{3}\,I_\phi$
abc phase sequence	$\mathbf{V}_{ab}$ leads $\mathbf{V}_a$ by 30°	$\mathbf{I}_a$ lags $\mathbf{I}_{ab}$ by 30°
acb phase sequence	$\mathbf{V}_{ab}$ lags $\mathbf{V}_a$ by 30°	$\mathbf{I}_a$ leads $\mathbf{I}_{ab}$ by 30°

$$= \sqrt{3}I_\phi\left(\frac{\sqrt{3}}{2} - j\frac{1}{2}\right)$$
$$= \sqrt{3}I_\phi\angle -30°$$

그러므로, Δ결선된 발전기 또는 부하에서 선전류와 상전류의 크기에 대한 관계는 다음과 같다.

$$\boxed{I_L = \sqrt{3}I_\phi \qquad \Delta \text{ connection}} \tag{A–15}$$

그리고 선전류는 상전류에 대해서 30°이동되어 있다.

그림 A-7에 있는 *abc* 상회전을 갖는 Δ결선에 대해서 선전류는 상전류보다 30° 뒤져있다(그림 A-8 참조). *acb* 상회전을 갖는 Δ결선에 대해서 선전류는 상전류보다 30° 앞서게 된다.

Y결선과 Δ결선된 전원과 부하에 대한 전압과 전류의 관계가 표 A-1에 요약되어 있다.

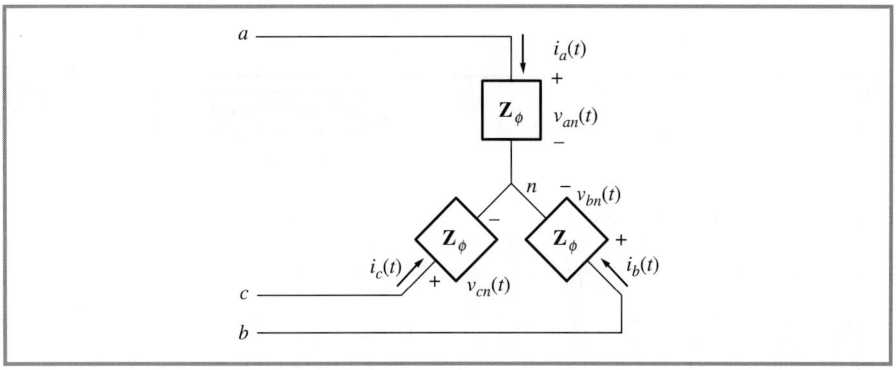

그림 A-9
평형 Y결선된 부하

A.3 3상 회로에서의 전력 관계

그림 A-9는 상 임피던스가 $\mathbf{Z}_\phi = Z \angle\ \theta°$인 Y결선된 평형 부하를 보여주고 있다. 만일 이 부하에 걸리는 3상 전압이 다음과 같다면

$$\begin{aligned} v_{an}(t) &= \sqrt{2}V \sin \omega t \\ v_{bn}(t) &= \sqrt{2}V \sin(\omega t - 120°) \\ v_{cn}(t) &= \sqrt{2}V \sin(\omega t - 240°) \end{aligned} \tag{A–16}$$

이 부하에 흐르는 삼성 전류는 다음과 같다.

$$\begin{aligned} i_a(t) &= \sqrt{2}I \sin(\omega t - \theta) \\ i_b(t) &= \sqrt{2}I \sin(\omega t - 120° - \theta) \\ i_c(t) &= \sqrt{2}I \sin(\omega t - 240° - \theta) \end{aligned} \tag{A–17}$$

단 여기서 $I = V/Z$. 전원으로부터 얼마만큼의 전력이 부하로 전달될까?

부하의 한 상에 전달되는 순시전력은 다음과 같다.

$$\boxed{p(t) = v(t)i(t)} \tag{A–18}$$

그러므로 3상의 각 상에 전달되는 순시전력은 다음과 같다.

$$\begin{aligned} p_a(t) &= v_{an}(t)i_a(t) = 2VI \sin(\omega t) \sin(\omega t - \theta) \\ p_b(t) &= v_{bn}(t)i_b(t) = 2VI \sin(\omega t - 120°) \sin(\omega t - 120° - \theta) \\ p_c(t) &= v_{cn}(t)i_c(t) = 2VI \sin(\omega t - 240°) \sin(\omega t - 240° - \theta) \end{aligned} \tag{A–19}$$

다음과 같은 삼각함수 공식을 식 (A-19)에 사용하면

$$\sin \alpha \sin \beta = \frac{1}{2}[\cos(\alpha - \beta) - \cos(\alpha - \beta)] \tag{A–20}$$

각 부하의 상에 전달되는 전력은 다음과 같다.

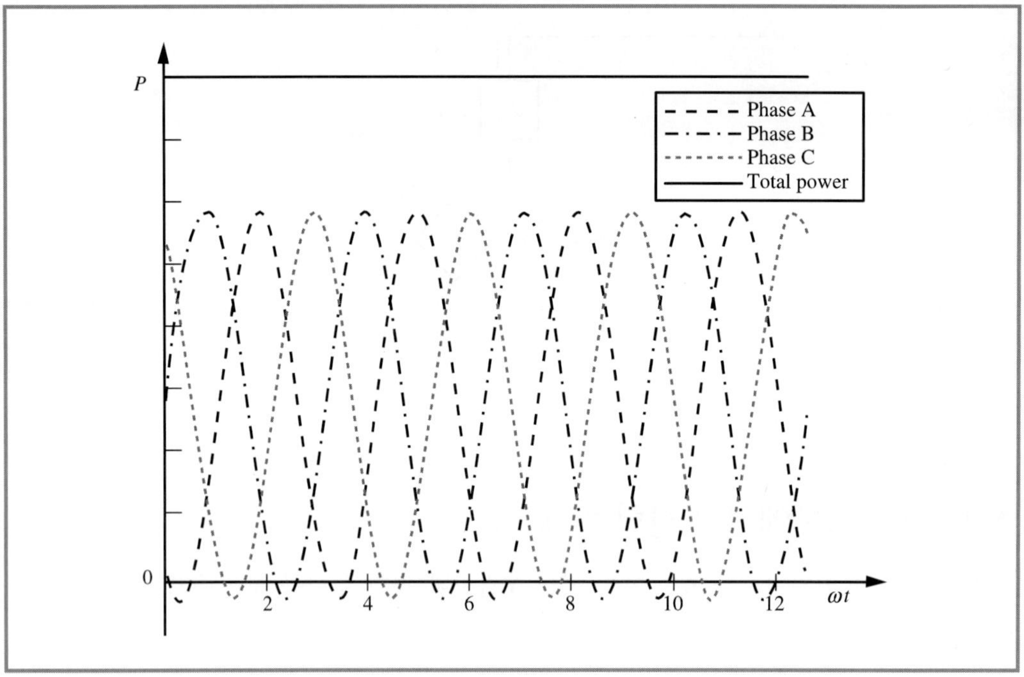

그림 A-10
a, b, c 상의 순시전력과 부하에 공급되는 전 전력

$$
\begin{aligned}
p_a(t) &= VI[\cos\theta - \cos(2\omega t - \theta)] \\
p_b(t) &= VI[\cos\theta - \cos(2\omega t - 240° - \theta)] \\
p_c(t) &= VI[\cos\theta - \cos(2\omega t - 480° - \theta)]
\end{aligned} \tag{A–21}
$$

3상 부하에 전달되는 총 전력은 각 상의 전력의 합과 같다. 각 상에 전달되는 전력은 일정한 성분과 진동 성분으로 구성된다. 그런 3상에서 진동성분은 각 상들이 서로 120°씩 위상차가 나서 서로 상쇄되므로 3상 전력시스템에 공급되는 최종 전력은 일정하게 된다. 이 전력은 다음과 같이 나타난다.

$$p_{\text{tot}}(t) = p_A(t) + p_B(t) + p_C(t) = 3VI\cos\theta \tag{A–22}$$

상 *a*, *b* 그리고 *c*의 순시전력은 그림 A-10에 시간의 함수로 나타내었다. 평형 3상 부하에 공급되는 총 전력은 언제나 일정하다는 것을 기억하자. 3상 전력시스템에 의해서 일정한 전력이 공급할 수 있다는 것이 단상 전원에 비해서 갖는 큰 장점이다.

상에 관계된 3상 전력 수식

식 (1-60)에서 (1-66)의 단상 전력 수식들은 Y결선 혹은 Δ결선된 3상 부하의 각 상에 적용할 수 있으므로 평형 3상 부하에 공급되는 유효, 무효 그리고 피상 전력의 수식들은 다음과 같다.

$$\boxed{P = 3V_\phi I_\phi \cos\theta} \tag{A–23}$$

$$\boxed{Q = 3V_\phi I_\phi \sin\theta} \tag{A–24}$$

$$\boxed{S = 3V_\phi I_\phi} \tag{A–25}$$

$$\boxed{P = 3I_\phi^2 Z \cos\theta} \tag{A–26}$$

$$\boxed{Q = 3I_\phi^2 Z \sin\theta} \tag{A–27}$$

$$\boxed{S = 3I_\phi^2 Z} \tag{A–28}$$

각 θ는 부하의 어떤 상에서 전압과 전류 사이의 각이다. 그리고 부하의 역률은 임피던스 각 θ의 코사인 값이다. 전력 삼각관계 역시 적용이 가능하다.

선에 관계된 3상 전력 수식

평형 3상 부하에 있어서 전력에 대한 표현을 선에 대해서도 표현이 가능하다. 이 유도는 Y결선과 Δ결선 각각에 대해서 실행한다. 왜냐하면 각 결선방법에 대해서 선과 상에 대한 값들에 대한 관계가 다르기 때문이다.

Y결선된 부하에 대해서 부하에 소모되는 전력은 다음과 같다.

$$P = 3V_\phi I_\phi \cos\theta \tag{A–23}$$

이 형태의 부하에 대해서 $I_L = I_\phi$ 그리고 $V_{LL} = \sqrt{3}V_\phi$이고, 부하에 소모된 전력은 다음과 같이 나타난다.

$$P = 3\left(\frac{V_{LL}}{\sqrt{3}}\right) I_L \cos\theta$$

$$\boxed{P = \sqrt{3}V_{LL} I_L \cos\theta} \tag{A–29}$$

Δ결선된 부하에 대해서 부하에 소모된 전력은 다음과 같다.

$$P = 3V_\phi I_\phi \cos\theta \tag{A–23}$$

이 형태의 부하에 대해서 $I_L = \sqrt{3}I_\phi$, 그리고 $V_{LL} = V_\phi$이고, 부하에 소모된 전력은 다음과 같이 나타난다.

$$\begin{aligned} P &= 3V_{LL}\left(\frac{I_L}{\sqrt{3}}\right)\cos\theta \\ &= \sqrt{3}V_{LL}I_L \cos\theta \end{aligned} \tag{A–29}$$

이 식은 Y결선된 부하에서 구한 식과 완전히 같다. 그래서 식 (A-23)은 부하의 결선에 관계없이 선량의 항으로 평형 3상 부하의 전력을 나타낸다. 선량의 항으로 부하의 무효전력과 피상전력의 항은 다음과 같이 주어진다.

$$\boxed{Q = \sqrt{3}V_{LL}\, I_L \sin\theta} \tag{A–30}$$

$$\boxed{S = \sqrt{3}V_{LL}\, I_L} \tag{A–31}$$

식 (A-29)와 (A-30)에 나타난 cos θ와 sin θ는 선간 전압과 선간 전류에 대한 값이 아니고 상전압과 상전류에 대한 값임을 명심해야 한다. Y결선에 대해서는 선간 전압과 상전압 그리고 Δ결선에 대해서는 선간 전류와 상전류 사이에는 30°의 위상차가 있어서, 선간 전압과 선전류 사이의 cos과 sin 값을 계산하지 않도록 주의해야 한다.

A.4 평형 3상 시스템의 해석

만일 3상 전력시스템이 평형하다면, 상당 등가회로를 사용하여 회로의 각 지점에서의 전압, 전류 그리고 전력을 계산하는 것이 가능하다. 이것에 대한 그림이 A-11에 나타나 있다. 그림 A-11(a)는 3상 전력선을 통하여 Y결선된 부하에 전력을 공급하는 Y결선된 발전기를 보여준다.

이와 같은 평형 시스템에서, 중성점에는 전류가 흐르지 않기 때문에 아무런 문제없이 중성점을 넣을 수 있다. 중선선을 갖는 그림이 A-11(b)에 나타나있다. 또한, 3상의 각 상들은 독립적으로 120°의 위상차를 갖고 있음을 명심하자. 그러므로 한 상과 중성점을 포함한 회로를 해석하는 것이 가능하고, 그 회로에 대한 해석 결과는 120°의 위상차가 포함된다면 다른 상에도 적용이 가능하다. 이러한 한 상에 대한 등가회로는 그림 A-11(c)이다.

그러나 이러한 접근 방법에는 한 가지 문제점이 있다. 중성점이 부하에서 발전기로 흐르는 전류의 귀환길을 제공해야 한다. 이것은 Y결선에 대해서는 가능하지만 Δ결선된 부하와 발전기에서는 중성점 연결이 불가능하다.

Δ결선된 부하와 전원의 해석은 어떻게 해야 하는가? 일반적인 해석 접근 방법은 기본적인 회로 이론의 Y–Δ변환에 의한 임피던스 변환이다. 평형 부하의 특별한 경우, Y–Δ변환은 각 상의 임피던스가 Z이면서 Δ결선된 평형 3상 부하는 각 상의 임피던스가 Z/3이면서 Δ결선된 평형 3상 부하와 같다(그림 A-12 참조).

만일 Δ결선된 전원 혹은 부하가 전압원을 갖고 있다면, 전압원의 크기는 식 (A-11)에 의해서 변환되어야 하고 30°의 위상차도 포함되어야 한다.

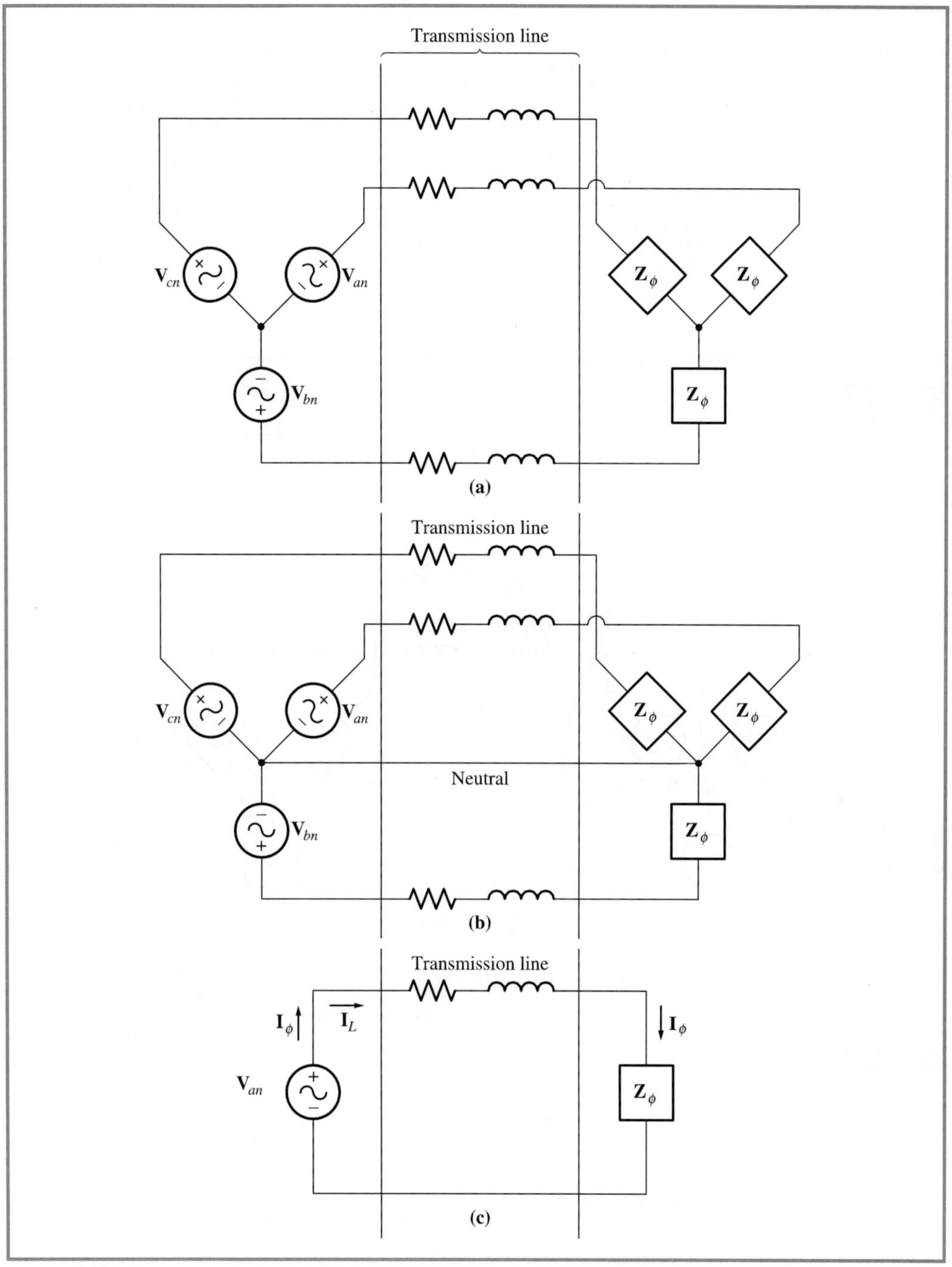

그림 A-11
(a) Y결선된 발전기와 부하, (b) 중성점이 포함된 시스템, (c) 각 상당 등가회로

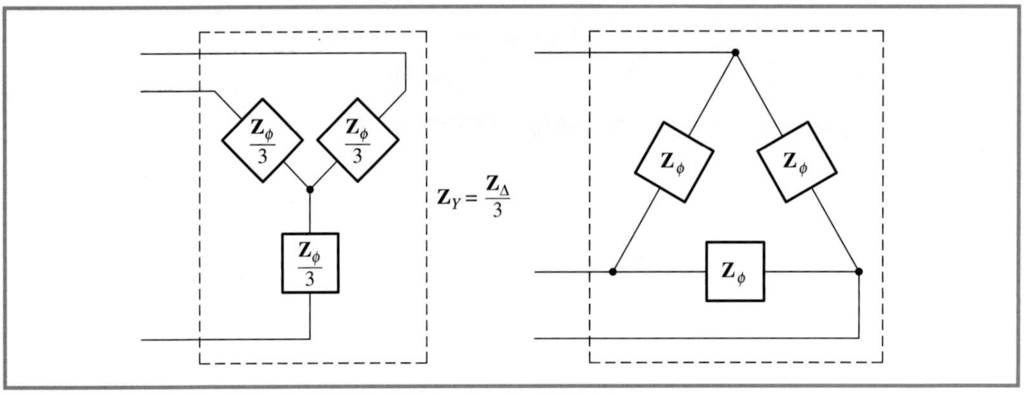

그림 A-12
Y-Δ 변환. Y결선된 $Z/3$의 임피던스는 부하의 단자에 연결된 어떠한 회로의 Δ결선된 Z의 임피던스와 동일하다.

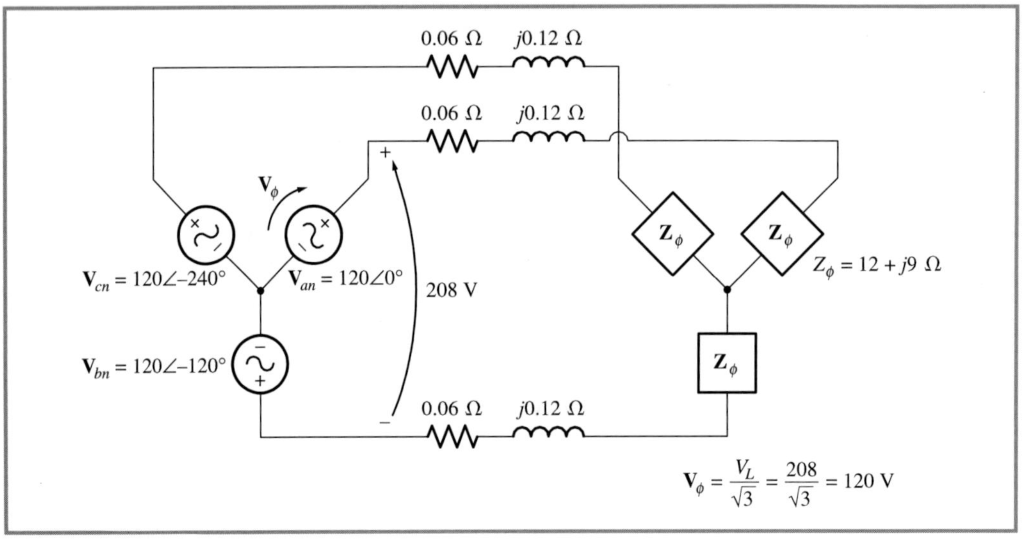

그림 A-13
예제 A-1의 3상 회로

예제 A-1

208V 3상 전력시스템이 그림 A-13에 나타나 있다. 208V Y결선된 3상 발전기는 3상 전력선을 통하여 Y결선된 부하에 연결되어 있다. 전송선은 각 상당 $0.06 + j0.12\Omega$의 임피던스를 갖고 있으며, 부하의 상당 임피던스는 $12 + j9\ \Omega$이다. 이 간단한 전력시스템에서 다음을 구하라.

(*a*) 선전류 I_L

(*b*) 부하의 선간전압 V_{LL} 및 상전압 $V_{\phi L}$

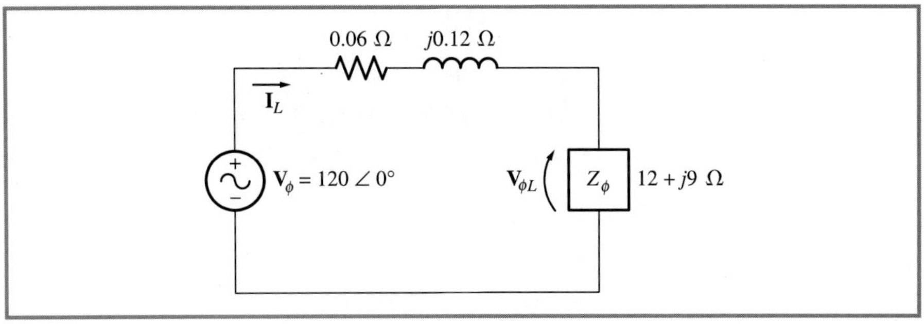

그림 A-14
예제 A-1의 각 상당 등가회로

(*c*) 부하에 소모되는 유효, 무효 그리고 피상전력
(*d*) 부하의 역률
(*e*) 전송선에서 소모되는 유효, 무효 그리고 피상전력
(*f*) 발전기에서 소모되는 유효, 무효 그리고 피상전력
(*g*) 발전기의 역률

풀이

이 전력시스템에서 발전기와 부하는 모두 Y결선되어 있으므로, 각 상당 등가회로를 구성하는 것은 매우 간단하다. 이 회로는 그림 A-14에 나타나있다.

(*a*) 각 상당 등가회로에 흐르는 선전류는 다음과 같다.

$$\begin{aligned} V_{\phi L} &= \mathbf{I}_{\phi L}\mathbf{Z}_{\phi L} \\ &= (7.94\angle -37.1^\circ \text{ A})(12 + j9\ \Omega) \\ &= (7.94\angle -37.1^\circ \text{ A})(15\angle 36.9^\circ\ \Omega) \\ &= 119.1\angle -0.2^\circ \text{ V} \end{aligned}$$

선전류의 크기는 7.94 A이다.

(*b*) 부하의 상전압은 부하의 각 상에 걸리는 전압과 같다. 이 전압은 부하의 상전류와 상 임피던스의 곱이다.

$$\begin{aligned} V_{\phi L} &= \mathbf{I}_{\phi L}\mathbf{Z}_{\phi L} \\ &= (7.94\angle -37.1^\circ \text{ A})(12 + j9\ \Omega) \\ &= (7.94\angle -37.1^\circ \text{ A})(15\angle 36.9^\circ\ \Omega) \\ &= 119.1\angle -0.2^\circ \text{ V} \end{aligned}$$

그러므로, 부하의 상전압의 크기는

$$V_{\phi L} = 119.1 \text{ V}$$

그리고, 부하의 선간 전압의 크기는

$$V_{LL} = \sqrt{3}V_{\phi L} = 206.3 \text{ V}$$

(*c*) 부하에서 소모되는 유효전력은 다음과 같다.

$$\begin{aligned} P_{\text{load}} &= 3V_\phi I_\phi \cos\theta \\ &= 3(119.1\text{ V})(7.94\text{ A})\cos 36.9° \\ &= 2270\text{ W} \end{aligned}$$

부하에서 소모되는 무효전력은 아래와 같다.

$$\begin{aligned} Q_{\text{load}} &= 3V_\phi I_\phi \sin\theta \\ &= 3(119.1\text{ V})(7.94\text{ A})\sin 36.9° \\ &= 1702\text{ var} \end{aligned}$$

부하에서 소모되는 피상전력은 다음과 같다.

$$\begin{aligned} S_{\text{load}} &= 3V_\phi I_\phi \\ &= 3(119.1\text{ V})(7.94\text{ A}) \\ &= 2839\text{ VA} \end{aligned}$$

(*d*) 부하의 역률은 아래와 같다.

$$\text{PF}_{\text{load}} = \cos\theta = \cos 36.9° = 0.8\text{ lagging}$$

(*e*) 전송선에 흐르는 전류는 $7.94 \angle -37.1°$ A이다. 그리고 임피던스는 $0.06 + j0.12\ \Omega$ 혹은 $0.134 \angle 63.4°\ \Omega$이다. 그러므로 유효, 무효 그리고 피상전력은 다음과 같다.

$$\begin{aligned} P_{\text{line}} &= 3I_\phi^2 Z\cos\theta \qquad \text{(A–26)} \\ &= 3(7.94\text{ A})^2(0.134\ \Omega)\cos 63.4° \\ &= 11.3\text{ W} \end{aligned}$$

$$\begin{aligned} Q_{\text{line}} &= 3I_\phi^2 Z\sin\theta \qquad \text{(A–27)} \\ &= 3(7.94\text{ A})^2(0.134\ \Omega)\sin 63.4° \\ &= 22.7\text{ var} \end{aligned}$$

$$\begin{aligned} S_{\text{line}} &= 3I_\phi^2 Z \qquad \text{(A–28)} \\ &= 3(7.94\text{ A})^2(0.134\ \Omega) \\ &= 25.3\text{ VA} \end{aligned}$$

(*f*) 발전기에서 소모되는 유효, 무효전력은 선과 부하에서 소모되는 전력의 합이다.

$$\begin{aligned} P_{\text{gen}} &= P_{\text{line}} + P_{\text{load}} \\ &= 11.3\text{ W} + 2270\text{ W} = 2281\text{ W} \end{aligned}$$

$$\begin{aligned} Q_{\text{gen}} &= Q_{\text{line}} + Q_{\text{load}} \\ &= 22.7\text{ var} + 1702\text{ var} = 1725\text{ var} \end{aligned}$$

발전기의 피상전력은 유효 및 무효전력의 제곱 근의 값이다.

$$S_{\text{gen}} = \sqrt{P_{\text{gen}}^2 + Q_{\text{gen}}^2} = 2860\text{ VA}$$

(*g*) 전력 삼각형으로부터, 역률각 θ는 다음과 같다.

$$\theta_{\text{gen}} = \tan^{-1}\frac{Q_{\text{gen}}}{P_{\text{gen}}} = \tan^{-1}\frac{1725\text{ VAR}}{2281\text{ W}} = 37.1°$$

그러므로, 발전기 역률각은 다음과 같다.

$$\text{PF}_{\text{gen}} = \cos 37.1° = 0.798\text{ lagging}$$

예제 A-2

예제 A-1의 모든 값이 변하지 않았다고 가정하고 부하를 Δ결선하여 다시 반복해서 풀어보자.

풀이

이 전력시스템은 그림 A-15에서 볼 수 있다. 이 전력시스템에서 부하가 Δ결선되어 있기 때문에 먼저 Y결선 형태로 변환시켜야 한다. Δ결선된 부하의 상 임피던스는 $12 + j9\ \Omega$이므로 Y결선으로 변환한 경우 부하의 임피던스는 다음과 같다.

$$Z_Y = \frac{Z_\Delta}{3} = 4 + j3\ \Omega$$

이 시스템을 Y결선으로 변환한 각 상당 등가회로는 그림 A-16과 같다.

(*a*) 상당 등가회로에 흐르는 선전류는 다음과 같다.

$$\begin{aligned}\mathbf{I}_{\text{line}} &= \frac{\mathbf{V}}{\mathbf{Z}_{\text{line}} + \mathbf{Z}_{\text{load}}} \\ &= \frac{120\angle 0°\text{ V}}{(0.06 + j0.12\ \Omega) + (4 + j3\ \Omega)} \\ &= \frac{120\angle 0°}{4.06 + j3.12} = \frac{120\angle 0°}{5.12\angle 37.5°} \\ &= 23.4\angle -37.5°\text{ A}\end{aligned}$$

선전류의 크기는 23.4 A이다.

(*b*) 등가 Y부하의 상전압은 부하의 상에 걸리는 전압이다. 이 전압은 부하의 상전류와 상 임피던스의 곱이다.

$$\begin{aligned}\text{V}'_{\phi L} &= \mathbf{I}'_{\phi L}\mathbf{Z}'_{\phi L} \\ &= (23.4\angle -37.5°\text{ A})(4 + j3\ \Omega) \\ &= (23.4\angle -37.5°\text{ A})(5\angle 36.9°\ \Omega) = 117\angle -0.6°\text{ V}\end{aligned}$$

기존의 부하는 Δ결선되어 있으므로 기존 부하의 상전압은

$$\text{V}_{\phi L} = \sqrt{3}\,(117\text{ V}) = 203\text{ V}$$

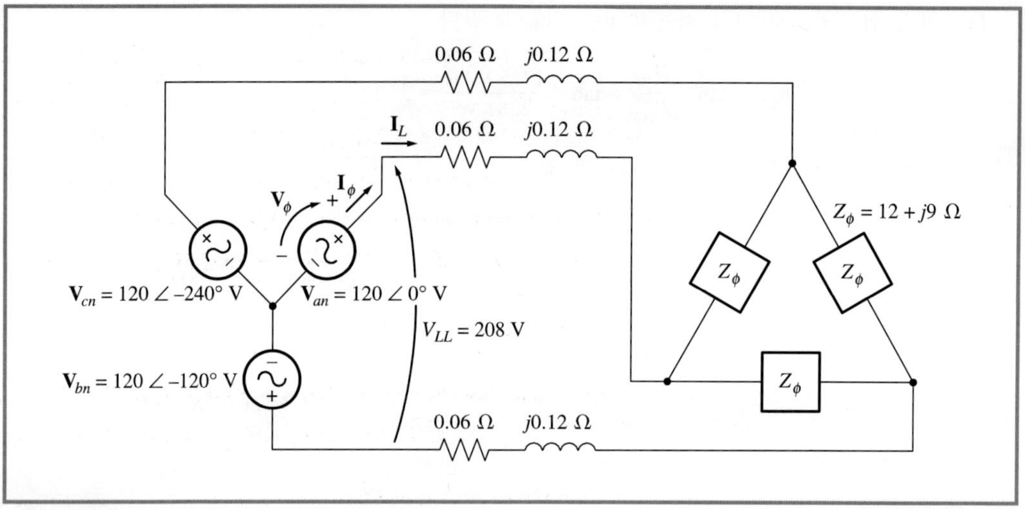

그림 A-15
예제 A-2에서의 3상 회로

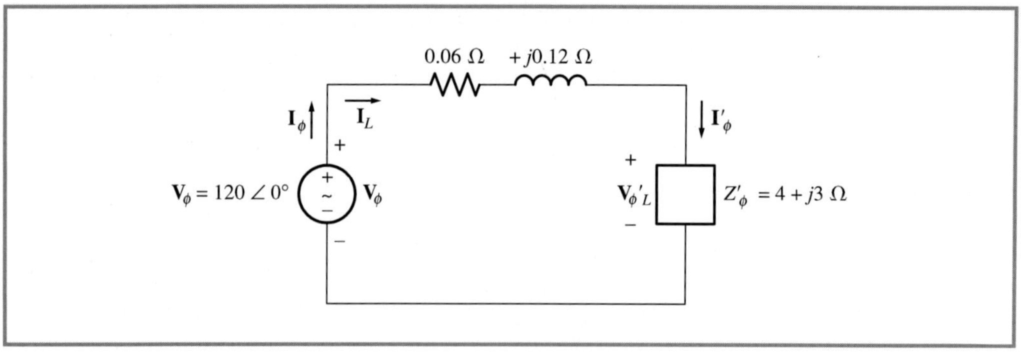

그림 A-16
예제 A-2에서 한 상에 대한 회로

이고, 부하의 선간 전압의 크기는 다음과 같다.

$$V_{LL} = V_{\phi L} = 203\ \text{V}$$

(c) 등가 Y부하에 의해서 소모되는 유효전력(실제적인 부하에서는 같은 전력이다)은

$$\begin{aligned} P_{\text{load}} &= 3V_\phi I_\phi \cos\theta \\ &= 3(117\ \text{V})(23.4\ \text{A})\cos 36.9° \\ &= 6571\ \text{W} \end{aligned}$$

이다. 부하에 의해서 소모되는 무효전력은

$$\begin{aligned} Q_{\text{load}} &= 3V_\phi I_\phi \sin\theta \\ &= 3(117\text{ V})(23.4\text{ A})\sin 36.9° \\ &= 4928\text{ var} \end{aligned}$$

이며, 부하에 의해서 소모되는 피상전력은 다음과 같다.

$$\begin{aligned} S_{\text{load}} &= 3V_\phi I_\phi \\ &= 3(117\text{ V})(23.4\text{ A}) \\ &= 8213\text{ VA} \end{aligned}$$

(*d*) 부하의 역률은

$$\text{PF}_{\text{load}} = \cos\theta = \cos 36.9° = 0.8 \text{ lagging}$$

(*e*) 전송선에 흐르는 전류는 $23.4\angle 37.5°$ A이고 전송선의 임피던스는 $0.06 + 0.12$ Ω 혹은 $0.134\angle 63.4°$ Ω이다. 그러므로 전송선에 의해서 소모되는 유효, 무효 그리고 피상전력은 다음과 같다.

$$\begin{aligned} P_{\text{line}} &= 3I_\phi^2 Z\cos\theta && \text{(A–26)} \\ &= 3(23.4\text{ A})^2(0.134\ \Omega)\cos 63.4° \\ &= 98.6\text{ W} \\ Q_{\text{line}} &= 3I_\phi^2 Z\sin\theta && \text{(A–27)} \\ &= 3(23.4\text{ A})^2(0.134\ \Omega)\sin 63.4° \\ &= 197\text{ var} \\ S_{\text{line}} &= 3I_\phi^2 Z && \text{(A–28)} \\ &= 3(23.4\text{ A})^2(0.134\ \Omega) \\ &= 220\text{ VA} \end{aligned}$$

(*f*) 발전기에 의해서 공급되는 유효, 무효전력은 전송선과 부하에서 소모되는 전력의 합과 같다.

$$\begin{aligned} P_{\text{gen}} &= P_{\text{line}} + P_{\text{load}} \\ &= 98.6\text{ W} + 6571\text{ W} = 6670\text{ W} \\ Q_{\text{gen}} &= Q_{\text{line}} + Q_{\text{load}} \\ &= 197\text{ var} + 4928\text{ VAR} = 5125\text{ var} \end{aligned}$$

발전기의 피상전력은 유효 및 무효전력의 제곱근이다.

$$S_{\text{gen}} = \sqrt{P_{\text{gen}}^2 + Q_{\text{gen}}^2} = 8411\text{ VA}$$

(*g*) 전력 삼각형으로부터, 역률 각 θ은

$$\theta_{\text{gen}} = \tan^{-1}\frac{Q_{\text{gen}}}{P_{\text{gen}}} = \tan^{-1}\frac{5125\text{ var}}{6670\text{ W}} = 37.6°$$

이므로, 발전기의 역률은 다음과 같다.

$$\text{PF}_{\text{gen}} = \cos 37.6° = 0.792 \text{ lagging}$$

A.5 단선도

이 장에서 알았던 것처럼 평형 3상 전력 시스템에서는 각 상을 구성하는 전원과 부하를 연결하는 세 선이 존재한다. 3상은 모두 크기가 같고 위상이 120°씩 차이가 나는 전압과 전류를 갖는다는 점에서 비슷하다. 3상이 기본적으로 같기 때문에 실제적으로 세 상을 나타내기 위해서 단선을 사용한 간단한 형태로 전력 시스템을 나타내는 것이 일반적이다. 이러한 단선도들이 전력 시스템의 상호관계를 나타내는 간단한 방법을 제시한다. 단선도는 실제적으로 전력 시스템의 주요한 구성 성분들—즉 발전기, 변압기, 전송선 그리고 단선에 의해서 표현되는 전송선에 연결된 부하—을 포함한다. 전압, 각 발전기와 부하를 연결하는 형태들은 그림에 나타나있다. 간단한 전력 시스템과 이에 해당하는 단선도를 그림 A-17에 나타내었다.

A.6 전력 삼각형 사용

전력 시스템에서 전송선이 무시할 수 있는 임피던스를 갖는다고 가정할 수 있다면 3상 전류와 전압을 계산을 간단하게 할 수 있는 방법이 있다. 이 방법은 시스템에서 전류와 여러 상황에서의 역률을 계산하기 위해서 각 부하의 유효 및 무효전력을 어떻게 사용할 것인가에 달려있다.

예를 들어 그림 A-17 그림을 고려하자. 만일 이 전력 시스템에서 전송선이 손실을 갖지 않는다고 가정하면 발전기의 전압은 부하에서의 선간전압과 같을 것이다. 만일 발전기의 부하가 정해져 있다면 다음과 같이 이 전력 시스템의 전류와 여러 상황에서의 역률을 구할 수 있다.

1. 발전기와 부하의 전압을 결정하라. 전송선이 손실을 갖지 않기 때문에 이 두 전압은 동일할 것이다.
2. 전력 시스템의 각 부하에서 소모되는 유효 및 무효전력을 결정하라. 이 계산을 행하기 위해서 알려진 부하 전압을 사용하면 된다.
3. 측정되는 점으로부터 각 부하에 공급되는 전체 유효 및 무효전력을 계산하라.
4. 전력 삼각형 관계를 사용하여 어떤 점에서의 시스템의 역률을 결정하라.
5. 식 (A-29)를 사용하여 선전류를 결정하라. 혹은 식 (A-23)을 사용하여 그 점에서의 상전류를 결정하라.

이러한 접근 방법은 엔지니어들이 산업 장치에서 사용되는 분배 장치의 여러 점에서 전류와 전력의 흐름을 결정하는 데 사용되는 일반적인 방법이다. 단일 장치 내에서 전송선의 길이는 매우 짧고 그들의 임피던스는 매우 작기 때문에

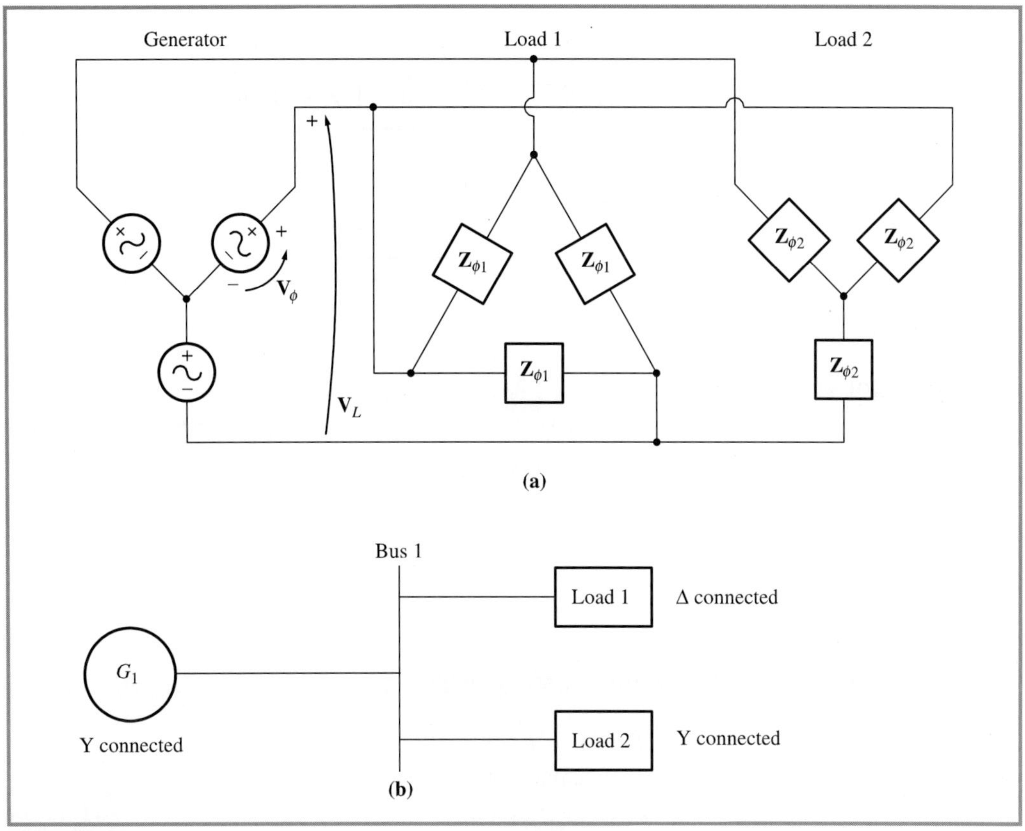

그림 A-17

(a) Y결선된 발전기, Δ결선된 부하, 그리고 Y결선된 부하를 나타내는 간단한 전력 시스템, (b) 상응하는 단선도

임피던스를 무시하더라도 매우 작은 오차만 발생할 것이다. 엔지니어는 선전압을 상수로 취급할 수 있으며, 전체 시스템 전류와 역률에 영향을 미치는 부하의 효과를 빠르게 계산하기 위해서 전력 삼각형을 사용할 수 있다.

예제 A-3

그림 A-18은 480 V 산업 분배 장치의 단선도를 나타낸다. 전력 시스템은 480 V의 일정한 선전압을 가지며 분배선의 임피던스는 무시할 수 있다. 부하 1은 Δ결선된 $10 \angle 30° \ \Omega$의 상 임피던스를 가지며, 부하 2는 Y결선된 $5 \angle -36.87° \ \Omega$의 상 임피던스를 갖는다.

(*a*) 분배 시스템의 전체 역률은 얼마인가?

(*b*) 분배 시스템에 공급되는 전체 선전류는 얼마인가?

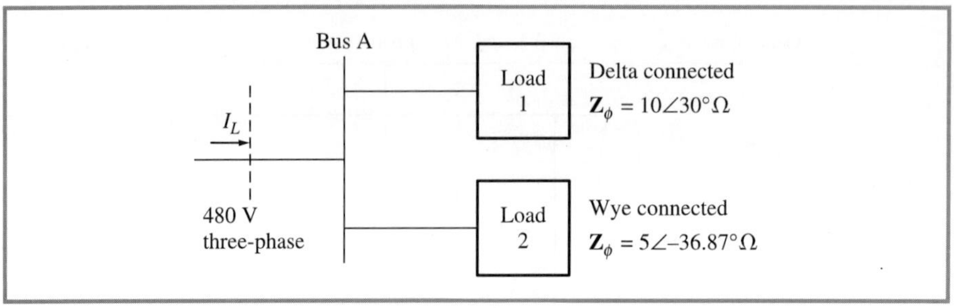

그림 A-18
예제 A-3의 시스템

풀이

이 시스템에서 선의 임피던스는 무시하므로 시스템 사이의 전압강하는 없다. 부하 1은 Δ결선되어 있으므로 상전압은 480V이다. 부하 2는 Y결선되어 있으므로 상전압은 $480/\sqrt{3} = 277$ V이다.

부하 1의 상전류는

$$I_{\phi 1} = \frac{480 \text{ V}}{10 \ \Omega} = 48 \text{ A}$$

이므로, 부하 1의 유효 및 무효전력은 다음과 같다.

$$\begin{aligned} P_1 &= 3V_{\phi 1}I_{\phi 1} \cos \theta \\ &= 3(480 \text{ V})(48 \text{ A}) \cos 30° = 59.9 \text{ kW} \\ Q_1 &= 3V_{\phi 1}I_{\phi 1} \sin \theta \\ &= 3(480 \text{ V})(48 \text{ A}) \sin 30° = 34.6 \text{ kvar} \end{aligned}$$

부하 2에서의 상전류는 다음과 같다.

$$I_{\phi 2} = \frac{277 \text{ V}}{5 \ \Omega} = 55.4 \text{ A}$$

이므로, 부하 2의 유효 및 무효전력은 다음과 같다.

$$\begin{aligned} P_2 &= 3V_{\phi 2}I_{\phi 2} \cos \theta \\ &= 3(277 \text{ V})(55.4 \text{ A}) \cos(-36.87°) = 36.8 \text{ kW} \\ Q_2 &= 3V_{\phi 2}I_{\phi 2} \sin \theta \\ &= 3(277 \text{ V})(55.4 \text{ A}) \sin(-36.87°) = -27.6 \text{ kvar} \end{aligned}$$

(*a*) 분배 시스템에 의해서 공급되는 전 유효 및 무효전력은 다음과 같다.

$$\begin{aligned} P_{\text{tot}} &= P_1 + P_2 \\ &= 59.9 \text{ kW} + 36.8 \text{ kW} = 96.7 \text{ kW} \\ Q_{\text{tot}} &= Q_1 + Q_2 \\ &= 34.6 \text{ kvar} - 27.6 \text{ kvar} = 7.00 \text{ kvar} \end{aligned}$$

전력 삼각형으로부터 유효한 임피던스 각 θ는 다음과 같다.

$$\theta = \tan^{-1}\frac{Q}{P}$$
$$= \tan^{-1}\frac{7.00\text{ kvar}}{96.7\text{ kW}} = 4.14°$$

따라서 시스템의 역률은 다음과 같다.

$$\text{PF} = \cos\theta = \cos(4.14°) = 0.997 \text{ lagging}$$

(*b*) 전체 선전류는 다음과 같다.

$$I_L = \frac{P}{\sqrt{3}V_L\cos\theta}$$
$$I_L = \frac{96.7\text{ kW}}{\sqrt{3}(480\text{ V})(0.997)} = 117\text{ A}$$

질문 Questions

A-1. 3상 발전기-부하에 대해서 어떤 결선 방법이 가능한가?

A-2. 평형 3상 시스템에서 평형이란 무슨 뜻인가?

A-3. Y결선된 시스템에서 상전압과 선전압 그리고 상전류와 선전류의 관계는 어떻게 되는가?

A-4. Δ결선된 시스템에서 상전압과 선전압 그리고 상전류와 선전류의 관계는 어떻게 되는가?

A-5. 상회전이란 무엇인가?

A-6. 3상 회로에서 유효, 무효 그리고 피상전력의 관계를 선의 양과 상의 양으로 나타내어라.

A-7. Y-Δ 변환은 무엇인가?

연습문제 Problems

A-1. 세 개의 임피던스 $4+j3\,\Omega$가 Δ결선되어 있고, 3상 208 V 전력선으로 묶여있다고 하자. 부하의 I_ϕ, I_L, P, Q, S 그리고 역률을 구하라.

A-2. 그림 PA-1은 두 개의 부하에 연결된 3상 전력 시스템을 나타낸다. Δ결선된 발전기는 480V의 선전압을 발생하고, 전송선의 임피던스는 $0.09+j0.16\,\Omega$이다. 부하 1이 Y결선되어 있으며 상 임피던스는 $2.5\angle 36.87°\,\Omega$이고 부하 2는 Δ결선되어 있으며 상 임피던스는 $5\angle -20°\,\Omega$이다.

(*a*) 두 부하의 선전압은 얼마인가?

(*b*) 전송선에서 발생하는 전압강하는 얼마인가?

(*c*) 각 부하에 공급되는 유효 및 무효전력을 구하라.

(*d*) 전송선에서의 유효 및 무효전력손실을 구하라.

(*e*) 발전기에 의해서 공급되는 유효, 무효전력 그리고 역률을 구하라.

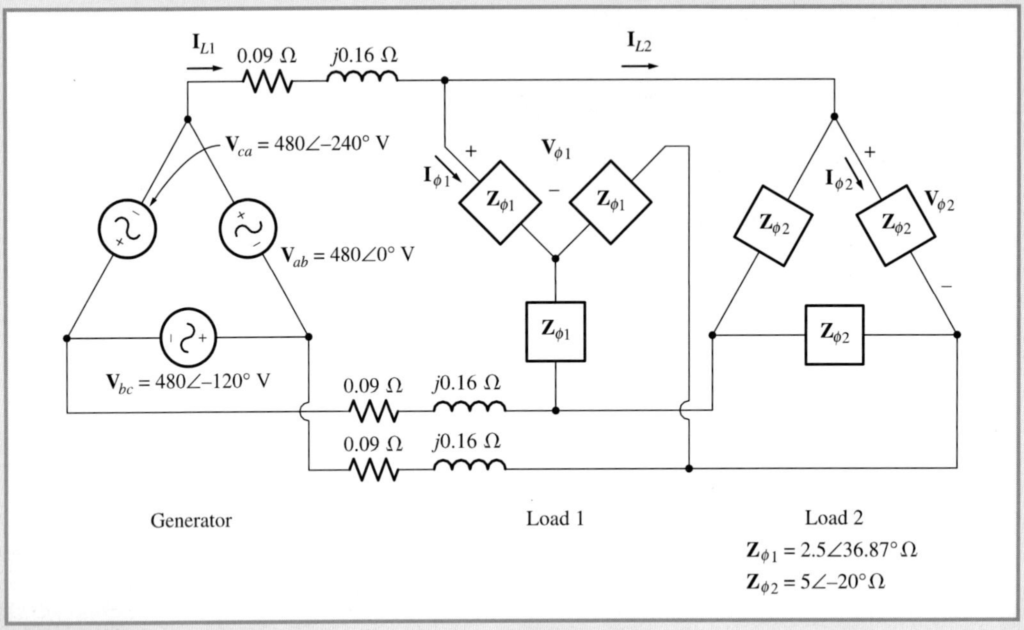

그림 PA-1
연습문제 A-2 시스템

A-3. 그림 PA-2는 하나의 480 V 발전기와 세 개의 부하를 포함하는 간단한 전력 시스템의 단선도를 나타낸다. 이 전력 시스템에서 전송선은 손실을 갖지 않는다고 가정하고 다음을 구하라.

(*a*) 부하 1이 Y결선되었다고 가정하고, 부하의 상전압과 상전류는 얼마인가?

(*b*) 부하 2가 Δ결선되었다고 가정하고, 부하의 상전압과 상전류는 얼마인가?

(*c*) 스위치가 개방되었을 때 발전기가 공급하는 유효, 무효 및 피상전력은 얼마인가?

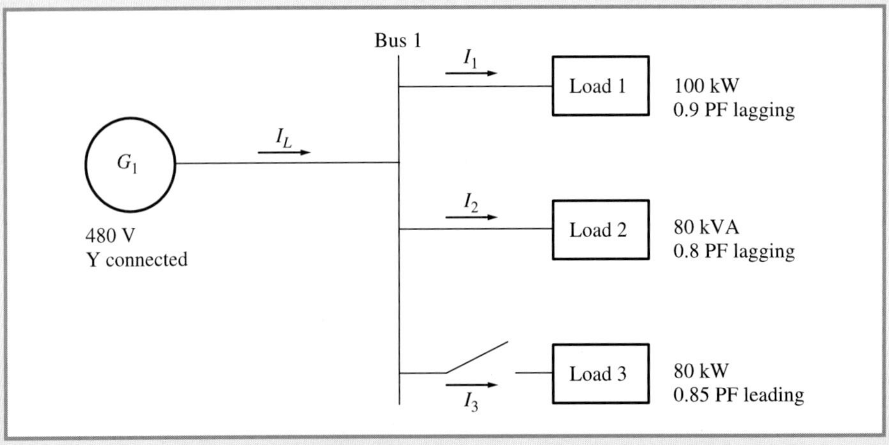

그림 PA-2
연습문제 A-3 시스템

(*d*) 스위치가 개방되었을 때 전체 선전류는 얼마인가?

(*e*) 스위치가 닫혔을 때 발전기가 공급하는 유효, 무효 및 피상전력은 얼마인가?

(*f*) 스위치가 닫혔을 때 전체 선전류는 얼마인가?

(*g*) 전체 선전류 I_L은 각 전류의 합 $I_1 + I_2 + I_3$과 어떻게 비교할 수 있는가? 만일 같지 않다면 이유는 무엇인가?

A-4. *abc*의 상회전을 갖는 Y결선된 발전기의 선전압이 상전압보다 위상이 30° 늦게 됨을 증명하라. 이 발전기에 대한 상전압과 선전압에 대한 위상도를 그려라.

A-5. 그림 PA-3에 있는 부하에 존재하는 각 선간전압과 상전압 그리고 선전류와 상전류의 크기와 각도를 구하라.

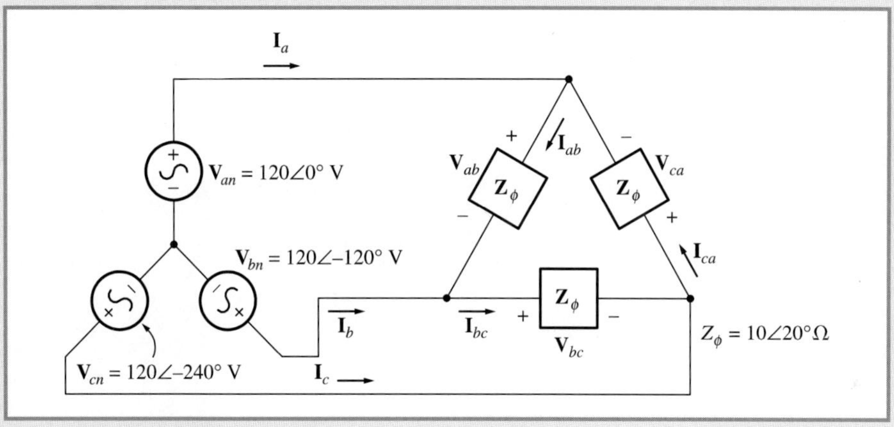

그림 PA-3
연습문제 A-5 시스템

A-6. 그림 PA-4는 산업 장치에 사용되는 작은 480 V 분배 시스템의 단선도를 나타낸다. 이 장치에서 근무하는 엔지니어는 시스템에 연결된 커패시터 뱅크가 있을 경우와 없을 경우에 대하여 전력 회사로부터 흐를 수 있는 전류를 구하고자

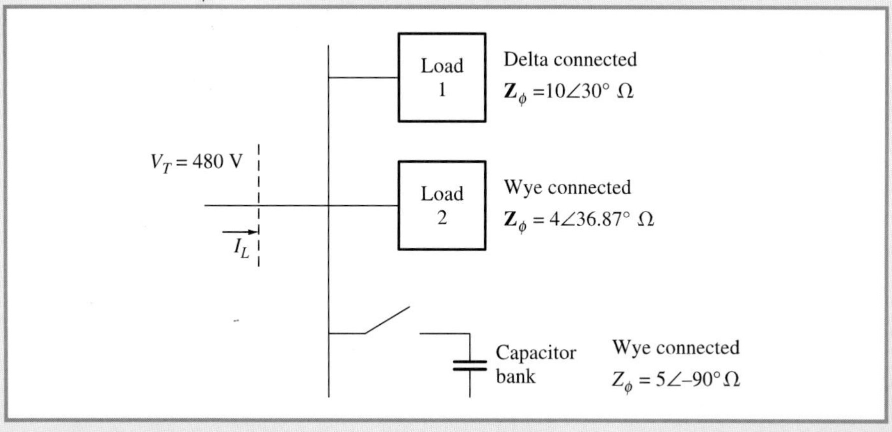

그림 PA-4
연습문제 A-6 시스템

한다. 이 계산을 위하여 엔지니어는 시스템의 전송선에 존재하는 임피던스를 무시하였다.

(*a*) 만일 스위치가 개방되었다고 할 경우 시스템의 유효, 무효 그리고 피상 전력을 구하라. 전력회사로부터 분배 시스템에 공급되는 전체 전류를 구하라.

(*b*) 스위치가 닫혀 있다고 할 경우 문제 (*a*)를 반복하라.

(*c*) 스위치가 닫혔을 경우 전력 시스템에 공급되는 전류는 어떻게 되는가? 이유를 설명하라.

참고문헌 References

1. Alexander, Charles K., and Matthew N. O. Sadiku: *Fundamentals of Electric Circuits,* McGraw-Hill, 2000.

부록 B

코일 피치와 분포권선

제3장에서 기술한 것과 같이 교류기의 유기전압은 공극 자속밀도의 고조파성분이 제거되기만 하면 정현파가 된다. 본 부록에서는 전기기기에서 고조파를 제거하는 데 기기설계자들이 사용하고 있는 2 가지 기술에 대해서 기술한다.

B.1 교류기계 고정자에서의 코일 피치의 영향

3.4절의 간단한 설계에서의 고정자 코일의 출력전압은 정현적인데 공극 자속밀도가 정현적이기 때문이다. 만약 공극 자속밀도 분포가 정현곡선이 아니라면 고정자에서의 출력전압도 정현곡선이 아닐 것이다. 그것들은 공극 자속밀도 분포와 똑같은 비정현적 곡선이 될 것이다.

일반적으로, 공극자속 밀도분포는 정현곡선이 아니다. 기기설계자는 가장 최적의 정현곡선의 자속 분포를 만들어야 하지만 지금까지 완전히 설계하지 못했다. 실제상의 자속 분포는 기본 정현파 성분에 고조파를 더한 것으로 이루어져 있다. 이 자속의 고조파 성분은 고정자 전압과 전류의 고조파 성분을 발생시킨다.

고정자 전압과 전류의 고조파 성분은 바람직하지 못하므로, 기계의 출력전압과 전류에서의 원하지 않는 고조파 성분을 억제시키기 위해서 여러 가지 기술들이 개발되어 왔다. 고조파를 억제시키는 한 가지 중요한 기술은 **단절권**(*fractional-pitch winding*)을 사용하는 것이다,

코일 피치

극 피치는 전기기계에 2개의 인접한 극 사이에 각도상의 거리이다. 전기기계의 극 피치의 기계적인 각도는

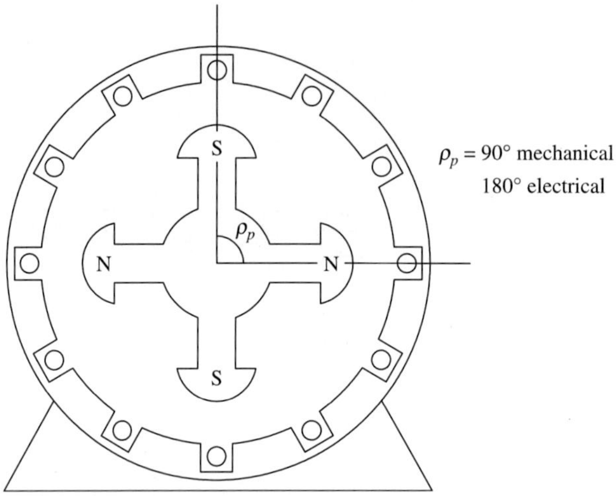

그림 B-1
4극 기기의 극 피치는 90의 기계각이나 180의 전기각이다.

$$\rho_p = \frac{360°}{P} \tag{B-1}$$

ρ_p는 기계적 각도에 의한 극피치이고 P는 기계의 극 수이다. 기계에서 극 수는 상관하지 않아도 된다. 극 피치는 항상 180° 전기적 각이다(그림 B-1을 보라).

고정자 코일이 극 피치와 똑같은 각의 크기이면 **전절(*full-pitch*)코일**이라 부른다. 고정자 코일이 극 피치보다 작은 각을 가지면 **단절(*fractional-pitch*)코일**이라 부른다. **단절피치**는 극 피치의 일부로 표시하는 분수형태로 표현된다. 예로, 5/6 피치 코일은 두 개의 인접한 극 사이의 6분의 5의 크기를 의미한다. 또한, 단절 코일의 전기각은 다음 식 (B-2)으로 주어진다.

$$\rho = \frac{\theta_m}{\rho_p} \times 180° \tag{B-2a}$$

θ_m은 같은 코일에 의한 기계각이고, ρ_p는 기계각으로 나타낸 전기기계의 극 피치이다.

$$\rho = \frac{\theta_m P}{2} \times 180° \tag{B-2b}$$

θ_m은 같은 코일에 의한 기계각이고, P는 전기기계의 극수이다. 대부분의 실용적인 고정자 코일은 단절피치를 가지고 있다. 단절코일은 몇 가지의 중요한

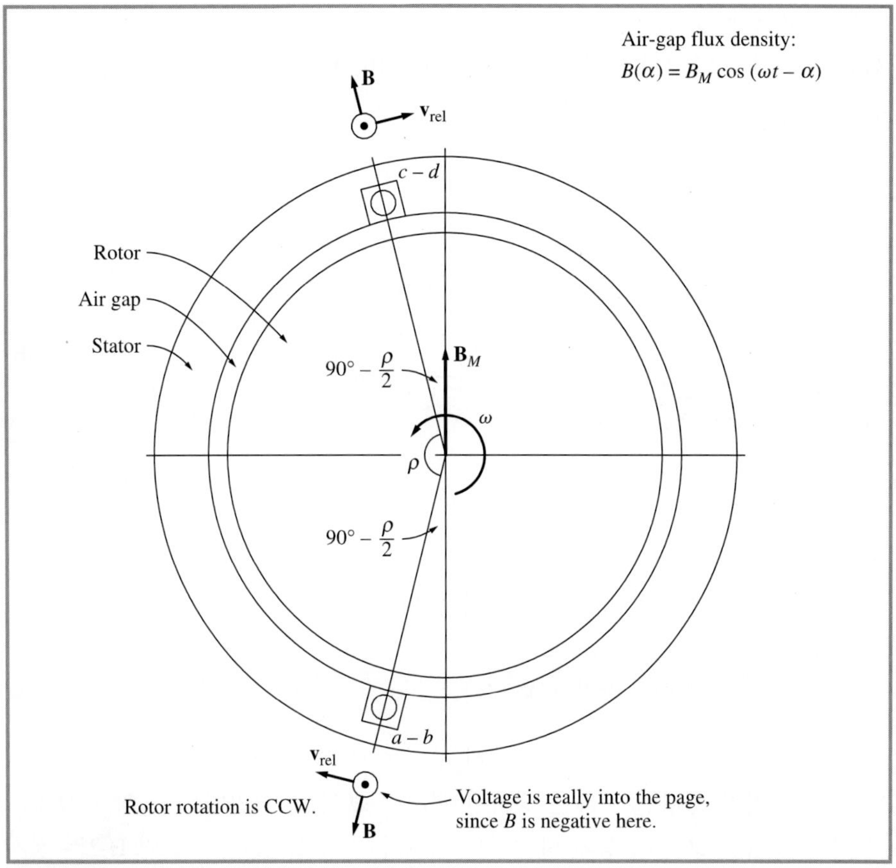

그림 B-2
피치 ρ의 단절권. 코일의 자속밀도벡터와 속도. 그 속도는 자기장이 정지된 것으로 가정한 좌표계에서 본 것이다.

이로운 점을 제공하는데 나중에 설명될 것이다. 단절코일에 사용된 권선은 chorded winding으로 알려져 있다.

단절코일의 유기전압

단절은 한 코일의 출력전압에 어떤 영향을 미치는가? 이것을 알아보기 위하여 그림 B-2에서 보여주는 단절권선을 가지는 간단한 2극 기계의 예를 들어본다. 이 기계의 극 피치는 180°이고 코일 피치는 ρ이다. 회전자계에 의해 코일에 유기전압은 앞 절에서와 똑같은 방법으로, 코일의 각 변의 전압을 결정하여 계산할 수 있다. 전체 전압은 각 코일변의 전압을 합한 것이 될 것이다.

앞에서 설명한 것과 같이, 고정자와 회전자 사이의 공극 내에서의 자속밀도 벡터 **B**는 기계각을 가지고 정현적으로 변하고, **B**의 방향은 항상 방사형으로 밖으로 향한다. α가 회전자 자속밀도의 최대치 방향으로부터 측정된 각이라면 회전자 주위의 어떠한 점에서의 자속밀도 벡터 **B**의 크기는 다음과 같이 주어진다.

$$B = B_M \cos \alpha \qquad \text{(B–3a)}$$

회전자는 ω_m의 각속도로 고정자내에서 회전하므로, 고정자의 어떤 각 α에서의 자속밀도 벡터 **B**의 크기는 다음과 같이 주어진다.

$$\boxed{B = B_M \cos (\omega t - \alpha)} \qquad \text{(B–3b)}$$

권선의 유기전압에 방정식은

$$e_{\text{ind}} = (\mathbf{v} \times \mathbf{B}) \cdot \mathbf{l} \qquad \text{(1–45)}$$

여기서,

v = 선의 속도는 자계와 관련이 있다.
B = 계의 자기 자속밀도
l = 선의 길이를 각각 나타낸다.

이 식은 자계가 정지된 것으로 간주하는 구조에서만 이용되어 진다. 만일 우리가 자계에 앉아 있다면 자계는 정지된 것처럼 보이고, 코일변은 $\mathbf{v}_{\text{rel}}$의 피상속도로 가는 것처럼 보이고, 상기 방정식을 적용할 수 있을 것이다. 그림 B-2는 정지된 자기장과 움직이는 권선에서 본 벡터자계와 속도를 보여주고 있다.

1. **선분** *ab*. 단절코일의 선분 *ab*는 $\alpha = 90° + \rho/2$이다. **B**가 회전자로부터 방사상으로 나온다고 가정하면 선분 *ab*에서 **v**와 **B** 사이의 각은 90°이다. 반면에 **v** × **B**의 양은 **l**의 방향이므로 유기전압은 다음 식과 같다.

$$\begin{aligned} e_{ba} &= (\mathbf{v} \times \mathbf{B}) \cdot \mathbf{l} \\ &= vBl \quad \text{directed out of the page} \\ &= -vB_M \cos \left[\omega_m t - \left(90° + \frac{\rho}{2}\right)\right] l \\ &= -vB_M l \cos \left(\omega_m t - 90° - \frac{\rho}{2}\right) \end{aligned} \qquad \text{(B–4)}$$

여기서 음의 표시는 **B**가 밖으로 향하고 있다고 가정하면 실제로는 안으로 향한다는 사실에서 나온 것이다.

2. **선분** *bc*. 선분 *bc*의 전압은 0이다. 이것은 벡터량 **v** × **B**와 **l**이 직각을 이루기 때문이다.

$$e_{cb} = (\mathbf{v} \times \mathbf{B}) \cdot \mathbf{l} = 0 \qquad \text{(B–5)}$$

3. 선분 *cd*. 선분 *cd*에서 각 $\alpha = 90° - \rho/2$이다. **B**가 회전자로부터 방사상으로 향한다고 가정하면, 선분 *cd*에서 **v**와 **B**사이의 각은 90°이다. 반면에 $\mathbf{v} \times \mathbf{B}$의 양은 **1**의 방향이므로 유기전압은 다음 식과 같다.

$$\begin{aligned} e_{dc} &= (\mathbf{v} \times \mathbf{B}) \cdot \mathbf{l} \\ &= vBl \quad \text{directed out of the page} \end{aligned}$$

$$\begin{aligned} e_{ba} &= -vB_M \cos\left[\omega_m t - \left(90° - \frac{\rho}{2}\right)\right] l \\ &= -vB_M l \cos\left(\omega_m t - 90° + \frac{\rho}{2}\right) \end{aligned} \tag{B–6}$$

4. 선분 *da*. 벡터량 $\mathbf{v} \times \mathbf{B}$와 **1**은 직각을 이루므로 선분 *da*의 전압은 0이다.

$$e_{ad} = (\mathbf{v} \times \mathbf{B}) \cdot \mathbf{l} = 0 \tag{B–7}$$

그러므로, 그 코일의 전체전압은 다음과 같다.

$$\begin{aligned} e_{\text{ind}} &= e_{ba} + e_{dc} \\ &= -vB_M l \cos\left(\omega_m t - 90° - \frac{\rho}{2}\right) + vB_M l \cos\left(\omega_m t - 90° + \frac{\rho}{2}\right) \end{aligned}$$

삼각법의 등식에서

$$\cos\left(\omega_m t - 90° - \frac{\rho}{2}\right) = \cos(\omega_m t - 90°)\cos\frac{\rho}{2} + \sin(\omega_m t - 90°)\sin\frac{\rho}{2}$$

$$\cos\left(\omega_m t - 90° + \frac{\rho}{2}\right) = \cos(\omega_m t - 90°)\cos\frac{\rho}{2} - \sin(\omega_m t - 90°)\sin\frac{\rho}{2}$$

$$\sin(\omega_m t - 90°) = -\cos\omega_m t$$

그러므로, 전체 합성전압은

$$\begin{aligned} e_{\text{ind}} &= vB_M l\Big[-\cos(\omega_m t - 90°)\cos\frac{\rho}{2} - \sin(\omega_m t - 90°)\sin\frac{\rho}{2} \\ &\qquad + \cos(\omega_m t - 90°)\cos\frac{\rho}{2} - \sin(\omega_m t - 90°)\sin\frac{\rho}{2}\Big] \\ &= -2vB_M l \sin\frac{\rho}{2}\sin(\omega_m t - 90°) \\ &= 2vB_M l \sin\frac{\rho}{2}\cos\omega_m t \end{aligned}$$

$2vB_M l$과 $\phi\omega$가 같으므로 한 턴에 유도되는 최종전압의 표현식은

$$\boxed{e_{\text{ind}} = \phi\omega \sin\frac{\rho}{2}\cos\omega_m t} \tag{B–8}$$

이것은 $\sin \rho/2$의 항을 제외하면 전절권의 전압과 동일한 값이다. 이것을 코일 피치비 k_p로 정의하는 것이 통례이다. 코일의 피치비는 아래와 같이 주어진다.

$$\boxed{k_p = \sin\frac{\rho}{2}} \tag{B-9}$$

단일코일의 유기전압을 피치비로 표현하면,

$$e_{\text{ind}} = k_p \phi \omega_m \cos \omega_m t \tag{B-10}$$

N번 감은 단절코일의 총 전압은 아래와 같다.

$$e_{\text{ind}} = N_C\, k_p \phi \omega_m \cos \omega_m t \tag{B-11}$$

이것의 피크 전압은

$$E_{\max} = N_C\, k_p \phi \omega_m \tag{B-12}$$

$$= 2\pi N_C\, k_p \phi f \tag{B-13}$$

그러므로, 이 3상 고정자의 어떤 상의 rms 전압은 다음과 같다.

$$E_A = \frac{2\pi}{\sqrt{2}} N_C k_p \phi f \tag{B-14}$$

$$= \sqrt{2}\pi N_C k_p \phi f \tag{B-15}$$

전절코일에서 $\rho = 180°$이면 식 (B-15)는 앞에서와 똑같이 된다.

2극보다 많은 기기에서는 코일 피치 ρ가 전기각으로 주어지면 (B-9)는 피치비이다. 만약 코일 피치가 기계각으로 주어졌다면 피치비는 아래와 같다.

$$\boxed{k_p = \sin\frac{\theta_m P}{2}} \tag{B-16}$$

고조파 문제와 단절권선

단절권선을 사용하는 것은 매우 좋은 이유가 있다. 실제의 기계에서 비정현적인 자속분포 밀도의 영향은 중요하다. 이 문제는 그림 B-3에서 보여준 기기를 분석함으로서 이해할 수 있다. 이 그림은 돌극형 동기기를 보여주며, 회전자가 고정자 표면을 지나가고 있다. 회전자의 바로 아래에서는 자계 회로의 자기저항이 양쪽에서보다 훨씬 작기 때문에, 자속은 바로 그 점에 집중되고, 자속밀도는 매우 높다. 권선의 유기전압의 결과는 그림 B-3에서 보여준다. 그것은 정현적이 아니고 많은 고조파 주파수 성분을 포함하고 있다는 것에 주의하라.

최종 전압파형은 회전자 자속의 중앙에 대해서 대칭적이기 때문에 어떤 고

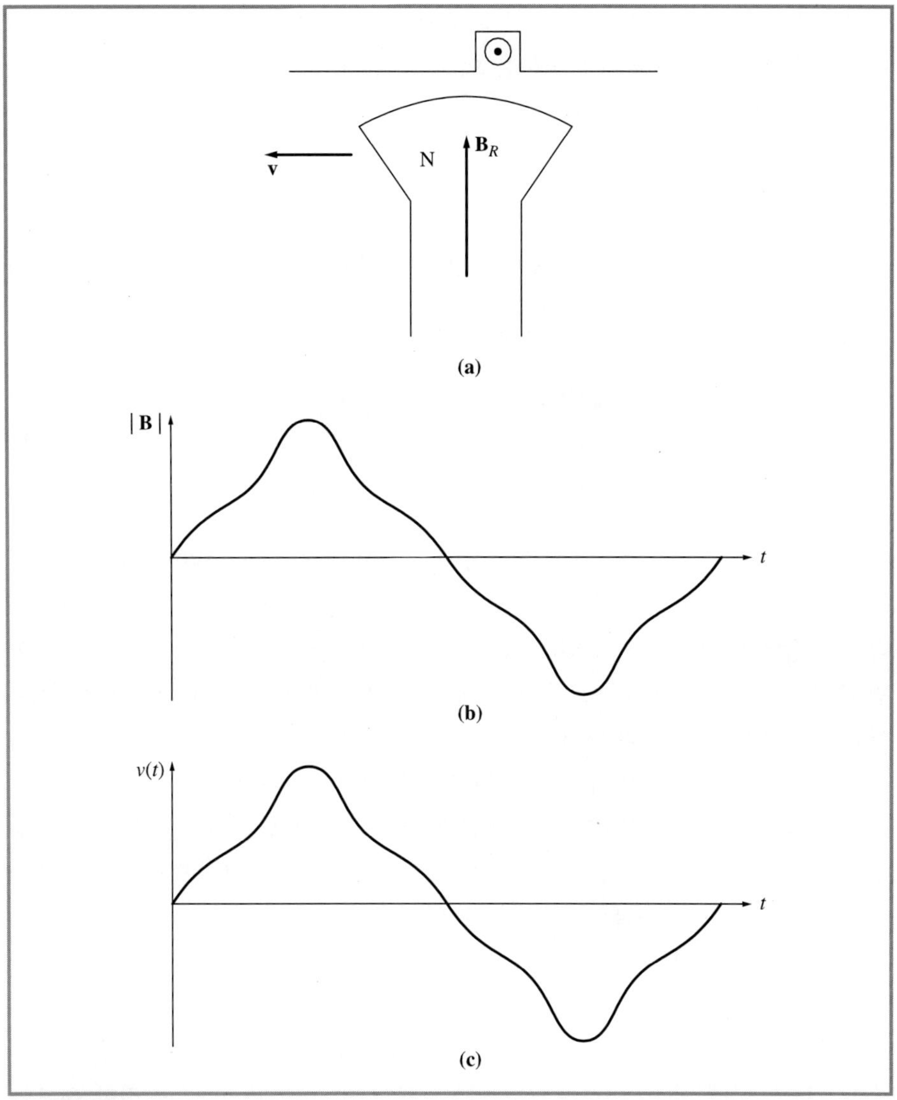

그림 B-3

(a) 강자성체 회전자는 고정자 도체를 지나간다. (b) 고정자 표면에서 어떤 시간의 함수로 나타낸 자계의 자속 분포 밀도, (c) 도체에 유도된 전압. 전압은 어떤 주어진 시간에서 자속밀도와 직접적으로 비례한다.

조파도 상전압에서 존재하지 않는다. 그러나, 모든 기수 고조파(3, 5, 7, 9 기타)는 어느 정도 상전압에 나타나고, 교류기계의 설계에서 다루어져야 할 필요가 있다. 일반적으로 주어진 고파수 성분의 차수가 높아질수록 그 차수에 해당되는 출력 상전압의 크기는 낮아지므로 보통 9고조파 이상에서는 고조파의 영향을 무시할 수 있다.

3상이 Y나 Δ접속되었다면 어떤 고조파는 3상 결선의 결과로 기계 출력에서 나타나지 않는다. 제3고조파 성분은 이것 중의 하나이다. 3상에서 각 상의 기본 전압은 아래와 같이 주어진다.

$$e_a(t) = E_{M1} \sin \omega t \quad \text{V} \tag{B–17a}$$

$$e_b(t) = E_{M1} \sin (\omega t - 120°) \quad \text{V} \tag{B–17b}$$

$$e_c(t) = E_{M1} \sin (\omega t - 240°) \quad \text{V} \tag{B–17c}$$

이 전압의 제3고조파 성분은 아래와 같이 주어진다.

$$e_{a3}(t) = E_{M3} \sin 3\omega t \quad \text{V} \tag{B–18a}$$

$$e_{b3}(t) = E_{M3} \sin (3\omega t - 360°) \quad \text{V} \tag{B–18b}$$

$$e_{c3}(t) = E_{M3} \sin (3\omega t - 720°) \quad \text{V} \tag{B–18c}$$

전압의 제3고조파 성분들은 각각의 3상에서 모두 동일함을 주의하자. 만약 동기기가 Y결선이 그때 어떤 두 단자사이의 제3고조파 전압은 0이 될 것이다(비록 각각의 상에서 전압의 3고조파 성분이 크다고 할지라도). 만일 기기가 Δ결선이면, 3개의 3고조파 성분들 모두가 합해지고, 그 기계의 Δ-결선 내부에 3고조파 전류를 흐르게 할 것이다. 제3고조파 전압이 그 기계의 내부 임피던스를 강하시키므로 단자들에서는 의미 있는 제3고조파 성분들이 나타나지 않는다.

이러한 결과는 제3고조파 성분들뿐만 아니라 제9고조파와 같이 3고조파성분의 배수 고조파에도 적용한다. 그러한 특별한 고조파 주파수를 3배수 고조파라 부르며 3상기기에서는 자동적으로 억제된다.

남아있는 고조파 주파수들은 제5고조파, 제7고조파, 제11고조파, 제13고조파 등이다. 전압의 고조파 성분들의 크기는 주파수 증가와 함께 감소하므로 동기기의 정현파 출력에서 실제적인 찌그러짐의 대부분은 제5고조파, 제7고조파 주파수들에 의해 야기되며, 때때로 벨트 고조파라 말한다. 만약 이러한 성분들을 줄이기 위한 방법이 발견된다면 그때 그 기계의 출력 전압은 본질적으로 기본주파수(50～60 Hz)에서 순수한 정현파가 될 것이다.

권선 단자전압의 고조파 성분의 일부를 어떻게 없앨 수 있을까?

한 가지 방법은 회전자 자체를 대략적인 정현파 형태의 자속이 분포되도록 설계하는 것이다. 비록 이러한 조치는 출력 전압의 고조파 성분들을 줄이는 데 도움이 되지만, 그러한 방법으로는 충분치 않을 것이다. 추가적인 방법은 단절권을 가진 기기를 설계하는 것이다.

기기의 고정자에서 발생한 전압에 대한 단절권선의 효과의 핵심은 n차 고조파의 전기각은 기본 주파수 성분의 n배 전기각이라는 것이다. 다시 말하자면, 만일 코일이 자체의 기본 주파수에서 150° 전기각을 이룬다면, 그것은 제2고조파에서는 300° 전기각을, 제3고조파에서는 450° 전기각을 이룬다는 것이다. 만일 ρ가 기본 주파수에서 코일에 의해 이루어진 전기각을 나타내고 ν가 조사될 고조파의 수라면 그 때 코일은 그 고조파 주파수에서 $\nu\rho$ 전기각을 이룰 것이다. 따라서, 그 고조파에서 코일 피치 인자는 다음과 같이 표현할 수 있다.

$$\boxed{k_p = \sin\frac{\nu\rho}{2}} \tag{B-19}$$

여기서 중요한 개념은 권선의 피치비는 각 고조파에 대해 다르다는 것이다. 회전자 피치의 적당한 선택에 의해 기계출력의 고조파 성분을 거의 제거할 수 있다. 고조파가 어떻게 제거되는지를 간단한 예제를 통해서 알아 볼 수 있다.

예제 B-1

3상 2극 고정자는 5/6 피치의 코일을 가진다. 이 기계의 코일에 존재하는 고조파에 대한 피치 비는 무엇인가? 이 피치는 발생되는 전압에 포함된 고조파를 억제하는 데 도움이 되는가?

풀이

이 기계의 기계각에서 극 피치는

$$\rho_p = \frac{360°}{P} = 180° \tag{B-1}$$

따라서, 코일의 기계적 피치 각은 180°의 5/6 또는 150°이다.
식 (B-2a)에서 전기각 피치는

$$\rho = \frac{\theta_m}{\rho_p} \times 180° = \frac{150°}{180°} \times 180° = 150° \tag{B-2a}$$

기계적 피치 각은 2극기이기 때문에 전기적 피치각과 같다. 극수가 다른 경우는 전기각과 기계각이 서로 다르다.

따라서 기본파와 높은 기수 고조파에 대한 피치비는(우수 고조파는 항상 상쇄됨을 기억하자.)

기본파: $k_p = \sin\frac{150°}{2} = 0.966$

제3고조파: $k_p = \sin\frac{3(150°)}{2} = -0.707$ (이것은 3상 출력에서 존재하지 않는 3중의 고조파이다.)

제5고조파: $k_p = \sin\frac{5(150°)}{2} = 0.259$

제7고조파: $k_p = \sin\frac{7(150°)}{2} = 0.259$

제9고조파: $k_p = \sin\frac{9(150°)}{2} = -0.707$ (이것은 3상 출력에서 존재하지 않는 3중의 고조파이다.)

제3, 9고조파 성분은 이 코일 피치에 의해서 약간 억제되지만, 적어도 기기 단자에서는 나타나지 않으므로 중요하지 않다. 3중의 고조파 영향과 코일 피치의 영향 사이에 제3, 5, 7, 9고조파는 기본파에 비하여 상대적으로 억제된다. 따라서 단절권의 이용은 기본전압은 약간 감소시키지만 기계출력 전압에 포함되는 고조파는 현저하게 감소시킨다.

동기기의 단자전압은 전절권선일 때와 권선의 피치가 $\rho = 150°$일 때의 두 경우를 그림 B-4에서 보여주고 있다. 단절 권선의 경우 전압파형이 아주 눈에 띄게 개선된다는 것을 눈여겨 볼 필요가 있다.

치고조파나 슬롯 고조파라고 부르는 높은 주파수의 고조파가 있으며 이것은 고정자 코일의 피치를 변화시켜도 억제시킬 수 없는 것이다. 이러한 슬롯 고조파는 분포권선을 다루는 B.2에서 고찰하게 된다.

B.2 교류 기계의 분포권선

앞 절에서는 교류 기계의 각 상의 권선은 고정자 표면위의 한 쌍의 슬롯에 집중되어 있는 것으로 가정하였다. 실제적으로 각 상과 관련이 있는 권선은 항상

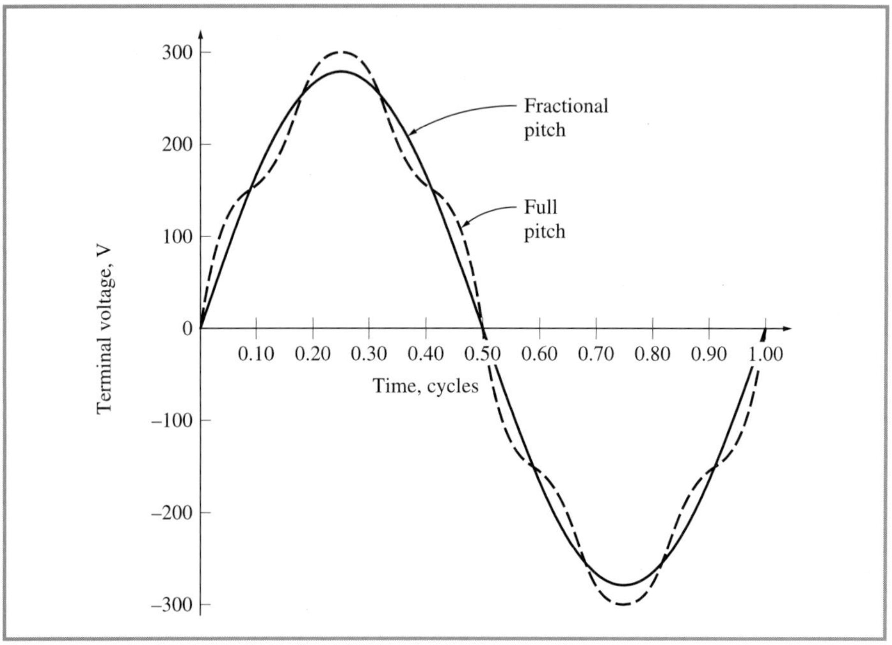

그림 B-4
전절 피치와 단절피치를 가지는 3상 발전기의 출력 선간 전압. 단절권선의 최고치 전압이 전절권선보다 조금 작다고 할지라도 출력전압은 훨씬 순수 정현파에 가깝다.

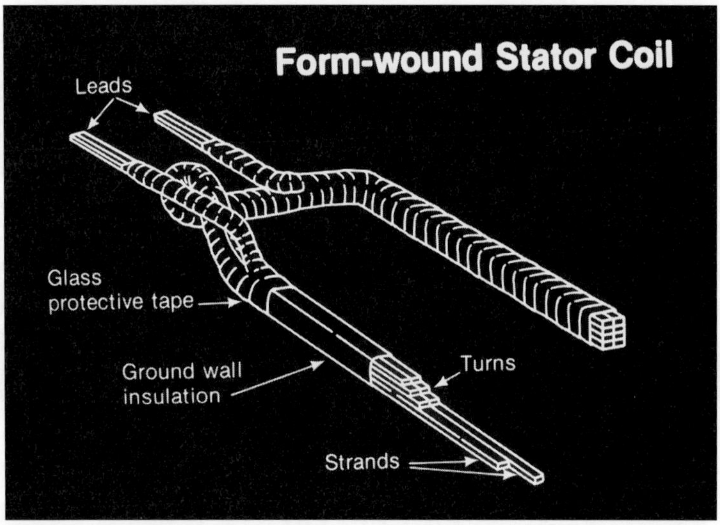

그림 B-5
전형적인 고정자 코일(General Electric Co. 제공)

몇 개의 인접한 슬롯에 분산되어 있으며, 이것은 한 슬롯속에 모든 도체를 다 넣을 수 없기 때문이다.

실제의 교류 기계의 고정자 권선의 구조는 아주 복잡하다. 보통 교류 기계 고정자는 각 상당 몇 개의 코일로 이루어져 있고, 고정자의 내부 표면 주위로 슬롯이 분산되어 있다. 대형 기계에서 각 코일은 여러 개의 턴 수로 성형이 되어 있고, 각 턴은 다른 턴과 절연되어 있고 고정자 자체의 면과도 절연되어 있다(그림 B-5 참조). 권선 한 턴의 전압은 매우 작지만 그것을 직렬로 많이 감음으로서 적당한 전압을 얻어낼 수 있다. 그림 B-6에서 보여진 것과 같이 많이 감은 것은 보편적으로 여러 개의 코일로 나뉘어져 있고, 그 코일은 고정자의 표면을 따라서 등간격으로 파진 슬롯에 놓여진다.

고정자에서 인접한 슬롯 사이의 일정한 간격의 각을 고정자의 슬롯 피치 γ 이라 부른다. 슬롯피치는 전기각이나 기계각으로 표현할 수 있다.

그림 B-7에서 보여진 것과 같이 매우 작은 기기를 제외하고 고정자 코일은 보편적으로 2층권으로 형성된다. 2층권은 보통 제작하기 쉽고(주어진 코일 수에 비해 적은 슬롯) 단층권보다는 단부결선이 더 간단하다. 따라서 이것을 만드는 데 비용이 매우 적게 든다.

그림 B-7은 2극기에 대해 분포된 전절권을 보여준다. 이 권선에서는 각 상에 4개 코일이 있다. 한 상의 모든 코일 변은 인접한 슬롯에 놓여지고 이 코일변은 상 벨트(phase belt) 또는 상 구룹(phase group)로 알려져 있다. 이 2극 고정자에는 6개의 상벨트가 있다. 일반적으로 P극 고정자에서는 $3P$개의 상벨트가 있다.

그림 B-6

(a) 성형된 고정자 코일을 사용한 교류기계 고정자, (b) 고정자에서의 코일 끝면에서 확대해서 본 그림. 코일의 한 단면은 가장 바깥쪽에 슬롯이 있고 다른 면은 슬롯의 가장 깊은 부분에 있다. 이 형상은 고정자의 모든 슬롯에 사용된 단일 표준코일형태이다(General Electric Co. 제공).

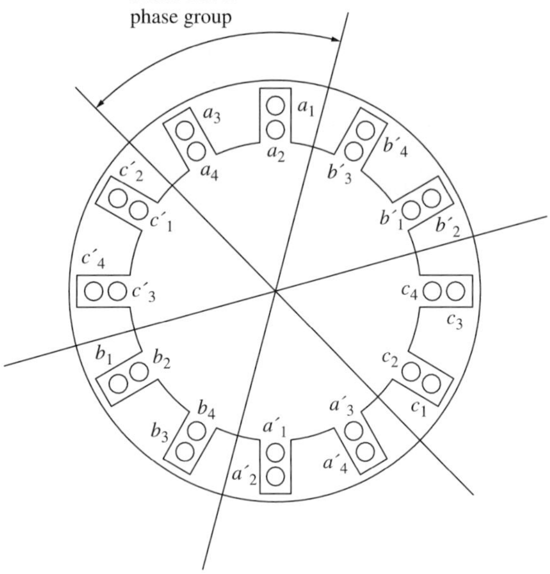

그림 B-7

2극 교류기의 간단한 2중 전절권 분포권선

그림 B-8은 단절코일을 사용한 분포 권선을 보여준다. 주의할 것은 이것도 상벨트를 가지지만 각각의 슬롯안에 코일의 상이 섞여 있을 수 있다. 코일 피치는 5/6 또는 150°의 전기각이다.

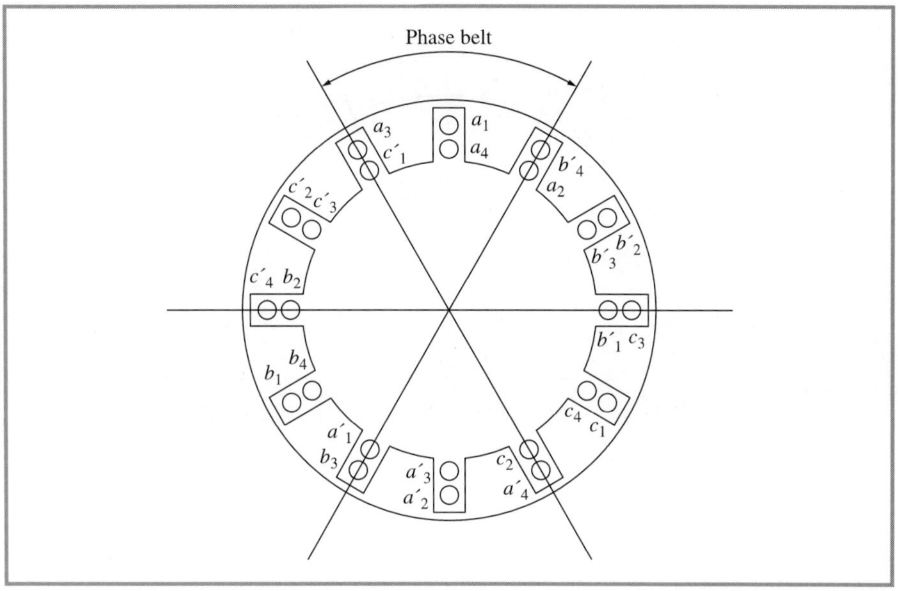

그림 B-8
2극 교류기의 2중 단절 권선

폭위 또는 분포계수

전체 필요로 하는 턴수를 각 코일로 나누는 것이 고정자 내부 표면을 더 효과적으로 사용하는 것이고, 구조적인 강도도 더 커지며, 이것은 고정자 형틀에 새겨진 슬롯이 더 작아지기 때문이다. 그러나 주어진 상을 구성하고 있는 코일턴이 다른 각도에 놓여있다는 사실은 코일전압이 예상했던 것보다 얼마간은 더 작다는 것을 의미한다.

이 문제를 설명하기 위해서 그림 B-9에서 보여진 기기를 고찰해 보자. 이 기기는 단층권선이고, 각 상의 고정자 권선(각 상 벨트)은 20°간격의 세 개 슬롯 사이에 분포되어있다.

처음에 a상의 중심 코일이 다음에 의해 주어진 전압을 가진다면

$$\mathbf{E}_{a2} = E \angle 0° \text{ V}$$

그때 상 a에서 다른 두 개의 코일에서의 전압은 다음과 같을 것이다.

$$\mathbf{E}_{a1} = E \angle -20° \text{ V}$$
$$\mathbf{E}_{a3} = E \angle 20° \text{ V}$$

상 a에서 총전압은 다음에 의해 주어진다.

$$\begin{aligned}\mathbf{E}_a &= \mathbf{E}_{a1} + \mathbf{E}_{a2} + \mathbf{E}_{a3} \\ &= E \angle -20° + E \angle 0° + E \angle 20° \\ &= E \cos(-20°) + jE \sin(-20°) + E + E \cos 20° + jE \sin 20° \\ &= E + 2E \cos 20° = 2.879\,E\end{aligned}$$

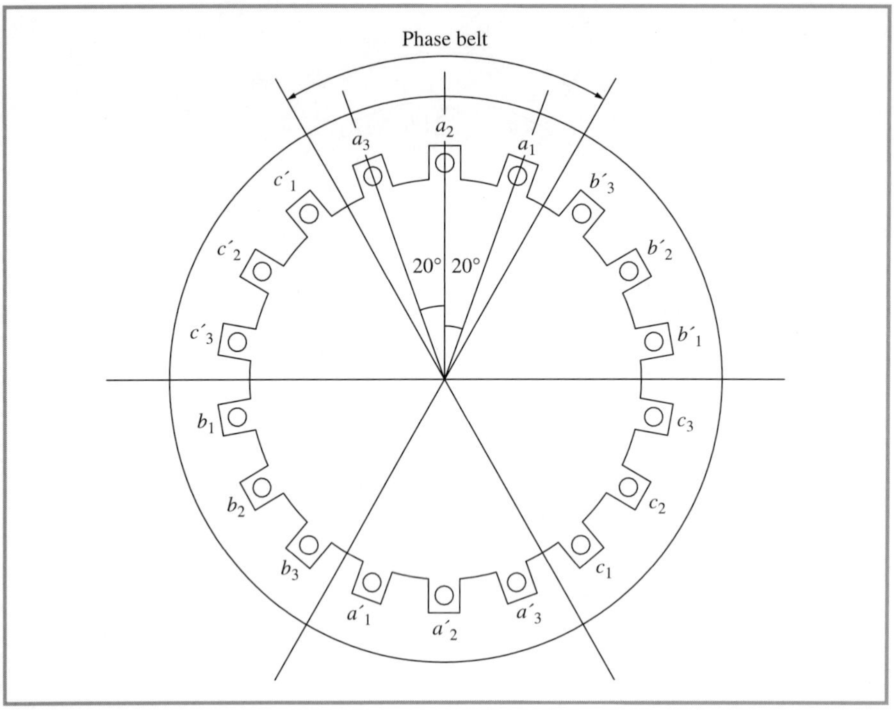

그림 B-9
상당 세개의 코일로 이루어진 단층권을 가지는 2극 고정자 전극, 서로 20°씩 분리

a상의 이 전압은 주어진 상의 코일이 모두 같은 슬롯에 집중되었을 경우의 예상했던 전압보다 훨씬 작다. 그때, 전압 E_a는 $2.879E$ 대신에 $3E$와 같게 된다. 동일 턴수를 가지는 집중권선에서 예상되는 전압대한 분포권선의 한 상에 나타난 실제 전압의 비를 권선의 분포계수라 부른다. 그 분포계수는

$$k_d = \frac{V_\phi \text{ actual}}{V_\phi \text{ expected with no distribution}} \tag{B–20}$$

그림 B-9에 있는 기계의 분포계수는 다음과 같다.

$$k_d = \frac{2.879E}{3E} = 0.960 \tag{B–21}$$

이 분포계수는 고정자 권선내에 있는 코일들의 공간분포에 의한 전압감소를 요약하기에 편리한 방법이다

이것은 각상 벨트가 n 슬롯과 γ도 떨어진 권선에 대하여 보여주고 있으며 (참고문헌 1 참조), 분포계수는 아래와 같이 보여진다.

$$\boxed{k_d = \frac{\sin(n\gamma/2)}{n \sin(\gamma/2)}} \tag{B–22}$$

$n=3$, $\gamma=20°$로 주어진 이전의 예제로 알 수 있으며, 분포요소는 아래와 같이 된다.

$$k_d = \frac{\sin(n\gamma/2)}{n\sin(\gamma/2)} = \frac{\sin[(3)(20°)/2]}{3\sin(20°/2)} = 0.960 \qquad \text{(B–22)}$$

앞과 같은 결과이다.

분포 효과를 포함하는 발생전압

N_C 턴의 단일코일과 피치계수 k_p에서의 rms 전압은 이 전에 결정되어진 아래 식이다.

$$E_A = \sqrt{2}\pi N_C k_p \phi f \qquad \text{(B–15)}$$

만약에 고정자상이 i코일과 각 코일은 N_C턴을 가졌다면, 전체 턴수는 $N_P = iN_C$로 각 상에 나타날 것이다. 상에 걸리는 전압은 동일한 슬롯수 N_P턴수에 분포계수에 의해서 감소된 전압이 될 것이며, 총 전압은 아래와 같이 될 것이다.

$$\boxed{E_A = \sqrt{2}\pi N_P k_p k_d \phi f} \qquad \text{(B–23)}$$

권선의 피치계수와 분포계수는 단일 권선비 k_w의 사용으로 쉽게 합성시킨다. 고정자의 권선 비는 아래와 같이 주어진다.

$$\boxed{k_w = k_p k_d} \qquad \text{(B–24)}$$

이 정의를 한 상의 전압 방정식에 적용한다.

$$\boxed{E_A = \sqrt{2}\pi N_P k_w \phi f} \qquad \text{(B–25)}$$

예제 B-2

간단한 2극 3상 Y결선 동기기 고정자는 발전기를 만드는 데 쓰여진다. 이것은 그림 B-8에서처럼 각 상에 4개의 고정자 코일로 된 2중 코일 구조이다. 각 코일은 10턴으로 구성되며 권선은 보여진 것처럼 150°의 전기각 코일피치를 가진다. 회전자는 3000 rpm, 극당 자속은 0.019 Wb이다.

(*a*) 고정자의 슬롯 피치는(기계각과 전기각으로)?
(*b*) 이 코일은 한 피치 내에 얼마나 많은 슬롯이 있는가?
(*c*) 이 기계의 고정자의 한 상의 상전압의 크기는?
(*d*) 이 기계의 단자전압은?
(*e*) 단절 권선에서 기본파 성분의 감소된 전압에 비해 제5고조파 성분은 얼마나 많이 감소될 수 있는가?

풀이

(*a*) 이 고정자는 6상의 벨트와 벨트마다 2개의 슬롯이 있고, 총 12개의 슬롯을 가진다. 전체 고정자 경간(span)은 360°를 가지고 이 고정자의 슬롯 피치는

$$\gamma = \frac{360°}{12} = 30°$$

이것은 2극기이므로 전기적 피치와 기계적 피치가 동일하다.

(*b*) 이 고정자에 12개의 슬롯과 2극을 가진다면 극 당 6개의 슬롯을 가진다. 코일 피치는 150의 전기각을 가지고 150°/180° = 5/6이다. 따라서 코일은 5개의 고정자 슬롯 경간를 가진다.

(*c*) 이 기계의 주파수는

$$f = \frac{n_m P}{120} = \frac{(3000 \text{ r/min})(2 \text{ poles})}{120} = 50 \text{ Hz}$$

전압의 초기요소에 의한 피치는 식 (B-19)를 사용한다.

$$k_p = \sin\frac{\nu\rho}{2} = \sin\frac{(1)(150°)}{2} = 0.966 \qquad \text{(B–19)}$$

주어진 상 벨트의 권선이 3개의 슬롯으로 되어있다 하더라도, 2개의 바깥쪽 슬롯은 상으로부터 오직 하나의 코일을 가진다. 따라서 권선은 근본적으로 2개의 완전한 슬롯을 차지한다. 권선비는

$$k_d = \frac{\sin(n\gamma/2)}{n\sin(\gamma/2)} = \frac{\sin[(2)(30°)/2]}{2\sin(30°/2)} = 0.966 \qquad \text{(B–22)}$$

그러므로, 고정자의 단상에서의 전압은

$$\begin{aligned} E_A &= \sqrt{2}\ \pi N_P k_p k_d \phi f \\ &= \sqrt{2}\ \pi(40 \text{ turns})(0.966)(0.966)(0.019 \text{ Wb})(50 \text{ Hz}) \\ &= 157 \text{ V} \end{aligned}$$

(*d*) 이 기계의 단자전압은

$$V_T = \sqrt{3}E_A = \sqrt{3}(157 \text{ V}) = 272 \text{ V}$$

(*e*) 제5고조파 성분에 대한 피치비는

$$k_p = \sin\frac{\nu\rho}{2} = \sin\frac{(5)(150°)}{2} = 0.259 \qquad \text{(B–19)}$$

전압의 기본파 피치비는 0.996이고 전압의 제5고조파 성분의 피치비가 0.259이므로, 기본파 성분은 3.4% 감소되었고, 제5고조파 성분은 74.1% 감소되었다. 그러므로, 전압의 제5고조파 성분은 기본파 성분보다 70.7% 감소되었다.

그림 B-10
치 또는 슬롯으로 인한 공극이 자속밀도 변화. 슬롯부분과 치부분의
자기저항이 다르기 때문에 자속밀도가 다르다.

치나 슬롯 고조파

분포권선은 집중권에 비해 고정자 강도, 이용률, 제조의 용이성 등의 이점을 제공하지만, 분포권선은 기계설계에 추가적인 문제를 발생시킨다. 고정자 내부 주위의 균일 슬롯의 존재는 고정자의 표면에 따라 자기저항과 자속을 규칙적으로 변화시킨다. 이 규칙적 변화는 치고조파 또는 슬롯 고조파라 불리는 전압의 고조파 성분을 발생한다(그림 B-10을 보라). 인접 슬롯사이의 간격으로 여러 주파수군에서 발생한 슬롯 고조파는 다음과 같이 주어진다.

$$\boxed{v_{\text{slot}} = \frac{2MS}{P} \pm 1} \tag{B–26}$$

여기서

v_{slot} = 고조파 성분의 수
S = 고정자에서의 슬롯수
M = 임의 정수
P = 기계의 극수

$M = 1$ 구간에서 가장 낮은 주파수 슬롯 고조파는 또한 가장 문제가 되는 것이다.

이 고조파 성분은 인접한 코일 슬롯의 간격에 의해서 발생되므로 코일피치의 변화와 분포로는 이 영향을 감소시킬 수 없다. 코일의 피치에 상관없이 이것은 한 슬롯에서 시작하여 끝이 나야 되기 때문에, 코일의 간격은 처음으로 슬롯 고조파를 발생시키는 기본 간격의 복수 곱으로 나타난다.

예를 들면 72-슬롯, 6극, 교류기 고정자에서, 두 개의 가장 낮고 가장 까다로운 고정자 고조파는 아래와 같다.

$$\nu_{\text{slot}} = \frac{2MS}{P} \pm 1 \tag{B–26}$$

$$= \frac{2(1)(72)}{6} \pm 1 = 23, 25$$

이 고조파 주파수는 60 Hz 기계에서는 1380 Hz와 1500 Hz이다.

슬롯 고조파는 교류 기기에서 몇 가지 문제를 야기한다.

1. 이들은 교류발전기의 발생전압에서 고조파를 발생시킨다.
2. 고정자와 회전자 슬롯 고조파의 상호작용은 유도기에서의 와류 토오크를 발생시킨다. 이 토오크는 모터의 토오크 속도곡선의 모양에 중요한 영향을 끼칠 수 있다.
3. 이들은 기기에서 진동과 소음을 발생시킨다.
4. 고정자의 치 안으로 들어오는 전압과 전류의 고주파 성분에 의해서 코아 손실이 증가한다.

슬롯 고조파는 유도모터에서 피할 수 없는 문제점이며, 이것은 기계 토오크에도 영향을 주게되는 회전자자계회로 내에서 동일 주파수의 고조파를 유발시킨다.

슬롯 고조파를 감소시키는 데는 2가지의 일반적인 방법이 있다. 그것들은 분수–슬롯 권선과 스큐된(skewed) 회전자 도체에 의한 것이다.

분수–슬롯 권선은 회전자 극당 슬롯의 수를 분수를 포함하는 것을 의미한다. 앞에서 본 모든 예제에서 본 분포권선은 정수 슬롯권선을 가진 것이다. 즉, 그것들은 2, 3, 4 또는 극당 슬롯의 정수값을 가진다. 다르게 말하면, 분수 슬롯 고정자는 극당 2½ 슬롯의 구조를 가지게 되는 것이다. 분수–슬롯 권선에 인접한 극은 벨트 고조파와 슬롯 고조파를 감소시키는 데 도움이 된다. 고조파를 감소시키기 위한 이 접근방식은 어떤 교류기계에도 사용될 수 있다. 분수–슬롯 고조파는 참고문헌 1과 2에 자세히 설명되어져 있다.

보다 보편적으로 슬롯 고조파를 감소시키기 위한 접근법은 기계의 회전자의 도체를 사구(skewing)로 제작하는 것이다. 이 방법은 주로 유도전동기에 사용되어지고 있다. 유도전동기 회전자의 도체는 약간 뒤틀려 있어서, 도체의 한끝

그림 B-11
스큐된 도체를 보여주고 있는 유도전동기터 회전자. 회전자 도체의 스큐는 한 고정자 슬롯에서 다음 슬롯까지의 거리와 같다.

은 고정자 슬롯 아래에 있고, 도체의 다른 끝은 이웃의 슬롯 아래에 있게 된다. 이러한 회전자의 구조는 그림 B-11에서 보여주고 있다. 하나의 회전자 도체가 한 코일 슬롯에서 다음 코일 슬롯으로 걸쳐 있으므로(이것은 가장 낮은 슬롯 고주파의 전기적인 한 주기에 해당하는 거리이다) 슬롯 고조파 변화로 인한 전압성분은 상쇄된다.

B.3 요약

실제 기계에서 고정자 코일은 종종 분수 피치를 쓰고, 이것은 하나의 자극에서 다음 극까지 완전히 도달하지 못한다는 것이다. 고정자권선을 분수피치(단절권)로 만드는 것은 출력전압의 크기를 약간 감소시키지만 동시에 전압의 고조파 성분을 극적으로 많이 줄여서 기계에서의 출력전압은 훨씬 더 정현적으로 된다. 분수피치 코일을 사용한 고정자 권선을 종종 현권선(chored winding)이라고 부른다.

어떠한 고주파수의 고조파는 치-고조파나 슬롯-고조파라고도 부르며, 분수피치 코일로도 억제시킬 수 없다. 이 고조파들은 특히 유도전동기에서 문제점을 지니고 있다. 이 고조파들은 분수슬롯 권선을 사용하거나 유도전동기의 회전자 도전자에 스큐를 줌으로서 감소시킬 수 있다.

실제 교류기계 고정자는 간단하게 각 상당 하나의 코일을 가지지 않는다. 기계에서 원하는 출력전압을 얻기 위해서 여러 개의 코일을 사용해야 하며, 각 코일은 많은 권수를 가지고 있다. 이러한 사실은 권선이 고정자 표면 위에서 적당한 범위로 분포되어져야 된다는 것이다. 한 상에서 고정자 권선을 분포시키는 것은 분포계수 k_d에 의해 출력전압을 감소시키지만, 이것은 기계에 보다 많은 권선을 쉽게 감을 수 있게 한다.

질문 Questions

B-1. 교류기계는 왜 집중권선 대신에 분포권선을 쓰는가?

B-2. (*a*) 고정자권선의 분포계수는?

(*b*) 집중권 고정자에서 권선의 분포계수의 값은 얼마인가?

B-3. 현권선이란? 왜 교류 고정자 권선에 사용하는가?

B-4. 피치란? 피치비는 무엇인가? 서로 어떤 관계가 있는가?

B-5. 3상 교류 기계의 출력에서 전압의 제3고조파 성분은 왜 발견되지 않는가?

B-6. 제3고조파란?

B-7. 슬롯 고조파란 무엇인가? 어떻게 감소시키는가?

B-8. 교류 기계에서 기자력 분포를 보다 정현적으로 만들려면 어떻게 해야하는가?

연습문제 Problems

B-1. 2-슬롯 3상 고정자 전기자는 2극 운전용으로 감겨있다. 만약 분수-피치 권선(단절권)이 사용되어졌다면, 전압의 5고조파 성분을 제거하기 위하여 권선 피치에 사용될 가장 최선의 선택은 무엇인가?

B-2. 방정식 (B-22)의 권선분포계수 k_d의 관계를 유도해보라.

B-3. 3상 4극 동기기가 96개의 고정자 슬롯을 가지고 있다. 슬롯은 코일당 4턴으로 된 2중 권선이며 코일 피치는 19/24이다.

(*a*) 슬롯과 코일 피치의 전기각을 찾아보자.

(*b*) 이 기계에 이용된 피치와 분포계수, 권선비를 찾아보자.

(*c*) 권선의 3, 5, 7, 9, 11 고조파를 어떻게 하면 잘 억제할 수 있는가? 권선분포계수와 코일 피치의 영향을 고찰해 보자.

B-4. 2중권 형태의 3상 4극 권선이 48개의 슬롯을 가진 고정자에 설치되어 있다. 고정자 권선의 피치는 5/6이고, 권선은 10턴의 코일로 되어있다. 각 상의 모든 코일은 직렬로 접속되어 있고 3상은 Δ로 접속되어 있다. 기계의 극당 자속은 0.054 Wb이고 자계의 회전 속도는 1800 rpm이다.

(*a*) 이 권선의 피치비는 얼마인가?

(*b*) 이 권선의 분포계수는 얼마인가?

(*c*) 이 권선에서 발생하는 전압의 주파수는?

(*d*) 이 고정자의 출력의 상전압과 단자전압은 얼마인가?

B-5. 3상 Y-결선된 6극 동기발전기는 고정자 권선위의 극당 6개의 슬롯을 가지고 있다. 권선 그 자체는 코일당 8턴이 감겨져 있는 2중 단절권이다. 분포계수는 $k_d = 0.956$이고 피치비는 $k_p = 0.981$이다. 발전기의 자속은 각 극당 0.02 Wb,회전하는 속도는 1200 rpm 이다. 이 조건에서 발전기에 의해 발생하는 선간 전압은?

B-6. 3상, Y-결선, 50 Hz, 2극 동기기는 18슬롯의 고정자를 가지고 있다. 코일형태는 2중권이고 각 코일은 60턴이다. 고정자 코일의 피치는 8/9이다.

(*a*) 6 kV의 단자전압(선간)의 발생하는 데 필요한 회전자 자속은 얼마인가?

(*b*) 이 피치의 코일은 전압의 5고조파 성분을 감소시키는 데 얼마나 효과적인가? 전압의 7고조파 성분은?

B-7. 교류 기계에서 전압의 7고조파 성분을 완전히 제거하는 데 어떤 코일피치가 사용될 수 있는가? 이 피치를 정확하게 만들기 위해서 8극 권선에 필요한 최소 슬롯수는 얼마인가? 이 피치는 전압의 제5고조파 성분에 어떤 영향을 미치는가?

B-8. 13.8-kV, Y-결선, 60 Hz, 12극 3상 동기발전기는 180개의 고정자 슬롯과 2중 권선으로 되어 있고 각 코일은 8턴으로 되어있다. 고정자의 코일 피치는 12슬롯이다. 주어진 상에서의 모든 상벨트(또는 그룹)의 도체는 직렬로 접속되어 있다.

(*a*) 13.8 kV의 무부하 단자전압을 발생키위해서는 얼마의 매 극당 자속을 필요로 하는가?

(*b*) 이 기계의 권선비 kw는?

참고문헌 References

1. Fitzgerald, A. E., and Charles Kingsley. *Electric Machinery*. New York: McGraw-Hill, 1952.
2. Liwschitz-Garik, Michael, and Clyde Whipple. *Alternating-Current Machinery.* Princeton, N.J.: Van Nostrand, 1961.
3. Werninck. E. H. (ed.). *Electric Motor Handbook.* London: McGraw-Hill, 1978.

부록 C

동기기의 돌극형 이론

제5장에서 다루었던 동기발전기에 대한 등가회로는 사실 원통형 회전자로 만들어진 기기에 대해서만 유효하다. 반면에 돌극형 회전자를 가지고 만든 기기에 대해서는 유효하지 못하다. 이처럼, 발전기에서 공급하는 토오크각 δ와 전력 사이의 관계식[식 (4-20)]은 단지 원통형 회전자에서만 유효하다. 4장에서 우리는 돌극형 회전자에 의한 영향을 무시했었다. 그리고 단순한 원통이론을 적용할 것을 가정했었다. 이 가정은 정상동작에 대해서는 사실 그리 나쁜 것은 아니지만, 발전기나 전동기의 과도동작에서는 상당히 나쁘다.

유도전동기의 간단한 등가회로의 문제점은 발전기에서의 릴럭턴스 토오크(reluctance torque)의 영향을 무시한다는 것이다. 릴럭턴스 토오크에 관한 생각을 이해하기 위해서, 그림 C-1을 참조하자. 이 그림은 3상 고정자안에 권선이

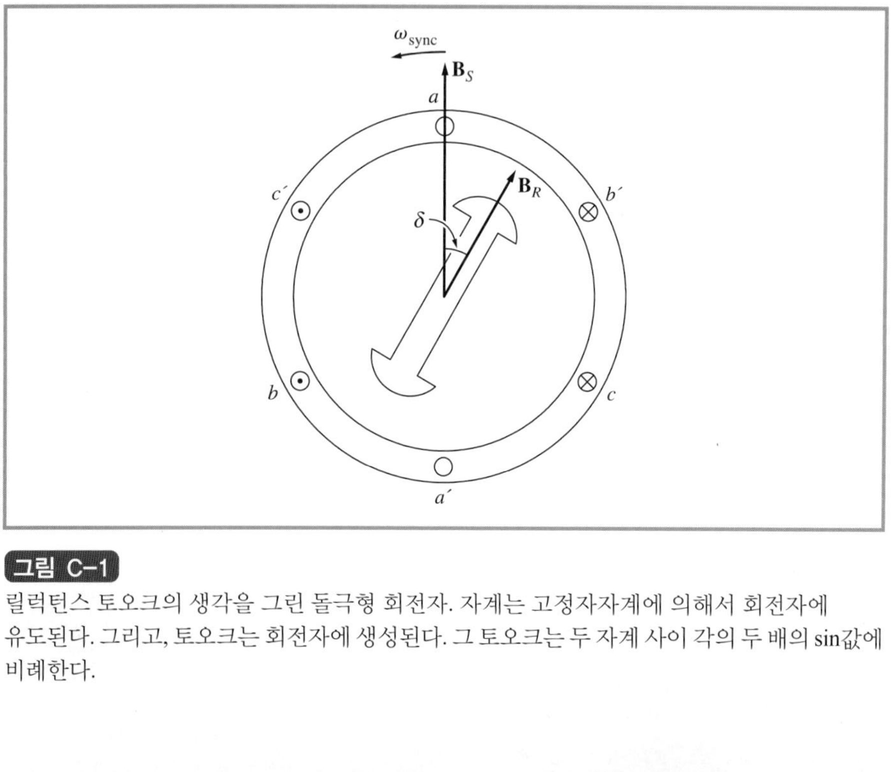

그림 C-1
릴럭턴스 토오크의 생각을 그린 돌극형 회전자. 자계는 고정자자계에 의해서 회전자에 유도된다. 그리고, 토오크는 회전자에 생성된다. 그 토오크는 두 자계 사이 각의 두 배의 sin값에 비례한다.

없는 돌극형 회전자를 보여준다. 만약 고정자자계가 그림에서 보여준 것처럼 생성된다면, 그것은 회전자에 자계를 유도한다. 회전자의 축을 따라서 자속이 생성되는 것이 회전자의 축에 교차하여 자속이 생성되는 것보다 훨씬 쉽기 때문에 회전자에 유도되는 자속은 회전자축을 일렬로 정렬시킨다. 고정자자계와 회전자자계 사이의 각이 있기 때문에 회전자를 고정자자계에 일렬로 정렬시키려고 하는 토오크가 회전자에 유도될 것이다. 이 토오크의 크기는 두 자계 사이의 각의 두 배의 sin값(sin 2δ)에 비례한다.

동기기에서 원통형 회전자이론은 다른 방향에서보다 몇 가지 방향에서 자계를 구하는 것이 쉽다는 사실을 무시하기 때문에(즉, 릴럭턴스 토오크의 영향을 무시한다) 그것은 돌극형 회전자가 적용될 때에는 정확하지 않다.

C.1 돌극형 동기발전기의 등가회로의 유도

원통형 회전자이론에 대한 경우에서처럼 동기발전기의 등가회로에는 네 가지 요소가 있다:

1. 발전기의 내부발생전압 $\mathbf{E}_A$
2. 동기발전기의 전기자 반작용
3. 고정자권선의 자기 인덕턴스
4. 고정자권선의 저항

첫 번째, 세 번째, 네 번째 요소는 동기발전기의 돌극형 이론에서 변하지 않는다. 그러나 전기자 반작용효과는 다른 방향에서 보다 몇 가지 방향에서 자속을 구하는 것이 쉽다는 사실을 설명하기 위해서 수정되어야 할 것이다.

전기자 반작용효과의 수정은 아래에서 설명하는 것처럼 구해질 것이다. 그림 C-2는 2 극 고정자 안에서 2극 돌극형 회전자가 시계방향으로 회전하는 것을 보여주고 있다. 이 발전기의 회전자 자속을 $\mathbf{B}_R$이라 한다. 그리고, 그것은 위쪽을 향한다. 자계가 존재하는 곳에서 도체를 움직였을 때 유도되는 전압의 식이 아래에 나타나있다.

$$e_{\text{ind}} = (\mathbf{v} \times \mathbf{B}) \cdot \mathbf{l} \qquad (1\text{–}45)$$

고정자의 윗부분에서 도체의 전압은 평면에서 나오는 양(+)이 될 것이다. 그리고, 고정자 아랫부분에서 도체의 전압은 면으로 들어갈 것이다. 최대 유기전압의 평면은 임의의 주어진 시간에서 회전자극 아래에 직접 위치할 것이다.

만약 지상부하가 이 발전기의 단자에 연결되어 있다면, 피크전압에 뒤진 피크전류가 흐를 것이다. 이 전류는 그림 C-2(b)에 보여지고 있다.

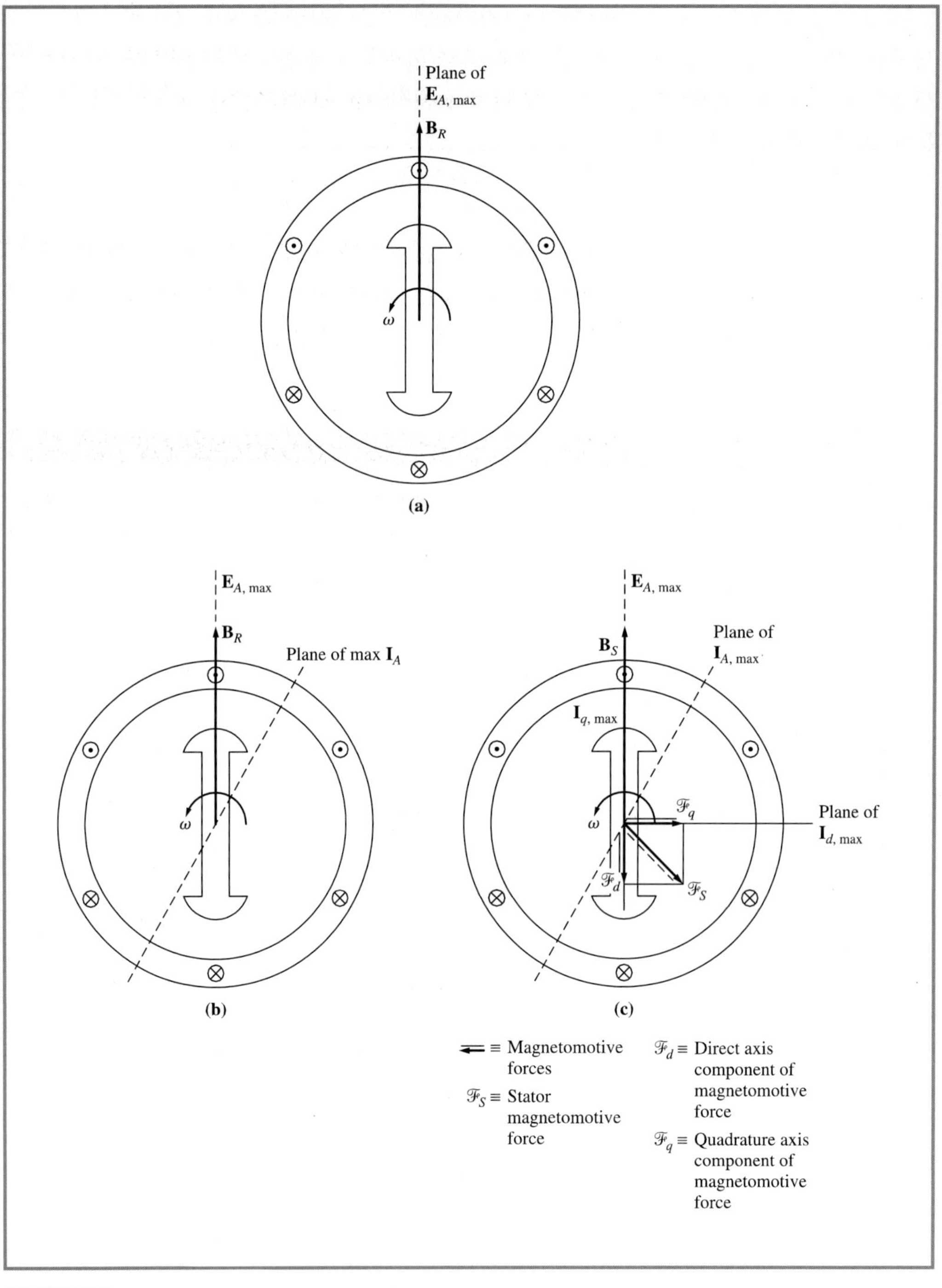

그림 C-2

돌극형 동기발전기에서의 전기자 반작용 효과. (a) 회전자자계는 고정자에 전압을 유도한다. 그리고 극면 바로 아래의 권선에서 피크전압을 유도한다. (b) 만약 발전기에 지상부하가 연결되어있다면, 고정자 전류는 $\mathbf{E}_A$에 뒤진 각에서 피크값을 가지며 흐를 것이다. (c) 이 고정자 전류 $\mathbf{I}_A$는 기기에서 고정자 기자력을 생성한다.

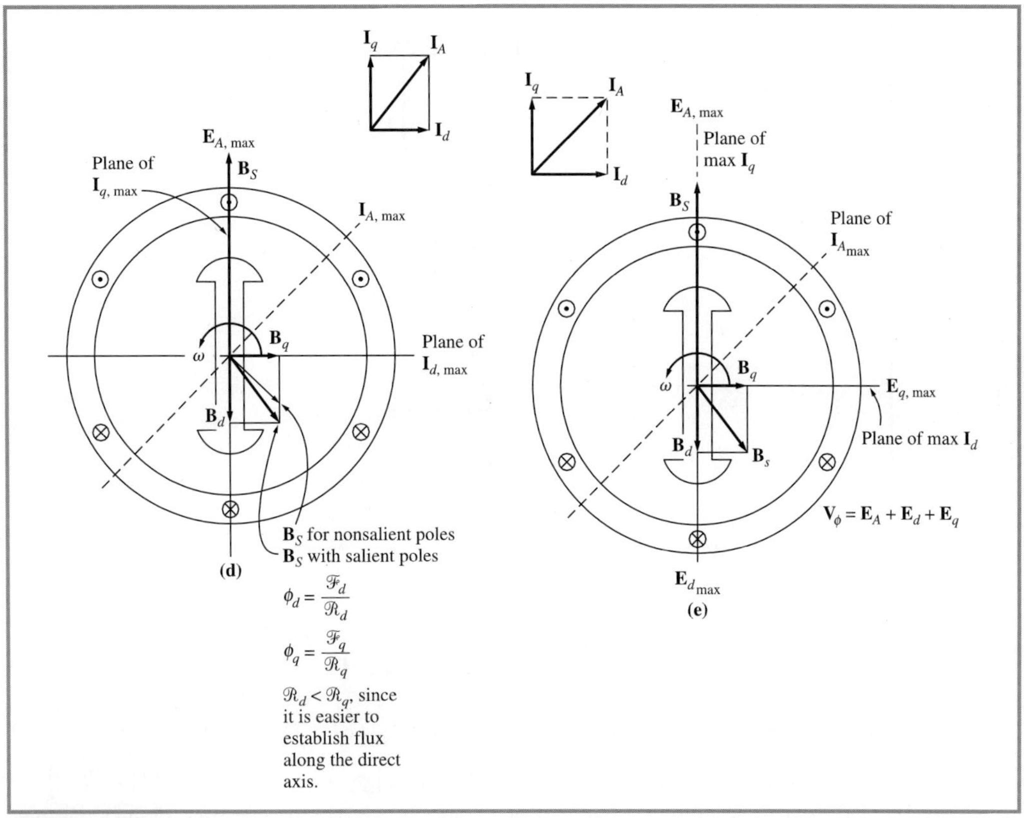

그림 C-2 (계속)
(d) 고정자 기자력은 고정자 자속 $\mathbf{B}_S$를 생성한다. 그러나 직축 자속경로의 릴럭턴스이 횡축자속 경로의 릴럭턴스보다 낮기 때문에 기자력의 직축성분이 횡축성분보다 암페어-턴 당 많은 자속을 생성한다.
(e) 직축과 횡축 고정자 자속은 기기의 고정자에 전기자 반작용 전압을 생성한다.

그림 C-2(c)에서 보이는 것처럼, 고정자에 전류가 흐르면 피크 고정자전류의 면에서 90 뒤진 기자력이 발생한다. 원통이론에서 이 기자력은 고정자 기자력에 일렬로 정렬하는 고정자자계 $\mathbf{B}_S$를 만든다. 그러나, 회전자 방향에서 자계를 생성하는 것이 회전자의 수직방향에서 자계를 생성하는 것보다 실질적으로 쉽다. 그러므로 우리는 고정자기자력을 회전자축의 수평성분과 수직성분으로 분리할 수 있다. 각각의 기자력성분은 자계를 만든다. 그러나 축의 수직(횡에서)에서 보다 축을 따라서 암페어–턴 당 자속이 더 많이 생성된다.

이 결과, 원통형 회전자 이론에 의해서 예상된 자계와 비교해서 고정자 자계를 그림 C-2(d)에서 나타내고 있다.

지금, 고정자 자계의 각 성분은 전기자 반작용에 의해서 고정자권선에 각 성분의 전압을 생성한다. 이 전기자 반작용 전압은 그림 C-2(e)에 나타나있다.

고정자에서 총전압은 다음과 같다.

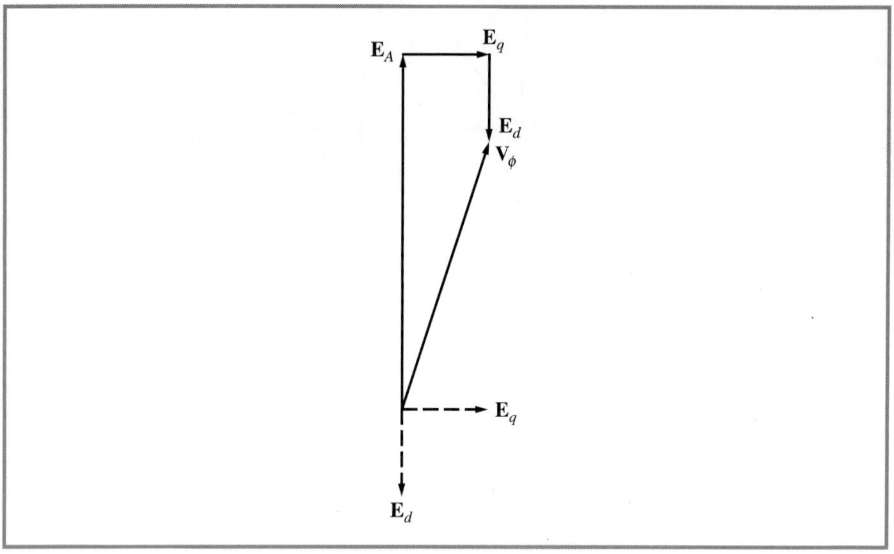

그림 C-3 발전기의 상전압은 단지 발전기 내부 발생전압과 발전기의 전기자 반작용 전압의 합이다.

$$V_\phi = E_A + E_d + E_q \tag{C-1}$$

여기에서, $\mathbf{E}_d$는 전기자 반작용 전압의 직축성분이고, $\mathbf{E}_q$는 전기자 반작용 전압의 횡축성분이다(그림 C-3을 보자). 원통형 회전자 이론의 경우에서처럼 각 전기자 반작용 전압은 고정자전류에 비례하고 고정자전류에 90° 뒤진다. 그러므로 각 전기자 반작용 전압은 다음과 같이 수정된다.

$$\mathbf{E}_d = -jx_d\mathbf{I}_d \tag{C-2}$$

$$\mathbf{E}_q = -jx_q\mathbf{I}_q \tag{C-3}$$

그리고 총 고정자 전압은 아래와 같이 된다.

$$\mathbf{V}_\phi = \mathbf{E}_A - jx_d\mathbf{I}_d - jx_q\mathbf{I}_q \tag{C-4}$$

이제 전기자 저항과 자기 리액턴스를 포함시킨다. 전기자 자기 리액턴스 X_A는 회전자각에 대해서 독립되어 있기 때문에, 일반적으로 X_A에 발전기의 직축 동기 리액턴스와 횡축 동기 리액턴스를 생성하는 직축과 횡축의 전기자 반작용 리액턴스를 첨가한다.

$$\boxed{X_d = x_d + X_A} \tag{C-5}$$

$$\boxed{X_q = x_q + X_A} \tag{C-6}$$

전기자 저항 전압강하는 단지 전기자저항에 전기자전류 $\mathbf{I}_A$를 곱한 것이다.

그러므로 돌극형 동기전동기 상전압에 대한 식은 다음과 같다.

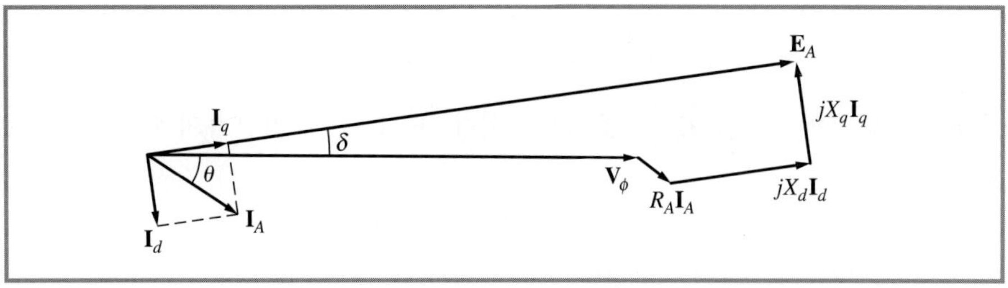

그림 C-4
돌극형 동기발전기의 위상도

$$\boxed{\mathbf{V}_\phi = \mathbf{E}_A - jX_d\mathbf{I}_d - jX_q\mathbf{I}_q - R_A\mathbf{I}_A} \tag{C–7}$$

그리고, 이 결과 위상도를 그림 C-4에 보여주고 있다.

이 위상도는 전기자전류가 $\mathbf{E}_A$의 횡축성분과 직축성분으로 나누어져 있다는 것을 나타낸다. 그러나, $\mathbf{E}_A$와 $\mathbf{I}_A$사이의 각은 위상도가 만들어지기 전에 일반적으로 알려지지 않은 $\delta + \theta$이다. 일반적으로 단지 역률각 θ는 이미 알고 있다.

그림 C-5에 보여지고 있는 것처럼 각 δ의 이미 알려진 지식 없이 위상도를 만드는 것이 가능하다. 그림 C-5에 보여지고 있는 실선은 그림 C-4에 보여지고 있는 실선과 같다. 하지만 점선은 마치 기기가 동기 리액턴스 X_d를 가진 원통형 회전자를 가진 것처럼 위상도를 나타낸다.

$\mathbf{E}_A$의 각 δ는 발전기의 단자에서 알려진 정보를 이용하여 구할 수 있다. $\mathbf{E}_A''$는 다음과 같이 나타난다.

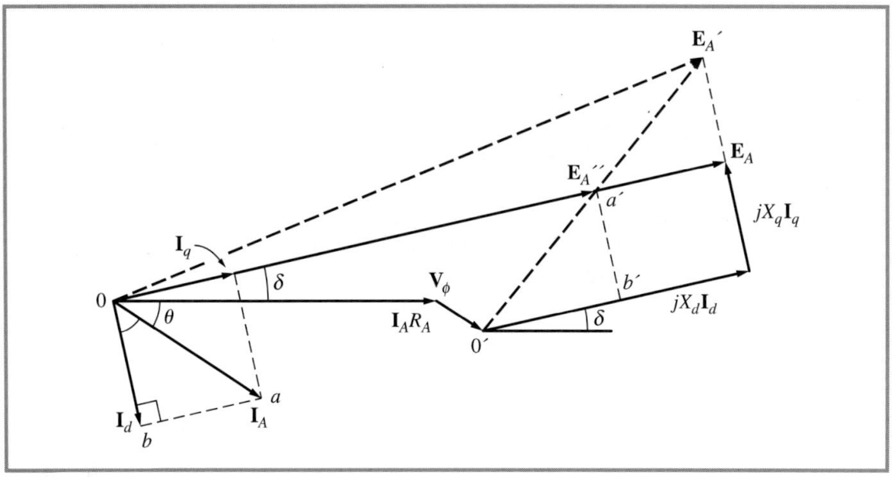

그림 C-5
δ의 이전 지식 없이 만든 위상도. $\mathbf{E}_A''$는 $\mathbf{E}_A$와 같은 각에 위치할 것이다. 그리고, $\mathbf{E}_A''$는 오직 발전기의 단자에서의 정보로부터 결정될 것이다. 그러므로, 각 δ를 구할 수 있고, 전류를 d와 q 성분으로 나눌 수 있다.

$$\boxed{\mathbf{E}''_A = \mathbf{V}_\phi + R_A\mathbf{I}_A + jX_q\mathbf{I}_A} \qquad \text{(C–8)}$$

$\mathbf{E}''_A$는 내부발생전압 $\mathbf{E}_A$와 동일선상이다. $\mathbf{E}''_A$는 발전기단자의 전류에 의해서 결정되기 때문에, 각 δ는 전기자전류를 알고 있으므로 해서 결정할 수 있다. 각 δ를 알고 있다면, 전기자전류는 직축성분과 횡축성분으로 나누어진다. 그리고 내부발생전압을 구할 수 있다.

예제 C–1

480-V, 60-Hz, Δ결선된 4극 동기발전기가 0.1 Ω의 직축 리액턴스와 0.075 Ω의 횡축 리액턴스를 가지고 있다. 그것의 전기자저항은 무시한다. 전부하에서, 이발전기는 역률 0.8(지상)에서 1200 A를 공급한다.

(*a*) 발전기는 리액턴스 X_d를 가진 원통형 회전자를 가지고 있다고 가정하고, 전부하에서 이 발전기의 내부발생전압 $\mathbf{E}_A$를 구하라.

(*b*) 발전기는 돌극형 회전자를 가지고 있다고 가정하고, 전부하에서 이 발전기의 내부발생전압 $\mathbf{E}_A$를 구하라.

풀이

(*a*) 발전기가 Δ결선되어 있기 때문에 전부하에서 전기자전류는 다음과 같이 된다.

$$I_A = \frac{1200\text{ A}}{\sqrt{3}} = 693\text{ A}$$

전류의 역률은 0.8(지상)이다. 그래서 부하의 임피던스 각 δ는 아래와 같이 된다.

$$\theta = \cos^{-1} 0.8 = 36.87°$$

그러므로, 내부발생전압은 다음과 같이 나타난다.

$$\begin{aligned}\mathbf{E}_A &= \mathbf{V}_\phi + jX_S\mathbf{I}_A \\ &= 480\angle 0°\text{ V} + j(0.1\ \Omega)(693\angle -36.87°\text{ A}) \\ &= 480\angle 0° + 69.3\angle 53.13° = 524.5\angle 6.1°\text{ V}\end{aligned}$$

토오크각 δ는 6.1°이다.

(*b*) 회전자가 돌극형이라고 가정하자. 전류를 직축과 횡축성분으로 분리하기 위해서 $\mathbf{E}_A$의 방향을 알 필요가 있다. 이 방향은 식 (C-8)로부터 결정된다.

$$\mathbf{E}''_A = \mathbf{V}_\phi + R_A\mathbf{I}_A + jX_q\mathbf{I}_A \qquad \text{(C–8)}$$

$$= 480\angle 0°\text{ V} + 0\text{ V} + j(0.075\ \Omega)(693\angle -36.87°\text{ A})$$

$$= 480\angle 0° + 52\angle 53.13° = 513\angle 4.65°\text{ V}$$

$\mathbf{E}_A$의 방향은 $\delta = 4.65°$이다. 그러므로 전류의 직축성분의 크기는 다음과 같다.

$$I_d = I_A \sin(\theta + \delta)$$
$$= (693 \text{ A}) \sin(36.87 + 4.65) = 459 \text{ A}$$

전류의 횡축성분의 크기는 다음과 같이 주어진다.

$$I_q = I_A \cos(\theta + \delta)$$
$$= (693 \text{ A}) \cos(36.87 + 4.65) = 519 \text{ A}$$

크기와 각을 결합해서 나타내면 아래와 같이 된다.

$$\mathbf{I}_d = 459 \angle -85.35° \text{ A}$$
$$\mathbf{I}_q = 519 \angle 4.65° \text{ A}$$

그 결과, 내부발생전압은 다음과 같다.

$$\mathbf{E}_A = \mathbf{V}_\phi + R_A\mathbf{I}_A + jX_d\mathbf{I}_d + jX_q\mathbf{I}_q$$
$$= 480 \angle 0° \text{ V} + 0 \text{ V} + j(0.1\ \Omega)(459 \angle -85.35° \text{ A}) + j(0.075\ \Omega)(519 \angle 4.65° \text{ A})$$
$$= 524.3 \angle 4.65° \text{ V}$$

$\mathbf{E}_A$의 크기는 돌극형의 영향을 많이 받지 않는다, 그러나 $\mathbf{E}_A$의 각은 돌극이 없는 경우에 비해 돌극이 있는 경우에는 상당히 다르다.

C.2 돌극형 동기발전기의 토오크와 출력 방정식

토오크각의 함수로서 원통형 회전자를 가진 동기발전기의 출력은 4 장에서 아래와 같이 나타내었다.

$$\boxed{P = \frac{3V_\phi E_A \sin\delta}{X_S}} \qquad (4\text{–}20)$$

이 식은 전기자 저항을 무시한다고 가정했다. 같은 가정을 하면 토오크각 함수로서 돌극형 동기발전기의 출력은 얼마인가? 출력을 구하기 위해서 그림 C-6을 참조하자. 동기발전기의 출력은 직축 전류와 횡축 전류에 의한 전력의 합이다.

$$P = P_d + P_q \qquad (\text{C–9})$$
$$= 3V_\phi I_d \cos(90° - \delta) + 3V_\phi I_q \cos\delta$$
$$= 3V_\phi I_d \sin\delta + 3V_\phi I_q \cos\delta$$

그림 C-6으로부터, 직축전류는 다음과 같이 주어진다.

$$I_d = \frac{E_A - V_\phi \cos\delta}{X_d} \qquad (\text{C–10})$$

그리고 횡축전류는 다음과 같이 주어진다.

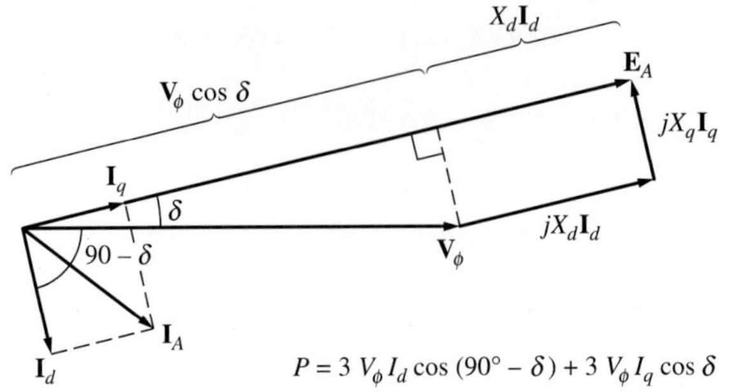

그림 C-6
돌극형 동기발전기의 출력을 결정하기 위해서, 그림에서 보여지는 것처럼 $\mathbf{I}_d$, $\mathbf{I}_q$가 출력을 구하는 데 이용된다.

$$I_q = \frac{V_\phi \sin\delta}{X_q} \tag{C–11}$$

식 (C-10)과 식 (C-11)을 식 (C-9)에 대입하면 아래와 같이 된다.

$$P = 3V_\phi\left(\frac{E_A - V_\phi\cos\delta}{X_d}\right)\sin\delta + 3V_\phi\left(\frac{V_\phi\sin\delta}{X_q}\right)\cos\delta$$

$$= \frac{3V_\phi E_A}{X_d}\sin\delta + 3V_\phi^2\left(\frac{1}{X_q} - \frac{1}{X_d}\right)\sin\delta\cos\delta$$

$\sin\delta\cos\delta = ½\sin 2\delta$이기 때문에, 이 식은 다음과 같이 된다.

$$P = \frac{3V_\phi E_A}{X_d}\sin\delta + \frac{3V_\phi^2}{2}\left(\frac{X_d - X_q}{X_d X_q}\right)\sin 2\delta \tag{C–12}$$

이 식의 첫 번째 항은 원통형 회전기에서의 전력과 같으며, 두 번째 항은 기기의 릴럭턴스 토오크에 의한 부가된 전력항이다.

발전기의 유도토오크는 $\tau_{\text{ind}} = P_{\text{conv}}/\omega_m$이기 때문에, 전동기의 유도토오크는 다음과 같은 식으로 나타난다.

$$\tau_{\text{ind}} = \frac{3V_\phi E_A}{\omega_m X_d}\sin\delta + \frac{3V_\phi^2}{2\omega_m}\left(\frac{X_d - X_q}{X_d X_q}\right)\sin 2\delta \tag{C–13}$$

토오크각 δ의 함수로서 돌극형 동기발전기의 유도출력은 그림 C-7에 나타나있다.

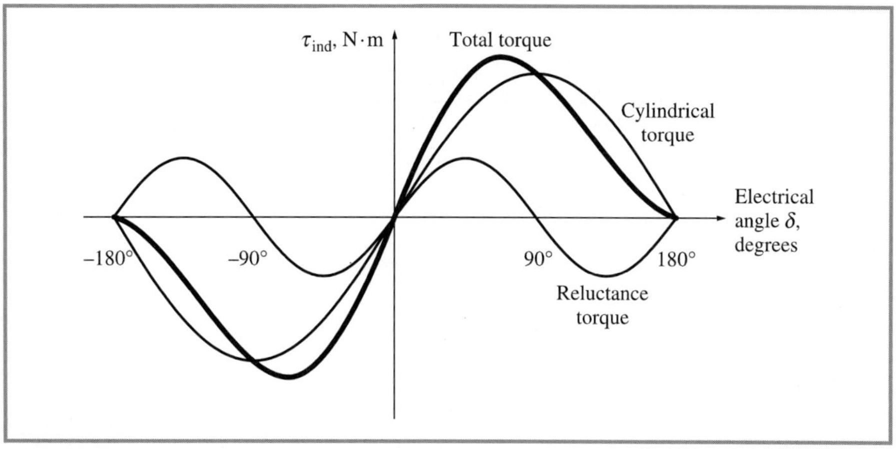

그림 C-7
돌극형 동기발전기의 각에 대한 토오크 그림. 회전자 릴럭턴스에 의한 토오크성분을 표시한다.

연습문제 Problems

C-1. 2300 V, 1000 kVA, 0.8 지상역률, 60 Hz, 4극, Y결선 동기발전기가 1.1 Ω의 직축 저항과 0.18 Ω의 횡축 저항, 0.15 Ω의 전기자 저항을 가진다. 마찰손, 풍손, 표유부하손은 무시한다. 그림 P4-1에 발전기의 개방회로 특성이 나타나 있다.

(*a*) 발전기가 무부하에서 동작할 때 V_T가 2300 V가 되는 계자전류는 얼마인가?

(*b*) 정격상태에서 동작 중일 때 이 기기의 내부발생전압은 얼마인가? 연습문제 4-2(b)와 비교해서 $\mathbf{E}_A$의 값은 얼마인가?

(*c*) 회전자의 릴럭턴스 토오크에 의한 이 발전기의 전부하 전력은 어떤 종류인가?

C-2. 14 극, Y결선, 3 상 수력터빈 구동 발전기의 정격은 120 MVA, 13.2 kV, 0.8 지상역률, 그리고 60 Hz이다. 이것의 직축 리액턴스는 0.62 Ω이고 횡축 리액턴스는 0.40 Ω이다. 모든 회전손실은 무시한다.

(*a*) 정격상태에서 동작시키기 위해서 이 발전기에 필요한 내부발생전압은 얼마인가?

(*b*) 정격상태에서 이 발전기의 전압조정은 얼마인가?

(*c*) 이 발전기에서 토오크각에 대한 전력곡선을 그려라. 그리고, 발전기의 전력이 최대가 되는 점의 각 δ는 얼마인가?

(*d*) 만약 원통형 회전자 구조라면 사용 가능한 최대전력에 비교하여 발전기의 최대출력은 얼마인가?

C-3. 전동기로서 돌극기가 이용되었다고 가정하자.

(*a*) 전동기로서 이용된 돌극형 동기기의 위상도를 그려라.

(*b*) 전동기의 전압과 전류 나타내는 식을 써라.

(*c*) 이 전동기의 $\mathbf{E}_A$와 $\mathbf{V}_\phi$ 사이의 토오크각 δ가 다음과 같을 때 이를 증명하라.

$$\delta = \tan^{-1} \frac{I_A X_q \cos\theta - I_A R_A \sin\theta}{V_\phi + I_A X_q \sin\theta + I_A R_A \cos\theta}$$

C-4. 만약 그림 C-1의 기기가 정격상태에서 전동기로 동작된다면, 계자전류가 0일 때 극에 미끌림이 없이 축으로부터 끌어내어질 수 있는 최대 토오크는 얼마인가?

부록 D

상수와 계수 변환표

상수

전자의 전하량	$e = -1.6 \times 10^{-19}$ C
자유공간의 투자율	$\mu_0 = 4\pi \times 10^{-7}$ H/m
자유공간의 유전율	$\epsilon_0 = 8.854 \times 10^{-12}$ F/m

계수 변환

길이	1 meter (m)	= 3.281 ft = 39.37 in
무게	1 kilogram (kg)	= 0.0685 slug = 2.205 lb mass (lbm)
힘	1 newton (N)	= 0.2248 lb force (lb • f) = 7.233 poundals = 0.102 kg (force)
토오크	1 newton-meter (N • m)	= 0.738 pound-feet (lb • ft)
에너지	1 joule (J)	= 0.738 foot-pounds (ft • lb) = 3.725×10^{-7} horsepower-hour (hp • h) = 2.778×10^{-7} kilowatt-hour (kWh)
전력	1 watt (W)	= 1.341×10^{-3} hp = 0.7376 ft • lbf / s
	1 horsepower	= 746 W
자속	1 weber (Wb)	= 10^8 maxwells (lines)
자속밀도	1 tesla (T)	= 1 Wb / m^2 = 10,000 gauss (G) = 64.5 kilolines/in^2
자계세기	1 ampere • turn/m	= 0.0254 A • turns/in = 0.0126 oersted (Oe)

찾아보기

ㅈ

ㅊ